Mechanik deformierbarer Körper

Von

Professor Dr.-Ing. **Friedrich Tölke**

Karlsruhe

Erster Band
Der punktförmige Körper

Mit 339 Abbildungen

Springer-Verlag
Berlin / Göttingen / Heidelberg
1949

ISBN-13: 978-3-642-87451-2 e-ISBN-13: 978-3-642-87450-5
DOI: 10.1007/978-3-642-87450-5

Alle Rechte, insbesondere das der Übersetzung
in fremde Sprachen, vorbehalten
Copyright 1949 by Springer-Verlag OHG., Berlin / Göttingen / Heidelberg
Softcover reprint of the hardcover 1st edition 1949

Vorwort.

Für eine Grundwissenschaft wie die Mechanik deformierbarer Körper ist es nicht leicht, mit der heutigen, sich immer mehr ausweitenden technischen Entwicklung Schritt zu halten. Als diese Entwicklung vor etwa 100 Jahren begann, stand das große Werk ISAAK NEWTONS und seiner Zeitgenossen wie ein wohlgefüllter Speicher bereit, in den man nur hineinzugreifen brauchte. Heute sind wir in der Beurteilung der theoretischen Berechnungsmöglichkeiten bescheidener geworden, und wir wissen, daß es gleichzeitig ausgedehnter Modell- und Belastungsversuche bedarf, um die Konstruktionen zu der Vollkommenheit zu entwickeln, die heute als selbstverständlich erachtet wird. Da nicht zutreffende Idealisierungen oft die schönste Rechnung völlig wertlos machen, sind die Voraussetzungen an die Mechanik gegenüber früher nicht unbeträchtlich gestiegen, und es ist meist erheblich mehr mathematischer Aufwand nötig, um Theorie und Wirklichkeit miteinander in Einklang zu bringen.

Man kann die Natur nicht einfacher machen als sie ist. Aber zuweilen läßt sich die Betrachtungsweise vereinfachen. Eine hervorragende Möglichkeit bietet sich hier in der Vektor- und Tensorrechnung. Man kann nur immer wieder bewundern, wie sich die moderne Physik dieser mathematischen Stenographie mit der größten Virtuosität bedient, sei es, um vom eindimensionalen in mehrdimensionale Bereiche vorzustoßen, oder sei es, um schwierige Probleme anschaulich zu machen. Es erscheint daher fast überflüssig zu betonen, daß wir von der Vektor- und Tensorrechnung weitgehendst Gebrauch gemacht haben. Von dem allgemeinen Brauch, die Kenntnis dieser Rechnung beim Leser vorauszusetzen, wurde hier abgegangen. Allein schon die merkwürdige Vielfalt der vektoriellen und tensoriellen Bezeichnungen zwang dazu. Außerdem schien es geboten, auch die Elemente der Differentialgeometrie und Feldertheorie an geeigneter Stelle mit einzuflechten.

In Anpassung an die Ausweitung der Probleme der dynamischen und thermischen Beanspruchungen von Konstruktionsteilen und an die Entwicklung der hydrodynamischen und thermodynamischen Grenzgebiete, insbesondere auf dem Gebiete der Schwingungen und Stoßerscheinungen, ist die folgende Gliederung dieses Werkes geplant:

        Band   I: Der punktförmige Körper.

        Band II: Der statisch beanspruchte feste Körper.

        Band III: Der dynamisch beanspruchte feste Körper.

        Band IV: Der thermisch beanspruchte feste Körper.

        Band V: Flüssigkeiten und Gase.

In dem vorliegenden I. Bande ist, neben dem Einbau zahlreicher mathematischer Grundlagen für die folgenden Bände, auch schon größter Wert auf eine möglichst weitgehende Behandlung der Elemente der Schwingungslehre gelegt worden. 55 vollständig durchgerechnete Beispiele aus zahlreichen Gebieten der Technik lassen anschaulich erkennen, wie viele technische Probleme bereits mit den Methoden der Punktmechanik einer vollständigen Lösung entgegengeführt werden können. Es wurde besonderer Wert darauf gelegt, auch die mathematisch schwierigeren Kapitel durch Beispiele zu erläutern. Dort, wo wie im Falle der Schwingungen mit quadratischer Dämpfung keine geschlossenen Lösungen gegeben werden konnten, sind die Ergebnisse in einer Reihe von Zahlentafeln niedergelegt worden, die eine unmittelbare Lösung technischer Aufgaben erlauben. Da die Punktmechanik — im ganzen gesehen — ein seit langem abgeschlossenes Gebiet der klassischen Mechanik darstellt, wurde von Quellen- und Literaturhinweisen grundsätzlich Abstand genommen. Ein Sachverzeichnis erübrigte sich im Hinblick auf die sehr weitgehende Gliederung des Inhaltes.

Es ist mir ein Bedürfnis, dem Verlag für den vorzüglichen Formelsatz zu danken, der das Lesen der Korrektur zu einem wahren Vergnügen gemacht hat.

Karlsruhe, im September 1949. **Friedrich Tölke.**

Inhaltsverzeichnis.

I. Abschnitt.

Erstes Kapitel: Der geradlinig bewegte, punktförmig idealisierte Körper — Seite 1

1. Weg-Zeitdiagramm, Geschwindigkeit, Beschleunigung 1
2. Gleichförmige Bewegung 3
3. Gleichförmig beschleunigte Bewegung 3
4. Die sieben Fundamentalfälle der geradlinigen Bewegung 3
5. Beispiele zu Ziffer 3 und 4 5
   - Beispiel 1. Kurbeltriebbewegung 5
   - Beispiel 2. Oszillographisch aufgenommene Bewegung 9
   - Beispiel 3. Bewegung eines Werkzeugmaschinenschlittens 10
   - Beispiel 4. Bewegungszustand in einem Saugrohr 11
   - Beispiel 5. Fahrzeug auf ansteigender Bahn 13
   - Beispiel 6. Geschoßbewegung 14
   - Beispiel 7. Spiralfeder 17
   - Beispiel 8. Fahrzeug auf ansteigender Bahn unter Luftwiderstand 20
6. Kraft, Newtonsches Kraftgesetz, Masse, Dichte, Newtonsches Reaktionsgesetz ... 22
7. Mechanische Arbeit, Energiesatz, kinetische und potentielle Energie, Leistung 24
8. Impuls, Impulssatz, Bewegungsgröße, Neuformulierung des Newtonschen Kraftgesetzes 27
9. Beispiele zu Ziffer 6 bis 8 28
   - Beispiel 9. Lamellenpuffer aus Uerdinger Federringen 28
   - Beispiel 10. Geschoßbewegung 32
   - Beispiel 11. Leistungsvermögen einer Talsperre 36

II. Abschnitt.

Der beliebig bewegte, punktförmig idealisierte Körper.

Zweites Kapitel: Vektorielle, geometrische und kinematische Grundlagen — 37

10. Vektorbegriff 37
11. Vektoraddition und Subtraktion 37
12. Vektorzerlegung 38
13. Vektorielle Bezugssysteme 39
14. Projektionssatz und skalares oder inneres Vektorprodukt 39
15. Beispiele zu Ziffer 10 bis 14 43
    - Beispiel 12. Kurbeltrieb 43
    - Beispiel 13. Kurbelschleife 44
    - Beispiel 14. Kurbelschleife als Parallelenlenker 45
    - Beispiel 15. Doppelkurbel mit längsbeweglicher Hülse 46
16. Vektorielles oder äußeres Vektorprodukt 46
17. Spatprodukt und Vertauschungssatz 50
18. Zweifaches äußeres Vektorprodukt und Entwicklungssatz 51
19. Skalares Produkt zweier Produktvektoren 52
20. Darstellung der Komponentenvektoren bei Vektorzerlegungen 53
21. Differentiationsregeln der Vektoren und ihrer Produkte 53
22. Lineare Vektorfunktionen; vektorielle Kurventheorie 56

Inhaltsverzeichnis.

	Seite
23. Umschreibung der Formeln von Ziffer 22 auf beliebige Veränderliche	60
24. Gleichungen von Tangente, Normale und Binormale	63
25. Gleichungen von Schmiegungsebene, Hauptnormalenebene und Binormalenebene	64
26. Evoluten und Evolventen	65
27. Der Kreis als Kurve konstanter Krümmung und punktförmiger Evolute	65
28. Die kreiszylindrische Schraubenlinie als Kurve konstanter Krümmung und konstanter Windung	68
29. Die Ellipse als affine Verzerrung des Kreises	70
30. Die Ellipse im schiefwinkligen Bezugssystem	75
31. Die Hyperbel als imaginäres Gegenstück der Ellipse	78
32. Die Parabel als Ausartung der Hyperbel	81
33. Einheitliche Formeln für Ellipse, Parabel und Hyperbel im Brennpunktsystem	84
34. Die Rollkurven	85
35. Verallgemeinerte Rollkurven	97
36. Räumliche Rollkurven	112
37. Integrale mit Vektoren als Integranden	127
38. Der Gradientenvektor	128
39. Skalare Kurvenintegrale	129
40. Vektorielle Kurvenintegrale	130
41. Einige Sätze über Flächenvektoren	131
42. Transformation von Bezugspunkten und Bezugssystemen	132
43. Vektorfunktionen von zwei Veränderlichen; vektorielle Flächentheorie	135
44. Die Rotationsflächen	147
45. Die Flächen zweiter Ordnung	148
46. Vektorfunktionen von drei Veränderlichen; vektorielle Feldertheorie	158
47. Die vektoriellen Differentialoperatoren	159
48. Der Divergenzsatz (Gaußscher Satz)	165
49. Der Rotationssatz (Stokescher Satz)	166
Drittes Kapitel: Mechanische Grundlagen	168
50. Das vektorielle Superpositionsgesetz	168
51. Geschwindigkeit und Beschleunigung als Differentialquotienten des Ortsvektors	170
52. Bahngeschwindigkeit, Bahnbeschleunigung, Normalbeschleunigung, konvektive Beschleunigung	170
53. Das Newtonsche Kraftgesetz in verallgemeinerter Fassung	171
54. Tangentialkraft und Normalkraft	172
55. Verallgemeinerter Arbeitsbegriff und Energiesatz	173
56. Momentenvektor, Drallvektor, Momentsatz, Drallsatz	175
57. Beispiele zu Ziffer 50 bis 56	176
Beispiel 16. Die Gesetze der Wurfbewegung	176
Beispiel 17. Die Mechanik der Kreisbewegung	178
Beispiel 18. Das ebene mathematische Pendel	180
Beispiel 19. Die allgemeine harmonische Schwingung	182
Beispiel 20. Die Mechanik der Schraubenbewegung	186
Beispiel 21. Schraubenbewegung unter Wirkung der Schwerkraft	187
Viertes Kapitel: Bewegungen in zentralen Potentialfeldern	189
58. Allgemeine Behandlung	189
59. Bewegungen im Gravitationsfeld	192
60. Bewegungen im elektrostatischen Zentralfeld	196
61. Das Zentralfeld der periodischen und aperiodischen harmonischen Schwingungen	199
Fünftes Kapitel: Mechanik der Raum- und Relativbewegungen	201
62. Die Translation des Raumes	201
63. Die Rotation des Raumes um eine feste Achse	201
64. Gleichzeitige Translation und Rotation des Raumes. Miozzscher Satz	203

	Seite
65. Gleichzeitige Rotation um sich schneidende Achsen	204
66. Die Kreiselbewegung des Raumes	205
67. Gleichzeitige Translation und Kreiselbewegung des Raumes. Allgemeinste Bewegung des Raumes	206
68. Relativbewegung, Führungsbewegung, Absolutbewegung	207
69. Relativbewegung bei Translation des Raumes	208
70. Relativbewegung bei Rotation des Raumes	208
71. Relativbewegung bei Schraubung des Raumes	209
72. Beispiele zur Relativbewegung	210
Beispiel 22. Laufrad auf kreisförmiger Bahn	210
Beispiel 23. Fahrbarer Portaldrehkran	214
Beispiel 24. Drehkran auf Karussellverladebrücke	215
73. Die Kräfte bei Raum- und Relativbewegungen	217

III. Abschnitt.
Der punktförmig idealisierte Körperhaufen.

Sechstes Kapitel: Massenmittelpunkt des Haufensystems	218
74. Begriff des punktförmig idealisierten Körperhaufens	218
75. Definition des Massenmittelpunktes eines Körperhaufens	219
76. Massenmittelpunktgleichung als Momentengleichung	220
77. Massenmittelpunkt als Schwerpunkt	220
78. Komponentendarstellung des Massenmittelpunktes	221
79. Beispiele zur rechnerischen Festlegung des Massenmittelpunktes	221
Beispiel 25. Massenmittelpunkt von drei Punktmassen	221
Beispiel 26. Massenmittelpunkt eines Profilträgers	222
Siebentes Kapitel: Mechanik des Haufensystems	223
80. Die Summensätze des Haufensystems	223
81. Die Abspaltung der inneren Kräfte	223
82. Die Massenmittelpunktsbewegung	224
83. Die Relativbewegung um den Massenmittelpunkt	225
84. Beispiele zu Ziffer 80 bis 83	227
Beispiel 27. Zusammenstoß zweier Fahrzeuge	227
Beispiel 28. Doppelpendelschwinger mit Federkopplung	228
Beispiel 29. Gebremste Stahltrommel	231
Beispiel 30. Bremsrolle	233
Achtes Kapitel: Die gekoppelten harmonischen Schwingungen in Verbindung mit erzwungenen Schwingungen	235
85. Einführendes Beispiel	235
86. Die harmonische Analyse der erzwungenen Schwingungen	245
87. Beispiele zur harmonischen Analyse der erzwungenen Schwingungen	250
Beispiel 31. Rechtecksschwingung	250
Beispiel 32. Werkzeugmaschinenschlittenschwingung	251
Beispiel 33. Antimetrische Dreiecksschwingung	253
Beispiel 34. Allgemeine Dreiecksschwingung	254
88. Der Einmassenschwinger unter periodischer Belastung	255
Beispiel 35. Biegungsfeder, ausgelenkt durch Kurbeltrieb	257
Beispiel 36. Schwingende Masse zwischen zwei Federn	259
Beispiel 37. Schwingende Masse an lotrechtem Seil, ohne und mit federnd gelagerter Seilrolle	260
89. Federkonstante bei parallel geschalteten, hintereinander geschalteten und gemischt geschalteten Federn	263
90. Die kettenartig gekoppelten harmonischen Längsschwingungen	264

	Seite
91. Die kettenartig gekoppelten harmonischen Längsschwingungen bei gleichen Massen und gleichen Federkonstanten	270
92. Beispiele zu Ziffer 91	277
Beispiel 38. Resonanzverhalten eines Zehnmassenschwingers	277
Beispiel 39. Schwingungsverlauf bei einem Viermassenschwinger	278
Beispiel 40. Verlauf der Erregerschwingung bei einem Achtmassenschwinger	283
93. Schwingungsverlauf für periodische Erregung einer Endmasse in einem System vieler gleichgroßer Massen mit gleichbleibender Längsfederung oberhalb des Resonanzbereiches	291
94. Die Querschwingungen straff gespannter Seile	293
Beispiel 41. Eigenfrequenzen eines Seiles unter drei Einzellasten	298
95. Die zentripetalen Biegungsschwingungen elastischer Wellen	300
Beispiel 42. Kritische Drehzahlen einer Welle mit vier Einzelmassen	308

Neuntes Kapitel: Die gedämpften Schwingungen ... 310

96. Allgemeiner Überblick	310
97. Konstant gedämpfte Schwingungen	311
98. Linear gedämpfte Einmassenschwinger	315
Beispiel 43. Verlauf der Schwingung von Beispiel 37 bei konstanter Dämpfung	315
Beispiel 44. Elastische Welle bei linearer Dämpfung	322
Beispiel 45. Beanspruchung eines Gasturbinenläufers bei der kritischen Drehzahl	324
Beispiel 46. Verlauf der Erregerschwingung bei einem linear gedämpften Schwingsieb	325
Beispiel 47. Verlauf der Schwingung von Beispiel 37 bei linearer Dämpfung	329
99. Linear gedämpfte Mehrmassensysteme	331
100. Linear gedämpfte Zweimassensysteme	333
Beispiel 48. Schwingungsverlauf der beiden Massen einer Zwillingsschwingungserregermaschine	338
Beispiel 49. Einschwingvorgang bei der Maschine von Beispiel 48 bei sprunghaftem Anlassen	341
101. Die kettenartig gekoppelten linear gedämpften Längsschwingungen bei gleichen Massen, gleichen Dämpfungs- und gleichen Federkonstanten	346
Beispiel 50. Untersuchung des Viermassenschwingers von Beispiel 39 bei linearer Dämpfung	351
102. Die linear gedämpften Schwingungen bei linear ansteigender Amplitude einer periodischen Erregerkraft	358
Beispiel 51. Resonanzausschläge der Erregermaschine von Beispiel 48 bei linearer Zunahme des Erregermomentes	362
103. Die quadratisch gedämpften Schwingungen	366
Beispiel 52. Berechnung der ersten zehn Extremalausschläge einer quadratisch gedämpften Masse	372
Beispiel 53. Schwingungsverlauf auf der Anstiegstrecke und der sich anschließenden Halbwelle für den Schwinger von Beispiel 52	373
104. Ermittlung der Schwingungsdauer der quadratisch gedämpften Schwingungen	376
Beispiel 54. Schwingungsverlauf für den Schwinger von Beispiel 52 für die ersten neun Halbwellen	382
105. Die beliebig gedämpften Schwingungen	384
106. Dämpfung durch zeitlich abnehmende Masse	385
Beispiel 55. Schwingungen eines Erzgreifers während des Entleerens des Füllgutes	385

I. Abschnitt und Erstes Kapitel.

Der geradlinig bewegte, punktförmig idealisierte Körper.

1. Weg-Zeitdiagramm, Geschwindigkeit, Beschleunigung.

Bei einem geradlinig bewegten punktförmig angenommenen Körper ist die zurückgelegte Wegstrecke s der Zeit t stets eindeutig zugeordnet. Wird die Bewegung zwischen einem Anfangszeitpunkt t_0 und einem Endzeitpunkt t_1 betrachtet und entsprechen diesen Zeitpunkten Wegstrecken s_0 und s_1, so ergibt sich bei Heranziehung des Funktionsbegriffes

$$s = s(t) \quad \text{für} \quad t_0 \leq t \leq t_1, \quad s(t_0) = s_0, \quad s(t_1) = s_1. \tag{1}$$

Die Darstellung dieser Funktion in einem kartesischen Bezugssystem heißt das Weg-Zeitdiagramm (Abb. 1).

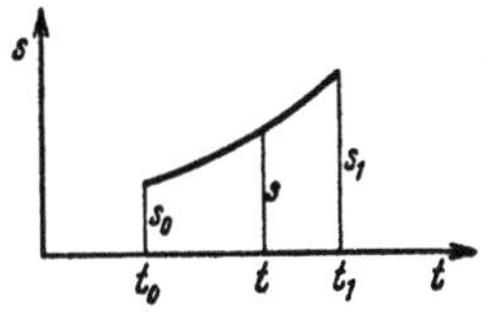

Beispiel: Läßt man einen Körper fallen, so zeigt die Erfahrung, daß die zurückgelegten Fallstrecken den Quadraten der Fallzeiten proportional sind, und daß der Proportionalitätsfaktor den Wert

$$\frac{g}{2} = 4{,}905 \text{ m/s}^2$$

besitzt. Wird für den Beginn der Bewegung

$$s_0 = 0, \quad t_0 = 0$$

gesetzt, so lautet das Fallgesetz

$$s = \tfrac{1}{2} g t^2 .$$

Ist die Fallhöhe h, so folgt aus

$$s_1 = h = \tfrac{1}{2} g t_1^2$$

die Fallzeit

$$t_1 = \sqrt{\frac{2h}{g}} .$$

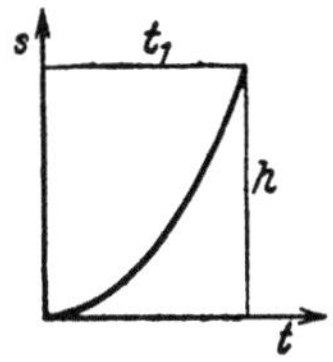

Abb. 1.

Abb. 2.

Man erhält somit für das Bewegungsgesetz

$$s = \tfrac{1}{2} g t^2 \quad \text{für} \quad 0 \leq t \leq \sqrt{\frac{2h}{g}}, \quad 0 \leq s \leq h \quad \text{(freier Fall).} \tag{2}$$

Die Auftragung dieses funktionalen Zusammenhanges als Weg-Zeitdiagramm zeigt Abb. 2.

Betrachtet man in einem Punkte s, t des Weg-Zeitdiagrammes die Zunahme des Weges $\varDelta s$ in einem Zeitintervall $\varDelta t$, so heißt der Grenzwert

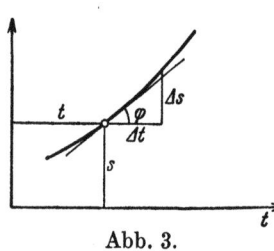

Abb. 3.

$$\lim_{\varDelta t \to 0} \frac{\varDelta s}{\varDelta t} = \frac{ds}{dt}$$

die Geschwindigkeit v des (Punkt) Körpers. Nach Abb. 3 stellt dieser Grenzwert den Tangens des Steigerungswinkels φ dar. Somit folgt

$$v = \frac{ds}{dt} = \operatorname{tang} \varphi \qquad \text{(Geschwindigkeit)}. \qquad (3)$$

Die Geschwindigkeit kann daher entweder analytisch als Differentialquotient des Weg-Zeitgesetzes oder graphisch als Steigung der Tangente des Weg-Zeitdiagrammes dargestellt werden.

Beispiel: In Anwendung auf die betrachtete Fallbewegung gemäß (2) folgt

$$v = \frac{ds}{dt} = gt \qquad \text{(freier Fall)}, \qquad (4)$$

d. h. die Fallgeschwindigkeit nimmt linear mit der Zeit zu. Für die größte Geschwindigkeit erhält man

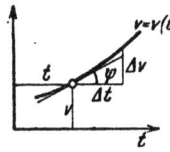

Abb. 4.

oder

$$v_1 = v_{\max} = gt_1 = g\sqrt{\frac{2h}{g}}$$

$$v_{\max} = \sqrt{2gh} \qquad \text{(freier Fall)}. \qquad (5)$$

Die Auftragung des Geschwindigkeit-Zeitgesetzes in einem kartesischen Bezugssystem wird als Geschwindigkeit-Zeitdiagramm bezeichnet (Abb. 4).

Betrachtet man nun in einem Punkte v, t des Geschwindigkeit-Zeitdiagramms die Zunahme der Geschwindigkeit $\varDelta v$ in einem Zeitintervall $\varDelta t$, so heißt der Grenzwert

$$\lim_{\varDelta t \to 0} \frac{\varDelta v}{\varDelta t} = \frac{dv}{dt}$$

die Beschleunigung des (Punkt) Körpers. Nach Abb. 4 stellt dieser Grenzwert den Tangens des Steigerungswinkels ψ dar und es folgt

$$b = \frac{dv}{dt} = \operatorname{tang} \psi \qquad \text{(Beschleunigung)}. \qquad (6)$$

Die Beschleunigung ist daher analytisch der Differentialquotient der Geschwindigkeit nach der Zeit und graphisch die Steigung der Tangente des Geschwindigkeit-Zeitdiagramms. Wird v von (3) in (6) eingeführt, so ergibt sich die weitere Darstellung des Beschleunigung-Zeitgesetzes

$$b = \frac{d^2 s}{dt^2} \qquad \text{(Beschleunigung)}. \qquad (7)$$

Hiernach ist die Beschleunigung auch der zweite Differentialquotient des Weges nach der Zeit.

Beispiel. In Anwendung auf die betrachtete Fallbewegung gemäß (2) oder (4) folgt

$$b = \frac{dv}{dt} = \frac{d^2 s}{dt^2} = g \qquad \text{(freier Fall)}. \qquad (8)$$

Die Beschleunigung beim freien Fall ist somit konstant und heißt Schwerbeschleunigung. Für technische Zwecke besitzt sie den Wert

$$g = 9{,}81 \text{ m/s}^2 \quad \text{(Schwerbeschleunigung)}. \tag{9}$$

2. Gleichförmige Bewegung.

Eine Bewegung heißt gleichförmig, wenn ihre Beschleunigung den Wert 0 besitzt, also

$$b = 0 \quad \text{(gleichförmige Bewegung)}. \tag{10}$$

Die Einführung von (10) in (6) liefert

$$0 = \frac{dv}{dt}, \quad v = c = \text{constans} \quad \text{(gleichförmige Bewegung)}. \tag{11}$$

Die Einführung von (11) in (3) ergibt

$$c = \frac{ds}{dt}, \quad s = s_0 + \int_{t_0} c\, dt = s_0 + c(t - t_0) \quad \text{(gleichförmige Bewegung)}. \tag{12}$$

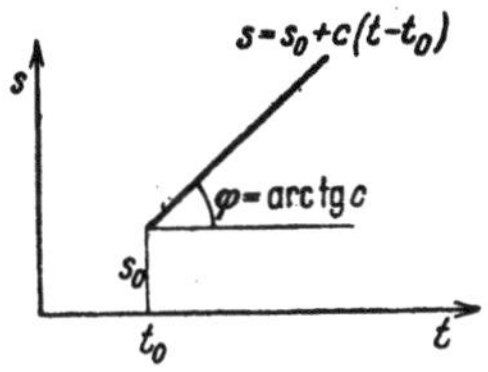

Abb. 5.

Diese Zusammenhänge sind aus dem Weg-Zeitdiagramm der Abb. 5 im einzelnen ersichtlich.

3. Gleichförmig beschleunigte Bewegung.

Eine Bewegung heißt gleichförmig beschleunigt, wenn ihre Beschleunigung einen konstanten Wert besitzt, also

$$b = \text{constans} \quad \text{(gleichförmig beschleunigte Bewegung)}. \tag{13}$$

Ist der konstante Wert von b negativ, so heißt die Bewegung auch gleichmäßig verzögert. Nach (8) war der freie Fall ein Beispiel für eine gleichmäßig beschleunigte Bewegung. Die Einführung von (13) in (6) liefert

$$b = \frac{dv}{dt}, \quad v = v_0 + \int_{t_0}^{t} b\, dt = v_0 + b(t - t_0) \quad \text{(gleichförmig beschleunigte Bewegung)}. \tag{14}$$

Die Einführung von (14) in (3) ergibt

$$v_0 + b(t - t_0) = \frac{ds}{dt},$$

$$s = s_0 + \int_{t_0} [v_0 + b(t - t_0)]\, dt \quad \text{oder}$$

$$s = s_0 + v_0(t - t_0) + \tfrac{1}{2} b(t - t_0)^2 \tag{15}$$

(gleichförmig beschleunigte Bewegung).

Aus Abb. 6 sind die durch (14) und (15) dargestellten Zusammenhänge in ihrem Aufbau unmittelbar erkennbar.

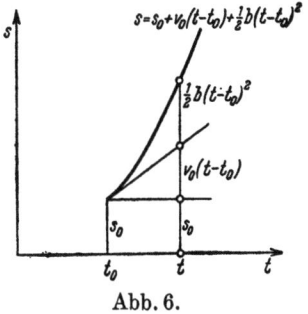

Abb. 6.

4. Die sieben Fundamentalfälle der geradlinigen Bewegung.

Sämtliche in der Anwendung auftretenden Aufgaben zur Darstellung geradliniger Bewegungszustände lassen sich auf sieben Fundamentalfälle zurückführen. Bei diesen ist der gesuchte Bewegungszustand aus den nachfolgenden Ausgangsgesetzen zu entwickeln:

Der geradlinig bewegte, punktförmig idealisierte Körper.

a) Gegeben $s = s(t)$,
b) Gegeben $t = t(s)$,
c) Gegeben $v = v(t)$,
d) Gegeben $v = v(s)$,
e) Gegeben $b = b(t)$,
f) Gegeben $b = b(s)$,
g) Gegeben $b = b(v)$.

In dieser Zusammenstellung können die unter a) und b) genannten Fälle als eine Einheit angesehen werden, da mit $s = s(t)$ auch $t = t(s)$ zumindest kurvenmäßig bekannt ist und umgekehrt. Der Vollständigkeit halber soll hier trotzdem eine getrennte Behandlung erfolgen.

a) Gegeben $s = s(t)$.

Dieser Fall stellt den Ausgangsfall von Ziffer 1 dar. Man erhält

$$s = s(t), \qquad v = \frac{ds}{dt}, \qquad b = \frac{dv}{dt} = \frac{d^2 s}{dt^2}. \tag{16}$$

b) Gegeben $t = t(s)$.

$$t = t(s), \qquad v = \frac{ds}{dt} = \frac{1}{\frac{dt}{ds}}, \qquad b = \frac{dv}{dt} = \frac{dv}{ds}\frac{ds}{dt} = \frac{dv}{ds}v = -\frac{\frac{d^2 t}{ds^2}}{\left(\frac{dt}{ds}\right)^3}. \tag{17}$$

c) Gegeben $v = v(t)$.

$$v = v(t), \qquad b = \frac{dv}{dt}, \qquad s = s_0 + \int_{t_0}^{t} v(t)\,dt. \tag{18}$$

d) Gegeben $v = v(s)$.

$$v = v(s) = \frac{ds}{dt}, \qquad t = t_0 + \int_{s_0}^{s} \frac{ds}{v(s)}, \qquad b = \frac{dv}{dt} = \frac{dv}{ds}\frac{ds}{dt} = \frac{dv}{ds}v. \tag{19}$$

e) Gegeben $b = b(t)$.

$$b = b(t), \qquad v = v_0 + \int_{t_0}^{t} b(t)\,dt, \qquad s = s_0 + v_0(t - t_0) + \int_{t_0}^{t}\int_{t_0}^{t} b(t)\,dt\,dt. \tag{20}$$

f) Gegeben $b = b(s)$.

$$b = b(s) = \frac{dv}{dt} = \frac{dv}{ds}\frac{ds}{dt} = \frac{dv}{ds}v = \frac{d}{ds}\left(\frac{1}{2}v^2\right), \qquad \frac{1}{2}v^2 = \frac{1}{2}v_0^2 + \int_{s_0}^{s} b(s)\,ds,$$

$$v = \sqrt{v_0^2 + 2\int_{s_0}^{s} b(s)\,ds} = \frac{ds}{dt}, \qquad t = t_0 + \int_{s_0}^{s} \frac{ds}{\sqrt{v_0^2 + 2\int_{s_0}^{s} b(s)\,ds}}. \tag{21}$$

g) Gegeben $b = b(v)$.

$$b = b(v) = \frac{dv}{dt} = \frac{dv}{ds}v,$$

$$t = t_0 + \int_{v_0}^{v} \frac{dv}{b(v)}, \qquad s = s_0 + \int_{v_0}^{v} \frac{v}{b(v)}\,dv, \qquad s = s(t). \tag{22}$$

5. Beispiele zu Ziffer 3 und 4.

Beispiel 1. Ein Kurbeltrieb gemäß Abb. 7 mit dem Kurbelhalbmesser r und der Pleuelstangenlänge l werde durch die Welle W mit der konstanten Winkelgeschwindigkeit ω angetrieben. Wie bewegt sich der Kreuzkopf K in bezug auf die obere Totpunktlage T_0 und wie verlaufen Geschwindigkeit und Beschleunigung der Kreuzkopfbewegung?

Die Kreuzkopfbewegung ist eine geradlinige Bewegung zwischen den beiden Totpunktlagen T_0 und T_u, die gemäß Abb. 7 um den doppelten Kurbelhalbmesser auseinander liegen. Der veränderliche Abstand des Kreuzkopfes vom oberen Totpunkt sei mit s bezeichnet; er

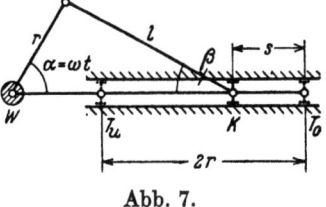

Abb. 7.

steht in funktionalem Zusammenhang mit dem Kurbelwinkel α, der sich entsprechend der konstanten Winkelgeschwindigkeit ω gemäß

$$\alpha = \omega t$$

mit der Zeit ändert. Aus der Abbildung folgt

$$r + l = r \cos \alpha + l \cos \beta + s \; ,$$
$$r \sin \alpha = l \sin \beta \; .$$

Die zweite Gleichung liefert

$$\sin \beta = \frac{r}{l} \sin \alpha \; , \qquad \cos \beta = \sqrt{1 - \left(\frac{r}{l}\right)^2 \sin^2 \alpha} \; .$$

Wird der so gefundene Wert für $\cos \beta$ in der ersten Gleichung berücksichtigt, so folgt

$$s = l \left[1 + \frac{r}{l}(1 - \cos \alpha) - \sqrt{1 - \left(\frac{r}{l}\right)^2 \sin^2 \alpha} \right]$$

und, wenn hierin noch $\alpha = \omega t$ gesetzt wird,

$$s = l \left[1 + \frac{r}{l}(1 - \cos \omega t) - \sqrt{1 - \left(\frac{r}{l}\right)^2 \sin^2 \omega t} \right] \quad \text{(Kreuzkopfbewegung, Kurbeltrieb).} \quad (23\text{a})$$

Nach (22) fällt die vorliegende Aufgabe unter den Fundamentalfall a) von Ziffer 4. Man erhält daher nach (16) für Geschwindigkeit und Beschleunigung

$$v = \omega r \sin \omega t \left[1 + \frac{\frac{r}{l} \cos \omega t}{\sqrt{1 - \left(\frac{r}{l}\right)^2 \sin^2 \omega t}} \right] \; ,$$

$$b = \omega^2 r \left[\cos \omega t + \frac{\frac{r}{l}\left(\cos 2\omega t + \left(\frac{r}{l}\right)^2 \sin^4 \omega t \right)}{\left(1 - \left(\frac{r}{l}\right)^2 \sin^2 \omega t\right)^{\frac{3}{2}}} \right] \; .$$

(Kreuzkopfbewegung, Kurbeltrieb). (23b)

Der Natur des Kurbeltriebes entsprechend, lassen die Gln (23a) und (23b) erkennen, daß die Kreuzkopfbewegung eine periodische Bewegung darstellt;

solche Bewegungen werden in der Mechanik auch als Schwingungen bezeichnet. Die Schwingungsdauer ergibt sich, wenn
$$\omega t = 2\pi$$
gesetzt wird. Bezeichnet man den entsprechenden t-Wert mit T, so folgt
$$T = \frac{2\pi}{\omega} \quad \text{(Schwingungsdauer, Kurbeltrieb)}. \tag{24}$$

Der reziproke Wert von T liefert die Zahl der Schwingungen in der Sekunde oder die sekundliche Hubzahl. Er wird auch als die Frequenz n bezeichnet und in Hertz (Hz) gemessen, wobei
$$1\,\text{Hz} = 1\,\text{Schwingung je Sekunde}. \tag{25}$$
Aus (24) folgt
$$n = \frac{1}{T} = \frac{\omega}{2\pi} \quad \text{(Frequenz, Kurbeltrieb)}. \tag{26}$$
Aus dem periodischen Verlauf und aus Gl. (23a) ergibt sich unmittelbar, daß das Weg-Zeitdiagramm an den Stellen
$$t = 0, \quad t = \pm \frac{T}{2}, \quad t = \pm T, \quad t = \pm \frac{3T}{2}, \quad t = \pm 2T, \quad \ldots$$

Symmetrieachsen aufweist. Entsprechend besitzt das Geschwindigkeit-Zeitdiagramm an diesen Stellen Antimetrieachsen und das Beschleunigung-Zeitdiagramm als zweiter Differentialquotient von s nach t wieder Symmetrieachsen. Zwischen diesen ausgezeichneten Stellen steigen sämtliche Kurven monoton an bzw. ab. Es genügt daher, ihre Maxima, Minima, Nullpunkte und Wendepunkte zu ermitteln. Zunächst folgt unmittelbar aus (23a) und (23b):

$$\left.\begin{array}{l} \text{Für } t = 0\quad,\ \pm T\ ,\ \pm 2T,\ \cdots : s = 0\ ,\ v = 0,\ b = \omega^2 r\left(1 + \frac{r}{l}\right)\ . \\ \text{Für } t = \pm \frac{T}{2},\ \pm \frac{3T}{2},\ \pm \frac{5T}{2},\ \cdots : s = 2r,\ v = 0,\ b = \omega^2 r\left(-1 + \frac{r}{l}\right). \end{array}\right\} \tag{27}$$

Ferner ergibt sich aus $b = \frac{d^2 s}{dt^2}$ und $v = \frac{ds}{dt}$ bzw. $b = \frac{dv}{dt}$, daß an den Stellen, an welchen die Beschleunigung b null wird, die Geschwindigkeit ein Maximum bzw. Minimum und das Weg-Zeitdiagramm einen Wendepunkt aufweist. Durch Nullsetzen von b folgt

$$\cos\omega t + \frac{\frac{r}{l}\left(\cos 2\omega t + \left(\frac{r}{l}\right)^2 \sin^4\omega t\right)}{\left(1 - \left(\frac{r}{l}\right)^2 \sin^2\omega t\right)^{\frac{3}{2}}} = 0$$

oder

$$-\cos\omega t\left(1 - \left(\frac{r}{l}\right)^2 \sin^2\omega t\right)^{\frac{3}{2}} = \frac{r}{l}\left(\cos 2\omega t + \left(\frac{r}{l}\right)^2 \sin^4\omega t\right).$$

Hieraus erhält man durch Quadrieren und mit
$$\cos^2\omega t = 1 - \sin^2\omega t, \qquad \cos 2\omega t = 1 - 2\sin^2\omega t$$
die algebraische Gleichung
$$(1 - \sin^2\omega t)\left(1 - \left(\frac{r}{l}\right)^2 \sin^2\omega t\right)^3 = \left(\frac{r}{l}\right)^2\left(1 - 2\sin^2\omega t + \left(\frac{r}{l}\right)^2 sin^4\omega t\right)^2.$$

5. Beispiele zu Ziffer 3 und 4.

Sie lautet bei entsprechender Zusammenfassung und nach Kürzung durch $1 - r^2/l^2$

$$\left(\frac{r}{l}\right)^4 \sin^6 \omega t - \left(\frac{r}{l}\right)^2 \sin^4 \omega t - \sin^2 \omega t + 1 = 0 \ . \tag{28}$$

Dies ist eine Gleichung dritten Grades für $\sin^2 \omega t$. Sie läßt sich leicht normieren, wenn sie mit r^2/l^2 multipliziert und

$$\left(\frac{r}{l}\right)^2 \sin^2 \omega t = x \tag{29}$$

gesetzt wird. Dann lautet sie

$$x^3 - x^2 - x + \left(\frac{r}{l}\right)^2 = 0 \ . \tag{30}$$

In den Fällen der Anwendung liegt r/l immer zwischen 0 und 1; für beide Grenzwerte liefert die Gleichung $\sin \omega t = 1$ oder $\omega t = \pi/2$. Dazwischen ergeben sich nur kleine Abweichungen von $\sin \omega t = 1$. Die größte Abweichung folgt, wenn die Gleichung nach r/l differenziert und der Differentialquotient von $\sin \omega t$ nach r/l nullgesetzt wird. Der entsprechende Rechnungsgang ergibt:

$$\left[4\left(\frac{r}{l}\right)^3 \sin^6 \omega t - 2\frac{r}{l}\sin^4 \omega t\right] + \left[6\left(\frac{r}{l}\right)^4 \sin^5 \omega t - 4\left(\frac{r}{l}\right)^2 \sin^3 \omega t - 2\sin \omega t\right]\frac{d \sin \omega t}{d\frac{r}{l}} = 0$$

$$\frac{d \sin \omega t}{d\frac{r}{l}} = 0 \ , \qquad 2\frac{r}{l}\sin^4 \omega t \left[2\left(\frac{r}{l}\right)^2 \sin^2 \omega t - 1\right] = 0 \ .$$

Der Faktor vor der eckigen Klammer liefert $r/l = 0$, d. h. die Wurzelwertfunktion

$$\sin \omega t = f\left(\frac{r}{l}\right)$$

beginnt an der Stelle $r/l = 0$ mit einer waagerechten Tangente. Durch Nullsetzen der eckigen Klammer folgt

$$x = \left(\frac{r}{l}\right)^2 \sin^2 \omega t = \frac{1}{2} \qquad \text{und damit}$$

$$x^3 - x^2 - x + \left(\frac{r}{l}\right)^2 = -\frac{5}{8} + \left(\frac{r}{l}\right)^2 = 0 \ , \qquad \frac{r}{l} = \sqrt{\frac{5}{8}} \ , \qquad \sin \omega t = \sqrt{\frac{4}{5}} \ .$$

Somit ergibt sich für die Wurzelwertfunktion ein Minimum an der Stelle $\frac{r}{l} = \sqrt{\frac{5}{8}} = 0{,}791$ mit der Ordinate $\sin \omega t = \sqrt{\frac{4}{5}} = 0{,}895$. Aus Abb. 8 ist der Verlauf der Wurzelwertfunktion innerhalb des Bereiches $0 \leq \frac{r}{l} \leq 1$ ersichtlich. Werden die Wurzelwerte in (23a) und die erste der Gln (23b) eingeführt, so ergeben sich die s-Werte an den Wendepunkten und die v_{max}-Werte. Damit liegt alles fest, um den Verlauf von s, v und b eindeutig darzustellen.

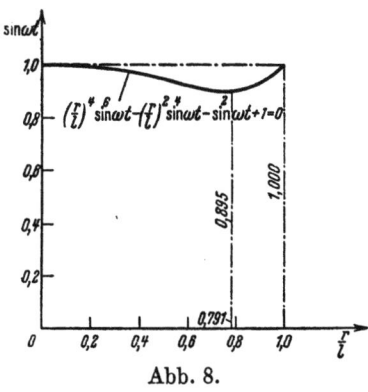

Abb. 8.

8   Der geradlinig bewegte, punktförmig idealisierte Körper.

Es soll nun noch an Hand eines Zahlenbeispieles der Rechnungsgang im einzelnen vorgeführt werden. Für $r/l = 1/2$ ergibt sich:

Für $t = 0$, $\pm T$, $\pm 2T$, $\cdots$: $s = 0$, $v = 0$, $b = b_{\max} = \dfrac{3}{2}\omega^2 r$.

Für $t = \pm \dfrac{T}{2}, \pm \dfrac{3T}{2}, \pm \dfrac{5T}{2}, \cdots$: $s = 2r$, $v = 0$, $b = b_{\min} = -\dfrac{1}{2}\omega^2 r$.

Die Wurzelwertgleichung lautet $x^3 - x^2 - x + \tfrac{1}{4} = 0$.

Die Auflösung liefert $x = 0{,}2140$.

Damit folgt $0{,}2140 = \tfrac{1}{4}\sin^2\omega t$ oder $\sin\omega t = \sqrt{0{,}8560} = 0{,}9255$.

Hieraus errechnet sich $\cos\omega t = \sqrt{1 - \sin^2\omega t} = \sqrt{0{,}1440} = 0{,}3796$,

$\cos 2\omega t = 1 - 2\sin^2\omega t = 1 - 1{,}712 = -0{,}712$.

Die Einführung dieser Bestimmungsstücke in (22) und (23) ergibt

$s = l\bigl[1 + \tfrac{1}{2}(1 - 0{,}3796) - \sqrt{1 - 0{,}2140}\bigr] = 2r(1 + 0{,}3102 - 0{,}8868) = 0{,}8468\,r$,

$v = \omega r \cdot 0{,}9255 \left[1 + \dfrac{\tfrac{1}{2}\cdot 0{,}3796}{0{,}8868}\right] = 1{,}123\,\omega r$,

$b = \omega^2 r \left[0{,}3796 + \dfrac{\tfrac{1}{2}(-0{,}712 + 4\cdot 0{,}2140^2)}{0{,}8868^3}\right] = \omega^2 r(0{,}3796 - 0{,}3794) = 0$.

Die Beschleunigung ist somit in der Tat gleich null und es folgt

(Wendepunkt) $= 0{,}8468\,r$, $\quad \sin\omega t = 0{,}9255$, $\quad \omega t = 1{,}181 = 0{,}752\,\dfrac{\pi}{2}$,

$v^{\max} = 1{,}123\,\omega r$, $\qquad\qquad\qquad\qquad\qquad t = 0{,}188\,\dfrac{2\pi}{\omega} = 0{,}188\,T$.

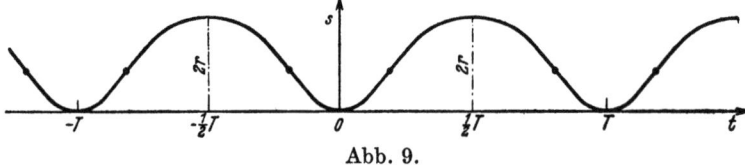
Abb. 9.

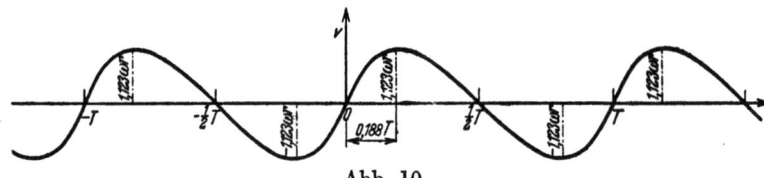
Abb. 10.

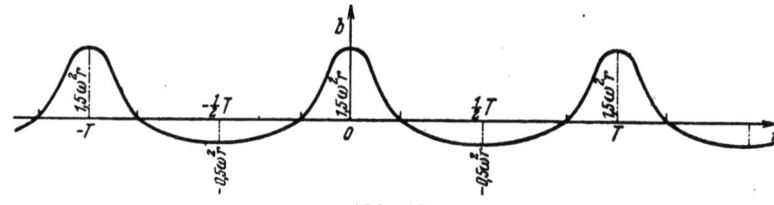
Abb. 11.

Abb. 9—11. Verlauf der Kreuzkopfbewegung eines Kurbeltriebes für $\alpha = \omega t$ und
$$r = \tfrac{1}{2}l \, . \quad \left(T = \dfrac{2\pi}{\omega}\right).$$

5. Beispiele zu Ziffer 3 und 4.

Damit sind alle Bestimmungsstücke und Funktionswerte ermittelt worden, um die $s(t)$, $v(t)$ und $b(t)$-Diagramme zeichnen zu können. Aus den Abb. 9 bis 11 ist der Verlauf im einzelnen ersichtlich.

Beispiel 2. Die oszillographische Aufnahme des Bewegungszustandes eines Körpers hat ergeben, daß dieser sich innerhalb des Zeitintervalles zwischen $t_0 = \frac{1}{2000} s$ und $t_1 = \frac{1}{100} s$ mit hinreichender Genauigkeit nach dem Gesetze

$$t = \frac{t_1}{5}\left(3\frac{s^3}{s_1^3} + 2\frac{s^2}{s_1^2}\right) \quad \text{für} \quad s > 0 \tag{31}$$

bewegt, wobei die zu $t = t_1$ gehörige Wegstrecke den Wert $s_1 = 6{,}0$ mm besitzt. Wie groß sind Geschwindigkeit v_0 und Beschleunigung b_0 zur Zeit $t = t_0$?

Es liegt hier der unter Ziffer 4, b behandelte Sonderfall vor, da eine analytische Darstellung des Bewegungszustandes in der Form

$$s = s(t)$$

mathematisch nicht möglich ist. Zunächst folgt durch Differentiation

$$\frac{dt}{ds} = \frac{t_1}{5s_1}\left(9\frac{s^2}{s_1^2} + 4\frac{s}{s_1}\right), \qquad \frac{d^2t}{ds^2} = \frac{t_1}{5s_1^2}\left(18\frac{s}{s_1} + 4\right),$$

und damit nach (17)

$$v = \frac{5\frac{s_1}{t_1}}{9\frac{s^2}{s_1^2} + 4\frac{s}{s_1}}, \qquad b = \frac{-25\frac{s_1}{t_1^2}\left(18\frac{s}{s_1} + 4\right)}{\left(9\frac{s_2}{s_1^2} + 4\frac{s}{s_1}\right)^3}, \tag{32}$$

Um hieraus nun v_0 und b_0 bestimmen zu können, muß zunächst s_0 aus der Ausgangsgleichung durch Auflösen ermittelt werden. Durch Einsetzen von

$$t = t_0 = \frac{1}{2000} s, \qquad t_1 = \frac{1}{100} s$$

und $\quad s_1 = 6{,}0$ mm

ergibt sich

$$\frac{1}{2000} = \frac{1}{500}\left(3\frac{s_0^3}{6{,}0^3} + 2\frac{s_0^2}{6{,}0^2}\right)$$

oder

$$\left(\frac{s_0}{6{,}0}\right)^3 + \frac{2}{3}\left(\frac{s_0}{6{,}0}\right)^2 = \frac{1}{12}.$$

Diese kubische Gleichung hat entsprechend dem aus Abb. 12 ersichtlichen Verlauf

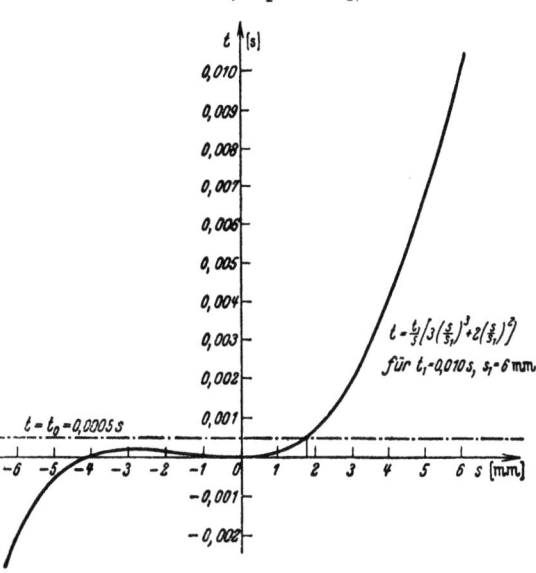

Abb. 12.

der Ausgangsfunktion eine reelle Wurzel, die ein wenig unterhalb des Wertes

$$\frac{s_0}{6{,}0} = \frac{1}{3}, \qquad s_0 = +2 \text{ mm}$$

liegt; die beiden übrigen Wurzeln sind imaginär. Die genaue Bestimmung des Wurzelwertes ergibt

$$\frac{s_0}{6,0} = 0,2945 , \qquad s_0 = 1,767 \text{ mm} .$$

Durch Einsetzen dieses Wurzelwertes folgt

$$v_0 = \frac{5 \cdot 6 \cdot 100}{9 \cdot 0,2945^2 + 4 \cdot 0,2945} = 1532 \text{ mm s}^{-1} = 1,532 \text{ m s}^{-1} ,$$

$$b_0 = \frac{-25 \cdot 6 \cdot 10000 \,(18 \cdot 0,2945 + 4)}{(9 \cdot 0,2945^2 + 4 \cdot 0,2945)^3} = -1858000 \text{ mm s}^{-2} = -1858 \text{ m s}^{-2} .$$

Beispiel 3. Der Schlitten einer Werkzeugmaschine erfährt beim jedesmaligen Heranholen eines Rohwerkstückes eine Geschwindigkeitsverteilung gemäß Abb. 13. Wie sehen das zugehörige Beschleunigung-Zeitdiagramm und Weg-Zeitdiagramm aus? Dieses Beispiel ist ein Sonderfall von Ziffer 4, c. Das Beschleunigung-Zeitdiagramm kann unmittelbar aus Abb. 13 abgelesen werden, da es sich im vorliegenden Falle um streckenweise gleichförmig beschleunigte bzw. gleichförmig verzögerte Bewegungen handelt, für welche die Beschleunigung konstant und gleich dem Tangens der Geschwindigkeit-Zeitgeraden ist.

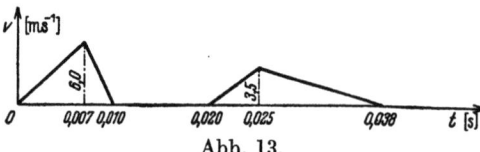

Abb. 13.

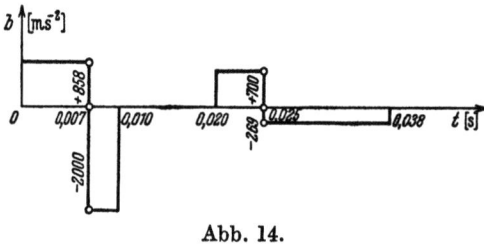

Abb. 14.

Demgemäß erhält man den aus Abb. 14 ersichtlichen streckenweise konstanten Beschleunigungsverlauf. Das Weg-Zeitdiagramm folgt durch Integration gemäß (18); die mathematische Ermittlung muß für die einzelnen Geschwindigkeit-Zeit-Geraden getrennt vorgenommen werden. Dabei ergibt sich

für $\quad 0 \leq t \leq 0,007 : s = \int_0^t 858\, t\, dt = 429\, t^2 ,\quad s_{(0,007)} = 429 \cdot 0,007^2 = 0,0210 \text{ m} ;$

für $0,007 \leq t \leq 0,010 : s = 0,0210 + \int_{0,007}^t [6,0 - 2000\,(t - 0,007)]\, dt$

$$= 0,0210 + \int_{0,007}^t (20 - 2000\, t)\, dt ,$$

$$s = -0,0700 + 20\, t - 1000\, t^2 ,$$

$$s_{(0,010)} = -0,0700 + 20 \cdot 0,010 - 1000\,(0,010)^2 = 0,0300 \text{ m} ;$$

für $0,010 \leq t \leq 0,020 : s = 0,0300 \text{ m}$;

für $0,020 \leq t \leq 0,025 : s = 0,0300 + \int_{0,020}^t 700\,(t - 0,020)\, dt = 0,1700 - 14\, t + 350\, t^2 ,$

$$s_{(0,025)} = 0,03875 \text{ m} \qquad ;$$

für $0{,}025 \leq t \leq 0{,}038$: $s = 0{,}03875 + \int\limits_{0,025}^{t}[3{,}5 - 269{,}2\,(t - 0{,}025)]\,dt$

$$= -0{,}13288 + 10{,}23\,t - 134{,}6\,t^2 \quad,$$

$$s_{(0,038)} = -0{,}13288 + 10{,}23\,(0{,}038) - 134{,}6\,(0{,}038)^2 = 0{,}06150\,\mathrm{m}.$$

Die Aneinanderreihung dieser Bereichsgesetze liefert das gesuchte Weg-Zeitdiagramm, das aus Abb. 15 im einzelnen ersichtlich ist.

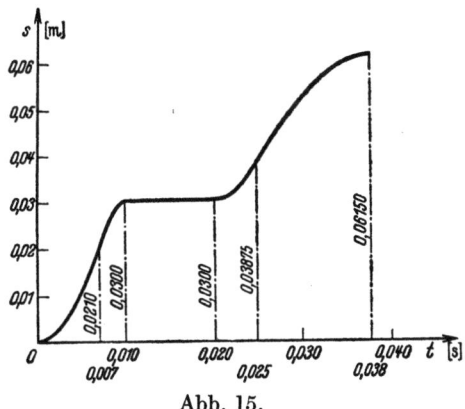

Abb. 15.

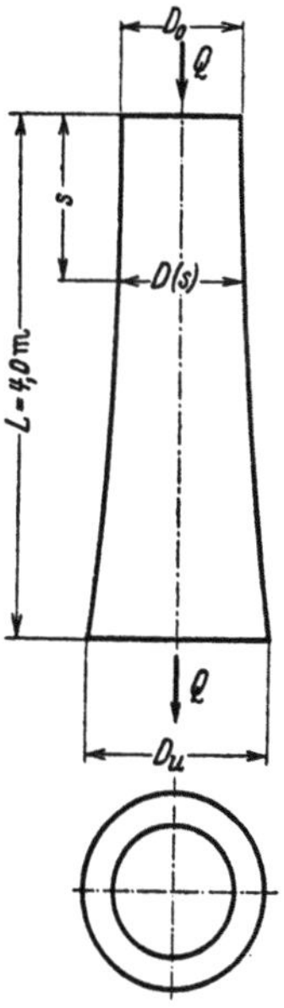

Abb. 16.

Beispiel 4. Ein senkrecht stehendes Saugrohr von der Länge $L = 4{,}0\,\mathrm{m}$, dem Kopfdurchmesser $D_0 = 1{,}0\,\mathrm{m}$ und dem Fußdurchmesser $D_u = 1{,}5\,\mathrm{m}$ wird in axialer Richtung von einer Wassermenge $Q = 12\,\mathrm{m^3\,s^{-1}}$ durchströmt. Wie sehen Beschleunigung-Wegdiagramm und Weg-Zeitdiagramm aus, wenn der Querschnitt sich nach dem Gesetze

$$F(s) = F_0 + \frac{F_u - F_0}{L^2}\,s^2$$

über die Saugrohrlänge ändert? (Abb. 16.)

Die Wassermenge oder, genauer gesagt, das sekundlich hindurchströmende Wasservolumen ergibt sich bei einem Rohr als das Produkt von Rohrquerschnitt und Geschwindigkeit, mit den vorliegenden Bezeichnungen

$$Q = F\,v \;.$$

F und v sind hierbei Funktionen von s, während Q entsprechend der Kontinuität des Durchflusses von s unabhängig ist. Da das Querschnittsgesetz $F(s)$ vorgegeben ist, kann v berechnet werden und man erhält

$$v = \frac{Q}{F} = \frac{Q}{F_0 + \dfrac{F_u - F_0}{L^2}\,s^2} \;. \tag{33}$$

Unter Bezugnahme auf die kreisförmig vorgegebene Rohrform ist

$$F_0 = \frac{\pi}{4}\,D_0^2\,, \qquad F_u = \frac{\pi}{4}\,D_u^2\,,$$

so daß $v(s)$ auch in der Form

$$v = \frac{Q}{F} = \frac{\frac{4}{\pi}Q}{L_0^2 + \frac{D_u^2 - D_0^2}{L^2}s^2} \quad (34)$$

geschrieben werden kann. Es liegt hiermit ein Anwendungsfall von Ziffer 4, d vor und man erhält in Verbindung mit (19) zunächst für das Beschleunigung-Wegdiagramm

$$b = \frac{dv}{ds}v = -\frac{\frac{8}{\pi}Q\frac{D_u^2 - D_0^2}{L^2}s}{\left(D_0^2 + \frac{D_u^2 - D_0^2}{L^2}s^2\right)^2} \cdot \frac{\frac{4}{\pi}Q}{D_0^2 + \frac{D_u^2 - D_0^2}{L^2}s^2} = -\frac{\frac{32}{\pi^2}Q^2\frac{D_u^2 - D_0^2}{L^2}s}{\left(D_0^2 + \frac{D_u^2 - D_0^2}{L^2}s^2\right)^3}$$

$$= -\frac{\frac{32}{\pi^2}Q^2\frac{D_u^2 - D_0^2}{L}\frac{s}{L}}{D_0^6\left(1 + \frac{D_u^2 - D_0^2}{D_0^2}\frac{s^2}{L^2}\right)^3} \cdot \quad (35)$$

Unter Bezugnahme auf die vorgegebenen Zahlenwerte folgt

$$\frac{32}{\pi^2}Q^2\frac{D_u^2 - D_0^2}{L} = \frac{4608}{\pi^2}\frac{2{,}25-1{,}00}{4{,}00} = 145{,}9\,\text{m}^7\,\text{s}^{-2}, \qquad D_0^6 = 1{,}00\,\text{m}^6,$$

$$\frac{D_u^2 - D_0^2}{D_0^2} = \frac{2{,}25 - 1{,}00}{1{,}00} = 1{,}25$$

und es ergibt sich

$$b = -\frac{145{,}9\,\frac{s}{L}}{\left(1 + 1{,}25\,\frac{s^2}{L^2}\right)^3} \text{ in m s}^{-2}.$$

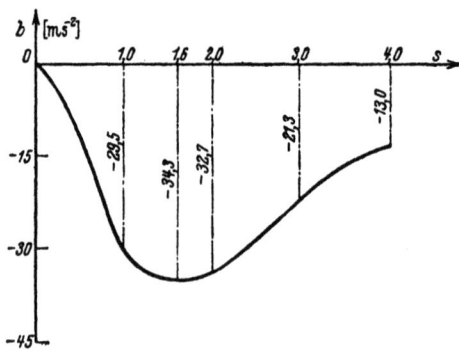

Abb. 17.

Die zahlenmäßige Auswertung liefert den aus Abb. 17 ersichtlichen Beschleunigungsverlauf.

Nach Abb. 17 besitzt das Beschleunigung-Wegdiagramm ein Maximum der Verzögerung. Für die Maximalstelle folgt, zunächst in Anknüpfung an die allgemeine Formel,

$$\frac{db}{ds} = 0 = -\frac{\frac{32}{\pi^2}Q^2}{D_0^6 L}\frac{D_u^2 - D_0^2}{L}\left[\frac{1}{\left(1 + \frac{D_u^2 - D_0^2}{D_0^2}\frac{s^2}{L^2}\right)^3} - \frac{6\frac{D_u^2 - D_0^2}{D_0^2}\frac{s}{L}}{\left(1 + \frac{D_u^2 - D_0^2}{D_0^2}\frac{s^2}{L^2}\right)^4}\right]$$

$$= -\frac{\frac{32}{\pi^2}Q^2(D_u^2 - D_0^2)\left(1 - 5\frac{D_u^2 - D_0^2}{D_0^2}\frac{s^2}{L^2}\right)}{D D_0^6 L^2\left(1 + \frac{D_u^2 - D_0^2}{D_0^2}\frac{s^2}{L^2}\right)^4}$$

und damit

$$1 - 5\frac{D_u^2 - D_0^2}{D_0^2}\frac{s^2}{L^2} = 0 \quad \text{oder} \quad \frac{s}{L} = \sqrt{\frac{D_0^2}{5(D_u^2 - D_0^2)}} \quad \begin{array}{l}\text{(Verzögerungs-}\\\text{maximum).}\end{array} \quad (36)$$

5. Beispiele zu Ziffer 3 und 4.

Die Einsetzung der Zahlenwerte liefert

$$\frac{s}{L} = \frac{1}{2,5} \quad \text{oder} \quad s = \frac{4}{2,5} = 1,6 \text{ m} \quad \text{(Verzögerungsmaximum).}$$

Mit diesem Werte ergibt sich die Beschleunigung

$$b_{\min} = -\frac{\frac{145,9}{2,5}}{\frac{216}{125}} = -\frac{145,9 \cdot 50}{216} = -33,84 \text{ m s}^{-2} \quad \text{(Verzögerungsmaximum).}$$

Für das Weg-Zeitdiagramm folgt in Verbindung mit (19), wenn $t_0 = 0$ gesetzt wird,

$$t = \int_0^s \frac{ds}{v} = \frac{\pi}{4Q} \int_0^s \left[D_0^2 + \frac{D_u^2 - D_0^2}{L^2} s^2 \right] ds = \frac{\pi}{4Q} \left[D_0^2 s + \frac{D_u^2 - D_0^2}{3 L^2} s^3 \right]$$

$$= \frac{\pi D_0^2 L}{4Q} \left[\frac{s}{L} + \frac{D_u^2 - D_0^2}{3 D_0^2} \frac{s^3}{L^3} \right].$$

Der Übergang auf Zahlenwerte liefert

$$t = 0,2618 \left(\frac{s}{L} + 0,4167 \frac{s^3}{L^3} \right).$$

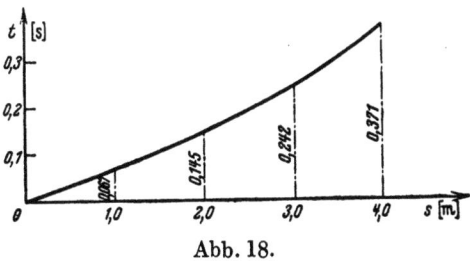

Mit $s = L$ ergibt sich die Durchlaufzeit zu

$t_{\max} = 0,371$ s (Durchlaufzeit).

Abb. 18.

Der Verlauf des Zeitwegdiagramms ist aus Abb. 18 ersichtlich.

Beispiel 5. Ein Fahrzeug fährt mit einer Geschwindigkeit von $60 \text{ km} \cdot \text{h}^{-1}$ und abgestelltem Motor in eine mit 7% ansteigende Strecke. Nach welcher Entfernung und nach welcher Zeit wird das Fahrzeug zum Stillstand kommen, wenn Fahrzeugreibung und Luftwiderstand außer Betracht gelassen werden?

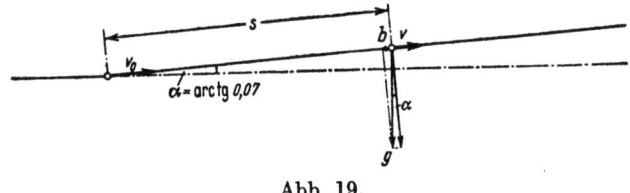

Abb. 19.

Bei Außerachtlassung von Reibungskräften und Widerständen wirkt auf das Fahrzeug gemäß Abb. 19 lediglich die in die Fahrtrichtung fallende Komponente der Schwerbeschleunigung

$$b = -g \sin \alpha , \tag{37}$$

die bei der vorausgesetzten gleichbleibenden Streckenneigung einen konstanten Wert darstellt. Es liegt somit eine gleichmäßig verzögerte Bewegung vor, die unmittelbar nach den Gln (14) und (15) behandelt werden kann. Da t_0 und s_0 hier gleich null sind, ergibt sich

$$v = v_0 - g t \sin \alpha , \qquad s = v_0 t - \tfrac{1}{2} g t^2 \sin \alpha . \tag{38}$$

14   Der geradlinig bewegte, punktförmig idealisierte Körper.

Die Laufzeit bis zum Stillstand des Fahrzeuges folgt aus der Bedingungsgleichung $v = 0$. Man erhält

$$0 = v_0 - g t \sin \alpha \quad \text{oder} \quad t = \frac{v_0}{g \sin \alpha} \quad \text{(Laufzeit)}. \tag{39}$$

Durch Einsetzen der Laufzeit in die Gleichung für s ergibt sich der Fahrweg bis zum Stillstand des Fahrzeuges zu

$$s = \frac{v_0^2}{g \sin \alpha} - \frac{1}{2} \frac{v_0^2}{g \sin \alpha} = \frac{v_0^2}{2 g \sin \alpha} \quad \text{(Fahrweg)}. \tag{40}$$

Für den Übergang auf Zahlenwerte ist vorgegeben:

$$\left.\begin{aligned}
v_0 &= 60 \text{ km} \cdot \text{h}^{-1} = \frac{60\,000}{3600} = 16{,}67 \text{ m s}^{-1}, \\
g &= 9{,}81 \text{ m s}^{-2}, \\
\sin \alpha &= \frac{\tan \alpha}{\sqrt{1 + \tan^2 \alpha}} = \frac{0{,}07}{\sqrt{1{,}0049}} = 0{,}07 \cdot 0{,}9975 = 0{,}0698\,.
\end{aligned}\right\}$$

Damit erhält man

$$\left.\begin{aligned}
t &= \frac{16{,}67}{9{,}81 \cdot 0{,}0698} = 24{,}3 \text{ s} \quad \text{(Laufzeit)}, \\
s &= \frac{16{,}67^2}{2 \cdot 9{,}81 \cdot 0{,}0698} = 202 \text{ m} \quad \text{(Fahrweg)}.
\end{aligned}\right\}$$

Beispiel 6. Für die Bewegung eines Geschosses im Rohr (Abb. 20) besteht zwischen der Beschleunigung und dem zeitlich veränderlichen Gasdruck p die aus dem Newtonschen Kraftgesetze folgende Beziehung

$$b = p \frac{D^2 \pi}{4} \frac{g}{G}, \tag{41}$$

wobei D den lichten Rohrdurchmesser und G das Geschoßgewicht bezeichnet.

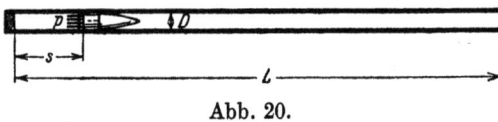

Abb. 20.

Das Gasdruckgesetz, bezogen auf den Beginn der Geschoßbewegung, sei nun piezoelektrisch aufgenommen und folge in befriedigender Annäherung der Funktion

$$p = \frac{27}{4} p_{\max} \left(e^{-\omega t} - 2 e^{-2\omega t} + e^{-3\omega t} \right). \tag{42}$$

Wie lauten für $D = 3$ cm, $G = 0{,}5$ kg, $p_{\max} = 3200$ kg $\cdot$ cm^{-2}, $\omega = 2200$ s^{-1} und bei einer Rohrlänge von $L = 60$ cm die Gesetzmäßigkeiten für Geschwindigkeit, Beschleunigung und Gasdruck in Abhängigkeit von s und wie groß sind insbesondere Mündungsgeschwindigkeit und Mündungsdruck?

Aus dem Gasdruckgesetz gemäß (42) ergibt sich zunächst durch Differentiation

$$\begin{aligned}
\frac{dp}{dt} &= -\frac{27}{4} \omega p_{\max} \left(e^{-\omega t} - 4 e^{-2\omega t} + 3 e^{-3\omega t} \right) \\
&= -\frac{27}{4} \omega p_{\max} \left[e^{-\omega t} - 4 (e^{-\omega t})^2 + 3 (e^{-\omega t})^3 \right].
\end{aligned} \tag{43}$$

Durch Nullsetzen dieses Differentialquotienten folgt für die Extremalstellen

$$0 = e^{-\omega t} - 4 (e^{-\omega t})^2 + 3 (e^{-\omega t})^3.$$

5. Beispiele zu Ziffer 3 und 4.

Diese kubische Gleichung besitzt die drei Wurzelwerte

$$e^{-\omega t_1} = 0 \quad , \quad e^{-\omega t_2} = \tfrac{1}{3} \quad , \quad e^{-\omega t_3} = 1 \, ;$$
$$t_1 = \infty \, , \qquad t_2 = \frac{\ln 3}{\omega} \, , \qquad t_3 = 0 \, , \qquad \text{(Extremalstellen)}. \tag{44}$$

mit den Gasdrucken

$$p_1 = 0 \, , \qquad p_2 = p_{\max} \, , \qquad p_3 = 0 \qquad \text{(Extremaldrucke)}. \tag{45}$$

Hiernach entspricht der Faktor $p_{\max}$ in (42) dem tatsächlich auftretenden größten Gasdruck. Das Wertepaar $t_1 = \infty$, $p_1 = 0$ besagt, daß die $p(t)$-Kurve sich asymptotisch der t-Achse anschmiegt, während das Wertepaar $t_3 = 0$, $p_3 = 0$ zeigt, daß $p(t)$ mit einer waagerechten Tangente beginnt. Durch Einsetzen der vorgegebenen Werte für $p_{\max}$ und ω folgt

$$p = 21\,600 \,(e^{-2200\,t} - 2\,e^{-4400\,t} + e^{-6600\,t}) \, . \tag{46}$$

Der zugehörige Funktionsverlauf ergibt sich aus der Zahlentafel Seite 16 und aus Abb. 21.

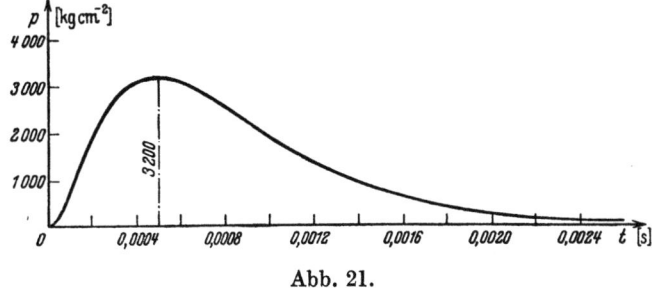

Abb. 21.

Nach (41) und den vorgegebenen Zahlenwerten ist nun die Beschleunigung

$$b = p \cdot \frac{3^2 \pi}{4} \cdot \frac{981}{0{,}5} = 13870 \, p \text{ cm s}^{-2} \, .$$

Hieraus folgt bei Einführen von p nach (42) und Einsetzen von $p_{\max}$ und ω

$$b = 299\,500\,000 \,(e^{-2200\,t} - 2\,e^{-4400\,t} + e^{-6600\,t}) \, . \tag{47}$$

Der zugehörige Funktionsverlauf ist aus der Zahlentafel Seite 16 und aus Abb. 22 ersichtlich.

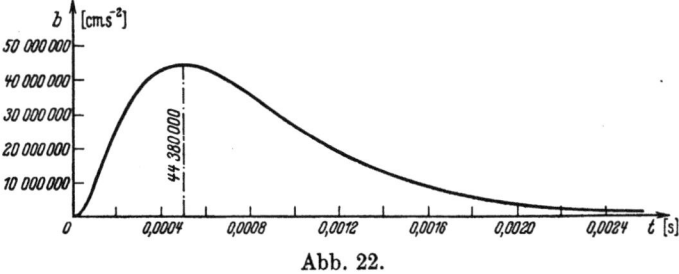

Abb. 22.

Nach (47) liegt hier ein Anwendungsfall von Ziffer 4, e vor, wobei entsprechend den vorgegebenen Anfangsbedingungen

$$t_0 = s_0 = v_0 = 0$$

zu setzen ist. Nach (20) folgt durch Integration von (47)

$$v = 299\,500\,000 \int_0^t (e^{-2200t} - 2\,e^{-4400t} + e^{-6600t})\,dt \qquad (48)$$
$$= 45\,400 + (1 - 3\,e^{-2200t} + 3\,e^{-4400t} - e^{-6600t}).$$

Hieraus erhält man durch nochmalige Integration

$$s = 45\,400 \int_0^t (1 - 3\,e^{-2200t} + 3\,e^{-4400t} - e^{-6600t})\,dt \qquad (49)$$
$$= 3{,}44\,(13\,200\,t - 11 + 18\,e^{-2200t} - 9\,e^{-4400t} + 2\,e^{-6600t}).$$

Der Funktionsverlauf von v und s ist aus der unten gegebenen Zahlentafel und aus den Abb. 23 und 24 ersichtlich.

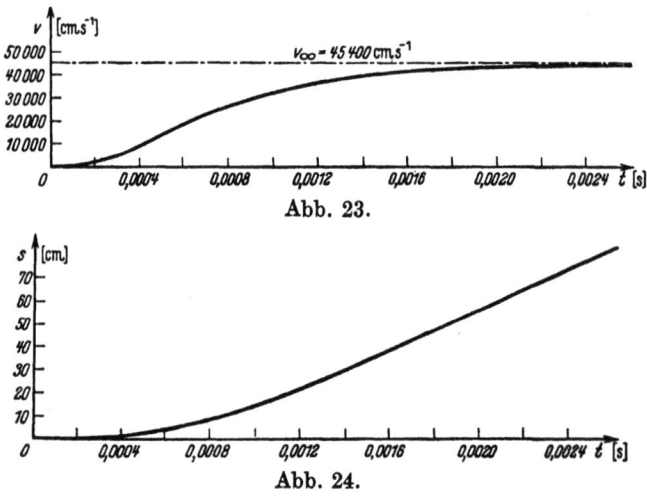

Abb. 23.

Abb. 24.

e^{-2200t}	t in s	p in kg cm^{-2}	b in cm s^{-2}	v in cm s^{-1}	s in cm
1	0	0	0	0	0
$\frac{5}{6}$	0,000083	500	6 930 000	204	0,03
$\frac{2}{3}$	0,000185	1600	22 180 000	1675	0,12
$\frac{1}{2}$	0,000315	2700	37 430 000	5670	0,54
$\frac{1}{3}$	0,000499	3200	44 380 000	13 470	2,32
$\frac{1}{6}$	0,000814	2500	34 670 000	26 270	8,60
$\frac{1}{12}$	0,001129	1500	20 800 000	34 960	18,35
$\frac{1}{24}$	0,001444	825	11 440 000	39 970	30,24
$\frac{1}{48}$	0,001759	431	5 980 000	42 630	43,30
$\frac{1}{96}$	0,002074	221	3 060 000	44 000	56,95
$\frac{1}{192}$	0,002389	113	1 570 000	44 700	70,95
0	∞	0		45 400	∞

5. Beispiele zu Ziffer 3 und 4.

Aus der obigen schon mehrfach erwähnten Zahlentafel können die gesuchten Abhängigkeiten von Geschwindigkeit, Beschleunigung und Gasdruck von der Rohrabszisse s unmittelbar entnommen und diagrammäßig dargestellt werden, wie es in den Abb. 25 bis 27 geschehen ist. Da die Rohrlänge mit $L = 60$ cm vorgegeben ist, lautet die Bereichsabgrenzung für s:

$$0 \leq s \leq 60 \text{ cm}.$$

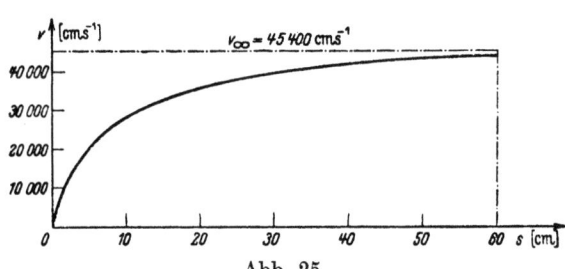

Abb. 25.

Für Mündungsgeschwindigkeit und Mündungsdruck liest man aus der Zahlentafel durch Interpolation an der Stelle $s = L = 60$ cm die Werte

$$v_{\max} = 44200 \text{ cm s}^{-1}$$
$$p_{\min} = 190 \text{ kg cm}^{-2} \text{ ab.}$$

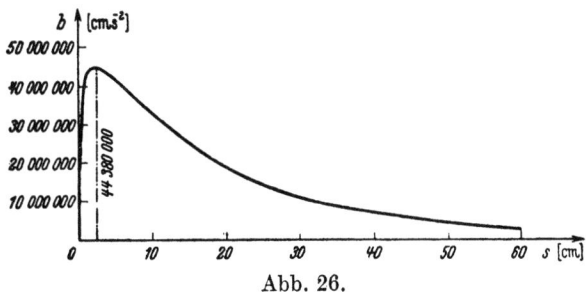

Abb. 26.

Beispiel 7. Eines der wichtigsten Konstruktionselemente ist die Spiralfeder (Abb. 28), bei welcher die Federspannkraft P linear mit dem Federweg s zunimmt; für positive Werte von s wirkt die Feder als Druckfeder, für negative als Zugfeder. Bezeichnet $s_{\max}$ die größte Zusammendrückung, bezogen auf die ungespannte Länge, und $P_{\max}$ die zugehörige größte Federkraft, so heißt das Verhältnis

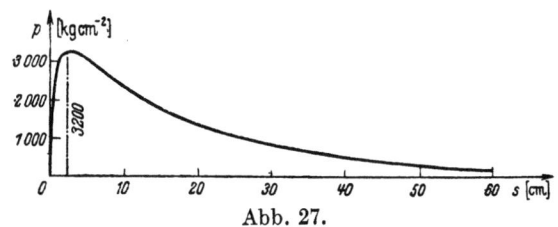

Abb. 27.

$P_{\max}/s_{\max}$ die Federkonstante c, also

$$c = \frac{P_{\max}}{s_{\max}} \text{ kg} \cdot \text{mm}^{-1}. \tag{50}$$

c kann auch als diejenige Kraft bezeichnet werden, welche die Feder gerade um 1 mm zusammendrückt. Ausgedrückt durch c, lautet das Federkraft-Federweg-Gesetz

$$P(s) = c s. \tag{51}$$

Im Sonderfalle der Spiralfeder von Abb. 28 ergibt sich

$$c = \tfrac{274}{200} = 1{,}37 \text{ kg} \cdot \text{mm}^{-1}, \qquad P^{(\text{kg})} = 1{,}37 \cdot s^{(\text{mm})}.$$

Die so charakterisierte Feder wirke nun im Zustande höchster Zusammendrückung und in waagerechter Lage bis zur völligen Entspannung ($s = 0$) auf einen waagerecht geführten Körper vom Gewichte $G = 80$ kg. Da hierbei

18 Der geradlinig bewegte, punktförmig idealisierte Körper.

zwischen Feder und Körper beständig Kontakt besteht, folgt nach dem Newtonschen Reaktionsgesetz

$$\text{Aktionskraft} = -\text{Reaktionskraft}$$

für die von der Feder auf den Körper ausgeübte Kraft

$$\overline{P}(s) = -cs$$

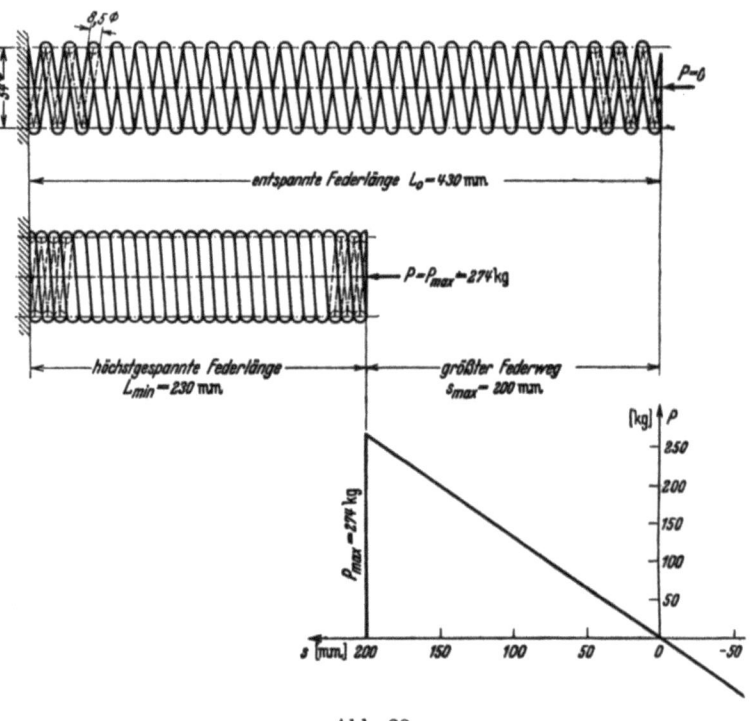

Abb. 28.

und damit nach dem Newtonschen Kraftgesetz für die dem Körper erteilte Beschleunigung

$$b = \frac{\overline{P}(s)\,g}{G} = -\frac{c\,g}{G}s,\tag{52}$$

d. h. die Beschleunigung ist als Funktion des Weges vorgegeben, womit ein Anwendungsfall von Ziffer 4, f vorliegt. Es sei nun nach dem Geschwindigkeits- und Zeitverlauf in Abhängigkeit von s gefragt.

Nach (21) ergibt sich zunächst allgemein

$$v = \sqrt{v_0^2 + 2\int_{s_0}^{s} b(s)\,ds}, \qquad t = t_0 + \int_{s_0}^{s} \frac{ds}{\sqrt{v_0^2 + 2\int_{s_0}^{s} b(s)\,ds}}.$$

Nun ist zu Beginn der Bewegung, d. h. bei völlig zusammengedrückter Feder

$$t_0 = 0, \qquad v_0 = 0, \qquad s_0 = s^{\max}.$$

5. Beispiele zu Ziffer 3 und 4.

Damit folgt in Verbindung mit (52)

$$v = \sqrt{-2\int_{s_{\max}}^{s}\frac{cg}{G}s\,ds}, \qquad t = \int_{s_{\max}}^{s}\frac{-ds}{\sqrt{-2\int_{s_{\max}}^{s}\frac{cg}{G}s\,ds}},$$

wenn in dem Integral für t entsprechend dem der Bewegung entgegengesetzten Vorzeichensinn von s das negative Wurzelvorzeichen eingesetzt wird. Bei Auswertung der Integrale ergibt sich

$$v = \sqrt{\frac{cg}{G}(s_{\max}^2 - s^2)} = \sqrt{\frac{cg}{G}}\sqrt{s_{\max}^2 - s^2},$$

$$t = -\int_{s_{\max}}^{s}\frac{ds}{\sqrt{\frac{cg}{G}(s_{\max}^2 - s^2)}} = +\frac{1}{\sqrt{\frac{cg}{G}}}\left(\arccos\frac{s}{s_{\max}} - \arccos 1\right) = \frac{\arccos\frac{s}{s_{\max}}}{\sqrt{\frac{cg}{G}}}.$$

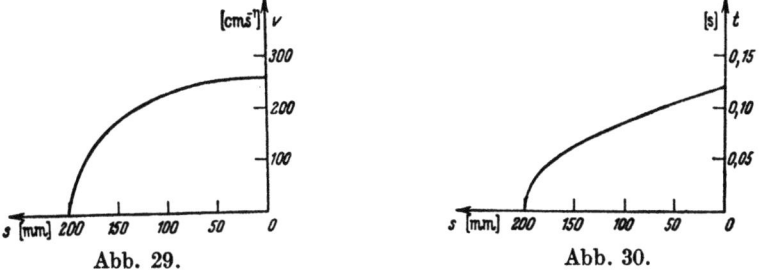

Abb. 29.   Abb. 30.

Die Größe $\sqrt{\frac{cg}{G}}$ hat die Dimension s^{-1} und wird als Kreisfrequenz ω bezeichnet

$$\sqrt{\frac{cg}{G}} = \omega \text{ in } s^{-1}. \tag{53}$$

Mit dem Begriff der Kreisfrequenz lautet das Ergebnis

$$v = s_{\max}\,\omega\sqrt{1 - \left(\frac{s}{s_{\max}}\right)^2}, \qquad t = \frac{1}{\omega}\arccos\frac{s}{s_{\max}}. \tag{54}$$

Für die Geschwindigkeit, mit der, und für die Zeit, nach der der Körper die Feder verläßt, folgt mit $s = 0$

$$v_{\max} = s_{\max}\,\omega, \qquad t_{\max} = \frac{\pi}{2\,\omega}. \tag{55}$$

Ferner erhält man durch Umkehrung der zweiten der Gln (54)

$$s = s_{\max}\cos\omega t, \tag{56}$$

d. h. der Federweg stellt in Abhängigkeit von der Zeit eine harmonische Schwingung dar.

In Anwendung auf die vorgegebenen Zahlenwerte ergibt sich

$c = 1{,}37 \text{ kg} \cdot \text{mm}^{-1} = 13{,}70 \text{ kg} \cdot \text{cm}^{-1}$, $\qquad g = 9{,}81 \text{ m} \cdot \text{s}^{-2} = 981 \text{ cm} \cdot \text{s}^{-2}$,

$G = 80 \text{ kg}$, $\quad s_{\max} = 200 \text{ mm} = 20 \text{ cm}$, $\quad \omega = \sqrt{\dfrac{cg}{G}} = \sqrt{\dfrac{13{,}70 \cdot 981}{80}} = 12{,}97 \text{ s}^{-1}$.

und damit

$$v = 259{,}4 \sqrt{1 - \left(\dfrac{s}{s_{\max}}\right)^2} \text{ in cm s}^{-1}, \quad t = \dfrac{\arccos \dfrac{s}{s_{\max}}}{12{,}97} \text{ in s}, \quad s = 20 \cos 12{,}97 \, t \text{ in cm}.$$

Für $s = 0$ folgt $\qquad v_{\max} = 259{,}4 \text{ cm s}^{-1}$, $\qquad t_{\max} = 0{,}121 \text{ s}$.

Aus Abb. 29 und 30 ist der Verlauf von v und t in Abhängigkeit von s im einzelnen ersichtlich.

Beispiel 8. Ein Fahrzeug von 2000 kg Gewicht fährt mit einer Geschwindigkeit von 60 km h^{-1} und abgestelltem Motor in eine mit 7% ansteigende Strecke. Nach welcher Entfernung und nach welcher Zeit wird das Fahrzeug zur Ruhe kommen, wenn Fahrzeugreibung und Luftwiderstand gemäß

$$W = \lambda \dfrac{v^2}{2g} \tag{57}$$

von der Geschwindigkeit abhängen, wobei der Widerstandsbeiwert λ den Wert

$$\lambda = 5{,}0 \text{ kg/m}$$

besitzt, und wenn nach dem Newtonschen Kraftgesetz die zugehörige Beschleunigung b_W gemäß

$$b_W = \dfrac{Wg}{G}$$

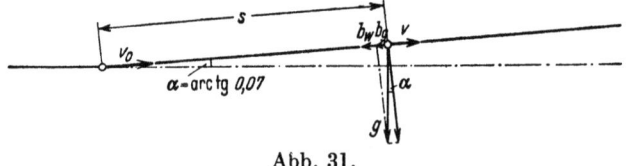

Abb. 31.

durch Widerstand und Gewicht gegeben ist. Wie verläuft $s(t)$?

Dieses Beispiel stellt eine Erweiterung von Beispiel 5 dar, in welchem Fahrzeugreibung und Luftwiderstand außer Betracht gelassen wurden. Gemäß Abb. 31 folgt nunmehr für die Beschleunigung

$$b = -g \sin \alpha - \lambda \dfrac{v^2}{2G}.$$

Es liegt damit ein Anwendungsfall von Ziffer 4, g vor und man erhält nach (22) mit $t_0 = s_0 = 0$

$$t = \int_{v_0}^{v} \dfrac{dv}{-g \sin \alpha - \lambda \dfrac{v^2}{2G}}, \qquad s = \int_{v_0}^{v} \dfrac{v \, dv}{-g \sin \alpha - \lambda \dfrac{v^2}{2G}}.$$

Nach Auswertung der Integrale ergibt sich

$$\left. \begin{aligned} t &= \dfrac{2G}{\lambda v_0} \left[\arctan \sqrt{\dfrac{\lambda v_0^2}{2Gg \sin \alpha}} - \arctan \left(\dfrac{v}{v_0} \sqrt{\dfrac{\lambda v_0^2}{2Gg \sin \alpha}}\right) \right] \sqrt{\dfrac{\lambda v_0^2}{2Gg \sin \alpha}}, \\ s &= \dfrac{G}{\lambda} \left[\ln\left(v_0^2 + \dfrac{2Gg \sin \alpha}{\lambda}\right) - \ln\left(v^2 + \dfrac{2Gg \sin \alpha}{\lambda}\right) \right] \end{aligned} \right\}$$

5. Beispiele zu Ziffer 3 und 4.

Bei Heranziehung der Additionstheoreme der arc tg-Funktion und der ln-Funktion erhält man die kürzeren Formeln

$$t = \sqrt{\frac{2G}{\lambda g \sin \alpha}} \text{ arc tg } \frac{\sqrt{\frac{\lambda v_0^2}{2Gg \sin \alpha}}\left(1 - \frac{v}{v_0}\right)}{1 + \frac{\lambda v_0^2}{2Gg \sin \alpha} \frac{v}{v_0}}, \qquad s = \frac{G}{\lambda} \ln \frac{1 + \frac{\lambda v_0^2}{2Gg \sin \alpha}}{1 + \frac{\lambda v^2}{2Gg \sin \alpha}}. \qquad (58)$$

Mit (58) lassen sich die beiden ersten Fragen bereits beantworten. Für $v = 0$ folgt

$$\left.\begin{array}{l} t_{\max} = \sqrt{\dfrac{2G}{\lambda g \sin \alpha}} \text{ arc tg } \sqrt{\dfrac{\lambda v_0^2}{2Gg \sin \alpha}} \qquad \text{(Laufzeit)}, \\[2ex] s_{\max} = \dfrac{G}{\lambda} \ln\left(1 + \dfrac{\lambda v_0^2}{2Gg \sin \alpha}\right) \qquad \text{(Fahrweg)}. \end{array}\right\} \qquad (59)$$

Für $\lambda = 0$ ergeben sich durch Grenzübergang wieder die Formeln (39) und (40) von Beispiel (5).

Um in Beantwortung der letzten Frage s als Funktion von t darstellen zu können, muß zuvor v als Funktion von t dargestellt werden. Wird an der ersten der Gln (58) die tg-Operation vollzogen, so folgt, wenn vorher mit dem reziproken Wert der Wurzel multipliziert wird,

$$\text{tg}\left(t \sqrt{\frac{\lambda g \sin \alpha}{2G}}\right) = \frac{\sqrt{\frac{\lambda v_0^2}{2Gg \sin \alpha}}\left(1 - \frac{v}{v_0}\right)}{1 + \frac{\lambda v_0^2}{2Gg \sin \alpha} \frac{v}{v_0}}$$

und hieraus durch Auflösen nach v

$$v = v_0 \frac{1 - \sqrt{\frac{2Gg \sin \alpha}{\lambda v_0^2}} \text{ tg}\left(t \sqrt{\frac{\lambda g \sin \alpha}{2G}}\right)}{1 + \sqrt{\frac{\lambda v_0^2}{2Gg \sin \alpha}} \text{ tg}\left(t \sqrt{\frac{\lambda g \sin \alpha}{2G}}\right)}. \qquad (60)$$

Die Einführung dieser Funktion in die zweite der Gln (58) liefert

$$s = \frac{G}{\lambda} \ln \frac{1 + \frac{\lambda v_0^2}{2Gg \sin \alpha}}{1 + \frac{\lambda v_0^2}{2Gg \sin \alpha}\left[\frac{1 - \sqrt{\frac{2Gg \sin \alpha}{\lambda v_0^2}} \text{ tg}\left(t\sqrt{\frac{\lambda g \sin \alpha}{2G}}\right)}{1 + \sqrt{\frac{\lambda v_0^2}{2Gg \sin \alpha}} \text{ tg}\left(t\sqrt{\frac{\lambda g \sin \alpha}{2G}}\right)}\right]^2}. \qquad (61)$$

In Anwendung auf die vorgegebenen Zahlenwerte ergibt sich mit

$$v_0 = 60 \text{ km h}^{-1} = 16{,}67 \text{ m s}^{-1}, \qquad \sin \alpha = 0{,}0698, \qquad \lambda = 5{,}0 \text{ kg m}^{-1},$$

$$G = 2000 \text{ kg}, \qquad g = 9{,}81 \text{ m s}^{-2}$$

für Laufzeit und Fahrweg

$$t_{\max} = 21{,}2 \text{ s}, \qquad s_{\max} = 164 \text{ m}.$$

Wie zu erwarten, liegen diese Werte unterhalb derjenigen des Beispiels 5. Für den Weg in Abhängigkeit von der Zeit liefert die Einführung der Zahlenwerte in (61)

$$s = 400 \ln \frac{1{,}508}{1 + 0{,}508 \left(\dfrac{1 - \dfrac{1}{0{,}713} \cdot \operatorname{tg} \dfrac{t}{34{,}2}}{1 + 0{,}713 \cdot \operatorname{tg} \dfrac{t}{34{,}2}}\right)^2} .$$

Die Auswertung dieser Funktion und ihre Auftragung zeigt Abb. 32.

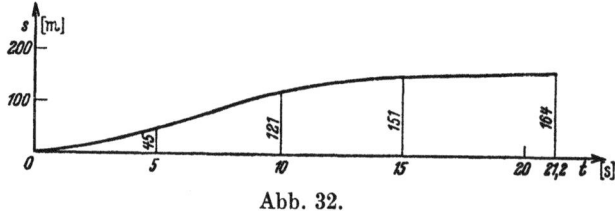

Abb. 32.

6. Kraft, Newtonsches Kraftgesetz, Masse, Dichte, Newtonsches Reaktionsgesetz.

Jeder Körper, welcher der Erdanziehung unterliegt, steht unter der Wirkung seines Gewichts, die durch Vergleich mit einem Einheitsgewicht, dem Kilogramm (kg) bzw. der Tonne (1 t = 1000 kg) gemessen wird. Alle Wirkungen auf einen Körper, die durch Einschaltung eines Gewichts, gegebenenfalls in Verbindung mit Umlenkrolle und Spannseil, hervorgerufen werden können, bezeichnet man als Kraftwirkungen; entsprechend ihrer Zurückführung auf ein Gewicht werden sie in kg oder t gemessen. Zur Erläuterung sei auf Abb. 33 verwiesen, die zeigt, wie sich die Spannkraft P einer Spiralfeder (vgl. Beispiel 7) auf diesem Wege hervorrufen und messen läßt. Es ist offensichtlich

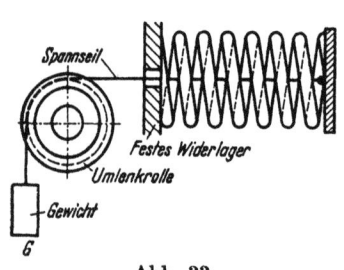

Abb. 33.

$$P = G .$$

Die Kraft ist stets die Ursache einer Bewegung. Setzt man einen Körper der Schwerkraft aus, so ergibt sich als Bewegungszustand ein freier Fall wie in dem Beispiel Seite 2 oder eine gleichmäßig verzögerte Bewegung auf geneigter Bahn wie im Beispiel 5 oder eine irgendwie verlaufende gleichmäßig beschleunigte Bewegung, je nach Art der Führung des Körpers und nach seinem anfänglichen Bewegungszustand. Wird die Spiralfeder der Abb. 33 plötzlich mit der Kraft $P = G$ gespannt, so entsteht eine harmonische Schwingung um die sogenannte statische Gleichgewichtslage, d. h. um diejenige Zusammendrückung der Feder, die sich bei ganz langsamer, schwingungsfreier Belastung der Feder durch P ergeben würde. Weitere Beispiele für den ursächlichen Zusammenhang zwischen Kraft und Bewegungszustand sind in Ziffer 5 in reicher Zahl enthalten.

Mißt man nun einerseits die Kraft, die in jedem Zeitpunkt auf einen Körper wirkt, und andererseits den Weg in Abhängigkeit von der Zeit, so zeigt das

6. Newtonsches Kraftgesetz, Masse, Dichte, Newtonsches Reaktionsgesetz.

Experiment in Verbindung mit einer mathematischen Weiterbehandlung des Weg-Zeitdiagramms gemäß Ziffer 1, daß sich stets die bewegende Kraft zum Gewicht des bewegten Körpers wie die augenblickliche Beschleunigung zur Schwerbeschleunigung verhält. Es ist also

$$\frac{P}{G} = \frac{b}{g} \qquad \text{(Newtonsches Kraftgesetz; erstes Fundamentalgesetz der Mechanik).} \qquad (62)$$

Dieses Erfahrungsgesetz stellt die fundamentale Grundlage der technischen Mechanik dar, es wurde zuerst von I. Newton gefunden und heißt ihm zu Ehren das Newtonsche Kraftgesetz. In den Beispielen von Ziffer 5 wurde es bereits mehrfach vorweggenommen und angewendet.

Durch Umstellung läßt sich das Newtonsche Kraftgesetz auch in der Form

$$P = \frac{G}{g} b$$

schreiben. Hierin wird nun

$$\frac{G}{g} = m = \text{Masse} \quad \text{in kg cm}^{-1}\,\text{s}^2 \qquad (63)$$

bezeichnet. Die Masse erscheint in der technischen Mechanik somit als abgeleitete Größe und besitzt die Dimension kg cm^{-1} s^2. Bei Berücksichtigung des Massenbegriffes in der Ausgangsgleichung folgt

$$P = m\,b \qquad \text{(Newtonsches Kraftgesetz).} \qquad (64)$$

Die Gl. (64) stellt die am häufigsten verwendete Ausgangsform des Newtonschen Kraftgesetzes dar.

Das Gewicht eines Körpers läßt sich, wenn γ das spezifische Gewicht bzw. das Gewicht der Raumeinheit und V den Rauminhalt bezeichnet, auch in der Form

$$G = \gamma\,V \qquad (65)$$

schreiben. Wird diese Beziehung in (63) berücksichtigt, so ergibt sich

$$m = \frac{\gamma}{g} V \;. \qquad (66)$$

Hierin stellt $\frac{\gamma}{g}$ die Masse je Raumeinheit dar, die gemäß

$$\frac{\gamma}{g} = \varrho = \text{Dichte} \quad \text{in kg cm}^{-4}\,\text{s}^2 \qquad (67)$$

bezeichnet wird und die Dimension kg cm^{-4} s^2 besitzt. Mit (67) erhält man eine dritte Form des Newtonschen Kraftgesetzes. Sie lautet

$$P = \varrho\,V\,b \qquad \text{(Newtonsches Kraftgesetz).} \qquad (68)$$

Mit dem Kraftbebegriff aufs engste verbunden ist ein ebenfalls schon auf Newton zurückgehendes fundamentales Erfahrungsgesetz, das Newton in der Form

actio = reactio   bzw.   Aktionskraft = Reaktionskraft

eingeführt hat. Zur Erläuterung diene die gespannte Feder der Abb. 33. Betrachtet man die Feder, so erzeugt das Gewicht G eine gleichgroße Federspannkraft, die in Richtung von rechts nach links auf die Feder wirkt. Betrachtet man das Spannseil, so hat die Feder das Bestreben, sich mit einer Kraft $P = G$ zu entspannen, die von links nach rechts wirkt und zusammen mit der Gewichtskraft G die Voraussetzungen für die Spannung des Seiles und damit für die Kraftumlenkung von G liefert. Die Kraft, welche die Feder spannt, ist die Aktionskraft, diejenige, mit der sich die Feder zu entspannen sucht, die Reaktionskraft. Da die Reaktionskraft immer entgegengesetzt gerichtet ist wie die Aktionskraft, empfiehlt es sich, die Form

$$\text{Aktionskraft} = -\text{Reaktionskraft} \quad (\text{Newtonsches Reaktionsgesetz}) \quad (69)$$

für das Newtonsche Reaktionsgesetz zu wählen. Ihrem Charakter entsprechend wird das Reaktionsgesetz auch als Kontaktwirkungsgesetz oder Wechselwirkungsgesetz bezeichnet.

7. Mechanische Arbeit, Energiesatz, kinetische und potentielle Energie, Leistung.

Aus dem Newtonschen Kraftgesetz als dem Fundamentalgesetz der Mechanik lassen sich zwei Sätze ableiten, die für die Lösung mechanischer Probleme von außerordentlicher Bedeutung sind. Einer von diesen ist der Energiesatz, der auf dem Begriff der mechanischen Arbeit fußt.

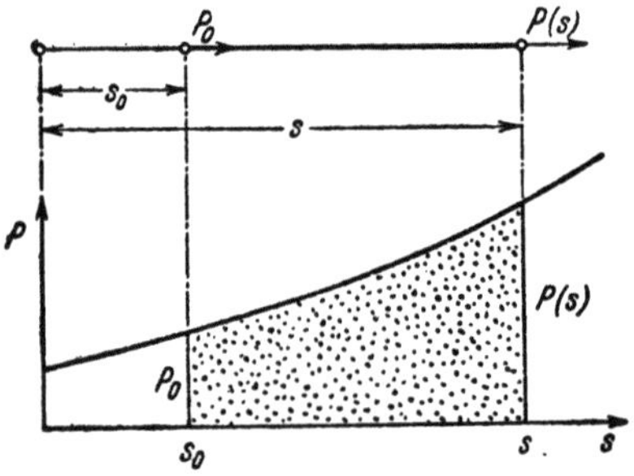

Befindet sich ein geradlinig bewegter Körper gemäß Abb. 34 zur Zeit t_0 an der Stelle s_0 und zur Zeit t an der Stelle s und wirkt auf ihn während des Zurücklegens der Wegstrecke $s - s_0$ eine in die Bewegungsrichtung fallende und mit s im allgemeinen veränderliche Kraft $P(s)$, so wird das bestimmte Integral

$$\int_{s_0}^{s} P(s)\,ds = A \quad (\text{mechanische Arbeit}) \quad (70)$$

Abb. 34.

als die auf der Strecke $s - s_0$ von dem Körper aufgenommene mechanische Arbeit bezeichnet; ist der Integralwert negativ, so ist keine Arbeit aufgenommen, sondern abgegeben worden. Entsprechend dem Begriff des bestimmten Integrales stellt die mechanische Arbeit auf der Strecke $s - s_0$ den in Abb. 34 schraffierten Flächeninhalt dar.

Nun ist nach (64) und (6)

$$P = m\,b = m\frac{dv}{dt} \quad (71)$$

und, wenn an Stelle von s die Zeit als Integrationsveränderliche substituiert wird,

$$ds = \frac{ds}{dt}\,dt = v\,dt. \quad (72)$$

Bei Einführung von (71) und (72) in (70) folgt

$$\int_{s_0}^{s} P(s)\,ds = \int_{t_0}^{t} m\frac{dv}{dt} v\,dt = m\int_{t_0}^{t} v\frac{dv}{dt}\,dt.$$

7. Mechanische Arbeit, Energiesatz, kinetische und potentielle Energie, Leistung.

Nun ist, wenn nunmehr die Geschwindigkeit als Integrationsveränderliche substituiert wird,
$$\frac{dv}{dt} dt = dv$$
und man erhält
$$m \int_{t_0}^{t} v \frac{dv}{dt} dt = m \int_{v_0}^{v} v \, dv = \frac{m}{2} (v^2 - v_0^2).$$

Bei Berücksichtigung dieses Integralwertes ergibt sich schließlich
$$A = \int_{s_0}^{s} P(s) \, ds = \frac{m}{2} v^2 - \frac{m}{2} v_0^2 \quad \text{(Energiesatz)}. \tag{73}$$

Die große Bedeutung des Energiesatzes besteht darin, daß er eine unmittelbare Darstellung der Geschwindigkeit aus der mechanischen Arbeit ermöglicht. Durch Auflösung von (73) nach v folgt
$$v = \sqrt{v_0^2 + \frac{2A}{m}} = \sqrt{v_0^2 + \frac{2}{m} \int_{s_0}^{s} P(s) \, ds}. \tag{74}$$

Die mechanische Arbeit einer Kraft $P(s)$ zwischen s und einem fest angenommenen Abszissenwerte s^* bezeichnet man auch als potentielle Energie des Punktes s in bezug auf s^*
$$\int_{s}^{s^*} P(s) \, ds = \text{potentielle Energie in bezug auf } s^* = H(s). \tag{75}$$

Ausgedrückt durch die potentielle Energie lautet die mechanische Arbeit nach (70)
$$\int_{s_0}^{s} P(s) \, ds = \int_{s_0}^{s^*} P(s) \, ds - \int_{s}^{s^*} P(s) \, ds$$

oder in Verbindung mit (75)
$$A = \int_{s_0}^{s} P(s) \, ds = H(s_0) - H(s). \tag{76}$$

In Abb. 35 ist diese Aufspaltung der mechanischen Arbeit geometrisch veranschaulicht.

Die Größe $\frac{m}{2} v^2$ wird als kinetische Energie oder Wucht bezeichnet,
$$\frac{m}{2} v^2 = E(s) \quad \text{(kinetische Energie)}. \tag{77}$$

Mit dieser Abkürzung lautet die rechte Seite von (73)

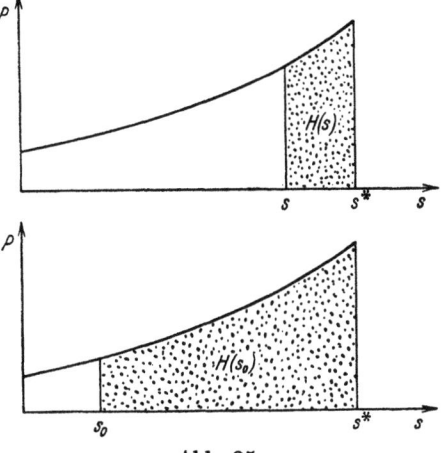

Abb. 35.

$$\frac{m}{2} v^2 - \frac{m}{2} v_0^2 = E(s) - E(s_0). \tag{78}$$

Werden (76) und (78) in (73) eingeführt, so erhält man
$$-[H(s) - H(s_0)] = [E(s) - E(s_0)] \quad \text{(Energiesatz)}. \tag{79}$$

Diese Sonderform des Energiesatzes besagt:

Verlust an potentieller Energie = Zunahme an kinetischer Energie. (79a)

Durch Umordnung von (79) ergibt sich

$$H(s) + E(s) = H(s_0) + E(s_0) = \text{constans} \quad \text{(Energiegleichung)}. \quad (80)$$

Diese Sonderform des Energiesatzes wird als Energiegleichung bezeichnet. Sie besagt:

Potentielle Energie + Kinetische Energie = constans . (80a)

Eine sehr anschauliche Erläuterung dieser Begriffe liefert der freie Fall (Abb. 36), der schon auf Seite 2 behandelt wurde. Hier wird der Bezugshorizont für die potentielle Energie natürlicherweise in die Erdoberfläche gelegt, womit

$$s^* = h$$

wird. Mit $s_0 = 0$ und $v_0 = 0$ folgt

$$H(s_0) = H(0) = Gh, \qquad E(s_0) = E(0) = 0,$$

$$H(s) = G(h-s), \qquad E(s) = \frac{m}{2}v^2 = \frac{G}{2g}v^2.$$

Die Einführung dieser Energiewerte in (80) ergibt

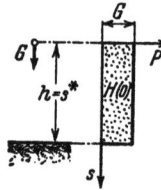
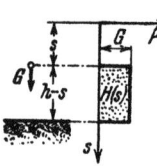

Abb. 36.

$$G(h-s) + \frac{G}{2g}v^2 = Gh \qquad \text{oder} \qquad -s + \frac{v^2}{2g} = 0.$$

Hieraus folgt

$$v = \sqrt{2gs}, \qquad v_{\max} = \sqrt{2gh}.$$

Die Arbeit oder Energie wird in der Mechanik gewöhnlich in mkg ausgedrückt. Zuweilen wird sie auch zum Vergleich mit elektrischer Energie in kWh umgerechnet. Hierfür gilt

$$1 \text{ mkg} = 2{,}72 \cdot 10^{-6} \text{ kWh}, \qquad 1 \text{ kWh} = 0{,}367 \cdot 10^6 \text{ mkg}. \quad (81)$$

Wird die mechanische Arbeit in der Form (70) nach der Zeit differenziert, so folgt

$$\frac{dA}{dt} = \frac{dA}{ds}\frac{ds}{dt} = Pv.$$

Diese Größe heißt die Leistung

$$L = \frac{dA}{dt} = Pv \qquad \text{(Leistung).} \quad (82)$$

Die Leistung wird gewöhnlich in mkg s^{-1} oder in Pferdestärken (PS) ausgedrückt, zuweilen auch zum Vergleich mit elektrischer Leistung in kW. Hierfür gilt

$$\left.\begin{aligned}
1 \text{ mkg s}^{-1} &= 0{,}0133 \text{ PS} = 0{,}00981 \text{ kW}, \\
1 \text{ PS} &= 75 \text{ mkg s}^{-1} = 0{,}736 \text{ kW}, \qquad 1 \text{ kW} = 102 \text{ mkg s}^{-1} = 1{,}36 \text{ PS}.
\end{aligned}\right\} \quad (83)$$

8. Impuls, Impulssatz, Bewegungsgröße, Neuformulierung des Newtonschen Kraftgesetzes.

Der zweite Satz, der sich aus dem Newtonschen Kraftgesetz herleiten läßt, ist der Impulssatz, der auf dem Begriff des Impulses fußt. Wird bei dem Körper von Abb. 34 die Kraft nicht in Abhängigkeit von s_0 und s sondern von t_0 und t betrachtet (Abb. 37), so wird das bestimmte Integral

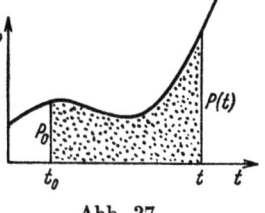

$$\int_{t_0}^{t} P(t)\,dt = I \quad \text{(Impuls)} \tag{84}$$

als der im Zeitintervall $t - t_0$ von dem Körper aufgenommene Impuls bezeichnet; ist der Integralwert negativ, so ist kein Impuls aufgenommen, sondern abgegeben worden. Geometrisch stellt der Impuls den schraffierten Flächeninhalt von Abb. 37 dar.

Abb. 37.

Wird nun in (84) die Kraft gemäß (71) ausgedrückt, so folgt

$$\int_{t_0}^{t} P(t)\,dt = \int_{t_0}^{t} m\frac{dv}{dt}\,dt = \int_{v_0}^{v} m\,dv = mv - mv_0\,.$$

Bei Berücksichtigung dieses Integralwertes ergibt sich

$$I = \int_{t_0}^{t} P(t)\,dt = mv - mv_0 \quad \text{(Impulssatz).} \tag{85}$$

Die Größe mv wird in der Mechanik als Bewegungsgröße bezeichnet,

$$mv = B(t) = \text{Bewegungsgröße.} \tag{86}$$

Bei Einführung dieses Begriffes in (85) lautet der Impulssatz

$$I = \int_{t_0}^{t} P(t)\,dt = B(t) - B(t_0) \quad \text{(Impulssatz),} \tag{87}$$

oder in Worten:

$$\text{Aufgenommener Impuls} = \text{Zunahme an Bewegungsgröße.} \tag{87a}$$

Ähnlich wie beim Energiesatz, so liegt auch die Bedeutung des Impulssatzes für die Anwendung darin, daß er eine unmittelbare Berechnung der Geschwindigkeit gestattet. Durch Auflösen von (85) nach v folgt

$$v = v_0 + \frac{I}{m} = v_0 + \frac{1}{m}\int_{t_0}^{t} P(t)\,dt\,. \tag{88}$$

Der Begriff der Bewegungsgröße gestattet eine Neuformulierung des Newtonschen Kraftgesetzes, die für die neuere Mechanik von großer Bedeutung geworden ist. Durch Verbindung von (71) und (86) erhält man

$$P = mb = m\frac{dv}{dt} = \frac{d(mv)}{dt} = \frac{dB}{dt} \quad \text{(Newtonsches Kraftgesetz,} \tag{89}$$

d. h. die Kraft ist der Differentialquotient der Bewegungsgröße nach der Zeit.

9. Beispiele zu Ziffer 6 bis 8.

Beispiel 9. Ein Lamellenpuffer gemäß Abb. 38 aus Uerdinger Federringen, bei welchen die Federwirkung durch das Auseinanderpressen der Außenringe und das Zusammenpressen der Innenringe unter gleichzeitigem Zusammen-

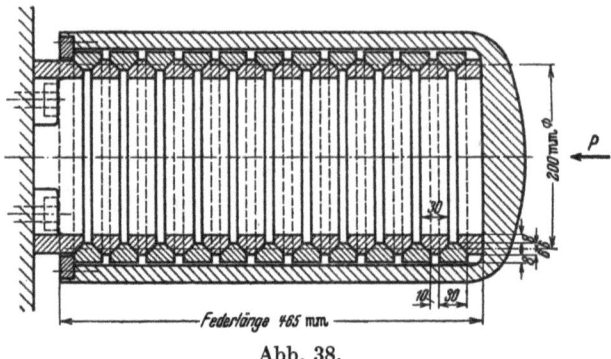

Abb. 38.

schieben aller Ringe längs der konischen Kontaktflächen zustande kommt und bei welchem die Federkonstante nach den Lehren der Elastizitätstheorie gemäß der Formel

$$c = \frac{\pi F E}{2 n r}$$

zu berechnen ist, in welcher F den Federringquerschnitt, E den sogenannten Elastizitätsmodul, für Stahl $E = 2\,100\,000$ kg cm^{-2}, n die Anzahl der Kontaktflächen und r den Federringhalbmesser bezeichnet, wird von einer 10000 kg schweren Last mit einer Geschwindigkeit von 0,90 m s^{-1} angestoßen. Um welches Maß wird der Puffer zusammengedrückt, wie groß ist die dabei auftretende Stoßkraft und nach welcher Zeit wird die Last von der Pufferfeder wieder zurückgeworfen? Wie gestaltet sich der Rechnungsgang, a) unter Zugrundelegung des Newtonschen Kraftgesetzes, b) mit Hilfe des Energiesatzes, c) mit Hilfe des Impulssatzes?

a) Behandlung unter Zugrundelegung des Newtonschen Kraftgesetzes. In Abb. 39 ist der Feder- und Bewegungszustand zur Zeit $t_0 = 0$, zu welcher die Masse auf die Feder auftrifft, und zu einem beliebigen Zeitpunkt t schematisch dargestellt; s bezeichnet die Federzusammendrückung bzw. den Weg der Masse, vom Auftreffzeitpunkt an gerechnet. Nun ist nach den Ausführungen unter Beispiel 7 die Federkonstante c diejenige Kraft, die eine Zusammendrückung der Feder um die Längeneinheit hervorruft. Demgemäß gehört zu einem Federweg s die Kraft auf die Feder

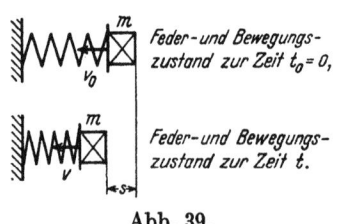

Abb. 39.

$$P = c s. \tag{90}$$

Nach dem Newtonschen Reaktionsgesetz (69) ist dann die Kraft auf die Masse

$$P = -c s. \tag{90a}$$

9. Beispiele zu Ziffer 6 bis 8.

Durch Einführung dieses Kraftwertes in (64) folgt
$$-cs = mb.$$
Nun ist die Beschleunigung, ausgedrückt durch den Weg, nach (8)
$$b = \frac{d^2s}{dt^2}. \qquad \text{Man erhält daher} \qquad -cs = m\frac{d^2s}{dt^2}$$
oder auch
$$\frac{d^2s}{dt^2} + \frac{c}{m}s = 0. \tag{91}$$
Dies ist eine lineare Differentialgleichung zweiter Ordnung mit konstantem Koeffizienten, die in der Mechanik als die Differentialgleichung der harmonischen Schwingungen bezeichnet wird. Unter Einführung der sogenannten Kreisfrequenz ω
$$\omega = \sqrt{\frac{c}{m}} \tag{92}$$
lautet sie
$$\frac{d^2s}{dt^2} + \omega^2 s = 0. \tag{93}$$
Das allgemeine Integral dieser Differentialgleichung läßt sich in verschiedener Weise darstellen. Eine für Schwingungsprobleme besonders zweckmäßige Form lautet
$$s = A \sin(\omega t - \alpha), \tag{94}$$
in der A und α die Integrationskonstanten bedeuten. A heißt die Schwingungsamplitude und α der Phasenwinkel. Durch Differentiation von (94) nach t folgt
$$v = A\omega \cos(\omega t - \alpha). \tag{95}$$
Mit Hilfe von (94) und (95) lassen sich die beiden Integrationskonstanten aus den Anfangsbedingungen leicht bestimmen. Diese lauten:

Zur Zeit $t_0 = 0$ ist $s = 0$ und $v = v_0$.

Die Einführung dieser Wertepaare in (94) und (95) ergibt
$$0 = A\sin(-\alpha) = -A\sin\alpha, \qquad v_0 = A\omega\cos(-\alpha) = A\omega\cos\alpha.$$
Die erste Gleichung liefert
$$\alpha = 0, \qquad \text{die zweite} \qquad A = \frac{v_0}{\omega}.$$
Damit erhält man
$$s = \frac{v_0}{\omega}\sin\omega t, \qquad v = v_0 \cos\omega t. \tag{96}$$
Mit Hilfe von (96) und (90) lassen sich die drei gestellten Fragen sofort beantworten. Für die größte Zusammendrückung des Puffers folgt aus der ersten der Gln (96) in Verbindung mit (92)
$$s_{\max} = \frac{v_0}{\omega} = v_0\sqrt{\frac{m}{c}} \qquad \text{(größte Zusammendrückung).} \tag{97}$$
Die Einführung dieses Wertes in (90) liefert die größte Stoßkraft
$$P_{\max} = c\frac{v_0}{\omega} = v_0\sqrt{mc} \qquad \text{(größte Stoßkraft).} \tag{98}$$

Die dritte Frage ist gleichbedeutend mit der Frage, wann der Federweg s wieder null wird. Nach der ersten der Gln (96) folgt hierfür

$$\omega t = \pi \qquad \text{oder} \qquad t = \frac{\pi}{\omega} = \pi\sqrt{\frac{m}{c}} \qquad \text{(Reflektionszeit)}. \qquad (99)$$

Für die Pufferfeder von Abb. 38 ergibt sich

$$F = 3{,}0 \cdot 0{,}8 + \frac{3{,}0 + 1{,}0}{2} \cdot 1{,}2 = 4{,}8 \text{ cm}^2\ , \qquad E = 2\,100\,000 \text{ kg cm}^{-2}\ , \qquad n = 22\ ,$$

$$r = 10 \text{ cm}\ ; \qquad c = \frac{\pi F E}{2 n r} = \frac{\pi \cdot 4{,}8 \cdot 2\,100\,000}{2 \cdot 22 \cdot 10} = 72\,000 \text{ kg cm}^{-1}\ ;$$

$$m = \frac{G}{g} = \frac{10\,000}{981} = 10{,}2 \text{ kg cm}^{-1}\text{s}^2\ ; \qquad v_0 = 90 \text{ cm s}^{-1}\ .$$

Damit erhält man nach (97) bis (99)

$$s_{\max} = 90\sqrt{\frac{10{,}2}{72\,000}} = 1{,}07 \text{ cm}\ , \qquad P_{\max} = 90\sqrt{10{,}2 \cdot 72\,000} = 77\,200 \text{ kg}\ ,$$

$$t_{\text{Refl}} = 3{,}142\sqrt{\frac{10{,}2}{72\,000}} = 0{,}0374 \text{ s}\ .$$

Für den Bewegungs- und Geschwindigkeitsverlauf nach (96) folgt

$$\omega = \sqrt{\frac{72\,000}{10{,}2}} = 84{,}0 \text{ s}^{-1}\ , \qquad \frac{v_0}{\omega} = \frac{90}{84{,}0} = 1{,}07 \text{ cm}$$

und damit

$$s = 1{,}07 \sin 84\, t \quad \text{in cm}\ , \qquad v = 90{,}0 \cos 84\, t \quad \text{in cm s}^{-1}\ .$$

Die Auftragung dieser Gesetzmäßigkeiten ist aus Abb. 40 ersichtlich.

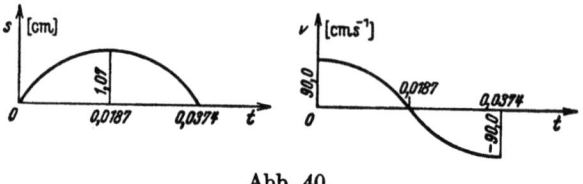

Abb. 40.

Nach Abb. 40 verläßt die aufgeprallte Masse den Federpuffer mit der negativen Anfangsgeschwindigkeit, d. h. die Geschwindigkeitsrichtung ist umgekehrt.

b) Behandlung mit Hilfe des Energiesatzes. Wird in (73) die Kraft nach (90a) eingeführt, so erhält man mit $s_0 = 0$

$$\int_0^s -c s\, ds = \frac{m}{2} v^2 - \frac{m}{2} v_0^2$$

oder nach Ausführung der Integration

$$-c\frac{s^2}{2} = \frac{m}{2} v^2 - \frac{m}{2} v_0^2\ ,$$

oder aufgelöst nach v

$$v = \sqrt{v_0^2 - \frac{c}{m} s^2} = \sqrt{v_0^2 - \omega^2 s^2}\ . \qquad (100)$$

9. Beispiele zu Ziffer 6 bis 8.

Die Geschwindigkeit ist damit in Abhängigkeit von s bekannt. Nun ist

$$v = \frac{ds}{dt} \quad \text{und damit} \quad \frac{dt}{ds} = \frac{1}{\sqrt{v_0^2 - \omega^2 s^2}} = \frac{\frac{1}{\omega}}{\sqrt{\left(\frac{v_0}{\omega}\right)^2 - s^2}} \, .$$

Hieraus ergibt sich durch Integration zwischen 0 und t bzw. 0 und s

$$t = \int_0^s \frac{\frac{1}{\omega} ds}{\sqrt{\left(\frac{v_0}{\omega}\right)^2 - s^2}} = \frac{1}{\omega} \arcsin \frac{\omega s}{v_0} \, . \tag{101}$$

Wird an der mit ω multiplizierten Gl. (101) die Sinus-Operation vollzogen, so folgt unter Auflösung nach s und weiter bei Differentiation nach t

$$s = \frac{v_0}{\omega} \sin \omega t \, , \qquad v = v_0 \cos \omega t \, . \tag{102}$$

Dies sind wieder die Gln (96) von a).

Wie der Vergleich mit a) erkennen läßt, ist der Rechnungsgang mit Hilfe des Energiesatzes im vorliegenden Falle viel kürzer. Außerdem führt er auf keinerlei Differentialgleichungen, sondern lediglich auf bestimmte Integrale, die sich unmittelbar auswerten lassen.

Es soll nun noch die Umsetzung zwischen potentieller und kinetischer Energie näher untersucht werden. Die potentielle Energie stellt hier Formänderungsarbeit dar, die auf der Wegstrecke von $s = 0$ bis $s = s_{\max}$ von der Feder gespeichert und auf der Wegstrecke von $s = s_{\max}$ bis $s = 0$ von der Feder abgegeben wird. Es liegt daher nahe, in (75) hier

$$s^* = s_0 = 0$$

zu setzen. Damit folgt in Verbindung mit (90a)

$$H(s) = \int_s^0 -c s \, ds = \frac{c}{2} s^2 \, , \quad H(s_0) = H(0) = 0 \, ,$$

$$E(s) = \frac{m}{2} v^2 \qquad , \quad E(s_0) = E(0) = \frac{m}{2} v_0^2 \, ,$$

$$H(s_0) + E(s_0) = \frac{m}{2} v_0^2 \, . \tag{103}$$

Man erhält daher für die Energiegleichung (80)

$$H(s) + E(s) = \frac{m}{2} v_0^2 \, . \tag{104}$$

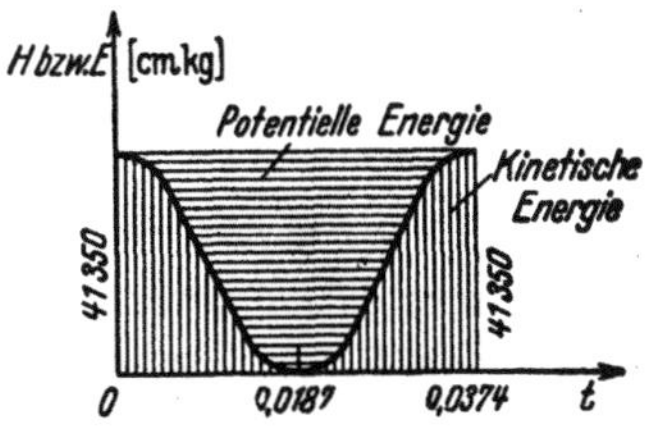

Die Auftragung der durch (103) und (104) dargestellten Energieumsetzungen zeigt Abb. 41, und zwar nicht über s, sondern über t als Abszisse.

Abb. 41.

c) Behandlung mit Hilfe des Impulssatzes.
Wird in (85) die Kraft nach (90a) eingeführt, so erhält man mit $t_0 = 0$

$$\int_0^t -c s \, dt = m v - m v_0 \, .$$

Nun ist $v = \frac{ds}{dt}$ und $s = s(t)$ und es folgt

$$\frac{ds}{dt} - v_0 + \frac{c}{m}\int_0^t s(t)\,dt = 0$$

und hieraus bei Integration zwischen 0 und t und mit $s_0 = 0$

$$s(t) - v_0 t + \frac{c}{m}\int_0^t\int_0^t s(t)\,dt = 0 \ . \tag{105}$$

Dies ist eine Integralgleichung zweiter Ordnung. Ihre Lösung lautet

$$s = v_0 \sqrt{\frac{c}{m}}\sin\sqrt{\frac{m}{c}}\,t = \frac{v_0}{\omega}\sin\omega t \tag{106}$$

im Einklang mit (96).

Verglichen mit a) und b) erweist sich der Impulssatz als das vorteilhafteste Verfahren zur Lösung des vorliegenden Problems. Seine Anwendung führt allerdings sehr häufig auf Integralgleichungen, deren Lösung im allgemeinen schwieriger ist, wie diejenige von Differentialgleichungen. Nachdem aber die Theorie der Integralgleichungen von seiten der Mathematik in zunehmendem Maße ausgebaut wird, dürfte der Impulssatz eine immer stärker hervortretende Bedeutung bei der Behandlung mechanischer Probleme erlangen.

Beispiel 10. In einem Geschützrohr gemäß Abb. 42 von $D = 200$ mm lichtem Durchmesser und $L = 3{,}0$ m Länge steht die Granate nach Vergasung der Treib-

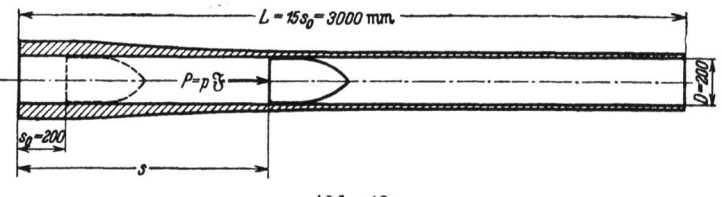

Abb. 42.

ladung unter einem Druck $p_0 = 2200$ atü oder kg cm^{-2} bei einem Gasvolumen von $V_0 = 6{,}3$ lit. Mit welcher Geschwindigkeit bewegt sich die 5 kg wiegende Granate, wenn zwischen Druck und Volumen das Gasgesetz

$$p_0 V_0^k = p V^k \quad \text{mit} \quad k = 1{,}167$$

zugrunde gelegt wird? Wie gestaltet sich die Energieumsetzung und wieviel % der bereitgestellten potentiellen Energie sind im Rohre nicht ausnutzbar? Wie verläuft die Leistungsabgabe an die Granate während der Energieumsetzung und wie groß ist die Maximalleistung in PS? Wie hängt die veränderlich gedachte Rohrlänge und die Austrittsgeschwindigkeit von dem Ausnutzungsgrad der bereitgestellten potentiellen Energie ab?

Aus dem vorgegebenen Gasgesetz folgt

$$p = p_0\left(\frac{V}{V_0}\right)^{-k} \ .$$

6. Beispiele zu Ziffer 6 bis 8.

Nun ist, da der Rohrquerschnitt F konstant ist,

$$V_0 = F s_0, \qquad V = F s, \qquad \frac{V}{V_0} = \frac{s}{s_0}$$

und damit

$$p = p_0 \left(\frac{s}{s_0}\right)^{-k}. \tag{107}$$

Durch Multiplikation des Gasdruckes mit dem Rohrquerschnitt F ergibt sich die auf die Granate wirkende Kraft zu

$$P = F p_0 \left(\frac{s}{s_0}\right)^{-k}. \tag{108}$$

Bei allen Problemen, bei denen die Kraft in Abhängigkeit vom Wege gegeben ist, gelangt man durch Anwendung des Energiesatzes am schnellsten zum Ziele. Im vorliegenden Falle, wo lediglich nach dem Geschwindigkeitsverlaufe gefragt ist, folgt unmittelbar aus (74)

$$v = \sqrt{v_0^2 + \frac{2}{m}\int_{s_0}^{s} F p_0 \left(\frac{s}{s_0}\right)^{-k} ds}.$$

Da die Anfangsgeschwindigkeit $v_0 = 0$ ist, erhält man nach Durchführung der Integration

$$v = \sqrt{\frac{2 F p_0 s_0}{m(k-1)}\left[1 - \left(\frac{s}{s_0}\right)^{1-k}\right]}. \tag{109}$$

In Anwendung auf die vorgegebenen Zahlenwerte ergibt sich

$$F = \frac{\pi L^2}{4} = \frac{\pi \cdot 20^2}{4} = 314{,}2 \text{ cm}^2, \qquad p_0 = 2200 \text{ kg cm}^{-2},$$

$$s_0 = \frac{V_0}{F} = \frac{6{,}3 \cdot 1000}{314{,}2} = 20{,}0 \text{ cm}, \qquad m = \frac{5}{981} = 0{,}00510 \text{ kg cm}^{-1}\text{s}^2, \qquad k = 1{,}167.$$

Hieraus errechnet man nach (107) bis (109)

$$p = 2200 \left(\frac{s}{s_0}\right)^{-1{,}167} \text{ kg cm}^{-2}, \qquad P = 691\,000 \left(\frac{s}{s_0}\right)^{-1{,}167} \text{ kg},$$

$$v = 1803 \sqrt{1 - \left(\frac{s}{s_0}\right)^{-0{,}167}} \text{ m s}^{-1}.$$

Aus Abb. 43 und 44 ist der zugehörige Gasdruck- und Geschwindigkeitsverlauf ersichtlich.

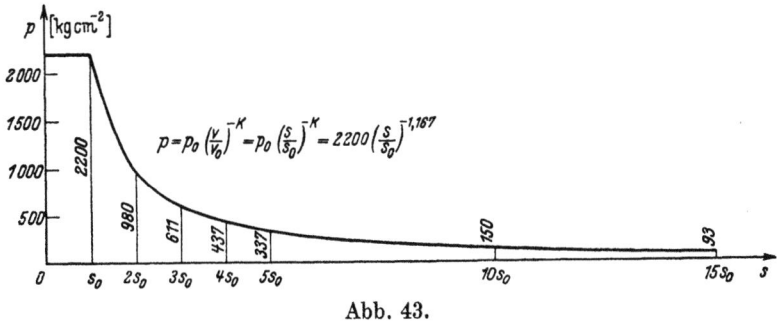

Abb. 43.

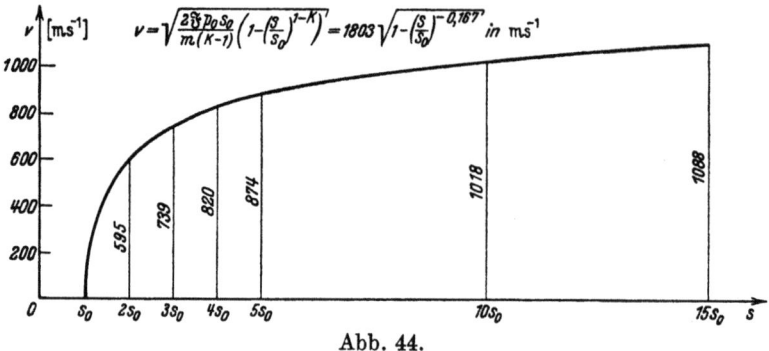
Abb. 44.

Nach Abb. 43 ist der Gasdruck in dem Augenblick, in welchem die Granate das Geschützrohr verläßt, noch 93 atü. Demgemäß ist die zur Verfügung stehende potentielle Energie nur teilweise ausgenutzt; um sie ganz auszunutzen, müßte das Geschützrohr unendlich lang sein, was natürlich praktisch unmöglich ist. Der Höchstwert der potentiellen Energie, der sich bei unendlich lang gedachtem Geschützrohr ergeben würde, folgt aus (75), wenn $s = s_0$ und $s^* = \infty$ gesetzt wird, zu

$$H_{\max} = \int_{s_0}^{\infty} P\,ds = \int_{s_0}^{\infty} F\,p_0 \left(\frac{s}{s_0}\right)^{-k} ds = \frac{F\,p_0\,s_0}{k-1}\,. \tag{110}$$

Mit den vorgegebenen Zahlenwerten erhält man

$$H_{\max} = \frac{314{,}2 \cdot 2200 \cdot 20}{0{,}167} = 82\,800\,000 \text{ cmkg} = 828 \text{ mt}\,.$$

Wenn nun gemäß der zweiten Frage die Energieumsetzung im Geschützrohr betrachtet wird, so liegt es nach Vorstehendem nahe, hierfür $s^* = \infty$ zu setzen, womit alles auf den Höchstwert der bereitstehenden potentiellen Energie abgestimmt wird. In Verbindung mit (75) und (77) folgt nach (108) und (109)

$$\left.\begin{aligned}H(s) &= \int_{s}^{\infty} P\,ds = \frac{F\,p_0\,s_0}{k-1}\left(\frac{s}{s_0}\right)^{1-k},\quad H(s_0) = \int_{s_0}^{\infty} P\,ds = \frac{F\,p_0\,s_0}{k-1} = H_{\max},\\ E(s) &= \frac{m}{2}v^2 = \frac{F\,p_0\,s_0}{k-1}\left[1 - \left(\frac{s}{s_0}\right)^{1-k}\right],\ E(s_0) = 0,\ H(s_0)+E(s_0) = H_{\max}.\end{aligned}\right\} \tag{111}$$

Die Auftragung der durch (111) dargestellten Energieumsetzung zeigt Abb. 45.

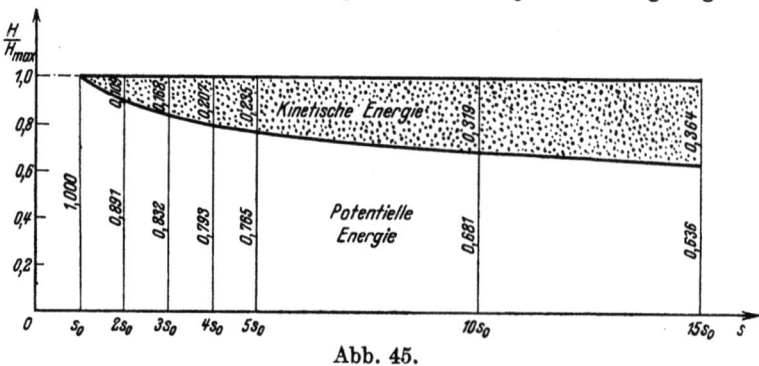
Abb. 45.

9. Beispiele zu Ziffer 6 bis 8.

Nach Abb. 45 sind 63,6% der bereitstehenden potentiellen Energie im Rohre nicht ausnutzbar.

Zur Beantwortung der nächsten Frage nach der Leistungsabgabe während der Energieumsetzung muß gemäß (82) das Produkt von Kraft und Geschwindigkeit gebildet werden. In Verbindung mit (108) und (109) ergibt sich

$$\mathfrak{L} = Pv = Fp_0\left(\frac{s}{s_0}\right)^{-k}\sqrt{\frac{2Fp_0s_0}{m(k-1)}\left[1-\left(\frac{s}{s_0}\right)^{1-k}\right]}. \tag{112}$$

Beim Übergang auf Zahlenwerte folgt

$$\mathfrak{L} = 124\,500\,000\,000\left(\frac{s}{s_0}\right)^{-1,167}\sqrt{1-\left(\frac{s}{s_0}\right)^{-0,167}} \text{ cmkg s}^{-1}$$

$$= 16\,600\,000\left(\frac{s}{s_0}\right)^{-1,167}\sqrt{1-\left(\frac{s}{s_0}\right)^{-0,167}} \text{ PS}.$$

Für das Leistungsmaximum erhält man durch Nullsetzen des Differentialquotienten von (112) nach s/s_0.

$$0 = -k\left(\frac{s}{s_0}\right)^{-k-1}\sqrt{\frac{2Fp_0s_0}{m(k-1)}\left[1-\left(\frac{s}{s_0}\right)^{1-k}\right]} + \frac{\frac{2Fp_0s_0}{m(k-1)}(k-1)\left(\frac{s}{s_0}\right)^{-2k}}{2\sqrt{\frac{2Fp_0s_0}{m(k-1)}\left[1-\left(\frac{s}{s_0}\right)^{1-k}\right]}}$$

oder $\quad -2k\left(\frac{s}{s_0}\right)^{-k-1}\left[1-\left(\frac{s}{s_0}\right)^{1-k}\right] + (k-1)\left(\frac{s}{s_0}\right)^{-2k} = 0$

oder $\quad -2k\left(\frac{s}{s_0}\right)^{-k-1} + (3k-1)\left(\frac{s}{s_0}\right)^{-2k} = 0$

oder $\quad \left(\frac{s}{s_0}\right)^{1-k} = \frac{2k}{3k-1}\quad$ (Lage des Leistungsmaximums). (113)

Die Einführung von (113) in (112) liefert

$$\mathfrak{L}_{\max} = Fp_0\frac{s_0}{s}\frac{2k}{3k-1}\sqrt{\frac{2Fp_0s_0}{m(3k-1)}}. \tag{114}$$

Der Übergang auf Zahlenwerte ergibt

$$\left(\frac{s}{s_0}\right)^{-0,167} = \frac{2\cdot 1,167}{2,500} = 0,933\,;\qquad \frac{s}{s_0} = 1,505\,.$$

$$\mathfrak{L}_{\max} = \frac{314,2\cdot 2200}{1,505}\cdot 0,933\sqrt{\frac{2\cdot 314,2\cdot 2200\cdot 20}{0,00510\cdot 2,500}} = 19\,980\,000\,000 \text{ cmkg s}^{-1} = 2\,660\,000 \text{ PS}.$$

Die Auftragung des Leistungsverlaufes zeigt Abb. 46.

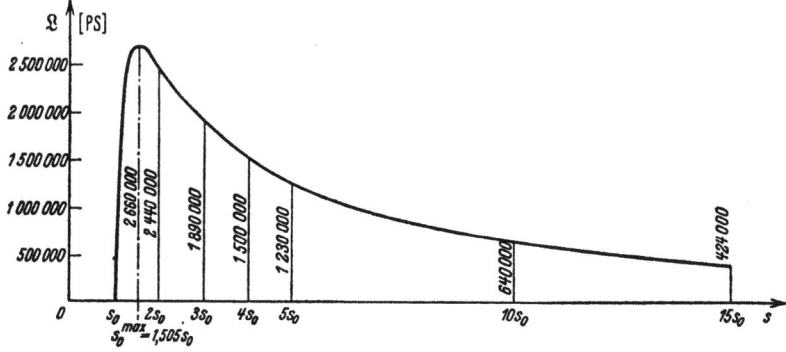

Abb. 46.

Zur Beantwortung der letzten Frage nach der Abhängigkeit der jetzt veränderlich gedachten Rohrlänge und Austrittsgeschwindigkeit von dem Ausnutzungsgrad der bereitgestellten potentiellen Energie ist in der Formel für $H(s)$ gemäß (111) $s = L$ zu setzen und $H_{\max}$ einzuführen; entsprechend ist in Gl. (109) für v zu verfahren. Dann ergibt sich

$$H = H_{\max}\left(\frac{L}{s_0}\right)^{1-k} \qquad , \qquad v_L = \sqrt{\frac{2}{m} H_{\max}\left[1 - \left(\frac{L}{s_0}\right)^{1-k}\right]} \; .$$

Hieraus folgt

$$L = s_0 \left(\frac{H}{H_{\max}}\right)^{\frac{1}{1-k}} = \frac{s_0}{\left(\frac{H}{H_{\max}}\right)^{\frac{1}{k-1}}} \quad , \quad v_L = \sqrt{\frac{2}{m} H_{\max}} \sqrt{1 - \frac{H}{H_{\max}}} \quad . \tag{115}$$

In Anwendung auf die vorgegebenen Zahlenwerte erhält man

$$L = \frac{0{,}20}{\left(\frac{H}{H_{\max}}\right)^6} m \quad , \quad v = 1803 \sqrt{1 - \frac{H}{H_{\max}}} \; m\,s^{-1} \; .$$

Aus der nachfolgenden Zahlentafel ist der Verlauf dieser Funktionen ersichtlich.

$\frac{H}{H_{\max}}$	0,0	0,1	0,2	0,3	0,4	0,5	0,6	0,7	0,8	0,9	1,0	
L	∞	200000	3125	274,3	48,8	12,8	4,29	1,70	0,76	0,38	0,20	in m
v	1803	1712	1612	1508	1397	1275	1140	988	806	570	0	in m s^{-1}

Die Zusammenstellung läßt anschaulich erkennen, wie teuer die Geschwindigkeitssteigerung bei Langrohrgeschützen erkauft werden muß.

Beispiel 11. Eine als Jahresausgleichbecken dienende Talsperre von 30 Millionen m³ Nutzinhalt liegt 820 m über dem Unterwasserkanal eines Wasserkraftwerkes. Wie groß ist die in der Talsperre bereitgehaltene potentielle Energie in kWh, wenn der Gesamtwirkungsgrad der Rohrleitungs- und Maschinenanlage den Wert $\eta = 0{,}78$ besitzt? Wie muß die Leistung der Generatoren bemessen werden, wenn der Talsperrennutzinhalt in 1000 Benutzungsstunden zur Erzeugung von Spitzenkraft eingesetzt wird?

Für die in der Talsperre bereitgehaltene Brutto-Energie folgt:

$$H = \text{Wassergewicht} \cdot \text{Fallhöhe} = 30\,000\,000 \; t \cdot 820 \; m = 24\,600\,000\,000 \; mt \; .$$

Bei einem Wirkungsgrad von $\eta = 0{,}78$ sind hiervon in elektrische Energie umsetzbar:

$$H_n = 0{,}78\, H = 19\,180\,000\,000 \; mt \; .$$

Die Umwandlung in kWh ergibt nach (81)

$$H_n = 19\,180\,000\,000\,000 \; mkg = 2{,}72 \cdot 19\,180\,000 \; kWh = 52\,200\,000 \; kWh \; .$$

Diese Energie soll nun in 1000 Benutzungsstunden abgezogen werden. Es folgt daher als erforderliche Generatorenleistung

$$\mathfrak{L} = \frac{52\,200\,000}{1000} = 52\,200 \; kW \; .$$

II. Abschnitt.
Der beliebig bewegte, punktförmig idealisierte Körper.

Zweites Kapitel.
Vektorielle, geometrische und kinematische Grundlagen.

Für die Mechanik des beliebig bewegten Körpers muß das Rechnen mit Vektoren und die vektorielle Darstellung von Bahnkurven, Führungsflächen und skalaren Ortsfunktionen als bekannt vorausgesetzt werden. Im vorliegenden Kapitel ist das Wichtigste hierüber unter besonderer Berücksichtigung der mechanischen Erfordernisse enthalten.

10. Vektorbegriff.

Unter einem Vektor versteht man eine Größe, die außer ihrem algebraischen Betrag eine bestimmte Richtung besitzt. Sie soll analytisch durch einen Buchstaben in gotischer Schrift und geometrisch durch eine mit einem Pfeil versehene gerichtete Strecke (Abb. 47) zum Ausdruck gebracht werden. Bei einer Umkehrung des Pfeilsinnes soll der Vektor sein Vorzeichen ändern (Abb. 48).

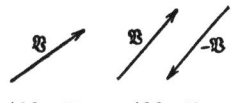

Abb. 47.   Abb. 48.

Ein Vektor vom algebraischen Betrage eins heißt Einheits- oder Richtungsvektor. Durch Abspalten des zugehörigen Einheitsvektors läßt sich ein Vektor auch in der Form

$$\mathfrak{V} = \mathfrak{e}\,|\mathfrak{V}| \tag{116}$$

darstellen, in welcher $|\mathfrak{V}|$ den sogenannten absoluten Betrag bezeichnet.

$$\mathfrak{e} = \text{Einheitsvektor}, \quad |\mathfrak{V}| = \text{Absolutbetrag}. \tag{117}$$

Wird ein Vektor in der Form

$$\mathfrak{V} = \mathfrak{e}\,V \tag{118}$$

geschrieben, so soll damit zum Ausdruck gebracht werden, daß er dem Einheitsvektor $\mathfrak{e}$ parallel ist und den Betrag V besitzt. Dieser Betrag kann noch positiv oder negativ sein. Ist er positiv, so ist im Sinne von Abb. 48 $\mathfrak{V}$ mit $\mathfrak{e}$ gleichgerichtet, ist er negativ, so ist $\mathfrak{V}$ entgegengesetzt zu $\mathfrak{e}$ gerichtet.

Es möge ausdrücklich betont werden, daß Vektoren lediglich richtungsgebundene Größen darstellen. Handelt es sich um gleichzeitig ortsgebundene Größen, so sind weitere zusätzliche Aussagen erforderlich.

11. Vektoraddition und Subtraktion.

Entsprechend ihrer geometrischen Bedeutung erfolgt die Vektoraddition durch geometrische Aneinanderreihung gemäß Abb. 49. Das so entstehende Gebilde heißt Vektorzug und die gerichtete Verbindungslinie von Anfangs- und Endpunkt des Vektorzuges Summenvektor oder Resultierende.

Die analytische Darstellung der Vektoraddition ist die gleiche wie bei der algebraischen Addition und lautet

$$\mathfrak{V} = \mathfrak{V}_1 + \mathfrak{V}_2 + \mathfrak{V}_3 + \cdots + \mathfrak{V}_n. \tag{119}$$

Wie Abb. 50 erkennen läßt, ist die Art der Aneinanderreihung gleichgültig. Für die Vektoraddition gilt daher das kommutative Gesetz

$$\mathfrak{V}_1 + \mathfrak{V}_2 + \mathfrak{V}_3 + \cdots + \mathfrak{V}_n = \mathfrak{V}_1 + \mathfrak{V}_3 + \mathfrak{V}_2 + \cdots + \mathfrak{V}_n = \mathfrak{V}_n + \mathfrak{V}_{n-1} + \mathfrak{V}_{n-2} + \cdots + \mathfrak{V}_1 \,. \tag{120}$$

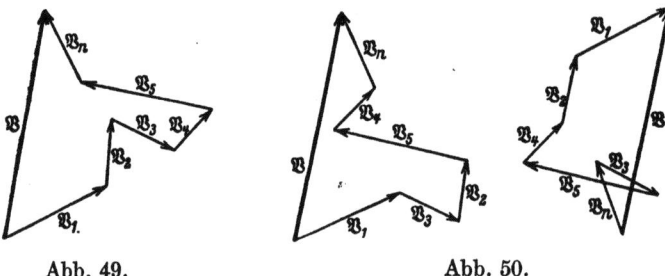

Abb. 49.   Abb. 50.

Die Vektorsubtraktion ist eine Vektoraddition unter Vertauschen der Pfeilrichtung (Abb. 51).

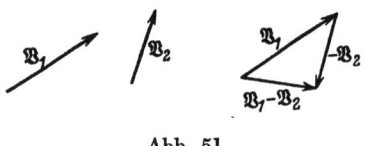

Abb. 51.

$$\mathfrak{V}_1 - \mathfrak{V}_2 = \mathfrak{V}_1 + (-\mathfrak{V}_2) \,. \tag{121}$$

Damit können die Gesetze der algebraischen Addition und Subtraktion formal auf Vektoren übertragen werden.

12. Vektorzerlegung.

Der zweiseitige Charakter der Vektoren bringt es mit sich, daß Vektoren Gruppierungen erlauben, für die es in der Algebra kein Vorbild gibt. Hierzu zählt auch die Vektorzerlegung, die in Abb. 52 veranschaulicht ist. Betrachtet man in einem Parallelepiped drei sich schneidende Kantenlinien und die zugehörige Hauptdiagonale als Vektoren, so folgt nach Ziffer 11 und in Verbindung mit Abb. 52

$$\mathfrak{V} = \mathfrak{V}_1 + \mathfrak{V}_2 + \mathfrak{V}_3 \qquad \text{(Räumliche Vektorzerlegung)}. \tag{122}$$

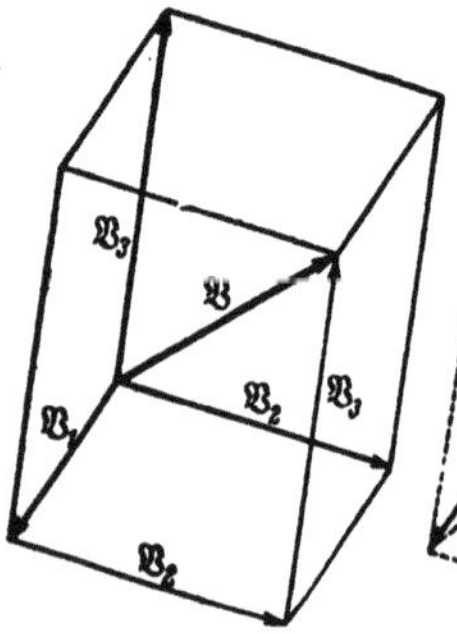

Da es nur ein Parallelepiped und nur einen Diagonalvektor $\mathfrak{V}$ gibt, der zu den Kantenlinienvektoren $\mathfrak{V}_1$, $\mathfrak{V}_2$, $\mathfrak{V}_3$ gehört, so ist der durch (122) ausgedrückte Summationsvorgang einmalig und eindeutig, solange die drei Kantenlinienvektoren wirklich ein Parallelepiped bilden und nicht etwa zu ein und derselben Ebene parallel sind. Der durch (122) ausgedrückte Vorgang wird als räumliche Vektorzerlegung bezeichnet. Betrachtet man den gleichen Vektor $\mathfrak{V}$ in einer Ebene, z. B. in der Diagonalebene des Parallelepipeds von Abb. 52, so ergibt sich gemäß Abb. 53 entsprechend

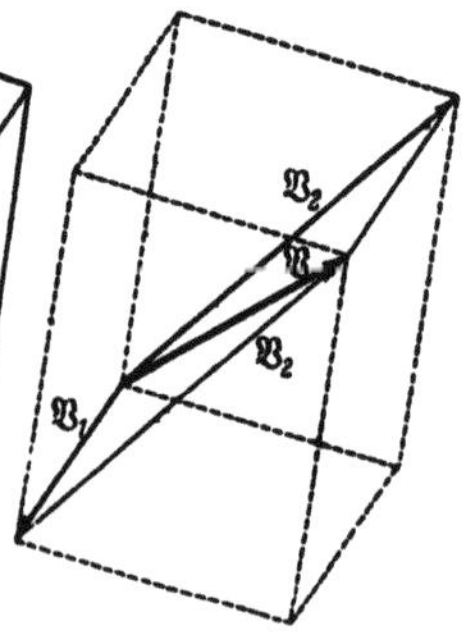

Abb. 52.   Abb. 53.

$$\mathfrak{V} = \mathfrak{V}_1 + \mathfrak{V}_2 \qquad \text{(Ebene Vektorzerlegung)}. \tag{123}$$

13. Vektorielle Bezugssysteme.

Man wird häufig vor die Notwendigkeit gestellt, mehrere Vektoren nach Art von (122) bzw. (123) zu zerlegen. Dann empfiehlt sich die Einführung eines vektoriellen Bezugssystems, bei welchem die Zerlegungsrichtungen durch drei Einheitsvektoren $\mathfrak{e}_1$, $\mathfrak{e}_2$, $\mathfrak{e}_3$ gemäß Abb. 54 festgelegt werden. Unter Bezugnahme auf (118) ist dann

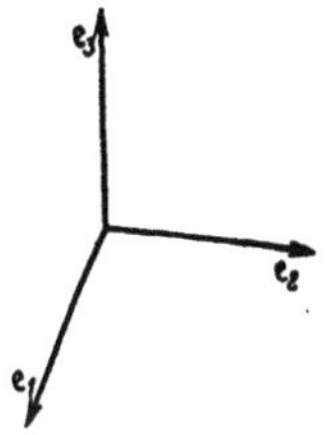

$$\begin{aligned}\mathfrak{V}_1 &= \mathfrak{e}_1 V_1 \\ \mathfrak{V}_2 &= \mathfrak{e}_2 V_2 \quad \text{bzw.} \quad \begin{aligned}\mathfrak{V}_1 &= \mathfrak{e}_1 V_1 \\ \mathfrak{V}_2 &= \mathfrak{e}_2 V_2\end{aligned} \\ \mathfrak{V}_3 &= \mathfrak{e}_3 V_3\end{aligned} \qquad (124)$$

und man erhält für die räumliche Vektorzerlegung

$$\mathfrak{V} = \mathfrak{V}_1 + \mathfrak{V}_2 + \mathfrak{V}_3 = \mathfrak{e}_1 V_1 + \mathfrak{e}_2 V_2 + \mathfrak{e}_3 V_3 \qquad (125)$$

Abb. 54.

und für die ebene Vektorzerlegung

$$\mathfrak{V} = \mathfrak{V}_1 + \mathfrak{V}_2 = \mathfrak{e}_1 V_1 + \mathfrak{e}_2 V_2 . \qquad (126)$$

$\mathfrak{V}_1$, $\mathfrak{V}_2$, $\mathfrak{V}_3$ werden dann als die Komponentenvektoren von $\mathfrak{V}$ und V_1, V_2, V_3 als die Komponenten von $\mathfrak{V}$ bezeichnet. Abb. 55 läßt diese Zusammenhänge auch noch geometrisch in Erscheinung treten.

In dem Sonderfalle, wo $\mathfrak{e}_1$, $\mathfrak{e}_2$, $\mathfrak{e}_3$ aufeinander senkrecht stehen, d. h. ein Achsenkreuz bilden, sollen die Einheitsvektoren mit $\mathfrak{i}_1$, $\mathfrak{i}_2$, $\mathfrak{i}_3$ bezeichnet werden.

$$\begin{aligned}\mathfrak{e}_1 &= \mathfrak{i}_1 , \\ \mathfrak{e}_2 &= \mathfrak{i}_2 , \quad \text{(Achsenkreuz).} \\ \mathfrak{e}_3 &= \mathfrak{i}_3 ,\end{aligned} \qquad (127)$$

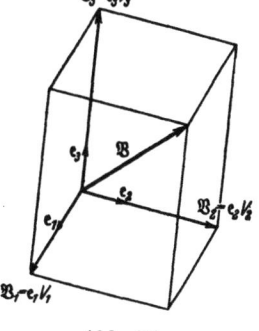

In diesem Falle lauten (125) und (126)

$$\mathfrak{V} = \mathfrak{V}_1 + \mathfrak{V}_2 + \mathfrak{V}_3 = \mathfrak{i}_1 V_1 + \mathfrak{i}_2 V_2 + \mathfrak{i}_3 V_3 \text{(Achsenkr.)} \quad (128)$$

bzw.

$$\mathfrak{V} = \mathfrak{V}_1 + \mathfrak{V}_2 = \mathfrak{i}_1 V_1 + \mathfrak{i}_2 V_2 \quad \text{(Achsenkreuz).} \qquad (129)$$

Abb. 55.

Außer den hier aufgeführten Bezugssystemen sind für die Mechanik noch weitere Systeme von Bedeutung, auf die dann an passender Stelle näher eingegangen werden wird.

14. Projektionssatz und skalares oder inneres Vektorprodukt.

In der Vektorrechnung gibt es zwei Gebilde, die den Charakter eines Produktes besitzen, das skalare oder innere Vektorprodukt und das vektorielle oder äußere Vektorprodukt. Von diesen findet nur das skalare Produkt eine Parallele in dem algebraischen Produkt.

Liegen zwei Vektoren, ein beliebiger Vektor $\mathfrak{V}$ und ein Einheitsvektor $\mathfrak{e}$ vor, so versteht man unter dem Projektionsvektor von $\mathfrak{V}$ auf $\mathfrak{e}$ denjenigen Vektor, den man gemäß Abb. 56 erhält, wenn man durch den Anfangspunkt von $\mathfrak{V}$ eine Parallele zu $\mathfrak{e}$ zieht und den Endpunkt von $\mathfrak{V}$ auf diese Parallele lotrecht projiziert.

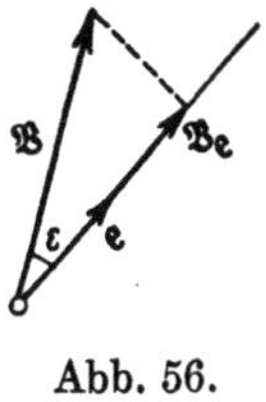

Abb. 56.

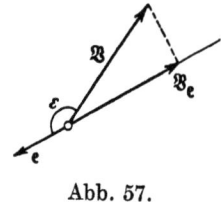

Abb. 57.

Bezeichnet ε den zwischen $\mathfrak{V}$ und $\mathfrak{e}$ liegenden Winkel, so ist der absolute Betrag des Projektionsvektors gleich $|V \cos \varepsilon|$ und seine Richtung gleichlaufend mit $\mathfrak{e}$, wenn $\cos \varepsilon$ positiv ist, entgegengesetzt mit $\mathfrak{e}$, wenn $\cos \varepsilon$ negativ ist (Abb. 57). Demgemäß ergibt sich für den Projektionsvektor

$$\mathfrak{V}_e = (V \cos \varepsilon)\, \mathfrak{e}\ . \tag{130}$$

Wird nun einmal der Vektorzug von Abb. 49 und einmal der resultierende Vektor $\mathfrak{V}$ in dieser Weise projiziert, so folgt aus der lückenlosen Folge der Projektionsvektoren, bezogen auf Ebenen senkrecht zu $\mathfrak{e}$, wie man sich an Abb. 58 oder mit Hilfe von rechtwinkligen Dreiecken unmittelbar klarmachen kann,

$$\mathfrak{V}_e = \mathfrak{V}_{1e} + \mathfrak{V}_{2e} + \mathfrak{V}_{3e} + \cdots \mathfrak{V}_{ne}\ . \tag{131}$$

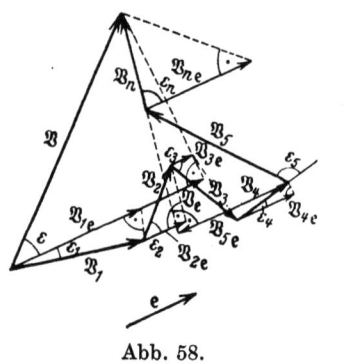

Abb. 58.

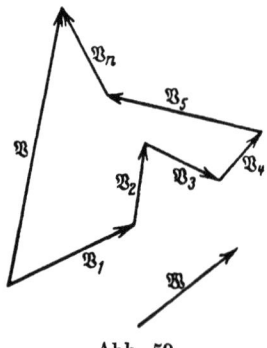

Abb. 59.

Diese Projektionssatz genannte Gleichung geht mit (130) in

$$(V_1 \cos \varepsilon)\, \mathfrak{e} = (V_1 \cos \varepsilon_1)\, \mathfrak{e} + (V_2 \cos \varepsilon_2)\, \mathfrak{e} + (V_3 \cos \varepsilon_3)\, \mathfrak{e} + \cdots + (V_n \cos \varepsilon_n)\, \mathfrak{e}$$

über, woraus nach Kürzung des Einheitsvektors $\mathfrak{e}$ die skalare Form des Projektionssatzes

$$V \cos \varepsilon = V_1 \cos \varepsilon_1 + V_2 \cos \varepsilon_2 + V_3 \cos \varepsilon_3 + \cdots + V_n \cos \varepsilon_n \tag{132}$$

folgt. Der Projektionssatz bleibt grundsätzlich auch bestehen, wenn die Projektion gemäß Abb. 59 nicht auf einen Einheitsvektor $\mathfrak{e}$, sondern auf einen beliebigen Vektor $\mathfrak{W}$ erfolgt. Man braucht ja $\mathfrak{W}$ nur durch seinen absoluten Betrag zu dividieren, um den entsprechenden Einheitsvektor herzustellen. Man kann aber auch, um die Bezugnahme auf $\mathfrak{W}$ zu betonen, den Projektionssatz mit dem absoluten Betrage von $\mathfrak{W}$ erweitern und erhält dann

$$V W \cos \varepsilon = V_1 W \cos \varepsilon_1 + V_2 W \cos \varepsilon_2 + V_3 W \cos \varepsilon_3 + \cdots + V_n W \cos \varepsilon_n\ . \tag{133}$$

In (133) treten lauter skalare Größen auf, die durch das Produkt der Absolutbeträge zweier Vektoren mit dem cosinus des von ihnen eingeschlossenen Winkels gekennzeichnet sind. Solche Gebilde werden in der Vektorrechnung als skalare oder innere Vektorprodukte bezeichnet und durch das Symbol

$$V W \cos \varepsilon = \mathfrak{V}\mathfrak{W} \tag{134}$$

14. Projektionssatz und skalares oder inneres Vektorprodukt.

dargestellt. Entsprechend ihrer Definition sowie nach Abb. 60 ist

$$V W \cos \varepsilon = W V \cos \varepsilon \quad \text{und demgemäß} \quad \mathfrak{V}\mathfrak{W} = \mathfrak{W}\mathfrak{V} . \tag{135}$$

Für skalare Vektorprodukte gilt somit das kommutative Gesetz.

Die Umschreibung von (133) auf die neue Symbolik ergibt

$$\mathfrak{V}\mathfrak{W} = \mathfrak{V}_1 \mathfrak{W} + \mathfrak{V}_2 \mathfrak{W} + \mathfrak{V}_3 \mathfrak{W} + \cdots + \mathfrak{V}_n \mathfrak{W} \tag{136}$$

oder, wenn $\mathfrak{V}$ gemäß (129) ausgedrückt wird,

$$(\mathfrak{V}_1 + \mathfrak{V}_2 + \mathfrak{V}_3 + \cdots + \mathfrak{V}_n) \mathfrak{W} = \mathfrak{V}_1 \mathfrak{W} + \mathfrak{V}_2 \mathfrak{W} + \mathfrak{V}_3 \mathfrak{W} + \cdots + \mathfrak{V}_n \mathfrak{W} . \tag{137}$$

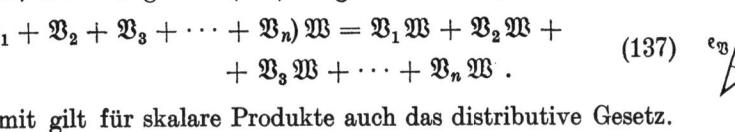

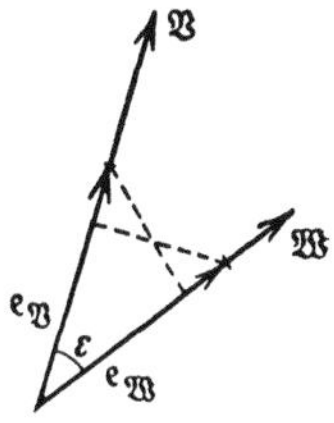

Abb. 60.

Somit gilt für skalare Produkte auch das distributive Gesetz. Es besteht damit in der Tat die Bezeichnung Produkt zu vollem Recht. Sämtliche Rechenregeln der Algebra können unmittelbar auf skalare Produkte Anwendung finden.

Es seien nun zwei Vektoren $\mathfrak{V}$ und $\mathfrak{W}$ im Sinne der Ausführungen unter Ziffer 12 und 13 und gemäß Abb. 55 aus je drei Teilvektoren gemäß

$$\mathfrak{V} = \mathfrak{e}_1 V_1 + \mathfrak{e}_2 V_2 + \mathfrak{e}_3 V_3 \qquad \mathfrak{W} = \mathfrak{e}_1 W_1 + \mathfrak{e}_2 W_2 + \mathfrak{e}_3 W_3 \tag{138}$$

unter Zuhilfenahme ein und derselben Einheitsvektoren $\mathfrak{e}_1, \mathfrak{e}_2, \mathfrak{e}_3$ dargestellt. Werden nun die beiden Vektoren skalar miteinander multipliziert, so ergibt sich nach den als anwendbar erwiesenen Rechenregeln der Algebra

$$\mathfrak{V}\mathfrak{W} = (\mathfrak{e}_1 V_1 + \mathfrak{e}_2 V_2 + \mathfrak{e}_3 V_3)(\mathfrak{e}_1 W_1 + \mathfrak{e}_2 W_2 + \mathfrak{e}_3 W_3) = \mathfrak{e}_1 \mathfrak{e}_1 V_1 W_1 + \\
+ \mathfrak{e}_2 \mathfrak{e}_2 V_2 W_2 + \mathfrak{e}_3 \mathfrak{e}_3 V_3 W_3 + \mathfrak{e}_1 \mathfrak{e}_2 (V_1 W_2 + V_2 W_1) + \\
+ \mathfrak{e}_2 \mathfrak{e}_3 (V_2 W_3 + V_3 W_2) + \mathfrak{e}_3 \mathfrak{e}_1 (V_3 W_1 + V_1 W_3) .$$

Nun ist nach (134) und mit Abb. 61 sowie im Hinblick darauf, daß $\mathfrak{e}_1, \mathfrak{e}_2, \mathfrak{e}_3$ definitionsgemäß Einheitsvektoren darstellen,

$$\left.\begin{array}{l} \mathfrak{e}_1 \mathfrak{e}_1 = \mathfrak{e}_2 \mathfrak{e}_2 = \mathfrak{e}_3 \mathfrak{e}_3 = 1 , \quad \mathfrak{e}_1 \mathfrak{e}_2 = \cos \varepsilon_{1,2} , \\ \mathfrak{e}_2 \mathfrak{e}_3 = \cos \varepsilon_{2,3} , \quad \mathfrak{e}_3 \mathfrak{e}_1 = \cos \varepsilon_{3,1} . \end{array}\right\} \tag{139}$$

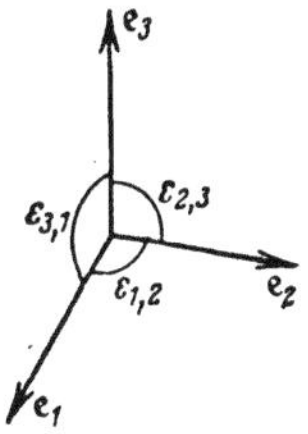

Damit erhält man

$$\mathfrak{V}\mathfrak{W} = V_1 W_1 + V_2 W_2 + V_3 W_3 + (V_1 W_2 + V_2 W_1) \cos \varepsilon_{1,2} + (V_2 W_3 + V_3 W_2) \cos \varepsilon_{2,3} + \\
+ (V_3 W_1 + V_1 W_3) \cos \varepsilon_{3,1} . \tag{140}$$

Abb. 61.

Von besonderer praktischer Bedeutung ist der Sonderfall, bei dem das vektorielle Bezugssystem rechtwinklich ist. In diesem Falle sind gemäß (127) die Vektoren $\mathfrak{e}_1, \mathfrak{e}_2, \mathfrak{e}_3$ durch $\mathfrak{i}_1, \mathfrak{i}_2, \mathfrak{i}_3$ zu ersetzen. Ferner folgt aus der Definition

$$\left.\begin{array}{l} \varepsilon_{1,2} = \varepsilon_{2,3} = \varepsilon_{3,1} = \dfrac{\pi}{2} , \\ \cos \varepsilon_{1,2} = \cos \varepsilon_{2,3} = \cos \varepsilon_{3,1} = 0 . \end{array}\right\} \quad \text{(Achsenkreuz)}. \tag{141}$$

Damit lautet (139)

$$\mathfrak{i}_1 \mathfrak{i}_1 = \mathfrak{i}_2 \mathfrak{i}_2 = \mathfrak{i}_3 \mathfrak{i}_3 = 1 , \qquad \mathfrak{i}_1 \mathfrak{i}_2 = \mathfrak{i}_2 \mathfrak{i}_3 = \mathfrak{i}_3 \mathfrak{i}_1 = 0 , \qquad \text{(Achsenkreuz)} \tag{142}$$

und damit (140)

$$\mathfrak{V}\mathfrak{W} = V_1 W_1 + V_2 W_2 + V_3 W_3 \qquad \text{(Achsenkreuz)}. \tag{143}$$

Die Gl. (143) ist für die Anwendung von außerordentlicher Bedeutung. Sie besagt: Im Falle eines Achsenkreuzes als Bezugssystem ist das skalare Produkt gleich der Summe der algebraischen Produkte der einander zugeordneten Komponenten.

Die Gln (140) und (143) enthalten sehr wichtige geometrische Sätze. Wird in (140) das skalare Produkt gemäß seiner Definitionsgleichung (134) ausgedrückt, so folgt für den cosinus des von $\mathfrak{V}$ und $\mathfrak{W}$ eingeschlossenen Winkels

$$\cos \varepsilon = \frac{V_1 W_1 + V_2 W_2 + V_3 W_3}{VW} + \frac{V_1 W_2 + V_2 W_1}{VW} \cos \varepsilon_{12} + $$
$$+ \frac{V_2 W_3 + V_3 W_2}{VW} \cos \varepsilon_{23} + \frac{V_3 W_1 + V_1 W_3}{VW} \cos \varepsilon_{31} . \tag{144}$$

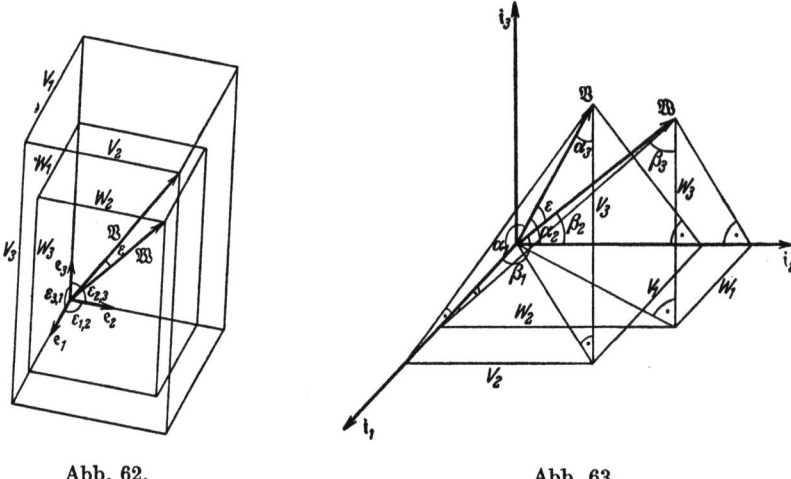

Abb. 62.   Abb. 63.

In Abb. 62 ist dieser Satz veranschaulicht. Er liefert die Berechnung des Winkels zwischen zwei sich schneidenden, durch die Vektoren $\mathfrak{V}$ und $\mathfrak{W}$ gekennzeichneten Geraden in einem schiefwinkligen Bezugssystem $\mathfrak{e}_1, \mathfrak{e}_2, \mathfrak{e}_3$. Werden hierbei $\mathfrak{V}$ und $\mathfrak{W}$ von vornherein als Einheitsvektoren zugrunde gelegt, so werden die Nenner auf der rechten Seite 1.

Im Sonderfalle eines rechtwinkligen Bezugssystems werden die cosinusse in (144) null und man erhält

$$\left.\begin{aligned} \cos \varepsilon = \frac{V_1 W_1 + V_2 W_2 + V_3 W_3}{VW} = \frac{V_1}{V}\frac{W_1}{W} + \frac{V_2}{V}\frac{W_2}{W} + \frac{V_3}{V}\frac{W_3}{W} \\ \text{für } \mathfrak{V} = \mathfrak{i}_1 V_1 + \mathfrak{i}_2 V_2 + \mathfrak{i}_3 V_3 , \qquad \mathfrak{W} = \mathfrak{i}_1 W_1 + \mathfrak{i}_2 W_2 + \mathfrak{i}_3 W_3 . \end{aligned}\right\} \tag{145}$$

In einem rechtwinkligen Bezugssystem (Abb. 63) sind

$$\frac{V_1}{V}, \frac{V_2}{V}, \frac{V_3}{V} \quad \text{bzw.} \quad \frac{W_1}{W}, \frac{W_2}{W}, \frac{W_3}{W}$$

die sogenannten Richtungskosinusse der Vektoren $\mathfrak{V}$ bzw. $\mathfrak{W}$ gegen die Bezugsvektoren $\mathfrak{i}_1, \mathfrak{i}_2, \mathfrak{i}_3$. Werden sie durch

$$\frac{V_1}{V} = \cos \alpha_1 , \qquad \frac{V_2}{V} = \cos \alpha_2 , \qquad \frac{V_3}{V} = \cos \alpha_3$$

bzw.

$$\frac{W_1}{W} = \cos \beta_1 , \qquad \frac{W_2}{W} = \cos \beta_2 , \qquad \frac{W_3}{W} = \cos \beta_3 \tag{146}$$

eingeführt, so lautet (145)

$$\cos \varepsilon = \cos \alpha_1 \cos \beta_1 + \cos \alpha_2 \cos \beta_2 + \cos \alpha_3 \cos \beta_3 \ . \tag{147}$$

Wird in (140) $\mathfrak{V} = \mathfrak{W}$ gesetzt und beachtet, daß nach (134)
$\mathfrak{V}\mathfrak{W} = V V \cos 0 = V^2$ oder $\mathfrak{V}^2 = V^2$ (148)
ist, so ergibt sich, vgl. auch Abb. 64, der sogenannte räumliche Kosinussatz

$$V^2 = V_1^2 + V_2^2 + V_3^2 + 2\, V_1 V_2 \cos \varepsilon_{12} +$$
$$+ 2\, V_2 V_3 \cos \varepsilon_{23} + 2\, V_3 V_1 \cos \varepsilon_{31} \ . \tag{149}$$

Im Sonderfalle des rechtwinkligen Bezugssystemes verschwinden die cosinusse und es ergibt sich der räumliche Lehrsatz des Pythagoras

$$V^2 = V_1^2 + V_2^2 + V_3^2$$

für $\qquad \mathfrak{V} = \mathfrak{i}_1 V_1 + \mathfrak{i}_2 V_2 + \mathfrak{i}_3 V_3 \ . \tag{150}$

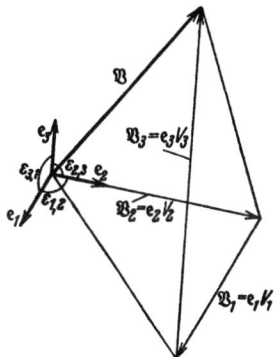

Abb. 64.

Die Gln (149) und (150) bieten auch die Möglichkeit zur Berechnung der absoluten Beträge der Vektoren. Die Wurzelziehung ergibt

$$|\mathfrak{V}| = \sqrt{V_1^2 + V_2^2 + V_3^2 + 2\, V_1 V_2 \cos \varepsilon_{12} + 2\, V_2 V_3 \cos \varepsilon_{23} + 2\, V_3 V_1 \cos \varepsilon_{31}} \ . \tag{151}$$

Im Sonderfalle des rechtwinkligen Bezugssystemes folgt

$$|\mathfrak{V}| = \sqrt{V_1^2 + V_2^2 + V_3^2} \quad \text{für} \quad \mathfrak{V} = \mathfrak{i}_1 V_1 + \mathfrak{i}_2 V_2 + \mathfrak{i}_3 V_3 \ . \tag{152}$$

15. Beispiele zu Ziffer 10 bis 14.

Beispiel 12. In welcher Hublage s stehen bei dem Kurbeltrieb von Abb. 7 Kurbel und Pleuelstange unter 90^0 gegeneinander?

Da das skalare Produkt nach (134) für zwei aufeinander senkrecht stehende Vektoren verschwindet, ist für die zu untersuchende Hublage s gemäß Abb. 65

$$\mathfrak{l}\,\mathfrak{r} = 0 \ .$$

Nun folgt durch Anwendung von (119)

$$\mathfrak{e}\,s + \mathfrak{l} + \mathfrak{r} = \mathfrak{e}\,(l+r)$$

oder $\qquad \mathfrak{l} + \mathfrak{r} = \mathfrak{e}\,(l + r - s)$ (Kurbeltrieb). (153)

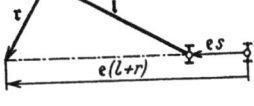

Abb. 65.

Wird diese Vektorgleichung mit sich selbst skalar multipliziert, so erhält man

$$(\mathfrak{l} + \mathfrak{r})^2 = \mathfrak{e}^2 (l + r - s)^2$$

oder in Verbindung mit (148) und (139)

$$l^2 + r^2 + 2\,\mathfrak{l}\,\mathfrak{r} = (l + r - s)^2 \ .$$

Da hierin nun, wie einleitend ausgeführt, das skalare Produkt $\mathfrak{l}\,\mathfrak{r}$ verschwindet verbleibt

$$l + r - s = \sqrt{l^2 + r^2} \quad \text{oder} \quad s_1 = l + r - \sqrt{l^2 + r^2} \ , \quad s_2 = l + r + \sqrt{l^2 + r^2} \ .$$

Es ist unmittelbar ersichtlich, daß dem Werte s_2 keine praktische Bedeutung zukommt. Somit ergibt sich für die gesuchte Hublage

$$s = l + r - \sqrt{l^2 + r^2} \; .$$

Bezüglich des ausgeschiedenen Hublagewertes s_2 sei noch bemerkt, daß dieser gar nichts mit der Natur des mechanischen Problemes zu tun hat, sondern dadurch in den Rechnungsgang hineingekommen ist, daß die Vektorgleichung (153) quadriert wurde. Dies hatte zur Folge, daß die Lösung außer der Vektorgleichung (153) auch noch die Vektorgleichung

$$\mathfrak{l} + \mathfrak{r} = - \mathfrak{e}\,(l + r - s)$$

mit einschloß, die auf die gleiche quadratische Gleichung wie (153) führt.

Wenn daher Gleichungen quadriert werden, so wird man gut tun, sich des an diesem Beispiele hervorgetretenen Sachverhaltes zu erinnern, und der durch das Quadrieren entstandenen Mehrdeutigkeit sorgfältigste Beachtung schenken müssen.

Beispiel 13. Eine Kurbelschleife (Abb. 66) besteht aus drei gelenkig miteinander verbundenen Hebeln, von denen der erste und dritte an ihren Endpunkten in Drehgelenken fest gelagert sind. Wie bewegt sich der dritte mit Gegenkurbel bezeichnete Hebel gegen die Lagerverbindungslinie, wenn die Bewegung des ersten mit Antriebskurbel bezeichneten Hebels gegeben ist?

Gemäß Abb. 66 sei $\mathfrak{b}$ der Vektor der Antriebskurbel, $\mathfrak{m}$ derjenige der Verbindungsstange, $\mathfrak{c}$ derjenige der Gegenkurbel und $\mathfrak{d}$ der Vektor der Lagerverbindungslinie. φ sei der gegebene Antriebskurbelwinkel und ψ der gesuchte Gegenkurbelwinkel. Mit φ_0 und ψ_0 sei die Ausgangsstellung des Getriebes bezeichnet. Dann folgt in Verbindung mit (119) die Vektorgleichung

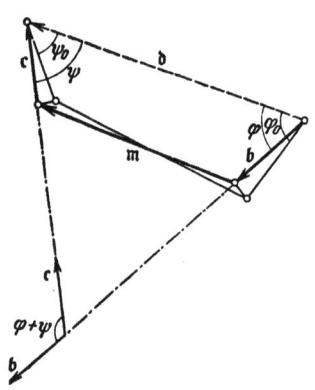

Abb. 66.

$$\mathfrak{d} = \mathfrak{b} + \mathfrak{m} + \mathfrak{c} \quad \text{(Kurbelschleife)} \quad (154)$$

oder aufgelöst nach $\mathfrak{m}$

$$\mathfrak{m} = \mathfrak{d} - \mathfrak{b} - \mathfrak{c} \; .$$

Wird diese Gleichung nun skalar mit sich selbst multipliziert, so erhält man

$$m^2 = (\mathfrak{d} - \mathfrak{b} - \mathfrak{c})^2$$

oder ausmultipliziert

$$m^2 = d^2 + b^2 + c^2 - 2\,\mathfrak{d}\mathfrak{b} - 2\,\mathfrak{d}\mathfrak{c} + 2\,\mathfrak{b}\mathfrak{c} \; . \tag{155}$$

Für die skalaren Produkte ergibt sich nach Abb. 66 in Verbindung mit (134)

$$\mathfrak{d}\mathfrak{b} = d\,b \cos \varphi, \quad \mathfrak{d}\mathfrak{c} = d\,c \cos \psi, \quad \mathfrak{b}\mathfrak{c} = b\,c \cos(\varphi + \psi) \; . \tag{156}$$

Ihre Einsetzung liefert

$$m^2 = d^2 + b^2 + c^2 - 2\,d\,b \cos \varphi - 2\,d\,c \cos \psi + 2\,b\,c \cos(\varphi + \psi) \quad \text{oder}$$

$$d^2 + b^2 + c^2 - m^2 - 2\,d\,b \cos \varphi = 2\,d\,c \cos \psi - 2\,b\,c \cos(\varphi + \psi) \; .$$

Nun ist

$$\cos(\varphi + \psi) = \cos \varphi \cos \psi - \sin \varphi \sin \psi \; .$$

15. Beispiele zu Ziffer 10 bis 14.

Damit erhält man

$$d^2 + b^2 + c^2 - m^2 - 2\,d\,b\cos\varphi - 2\,c\,(d - b\cos\varphi)\cos\psi = 2\,b\,c\sin\varphi\sin\psi$$

Durch nochmaliges Quadrieren dieser Gleichung folgt

$$(d^2 + b^2 + c^2 - m^2 - 2\,d\,b\cos\varphi)^2 - 4\,c\,(d - b\cos\varphi)\,.$$
$$(d^2 + b^2 + c^2 - m^2 - 2\,d\,b\cos\varphi)\cos\psi + 4\,c^2\,(d - b\cos\varphi)^2\cos^2\psi$$
$$= 4\,b^2\,c^2\sin^2\varphi\sin^2\psi = 4\,b^2\,c^2\sin^2\varphi - 4\,b^2\,c^2\sin^2\varphi\cos^2\psi\,,$$

oder bei entsprechender Zusammenfassung, wenn abkürzend

$$\frac{d^2 + b^2 + c^2 - m^2}{2} = r^2 \tag{157}$$

gesetzt wird,

$$(r^2 - d\,b\cos\varphi)^2 - b^2\,c^2\sin^2\varphi - 2\,c\,(d - b\cos\varphi)\,(r^2 - d\,b\cos\varphi)\cos\psi +$$
$$+ c^2\,(d^2 + b^2 - 2\,d\,b\cos\varphi)\cos^2\psi = 0\,.$$

Die Auflösung nach $\cos\psi$ ergibt schließlich die gesuchte Abhängigkeit von φ in der Form

$$\cos\psi = \frac{\frac{1}{c}(d - b\cos\varphi)(r^2 - d\,b\cos\varphi) - b\sin\varphi\sqrt{d^2 + b^2 - 2\,d\,b\cos\varphi - \frac{1}{c^2}(r^2 - d\,b\cos\varphi)^2}}{d^2 + b^2 - 2\,d\,b\cos\varphi}\,. \tag{158}$$

Von den beiden Wurzelvorzeichen führt in (158) nur das positive zu brauchbaren Werten; das negative Wurzelvorzeichen würde immer zu positiven $\cos\psi$-Werten führen, was gemäß Abb. 66 mit den Tatsachen in Widerspruch steht, da ψ auch größer als 90^0 werden kann.

Beispiel 14. Die Kurbelschleife von Beispiel 13 soll unter der Voraussetzung untersucht werden, daß sie in ihrem Arbeitsbereich nur wenig von einem Parallelenlenker abweicht.

Das durch (158) dargestellte Bewegungsgesetz der Gegenkurbel ist verhältnismäßig verwickelt und seine kurze Herleitung kann als eine vorzügliche Leistung der Vektorrechnung bezeichnet werden. Für den Fall, daß der Arbeitsbereich der Kurbelschleife demjenigen eines Parallelenlenkers nahekommt, ergibt sich ein viel einfacheres Bewegungsgesetz. Ein Parallelenlenker ist ein Lenker (Abb. 67), bei welchem die Verbindungsstange der beiden Kurbeln parallel zur Lagerverbindungslinie geführt wird. Daß eine solche Lenkerführung auch bei einer Kurbelschleife angenähert erreicht werden kann, beweist die stark ausgezogene Stellung in Abb. 66.

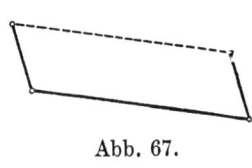

Abb. 67.

Unter den vorliegenden Voraussetzungen multiplizieren wir die Vektorgleichung (154), die auch hier wieder den Ausgangspunkt der Untersuchung bildet, skalar mit dem Vektor $\mathfrak{d}$ der Lagerverbindungslinie und erhalten

$$\mathfrak{d}^2 = \mathfrak{d}\,(\mathfrak{b} + \mathfrak{m} + \mathfrak{c}) \quad\text{oder}\quad d^2 = \mathfrak{d}\,\mathfrak{b} + \mathfrak{d}\,\mathfrak{m} + \mathfrak{d}\,\mathfrak{c}\,.$$

Hierin ist nun bei der gemachten Voraussetzung

$$\mathfrak{d}\,\mathfrak{m} = d\,m\cos\varepsilon_{\mathfrak{d},\mathfrak{m}} = \sim d\,m\,,$$

während für $\mathfrak{d}\,\mathfrak{b}$ und $\mathfrak{d}\,\mathfrak{c}$ die bereits früher ermittelten Werte einzusetzen sind.

Damit erhält man
$$d^2 = db\cos\varphi + dm + dc\cos\psi$$
oder aufgelöst nach $\cos\psi$
$$\cos\psi = \frac{d-m-b\cos\varphi}{c}. \tag{159}$$

Beispiel 15. An einem Kurbelhebel (Abb. 68) befindet sich in dessen Fortsetzung eine längsbewegliche Hülse, die durch eine zweite Kurbel gesteuert wird. Welcher gesetzliche Zusammenhang besteht zwischen der Relativbewegung der Hülse gegenüber der ersten Kurbel und dem Drehwinkel der letzteren gegenüber der Lagerverbindungslinie der beiden Kurbeln, wenn die Hebellänge bis zum Anlenkpunkt der Steuerungskurbel bei völlig eingefahrener Hülse gegeben ist?

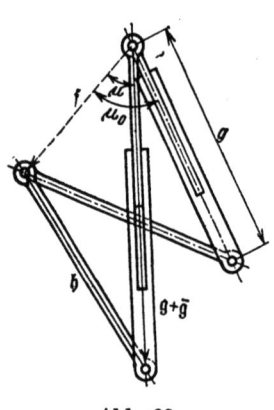

Abb. 68.

Gemäß Abb. 68 sei $\mathfrak{f}$ der Vektor der Lagerverbindungslinie, $\mathfrak{g}$ der Hauptkurbelvektor bei völlig eingefahrener Hülse, $\bar{\mathfrak{g}}$ der Vektor der Relativbewegung der Hülse und $\mathfrak{h}$ der Vektor der angelenkten Kurbel. μ sei der Winkel der Hauptkurbel gegen die Lagerverbindungslinie, μ_0 der Winkel bei völlig eingefahrener Hülse. Dann folgt in Verbindung mit (119)
$$\mathfrak{f} = \mathfrak{g} + \bar{\mathfrak{g}} + \mathfrak{h} \tag{160}$$
oder $\quad\mathfrak{h} = \mathfrak{f} - (\mathfrak{g} + \bar{\mathfrak{g}}).$

Wird diese Vektorgleichung wieder skalar mit sich selbst multipliziert, so erhält man
$$\mathfrak{h}^2 = [\mathfrak{f} - (\mathfrak{g}+\bar{\mathfrak{g}})]^2 \quad\text{oder}\quad h^2 = f^2 + (g+\bar g)^2 - 2\,\mathfrak{f}(\mathfrak{g}+\bar{\mathfrak{g}}).$$
Nun ist nach (134) und Abb. 68
$$\mathfrak{f}(\mathfrak{g}+\bar{\mathfrak{g}}) = f(g+\bar g)\cos\mu, \quad\text{also}\quad h^2 = f^2 + (g+\bar g)^2 - 2f(g+\bar g)\cos\mu.$$
Dies ist eine quadratische Gleichung für $(g+\bar g)$; sie lautet in Normalform
$$(g+\bar g)^2 - 2(g+\bar g)f\cos\mu = h^2 - f^2$$
und ergibt aufgelöst
$$g+\bar g = f\cos\mu + \sqrt{h^2-f^2+f^2\cos^2\mu} = f\cos\mu + \sqrt{h^2-f^2\sin^2\mu}.$$
Auch hier kann, wie ein Blick auf Abb. 68 zeigt, über die Richtigkeit des gewählten Wurzelvorzeichens kein Zweifel bestehen. Man erhält daher für die gesuchte Relativbewegung der Hülse
$$\bar g = f\cos\mu - g + \sqrt{h^2-f^2\sin^2\mu}. \tag{161}$$

16. Vektorielles oder äußeres Vektorprodukt.

Während das skalare Vektorprodukt, wie die Beispiele unter Ziffer 15 anschaulich gezeigt haben dürften, den Charakter einer Rechenoperation trägt, mit deren Hilfe geometrisch-algebraische Probleme auf kürzestem Wege behandelt werden können, stellt die zweite Produktform der Vektorrechnung, das vektorielle

16. Vektorielles oder äußeres Vektorprodukt.

oder äußere Vektorprodukt einen Vektor dar, dessen weitgreifende Bedeutung erst in den folgenden Kapiteln sichtbar werden wird. Der äußere Produktvektor

$\mathfrak{V} \times \mathfrak{W}$ (Vektorielles oder äußeres Produkt)

ist derjenige Vektor, der gemäß Abb. 69 auf seinen beiden Grundvektoren $\mathfrak{V}$ und $\mathfrak{W}$ senkrecht steht, den absoluten Betrag

$$|\mathfrak{V} \times \mathfrak{W}| = V W \sin \varepsilon \tag{162}$$

besitzt und eine Pfeilrichtung aufweist, die, wenn man die Ebene von $\mathfrak{V}$ und $\mathfrak{W}$ so betrachtet, daß die kürzeste Drehung von $\mathfrak{V}$ in $\mathfrak{W}$ im Linkssinne erfolgt, auf den Beschauer zuweist. Aus dieser Definition folgt sofort, daß $\mathfrak{W} \times \mathfrak{V}$ entgegengesetzt gerichtet ist, also

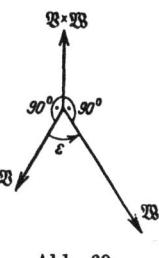

Abb. 69.

$$\mathfrak{W} \times \mathfrak{V} = - \mathfrak{V} \times \mathfrak{W} \tag{163}$$

ist. Für äußere Vektorprodukte gilt das kommutative Gesetz somit nur in Verbindung mit einer Vorzeichenvertauschung.

Sind die beiden Vektoren parallel, also $\mathfrak{W} = \lambda \mathfrak{V}$, so wird $\varepsilon = 0$ und damit auch der absolute Betrag gemäß (162) gleich null. Demgemäß folgt

$$\lambda \mathfrak{V} \times \mathfrak{V} = 0 , \qquad \lambda \mathfrak{W} \times \mathfrak{W} = 0 . \tag{164}$$

Wird der Vektor $\mathfrak{V}$ gemäß Abb. 70 in eine Komponente parallel zu $\mathfrak{W}$ und eine senkrecht zu $\mathfrak{W}$ aufgespalten, so ist

$$\mathfrak{V} = \mathfrak{V}^{\parallel \mathfrak{W}} + \mathfrak{V}^{\perp \mathfrak{W}} .$$

Das äußere Produkt $\mathfrak{V}^{\parallel \mathfrak{W}} \times \mathfrak{W}$ ist nach (164) gleich null. Das äußere Produkt $\mathfrak{V}^{\perp \mathfrak{W}} \times \mathfrak{W}$ ist nach Abb. 70 parallel und gleichgerichtet mit $\mathfrak{V} \times \mathfrak{W}$ und dem absoluten Betrage nach

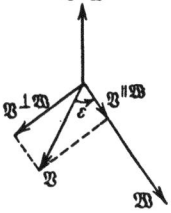

Abb. 70.

$$|\mathfrak{V}^{\perp \mathfrak{W}} \times \mathfrak{W}| = (V \sin \varepsilon) W \sin 90^\circ = V W \sin \varepsilon = |\mathfrak{V} \times \mathfrak{W}| .$$

Hieraus folgt

$$\mathfrak{V}^{\perp \mathfrak{W}} \times \mathfrak{W} = \mathfrak{V} \times \mathfrak{W} , \qquad \mathfrak{V}^{\parallel \mathfrak{W}} \times \mathfrak{W} = 0 . \tag{165}$$

Das distributive Gesetz bleibt auch für äußere Vektorprodukte in vollem Umfange bestehen. Um dies zu beweisen, knüpfen wir gemäß Abb. 71 wieder an den Vektorzug von Abb. 49 an und zerlegen zunächst jeden der Teilvektoren in Komponentenvektoren parallel und senkrecht zu $\mathfrak{W}$. Nach (165) sind dann die äußeren Produkte der Teilvektoren mit $\mathfrak{W}$ gleich den äußeren Produkten der senkrecht zu $\mathfrak{W}$ gerichteten Komponentenvektoren mit $\mathfrak{W}$ und man erhält

$$\mathfrak{V}_1 \times \mathfrak{W} + \mathfrak{V}_2 \times \mathfrak{W} + \mathfrak{V}_3 \times \mathfrak{W} + \cdots + \mathfrak{V}_n \times \mathfrak{W}$$
$$= \mathfrak{V}_1^{\perp \mathfrak{W}} \times \mathfrak{W} + \mathfrak{V}_2^{\perp \mathfrak{W}} \times \mathfrak{W} + \mathfrak{V}_3^{\perp \mathfrak{W}} \times \mathfrak{W} +$$
$$+ \cdots + \mathfrak{V}_n^{\perp \mathfrak{W}} \times \mathfrak{W} .$$

Die senkrecht zu $\mathfrak{W}$ liegenden Komponentenvektoren bilden aneinandergereiht einen ebe-

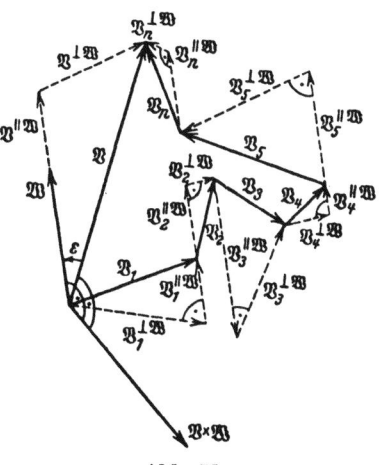

Abb. 71.

nen Vektorzug (Abb. 72), dessen Resultierende den Vektor $\mathfrak{V}^{\perp\mathfrak{W}}$ darstellt; dies folgt daraus, daß einmal nach dem Projektionssatz (132)

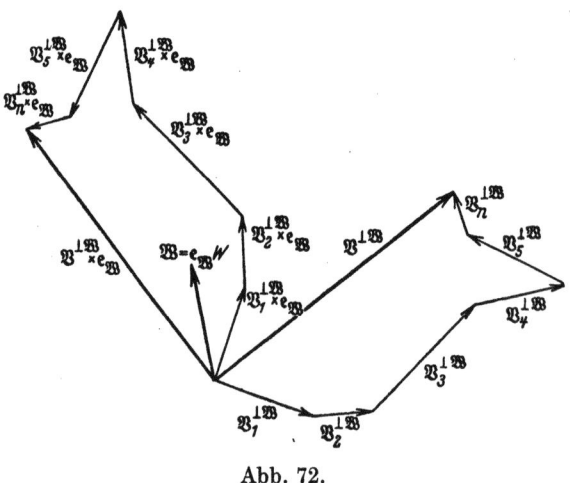

Abb. 72.

$$\mathfrak{V}^{\|\mathfrak{W}} = \mathfrak{V}_1^{\|\mathfrak{W}} + \mathfrak{V}_2^{\|\mathfrak{W}} + \mathfrak{V}_3^{\|\mathfrak{W}} + \cdots + \mathfrak{V}_n^{\|\mathfrak{W}}$$

und zum anderen nach (119)

$$\mathfrak{V} = \mathfrak{V}_1 + \mathfrak{V}_2 + \mathfrak{V}_3 + \cdots + \mathfrak{V}_n$$

ist, woraus sich durch Differenzenbildung

$$\mathfrak{V}^{\perp\mathfrak{W}} = \mathfrak{V}_1^{\perp\mathfrak{W}} + \mathfrak{V}_2^{\perp\mathfrak{W}} + \mathfrak{V}_3^{\perp\mathfrak{W}} + \cdots + \mathfrak{V}_n^{\perp\mathfrak{W}}$$

wie behauptet ergibt.

Nun stehen die Produkte $\mathfrak{V}_n^{\perp\mathfrak{W}} \times \mathfrak{W}$ definitionsgemäß auf $\mathfrak{V}_n^{\perp\mathfrak{W}}$ und $\mathfrak{W}$ senkrecht; andererseits stehen auch sämtliche $\mathfrak{V}_n$ auf $\mathfrak{W}$ senkrecht. Dementsprechend liegen die Produktvektoren $\mathfrak{V}_n^{\perp\mathfrak{W}} \times \mathfrak{W}$ in der gleichen Ebene wie die $\mathfrak{V}_n^{\perp\mathfrak{W}}$ und stehen auf diesen senkrecht; ihr absoluter Betrag ist

$$|\mathfrak{V}_n^{\perp\mathfrak{W}} \times \mathfrak{W}| = V_n^{\perp\mathfrak{W}} \cdot W \cdot \sin 90^0 = V_n^{\perp\mathfrak{W}} \cdot W.$$

Dreht man daher den Vektorzug der $\mathfrak{V}_n^{\perp\mathfrak{W}}$ gemäß Abb. 72 um 90⁰, so ergeben sich die den Produktvektoren $\mathfrak{V}_n^{\perp\mathfrak{W}} \times \mathfrak{W}$ parallelen und gleichgerichteten Vektoren vom Betrage $V_n^{\perp\mathfrak{W}}$, d. h. die Produktvektoren

$$\mathfrak{V}_n^{\perp\mathfrak{W}} \times \mathfrak{e}_\mathfrak{W} = \frac{1}{W}(\mathfrak{V}_n^{\perp\mathfrak{W}} \times \mathfrak{W}).$$

Man liest daher aus dem gedrehten Vektorzug die Gleichung

$$\frac{1}{W}(\mathfrak{V}^{\perp\mathfrak{W}} \times \mathfrak{W}) = \frac{1}{W}(\mathfrak{V}_1^{\perp\mathfrak{W}} \times \mathfrak{W}) + \frac{1}{W}(\mathfrak{V}_2^{\perp\mathfrak{W}} \times \mathfrak{W}) + \frac{1}{W}(\mathfrak{V}_3^{\perp\mathfrak{W}} \times \mathfrak{W}) + \cdots + \frac{1}{W}(\mathfrak{V}_n^{\perp\mathfrak{W}} \times \mathfrak{W})$$

ab. Aus ihr folgt nach Multiplikation mit W

$$\mathfrak{V}^{\perp\mathfrak{W}} \times \mathfrak{W} = \mathfrak{V}_1^{\perp\mathfrak{W}} \times \mathfrak{W} + \mathfrak{V}_2^{\perp\mathfrak{W}} \times \mathfrak{W} + \mathfrak{V}_3^{\perp\mathfrak{W}} \times \mathfrak{W} + \cdots + \mathfrak{V}_n^{\perp\mathfrak{W}} \times \mathfrak{W}.$$

Wird hierin (165) sinngemäß berücksichtigt, so erhält man

$$\mathfrak{V} \times \mathfrak{W} = \mathfrak{V}_1 \times \mathfrak{W} + \mathfrak{V}_2 \times \mathfrak{W} + \mathfrak{V}_3 \times \mathfrak{W} + \cdots + \mathfrak{V}_n \times \mathfrak{W}$$

16. Vektorielles oder äußeres Vektorprodukt.

oder, wenn $\mathfrak{B}$ gemäß (119) ausgedrückt wird,

$$(\mathfrak{B}_1 + \mathfrak{B}_2 + \mathfrak{B}_3 + \cdots + \mathfrak{B}_n) \times \mathfrak{W} = \mathfrak{B}_1 \times \mathfrak{W} + \mathfrak{B}_2 \times \mathfrak{W} + \mathfrak{B}_3 \times \mathfrak{W} + \cdots + \mathfrak{B}_n \times \mathfrak{W}, \quad (166)$$

wie bewiesen werden sollte. Damit können auch auf die äußeren Vektorprodukte alle Rechenregeln der Algebra angewendet werden, wenn nur die Reihenfolge der Vektoren nicht geändert wird oder, wo dies geschieht, das Vorzeichen vertauscht wird.

Es sollen nun, ähnlich wie bei der Behandlung des skalaren Produktes, die beiden Vektoren nach Art von (125) in einem schiefwinkligen System e_1, e_2, e_3 dargestellt werden. Dann erhält man durch Ausmultiplizieren

$$\mathfrak{B} \times \mathfrak{W} = (e_1 V_1 + e_2 V_2 + e_3 V_3) \times (e_1 W_1 + e_2 W_2 + e_3 W_3) = e_1 \times e_1 V_1 W_1 +$$
$$+ e_2 \times e_2 V_2 W_2 + e_3 \times e_3 V_3 W_3 + e_1 \times e_2 V_1 W_2 + e_2 \times e_1 V_2 W_1 +$$
$$+ e_2 \times e_3 V_2 W_3 + e_3 \times e_2 V_3 W_2 + e_3 \times e_1 V_3 W_1 + e_1 \times e_3 V_1 W_3.$$

Nun gilt aber in Verbindung mit (163) und (164) für die äußeren Produkte der Einheitsvektoren

$$\left.\begin{array}{l} e_1 \times e_1 = e_2 \times e_2 = e_3 \times e_3 = 0 \\ e_2 \times e_1 = -e_1 \times e_2, \quad e_3 \times e_2 = -e_2 \times e_3, \quad e_1 \times e_3 = -e_3 \times e_1. \end{array}\right\} \quad (167)$$

Die Berücksichtigung dieser Beziehungen ergibt

$$\mathfrak{B} \times \mathfrak{W} = (e_2 \times e_3)(V_2 W_3 - V_3 W_2) + (e_3 \times e_1)(V_3 W_1 - V_1 W_3) + \\ + (e_1 \times e_2)(V_1 W_2 - V_2 W_1). \quad (168)$$

Die Vektoren $e_2 \times e_3, e_3 \times e_1, e_1 \times e_2$, durch welche der äußere Produktvektor nach (168) ausgedrückt ist, bilden das sogenannte Bezugssystem der vektoriellen Ergänzung (Abb. 73) gemäß

$$\mathfrak{E}_1 = \frac{e_2 \times e_3}{e_1 e_2 e_3}, \quad \mathfrak{E}_2 = \frac{e_3 \times e_1}{e_1 e_2 e_3}, \quad \mathfrak{E}_3 = \frac{e_1 \times e_2}{e_1 e_2 e_3}. \quad (169)$$

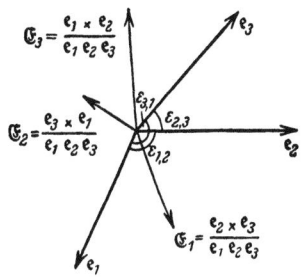

Nach (162) sind die absoluten Beträge dieser Bezugsvektoren

$$|\mathfrak{E}_1| = \frac{\sin \varepsilon_{23}}{e_1 e_2 e_3}, \quad |\mathfrak{E}_2| = \frac{\sin \varepsilon_{31}}{e_1 e_2 e_3}, \quad |\mathfrak{E}_3| = \frac{\sin \varepsilon_{12}}{e_1 e_2 e_3}. \quad (170)$$

Das Bezugssystem der vektoriellen Ergänzung ist daher kein Bezugssystem mit Einheitsvektoren. Für die Bedeutung von $e_1 e_2 e_3$ siehe die nächste Ziffer. Mit (169) lautet (168)

Abb. 73.

$$\mathfrak{B} \times \mathfrak{W} = [\mathfrak{E}_1(V_2 W_3 - V_3 W_2) + \mathfrak{E}_2(V_3 W_1 - V_1 W_3) + \mathfrak{E}_3(V_1 W_2 - V_2 W_1)] e_1 e_2 e_3. \quad (171)$$

Die Vektorgleichung (171) läßt sich auch in Form einer Determinante schreiben, nämlich

$$\mathfrak{B} \times \mathfrak{W} = e_1 e_2 e_3 \begin{vmatrix} \mathfrak{E}_1 & V_1 & W_1 \\ \mathfrak{E}_2 & V_2 & W_2 \\ \mathfrak{E}_3 & V_3 & W_3 \end{vmatrix}, \quad (172)$$

wie man durch Auflösen der Determinante unmittelbar bestätigt. Im Sonderfalle rechtwinkliger Bezugsvektoren wird

$$i_2 \times i_3 = i_1, \quad i_3 \times i_1 = i_2, \quad i_1 \times i_2 = i_3, \quad \text{(Achsenkreuz).} \quad (173)$$

$$\mathfrak{B} \times \mathfrak{W} = i_1(V_2 W_3 - V_3 W_2) + i_2(V_3 W_1 - V_1 W_3) + i_3(V_1 W_2 - V_2 W_1).$$

Tölke, Mechanik, Bd. I.

17. Spatprodukt und Vertauschungssatz.

Das skalare Produkt eines Vektors $\mathfrak{U}$ mit dem Produktvektor $\mathfrak{B} \times \mathfrak{W}$ heißt Spatprodukt und wird gemäß

$$\mathfrak{U}(\mathfrak{B} \times \mathfrak{W}) = \mathfrak{U}\,\mathfrak{B}\,\mathfrak{W} \tag{174}$$

durch einfaches Nebeneinandersetzen der drei Vektoren bezeichnet. Die Bezeichnung Spatprodukt rührt daher, daß der Produktwert von (174) den Rauminhalt des zu $\mathfrak{U}, \mathfrak{B}, \mathfrak{W}$ gehörigen Parallelepipedes oder Spates darstellt (Abb. 74). Der Produktvektor $\mathfrak{B} \times \mathfrak{W}$ läßt sich nämlich auch als orientierter Flächeninhalt oder Flächenvektor nach Abb. 74 deuten, denn das zu $\mathfrak{B}$ und $\mathfrak{W}$ gehörige Parallelogramm besitzt bekanntlich den Flächeninhalt

$$|\mathfrak{F}| = F = V W \sin \varepsilon_{VW} = |\mathfrak{B} \times \mathfrak{W}|$$

d. h. einen Wert, der mit dem Absolutwert des äußeren Produktes übereinstimmt. Nun ist aber der Rauminhalt eines Parallelepipedes das Produkt aus Grundfläche mal Höhe, d. h. das Produkt von F mit $U \cos \varepsilon_u$, das mit dem skalaren Produkt

$$\mathfrak{U}\,\mathfrak{F} = \mathfrak{U}(\mathfrak{B} \times \mathfrak{W}) = U F \cos \varepsilon_u$$

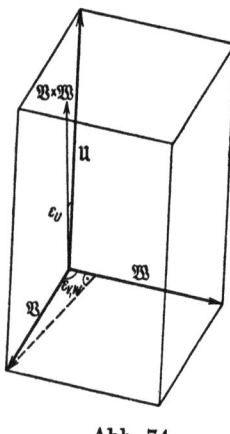

Abb. 74.

definitionsgemäß identisch ist. Da sich jede der drei Parallelogrammflächen zum Ausgangspunkt der Betrachtung wählen läßt, der Rauminhalt aber stets der gleiche bleibt, folgt

$$\mathfrak{U}\,\mathfrak{B}\,\mathfrak{W} = \mathfrak{B}\,\mathfrak{W}\,\mathfrak{U} = \mathfrak{W}\,\mathfrak{U}\,\mathfrak{B} \,. \tag{175}$$

Dieser wichtige Satz heißt Vertauschungssatz.

Durch Multiplikation der Bezugsvektoren e_1, e_2, e_3 mit den Produktvektoren $\mathfrak{E}_1, \mathfrak{E}_2, \mathfrak{E}_3$ ihrer vektoriellen Ergänzung ergeben sich im Hinblick darauf, daß $\mathfrak{E}_1$ auf e_2 und e_3, $\mathfrak{E}_2$ auf e_3 und e_1, $\mathfrak{E}_3$ auf e_1 und e_2 senkrecht steht, bzw. in Verbindung mit (169) die Spatprodukte

$$\left.\begin{array}{l} e_1\,\mathfrak{E}_1 = e_2\,\mathfrak{E}_2 = e_3\,\mathfrak{E}_3 = 1 \\ e_2\,\mathfrak{E}_1 = e_3\,\mathfrak{E}_1 = e_3\,\mathfrak{E}_2 = e_1\,\mathfrak{E}_2 = e_1\,\mathfrak{E}_3 = e_2\,\mathfrak{E}_3 = 0 \,. \end{array}\right\} \tag{176}$$

Mit Hilfe von (176) läßt sich das Spatprodukt in einem Bezugsystem e_1, e_2, e_3 leicht darstellen. Man erhält mit (171)

$$\mathfrak{U}\,\mathfrak{B}\,\mathfrak{W} = (e_1 U_1 + e_2 U_2 + e_3 U_3)[\mathfrak{E}_1(V_2 W_3 - V_3 W_2) + \\ + \mathfrak{E}_2(V_3 W_1 - V_1 W_3) + \mathfrak{E}_3(V_1 W_2 - V_2 W_1)]\,e_1 e_2 e_3$$

oder, wenn ausmultipliziert und (176) berücksichtigt wird,

$$\mathfrak{U}\,\mathfrak{B}\,\mathfrak{W} = e_1 e_2 e_3 [U_1(V_2 W_3 - V_3 W_2) + U_2(V_3 W_1 - V_1 W_3) + \\ + U_3(V_1 W_2 - V_2 W_1)] \,. \tag{177}$$

Diese Gleichung läßt sich auch in der Determinantenform

$$\mathfrak{U}\,\mathfrak{B}\,\mathfrak{W} = e_1 e_2 e_3 \begin{vmatrix} U_1 & V_1 & W_1 \\ U_2 & V_2 & W_2 \\ U_3 & V_3 & W_3 \end{vmatrix} \tag{178}$$

schreiben. Im Sonderfalle des rechtwinkligen Bezugsystems wird der Rauminhalt des Parallelepipeds der Einheitsvektoren

$$e_1 e_2 e_3 = i_1 i_2 i_3 = 1 \quad \text{(Achsenkreuz)} \tag{179}$$

und man erhält

$$\mathfrak{U}\mathfrak{V}\mathfrak{W} = \begin{vmatrix} U_1 & V_1 & W_1 \\ U_2 & V_2 & W_2 \\ U_3 & V_3 & W_3 \end{vmatrix} \quad \text{(Achsenkreuz)} . \tag{180}$$

Sind die drei Vektoren $\mathfrak{U}, \mathfrak{V}, \mathfrak{W}$ ein und derselben Ebene parallel, so faltet sich das Parallelepiped zu einem ebenen Gebilde zusammen und man erhält

$$\mathfrak{U}\mathfrak{V}\mathfrak{W} = \begin{vmatrix} U_1 & V_1 & W_1 \\ U_2 & V_2 & W_2 \\ U_3 & V_3 & W_3 \end{vmatrix} = 0 \quad \text{(Komplanaritätsbedingung)}. \tag{181}$$

Der Fall der Komplanarität liegt insbesondere auch dann vor, wenn zwei Vektoren einander parallel sind, also z. B.

$$\mathfrak{U} = \lambda \mathfrak{V}$$

ist. Dann folgt nach (181)

$$(\lambda \mathfrak{V}) \mathfrak{V} \mathfrak{W} = 0 . \tag{182}$$

18. Zweifaches äußeres Vektorprodukt und Entwicklungssatz.

Der Produktvektor (Abb. 75)

$$\mathfrak{U} \times (\mathfrak{V} \times \mathfrak{W})$$

der drei Vektoren $\mathfrak{U}, \mathfrak{V}, \mathfrak{W}$ heißt zweifaches äußeres Vektorprodukt. Dieser Vektor muß nach der Definition des äußeren Produktes auf dem Vektor $\mathfrak{V} \times \mathfrak{W}$ senkrecht stehen. Nach der gleichen Definition stehen auch $\mathfrak{V}$ und $\mathfrak{W}$ auf dem Vektor $\mathfrak{V} \times \mathfrak{W}$ senkrecht. Demgemäß müssen die drei Vektoren

$$\mathfrak{V}, \mathfrak{W}, \mathfrak{U} \times (\mathfrak{V} \times \mathfrak{W})$$

komplanar sein und es muß nach Abb. 75 eine Beziehung von der Form

$$\mathfrak{U} \times (\mathfrak{V} \times \mathfrak{W}) = \lambda_1 \mathfrak{V} + \lambda_2 \mathfrak{W}$$

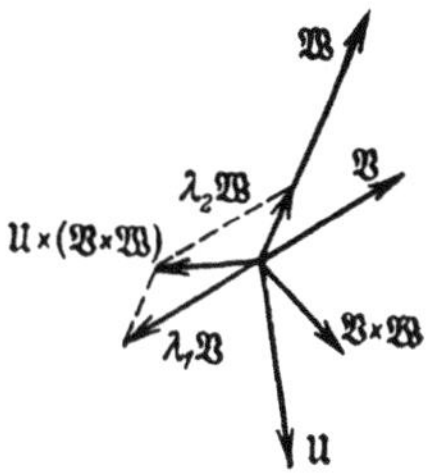

Abb. 75.

bestehen, die mit Entwicklungssatz bezeichnet wird. Um sie herzuleiten, denken wir uns $\mathfrak{U}, \mathfrak{V}, \mathfrak{W}$ und $\mathfrak{V} \times \mathfrak{W}$ gemäß

$$\begin{aligned} \mathfrak{U} &= i_1 U_1 + i_2 U_2 + i_3 U_3 , & \mathfrak{V} \times \mathfrak{W} &= i_1(V_2 W_3 - V_3 W_2) + \\ \mathfrak{V} &= i_1 V_1 + i_2 V_2 + i_3 V_3 , & &+ i_2(V_3 W_1 - V_1 W_3) + \\ \mathfrak{W} &= i_1 W_1 + i_2 W_2 + i_3 W_3 , & &+ i_3(V_1 W_2 - V_2 W_1) \end{aligned} \tag{183}$$

in einem rechtwinkligen Bezugssystem dargestellt. Dann folgt durch Anwendung von (172) und (173), wenn $\mathfrak{V}$ mit $\mathfrak{U}$ und $\mathfrak{W}$ mit $\mathfrak{V} \cdot \mathfrak{W}$ vertauscht gedacht wird,

$$\mathfrak{U} \times (\mathfrak{V} \times \mathfrak{W}) = \begin{vmatrix} i_1 U_1(V_2 W_3 - V_3 W_2) \\ i_2 U_2(V_3 W_1 - V_1 W_3) \\ i_3 U_3(V_1 W_2 - V_2 W_1) \end{vmatrix} = \begin{array}{l} i_1[U_2(V_1 W_2 - V_2 W_1) - U_3(V_3 W_1 - V_1 W_3)] \\ + i_2[U_3(V_2 W_3 - V_3 W_2) - U_1(V_1 W_2 - V_2 W_1)] \\ i_3[U_1(V_3 W_1 - V_1 W_3) - U_2(V_2 W_3 - V_3 W_2)] \end{array}$$

oder nach Ausmultiplizieren und Ordnen

$$\mathfrak{U} \times (\mathfrak{V} \times \mathfrak{W}) = \mathfrak{i}_1 V_1 (U_2 W_2 + U_3 W_3) + \mathfrak{i}_2 V_2 (U_3 W_3 + U_1 W_1) + \\ + \mathfrak{i}_3 V_3 (U_1 W_1 + U_2 W_2) - \mathfrak{i}_1 W_1 (U_2 V_2 + U_3 V_3) - \\ - \mathfrak{i}_2 W_2 (U_3 V_3 + U_1 V_1) - \mathfrak{i}_3 W_3 (U_1 V_1 + U_2 V_2)$$

oder nach Ergänzen der in den Klammern fehlenden Produkte unter nachträglichem Wiederabziehen

$$\mathfrak{U} \times (\mathfrak{V} \times \mathfrak{W}) = (\mathfrak{i}_1 V_1 + \mathfrak{i}_2 V_2 + \mathfrak{i}_3 V_3)(U_1 W_1 + U_2 W_2 + U_3 W_3) - \mathfrak{i}_1 V_1 U_1 W_1 - \\ - \mathfrak{i}_2 V_2 U_2 W_2 - \mathfrak{i}_3 V_3 U_3 W_3 - (\mathfrak{i}_1 W_1 + \mathfrak{i}_2 W_2 + \\ + \mathfrak{i}_3 W_3)(U_1 V_1 + U_2 V_2 + U_3 V_3) + \mathfrak{i}_1 W_1 U_1 V_1 + \\ + \mathfrak{i}_2 W_2 U_2 V_2 + \mathfrak{i}_3 W_3 U_3 V_3 \, .$$

Wie ersichtlich, heben sich die Zusatzglieder der oberen Reihe mit denen der unteren gerade auf, während die beiden vorderen Klammern nach (183) gerade $\mathfrak{V}$ und $\mathfrak{W}$, die beiden hinteren nach (143) gerade $\mathfrak{U}\mathfrak{W}$ und $\mathfrak{U}\mathfrak{V}$ darstellen. Somit ergibt sich

$$\mathfrak{U} \times (\mathfrak{V} \times \mathfrak{W}) = \mathfrak{V}(\mathfrak{U}\mathfrak{W}) - \mathfrak{W}(\mathfrak{U}\mathfrak{V}) \, . \tag{184}$$

Werden in (184) die Vektoren zyklisch vertauscht und die so gebildeten drei Vektorgleichungen addiert, so erhält man

$$\mathfrak{U} \times (\mathfrak{V} \times \mathfrak{W}) + \mathfrak{V} \times (\mathfrak{W} \times \mathfrak{U}) + \mathfrak{W} \times (\mathfrak{U} \times \mathfrak{V}) = \mathfrak{V}(\mathfrak{U}\mathfrak{W}) - \mathfrak{W}(\mathfrak{U}\mathfrak{V}) + \\ + \mathfrak{W}(\mathfrak{V}\mathfrak{U}) - \mathfrak{U}(\mathfrak{V}\mathfrak{W}) + \mathfrak{U}(\mathfrak{W}\mathfrak{V}) - \mathfrak{V}(\mathfrak{W}\mathfrak{U})$$

oder bei Berücksichtigung von (135)

$$\mathfrak{U} \times (\mathfrak{V} \times \mathfrak{W}) + \mathfrak{V} \times (\mathfrak{W} \times \mathfrak{U}) + \mathfrak{W} \times (\mathfrak{U} \times \mathfrak{V}) = 0 \, . \tag{185}$$

Diese Beziehung stellt eine sehr wichtige Identitätsgleichung dar.

Die Anwendung des Entwicklungssatzes auf das äußere Produkt aus zwei Vektoren des Bezugssystemes der vektoriellen Ergänzung liefert in Verbindung mit (169) und (176)

$$\mathfrak{E}_1 \times \mathfrak{E}_2 = \frac{\mathfrak{e}_1 \times (\mathfrak{e}_3 \times \mathfrak{e}_1)}{e_1 e_2 e_3} = \frac{\mathfrak{e}_3 (\mathfrak{e}_1 \mathfrak{e}_1) - \mathfrak{e}_1 (\mathfrak{e}_1 \mathfrak{e}_3)}{e_1 e_2 e_3} = \frac{\mathfrak{e}_3}{e_1 e_2 e_3} \, .$$

Durch zyklische Vertauschung folgt hieraus die Gleichungsgruppe

$$\mathfrak{E}_1 \times \mathfrak{E}_2 = \frac{\mathfrak{e}_3}{e_1 e_2 e_3}, \qquad \mathfrak{E}_2 \times \mathfrak{E}_3 = \frac{\mathfrak{e}_1}{e_1 e_2 e_3}, \qquad \mathfrak{E}_3 \times \mathfrak{E}_1 = \frac{\mathfrak{e}_2}{e_1 e_2 e_3} \, . \tag{186}$$

19. Skalares Produkt zweier Produktvektoren.

Das skalare Produkt $(\mathfrak{T} \times \mathfrak{U})(\mathfrak{V} \times \mathfrak{W})$ zweier Produktvektoren läßt sich bei Heranziehung des Vertauschungs- und Entwicklungssatzes allgemein auswerten. Zunächst folgt mit (174) und (175)

$$(\mathfrak{T} \times \mathfrak{U})(\mathfrak{V} \times \mathfrak{W}) = (\mathfrak{T} \times \mathfrak{U})\mathfrak{V}\mathfrak{W} = \mathfrak{V}\mathfrak{W}(\mathfrak{T} \times \mathfrak{U}) = \mathfrak{V}[\mathfrak{W} \times (\mathfrak{T} \times \mathfrak{U})] \, .$$

Nun ist nach (184) $\qquad \mathfrak{W} \times (\mathfrak{T} \times \mathfrak{U}) = \mathfrak{T}(\mathfrak{W}\mathfrak{U}) - \mathfrak{U}(\mathfrak{W}\mathfrak{T}) \qquad$ und damit

$$(\mathfrak{T} \times \mathfrak{U})(\mathfrak{V} \times \mathfrak{W}) = \mathfrak{V}[\mathfrak{T}(\mathfrak{W}\mathfrak{U}) - \mathfrak{U}(\mathfrak{W}\mathfrak{T})] = (\mathfrak{V}\mathfrak{T})(\mathfrak{W}\mathfrak{U}) - (\mathfrak{V}\mathfrak{U})(\mathfrak{W}\mathfrak{T}) \, .$$

Hierin können die skalaren Produkte mit Hilfe von (135) noch umgestellt werden und man erhält

$$(\mathfrak{T} \times \mathfrak{U})(\mathfrak{V} \times \mathfrak{W}) = (\mathfrak{T}\mathfrak{V})(\mathfrak{U}\mathfrak{W}) - (\mathfrak{T}\mathfrak{W})(\mathfrak{U}\mathfrak{V}) \, . \tag{187}$$

20. Darstellung der Komponentenvektoren bei Vektorzerlegungen.

Gemäß (125) sei ein Vektor $\mathfrak{V}$ in einem Bezugssystem $\mathfrak{e}_1, \mathfrak{e}_2, \mathfrak{e}_3$ dargestellt. Dann erhebt sich die Frage nach der Größe von V_1, V_2, V_3. Wird die Vektorgleichung (125) der Reihe nach mit den Vektoren $\mathfrak{E}_1, \mathfrak{E}_2, \mathfrak{E}_3$ des Systems der vektoriellen Ergänzung multipliziert, so folgt in Verbindung mit (176)

$$\mathfrak{V} = \mathfrak{e}_1 V_1 + \mathfrak{e}_2 V_2 + \mathfrak{e}_3 V_3, \quad \begin{aligned} \mathfrak{E}_1 \mathfrak{V} &= \mathfrak{e}_1 \mathfrak{E}_1 V_1 = V_1, & V_1 &= \mathfrak{E}_1 \mathfrak{V}, \\ \mathfrak{E}_2 \mathfrak{V} &= \mathfrak{e}_2 \mathfrak{E}_2 V_2 = V_2, & V_2 &= \mathfrak{E}_2 \mathfrak{V}, \\ \mathfrak{E}_3 \mathfrak{V} &= \mathfrak{e}_3 \mathfrak{E}_3 V_3 = V_3, & V_3 &= \mathfrak{E}_3 \mathfrak{V}, \end{aligned}$$

und man erhält

$$\mathfrak{V} = \mathfrak{e}_1 (\mathfrak{E}_1 \mathfrak{V}) + \mathfrak{e}_2 (\mathfrak{E}_2 \mathfrak{V}) + \mathfrak{e}_3 (\mathfrak{E}_3 \mathfrak{V}). \tag{188}$$

Handelt es sich um ein rechtwinkliges Bezugssystem, so liefert (188) in Verbindung mit (179)

$$\mathfrak{V} = \mathfrak{i}_1 (\mathfrak{i}_1 \mathfrak{V}) + \mathfrak{i}_2 (\mathfrak{i}_2 \mathfrak{V}) + \mathfrak{i}_3 (\mathfrak{i}_3 \mathfrak{V}). \tag{189}$$

Werden die skalaren Produkte nach (134) gebildet, so folgt

$$\mathfrak{i}_1 \mathfrak{V} = V \cos \varepsilon_{1,\mathfrak{V}}, \quad \mathfrak{i}_2 \mathfrak{V} = V \cos \varepsilon_{2,\mathfrak{V}}, \quad \mathfrak{i}_3 \mathfrak{V} = V \cos \varepsilon_{3,\mathfrak{V}}, \tag{190}$$

und damit auch

$$\mathfrak{V} = \mathfrak{i}_1 V \cos \varepsilon_{1,\mathfrak{V}} + \mathfrak{i}_2 V \cos \varepsilon_{2,\mathfrak{V}} + \mathfrak{i}_3 V \cos \varepsilon_{3,\mathfrak{V}}. \tag{191}$$

Es liegt oft der Fall vor, einen Vektor $\mathfrak{V}$ in Komponentenvektoren parallel und senkrecht zu einem gegebenen Einheitsvektor $\mathfrak{e}$ aufzuspalten (Abb. 76). Hierbei ist der in der $\mathfrak{e}$-$\mathfrak{V}$-Ebene liegende und auf $\mathfrak{e}$ senkrecht stehende Vektor von der Form $\lambda \mathfrak{e} \times (\mathfrak{e} \times \mathfrak{V})$, denn $\mathfrak{e} \times \mathfrak{V}$ steht senkrecht auf der $\mathfrak{e}$-$\mathfrak{V}$-Ebene und $\mathfrak{e} \times (\mathfrak{e} \times \mathfrak{V})$ senkrecht auf $\mathfrak{e}$ und der Ebenennormalen. Die Entwicklung von $\lambda \mathfrak{e} \times (\mathfrak{e} \times \mathfrak{V})$ nach (184) ergibt

$$\lambda \mathfrak{e} \times (\mathfrak{e} \times \mathfrak{V}) = \lambda \mathfrak{e} (\mathfrak{e} \mathfrak{V}) - \lambda \mathfrak{V} (\mathfrak{e} \mathfrak{e}) = \lambda \mathfrak{e} (\mathfrak{e} \mathfrak{V}) - \lambda \mathfrak{V}$$

oder aufgelöst nach $\mathfrak{V}$

$$\mathfrak{V} = \mathfrak{e} (\mathfrak{e} \mathfrak{V}) - \mathfrak{e} \times (\mathfrak{e} \times \mathfrak{V}). \tag{192}$$

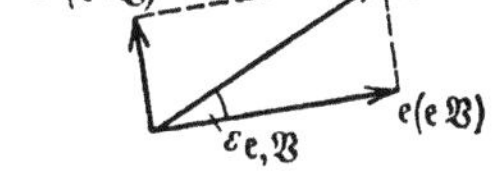

Der Proportionalitätsfaktor λ ist somit gerade $\lambda = -1$. Aus Abb. 76 folgt für den Absolutbetrag von $\mathfrak{e} \times (\mathfrak{e} \times \mathfrak{V})$

$$|\mathfrak{e} \times (\mathfrak{e} \times \mathfrak{V})| = V \sin \varepsilon_{\mathfrak{e},\mathfrak{V}}. \tag{193}$$

Abb. 76.

21. Differentiationsregeln der Vektoren und ihrer Produkte.

Wird ein Vektor $\mathfrak{V}$ gemäß

$$\mathfrak{V} = \mathfrak{V}(s)$$

die Funktion einer skalaren Veränderlichen, beispielsweise eines Weges s und wird das Bezugssystem $\mathfrak{e}_1, \mathfrak{e}_2, \mathfrak{e}_3$ bzw. $\mathfrak{i}_1, \mathfrak{i}_2, \mathfrak{i}_3$ hierbei festgehalten, so werden gemäß

$$\text{bzw.} \quad \begin{aligned} \mathfrak{V}(s) &= \mathfrak{e}_1 V_1(s) + \mathfrak{e}_2 V_2(s) + \mathfrak{e}_3 V_3(s) \\ \mathfrak{V}(s) &= \mathfrak{i}_1 V_1(s) + \mathfrak{i}_2 V_2(s) + \mathfrak{i}_3 V_3(s) \end{aligned} \tag{194}$$

Der beliebig bewegte, punktförmig idealisierte Körper.

die Vektorkomponenten ebenfalls Funktionen dieser skalaren Veränderlichen. Nach den Rechenregeln der Differentialrechnung folgt daher

$$\frac{d\mathfrak{B}}{ds} = \mathfrak{e}_1 \frac{dV_1}{ds} + \mathfrak{e}_2 \frac{dV_2}{ds} + \mathfrak{e}_3 \frac{dV_3}{ds} \quad \text{bzw.} \quad \frac{d\mathfrak{B}}{ds} = \mathfrak{i}_1 \frac{dV_1}{ds} + \mathfrak{i}_2 \frac{dV_2}{ds} + \mathfrak{i}_3 \frac{dV_3}{ds}. \quad (195)$$

Ist $\mathfrak{W}(s)$ eine entsprechende Funktion von s, so ergibt sich durch skalare Multiplikation gemäß (143)

$$\frac{d\mathfrak{B}}{ds} \mathfrak{W}(s) = \frac{dV_1}{ds} W_1 + \frac{dV_2}{ds} W_2 + \frac{dV_3}{ds} W_3, \quad \mathfrak{B}(s) \frac{d\mathfrak{W}}{ds} = V_1 \frac{dW_1}{ds} + V_2 \frac{dW_2}{ds} + V_3 \frac{dW_3}{ds}$$

und damit

$$\frac{d\mathfrak{B}}{ds}\mathfrak{W}(s) + \mathfrak{B}(s)\frac{d\mathfrak{W}}{ds} = \left(\frac{dV_1}{ds}W_1 + V_1\frac{dW_1}{ds}\right) + \left(\frac{dV_2}{ds}W_2 + V_2\frac{dW_2}{ds}\right) + \left(\frac{dV}{ds_3}W_3 + V_3\frac{dW_3}{ds}\right).$$

Auf die rechte Seite dieser Gleichung kann nun die Produktregel der Differentialrechnung angewendet werden. Dies liefert

$$\frac{d\mathfrak{B}}{ds}\mathfrak{W}(s) + \mathfrak{B}(s)\frac{d\mathfrak{W}}{ds} = \frac{d(V_1 W_1)}{ds} + \frac{d(V_2 W_2)}{ds} + \frac{d(V_3 W_3)}{ds} = \frac{d}{ds}(V_1 W_1 + V_2 W_2 + V_3 W_3).$$

Die letzte Klammer ist aber nach (143) das skalare Produkt selbst. Somit folgt

$$\frac{d(\mathfrak{B}\mathfrak{W})}{ds} = \frac{d\mathfrak{B}}{ds}\mathfrak{W} + \mathfrak{B}\frac{d\mathfrak{W}}{ds}. \quad (196)$$

Nach (196) können skalare Produkte genau so differenziert werden wie algebraische Produkte.

Werden die Multiplikationen in ähnlichem Rechnungsgang wie eben vektoriell durchgeführt, so erhält man in Verbindung mit (171) und (173)

$$\frac{d\mathfrak{B}}{ds} \times \mathfrak{W}(s) = \mathfrak{i}_1\left(\frac{dV_2}{ds}W_3 - \frac{dV_3}{ds}W_2\right) + \mathfrak{i}_2\left(\frac{dV_3}{ds}W_1 - \frac{dV_1}{ds}W_3\right) + \mathfrak{i}_3\left(\frac{dV_1}{ds}W_2 - \frac{dV_2}{ds}W_1\right),$$

$$\mathfrak{B}(s) \times \frac{d\mathfrak{W}}{ds} = \mathfrak{i}_1\left(V_2\frac{dW_3}{ds} - V_3\frac{dW_2}{ds}\right) + \mathfrak{i}_2\left(V_3\frac{dW_1}{ds} - V_1\frac{dW_3}{ds}\right) + \mathfrak{i}_3\left(V_1\frac{dW_2}{ds} - V_2\frac{dW_1}{ds}\right),$$

und damit nach der Produktregel der Differentialrechnung

$$\frac{d\mathfrak{B}}{ds} \times \mathfrak{W}(s) + \mathfrak{B}(s) \times \frac{d\mathfrak{W}}{ds} = \frac{d}{ds}[\mathfrak{i}_1(V_2 W_3 - V_3 W_2) + \mathfrak{i}_2(V_3 W_1 - V_1 W_3) + \mathfrak{i}_3(V_1 W_2 - V_2 W_1)].$$

Hierin stellt die eckige Klammer nach (173) das vektorielle Produkt dar und es folgt

$$\frac{d(\mathfrak{B} \times \mathfrak{W})}{ds} = \frac{d\mathfrak{B}}{ds} \times \mathfrak{W} + \mathfrak{B} \times \frac{d\mathfrak{W}}{ds}. \quad (197)$$

Für das Spatprodukt ergibt sich zunächst nach (174) in Verbindung mit (196)

$$\frac{d(\mathfrak{U}\mathfrak{B}\mathfrak{W})}{ds} = \frac{d[\mathfrak{U}(\mathfrak{B} \times \mathfrak{W})]}{ds} = \frac{d\mathfrak{U}}{ds}(\mathfrak{B} \times \mathfrak{W}) + \mathfrak{U}\frac{d(\mathfrak{B} \times \mathfrak{W})}{ds} = \frac{d\mathfrak{U}}{ds}\mathfrak{B}\mathfrak{W} + \mathfrak{U}\frac{d(\mathfrak{B} \times \mathfrak{W})}{ds}$$

und bei gleichzeitiger Berücksichtigung von (197)

$$\frac{d(\mathfrak{U}\mathfrak{B}\mathfrak{W})}{ds} = \frac{d\mathfrak{U}}{ds}\mathfrak{B}\mathfrak{W} + \mathfrak{U}\left(\frac{d\mathfrak{B}}{ds} \times \mathfrak{W} + \mathfrak{B} \times \frac{d\mathfrak{W}}{ds}\right) = \frac{d\mathfrak{U}}{ds}\mathfrak{B}\mathfrak{W} + \mathfrak{U}\left(\frac{d\mathfrak{B}}{ds} \times \mathfrak{W}\right) + \mathfrak{U}\left(\mathfrak{B} \times \frac{d\mathfrak{W}}{ds}\right)$$

oder

$$\frac{d(\mathfrak{U}\mathfrak{B}\mathfrak{W})}{ds} = \frac{d\mathfrak{U}}{ds}\mathfrak{B}\mathfrak{W} + \mathfrak{U}\frac{d\mathfrak{B}}{ds}\mathfrak{W} + \mathfrak{U}\mathfrak{B}\frac{d\mathfrak{W}}{ds}. \quad (198)$$

21. Differentiationsregeln der Vektoren und ihrer Produkte.

Für das zweifache äußere Vektorprodukt folgt nach (184) in Verbindung mit (196)

$$\frac{d[\mathfrak{U}\times(\mathfrak{V}\times\mathfrak{W})]}{ds} = \frac{d\mathfrak{V}}{ds}(\mathfrak{U}\mathfrak{W}) + \mathfrak{V}\left(\frac{d\mathfrak{U}}{ds}\mathfrak{W} + \mathfrak{U}\frac{d\mathfrak{W}}{ds}\right) - \frac{d\mathfrak{W}}{ds}(\mathfrak{U}\mathfrak{V}) - \mathfrak{W}\left(\frac{d\mathfrak{U}}{ds}\mathfrak{V} + \mathfrak{U}\frac{d\mathfrak{V}}{ds}\right)$$

$$= \left[\mathfrak{V}\left(\frac{d\mathfrak{U}}{ds}\mathfrak{W}\right) - \mathfrak{W}\left(\frac{d\mathfrak{U}}{ds}\mathfrak{V}\right)\right] + \left[\frac{d\mathfrak{V}}{ds}(\mathfrak{U}\mathfrak{W}) - \mathfrak{W}\left(\mathfrak{U}\frac{d\mathfrak{V}}{ds}\right)\right] +$$

$$+ \left[\mathfrak{V}\left(\mathfrak{U}\frac{d\mathfrak{W}}{ds}\right) - \frac{d\mathfrak{W}}{ds}(\mathfrak{U}\mathfrak{V})\right]$$

oder bei abermaliger Beachtung von (184)

$$\frac{d[\mathfrak{U}\times(\mathfrak{V}\times\mathfrak{W})]}{ds} = \frac{d\mathfrak{U}}{ds}\times(\mathfrak{V}\times\mathfrak{W}) + \mathfrak{U}\times\left(\frac{d\mathfrak{V}}{ds}\times\mathfrak{W}\right) + \mathfrak{U}\times\left(\mathfrak{V}\times\frac{d\mathfrak{W}}{ds}\right). \quad (199)$$

Schließlich ergibt sich für das skalare Produkt zweier Produktvektoren in Verbindung mit (186) und (196)

$$\frac{d[(\mathfrak{T}\times\mathfrak{U})(\mathfrak{V}\times\mathfrak{W})]}{ds} = \left(\frac{d\mathfrak{T}}{ds}\mathfrak{V} + \mathfrak{T}\frac{d\mathfrak{V}}{ds}\right)(\mathfrak{U}\mathfrak{W}) + (\mathfrak{T}\mathfrak{V})\left(\frac{d\mathfrak{U}}{ds}\mathfrak{W} + \mathfrak{U}\frac{d\mathfrak{W}}{ds}\right) -$$

$$- \left(\frac{d\mathfrak{T}}{ds}\mathfrak{W} + \mathfrak{T}\frac{d\mathfrak{W}}{ds}\right)(\mathfrak{U}\mathfrak{V}) - (\mathfrak{T}\mathfrak{W})\left(\frac{d\mathfrak{U}}{ds}\mathfrak{V} + \mathfrak{U}\frac{d\mathfrak{V}}{ds}\right)$$

$$= \left[\left(\frac{d\mathfrak{T}}{ds}\mathfrak{V}\right)(\mathfrak{U}\mathfrak{W}) - \left(\frac{d\mathfrak{T}}{ds}\mathfrak{W}\right)(\mathfrak{U}\mathfrak{V}) + \left[(\mathfrak{T}\mathfrak{V})\left(\frac{d\mathfrak{U}}{ds}\mathfrak{W}\right) - \right.\right.$$

$$\left.\left. - (\mathfrak{T}\mathfrak{W})\left(\frac{d\mathfrak{U}}{ds}\mathfrak{V}\right)\right] + \left[\left(\mathfrak{T}\frac{d\mathfrak{V}}{ds}\right)(\mathfrak{U}\mathfrak{W}) - (\mathfrak{T}\mathfrak{W})\left(\mathfrak{U}\frac{d\mathfrak{V}}{ds}\right)\right] +$$

$$+ \left[(\mathfrak{T}\mathfrak{V})\left(\mathfrak{U}\frac{d\mathfrak{W}}{ds}\right) - \left(\mathfrak{T}\frac{d\mathfrak{W}}{ds}\right)(\mathfrak{U}\mathfrak{V})\right]$$

oder bei abermaliger Beachtung von (186)

$$\frac{d[(\mathfrak{T}\times\mathfrak{U})(\mathfrak{V}\times\mathfrak{W})]}{ds} = \left(\frac{d\mathfrak{T}}{ds}\times\mathfrak{U}\right)(\mathfrak{V}\times\mathfrak{W}) + \left(\mathfrak{T}\times\frac{d\mathfrak{U}}{ds}\right)(\mathfrak{V}\times\mathfrak{W}) + \\ + (\mathfrak{T}\times\mathfrak{U})\left(\frac{d\mathfrak{V}}{ds}\times\mathfrak{W}\right) + (\mathfrak{T}\times\mathfrak{U})\left(\mathfrak{V}\times\frac{d\mathfrak{W}}{ds}\right). \quad (200)$$

Wie die Gln (194) bis (200) erkennen lassen, können auf Vektoren und ihre sämtlichen Produkte die Regeln der Differentialrechnung Anwendung finden.

Es soll nun noch eine wichtige Sonderformel für das skalare Produkt eines Einheitsvektors mit sich selbst entwickelt werden. Wird in (196)

$$\mathfrak{V} = \mathfrak{W} = \mathfrak{e}$$

gesetzt, so folgt

$$\frac{d(\mathfrak{e}\mathfrak{e})}{ds} = \frac{d\mathfrak{e}}{ds}\mathfrak{e} + \mathfrak{e}\frac{d\mathfrak{e}}{ds} = 2\mathfrak{e}\frac{d\mathfrak{e}}{ds}.$$

Andererseits ist wegen $\mathfrak{e}\mathfrak{e} = 1$

$$\frac{d(\mathfrak{e}\mathfrak{e})}{ds} = \frac{d(1)}{ds} = 0.$$

Somit erhält man

$$\mathfrak{e}\frac{d\mathfrak{e}}{ds} = 0. \quad (201)$$

Der Differentialquotientenvektor eines Einheitsvektor steht also stets auf diesem senkrecht.

22. Lineare Vektorfunktionen; vektorielle Kurventheorie.

Unter einer linearen Vektorfunktion versteht man einen Vektor, der sich mit einer skalaren Veränderlichen — in Ziffer 21 beispielsweise s — stetig ändert. Werden die veränderlichen Vektoren gemäß Abb. 77 von einem Punkte 0 aus aufgetragen, so entsteht eine Kurve als Bild der linearen Vektorfunktion. Der erzeugende Vektor wird hierbei als Orts- oder Radiusvektor bezeichnet und gewöhnlich mit dem Buchstaben $\mathfrak{r}$ belegt. Die skalare Veränderliche kann irgendeine mit $\mathfrak{r}$ in eindeutiger Beziehung stehende Größe sein, z. B. die Bogenlänge s der Kurve oder die Abszisse x längs einer Geraden oder ein veränderlicher Winkel φ usw. Unter all diesen skalaren Veränderlichen nimmt die Bogenlänge s der Kurve insofern eine Sonderstellung ein, als dadurch die Kurve gewissermaßen selbst zum Parameter gewählt wird. Dieser Parameter führt daher auch zu besonders einfachen und durchsichtigen Formeln. Da der Übergang von der Bogenlänge zu irgendeinem anderen Parameter später verhältnismäßig leicht vollzogen werden kann, sollen alle Betrachtungen zunächst auf der Bogenlänge s als Parameter aufgebaut werden. Demzufolge sei $\mathfrak{r}$ in der Form

$$\mathfrak{r} = \mathfrak{r}(s) \quad \text{Ortsvektor oder Radiusvektor}$$

gegeben, wobei s von irgendeinem Ausgangspunkt P_0 der Kurve aus gezählt sei.

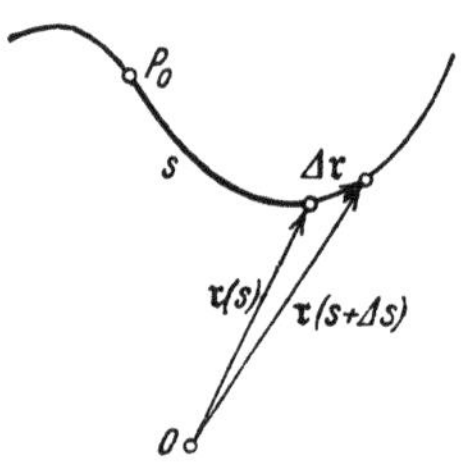

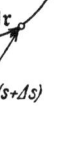

Sind nun $\mathfrak{r}(s)$ und $\mathfrak{r}(s + \varDelta s)$ zwei benachbarte Ortsvektoren, so ist der Differenzvektor

$$\varDelta \mathfrak{r} = \mathfrak{r}(s + \varDelta s) - \mathfrak{r}(s)$$

gemäß Abb. 77 der Sehnenvektor zu den entsprechenden Kurvenpunkten. Demgemäß ist der absolute Betrag von $\varDelta \mathfrak{r}$

$$|\varDelta \mathfrak{r}| = \varDelta s$$

Abb. 77.

und der Vektor

$$\frac{\varDelta \mathfrak{r}}{|\varDelta \mathfrak{r}|} = \frac{\varDelta \mathfrak{r}}{\varDelta s} = \text{Sehneneinheitsvektor}$$

der zu dem Sehnenvektor $\varDelta \mathfrak{r}$ gehörige Einheitsvektor. Läßt man nun $\varDelta s$ nach Null gehen, so nähert sich der Sehnenvektor mehr und mehr dem Tangentenvektor und der Sehneneinheitsvektor mehr und mehr dem Tangenteneinheitsvektor $\mathfrak{t}$. Wird der Grenzübergang am Sehneneinheitsvektor vollzogen, so wird der Differenzenquotient zum Differentialquotienten und es folgt

$$\lim_{\varDelta s \to 0} \frac{\varDelta \mathfrak{r}}{\varDelta s} = \frac{d\mathfrak{r}}{ds} = \mathfrak{t} = \text{Tangenteneinheitsvektor} \ . \tag{202}$$

Sind nun $\mathfrak{t}(s)$ und $\mathfrak{t}(s + \varDelta s)$ zwei benachbarte Tangenteneinheitsvektoren (Abb. 78), so gehört zu dem Differenzvektor

$$\varDelta \mathfrak{t} = \mathfrak{t}(s + \varDelta s) - \mathfrak{t}(s)$$

der absolute Betrag

$$|\varDelta \mathfrak{t}| = \varDelta \varphi \ ,$$

wenn $\varDelta \varphi$ den im Sinne von $\varDelta s$ positiv gezählten Kontingenzwinkel bezeichnet. Der Vektor

$$\frac{\varDelta \mathfrak{t}}{\varDelta \varphi}$$

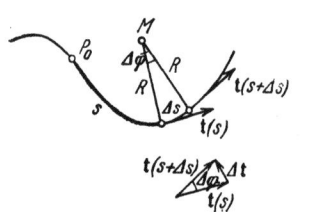

Abb. 78.

22. Lineare Vektorfunktionen; vektorielle Kurventheorie.

ist daher ein Einheitsvektor. Er nähert sich beim Grenzübergang dem Normaleneinheitsvektor $\mathfrak{n}$. Demgemäß folgt

$$\lim_{\Delta\varphi\to 0}\frac{\Delta\mathfrak{t}}{\Delta\varphi}=\frac{d\mathfrak{t}}{d\varphi}=\mathfrak{n}=\text{Normaleneinheitsvektor}. \tag{203}$$

Wie Abb. 78 zeigt, ist $\Delta\mathfrak{t}$ und damit auch $\mathfrak{n}$ stets nach dem Krümmungsmittelpunkt M hingerichtet.

Bei Heranziehung des Krümmungshalbmessers R, der in der vektoriellen Kurventheorie stets eine positive Größe darstellt, ist

$$\Delta\varphi=\frac{\Delta s}{R}, \qquad \lim_{\Delta\varphi\to 0}\frac{\Delta\mathfrak{t}}{\Delta\varphi}=R\lim_{\Delta s\to 0}\frac{\Delta\mathfrak{t}}{\Delta s}=R\frac{d\mathfrak{t}}{ds}. \tag{204}$$

Die Einführung von (204) in (203) liefert die Paralleldarstellung des Normaleneinheitsvektors

$$R\frac{d\mathfrak{t}}{ds}=\mathfrak{n}=\text{Normaleneinheitsvektor}. \tag{205}$$

Andererseits folgt durch Auflösen nach $\frac{d\mathfrak{t}}{ds}$ in Verbindung mit (202)

$$\lim_{\Delta s\to 0}\frac{\Delta\mathfrak{t}}{\Delta s}=\frac{d\mathfrak{t}}{ds}=\frac{d^2\mathfrak{r}}{ds^2}=\frac{\mathfrak{n}}{R}=\mathfrak{n}\varkappa. \tag{206}$$

Die Größe $1/R$ wird auch als Krümmung $\varkappa$ bezeichnet. In Verbindung mit (206) ergibt sich

$$\frac{1}{R}=\varkappa=\left|\frac{d\mathfrak{t}'}{ds}\right|=\left|\frac{d^2\mathfrak{r}}{ds^2}\right| \quad \text{(Krümmung)}. \tag{207}$$

Hiernach ist die Krümmung die auf die Bogeneinheit bezogene absolute Drehung des Tangentenvektors.

Bei einer Raumkurve heißt die in die Schmiegungsebene, d. h. die Ebene von $\mathfrak{t}$ und $\mathfrak{n}$ fallende Normale die Hauptnormale und die auf der Schmiegungsebene senkrecht stehende Normale die Binormale. Entsprechend wird in der vektoriellen Kurventheorie unter dem Binormaleneinheitsvektor der Vektor

$$\mathfrak{t}\times\mathfrak{n}=\frac{1}{\varkappa}\frac{d\mathfrak{r}}{ds}\times\frac{d^2\mathfrak{r}}{ds^2} \quad \text{(Binormaleneinheitsvektor)} \tag{208}$$

verstanden. Er bildet mit $\mathfrak{t}$ und $\mathfrak{n}$ ein Achsenkreuz, das unter ständiger Richtungsänderung die Kurve begleitet und begleitendes Achsenkreuz heißt.

$$\mathfrak{t}, \quad \mathfrak{n}, \quad \mathfrak{t}\times\mathfrak{n} \quad \text{begleitendes Achsenkreuz}. \tag{209}$$

Nach Abb. 79 ist das begleitende Achsenkreuz so orientiert, daß man sich stets im Linkssinne bewegt, wenn man auf dem kürzesten Wege $\mathfrak{t}$ in $\mathfrak{n}$ und $\mathfrak{n}$ in $\mathfrak{t}\times\mathfrak{n}$ dreht.

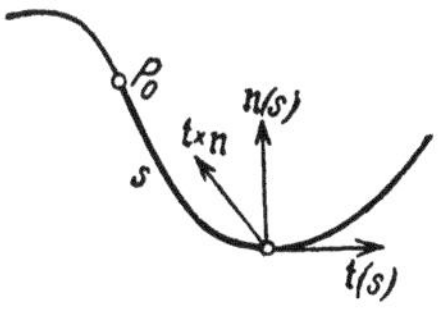

Da die Vektoren des begleitenden Achsenkreuzes aufeinander senkrecht stehen, ist für jeden Wert von s

$$\mathfrak{t}\mathfrak{n}=0, \qquad \mathfrak{n}(\mathfrak{t}\times\mathfrak{n})=\mathfrak{t}\mathfrak{n}\mathfrak{n}=0,$$
$$(\mathfrak{t}\times\mathfrak{n})\mathfrak{t}=\mathfrak{t}\mathfrak{t}\mathfrak{n}=0 \tag{210}$$

Abb. 79.

und damit auch

$$\frac{d(\mathfrak{t}\mathfrak{n})}{ds}=0, \qquad \frac{d(\mathfrak{t}\mathfrak{n}\mathfrak{n})}{ds}=0, \qquad \frac{d(\mathfrak{t}\mathfrak{t}\mathfrak{n})}{ds}=0. \tag{211}$$

Da die Vektoren des begleitenden Achsenkreuzes Einheitsvektoren sind, ist für jeden Wert von s

$$\mathfrak{t}^2 = \mathfrak{n}^2 = (\mathfrak{t} \times \mathfrak{n})^2 = 1 \qquad (212)$$

und damit

$$\frac{d\mathfrak{t}^2}{ds} = 2\mathfrak{t}\frac{d\mathfrak{t}}{ds} = 0, \quad \frac{d\mathfrak{n}^2}{ds} = 2\mathfrak{n}\frac{d\mathfrak{n}}{ds} = 0, \quad \frac{d(\mathfrak{t}\times\mathfrak{n})^2}{ds} = 2(\mathfrak{t}\times\mathfrak{n})\frac{d(\mathfrak{t}\times\mathfrak{n})}{ds} = 0. \quad (213)$$

Aus (211) folgt durch Ausdifferenzieren in Verbindung mit (174) und (196)

$$\frac{d(\mathfrak{t}\,\mathfrak{n})}{ds} = 0 = \frac{d\mathfrak{t}}{ds}\mathfrak{n} + \mathfrak{t}\frac{d\mathfrak{n}}{ds}$$

$$\frac{d(\mathfrak{t}\,\mathfrak{n}\,\mathfrak{n})}{ds} = \frac{d(\mathfrak{n}\,\mathfrak{n}\,\mathfrak{t})}{ds} = -\frac{d(\mathfrak{n}\,\mathfrak{t}\,\mathfrak{n})}{ds} = -\frac{d[\mathfrak{n}\,(\mathfrak{t}\times\mathfrak{n})]}{ds} = 0 = -\frac{d\mathfrak{n}}{ds}(\mathfrak{t}\times\mathfrak{n}) - \mathfrak{n}\frac{d(\mathfrak{t}\times\mathfrak{n})}{ds}$$

$$\frac{d(\mathfrak{t}\,\mathfrak{t}\,\mathfrak{n})}{ds} = \frac{d[\mathfrak{t}\,(\mathfrak{t}\times\mathfrak{n})]}{ds} = 0 = \frac{d\mathfrak{t}}{ds}(\mathfrak{t}\times\mathfrak{n}) + \mathfrak{t}\frac{d(\mathfrak{t}\times\mathfrak{n})}{ds}$$

oder aufgelöst in Verbindung mit (206) und (207)

$$\left.\begin{array}{l} \mathfrak{t}\dfrac{d\mathfrak{n}}{ds} = -\mathfrak{n}\dfrac{d\mathfrak{t}}{ds} = -\varkappa, \quad (\mathfrak{t}\times\mathfrak{n})\dfrac{d\mathfrak{n}}{ds} = -\mathfrak{n}\dfrac{d(\mathfrak{t}\times\mathfrak{n})}{ds}, \\[6pt] \mathfrak{t}\dfrac{d(\mathfrak{t}\times\mathfrak{n})}{ds} = -(\mathfrak{t}\times\mathfrak{n})\dfrac{d\mathfrak{t}}{ds} = -(\mathfrak{t}\times\mathfrak{n})\,\mathfrak{n}\,\varkappa = 0 \end{array}\right\} \quad (214)$$

Mit Hilfe von (213) und (214) lassen sich die sogenannten **Frenet**schen Formeln entwickeln, mit denen man die vektoriellen Raumkurven vollständig beherrscht.

Der Differentialquotient des Binormaleneinheitsvektors läßt sich im Bezugssystem des begleitenden Achsenkreuzes gemäß (189) in der Form

$$\frac{d(\mathfrak{t}\times\mathfrak{n})}{ds} = \mathfrak{t}\left(\mathfrak{t}\frac{d(\mathfrak{t}\times\mathfrak{n})}{ds}\right) + \mathfrak{n}\left(\mathfrak{n}\frac{d(\mathfrak{t}\times\mathfrak{n})}{ds}\right) + (\mathfrak{t}\times\mathfrak{n})\left((\mathfrak{t}\times\mathfrak{n})\frac{d(\mathfrak{t}\times\mathfrak{n})}{ds}\right)$$

darstellen. Hierin verschwinden nun das erste skalare Produkt nach der dritten der Gln (214) und das dritte skalare Produkt nach der dritten der Gln (213). Wird das zweite gemäß der zweiten der Gln (214) in Verbindung mit (182) in der Form

$$\tau = \mathfrak{n}\frac{d(\mathfrak{t}\times\mathfrak{n})}{ds} = -(\mathfrak{t}\times\mathfrak{n})\frac{d\mathfrak{n}}{ds} = \frac{d\mathfrak{n}}{ds}(\mathfrak{n}\times\mathfrak{t}) = \frac{d\mathfrak{n}}{ds}\mathfrak{n}\mathfrak{t} = \frac{1}{\varkappa}\left(\frac{d\mathfrak{n}\varkappa}{ds} - \mathfrak{n}\frac{d\varkappa}{ds}\right)\mathfrak{n}\mathfrak{t} = \frac{1}{\varkappa}\frac{d\mathfrak{n}\varkappa}{ds}\mathfrak{n}\mathfrak{t} \quad (215)$$

angesetzt, so erhält man mit dem ersten Glied der Gleichungskette (215)

$$\frac{d(\mathfrak{t}\times\mathfrak{n})}{ds} = \mathfrak{n}\,\tau. \qquad (216)$$

In (215) und (216) wird τ als die Windung der Raumkurve bezeichnet; sie ist die auf die Bogeneinheit bezogene Drehung des Binormalenvektors. Im Gegensatz zur Krümmung ist die Windung keine absolute sondern eine vorzeichenbehaftete Größe.

Der Differentialquotient des Normaleneinheitsvektors besitzt im Bezugssystem des begleitenden Achsenkreuzes die Form

$$\frac{d\mathfrak{n}}{ds} = \mathfrak{t}\left(\mathfrak{t}\frac{d\mathfrak{n}}{ds}\right) + \mathfrak{n}\left(\mathfrak{n}\frac{d\mathfrak{n}}{ds}\right) + (\mathfrak{t}\times\mathfrak{n})\left((\mathfrak{t}\times\mathfrak{n})\frac{d\mathfrak{n}}{ds}\right).$$

22. Lineare Vektorfunktionen; vektorielle Kurventheorie.

Hierin verschwindet das zweite skalare Produkt nach der zweiten der Gln (213), während das erste und dritte skalare Produkt beziehungsweise durch die erste der Gln (214) und durch (215) ausgedrückt sind. Somit folgt

$$\frac{d\mathfrak{n}}{ds} = -\mathfrak{t}\varkappa - (\mathfrak{t} \times \mathfrak{n})\tau. \tag{217}$$

Die Zusammenfassung von (206), (207), (216) und (217) liefert die fundamentalen Frenetschen Formeln, durch welche die Differentialquotienten der Vektoren des begleitenden Achsenkreuzes linear durch diese selbst ausgedrückt werden.

$$\frac{d\mathfrak{t}}{ds} = \mathfrak{n}\varkappa, \quad \frac{d\mathfrak{n}}{ds} = -\mathfrak{t}\varkappa - (\mathfrak{t}\times\mathfrak{n})\tau, \quad \frac{d(\mathfrak{t}\times\mathfrak{n})}{ds} = \mathfrak{n}\tau \quad \text{(Frenetsche Formeln).} \tag{218}$$

Werden die Gln (218) weiter differenziert und dabei immer wieder auf sich selbst angewendet, so lassen sich auch alle höheren Differentialquotienten der Vektoren des begleitenden Achsenkreuzes linear durch diese selbst ausdrücken.

Die in (218) auftretenden Skalargrößen $\varkappa$ und τ sind ableitungsgemäß an keinerlei einschränkende Bedingungen gebunden und können daher als die beiden Fundamentalinvarianten der Kurventheorie angesehen werden. Werden in (215) noch (202), (206), (207) und (218) berücksichtigt, so folgt durch Zusammenfassung von (207) und (215)

$$\left.\begin{array}{l} \varkappa = \left|\dfrac{d^2\mathfrak{r}}{ds^2}\right|, \\[1em] \tau = \dfrac{1}{\varkappa^2}\dfrac{d^3\mathfrak{r}}{ds^3}\dfrac{d^2\mathfrak{r}}{ds^2}\dfrac{d\mathfrak{r}}{ds}. \end{array}\right\} \tag{219}$$

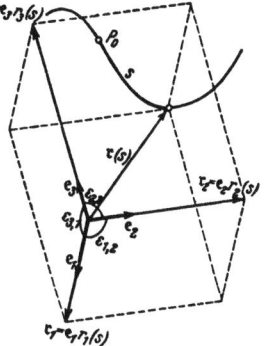

Abb. 80.

Wird der Ortsvektor $\mathfrak{r}$ gemäß Abb. 80 auf ein festes Bezugssystem $\mathfrak{e}_1, \mathfrak{e}_2, \mathfrak{e}_3$ bezogen, so ergibt sich

$$\left.\begin{array}{l} \mathfrak{r} = \mathfrak{e}_1 r_1 + \mathfrak{e}_2 r_2 + \mathfrak{e}_3 r_3, \\[0.5em] \dfrac{d\mathfrak{r}}{ds} = \mathfrak{e}_1\dfrac{dr_1}{ds} + \mathfrak{e}_2\dfrac{dr_2}{ds} + \mathfrak{e}_3\dfrac{dr_3}{ds}, \\[0.5em] \dfrac{d^2\mathfrak{r}}{ds^2} = \mathfrak{e}_1\dfrac{d^2r_1}{ds^2} + \mathfrak{e}_2\dfrac{d^2r_2}{ds^2} + \mathfrak{e}_3\dfrac{d^2r_3}{ds^2}, \\[0.5em] \dfrac{d^3\mathfrak{r}}{ds^3} = \mathfrak{e}_1\dfrac{d^3r_1}{ds^3} + \mathfrak{e}_2\dfrac{d^3r_2}{ds^3} + \mathfrak{e}_3\dfrac{d^3r_3}{ds^3}. \end{array}\right\} \tag{220}$$

Werden diese Differentialquotienten in (219) eingeführt, so folgt in Verbindung mit (151) und (178) für Krümmung und Windung

$$\left.\begin{array}{l} \varkappa = \sqrt{\left(\dfrac{d^2r_1}{ds^2}\right)^2 + \left(\dfrac{d^2r_2}{ds^2}\right)^2 + \left(\dfrac{d^2r_3}{ds^2}\right)^2 + 2\dfrac{d^2r_1}{ds^2}\dfrac{d^2r_2}{ds^2}\cos\varepsilon_{1,2} + 2\dfrac{d^2r_2}{ds^2}\dfrac{d^2r_3}{ds^2}\cos\varepsilon_{2,3} + 2\dfrac{d^2r_3}{ds^2}\dfrac{d^2r_1}{ds^2}\cos\varepsilon_{3,1}}, \\[1.5em] \tau = \dfrac{\mathfrak{e}_1\mathfrak{e}_2\mathfrak{e}_3 \begin{vmatrix} \dfrac{d^3r_1}{ds^3} & \dfrac{d^2r_1}{ds^2} & \dfrac{dr_1}{ds} \\ \dfrac{d^3r_2}{ds^3} & \dfrac{d^2r_2}{ds^2} & \dfrac{dr_2}{ds} \\ \dfrac{d^3r_3}{ds^3} & \dfrac{d^2r_3}{ds^2} & \dfrac{dr_3}{ds} \end{vmatrix}}{\left(\dfrac{d^2r_1}{ds^2}\right)^2 + \left(\dfrac{d^2r_2}{ds^2}\right)^2 + \left(\dfrac{d^2r_3}{ds^2}\right)^2 + 2\dfrac{d^2r_1}{ds^2}\dfrac{d^2r_2}{ds^2}\cos\varepsilon_{1,2} + 2\dfrac{d^2r_2}{ds^2}\dfrac{d^2r_3}{ds^2}\cos\varepsilon_{2,3} + 2\dfrac{d^2r_3}{ds^2}\dfrac{d^2r_1}{ds^2}\cos\varepsilon_{3,1}}. \end{array}\right\} \tag{221}$$

Im Sonderfalle eines Achsenkreuzes erhält man

$$\left.\begin{array}{l}\varkappa = \sqrt{\left(\dfrac{d^2 r_1}{d s^2}\right)^2 + \left(\dfrac{d^2 r_2}{d s^2}\right)^2 + \left(\dfrac{d^2 r_3}{d s^2}\right)^2} \; , \\[2mm] \tau = \dfrac{1}{\left(\dfrac{d^2 r_1}{d s^2}\right)^2 + \left(\dfrac{d^2 r_2}{d s^2}\right)^2 + \left(\dfrac{d^2 r_3}{d s^2}\right)^2} \begin{vmatrix} \dfrac{d^3 r_1}{d s^3} & \dfrac{d^2 r_1}{d s^2} & \dfrac{d r_1}{d s} \\ \dfrac{d^3 r_2}{d s^3} & \dfrac{d^2 r_2}{d s^2} & \dfrac{d r_2}{d s} \\ \dfrac{d^3 r_3}{d s^3} & \dfrac{d^2 r_3}{d s^2} & \dfrac{d r_3}{d s} \end{vmatrix} \; . \end{array}\right\} \quad \text{(Achsenkreuz)} \quad (222)$$

23. Umschreibung der Formeln von Ziffer 22 auf beliebige Veränderliche.

Bei sehr vielen Kurven läßt sich die Bogenlänge nicht in analytisch geschlossener Form darstellen. Um auch solche Kurven behandeln zu können, müssen die Formeln von Ziffer 22 auf beliebige Veränderliche umgeschrieben werden.

Wird die Veränderliche mit λ bezeichnet und ist $\mathfrak{V}$ irgendein Vektor, so folgt nach der Kettenregel der Differentialrechnung

$$\frac{d\mathfrak{V}}{ds} = \frac{d\mathfrak{V}}{d\lambda}\frac{d\lambda}{ds} = \frac{\dfrac{d\mathfrak{V}}{d\lambda}}{\dfrac{ds}{d\lambda}} \; .$$

Nun ist nach Abb. 77

$$\frac{ds}{d\lambda} = \left|\frac{d\mathfrak{r}}{d\lambda}\right| , \qquad s = \int_{\lambda_0}^{\lambda} \left|\frac{d\mathfrak{r}}{d\lambda}\right| d\lambda \; . \tag{223}$$

Damit erhält man, ausgedrückt durch den Ortsvektor $\mathfrak{r} = \mathfrak{r}(\lambda)$,

$$\frac{d\mathfrak{V}}{ds} = \frac{\dfrac{d\mathfrak{V}}{d\lambda}}{\left|\dfrac{d\mathfrak{r}}{d\lambda}\right|} \; . \tag{224}$$

In entsprechender Weise folgt für den zweiten Differentialquotienten

$$\frac{d^2\mathfrak{V}}{ds^2} = \frac{\dfrac{d}{d\lambda}\left(\dfrac{d\mathfrak{V}}{ds}\right)}{\dfrac{ds}{d\lambda}} = \frac{\dfrac{d^2\mathfrak{V}}{d\lambda^2}}{\left|\dfrac{d\mathfrak{r}}{d\lambda}\right|^2} - \frac{\dfrac{d\mathfrak{V}}{d\lambda}}{\left|\dfrac{d\mathfrak{r}}{d\lambda}\right|^3}\frac{d}{d\lambda}\left|\frac{d\mathfrak{r}}{d\lambda}\right|$$

oder zusammengefaßt

$$\frac{d^2\mathfrak{V}}{ds^2} = \frac{\dfrac{d^2\mathfrak{V}}{d\lambda^2}\left|\dfrac{d\mathfrak{r}}{d\lambda}\right| - \dfrac{d\mathfrak{V}}{d\lambda}\dfrac{d}{d\lambda}\left|\dfrac{d\mathfrak{r}}{d\lambda}\right|}{\left|\dfrac{d\mathfrak{r}}{d\lambda}\right|^3} \; . \tag{225}$$

Schließlich ergibt sich für den dritten Differentialquotienten

$$\frac{d^3\mathfrak{V}}{ds^3} = \frac{\dfrac{d}{d\lambda}\left(\dfrac{d^2\mathfrak{V}}{ds^2}\right)}{\dfrac{ds}{d\lambda}} = \frac{\dfrac{d^3\mathfrak{V}}{d\lambda^3}}{\left|\dfrac{d\mathfrak{r}}{d\lambda}\right|^3} - 3\frac{\dfrac{d^2\mathfrak{V}}{d\lambda^2}}{\left|\dfrac{d\mathfrak{r}}{d\lambda}\right|^4}\frac{d}{d\lambda}\left|\frac{d\mathfrak{r}}{d\lambda}\right| + \frac{\dfrac{d\mathfrak{V}}{d\lambda}}{\left|\dfrac{d\mathfrak{r}}{d\lambda}\right|^5}\left[3\left(\frac{d}{d\lambda}\left|\frac{d\mathfrak{r}}{d\lambda}\right|\right)^2 - \left|\frac{d\mathfrak{r}}{d\lambda}\right|\frac{d^2}{d\lambda^2}\left|\frac{d\mathfrak{r}}{d\lambda}\right|\right]$$

23. Umschreibung der Formeln von Ziffer 22 auf beliebige Veränderliche.

oder zusammengefaßt

$$\frac{d^3\mathfrak{B}}{ds^3} = \frac{\frac{d^3\mathfrak{B}}{d\lambda^3}\left|\frac{d\mathfrak{r}}{d\lambda}\right|^2 - 3\frac{d^2\mathfrak{B}}{d\lambda^2}\left|\frac{d\mathfrak{r}}{d\lambda}\right|\left|\frac{d}{d\lambda}\left|\frac{d\mathfrak{r}}{d\lambda}\right|\right| + \frac{d\mathfrak{B}}{d\lambda}\left[3\left(\frac{d}{d\lambda}\left|\frac{d\mathfrak{r}}{d\lambda}\right|\right)^2 - \left|\frac{d\mathfrak{r}}{d\lambda}\right|\frac{d^2}{d\lambda^2}\left|\frac{d\mathfrak{r}}{d\lambda}\right|\right]}{\left|\frac{d\mathfrak{r}}{d\lambda}\right|^5} . \quad (226)$$

Die Anwendung von (223) bis (226) auf die Formeln von Ziffer 22 liefert

$$\mathfrak{r} = \mathfrak{r}(\lambda) \quad ,$$

$$\mathfrak{t} = \frac{\frac{d\mathfrak{r}}{d\lambda}}{\left|\frac{d\mathfrak{r}}{d\lambda}\right|} \quad , \qquad \mathfrak{t} \times \mathfrak{n} = \frac{\frac{d\mathfrak{r}}{d\lambda} \times \frac{d^2\mathfrak{r}}{d\lambda^2}}{\varkappa\left|\frac{d\mathfrak{r}}{d\lambda}\right|^3} . \quad (227)$$

$$\mathfrak{n} = \frac{\frac{d^2\mathfrak{r}}{d\lambda^2}\left|\frac{d\mathfrak{r}}{d\lambda}\right| - \frac{d\mathfrak{r}}{d\lambda}\frac{d}{d\lambda}\left|\frac{d\mathfrak{r}}{d\lambda}\right|}{\varkappa\left|\frac{d\mathfrak{r}}{d\lambda}\right|^3} \quad ,$$

$$\mathfrak{t}\mathfrak{n} = 0 \, , \qquad \frac{d\mathfrak{r}}{d\lambda}\frac{d^2\mathfrak{r}}{d\lambda^2} = \left|\frac{d\mathfrak{r}}{d\lambda}\right|\frac{d}{d\lambda}\left|\frac{d\mathfrak{r}}{d\lambda}\right| . \quad (228)$$

$$\left.\begin{aligned}\varkappa &= \frac{\left|\frac{d^2\mathfrak{r}}{d\lambda^2}\left|\frac{d\mathfrak{r}}{d\lambda}\right| - \frac{d\mathfrak{r}}{d\lambda}\frac{d}{d\lambda}\left|\frac{d\mathfrak{r}}{d\lambda}\right|\right|}{\left|\frac{d\mathfrak{r}}{d\lambda}\right|^3} = \frac{\sqrt{\left(\frac{d^2\mathfrak{r}}{d\lambda^2}\right)^2\left|\frac{d\mathfrak{r}}{d\lambda}\right|^2 - \left(\frac{d\mathfrak{r}}{d\lambda}\right)^2\left(\frac{d}{d\lambda}\left|\frac{d\mathfrak{r}}{d\lambda}\right|\right)^2}}{\left|\frac{d\mathfrak{r}}{d\lambda}\right|^3} = \frac{\sqrt{\left|\frac{d^2\mathfrak{r}}{d\lambda^2}\right|^2 - \left(\frac{d}{d\lambda}\left|\frac{d\mathfrak{r}}{d\lambda}\right|\right)^2}}{\left|\frac{d\mathfrak{r}}{d\lambda}\right|^2} , \\ \tau &= \frac{\frac{d^3\mathfrak{r}}{d\lambda^3}\frac{d^2\mathfrak{r}}{d\lambda^2}\frac{d\mathfrak{r}}{d\lambda}}{\varkappa^2\left|\frac{d\mathfrak{r}}{d\lambda}\right|^6} .\end{aligned}\right\} \quad (229)$$

Wird der Ortsvektor ähnlich wie in Abb. 80 in einem festen Bezugssystem $\mathfrak{e}_1, \mathfrak{e}_2, \mathfrak{e}_3$ ausgedrückt, so ergibt sich

$$\left.\begin{aligned}\mathfrak{r} &= \mathfrak{e}_1 r_1 + \mathfrak{e}_2 r_2 + \mathfrak{e}_3 r_3 \quad , \\ \frac{d\mathfrak{r}}{d\lambda} &= \mathfrak{e}_1 \frac{dr_1}{d\lambda} + \mathfrak{e}_2 \frac{dr_2}{d\lambda} + \mathfrak{e}_3 \frac{dr_3}{d\lambda} \quad , \\ \frac{d^2\mathfrak{r}}{d\lambda^2} &= \mathfrak{e}_1 \frac{d^2 r_1}{d\lambda^2} + \mathfrak{e}_2 \frac{d^2 r_2}{d\lambda^2} + \mathfrak{e}_3 \frac{d^2 r_3}{d\lambda^2} \quad , \\ \frac{d^3\mathfrak{r}}{d\lambda^3} &= \mathfrak{e}_1 \frac{d^3 r_1}{d\lambda^3} + \mathfrak{e}_2 \frac{d^3 r_2}{d\lambda^3} + \mathfrak{e}_3 \frac{d^3 r_3}{d\lambda^3} .\end{aligned}\right\} \quad (230)$$

Damit folgt

$$\left.\begin{aligned}\frac{ds}{d\lambda} &= \left|\frac{d\mathfrak{r}}{d\lambda}\right| = \sqrt{\left(\frac{dr_1}{d\lambda}\right)^2 + \left(\frac{dr_2}{d\lambda}\right)^2 + \left(\frac{dr_3}{d\lambda}\right)^2 + 2\frac{dr_1}{d\lambda}\frac{dr_2}{d\lambda}\cos\varepsilon_{1,2} + 2\frac{dr_2}{d\lambda}\frac{dr_3}{d\lambda}\cos\varepsilon_{2,3} + 2\frac{dr_3}{d\lambda}\frac{dr_1}{d\lambda}\cos\varepsilon_{3,1}} \, , \\ s &= \int_{\lambda_0}^{\lambda} d\lambda \sqrt{\left(\frac{dr_1}{d\lambda}\right)^2 + \left(\frac{dr_2}{d\lambda}\right)^2 + \left(\frac{dr_3}{d\lambda}\right)^2 + 2\frac{dr_1}{d\lambda}\frac{dr_2}{d\lambda}\cos\varepsilon_{1,2} + 2\frac{dr_2}{d\lambda}\frac{dr_3}{d\lambda}\cos\varepsilon_{2,3} + 2\frac{dr_3}{d\lambda}\frac{dr_1}{d\lambda}\cos\varepsilon_{3,1}} \, .\end{aligned}\right\} \quad (231)$$

62   Der beliebig bewegte, punktförmig idealisierte Körper.

$$\frac{d}{d\lambda}\left|\frac{d\mathfrak{r}}{d\lambda}\right| = \frac{1}{\left|\frac{d\mathfrak{r}}{d\lambda}\right|}\left[\frac{dr_1}{d\lambda}\left(\frac{d^2r_1}{d\lambda^2} + \frac{d^2r_2}{d\lambda^2}\cos\varepsilon_{1,2} + \frac{d^2r_3}{d\lambda^2}\cos\varepsilon_{3,1}\right) + \right.$$

$$+ \frac{dr_2}{d\lambda}\left(\frac{d^2r_2}{d\lambda^2} + \frac{d^2r_3}{d\lambda^2}\cos\varepsilon_{2,3} + \frac{d^2r_1}{d\lambda^2}\cos\varepsilon_{1,2}\right) + \quad (232)$$

$$\left. + \frac{dr_3}{d\lambda}\left(\frac{d^2r_3}{d\lambda^2} + \frac{d^2r_1}{d\lambda^2}\cos\varepsilon_{3,1} + \frac{d^2r_2}{d\lambda^2}\cos\varepsilon_{2,3}\right)\right].$$

$$\left.\begin{aligned}
\mathfrak{t} &= \frac{\mathfrak{e}_1\frac{dr_1}{d\lambda} + \mathfrak{e}_2\frac{dr_2}{d\lambda} + \mathfrak{e}_3\frac{dr_3}{d\lambda}}{\left|\frac{d\mathfrak{r}}{d\lambda}\right|}, \\
\mathfrak{n} &= \frac{\mathfrak{e}_1\left(\frac{d^2r_1}{d\lambda^2}\left|\frac{d\mathfrak{r}}{d\lambda}\right| - \frac{dr_1}{d\lambda}\frac{d}{d\lambda}\left|\frac{d\mathfrak{r}}{d\lambda}\right|\right) + \mathfrak{e}_2\left(\frac{d^2r_2}{d\lambda^2}\left|\frac{d\mathfrak{r}}{d\lambda}\right| - \frac{dr_2}{d\lambda}\frac{d}{d\lambda}\left|\frac{d\mathfrak{r}}{d\lambda}\right|\right) + \mathfrak{e}_3\left(\frac{d^2r_3}{d\lambda^2}\left|\frac{d\mathfrak{r}}{d\lambda}\right| - \frac{dr_3}{d\lambda}\frac{d}{d\lambda}\left|\frac{d\mathfrak{r}}{d\lambda}\right|\right)}{\varkappa\left|\frac{d\mathfrak{r}}{d\lambda}\right|^3}, \\
\mathfrak{t}\times\mathfrak{n} &= \frac{\mathfrak{e}_1\mathfrak{e}_2\mathfrak{e}_3}{\varkappa\left|\frac{d\mathfrak{r}}{d\lambda}\right|^3}\begin{vmatrix}\mathfrak{E}_1 & \frac{dr_1}{d\lambda} & \frac{d^2r_1}{d\lambda^2} \\ \mathfrak{E}_2 & \frac{dr_2}{d\lambda} & \frac{d^2r_2}{d\lambda^2} \\ \mathfrak{E}_3 & \frac{dr_3}{d\lambda} & \frac{d_2r_3}{d\lambda^2}\end{vmatrix}
\end{aligned}\right\} \quad (233)$$

Für die Krümmung $\varkappa$ wird zweckmäßig die Form (229) beibehalten und $\left(\frac{d^2\mathfrak{r}}{d\lambda^2}\right)^2$ und $\left(\frac{d\mathfrak{r}}{d\lambda}\right)^2$ gesondert dargestellt. So erhält man

$$\left.\begin{aligned}
\varkappa &= \frac{\sqrt{\left(\frac{d^2\mathfrak{r}}{d\lambda^2}\right)^2 - \left(\frac{d}{d\lambda}\left|\frac{d\mathfrak{r}}{d\lambda}\right|\right)^2}}{\left(\frac{d\mathfrak{r}}{d\lambda}\right)^2}, \\
\left(\frac{d^2\mathfrak{r}}{d\lambda^2}\right)^2 &= \left(\frac{d^2r_1}{d\lambda^2}\right)^2 + \left(\frac{d^2r_2}{d\lambda^2}\right)^2 + \left(\frac{d^2r_3}{d\lambda^2}\right)^2 + 2\left(\frac{d^2r_1}{d\lambda^2}\right)\left(\frac{d^2r_2}{d\lambda^2}\right)\cos\varepsilon_{1,2} + \\
&\quad + 2\left(\frac{d^2r_2}{d\lambda^2}\right)\left(\frac{d^2r_3}{d\lambda^2}\right)\cos\varepsilon_{2,3} + 2\left(\frac{d^2r_3}{d\lambda^2}\right)\left(\frac{d^2r_1}{d\lambda^2}\right)\cos\varepsilon_{3,1}, \\
\left(\frac{d\mathfrak{r}}{d\lambda}\right)^2 &= \left(\frac{dr_1}{d\lambda}\right)^2 + \left(\frac{dr_2}{d\lambda}\right)^2 + \left(\frac{dr_3}{d\lambda}\right)^2 + 2\left(\frac{dr_1}{d\lambda}\right)\left(\frac{dr_2}{d\lambda}\right)\cos\varepsilon_{1,2} + \\
&\quad + 2\left(\frac{dr_2}{d\lambda}\right)\left(\frac{dr_3}{d\lambda}\right)\cos\varepsilon_{2,3} + 2\left(\frac{dr_3}{d\lambda}\right)\left(\frac{dr_1}{d\lambda}\right)\cos\varepsilon_{3,1}.
\end{aligned}\right\} \quad (234)$$

Für die Windung ergibt sich

$$\tau = \frac{\mathfrak{e}_1\mathfrak{e}_2\mathfrak{e}_3}{\varkappa^2\left|\frac{d\mathfrak{r}}{d\lambda}\right|^6}\begin{vmatrix}\frac{d^3r_1}{d\lambda^3} & \frac{d^2r_1}{d\lambda^2} & \frac{dr_1}{d\lambda} \\ \frac{d^3r_2}{d\lambda^3} & \frac{d^2r_2}{d\lambda^2} & \frac{dr_2}{d\lambda} \\ \frac{d^3r_3}{d\lambda^3} & \frac{d^2r_3}{d\lambda^2} & \frac{dr_3}{d\lambda}\end{vmatrix}. \quad (235)$$

24. Gleichungen von Tangente, Normale und Binormale.

Im Sonderfalle des rechtwinkligen Bezugssystems vereinfachen sich die Formeln teilweise beträchtlich. Man erhält

$$\left. \begin{aligned} \frac{ds}{d\lambda} &= \left|\frac{d\mathfrak{r}}{d\lambda}\right| = \sqrt{\left(\frac{dr_1}{d\lambda}\right)^2 + \left(\frac{dr_2}{d\lambda}\right)^2 + \left(\frac{dr_3}{d\lambda}\right)^2} \;, \\ s &= \int_{\lambda_0}^{\lambda} \sqrt{\left(\frac{dr_1}{d\lambda}\right)^2 + \left(\frac{dr_2}{d\lambda}\right)^2 + \left(\frac{dr_3}{d\lambda}\right)^2}\, d\lambda \;, \\ \frac{d}{d\lambda}\left|\frac{d\mathfrak{r}}{d\lambda}\right| &= \frac{\frac{dr_1}{d\lambda}\frac{d^2 r_1}{d\lambda^2} + \frac{dr_2}{d\lambda}\frac{d^2 r_2}{d\lambda^2} + \frac{dr_3}{d\lambda}\frac{d^2 r_3}{d\lambda^2}}{\left|\frac{d\mathfrak{r}}{d\lambda}\right|} \;. \end{aligned} \right\} \quad \text{(Achsenkreuz)} \qquad (236)$$

$$\left. \begin{aligned} \mathfrak{t} &= \frac{\mathfrak{i}_1 \frac{dr_1}{d\lambda} + \mathfrak{i}_2 \frac{dr_2}{d\lambda} + \mathfrak{i}_3 \frac{dr_3}{d\lambda}}{\left|\frac{d\mathfrak{r}}{d\lambda}\right|} \;, \\ \mathfrak{n} &= \frac{\mathfrak{i}_1 \left(\frac{d^2 r_1}{d\lambda^2}\left|\frac{d\mathfrak{r}}{d\lambda}\right| - \frac{dr_1}{d\lambda}\frac{d}{d\lambda}\left|\frac{d\mathfrak{r}}{d\lambda}\right|\right) + \mathfrak{i}_2 \left(\frac{d^2 r_2}{d\lambda^2}\left|\frac{d\mathfrak{r}}{d\lambda}\right| - \frac{dr_2}{d\lambda}\frac{d}{d\lambda}\left|\frac{d\mathfrak{r}}{d\lambda}\right|\right) + \mathfrak{i}_3 \left(\frac{d^2 r_3}{d\lambda^2}\left|\frac{d\mathfrak{r}}{d\lambda}\right| - \frac{dr_3}{d\lambda}\frac{d}{d\lambda}\left|\frac{d\mathfrak{r}}{d\lambda}\right|\right)}{\varkappa \left|\frac{d\mathfrak{r}}{d\lambda}\right|^3} \;, \\ \mathfrak{t} \times \mathfrak{n} &= \frac{1}{\varkappa \left|\frac{d\mathfrak{r}}{d\lambda}\right|^3} \begin{vmatrix} \mathfrak{i}_1 & \frac{dr_1}{d\lambda} & \frac{d^2 r_1}{d\lambda^2} \\ \mathfrak{i}_2 & \frac{dr_2}{d\lambda} & \frac{d^2 r_2}{d\lambda^2} \\ \mathfrak{i}_3 & \frac{dr_3}{d\lambda} & \frac{d^2 r_3}{d\lambda^2} \end{vmatrix} \quad \text{(Achsenkreuz)} \;. \end{aligned} \right\} \qquad (237)$$

$$\left. \begin{aligned} \varkappa &= \frac{\sqrt{\left[\left(\frac{d^2 r_1}{d\lambda^2}\right)^2 + \left(\frac{d^2 r_2}{d\lambda^2}\right)^2 + \left(\frac{d^2 r_3}{d\lambda^2}\right)^2\right] - \left[\frac{d}{d\lambda}\sqrt{\left(\frac{dr_1}{d\lambda}\right)^2 + \left(\frac{dr_2}{d\lambda}\right)^2 + \left(\frac{dr_3}{d\lambda}\right)^2}\right]^2}}{\left(\frac{dr_1}{d\lambda}\right)^2 + \left(\frac{dr_2}{d\lambda}\right)^2 + \left(\frac{dr_3}{d\lambda}\right)^2} \;, \\ \tau &= \frac{1}{\varkappa^2 \left|\frac{d\mathfrak{r}}{d\lambda}\right|^6} \begin{vmatrix} \frac{d^3 r_1}{d\lambda^3} & \frac{d^2 r_1}{d\lambda^2} & \frac{dr_1}{d\lambda} \\ \frac{d^3 r_2}{d\lambda^3} & \frac{d^2 r_2}{d\lambda^2} & \frac{dr_2}{d\lambda} \\ \frac{d^3 r_3}{d\lambda^3} & \frac{d^2 r_3}{d\lambda^2} & \frac{dr_3}{d\lambda} \end{vmatrix} \quad \text{(Achsenkreuz)} \;. \end{aligned} \right\} \qquad (238)$$

24. Gleichungen von Tangente, Normale und Binormale.

Werden die Ortsvektoren von Tangente, Normale und Binormale in bezug auf O beziehungsweise mit $\mathfrak{r}_T$, $\mathfrak{r}_N$ und $\mathfrak{r}_{BN}$ bezeichnet und sind gemäß Abb. 81 bis 83 beziehungsweise s_T, s_N und s_{BN} die vom Kurvenpunkt aus gemessenen

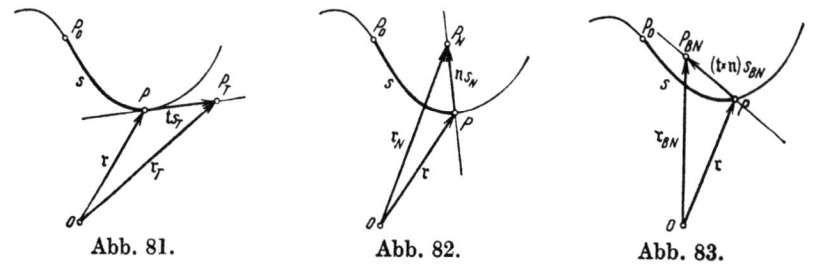

Abb. 81.   Abb. 82.   Abb. 83.

Abszissen, positiv jeweils in Richtung der Einheitsvektoren, so lauten die Vektorgleichungen von Tangente, Normale und Binormale, bezogen auf die Bogenlänge s als Veränderliche,

$$\left.\begin{aligned}\mathfrak{r}_T &= \mathfrak{r} + \mathfrak{t}\, s_T = \mathfrak{r}(s) + \frac{d\mathfrak{r}}{ds} s_T \quad, \\ \mathfrak{r}_N &= \mathfrak{r} + \mathfrak{n}\, s_N = \mathfrak{r}(s) + \frac{1}{\varkappa}\frac{d^2\mathfrak{r}}{ds^2} s_N \quad, \\ \mathfrak{r}_{BN} &= \mathfrak{r} + (\mathfrak{t}\times\mathfrak{n})\, s_{BN} = \mathfrak{r}(s) + \frac{1}{\varkappa}\left(\frac{d\mathfrak{r}}{ds}\times\frac{d^2\mathfrak{r}}{ds^2}\right) s_{BN} \quad.\end{aligned}\right\} \quad (239)$$

Für eine beliebige Veränderliche λ folgt in Verbindung mit (227)

$$\left.\begin{aligned}\mathfrak{r}_T &= \mathfrak{r}(\lambda) + \frac{\dfrac{d\mathfrak{r}}{d\lambda}}{\left|\dfrac{d\mathfrak{r}}{d\lambda}\right|} s_T \quad, \\ \mathfrak{r}_N &= \mathfrak{r}(\lambda) + \frac{\dfrac{d^2\mathfrak{r}}{d\lambda^2}\left|\dfrac{d\mathfrak{r}}{d\lambda}\right| - \dfrac{d\mathfrak{r}}{d\lambda}\dfrac{d}{d\lambda}\left|\dfrac{d\mathfrak{r}}{d\lambda}\right|}{\varkappa\left|\dfrac{d\mathfrak{r}}{d\lambda}\right|^3} s_N \quad, \\ \mathfrak{r}_{BN} &= \mathfrak{r}(\lambda) + \frac{\dfrac{d\mathfrak{r}}{d\lambda}\times\dfrac{d^2\mathfrak{r}}{d\lambda^2}}{\varkappa\left|\dfrac{d\mathfrak{r}}{d\lambda}\right|^3} s_{BN} \quad.\end{aligned}\right\} \quad (240)$$

25. Gleichungen von Schmiegungsebene, Hauptnormalenebene und Binormalenebene.

Die durch $\mathfrak{t}$ und $\mathfrak{n}$ gebildete Ebene heißt Schmiegungsebene, die durch $\mathfrak{n}$ und $\mathfrak{t}\times\mathfrak{n}$ gebildete Ebene Hauptnormalenebene und die durch $\mathfrak{t}\times\mathfrak{n}$ und $\mathfrak{t}$ gebildete Ebene Binormalenebene. Bezeichnen $\mathfrak{r}_{S.E.}$, $\mathfrak{r}_{H.E.}$, $\mathfrak{r}_{B.E.}$ die auf 0 bezogenen Ortsvektoren eines Punktes dieser Ebenen, so sind

$$\mathfrak{r}_{S.E.} - \mathfrak{r} \,, \qquad \mathfrak{r}_{H.E.} - \mathfrak{r} \,, \qquad \mathfrak{r}_{B.E.} - \mathfrak{r}$$

die vom Kurvenpunkte P aus zu den Punkten der Ebenen gezogenen Radiusvektoren. Diese stehen definitionsgemäß auf den Flächennormalen $\mathfrak{t}\times\mathfrak{n}$, $\mathfrak{t}$ und $\mathfrak{n}$ der drei Ebenen senkrecht, so daß die entsprechenden skalaren Produkte nach (134) verschwinden müssen. Somit folgt

$$\left.\begin{aligned}(\mathfrak{r}_{S.E.} - \mathfrak{r})(\mathfrak{t}\times\mathfrak{n}) &= 0 \quad \text{(Schmiegungsebene)} \quad, \\ (\mathfrak{r}_{H.E.} - \mathfrak{r})\,\mathfrak{t} &= 0 \quad \text{(Hauptnormalenebene)}, \\ (\mathfrak{r}_{B.E.} - \mathfrak{r})\,\mathfrak{n} &= 0 \quad \text{(Binormalenebene)} \quad.\end{aligned}\right\} \quad (241)$$

Die Gln (241) stellen die Vektorgleichungen der drei Ebenen dar. Werden $\mathfrak{t}$ und $\mathfrak{n}$ einmal für s als Veränderliche und einmal für λ als Veränderliche ausgedrückt, so ergibt sich

$$\left.\begin{aligned}(\mathfrak{r}_{S.E.} - \mathfrak{r})\frac{d\mathfrak{r}}{ds}\frac{d^2\mathfrak{r}}{ds^2} &= 0 \quad \text{(Schmiegungsebene)} \quad, \\ (\mathfrak{r}_{H.E.} - \mathfrak{r})\frac{d\mathfrak{r}}{ds} &= 0 \quad \text{(Hauptnormalenebene)} \,, \\ (\mathfrak{r}_{B.E.} - \mathfrak{r})\frac{d^2\mathfrak{r}}{ds^2} &= 0 \quad \text{(Binormalenebene)} \quad,\end{aligned}\right\} \quad (242)$$

27. Der Kreis als Kurve konstanter Krümmung und punktförmiger Evolute. 65

beziehungsweise

$$(\mathfrak{r}_{S.E.} - \mathfrak{r})\frac{d\mathfrak{r}}{d\lambda}\frac{d^2\mathfrak{r}}{d\lambda^2} = 0 \quad \text{(Schmiegungsebene)},$$

$$(\mathfrak{r}_{H.E.} - \mathfrak{r})\frac{d\mathfrak{r}}{d\lambda} = 0 \quad \text{(Hauptnormalenebene)}, \quad (243)$$

$$(\mathfrak{r}_{B.E.} - \mathfrak{r})\frac{d^2\mathfrak{r}}{d\lambda^2} = 0 \quad \text{(Binormalenebene)}.$$

Wie der Vergleich von (242) und (243) zeigt, besitzen die Vektorgleichungen der drei Ebenen für s als Veränderliche und λ als Veränderliche die gleiche Form.

26. Evoluten und Evolventen.

Ein ausgezeichneter Punkt auf der in Ziffer 24 untersuchten Normalen ist der Krümmungsmittelpunkt M. Gemäß Abb. 84 ist hierfür in der zweiten der Gln (239) oder (240)

$$s_N = R = \frac{1}{\varkappa}$$

zu setzen. Damit erhält man

$$\mathfrak{r}_M = \mathfrak{r}(s) + \frac{\mathfrak{n}}{\varkappa} = \mathfrak{r}(s) + \frac{1}{\varkappa^2}\frac{d^2\mathfrak{r}}{ds^2}, \quad (244)$$

beziehungsweise

$$\mathfrak{r}_M = \mathfrak{r}(\lambda) + \frac{\dfrac{d^2\mathfrak{r}}{d\lambda^2}\left|\dfrac{d\mathfrak{r}}{d\lambda}\right| - \dfrac{d\mathfrak{r}}{d\lambda}\dfrac{d}{d\lambda}\left|\dfrac{d\mathfrak{r}}{d\lambda}\right|}{\varkappa^2\left|\dfrac{d\mathfrak{r}}{d\lambda}\right|^3}. \quad (245)$$

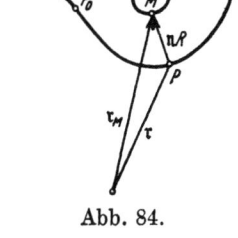

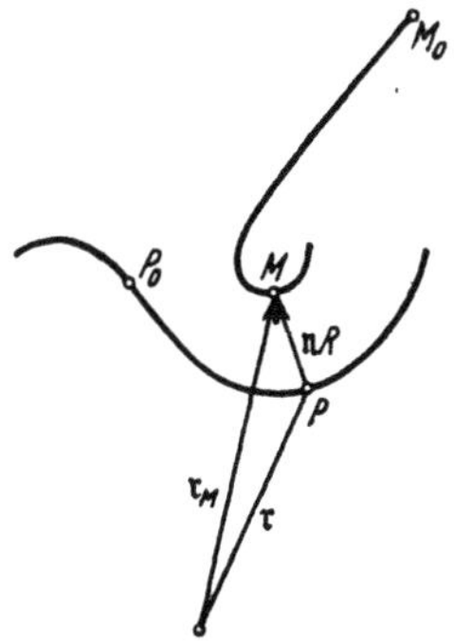

Abb. 84.

In (244) und (245) wird $\mathfrak{r}_M$ mit $\mathfrak{r}(s)$ bzw. $\mathfrak{r}(\lambda)$ ebenfalls eine Funktion von s bzw. λ. $\mathfrak{r}_M$ stellt somit die Gleichung einer Kurve dar, der sogenannten Krümmungsmittelpunktkurve oder Evolute.

Ist $\mathfrak{r}_M$ als Krümmungsmittelpunktkurve gegeben und $\mathfrak{r}$ gesucht, so heißt $\mathfrak{r}$ die zu $\mathfrak{r}_M$ gehörige Evolvente. Die Ermittlung der Evolvente zu einer vorgegebenen Kurve stellt analytisch eine meist sehr schwierige Aufgabe dar.

27. Der Kreis als Kurve konstanter Krümmung und punktförmiger Evolute.

Im Falle konstanter Krümmung und verschwindender Windung

$$\varkappa = \frac{1}{a}, \qquad \tau = 0 \quad (246)$$

stellt die Kurve einen Kreis dar und die Evolute schrumpft auf einen Punkt zusammen (Abb. 85). Wird dies in (244) berücksichtigt, so folgt als Differentialgleichung des Kreises

$$\frac{d^2\mathfrak{r}}{ds^2} + \frac{\mathfrak{r}}{a^2} = \frac{\mathfrak{r}_M}{a^2}. \quad (247)$$

Wird gemäß

$$\varphi = \frac{s}{a} \quad (248)$$

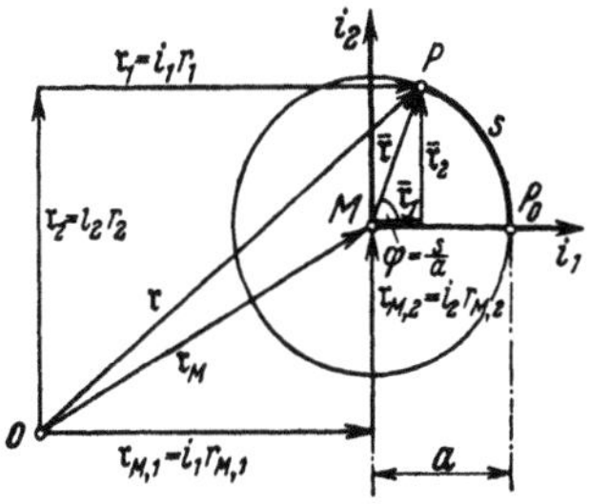

Abb. 85.

Tölke, Mechanik, Bd. I. 5

der Bogen auf dem Einheitskreis als Veränderliche eingeführt, so lautet die Differentialgleichung

$$\frac{d^2 \mathfrak{r}}{d\varphi^2} + \mathfrak{r} = \mathfrak{r}_M \;. \tag{249}$$

Bezogen auf ein rechtwinkliges Bezugssystem $\mathfrak{i}_1, \mathfrak{i}_2$ ergibt sich als Lösung von (247)

$$\mathfrak{r} = \mathfrak{r}_M + \mathfrak{i}_1 a \cos \frac{s}{a} + \mathfrak{i}_2 a \sin \frac{s}{a} \;, \tag{250}$$

wie man durch Einsetzen unmittelbar bestätigt. Wird der auf den Krümmungsmittelpunkt bezogene Vektor

$$\bar{\mathfrak{r}} = \bar{\mathfrak{r}}_1 + \bar{\mathfrak{r}}_2 = \mathfrak{i}_1 a \cos \frac{s}{a} + \mathfrak{i}_2 a \sin \frac{s}{a} \tag{251}$$

eingeführt, so lautet (250)

$$\mathfrak{r} = \mathfrak{r}_M + \bar{\mathfrak{r}} \quad \text{mit} \quad \bar{\mathfrak{r}} = \mathfrak{i}_1 a \cos \frac{s}{a} + \mathfrak{i}_2 a \sin \frac{s}{a} \;. \tag{252}$$

Diese Gleichung kann man unmittelbar aus Abb. 85 ablesen.

Für den ersten und zweiten Differentialquotienten von $\mathfrak{r}$ nach s erhält man im Anschluß an (250)

$$\left.\begin{array}{l} \dfrac{d\mathfrak{r}}{ds} = -\mathfrak{i}_1 \sin \dfrac{s}{a} + \mathfrak{i}_2 \cos \dfrac{s}{a} \;, \\[2mm] \dfrac{d^2\mathfrak{r}}{ds^2} = -\dfrac{\mathfrak{i}_1}{a} \cos \dfrac{s}{a} - \dfrac{\mathfrak{i}_2}{a} \sin \dfrac{s}{a} = -\dfrac{\bar{\mathfrak{r}}}{a^2} \;. \end{array}\right\} \tag{253}$$

Damit folgt für Tangenten- und Normalen-Einheitsvektor (Abb. 86)

$$\left.\begin{array}{l} \mathfrak{t} = -\mathfrak{i}_1 \sin \dfrac{s}{a} + \mathfrak{i}_2 \cos \dfrac{s}{a} \;, \\[2mm] \mathfrak{n} = -\mathfrak{i}_1 \cos \dfrac{s}{a} - \mathfrak{i}_2 \sin \dfrac{s}{a} = -\dfrac{\bar{\mathfrak{r}}}{a} \;. \end{array}\right\} \tag{254}$$

Ausgedrückt durch φ lauten (250) und (254)

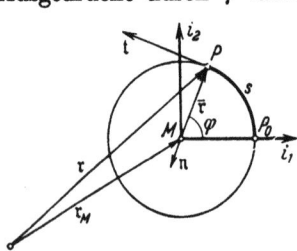

Abb. 86.

$$\left.\begin{array}{l} \mathfrak{r} = \mathfrak{r}_M + \mathfrak{i}_1 a \cos \varphi + \mathfrak{i}_2 a \sin \varphi = \mathfrak{r}_M + \bar{\mathfrak{r}} \;, \\ \mathfrak{t} = -\mathfrak{i}_1 \sin \varphi + \mathfrak{i}_2 \cos \varphi \;, \\ \mathfrak{n} = -\mathfrak{i}_1 \cos \varphi - \mathfrak{i}_2 \sin \varphi = -\dfrac{\bar{\mathfrak{r}}}{a} \;. \end{array}\right\} \tag{255}$$

Der Binormalen-Einheitsvektor $\mathfrak{t} \times \mathfrak{n}$ ist nach Abb. 86 für alle Punkte des Kreises

$$\mathfrak{t} \times \mathfrak{n} = \mathfrak{i}_3 \;. \tag{256}$$

Nach Abb. 86 stellt der Vektor $\bar{\mathfrak{r}}$ den Ortsvektor in bezug auf den Kreismittelpunkt dar. Für ihn folgt aus der ersten der Gln (255)

$$\begin{aligned} \bar{\mathfrak{r}} &= \mathfrak{i}_1 a \cos \varphi + \mathfrak{i}_2 a \sin \varphi \\ &= \mathfrak{i}_1 |\bar{\mathfrak{r}}| \cos \varphi + \mathfrak{i}_2 |\bar{\mathfrak{r}}| \sin \varphi \;. \end{aligned} \tag{257}$$

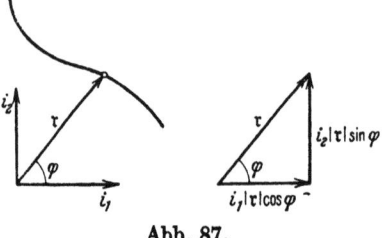

Abb. 87.

Diese hier speziell für den Kreis entwickelte Vektorgleichung ist von wesentlich allgemeinerer Bedeutung. Sie ist nach Abb. 87

27. Der Kreis als Kurve konstanter Krümmung und punktförmiger Evolute.

nicht an den Kreis gebunden und wird als die Darstellung eines Vektors in Polarkoordinaten bezeichnet.

Wird in (255) $\mathfrak{r}_M$ gemäß

$$\mathfrak{r}_M = \mathfrak{i}_1 r_{M,1} + \mathfrak{i}_2 r_{M,2} \tag{258}$$

in Komponentenvektoren aufgespalten, so ergibt sich

$$\mathfrak{r} = \mathfrak{i}_1 (r_{M,1} + a\cos\varphi) + \mathfrak{i}_2 (r_{M,2} + a\sin\varphi)\,, \quad \left.\begin{array}{l} r_1 = r_{M,1} + a\cos\varphi\,, \\ r_2 = r_{M,2} + a\sin\varphi\,. \end{array}\right\} \tag{259}$$

Aus (259) folgt

$$\cos\varphi = \frac{r_1 - r_{M,1}}{a}\,, \quad \sin\varphi = \frac{r_2 - r_{M,2}}{a}$$

oder quadriert und addiert

$$\left[\frac{r_1 - r_{M,1}}{a}\right]^2 + \left[\frac{r_2 - r_{M,2}}{a}\right]^2 = 1\,. \tag{260}$$

Dies ist die bekannte skalare Gleichung des Kreises.

Es ist für manche Zwecke der Anwendung nützlich, nicht den Winkel φ von $\bar{\mathfrak{r}}$ gegen $\mathfrak{i}_1$ sondern den Winkel ψ von $\mathfrak{r}$ gegen $\mathfrak{i}_1$ als skalare Veränderliche zu wählen (Abb. 88). Hierbei muß nach den beiden Fällen unterschieden werden, ob der Bezugspunkt 0 außerhalb oder innerhalb des Kreises liegt. Im ersteren Falle gehören gemäß Abb. 88 zu jedem ψ-Wert zwei Kreispunkte P_i und P_a, worauf bei der Darstellung Rücksicht genommen werden muß. Es folgt zunächst

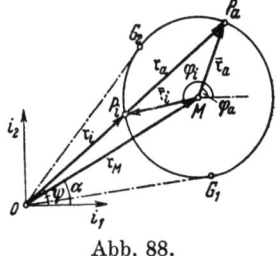

Abb. 88.

$$\mathfrak{r}_a = \mathfrak{r}_M + \bar{\mathfrak{r}}_a \quad \text{oder} \quad \bar{\mathfrak{r}}_a = \mathfrak{r}_a - \mathfrak{r}_M\,.$$

Wird diese Vektorgleichung skalar mit sich selbst multipliziert, so ergibt sich

$$a^2 = r_a^2 + r_M^2 - 2 r_a r_M \cos(\psi - \alpha)$$

oder aufgelöst

$$r_a = r_M \cos(\psi - \alpha) \pm \sqrt{a^2 - r_M^2 \sin^2(\psi - \alpha)} \quad \text{(Bezugspunkt außerhalb).} \tag{261}$$

Für die Grenzpunkte G_1 und G_2 verschwindet die Wurzel und man erhält

$$\sin(\psi_1 - \alpha) = -\frac{a}{r_M}\,, \quad \sin(\psi_2 - \alpha) = +\frac{a}{r_M}\,, \quad r_a = r_i = \sqrt{r_M^2 - a^2}\,. \tag{262}$$

Die Gl. (261) wird als die skalare Polargleichung des Kreises bezeichnet. Unter Bezugnahme auf die Vektordarstellung in Polarkoordinaten, hier in r_a bzw. r_i und ψ, folgt in Verbindung mit (261)

$$\mathfrak{r}_a = \mathfrak{i}_1 \left(r_M \cos(\psi - \alpha) \pm \sqrt{a^2 - r_M^2 \sin^2(\psi - \alpha)}\right) \cos\psi + \\ + \mathfrak{i}_2 \left(r_M \cos(\psi - \alpha) \pm \sqrt{a^2 - r_M^2 \sin^2(\psi - \alpha)}\right) \sin\psi\,. \quad \text{(Bezugspunkt außerhalb)} \tag{263}$$

Gl. (263) heißt die polare Vektorgleichung des Kreises.

In dem zweiten Falle, wo der Bezugspunkt 0 innerhalb des Kreises liegt, gehört nach Abb. 89 zu jedem ψ-Wert nur ein Radiusvektor. Dementsprechend wird eines der Wurzelvorzeichen in (261) und (263) jetzt unbrauchbar, und zwar

68   Der beliebig bewegte, punktförmig idealisierte Körper.

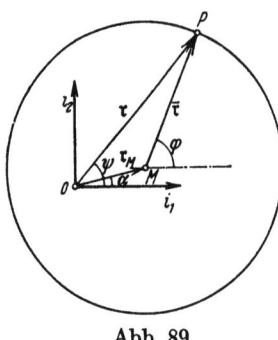

das negative, denn es würde für $\psi - \alpha = \pi/2$ zu negativen Radiusvektoren führen, was definitionsgemäß nicht möglich ist. So erhält man

$$r = r_M \cos(\psi - \alpha) + \sqrt{a^2 - r_M^2 \sin^2(\psi - \alpha)} \quad (264)$$

(Bezugspunkt innerhalb),

$$\left.\begin{array}{l} \mathfrak{r} = \mathfrak{i}_1 \left(r_M \cos(\psi - \alpha) + \sqrt{a^2 - r_M^2 \sin^2(\psi - \alpha)} \right) \cos \psi + \\ + \mathfrak{i}_2 \left(r_M \cos(\psi - \alpha) + \sqrt{a^2 - r_M^2 \sin^2(\psi - \alpha)} \right) \sin \psi \end{array}\right\} \quad (265)$$

Abb. 89.

28. Die kreiszylindrische Schraubenlinie als Kurve konstanter Krümmung und konstanter Windung.

In Beispiel 7 und Abb. 28 hatten wir bereits die kreiszylindrische Schraubenlinie in der Gestalt einer Spiralfeder kennengelernt. Ihre Vektorgleichung lautet (Abb. 90)

$$\mathfrak{r} = \mathfrak{r}' + \mathfrak{i}_3 \frac{h}{2\pi} \varphi, \quad (266)$$

wenn $\mathfrak{r}'$ die Gleichung des Kreises in der Form (255) bezeichnet. Für $\varphi = 2\pi$, d. h. für eine volle Schraubenumdrehung wird nach (266) $\mathfrak{r}$ um den Betrag h aus der Grundkreisebene herausgehoben; dieses Maß heißt die Steigungshöhe. Wird $\mathfrak{r}'$ nach (255) in (266) eingeführt, so folgt

$$\left.\begin{array}{l} \mathfrak{r} = \mathfrak{r}_{M'} + \mathfrak{i}_1 a \cos \varphi + \mathfrak{i}_2 a \sin \varphi + \mathfrak{i}_3 \frac{h}{2\pi} \varphi, \\ \dfrac{d\mathfrak{r}}{d\varphi} = -\mathfrak{i}_1 a \sin \varphi + \mathfrak{i}_2 a \cos \varphi + \mathfrak{i}_3 \dfrac{h}{2\pi}, \\ \dfrac{d^2\mathfrak{r}}{d\varphi^2} = -\mathfrak{i}_1 a \cos \varphi - \mathfrak{i}_2 a \sin \varphi, \\ \dfrac{d^3\mathfrak{r}}{d\varphi^3} = +\mathfrak{i}_1 a \sin \varphi - \mathfrak{i}_2 a \cos \varphi \end{array}\right\} \quad (267)$$

Nach der zweiten dieser Gleichungen ist

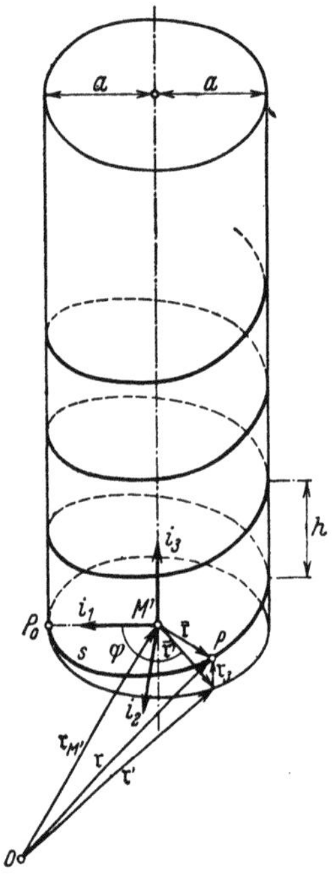

Abb. 90. $\quad \dfrac{dr_1}{d\varphi} = -a \sin \varphi, \quad \dfrac{dr_2}{d\varphi} = a \cos \varphi, \quad \dfrac{dr_3}{d\varphi} = \dfrac{h}{2\pi}.$

Damit liefert die zweite der Gln (236) mit $\lambda = \varphi$, wenn gemäß Abb. 90 $\lambda_0 = \varphi_0 = 0$ gesetzt wird, die Bogenlänge

$$s = \int_0^\varphi \sqrt{\left(\frac{dr_1}{d\varphi}\right)^2 + \left(\frac{dr_2}{d\varphi}\right)^2 + \left(\frac{dr_3}{d\varphi}\right)^2} \, d\varphi = \int_0^\varphi \sqrt{a^2 \sin^2 \varphi + a^2 \cos^2 \varphi + \frac{h^2}{4\pi^2}} \, d\varphi = \int_0^\varphi \sqrt{a^2 + \frac{h^2}{4\pi^2}} \, d\varphi$$

oder $\quad s = \varphi \sqrt{a^2 + \dfrac{h^2}{4\pi^2}}, \quad \varphi = \dfrac{s}{\sqrt{a^2 + \dfrac{h^2}{4\pi^2}}}.$ \quad (268)

28. Die kreiszylindrische Schraubenlinie als Kurve konstanter Krümmung.

Mit (268) läßt sich die Vektorgleichung der Schraubenlinie auf s umschreiben, was die weitere Behandlung sehr erleichtert. Durch Einführen von (268) in (267) folgt

$$\mathfrak{r} = \mathfrak{r}_{M'} + \mathfrak{i}_1 a \cos\frac{s}{\sqrt{a^2+\frac{h^2}{4\pi^2}}} + \mathfrak{i}_2 a \sin\frac{s}{\sqrt{a^2+\frac{h^2}{4\pi^2}}} + \mathfrak{i}_3 \frac{s}{\sqrt{1+\frac{4\pi^2 a^2}{h^2}}} \qquad (269)$$

und hieraus durch Differentiation

$$\left.\begin{array}{l}\dfrac{d\mathfrak{r}}{ds} = -\mathfrak{i}_1 \dfrac{1}{\sqrt{1+\dfrac{h^2}{4\pi^2 a^2}}}\sin\dfrac{s}{\sqrt{a^2+\dfrac{h^2}{4\pi^2}}} + \mathfrak{i}_2 \dfrac{1}{\sqrt{1+\dfrac{h^2}{4\pi^2 a^2}}}\cos\dfrac{s}{\sqrt{a^2+\dfrac{h^2}{4\pi^2}}} + \mathfrak{i}_3 \dfrac{1}{\sqrt{1+\dfrac{4\pi^2 a^2}{h^2}}}, \\[2ex] \dfrac{d^2\mathfrak{r}}{ds^2} = -\mathfrak{i}_1 \dfrac{1}{a\left(1+\dfrac{h^2}{4\pi^2 a^2}\right)}\cos\dfrac{s}{\sqrt{a^2+\dfrac{h^2}{4\pi^2}}} - \mathfrak{i}_2 \dfrac{1}{a\left(1+\dfrac{h^2}{4\pi^2 a^2}\right)}\sin\dfrac{s}{\sqrt{a^2+\dfrac{h^2}{4\pi^2}}}, \\[2ex] \dfrac{d^3\mathfrak{r}}{ds^3} = +\mathfrak{i}_1 \dfrac{1}{a^2\left(1+\dfrac{h^2}{4\pi^2 a^2}\right)^{3/2}}\sin\dfrac{s}{\sqrt{a^2+\dfrac{h^2}{4\pi^2}}} - \mathfrak{i}_2 \dfrac{1}{a^2\left(1+\dfrac{h^2}{4\pi^2 a^2}\right)^{3/2}}\cos\dfrac{s}{\sqrt{a^2+\dfrac{h^2}{4\pi^2}}}. \end{array}\right\} (270)$$

Aus (270) ergibt sich in Verbindung mit (222)

$$\varkappa = \sqrt{\left[-\frac{1}{a\left(1+\dfrac{h^2}{4\pi^2 a^2}\right)}\cos\dfrac{s}{\sqrt{a^2+\dfrac{h^2}{4\pi^2}}}\right]^2 + \left[-\frac{1}{a\left(1+\dfrac{h^2}{4\pi^2 a^2}\right)}\sin\dfrac{s}{\sqrt{a^2+\dfrac{h^2}{4\pi^2}}}\right]^2} = \frac{1}{a\left(1+\dfrac{h^2}{4\pi^2 a^2}\right)}$$

$$\tau = a^2\left(1+\frac{h^2}{4\pi^2 a^2}\right)^2 \begin{vmatrix} \dfrac{1}{a^2\left(1+\dfrac{h^2}{4\pi^2 a^2}\right)^{3/2}}\sin\dfrac{s}{\sqrt{a^2+\dfrac{h^2}{4\pi^2}}} & \dfrac{-1}{a\left(1+\dfrac{h^2}{4\pi^2 a^2}\right)}\cos\dfrac{s}{\sqrt{a^2+\dfrac{h^2}{4\pi^2}}} & \dfrac{-1}{\sqrt{1+\dfrac{h^2}{4\pi^2 a^2}}}\sin\dfrac{s}{\sqrt{a^2+\dfrac{h^2}{4\pi^2}}} \\[2ex] \dfrac{-1}{a^2\left(1+\dfrac{h^2}{4\pi^2 a^2}\right)^{3/2}}\cos\dfrac{s}{\sqrt{a^2+\dfrac{h^2}{4\pi^2}}} & \dfrac{-1}{a\left(1+\dfrac{h^2}{4\pi^2 h^2}\right)}\sin\dfrac{s}{\sqrt{a^2+\dfrac{h^2}{4\pi^2}}} & \dfrac{1}{\sqrt{1+\dfrac{h^2}{4\pi^2 h^2}}}\cos\dfrac{s}{\sqrt{a^2+\dfrac{h}{4\pi^2}}} \\[2ex] 0 & 0 & \dfrac{1}{\sqrt{1+\dfrac{4\pi^2 a^2}{h^2}}} \end{vmatrix}$$

oder ausgewertet

$$\varkappa = \frac{1}{a\left(1+\dfrac{h^2}{4\pi^2 a^2}\right)}, \qquad \tau = -\frac{h}{2\pi a}\frac{1}{a\left(1+\dfrac{h^2}{4\pi^2 h^2}\right)}. \qquad (271)$$

Krümmung und Windung sind somit in der Tat konstant.

Mit (271) folgt

$$\left.\begin{aligned}\mathfrak{r} &= \mathfrak{r}_{M'} + \mathfrak{i}_1 a \cos\left(s\sqrt{\tfrac{\varkappa}{a}}\right) + \mathfrak{i}_2 a \sin\left(s\sqrt{\tfrac{\varkappa}{a}}\right) + \mathfrak{i}_3 \tfrac{h}{2\pi} s \sqrt{\tfrac{\varkappa}{a}}, \\ \mathfrak{t} &= -\mathfrak{i}_1 \sqrt{\varkappa a} \sin\left(s\sqrt{\tfrac{\varkappa}{a}}\right) + \mathfrak{i}_2 \sqrt{\varkappa a} \cos\left(s\sqrt{\tfrac{\varkappa}{a}}\right) + \mathfrak{i}_3 \tfrac{h}{2\pi} \sqrt{\tfrac{\varkappa}{a}}, \\ \mathfrak{n} &= -\mathfrak{i}_1 \cos\left(s\sqrt{\tfrac{\varkappa}{a}}\right) - \mathfrak{i}_2 \sin\left(s\sqrt{\tfrac{\varkappa}{a}}\right), \\ \mathfrak{t}\times\mathfrak{n} &= \begin{vmatrix} \mathfrak{i}_1 & -\sqrt{\varkappa a}\sin\left(s\sqrt{\tfrac{\varkappa}{a}}\right) & -\cos\left(s\sqrt{\tfrac{\varkappa}{a}}\right) \\ \mathfrak{i}_2 & \sqrt{\varkappa a}\cos\left(s\sqrt{\tfrac{\varkappa}{a}}\right) & -\sin\left(s\sqrt{\tfrac{\varkappa}{a}}\right) \\ \mathfrak{i}_3 & \tfrac{h}{2\pi}\sqrt{\tfrac{\varkappa}{a}} & 0 \end{vmatrix} = \mathfrak{i}_1 \tfrac{h}{2\pi}\sqrt{\tfrac{\varkappa}{a}} \sin s\sqrt{\tfrac{\varkappa}{a}} - \mathfrak{i}_2 \tfrac{h}{2\pi}\sqrt{\tfrac{\varkappa}{a}} \cos s\sqrt{\tfrac{\varkappa}{a}} + \mathfrak{i}_3 \sqrt{\varkappa a}\ .\end{aligned}\right\} \quad (272)$$

Die Einführung der dritten dieser Gleichungen in die erste liefert

$$\mathfrak{r} = \mathfrak{r}_{M'} - \mathfrak{n}\, a + \mathfrak{i}_3 \tfrac{h}{2\pi} s \sqrt{\tfrac{\varkappa}{a}} \tag{273}$$

oder wenn gemäß (206)

$$\mathfrak{n} = \frac{1}{\varkappa}\frac{d^2\mathfrak{r}}{ds^2} \qquad \text{gesetzt wird} \qquad \mathfrak{r} = \mathfrak{r}_{M'} - \frac{a}{\varkappa}\frac{d^2\mathfrak{r}}{ds^2} + \mathfrak{i}_3 \tfrac{h}{2\pi} s \sqrt{\tfrac{\varkappa}{a}}\ .$$

Die Auflösung nach $d^2\mathfrak{r}/ds^2$ ergibt

$$\frac{d^2\mathfrak{r}}{ds^2} + \frac{\varkappa}{a}\mathfrak{r} = \frac{\varkappa}{a}\mathfrak{r}_{M'} + \mathfrak{i}_3 \tfrac{h}{2\pi} s \left(\tfrac{\varkappa}{a}\right)^{3/2}\ . \tag{274}$$

Wird diese Differentialgleichung noch zweimal differenziert, so folgt

$$\frac{d^4\mathfrak{r}}{ds^4} + \frac{\varkappa}{a}\frac{d^2\mathfrak{r}}{ds^2} = 0\ . \tag{275}$$

Die Evolute der Schraubenlinie ist wieder eine Schraubenlinie. Wird nämlich in (244) $d^2\mathfrak{r}/ds^2$ gemäß (264) eingeführt, so erhält man

$$\mathfrak{r}_M = \mathfrak{r}(s) - \frac{\mathfrak{r}(s)}{a\varkappa} + \frac{\mathfrak{r}'_M}{a\varkappa} + \mathfrak{i}_3 \frac{h}{2\pi} s \frac{1}{a\varkappa}\sqrt{\tfrac{\varkappa}{a}}$$

oder zusammengefaßt

$$\mathfrak{r}_M = -\frac{h^2}{4\pi^2 a^2}\left[\mathfrak{r}_{M'} + \mathfrak{i}_1 a \cos\left(s\sqrt{\tfrac{\varkappa}{a}}\right) + \mathfrak{i}_2 a \sin\left(s\sqrt{\tfrac{\varkappa}{a}}\right)\right] + \mathfrak{i}_3 \tfrac{h}{2\pi} s \sqrt{\tfrac{\varkappa}{a}} \quad \text{(Evolute)}. \tag{276}$$

Wie der Vergleich mit (272) zeigt, ist die Steigung der Evolute die gleiche wie bei der Schraubenlinie. Der Zylinderhalbmesser ist dagegen sehr viel kleiner und außerdem um 180° gegenüber dem der Schraubenlinie gedreht.

29. Die Ellipse als affine Verzerrung des Kreises.

Wird der Kreis in der Form (255) affin verzerrt, etwa in der Weise, daß gemäß Abb. 91 alle Vektoren $\mathfrak{r}'_2$ des Kreises mit ein und demselben Verzerrungsfaktor λ multipliziert werden, so geht der Kreis in eine Ellipse über und die Vektorgleichung lautet

$$\mathfrak{r} = \mathfrak{r}_{M'} + \mathfrak{i}_1 a \cos\varphi + \mathfrak{i}_2 \lambda a \sin\varphi\ . \tag{277}$$

29. Die Ellipse als affine Verzerrung des Kreises.

Ableitungsgemäß ist hierin die skalare Veränderliche φ der zu P bzw. P' gehörige Bogen auf dem Einheitskreise. Die Differentiation von (277) ergibt

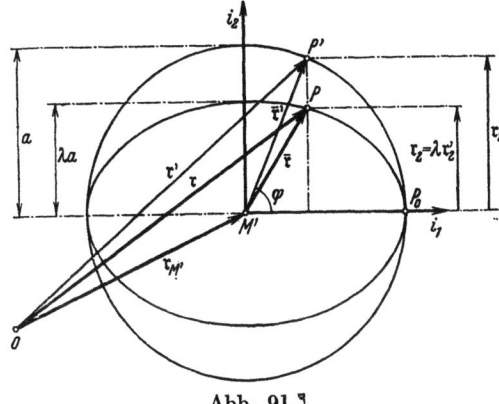

Abb. 91.

$$\frac{d\mathfrak{r}}{d\varphi} = -\mathfrak{i}_1 a \sin\varphi + \mathfrak{i}_2 \lambda a \cos\varphi \quad , \\ \frac{d^2\mathfrak{r}}{d\varphi^2} = -\mathfrak{i}_1 a \cos\varphi - \mathfrak{i}_2 \lambda a \sin\varphi = -\mathfrak{r} + \mathfrak{r}_{M'} . \quad \bigg\} \quad (278)$$

Aus der zweiten dieser Gleichungen folgt

$$\frac{d^2\mathfrak{r}}{d\varphi^2} + \mathfrak{r} = \mathfrak{r}_{M'} \qquad (279)$$

als Differentialgleichung der Ellipse.

Für die Berechnung von $\varkappa$ und τ nach (238) muß zunächst $\left|\frac{d\mathfrak{r}}{d\varphi}\right|$ und $\frac{d}{d\varphi}\left|\frac{d\mathfrak{r}}{d\varphi}\right|$ gebildet werden. In Verbindung mit (152) erhält man

$$\left|\frac{d\mathfrak{r}}{d\varphi}\right| = \sqrt{\left(\frac{dr_1}{d\varphi}\right)^2 + \left(\frac{dr_2}{d\varphi}\right)^2 + \left(\frac{dr_3}{d\varphi}\right)^2} = \sqrt{a^2 \sin^2\varphi + \lambda^2 a^2 \cos^2\varphi} \\ = a\sqrt{\sin^2\varphi + \lambda^2 \cos^2\varphi} = \frac{ds}{d\varphi}, \qquad (280)$$

$$\frac{d}{d\varphi}\left|\frac{d\mathfrak{r}}{d\varphi}\right| = \frac{a(1-\lambda^2)\sin\varphi\cos\varphi}{\sqrt{\sin^2\varphi + \lambda^2 \cos^2\varphi}} . \qquad (281)$$

Mit (278), (280) und (281) liefert (238)

$$\varkappa = \frac{1}{a^2(\sin^2\varphi + \lambda^2\cos^2\varphi)}\sqrt{[a^2\cos^2\varphi + \lambda^2 a^2\sin^2\varphi] - \frac{a^2(1-\lambda^2)^2\sin^2\varphi\cos^2\varphi}{\sin^2\varphi + \lambda^2\cos^2\varphi)}} \\ = \frac{\lambda}{a(\sin^2\varphi + \lambda^2\cos^2\varphi)^{3/2}} .$$

Die Windung τ ist wie bei jeder ebenen Kurve gleich null. Somit folgt

$$\varkappa = \frac{\lambda}{a(\sin^2\varphi + \lambda^2\cos^2\varphi)^{3/2}} , \qquad \tau = 0 . \qquad (282)$$

Für die größten und kleinsten Krümmungen in Richtung der Bezugsvektoren, die sogenannten Hauptkrümmungen, folgt

$$\varkappa(0) = \varkappa_{\max} = \frac{1}{a\lambda^2} , \qquad \varkappa\left(\frac{\pi}{2}\right) = \varkappa_{\min} = \frac{\lambda}{a} . \qquad (283)$$

Aus (278), (280), (281) und (282) in Verbindung mit (237) erhält man für den Tangenten- und Normalen-Einheitsvektor

$$\mathfrak{t} = \frac{-\mathfrak{i}_1 \sin \varphi + \mathfrak{i}_2 \lambda \cos \varphi}{\sqrt{\sin^2 \varphi + \lambda^2 \cos^2 \varphi}} \,,$$

$$\mathfrak{n} = \frac{\mathfrak{i}_1 \left(-\cos \varphi + \sin \varphi \, \dfrac{(1-\lambda^2) \sin \varphi \cos \varphi}{\sin^2 \varphi + \lambda^2 \cos^2 \varphi}\right) + \mathfrak{i}_2 \left(-\lambda \sin \varphi - \lambda \cos \varphi \, \dfrac{(1-\lambda^2) \sin \varphi \cos \varphi}{\sin^2 \varphi + \lambda^2 \cos^2 \varphi}\right)}{\dfrac{\lambda}{(\sin^2 \varphi + \lambda^2 \cos^2 \varphi)^{3/2}} (\sin^2 \varphi + \lambda^2 \cos^2 \varphi)}$$

oder ausgewertet

$$\mathfrak{t} = \frac{-\mathfrak{i}_1 \sin \varphi + \mathfrak{i}_2 \lambda \cos \varphi}{\sqrt{\sin^2 \varphi + \lambda^2 \cos^2 \varphi}} \,, \qquad \mathfrak{n} = \frac{-\mathfrak{i}_1 \lambda \cos \varphi - \mathfrak{i}_2 \sin \varphi}{\sqrt{\sin^2 \varphi + \lambda^2 \cos^2 \varphi}} \,. \tag{284}$$

Für die Bogenlänge folgt nach (280)

$$s = \int_0^\varphi a \sqrt{\sin^2 \varphi + \lambda^2 \cos^2 \varphi} \, d\varphi \,.$$

Wird hierin eine neue Integrationsveränderliche gemäß

$$t = \frac{\pi}{2} - \varphi \,, \qquad d\varphi = -dt$$

substituiert, so ergibt sich

$$s = \int_{\frac{\pi}{2}-\varphi}^{\frac{\pi}{2}} a \sqrt{\cos^2 t + \lambda^2 \sin^2 t} \, dt = a \int_{\frac{\pi}{2}-\varphi}^{\frac{\pi}{2}} \sqrt{1 - (1-\lambda^2) \sin^2 t} \, dt \,. \tag{285}$$

Das Integral (285) stellt ein elliptisches Normalintegral zweiter Gattung dar, das tabuliert ist. Mit den üblichen Bezeichnungen erhält man

$$s = a \left[E\left(\sqrt{1-\lambda^2}, \frac{\pi}{2}\right) - E\left(\sqrt{1-\lambda^2}, \frac{\pi}{2} - \varphi\right) \right]. \tag{286}$$

Wird in (277) $\mathfrak{r}_{M'}$ in Komponentenvektoren aufgespalten, so ergibt sich der Ortsvektor in der Form

$$\mathfrak{r} = \mathfrak{i}_1 (r_{M',1} + a \cos \varphi) + \mathfrak{i}_2 (r_{M',2} + \lambda a \sin \varphi) \,, \quad \left.\begin{array}{l} r_1 = r_{M',1} + a \cos \varphi \,, \\ r_2 = r_{M',2} + \lambda a \sin \varphi \,. \end{array}\right\} \tag{287}$$

Aus (287) folgt

$$\cos \varphi = \frac{r_1 - r_{M',1}}{a} \,, \qquad \sin \varphi = \frac{r_2 - r_{M',2}}{\lambda a}$$

oder quadriert und addiert

$$\left[\frac{r_1 - r_{M',1}}{a}\right]^2 + \left[\frac{r_2 - r_{M',2}}{\lambda a}\right]^2 = 1 \,. \tag{288}$$

Dies ist die bekannte skalare Gleichung der Ellipse. Wird (287) mit sich selbst multipliziert und die Wurzel gezogen, so erhält man

$$|\mathfrak{r}| = r = \sqrt{(r_{M',1} + a \cos \varphi)^2 + (r_{M',2} + \lambda a \sin \varphi)^2} \,. \tag{289}$$

Dies ist die skalare Ellipsengleichung in Parameterform.

In (289) läßt sich die Wurzel allgemein ziehen, wenn der Bezugspunkt durch die Komponenten

$$r_{M',1} = -a\sqrt{1-\lambda^2} \,, \qquad r_{M',2} = 0 \qquad \text{(Brennpunkt der Ellipse)} \tag{290}$$

29. Die Ellipse als affine Verzerrung des Kreises.

festgelegt wird. Der in dieser Weise ausgezeichnete Punkt heißt Brennpunkt der Ellipse. Entsprechend ihrem Symmetriecharakter besitzt die Ellipse noch einen zweiten in dieser Weise ausgezeichneten Punkt (Abb. 92), der durch die Komponenten

$$r_{M',1} = + a\sqrt{1-\lambda^2}, \quad r_{M',2} = 0 \quad (291)$$

(Gegenbrennpunkt der Ellipse)

gegeben ist. Wird (290) in (289) eingeführt, so folgt

$$r_{B_\frac{1}{2}} = a\left(1 \mp \sqrt{1-\lambda^2}\cos\varphi\right) \quad (292)$$

(r in Bezug auf Brennpunkte).

Bezeichnet gemäß Abb. 92 $\psi_\frac{1}{2}$ den Winkel zwischen $\mathfrak{r}_{B_\frac{1}{2}}$ und $\mathfrak{i}_1$, so folgt in Verbindung mit (292)

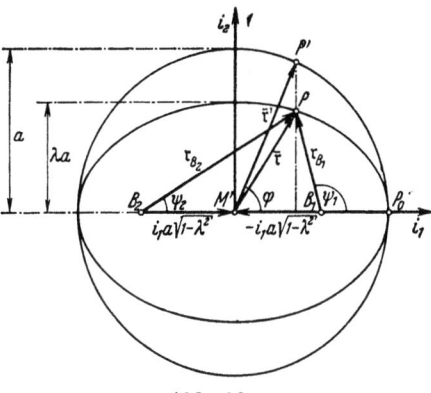

Abb. 92.

$$\mathfrak{r}_{B_\frac{1}{2}} = \mp \mathfrak{i}_1 a\sqrt{1-\lambda^2} + \bar{\mathfrak{r}}$$

oder $$\mathfrak{r}_{B_\frac{1}{2}} = \mathfrak{i}_1\left(\mp a\sqrt{1-\lambda^2} + a\cos\varphi\right) + \mathfrak{i}_2 \lambda a\sin\varphi$$

oder $$\mathfrak{r}_{B_\frac{1}{2}} \mathfrak{i}_1 = r_{B_\frac{1}{2}}\cos\psi_\frac{1}{2} = \mp a\sqrt{1-\lambda^2} + a\cos\varphi$$

oder $$\left(1 \mp \sqrt{1-\lambda^2}\cos\varphi\right)\cos\psi_\frac{1}{2} = \mp\sqrt{1-\lambda^2} + \cos\varphi$$

oder $$\cos\varphi = \frac{\pm\sqrt{1-\lambda^2} + \cos\psi_\frac{1}{2}}{1 \pm \sqrt{1-\lambda^2}\cos\psi_\frac{1}{2}}. \quad (293)$$

Die Einführung von (293) in (292) liefert

$$r_{B_\frac{1}{2}} = \frac{a\lambda^2}{1 \pm \sqrt{1-\lambda^2}\cos\psi_\frac{1}{2}} \quad \text{(r in Bezug auf Brennpunkt).} \quad (294)$$

Dies ist die skalare Brennpunktsgleichung der Ellipse. Unter Bezugnahme auf die Vektordarstellung in Polarkoordinaten, hier in $r_{B_\frac{1}{2}}$ und $\psi_\frac{1}{2}$, folgt in Verbindung mit (294)

$$\mathfrak{r}_{B_\frac{1}{2}} = \mathfrak{i}_1 \frac{a\lambda^2 \cos\psi_\frac{1}{2}}{1 \pm \sqrt{1-\lambda^2}\cos\psi_\frac{1}{2}} + \mathfrak{i}_2 \frac{a\lambda^2 \sin\psi_\frac{1}{2}}{1 \pm \sqrt{1-\lambda^2}\cos\psi_\frac{1}{2}} \quad \begin{array}{l}\text{(Erste vektorielle}\\ \text{Brennpunktgleichung).}\end{array} \quad (295)$$

Dies ist die vektorielle Brennpunktsgleichung der Ellipse in der Form $\mathfrak{r}_B = \mathfrak{r}_B(\psi)$. Es folgt unten noch eine zweite in der Form $\mathfrak{r}_B = \mathfrak{r}_B(r_B)$.

Die Verbindung von (293) und (294) liefert für $\cos\varphi$ und für $\sin\varphi$, ausgedrückt durch $\sqrt{1-\cos^2\varphi}$,

$$\left.\begin{array}{l}\cos\varphi = \dfrac{\pm\sqrt{1-\lambda^2} + \cos\psi_\frac{1}{2}}{1 \pm \sqrt{1-\lambda^2}\cos\psi_\frac{1}{2}} = \dfrac{a - r_{B_\frac{1}{2}}}{\pm a\sqrt{1-\lambda^2}}, \\[2ex] \sin\varphi = \dfrac{\lambda\sin\psi_\frac{1}{2}}{1 \pm \sqrt{1-\lambda^2}\cos\psi_\frac{1}{2}} = \dfrac{\sqrt{-a^2\lambda^2 + 2ar_{B_\frac{1}{2}} - r_{B_\frac{1}{2}}^2}}{a\sqrt{1-\lambda^2}}.\end{array}\right\} \quad (0 \leq \varphi \leq \pi) \quad (296)$$

In entsprechender Weise folgt für ψ_1 und ψ_2

$$\cos \psi_{\frac{1}{2}} = \frac{a\lambda^2 - r_{B_{\frac{1}{2}}}}{\pm r_{B_{\frac{1}{2}}}\sqrt{1-\lambda^2}}, \quad \sin \psi_{\frac{1}{2}} = \frac{\lambda\sqrt{-a^2\lambda^2 + 2ar_{B_{\frac{1}{2}}} - r_{B_{\frac{1}{2}}}^2}}{r_{B_{\frac{1}{2}}}\sqrt{1-\lambda^2}}. \quad (0 \leq \psi_{\frac{1}{2}} \leq \pi) \quad (297)$$

Die Einführung von (297) in (295) ergibt

$$\mathfrak{r}_{B_{\frac{1}{2}}} = \mathfrak{i}_1 \frac{a\lambda^2 - r_{B_{\frac{1}{2}}}}{\pm\sqrt{1-\lambda^2}} + \mathfrak{i}_2 \frac{\lambda\sqrt{-a^2\lambda^2 + 2ar_{B_{\frac{1}{2}}} - r_{B_{\frac{1}{2}}}^2}}{\sqrt{1-\lambda^2}} \quad \begin{array}{l}\text{(Zweite vektorielle} \\ \text{Brennpunktgleichung).}\end{array} \quad (298)$$

Ferner folgt durch Einführung von (296) in (284), wobei

$$\sqrt{\sin^2\varphi + \lambda^2 \cos^2\varphi} = \frac{\lambda\sqrt{2-\lambda^2 \pm 2\sqrt{1-\lambda^2}\cos\psi_{\frac{1}{2}}}}{1 \pm \sqrt{1-\lambda^2}\cos\psi_{\frac{1}{2}}} = \frac{1}{a}\sqrt{r_{B_{\frac{1}{2}}}(2a - r_{B_{\frac{1}{2}}})} \quad (299)$$

zu setzen und der für r_{B1} und r_{B2} verschiedene Richtungssinn von $d\mathfrak{r}$ zu beachten ist,

$$\left.\begin{array}{l}\mathfrak{t}_{\frac{1}{2}} = \mp \mathfrak{i}_1 \dfrac{\sin\psi_{\frac{1}{2}}}{\sqrt{2-\lambda^2 \pm 2\sqrt{1-\lambda^2}\cos\psi_{\frac{1}{2}}}} \pm \mathfrak{i}_2 \dfrac{\pm\sqrt{1-\lambda^2} + \cos\psi_{\frac{1}{2}}}{\sqrt{2-\lambda^2 \pm 2\sqrt{1-\lambda^2}\cos\psi_{\frac{1}{2}}}}, \\[2ex] \mathfrak{n} = -\mathfrak{i}_1 \dfrac{\pm\sqrt{1-\lambda^2} + \cos\psi_{\frac{1}{2}}}{\sqrt{2-\lambda^2 \pm 2\sqrt{1-\lambda^2}\cos\psi_{\frac{1}{2}}}} - \mathfrak{i}_2 \dfrac{\sin\psi_{\frac{1}{2}}}{\sqrt{2-\lambda^2 \pm 2\sqrt{1-\lambda^2}\cos\psi_{\frac{1}{2}}}},\end{array}\right\} \quad (300)$$

beziehungsweise

$$\left.\begin{array}{l}\mathfrak{t}_{\frac{1}{2}} = \mp \mathfrak{i}_1 \sqrt{\dfrac{-a^2\lambda^2 + 2ar_{B_{\frac{1}{2}}} - r_{B_{\frac{1}{2}}}^2}{(1-\lambda^2)(2ar_{B_{\frac{1}{2}}} - r_{B_{\frac{1}{2}}}^2)}} \pm \mathfrak{i}_2 \dfrac{\pm\lambda(a - r_{B_{\frac{1}{2}}})}{\sqrt{(1-\lambda^2)(2ar_{B_{\frac{1}{2}}} - r_{B_{\frac{1}{2}}}^2)}}, \\[2ex] \mathfrak{n} = -\mathfrak{i}_1 \dfrac{\pm\lambda(a - r_{B_{\frac{1}{2}}})}{\sqrt{(1-\lambda^2)(2ar_{B_{\frac{1}{2}}} - r_{B_{\frac{1}{2}}}^2)}} - \mathfrak{i}_2 \sqrt{\dfrac{-a^2\lambda^2 + 2ar_{B_{\frac{1}{2}}} - r_{B_{\frac{1}{2}}}^2}{(1-\lambda^2)(2ar_{B_{\frac{1}{2}}} - r_{B_{\frac{1}{2}}}^2)}}.\end{array}\right\} \quad (0 \leq \psi_{\frac{1}{2}} \leq \pi) \quad (301)$$

Mit (298) und (301) ergibt sich für die skalaren Produkte von $\mathfrak{r}$ mit $\mathfrak{t}$ und $\mathfrak{n}$

$$\left.\begin{array}{l}\mathfrak{r}_{B_{\frac{1}{2}}}\mathfrak{t}_{\frac{1}{2}} = r_{B_{\frac{1}{2}}}\sqrt{\dfrac{-a^2\lambda^2 + 2ar_{B_{\frac{1}{2}}} - r_{B_{\frac{1}{2}}}^2}{2ar_{B_{\frac{1}{2}}} - r_{B_{\frac{1}{2}}}^2}}, \\[2ex] \mathfrak{r}_{B_{\frac{1}{2}}}\mathfrak{n} = -\dfrac{\lambda a r_{B_{\frac{1}{2}}}}{\sqrt{2ar_{B_{\frac{1}{2}}} - r_{B_{\frac{1}{2}}}^2}}.\end{array}\right\} \quad (0 \leq \psi_{\frac{1}{2}} \leq \pi) \quad (302)$$

Ferner folgt durch Einführung von (299) in (282)

$$\varkappa = \frac{\lambda a^2}{\left(\sqrt{2ar_{B_{\frac{1}{2}}} - r_{B_{\frac{1}{2}}}^2}\right)^3}. \quad (303)$$

Durch Division von (302) durch (303) erhält man die für die Anwendung besonders wichtigen Beziehungen (Abb. 93)

$$\left.\begin{array}{l}\dfrac{\mathfrak{r}_{B_{\frac{1}{2}}}\mathfrak{t}_{\frac{1}{2}}}{\varkappa} = R\mathfrak{r}_{B_{\frac{1}{2}}}\mathfrak{t} = \dfrac{r_{B_{\frac{1}{2}}}^2(2a - r_{B_{\frac{1}{2}}})}{\lambda a^2}\sqrt{-a^2\lambda^2 + 2ar_{B_{\frac{1}{2}}} - r_{B_{\frac{1}{2}}}^2}, \\[2ex] \dfrac{\mathfrak{r}_{B_{\frac{1}{2}}}\mathfrak{n}}{\varkappa} = R\mathfrak{r}_{B_{\frac{1}{2}}}\mathfrak{n} = -\dfrac{r_{B_{\frac{1}{2}}}^2(2a - r_{B_{\frac{1}{2}}})}{a}.\end{array}\right\} \quad (304)$$

30. Die Ellipse im schiefwinkligen Bezugssystem.

Durch (304) werden die mit dem Krümmungshalbmesser R multiplizierten Komponenten von $\mathfrak{r}_{B_1}$ bzw. $\mathfrak{r}_{B_2}$ in Richtung von $\mathfrak{t}$ und $\mathfrak{n}$ durch r_{B_1} bzw. r_{B_2} ausgedrückt. Aus (292) folgt die skalare Gleichung

$$r_{B_1} + r_{B_2} = 2a \qquad \text{(Radiusvektorengleichung der Ellipse).} \qquad (305)$$

Zum Schluß möge noch die Gleichung der Evolute angesetzt werden, und zwar bezogen auf den Ellipsenmittelpunkt, d. h. für $\mathfrak{r}_{M'} = 0$. Wird in Gl. (245) $\lambda = \varphi$ gesetzt, so folgt in Verbindung mit (277), (278), (280), (281) und (282)

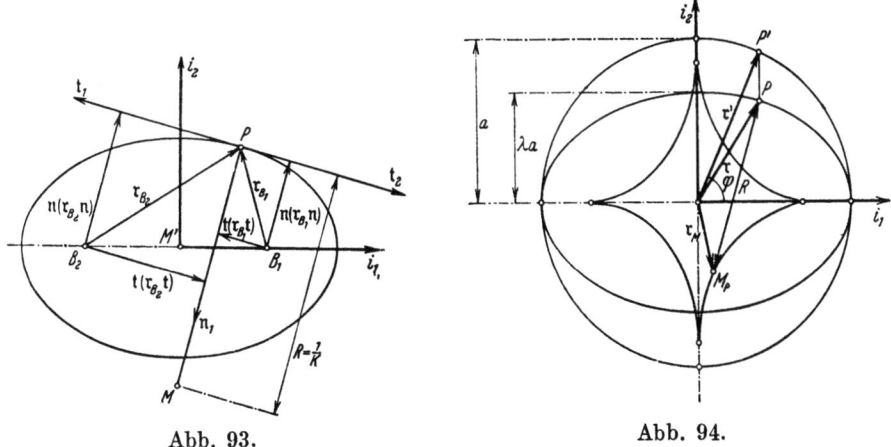

Abb. 93.   Abb. 94.

$$\mathfrak{r}_M = \mathfrak{i}_1 a \cos\varphi + \mathfrak{i}_2 a\lambda \sin\varphi + (\mathfrak{i}_1 a \sin\varphi - \mathfrak{i}_2 \lambda a \cos\varphi) \frac{1-\lambda^2}{\lambda^2} \sin\varphi \cos\varphi (\sin^2\varphi + \lambda^2 \cos^2\varphi) - $$
$$- (\mathfrak{i}_1 a \cos\varphi + \mathfrak{i}_2 a\lambda \sin\varphi) \frac{1}{\lambda^2}(\sin^2\varphi + \lambda^2 \cos^2\varphi)^2$$

oder zusammengefaßt

$$\mathfrak{r}_M = \mathfrak{i}_1 a(1-\lambda^2)\cos^3\varphi - \mathfrak{i}_2 a \frac{1-\lambda^2}{\lambda} \sin^3\varphi \qquad \text{(Evolute).} \qquad (306)$$

Aus Abb. 94 ist der Verlauf der Evolute ersichtlich. Den Extremalstellen der Krümmung entsprechen jeweils Spitzen der Evolute. Die hier in Erscheinung getretene Evolute zählt zu der Familie der Astroiden.

30. Die Ellipse im schiefwinkligen Bezugssystem.

Entsprechend ihrer großen Bedeutung in der Mechanik soll die Ellipse noch einmal von einer ganz anderen Seite her behandelt werden, bei welcher sie als allgemeine Lösung einer Differentialgleichung zweiter Ordnung mit schiefwinkligen Bezugsvektoren erscheint.

Die allgemeine Lösung der linearen Differentialgleichung zweiter Ordnung

$$\frac{d^2 \mathfrak{r}}{dt^2} + \omega_e^2 \mathfrak{r} = 0 \qquad (307)$$

lautet, wie man durch Einsetzen leicht bestätigt,

$$\mathfrak{r} = \mathfrak{C}_1 \cos \omega_e t + \mathfrak{C}_2 \sin \omega_e t . \qquad (308)$$

In (307) und (308) bezeichnet t eine skalare Veränderliche wie z. B. die Zeit und ω_e einen festen Parameter. $\mathfrak{C}_1$ und $\mathfrak{C}_2$ sind die vektoriellen Integrationskonstanten. Es wird nun behauptet, daß durch den Ortsvektor $\mathfrak{r}$ von (308) ebenfalls eine Ellipse dargestellt wird, und zwar eine solche, bei welcher der Bezugspunkt 0 von Abb. 91 in den Ellipsenmittelpunkt M' fällt. Zum Beweise denken wir uns $\mathfrak{C}_1$ und $\mathfrak{C}_2$ gemäß Abb. 95 auf ein Achsenkreuz $\mathfrak{i}_1$, $\mathfrak{i}_2$ bezogen, dessen Lage zu $\mathfrak{C}_1$, $\mathfrak{C}_2$ zunächst noch willkürlich ist. Ein entsprechender Ansatz lautet

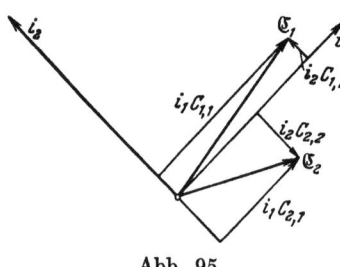

Abb. 95.

$$\left.\begin{array}{l}\mathfrak{C}_1 = \mathfrak{i}_1 C_{1,1} + \mathfrak{i}_2 C_{1,2}\,, \\ \mathfrak{C}_2 = \mathfrak{i}_1 C_{2,1} + \mathfrak{i}_2 C_{2,2}\,. \end{array}\right\} \quad (309)$$

Die Einführung von (309) in (308) liefert

$$\mathfrak{r} = \mathfrak{i}_1 (C_{1,1} \cos \omega_e t + C_{2,1} \sin \omega_e t) + \mathfrak{i}_2 (C_{1,2} \cos \omega_e t + C_{2,2} \sin \omega_e t)\,. \quad (310)$$

Hierin können nun $C_{1,1}$, $C_{2,1}$ und $C_{1,2}$, $C_{2,2}$ paarweise in Polarkoordinaten ausgedrückt werden, z. B. in der Form

$$\left.\begin{array}{ll} C_{1,1} = a \cos \alpha\,, & C_{1,2} = a \lambda \sin \mu \alpha\,, \\ C_{2,1} = a \sin \alpha\,, & C_{2,2} = -a \lambda \cos \mu \alpha\,. \end{array}\right\} \quad (311)$$

Die Auflösung nach a, α, λ und μ ergibt

$$a = \sqrt{C_{1,1}^2 + C_{2,1}^2}\,,\quad \operatorname{tang} \alpha = \frac{C_{2,1}}{C_{1,1}}\,,\quad \lambda = \frac{1}{a}\sqrt{C_{1,1}^2 + C_{2,1}^2}\,,\quad \operatorname{tang} \mu \alpha = -\frac{C_{1,2}}{C_{2,2}}\,.$$

Durch Einführung von (311) in (310) erhält man

$$\mathfrak{r} = \mathfrak{i}_1 a \cos (\omega_e t - \alpha) + \mathfrak{i}_2 a \lambda \sin (\omega_e t - \mu \alpha)\,. \quad (312)$$

Nun läßt sich das Achsenkreuz $\mathfrak{i}_1$, $\mathfrak{i}_2$, wie Abb. 95 erkennen läßt, stets so wählen, daß

$$\frac{C_{2,1}}{C_{1,1}} = -\frac{C_{1,2}}{C_{2,2}} \quad \text{oder} \quad \mu = 1 \quad (313)$$

wird. In diesem Falle lautet (312)

$$\mathfrak{r} = \mathfrak{i}_1 a \cos (\omega_e t - \alpha) + \mathfrak{i}_2 a \lambda \sin (\omega_e t - \alpha)\,. \quad (314)$$

Setzt man schließlich noch

$$\omega_e t - \alpha = \varphi\,, \quad (315)$$

so geht (314) unmittelbar in (277) für $\mathfrak{r}_{M'} = 0$ über, womit die Behauptung bewiesen ist.

Aus (308) folgt durch Differentiation

$$\frac{d\mathfrak{r}}{dt} = -\mathfrak{C}_1 \omega_e \sin \omega t + \mathfrak{C}_2 \omega_e \cos \omega t$$

$$\left|\frac{d\mathfrak{r}}{dt}\right| = \omega_e \sqrt{\mathfrak{C}_1^2 \sin^2 \omega_e t + \mathfrak{C}_2^2 \cos^2 \omega_e t - \mathfrak{C}_1 \mathfrak{C}_2 \sin 2 \omega_e t}$$

und damit

$$\mathfrak{t} = \frac{-\mathfrak{C}_1 \sin \omega_e t + \mathfrak{C}_2 \cos \omega_e t}{\sqrt{\mathfrak{C}_1^2 \sin^2 \omega_e t + \mathfrak{C}_2^2 \cos^2 \omega_e t - \mathfrak{C}_1 \mathfrak{C}_2 \sin 2 \omega_e t}}\,. \quad (316)$$

Für $t = 0$ und $t = \dfrac{\pi}{2 \omega_e}$ liefern die Gln (308) und (316):

$$\left.\begin{array}{lll} t = 0\,; & \mathfrak{r} = \mathfrak{C}_1\,, & \mathfrak{t} = +\dfrac{\mathfrak{C}_2}{C_2}\,, \\ t = \dfrac{\pi}{2\omega_e}\,; & \mathfrak{r} = \mathfrak{C}_2\,, & \mathfrak{t} = -\dfrac{\mathfrak{C}_1}{C_1}\,. \end{array}\right\} \quad (317)$$

30. Die Ellipse im schiefwinkligen Bezugssystem.

Aus (317) in Verbindung mit den entsprechenden Formeln für $t = \frac{\pi}{\omega_e}$ und $t = \frac{3\pi}{2\omega_e}$ folgt, daß die Ellipse gemäß Abb. 96 dem aus $2\mathfrak{C}_1$ und $2\mathfrak{C}_2$ konstruierten Parallelogramm einbeschrieben ist und daß demgemäß $2C_1$ und $2C_2$ konjugierte Durchmesser der Ellipse darstellen.

Die zu $\mathfrak{C}_1$ und $\mathfrak{C}_2$ gehörigen Vektoren der Hauptdurchmesser der Ellipse ergeben sich aus der Bedingung, daß $|\mathfrak{r}|$ hierfür maximale bzw. minimale Werte annehmen muß. Im Anschluß an (308) folgt

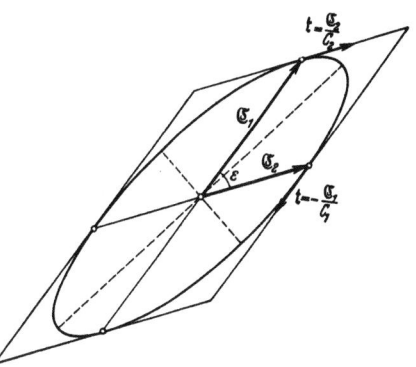

Abb. 96.

$$|\mathfrak{r}| = \sqrt{C_1^2 \cos^2 \omega_e t + C_2^2 \sin^2 \omega_e t + 2\mathfrak{C}_1\mathfrak{C}_2 \sin \omega_e t \cos \omega_e t} \quad \text{oder}$$

$$|\mathfrak{r}| = \sqrt{\tfrac{1}{2}(C_1^2 + C_2^2) + \tfrac{1}{2}(C_1^2 - C_2^2)\cos 2\omega_e t + \mathfrak{C}_1\mathfrak{C}_2 \sin 2\omega_e t}. \tag{318}$$

$$\frac{d|\mathfrak{r}|}{dt} = \frac{1}{2\sqrt{\ldots}}[-(C_1^2 - C_2^2)\sin 2\omega_e t + 2\mathfrak{C}_1\mathfrak{C}_2 \cos 2\omega_e t]$$

$$\frac{d|\mathfrak{r}|}{dt} = 0, \quad \operatorname{tang} 2\omega_e t = \frac{2\mathfrak{C}_1\mathfrak{C}_2}{C_1^2 - C_2^2}, \quad t = \frac{1}{2\omega}\operatorname{arc\,tang}\frac{2\mathfrak{C}_1\mathfrak{C}_2}{C_1^2 - C_2^2}. \tag{319}$$

Nun ist

$$\operatorname{tang} 2\omega_e t = \frac{2\operatorname{tang}\omega_e t}{1 - \operatorname{tang}^2 \omega_e t}, \qquad \operatorname{tang}\omega_e t = -\operatorname{cotg} 2\omega_e t \pm \sqrt{\operatorname{cotg}^2 2\omega_e t + 1},$$

$$\sin 2\omega_e t = \frac{2\operatorname{tang}\omega_e t}{1 + \operatorname{tang}^2 \omega_e t}, \qquad \cos 2\omega_e t = \frac{1 - \operatorname{tang}^2 \omega_e t}{1 + \operatorname{tang}^2 \omega_e t},$$

und in Verbindung mit (319) und mit $\mathfrak{C}_1\mathfrak{C}_2 = C_1 C_2 \cos \varepsilon$

$$\operatorname{tang}\omega_e t = \frac{C_2^2 - C_1^2}{2C_1 C_2 \cos\varepsilon} \pm \frac{\sqrt{C_2^4 + C_1^4 + 2 C_1^2 C_2^2 \cos 2\varepsilon}}{2C_1 C_2 \cos\varepsilon}.$$

Somit ergibt sich

$$\left. \begin{array}{l} |\mathfrak{r}|^{\max}_{\min} = \sqrt{\tfrac{1}{2}(C_1^2+C_2^2) + \tfrac{1}{2}(C_1^2-C_2^2)\dfrac{1-\operatorname{tang}^2\omega_e t}{1+\operatorname{tang}^2\omega_e t} + 2C_1 C_2 \cos\varepsilon\dfrac{\operatorname{tang}\omega_e t}{1+\operatorname{tang}^2\omega_e t}}, \\[2pt] \operatorname{tang}\omega_e t = \dfrac{C_2^2 - C_1^2 \pm \sqrt{C_1^4 + C_2^4 + 2 C_1^2 C_2^2 \cos 2\varepsilon}}{2 C_1 C_2 \cos\varepsilon}. \end{array} \right\} \tag{320}$$

Mit $\quad \sin\omega t = \dfrac{\operatorname{tang}\omega t}{\sqrt{1+\operatorname{tang}^2\omega t}}, \qquad \cos\omega t = \dfrac{1}{\sqrt{1+\operatorname{tang}^2\omega t}}$

folgt für die zugehörigen Radiusvektoren

$$\left. \begin{array}{l} \mathfrak{r}^{\max}_{\min} = \dfrac{\mathfrak{C}_1}{\sqrt{1+\operatorname{tang}^2\omega t}} + \dfrac{\mathfrak{C}_2 \operatorname{tang}\omega t}{\sqrt{1+\operatorname{tang}^2\omega t}}, \\[2pt] \operatorname{tang}\omega t = \dfrac{C_2^2 - C_1^2 \pm \sqrt{C_1^4 + C_2^4 + 2 C_1^2 C_2^2 \cos 2\varepsilon}}{2 C_1 C_2 \cos\varepsilon}. \end{array} \right\} \tag{321}$$

31. Die Hyperbel als imaginäres Gegenstück der Ellipse.

Wird in den Formeln (277) bis (321) λ mit $-i\lambda$ und φ mit $i\varphi$ vertauscht, so entstehen aus den Formeln der Ellipse diejenigen der Hyperbel. An die Stelle der Kreisfunktionen treten hierbei die Hyperbelfunktionen. Bei der Umschreibung muß allerdings beachtet werden, daß der Radiusvektor r stets positiv ist, so daß meist r mit $\mp r$ vertauscht werden muß; ferner zeigt die Betrachtung der Scheitelpunkte P_0 in Abb. 92 und Abb. 97, daß ψ_1 mit $\pi - \psi_1$ zu vertauschen ist. Im einzelnen ergibt sich (Abb. 97):

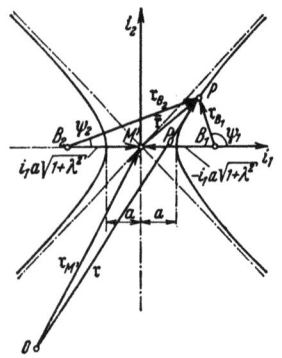

Abb. 97.

$$\left.\begin{aligned}\mathfrak{r} &= \mathfrak{r}_{M'} + \mathfrak{i}_1 a \mathfrak{Cof}\,\varphi + \mathfrak{i}_2 \lambda a \mathfrak{Sin}\,\varphi \quad , \\ \frac{d\mathfrak{r}}{d\varphi} &= \mathfrak{i}_1 a \mathfrak{Sin}\,\varphi + \mathfrak{i}_2 \lambda a \mathfrak{Cof}\,\varphi \quad , \\ \frac{d^2\mathfrak{r}}{d\varphi^2} &= \mathfrak{i}_1 a \mathfrak{Cof}\,\varphi + \mathfrak{i}_2 \lambda a \mathfrak{Sin}\,\varphi = \mathfrak{r} - \mathfrak{r}_{M'} \,.\end{aligned}\right\} \quad (322)$$

$$\frac{d^2\mathfrak{r}}{d\varphi^2} - \mathfrak{r} = -\mathfrak{r}_{M'} \,. \quad (323)$$

$$\left|\frac{d\mathfrak{r}}{d\varphi}\right| = a\sqrt{\mathfrak{Sin}^2\varphi + \lambda^2\mathfrak{Cof}^2\varphi} = \frac{ds}{d\varphi}, \quad \frac{d}{d\varphi}\left|\frac{d\mathfrak{r}}{d\varphi}\right| = \frac{a(1+\lambda^2)\mathfrak{Sin}\,\varphi\,\mathfrak{Cof}\,\varphi}{\sqrt{\mathfrak{Sin}^2\varphi + \lambda^2\mathfrak{Cof}^2\varphi}} \,. \quad (324)$$

$$\varkappa = \frac{\lambda}{a(\mathfrak{Sin}^2\varphi + \lambda^2\mathfrak{Cof}^2\varphi)^{3/2}}, \quad \tau = 0 \,. \quad (325)$$

$$\varkappa(0) = \varkappa_{\max} = \frac{1}{a\lambda^2}, \quad \varkappa(\infty) = \varkappa_{\min} = 0 \,. \quad (326)$$

$$\mathfrak{t} = \frac{\mathfrak{i}_1 \mathfrak{Sin}\,\varphi + \mathfrak{i}_2 \lambda \mathfrak{Cof}\,\varphi}{\sqrt{\mathfrak{Sin}^2\varphi + \lambda^2\mathfrak{Cof}^2\varphi}}, \quad \mathfrak{n} = \frac{\mathfrak{i}_1 \lambda \mathfrak{Cof}\,\varphi - \mathfrak{i}_2 \mathfrak{Sin}\,\varphi}{\sqrt{\mathfrak{Sin}^2\varphi + \lambda^2\mathfrak{Cof}^2\varphi}} \quad (327)$$

$$s = \int_0^\varphi a\sqrt{\mathfrak{Sin}^2\varphi + \lambda^2\mathfrak{Cof}^2\varphi}\,d\varphi \,. \quad (328)$$

$$\left.\begin{aligned}\mathfrak{r} &= \mathfrak{i}_1(r_{M',1} + a\mathfrak{Cof}\,\varphi) + \mathfrak{i}_2(r_{M',2} + \lambda a \mathfrak{Sin}\,\varphi), \quad r_1 = r_{M',1} + a\mathfrak{Cof}\,\varphi, \\ r_2 &= r_{M',2} + \lambda a \mathfrak{Sin}\,\varphi; \quad \left[\frac{r_1 - r_{M',1}}{a}\right]^2 - \left[\frac{r_2 - r_{M',2}}{\lambda a}\right]^2 = 1 \,.\end{aligned}\right\} \quad (329)$$

$$|\mathfrak{r}| = r = \sqrt{(r_{M',1} + a\mathfrak{Cof}\,\varphi)^2 + (r_{M',2} + \lambda a \mathfrak{Sin}\,\varphi)^2} \,. \quad (330)$$

$$r_{M',1} = \mp a\sqrt{1+\lambda^2}, \quad r_{M',2} = 0, \quad r_{B_{\frac{1}{2}}} = a(\mp 1 + \sqrt{1+\lambda^2}\,\mathfrak{Cof}\,\varphi) \,. \quad (331)$$

$$\mathfrak{Cof}\,\varphi = \frac{\pm\left(\sqrt{1+\lambda^2} - \cos\psi_{\frac{1}{2}}\right)}{1 - \sqrt{1+\lambda^2}\cos\psi_{\frac{1}{2}}} \,. \quad (332)$$

$$\left.\begin{aligned} r_{B_{\frac{1}{2}}} &= \frac{\pm a\lambda^2}{1 - \sqrt{1+\lambda^2}\cos\psi_{\frac{1}{2}}} \,, \\ \mathfrak{r}_{B_{\frac{1}{2}}} &= \mathfrak{i}_1 \frac{\pm a\lambda^2 \cos\psi_{\frac{1}{2}}}{1 - \sqrt{1+\lambda^2}\cos\psi_{\frac{1}{2}}} + \mathfrak{i}_2 \frac{\pm a\lambda^2 \sin\psi_{\frac{1}{2}}}{1 - \sqrt{1+\lambda^2}\cos\psi_{\frac{1}{2}}} \,.\end{aligned}\right\} \quad \begin{matrix}\text{(Erste vektorielle}\\ \text{Brennpunkt-}\\ \text{gleichung der}\\ \text{Hyperbel)}\end{matrix} \quad (333)$$

31. Die Hyperbel als imaginäres Gegenstück der Ellipse.

$$r_{B_{\frac{1}{2}}} = \infty \; ; \quad 1 - \sqrt{1+\lambda^2}\cos\psi_{\frac{1}{2}} = 0 \, , \quad \text{(Asymptoten)} \tag{334}$$
$$\psi_1 = \psi_2 = \pm \arccos \frac{1}{\sqrt{1+\lambda^2}}$$

$$r_{B_2} - r_{B_1} = 2a \qquad \text{(Radiusvektorengleichung der Hyperbel)}. \tag{335}$$

$$\mathfrak{Cof}\,\varphi = \frac{\pm\left(\sqrt{1+\lambda^2} - \cos\psi_{\frac{1}{2}}\right)}{1 - \sqrt{1+\lambda^2}\cos\psi_{\frac{1}{2}}} = \frac{r_{B_{\frac{1}{2}}} \pm a}{a\sqrt{1+\lambda^2}} \, ,$$
$$\mathfrak{Sin}\,\varphi = \frac{\lambda\sin\psi_{\frac{1}{2}}}{1-\sqrt{1+\lambda^2}\cos\psi_{\frac{1}{2}}} = \frac{\sqrt{-a^2\lambda^2 \pm 2a r_{B_{\frac{1}{2}}} + r_{B_{\frac{1}{2}}}^2}}{a\sqrt{1+\lambda^2}} \, . \tag{336}$$

$$\cos\psi_{\frac{1}{2}} = \frac{\mp a\lambda^2 + r_{B_{\frac{1}{2}}}}{r_{B_{\frac{1}{2}}}\sqrt{1+\lambda^2}} \, , \qquad \sin\psi_{\frac{1}{2}} = \frac{\lambda\sqrt{-a^2\lambda^2 \pm 2a r_{B_{\frac{1}{2}}} + r_{B_{\frac{1}{2}}}^2}}{r_{B_{\frac{1}{2}}}\sqrt{1+\lambda^2}} \tag{337}$$

$$\mathfrak{r}_{B_{\frac{1}{2}}} = \mathfrak{i}_1 \frac{\mp a\lambda^2 + r_{B_{\frac{1}{2}}}}{\sqrt{1+\lambda^2}} + \mathfrak{i}_2 \frac{\lambda\sqrt{-a^2\lambda^2 \pm 2a r_{B_{\frac{1}{2}}} + r_{B_{\frac{1}{2}}}^2}}{\sqrt{1+\lambda^2}} \quad \begin{array}{l}\text{(Zweite vektorielle}\\ \text{Brennpunktgleichung}\\ \text{der Hyperbel).}\end{array} \tag{338}$$

$$\sqrt{\mathfrak{Sin}^2\varphi + \lambda^2\mathfrak{Cof}^2\varphi} = \frac{\lambda\sqrt{2+\lambda^2 - 2\sqrt{1+\lambda^2}\cos\psi_{\frac{1}{2}}}}{1-\sqrt{1+\lambda^2}\cos\psi_{\frac{1}{2}}} = \frac{1}{a}\sqrt{r_{B_{\frac{1}{2}}}\left(\pm 2a + r_{B_{\frac{1}{2}}}\right)} \tag{339}$$

$$\mathfrak{t} = \mathfrak{i}_1 \frac{\sin\psi_{\frac{1}{2}}}{\sqrt{2+\lambda^2 - 2\sqrt{1+\lambda^2}\cos\psi_{\frac{1}{2}}}} + \mathfrak{i}_2 \frac{\pm\left(\sqrt{1+\lambda^2}-\cos\psi_{\frac{1}{2}}\right)}{\sqrt{2+\lambda^2 - 2\sqrt{1+\lambda^2}\cos\psi_{\frac{1}{2}}}} \, ,$$
$$\mathfrak{n} = \mathfrak{i}_1 \frac{\pm\left(\sqrt{1+\lambda^2}-\cos\psi_{\frac{1}{2}}\right)}{\sqrt{2+\lambda^2 - 2\sqrt{1+\lambda^2}\cos\psi_{\frac{1}{2}}}} - \mathfrak{i}_2 \frac{\sin\psi_{\frac{1}{2}}}{\sqrt{2+\lambda^2 - 2\sqrt{1+\lambda^2}\cos\psi_{\frac{1}{2}}}} \, , \tag{340}$$

beziehungsweise

$$\mathfrak{t} = \mathfrak{i}_1 \sqrt{\frac{-a^2\lambda^2 \pm 2a r_{B_{\frac{1}{2}}} + r_{B_{\frac{1}{2}}}^2}{(1+\lambda^2)\left(\pm 2a r_{B_{\frac{1}{2}}} + r_{B_{\frac{1}{2}}}^2\right)}} + \mathfrak{i}_2 \frac{\lambda\left(r_{B_{\frac{1}{2}}} \pm a\right)}{\sqrt{(1+\lambda^2)\left(\pm 2a r_{B_{\frac{1}{2}}} + r_{B_{\frac{1}{2}}}^2\right)}} \, ,$$
$$\mathfrak{n} = \mathfrak{i}_1 \frac{\lambda\left(r_{B_{\frac{1}{2}}} \pm a\right)}{\sqrt{(1+\lambda^2)\left(\pm 2a r_{B_{\frac{1}{2}}} + r_{B_{\frac{1}{2}}}^2\right)}} - \mathfrak{i}_2 \sqrt{\frac{-a^2\lambda^2 \pm 2a r_{B_{\frac{1}{2}}} + r_{B_{\frac{1}{2}}}^2}{(1+\lambda^2)\left(\pm 2a r_{B_{\frac{1}{2}}} + r_{B_{\frac{1}{2}}}^2\right)}} \, . \tag{341}$$

$$\mathfrak{r}_{B_{\frac{1}{2}}}\mathfrak{t} = r_{B_{\frac{1}{2}}} \sqrt{\frac{-a^2\lambda^2 \pm 2a r_{B_{\frac{1}{2}}} + r_{B_{\frac{1}{2}}}^2}{\pm 2a r_{B_{\frac{1}{2}}} + r_{B_{\frac{1}{2}}}^2}} \, ,$$
$$\mathfrak{r}_{B_{\frac{1}{2}}}\mathfrak{n} = \frac{\mp \lambda a r_{B_{\frac{1}{2}}}}{\sqrt{\pm 2a r_{B_{\frac{1}{2}}} + r_{B_{\frac{1}{2}}}^2}} \, . \tag{342}$$

$$\varkappa = \frac{\lambda a^2}{\left(\sqrt{\pm 2a r_{B_{\frac{1}{2}}} + r_{B_{\frac{1}{2}}}^2}\right)^3} \, . \tag{343}$$

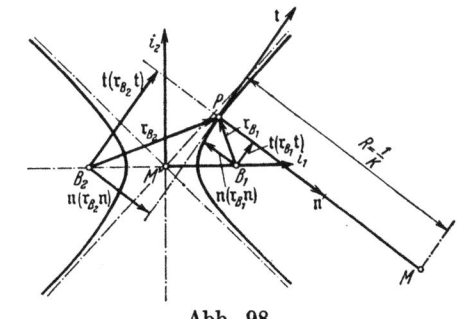

Abb. 98.

80 Der beliebig bewegte, punktförmig idealisierte Körper.

$$\left.\begin{aligned}\frac{\mathfrak{r}_{B_{\frac{1}{2}}}\mathfrak{t}}{\varkappa} &= R\,\mathfrak{r}_{B_{\frac{1}{2}}}\mathfrak{t} = \frac{r_{B_{\frac{1}{2}}}^{2}(\pm 2a + r_{B_{\frac{1}{2}}})}{\lambda\,a^{2}}\sqrt{-a^{2}\lambda^{2} \pm 2\,a\,r_{B_{\frac{1}{2}}} + r_{B_{\frac{1}{2}}}^{2}}\,,\\ \frac{\mathfrak{r}_{B_{\frac{1}{2}}}\mathfrak{n}}{\varkappa} &= R\,\mathfrak{r}_{B_{\frac{1}{2}}}\mathfrak{n} = \mp\frac{r_{B_{\frac{1}{2}}}^{2}(\pm 2a + r_{B_{\frac{1}{2}}})}{a}\,.\end{aligned}\right\} \quad (344)$$

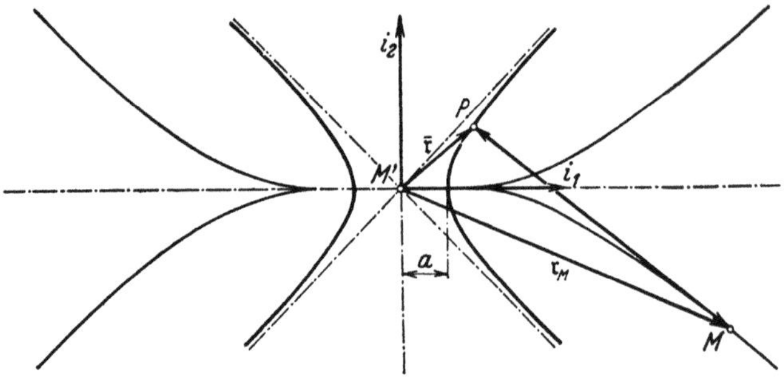

Abb. 99.

$$\mathfrak{r}_{M} = \mathfrak{i}_{1}\,a\,(1+\lambda^{2})\,\mathfrak{Cos}^{3}\varphi - \mathfrak{i}_{2}\,a\,\frac{1+\lambda^{2}}{\lambda}\,\mathfrak{Sin}^{3}\varphi \quad \text{(Evolute)}. \quad (345)$$

Es sollen noch einige Betrachtungen über die geometrische Bedeutung der von der Ellipse formal übernommenen Größen λ und φ angestellt werden. Was den Parameter λ anbetrifft, so folgt aus der Betrachtung des Asymptotendreieckes $M'P_{0}P'_{0}$ von Abb. 100, daß λ den tangens des Steigungswinkels der Asymptote darstellt. Nach (334) ergibt sich

$$\psi_{\infty} = \arccos\frac{1}{\sqrt{1+\lambda^{2}}}\,,\quad \cos\psi_{\infty} = \frac{1}{\sqrt{1+\lambda^{2}}}\,,\quad \tan\psi_{\infty} = \lambda\,. \quad (346)$$

Die Veränderliche φ ergibt sich als Quotient zweier Flächeninhalte, nämlich des Kurvendreieckes $M'PP^{*}$ von Abb. 101 und des gleichschenkligen Dreiecks $M'P'_{0}P'_{0}{}^{*}$. Den Flächeninhalt des Kurvendreieckes kann man sich aus Ele-

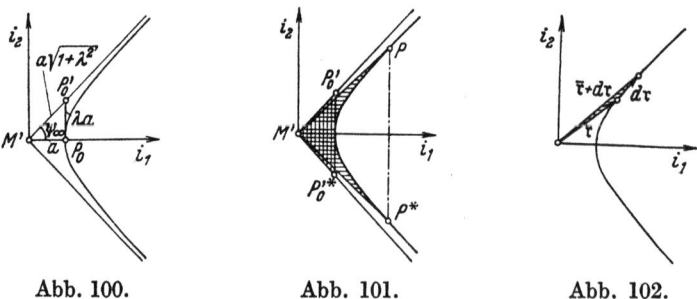

Abb. 100. Abb. 101. Abb. 102.

mentardreiecken gemäß Abb. 102 zusammengesetzt denken, die als halbe Parallelogramme mit den Kantenlängen $|\bar{\mathfrak{r}}|$ und $|d\bar{\mathfrak{r}}|$ angesehen werden können. Nach den Ausführungen unter Ziffer 17 lassen sich die Flächeninhalte von Parallelogrammen als Vektoren in der Form äußerer Produkte deuten, im vorliegenden Falle

$$\bar{\mathfrak{r}} \times d\mathfrak{r}\,.$$

Demgemäß ergibt sich für das Dreieck von Abb. 102

$$d\mathfrak{F} = \tfrac{1}{2} \overline{\mathfrak{r}} \times d\mathfrak{r} . \tag{347}$$

Da alle Dreiecksflächenvektoren auf der $\mathfrak{i}_1$, $\mathfrak{i}_2$-Ebene senkrecht stehen, lassen sie sich unmittelbar summieren bzw. integrieren und man erhält

$$M' P P^* = \frac{1}{2\mathfrak{i}_3} \int_{(P*)}^{(P)} \overline{\mathfrak{r}} \times d\mathfrak{r} = \frac{1}{2\mathfrak{i}_3} \int_{(P*)}^{(P)} \overline{\mathfrak{r}} \times \frac{d\mathfrak{r}}{d\varphi} d\varphi . \tag{348}$$

Nun ist unter Bezugnahme auf (322) und (172), (173)

$$\mathfrak{r} \times \frac{d\mathfrak{r}}{d\varphi} = (\mathfrak{i}_1 a \mathfrak{Cof}\, \varphi + \mathfrak{i}_2 \lambda a \mathfrak{Sin}\, \varphi) \times (\mathfrak{i}_1 a \mathfrak{Sin}\, \varphi + \mathfrak{i}_2 \lambda a \mathfrak{Cof}\, \varphi) = \begin{vmatrix} \mathfrak{i}_1 & a \mathfrak{Cof}\, \varphi & a \mathfrak{Sin}\, \varphi \\ \mathfrak{i}_2 & \lambda a \mathfrak{Sin}\, \varphi & \lambda a \mathfrak{Cof}\, \varphi \\ \mathfrak{i}_3 & 0 & 0 \end{vmatrix}$$

oder ausgewertet

$$\mathfrak{r} \times \frac{d\mathfrak{r}}{d\varphi} = \mathfrak{i}_3 \lambda a^2 (\mathfrak{Cof}^2\, \varphi - \mathfrak{Sin}^2\, \varphi) = \mathfrak{i}_3 \lambda a^2 .$$

Die Einführung dieses Integranden in (348) ergibt

$$M' P P^* = \int_{(P*)}^{(P)} \tfrac{1}{2} \lambda a^2 \, d\varphi = \tfrac{1}{2} \lambda a^2 \, \varphi \Big|_{(P*)}^{(P)} = \lambda a^2 \, \varphi . \tag{349}$$

Für das gleichschenklige Dreieck folgt unmittelbar in Verbindung mit Abb. 100

$$M' P'_0 P'^*_0 = \lambda a^2 \tag{350}$$

Damit erhält man in der Tat

$$\varphi = \frac{M' P P^*}{M' P'_0 P'^*_0} . \tag{351}$$

32. Die Parabel als Ausartung der Hyperbel.

Wie in der Theorie der Kegelschnitte gezeigt wird, stellt die Parabel gleichzeitig eine Ausartung der Ellipse und der Hyperbel dar. Im folgenden soll sie als Ausartung einer Hyperbel betrachtet werden.

Der rechte Hyperbelast von Abb. 97 artet in eine Parabel aus, wenn man gleichzeitig λ nach Null und a nach Unendlich gehen läßt, dergestalt daß dabei das Produkt $a \lambda^2$ einen unveränderten Wert p beibehält.

$$\lambda \to 0 , \qquad a \to \infty , \qquad a \lambda^2 = p \qquad \text{Hyperbel} \to \text{Parabel} . \tag{352}$$

Die Größe $a \lambda^2$, die bei dem Grenzübergang festgehalten werden soll, stellt nach (333) den zu $\psi_1 = \pi/2$ gehörigen Ordinatenwert oder nach Abb. 97 gerade die Brennpunktsordinate dar. Für die Strecke $B_1 P_0$ ergibt sich nach der gleichen Abbildung

$$B_1 P_0 = \lim_{\substack{\lambda \to 0 \\ a \to \infty}} (a \sqrt{1 + \lambda^2} - a) = \lim_{\substack{\lambda \to 0 \\ a \to \infty}} a (\sqrt{1 + \lambda^2} - 1)$$

$$= \lim_{\substack{\lambda \to 0 \\ a \to \infty}} a \left(1 + \tfrac{1}{2} \lambda^2 - 1\right) = \lim_{\substack{\lambda \to 0 \\ a \to \infty}} \tfrac{1}{2} a \lambda^2 = \frac{p}{2} .$$

Damit liegt die Zuordnung von Scheitel und Brennpunkt fest (Abb. 103). Geht man vom Scheitel nochmals um die Strecke $p/2$ in Richtung von $-\mathfrak{i}_1$ und zieht dort eine Parallele zu $\mathfrak{i}_2$, so stellt diese Gerade die sogenannte Leitlinie der Parabel dar.

Da die Parabel nur noch einen Brennpunkt aufweist, fallen bei dem Grenzübergang in den Formeln von Ziffer 31 die Doppelindizes und die unteren Vorzeichen fort. Mit (352) lautet die vektorielle Brennpunktsgleichung (333)

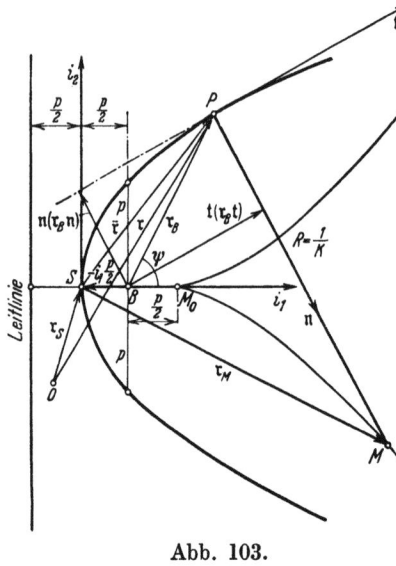

Abb. 103.

$$\left.\begin{aligned} r_B &= \frac{p}{1-\cos\psi} \, , \\ \mathfrak{r}_B &= \mathfrak{i}_1 \frac{p\cos\psi}{1-\cos\psi} + \mathfrak{i}_2 \frac{p\sin\psi}{1-\cos\psi} \, . \end{aligned}\right\} \quad (353)$$

Hiermit erhält man die vektorielle Scheitelpunktsgleichung

$$\bar{\mathfrak{r}} = \mathfrak{i}_1\left(\frac{p}{2} + \frac{p\cos\psi}{1-\cos\psi}\right) + \mathfrak{i}_2 \frac{p\sin\psi}{1-\cos\psi} \, . \quad (354)$$

Durch Einführung des halben Winkels läßt sich (354) auf eine sehr durchsichtige Form bringen. Es folgt

$$\frac{p}{2} + \frac{p\cos\psi}{1-\cos\psi} = \frac{p}{2}\frac{1+\cos\psi}{1-\cos\psi} = \frac{p}{2}\cotg^2\frac{\psi}{2} \, ,$$

$$\frac{p\sin\psi}{1-\cos\psi} = p\cotg\frac{\psi}{2}$$

und damit

$$\left.\begin{aligned} \bar{\mathfrak{r}} &= \mathfrak{i}_1 \frac{p}{2}\cotg^2\frac{\psi}{2} + \mathfrak{i}_2 p\cotg\frac{\psi}{2} \, , \quad \bar{r}_1 = \frac{p}{2}\cotg^2\frac{\psi}{2} \, , \\ & \bar{r}_2 = p\cotg\frac{\psi}{2} \, . \end{aligned}\right\} \quad (355)$$

Aus den Komponenten dieser Vektorgleichung ergibt sich

$$\bar{r}_1 = \frac{\bar{r}_2^2}{2p} \, , \quad \bar{r}_2 = \sqrt{2p\,\bar{r}_1} \, . \quad (356)$$

Dies sind die bekannten skalaren Scheitelgleichungen der Parabel.

Für einen beliebigen Bezugspunkt 0 erhält man

$$\left.\begin{aligned} \mathfrak{r} &= \mathfrak{i}_1\left(r_{s,1} + \frac{p}{2}\cotg^2\frac{\psi}{2}\right) + \mathfrak{i}_2\left(r_{s,2} + p\cotg\frac{\psi}{2}\right), \quad r_1 = r_{s,1} + \frac{p}{2}\cotg^2\frac{\psi}{2} \, , \\ & r_2 = r_{s,2} + p\cotg\frac{\psi}{2} \, . \end{aligned}\right\} \quad (357)$$

Die zugehörige skalare Scheitelgleichung lautet

$$(r_1 - r_{s,1}) = \frac{(r_2 - r_{s,2})^2}{2p}$$

oder aufgelöst

$$r_1 = r_{s,1} + \frac{(r_2 - r_{s,2})^2}{2p} \quad \text{bzw.} \quad r_2 = r_{s,2} + \sqrt{2p(r_1 - r_{s,1})} \, . \quad (358)$$

Für Tangenten- und Normaleneinheitsvektor liefert der Grenzübergang an (340)

$$\left.\begin{aligned} \mathfrak{t} &= \mathfrak{i}_1\frac{\sin\psi}{\sqrt{2(1-\cos\psi)}} + \mathfrak{i}_2\frac{1-\cos\psi}{\sqrt{2(1-\cos\psi)}} \, , \\ \mathfrak{n} &= \mathfrak{i}_1\frac{1-\cos\psi}{\sqrt{2(1-\cos\psi)}} - \mathfrak{i}_2\frac{\sin\psi}{\sqrt{2(1-\cos\psi)}} \, . \end{aligned}\right\} \quad (359)$$

32. Die Parabel als Ausartung der Hyperbel.

Bei Einführung des halben Winkels lauten diese Gleichungen

$$\mathfrak{t} = \mathfrak{i}_1 \cos\frac{\psi}{2} + \mathfrak{i}_2 \sin\frac{\psi}{2}, \qquad \mathfrak{n} = \mathfrak{i}_1 \sin\frac{\psi}{2} - \mathfrak{i}_2 \cos\frac{\psi}{2}. \qquad (360)$$

Nach (360) stellt die Vektorfunktion des Tangenteneinheitsvektors in Abhängigkeit von $\psi/2$ einen Kreis dar (Abb. 104). Hieraus folgt unter anderem, daß jede Parabel ihre Brennpunktsordinaten unter 45^0 schneidet.

Für die Krümmung nach (325) ergibt der Grenzübergang in Verbindung mit (339)

$$\varkappa = \frac{1}{p}\left(\sqrt{\frac{1-\cos\psi}{\lambda}}\right)^3 = \frac{\sin^3\frac{\psi}{2}}{p}. \qquad (361)$$

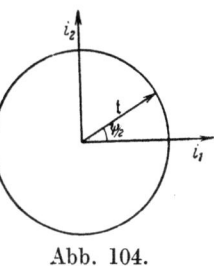

Abb. 104.

Nun ist bei gleichzeitiger Beachtung von (355)

$$\sin\frac{\psi}{2} = \frac{1}{\sqrt{1+\cotg^2\frac{\psi}{2}}} = \frac{1}{\sqrt{1+\left(\frac{r_2}{p}\right)^2}} = \frac{1}{\sqrt{1+\frac{2\,\overline{r}_1}{p}}}. \qquad (362)$$

Damit erhält man die weiteren Formeln

$$\varkappa = \frac{1}{p\left(\sqrt{1+\left(\frac{r_2}{p}\right)^2}\right)^3} \qquad \text{bzw.} \qquad \varkappa = \frac{1}{p\left(\sqrt{1+\frac{2\,\overline{r}_1}{p}}\right)^3}. \qquad (363)$$

Ein weiterer Satz von Formeln folgt unter Bezugnahme auf die zweite vektorielle Brennpunktsgleichung (338) der Hyperbel. Der Grenzübergang, der hier teilweise erst nach Erweiterung mit λ, λ^2 oder λ^3 vollzogen werden kann, liefert

$$\mathfrak{r}_B = \mathfrak{i}_1(r_B - p) + \mathfrak{i}_2\sqrt{2\,p\,r_B}. \qquad (364)$$

$$\mathfrak{t} = \mathfrak{i}_1\sqrt{1-\frac{p}{2\,r_B}} + \mathfrak{i}_2\sqrt{\frac{p}{2\,r_B}}, \qquad \mathfrak{n} = \mathfrak{i}_1\sqrt{\frac{p}{2\,r_B}} - \mathfrak{i}_2\sqrt{1-\frac{p}{2\,r_B}}. \qquad (365)$$

$$\varkappa = \frac{p^2}{(\sqrt{2\,p\,r_B})^3}. \qquad (366)$$

$$\left.\begin{array}{ll}
\mathfrak{r}_B\mathfrak{t} = r_B\sqrt{1-\dfrac{p}{2\,r_B}}, & \dfrac{\mathfrak{r}_B\mathfrak{t}}{\varkappa} = \dfrac{2\,r_B^2}{p}\sqrt{2\,p\,r_B - p^2}, \\[2mm]
\mathfrak{r}_B\mathfrak{n} = -\sqrt{\dfrac{p\,r_B}{2}}, & \dfrac{\mathfrak{r}_B\mathfrak{n}}{\varkappa} = -2\,r_B^2.
\end{array}\right\} \qquad (367)$$

Für die Bogenlänge s folgt nach (328), (336) und (339)

$$s = \lim_{\substack{\lambda\to 0 \\ a\to\infty}} \int_{\varphi_0}^{\varphi} a\sqrt{\mathfrak{Sin}^2\varphi + \lambda^2\mathfrak{Cof}^2\varphi}\,d\varphi = -\lim_{\substack{\lambda\to 0 \\ a\to\infty}} \int_{\psi_0}^{\psi} a\,\lambda^2\frac{\sqrt{\lambda^2 + 2(1-\sqrt{1+\lambda^2}\cos\psi)}}{(1-\sqrt{1+\lambda^2}\cos\psi)^2}\,d\psi$$

$$= -\lim_{\substack{\lambda\to 0 \\ a\to\infty}} \int_{\frac{\psi_0}{2}}^{\frac{\psi}{2}} 2\,a\,\lambda^2\frac{\sqrt{\lambda^2 + 2(1+\sqrt{1+\lambda^2} - 2\sqrt{1+\lambda^2}\cos^2 t)}}{(1+\sqrt{1+\lambda^2} - 2\sqrt{1+\lambda^2}\cos^2 t)^2}\,dt = -p\int_{\frac{\psi_0}{2}}^{\frac{\psi}{2}}\frac{dt}{\sin^3 t}$$

$$= \frac{\cotg\dfrac{\psi}{2}}{2\sin\dfrac{\psi}{2}} + \frac{1}{2}\,\mathfrak{Ar}\,\mathfrak{Amp}\,\frac{\pi-\psi}{2} - \frac{\cotg\dfrac{\psi_0}{2}}{2\sin\dfrac{\psi_0}{2}} - \frac{1}{2}\,\mathfrak{Ar}\,\mathfrak{Amp}\,\frac{\pi-\psi_0}{2}.$$

Wird die Bogenlänge vom Scheitel aus gezählt, so ist nach Abb. 103 für ψ_0 der Wert π einzuführen und man erhält

$$s = \frac{\cotg\frac{\psi}{2}}{2\sin\frac{\psi}{2}} + \frac{1}{2}\mathfrak{Ar\,Amp}\,\frac{\pi-\psi}{2}\,. \tag{368}$$

Die Darstellung der Evolute erfolgt zweckmäßig auf direktem Wege. Im Anschluß an (244) ergibt sich (Abb. 103)

$$\mathfrak{r}_M = \overline{\mathfrak{r}} + \frac{\mathfrak{n}}{\varkappa} = \mathfrak{i}_1\frac{p}{2}\cotg^2\frac{\psi}{2} + \mathfrak{i}_2\,p\cotg\frac{\psi}{2} + \mathfrak{i}_1\frac{p}{\sin^2\frac{\psi}{2}} - \mathfrak{i}_2\frac{p\cos\frac{\psi}{2}}{\sin^3\frac{\psi}{2}}$$

oder zusammengefaßt

$$\mathfrak{r}_M = \mathfrak{i}_1\,p\left(1 + \frac{3}{2}\cotg^2\frac{\psi}{2}\right) - \mathfrak{i}_2\,p\cotg^3\frac{\psi}{2} \quad \text{(Evolute).} \tag{369}$$

Für die zu (369) gehörigen Komponenten

$$r_1 = p\left(1 + \frac{3}{2}\cotg^2\frac{\psi}{2}\right), \qquad r_2 = -\,p\cotg^3\frac{\psi}{2}$$

folgt die skalare Gleichung

$$(r_1 - p)^3 = \tfrac{27}{8}\,p\,r_2^2 \quad \text{(Evolute).} \tag{370}$$

(370) stellt eine Neilsche oder semikubische Parabel dar.

33. Einheitliche Formeln für Ellipse, Parabel und Hyperbel im Brennpunktssystem.

Wird die Ellipse auf ihren linken Brennpunkt B_2, die Hyperbel auf ihren rechten Brennpunkt B_1 bezogen, so ergeben sich im System der so gewählten Brennpunkte nach Ziffer 29, 31 und 32 für Ellipse, Parabel und Hyperbel einheitliche Formeln, wenn gleichzeitig der Halbmesser a eliminiert und durch

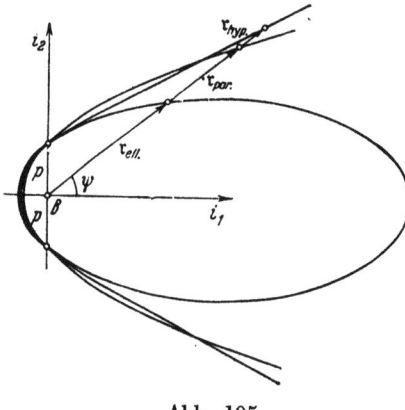

Abb. 105.

$$p = \lambda^2 a\,, \qquad a = \frac{p}{\lambda^2} \tag{371}$$

ersetzt wird. In diesen Formeln soll das obere Vorzeichen der Ellipse, das untere der Hyperbel entsprechen; für die Parabel ist $\lambda = 0$ zu setzen. Der auf den Brennpunkt bezogene Ortsvektor soll jetzt zur Vereinfachung der Schreibweise mit $\mathfrak{r}$ bezeichnet werden. Die Brennpunktsordinaten werden in allen drei Fällen nach den Formeln gleich p; diese Punkte stellen somit Kreuzungspunkte dar (Abb. 105).

$$\left.\begin{array}{rl} \text{Oberes Vorzeichen:} & \text{Ellipse}\,, \\ \lambda = 0\ : & \text{Parabel}\,, \\ \text{Unteres Vorzeichen:} & \text{Hyperbel}\,. \end{array}\right\} \tag{372}$$

$$\mathfrak{r} = \mathfrak{i}_1 \frac{p \cos \psi}{1 - \sqrt{1 \mp \lambda^2} \cos \psi} + \mathfrak{i}_2 \frac{p \sin \psi}{1 - \sqrt{1 \mp \lambda^2} \cos \psi} \,,$$

$$|\mathfrak{r}| = r = \frac{p}{1 - \sqrt{1 \mp \lambda^2} \cos \psi} \,,$$

$$\mathfrak{t} = \mathfrak{i}_1 \frac{\sin \psi}{\sqrt{2 \mp \lambda^2 - 2\sqrt{1 \mp \lambda^2} \cos \psi}} + \mathfrak{i}_2 \frac{\sqrt{1 \mp \lambda^2} - \cos \psi}{\sqrt{2 \mp \lambda^2 - 2\sqrt{1 \mp \lambda^2} \cos \psi}} \,,$$

$$\mathfrak{n} = \mathfrak{i}_1 \frac{\sqrt{1 \mp \lambda^2} - \cos \psi}{\sqrt{2 \mp \lambda^2 - 2\sqrt{1 \mp \lambda^2} \cos \psi}} - \mathfrak{i}_2 \frac{\sin \psi}{\sqrt{2 \mp \lambda^2 - 2\sqrt{1 \mp \lambda^2} \cos \psi}} \,,$$

$$\varkappa = \frac{1}{p} \left[\frac{1 - \sqrt{1 \mp \lambda^2} \cos \psi}{\sqrt{2 \mp \lambda^2 - 2\sqrt{1 \mp \lambda^2} \cos \psi}} \right]^3 \,. \qquad (373)$$

$$\mathfrak{r} = \mathfrak{i}_1 \frac{r - p}{\sqrt{1 \mp \lambda^2}} + \mathfrak{i}_2 \frac{\sqrt{2pr \mp \lambda^2 r^2 - p^2}}{\sqrt{1 \mp \lambda^2}} \,,$$

$$\mathfrak{t} = \mathfrak{i}_1 \frac{\sqrt{2pr \mp \lambda^2 r^2 - p^2}}{\sqrt{1 \mp \lambda^2} \sqrt{2pr \mp \lambda^2 r^2}} + \mathfrak{i}_2 \frac{p \mp \lambda^2 r}{\sqrt{1 \mp \lambda^2} \sqrt{2pr \mp \lambda^2 r^2}} \,,$$

$$\mathfrak{n} = \mathfrak{i}_1 \frac{p \mp \lambda^2 r}{\sqrt{1 \mp \lambda^2} \sqrt{2pr \mp \lambda^2 r^2}} - \mathfrak{i}_2 \frac{\sqrt{2pr \mp \lambda^2 r^2 - p^2}}{\sqrt{1 \mp \lambda^2} \sqrt{2pr \mp \lambda^2 r^2}} \,,$$

$$\varkappa = \frac{p^2}{(\sqrt{2pr \mp \lambda^2 r^2})^3} \,. \qquad (374)$$

$$\mathfrak{r}\mathfrak{t} = r \sqrt{\frac{2pr \mp \lambda^2 r^2 - p^2}{2pr \mp \lambda^2 r^2}} \,, \quad \frac{\mathfrak{r}\mathfrak{t}}{\varkappa} = R\mathfrak{r}\mathfrak{t} = \frac{r^2}{p^2}(2p \mp \lambda^2 r)\sqrt{2pr \mp \lambda^2 r^2 - p^2} \,,$$

$$\mathfrak{r}\mathfrak{n} = -\frac{pr}{\sqrt{2pr \mp \lambda^2 r^2}} \,, \quad \frac{\mathfrak{r}\mathfrak{n}}{\varkappa} = R\mathfrak{r}\mathfrak{n} = -\frac{r^2}{p}(2p \mp \lambda^2 r) \qquad (375)$$

34. Die Rollkurven.

Unter den Rollkurven versteht man jene Gruppe von Kurven, die ein Punkt einer kreisringförmig gedachten Rolle beschreibt, wenn die Rolle, ohne zu gleiten, auf einer anderen Kurve abrollt. Bei diesem Vorgang müssen vier Fälle unterschieden werden, die in Abb. 106 bis 109 veranschaulicht sind. In Abb. 106 und

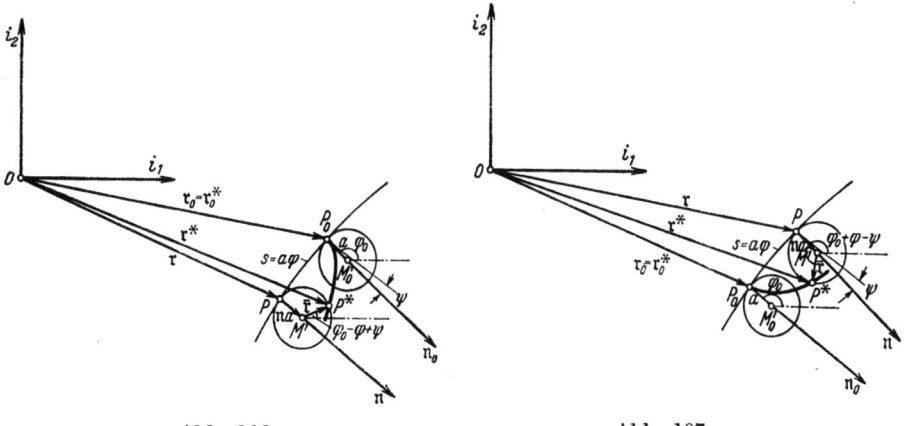

Abb. 106.   Abb. 107.

86   Der beliebig bewegte, punktförmig idealisierte Körper.

107 ist die Ausgangskurve, vom Bezugspunkt 0 aus betrachtet, konvex gekrümmt, in Abb. 108 und 109 konkav gekrümmt; in Abb. 106 und 108 erfolgt die Drehung der Rolle im Rechtssinne, in Abb. 107 und 109 im Linkssinne. Bezeichnet $\bar{\mathfrak{r}}$ den Vektor der relativen Drehbewegung um M', φ_0 den Winkel seiner Ausgangslage gegen $\mathfrak{i}_1$, φ den Rollwinkel, ψ den absolut gemessenen Winkel zwischen $\mathfrak{n}$ und der Ausgangsnormale $\mathfrak{n}_0$, so erhält man, getrennt nach den vier Fällen, für den Ortsvektor $\mathfrak{r}^*$ der Rollkurve

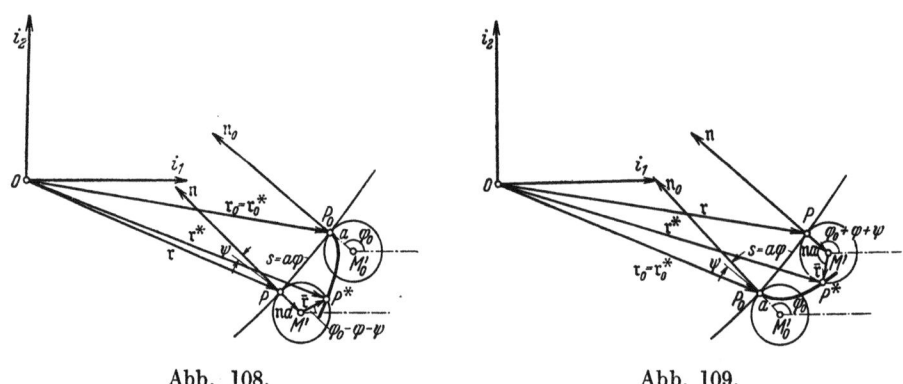

Abb. 108.   Abb. 109.

$$\begin{aligned}
\mathfrak{r}^* &= \mathfrak{r} + \mathfrak{n}a + \bar{\mathfrak{r}}(\varphi_0 - \varphi + \psi) = \mathfrak{i}_1[r_1 + an_1 + a\cos(\varphi_0 - \varphi + \psi)] + \\
&\quad + \mathfrak{i}_2[r_2 + an_2 + a\sin(\varphi_0 - \varphi + \psi)], \quad \text{(Abb. 106)} \\
\mathfrak{r}^* &= \mathfrak{r} + \mathfrak{n}a + \bar{\mathfrak{r}}(\varphi_0 + \varphi - \psi) = \mathfrak{i}_1[r_1 + an_1 + a\cos(\varphi_0 + \varphi - \psi)] + \\
&\quad + \mathfrak{i}_2[r_2 + an_2 + a\sin(\varphi_0 + \varphi - \psi)], \quad \text{(Abb. 107)} \\
\mathfrak{r}^* &= \mathfrak{r} - \mathfrak{n}a + \bar{\mathfrak{r}}(\varphi_0 - \varphi - \psi) = \mathfrak{i}_1[r_1 - an_1 + a\cos(\varphi_0 - \varphi - \psi)] + \\
&\quad + \mathfrak{i}_2[r_2 - an_2 + a\sin(\varphi_0 - \varphi - \psi)], \quad \text{(Abb. 108)} \\
\mathfrak{r}^* &= \mathfrak{r} - \mathfrak{n}a + \bar{\mathfrak{r}}(\varphi_0 + \varphi + \psi) = \mathfrak{i}_1[r_1 - an_1 + a\cos(\varphi_0 + \varphi + \psi)] + \\
&\quad + \mathfrak{i}_2[r_2 - an_2 + a\sin(\varphi_0 + \varphi + \psi)]. \quad \text{(Abb. 109)}
\end{aligned} \qquad (376)$$

Hierin ist

$$\varphi = \frac{s}{a} = \int_{\mathfrak{r}_0}^{\mathfrak{r}} |d\mathfrak{r}| = \int_{\lambda_0}^{\lambda} \left|\frac{d\mathfrak{r}}{d\lambda}\right| d\lambda. \qquad (377)$$

Ist die Ausgangskurve eine gerade Linie, so ergibt sich als Rollkurve eine Zykloide. Wird der Bezugspunkt 0 in den Ausgangspunkt P_0 gelegt und läßt man die Richtung der geraden Linie mit $\mathfrak{i}_1$ zusammenfallen, so ergeben sich die Verhältnisse von Abb. 110.

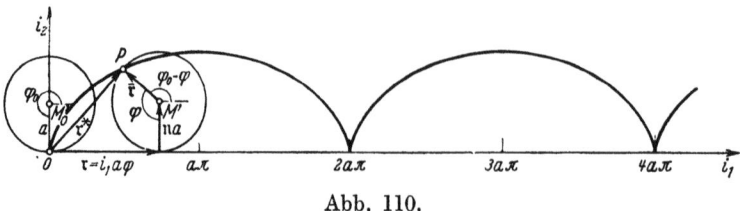

Abb. 110.

34. Die Rollkurven.

Sie entsprechen mit

$$\varphi_0 = \frac{3\pi}{2}, \quad \psi = 0, \quad \mathfrak{n} = \mathfrak{i}_2, \quad n_1 = 0, \quad n_2 = 1, \quad r_1 = a\varphi, \quad r_2 = 0$$

der ersten der Gln (376) und man erhält

$$\mathfrak{r}^* = \mathfrak{i}_1 \left[a\varphi + a\cos\left(\frac{3\pi}{2} - \varphi\right) \right] + \mathfrak{i}_2 \left[a + a\sin\left(\frac{3\pi}{2} - \varphi\right) \right]$$

oder

$$\left. \begin{aligned} \mathfrak{r}^* &= \mathfrak{i}_1 a (\varphi - \sin\varphi) + \mathfrak{i}_2 a (1 - \cos\varphi), \\ \mathfrak{r}^* &= a \sqrt{2(1-\cos\varphi) - 2\varphi\sin\varphi + \varphi^2}. \end{aligned} \right\} \quad \text{(Zykloide)} \quad (378)$$

Hieraus folgt durch Differentiation

$$\left. \begin{aligned} \frac{d\mathfrak{r}^*}{d\varphi} &= \mathfrak{i}_1 a (1-\cos\varphi) + \mathfrak{i}_2 a \sin\varphi, \quad \left|\frac{d\mathfrak{r}^*}{d\varphi}\right| = a\sqrt{2 - 2\cos\varphi} = 2a\sin\frac{\varphi}{2}, \\ \frac{d^2\mathfrak{r}^*}{d\varphi^2} &= \mathfrak{i}_1 a \sin\varphi + \mathfrak{i}_2 a \cos\varphi, \quad \left|\frac{d^2\mathfrak{r}^*}{d\varphi^2}\right| = a, \\ \frac{d}{d\varphi}\left|\frac{d\mathfrak{r}^*}{d\varphi}\right| &= a\cos\frac{\varphi}{2}, \quad \text{(Zykloide)} \end{aligned} \right\} (379)$$

Mit (379) ergibt sich für Tangenteneinheitsvektor, Normaleneinheitsvektor und Krümmung nach (227) und (229)

$$\left. \begin{aligned} \mathfrak{t}^* &= \mathfrak{i}_1 \sin\frac{\varphi}{2} + \mathfrak{i}_2 \cos\frac{\varphi}{2}, \\ \mathfrak{n}^* &= \mathfrak{i}_1 \cos\frac{\varphi}{2} - \mathfrak{i}_2 \sin\frac{\varphi}{2}, \\ \varkappa^* &= \frac{1}{4a\left|\sin\frac{\varphi}{2}\right|} = \frac{1}{R}. \end{aligned} \right\} \quad \text{(Zykloide)} \quad (380)$$

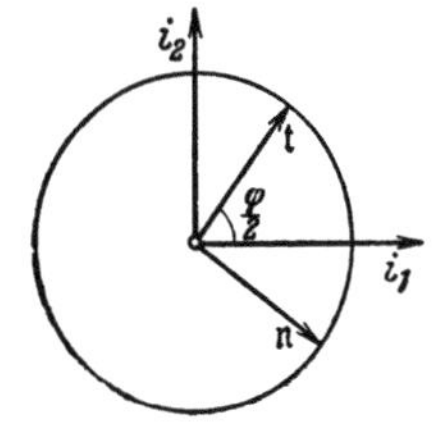

Abb. 111.

Hiernach stellen Tangenteneinheits- und Normaleneinheitsvektor der Zykloide einen Kreis dar (Abb. 111), mit $\varphi/2$ als Argumentwinkel.

Der Krümmungshalbmesser R verläuft gemäß (380)³ nach einer sinus-Linie, von der die negativen Wellen ins Positive gespiegelt sind. An den Spitzen-

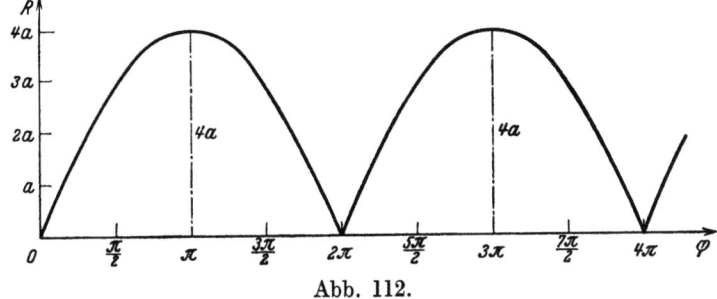

Abb. 112.

punkten der Zykloide wird der Krümmungsradius null und die Krümmung unendlich. Diese Eigenschaft ist allen Rollkurven gemeinsam.

Aus (378)¹ folgt

$$\mathfrak{r}^* - \mathfrak{i}_1 a\varphi - \mathfrak{i}_2 a = -(\mathfrak{i}_1 a \sin\varphi + \mathfrak{i}_2 a \cos\varphi).$$

Wird diese Gleichung in (379)[2] berücksichtigt, so ergibt sich die Differentialgleichung der Zykloide

$$\frac{d^2\mathfrak{r}^*}{d\varphi^2} + \mathfrak{r}^* = \mathfrak{i}_1 a \varphi + \mathfrak{i}_2 a \qquad \text{(Zykloide)}. \qquad (381)$$

Für die Bogenlänge erhält man in Verbindung mit (379)[1]

$$s^* = \int_0^\varphi \left|\frac{d\mathfrak{r}^*}{d\varphi}\right| d\varphi = 2a \int_0^\varphi \sin\frac{\varphi}{2} d\varphi = 4a \left(1 - \cos\frac{\varphi}{2}\right) \qquad \text{(Zykloide)}. \qquad (382)$$

Mit $\varphi = 2\pi$ folgt hiernach die Gesamtlänge einer Zykloidenschleife zu $s^* = 8a$. Aus (382) ergibt sich in Verbindung mit (380)

$$\left.\begin{aligned}\frac{d\mathfrak{r}^*}{ds^*} &= \mathfrak{t}^* = \frac{\mathfrak{i}_1}{4a} \sqrt{s^*(8a - s^*)}, \\ \frac{d^2\mathfrak{r}^*}{ds^{*2}} &= \mathfrak{n}^* \varkappa^* = \frac{\mathfrak{i}_1}{4a} \frac{4a - s^*}{\sqrt{s^*(8a - s^*)}}.\end{aligned}\right\} \qquad \text{(Zykloide)} \qquad (383)$$

Für die Evolute der Zykloide erhält man in Verbindung mit (244)

$$\mathfrak{r}_M^* = \mathfrak{r}^* + \frac{\mathfrak{n}^*}{\varkappa^*} = \mathfrak{i}_1 a (\varphi - \sin\varphi) + \mathfrak{i}_2 a (1 - \cos\varphi) + 2\mathfrak{i}_1 a \sin\varphi - 2\mathfrak{i}_2 a (1 - \cos\varphi)$$

oder $\quad \mathfrak{r}_M^* = \mathfrak{i}_1 a (\varphi + \sin\varphi) - \mathfrak{i}_2 a (1 - \cos\varphi) \qquad \text{(Evolute der Zykloide)}. \qquad (384)$

Nun ist

$$\varphi = (\pi + \varphi) - \pi, \qquad \sin\varphi = -\sin(\pi + \varphi), \qquad \cos\varphi = -\cos(\pi + \varphi).$$

Die Einführung dieser Beziehungen in (384) ergibt

$$\mathfrak{r}_M^* = -\mathfrak{i}_1 a \pi - 2\mathfrak{i}_2 a + [\mathfrak{i}_1 a [(\pi + \varphi) - \sin(\pi + \varphi)] + \mathfrak{i}_2 a [1 - \cos(\pi + \varphi)]].$$

Hierin stellt die eckige Klammer eine um $\mathfrak{i}_1 \pi a$ verschobene Zykloide dar, während den beiden ersten Gliedern eine Bezugspunktverlagerung entspricht. Somit ist die Evolute der Zykloide wieder eine Zykloide. Die Lageverhältnisse sind aus Abb. 113 ersichtlich.

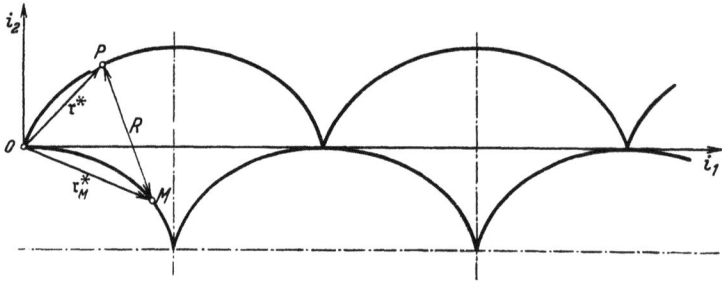

Abb. 113.

Ist die Ausgangskurve ein Kreis, so entsteht eine Epizykloide, wenn der Rollkreis sich außen bewegt (Abb. 114) und eine Hypozykloide, wenn er sich innen bewegt (Abb. 115). Wird der Halbmesser des Grundkreises mit a_0 bezeichnet, so ist

$$\left.\begin{aligned}\mathfrak{r} &= \mathfrak{i}_1 a_0 \cos(\pi - \psi) + \mathfrak{i}_2 a_0 \sin(\pi - \psi) = -\mathfrak{i}_1 a_0 \cos\psi + \mathfrak{i}_2 a_0 \sin\psi, \\ \mathfrak{n} &= -\mathfrak{i}_1 \cos(\pi - \psi) - \mathfrak{i}_2 \sin(\pi - \psi) = \mathfrak{i}_1 \cos\psi - \mathfrak{i}_2 \sin\psi.\end{aligned}\right\}$$

34. Die Rollkurven.

Für die Epizykloide liegt nach Abb. 114 mit $\varphi_0 = 0$ der dritte der allgemeinen Fälle vor. Es folgt daher nach $(376)^3$

$$\mathfrak{r}^* = \mathfrak{i}_1[-a_0\cos\psi - a\cos\psi + a\cos(-\varphi-\psi)] + \mathfrak{i}_2[a_0\sin\psi + a\sin\psi + a\sin(-\varphi-\psi)]$$

oder

$$\mathfrak{r}^* = \mathfrak{i}_1[-(a_0+a)\cos\psi + a\cos(\varphi+\psi)] + \mathfrak{i}_2[(a_0+a)\sin\psi - a\sin(\varphi+\psi)].$$

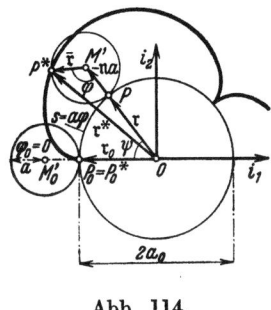
Abb. 114.

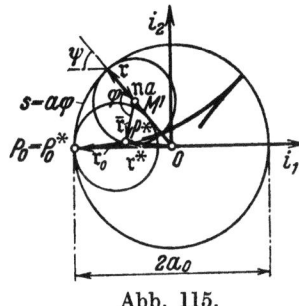
Abb. 115.

Nun ergibt sich aus der Gleichheit der Rollbögen auf beiden Kreisen

$$a_0\psi = a\varphi. \tag{385}$$

Wird daher ψ eliminiert, so erhält man

$$\mathfrak{r}^* = \mathfrak{i}_1\left[-(a_0+a)\cos\frac{a\varphi}{a_0} + a\cos\frac{(a_0+a)\varphi}{a_0}\right] + \\ + \mathfrak{i}_2\left[(a_0+a)\sin\frac{a\varphi}{a_0} - a\sin\frac{(a_0+a)\varphi}{a_0}\right]. \quad \text{(Epizykloide)} \tag{386}$$

Für die Hypozykloide liegt nach Abb. 115 mit

$$\varphi_0 = \pi$$

der zweite der allgemeinen Fälle vor. Es folgt daher nach $(376)^2$

$$\mathfrak{r}^* = \mathfrak{i}_1[-a_0\cos\psi + a\cos\psi + a\cos(\pi+\varphi-\psi)] + \\ + \mathfrak{i}_2[a_0\sin\psi - a\sin\psi + a\sin(\pi+\varphi-\psi)]$$

oder unter gleichzeitiger Elimination von ψ

$$\mathfrak{r}^* = \mathfrak{i}_1\left[-(a_0-a)\cos\frac{a\varphi}{a_0} - a\cos\frac{(a_0-a)\varphi}{a_0}\right] + \\ + \mathfrak{i}_2\left[(a_0-a)\sin\frac{a\varphi}{a_0} - a\sin\frac{(a_0-a)\varphi}{a_0}\right]. \quad \text{(Hypozykloide)} \tag{387}$$

Unter Einführung von Doppelvorzeichen lassen sich die Formeln für beide Zykloiden zusammenfassen und gemeinsam weiterbehandeln. Man erhält

$$\mathfrak{r}^* = \mathfrak{i}_1\left[-(a_0\pm a)\cos\frac{a\varphi}{a_0} \pm a\cos\frac{(a_0\pm a)\varphi}{a_0}\right] + \\ + \mathfrak{i}_2\left[(a_0\pm a)\sin\frac{a\varphi}{a_0} - a\sin\frac{(a_0\pm a)\varphi}{a_0}\right]. \quad \text{(Epi- und Hypozykloide)} \tag{388}$$

Im allgemeinen Falle schlingen sich die beiden Zykloiden, wenn man φ beständig wachsen läßt, beliebig oft um den Ausgangskreis herum, ohne die frühere Lage wiedereinzunehmen. Ist dagegen a/a_0 ein echter Bruch, so werden die Kurven zyklisch und es ergibt sich bei jeder neuen Umfahrung des Ausgangskreises immer wieder der gleiche Kurvenverlauf.

Aus (388) folgt

$$\left.\begin{aligned}
|\mathbf{r}^*| &= \sqrt{(a_0 \pm a)^2 + a^2 \mp 2a(a_0 \pm a)\cos\varphi} = a_0\sqrt{1 \pm \frac{4a(a_0 \pm a)}{a_0^2}\sin^2\frac{\varphi}{2}}, \\
\frac{d\mathbf{r}^*}{d\varphi} &= \mathfrak{i}_1 \frac{a(a_0 \pm a)}{a_0}\left[\sin\frac{a\varphi}{a_0} \mp \sin\frac{(a_0 \pm a)\varphi}{a_0}\right] + \mathfrak{i}_2 \frac{a(a_0 \pm a)}{a_0}\left[\cos\frac{a\varphi}{a_0} - \cos\frac{(a_0 \pm a)\varphi}{a_0}\right], \\
\left|\frac{d\mathbf{r}^*}{d\varphi}\right| &= \frac{2a(a_0 \pm a)}{a_0}\sin\frac{\varphi}{2}, \qquad \frac{d}{d\varphi}\left|\frac{d\mathbf{r}^*}{d\varphi}\right| = \frac{a(a_0 \pm a)}{a_0}\cos\frac{\varphi}{2}, \\
\frac{d^2\mathbf{r}^*}{d\varphi^2} &= \mathfrak{i}_1 \frac{a(a_0 \pm a)}{a_0^2}\left[a\cos\frac{a\varphi}{a_0} \mp (a_0 \pm a)\cos\frac{(a_0 \pm a)\varphi}{a_0}\right] + \\
&\quad + \mathfrak{i}_2 \frac{a(a_0 \pm a)}{a_0^2}\left[-a\sin\frac{a\varphi}{a_0} + (a_0 \pm a)\sin\frac{(a_0 \pm a)\varphi}{a_0}\right] \\
\left|\frac{d^2\mathbf{r}^*}{d\varphi^2}\right| &= \frac{a(a_0 \pm a)}{a_0^2}\sqrt{a^2 + (a_0 \pm a)^2 \mp 2a(a_0 \pm a)\cos\varphi} \\
&= \frac{a(a_0 \pm a)}{a_0}\sqrt{1 \pm \frac{4a(a_0 \pm a)}{a_0^2}\sin^2\frac{\varphi}{2}}.
\end{aligned}\right\} \quad (389)$$

In Verbindung mit (389) erhält man

$$\left.\begin{aligned}
\mathfrak{t}^* &= \mathfrak{i}_1 \frac{\sin\frac{a\varphi}{a_0} \mp \sin\frac{(a_0 \pm a)\varphi}{a_0}}{2\sin\frac{\varphi}{2}} + \mathfrak{i}_2 \frac{\cos\frac{a\varphi}{a_0} - \cos\frac{(a_0 \pm a)\varphi}{a_0}}{2\sin\frac{\varphi}{2}}, \\
\mathfrak{n}^* &= \pm \mathfrak{i}_1 \frac{\cos\frac{a\varphi}{a_0} - \cos\frac{(a_0 \pm a)\varphi}{a_0}}{2\sin\frac{\varphi}{2}} \mp \mathfrak{i}_2 \frac{\sin\frac{a\varphi}{a_0} \mp \sin\frac{(a_0 \pm a)\varphi}{a_0}}{2\sin\frac{\varphi}{2}}, \\
\varkappa^* &= \frac{a_0 \pm 2a}{4a(a_0 \pm a)\sin\frac{\varphi}{2}}.
\end{aligned}\right\} \quad (390)$$

(Epi- und Hypozykloide)

Aus der ersten und letzten der Gln (389) ergibt sich die Differentialgleichung

$$\left|\frac{d^2\mathbf{r}^*}{d\varphi^2}\right| - \frac{a(a_0 \pm a)}{a_0^2}|\mathbf{r}^*| = 0 . \qquad \text{(Epi- und Hypozykloide)} \qquad (391)$$

Ferner folgt

$$s^* = \int_0^\varphi \left|\frac{d\mathbf{r}^*}{d\varphi}\right| d\varphi = \int_0^\varphi \frac{2a(a_0 \pm a)}{a_0}\sin\frac{\varphi}{2} = \frac{4a(a_0 \pm a)}{a_0}\left(1 - \cos\frac{\varphi}{2}\right). \qquad (392)$$

(Epi- und Hypozykloide)

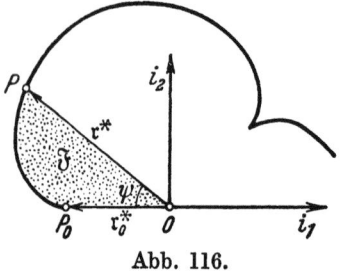

Abb. 116.

Für den Flächeninhalt der durch die Ortsvektoren $\mathbf{r}_0^*$ und $\mathbf{r}^*$ gemäß Abb. 116 eingegrenzten Fläche erhält man in Verbindung mit (348)

$$F = \frac{-1}{2\mathfrak{i}_3}\int_{(P_0)}^{(P)} \mathbf{r}^* \times \frac{d\mathbf{r}^*}{d\varphi} d\varphi$$

34. Die Rollkurven.

und unter Bezugnahme auf (388) und (389)

$$F = \int_0^\varphi \frac{1}{2\,i_3} \begin{vmatrix} i_1 - (a_0 \pm a)\cos\frac{a\varphi}{a_0} \pm a\cos\frac{(a_0 \pm a)\varphi}{a_0} & \frac{a(a_0 \pm a)}{a_0}\left[\sin\frac{a\varphi}{a_0} \mp \sin\frac{(a_0 \pm a)\varphi}{a_0}\right] \\ i_2 + (a_0 \pm a)\sin\frac{a\varphi}{a_0} - a\sin\frac{(a_0 \pm a)\varphi}{a_0} & \frac{a(a_0 \pm a)}{a_0}\left[\cos\frac{a\varphi}{a_0} - \cos\frac{(a_0 \pm a)\varphi}{a_0}\right] \\ i_3 & 0 & 0 \end{vmatrix} d\varphi$$

oder nach Auswertung der Determinante

$$F = \int_0^\varphi \frac{a(a_0 \pm a)(a_0 \pm 2a)}{2\,a_0}(1 - \cos\varphi)\,d\varphi = \frac{a(a_0 \pm a)(a_0 \pm 2a)}{2\,a_0}(\varphi - \sin\varphi)\,. \quad (393)$$

(Epi- und Hypozykloide)

Wird $\mathfrak{n}^*/\varkappa^*$ nach (388) und (390) durch $\mathfrak{r}^*$ gemäß

$$\frac{\mathfrak{n}^*}{\varkappa^*} = -\frac{2(a_0 \pm a)}{a_0 \pm 2a}\mathfrak{r}^* + \frac{2a_0(a_0 \pm a)}{a_0 \pm 2a}\left(-i_1\cos\frac{a\varphi}{a_0} + i_2\sin\frac{a\varphi}{a_0}\right)$$

ausgedrückt, so erhält man für die Evolute

$$\mathfrak{r}_M^* = -\frac{a_0}{a_0 \pm 2a}\mathfrak{r}^* + \frac{2a_0(a_0 \pm a)}{a_0 \pm 2a}\left(-i_1\cos\frac{a\varphi}{a_0} + i_2\sin\frac{a\varphi}{a_0}\right)\,.$$

Nun ist nach Abb. 114 und in Verbindung mit (385)

$$a_0\left(-i_1\cos\frac{a\varphi}{a_0} + i_2\sin\frac{a\varphi}{a_0}\right) = a_0(-i_1\cos\psi + i_2\sin\psi) = \mathfrak{r} \quad (394)$$

und damit

$$\mathfrak{r}_M^* = -\frac{a_0}{a_0 \pm 2a}\mathfrak{r}^* + \frac{2(a_0 \pm a)}{a_0 \pm 2a}\mathfrak{r}\,. \quad (395)$$

(Evolute der Epi- und Hypozykloide)

Der erste Teil dieser Vektorfunktion ist eine ähnliche und achsensymmetrisch gespiegelte Verzerrung der Ausgangszykloide, der zweite eine ähnliche Verzerrung des Ausgangskreises.

Es sollen nun noch einige Sonderfälle behandelt werden. Mit

$$a_0 = a\,, \quad \varphi = \psi$$

ergibt sich die Kardioide als einfachste Form der Epyzykloiden (Abb. 117). Aus den allgemeinen Formeln folgt

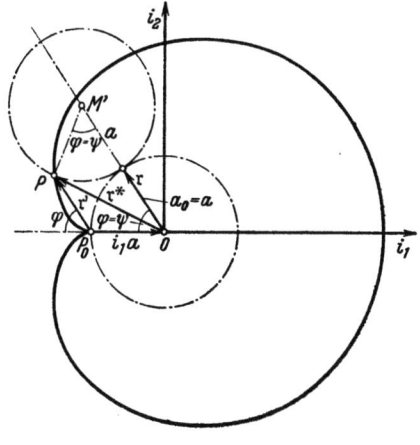

Abb. 117.

$$\left.\begin{aligned}\mathfrak{r}^* &= i_1\,a(-2\cos\varphi + \cos 2\varphi) + i_2\,a(2\sin\varphi - \sin 2\varphi)\,, \\ r^* &= a\sqrt{1 + 8\sin^2\frac{\varphi}{2}}\,, \\ \varkappa^* &= \frac{3}{8\,a\sin\frac{\varphi}{2}}\,.\end{aligned}\right\} \quad \text{(Kardioide)} \quad (396)$$

92 Der beliebig bewegte, punktförmig idealisierte Körper.

$$\left.\begin{array}{l}\mathfrak{t}^* = \mathfrak{i}_1 \dfrac{\sin\varphi - \sin 2\varphi}{2\sin\dfrac{\varphi}{2}} + \mathfrak{i}_2 \dfrac{\cos\varphi - \cos 2\varphi}{2\sin\dfrac{\varphi}{2}}, \\[2ex] \mathfrak{n}^* = \mathfrak{i}_1 \dfrac{\cos\varphi - \cos 2\varphi}{2\sin\dfrac{\varphi}{2}} - \mathfrak{i}_2 \dfrac{\sin\varphi - \sin 2\varphi}{2\sin\dfrac{\varphi}{2}}.\end{array}\right\} \text{(Kardioide)} \quad (397)$$

Man gelangt zu einer besonders einfachen Darstellung der Kardioide, wenn nicht 0 sondern P_0 zum Bezugspunkt für den Ortsvektor gewählt wird. Wird der neue Ortsvektor mit $\mathfrak{r}'$ bezeichnet, so ergibt sich nach Abb. 117

$$\mathfrak{r}' = \mathfrak{r}^* + \mathfrak{i}_1 a . \tag{398}$$

Wird $\mathfrak{r}^*$ nach (396) eingesetzt, so folgt

$$\mathfrak{r}' = \mathfrak{i}_1 a (1 - 2\cos\varphi + \cos 2\varphi) + \mathfrak{i}_2 a (2\sin\varphi - \sin 2\varphi)$$

oder $\quad \mathfrak{r}' = 2(1 - \cos\varphi)(-\mathfrak{i}_1 a \cos\varphi + \mathfrak{i}_2 a \sin\varphi)$.

Der hierin auftretende Klammervektor stellt nach (394) gerade den Ortsvektor des Ausgangskreises dar. Somit erhält man

$$\left.\begin{array}{l}\mathfrak{r}' = -2\mathfrak{i}_1 a(1-\cos\varphi)\cos\varphi + \\ \quad + 2\mathfrak{i}_2 a(1-\cos\varphi)\sin\varphi = 2(1-\cos\varphi)\mathfrak{r}, \\ r' = 2a(1-\cos\varphi)\end{array}\right\} \text{(Kardioide)} \quad (399)$$

Wenn $\mathfrak{r}'$ proportional $\mathfrak{r}$ ist, so muß der Winkel $P\,0\,P_0$ gerade φ sein. Die zweite der Gln (399) ist daher eine Polardarstellung der Kardiode und ermöglicht eine besonders einfache Konstruktion.

Für die Evolute der Kardioide folgt, wenn in (395) $a_0 = a$ gesetzt und $\mathfrak{r}^*$ und $\mathfrak{r}$ nach (396) und (394) eingeführt werden,

$$\mathfrak{r}_M^* = -\frac{1}{3}\mathfrak{r}^* + \frac{4}{3}\mathfrak{r} = -\mathfrak{i}_1 \frac{a}{3}(2\cos\varphi + \cos 2\varphi) + \mathfrak{i}_2 \frac{a}{3}(2\sin\varphi + \sin 2\varphi)$$

$$= -\frac{1}{3}\bigl[\mathfrak{i}_1 a[-2\cos(\pi+\varphi) + \cos 2(\pi+\varphi)] + \mathfrak{i}_2 a[2\sin(\pi+\varphi) - \sin 2(\pi+\varphi)]\bigr]$$

oder in Verbindung mit (396)

$$\mathfrak{r}_M^*(\varphi) = -\tfrac{1}{3}\mathfrak{r}^*(\varphi+\pi) \quad \text{(Evolute der Kardioide)}. \tag{400}$$

Die Gl. (400) gestattet eine sehr einfache Konstruktion der Evolute (Abb. 118). Man verbindet den Punkt P, dessen Krümmungsmittelpunkt M gesucht wird, mit P_0, verlängert den Strahl PP_0 bis zum Spiegelschnittpunkt $\overline{P}$ mit der Kardiode, zieht den Radiusvektor $0\overline{P}$ und verlängert diesen um ein Drittel seiner Länge über 0 hinaus bis M. Dann ist der Radiusvektor $0M$ der gesuchte Ortsvektor der Evolute. Wie sich aus dieser Konstruktion unmittelbar ergibt, ist die Evolute der Kardioide keine Kardioide sondern einer dieser verwandte Kurve.

Mit $\qquad a_0 = 2a, \qquad \varphi = 2\psi$

ergibt sich die Bikardioide als nächsthöhere Form der Epizykloiden (Abb. 119). Aus den allgemeinen Formeln folgt

$$\mathfrak{r}^* = \mathfrak{i}_1 a\left(-3\cos\frac{\varphi}{2} + \cos\frac{3\varphi}{2}\right) + \mathfrak{i}_2 a\left(3\sin\frac{\varphi}{2} - \sin\frac{3\varphi}{2}\right)$$

34. Die Rollkurven.

oder bei entsprechender Umformung

$$\begin{aligned}
\mathfrak{r}^* &= -2\mathfrak{i}_1 a \cos\frac{\varphi}{2}\left(1 + 2\sin^2\frac{\varphi}{2}\right) + 4\mathfrak{i}_2 a \sin^3\frac{\varphi}{2} \\
&= -2\mathfrak{i}_1 a \cos\psi(1 + 2\sin^2\psi) + 4\mathfrak{i}_2 a \sin^3\psi ,\\
r^* &= 2a\sqrt{1 + 3\sin^2\frac{\varphi}{2}} = 2a\sqrt{1 + 3\sin^2\psi} ,\\
\varkappa^* &= \frac{1}{3a\sin\frac{\varphi}{2}} = \frac{1}{3a\sin\psi} .
\end{aligned} \quad \Biggr\} \text{(Bikardioide)} \quad (401)$$

Ferner erhält man bei entsprechender Umformung

oder

$$\begin{aligned}
\mathfrak{t}^* &= -\mathfrak{i}_1\cos\varphi + \mathfrak{i}_2\sin\varphi = -\mathfrak{i}_1\cos 2\psi + \mathfrak{i}_2\sin 2\psi \\
\mathfrak{t}^*(\psi) &= \frac{1}{2a}\mathfrak{r}(2\psi) ,\\
\mathfrak{n}^* &= +\mathfrak{i}_1\sin\varphi + \mathfrak{i}_2\cos\varphi = +\mathfrak{i}_1\sin 2\psi + \mathfrak{i}_2\cos 2\psi \\
\mathfrak{n}^*(\psi) &= \frac{1}{2a}\mathfrak{r}\left[2\left(\psi + \frac{\pi}{2}\right)\right] .
\end{aligned} \quad \Biggr\} \quad (402)$$

oder

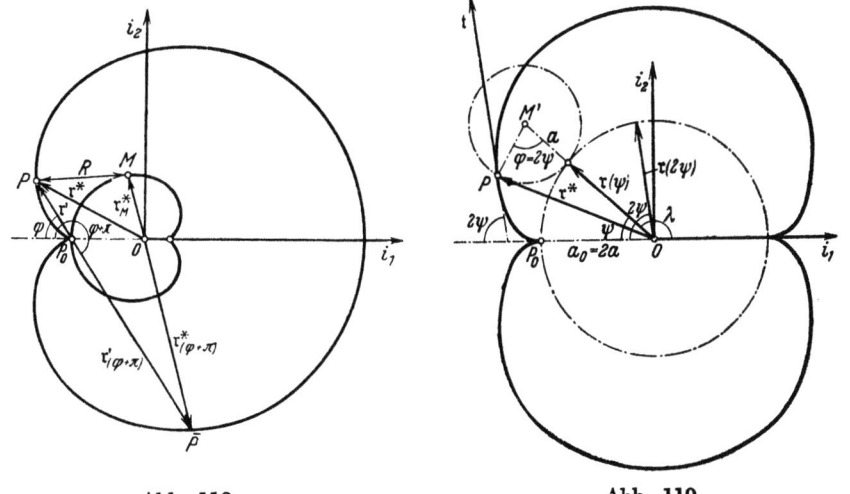

Abb. 118.   Abb. 119.

Nach (402) ist die Tangente der Bikardioide dem zum doppelten Argument gehörigen Grundkreisvektor parallel (Abb. 119).
Unter Bezugnahme auf Polarkoordinaten in der Form

$$\mathfrak{r}^* = \mathfrak{i}_1 r^*\cos\lambda + \mathfrak{i}_2 r^*\sin\lambda \quad \text{(Bikardioide)} \quad (403)^a$$

folgt durch Vergleich mit (401)[1]

$$r^*\sin\lambda = 4a\sin^3\psi .$$

Andererseits liefert die zweite der Gln (401)

$$\sin\psi = \sqrt{\frac{1}{3}\left[\left(\frac{r^*}{2a}\right)^2 - 1\right]} .$$

Die Berücksichtigung dieses sin ψ-Wertes ergibt

$$\sin \lambda = \frac{4a}{r^*}\sqrt{\frac{1}{27}\left[\left(\frac{r^*}{2a}\right)^2-1\right]^3}, \quad \cos\lambda = \sqrt{1-\frac{4}{27}\left(\frac{2a}{r^*}\right)^2\left[\left(\frac{r^*}{2a}\right)^2-1\right]^3} \text{ (Bikardioide).} \quad (403)^b$$

Die Auflösung von $(403)^b$ nach r^* führt auf eine kubische Gleichung, die nicht allgemein auflösbar ist.

Die Evolutengleichung lautet hier

$$\mathfrak{r}^*_M = -\tfrac{1}{2}\mathfrak{r}^* + \tfrac{3}{2}\mathfrak{r} \quad \text{(Bikardioide).} \quad (404)$$

Ihre Darstellung kann übergangen werden, da sie nichts Besonderes bietet.

Die der Kardioide und Bikardioide entsprechenden Hypozykloiden stellen Ausartungen dar. Für die der Kardioide entsprechende Hypozykloide folgt mit $a_0 = a$ nach (388)

$$\mathfrak{r}^* = -\mathfrak{i}_1 a \quad \text{(Hypozykloide für } a_0 = a\text{)}, \quad (405)$$

d. h. ein Punkt. Für das Gegenstück der Bikardioide ergibt sich mit $a_0 = 2a$

$$\mathfrak{r}^* = -2\mathfrak{i}_1 a \cos\frac{\varphi}{2} \quad \text{(Hypozykloide für } a_0 = 2a\text{)}, \quad (406)$$

d. h. der durch den Anfangspunkt P_0 gehende Durchmesser des Ausgangskreises.

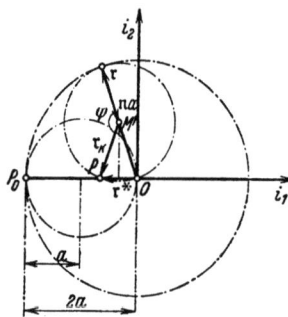

Abb. 120.

In Abb. 120 sind die hier vorliegenden Verhältnisse näher veranschaulicht. So trivial diese Ausartung auch erscheinen mag, so bedeutungsvoll kann sie doch für die Anwendung sein, wenn es sich darum handelt, eine zykloidische Geradlinienführung zu schaffen.

Um nun noch eine nicht ausgeartete Hypozykloide zu behandeln, sei die in der Anwendung häufig auftretende Astroide betrachtet, für welche

$$a_0 = 4a, \qquad \varphi = 4\psi$$

ist. Aus den allgemeinen Formeln folgt hierfür

$$\mathfrak{r}^* = \mathfrak{i}_1 a\left(-3\cos\frac{\varphi}{4}-\cos\frac{3\varphi}{4}\right) + \mathfrak{i}_2 a\left(3\sin\frac{\varphi}{4}-\sin\frac{3\varphi}{4}\right)$$

oder bei entsprechender Umformung

$$\left.\begin{aligned}
\mathfrak{r}^* &= -4\mathfrak{i}_1 a\cos^3\frac{\varphi}{4} + 4\mathfrak{i}_2 a\sin^3\frac{\varphi}{4} = -4\mathfrak{i}_1 a\cos^3\psi + 4\mathfrak{i}_2 a\sin^3\psi, \\
r^* &= 4a\sqrt{1-\frac{3}{4}\sin^2\frac{\varphi}{2}} = 4a\sqrt{1-3\sin^2\psi\cos^2\psi} \\
\varkappa^* &= \frac{1}{6a\sin\frac{\varphi}{2}} = \frac{1}{12a\sin\psi\cos\psi}
\end{aligned}\right\} \text{(Astroide)} \quad (407)$$

Ferner ergibt sich bei entsprechender Umformung

$$\left.\begin{aligned}
\mathfrak{t}^* &= \mathfrak{i}_1\frac{-1+2\sin^2\frac{\varphi}{4}}{2\cos\frac{\varphi}{4}} + \mathfrak{i}_2\sin\frac{\varphi}{4} = \mathfrak{i}_1\frac{-1+2\sin^2\psi}{2\cos\psi} + \mathfrak{i}_2\sin\psi, \\
\mathfrak{n}^* &= -\mathfrak{i}_1\sin\frac{\varphi}{4} + \mathfrak{i}_2\frac{-1+2\sin^2\frac{\varphi}{4}}{2\cos\frac{\varphi}{4}} = -\mathfrak{i}_1\sin\psi + \mathfrak{i}_2\frac{-1+2\sin^2\psi}{2\cos\psi}.
\end{aligned}\right\} \text{(Astroide)} \quad (408)$$

34. Die Rollkurven.

Ähnlich wie in den bisher behandelten Fällen sollen nun gemäß Abb. 121 wieder Polarkoordinaten eingeführt werden,

$$\mathfrak{r}^* = \mathfrak{i}_1 r^* \cos \lambda + \mathfrak{i}_2 r^* \sin \lambda . \quad (409)^a$$

Um den Zusammenhang zwischen λ und r^* herzustellen, folgt zunächst durch Vergleich von $(407)^1$ und $(409)^a$

$$r^* \sin \lambda = 4 a \sin^3 \psi .$$

Andererseits liefert $(407)^2$

$$\left(\frac{r^*}{4a}\right)^2 = 1 - 3 \sin^2 \psi + 3 \sin^4 \psi$$

oder

$$\sin \psi = \sqrt{\frac{1}{2} \pm \sqrt{\frac{1}{3}\left(\frac{r^*}{4a}\right)^2 - \frac{1}{12}}} .$$

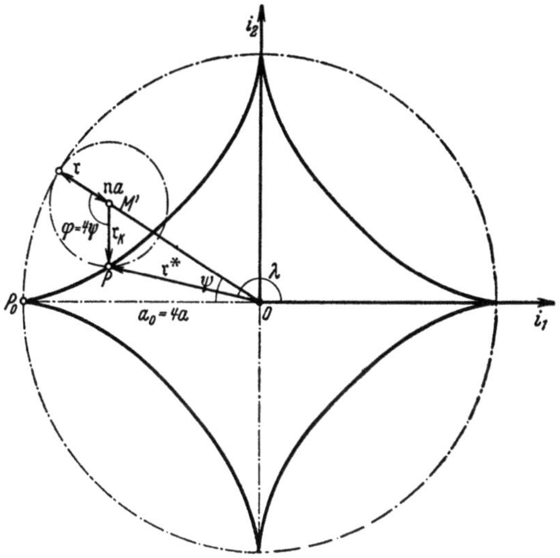

Abb. 121.

Die Einführung dieses Wertes ergibt

$$\left.\begin{array}{l}\sin \lambda = \pm \dfrac{4a}{r^*} \sqrt{\left[\dfrac{1}{2} \pm \sqrt{\dfrac{1}{3}\left(\dfrac{r^*}{4a}\right)^2 - \dfrac{1}{12}}\right]^3} \\ \cos \lambda = \sqrt{1 - \left(\dfrac{4a}{r^*}\right)^2\left[\dfrac{1}{2} \pm \sqrt{\dfrac{1}{3}\left(\dfrac{r^*}{4a}\right)^2 - \dfrac{1}{12}}\right]^3} .\end{array}\right\} \text{(Astroide)} \quad (409)^b$$

Die Gleichung der Evolute der Astroide lautet nach (395)

$$\mathfrak{r}_M^* = -2 \mathfrak{r}^* + 3 \mathfrak{r} \qquad \text{(Evolute der Astroide)}. \qquad (410)$$

Eine Ausartung besonderer Art entsteht bei den Hypozykloiden, wenn $a \to \infty$ geht und damit der Rollkreis zur Geraden wird. Die hierbei sich ergebende Hypozykloide wird als Kreisevolvente bezeichnet (Abb. 122).

Um den Grenzübergang im Anschluß an (388) herzustellen, ist gemäß (385) die Bogenlänge $a\varphi$ auf der Rollgeraden gleich $a_0 \psi$ zu setzen (Abb. 122). Wenn $a \to \infty$ geht, muß also gleichzeitig $\varphi \to 0$ gehen.

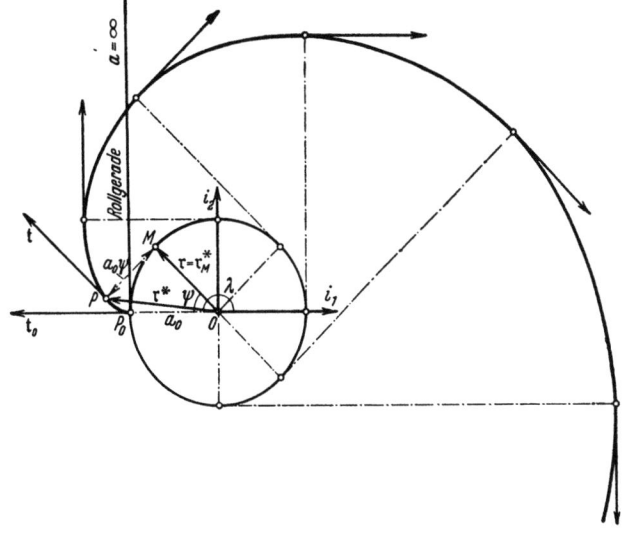

Abb. 122.

$$a \to \infty , \qquad \varphi \to 0 , \qquad a \varphi = a_0 \psi \qquad \text{(Kreisevolvente)}. \qquad (411)$$

Mit (411) erhält man

$$\lim_{\substack{a\to\infty\\\varphi\to 0}} \mathfrak{r}^* = \lim_{\substack{a\to\infty\\\varphi\to 0}} [\mathfrak{i}_1[-(a_0+a)\cos\psi + a\cos(\varphi+\psi)] + \mathfrak{i}_2[(a_0+a)\sin\psi - a\sin(\varphi+\psi)]]$$

oder

$$\lim_{\substack{a\to\infty\\\varphi\to 0}} \mathfrak{r}^* = \lim_{\substack{a\to\infty\\\varphi\to 0}} [\mathfrak{i}_1[-a_0\cos\psi - a(1-\cos\varphi)\cos\psi - a\sin\varphi\sin\psi] +$$

$$+ \mathfrak{i}_2[a_0\sin\psi + a(1-\cos\varphi)\sin\psi - a\sin\varphi\cos\psi]] \ .$$

Nun ist

$$\lim_{\substack{a\to\infty\\\varphi\to 0}} a(1-\cos\varphi) = \lim_{\substack{a\to\infty\\\varphi\to 0}} a\frac{\varphi^2}{2} = \lim_{\substack{a\to\infty\\\varphi\to 0}} a_0\psi\frac{\varphi}{2} = 0\ , \quad \lim_{\substack{a\to\infty\\\varphi\to 0}} a\sin\varphi = \lim_{\substack{a\to\infty\\\varphi\to 0}} a\varphi = a_0\psi\ .$$

Damit folgt

$$\lim_{\substack{a\to\infty\\\varphi\to 0}} \mathfrak{r}^* = \mathfrak{i}_1(-a_0\cos\psi - a_0\psi\sin\psi) + \mathfrak{i}_2(a_0\sin\psi - a_0\psi\cos\psi)$$

oder

$$\lim_{\substack{a\to\infty\\\varphi\to 0}} \mathfrak{r}^* = -\mathfrak{i}_1 a_0(\cos\psi + \psi\sin\psi) + \mathfrak{i}_2 a_0(\sin\psi - \psi\cos\psi) \quad \text{(Kreisevolvente)}. \quad (412)$$

Werden auch die übrigen Formeln entsprechend umgeschrieben, so ergibt sich

$$\lim_{\substack{a\to\infty\\\varphi\to 0}} r^* = a_0\sqrt{1+\psi^2}\ , \qquad \lim_{\substack{a\to\infty\\\varphi\to 0}} \varkappa^* = \frac{1}{a_0\psi} \qquad \text{(Kreisevolvente)}. \quad (413)$$

$$\left.\begin{array}{l} \mathfrak{t}^* = -\mathfrak{i}_1\cos\psi + \mathfrak{i}_2\sin\psi = \dfrac{\mathfrak{r}}{a_0}\ , \\[4pt] \mathfrak{n}^* = +\mathfrak{i}_1\sin\psi + \mathfrak{i}_2\cos\psi = \dfrac{1}{a_0}\mathfrak{r}\left(\psi + \dfrac{\pi}{2}\right). \end{array}\right\} \text{(Kreisevolvente)} \quad (414)$$

$$s^* = \tfrac{1}{2}a_0\psi^2\ , \qquad F = \tfrac{1}{6}a_0^2\psi^3 \qquad \text{(Kreisevolvente)}. \quad (415)$$

Nach (413) ist der Krümmungsradius der Kreisevolvente gerade gleich der Länge der abgewälzten Geradenstrecke, während nach (414) die Tangente dem zugehörigen Ortsvektor des Ausgangskreises parallel ist. Hieraus ergibt sich die aus Abb. 122 ablesbare einfache Konstruktionsmöglichkeit der Kurve. Für die Evolute erhält man in Verbindung mit (412) bis (414)

$$\mathfrak{r}_M^* = \lim \mathfrak{r}^* + \frac{\mathfrak{n}^*}{\varkappa^*} = -\mathfrak{i}_1 a_0\cos\psi + \mathfrak{i}_2 a_0\sin\psi = \mathfrak{r} \qquad \begin{array}{l}\text{(Evolute der}\\ \text{Kreisevolvente).}\end{array} \quad (416)$$

Die Evolute ist somit der Ausgangskreis. Auf diese Eigenschaft gründet sich der Name „Kreisevolvente", entsprechend den in Ziffer 26 gemachten Ausführungen.

Werden wieder Polarkoordinaten in der Form

$$\mathfrak{r}^* = \mathfrak{i}_1 r^*\cos\lambda + \mathfrak{i}_2 r^*\sin\lambda \qquad (417)^a$$

eingeführt, so folgt durch Vergleich von (417)^a und (412)

$$r^*\sin\lambda = a_0(\sin\psi - \psi\cos\psi)\ .$$

35. Verallgemeinerte Rollkurven.

Andererseits liefert (413)[1]
$$\psi = \sqrt{\left(\frac{r^*}{a_0}\right)^2 - 1}\ .$$

Somit ergibt sich

$$\left.\begin{array}{l}\sin\lambda = \dfrac{a_0}{r^*}\left[\sin\sqrt{\left(\dfrac{r^*}{a_0}\right)^2-1} - \sqrt{\left(\dfrac{r^*}{a_0}\right)^2-1}\,\cos\sqrt{\left(\dfrac{r^*}{a_0}\right)^2-1}\right],\\ \cos\lambda = \sqrt{1-\sin^2\lambda}\end{array}\right\} \text{(Kreis-evolvente)} \quad (417)^b$$

Die erste der Gln (417)^b läßt sich auch nach λ auflösen. Mit

$$\left.\begin{array}{l}\dfrac{a_0}{r^*} = \cos\left(\text{arc cos}\,\dfrac{a_0}{r^*}\right),\\ \dfrac{a_0}{r^*}\sqrt{\left(\dfrac{r^*}{a_0}\right)^2-1} = \sqrt{1-\left(\dfrac{a_0}{r^*}\right)^2} = \sin\left(\text{arc cos}\,\dfrac{a_0}{r^*}\right),\end{array}\right\}$$

lautet die erste der Gln (417)^b

$$\sin\lambda = \sin\sqrt{\left(\frac{r^*}{a_0}\right)^2-1}\,\cos\left(\text{arc cos}\,\frac{a_0}{r^*}\right) - \cos\sqrt{\left(\frac{r^*}{a_0}\right)^2-1}\,\sin\left(\text{arc cos}\,\frac{a_0}{r^*}\right)$$
$$= \sin\left[\sqrt{\left(\frac{r^*}{a_0}\right)^2-1} - \text{arc cos}\,\frac{a_0}{r^*}\right].$$

Hieraus folgt

$$\lambda = \sqrt{\left(\frac{r^*}{a_0}\right)^2-1} - \text{arc cos}\,\frac{a_0}{r^*} \qquad \text{(Kreisevolvente)}. \qquad (418)$$

35. Verallgemeinerte Rollkurven.

Die Untersuchungen von Ziffer 34 galten der Bewegung eines Punktes eines Rollreifens, der, ohne zu gleiten, auf einer Kurve abrollte. Diese Betrachtungen sollen nun in der Richtung erweitert werden, daß der die Rollkurve beschreibende Punkt sich an beliebiger Stelle innerhalb der Rollreifenebene befindet.

Die Abb. 123 bis 126 zeigen wieder die vier Fälle, nach denen je nach Lage der Krümmung und des Drehsinnes der Rolle unterschieden werden muß. Ähnlich wie in Abb. 106 bis 109 bezeichnet $\mathbf{r}$ den Vektor der Ausgangskurve, $\mathbf{r}^*$ den

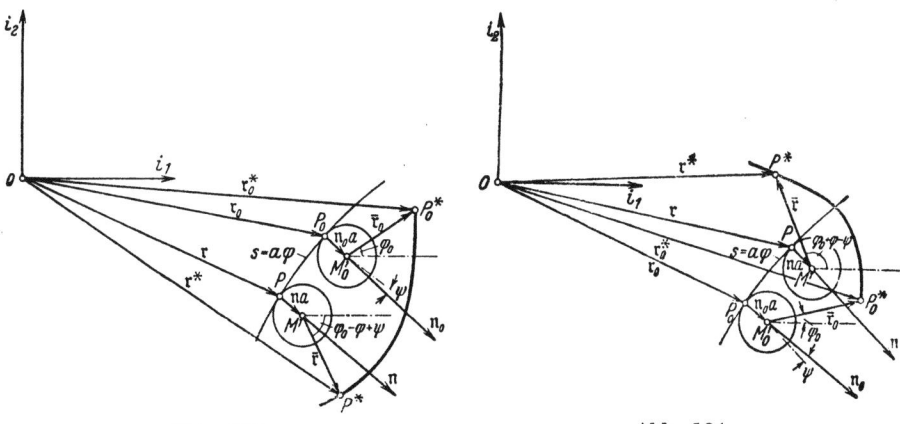

Abb. 123.   Abb. 124.

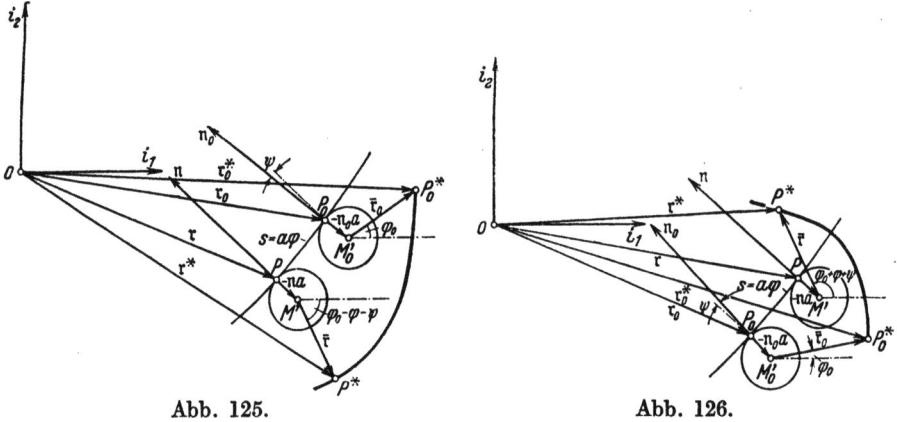

Abb. 125.   Abb. 126.

Vektor der Rollkurve, $\bar{\mathfrak{r}}$ den Vektor der relativen Drehbewegung um M', φ_0 den Winkel der Ausgangslage $\bar{\mathfrak{r}}_0$ gegen $\mathfrak{i}_1$, φ den Rollwinkel und ψ den absolut gemessenen Winkel zwischen Normale $\mathfrak{n}$ und Ausgangsnormale $\mathfrak{n}_0$. Der geometrische Zusammenhang ergibt

$$\begin{aligned}
\mathfrak{r}^* &= \mathfrak{r} + \mathfrak{n}\,a + \bar{\mathfrak{r}}_{(\varphi_0-\varphi+\psi)} = \mathfrak{i}_1[r_1 + a\,n_1 + \bar{r}\cos(\varphi_0-\varphi+\psi)] + \\
&\quad + \mathfrak{i}_2[r_2 + a\,n_2 + \bar{r}\sin(\varphi_0-\varphi+\psi)]\,, \quad\text{(Abb. 123)} \\
\mathfrak{r}^* &= \mathfrak{r} + \mathfrak{n}\,a + \bar{\mathfrak{r}}_{(\varphi_0+\varphi-\psi)} = \mathfrak{i}_1[r_1 + a\,n_1 + \bar{r}\cos(\varphi_0+\varphi-\psi)] + \\
&\quad + \mathfrak{i}_2[r_2 + a\,n_2 + \bar{r}\sin(\varphi_0+\varphi-\psi)]\,, \quad\text{(Abb. 124)} \\
\mathfrak{r}^* &= \mathfrak{r} - \mathfrak{n}\,a + \bar{\mathfrak{r}}_{(\varphi_0-\varphi-\psi)} = \mathfrak{i}_1[r_1 - a\,n_1 + \bar{r}\cos(\varphi_0-\varphi-\psi)] + \\
&\quad + \mathfrak{i}_2[r_2 - a\,n_2 + \bar{r}\sin(\varphi_0-\varphi-\psi)]\,, \quad\text{(Abb. 125)} \\
\mathfrak{r}^* &= \mathfrak{r} - \mathfrak{n}\,a + \bar{\mathfrak{r}}_{(\varphi_0+\varphi+\psi)} = \mathfrak{i}_1[r_1 - a\,n_1 + \bar{r}\cos(\varphi_0+\varphi+\psi)] + \\
&\quad + \mathfrak{i}_2[r_2 - a\,n_2 + \bar{r}\sin(\varphi_0+\varphi+\psi)]\,. \quad\text{(Abb. 126)}
\end{aligned} \quad (419)$$

Hierin ist φ wieder durch (377) mit der Bogenlänge s der Ausgangskurve verbunden.

Ist die Ausgangskurve eine gerade Linie, so ergibt sich als Rollkurve eine verallgemeinerte Zykloide. Wird der Bezugspunkt O gemäß Abb. 127 in den Ausgangsberührungspunkt P_0 gelegt, so folgt mit

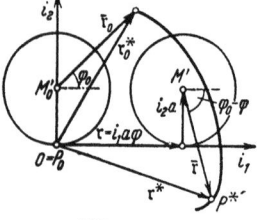

Abb. 127.

$$\psi = 0,\ \mathfrak{n} = \mathfrak{i}_2,\ r_1 = a\varphi,\ r_2 = 0$$

$$\mathfrak{r}^* = \mathfrak{i}_1[a\varphi + \bar{r}\cos(\varphi_0-\varphi)] + \mathfrak{i}_2[a + \bar{r}\sin(\varphi_0-\varphi)]\,. \quad (420)$$
(Verallgemeinerte Zykloide)

Hieraus erhält man

$$r^* = \sqrt{a^2(1+\varphi^2) + \bar{r}^2 + 2\,a\,\bar{r}\,\varphi\cos(\varphi_0-\varphi) + 2\,a\,\bar{r}\sin(\varphi_0-\varphi)}\,. \quad(421)$$

$$\begin{aligned}
\frac{d\mathfrak{r}^*}{d\varphi} &= \mathfrak{i}_1[a + \bar{r}\sin(\varphi_0-\varphi)] - \mathfrak{i}_2\,\bar{r}\cos(\varphi_0-\varphi) \\
\left|\frac{d\mathfrak{r}^*}{d\varphi}\right| &= \frac{ds}{d\varphi} = \sqrt{a^2 + \bar{r}^2 + 2\,a\,\bar{r}\sin(\varphi_0-\varphi)}
\end{aligned}\,, \quad (422)$$

35. Verallgemeinerte Rollkurven.

$$\frac{d}{d\varphi}\left|\frac{d\mathfrak{r}^*}{d\varphi}\right| = \frac{-a\,\overline{r}\cos(\varphi_0-\varphi)}{\sqrt{a^2+\overline{r}^2+2a\overline{r}\sin(\varphi_0-\varphi)}} \quad,$$

$$\frac{d^2\mathfrak{r}^*}{d\varphi^2} = -\mathfrak{i}_1\,\overline{r}\cos(\varphi_0-\varphi) - \mathfrak{i}_2\,\overline{r}\sin(\varphi_0-\varphi) \quad,$$

$$\left|\frac{d^2\mathfrak{r}^*}{d\varphi^2}\right| = \overline{r} \quad.$$
(422)

Mit diesen Werten ergibt sich

$$\mathfrak{t}^* = +\mathfrak{i}_1\frac{a+\overline{r}\sin(\varphi_0-\varphi)}{\sqrt{a^2+\overline{r}^2+2a\overline{r}\sin(\varphi_0-\varphi)}} - \mathfrak{i}_2\frac{\overline{r}\cos(\varphi_0-\varphi)}{\sqrt{a^2+\overline{r}^2+2a\overline{r}\sin(\varphi_0-\varphi)}},$$

$$\mathfrak{n}^* = -\mathfrak{i}_1\frac{\overline{r}\cos(\varphi_0-\varphi)}{\sqrt{a^2+\overline{r}^2+2a\overline{r}\sin(\varphi_0-\varphi)}} - \mathfrak{i}_2\frac{a+\overline{r}\sin(\varphi_0-\varphi)}{\sqrt{a^2+\overline{r}^2+2a\overline{r}\sin(\varphi_0-\varphi)}},$$

$$\varkappa^* = \frac{\overline{r}\,[\overline{r}+a\sin(\varphi_0-\varphi)]}{[a^2+\overline{r}^2+2a\overline{r}\sin(\varphi_0-\varphi)]^{3/2}} \quad \text{(Verallgemeinerte Zykloide)} \quad.$$
(423)

Ferner folgt durch Verbindung von (420) mit der vorletzten der Gln (422) die Differentialgleichung

$$\frac{d^2\mathfrak{r}^*}{d\varphi^2} + \mathfrak{r}^* = \mathfrak{i}_1 a\varphi + \mathfrak{i}_2 \quad \text{(Verallgemeinerte Zykloide)}. \tag{424}$$

Da $\mathfrak{r}^*$ nach (420) zwei willkürliche Parameter $\overline{r}$ und φ_0 enthält, stellt die verallgemeinerte Zykloide nach (420) das allgemeine Integral der Differentialgleichung (424) dar. Wie der Vergleich mit (381) zeigt, genügt die gewöhnliche Zykloide als ein Sonderfall der allgemeinen Zykloide selbstverständlich ebenfalls der Differentialgleichung (424).

Die Gleichung der Evolute lautet

$$\mathfrak{r}_M^* = \mathfrak{r}^* + \frac{\mathfrak{n}^*}{\varkappa^*} = \mathfrak{i}_1\left[a\varphi + \overline{r}\cos(\varphi_0-\varphi) - \frac{[a^2+\overline{r}^2+2a\overline{r}\sin(\varphi_0-\varphi)]\cos(\varphi_0-\varphi)}{\overline{r}+a\sin(\varphi_0-\varphi)}\right] +$$

$$+ \mathfrak{i}_2\left[a+\overline{r}\sin(\varphi_0-\varphi) - \frac{[a^2+\overline{r}^2+2a\overline{r}\sin(\varphi_0-\varphi)][a+\overline{r}\sin(\varphi_0-\varphi)]}{\overline{r}\,[\overline{r}+a\sin(\varphi_0-\varphi)]}\right]$$

oder umgeformt

$$\mathfrak{r}_M^* = \mathfrak{i}_1 a\left[\varphi - \frac{a+\overline{r}\sin(\varphi_0-\varphi)}{\overline{r}+a\sin(\varphi_0-\varphi)}\cos(\varphi_0-\varphi)\right] - \mathfrak{i}_2 a\frac{[a+\overline{r}\sin(\varphi_0-\varphi)]^2}{\overline{r}\,[\overline{r}+a\sin(\varphi_0-\varphi)]} \quad .$$
(425)
(Evolute der verallgemeinerten Zykloide)

Nach der dritten der Gln (423) hängt die Krümmung, d. h. die für die Kurvenform maßgebende Invariante, nur noch von $\sin(\varphi_0-\varphi)$ und $\overline{r}$ ab. Da der sinus eine periodische Funktion darstellt, ist hiernach der Winkel φ_0 für die Kurvenform bedeutungslos; man kann ihn daher passend wählen. Wird er, wie bei der gewöhnlichen Zykloide, gleich $-3\pi/2$ gesetzt, so erhält man

$$\mathfrak{r}^* = \mathfrak{i}_1(a\varphi - \overline{r}\sin\varphi) + \mathfrak{i}_2(a - \overline{r}\cos\varphi) \quad,$$

$$r^* = \sqrt{a^2(1+\varphi^2)+\overline{r}^2 - 2a\overline{r}\sin\varphi - 2a\overline{r}\cos\varphi} \quad,$$

$$\varkappa^* = \frac{\overline{r}\,(\overline{r}-a\cos\varphi)}{[a^2+\overline{r}^2-2a\overline{r}\cos\varphi]^{3/2}} \quad,$$

$$\mathfrak{r}_M^* = \mathfrak{i}_1 a\left[\varphi + \frac{a-\overline{r}\cos\varphi}{\overline{r}-a\cos\varphi}\sin\varphi\right] - \mathfrak{i}_2 a\frac{(a-\overline{r}\cos\varphi)^2}{\overline{r}\,(\overline{r}-a\cos\varphi)} \quad.$$

(Verallgemeinerte Zykloiden für $\varphi_0 = -\frac{3\pi}{2}$)
(426)

7*

$$\mathfrak{t}^* = +\mathfrak{i}_1 \frac{a - \overline{r}\cos\varphi}{\sqrt{a^2 + \overline{r}^2 - 2a\overline{r}\cos\varphi}} + \mathfrak{i}_2 \frac{\overline{r}\sin\varphi}{\sqrt{a^2 + \overline{r}^2 - 2a\overline{r}\cos\varphi}} \quad , \quad \left.\begin{array}{l} \text{Verallge-} \\ \text{meinerte} \\ \text{Zykloiden für} \\ \varphi_0 = -\frac{3\pi}{2} \end{array}\right) \quad (427)$$

$$\mathfrak{n}^* = +\mathfrak{i}_1 \frac{\overline{r}\sin\varphi}{\sqrt{a^2 + \overline{r}^2 - 2a\overline{r}\cos\varphi}} - \mathfrak{i}_2 \frac{a - \overline{r}\cos\varphi}{\sqrt{a^2 + \overline{r}^2 - 2a\overline{r}\cos\varphi}}$$

Mit (426) und (427) läßt sich die Schar der verallgemeinerten Zykloiden leicht zeichnen. Zunächst folgt aus (426)¹ für die Nullstellen

$$\left.\begin{array}{lll} r_2 = 0\,, & a - \overline{r}\cos\varphi = 0\,, & \cos\varphi = \dfrac{a}{\overline{r}}\,, \\ \sin\varphi = \sqrt{1 - \left(\dfrac{a}{\overline{r}}\right)^2}\,, & r_1 = a\arccos\dfrac{a}{\overline{r}} - \overline{r}\sqrt{1 - \left(\dfrac{a}{\overline{r}}\right)^2}\,. \end{array}\right\} \text{(Null-stellen)} \quad (428)$$

Hiernach ergeben sich reelle Nullstellen nur für $|\overline{r}| \geq a$.

Gl. (427)¹ liefert für die Extremalstellen

$$\left.\begin{array}{llllll} t_2 = 0\,, & \sin\varphi = 0\,, & \varphi = 0\,, & \pi\,, & 2\pi\,, & \ldots\,, \\ \cos\varphi = 1\,, & -1, 1,\ldots, & r_1 = 0\,, & & a\pi\,, \\ 2a\pi\,, \ldots, & r_2 = a - \overline{r}\,, & a + \overline{r}\,, & a - \overline{r}\,, & \ldots \end{array}\right\} \text{(Extremal-stellen)} \quad (429)$$

Hiernach sind die Extremalstellen für sämtliche $\overline{r}$-Werte die gleichen. Für die Stellen unendlicher Steigung folgt nach (427)¹

$$\left.\begin{array}{llll} t_1 = 0\,, & a - \overline{r}\cos\varphi = 0\,, & \cos\varphi = \dfrac{a}{\overline{r}}\,, \\ \sin\varphi = \sqrt{1 - \left(\dfrac{a}{\overline{r}}\right)^2}\,, & r_1 = a\arccos\dfrac{a}{\overline{r}} - \overline{r}\sqrt{1 - \left(\dfrac{a}{\overline{r}}\right)^2}\,, & r_2 = 0\,. \end{array}\right\} \begin{array}{l}\text{(Stellen} \\ \text{unendlicher} \\ \text{Steigung)}\end{array} \quad (430)$$

Wie der Vergleich von (430) mit (428) zeigt, fallen die Stellen unendlicher Steigung und die Nullstellen zusammen.

Für die Wendepunkte erhält man durch Nullsetzen von $\varkappa^*$ gemäß (426)³

$$\left.\begin{array}{l} \varkappa^* = 0\,, \quad \overline{r} - a\cos\varphi = 0\,, \quad \cos\varphi = \dfrac{\overline{r}}{a}\,, \quad \sin\varphi = \sqrt{1 - \left(\dfrac{\overline{r}}{a}\right)^2}\,, \\ r_1 = a\arccos\dfrac{\overline{r}}{a} - \overline{r}\sqrt{1 - \left(\dfrac{\overline{r}}{a}\right)^2}\,, \quad r_2 = a - \dfrac{\overline{r}^2}{a} = \dfrac{a^2 - \overline{r}^2}{a}\,, \\ \mathfrak{t}^* = \mathfrak{i}_1\sqrt{1 - \left(\dfrac{\overline{r}}{a}\right)^2} + \mathfrak{i}_2\dfrac{\overline{r}}{a} = \mathfrak{i}_1\sin\varphi + \mathfrak{i}_2\cos\varphi\,, \quad \dfrac{t_2}{t_1} = \cot\varphi\,. \end{array}\right\} \text{(Wendepunkte)} \quad (431)$$

Hiernach ergeben sich reelle Wendepunkte nur für $|\overline{r}| \leq a$. Vergleicht man diese Schranke mit derjenigen für die Nullstellen, so zeigt sich, daß diejenigen Zykloiden, die Nullstellen aufweisen, keine Wendepunkte besitzen, und umgekehrt.

Für die Stellen unendlich großer Krümmung folgt durch Nullsetzen des Nenners von $\varkappa^*$ nach (426)³

$$\left.\begin{array}{l} \varkappa^* = \infty\,, \quad a^2 + \overline{r}^2 - 2a\overline{r}\cos\varphi = 0 \\ \cos\varphi = \dfrac{a^2 + \overline{r}^2}{2a\overline{r}} = \dfrac{1}{2}\left(\dfrac{a}{\overline{r}} + \dfrac{\overline{r}}{a}\right)\,, \quad \sin\varphi = \pm i \cdot \dfrac{1}{2}\left(\dfrac{a}{\overline{r}} - \dfrac{\overline{r}}{a}\right)\,. \end{array}\right\} \begin{array}{l}\text{(Spitzen-} \\ \text{punkte)}\end{array} \quad (432)$$

Hiernach können Spitzenpunkte nur für $\overline{r} = a$ und $\overline{r} = -a$ auftreten; diesen beiden Parameterwerten entsprechen aber gewöhnliche Zykloiden.

35. Verallgemeinerte Rollkurven.

Für die Extremalstellen der Krümmung ergibt sich nach (426)³

$$\frac{d\varkappa^*}{d\varphi} = 0 = \frac{a\,\bar{r}\sin\varphi\,(a^2 - 2\bar{r}^2 + a\,\bar{r}\cos\varphi)}{(a^2 + \bar{r}^2 - 2a\,\bar{r}\cos\varphi)^{5/2}}$$

oder $\quad \varphi = 0, \pi, 2\pi, \ldots \quad$ und $\quad \cos\varphi = -\dfrac{a}{\bar{r}} + 2\dfrac{\bar{r}}{a}$.

Die zweite Gruppe von Extremalstellen führt nur im Parameterbereich

$$\frac{1}{2} \leq \frac{\bar{r}}{a} \leq 1 \quad \text{bzw.} \quad -\frac{1}{2} \geq \frac{\bar{r}}{a} \geq -1$$

zu reellen Werten. Für die zugehörigen Krümmungswerte folgt

$$\left.\begin{aligned}
\varphi &= 0, 2\pi, \ldots \varkappa = \frac{\bar{r}}{(\bar{r}-a)^2} = \varkappa_{\max} \text{ für } \bar{r} > 0 \text{ bzw. } \varkappa_{\min} \text{ für } \bar{r} < 0, \\
\varphi &= \pi, 3\pi, \ldots \varkappa = \frac{\bar{r}}{(\bar{r}+a)^2} = \varkappa_{\min} \text{ für } \bar{r} > 0 \text{ bzw. } \varkappa_{\max} \text{ für } \bar{r} < 0, \\
\varphi &= \arccos\left(2\frac{\bar{r}}{a} - \frac{a}{\bar{r}}\right), \varkappa = \frac{1}{3\sqrt{3}\sqrt{a^2 - \bar{r}^2}} = \varkappa_{\min} \text{ für } \frac{1}{2} \leq \left|\frac{\bar{r}}{a}\right| \leq 1
\end{aligned}\right\} \quad (433)$$

Eine besondere Stellung nimmt der Parameterwert $\bar{r} = 0$ ein, denn für diesen verschwindet nach (426)³ die Krümmung überall. Es ergibt sich somit eine gerade Linie, und zwar nach (426)¹ eine Parallele zu $\mathfrak{i}_1$. Diesem Sonderfall entspricht die Rollbahn des Rollenmittelpunktes.

$$\bar{r} = 0, \quad \mathfrak{r}^* = \mathfrak{i}_1 a\varphi + \mathfrak{i}_2 a \quad \text{(Rollenmittelpunkt)}. \qquad (434)$$

Für negative Werte des Parameters $\bar{r}$ erhält man

$$\mathfrak{r}^*(-\bar{r}) = \mathfrak{i}_1(a\varphi + \bar{r}\sin\varphi) + \mathfrak{i}_2(a + \bar{r}\cos\varphi)$$
$$= -\mathfrak{i}_1 a\pi + \mathfrak{i}_1[a(\varphi+\pi) - \bar{r}\sin(\varphi+\pi)] + \mathfrak{i}_2[a - \bar{r}\cos(\varphi+\pi)]$$

oder $\quad \mathfrak{r}^*(-\bar{r}) = -\mathfrak{i}_1 a\pi + \mathfrak{r}^*(\bar{r}) \quad$ (Verallgemeinerte Zykloiden). (435)

Hiernach sind, bis auf eine Verschiebung um den Betrag einer halben Periodenlänge, die zu negativen und positiven $\bar{r}$-Werten gehörigen Kurven identisch, was auch kinematisch unmittelbar einleuchtet.

Nach der allgemeinen Diskussion ergeben sich, unter Beschränkung auf positive Parameterwerte, vier Gruppen verallgemeinerter Zykloiden, die durch die nachfolgend abgegrenzten Bereiche und Eigenschaften gekennzeichnet sind

$$\left.\begin{aligned}
\bar{r} &= 0 \quad, \text{ Gerade des Rollenmittelpunktes,} \\
0 &< \bar{r} < a \,, \text{ Kurven ohne Nullpunkte, aber mit Wendepunkten,} \\
\bar{r} &= a \quad, \text{ Gewöhnliche Zykloide mit Spitzen,} \\
\bar{r} &> a \quad, \text{ Kurven mit Nullpunkten und Stellen unendlich} \\
&\phantom{> a \quad,\text{ }} \text{großer Steigung (Schleifenkurven).}
\end{aligned}\right\} \quad (436)$$

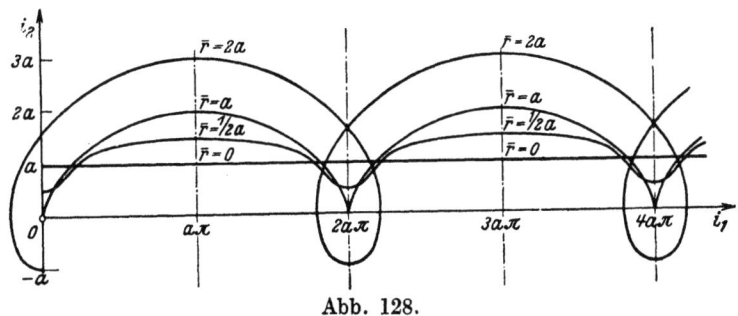

Abb. 128.

102 Der beliebig bewegte, punktförmig idealisierte Körper.

In Abb. 128 ist der Kurvenverlauf für je einen Vertreter der vier Gruppen aufgetragen worden.

Ist die Ausgangskurve ein Kreis, so entsteht eine verallgemeinerte Epizykloide, wenn der Rollkreis sich außen bewegt (Abb. 129) und eine verallgemeinerte Hypozykloide, wenn er sich innen bewegt (Abb. 130). Für die Epizykloide liegt der dritte, für die Hypozykloide der zweite der allgemeinen Fälle vor. Mit den Grundkreisvektoren

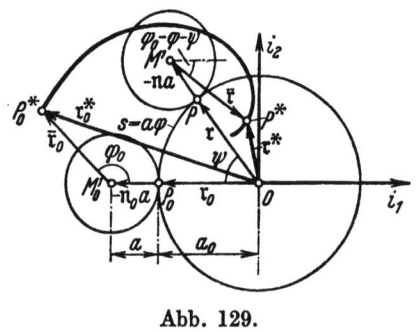

Abb. 129.

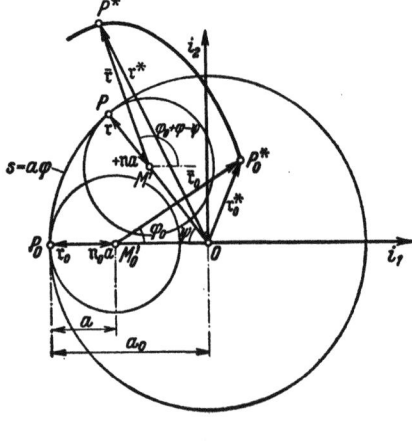

Abb. 130.

$$\mathfrak{r} = \mathfrak{i}_1 a_0 \cos(\pi - \psi) + \mathfrak{i}_2 a_0 \sin(\pi - \psi) = -\mathfrak{i}_1 a_0 \cos\psi + \mathfrak{i}_2 a_0 \sin\psi$$
$$\mathfrak{n} = -\mathfrak{i}_1 \cos(\pi - \psi) - \mathfrak{i}_2 \sin(\pi - \psi) = \mathfrak{i}_1 \cos\psi - \mathfrak{i}_2 \sin\psi$$

folgt aus (419)³ und (419)²

$$\mathfrak{r}^* = \mathfrak{i}_1 [-a_0 \cos\psi - a\cos\psi + \overline{r}\cos(\varphi_0 - \varphi - \psi)] +$$
$$+ \mathfrak{i}_2 [a_0 \sin\psi + a\sin\psi + \overline{r}\sin(\varphi_0 - \varphi - \psi)]$$ (Epizykloide),

$$\mathfrak{r}^* = \mathfrak{i}_1 [-a_0 \cos\psi + a\cos\psi + \overline{r}\cos(\varphi_0 + \varphi - \psi)] +$$
$$+ \mathfrak{i}_2 [a_0 \sin\psi - a\sin\psi + \overline{r}\sin(\varphi_0 + \varphi - \psi)]$$ (Hypozykloide).

Bei Vereinigung beider Formeln unter Einführung von Doppelvorzeichen ergibt sich, wenn gleichzeitig (385) berücksichtigt wird,

$$\mathfrak{r}^* = \mathfrak{i}_1 \left[-(a_0 \pm a)\cos\frac{a\varphi}{a_0} + \overline{r}\cos\left(\varphi_0 \mp \frac{(a_0 \pm a)\varphi}{a_0}\right) \right] +$$
$$+ \mathfrak{i}_2 \left[(a_0 \pm a)\sin\frac{a\varphi}{a_0} + \overline{r}\sin\left(\varphi_0 \mp \frac{(a_0 \pm a)\varphi}{a_0}\right) \right].$$ (Verallgemeinerte Epi- und Hypozykloide) (437)

Aus (437) folgt

$$|\mathfrak{r}^*| = \sqrt{(a_0 \pm a)^2 + \overline{r}^2 - 2(a_0 \pm a)\overline{r}\cos(\varphi_0 \mp \varphi)}$$
$$= \sqrt{(a_0 \pm a - \overline{r})^2 + 4(a_0 \pm a)\overline{r}\sin^2\frac{\varphi_0 \mp \varphi}{2}},$$

$$\frac{d\mathfrak{r}^*}{d\varphi} = \mathfrak{i}_1 (a_0 \pm a)\left[\frac{a}{a_0}\sin\frac{a\varphi}{a_0} \pm \frac{\overline{r}}{a_0}\sin\left(\varphi_0 \mp \frac{(a_0 \pm a)\varphi}{a_0}\right)\right] +$$
$$+ \mathfrak{i}_2 (a_0 \pm a)\left[\frac{a}{a_0}\cos\frac{a\varphi}{a_0} \mp \frac{\overline{r}}{a_0}\cos\left(\varphi_0 \mp \frac{(a_0 \pm a)\varphi}{a_0}\right)\right]$$ (438)

35. Verallgemeinerte Rollkurven.

$$\left|\frac{d\mathfrak{r}^*}{d\varphi}\right| = \frac{a_0 \pm a}{a_0}\sqrt{a^2 + \bar{r}^2 \mp 2a\bar{r}\cos(\varphi_0 \mp \varphi)}$$

$$= \frac{a_0 \pm a}{a_0}\sqrt{(a \mp \bar{r})^2 \pm 4a\bar{r}\sin^2\frac{\varphi_0 \mp \varphi}{2}} \quad ,$$

$$\frac{d}{d\varphi}\left|\frac{d\mathfrak{r}^*}{d\varphi}\right| = \frac{-\dfrac{a(a_0 \pm a)\bar{r}}{a_0}\sin(\varphi_0 \mp \varphi)}{\sqrt{a^2 + \bar{r}^2 \mp 2a\bar{r}\cos(\varphi_0 \mp \varphi)}} \quad ,$$

$$\frac{d^2\mathfrak{r}^*}{d\varphi^2} = \mathfrak{i}_1(a_0 \pm a)\left[\left(\frac{a}{a_0}\right)^2\cos\frac{a\varphi}{a_0} - \frac{(a_0 \pm a)\bar{r}}{a_0^2}\cos\left(\varphi_0 \mp \frac{(a_0 \pm a)\varphi}{a_0}\right)\right] +$$
$$+ \mathfrak{i}_2(a_0 \pm a)\left[-\left(\frac{a}{a_0}\right)^2\sin\frac{a\varphi}{a_0} - \frac{(a_0 \pm a)\bar{r}}{a_0^2}\sin\left(\varphi_0 \mp \frac{(a_0 \pm a)\varphi}{a_0}\right)\right] \quad ,$$

$$\left|\frac{d^2\mathfrak{r}^*}{d\varphi^2}\right| = \frac{a_0 \pm a}{a_0^2}\sqrt{a^4 + (a_0 \pm a)^2\bar{r}^2 - 2a^2(a_0 \pm a)\bar{r}\cos(\varphi_0 \mp \varphi)}$$

$$= \frac{a_0 \pm a}{a_0^2}\sqrt{[a^2 - (a_0 \pm a)\bar{r}]^2 + 4a^2(a_0 \pm a)\bar{r}\sin^2\frac{\varphi_0 \mp \varphi}{2}} \quad .$$

$\qquad\qquad$ (438)

Mit diesen Werten ergibt sich

$$\mathfrak{t}^* = \mathfrak{i}_1\frac{a\sin\dfrac{a\varphi}{a_0} \pm \bar{r}\sin\left(\varphi_0 \mp \dfrac{(a_0 \pm a)\varphi}{a_0}\right)}{\sqrt{a^2 + \bar{r}^2 \mp 2a\bar{r}\cos(\varphi_0 \mp \varphi)}} + \mathfrak{i}_2\frac{a\cos\dfrac{a\varphi}{a_0} \mp \bar{r}\cos\left(\varphi_0 \mp \dfrac{(a_0 \pm a)\varphi}{a_0}\right)}{\sqrt{a^2 + \bar{r}^2 \mp 2a\bar{r}\cos(\varphi_0 \mp \varphi)}} \quad ,$$

$$\mathfrak{n}^* = \pm\mathfrak{i}_1\frac{a\cos\dfrac{a\varphi}{a_0} \mp \bar{r}\cos\left(\varphi_0 \mp \dfrac{(a_0 \pm a)\varphi}{a_0}\right)}{\sqrt{a^2 + \bar{r}^2 \mp 2a\bar{r}\cos(\varphi_0 \mp \varphi)}} \mp \mathfrak{i}_2\frac{a\sin\dfrac{a\varphi}{a_0} \pm r\sin\left(\varphi_0 \mp \dfrac{(a_0 \pm a)\varphi}{a_0}\right)}{\sqrt{a^2 + \bar{r}^2 \mp 2a\bar{r}\cos(\varphi_0 \mp \varphi)}} \quad ,$$

(Verallgemeinerte Epi- und Hypozykloide)

$$\varkappa^* = \frac{\sqrt{[a^4 + (a_0 \pm a)^2\bar{r}^2 - 2a^2(a_0 \pm a)\bar{r}\cos(\varphi_0 \mp \varphi)][a^2 + \bar{r}^2 \mp 2a\bar{r}\cos(\varphi_0 \mp \varphi)] - a^2 a_0^2 \bar{r}^2\sin^2(\varphi_0 \mp \varphi)}}{(a_0 \pm a)[a^2 + \bar{r}^2 \mp 2a\bar{r}\cos(\varphi_0 \mp \varphi)]^{3/2}} \quad .$$

$\qquad\qquad$ (439)

Wird zu $\mathfrak{r}^*$ nach (437) und $\dfrac{d^2\mathfrak{r}^*}{d\varphi^2}$ nach (438) auch $\dfrac{d^4\mathfrak{r}^*}{d\varphi^4}$ gebildet, so folgt bei entsprechender Zusammenfassung

$$\mathfrak{r}^* = (a_0 \pm a)\left[-\mathfrak{i}_1\cos\frac{a\varphi}{a_0} + \mathfrak{i}_2\sin\frac{a\varphi}{a_0}\right] +$$
$$+ \bar{r}\left[\mathfrak{i}_1\cos\left(\varphi_0 \mp \frac{(a_0 \pm a)\varphi}{a_0}\right) + \mathfrak{i}_2\sin\left(\varphi_0 \mp \frac{(a_0 \pm a)\varphi}{a_0}\right)\right] \quad ,$$

$$\frac{d^2\mathfrak{r}^*}{d\varphi^2} = -(a_0 \pm a)\left(\frac{a}{a_0}\right)^2\left[-\mathfrak{i}_1\cos\frac{a\varphi}{a_0} + \mathfrak{i}_2\sin\frac{a\varphi}{a_0}\right] -$$
$$- \bar{r}\left(\frac{a_0 \pm a}{a_0}\right)^2\left[\mathfrak{i}_1\cos\left(\varphi_0 \mp \frac{(a_0 \pm a)\varphi}{a_0}\right) + \mathfrak{i}_2\sin\left(\varphi_0 \mp \frac{(a_0 \pm a)\varphi}{a_0}\right)\right] \quad ,$$

$$\frac{d^4\mathfrak{r}^*}{d\varphi^4} = +(a_0 \pm a)\left(\frac{a}{a_0}\right)^4\left[-\mathfrak{i}_1\cos\frac{a\varphi}{a_0} + \mathfrak{i}_2\sin\frac{a\varphi}{a_0}\right] +$$
$$+ \bar{r}\left(\frac{a_0 \pm a}{a_0}\right)^2\left[\mathfrak{i}_1\cos\left(\varphi_0 \mp \frac{(a_0 \pm a)\varphi}{a_0}\right) + \mathfrak{i}_2\sin\left(\varphi_0 \mp \frac{(a_0 \pm a)\varphi}{a_0}\right)\right] \quad .$$

Wird abkürzend

$$(a_0 \pm a)\left[-\mathfrak{i}_1\cos\frac{a\varphi}{a_0} + \mathfrak{i}_2\sin\frac{a\varphi}{a_0}\right] = \mathfrak{r}_k^{(1)} \quad ,$$

$$\bar{r}\left[\mathfrak{i}_1\cos\left(\varphi_0 \mp \frac{(a_0 \pm a)\varphi}{a_0}\right) + \mathfrak{i}_2\sin\left(\varphi_0 \mp \frac{(a_0 \pm a)\varphi}{a_0}\right)\right] = \mathfrak{r}_k^{(2)}$$

gesetzt, so erhält man
$$\left.\begin{aligned}\mathfrak{r}^* &= \mathfrak{r}_k^{(1)} + \mathfrak{r}_k^{(2)}\,,\\ \frac{d^2\mathfrak{r}^*}{d\varphi^2} &= -\left(\frac{a}{a_0}\right)^2 \mathfrak{r}_k^{(1)} - \left(\frac{a_0 \pm a}{a_0}\right)^2 \mathfrak{r}_k^{(2)}\,,\\ \frac{d^4\mathfrak{r}^*}{d\varphi^4} &= +\left(\frac{a}{a_0}\right)^4 \mathfrak{r}_k^{(1)} + \left(\frac{a_0 \pm a}{a_0}\right)^4 \mathfrak{r}_k^{(2)}\,.\end{aligned}\right\}$$

Werden die beiden ersten Gleichungen nach $\mathfrak{r}_k^{(1)}$ und $\mathfrak{r}_k^{(2)}$ aufgelöst und die so dargestellten Vektoren in die dritte Gleichung eingeführt, so ergibt sich

$$\frac{d^4\mathfrak{r}^*}{d\varphi^4} - \frac{a^2 + (a_0 \pm a)^2}{a_0^2}\frac{d^2\mathfrak{r}}{d\varphi^2} + \frac{a^2(a_0 \pm a)^2}{a_0^4}\mathfrak{r}^* = 0 \qquad \text{(Verallgemeinerte Epi- und Hypozykloiden).} \tag{440}$$

Da eine lineare Differentialgleichung vierter Ordnung vier Integrationskonstante besitzt, der Ortsvektor $\mathfrak{r}^*$ aber nur zwei willkürliche Parameter $\bar r$ und φ_0 enthält, genügen neben den verallgemeinerten Epi- und Hypozykloiden auch noch andere Kurven der Differentialgleichung (440).

Für die Evolute erhält man

$$\left.\begin{aligned}\mathfrak{r}_M^* = \mathfrak{i}_1\Bigg[&-(a_0 \pm a)\cos\frac{a\varphi}{a_0} + \bar r \cos\left(\varphi_0 \mp \frac{(a_0 \pm a)\varphi}{a_0}\right) \pm\\ &\pm \frac{(a_0 \pm a)[a^2 + \bar r^2 \mp 2a\bar r\cos(\varphi_0 \mp \varphi)]\left[a\cos\frac{a\varphi}{a_0} \mp \bar r \cos\left(\varphi_0 \mp \frac{(a_0 \pm a)\varphi}{a_0}\right)\right]}{\sqrt{[a^4 + (a_0 \pm a)^2\bar r^2 - 2a^2(a_0 \pm a)\bar r\cos(\varphi_0 \mp \varphi)][a^2 + \bar r^2 \mp 2a\bar r\cos(\varphi_0 \mp \varphi)] - a^2 a_0^2 \bar r^2 \sin^2(\varphi_0 \mp \varphi)}}\Bigg] +\\ +\, \mathfrak{i}_2\Bigg[&+(a_0 \pm a)\sin\frac{a\varphi}{a_0} + \bar r \sin\left(\varphi_0 \mp \frac{(a_0 \pm a)\varphi}{a_0}\right) \mp\\ &\mp \frac{(a_0 \pm a)[a^2 + \bar r^2 \mp 2a\bar r\cos(\varphi_0 \mp \varphi)]\left[a\cos\frac{a\varphi}{a_0} \mp \bar r \cos\left(\varphi_0 \mp \frac{(a_0 \pm a)\varphi}{a_0}\right)\right]}{\sqrt{[a^4 + (a_0 \pm a)^2\bar r^2 - 2a^2(a_0 \pm a)\bar r\cos(\varphi_0 \mp \varphi)][a^2 + \bar r^2 \mp 2a\bar r\cos(\varphi_0 \mp \varphi)] - a^2 a_0^2 \bar r^2 \sin^2(\varphi_0 \mp \varphi)}}\Bigg]\,.\end{aligned}\right\} \tag{441}$$

(Evolute der verallgemeinerten Epi- und Hypozykloiden)

Ähnlich wie bei den verallgemeinerten Zykloiden hängt die Krümmung, als die für die Kurvenform maßgebende Invariante, auch hier nur von $\sin(\varphi_0 \mp \varphi)$ bzw. $\cos(\varphi_0 \mp \varphi)$ und $\bar r$ ab. Da der sinus bzw. cosinus eine periodische Funktion darstellt, ist somit der Parameter φ_0 für die Kurvenform bedeutungslos; man kann ihn daher passend wählen. Wird in Analogie zu Ziffer 34 für die verallgemeinerten Epizykloiden $\varphi_0 = 0$ und für die verallgemeinerten Hypozykloiden $\varphi_0 = \pi$ gesetzt, so ergeben sich die Sonderformeln

$$\left.\begin{aligned}\mathfrak{r}^* &= \mathfrak{i}_1\left[-(a_0 \pm a)\cos\frac{a\varphi}{a_0} \pm \bar r \cos\frac{(a_0 \pm a)\varphi}{a_0}\right] + \mathfrak{i}_2\left[(a_0 \pm a)\sin\frac{a\varphi}{a_0} - \bar r \sin\frac{(a_0 \pm a)\varphi}{a_0}\right],\\ r^* &= \sqrt{(a_0 \pm a)^2 + \bar r^2 \mp 2(a_0 \pm a)\bar r \cos\varphi} = \sqrt{(a_0 \pm a \mp r)^2 \pm 4(a_0 \pm a)\bar r \sin^2\frac{\varphi}{2}},\\ \varkappa^* &= \frac{\sqrt{[a^4 + (a_0 \pm a)^2 \bar r^2 \mp 2a^2(a_0 \pm a)\bar r\cos\varphi][a^2 + \bar r^2 - 2a\bar r\cos\varphi] - a^2 a_0^2 \bar r^2 \sin^2\varphi}}{(a_0 \pm a)[a^2 + \bar r^2 - 2a\bar r\cos\varphi]^{3/2}},\\ \mathfrak{t}^* &= \mathfrak{i}_1 \frac{a\sin\frac{a\varphi}{a_0} \mp \bar r \sin\frac{(a_0 \pm a)\varphi}{a_0}}{\sqrt{a^2 + \bar r^2 - 2a\bar r\cos\varphi}} + \mathfrak{i}_2 \frac{a\cos\frac{a\varphi}{a_0} - \bar r\cos\frac{(a_0 \pm a)\varphi}{a_0}}{\sqrt{a^2 + \bar r^2 - 2a\bar r\cos\varphi}} \quad \begin{array}{l}\text{(Verallgemeinerte}\\ \text{Epizykloide für}\\ \varphi = 0\,.\end{array}\\ \mathfrak{n}^* &= \pm\, \mathfrak{i}_1 \frac{a\cos\frac{a\varphi}{a_0} - \bar r\cos\frac{(a_0 \pm a)\varphi}{a_0}}{\sqrt{a^2 + \bar r^2 - 2a\bar r\cos\varphi}} \mp \mathfrak{i}_2 \frac{a\sin\frac{a\varphi}{a_0} \mp \bar r\sin\frac{(a_0 \pm a)\varphi}{a_0}}{\sqrt{a^2 + \bar r^2 - 2a\bar r\cos\varphi}} \quad \begin{array}{l}\text{Verallgemeinerte}\\ \text{Hypozykloide für}\\ \varphi = \pi)\,.\end{array}\end{aligned}\right\} \tag{442}$$

35. Verallgemeinerte Rollkurven.

Die durch das obere Vorzeichen von (442) dargestellten verallgemeinerten Epizykloiden sind von grundsätzlich ähnlichem Charakter wie die verallgemeinerten Zykloiden von Abb. 128. Dem Werte $\bar{r} = 0$ entspricht ein die Bahn des Rollenmittelpunktes darstellender, zum Ausgangskreis konzentrisch gelegener Kreis. Für $\bar{r}$-Werte zwischen 0 und a ergeben sich wellenartig um den Kreis geschlängelte Kurven, die für $\bar{r} = a$ in die gewöhnliche Epizykloide übergehen; diese ist wieder die einzige Kurve der Schar, die Spitzenpunkte aufweist. Für $\bar{r}$-Werte größer als a entstehen Schleifenkurven, wobei die Achsen der Schleifen wieder mit den orthogonalen Kreuzungen von $\bar{r}$ mit der Rollbahn zusammenfallen. Negative $\bar{r}$-Werte liefern den gleichen Kurvensatz, nur ist der Rollwinkel um das Maß π versetzt. Im allgemeinen Falle schlingen sich die Kurven beliebig oft um den Ausgangspunkt 0 herum.

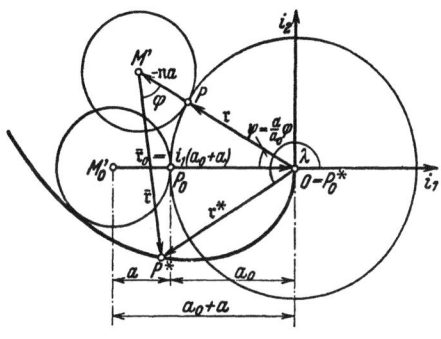

Abb. 131.

Lediglich für ganzzahlige Verhältnisse von a_0/a wird der Punkt 0 nur einmal umfahren und es ergeben sich in sich geschlossene Kurven.

Aus der Schar der verallgemeinerten Epizykloiden verdienen diejenigen eine besondere Beachtung, bei denen $\bar{r}$ in orthogonaler Lage gerade in den Mittelpunkt 0 des Ausgangskreises fällt, für die also nach Abb. 131

$$\bar{r} = a_0 + a$$

wird. Die Einführung dieses Parameterwertes in (442) ergibt bei entsprechender Zusammenfassung

$$\left.\begin{aligned}
\mathfrak{r}^* &= -2(a_0+a)\sin\frac{\varphi}{2}\left[\mathfrak{i}_1 \sin\left(\frac{1}{2}+\frac{a}{a_0}\right)\varphi + \mathfrak{i}_2 \cos\left(\frac{1}{2}+\frac{a}{a_0}\right)\varphi\right] \\
r^* &= 2(a_0+a)\sin\frac{\varphi}{2}, \quad |\mathfrak{r}^*| = 2(a_0+a)\left|\sin\frac{\varphi}{2}\right| \qquad \text{oder} \\
\mathfrak{r}^* &= 2(a_0+a)\sin\frac{\varphi}{2}\left[\mathfrak{i}_1 \cos\left(\frac{3\pi}{2}-\left(\frac{1}{2}+\frac{a}{a_0}\right)\varphi\right) + \mathfrak{i}_2 \sin\left(\frac{3\pi}{2}-\left(\frac{1}{2}+\frac{a}{a_0}\varphi\right)\right)\right], \\
r^* &= 2(a_0+a)\sin\frac{\varphi}{2}, \quad |\mathfrak{r}^*| = 2(a_0+a)\left|\sin\frac{\varphi}{2}\right|
\end{aligned}\right\} \quad (443)$$

In (443) ist der Ortsvektor schon von Natur aus in Polarkoordinaten dargestellt. Bezeichnet man daher das Argument in der eckigen Klammer wie in ähnlichen derartigen Fällen mit λ, so folgt schließlich

$$\left.\begin{aligned}
\mathfrak{r}^* &= \mathfrak{i}_1 r^* \cos\lambda + \mathfrak{i}_2 r^* \sin\lambda, \\
r^* &= 2(a_0+a)\sin\frac{\varphi}{2} = 2(a_0+a)\sin\frac{\frac{3\pi}{2}-\lambda}{1+\frac{2a}{a_0}}, \\
\lambda &= \frac{3\pi}{2}-\left(\frac{1}{2}+\frac{a}{a_0}\right)\varphi, \quad \varphi = \frac{3\pi-2\lambda}{1+\frac{2a}{a_0}}
\end{aligned}\right\} \quad \begin{array}{c}\text{(Verallgemeinerte}\\ \text{Epizykloide für}\\ \varphi_0 = 0,\ \bar{r} = a_0+a)\end{array} \quad (444)$$

Die Transformationsgleichung zwischen λ und φ, die dritte der Gln (444), läßt sich auch unmittelbar aus Abb. 131 ablesen. Da voraussetzungsgemäß

$$0\,M'_0 = M'\,P^* = a_0 + a = M'\,0$$

ist, ist das Dreieck $0\,M'\,P^*$ gleichschenklig und demgemäß

$$< M'\,0\,P^* = \frac{\pi}{2} - \frac{\varphi}{2}\,.$$

Damit folgt aber für die Winkel am Punkte 0

$$< M'_0\,0\,P^* = \frac{\pi}{2} - \frac{\varphi}{2} - \psi = \frac{\pi}{2} - \left(\frac{1}{2} + \frac{a}{a_0}\right)\varphi = \lambda - 2\pi$$

oder

$$\lambda = \frac{3\pi}{2} - \left(\frac{1}{2} + \frac{a}{a_0}\right)\varphi\,.$$

Für Tangentenvektor, Normalenvektor und Krümmung erhält man mit $\bar{r} = a_0 + a$ aus (442)

$$\mathfrak{t}^* = \mathfrak{i}_1 \frac{a \sin \frac{a\varphi}{a_0} - (a_0 + a) \sin \frac{(a_0 + a)\varphi}{a_0}}{\sqrt{a_0^2 + 4a(a_0 + a)\sin^2 \frac{\varphi}{2}}} + \mathfrak{i}_2 \frac{a \cos \frac{a\varphi}{a_0} - (a_0 + a) \cos \frac{(a_0 + a)\varphi}{a_0}}{\sqrt{a_0^2 + 4a(a_0 + a)\sin^2 \frac{\varphi}{2}}},$$

$$\mathfrak{n}^* = \mathfrak{i}_1 \frac{a \cos \frac{a\varphi}{a_0} - (a_0 + a) \cos \frac{(a_0 + a)\varphi}{a_0}}{\sqrt{a_0^2 + 4a(a_0 + a)\sin^2 \frac{\varphi}{2}}} - \mathfrak{i}_2 \frac{a \sin \frac{a\varphi}{a_0} - (a_0 + a) \sin \frac{(a_0 + a)\varphi}{a_0}}{\sqrt{a_0^2 + 4a(a_0 + a)\sin^2 \frac{\varphi}{2}}}, \quad (445)$$

$$\varkappa^* = \frac{(a_0 + 2a)\left(a_0^2 + 2a(a_0 + a)\sin^2 \frac{\varphi}{2}\right)}{(a_0 + a)\left[a_0^2 + 4a(a_0 + a)\sin^2 \frac{\varphi}{2}\right]^{3/2}}$$

(Verallgemeinerte Epizykloide für $\varphi_0 = 0$, $\bar{r} = a_0 + a$).

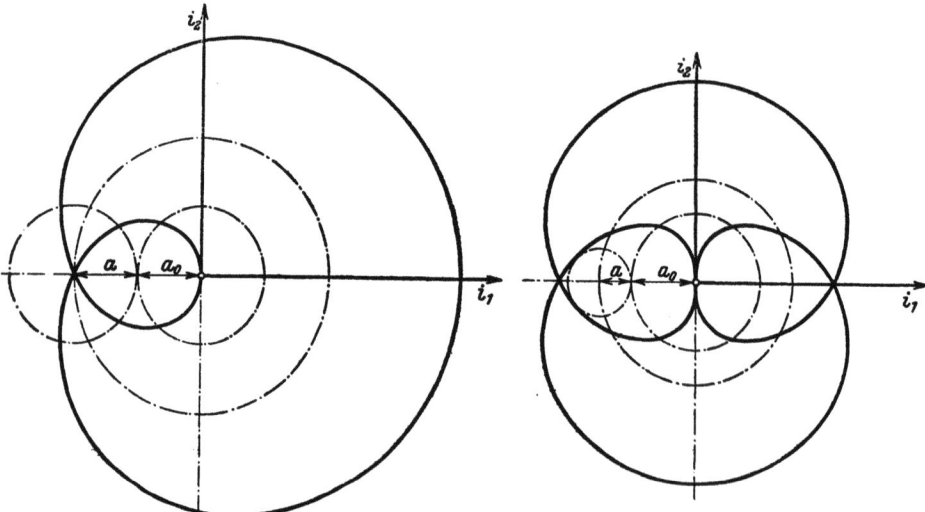

Verallgemeinerte Epizykloide für
$\varphi_0 = 0$, $\bar{r} = a_0 + a$, $a_0 = a$.
Abb. 132.

Verallgemeinerte Epizykloide für
$\varphi_0 = 0$, $\bar{r} = a_0 + a$, $a_0 = 2a$.
Abb. 133.

35. Verallgemeinerte Rollkurven.

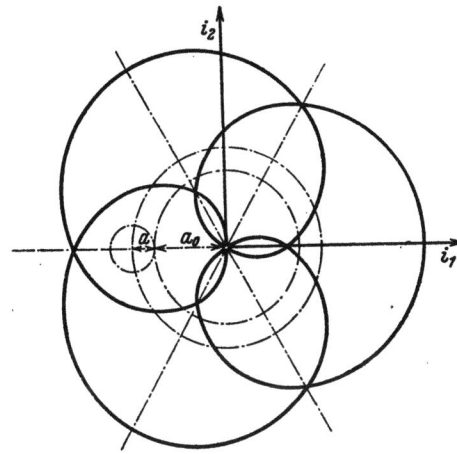

Verallgemeinerte Epizykloide für
$\varphi_0 = 0$, $\bar{r} = a_0 + a$, $a_0 = 3a$.
Abb. 134.

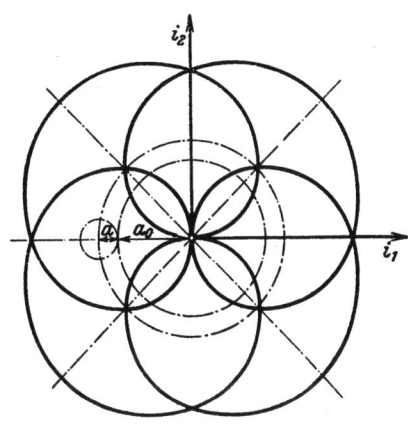

Verallgemeinerte Epizykloide für
$\varphi_0 = 0$, $\bar{r} = a_0 + a$, $a_0 = 4a$.
Abb. 135.

In den Sonderfällen $a_0 = a$, $a_0 = 2a$, $a_0 = 3a$ und $a_0 = 4a$ liefert (444) die Polardarstellungen

$$\left.\begin{aligned} r^* &= 4a\sin\left(\frac{\pi}{2} - \frac{\lambda}{3}\right) = 4a\cos\frac{\lambda}{3}\ , &(\varphi_0 = 0,\ \bar{r} = a_0 + a,\ a_0 = a)\ , \\ r^* &= 6a\sin\left(\frac{3\pi}{4} - \frac{\lambda}{2}\right) &(\varphi_0 = 0,\ \bar{r} = a_0 + a,\ a_0 = 2a)\ , \\ r^* &= 8a\sin\left(\frac{9\pi}{10} - \frac{3\lambda}{5}\right) &(\varphi_0 = 0,\ \bar{r} = a_0 + a,\ a_0 = 3a)\ , \\ r^* &= 10a\sin\left(\pi - \frac{2}{3}\lambda\right) = 10a\sin\frac{2\lambda}{3}, &(\varphi_0 = 0,\ \bar{r} = a_0 + a,\ a_0 = 4a)\ . \end{aligned}\right\} \quad (446)$$

Aus den Abb. 132 bis 135 sind die zugehörigen verallgemeinerten Epizykloiden ersichtlich.

In den Polardarstellungen (444), in denen λ im allgemeinen von $3\pi/2$ bis $-\infty$ läuft, nimmt r^* bald positive, bald negative Werte an. r^* ist also nicht, wie es bisher meist stillschweigend vorausgesetzt wurde, mit $|r^*|$ identisch, was übrigens auch schon in (443) besonders zum Ausdruck gebracht wurde.

Die durch das untere Vorzeichen von (442) dargestellten verallgemeinerten Hypozykloiden sind ebenfalls den verallgemeinerten Zykloiden von Abb. 128 nahe verwandt. Es gilt hier sinngemäß

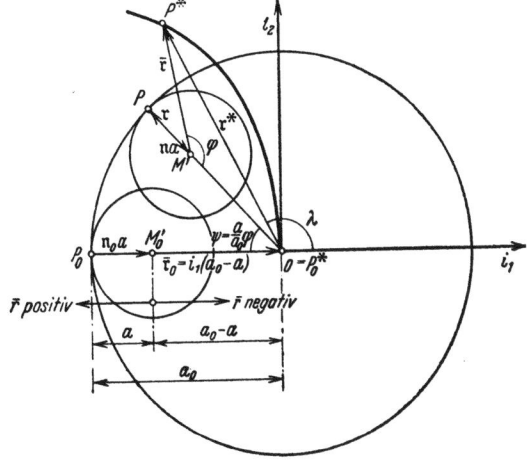

Abb. 136.

das im Anschluß an (442) für die verallgemeinerten Epizykloiden Ausgeführte. Auch hier verdienen wieder diejenigen Kurven besondere Beachtung, bei denen $\bar{r}$ in orthogonaler Lage gerade in den Mittelpunkt 0 des Ausgangskreises fällt, für die also nach Abb. 136

$$\bar{r} = -(a_0 - a)$$

wird. Das negative Vorzeichen für $\bar{r}$ ist hierbei darauf zurückzuführen, daß entsprechend der Wahl von $\varphi_0 = \pi$ die positive $\bar{r}$-Richtung diejenige von $M_0' - P_0$ ist. Die Einführung des Parameterwertes $\bar{r}$ in (442) liefert auf ähnlichem Wege wie bei den Epizykloiden

$$\left.\begin{aligned}
\mathfrak{r}^* &= \mathfrak{i}_1 r^* \cos \lambda + \mathfrak{i}_2 r^* \sin \lambda \\
r^* &= 2(a_0 - a) \sin \frac{\varphi}{2} = 2(a_0 - a) \sin \frac{\lambda - \frac{\pi}{2}}{1 - \frac{2a}{a_0}} \\
\lambda &= \frac{\pi}{2} + \left(\frac{1}{2} - \frac{a}{a_0}\right) \varphi, \quad \varphi = \frac{2\lambda - \pi}{1 - \frac{2a}{a_0}}
\end{aligned}\right\} \begin{array}{l} \text{[Verallgemeinerte} \\ \text{Hypozykloiden für} \\ \varphi_0 = \pi, \\ \bar{r} = -(a_0 - a)] \end{array} \quad (447)$$

Die Beziehung zwischen λ und φ läßt sich auch unmittelbar aus Abb. 136 durch Betrachtung des Winkels $P^* 0 P_0$ ablesen. Für Tangentenvektor, Normalenvektor und Krümmung erhält man mit $\bar{r} = -(a_0 - a)$ aus (442)

$$\left.\begin{aligned}
\mathfrak{t}^* &= \mathfrak{i}_1 \frac{a \sin \frac{a\varphi}{a_0} - (a_0 - a) \sin \frac{(a_0 - a)\varphi}{a_0}}{\sqrt{a_0^2 - 4a(a_0 - a) \sin^2 \frac{\varphi}{2}}} + \mathfrak{i}_2 \frac{a \cos \frac{a\varphi}{a_0} + (a_0 - a) \cos \frac{(a_0 - a)\varphi}{a_0}}{\sqrt{a_0^2 - 4a(a_0 - a) \sin^2 \frac{\varphi}{2}}}, \\
\mathfrak{n}^* &= -\mathfrak{i}_1 \frac{a \cos \frac{a\varphi}{a_0} + (a_0 - a) \cos \frac{(a_0 - a)\varphi}{a_0}}{\sqrt{a_0^2 - 4a(a_0 - a) \sin^2 \frac{\varphi}{2}}} + \mathfrak{i}_2 \frac{a \sin \frac{a\varphi}{a_0} - (a_0 - a) \sin \frac{(a_0 - a)\varphi}{a_0}}{\sqrt{a_0^2 - 4a(a - a_0) \sin^2 \frac{\varphi}{2}}}, \\
\varkappa^* &= \frac{(a_0 - 2a)\left(a_0^2 - 2a(a_0 - a) \sin^2 \frac{\varphi}{2}\right)}{(a_0 - a)\left[a_0^2 - 4a(a_0 - a) \sin^2 \frac{\varphi}{2}\right]^{3/2}} \\
&\text{[Verallgemeinerte Hypozykloide für } \varphi_0 = 0, \quad \bar{r} = -(a_0 - a)]
\end{aligned}\right\} \quad (448)$$

Für $a_0 = a$ und $a_0 = 2a$ arten auch die verallgemeinerten Hypozykloiden aus. Für $a_0 = 3a$ und $a_0 = 4a$ sowie in dem besonders interessanten Falle $a_0 = 12a$ ergibt sich nach (447) für die Polargleichung

$$\left.\begin{aligned}
r^* &= 4a \sin\left(3\lambda - \frac{3\pi}{2}\right) = 4a \cos 3\lambda, \quad (\varphi_0 = \pi, \bar{r} = -(a_0 - a), a_0 = 3a), \\
r^* &= 6a \sin(2\lambda - \pi) = -6a \sin 2\lambda, \quad (\varphi_0 = \pi, \bar{r} = -(a_0 - a), a_0 = 4a), \\
r^* &= 22a \sin\left(\frac{6}{5}\lambda - \frac{3\pi}{5}\right) \quad (\varphi_0 = \pi, \bar{r} = -(a_0 - a), a_0 = 12a).
\end{aligned}\right\} (449)$$

Aus den Abb. 137 bis 139 sind die zugehörigen verallgemeinerten Hypozykloiden ersichtlich.

35. Verallgemeinerte Rollkurven.

Die verallgemeinerten Kreisevolventen als Ausartung der verallgemeinerten Hypozykloiden für
$$a \to \infty, \quad \varphi \to 0, \quad a\varphi \to a_0 \psi$$
werden zweckmäßig nicht wie in Ziffer 34 durch Grenzübergang, sondern unter Bezugnahme auf die gewöhnliche Kreisevolvente unter Heranziehung des be-

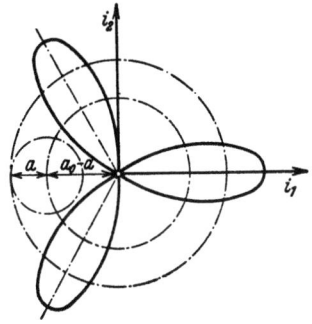

Verallgemeinerte Hypozykloide für
$\varphi_0 = \pi$, $\bar{r} = -(a_0 - a)$, $a_0 = 3a$.
Abb. 137.

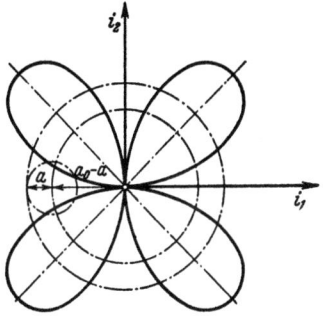

Verallgemeinerte Hypozykloide für
$\varphi_0 = \pi$, $\bar{r} = -(a_0 - a)$, $a_0 = 4a$.
Abb. 138.

gleitenden Achsenkreuzes $\mathfrak{t}, \mathfrak{n}, \mathfrak{t} \times \mathfrak{n}$ von Ziffer 22 dargestellt. Nach Ziffer 34 und Abb. 122 fällt bei der gewöhnlichen Kreisevolvente der Normalenvektor $\mathfrak{n}$ stets mit der augenblicklichen Lage der Rollgeraden zusammen, womit gleichzeitig der Tangentenvektor $\mathfrak{t}$ dem zugehörigen Ortsvektor des Ausgangskreises parallel wird. In Abb. 140 ist diese für alle Punkte der Kreisevolvente gleiche Zuordnung von Rollgerade, Tangenten- und Normalenvektor in einer Folge von Punkten durch Ziffern markiert. Ist nun der mit der Rollgeraden sich abrollende beliebig liegende Punkt durch den Ausgangsvektor

$$0 \to 0^* = \bar{\mathfrak{r}}_0 = \mathfrak{t}_0 \, \bar{\mathfrak{r}} \cos \varphi_0 + \mathfrak{n}_0 \, \bar{r} \sin \varphi_0$$

im System des begleitenden Achsenkreuzes gekennzeichnet, so ergibt sich nach den obigen Darlegungen für die Relativbewegung von 0^* gegenüber der Kreisevolvente

$$\bar{\mathfrak{r}} = \mathfrak{t} \, \bar{r} \cos \varphi_0 + \mathfrak{n} \, \bar{r} \sin \varphi_0. \quad (450)$$

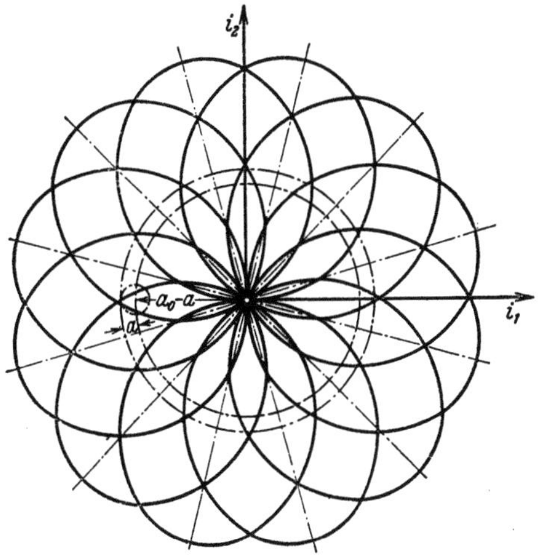

Bezeichnet $\mathfrak{r}^*$ die Bewegung von 0^* gegenüber dem Mittelpunkt des Ausgangskreises und $\mathfrak{r}'$ im Gegensatz zu

Verallgemeinerte Hypozykloide für
$\varphi_0 = \pi$, $\bar{r} = -(a_0 - a)$, $a_0 = 12a$.
Abb. 139.

Ziffer 34 den Ortsvektor der gewöhnlichen Kreisevolvente, so folgt für die verallgemeinerte Kreisevolvente in Verbindung mit (450), (412) und (414)

$$\mathfrak{r}^* = \mathfrak{r}' + \bar{\mathfrak{r}} = \mathfrak{r}' + \mathfrak{t}\bar{r}\cos\varphi_0 + \mathfrak{n}\bar{r}\sin\varphi_0 = -\mathfrak{i}_1 a_0 (\cos\psi + \psi\sin\psi) + \mathfrak{i}_2 a_0 (\sin\psi - \psi\cos\psi) -$$
$$- \mathfrak{i}_1 \bar{r} \cos\varphi_0 \cos\psi + \mathfrak{i}_2 \bar{r} \cos\varphi_0 \sin\psi + \mathfrak{i}_1 \bar{r} \sin\varphi_0 \sin\psi + \mathfrak{i}_2 \bar{r} \sin\varphi_0 \cos\psi$$

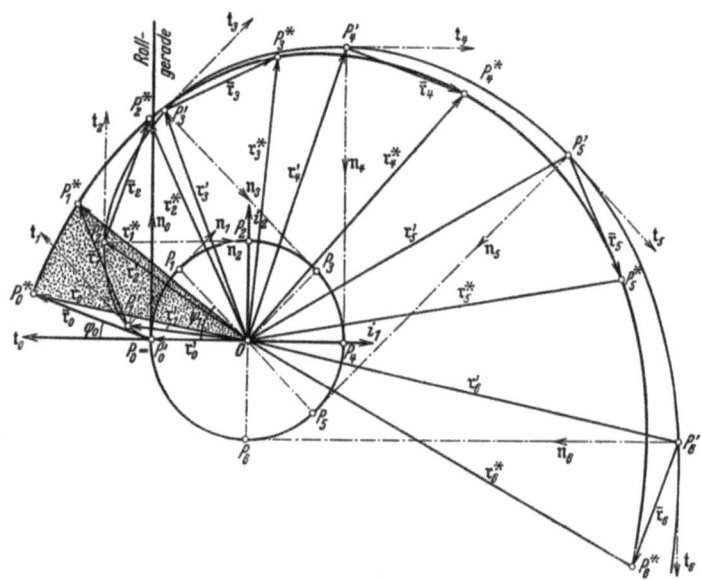

Abb. 140.

oder zusammengefaßt

$$\begin{aligned}\mathfrak{r}^* &= -\mathfrak{i}_1[a_0(\cos\psi + \psi\sin\psi) + \overline{r}\cos(\psi+\varphi_0)] + \\ &\quad + \mathfrak{i}_2[a_0(\sin\psi - \psi\cos\psi) + \overline{r}\sin(\psi+\varphi_0)] \\ |\mathfrak{r}^*| &= \sqrt{a_0^2(1+\psi^2) + \overline{r}^2 + 2a_0\overline{r}(\cos\varphi_0 - \psi\sin\varphi_0)}\end{aligned} \quad \left.\begin{aligned}\text{(Verallgemeinerte}\\ \text{Kreisevolventen)}\end{aligned}\right\} \quad (451)$$

Aus (451) folgt

$$\left.\begin{aligned}\frac{d\mathfrak{r}^*}{d\psi} &= -\mathfrak{i}_1[a_0\psi\cos\psi - \overline{r}\sin(\psi+\varphi_0)] + \mathfrak{i}_2[a_0\psi\sin\psi + \overline{r}\cos(\psi+\varphi_0)] \\ \left|\frac{d\mathfrak{r}^*}{d\psi}\right| &= \sqrt{a_0^2\psi^2 + \overline{r}^2 - 2a_0\overline{r}\psi\sin\varphi_0} \\ \frac{d}{d\varphi}\left|\frac{d\mathfrak{r}^*}{d\psi}\right| &= \frac{a_0(a_0\psi - \overline{r}\sin\varphi_0)}{\sqrt{a_0^2\psi^2 + \overline{r}^2 - 2a_0\overline{r}\psi\sin\varphi_0}} \\ \frac{d^2\mathfrak{r}^*}{d\psi^2} &= -\mathfrak{i}_1[a_0(\cos\psi - \psi\sin\psi) - \overline{r}\cos(\psi+\varphi_0)] + \\ &\quad + \mathfrak{i}_2[a_0(\sin\psi + \psi\cos\psi) - \overline{r}\sin(\psi+\varphi_0)] \\ \left|\frac{d^2\mathfrak{r}^*}{d\psi^2}\right| &= \sqrt{a_0^2(1+\psi^2) + \overline{r}^2 - 2a_0\overline{r}(\cos\varphi_0 + \psi\sin\varphi_0)}\end{aligned}\right\} \quad (452)$$

Damit erhält man

$$\left.\begin{aligned}\mathfrak{t}^* &= -\mathfrak{i}_1\frac{a_0\psi\cos\psi - \overline{r}\sin(\psi+\varphi_0)}{\sqrt{a_0^2\psi^2 + \overline{r}^2 - 2a_0\overline{r}\psi\sin\varphi_0}} + \mathfrak{i}_2\frac{a_0\psi\sin\psi + \overline{r}\cos(\psi+\varphi_0)}{\sqrt{a_0^2\psi^2 + \overline{r}^2 - 2a_0\overline{r}\psi\sin\varphi_0}} \\ \mathfrak{n}^* &= +\mathfrak{i}_1\frac{a_0\psi\sin\psi + \overline{r}\cos(\psi+\varphi_0)}{\sqrt{a_0^2\psi^2 + \overline{r}^2 - 2a_0\overline{r}\psi\sin\varphi_0}} + \mathfrak{i}_2\frac{a_0\psi\cos\psi - \overline{r}\sin(\psi+\varphi_0)}{\sqrt{a_0^2\psi^2 + \overline{r}^2 - 2a_0\overline{r}\psi\sin\varphi_0}} \\ \varkappa^* &= \frac{\sqrt{[a_0^2(1+\psi^2) + \overline{r}^2 - 2a_0\overline{r}(\cos\varphi_0 + \psi\sin\varphi_0)][a_0^2\psi^2 + \overline{r}^2 - 2a_0\overline{r}\psi\sin\varphi_0] - a_0^2(a_0\psi - \overline{r}\sin\varphi_0)^2}}{[a_0^2\psi^2 + \overline{r}^2 - 2a_0\overline{r}\psi\sin\varphi_0]^{3/2}}\end{aligned}\right\} \quad \begin{aligned}\text{(Verall-}\\ \text{gemeinerte}\\ \text{Kreisevol-}\\ \text{venten)}\end{aligned} \quad (453)$$

35. Verallgemeinerte Rollkurven.

Aus (451) und der vierten der Gln (452) folgt

$$\frac{d^2\mathfrak{r}^*}{d\psi^2} + \mathfrak{r}^* = -2\,\mathfrak{i}_1 a_0 \cos\psi + 2\,\mathfrak{i}_2 a_0 \sin\psi \quad \text{(Verallgemeinerte Kreisevolventen)}. \tag{454}$$

Da $\mathfrak{r}^*$ nach (451) zwei willkürliche Parameter $\bar{r}$ und φ_0 enthält, stellen die verallgemeinerten Kreisevolventen die allgemeine Lösung der linearen Differentialgleichung (454) dar. Durch zweimalige Differentiation von (454) ergibt sich

$$\frac{d^4\mathfrak{r}^*}{d\psi^4} + \frac{d^2\mathfrak{r}^*}{d\psi^2} = +2\,\mathfrak{i}_1 a_0 \cos\psi - 2\,\mathfrak{i}_2 a_0 \sin\psi$$

und, wenn hierzu (454) addiert wird,

$$\frac{d^4\mathfrak{r}^*}{d\psi^4} + 2\frac{d^2\mathfrak{r}^*}{d\psi^2} + \mathfrak{r}^* = 0 \quad \text{(Verallgemeinerte Kreisevolventen)}. \tag{455}$$

Ferner folgt durch Bildung des absoluten Betrages von (454)

$$\left|\frac{d^2\mathfrak{r}^*}{d\psi^2} + \mathfrak{r}^*\right| = 2a \quad \text{(Verallgemeinerte Kreisevolventen)}. \tag{456}$$

Für die Bogenlänge der verallgemeinerten Kreisevolventen erhält man

$$s^* = \int_0^\psi \left|\frac{d\mathfrak{r}^*}{d\psi}\right| d\psi = \int_0^\psi \sqrt{a_0^2 \psi^2 + \bar{r}^2 - 2 a_0 \bar{r} \psi \sin\varphi_0}\, d\psi$$

$$= a_0 \int_0^\psi \sqrt{\psi^2 - 2\left(\frac{\bar{r}}{a_0}\sin\varphi_0\right)\psi + \left(\frac{\bar{r}}{a_0}\right)^2}\, d\psi$$

oder nach Durchführung der Integration

$$s^* = \frac{a_0}{2}\left[\left(\psi - \frac{\bar{r}}{a_0}\sin\varphi_0\right)\sqrt{\psi^2 - 2\left(\frac{\bar{r}}{a_0}\sin\varphi_0\right)\psi + \left(\frac{\bar{r}}{a_0}\right)^2} + \left(\frac{\bar{r}}{a_0}\right)^2 \sin\varphi_0 + \right. \\ \left. + \left(\frac{\bar{r}}{a_0}\cos\varphi_0\right)^2 \left(\mathfrak{Ar\,Sin}\frac{\psi - \frac{\bar{r}}{a_0}\sin\varphi_0}{\left|\frac{\bar{r}}{a_0}\cos\varphi_0\right|} + \mathfrak{Ar\,Sin\,tang}\,\varphi_0\right)\right] \quad \begin{array}{l}\text{(Verall-}\\\text{gemeinerte}\\\text{Kreisevol-}\\\text{vente).}\end{array} \tag{457}$$

Für den polaren Flächeninhalt, in Abb. 140 durch Punktierung hervorgehoben, folgt durch sinngemäße Anwendung von (348)

$$F = \frac{-1}{2\,\mathfrak{i}_3}\int_{P_0^*}^{P^*} \mathfrak{r}^* \times d\mathfrak{r}^* = \frac{1}{-\mathfrak{i}_3}\int_0^\psi \mathfrak{r}^* \times \frac{d\mathfrak{r}^*}{d\psi}\, d\psi\,.$$

Nun ist

$$\mathfrak{r}^* \times \frac{d\mathfrak{r}^*}{d\psi} = \begin{vmatrix} \mathfrak{i}_1 & -[a_0(\cos\psi + \psi\sin\psi) + \bar{r}\cos(\psi+\varphi_0)] & -[a_0\psi\cos\psi - \bar{r}\sin(\psi+\varphi_0)] \\ \mathfrak{i}_2 & [a_0(\sin\psi - \psi\cos\psi) + \bar{r}\sin(\psi+\varphi_0)] & [a_0\psi\sin\psi + \bar{r}\cos(\psi+\varphi_0)] \\ \mathfrak{i}_3 & 0 & 0 \end{vmatrix}$$

oder ausgewertet

$$\mathfrak{r}^* \times \frac{d\mathfrak{r}^*}{d\psi} = -\mathfrak{i}_3\,[a_0^2 \psi^2 + \bar{r}^2 + a_0\,\bar{r}\,(\cos\varphi_0 - 2\,\psi\sin\varphi_0)]$$

und damit

$$F = \frac{1}{2}\int_0^\psi [a_0^2\psi^2 - 2a_0\bar{r}\psi\sin\varphi_0 + \bar{r}(\bar{r} + a_0\cos\varphi_0)]\,d\psi$$

$$= \frac{1}{2}a_0^2\left[\frac{\psi^3}{3} - \frac{\bar{r}}{a_0}\psi^2\sin\varphi_0 + \frac{\bar{r}}{a_0}\left(\frac{\bar{r}}{a_0} + \cos\varphi_0\right)\psi\right].$$

(Verallgemeinerte Kreisevolvente) (458)

Im Falle $\varphi_0 = \pi$, $\bar{r} = a_0$, d. h. für den Bezugspunkt 0 als Ausgangspunkt stellt die verallgemeinerte Kreisevolvente eine archimedische Spirale dar. In diesem Falle ergibt sich nämlich

$$\mathfrak{r}^* = -\mathfrak{i}_1 a_0\psi\sin\psi - \mathfrak{i}_2 a_0\psi\cos\psi,$$

$$|\mathfrak{r}^*| = a_0\psi, \qquad \varkappa^* = \frac{1}{a_0}\frac{2+\psi^2}{(1+\psi^2)^{3/2}}.$$

(Verallgemeinerte Kreisevolvente für $\varphi_0 = \pi$, $\bar{r} = a_0$; Archimedische Spirale) (459)

$$\mathfrak{t}^* = -\mathfrak{i}_1\frac{\psi\cos\psi + \sin\psi}{\sqrt{1+\psi^2}} + \mathfrak{i}_2\frac{\psi\sin\psi - \cos\psi}{\sqrt{1+\psi^2}},$$

$$\mathfrak{n}^* = +\mathfrak{i}_1\frac{\psi\sin\psi - \cos\psi}{\sqrt{1+\psi^2}} + \mathfrak{i}_2\frac{\psi\cos\psi + \sin\psi}{\sqrt{1+\psi^2}}.$$

(Verallgemeinerte Kreisevolvente für $\varphi_0 = \pi$, $\bar{r} = a$; Archimedische Spirale) (460)

Wie Abb. 141 zeigt, entsteht die Archimedische Spirale durch Abrollen des Winkels $0P_0'A_0$ auf dem Ausgangskreis. Da der Winkel POP^* hierbei ein Rechter ist, kann ψ auch als der Winkel von $\mathfrak{r}^*$ gegen die Ausgangstangente angesehen werden, wie es der üblichen Darstellung der Archimedischen Spirale entspricht.

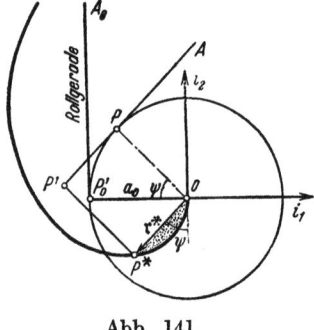

Abb. 141.

Für Bogenlänge und polaren Flächeninhalt liefert (457) und (458)

$$s^* = \frac{a_0}{2}[\psi\sqrt{1+\psi^2} + \mathfrak{Ar}\mathfrak{Sin}\,\psi],$$

$$F = \frac{a_0^2}{6}\psi^3.$$

(Archimedische Spirale) (461)

36. Räumliche Rollkurven.

In Ziffer 35 war das natürliche Bezugssystem $\mathfrak{t}, \mathfrak{n}, \mathfrak{t}\times\mathfrak{n}$ dazu benutzt worden, um aus der gewöhnlichen Kreisevolvente die verallgemeinerten Kreisevolventen zu gewinnen. Die Heranziehung dieses Bezugssystemes bringt sehr oft eine Verkürzung der vektoriellen Entwicklungen und vereinfacht meist auch die Darstellung. Bei schwierigeren kinematischen Problemen erschließt das natürliche Bezugssystem überhaupt erst die rationelle Durchführbarkeit einer analytischen Behandlung, wie am Beispiel der räumlichen Rollkurven nunmehr gezeigt werden soll.

Auf einer Raumkurve, die gemäß Abb. 142 durch ihren Ortsvektor $\mathfrak{r}$ gegeben sei, bewege sich ein Rollreifen vom Halbmesser $|a_R|$ ohne zu gleiten dergestalt, daß die Reifenebene in jedem Punkte P der Raumkurve in deren Binormalenebene fällt. Wie bewegt sich dann ein mit dem Rollenmittelpunkt M' durch

36. Räumliche Rollkurven.

den Ortsvektor $\bar{\mathfrak{r}}$ fest verbundener Punkt P^* mit dem Ortsvektor $\mathfrak{r}^*$ in bezug auf 0, wenn der zum Rollwinkel $\varphi = 0$ gehörige relative Ortsvektor in der Form

$$\bar{\mathfrak{r}}_0 = \mathfrak{t}\, a_0 + \mathfrak{n}\, b_0 + \mathfrak{t} \times \mathfrak{n}\, c_0$$

gegeben ist? Aus Abb. 142 folgt zunächst die Vektorgleichung

$$\mathfrak{r}^* = \mathfrak{r} + \mathfrak{t} \times \mathfrak{n}\, a_R + \bar{\mathfrak{r}} \,. \tag{462}$$

Wird hierin a_R positiv oder negativ zugrunde gelegt, was vorher bereits durch Einführung des Rollreifenhalbmessers in der Form $|a_R|$ angedeutet wurde, und läßt man auch für den Rollwinkel φ positive und negative Werte zu, so umfaßt die Vektorgleichung (462) sämtliche Möglichkeiten und es erübrigt sich eine Aufspaltung nach den vier Untergruppen von Ziffer 34 und 35. In (462) muß nun noch der Zusammenhang zwischen $\bar{\mathfrak{r}}$ und $\bar{\mathfrak{r}}_0$ hergestellt werden. Da die Rolle in der Binormalenebene liegt, die auf dem Normalenvektor $\mathfrak{n}$ senkrecht steht, bleibt bei der Drehung um

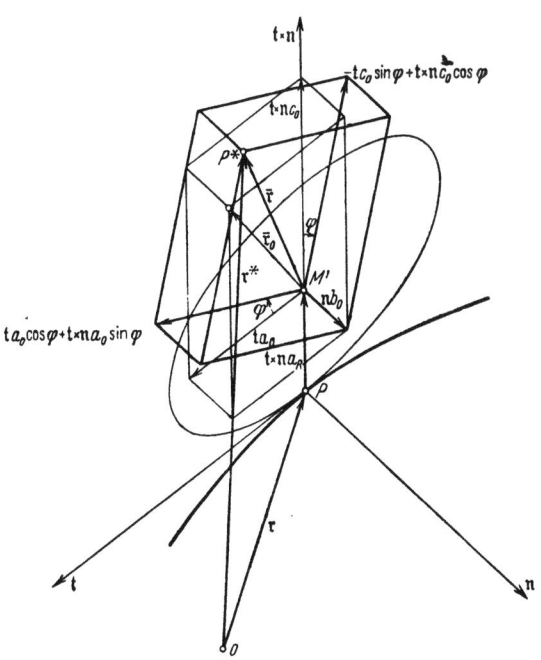

Abb. 142.

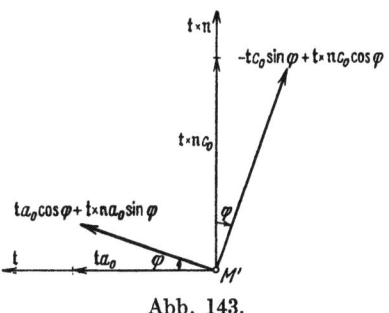

Abb. 143.

den Winkel φ der Komponentenvektor $\mathfrak{n}\, b_0$ unverändert. Die beiden übrigen Komponentenvektoren $\mathfrak{t}\, a_0$ und $\mathfrak{t} \times \mathfrak{n}\, c_0$ nehmen bei der Drehung die aus Abb. 143 ersichtlichen Werte an. Damit folgt

$$\bar{\mathfrak{r}} = (\mathfrak{t}\, a_0 \cos\varphi + \mathfrak{t} \times \mathfrak{n}\, a_0 \sin\varphi) + \mathfrak{n}\, b_0 + (-\mathfrak{t}\, c_0 \sin\varphi + \mathfrak{t} \times \mathfrak{n}\, c_0 \cos\varphi)$$

oder zusammengefaßt

$$\bar{\mathfrak{r}} = \mathfrak{t}\, (a_0 \cos\varphi - c_0 \sin\varphi) + \mathfrak{n}\, b_0 + \mathfrak{t} \times \mathfrak{n}\, (a_0 \sin\varphi + c_0 \cos\varphi) \,. \tag{463}$$

Die Einführung von (463) in (462) liefert

$$\mathfrak{r}^* = \mathfrak{r} + \mathfrak{t}\, (a_0 \cos\varphi - c_0 \sin\varphi) + \mathfrak{n}\, b_0 + \mathfrak{t} \times \mathfrak{n}\, (a_R + a_0 \sin\varphi + c_0 \cos\varphi) \,. \tag{464}$$
(Räumliche Rollkurven)

Wird φ unter Berücksichtigung des s entgegengesetzten Drehsinnes gemäß

$$\varphi = -\frac{s}{a_R} \tag{465}$$

Tölke, Mechanik, Bd. I.

durch die Bogenlänge der Ausgangskurve ausgedrückt, so ergibt sich die Paralleldarstellung

$$\mathfrak{r}^* = \mathfrak{r} + \mathfrak{t}\left(a_0 \cos \frac{s}{a_R} + c_0 \sin \frac{s}{a_R}\right) + \mathfrak{n} b_0 + \mathfrak{t} \times \mathfrak{n}\left(a_R - a_0 \sin \frac{s}{a_R} + c_0 \cos \frac{s}{a_R}\right). \quad (466)$$

(Räumliche Rollkurven)

Bei Heranziehung der Frenetschen Formeln, die gemäß (218)

$$\frac{d\mathfrak{t}}{ds} = \mathfrak{n}\varkappa, \quad \frac{d\mathfrak{n}}{ds} = -\mathfrak{t}\varkappa - (\mathfrak{t} \times \mathfrak{n})\tau, \quad \frac{d(\mathfrak{t} \times \mathfrak{n})}{ds} = \mathfrak{n}\tau \quad \text{lauten, und mit} \quad \frac{d\mathfrak{r}}{ds} = \mathfrak{t}$$

lassen sich die ersten, zweiten und dritten Ableitungen von (466) nach s mühelos bilden. Man erhält beispielsweise für die Schraubenlinie als Bahnkurve

$$\frac{d\mathfrak{r}^*}{ds} = \frac{d\mathfrak{r}}{ds} + \frac{d\mathfrak{t}}{ds}\left(a_0 \cos \frac{s}{a_R} + c_0 \sin \frac{s}{a_R}\right) - \mathfrak{t}\left(\frac{a_0}{a_R} \sin \frac{s}{a_R} - \frac{c_0}{a_R} \cos \frac{s}{a_R}\right) + \frac{d\mathfrak{n}}{ds}b_0 +$$

$$+ \frac{d(\mathfrak{t} \times \mathfrak{n})}{ds}\left(a_R - a_0 \sin \frac{s}{a_R} + c_0 \cos \frac{s}{a_R}\right) - \mathfrak{t} \times \mathfrak{n}\left(\frac{a_0}{a_R} \cos \frac{s}{a_R} + \frac{c_0}{a_R} \sin \frac{s}{a_R}\right)$$

oder nach Einführung der Frenetschen Formeln und Zusammenfassung

$$\begin{aligned}\frac{d\mathfrak{r}^*}{ds} &= \mathfrak{t}\left[1 - b_0\varkappa - \frac{a_0}{a_R}\sin\frac{s}{a_R} + \frac{c_0}{a_R}\cos\frac{s}{a_R}\right] + \\ &+ \mathfrak{n}\left[a_R\tau - (a_0\tau - c_0\varkappa)\sin\frac{s}{a_R} + (a_0\varkappa + c_0\tau)\cos\frac{s}{a_R}\right] + \\ &+ \mathfrak{t} \times \mathfrak{n}\left[-b_0\tau - \frac{c_0}{a_R}\sin\frac{s}{a_R} - \frac{a_0}{a_R}\cos\frac{s}{a_R}\right].\end{aligned} \quad \begin{matrix}\text{(Räum-}\\ \text{liche} \\ \text{Roll-} \\ \text{kurven).}\end{matrix} \quad (467)$$

Die abermalige Differentiation liefert, da $\varkappa$ und τ für die Schraubenlinie konstant sind,

$$\frac{d^2\mathfrak{r}^*}{ds^2} = \frac{d\mathfrak{t}}{ds}\left(1 - b_0\varkappa - \frac{a_0}{a_R}\sin\frac{s}{a_R} + \frac{c_0}{a_R}\cos\frac{s}{a_R}\right) - \mathfrak{t}\left(\frac{a_0}{a_R^2}\cos\frac{s}{a_R} + \frac{c_0}{a_R^2}\sin\frac{s}{a_R}\right) +$$

$$+ \frac{d\mathfrak{n}}{ds}\left(a_R\tau - (a_0\tau - c_0\varkappa)\sin\frac{s}{a_R} + (a_0\varkappa + c_0\tau)\cos\frac{s}{a_R}\right) -$$

$$- \mathfrak{n}\left[\left(\frac{a_0\tau}{a_R} - \frac{c_0\varkappa}{a_R}\right)\cos\frac{s}{a_R} + \left(\frac{a_0\varkappa}{a_R} + \frac{c_0\tau}{a_R}\right)\sin\frac{s}{a_R}\right] -$$

$$- \frac{d(\mathfrak{t} \times \mathfrak{n})}{ds}\left(b_0\tau + \frac{c_0}{a_R}\sin\frac{s}{a_R} + \frac{a_0}{a_R}\cos\frac{s}{a_R}\right) + \mathfrak{t} \times \mathfrak{n}\left(-\frac{c_0}{a_R^2}\cos\frac{s}{a_R} + \frac{a_0}{a_R^2}\sin\frac{s}{a_R}\right)$$

oder nach Einführung der Frenetschen Formeln und Zusammenfassung

$$\begin{aligned}\frac{d^2\mathfrak{r}^*}{ds^2} &= \mathfrak{t}\left[-a_R\varkappa\tau - \left(-a_0\varkappa\tau + c_0\varkappa^2 + \frac{c_0}{a_R^2}\right)\sin\frac{s}{a_R} - \left(a_0\varkappa^2 + \frac{a_0}{a_R^2} + c_0\varkappa\tau\right)\cos\frac{s}{a_R}\right] + \\ &+ \mathfrak{n}\left[\varkappa - b_0\varkappa^2 - b_0\tau^2 - 2\left(\frac{a_0\varkappa}{a_R} + \frac{c_0\tau}{a_R}\right)\sin\frac{s}{a_R} - 2\left(\frac{a_0\tau}{a_R} - \frac{c_0\varkappa}{a_R}\right)\cos\frac{s}{a_R}\right] + \\ &+ \mathfrak{t} \times \mathfrak{n}\left[-a_R\tau^2 + \left(a_0\tau^2 + \frac{a_0}{a_R^2} - c_0\varkappa\tau\right)\sin\frac{s}{a_R} - \left(a_0\varkappa\tau + c_0\tau^2 + \frac{c_0}{a_R^2}\right)\cos\frac{s}{a_R}\right].\end{aligned} \quad (468)$$

(Schraubenlinie als Bahnkurve)

36. Räumliche Rollkurven.

Schließlich folgt für die dritte Ableitung bei konstantem $\varkappa$ und τ

$$\frac{d^3\mathfrak{r}^*}{ds^3} = \frac{d\mathfrak{t}}{ds}\left[-a_R\varkappa\tau - \left(-a_0\varkappa\tau + c_0\varkappa^2 + \frac{c_0}{a_R^2}\right)\sin\frac{s}{a_R} - \left(a_0\varkappa^2 + \frac{a_0}{a_R^2} + c_0\varkappa\tau\right)\cos\frac{s}{a_R}\right] +$$

$$+ \mathfrak{t}\left[\left(\frac{a_0\varkappa\tau}{a_R} - \frac{c_0\varkappa^2}{a_R} - \frac{c_0}{a_R^3}\right)\cos\frac{s}{a_R} + \left(\frac{a_0\varkappa^2}{a_R} + \frac{a_0}{a_R^3} + \frac{c_0\varkappa\tau}{a_R}\right)\sin\frac{s}{a_R}\right] +$$

$$+ \frac{d\mathfrak{n}}{ds}\left[\varkappa - b_0\varkappa^2 - b_0\tau^2 - 2\left(\frac{a_0\varkappa}{a_R} + \frac{c_0\tau}{a_R}\right)\sin\frac{s}{a_R} - 2\left(\frac{a_0\tau}{a_R} - \frac{c_0\varkappa}{a_R}\right)\cos\frac{s}{a_R}\right] -$$

$$- \mathfrak{n}\frac{2}{a_R^2}\left((a_0\varkappa + c_0\tau)\cos\frac{s}{a_R} - (a_0\tau - c_0\varkappa)\sin\frac{s}{a_R}\right) +$$

$$+ \frac{d(\mathfrak{t}\times\mathfrak{n})}{ds}\left[-a_R\tau^2 + \left(a_0\tau^2 + \frac{a_0}{a_R^2} - c_0\varkappa\tau\right)\sin\frac{s}{a_R} - \left(a_0\varkappa\tau + c_0\tau^2 + \frac{c_0}{a_R^2}\right)\cos\frac{s}{a_R}\right] +$$

$$+ \mathfrak{t}\times\mathfrak{n}\left[\left(\frac{a_0\tau^2}{a_R} + \frac{a_0}{a_R^3} - \frac{c_0\varkappa\tau}{a_R}\right)\cos\frac{s}{a_R} + \left(\frac{a_0\varkappa\tau}{a_R} + \frac{c_0\tau^2}{a_R} + \frac{c_0}{a_R^3}\right)\sin\frac{s}{a_R}\right]$$

oder nach Einführung der Frenetschen Formeln und Zusammenfassung

$$\left.\begin{aligned}\frac{d^3\mathfrak{r}^*}{ds^3} = &\mathfrak{t}\left[\varkappa(-\varkappa + b_0\varkappa^2 + b_0\tau^2) + \left(\frac{3a_0\varkappa^2}{a_R} + \frac{a_0}{a_R^3} + \frac{3c_0\varkappa\tau}{a_R}\right)\sin\frac{s}{a_R} + \left(\frac{3a_0\varkappa\tau}{a_R} - \frac{3c_0\varkappa^2}{a_R} - \frac{c_0}{a_R^3}\right)\cos\frac{s}{a_R}\right] +\\
+ &\mathfrak{n}\left[-a_R\tau(\varkappa^2+\tau^2) + \left(\varkappa^2+\tau^2 + \frac{3}{a_R^2}\right)(a_0\tau - c_0\varkappa)\sin\frac{s}{a_R} - \left(\varkappa^2+\tau^2+\frac{3}{a_R^2}\right)(a_0\varkappa + c_0\tau)\cos\frac{s}{a_R}\right] +\\
+ &\mathfrak{t}\times\mathfrak{n}\left[\tau(-\varkappa + b_0\varkappa^2 + b_0\tau^2) + \left(\frac{3a_0\varkappa\tau}{a_R} + \frac{3c_0\tau^2}{a_R} + \frac{c_0}{a_R^3}\right)\sin\frac{s}{a_R} + \left(\frac{3a_0\tau^2}{a_R} + \frac{a_0}{a_R^3} - \frac{3c_0\varkappa\tau}{a_R}\right)\cos\frac{s}{a_R}\right].\end{aligned}\right\} \quad (469)$$

(Schraubenlinie als Bahnkurve)

Aus (467) und (468) ergibt sich weiter

$$\left.\begin{aligned}\left|\frac{d\mathfrak{r}^*}{ds}\right| = &\left[\left(1 - b_0\varkappa - \frac{a_0}{a_R}\sin\frac{s}{a_R} + \frac{c_0}{a_R}\cos\frac{s}{a_R}\right)^2 + \left(a_R\tau - (a_0\tau - c_0\varkappa)\sin\frac{s}{a_R} + (a_0\varkappa + c_0\tau)\cos\frac{s}{a_R}\right)^2 +\right.\\
&\left. + \left(b_0\tau + \frac{c_0}{a_R}\sin\frac{s}{a_R} + \frac{a_0}{a_R}\cos\frac{s}{a_R}\right)^2\right]^{1/2},\\
\frac{d}{ds}\left|\frac{d\mathfrak{r}^*}{ds}\right| = &\frac{1}{\left|\frac{d\mathfrak{r}^*}{ds}\right|}\left[\left(1 - b_0\varkappa - \frac{a_0}{a_R}\sin\frac{s}{a_R} + \frac{c_0}{a_R}\cos\frac{s}{a_R}\right)\left(-\frac{a_0}{a_R^2}\cos\frac{s}{a_R} - \frac{c_0}{a_R^2}\sin\frac{s}{a_R}\right) +\right.\\
&+ \left(a_R\tau - (a_0\tau - c_0\varkappa)\sin\frac{s}{a_R} + (a_0\varkappa + c_0\tau)\cos\frac{s}{a_R}\right) \cdot\\
&\cdot\left(-\frac{a_0\tau - c_0\varkappa}{a_R}\cos\frac{s}{a_R} - \frac{a_0\varkappa + c_0\tau}{a_R}\sin\frac{s}{a_R}\right) +\\
&\left.+ \left(b_0\tau + \frac{c_0}{a_R}\sin\frac{s}{a_R} + \frac{a_0}{a_R}\cos\frac{s}{a_R}\right)\left(\frac{c_0}{a_R^2}\cos\frac{s}{a_R} - \frac{a_0}{a_R^2}\sin\frac{s}{a_R}\right)\right],\\
\left|\frac{d^2\mathfrak{r}^*}{ds^2}\right| = &\left[\left(a_R\varkappa\tau + \left(-a_0\varkappa\tau + c_0\varkappa^2 + \frac{c_0}{a_R^2}\right)\sin\frac{s}{a_R} + \left(a_0\varkappa^2 + \frac{a_0}{a_R^2} + c_0\varkappa\tau\right)\cos\frac{s}{a_R}\right)^2 +\right.\\
&+ \left(\varkappa - b_0\varkappa^2 - b_0\tau^2 - 2\frac{a_0\varkappa + c_0\tau}{a_R}\sin\frac{s}{a_R} - 2\frac{a_0\tau - c_0\varkappa}{a_R}\cos\frac{s}{a_R}\right)^2 +\\
&\left.+ \left(-a_R\tau^2 + \left(a_0\tau^2 + \frac{a_0}{a_R^2} - c_0\varkappa\tau\right)\sin\frac{s}{a_R} - \left(a_0\varkappa\tau + c_0\tau^2 + \frac{c_0}{a_R^2}\right)\cos\frac{s}{a_R}\right)^2\right]^{1/2}.\end{aligned}\right\} \quad (470)$$

(Schraubenlinie als Bahnkurve)

Damit sind sämtliche Ausdrücke zur Berechnung von t*, n*, t* × n*, $\varkappa^*$ und τ^* nach (227) bis (229) gebildet. Durch Vertauschen von λ mit s folgt

$$\mathfrak{t}^* = \frac{\frac{d\mathfrak{r}^*}{ds}}{\left|\frac{d\mathfrak{r}^*}{ds}\right|}, \quad \mathfrak{n}^* = \frac{\frac{d^2\mathfrak{r}^*}{ds^2}\left|\frac{d\mathfrak{r}^*}{ds}\right| - \frac{d\mathfrak{r}^*}{ds}\frac{d}{ds}\left|\frac{d\mathfrak{r}^*}{ds}\right|}{\varkappa^*\left|\frac{d\mathfrak{r}^*}{ds}\right|^3}, \quad \mathfrak{t}^* \times \mathfrak{n}^* = \frac{\frac{d\mathfrak{r}^*}{ds} \times \frac{d^2\mathfrak{r}^*}{ds^2}}{\varkappa^*\left|\frac{d\mathfrak{r}^*}{ds}\right|^3},$$

$$\varkappa^* = \frac{\sqrt{\left|\frac{d^2\mathfrak{r}^*}{ds^2}\right|^2 - \left(\frac{d}{ds}\left|\frac{d\mathfrak{r}^*}{ds}\right|\right)^2}}{\left|\frac{d\mathfrak{r}^*}{ds}\right|^2}, \quad \tau^* = \frac{\frac{d^3\mathfrak{r}^*}{ds^3}\frac{d^2\mathfrak{r}^*}{ds^2}\frac{d\mathfrak{r}^*}{ds}}{\varkappa^{*2}\left|\frac{d\mathfrak{r}^*}{ds}\right|^6}. \qquad (471)$$

Die Rollkurven, die sich mit der Schraubenlinie als Rollbahn ergeben, sind die verallgemeinerten Schraubenzykloiden. Sie stellen bereits eine sehr verzweigte Familie von Raumkurven dar und es würde über den vorliegenden Rahmen weit hinausgehen, wenn sie hier ähnlich ausführlich wie die ebenen Rollkurven des Kreises behandelt würden. Die weitere Untersuchung möge daher auf die Rollkurve des Berührungspunktes, die gewöhnliche Schraubenzykloide, beschränkt werden. Mit

$$a_0 = 0, \quad b_0 = 0, \quad c_0 = -a_R$$

folgt aus den allgemeinen Formeln

$$\mathfrak{r}^* = \mathfrak{r} - \mathfrak{t}\, a_R \sin\frac{s}{a_R} + \mathfrak{t} \times \mathfrak{n}\, a_R\left(1 - \cos\frac{s}{a_R}\right) \quad \text{(Schraubenzykloide)}. \quad (472)$$

$$\frac{d\mathfrak{r}^*}{ds} = \mathfrak{t}\left(1 - \cos\frac{s}{a_R}\right) + \mathfrak{n}\, a_R\left[\tau\left(1 - \cos\frac{s}{a_R}\right) - \varkappa \sin\frac{s}{a_R}\right] + \mathfrak{t} \times \mathfrak{n} \sin\frac{s}{a_R},$$

$$\frac{d^2\mathfrak{r}^*}{ds^2} = \mathfrak{t}\left[-a_R \varkappa \tau\left(1 - \cos\frac{s}{a_R}\right) + \frac{1 + a_R^2 \varkappa^2}{a_R}\sin\frac{s}{a_R}\right] + \mathfrak{n}\left[\varkappa\left(1 - 2\cos\frac{s}{a_R}\right) + 2\tau \sin\frac{s}{a_R}\right] +$$

$$+ \mathfrak{t} \times \mathfrak{n}\left(-a_R \tau^2 + \frac{1 + a_R^2 \tau^2}{a_R}\cos\frac{s}{a_R} + a_R \varkappa \tau \sin\frac{s}{a_R}\right) \quad \text{(Schrauben-zykloide)}, \quad (473)$$

$$\frac{d^3\mathfrak{r}^*}{ds^3} = \mathfrak{t}\left(-\varkappa^2 + \frac{1 + 3 a_R^2 \varkappa^2}{a_R^2}\cos\frac{s}{a_R} - 3\varkappa\tau \sin\frac{s}{a_R}\right) +$$

$$+ \mathfrak{n}\left[-a_R \tau(\varkappa^2 + \tau^2) + a_R\left(\varkappa^2 + \tau^2 + \frac{3}{a_R^2}\right)\left(\varkappa \sin\frac{s}{a_R} + \tau \cos\frac{s}{a_R}\right)\right] +$$

$$+ \mathfrak{t} \times \mathfrak{n}\left(-\varkappa\tau + 3\varkappa\tau \cos\frac{s}{a_R} - \frac{1 + 3 a_R^2 \tau^2}{a_R^2}\sin\frac{s}{a_R}\right).$$

$$\left|\frac{d\mathfrak{r}^*}{ds}\right| = \sqrt{2\left(1 - \cos\frac{s}{a_R}\right) + a_R^2\left[\tau\left(1 - \cos\frac{s}{a_R}\right) - \varkappa \sin\frac{s}{a_R}\right]^2}$$

$$\frac{d}{ds}\left|\frac{d\mathfrak{r}^*}{ds}\right| = \frac{1}{\left|\frac{d\mathfrak{r}^*}{ds}\right|}\left[\frac{1}{a_R}\sin\frac{s}{a_R} + a_R\left(\tau\left(1 - \cos\frac{s}{a_R}\right) - \varkappa \sin\frac{s}{a_R}\right)\left(\tau \sin\frac{s}{a_R} - \varkappa \cos\frac{s}{a_R}\right)\right], \quad (474)$$

$$\left|\frac{d^2\mathfrak{r}^*}{ds^2}\right|^2 = \left[-a_R \varkappa\tau\left(1 - \cos\frac{s}{a_R}\right) + \frac{1 + a_R^2 \varkappa^2}{a_R}\sin\frac{s}{a_R}\right]^2 + \left[\varkappa\left(1 - 2\cos\frac{s}{a_R}\right) + 2\tau \sin\frac{s}{a_R}\right]^2 +$$

$$+ \left[-a_R \tau^2 + \frac{1 + a_R^2 \tau^2}{a_R}\cos\frac{s}{a_R} + a_R \varkappa\tau \sin\frac{s}{a_R}\right]^2 \quad \text{(Schraubenzykloide)}.$$

36. Räumliche Rollkurven.

Für die Spitzenpunkte $s = 0, 2\pi a_R, 4\pi a_R, \cdots$ erhält man durch Reihenentwicklung und Grenzübergang

$$\lim_{s \to 0} \mathfrak{r}^* = \mathfrak{r}_0 - \mathfrak{t}_0 s + \cdots \big|^{s=0} = \mathfrak{r}_0 \quad,$$

$$\lim_{s \to 0} \frac{d\mathfrak{r}^*}{ds} = \left(-\mathfrak{n}_0 \varkappa + \frac{(\mathfrak{t} \times \mathfrak{n})_0}{a_R}\right) s + \left(\frac{\mathfrak{t}_0}{2 a_R^2} + \mathfrak{n}_0 \frac{\tau}{2 a_R}\right) s^2 + \left(\mathfrak{n}_0 \frac{\varkappa}{6 a_R^2} - \frac{(\mathfrak{t} \times \mathfrak{n})_0}{6 a_R^3}\right) s^3 + \cdots \big|^{s=0} = 0 \quad,$$

$$\lim_{s \to 0} \frac{d^2\mathfrak{r}^*}{ds^2} = \left(-\mathfrak{n}_0 \varkappa + \frac{(\mathfrak{t} \times \mathfrak{n})_0}{a_R}\right) + \left(\mathfrak{t}_0 \frac{1 + a_R^2 \varkappa^2}{a_R^4} + \mathfrak{n}_0 \frac{2\tau}{a_R} + (\mathfrak{t} \times \mathfrak{n})_0 \varkappa \tau\right) s +$$
$$+ \left(-\mathfrak{t}_0 \frac{\varkappa \tau}{2 a_R} + \mathfrak{n}_0 \frac{\varkappa}{a_R^2} - (\mathfrak{t} \times \mathfrak{n})_0 \frac{1 + a_R^2 \tau^2}{2 a_R^3}\right) s^2 + \cdots \big|^{s=0} = -\mathfrak{n}_0 \varkappa + \frac{(\mathfrak{t} \times \mathfrak{n})_0}{a_R} \quad,$$

$$\lim_{s \to 0} \frac{d^3\mathfrak{r}^*}{ds^3} = \left(\mathfrak{t}_0 \frac{1 + 2 a_R^2 \varkappa^2}{a_R^2} + \mathfrak{n}_0 \frac{3\tau}{a_R} + (\mathfrak{t} \times \mathfrak{n})_0 \cdot 2\varkappa\tau\right) + \left(-\mathfrak{t}_0 \frac{3\varkappa\tau}{a_R} + \mathfrak{n}_0 \varkappa\left(\varkappa^2 + \tau^2 + \frac{3}{a_R^2}\right) -\right.$$
$$\left. - \frac{1 + 3 a_R^2 \tau^2}{a_R^3}(\mathfrak{t} \times \mathfrak{n})_0\right) s + \cdots \big|^{s=0} = \mathfrak{t}_0 \frac{1 + 2 a_R^2 \varkappa^2}{a_R^2} + \mathfrak{n}_0 \frac{3\tau}{a_R} + (\mathfrak{t} \times \mathfrak{n})_0 \cdot 2\varkappa\tau \quad,$$

$$\lim_{s \to 0} \left|\frac{d\mathfrak{r}^*}{ds}\right| = s\sqrt{\frac{1 + a_R^2 \varkappa^2}{a_R^2} - \frac{\varkappa\tau}{a_R} s + \frac{-1 - 4 a_R^2 \varkappa^2 + 3 a_R^2 \tau^2}{12 a_R^4} s^2 + \cdots}\;\Big|^{s=0} = 0 \quad,$$

$$\lim_{s \to 0} \frac{d}{ds}\left|\frac{d\mathfrak{r}^*}{ds}\right| = \frac{\dfrac{1 + a_R^2 \varkappa^2}{a_R^2} - \dfrac{3\varkappa\tau}{2 a_R} s + \dfrac{-1 - 4 a_R^2 \varkappa^2 + 3 a_R^2 \tau^2}{6 a_R^4} s^2 + \cdots}{\sqrt{\dfrac{1 + a_R^2 \varkappa^2}{a_R^2} - \dfrac{\varkappa\tau}{a_R} s + \dfrac{-1 - 4 a_R^2 \varkappa^2 + 3 a_R^2 \tau^2}{12 a_R^4} s^2 + \cdots}}\;\Bigg|^{s=0} = \sqrt{\frac{1 + a_R^2 \varkappa^2}{a_R^2}} \quad,$$

$$\lim_{s \to 0} \left(\frac{d}{ds}\left|\frac{d\mathfrak{r}^*}{ds}\right|\right)^2$$
$$= \frac{\left(\dfrac{1 + a_R^2 \varkappa^2}{a_R^2}\right)^2 - \dfrac{3\varkappa\tau(1 + a_R^2 \varkappa^2)}{a_R^3} s + \left(\dfrac{9\varkappa^2 \tau^2}{4 a_R^2} + \dfrac{1 + a_R^2 \varkappa^2}{a_R^2}\cdot\dfrac{-1 - 4 a_R^2 \varkappa^2 + 3 a_R^2 \tau^2}{3 a_R^4}\right) s^2 + \cdots}{\dfrac{1 + a_R^2 \varkappa^2}{a_R^2} - \dfrac{\varkappa\tau}{a_R} s + \dfrac{-1 - 4 a_R^2 \varkappa^2 + 3 a_R^2 \tau^2}{12 a_R^4} s^2}\;\Bigg|^{s=0}$$
$$= \frac{1 + a_R^2 \varkappa^2}{a_R^2} - \frac{2\varkappa\tau}{a_R} s + \left(\frac{\varkappa^2 \tau^2}{4(1 + a_R^2 \varkappa^2)} + \frac{-1 - 4 a_R^2 \varkappa^2 + 3 a_R^2 \tau^2}{4 a_R^4}\right) s^2 + \cdots \big|^{s=0} = \frac{1 + a_R^2 \varkappa^2}{a_R^2} \quad,$$

$$\lim_{s \to 0} \left|\frac{d^2\mathfrak{r}^*}{ds^2}\right|^2 = \frac{1 + a_R^2 \varkappa^2}{a_R^2} - \frac{2\varkappa\tau}{a_R} s + \frac{3\tau^2 + a_R^2 \varkappa^4 + a_R^2 \varkappa^2 \tau^2}{a_R^2} s^2 + \cdots \big|^{s=0} = \frac{1 + a_R^2 \varkappa^2}{a_R^2} \quad,$$

$$\lim_{s \to 0} \left[\left|\frac{d^2\mathfrak{r}^*}{ds^2}\right|^2 - \left(\frac{d}{ds}\left|\frac{d\mathfrak{r}^*}{ds}\right|\right)^2\right]$$
$$= \frac{1 + 5 a_R^2 \varkappa^2 + 9 a_R^2 \tau^2 + 8 a_R^4 \varkappa^4 + 12 a_R^4 \varkappa^2 \tau^2 + 4 a_R^6 \varkappa^6 + 4 a_R^6 \varkappa^4 \tau^2}{4 a_R^4 (1 + a_R^2 \varkappa^2)} s^2 + \cdots \big|^{s=0} = 0 \quad,$$

$$\lim_{s \to 0} \left(\frac{d^3\mathfrak{r}^*}{ds^3}\,\frac{d^2\mathfrak{r}^*}{ds^2}\,\frac{d\mathfrak{r}^*}{ds}\right) = \begin{vmatrix} \dfrac{1 + 2 a_R^2 \varkappa^2}{a_R^2} & -\dfrac{3\varkappa\tau}{a_R} s & \dfrac{1 + a_R^2 \varkappa^2}{a_R^2} s & 0 \\ \dfrac{3\tau}{a_R} + \varkappa\left(\varkappa^2 + \tau^2 + \dfrac{3}{a_R^2}\right) s & -\varkappa + \dfrac{2\tau}{a_R} s & -\varkappa s \\ 2\varkappa\tau - \dfrac{1 + 3 a_R^2 \tau^2}{a_R^3} s & \dfrac{1}{a_R} + \varkappa\tau s & \dfrac{1}{a_R} s \end{vmatrix}^{s=0} = -\frac{\tau}{a_R^4} s^2 \big|^{s=0} = 0 \,. \quad (475)$$

Mit (475) lassen sich die unbestimmten Ausdrücke, die sich bei der Berechnung von $\varkappa^*$ und τ^* nach (471) ergeben, leicht bilden. Wird noch die Umformung

$$1 + 5 a_R^2 \varkappa^2 + 9 a_R^2 \tau^2 + 8 a_R^4 \varkappa^4 + 12 a_R^4 \varkappa^2 \tau^2 + 4 a_R^6 \varkappa^6 + 4 a_R^6 \varkappa^4 \tau^2$$
$$= (1 + a_R^2 \varkappa^2)(1 + 2 a_R^2 \varkappa^2)^2 + a_R^2 \tau^2 (3 + 2 a_R^2 \varkappa^2)^2$$

beachtet, so erhält man

$$\left.\begin{aligned}
\lim_{s \to 0} \varkappa^* &= \tfrac{1}{2}(1 + a_R^2 \varkappa^2)^{-3/2} \sqrt{(1 + a_R^2 \varkappa^2)(1 + 2 a_R^2 \varkappa^2)^2 + a_R^2 \tau^2 (3 + 2 a_R^2 \varkappa^2)^2} \lim_{s \to 0} \frac{1}{s} , \\
\lim_{s \to 0} \tau^* &= \frac{-4 a_R^2 \tau}{(1 + a_R^2 \varkappa^2)(1 + 2 a_R^2 \varkappa^2)^2 + a_R^2 \tau^2 (3 + 2 a_R^2 \varkappa^2)^2} \lim_{s \to 0} \frac{1}{s^2} \quad \text{(Schrauben-} \\
&\hspace{20em} \text{zykloide)}
\end{aligned}\right\} \quad (476)$$

Ferner folgt für Tangenten-, Normalen- und Binormalen-Einheitsvektor

$$\left.\begin{aligned}
\lim_{s \to 0} \mathfrak{t}^* &= -\mathfrak{n}_0 \frac{a_R \varkappa}{\sqrt{1 + a_R^2 \varkappa^2}} + (\mathfrak{t} \times \mathfrak{n})_0 \frac{1}{\sqrt{1 + a_R^2 \varkappa^2}} , \\
\lim_{s \to 0} \mathfrak{n}^* &= \frac{\mathfrak{t}_0 (1 + 2 a_R^2 \varkappa^2) + \mathfrak{n}_0 a_R \tau \dfrac{3 + 2 a_R^2 \varkappa^2}{1 + a_R^2 \varkappa^2} + (\mathfrak{t} \times \mathfrak{n})_0 a_R^2 \varkappa \tau \dfrac{3 + 2 a_R^2 \varkappa^2}{1 + a_R^2 \varkappa^2}}{\sqrt{(1 + 2 a_R^2 \varkappa^2)^2 + a_R^2 \tau^2 \dfrac{(3 + 2 a_R^2 \varkappa^2)^2}{1 + a_R^2 \varkappa^2}}} , \\
\lim_{s \to 0} \mathfrak{t}^* \times \mathfrak{n}^* &= \begin{vmatrix} \mathfrak{t}_0 & 0 & 1 + 2 a_R^2 \varkappa^2 \\ \mathfrak{n}_0 & -a_R \varkappa & a_R \tau \dfrac{3 + 2 a_R^2 \varkappa^2}{1 + a_R^2 \varkappa^2} \\ (\mathfrak{t} \times \mathfrak{n})_0 & 1 & a_R^2 \varkappa \tau \dfrac{3 + 2 a_R^2 \varkappa^2}{1 + a_R^2 \varkappa^2} \end{vmatrix} \cdot \frac{1}{\sqrt{}} \\
&= \frac{-\mathfrak{t}_0 a_R \tau (3 + 2 a_R^2 \varkappa^2) + \mathfrak{n}_0 (1 + 2 a_R^2 \varkappa^2) + (\mathfrak{t} \times \mathfrak{n})_0 a_R \varkappa (1 + 2 a_R^2 \varkappa^2)}{\sqrt{(1 + a_R^2 \varkappa^2)(1 + 2 a_R^2 \varkappa^2)^2 + a_R^2 \tau^2 (3 + 2 a_R^2 \varkappa^2)^2}} \\
&\hspace{15em} \text{(Schraubenzykloide)}
\end{aligned}\right\} \quad (477)$$

Abgesehen von der Windung τ lassen sich die Gln (479) und (480) mit Hilfe der Beziehungen

$$\mathfrak{t}^* \mathfrak{t}^* = \mathfrak{n}^* \mathfrak{n}^* = (\mathfrak{t}^* \times \mathfrak{n}^*)(\mathfrak{t}^* \times \mathfrak{n}^*) = 1 ,$$
$$\mathfrak{t}^* \mathfrak{n}^* = \mathfrak{n}^* (\mathfrak{t}^* \times \mathfrak{n}^*) = (\mathfrak{t}^* \times \mathfrak{n}^*) \mathfrak{t}^* = 0$$

leicht auf ihre Richtigkeit überprüfen.

Wie der Rechnungsgang gemäß (475) bis (477) erkennen läßt, ist die Behandlung räumlicher Singularitäten im allgemeinen mit erheblichem Rechenaufwand verbunden. Im vorliegenden Falle ergibt sich, daß die Krümmung an den Spitzenpunkten einen Pol erster Ordnung, die Windung einen solchen zweiter Ordnung aufweist. Der Tangentenvektor steht senkrecht auf dem Tangentenvektor der Schraubenlinie, aber nicht mehr senkrecht auf der Schmiegungsebene der Schraubenlinie als der augenblicklichen Rollebene der Zykloide. An der Stelle

$$\varphi = \pi , \qquad s = \pi a_R$$

36. Räumliche Rollkurven.

als der Stelle des maximalen Ausschlages der Schraubenzykloide liefern die Gln (472) bis (475)

$$\left.\begin{aligned}
\mathfrak{r}^* &= \mathfrak{r} + \mathfrak{t} \times \mathfrak{n} \cdot 2\,a_R \\
\frac{d\mathfrak{r}^*}{ds} &= 2\mathfrak{t} + \mathfrak{n} \cdot 2\,a_R\,\tau \\
\frac{d^2\mathfrak{r}^*}{ds^2} &= -\mathfrak{t} \cdot 2\,a_R\,\varkappa\,\tau + \mathfrak{n} \cdot 3\,\varkappa - \mathfrak{t} \times \mathfrak{n}\,\frac{1 + 2\,a_R^2\,\tau^2}{a_R} \\
\frac{d^3\mathfrak{r}^*}{ds^3} &= -\mathfrak{t}\,\frac{1 + 4\,a_R^2\,\tau^2}{a_R^2} - \mathfrak{n}\,\frac{\tau\,(3 + 2\,a_R^2\,\varkappa^2 + 2\,a_R^2\,\tau^2)}{a_R} - \mathfrak{t} \times \mathfrak{n} \cdot 4\,\varkappa\,\tau \\
\left|\frac{d\mathfrak{r}^*}{ds}\right| &= 2\sqrt{1 + a_R^2\,\tau^2}\,, \qquad \frac{d}{ds}\left|\frac{d\mathfrak{r}^*}{ds}\right| = \frac{a_R\,\varkappa\,\tau}{\sqrt{1 + a_R^2\,\tau^2}} \\
\left|\frac{d^2\mathfrak{r}^*}{ds^2}\right| &= \sqrt{4\,a_R^2\,\varkappa^2\,\tau^2 + 9\,\varkappa^2 + \frac{(1 + 2\,a_R^2\,\tau^2)^2}{a_R^2}}
\end{aligned}\right\} \quad (478)$$

(Schraubenzykloide an der Stelle $s = \pi\,a_R$).

Die Einführung dieser Werte in (471) ergibt

$$\left.\begin{aligned}
\varkappa^* &= \frac{1}{4\,a_R}\,(1 + a_R^2\,\tau^2)^{-3/2}\,\sqrt{(1 + a_R^2\,\tau^2)(1 + 2\,a_R^2\,\tau^2)^2 + a_R^2\,\varkappa^2\,(3 + 2\,a_R^2\,\tau^2)^2}\,, \\
\tau^* &= \tau\,\frac{(1 + 2\,a_R^2\,\tau^2)(1 + a_R^2\,\varkappa^2 + a_R^2\,\tau^2) + 4\,a_R^2\,\varkappa^2}{(1 + a_R^2\,\tau^2)(1 + 2\,a_R^2\,\tau^2)^2 + a_R^2\,\varkappa^2\,(3 + 2\,a_R^2\,\tau^2)^2}\,, \\
\mathfrak{t}^* &= \frac{\mathfrak{t} + \mathfrak{n}\,a_R\,\tau}{\sqrt{1 + a_R^2\,\tau^2}}\,, \\
\mathfrak{n}^* &= \frac{-\mathfrak{t}\,a_R^2\,\varkappa\,\tau\,\dfrac{3 + 2\,a_R^2\,\tau^2}{1 + a_R^2\,\tau^2} + \mathfrak{n}\,a_R\,\varkappa\,\dfrac{3 + 2\,a_R^2\,\tau^2}{1 + a_R^2\,\tau^2} - (\mathfrak{t} \times \mathfrak{n})(1 + 2\,a_R^2\,\tau^2)}{\sqrt{(1 + 2\,a_R^2\,\tau^2)^2 + a_R^2\,\varkappa^2\,\dfrac{(3 + 2\,a_R^2\,\tau^2)^2}{1 + a_R^2\,\tau^2}}}\,, \\
\mathfrak{t}^* \times \mathfrak{n}^* &= \frac{-\mathfrak{t}\,a_R\,\tau\,(1 + 2\,a_R^2\,\tau^2) + \mathfrak{n}\,(1 + 2\,a_R^2\,\tau^2) + (\mathfrak{t} \times \mathfrak{n})\,a_R\,\varkappa\,(3 + 2\,a_R^2\,\tau^2)}{\sqrt{(1 + a_R^2\,\tau^2)(1 + 2\,a_R^2\,\tau^2)^2 + a_R^2\,\varkappa^2\,(3 + 2\,a_R^2\,\tau^2)^2}}\,.
\end{aligned}\right\} \quad (479)$$

(Schraubenzykloide an der Stelle $s = \pi\,a_R$).

Vergleicht man die Krümmung an der Stelle des maximalen Ausschlages mit derjenigen im Spitzenpunkte, so zeigen die entsprechenden Ausdrücke nach (476) und (479) einen völlig gleichartigen Bau; es ist lediglich $\lim \dfrac{1}{s}$ mit $\dfrac{1}{2\,a_R}$ und $\varkappa$ mit τ vertauscht. Die Ursache für das Auftreten einer Windung an der Stelle des maximalen Ausschlages ist die Windung der Ausgangskurve, wie der Faktor τ in der Formel für τ^* beweist. Auf diese Windung der Ausgangskurve ist es auch zurückzuführen, daß der Tangentenvektor $\mathfrak{t}^*$ eine Komponente in Richtung der Normalen der Schraubenlinie besitzt.

In den Viertelpunkten

$$\varphi = \pi \mp \frac{\pi}{2}\,, \qquad s = \pi\,a_R \mp \frac{\pi}{2}\,a_R$$

ergeben die Gleichungen (472) bis (475)

$$\left.\begin{aligned}
&\mathfrak{r}^* = \mathfrak{r} \mp t\,a_R + t \times \mathfrak{n}\,a_R\,, \qquad \frac{d\mathfrak{r}^*}{ds} = \mathfrak{t} + \mathfrak{n}\,a_R(\tau \mp \varkappa) \pm \mathfrak{t} \times \mathfrak{n}\,, \\
&\frac{d^2\mathfrak{r}^*}{ds^2} = \mathfrak{t}\left(-a_R\varkappa\tau \pm \frac{1+a_R^2\varkappa^2}{a_R}\right) + \mathfrak{n}(\varkappa \pm 2\tau) + \mathfrak{t}\times\mathfrak{n}\,a_R\tau(-\tau \pm \varkappa)\,, \\
&\frac{d^3\mathfrak{r}^*}{ds^3} = -\mathfrak{t}\varkappa(\varkappa\pm 3\tau) + \mathfrak{n}\,a_R\!\left[-\tau(\varkappa^2+\tau^2)\pm\varkappa\!\left(\varkappa^2+\tau^2+\frac{3}{a_R^2}\right)\right] - \\
&\qquad - \mathfrak{t}\times\mathfrak{n}\left(\varkappa\tau \pm \frac{1+3\,a_R^2\varkappa^2}{a_R^2}\right) \\
&\left|\frac{d\mathfrak{r}^*}{ds}\right| = \sqrt{2 + a_R^2(\tau\mp\varkappa)^2}\,, \qquad \frac{d}{ds}\left|\frac{d\mathfrak{r}^*}{ds}\right| = \pm\frac{\dfrac{1}{a_R}+a_R\tau(\tau\mp\varkappa)}{\sqrt{2+a_R^2(\tau\mp\varkappa)^2}}\,, \\
&\left|\frac{d^2\mathfrak{r}^*}{ds^2}\right| = \sqrt{\frac{1}{a_R^2}+3\varkappa^2+4\tau^2+a_R^2(\varkappa^2+\tau^2)^2 \pm 2\varkappa\tau(1-a_R^2\varkappa^2-a_R^2\tau^2)}\,. \\
&\left(\text{Schraubenzykloide an den Stellen } s = \pi a_R \mp \tfrac{\pi}{2} a_R\right).
\end{aligned}\right\} \quad (480)$$

Bei Einführung dieser Werte in (471) folgt

$$\left.\begin{aligned}
\varkappa^* &= \frac{\sqrt{[1-4a_R^4\varkappa^2\tau^2+(a_R^2\varkappa^2+a_R^2\tau^2)(7+5(a_R^2\varkappa^2+a_R^2\tau^2))+(a_R^2\varkappa^2+a_R^2\tau^2)^2+4a_R^4\varkappa^2\tau^2]}\,\pm}{a_R[2+a_R^2(\tau\mp\varkappa)^2]^{3/2}} \\
&\qquad \frac{\pm\,4\,a_R^2\varkappa\tau\,[1-2(a_R^2\varkappa^2+a_R^2\tau^2)-(a_R^2\varkappa^2+a_R^2\tau^2)^2]}{a_R[2+a_R^2(\tau\mp\varkappa)^2]^{3/2}}\,, \\
\tau^* &= \frac{\tau[1+2a_R^2\varkappa^2+3a_R^4\varkappa^4+4a_R^2\tau^2(1+a_R^2\varkappa^2)+a_R^4\tau^4]\mp}{[1-4a_R^4\varkappa^2\tau^2+(a_R^2\varkappa^2+a_R^2\tau^2)(7+5(a_R^2\varkappa^2+a_R^2\tau^2))+(a_R^2\varkappa^2+a_R^2\tau^2)^2+4a_R^4\varkappa^2\tau^2]\pm} \\
&\qquad \frac{\mp\,\varkappa[1+4a_R^2\varkappa^2+a_R^4\varkappa^4+2a_R^2\tau^2(1+2a_R^2\varkappa^2)+3a_R^4\tau^4]}{\pm\,4a_R^2\varkappa\tau[1-2(a_R^2\varkappa^2+a_R^2\tau^2)-(a_R^2\varkappa^2+a_R^2\tau^2)^2]}\,. \\
&\left(\text{Schraubenzykloide an den Stellen } s = \pi a_R \mp \tfrac{\pi}{2} a_R\right).
\end{aligned}\right\} \quad (481)$$

Die Einheitsvektoren des begleitenden Achsenkreuzes sind in den Viertelpunkten von geringerem Interesse, so daß auf ihre Wiedergabe hier verzichtet werden kann.

Wird in (481) $\tau = \varkappa$ gesetzt, so folgt für das obere Vorzeichen

$$\varkappa^* = \frac{1}{2a_R}\sqrt{\frac{1}{2}+9\,a_R^2\varkappa^2}\,, \qquad \tau^* = 0 \qquad \left(\tau = \varkappa\,,\ s = \tfrac{\pi}{2}a_R\right). \quad (482)$$

Entsprechend ergibt sich für $\tau = -\varkappa$ und das untere Vorzeichen

$$\varkappa^* = \frac{1}{2a_R}\sqrt{\frac{1}{2}+9\,a_R^2\varkappa^2}\,, \qquad \tau^* = 0 \qquad \left(\tau = -\varkappa\,,\ s = \tfrac{3\pi}{2}a_R\right). \quad (483)$$

Nach (271) wird für $\tau = \pm\varkappa$ die Ganghöhe der Schraubenlinie $h = \mp 2\pi a$ oder der Steigungswinkel $\alpha = \mp 45^0$ (vgl. hierzu Abb. 144). Für diese Schraubenlinien verschwindet also die Windung der Schraubenzykloiden im vorderen bzw. hinteren Viertelpunkt.

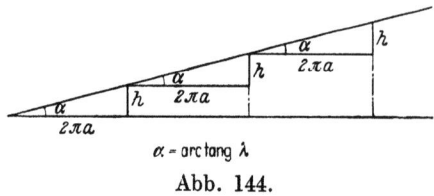

$\alpha = \text{arc tang } \lambda$

Abb. 144.

36. Räumliche Rollkurven.

Die vorstehend entwickelten Formeln erlauben einen befriedigenden Überblick über den Verlauf von Schraubenzykloiden, insbesondere über denjenigen von Krümmung und Windung beziehungsweise ihrer Reziprokwerte

$$R^* = \frac{1}{\varkappa^*}, \qquad R^*_\tau = \frac{1}{\tau^*}.$$

Entsprechend ihrer geometrischen Entwicklung sind für den Verlauf von Krümmungs- und Windungsradius der Schraubenzykloide zwei Formparameter maßgebend, die z. B. durch die Verhältniswerte

$$\lambda = \frac{\tau}{\varkappa} \quad \text{und} \quad \mu = \frac{a_R}{a} \tag{484}$$

zum Ausdruck gebracht werden können. Nach (271) stellt der erste Verhältniswert gemäß

$$\lambda = \frac{\tau}{\varkappa} = -\frac{h}{2\pi a} = -\text{tang}\,\alpha \tag{485}$$

den tangens des sogenannten Steigungswinkels der Schraubenlinie dar. Bei der Einführung des Steigungswinkels denkt man sich bekanntlich gemäß Abb. 144 die Schraubenlinie dadurch entstanden, daß ein nach der einen Seite unendlich ausgedehntes Dreieck mit zur Schraubenachse senkrecht liegender Kathete auf dem Schraubenzylinder aufgewickelt wird. Hierbei beschreibt die Hypothenuse die Schraubenlinie, derart, daß einer Kathetenlänge $2\pi a$ immer eine Ganghöhe h der Schraubenlinie entspricht. Der zweite Formparameter μ ist das Verhältnis vom Rollreifenhalbmesser zum Zylinderhalbmesser.

Es möge nun noch die Variation des Verlaufes von Krümmungs- und Windungshalbmesser in Abhängigkeit von μ näher betrachtet werden. Hierfür sei der Parameter λ gleich $-\frac{1}{2}$ gesetzt, was einem Steigungswinkel von 26,5⁰ entspricht. Für $\lambda = -\frac{1}{2}$ folgt nach (484) und (485) in Verbindung mit (271)

$$a_R \varkappa = \frac{4}{5}\mu, \quad a_R \tau = -\frac{2}{5}\mu, \quad a_R^2 \varkappa^2 + a_R^2 \tau^2 = \frac{4}{5}\mu^2, \quad a_R^2 \varkappa \tau = -\frac{8}{25}\mu^2.$$

Mit diesen Werten erhält man durch Umschreibung von (476), (479) und (481)

$$s \to 0 \quad : R^* = \dfrac{2 a_R \left(1 + \dfrac{16}{25}\mu^2\right)^{3/2} \lim\limits_{s\to 0} s/a_R}{\sqrt{\left(1 + \dfrac{16}{25}\mu^2\right)\left(1 + \dfrac{32}{25}\mu^2\right)^2 + \dfrac{4}{25}\mu^2\left(3 + \dfrac{32}{25}\mu^2\right)^2}},$$

$$s = \frac{\pi}{2} a_R \quad : R^* = \dfrac{a_R\left(2 + \dfrac{36}{25}\mu^2\right)^{3/2}}{\sqrt{\left(1 + \dfrac{108}{25}\mu^2 + \dfrac{3024}{625}\mu^4 + \dfrac{5184}{3125}\mu^6\right)}},$$

$$s = \pi a_R \quad : R^* = \dfrac{4 a_R\left(1 + \dfrac{4}{25}\mu^2\right)^{3/2}}{\sqrt{\left(1 + \dfrac{4}{25}\mu^2\right)\left(1 + \dfrac{8}{25}\mu^2\right)^2 + \dfrac{16}{25}\mu^2\left(3 + \dfrac{8}{25}\mu^2\right)^2}},$$

$$s = \frac{3\pi}{2} a_R : R^* = \dfrac{a_R\left(2 + \dfrac{4}{25}\mu^2\right)^{3/2}}{\sqrt{1 + \dfrac{172}{25}\mu^2 + \dfrac{464}{625}\mu^4 + \dfrac{64}{3125}\mu^6}}.$$

122   Der beliebig bewegte, punktförmig idealisierte Körper.

$$s \to 0 \quad : \quad R_\tau^* = \frac{5\,a_R}{8\,\mu}\left[\left(1+\frac{16}{25}\mu^2\right)\left(1+\frac{32}{25}\mu^2\right)^2 + \frac{4}{25}\mu^2\left(3+\frac{32}{25}\mu^2\right)^2\right]\cdot \lim_{s\to 0} s^2/a_R^2\;,$$

$$s = \frac{\pi}{2}a_R : \quad R_\tau^* = \frac{-a_R\left[1+\frac{108}{25}\mu^2+\frac{3024}{625}\mu^4+\frac{5184}{3125}\mu^6\right]}{\frac{6}{5}\mu+\frac{384}{125}\mu^3+\frac{864}{625}\mu^5}\;,$$

$$s = \pi\,a_R : \quad R_\tau^* = \frac{-a_R\left[\left(1+\frac{4}{25}\mu^2\right)\left(1+\frac{8}{25}\mu^2\right)^2+\frac{16}{25}\mu^2\left(3+\frac{8}{25}\mu^2\right)^2\right]}{\frac{2}{5}\mu+\frac{184}{125}\mu^3+\frac{64}{625}\mu^5}\;,$$

$$s = \frac{3\,\pi}{2}a_R : \quad R_\tau^* = \frac{a_R\left[1+\frac{172}{25}\mu^2+\frac{464}{625}\mu^4+\frac{64}{3125}\mu^6\right]}{\frac{2}{5}\mu+\frac{192}{125}\mu^3+\frac{32}{625}\mu^5}\;.$$

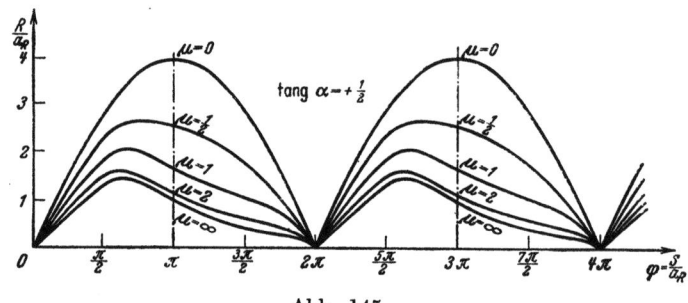

Abb. 145.

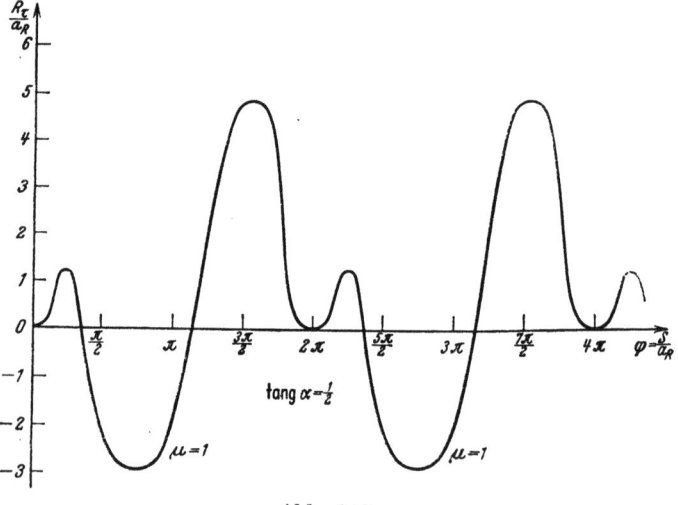

Abb. 146.

In Abb. 145 und 146 ist der Verlauf der Krümmung und Windung, soweit dies mit so wenigen Kurvenpunkten möglich ist, dargestellt. Bei der Krümmung entspricht dem Werte $\mu = 0$ die gewöhnliche Zykloide, während der Wert $\mu = \infty$ einen Ausartungsfall von abstrakter Natur darstellt. Wie Abb. 145 zeigt, nähert man sich diesem Grenzfalle von $\mu = 2$ ab sehr schnell. Bei der Windung gehört

36. Räumliche Rollkurven.

zu den Grenzwerten $\mu = 0$ und $\mu = \infty$ ein unendlich großer Windungsradius. Auch in den Fällen $\mu = \frac{1}{2}$ und $\mu = 2$ ergeben sich stellenweise noch sehr große Windungsradien, weshalb in Abb. 146 die Darstellung auf den Fall $\mu = 1$ beschränkt wurde.

Läßt man die Ganghöhe h nach Null gehen, so zieht sich die Schraubenlinie auf ihren Grundkreis zusammen und die Schraubenzykloide wird zur Ringzykloide, die die Bewegung von Laufrollen in Kurven beschreibt. Da nach (271) mit $h = 0$ gleichzeitig $\tau = 0$ wird, vereinfachen sich die Ausdrücke beträchtlich, so daß die für die Schraubenzykloide lediglich punktweise entwickelten Formeln hier allgemein gegeben werden können. Zunächst folgt mit $\tau = 0$ aus (473) und (474)

$$\left.\begin{aligned}
\mathfrak{r}^* &= \mathfrak{r} - \mathfrak{t}\, a_R \sin\frac{s}{a_R} + \mathfrak{t} \times \mathfrak{n}\, a_R\!\left(1 - \cos\frac{s}{a_R}\right), \\
\frac{d\mathfrak{r}^*}{ds} &= \mathfrak{t}\!\left(1 - \cos\frac{s}{a_R}\right) - \mathfrak{n}\, a_R \varkappa \sin\frac{s}{a_R} + \mathfrak{t} \times \mathfrak{n} \sin\frac{s}{a_R}, \\
\frac{d^2\mathfrak{r}^*}{ds^2} &= \mathfrak{t}\,\frac{1 + a_R^2 \varkappa^2}{a_R}\sin\frac{s}{a_R} + \mathfrak{n}\,\varkappa\!\left(1 - 2\cos\frac{s}{a_R}\right) + \frac{\mathfrak{t}\times\mathfrak{n}}{a_R}\cos\frac{s}{a_R}, \\
\frac{d^3\mathfrak{r}^*}{ds^3} &= \mathfrak{t}\,\frac{1 + 2 a_R^2 \varkappa^2}{a_R^2}\cos\frac{s}{a_R} + \mathfrak{n}\, a_R \varkappa\!\left(\varkappa^2 + \frac{3}{a_R^2}\right)\sin\frac{s}{a_R} - \frac{\mathfrak{t}\times\mathfrak{n}}{a_R^2}\sin\frac{s}{a_R}.
\end{aligned}\right\} \text{(Ringzykloide)} \quad (486)$$

$$\left.\begin{aligned}
\left|\frac{d\mathfrak{r}^*}{ds}\right| &= \sqrt{2\!\left(1 - \cos\frac{s}{a_R}\right) + a_R^2 \varkappa^2 \sin^2\frac{s}{a_R}}, \\
\frac{d}{ds}\left|\frac{d\mathfrak{r}^*}{ds}\right| &= \frac{\dfrac{1}{a_R}\sin\dfrac{s}{a_R}\!\left(1 + a_R^2 \varkappa^2 \cos\dfrac{s}{a_R}\right)}{\sqrt{2\!\left(1 - \cos\dfrac{s}{a_R}\right) + a_R^2 \varkappa^2 \sin^2\dfrac{s}{a_R}}}, \\
\left|\frac{d^2\mathfrak{r}^*}{ds^2}\right| &= \frac{1}{a_R}\sqrt{1 + a_R^2 \varkappa^2\!\left(3 - 4\cos\frac{s}{a_R} + 2\cos^2\frac{s}{a_R}\right) + a_R^4 \varkappa^4 \sin^2\frac{s}{a_R}}.
\end{aligned}\right\} \text{(Ringzykloide)} \quad (487)$$

Die Einführung dieser Werte in (471) ergibt

$$\varkappa^* = \frac{1}{a_R}\,\frac{\sqrt{\left[2 + 18 a_R^2 \varkappa^2 - (1 + 11 a_R^2 \varkappa^2 - 6 a_R^4 \varkappa^4)\sin^2\dfrac{s}{a_R} - a_R^4 \varkappa^4 (1 - a_R^2 \varkappa^2)\sin^4\dfrac{s}{a_R}\right] - 2\left[1 + 9 a_R^2 \varkappa^2 - a_R^2 \varkappa^2 (1 - 3 a_R^2 \varkappa^2)\sin^2\dfrac{s}{a_R}\right]\cos\dfrac{s}{a_R}}}{\left[2\!\left(1 - \cos\dfrac{s}{a_R}\right) + a_R^2 \varkappa^2 \sin^2\dfrac{s}{a_R}\right]^{3/2}};$$

$$\tau^* = \frac{1}{a_R}\,\frac{-a_R \varkappa\!\left[(1 + 5 a_R^2 \varkappa^2)\!\left(1 - \cos\dfrac{s}{a_R}\right) - a_R^2 \varkappa^2 (1 - a_R^2 \varkappa^2)\sin^2\dfrac{s}{a_R}\right]\sin\dfrac{s}{a_R}}{\left[2 + 18 a_R^2 \varkappa^2 - (1 + 11 a_R^2 \varkappa^2 - 6 a_R^4 \varkappa^4)\sin^2\dfrac{s}{a_R} - a_R^4 \varkappa^4 (1 - a_R^2 \varkappa^2)\sin^4\dfrac{s}{a_R}\right] - \left[-a_R \varkappa\!\left[(1 + 5 a_R^2 \varkappa^2)\!\left(1 - \cos\dfrac{s}{a_R}\right) - a_R^2 \varkappa^2 (1 - a_R^2 \varkappa^2)\sin^2\dfrac{s}{a_R}\right]\sin\dfrac{s}{a_R}\right] - 2\left[1 + 9 a_R^2 \varkappa^2 - a_R^2 \varkappa^2 (1 - 3 a_R^2 \varkappa^2)\sin^2\dfrac{s}{a_R}\right]\cos\dfrac{s}{a_R}},$$

(488)

Der beliebig bewegte, punktförmig idealisierte Körper.

$$\mathfrak{t}^* = \frac{t\left(1-\cos\frac{s}{a_R}\right) - \mathfrak{n}\, a_R \varkappa \sin\frac{s}{a_R} + \mathfrak{t}\times\mathfrak{n}\sin\frac{s}{a_R}}{\sqrt{2\left(1-\cos\frac{s}{a_R}\right) + a_R^2 \varkappa^2 \sin^2\frac{s}{a_R}}} \quad \text{(Ringzykloide)} \tag{488}$$

$$\mathfrak{n}^* = \frac{\mathfrak{t}\left[(1+3\,a_R^2\varkappa^2)\left(1-\cos\frac{s}{a_R}\right) + a_R^4\varkappa^4 \sin^2\frac{s}{a_R}\right]\sin\frac{s}{a_R} + }{\sqrt{\left[2+18\,a_R^2\varkappa^2 - (1+11\,a_R^2\varkappa^2 - 6\,a_R^4\varkappa^4)\sin^2\frac{s}{a_R} - a_R^4\varkappa^4(1-a_R^2\varkappa^2)\sin^4\frac{s}{a_R}\right]-}$$

$$\frac{+\mathfrak{n}\, a_R \varkappa\left(1-\cos\frac{s}{a_R}\right)\left[3\left(1-\cos\frac{s}{a_R}\right) + a_R^2\varkappa^2\sin^2\frac{s}{a_R}\right] - \mathfrak{t}\times\mathfrak{n}\left(1-\cos\frac{s}{a_R}\right)^2}{-2\left[1+9\,a_R^2\varkappa^2 - a_R^2\varkappa^2(1-3\,a_R^2\varkappa^2)\sin^2\frac{s}{a_R}\right]\cos\frac{s}{a_R}\sqrt{2\left(1-\cos\frac{s}{a_R}\right) + a_R^2\varkappa^2\sin^2\frac{s}{a_R}}} ,$$

$$\mathfrak{t}^*\times\mathfrak{n}^* = \frac{\left(1-\cos\frac{s}{a_R}\right)^2\left[-\mathfrak{t}\,a_R\varkappa\left[2+a_R^2\varkappa^2\left(1+\cos\frac{s}{a_R}\right)\right]\sin\frac{s}{a_R} +}{\sqrt{\left[2+18\,a_R^2\varkappa^2 - (1+11\,a_R^2\varkappa^2 - 6\,a_R^4\varkappa^4)\sin^2\frac{s}{a_R} - a_R^4\varkappa^4(1-a_R^2\varkappa^2)\sin^4\frac{s}{a_R}\right]-}$$

$$\frac{+\mathfrak{n}\left[2+a_R^2\varkappa^2\left(1+\cos\frac{s}{a_R}\right)\left(3+a_R^2\varkappa^2 + a_R^2\varkappa^2\cos\frac{s}{a_R}\right)\right]+}{-2\left[1+9\,a_R^2\varkappa^2 - a_R^2\varkappa^2(1-3\,a_R^2\varkappa^2)\sin^2\frac{s}{a_R}\right]\cos\frac{s}{a_R}}$$

$$\frac{+\mathfrak{t}\times\mathfrak{n}\left[(2+a_R^2\varkappa^2)^2 + (-2+3\,a_R^2\varkappa^2 + 2\,a_R^4\varkappa^4)\cos\frac{s}{a_R} - a_R^2\varkappa^2(1-a_R^2\varkappa^2)\cos^2\frac{s}{a_R}\right]a_R\varkappa\right]}{\cdot\left[2\left(1-\cos\frac{s}{a_R}\right) + a_R^2\varkappa^2\sin^2\frac{s}{a_R}\right]} \cdot$$

Für die Spitzenpunkte
$$s = 0, \quad 2\pi a_R, \quad 4\pi a_R, \quad \ldots$$
erhält man durch Grenzübergang

$$\lim_{s\to 0}\varkappa^* = \frac{1+2\,a_R^2\varkappa^2}{2(1+a_R^2\varkappa^2)}\frac{1}{\lim\limits_{s\to 0} s}, \qquad \lim_{s\to 0}\tau^* = -\frac{2\,a_R\varkappa}{1+2\,a_R^2\varkappa^2}\frac{1}{\lim\limits_{s\to 0} s},$$

$$\lim_{s\to 0}\mathfrak{t}^* = \frac{-\mathfrak{n}_0\, a_R\varkappa + \mathfrak{t}_0\times\mathfrak{n}_0}{\sqrt{1+a_R^2\varkappa^2}}, \qquad \lim_{s\to 0}\mathfrak{n}^* = \mathfrak{t}_0, \qquad \text{(Ringzykloide)} \tag{489}$$

$$\lim_{s\to 0}\mathfrak{t}^*\times\mathfrak{n}^* = \frac{\mathfrak{n}_0 + \mathfrak{t}_0\times\mathfrak{n}_0\, a_R\varkappa}{\sqrt{1+a_R^2\varkappa^2}}$$

Wie der Vergleich von (476) und (489) zeigt, werden bei der Ringzykloide — im Gegensatz zur Schraubenzykloide — an den Spitzenpunkten Krümmung und Windung von gleicher Ordnung singulär. Die höhere Singularität der Windung der Schraubenzykloide ist eine Folge der Windung der Ausgangskurve.

Der bei der Schraubenzykloide gemäß (484) eingeführte Parameter μ läßt sich hier wegen

$$a = \frac{1}{\varkappa} \quad \text{oder} \quad \varkappa = \frac{1}{a} \quad \text{(Ringzykloide)} \tag{490}$$

36. Räumliche Rollkurven.

auch in der Form

$$\mu = a_R \varkappa \quad \text{(Ringzykloide)} \tag{491}$$

schreiben, womit die Formeln (486) bis (488) unmittelbar nach Potenzen von μ geordnet erscheinen. Für die Parameterwerte $\mu = 0, \frac{1}{2}, 1$ und 2 ist der Verlauf von Krümmung und Windung aus den Abb. 147 und 148 ersichtlich. Im Falle

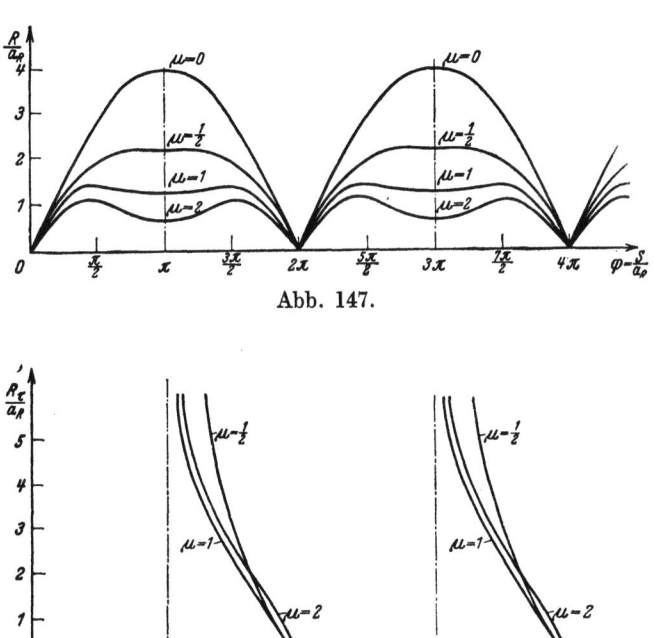

Abb. 147.

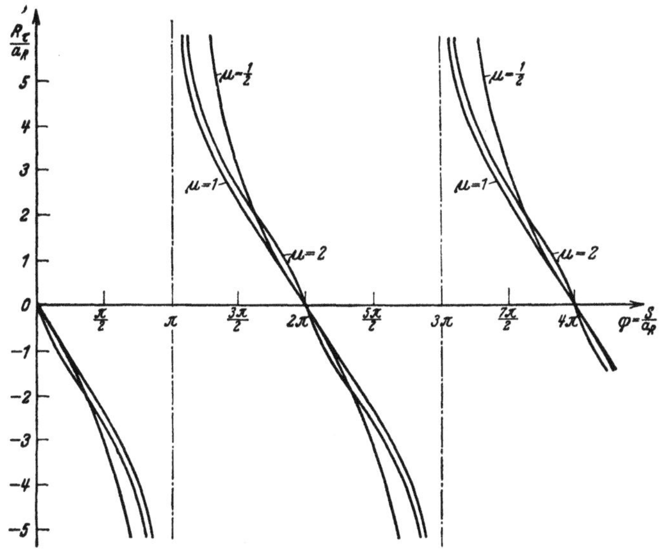

Abb. 148.

$\mu = 0$ liegt wieder die gewöhnliche Zykloide vor, deren Windungshalbmesser überall unendlich groß ist und daher in Abb. 148 als Kurve nicht in Erscheinung treten kann.

Die Untersuchung der Schrauben- und Ringzykloiden, wie sie vorstehend durchgeführt wurde, läßt anschaulich erkennen, wie nützlich das natürliche Bezugssystem $\mathfrak{t}, \mathfrak{n}, \mathfrak{t} \times \mathfrak{n}$ und die Frenetschen Formeln bei der Bewältigung schwierigerer kinematischer Aufgaben und insbesondere für die Darstellung von Krümmung und Windung sein können. Im Falle des festen kartesischen Bezugssystemes ergibt sich durch Einführung von (272) in (472) für den Ortsvektor $\mathfrak{r}$ der Schraubenzykloide

$$\begin{aligned}
\mathfrak{r}^* = {}& \mathfrak{i}_1\, a \cos\left(s\sqrt{\tfrac{\varkappa}{a}}\right) + \mathfrak{i}_2\, a \sin\left(s\sqrt{\tfrac{\varkappa}{a}}\right) + \mathfrak{i}_3 \tfrac{h}{2\pi}\left(s\sqrt{\tfrac{\varkappa}{a}}\right) + \\
& + a_R \sin\tfrac{s}{a_R}\left[\mathfrak{i}_1\sqrt{\varkappa a}\sin\left(s\sqrt{\tfrac{\varkappa}{a}}\right) - \mathfrak{i}_2\sqrt{\varkappa a}\cos\left(s\sqrt{\tfrac{\varkappa}{a}}\right) - \mathfrak{i}_3\tfrac{h}{2\pi}\sqrt{\tfrac{\varkappa}{a}}\right] + \\
& + a_R\left(1-\cos\tfrac{s}{a_R}\right)\left[\mathfrak{i}_1\tfrac{h}{2\pi}\sqrt{\tfrac{\varkappa}{a}}\sin\left(s\sqrt{\tfrac{\varkappa}{a}}\right) - \mathfrak{i}_2\tfrac{h}{2\pi}\sqrt{\tfrac{\varkappa}{a}}\cos\left(s\sqrt{\tfrac{\varkappa}{a}}\right) + \mathfrak{i}_3\sqrt{\varkappa a}\right]
\end{aligned}$$

oder zusammengefaßt

$$\begin{aligned}
\mathfrak{r}^* = {}& \mathfrak{i}_1\left[a\cos\left(s\sqrt{\tfrac{\varkappa}{a}}\right) + a_R\sqrt{\varkappa a}\sin\tfrac{s}{a_R}\sin\left(s\sqrt{\tfrac{\varkappa}{a}}\right) + a_R\tfrac{h\sqrt{\varkappa a}}{2\pi a}\left(1-\cos\tfrac{s}{a_R}\right)\sin\left(s\sqrt{\tfrac{\varkappa}{a}}\right)\right] + \\
& + \mathfrak{i}_2\left[a\sin\left(s\sqrt{\tfrac{\varkappa}{a}}\right) - a_R\sqrt{\varkappa a}\sin\tfrac{s}{a_R}\cos\left(s\sqrt{\tfrac{\varkappa}{a}}\right) - a_R\tfrac{h\sqrt{\varkappa a}}{2\pi a}\left(1-\cos\tfrac{s}{a_R}\right)\cos\left(s\sqrt{\tfrac{\varkappa}{a}}\right)\right] + \\
& + \mathfrak{i}_3\sqrt{\varkappa a}\left[\tfrac{h s}{2\pi a} - \tfrac{h a_R}{2\pi a}\sin\tfrac{s}{a_R} + a_R\left(1-\cos\tfrac{s}{a_R}\right)\right] \quad \text{(Schraubenzykloide)}.
\end{aligned} \qquad (492)$$

Die kartesische Darstellung einer Kurve bietet immer das Angenehme, daß man sie leicht punktweise zeichnen kann. Im vorliegenden Falle einer zyklisch periodischen Kurve braucht s lediglich über den Periodenbereich $0 \leq s \leq 2\pi a_R$ erstreckt zu werden. Für Viertelintervalle dieses Bereiches ergibt sich beispielsweise:

$$\begin{aligned}
s = 0 \;&:\; \mathfrak{r}^* = \mathfrak{i}_1 a \\
s = \tfrac{\pi}{2} a_R \;&:\; \mathfrak{r}^* = \mathfrak{i}_1\left[a\cos\left(\tfrac{\pi}{2}a_R\sqrt{\tfrac{\varkappa}{a}}\right) + a_R\sqrt{\varkappa a}\left(1+\tfrac{h}{2\pi a}\right)\sin\left(\tfrac{\pi}{2}a_R\sqrt{\tfrac{\varkappa}{a}}\right)\right] + \\
& \qquad + \mathfrak{i}_2\left[a\sin\left(\tfrac{\pi}{2}a_R\sqrt{\tfrac{\varkappa}{a}}\right) - a_R\sqrt{\varkappa a}\left(1+\tfrac{h}{2\pi a}\right)\cos\left(\tfrac{\pi}{2}a_R\sqrt{\tfrac{\varkappa}{a}}\right)\right] + \\
& \qquad + \mathfrak{i}_3 a_R\sqrt{\varkappa a}\left[1+\left(\tfrac{1}{4}-\tfrac{1}{2\pi}\right)\tfrac{h}{a}\right] \;, \\
s = \pi a_R \;&:\; \mathfrak{r}^* = \mathfrak{i}_1\left[a\cos\left(\pi a_R\sqrt{\tfrac{\varkappa}{a}}\right) + a_R\sqrt{\varkappa a}\tfrac{h}{\pi a}\sin\left(\pi a_R\sqrt{\tfrac{\varkappa}{a}}\right)\right] + \\
& \qquad + \mathfrak{i}_2\left[a\sin\left(\pi a_R\sqrt{\tfrac{\varkappa}{a}}\right) - a_R\sqrt{\varkappa a}\tfrac{h}{\pi a}\cos\left(\pi a_R\sqrt{\tfrac{\varkappa}{a}}\right)\right] + \\
& \qquad + \mathfrak{i}_3 a_R\sqrt{\varkappa a}\left[2+\tfrac{1}{2}\tfrac{h}{a}\right] \;, \\
s = \tfrac{3\pi}{2} a_R \;&:\; \mathfrak{r}^* = \mathfrak{i}_1\left[a\cos\left(\tfrac{3\pi}{2}a_R\sqrt{\tfrac{\varkappa}{a}}\right) + a_R\sqrt{\varkappa a}\left(-1+\tfrac{h}{2\pi a}\right)\sin\left(\tfrac{3\pi}{2}a_R\sqrt{\tfrac{\varkappa}{a}}\right)\right] + \\
& \qquad + \mathfrak{i}_2\left[a\sin\left(\tfrac{3\pi}{2}a_R\sqrt{\tfrac{\varkappa}{a}}\right) - a_R\sqrt{\varkappa a}\left(-1+\tfrac{h}{2\pi a}\right)\cos\left(\tfrac{3\pi}{2}a_R\sqrt{\tfrac{\varkappa}{a}}\right)\right] + \\
& \qquad + \mathfrak{i}_3 a_R\sqrt{\varkappa a}\left[-1+\left(\tfrac{3}{4}-\tfrac{1}{2\pi}\right)\tfrac{h}{a}\right] \;, \\
s = 2\pi a_R \;&:\; \mathfrak{r}^* = \mathfrak{i}_1 a\cos\left(2\pi a_R\sqrt{\tfrac{\varkappa}{a}}\right) + \mathfrak{i}_2 a\sin\left(2\pi a_R\sqrt{\tfrac{\varkappa}{a}}\right) + \mathfrak{i}_3 a_R\sqrt{\varkappa a}\tfrac{h}{a} \;.
\end{aligned} \qquad (493)$$

Mit den Werten

$$h = 0\,, \qquad \varkappa = \tfrac{1}{a}$$

geht die Schraubenzykloide wieder in die Kreisringzykloide über. Für diese folgt aus (476)

$$\mathfrak{r}^* = \mathfrak{i}_1 \left[a \cos\frac{s}{a} + a_R \sin\frac{s}{a_R} \sin\frac{s}{a} \right] + \mathfrak{i}_2 \left[a \sin\frac{s}{a} - a_R \sin\frac{s}{a_R} \cos\frac{s}{a} \right] + \\ + \mathfrak{i}_3 a_R \left(1 - \cos\frac{s}{a_R} \right) \quad \text{(Ringzykloide)}. \tag{494}$$

Geht a_R nach Unendlich, d. h. wird der abrollende Kreis zur Geraden, so lauten die in (492) auftretenden Grenzwerte

$$\lim_{a_R \to \infty} a_R \sin\frac{s}{a_R} = s, \qquad \lim_{a_R \to \infty} a_R \left(1 - \cos\frac{s}{a_R} \right) = 0$$

und man erhält

$$\mathfrak{r}^* = \mathfrak{i}_1 a \left[\cos\left(s\sqrt{\frac{\varkappa}{a}}\right) + \left(s\sqrt{\frac{\varkappa}{a}}\right) \sin\left(s\sqrt{\frac{\varkappa}{a}}\right) \right] + \mathfrak{i}_2 a \left[\sin\left(s\sqrt{\frac{\varkappa}{a}}\right) - \left(s\sqrt{\frac{\varkappa}{a}}\right) \cos\left(s\sqrt{\frac{\varkappa}{a}}\right) \right].$$

Da die $\mathfrak{i}_3$-Komponente fehlt, ist dies eine ebene Kurve. Nun ist aber nach (268) und (271)

$$s\sqrt{\frac{\varkappa}{a}} = \varphi,$$

wobei φ jetzt gemäß Abb. 90 den Drehwinkel im Grundkreis darstellt. Demgemäß folgt

$$\mathfrak{r}^* = \mathfrak{i}_1 a (\cos\varphi + \varphi \sin\varphi) + \mathfrak{i}_2 a (\sin\varphi - \varphi \cos\varphi) \quad (a_R \to \infty). \tag{495}$$

Wird hierin $\mathfrak{i}_1$ mit $-\mathfrak{i}_1$, a mit a_0 und φ mit ψ vertauscht, so geht (495) in die Gleichung (412) der Kreisevolvente über.

Die Kreisevolvente läßt sich somit kinematisch auch dadurch erzeugen, daß eine nach der einen Seite unendlich ausgedehnte Gerade sich derart auf einer Schraubenlinie abwälzt, daß die Tangentenvektoren von Gerade und Schraubenlinie an jeder Stelle zusammenfallen. Das Bemerkenswerte an diesem Ergebnis ist, daß der Steigungswinkel der Schraubenlinie hierbei völlig belanglos ist.

37. Integrale mit Vektoren als Integranden.

Gemäß Abb. 149 sei eine Vektorfunktion

$$\mathfrak{V} = \mathfrak{V}(\lambda)$$

in Kurvenform dargestellt. Dann unterscheiden sich zwei zu benachbarten Parameterwerten λ und $\lambda + \varDelta\lambda$ gehörige Vektoren um den Sehnenvektor

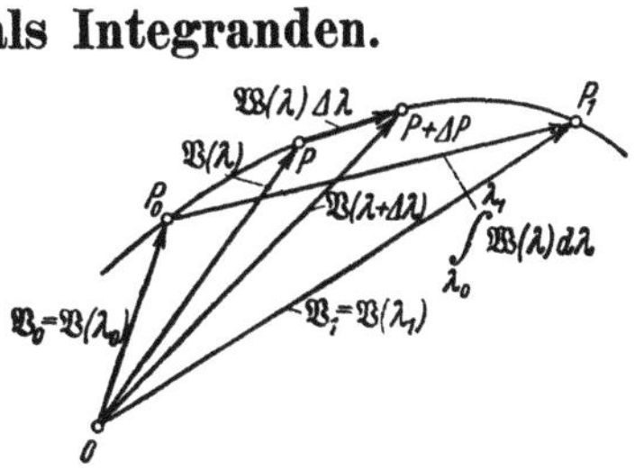

$$\mathfrak{V}(\lambda + \varDelta\lambda) - \mathfrak{V}(\lambda) = \mathfrak{W}(\lambda) \varDelta\lambda.$$

Abb. 149.

Wird nun ein rechtwinkliges Bezugssystem $\mathfrak{i}_1, \mathfrak{i}_2, \mathfrak{i}_3$ zugrunde gelegt, so ist

$$\mathfrak{V}(\lambda + \varDelta\lambda) = \mathfrak{i}_1 V_1(\lambda + \varDelta\lambda) + \mathfrak{i}_2 V_2(\lambda + \varDelta\lambda) + \mathfrak{i}_3 V_3(\lambda + \varDelta\lambda)$$
$$\mathfrak{V}(\lambda) = \mathfrak{i}_1 V_1(\lambda) + \mathfrak{i}_2 V_2(\lambda) + \mathfrak{i}_3 V_3(\lambda)$$

und damit

$$\mathfrak{W}(\lambda) \varDelta\lambda = \mathfrak{i}_1 [V_1(\lambda + \varDelta\lambda) - V_1(\lambda)] + \mathfrak{i}_2 [V_2(\lambda + \varDelta\lambda) - V_2(\lambda)] + \\ + \mathfrak{i}_3 [V_3(\lambda + \varDelta\lambda) - V_3(\lambda)].$$

Nun ergibt der Taylorsche Entwicklungssatz

$$V_{1\frac{2}{3}}(\lambda + \Delta\lambda) - V_{1\frac{2}{3}}(\lambda) = \frac{d}{d\lambda} V_{1\frac{2}{3}}(\lambda) \Delta\lambda + \frac{d^2}{d\lambda^2} V_{1\frac{2}{3}}(\lambda) \frac{(\Delta\lambda)^2}{2!} + \cdots$$

$$\mathfrak{W}(\lambda) \Delta\lambda = \left[\mathfrak{i}_1 \frac{dV_1}{d\lambda} + \mathfrak{i}_2 \frac{dV_2}{d\lambda} + \mathfrak{i}_3 \frac{dV_3}{d\lambda}\right] \Delta\lambda + \left[\mathfrak{i}_1 \frac{d^2 V_1}{d\lambda^2} + \mathfrak{i}_2 \frac{d^2 V_2}{d\lambda^2} + \mathfrak{i}_3 \frac{d^2 V_3}{d\lambda^2}\right] \frac{(\Delta\lambda)^2}{2!} + \cdots$$

oder

$$\mathfrak{W}(\lambda) \Delta\lambda = \frac{d}{d\lambda} [\mathfrak{i}_1 V_1 + \mathfrak{i}_2 V_2 + \mathfrak{i}_3 V_3] \Delta\lambda + \frac{d^2}{d\lambda^2} [\mathfrak{i}_1 V_1 + \mathfrak{i}_2 V_2 + \mathfrak{i}_3 V_3] \frac{(\Delta\lambda)^2}{2!} + \cdots$$

oder

$$\mathfrak{W}(\lambda) = \frac{d\mathfrak{V}}{d\lambda} + \frac{\Delta\lambda}{2} \frac{d^2 \mathfrak{V}}{d\lambda^2} + \cdots.$$

Hiermit erhält man durch Summierung zwischen λ_0 und λ_1

$$\sum_{\lambda_0}^{\lambda_1} \mathfrak{W}(\lambda) \Delta\lambda = \sum_{\lambda_0}^{\lambda_1} \frac{d\mathfrak{V}}{d\lambda} \Delta\lambda + \frac{(\Delta\lambda)}{2} \sum_{\lambda_0}^{\lambda_1} \frac{d^2 \mathfrak{V}}{d\lambda^2} \Delta\lambda + \cdots.$$

Nach Abb. 149 ist die auf der linken Seite stehende Summe gerade der Sehnenvektor $P_0 \to P_1$ oder der Differenzvektor von $\mathfrak{V}_1$ und $\mathfrak{V}_0$. Es folgt also

$$\sum_{\lambda_0}^{\lambda_1} \mathfrak{W}(\lambda) \Delta\lambda = \mathfrak{V}(\lambda_1) - \mathfrak{V}(\lambda_0) .$$

Läßt man nun die Anzahl der Teilvektoren immer größer und $\Delta\lambda$ dementsprechend immer kleiner werden, so ergibt sich in der Grenze $\Delta\lambda = 0$ mit den in der Integralrechnung üblichen Bezeichnungen

$$\int_{\lambda_0}^{\lambda_1} \mathfrak{W}(\lambda) d\lambda = \int_{\lambda_0}^{\lambda_1} \frac{d\mathfrak{V}(\lambda)}{d\lambda} d\lambda = \mathfrak{V}(\lambda_1) - \mathfrak{V}(\lambda_0) . \tag{496}$$

Ist es daher möglich, die Vektorfunktion $\mathfrak{W}(\lambda)$ in der Form eines Differentialquotienten $d\mathfrak{V}/d\lambda$ darzustellen, so ist der Integralvektor unmittelbar als Differenzvektor von $\mathfrak{V}_1$ und $\mathfrak{V}_0$ gegeben.

38. Der Gradientenvektor.

Eine Funktion V, die jedem Punkte des Raumes einen sich stetig ändernden Wert zuordnet, wird als skalare Ortsfunktion bezeichnet. Wird der Raum auf einen festen Punkt 0 bezogen und der Ortsvektor in der Form

$$\mathfrak{r} = \mathfrak{i}_1 r_1 + \mathfrak{i}_2 r_2 + \mathfrak{i}_3 r_3$$

dargestellt, so erhält man

$$V = V(\mathfrak{r}) \quad \text{oder} \quad V = V(r_1, r_2, r_3) \tag{497}$$

(Skalare Ortsfunktion).

Wird nun ein bestimmter Punkt P des Raumes ins Auge gefaßt und durch diesen gemäß Abb. 150 eine Gerade mit dem Tangentenvektor $\mathfrak{t}$ gelegt, so lautet der Ortsvektor $\mathfrak{r}$ dieser Geraden

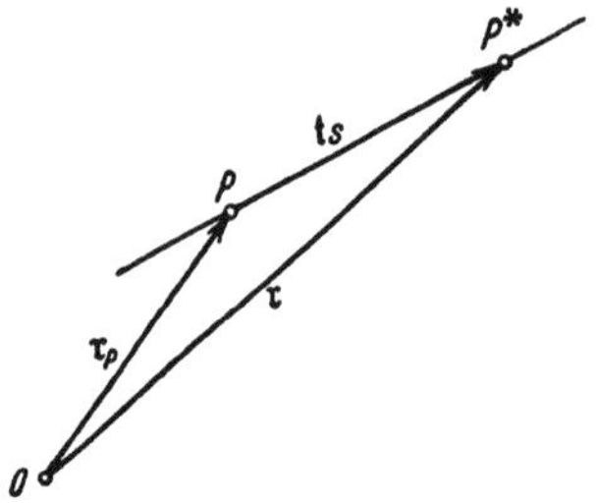

Abb. 150.

$$\mathfrak{r} = \mathfrak{r}_P + \mathfrak{t} s \quad \text{(Richtungsgerade)}. \tag{498}$$

Wird in (497) $\mathfrak{r}$ gemäß (498) eingeführt, so wird die skalare Ortsfunktion damit eine Funktion von s, was in der Form

$$V = V(s) = V(r_{1(s)}, r_{2(s)}, r_{3(s)})$$

zum Ausdruck gebracht werden kann. Fragt man nun nach dem Differentialquotienten von V nach s in P oder nach der Änderung von V pro Längeneinheit in Richtung von $\mathfrak{t}$, so ergibt sich nach den Regeln der partiellen Differentiation

$$\frac{dV}{ds} = \frac{\partial V}{\partial r_1}\frac{dr_1}{ds} + \frac{\partial V}{\partial r_2}\frac{dr_2}{ds} + \frac{\partial V}{\partial r_3}\frac{dr_3}{ds} \quad \text{(Richtungsdifferentialquotient).} \quad (499)$$

Nach (143) stellt die rechte Seite dieser Gleichung das skalare Produkt der beiden Vektoren

$$\mathfrak{i}_1\frac{\partial V}{\partial r_1} + \mathfrak{i}_2\frac{\partial V}{\partial r_2} + \mathfrak{i}_3\frac{\partial V}{\partial r_3} \quad \text{und} \quad \mathfrak{i}_1\frac{dr_1}{ds} + \mathfrak{i}_2\frac{dr_2}{ds} + \mathfrak{i}_3\frac{dr_3}{ds}$$

dar. Der erste dieser Vektoren wird gemäß

$$\operatorname{grad} V = \mathfrak{i}_1\frac{\partial V}{\partial r_1} + \mathfrak{i}_2\frac{\partial V}{\partial r_2} + \mathfrak{i}_3\frac{\partial V}{\partial r_3} \quad \text{(Gradientenvektor)} \quad (500)$$

als der Gradientenvektor der skalaren Ortsfunktion V bezeichnet, während der zweite Vektor gemäß

$$\mathfrak{i}_1\frac{dr_1}{ds_1} + \mathfrak{i}_2\frac{dr_2}{ds} + \mathfrak{i}_3\frac{dr_3}{ds} = \frac{d\mathfrak{r}}{\partial s} = \frac{d}{ds}(\mathfrak{r}_P + \mathfrak{t}s) = \mathfrak{t} \quad (501)$$

den Tangentenvektor der Richtungsgeraden darstellt. Mit (500) und (501) lautet (499)

$$\frac{dV}{ds} = \mathfrak{t}\operatorname{grad} V \quad \text{(Richtungsdifferentialquotient).} \quad (502$$

Da der Tangentenvektor $\mathfrak{t}$ ein Einheitsvektor ist, erreicht dieses skalare Produkt sein Maximum, wenn $\mathfrak{t}$ mit der Richtung von $\operatorname{grad} V$ zusammenfällt. Somit folgt

$$\left(\frac{dV}{ds}\right)_{\max} = |\operatorname{grad} V|. \quad (503)$$

Auf der in (503) zum Ausdruck kommenden Eigenschaft gründet sich der Name Gradient, d. h. (maximale) Steigrichtung der skalaren Ortsfunktion.

39. Skalare Kurvenintegrale.

Ist $\mathfrak{W}(\lambda)$ ein längs einer Kurve $\mathfrak{r} = \mathfrak{r}(\lambda)$ veränderlicher Vektor, so folgt für die skalare Summe

$$\sum_{\mathfrak{r}_0}^{\mathfrak{r}_1} \mathfrak{W}(\lambda)\,\varDelta\mathfrak{r},$$

wenn in ähnlicher Weise wie in Ziffer 37 der Taylorsche Entwicklungssatz herangezogen wird,

$$\sum_{\mathfrak{r}_0}^{\mathfrak{r}_1} \mathfrak{W}(\lambda)\,\varDelta\mathfrak{r} = \sum_{\mathfrak{r}_0}^{\mathfrak{r}_1} \mathfrak{W}(\lambda)\frac{d\mathfrak{r}}{d\lambda}\varDelta\lambda + \frac{\varDelta\lambda}{2}\sum_{\mathfrak{r}_0}^{\mathfrak{r}_1}\mathfrak{W}(\lambda)\frac{d^2\mathfrak{r}}{d\lambda^2}\varDelta\lambda + \cdots.$$

Tölke, Mechanik, Bd. I.

Gemäß Abb. 151 sind hierin die Summenglieder der linken Seite die skalaren Produkte des veränderlichen Vektors $\mathfrak{W}$ mit dem gerichteten Bogenelement $\varDelta\mathfrak{r}$ der Kurve. Läßt man nun die Zahl der Summenglieder zwischen $\mathfrak{r}_0$ und $\mathfrak{r}_1$ immer größer oder $\varDelta\lambda$ bzw. $\varDelta\mathfrak{r}$ immer kleiner werden, so folgt schließlich in der Grenze für $\varDelta\lambda = 0$

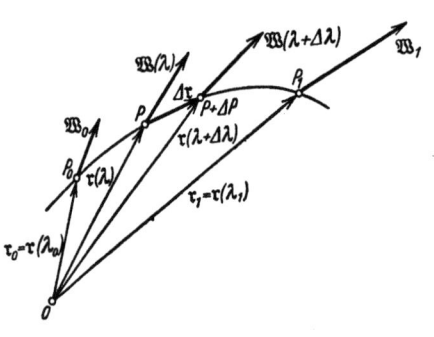

Abb. 151.

$$\int_{\mathfrak{r}_0}^{\mathfrak{r}_1} \mathfrak{W}(\lambda)\, d\mathfrak{r} = \int_{\lambda_0}^{\lambda_1} \mathfrak{W}(\lambda)\, \frac{d\mathfrak{r}}{d\lambda} d\lambda \qquad (504)$$

(Skalares Kurvenintegral).

Wird insbesondere die Bogenlänge s als Parameter gewählt, so ergibt sich

$$\int_{\mathfrak{r}_0}^{\mathfrak{r}_1} \mathfrak{W}(s)\, d\mathfrak{r} = \int_{s_0}^{s_1} \mathfrak{t}\, \mathfrak{W}(s)\, ds \qquad \text{(Skalares Kurvenintegral).} \qquad (505)$$

Ist die längs der Kurve veränderliche Vektorfunktion gemäß $\mathfrak{W} = \operatorname{grad} V$ der Gradientenvektor einer skalaren Ortsfunktion V, so liefert (505) in Verbindung mit (502)

$$\int_{\mathfrak{r}_0}^{\mathfrak{r}_1} \operatorname{grad} V\, d\mathfrak{r} = \int_{s_0}^{s_1} \frac{dV}{ds}\, ds = \int_{V_0}^{V_1} dV = V_1 - V_0 \qquad \text{(Vom Wege unabhängiges skalares Kurvenintegral).} \qquad (506)$$

In diesem Falle hängt der Wert des skalaren Kurvenintegrales nur von den Anfangs- und Endwerten der skalaren Ortsfunktion V ab und ist somit vom Verlauf der Kurve, d. h. vom Wege unabhängig.

40. Vektorielle Kurvenintegrale.

Werden $\mathfrak{W}(\lambda)$ und $\varDelta\mathfrak{r}$ nach Abb. 51 nicht skalar, sondern vektoriell miteinander multipliziert, so ergibt sich auf ähnlichem Wege wie in Ziffer 37 und 39

$$\int_{\mathfrak{r}_0}^{\mathfrak{r}_1} \mathfrak{W}(\lambda) \times d\mathfrak{r} = \int_{\lambda_0}^{\lambda_1} \mathfrak{W}(\lambda) \times \frac{d\mathfrak{r}}{d\lambda} d\lambda \qquad \text{(Vektorielles Kurvenintegral).} \qquad (507)$$

Für den Fall, daß die Bogenlänge s als Parameter gewählt wird, erhält man

$$\int_{\mathfrak{r}_0}^{\mathfrak{r}_1} \mathfrak{W}(s) \times d\mathfrak{r} = \int_{s_0}^{s} \mathfrak{W}(s) \times \mathfrak{t}\, ds \qquad \text{(Vektorielles Kurvenintegral).} \qquad (508)$$

Ist die Vektorfunktion $\mathfrak{W}$ der Ortsvektor $\mathfrak{r}$ selbst, so stellt das vektorielle Kurvenintegral den doppelten polaren Flächenvektor $\mathfrak{F}$ dar, eine Beziehung, die im vorhergehenden bereits mehrfach zur Flächeninhaltsbestimmung bei ebenen Kurven herangezogen wurde (Abbildung 152). Es folgt

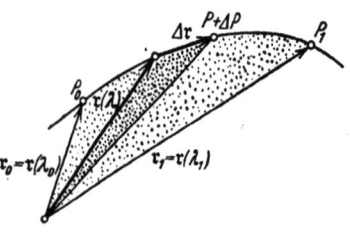

Abb. 152.

$$\mathfrak{F} = \frac{1}{2}\int_{\mathfrak{r}_0}^{\mathfrak{r}_1} \mathfrak{r} \times d\mathfrak{r} = \frac{1}{2}\int_{\lambda_0}^{\lambda_1} \mathfrak{r} \times \frac{d\mathfrak{r}}{d\lambda} d\lambda \qquad (509)$$

(Gerichteter polarer Flächeninhalt).

41. Einige Sätze über Flächenvektoren.

Ist die Kurve zwischen P_0 und P_1 eine gerade Linie, so ergibt sich mit den Bezeichnungen von Abb. 153 für den gerichteten Flächeninhalt eines Dreiecks

$$\mathfrak{F}_\vartriangle = \tfrac{1}{2} \mathfrak{r}_0 \times \mathfrak{r}_1 \qquad \text{(Dreieck)}. \tag{510}$$

Der Flächenvektor des Dreiecks zeigt nach oben oder unten, je nachdem wie die Vektoren $\mathfrak{r}_0$ und $\mathfrak{r}_1$ einander folgen; in Abb. 153, in der sie einander im Rechtssinne folgen, zeigt der Flächenvektor beispielsweise nach unten.

Werden Dreiecke zu räumlichen Prismen aneinander gereiht, wie z. B. im Falle des Tetraeders von Abb. 154, so sei die Aufeinanderfolge stets so gewählt, daß die Flächennormalen und damit auch die Flächenvektoren nach außen zeigen. Bei einer solchen Vereinbarung liest man aus Abb. 155 leicht den Tetraedersatz ab. In den hier gewählten Bezeichnungen erhält man für die vier Flächenvektoren der vier Tetraederflächen

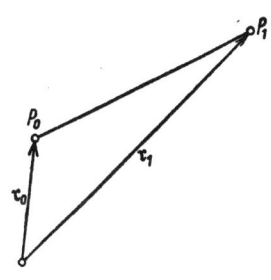

Abb. 153.

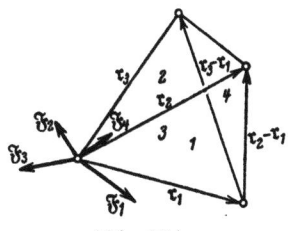

Abb. 154.

$$\mathfrak{F}_1 = \tfrac{1}{2} \mathfrak{r}_1 \times \mathfrak{r}_2, \qquad \mathfrak{F}_2 = \tfrac{1}{2} \mathfrak{r}_2 \times \mathfrak{r}_3, \qquad \mathfrak{F}_3 = \tfrac{1}{2} \mathfrak{r}_3 \times \mathfrak{r}_1,$$
$$\mathfrak{F}_4 = \tfrac{1}{2} (\mathfrak{r}_3 - \mathfrak{r}_1) \times (\mathfrak{r}_2 - \mathfrak{r}_1) = \tfrac{1}{2} \mathfrak{r}_3 \times \mathfrak{r}_2 - \tfrac{1}{2} \mathfrak{r}_1 \times \mathfrak{r}_2 -$$
$$- \tfrac{1}{2} \mathfrak{r}_3 \times \mathfrak{r}_1 = - \tfrac{1}{2} \mathfrak{r}_2 \times \mathfrak{r}_3 - \tfrac{1}{2} \mathfrak{r}_1 \times \mathfrak{r}_2 - \tfrac{1}{2} \mathfrak{r}_3 \times \mathfrak{r}_1.$$

Ihre vektorielle Zusammensetzung ergibt

$$\mathfrak{F}_1 + \mathfrak{F}_2 + \mathfrak{F}_3 + \mathfrak{F}_4 = 0 \qquad \text{(Tetraedersatz)}. \tag{511}$$

Die vier Flächenvektoren eines Tetraeders bilden somit einen geschlossenen Vektorzug, wie es auch Abb. 154 und 155 erkennen lassen.

Abb. 155.

Wird eine beliebige geschlossene Fläche gemäß Abb. 156 in eine lückenlose Folge kleiner, in der Grenze beliebig kleiner Dreiecke aufgeteilt und geradlinig mit dem im Innern der Flächenhülle gedachten Bezugspunkt 0 verbunden, so entsteht eine lückenlose Folge kleiner, in der Grenze beliebig kleiner Tetraeder. Für jedes dieser Tetraeder besteht eine Vektorgleichung von der Form (511). Werden alle diese Gleichungen addiert, so folgt

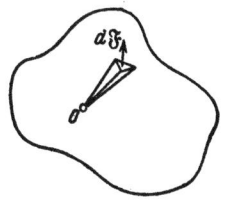

Abb. 156.

$$\sum (\mathfrak{F}_1 + \mathfrak{F}_2 + \mathfrak{F}_3 + \mathfrak{F}_4) = 0.$$

Nun werden aber die drei im Innern der Flächenhülle gelegenen Kantenflächen eines jeden Tetraeders bei der vektoriellen Summation zweimal berührt, und zwar derart, daß die beiden Flächenvektoren als gleich groß aber entgegengesetzt gerichtet sich gegenseitig aufheben. Es bleiben somit nur die Flächenvektoren der außen gelegenen Dreiecke übrig und man erhält mit

$$\mathfrak{F}_4 = \varDelta \mathfrak{F}$$

die Vektorgleichung
$$\sum \varDelta \mathfrak{F} = 0 .$$
Wird schließlich noch der Übergang zur Grenze vollzogen, so folgt

$$\oint d\mathfrak{F} = 0 \qquad \text{(Geschlossene Fläche)}. \tag{512}$$

42. Transformation von Bezugspunkten und Bezugssystemen.

Ein Punkt P des Raumes sei gemäß Abb. 157 einmal auf den Punkt 0 mit dem Ortsvektor $\mathfrak{r}$ und einmal auf den Punkt $\overline{0}$ mit dem Ortsvektor $\overline{\mathfrak{r}}$ bezogen; der Vektor $0 \to \overline{0}$ sei $\mathfrak{a}$. Ferner sei der Ortsvektor $\mathfrak{r}$ gemäß

$$\mathfrak{r} = \mathfrak{e}_1 r_1 + \mathfrak{e}_2 r_2 + \mathfrak{e}_3 r_3$$

in einem Bezugssystem $\mathfrak{e}_1, \mathfrak{e}_2, \mathfrak{e}_3$ und der Ortsvektor $\overline{\mathfrak{r}}$ gemäß

$$\overline{\mathfrak{r}} = \overline{\mathfrak{e}}_1 \overline{r}_1 + \overline{\mathfrak{e}}_2 \overline{r}_2 + \overline{\mathfrak{e}}_3 \overline{r}_3$$

in einem Bezugssystem $\overline{\mathfrak{e}}_1, \overline{\mathfrak{e}}_2, \overline{\mathfrak{e}}_3$ dargestellt. Dann lautet die Transformationsgleichung

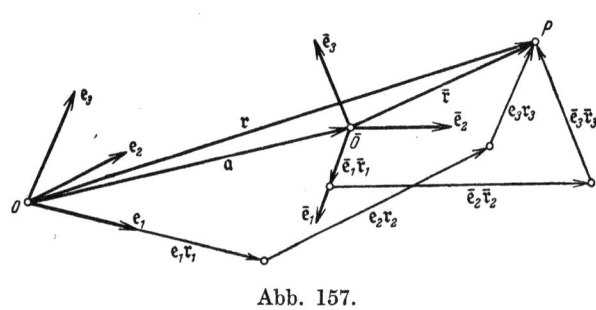

Abb. 157.

$$\mathfrak{r} = \mathfrak{a} + \overline{\mathfrak{r}}, \qquad \mathfrak{e}_1 r_1 + \mathfrak{e}_2 r_2 + \mathfrak{e}_3 r_3 = \mathfrak{a} + \overline{\mathfrak{e}}_1 \overline{r}_1 + \overline{\mathfrak{e}}_2 \overline{r}_2 + \overline{\mathfrak{e}}_3 \overline{r}_3 . \tag{513}$$

Um die Vektorkomponenten r_1, r_2, r_3 durch $\overline{r}_1, \overline{r}_2, \overline{r}_3$ auszudrücken, wird die Vektorgleichung (513) der Reihe nach mit den Vektoren $\mathfrak{E}_1, \mathfrak{E}_2, \mathfrak{E}_3$ des zu $\mathfrak{e}_1, \mathfrak{e}_2, \mathfrak{e}_3$ reziproken Bezugssystemes multipliziert. In Verbindung mit (176) folgt

$$\left. \begin{array}{l} r_1 = \mathfrak{a}\,\mathfrak{E}_1 + \overline{\mathfrak{e}}_1 \mathfrak{E}_1 \overline{r}_1 + \overline{\mathfrak{e}}_2 \mathfrak{E}_1 \overline{r}_2 + \overline{\mathfrak{e}}_3 \mathfrak{E}_1 \overline{r}_3 , \\ r_2 = \mathfrak{a}\,\mathfrak{E}_2 + \overline{\mathfrak{e}}_1 \mathfrak{E}_2 \overline{r}_1 + \overline{\mathfrak{e}}_2 \mathfrak{E}_2 \overline{r}_2 + \overline{\mathfrak{e}}_3 \mathfrak{E}_2 \overline{r}_3 , \\ r_3 = \mathfrak{a}\,\mathfrak{E}_3 + \overline{\mathfrak{e}}_1 \mathfrak{E}_3 \overline{r}_1 + \overline{\mathfrak{e}}_2 \mathfrak{E}_3 \overline{r}_2 + \overline{\mathfrak{e}}_3 \mathfrak{E}_3 \overline{r}_3 . \end{array} \right\} \quad (\mathfrak{r} = \mathfrak{e}_1 r_1 + \mathfrak{e}_2 r_2 + \mathfrak{e}_3 r_3) . \tag{514}$$

Entsprechend ergibt sich durch Multiplikation mit den Vektoren $\overline{\mathfrak{E}}_1, \overline{\mathfrak{E}}_2, \overline{\mathfrak{E}}_3$ des zu $\overline{\mathfrak{e}}_1, \overline{\mathfrak{e}}_2, \overline{\mathfrak{e}}_3$ reziproken Bezugssystemes

$$\left. \begin{array}{l} \overline{r}_1 = -\mathfrak{a}\,\overline{\mathfrak{E}}_1 + \mathfrak{e}_1 \overline{\mathfrak{E}}_1 r_1 + \mathfrak{e}_2 \overline{\mathfrak{E}}_1 r_2 + \mathfrak{e}_3 \overline{\mathfrak{E}}_1 r_3 , \\ \overline{r}_2 = -\mathfrak{a}\,\overline{\mathfrak{E}}_2 + \mathfrak{e}_1 \overline{\mathfrak{E}}_2 r_1 + \mathfrak{e}_2 \overline{\mathfrak{E}}_2 r_2 + \mathfrak{e}_3 \overline{\mathfrak{E}}_2 r_3 , \\ \overline{r}_3 = -\mathfrak{a}\,\overline{\mathfrak{E}}_3 + \mathfrak{e}_1 \overline{\mathfrak{E}}_3 r_1 + \mathfrak{e}_2 \overline{\mathfrak{E}}_3 r_2 + \mathfrak{e}_3 \overline{\mathfrak{E}}_3 r_3 . \end{array} \right\} \quad (\overline{\mathfrak{r}} = \overline{\mathfrak{e}}_1 \overline{r}_1 + \overline{\mathfrak{e}}_2 \overline{r}_2 + \overline{\mathfrak{e}}_3 \overline{r}_3) . \tag{515}$$

Sind die Bezugssysteme rechtwinklig, so lauten die Transformationsgleichungen

$$\left. \begin{array}{l} r_1 = \mathfrak{a}\,\mathfrak{i}_1 + \overline{\mathfrak{i}}_1 \mathfrak{i}_1 \overline{r}_1 + \overline{\mathfrak{i}}_2 \mathfrak{i}_1 \overline{r}_2 + \overline{\mathfrak{i}}_3 \mathfrak{i}_1 \overline{r}_3 , \\ r_2 = \mathfrak{a}\,\mathfrak{i}_2 + \overline{\mathfrak{i}}_1 \mathfrak{i}_2 \overline{r}_1 + \overline{\mathfrak{i}}_2 \mathfrak{i}_2 \overline{r}_2 + \overline{\mathfrak{i}}_3 \mathfrak{i}_2 \overline{r}_3 , \\ r_3 = \mathfrak{a}\,\mathfrak{i}_3 + \overline{\mathfrak{i}}_1 \mathfrak{i}_3 \overline{r}_1 + \overline{\mathfrak{i}}_2 \mathfrak{i}_3 \overline{r}_2 + \overline{\mathfrak{i}}_3 \mathfrak{i}_3 \overline{r}_3 , \end{array} \right\} \quad \begin{array}{c} (\mathfrak{r} = \mathfrak{i}_1 r_1 + \mathfrak{i}_2 r_2 + \mathfrak{i}_3 r_3) \\ \text{(Achsenkreuze)} \end{array} \tag{516}$$

$$\left. \begin{array}{l} \overline{r}_1 = -\mathfrak{a}\,\overline{\mathfrak{i}}_1 + \mathfrak{i}_1 \overline{\mathfrak{i}}_1 r_1 + \mathfrak{i}_2 \overline{\mathfrak{i}}_1 r_2 + \mathfrak{i}_3 \overline{\mathfrak{i}}_1 r_3 , \\ \overline{r}_2 = -\mathfrak{a}\,\overline{\mathfrak{i}}_2 + \mathfrak{i}_1 \overline{\mathfrak{i}}_2 r_1 + \mathfrak{i}_2 \overline{\mathfrak{i}}_2 r_2 + \mathfrak{i}_3 \overline{\mathfrak{i}}_2 r_3 , \\ \overline{r}_3 = -\mathfrak{a}\,\overline{\mathfrak{i}}_3 + \mathfrak{i}_1 \overline{\mathfrak{i}}_3 r_1 + \mathfrak{i}_2 \overline{\mathfrak{i}}_3 r_2 + \mathfrak{i}_3 \overline{\mathfrak{i}}_3 r_3 . \end{array} \right\} \quad \begin{array}{c} (\overline{\mathfrak{r}} = \overline{\mathfrak{i}}_1 \overline{r}_1 + \overline{\mathfrak{i}}_2 \overline{r}_2 + \overline{\mathfrak{i}}_3 \overline{r}_3) \\ \text{(Achsenkreuze)} \end{array} \tag{517}$$

42. Transformation von Bezugspunkten und Bezugssystemen.

Werden die Gln (513) bis (517) auf die Bezugsvektoren selbst angewendet, so ergeben sich wichtige Beziehungen zwischen den skalaren Produkten der Bezugsvektoren. Zunächst folgt aus (513) und (515) für $\mathfrak{a} = 0$, wenn der Reihe nach die Wertepaare $r_1 = 1, r_2 = r_3 = 0$ bzw. $r_2 = 1, r_3 = r_1 = 0$ bzw. $r_3 = 1, r_1 = r_2 = 0$ eingeführt werden, und entsprechend aus (513) und (514) für das transformierte System

$$\left.\begin{aligned}
\mathfrak{e}_1 &= \overline{\mathfrak{e}}_1(\mathfrak{e}_1\overline{\mathfrak{E}}_1) + \overline{\mathfrak{e}}_2(\mathfrak{e}_1\overline{\mathfrak{E}}_2) + \overline{\mathfrak{e}}_3(\mathfrak{e}_1\overline{\mathfrak{E}}_3), & \overline{\mathfrak{e}}_1 &= \mathfrak{e}_1(\overline{\mathfrak{e}}_1\mathfrak{E}_1) + \mathfrak{e}_2(\overline{\mathfrak{e}}_1\mathfrak{E}_2) + \mathfrak{e}_3(\overline{\mathfrak{e}}_1\mathfrak{E}_3), \\
\mathfrak{e}_2 &= \overline{\mathfrak{e}}_1(\mathfrak{e}_2\overline{\mathfrak{E}}_1) + \overline{\mathfrak{e}}_2(\mathfrak{e}_2\overline{\mathfrak{E}}_2) + \overline{\mathfrak{e}}_3(\mathfrak{e}_2\overline{\mathfrak{E}}_3), & \overline{\mathfrak{e}}_2 &= \mathfrak{e}_1(\overline{\mathfrak{e}}_2\mathfrak{E}_1) + \mathfrak{e}_2(\overline{\mathfrak{e}}_2\mathfrak{E}_2) + \mathfrak{e}_3(\overline{\mathfrak{e}}_2\mathfrak{E}_3), \\
\mathfrak{e}_3 &= \overline{\mathfrak{e}}_1(\mathfrak{e}_3\overline{\mathfrak{E}}_1) + \overline{\mathfrak{e}}_2(\mathfrak{e}_3\overline{\mathfrak{E}}_2) + \overline{\mathfrak{e}}_3(\mathfrak{e}_3\overline{\mathfrak{E}}_3); & \overline{\mathfrak{e}}_3 &= \mathfrak{e}_1(\overline{\mathfrak{e}}_3\mathfrak{E}_1) + \mathfrak{e}_2(\overline{\mathfrak{e}}_3\mathfrak{E}_2) + \mathfrak{e}_3(\overline{\mathfrak{e}}_3\mathfrak{E}_3).
\end{aligned}\right\} \quad (518)$$

Werden nun diese Vektorgleichungen der Reihe nach mit $\mathfrak{E}_1, \mathfrak{E}_2, \mathfrak{E}_3$ bzw. $\overline{\mathfrak{E}}_1, \overline{\mathfrak{E}}_2, \overline{\mathfrak{E}}_3$ skalar multipliziert, so folgt mit (176) die erste skalare Gleichungsgruppe

$$\left.\begin{aligned}
1 &= (\overline{\mathfrak{e}}_1\mathfrak{E}_1)(\mathfrak{e}_1\overline{\mathfrak{E}}_1) + (\overline{\mathfrak{e}}_2\mathfrak{E}_1)(\mathfrak{e}_1\overline{\mathfrak{E}}_2) + (\overline{\mathfrak{e}}_3\mathfrak{E}_1)(\mathfrak{e}_1\overline{\mathfrak{E}}_3), \\
1 &= (\overline{\mathfrak{e}}_1\mathfrak{E}_2)(\mathfrak{e}_2\overline{\mathfrak{E}}_1) + (\overline{\mathfrak{e}}_2\mathfrak{E}_2)(\mathfrak{e}_2\overline{\mathfrak{E}}_2) + (\overline{\mathfrak{e}}_3\mathfrak{E}_2)(\mathfrak{e}_2\overline{\mathfrak{E}}_3), \\
1 &= (\overline{\mathfrak{e}}_1\mathfrak{E}_3)(\mathfrak{e}_3\overline{\mathfrak{E}}_1) + (\overline{\mathfrak{e}}_2\mathfrak{E}_3)(\mathfrak{e}_3\overline{\mathfrak{E}}_2) + (\overline{\mathfrak{e}}_3\mathfrak{E}_3)(\mathfrak{e}_3\overline{\mathfrak{E}}_3).
\end{aligned}\right\} \quad (519)$$

$$\left.\begin{aligned}
1 &= (\mathfrak{e}_1\overline{\mathfrak{E}}_1)(\overline{\mathfrak{e}}_1\mathfrak{E}_1) + (\mathfrak{e}_2\overline{\mathfrak{E}}_1)(\overline{\mathfrak{e}}_1\mathfrak{E}_2) + (\mathfrak{e}_3\overline{\mathfrak{E}}_1)(\overline{\mathfrak{e}}_1\mathfrak{E}_3), \\
1 &= (\mathfrak{e}_1\overline{\mathfrak{E}}_2)(\overline{\mathfrak{e}}_2\mathfrak{E}_1) + (\mathfrak{e}_2\overline{\mathfrak{E}}_2)(\overline{\mathfrak{e}}_2\mathfrak{E}_2) + (\mathfrak{e}_3\overline{\mathfrak{E}}_2)(\overline{\mathfrak{e}}_3\mathfrak{E}_3), \\
1 &= (\mathfrak{e}_1\overline{\mathfrak{E}}_3)(\overline{\mathfrak{e}}_3\mathfrak{E}_1) + (\mathfrak{e}_2\overline{\mathfrak{E}}_3)(\overline{\mathfrak{e}}_3\mathfrak{E}_2) + (\mathfrak{e}_3\overline{\mathfrak{E}}_3)(\overline{\mathfrak{e}}_3\mathfrak{E}_3).
\end{aligned}\right\} \quad (520)$$

Werden die Vektorgleichungen (518) der Reihe nach mit $\mathfrak{E}_2, \mathfrak{E}_3, \mathfrak{E}_1$ und mit $\mathfrak{E}_3, \mathfrak{E}_1, \mathfrak{E}_2$ bzw. mit $\overline{\mathfrak{E}}_2, \overline{\mathfrak{E}}_3, \overline{\mathfrak{E}}_1$ und mit $\overline{\mathfrak{E}}_3, \overline{\mathfrak{E}}_1, \overline{\mathfrak{E}}_2$ multipliziert, so ergeben sich die weiteren skalaren Gleichungsgruppen

$$\left.\begin{aligned}
0 &= (\overline{\mathfrak{e}}_1\mathfrak{E}_2)(\mathfrak{e}_1\overline{\mathfrak{E}}_1) + (\overline{\mathfrak{e}}_2\mathfrak{E}_2)(\mathfrak{e}_1\overline{\mathfrak{E}}_2) + (\overline{\mathfrak{e}}_3\mathfrak{E}_2)(\mathfrak{e}_1\overline{\mathfrak{E}}_3), \\
0 &= (\overline{\mathfrak{e}}_1\mathfrak{E}_3)(\mathfrak{e}_2\overline{\mathfrak{E}}_1) + (\overline{\mathfrak{e}}_2\mathfrak{E}_3)(\mathfrak{e}_2\overline{\mathfrak{E}}_2) + (\overline{\mathfrak{e}}_3\mathfrak{E}_3)(\mathfrak{e}_2\overline{\mathfrak{E}}_3), \\
0 &= (\overline{\mathfrak{e}}_1\mathfrak{E}_1)(\mathfrak{e}_3\overline{\mathfrak{E}}_1) + (\overline{\mathfrak{e}}_2\mathfrak{E}_1)(\mathfrak{e}_3\overline{\mathfrak{E}}_2) + (\overline{\mathfrak{e}}_3\mathfrak{E}_1)(\mathfrak{e}_3\overline{\mathfrak{E}}_3).
\end{aligned}\right\} \quad (521)$$

$$\left.\begin{aligned}
0 &= (\overline{\mathfrak{e}}_1\mathfrak{E}_3)(\mathfrak{e}_1\overline{\mathfrak{E}}_1) + (\overline{\mathfrak{e}}_2\mathfrak{E}_3)(\mathfrak{e}_1\overline{\mathfrak{E}}_2) + (\overline{\mathfrak{e}}_3\mathfrak{E}_3)(\mathfrak{e}_1\overline{\mathfrak{E}}_3), \\
0 &= (\overline{\mathfrak{e}}_1\mathfrak{E}_1)(\mathfrak{e}_2\overline{\mathfrak{E}}_1) + (\overline{\mathfrak{e}}_2\mathfrak{E}_1)(\mathfrak{e}_2\overline{\mathfrak{E}}_2) + (\overline{\mathfrak{e}}_3\mathfrak{E}_1)(\mathfrak{e}_2\overline{\mathfrak{E}}_3), \\
0 &= (\overline{\mathfrak{e}}_1\mathfrak{E}_2)(\mathfrak{e}_3\overline{\mathfrak{E}}_1) + (\overline{\mathfrak{e}}_2\mathfrak{E}_2)(\mathfrak{e}_3\overline{\mathfrak{E}}_2) + (\overline{\mathfrak{e}}_3\mathfrak{E}_2)(\mathfrak{e}_3\overline{\mathfrak{E}}_3).
\end{aligned}\right\} \quad (522)$$

$$\left.\begin{aligned}
0 &= (\mathfrak{e}_1\overline{\mathfrak{E}}_2)(\overline{\mathfrak{e}}_1\mathfrak{E}_1) + (\mathfrak{e}_2\overline{\mathfrak{E}}_2)(\overline{\mathfrak{e}}_1\mathfrak{E}_2) + (\mathfrak{e}_3\overline{\mathfrak{E}}_2)(\overline{\mathfrak{e}}_1\mathfrak{E}_3), \\
0 &= (\mathfrak{e}_1\overline{\mathfrak{E}}_3)(\overline{\mathfrak{e}}_2\mathfrak{E}_1) + (\mathfrak{e}_2\overline{\mathfrak{E}}_3)(\overline{\mathfrak{e}}_2\mathfrak{E}_2) + (\mathfrak{e}_3\overline{\mathfrak{E}}_3)(\overline{\mathfrak{e}}_2\mathfrak{E}_3), \\
0 &= (\mathfrak{e}_1\overline{\mathfrak{E}}_1)(\overline{\mathfrak{e}}_3\mathfrak{E}_1) + (\mathfrak{e}_2\overline{\mathfrak{E}}_1)(\overline{\mathfrak{e}}_3\mathfrak{E}_2) + (\mathfrak{e}_3\overline{\mathfrak{E}}_1)(\overline{\mathfrak{e}}_3\mathfrak{E}_3).
\end{aligned}\right\} \quad (523)$$

$$\left.\begin{aligned}
0 &= (\mathfrak{e}_1\overline{\mathfrak{E}}_3)(\overline{\mathfrak{e}}_1\mathfrak{E}_1) + (\mathfrak{e}_2\overline{\mathfrak{E}}_3)(\overline{\mathfrak{e}}_1\mathfrak{E}_2) + (\mathfrak{e}_3\overline{\mathfrak{E}}_3)(\overline{\mathfrak{e}}_1\mathfrak{E}_3), \\
0 &= (\mathfrak{e}_1\overline{\mathfrak{E}}_1)(\overline{\mathfrak{e}}_2\mathfrak{E}_1) + (\mathfrak{e}_2\overline{\mathfrak{E}}_1)(\overline{\mathfrak{e}}_2\mathfrak{E}_2) + (\mathfrak{e}_3\overline{\mathfrak{E}}_1)(\overline{\mathfrak{e}}_2\mathfrak{E}_3), \\
0 &= (\mathfrak{e}_1\overline{\mathfrak{E}}_2)(\overline{\mathfrak{e}}_3\mathfrak{E}_1) + (\mathfrak{e}_2\overline{\mathfrak{E}}_2)(\overline{\mathfrak{e}}_3\mathfrak{E}_2) + (\mathfrak{e}_3\overline{\mathfrak{E}}_2)(\overline{\mathfrak{e}}_3\mathfrak{E}_3).
\end{aligned}\right\} \quad (524)$$

Eine letzte Gruppe skalarer Gleichungen erhält man, wenn die in (519) bis (524) auftretenden skalaren Produkte mit (169) und (186) in skalare Produkte von

Produktvektoren verwandelt und gemäß (187) aufgespalten werden. In Verbindung mit (176) folgt

$$\frac{\bar{e}_1\bar{e}_2\bar{e}_3}{e_1 e_2 e_3} e_1 \overline{\mathfrak{E}}_1 = (\mathfrak{E}_2 \times \mathfrak{E}_3)(\bar{e}_2 \times \bar{e}_3) = (\bar{e}_2 \mathfrak{E}_2)(\bar{e}_3 \mathfrak{E}_3) - (\bar{e}_2 \mathfrak{E}_3)(\bar{e}_3 \mathfrak{E}_2),$$
$$\frac{\bar{e}_1\bar{e}_2\bar{e}_3}{e_1 e_2 e_3} e_1 \overline{\mathfrak{E}}_2 = (\mathfrak{E}_2 \times \mathfrak{E}_3)(\bar{e}_3 \times \bar{e}_1) = (\bar{e}_3 \mathfrak{E}_2)(\bar{e}_1 \mathfrak{E}_3) - (\bar{e}_3 \mathfrak{E}_3)(\bar{e}_1 \mathfrak{E}_2),$$
$$\frac{\bar{e}_1\bar{e}_2\bar{e}_3}{e_1 e_2 e_3} e_1 \overline{\mathfrak{E}}_3 = (\mathfrak{E}_2 \times \mathfrak{E}_3)(\bar{e}_1 \times \bar{e}_2) = (\bar{e}_1 \mathfrak{E}_2)(\bar{e}_2 \mathfrak{E}_3) - (\bar{e}_1 \mathfrak{E}_3)(\bar{e}_2 \mathfrak{E}_2).$$
(525)

$$\frac{\bar{e}_1\bar{e}_2\bar{e}_3}{e_1 e_2 e_3} e_2 \overline{\mathfrak{E}}_1 = (\mathfrak{E}_3 \times \mathfrak{E}_1)(\bar{e}_2 \times \bar{e}_3) = (\bar{e}_2 \mathfrak{E}_3)(\bar{e}_3 \mathfrak{E}_1) - (\bar{e}_2 \mathfrak{E}_1)(\bar{e}_3 \mathfrak{E}_3),$$
$$\frac{\bar{e}_1\bar{e}_2\bar{e}_3}{e_1 e_2 e_3} e_2 \overline{\mathfrak{E}}_2 = (\mathfrak{E}_3 \times \mathfrak{E}_1)(\bar{e}_3 \times \bar{e}_1) = (\bar{e}_3 \mathfrak{E}_3)(\bar{e}_1 \mathfrak{E}_1) - (\bar{e}_3 \mathfrak{E}_1)(\bar{e}_1 \mathfrak{E}_3),$$
$$\frac{\bar{e}_1\bar{e}_2\bar{e}_3}{e_1 e_2 e_3} e_2 \overline{\mathfrak{E}}_3 = (\mathfrak{E}_3 \times \mathfrak{E}_1)(\bar{e}_1 \times \bar{e}_2) = (\bar{e}_1 \mathfrak{E}_3)(\bar{e}_2 \mathfrak{E}_1) - (\bar{e}_1 \mathfrak{E}_1)(\bar{e}_2 \mathfrak{E}_3).$$
(526)

$$\frac{\bar{e}_1\bar{e}_2\bar{e}_3}{e_1 e_2 e_3} e_3 \overline{\mathfrak{E}}_1 = (\mathfrak{E}_1 \times \mathfrak{E}_2)(\bar{e}_2 \times \bar{e}_3) = (\bar{e}_2 \mathfrak{E}_1)(\bar{e}_3 \mathfrak{E}_2) - (\bar{e}_2 \mathfrak{E}_2)(\bar{e}_3 \mathfrak{E}_1),$$
$$\frac{\bar{e}_1\bar{e}_2\bar{e}_3}{e_1 e_2 e_3} e_3 \overline{\mathfrak{E}}_2 = (\mathfrak{E}_1 \times \mathfrak{E}_2)(\bar{e}_3 \times \bar{e}_1) = (\bar{e}_3 \mathfrak{E}_1)(\bar{e}_1 \mathfrak{E}_2) - (\bar{e}_3 \mathfrak{E}_2)(\bar{e}_1 \mathfrak{E}_1),$$
$$\frac{\bar{e}_1\bar{e}_2\bar{e}_3}{e_1 e_2 e_3} e_3 \overline{\mathfrak{E}}_3 = (\mathfrak{E}_1 \times \mathfrak{E}_2)(\bar{e}_1 \times \bar{e}_2) = (\bar{e}_1 \mathfrak{E}_1)(\bar{e}_2 \mathfrak{E}_2) - (\bar{e}_1 \mathfrak{E}_2)(\bar{e}_2 \mathfrak{E}_1).$$
(527)

$$\frac{e_1 e_2 e_3}{\bar{e}_1\bar{e}_2\bar{e}_3} \bar{e}_1 \mathfrak{E}_1 = (\overline{\mathfrak{E}}_2 \times \overline{\mathfrak{E}}_3)(e_2 \times e_3) = (e_2 \overline{\mathfrak{E}}_2)(e_3 \overline{\mathfrak{E}}_3) - (e_2 \overline{\mathfrak{E}}_3)(e_3 \overline{\mathfrak{E}}_2),$$
$$\frac{e_1 e_2 e_3}{\bar{e}_1\bar{e}_2\bar{e}_3} \bar{e}_1 \mathfrak{E}_2 = (\overline{\mathfrak{E}}_2 \times \overline{\mathfrak{E}}_3)(e_3 \times e_1) = (e_3 \overline{\mathfrak{E}}_2)(e_1 \overline{\mathfrak{E}}_3) - (e_3 \overline{\mathfrak{E}}_3)(e_1 \overline{\mathfrak{E}}_2),$$
$$\frac{e_1 e_2 e_3}{\bar{e}_1\bar{e}_2\bar{e}_3} \bar{e}_1 \mathfrak{E}_3 = (\overline{\mathfrak{E}}_2 \times \overline{\mathfrak{E}}_3)(e_1 \times e_2) = (e_1 \overline{\mathfrak{E}}_2)(e_2 \overline{\mathfrak{E}}_3) - (e_1 \overline{\mathfrak{E}}_3)(e_2 \overline{\mathfrak{E}}_2).$$
(528)

$$\frac{e_1 e_2 e_3}{\bar{e}_1\bar{e}_2\bar{e}_3} \bar{e}_2 \mathfrak{E}_1 = (\overline{\mathfrak{E}}_3 \times \overline{\mathfrak{E}}_1)(e_2 \times e_3) = (e_2 \overline{\mathfrak{E}}_3)(e_3 \overline{\mathfrak{E}}_1) - (e_2 \overline{\mathfrak{E}}_1)(e_3 \overline{\mathfrak{E}}_3),$$
$$\frac{e_1 e_2 e_3}{\bar{e}_1\bar{e}_2\bar{e}_3} \bar{e}_2 \mathfrak{E}_2 = (\overline{\mathfrak{E}}_3 \times \overline{\mathfrak{E}}_1)(e_3 \times e_1) = (e_3 \overline{\mathfrak{E}}_3)(e_1 \overline{\mathfrak{E}}_1) - (e_3 \overline{\mathfrak{E}}_1)(e_1 \overline{\mathfrak{E}}_3),$$
$$\frac{e_1 e_2 e_3}{\bar{e}_1\bar{e}_2\bar{e}_3} \bar{e}_2 \mathfrak{E}_3 = (\overline{\mathfrak{E}}_3 \times \overline{\mathfrak{E}}_1)(e_1 \times e_2) = (e_1 \overline{\mathfrak{E}}_3)(e_2 \overline{\mathfrak{E}}_1) - (e_1 \overline{\mathfrak{E}}_1)(e_2 \overline{\mathfrak{E}}_3).$$
(529)

$$\frac{e_1 e_2 e_3}{\bar{e}_1\bar{e}_2\bar{e}_3} \bar{e}_3 \mathfrak{E}_1 = (\overline{\mathfrak{E}}_1 \times \overline{\mathfrak{E}}_2)(e_2 \times e_3) = (e_2 \overline{\mathfrak{E}}_1)(e_3 \overline{\mathfrak{E}}_2) - (e_2 \overline{\mathfrak{E}}_2)(e_3 \overline{\mathfrak{E}}_1),$$
$$\frac{e_1 e_2 e_3}{\bar{e}_1\bar{e}_2\bar{e}_3} \bar{e}_3 \mathfrak{E}_2 = (\overline{\mathfrak{E}}_1 \times \overline{\mathfrak{E}}_2)(e_3 \times e_1) = (e_3 \overline{\mathfrak{E}}_1)(e_1 \overline{\mathfrak{E}}_2) - (e_3 \overline{\mathfrak{E}}_2)(e_1 \overline{\mathfrak{E}}_1),$$
$$\frac{e_1 e_2 e_3}{\bar{e}_1\bar{e}_2\bar{e}_3} \bar{e}_3 \mathfrak{E}_3 = (\overline{\mathfrak{E}}_1 \times \overline{\mathfrak{E}}_2)(e_1 \times e_2) = (e_1 \overline{\mathfrak{E}}_1)(e_2 \overline{\mathfrak{E}}_2) - (e_1 \overline{\mathfrak{E}}_2)(e_2 \overline{\mathfrak{E}}_1).$$
(530)

Sind die Bezugssysteme rechtwinklig, so lauten die Gln (518) bis (530)

$$\begin{aligned}
i_1 &= \bar{i}_1(i_1\bar{i}_1) + \bar{i}_2(i_1\bar{i}_2) + \bar{i}_3(i_1\bar{i}_3), & \bar{i}_1 &= i_1(\bar{i}_1 i_1) + i_2(\bar{i}_1 i_2) + i_3(\bar{i}_1 i_3), \\
i_2 &= \bar{i}_1(i_2\bar{i}_1) + \bar{i}_2(i_2\bar{i}_2) + \bar{i}_3(i_2\bar{i}_3), & \bar{i}_2 &= i_1(\bar{i}_2 i_1) + i_2(\bar{i}_2 i_2) + i_3(\bar{i}_2 i_3), \\
i_3 &= \bar{i}_1(i_3\bar{i}_1) + \bar{i}_2(i_3\bar{i}_2) + \bar{i}_3(i_3\bar{i}_3); & \bar{i}_3 &= i_1(\bar{i}_3 i_1) + i_2(\bar{i}_3 i_2) + i_3(\bar{i}_3 i_3).
\end{aligned}$$
(531)

(Achsenkreuz)

43. Vektorfunktionen von zwei Veränderlichen; vektorielle Flächentheorie.

$$\left.\begin{array}{ll} 1 = (\mathfrak{i}_1\bar{\mathfrak{i}}_1)^2 + (\mathfrak{i}_1\bar{\mathfrak{i}}_2)^2 + (\mathfrak{i}_1\bar{\mathfrak{i}}_3)^2 \,, & 1 = (\mathfrak{i}_1\bar{\mathfrak{i}}_1)^2 + (\mathfrak{i}_2\bar{\mathfrak{i}}_1)^2 + (\mathfrak{i}_3\bar{\mathfrak{i}}_1)^2 \,, \\ 1 = (\mathfrak{i}_2\bar{\mathfrak{i}}_1)^2 + (\mathfrak{i}_2\bar{\mathfrak{i}}_2)^2 + (\mathfrak{i}_2\bar{\mathfrak{i}}_3)^2 \,, & 1 = (\mathfrak{i}_1\bar{\mathfrak{i}}_2)^2 + (\mathfrak{i}_2\bar{\mathfrak{i}}_2)^2 + (\mathfrak{i}_3\bar{\mathfrak{i}}_2)^2 \,, \\ 1 = (\mathfrak{i}_3\bar{\mathfrak{i}}_1)^2 + (\mathfrak{i}_3\bar{\mathfrak{i}}_2)^2 + (\mathfrak{i}_3\bar{\mathfrak{i}}_3)^2 \,; & 1 = (\mathfrak{i}_1\bar{\mathfrak{i}}_3)^2 + (\mathfrak{i}_2\bar{\mathfrak{i}}_3)^2 + (\mathfrak{i}_3\bar{\mathfrak{i}}_3)^2 \,. \end{array}\right\} \quad (532)$$
(Achsenkreuz)

$$\left.\begin{array}{l} 0 = (\bar{\mathfrak{i}}_1\mathfrak{i}_2)(\mathfrak{i}_1\bar{\mathfrak{i}}_1) + (\bar{\mathfrak{i}}_2\mathfrak{i}_2)(\mathfrak{i}_1\bar{\mathfrak{i}}_2) + (\bar{\mathfrak{i}}_3\mathfrak{i}_2)(\mathfrak{i}_1\bar{\mathfrak{i}}_3) \,, \\ 0 = (\bar{\mathfrak{i}}_1\mathfrak{i}_3)(\mathfrak{i}_2\bar{\mathfrak{i}}_1) + (\bar{\mathfrak{i}}_2\mathfrak{i}_3)(\mathfrak{i}_2\bar{\mathfrak{i}}_2) + (\bar{\mathfrak{i}}_3\mathfrak{i}_3)(\mathfrak{i}_2\bar{\mathfrak{i}}_3) \,, \\ 0 = (\bar{\mathfrak{i}}_1\mathfrak{i}_1)(\mathfrak{i}_3\bar{\mathfrak{i}}_1) + (\bar{\mathfrak{i}}_2\mathfrak{i}_1)(\mathfrak{i}_3\bar{\mathfrak{i}}_2) + (\bar{\mathfrak{i}}_3\mathfrak{i}_1)(\mathfrak{i}_3\bar{\mathfrak{i}}_3) \,. \end{array}\right\} \text{(Achsenkreuz)} \quad (533)$$

$$\left.\begin{array}{l} 0 = (\bar{\mathfrak{i}}_1\mathfrak{i}_3)(\mathfrak{i}_1\bar{\mathfrak{i}}_1) + (\bar{\mathfrak{i}}_2\mathfrak{i}_3)(\mathfrak{i}_1\bar{\mathfrak{i}}_2) + (\bar{\mathfrak{i}}_3\mathfrak{i}_3)(\mathfrak{i}_1\bar{\mathfrak{i}}_3) \,, \\ 0 = (\bar{\mathfrak{i}}_1\mathfrak{i}_1)(\mathfrak{i}_2\bar{\mathfrak{i}}_1) + (\bar{\mathfrak{i}}_2\mathfrak{i}_1)(\mathfrak{i}_2\bar{\mathfrak{i}}_2) + (\bar{\mathfrak{i}}_3\mathfrak{i}_1)(\mathfrak{i}_2\bar{\mathfrak{i}}_3) \,, \\ 0 = (\bar{\mathfrak{i}}_1\mathfrak{i}_2)(\mathfrak{i}_3\bar{\mathfrak{i}}_1) + (\bar{\mathfrak{i}}_2\mathfrak{i}_2)(\mathfrak{i}_3\bar{\mathfrak{i}}_2) + (\bar{\mathfrak{i}}_3\mathfrak{i}_2)(\mathfrak{i}_3\bar{\mathfrak{i}}_3) \,. \end{array}\right\} \text{(Achsenkreuz)} \quad (534)$$

$$\left.\begin{array}{l} 0 = (\mathfrak{i}_1\bar{\mathfrak{i}}_2)(\bar{\mathfrak{i}}_1\mathfrak{i}_1) + (\mathfrak{i}_2\bar{\mathfrak{i}}_2)(\bar{\mathfrak{i}}_1\mathfrak{i}_2) + (\mathfrak{i}_3\bar{\mathfrak{i}}_2)(\bar{\mathfrak{i}}_1\mathfrak{i}_3) \,, \\ 0 = (\mathfrak{i}_1\bar{\mathfrak{i}}_3)(\bar{\mathfrak{i}}_2\mathfrak{i}_1) + (\mathfrak{i}_2\bar{\mathfrak{i}}_3)(\bar{\mathfrak{i}}_2\mathfrak{i}_2) + (\mathfrak{i}_3\bar{\mathfrak{i}}_3)(\bar{\mathfrak{i}}_2\mathfrak{i}_3) \,, \\ 0 = (\mathfrak{i}_1\bar{\mathfrak{i}}_1)(\bar{\mathfrak{i}}_3\mathfrak{i}_1) + (\mathfrak{i}_2\bar{\mathfrak{i}}_1)(\bar{\mathfrak{i}}_3\mathfrak{i}_2) + (\mathfrak{i}_3\bar{\mathfrak{i}}_1)(\bar{\mathfrak{i}}_3\mathfrak{i}_3) \,. \end{array}\right\} \text{(Achsenkreuz)} \quad (535)$$

$$\left.\begin{array}{l} 0 = (\mathfrak{i}_1\bar{\mathfrak{i}}_3)(\bar{\mathfrak{i}}_1\mathfrak{i}_1) + (\mathfrak{i}_2\bar{\mathfrak{i}}_3)(\bar{\mathfrak{i}}_1\mathfrak{i}_2) + (\mathfrak{i}_3\bar{\mathfrak{i}}_3)(\bar{\mathfrak{i}}_1\mathfrak{i}_3) \,, \\ 0 = (\mathfrak{i}_1\bar{\mathfrak{i}}_1)(\bar{\mathfrak{i}}_2\mathfrak{i}_1) + (\mathfrak{i}_2\bar{\mathfrak{i}}_1)(\bar{\mathfrak{i}}_2\mathfrak{i}_2) + (\mathfrak{i}_3\bar{\mathfrak{i}}_1)(\bar{\mathfrak{i}}_2\mathfrak{i}_3) \,, \\ 0 = (\mathfrak{i}_1\bar{\mathfrak{i}}_2)(\bar{\mathfrak{i}}_3\mathfrak{i}_1) + (\mathfrak{i}_2\bar{\mathfrak{i}}_2)(\bar{\mathfrak{i}}_3\mathfrak{i}_2) + (\mathfrak{i}_3\bar{\mathfrak{i}}_2)(\bar{\mathfrak{i}}_3\mathfrak{i}_3) \,. \end{array}\right\} \text{(Achsenkreuz)} \quad (536)$$

$$\left.\begin{array}{ll} \mathfrak{i}_1\bar{\mathfrak{i}}_1 = (\bar{\mathfrak{i}}_2\mathfrak{i}_2)(\bar{\mathfrak{i}}_3\mathfrak{i}_3) - (\bar{\mathfrak{i}}_2\mathfrak{i}_3)(\bar{\mathfrak{i}}_3\mathfrak{i}_2)\,, & \bar{\mathfrak{i}}_1\mathfrak{i}_1 = (\mathfrak{i}_2\bar{\mathfrak{i}}_2)(\mathfrak{i}_3\bar{\mathfrak{i}}_3) - (\mathfrak{i}_2\bar{\mathfrak{i}}_3)(\mathfrak{i}_3\bar{\mathfrak{i}}_2)\,, \\ \mathfrak{i}_1\bar{\mathfrak{i}}_2 = (\bar{\mathfrak{i}}_3\mathfrak{i}_2)(\bar{\mathfrak{i}}_1\mathfrak{i}_3) - (\bar{\mathfrak{i}}_3\mathfrak{i}_3)(\bar{\mathfrak{i}}_1\mathfrak{i}_2)\,, & \bar{\mathfrak{i}}_1\mathfrak{i}_2 = (\mathfrak{i}_3\bar{\mathfrak{i}}_2)(\mathfrak{i}_1\bar{\mathfrak{i}}_3) - (\mathfrak{i}_3\bar{\mathfrak{i}}_3)(\mathfrak{i}_1\bar{\mathfrak{i}}_2)\,, \\ \mathfrak{i}_1\bar{\mathfrak{i}}_3 = (\bar{\mathfrak{i}}_1\mathfrak{i}_2)(\bar{\mathfrak{i}}_2\mathfrak{i}_3) - (\bar{\mathfrak{i}}_1\mathfrak{i}_3)(\bar{\mathfrak{i}}_2\mathfrak{i}_2)\,; & \bar{\mathfrak{i}}_1\mathfrak{i}_3 = (\mathfrak{i}_1\bar{\mathfrak{i}}_2)(\mathfrak{i}_2\bar{\mathfrak{i}}_3) - (\mathfrak{i}_1\bar{\mathfrak{i}}_3)(\mathfrak{i}_2\bar{\mathfrak{i}}_2)\,. \end{array}\right\} \quad (537)$$
(Achsenkreuz)

$$\left.\begin{array}{ll} \mathfrak{i}_2\bar{\mathfrak{i}}_1 = (\bar{\mathfrak{i}}_2\mathfrak{i}_3)(\bar{\mathfrak{i}}_3\mathfrak{i}_1) - (\bar{\mathfrak{i}}_2\mathfrak{i}_1)(\bar{\mathfrak{i}}_3\mathfrak{i}_3)\,, & \bar{\mathfrak{i}}_2\mathfrak{i}_1 = (\mathfrak{i}_2\bar{\mathfrak{i}}_3)(\mathfrak{i}_3\bar{\mathfrak{i}}_1) - (\mathfrak{i}_2\bar{\mathfrak{i}}_1)(\mathfrak{i}_3\bar{\mathfrak{i}}_3)\,, \\ \mathfrak{i}_2\bar{\mathfrak{i}}_2 = (\bar{\mathfrak{i}}_3\mathfrak{i}_3)(\bar{\mathfrak{i}}_1\mathfrak{i}_1) - (\bar{\mathfrak{i}}_3\mathfrak{i}_1)(\bar{\mathfrak{i}}_1\mathfrak{i}_3)\,, & \bar{\mathfrak{i}}_2\mathfrak{i}_2 = (\mathfrak{i}_3\bar{\mathfrak{i}}_3)(\mathfrak{i}_1\bar{\mathfrak{i}}_1) - (\mathfrak{i}_3\bar{\mathfrak{i}}_1)(\mathfrak{i}_1\bar{\mathfrak{i}}_3)\,, \\ \mathfrak{i}_2\bar{\mathfrak{i}}_3 = (\bar{\mathfrak{i}}_1\mathfrak{i}_3)(\bar{\mathfrak{i}}_2\mathfrak{i}_1) - (\bar{\mathfrak{i}}_1\mathfrak{i}_1)(\bar{\mathfrak{i}}_2\mathfrak{i}_3)\,; & \bar{\mathfrak{i}}_2\mathfrak{i}_3 = (\mathfrak{i}_1\bar{\mathfrak{i}}_3)(\mathfrak{i}_2\bar{\mathfrak{i}}_1) - (\mathfrak{i}_1\bar{\mathfrak{i}}_1)(\mathfrak{i}_2\bar{\mathfrak{i}}_3)\,. \end{array}\right\} \quad (538)$$
(Achsenkreuz)

$$\left.\begin{array}{ll} \mathfrak{i}_3\bar{\mathfrak{i}}_1 = (\bar{\mathfrak{i}}_2\mathfrak{i}_1)(\bar{\mathfrak{i}}_3\mathfrak{i}_2) - (\bar{\mathfrak{i}}_2\mathfrak{i}_2)(\bar{\mathfrak{i}}_3\mathfrak{i}_1)\,, & \bar{\mathfrak{i}}_3\mathfrak{i}_1 = (\mathfrak{i}_2\bar{\mathfrak{i}}_1)(\mathfrak{i}_3\bar{\mathfrak{i}}_2) - (\mathfrak{i}_2\bar{\mathfrak{i}}_2)(\mathfrak{i}_3\bar{\mathfrak{i}}_1)\,, \\ \mathfrak{i}_3\bar{\mathfrak{i}}_2 = (\bar{\mathfrak{i}}_3\mathfrak{i}_1)(\bar{\mathfrak{i}}_1\mathfrak{i}_2) - (\bar{\mathfrak{i}}_3\mathfrak{i}_2)(\bar{\mathfrak{i}}_1\mathfrak{i}_1)\,, & \bar{\mathfrak{i}}_3\mathfrak{i}_2 = (\mathfrak{i}_3\bar{\mathfrak{i}}_1)(\mathfrak{i}_1\bar{\mathfrak{i}}_2) - (\mathfrak{i}_3\bar{\mathfrak{i}}_2)(\mathfrak{i}_1\bar{\mathfrak{i}}_1)\,, \\ \mathfrak{i}_3\bar{\mathfrak{i}}_3 = (\bar{\mathfrak{i}}_1\mathfrak{i}_1)(\bar{\mathfrak{i}}_2\mathfrak{i}_2) - (\bar{\mathfrak{i}}_1\mathfrak{i}_2)(\bar{\mathfrak{i}}_2\mathfrak{i}_1)\,; & \bar{\mathfrak{i}}_3\mathfrak{i}_3 = (\mathfrak{i}_1\bar{\mathfrak{i}}_1)(\mathfrak{i}_2\bar{\mathfrak{i}}_2) - (\mathfrak{i}_1\bar{\mathfrak{i}}_2)(\mathfrak{i}_2\bar{\mathfrak{i}}_1)\,. \end{array}\right\} \quad (539)$$
(Achsenkreuz)

43. Vektorfunktionen von zwei Veränderlichen; vektorielle Flächentheorie.

Der Vektor $\mathfrak{r}$ sei jetzt gemäß

$$\mathfrak{r} = \mathfrak{r}(\lambda_1, \lambda_2)$$

eine stetige Funktion von zwei Veränderlichen λ_1 und λ_2. Denkt man sich $\mathfrak{r}$ wieder von einem festen Punkt 0 aus als Ortsvektor aufgetragen und eine der Veränderlichen, z. B. λ_2, zunächst festgehalten, so wird der Ortsvektor $\mathfrak{r}$ eine Funktion von λ_1 allein und stellt demgemäß eine Kurve dar. Eine solche Kurve wird in der Theorie der Vektorfunktionen als Parameterlinie bezeichnet und heißt hier speziell eine λ_2-Linie. Läßt man λ_2 gemäß Abb. 158 eine stetige Folge von Werten etwa in der Art

$$\lambda_2 = c_2, \quad \lambda_2 = c_2 + \Delta c_2, \quad \lambda_2 = c_2 + 2\Delta c_2, \quad \lambda_2 = c_2 + 3\Delta c_2, \quad \ldots$$

annehmen, so ergibt sich eine entsprechende Folge von Parameterlinien. Läßt man hierin Δc_2 immer kleiner werden, so wird die Folge der Parameterlinien immer dichter und in der Grenze für $\Delta c_2 = 0$ ergibt sich schließlich ein unendlich dichtes Band von Parameterlinien, das dann eine Fläche darstellt. Geht man andererseits von einem festen Parameterwert λ_1 aus und läßt diesen eine Wertefolge

$$\lambda_1 = c_1, \quad \lambda_1 = c_1 + \Delta c_1, \quad \lambda_1 = c_1 + 2\Delta c_1, \quad \lambda_1 = c_1 + 3\Delta c_1, \quad \ldots$$

durchlaufen, so ergibt sich auch hier wieder mit $\Delta c_1 \to 0$ ein unendlich dichtes Band von Parameterlinien, das die gleiche Fläche wie vorhin darstellt. Jeder Flächenpunkt wird somit gemäß Abb. 158 im allgemeinen von zwei Parameterlinien gekreuzt, die als seine krummlinigen Koordinaten bezeichnet werden.

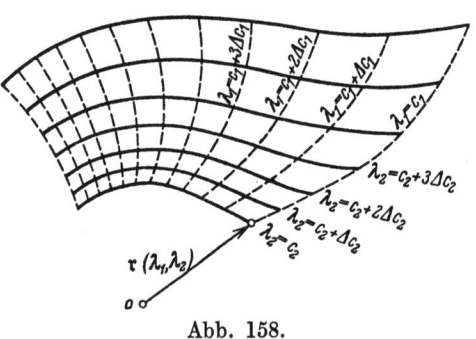

Abb. 158.

In der sogenannten kartesischen Darstellung einer Fläche

$$\mathfrak{r} = \mathfrak{i}_1 x + \mathfrak{i}_2 y + \mathfrak{i}_3 f(x, y) \quad (540)$$

ist beispielsweise

$$\lambda_1 = x, \quad \lambda_2 = y$$

und die λ_1-Linien sind die Schnittkurven, die sich durch Schnitt der Fläche mit einer Ebene im Abstande x von 0 parallel zu $\mathfrak{i}_2$ und $\mathfrak{i}_3$ ergeben, während die λ_2-Linien durch Schnitt der Fläche mit einer Ebene im Abstande y von 0 parallel zu $\mathfrak{i}_1$ und $\mathfrak{i}_3$ entstehen (Abb. 159).

Die weiteren Betrachtungen beschränken sich nun zunächst auf die allernächste Umgebung eines beliebigen Punktes P der Fläche mit den krummlinigen Koordinaten λ_1 und λ_2. Für diese Umgebung sei gemäß Abb. 160 vorübergehend ein neues System von Parameterlinien eingeführt, das durch die von P aus gemessenen Bogenlängen s_2 und s_1 auf den beiden Parameterlinien λ_1 und λ_2

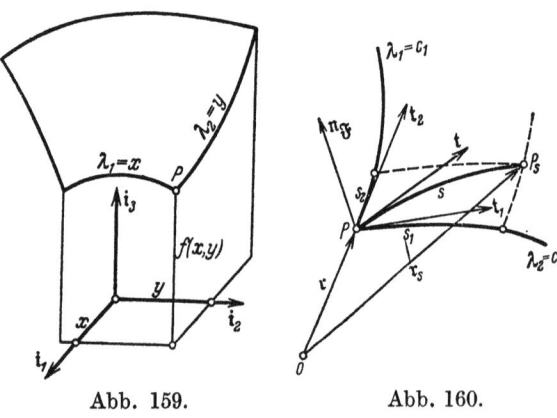

Abb. 159.   Abb. 160.

43. Vektorfunktionen von zwei Veränderlichen; vektorielle Flächentheorie.

gekennzeichnet ist. Werden die Tangentenvektoren der λ_1- und λ_2-Linien in P beziehungsweise mit $\mathfrak{t}_2$ und $\mathfrak{t}_1$ bezeichnet, so ist nach Ziffer 22 und 23

$$\mathfrak{t}_1 = \frac{\frac{\partial \mathfrak{r}}{\partial \lambda_1}}{\left|\frac{\partial \mathfrak{r}}{\partial \lambda_1}\right|} = \frac{\partial \mathfrak{r}}{\partial s_1}, \qquad \mathfrak{t}_2 = \frac{\frac{\partial \mathfrak{r}}{\partial \lambda_2}}{\left|\frac{\partial \mathfrak{r}}{\partial \lambda_2}\right|} = \frac{\partial \mathfrak{r}}{\partial s_2}. \tag{541}$$

Es sei nun eine weitere auf der Fläche verlaufende Kurve durch P hindurchgelegt, deren von P aus gemessene Bogenlänge s und deren Tangentenvektor in P gleich $\mathfrak{t}$ sei. Da die Kurve auf der Fläche liegen soll, muß sie deren Vektorgleichung

$$\mathfrak{r} = \mathfrak{r}(\lambda_1, \lambda_2) = \mathfrak{r}(\lambda_{1(s_1)}, \lambda_{2(s_2)})$$

im Parametersystem s_1, s_2 genügen. Nun werden aber s_1 und s_2 durch die Kurve miteinander in Beziehung gesetzt. Wird hierfür eine Parameterdarstellung mit der Bogenlänge s als Parameter gewählt, so folgt

$$s_1 = s_1(s), \qquad s_2 = s_2(s).$$

Die Einführung dieser Parameterwerte in die Vektorgleichung der Fläche liefert die Vektorgleichung der Kurve durch P in der Form

$$\mathfrak{r}_s = \mathfrak{r}(s_{1(s)}, s_{2(s)}).$$

Hieraus folgt für den Tangentenvektor in P

$$\mathfrak{t} = \frac{d\mathfrak{r}_s}{ds} = \frac{\partial \mathfrak{r}}{\partial s_1}\frac{ds_1}{ds} + \frac{\partial \mathfrak{r}}{\partial s_2}\frac{ds_2}{ds} \quad \text{für} \quad s = 0.$$

Nach (541) stellen hierin die partiellen Differentialquotienten die Tangentenvektoren der Ausgangsparameterlinien in P dar und man erhält

$$\mathfrak{t} = \mathfrak{t}_1 \frac{ds_1}{ds} + \mathfrak{t}_2 \frac{ds_2}{ds}. \tag{542}$$

Der Tangentenvektor $\mathfrak{t}$ einer beliebigen durch P hindurchgehenden Kurve der Fläche liegt somit in der durch $\mathfrak{t}_1$ und $\mathfrak{t}_2$ bestimmten Ebene. Diese Ebene heißt die Tangentialebene des Punktes P. Sie läßt sich am einfachsten durch ihren Normalenvektor

$$\mathfrak{n}_\mathfrak{F} = \frac{\mathfrak{t}_1 \times \mathfrak{t}_2}{|\mathfrak{t}_1 \times \mathfrak{t}_2|} \qquad \text{(Flächennormalenvektor)} \tag{543}$$

kennzeichnen, der kurz Flächennormalenvektor heißt. Nach (543) bleibt der Richtungspfeil von $\mathfrak{n}_\mathfrak{F}$ dem Zuordnungssinne von $\mathfrak{t}_1$ und $\mathfrak{t}_2$ überlassen.

Durch nochmalige Differentiation von $\mathfrak{r}_s$ folgt für den Punkt P

$$\frac{d^2\mathfrak{r}_s}{ds^2} = \mathfrak{n}_s \varkappa_s = \frac{d\mathfrak{t}}{ds} = \frac{d\mathfrak{t}_1}{ds}\frac{ds_1}{ds} + \frac{d\mathfrak{t}_2}{ds}\frac{ds_2}{ds} + \mathfrak{t}_1 \frac{d^2 s_1}{ds^2} + \mathfrak{t}_2 \frac{d^2 s_2}{ds^2} \quad \text{für} \quad s = 0.$$

Nun ist in Verbindung mit (541)

$$\frac{d\mathfrak{t}_1}{ds} = \frac{\partial^2 \mathfrak{r}}{\partial s_1^2}\frac{ds_1}{ds} + \frac{\partial^2 \mathfrak{r}}{\partial s_1 \partial s_2}\frac{ds_2}{ds}, \qquad \frac{d\mathfrak{t}_2}{ds} = \frac{\partial^2 \mathfrak{r}}{\partial s_2 \partial s_1}\frac{ds_1}{ds} + \frac{\partial^2 \mathfrak{r}}{\partial s_2^2}\frac{ds_2}{ds}.$$

Hiermit erhält man

$$\mathfrak{n}\varkappa = \frac{\partial^2 \mathfrak{r}}{\partial s_1^2}\left(\frac{ds_1}{ds}\right)^2 + 2\frac{\partial^2 \mathfrak{r}}{\partial s_1 \partial s_2}\frac{ds_1}{ds}\frac{ds_2}{ds} + \frac{\partial^2 \mathfrak{r}}{\partial s_2^2}\left(\frac{ds_2}{ds}\right)^2 + \mathfrak{t}_1 \frac{d^2 s_1}{ds^2} + \mathfrak{t}_2 \frac{d^2 s_2}{ds^2}. \tag{544}$$

Da s_1 und s_2 die Bogenlängen auf den Parameterlinien sind, ergibt sich nach den Formeln von Ziffer 22

$$\frac{\partial^2 \mathfrak{r}}{\partial s_1^2} = \mathfrak{n}_1 \varkappa_1 , \quad \frac{\partial^2 \mathfrak{r}}{\partial s_2^2} = \mathfrak{n}_2 \varkappa_2 \quad \text{(Krümmungsvektoren der Parameterlinien).} \tag{545}$$

Diese Vektoren heißen die Krümmungsvektoren der Parameterlinien und liegen im allgemeinen schief zur Tangentialebene.

Der in (544) auftretende gemischte Differentialquotient läßt sich in Verbindung mit $\lambda_1 = \lambda_1(s_1)$, $\lambda_2 = \lambda_2(s_2)$ in der Form

$$\frac{\partial^2 \mathfrak{r}}{\partial s_1 \partial s_2} = \frac{\partial^2 \mathfrak{r}}{\partial \lambda_1 \partial \lambda_2} \frac{d\lambda_1}{ds_1} \frac{d\lambda_2}{ds_2} = \frac{\dfrac{\partial^2 \mathfrak{r}}{\partial \lambda_1 \partial \lambda_2}}{\dfrac{ds_1}{d\lambda_1} \dfrac{ds_2}{d\lambda_2}} = \frac{\dfrac{\partial^2 \mathfrak{r}}{\partial \lambda_1 \partial \lambda_2}}{\left|\dfrac{\partial \mathfrak{r}}{\partial \lambda_1}\right| \left|\dfrac{\partial \mathfrak{r}}{\partial \lambda_2}\right|}$$

darstellen. Dieser Vektor sei in Anpassung an die Darstellung der Krümmungsvektoren der Parameterlinien gemäß

$$\frac{\partial^2 \mathfrak{r}}{\partial s_1 \partial s_2} = \frac{\dfrac{\partial^2 \mathfrak{r}}{\partial \lambda_1 \partial \lambda_2}}{\left|\dfrac{\partial \mathfrak{r}}{\partial \lambda_1}\right| \left|\dfrac{\partial \mathfrak{r}}{\partial \lambda_2}\right|} = \mathfrak{n}_{1,2} \varkappa_{1,2} \quad \text{(Verwindungsvektor der Parameterlinien)} \tag{546}$$

abkürzend bezeichnet, wobei $\mathfrak{n}_{1,2}$ einen Einheitsvektor und $\varkappa_{1,2}$ einen absoluten Betrag bedeuten soll. $\mathfrak{n}_{1,2}$ heiße der Verwindungseinheitsvektor und $\varkappa_{1,2}$ die Verwindung in bezug auf $\mathfrak{t}_1$ und $\mathfrak{t}_2$.

Die Einführung von (545) und (546) in (544) ergibt

$$\mathfrak{n}\varkappa = \mathfrak{n}_1 \varkappa_1 \left(\frac{ds_1}{ds}\right)^2 + 2 \mathfrak{n}_{1,2} \varkappa_{1,2} \frac{ds_1}{ds} \frac{ds_2}{ds} + \mathfrak{n}_2 \varkappa_2 \left(\frac{ds_2}{ds}\right)^2 + \mathfrak{t}_1 \frac{d^2 s_1}{ds^2} + \mathfrak{t}_2 \frac{d^2 s_2}{ds^2} . \tag{547}$$

(Krümmungsvektor einer beliebigen Schnittkurve in P)

Wird diese Vektorgleichung nun mit dem Flächennormalenvektor $\mathfrak{n}_\mathfrak{F}$ skalar multipliziert, so fallen, da $\mathfrak{n}_\mathfrak{F}$ auf $\mathfrak{t}_1$ und $\mathfrak{t}_2$ senkrecht steht, die skalaren Produkte der beiden letzten Glieder von (547) heraus und man erhält

$$\mathfrak{n}_\mathfrak{F} \mathfrak{n} \varkappa = \mathfrak{n}_\mathfrak{F} \mathfrak{n}_1 \varkappa_1 \left(\frac{ds_1}{ds}\right)^2 + 2 \mathfrak{n}_\mathfrak{F} \mathfrak{n}_{1,2} \varkappa_{1,2} \frac{ds_1}{ds} \frac{ds_2}{ds} + \mathfrak{n}_\mathfrak{F} \mathfrak{n}_2 \varkappa_2 \left(\frac{ds_2}{ds}\right)^2 . \tag{548}$$

Nun folgt aus dem infinitesimalen Dreieck von Abb. 161, in welchem φ den mit der Schnittrichtung veränderlichen Winkel zwischen $\mathfrak{t}$ und $\mathfrak{t}_1$ und ε den durch die Parameterlinien festgelegten Winkel zwischen $\mathfrak{t}_2$ und $\mathfrak{t}_1$ bezeichnet, durch Anwendung des Sinussatzes der Trigonometrie

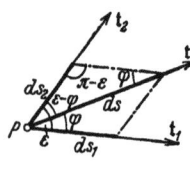

Abb. 161.

$$\frac{ds_1}{ds} = \frac{\sin(\varepsilon - \varphi)}{\sin(\pi - \varepsilon)} = \frac{\sin(\varepsilon - \varphi)}{\sin \varepsilon} , \quad \frac{ds_2}{ds} = \frac{\sin \varphi}{\sin(\pi - \varepsilon)} = \frac{\sin \varphi}{\sin \varepsilon} . \tag{549}$$

Die Einführung von (549) in (548) liefert

$$\mathfrak{n}_\mathfrak{F} \mathfrak{n} \varkappa = \mathfrak{n}_\mathfrak{F} \mathfrak{n}_1 \varkappa_1 \frac{\sin^2(\varepsilon - \varphi)}{\sin^2 \varepsilon} + 2 \mathfrak{n}_\mathfrak{F} \mathfrak{n}_{1,2} \varkappa_{1,2} \frac{\sin(\varepsilon - \varphi) \sin \varphi}{\sin^2 \varepsilon} + \mathfrak{n}_\mathfrak{F} \mathfrak{n}_2 \varkappa \frac{\sin^2 \varphi}{\sin^2 \varepsilon} .$$

Hieraus erhält man für die Krümmung $\varkappa$ einer beliebigen Schnittkurve durch P an der Stelle P selbst

$$\varkappa = \frac{\mathfrak{n}_\mathfrak{F} \mathfrak{n}_1}{\mathfrak{n}_\mathfrak{F} \mathfrak{n}} \varkappa_1 \frac{\sin^2(\varepsilon - \varphi)}{\sin^2 \varepsilon} + 2 \frac{\mathfrak{n}_\mathfrak{F} \mathfrak{n}_{1,2}}{\mathfrak{n}_\mathfrak{F} \mathfrak{n}} \varkappa_{1,2} \frac{\sin(\varepsilon - \varphi) \sin \varphi}{\sin^2 \varepsilon} + \frac{\mathfrak{n}_\mathfrak{F} \mathfrak{n}_2}{\mathfrak{n}_\mathfrak{F} \mathfrak{n}} \frac{\sin^2 \varphi}{\sin^2 \varepsilon} . \tag{550}$$

(Krümmung einer beliebigen Schnittkurve in P)

43. Vektorfunktionen von zwei Veränderlichen; vektorielle Flächentheorie.

Diese Gleichung stellt die Fundamentalbeziehung der vektoriellen Flächentheorie dar. Sie läßt sich unter Einführung des doppelten Winkels auch noch auf eine Parallelform bringen. Mit den trigonometrischen Beziehungen

$$\sin^2(\varepsilon - \varphi) = \tfrac{1}{2} - \tfrac{1}{2}\cos(2\varepsilon - 2\varphi) = \tfrac{1}{2} - \tfrac{1}{2}\cos 2\varepsilon \cos 2\varphi - \tfrac{1}{2}\sin 2\varepsilon \sin 2\varphi$$

$$\sin^2\varphi = \tfrac{1}{2} - \tfrac{1}{2}\cos 2\varphi$$

$$\sin(\varepsilon - \varphi)\sin\varphi = \sin\varepsilon \cos\varphi \sin\varphi - \cos\varepsilon \sin^2\varphi$$
$$= \tfrac{1}{2}\sin\varepsilon \sin 2\varphi - \tfrac{1}{2}\cos\varepsilon + \tfrac{1}{2}\cos\varepsilon \cos 2\varphi$$

erhält man

$$\varkappa = \left[\frac{1}{2}\left[\frac{n_{\mathfrak{F}}\,n_1}{n_{\mathfrak{F}}\,n}\varkappa_1 - 2\frac{n_{\mathfrak{F}}\,n_{1,2}}{n_{\mathfrak{F}}\,n}\varkappa_{1,2}\cos\varepsilon + \frac{n_{\mathfrak{F}}\,n_2}{n_{\mathfrak{F}}\,n}\varkappa_2\right] - \frac{1}{2}\left[\frac{n_{\mathfrak{F}}\,n_1}{n_{\mathfrak{F}}\,n}\varkappa_1\cos 2\varepsilon \right.\right.$$
$$\left.- 2\frac{n_{\mathfrak{F}}\,n_{1,2}}{n_{\mathfrak{F}}\,n}\varkappa_{1,2}\cos\varepsilon + \frac{n_{\mathfrak{F}}\,n_2}{n_{\mathfrak{F}}\,n}\varkappa_2\right]\cos 2\varphi -$$
$$\left.- \frac{1}{2}\left[\frac{n_{\mathfrak{F}}\,n_1}{n_{\mathfrak{F}}\,n}\varkappa_1\sin 2\varepsilon - 2\frac{n_{\mathfrak{F}}\,n_{1,2}}{n_{\mathfrak{F}}\,n}\varkappa_{1,2}\sin\varepsilon\right]\sin 2\varphi\right]\frac{1}{\sin^2\varepsilon}\,. \quad (551)$$

(Krümmung einer beliebigen Schnittkurve in P)

Geht die Schnittkurve durch den Tangentenvektor einer Parameterlinie, etwa durch t_1 wie in Abb. 162, so wird mit $\varphi = 0$

$$\sin(\varepsilon - \varphi) = \sin\varepsilon\,, \qquad \sin\varphi = 0$$

und es folgt aus (550)

$$\varkappa = \frac{n_{\mathfrak{F}}\,n_1}{n_{\mathfrak{F}}\,n}\varkappa_1 \qquad \text{(Schnittkurve durch } t_1\text{).} \qquad (552)$$

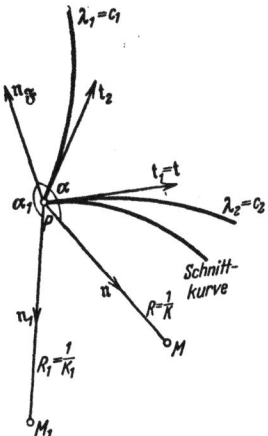

Die Gl. (552) stellt den Meunierschen Satz dar. Werden die Winkel zwischen $n_{\mathfrak{F}}$ und n_1 und zwischen $n_{\mathfrak{F}}$ und n gemäß Abb. 162 beziehungsweise mit α_1 und α bezeichnet, so läßt sich der Meuniersche Satz auch in den Formen

$$\varkappa = \frac{|\cos\alpha_1|}{|\cos\alpha|}\varkappa_1\,, \qquad \varkappa|\cos\alpha| = \varkappa_1|\cos\alpha_1| \qquad (553)$$

(Meunierscher Satz)

Abb. 162.

schreiben. Nach (553) besagt dieser Satz, daß für alle Schnittkurven, die ein und denselben Tangentenvektor t_1 gemeinsam haben, das Produkt ihrer Krümmung mit dem Cosinus des Winkels zwischen Normale und Flächennormale einen konstanten Wert besitzt. Die kleinste Krümmung erhält man für $|\cos\alpha| = 1$ oder $\alpha = 0$ bzw. π, d. h. für die Schnittebene durch t_1 und $n_{\mathfrak{F}}$. Dieser Schnitt heißt der zu t_1 gehörige Normalschnitt. Mit $|\cos\alpha| = 1$ folgt

$$\varkappa_{\min} = \varkappa_1|\cos\alpha_1| \qquad \text{(Normalschnitt durch } t_1\text{).} \qquad (554)$$

Die größte Krümmung ergibt sich für $|\cos\alpha| = 0$ oder $\alpha = \dfrac{\pi}{2}$ bzw. $\dfrac{3\pi}{2}$, d. h. für einen mit der Tangentialebene zusammenfallenden Schnitt. Da hierbei die

Schnittkurve in einen Punkt zusammenschrumpft, muß die Krümmung unendlich groß werden, wie es für $|\cos\alpha| = 0$ auch aus (553) folgt.

$$\varkappa_{\max} = \infty \qquad \text{(Schnittebene gleich Tangentialebene)}. \tag{555}$$

Die Einführung von (554) in (553) liefert den Meunierschen Satz in der Form

$$\varkappa = \frac{\varkappa_{\min}}{|\cos\alpha|} = \frac{\varkappa_{\min}}{|\mathfrak{n}_\mathfrak{F}\mathfrak{n}|} \qquad \text{(Schnittkurve durch } \mathfrak{t}_1\text{)}. \tag{556}$$

Nach (552) kann, da die Krümmung $\varkappa$ als absoluter Betrag, d. h. als stets positive Größe eingeführt wurde, α entweder nur zwischen 0 und $\pm \pi/2$ oder nur zwischen $\pi/2$ und $3\pi/2$ liegen. Hieraus folgt, daß die Normalen sämtlicher durch einen Tangentenvektor $\mathfrak{t}_1$ zu legender Schnittkurven nur auf einer Seite der Tangentialebene liegen können. Man gelangt damit zu der aus

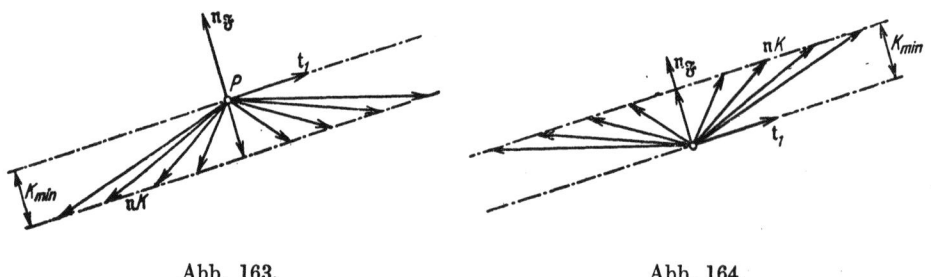

Abb. 163.   Abb. 164.

Abb. 163 und 164 ersichtlichen Darstellung für den Krümmungsvektor $\mathfrak{n}\varkappa$, je nachdem ob die Flächennormale aus der Fläche heraus oder in die Fläche hinein fällt. Die entsprechende Darstellung für den Krümmungsmittelpunktsvektor $\mathfrak{n}R = \dfrac{\mathfrak{n}}{\varkappa}$ zeigt Abb. 165; sie ist ein Kreis vom Halbmesser $\dfrac{1}{2\varkappa_{\min}}$.

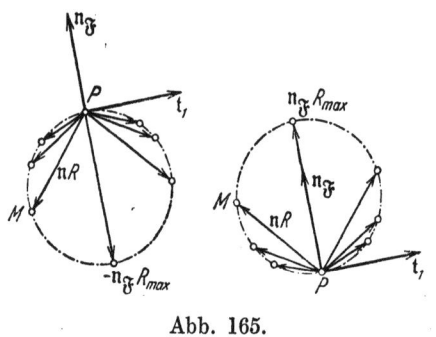

Abb. 165.

Wir knüpfen nun wieder an die Krümmung für eine beliebige Schnittkurve an, und zwar in der Form der Gl. (551) und fragen nach demjenigen Winkel φ des Tangentenvektors $\mathfrak{t}$, für welchen $\varkappa$ bei unveränderlich gedachter Schnittrichtung $\mathfrak{n}_\mathfrak{F}\mathfrak{n}$ einen Maximal- bzw. Minimalwert annimmt. Die Differentiation von (551) nach φ ergibt

$$\begin{aligned}\frac{d\varkappa}{d\varphi} = &\left[\frac{\mathfrak{n}_\mathfrak{F}\mathfrak{n}_1}{\mathfrak{n}_\mathfrak{F}\mathfrak{n}}\varkappa_1\cos 2\varepsilon - 2\frac{\mathfrak{n}_\mathfrak{F}\mathfrak{n}_{1,2}}{\mathfrak{n}_\mathfrak{F}\mathfrak{n}}\varkappa_{1,2}\cos\varepsilon + \frac{\mathfrak{n}_\mathfrak{F}\mathfrak{n}_2}{\mathfrak{n}_\mathfrak{F}\mathfrak{n}}\varkappa_2\right]\frac{\sin 2\varphi}{\sin^2\varepsilon} - \\ &-\left[\frac{\mathfrak{n}_\mathfrak{F}\mathfrak{n}_1}{\mathfrak{n}_\mathfrak{F}\mathfrak{n}}\varkappa_1\sin 2\varepsilon - 2\frac{\mathfrak{n}_\mathfrak{F}\mathfrak{n}_{1,2}}{\mathfrak{n}_\mathfrak{F}\mathfrak{n}}\varkappa_{1,2}\sin\varepsilon\right]\frac{\cos 2\varphi}{\sin^2\varepsilon}.\end{aligned} \tag{557}$$

43. Vektorfunktionen von zwei Veränderlichen; vektorielle Flächentheorie.

Durch Nullsetzen dieses Differentialquotienten folgt für die Extremalrichtungen, die auch als Hauptkrümmungsrichtungen bezeichnet werden,

$$\left.\begin{array}{l} \tan 2\varphi = \dfrac{\mathfrak{n_F} n_1 \varkappa_1 \sin 2\varepsilon - 2\, \mathfrak{n_F} n_{1,2} \varkappa_{1,2} \sin \varepsilon}{\mathfrak{n_F} n_1 \varkappa_1 \cos 2\varepsilon - 2\, \mathfrak{n_F} n_{1,2} \varkappa_{1,2} \cos \varepsilon + \mathfrak{n_F} n_2 \varkappa_2} \quad \text{(Hauptkrümmungs-richtungen)}, \\[4pt] \cos 2\varphi = \pm \dfrac{1}{V} [\mathfrak{n_F} n_1 \varkappa_1 \cos 2\varepsilon - 2\, \mathfrak{n_F} n_{1,2} \varkappa_{1,2} \cos \varepsilon + \mathfrak{n_F} n_2 \varkappa_2], \\[4pt] \sin 2\varphi = \pm \dfrac{1}{V} [\mathfrak{n_F} n_1 \varkappa_1 \sin 2\varepsilon - 2\, \mathfrak{n_F} n_{1,2} \varkappa_{1,2} \sin \varepsilon], \\[4pt] \text{Hierin ist} \\ V = \sqrt{[\mathfrak{n_F} n_1 \varkappa_1 \cos 2\varepsilon - 2\, \mathfrak{n_F} n_{1,2} \varkappa_{1,2} \cos \varepsilon + \mathfrak{n_F} n_2 \varkappa_2]^2 + [\mathfrak{n_F} n_1 \varkappa_1 \sin 2\varepsilon - 2\, \mathfrak{n_F} n_{1,2} \varkappa_{1,2} \sin \varepsilon]^2}. \end{array}\right\} \quad (558)$$

Entsprechend den beiden Wurzelvorzeichen ergeben sich zwei Werte für 2φ, die gerade um 180° auseinanderliegen. Demgemäß liegen die zugehörigen φ-Werte und damit auch die Hauptkrümmungsrichtungen um 90° auseinander. Der einen Hauptkrümmungsrichtung entspricht ein Maximum, der anderen ein Minimum der Krümmung. Durch Einführung von (558) in (551) folgt für diese Extremalkrümmungen in Abhängigkeit vom Richtungskosinus $\mathfrak{n_F} \mathfrak{n}$ des noch völlig willkürlichen Schnittebenenwinkels

$$\left.\begin{array}{l} \varkappa_{\max\atop\min} = \dfrac{\dfrac{\mathfrak{n_F} n_1}{\mathfrak{n_F} \mathfrak{n}} \varkappa_1 - 2\dfrac{\mathfrak{n_F} n_{1,2}}{\mathfrak{n_F} \mathfrak{n}} \varkappa_{1,2} \cos \varepsilon + \dfrac{\mathfrak{n_F} n_2}{\mathfrak{n_F} \mathfrak{n}} \varkappa_2 \pm \dfrac{1}{\mathfrak{n_F} \mathfrak{n}} V}{2 \sin^2 \varepsilon} \\[6pt] \text{mit} \\ V = \sqrt{[\mathfrak{n_F} n_1 \varkappa_1 \cos 2\varepsilon - 2\, \mathfrak{n_F} n_{1,2} \varkappa_{1,2} \cos \varepsilon + \mathfrak{n_F} n_2 \varkappa_2]^2 + [\mathfrak{n_F} n_1 \varkappa_1 \sin 2\varepsilon - 2\, \mathfrak{n_F} n_{1,2} \varkappa_{1,2} \sin \varepsilon]^2} \end{array}\right\} \quad (559)$$

oder auch

$$\left.\begin{array}{l} \mathfrak{n_F} \mathfrak{n} \varkappa_{\max\atop\min} = \dfrac{\mathfrak{n_F} n_1 \varkappa_1 - 2\, \mathfrak{n_F} n_{1,2} \varkappa_{1,2} \cos \varepsilon + \mathfrak{n_F} n_2 \varkappa_2 \pm V}{2 \sin^2 \varepsilon} \\[6pt] \text{mit} \\ V = \sqrt{[\mathfrak{n_F} n_1 \varkappa_1 \cos 2\varepsilon - 2\, \mathfrak{n_F} n_{1,2} \varkappa_{1,2} \cos \varepsilon + \mathfrak{n_F} n_2 \varkappa_2]^2 + [\mathfrak{n_F} n_1 \varkappa_1 \sin 2\varepsilon - 2\, \mathfrak{n_F} n_{1,2} \varkappa_{1,2} \sin \varepsilon]^2}. \end{array}\right\} \quad (560)$$

Im Falle einer bauchigen Fläche wie z. B. bei einem Paraboloid hat $\mathfrak{n_F} \mathfrak{n}$ für beide Extremalwinkel das gleiche Vorzeichen. Bei einer sattelförmigen Fläche dagegen wie z. B. bei einem einschaligen Hyperboloid hat $\mathfrak{n_F} \mathfrak{n}$ für beide Extremalwinkel verschiedenes Vorzeichen. Dieses verschiedenartige Verhalten muß bei der Anwendung der Formeln sorgfältig beachtet werden.

Die Darstellung der Krümmungsverhältnisse in der Umgebung eines Punktes P der Fläche gestaltet sich besonders einfach, wenn die Ausgangstangentenrichtungen $\mathfrak{t}_1$ und $\mathfrak{t}_2$ mit den Extremallagen der Krümmung zusammenfallen, denn in diesem Falle stehen

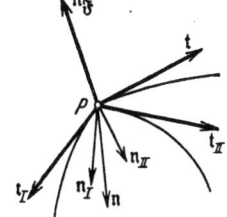

Abb. 166.

die Ausgangstangentenvektoren, die dann mit $\mathfrak{t}_I$ und $\mathfrak{t}_{II}$ bezeichnet werden sollen, aufeinander senkrecht und bilden mit $\mathfrak{n_F}$ ein Achsenkreuz. Außerdem verschwindet in bezug auf t_I und t_{II} das skalare Produkt $n_{\mathfrak{F}}\, n_{I,II}\varkappa_{I,II}$. Denn wenn $d\varkappa/d\varphi$ bedingungsgemäß für $\varphi = 0$ verschwinden soll, so ist dies nach (557) nur möglich, wenn der Faktor von $\cos 2\varphi$ oder

$$\frac{n_{\mathfrak{F}}\,n_I}{n_{\mathfrak{F}}\,n}\varkappa_I \sin 2\varepsilon - 2\frac{n_{\mathfrak{F}}\,n_{I,II}}{n_{\mathfrak{F}}\,n}\varkappa_{I,II} \sin \varepsilon = 0$$

wird. Nun verschwindet aber mit $\varepsilon = \pi/2$ der Faktor $\sin 2\varepsilon$ und damit das erste Glied, so daß in der Tat das fernerhin als Normalverwindung bezeichnete skalare Produkt

$$n_{\mathfrak{F}}\,n_{I,II}\varkappa_{I,II} = 0 \qquad \text{(Extremallagen der Krümmung)} \qquad (561)$$

werden muß. Wird (561) zusammen mit $\varepsilon = \pi/2$ in (551) berücksichtigt, so folgt

$$\varkappa = \frac{1}{2}\left[\frac{n_{\mathfrak{F}}\,n_I}{n_{\mathfrak{F}}\,n}\varkappa_I + \frac{n_{\mathfrak{F}}\,n_{II}}{n_{\mathfrak{F}}\,n}\varkappa_{II}\right] + \frac{1}{2}\left[\frac{n_{\mathfrak{F}}\,n_I}{n_{\mathfrak{F}}\,n}\varkappa_I - \frac{n_{\mathfrak{F}}\,n_{II}}{n_{\mathfrak{F}}\,n}\varkappa_{II}\right]\cos 2\varphi \qquad (562)^{\text{a}}$$

(Bezugssystem der Extremallagen)

oder auch

$$n_{\mathfrak{F}}\,n\,\varkappa = \tfrac{1}{2}[n_{\mathfrak{F}}\,n_I\varkappa_I + n_{\mathfrak{F}}\,n_{II}\varkappa_{II}] + \tfrac{1}{2}[n_{\mathfrak{F}}\,n_I\varkappa_I - n_{\mathfrak{F}}\,n_{II}\varkappa_{II}]\cos 2\varphi. \qquad (562)^{\text{b}}$$

Die Zuordnung der in (562) auftretenden Vektoren ist aus Abb. 166 ersichtlich.

In den bisherigen Betrachtungen konnte die Lage der Schnittebene gegen die Flächennormale oder das skalare Produkt

$$n_{\mathfrak{F}}\,n$$

noch völlig offen gelassen werden. Die Gln (558) bis (562) sind auf jeden vorher festgelegten Wert dieses skalaren Produktes anwendbar, was letzten Endes in dem Bestehen des Meunierschen Satzes begründet liegt. Unter den noch offen gelassenen Drehlagen der Schnittebene spielt naturgemäß jene eine besondere Rolle, bei welcher die Schnittrichtung durch die Flächennormale hindurchgeht bzw. auf der Tangentialebene senkrecht steht. Die so gebildeten Schnitte heißen Normalschnitte.

Im Falle eines Normalschnittes wird

$$n_{\mathfrak{F}}\,n = +1 \qquad \text{oder} \qquad -1$$

je nach der Lage der Flächennormale zur Fläche. Dementsprechend können die in (551) auftretenden drei Quotienten in der Form

$$\frac{n_{\mathfrak{F}}\,n_1}{n_{\mathfrak{F}}\,n} = \pm\, n_{\mathfrak{F}}\,n_1\,, \qquad \frac{n_{\mathfrak{F}}\,n_{1,2}}{n_{\mathfrak{F}}\,n} = \pm\, n_{\mathfrak{F}}\,n_{1,2}\,, \qquad \frac{n_{\mathfrak{F}}\,n_2}{n_{\mathfrak{F}}\,n} = \pm\, n_{\mathfrak{F}}\,n_2 \qquad \text{(Normal-schnitte)} \qquad (563)$$

geschrieben werden und man erhält an Stelle von (551), (557), (559), (560) und (562) die Sonderformeln

$$\varkappa = \left|\frac{n_{\mathfrak{F}}\,n_1\varkappa_1 - 2\,n_{\mathfrak{F}}\,n_{1,2}\varkappa_{1,2}\cos\varepsilon + n_{\mathfrak{F}}\,n_2\varkappa_2}{2\sin^2\varepsilon} - \frac{n_{\mathfrak{F}}\,n_1\varkappa_1\cos 2\varepsilon - 2\,n_{\mathfrak{F}}\,n_{1,2}\varkappa_{1,2}\cos\varepsilon + n_{\mathfrak{F}}\,n_2\varkappa_2}{2\sin^2\varepsilon}\cos 2\varphi\right.$$

$$\left. - \frac{n_{\mathfrak{F}}\,n_1\varkappa_1\sin 2\varepsilon - 2\,n_{\mathfrak{F}}\,n_{1,2}\varkappa_{1,2}\sin\varepsilon}{2\sin^2\varepsilon}\sin 2\varphi\right|, \qquad \text{(Normalschnitte)} \qquad (564)$$

$$\left|\frac{d\varkappa}{d\varphi}\right| = \left|\frac{n_{\mathfrak{F}}\,n_1\varkappa_1\cos 2\varepsilon - 2\,n_{\mathfrak{F}}\,n_{1,2}\varkappa_{1,2}\cos\varepsilon + n_{\mathfrak{F}}\,n_2\varkappa_2}{\sin^2\varepsilon}\sin 2\varphi - \frac{n_{\mathfrak{F}}\,n_1\varkappa_1\sin 2\varepsilon - 2\,n_{\mathfrak{F}}\,n_{1,2}\varkappa_{1,2}\sin\varepsilon}{\sin^2\varepsilon}\cos 2\varphi\right|.$$

43. Vektorfunktionen von zwei Veränderlichen; vektorielle Flächentheorie. 143

$$\left.\begin{aligned}\varkappa_{\substack{max\\min}} = \Bigg| &\frac{n_{\mathfrak{F}} n_1 \varkappa_1 - 2 n_{\mathfrak{F}} n_{1,2} \varkappa_{1,2} \cos\varepsilon + n_{\mathfrak{F}} n_2 \varkappa_2}{2 \sin^2\varepsilon} \pm \\ &\pm \frac{\sqrt{[n_{\mathfrak{F}} n_1 \varkappa_1 \cos 2\varepsilon - 2 n_{\mathfrak{F}} n_{1,2} \varkappa_{1,2} \cos\varepsilon + n_{\mathfrak{F}} n_2 \varkappa_2]^2 + [n_{\mathfrak{F}} n_1 \varkappa_1 \sin 2\varepsilon - 2 n_{\mathfrak{F}} n_{1,2} \varkappa_{1,2} \sin\varepsilon]^2}}{2 \sin^2\varepsilon} \Bigg|\end{aligned}\right\} \quad (565)$$

$$\left.\begin{aligned}n_{\mathfrak{F}} n_{max} \varkappa_{max} + n_{\mathfrak{F}} n_{min} \varkappa_{min} &= \frac{n_{\mathfrak{F}} n_1 \varkappa_1 - 2 n_{\mathfrak{F}} n_{1,2} \varkappa_{1,2} \cos\varepsilon + n_{\mathfrak{F}} n_2 \varkappa_2}{\sin^2\varepsilon}, \\ n_{\mathfrak{F}} n_{max} \varkappa_{max}\, n_{\mathfrak{F}} n_{min} \varkappa_{min} &= \frac{(n_{\mathfrak{F}} n_1 \varkappa_1)(n_{\mathfrak{F}} n_2 \varkappa_2) - (n_{\mathfrak{F}} n_{1,2} \varkappa_{1,2})^2}{\sin^2\varepsilon}.\end{aligned}\right\} \text{(Normal-schnitt)} \quad (566)$$

$$\varkappa = \left| \frac{n_{\mathfrak{F}} n_I \varkappa_I + n_{\mathfrak{F}} n_{II} \varkappa_{II}}{2} + \frac{n_{\mathfrak{F}} n_I \varkappa_I - n_{\mathfrak{F}} n_{II} \varkappa_{II}}{2} \cos 2\varphi \right| \quad \text{(Normalschnitt).} \quad (567)$$

In (565) und (566) heißen $\varkappa_{max}$ und $\varkappa_{min}$ die Hauptkrümmungen des betrachteten Flächenpunktes P. $n_{\mathfrak{F}} n_{max} \varkappa_{max} + n_{\mathfrak{F}} n_{min} \varkappa_{min}$ heißt die mittlere Hauptkrümmung, $n_{\mathfrak{F}} n_{max} \varkappa_{max}\, n_{\mathfrak{F}} n_{min} \varkappa_{min}$ das Krümmungsmaß. $n_{\mathfrak{F}} n_{max}$ und $n_{\mathfrak{F}} n_{min}$ sind $+1$ oder -1.

Die entwickelten Formeln sollen nun dazu benutzt werden, um die Krümmungsverhältnisse einer gemäß (540) im kartesischen System dargestellten Fläche zu untersuchen. Mit $\lambda_1 = x$, $\lambda_2 = y$ folgt aus (540) nach den in Ziffer 22 und 23 gegebenen Formeln:

$$\left.\begin{aligned}\mathfrak{t}_1 &= \frac{\partial \mathfrak{r}}{\partial s_1} = \frac{\frac{\partial \mathfrak{r}}{\partial x}}{\left|\frac{\partial \mathfrak{r}}{\partial x}\right|} = \frac{\mathfrak{i}_1 + \mathfrak{i}_3 \frac{\partial f}{\partial x}}{\sqrt{1+\left(\frac{\partial f}{\partial x}\right)^2}}, \quad \mathfrak{t}_2 = \frac{\partial \mathfrak{r}}{\partial s_2} = \frac{\frac{\partial \mathfrak{r}}{\partial y}}{\left|\frac{\partial \mathfrak{r}}{\partial y}\right|} = \frac{\mathfrak{i}_2 + \mathfrak{i}_3 \frac{\partial f}{\partial y}}{\sqrt{1+\left(\frac{\partial f}{\partial y}\right)^2}}, \\ \mathfrak{t}_1 \mathfrak{t}_2 &= \cos\varepsilon = \frac{\left(\mathfrak{i}_1 + \mathfrak{i}_3 \frac{\partial f}{\partial x}\right)\left(\mathfrak{i}_2 + \mathfrak{i}_3 \frac{\partial f}{\partial y}\right)}{\sqrt{1+\left(\frac{\partial f}{\partial x}\right)^2}\sqrt{1+\left(\frac{\partial f}{\partial y}\right)^2}} = \frac{\frac{\partial f}{\partial x}\frac{\partial f}{\partial y}}{\sqrt{\left(1+\left(\frac{\partial f}{\partial x}\right)^2\right)\left(1+\left(\frac{\partial f}{\partial y}\right)^2\right)}}, \\ \mathfrak{t}_1 \times \mathfrak{t}_2 &= \frac{\left(\mathfrak{i}_1 + \mathfrak{i}_3 \frac{\partial f}{\partial x}\right) \times \left(\mathfrak{i}_2 + \mathfrak{i}_3 \frac{\partial f}{\partial y}\right)}{\sqrt{1+\left(\frac{\partial f}{\partial x}\right)^2}\sqrt{1+\left(\frac{\partial f}{\partial y}\right)^2}} = \frac{\mathfrak{i}_3 - \mathfrak{i}_1 \frac{\partial f}{\partial x} - \mathfrak{i}_2 \frac{\partial f}{\partial y}}{\sqrt{\left(1+\left(\frac{\partial f}{\partial x}\right)^2\right)\left(1+\left(\frac{\partial f}{\partial y}\right)^2\right)}}, \\ |\mathfrak{t}_1 \times \mathfrak{t}_2| &= \sin\varepsilon = \frac{\sqrt{\left(\mathfrak{i}_3 - \mathfrak{i}_1 \frac{\partial f}{\partial x} - \mathfrak{i}_2 \frac{\partial f}{\partial y}\right)\left(\mathfrak{i}_3 - \mathfrak{i}_1 \frac{\partial f}{\partial x} - \mathfrak{i}_2 \frac{\partial f}{\partial y}\right)}}{\sqrt{\left(1+\left(\frac{\partial f}{\partial x}\right)^2\right)\left(1+\left(\frac{\partial f}{\partial y}\right)^2\right)}} = \frac{\sqrt{1+\left(\frac{\partial f}{\partial x}\right)^2+\left(\frac{\partial f}{\partial y}\right)^2}}{\sqrt{\left(1+\left(\frac{\partial f}{\partial x}\right)^2\right)\left(1+\left(\frac{\partial f}{\partial y}\right)^2\right)}}.\end{aligned}\right\} \quad (568)$$

Kontrolle: $\cos^2\varepsilon + \sin^2\varepsilon = 1$ ist erfüllt.

$$n_{\mathfrak{F}} = \frac{\mathfrak{t}_1 \times \mathfrak{t}_2}{|\mathfrak{t}_1 \times \mathfrak{t}_2|} = \frac{\mathfrak{i}_3 - \mathfrak{i}_1 \frac{\partial f}{\partial x} - \mathfrak{i}_2 \frac{\partial f}{\partial y}}{\sqrt{1+\left(\frac{\partial f}{\partial x}\right)^2+\left(\frac{\partial f}{\partial y}\right)^2}}. \quad (569)$$

Kontrolle: $n_{\mathfrak{F}} \mathfrak{t}_1 = 0$ und $n_{\mathfrak{F}} \mathfrak{t}_2 = 0$ ist erfüllt.

$$\left.\frac{\partial \mathfrak{t}_1}{\partial s_1} = n_1 \varkappa_1 = \frac{\frac{\partial \mathfrak{t}_1}{\partial x}}{\left|\frac{\partial \mathfrak{r}}{\partial x}\right|} = \frac{\mathfrak{i}_3 \frac{\partial^2 f}{\partial x^2}}{1+\left(\frac{\partial f}{\partial x}\right)^2} - \frac{\frac{\partial f}{\partial x}\frac{\partial^2 f}{\partial x^2}\left(\mathfrak{i}_1 + \mathfrak{i}_3 \frac{\partial f}{\partial x}\right)}{\left(1+\left(\frac{\partial f}{\partial x}\right)^2\right)^2} = \frac{-\mathfrak{i}_1 \frac{\partial f}{\partial x}\frac{\partial^2 f}{\partial x^2} + \mathfrak{i}_3 \frac{\partial^2 f}{\partial x^2}}{\left(1+\left(\frac{\partial f}{\partial x}\right)^2\right)^2},\right\} \quad (570)$$

144   Der beliebig bewegte, punktförmig idealisierte Körper.

$$\left.\begin{aligned}\frac{\partial t_2}{\partial s_2} = n_2 \varkappa_2 &= \frac{\frac{\partial t_2}{\partial y}}{\left|\frac{\partial \mathfrak{r}}{\partial y}\right|} = \frac{i_3 \frac{\partial^2 f}{\partial y^2}}{1+\left(\frac{\partial f}{\partial y}\right)^2} - \frac{\frac{\partial f}{\partial y}\frac{\partial^2 f}{\partial y^2}\left(i_2 + i_3 \frac{\partial f}{\partial y}\right)}{\left(1+\left(\frac{\partial f}{\partial y}\right)^2\right)^2} = \frac{-i_2 \frac{\partial f}{\partial y}\frac{\partial^2 f}{\partial y^2} + i_3 \frac{\partial^2 f}{\partial y^2}}{\left(1+\left(\frac{\partial f}{\partial y}\right)^2\right)^2}, \\ \frac{\partial^2 \mathfrak{r}}{\partial s_1 \partial s_2} = n_{1,2} \varkappa_{1,2} &= \frac{\frac{\partial^2 \mathfrak{r}}{\partial x \partial y}}{\left|\frac{\partial \mathfrak{r}}{\partial x}\right|\left|\frac{\partial \mathfrak{r}}{\partial y}\right|} = \frac{i_3 \frac{\partial^2 f}{\partial x \partial y}}{\sqrt{\left(1+\left(\frac{\partial f}{\partial x}\right)^2\right)\left(1+\left(\frac{\partial f}{\partial y}\right)^2\right)}}.\end{aligned}\right\} \quad (570)$$

$$\left.\begin{aligned} n_{\mathfrak{F}} n_1 \varkappa_1 &= \frac{\frac{\partial^2 f}{\partial x^2}}{\left[1+\left(\frac{\partial f}{\partial x}\right)^2\right]\sqrt{1+\left(\frac{\partial f}{\partial x}\right)^2+\left(\frac{\partial f}{\partial y}\right)^2}}, \\ n_{\mathfrak{F}} n_2 \varkappa_2 &= \frac{\frac{\partial^2 f}{\partial y^2}}{\left[1+\left(\frac{\partial f}{\partial y}\right)^2\right]\sqrt{1+\left(\frac{\partial f}{\partial x}\right)^2+\left(\frac{\partial f}{\partial y}\right)^2}}, \\ n_{\mathfrak{F}} n_{1,2} \varkappa_{1,2} &= \frac{\frac{\partial^2 f}{\partial x \partial y}}{\sqrt{\left[1+\left(\frac{\partial f}{\partial x}\right)^2\right]\left[1+\left(\frac{\partial f}{\partial y}\right)^2\right]}\sqrt{1+\left(\frac{\partial f}{\partial x}\right)^2+\left(\frac{\partial f}{\partial y}\right)^2}}. \end{aligned}\right\} \quad (571)$$

$$\left.\begin{aligned} n_{\mathfrak{F}} n_{\max} \varkappa_{\max} + n_{\mathfrak{F}} n_{\min} \varkappa_{\min} &= \frac{\left[1+\left(\frac{\partial f}{\partial y}\right)^2\right]\frac{\partial^2 f}{\partial x^2} - 2 \frac{\partial f}{\partial x}\frac{\partial f}{\partial y}\frac{\partial^2 f}{\partial x \partial y} + \left[1+\left(\frac{\partial f}{\partial x}\right)^2\right]\frac{\partial^2 f}{\partial y^2}}{\left[1+\left(\frac{\partial f}{\partial x}\right)^2+\left(\frac{\partial f}{\partial y}\right)^2\right]^{3/2}}, \\ n_{\mathfrak{F}} n_{\max} \varkappa_{\max}\, n_{\mathfrak{F}} n_{\min} \varkappa_{\min} &= \frac{\frac{\partial^2 f}{\partial x^2}\frac{\partial^2 f}{\partial y^2} - \left(\frac{\partial^2 f}{\partial x \partial y}\right)^2}{\left[1+\left(\frac{\partial f}{\partial x}\right)^2+\left(\frac{\partial f}{\partial y}\right)^2\right]^2}. \end{aligned}\right\} \quad (572)$$

Aus (572) folgt für die Hauptkrümmungsdifferenz

$$n_{\mathfrak{F}} n_{\max} \varkappa_{\max} - n_{\mathfrak{F}} n_{\min} \varkappa_{\min} = \frac{\sqrt{\left[1+\left(\frac{\partial f}{\partial x}\right)^2+\left(\frac{\partial f}{\partial y}\right)^2\right]\left[\left(1+\left(\frac{\partial f}{\partial y}\right)^2\right)\frac{\partial^2 f}{\partial x^2} - 2\frac{\partial f}{\partial x}\frac{\partial f}{\partial y}\frac{\partial^2 f}{\partial x \partial y} + \left(1+\left(\frac{\partial f}{\partial x}\right)^2\right)\frac{\partial^2 f}{\partial y^2}\right]^2 - 4\left|\frac{\partial^2 f}{\partial x^2}\frac{\partial^2 f}{\partial y^2} - \left(\frac{\partial^2 f}{\partial x \partial y}\right)^2\right|}}{\left[1+\left(\frac{\partial f}{\partial x}\right)^2+\left(\frac{\partial f}{\partial y}\right)^2\right]^2} \quad (573)$$

und damit

$$\varkappa_{\substack{\text{I}\\\text{II}}} = \varkappa_{\substack{\max\\\min}} = \left|\frac{n_{\mathfrak{F}} n_{\max} \varkappa_{\max} + n_{\mathfrak{F}} n_{\min} \varkappa_{\min}}{2} \pm \frac{n_{\mathfrak{F}} n_{\max} \varkappa_{\max} - n_{\mathfrak{F}} n_{\min} \varkappa_{\min}}{2}\right|. \quad (574)$$

Hierin sind $n_{\mathfrak{F}} n_{\max}$ und $n_{\mathfrak{F}} n_{\min}$ gleich $+1$ oder -1.

Ferner liefert (567) für die Krümmung eines beliebigen Normalschnittes

$$\varkappa = \left|\frac{n_{\mathfrak{F}} n_{\max} \varkappa_{\max} + n_{\mathfrak{F}} n_{\min} \varkappa_{\min}}{2} + \frac{n_{\mathfrak{F}} n_{\max} \varkappa_{\max} - n_{\mathfrak{F}} n_{\min} \varkappa_{\min}}{2} \cos 2\varphi\right|. \quad (575)$$
(Normalschnitt)

43. Vektorfunktionen von zwei Veränderlichen; vektorielle Flächentheorie. 145

Die Berechnung der Hauptkrümmungsrichtungen gestaltet sich folgendermaßen. Zunächst berechnet man

$$\left.\begin{aligned}\cos 2\varepsilon = \cos^2\varepsilon - \sin^2\varepsilon &= \frac{-1-\left(\frac{\partial f}{\partial x}\right)^2-\left(\frac{\partial f}{\partial y}\right)^2+\left(\frac{\partial f}{\partial x}\right)^2\left(\frac{\partial f}{\partial y}\right)^2}{\left(1+\left(\frac{\partial f}{\partial x}\right)^2\right)\left(1+\left(\frac{\partial f}{\partial y}\right)^2\right)}\,,\\[4pt]\sin 2\varepsilon = 2\sin\varepsilon\cos\varepsilon &= \frac{2\dfrac{\partial f}{\partial x}\dfrac{\partial f}{\partial y}\sqrt{1+\left(\frac{\partial f}{\partial x}\right)^2+\left(\frac{\partial f}{\partial y}\right)^2}}{\left(1+\left(\frac{\partial f}{\partial x}\right)^2\right)\left(1+\left(\frac{\partial f}{\partial y}\right)^2\right)}\end{aligned}\right\} \quad (576)$$

In Verbindung mit (568), (571) und (576) liefert die erste der Gln (558)

$$\operatorname{tang} 2\varphi = 1/\cot 2\varphi =$$

$$= \frac{2\left[\dfrac{\partial f}{\partial x}\dfrac{\partial f}{\partial y}\dfrac{\partial^2 f}{\partial x^2}-\left(1+\left(\frac{\partial f}{\partial x}\right)^2\right)\dfrac{\partial^2 f}{\partial x\,\partial y}\right]\sqrt{1+\left(\frac{\partial f}{\partial x}\right)^2+\left(\frac{\partial f}{\partial y}\right)^2}}{\left[-1-\left(\frac{\partial f}{\partial x}\right)^2-\left(\frac{\partial f}{\partial y}\right)^2+\left(\frac{\partial f}{\partial x}\right)^2\left(\frac{\partial f}{\partial y}\right)^2\right]\dfrac{\partial^2 f}{\partial x^2}-2\dfrac{\partial f}{\partial x}\dfrac{\partial f}{\partial y}\left(1+\left(\frac{\partial f}{\partial x}\right)^2\right)\dfrac{\partial^2 f}{\partial x\,\partial y}+\left(1+\left(\frac{\partial f}{\partial x}\right)^2\right)^2\dfrac{\partial^2 f}{\partial y^2}} \quad (577)$$

Hiermit errechnet sich

$$\operatorname{tang}\varphi = \cot 2\varphi \pm \sqrt{1+\cot^2 2\varphi}\,. \quad (578)$$

Es ist zu beachten, daß φ nicht in der x-y-Ebene, sondern in der Tangentialebene liegt. Mit $\mathfrak{r}^*$ als Ortsvektor lautet die Gleichung der Tangentialebene (Abb. 167)

$$(\mathfrak{r}^* - \mathfrak{r})\,\mathfrak{n}_\mathfrak{F} = 0 \quad \text{(Tangentialebene).} \quad (579)$$

Werden $\mathfrak{r}$ und $\mathfrak{n}_\mathfrak{F}$ gemäß (540) und (569) und $\mathfrak{r}^*$ gemäß

$$\mathfrak{r}^* = \mathfrak{i}_1 x^* + \mathfrak{i}_2 y^* + \mathfrak{i}_3 z^*$$

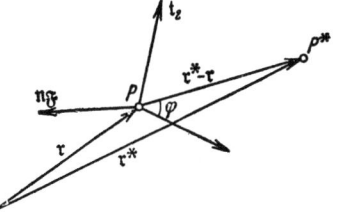

Abb. 167.

im kartesischen System dargestellt, so erhält man

$$[\mathfrak{i}_1(x^*-x)+\mathfrak{i}_2(y^*-y)+\mathfrak{i}_3(z^*-f(x,y))]\frac{\mathfrak{i}_3-\mathfrak{i}_1\dfrac{\partial f}{\partial x}-\mathfrak{i}_2\dfrac{\partial f}{\partial y}}{\sqrt{1+\left(\frac{\partial f}{\partial x}\right)^2+\left(\frac{\partial f}{\partial y}\right)^2}}=0$$

oder

$$(x^*-x)\frac{\partial f}{\partial x}+(y^*-y)\frac{\partial f}{\partial y}-(z^*-f(x,y))=0 \quad \text{(Tangentialebene).} \quad (580)$$

Schließt nun die erste Hauptkrümmungsrichtung mit $\mathfrak{t}_1$ den durch (577) und (578) bestimmten Winkel φ ein, so folgt, wenn jetzt $P \to P^* = \mathfrak{r}^* - \mathfrak{r} = \mathfrak{t}_I$ gewählt wird,

$$\mathfrak{t}_I\mathfrak{t}_1 = (\mathfrak{r}^* - \mathfrak{r})\,\mathfrak{t}_1 = \cos\varphi$$

oder mit $\mathfrak{t}_1$ nach (568)

$$[\mathfrak{i}_1(x^*-x)+\mathfrak{i}_2(y^*-y)+\mathfrak{i}_3(z^*-f(x,y))]\frac{\mathfrak{i}_1+\mathfrak{i}_3\dfrac{\partial f}{\partial x}}{\sqrt{1+\left(\frac{\partial f}{\partial x}\right)^2}}=\cos\varphi$$

Tölke, Mechanik, Bd. I.

146 Der beliebig bewegte, punktförmig idealisierte Körper.

oder ausmultipliziert

$$(x^* - x) + (z^* - f(x, y))\frac{\partial f}{\partial x} = \sqrt{1 + \left(\frac{\partial f}{\partial x}\right)^2} \cos \varphi .$$

Wird hierin $(z^* - f(x, y))$ gemäß (580) ausgedrückt, so ergibt sich

$$(x^* - x)\left(1 + \left(\frac{\partial f}{\partial x}\right)^2\right) + (y^* - y)\frac{\partial f}{\partial x}\frac{\partial f}{\partial y} = \sqrt{1 + \left(\frac{\partial f}{\partial x}\right)^2} \cos \varphi . \tag{581}$$

Außerdem muß, da $\mathfrak{r}^* - \mathfrak{r} = \mathfrak{t}_I$ gesetzt war und $\mathfrak{t}_I$ ein Einheitsvektor ist,

$$(\mathfrak{r}^* - \mathfrak{r})^2 = 1 , \qquad (x^* - x)^2 + (y^* - y)^2 + (z^* - f(x, y))^2 = 1$$

sein. Wird auch hierin $(z^* - f(x, y))$ mit Hilfe von (580) eliminiert, so folgt

$$(x^* - x)^2\left(1 + \left(\frac{\partial f}{\partial x}\right)^2\right) + (y^* - y)^2\left(1 + \left(\frac{\partial f}{\partial y}\right)^2\right) + 2(x^* - x)(y^* - y)\frac{\partial f}{\partial x}\frac{\partial f}{\partial y} = 1 . \tag{582}$$

Durch Auflösen von (581) und (582) liegen $(x^* - x)$ und $(y^* - y)$ fest. Damit ist auch die Hauptkrümmungsrichtung in der x, y-Ebene festgelegt. Man erhält (vgl. auch Abb. 168)

$$\left. \begin{aligned} \tan \varphi' = \frac{y^* - y}{x^* - x} = &\frac{\left(1 + \left(\frac{\partial f}{\partial x}\right)^2\right)\frac{\partial f}{\partial x}\frac{\partial f}{\partial y}\sin^2 \varphi}{\left(1 + \left(\frac{\partial f}{\partial x}\right)^2\right)\left(1 + \left(\frac{\partial f}{\partial y}\right)^2\right)\cos^2 \varphi - \left(\frac{\partial f}{\partial x}\right)^2\left(\frac{\partial f}{\partial y}\right)^2} + \\ &+ \sqrt{\frac{\left(1 + \left(\frac{\partial f}{\partial x}\right)^2\right)^2\left(\frac{\partial f}{\partial x}\right)^2\left(\frac{\partial f}{\partial y}\right)^2\sin^4 \varphi}{\left[\left(1 + \left(\frac{\partial f}{\partial x}\right)^2\right)\left(1 + \left(\frac{\partial f}{\partial y}\right)^2\right)\cos^2 \varphi - \left(\frac{\partial f}{\partial x}\right)^2\left(\frac{\partial f}{\partial y}\right)^2\right]^2} + \frac{\left(1 + \left(\frac{\partial f}{\partial x}\right)^2\right)^2\sin^2 \varphi}{\left(1 + \left(\frac{\partial f}{\partial x}\right)^2\right)\left(1 + \left(\frac{\partial f}{\partial y}\right)^2\right)\cos^2 \varphi - \left(\frac{\partial f}{\partial x}\right)^2\left(\frac{\partial f}{\partial y}\right)^2}} \end{aligned} \right\} \tag{583}$$

Wie die allgemeinen Untersuchungen gezeigt haben, lassen sich jedem Flächenpunkte P zwei Tangentenrichtungen $\mathfrak{t}_I$ und $\mathfrak{t}_{II}$ zuordnen, die aufeinander senkrecht stehen und in bezug auf welche die Normalverwindung verschwindet. Schreitet man auf zwei solchen Hauptkrümmungsrichtungen von P aus um die Wegelemente ds_I und ds_{II} fort, so gelangt man zu zwei neuen Flächenpunkten, denen wiederum Hauptkrümmungsrichtungen zugeordnet sind. Schreitet man nun von dem ersten dieser Flächenpunkte in der $\mathfrak{t}_I$ benachbarten und von dem zweiten Flächenpunkte in der $\mathfrak{t}_{II}$ benachbarten Hauptkrümmungsrichtung fort, so werden zwei weitere Flächenpunkte angeschlossen, von denen aus in ähnlicher Weise verfahren

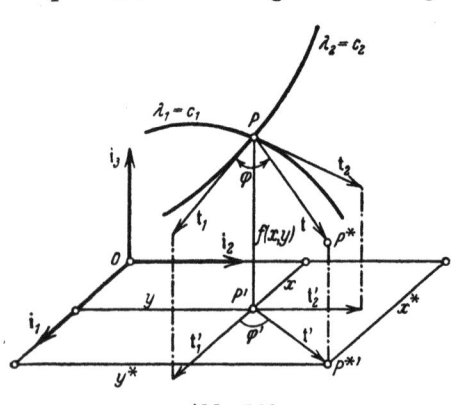

Abb. 168.

werden kann und so fort. Das Ergebnis dieser stufenweisen Entwicklung sind zwei durch P hindurchlaufende Polygonzüge, die für $\lim ds_I = 0$ und $\lim ds_{II} = 0$ in entsprechende Kurven übergehen, welche als die durch P hindurchlaufenden Hauptkrümmungslinien bezeichnet werden. Denkt man sich dieses Verfahren nun auf die Gesamtheit aller Flächenpunkte ausgedehnt, so wird die Fläche von zwei sich überall orthogonal kreuzenden Scharen von Hauptkrümmungslinien überdeckt, die ähnlich wie die Parameterlinien λ_1 und λ_2 als die Erzeugenden der Fläche angesehen werden können. Ist bei einer Fläche das Netz der Hauptkrümmungslinien von vornherein bekannt, so empfiehlt es sich, dieses als Parameterliniennetz den weiteren Untersuchungen zugrunde zu legen. Durch das orthogonale Verhalten und das Verschwinden der Normalverwindung ergeben sich dann besonders einfache Beziehungen, wie nun am Beispiel der Rotationsflächen erläutert werden soll.

44. Die Rotationsflächen.

Läßt man eine ebene Kurve um eine in der Kurvenebene gelegene feste Achse rotieren, so wird jeder Punkt der Kurve zur Erzeugenden eines Kreises und die Gesamtheit aller Kreise zur Erzeugenden einer Fläche, der Rotationsfläche. Da aus Gründen der Achsensymmetrie die Kreise an jeder Stelle die erzeugenden Kurven senkrecht schneiden müssen, stellt das Netz der Kreise und Drehkurven ein Orthogonalnetz dar und ist damit mit dem Netz der Hauptkrümmungslinien identisch. Werden daher Kreise und Drehkurven als Parameterlinien gewählt, und zwar gemäß Abb. 169 in der Form, daß der Drehwinkel φ in den Kreisebenen und die axiale Ordinate z über dem Grundkreis die Parameter darstellen, so lautet der Ortsvektor der Fläche in dem festen i_1, i_2, i_3-System der Abb. 169

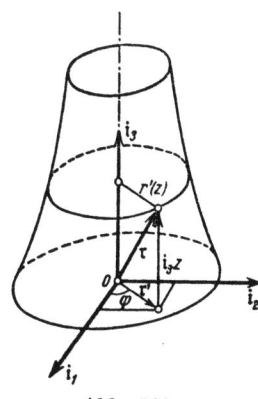

Abb. 169.

$$\mathfrak{r} = \mathfrak{i}_1 r'(z) \cos\varphi + \mathfrak{i}_2 r'(z) \sin\varphi + \mathfrak{i}_3 z . \qquad (584)$$

Wird φ mit λ_1, z mit λ_2 identifiziert, so folgt mit den Formeln von Ziffer 43, mit (541) beginnend,

$$\left. \begin{array}{ll} \mathfrak{t}_1 = -\mathfrak{i}_1 \sin\varphi + \mathfrak{i}_2 \cos\varphi \,, & \mathfrak{t}_1 \mathfrak{t}_2 = 0 \\[1em] \mathfrak{t}_2 = \dfrac{\mathfrak{i}_1 \dfrac{dr'}{dz} \cos\varphi + \mathfrak{i}_2 \dfrac{dr'}{dz} \sin\varphi + \mathfrak{i}_3}{\sqrt{1 + \left(\dfrac{dr'}{dz}\right)^2}} \,, & \mathfrak{t}_1 \times \mathfrak{t}_2 = \dfrac{\mathfrak{i}_1 \cos\varphi + \mathfrak{i}_2 \sin\varphi - \mathfrak{i}_3 \dfrac{dr'}{dz}}{\sqrt{1 + \left(\dfrac{dr'}{dz}\right)^2}} \,. \end{array} \right\} \quad (585)$$

$$\mathfrak{n}_{\mathfrak{F}} = \frac{\mathfrak{i}_1 \cos\varphi + \mathfrak{i}_2 \sin\varphi - \mathfrak{i}_3 \dfrac{dr'}{dz}}{\sqrt{1 + \left(\dfrac{dr'}{dz}\right)^2}} \,. \qquad (586)$$

$$\left. \begin{array}{l} \mathfrak{n}_1 \varkappa_1 = \dfrac{\dfrac{\partial \mathfrak{t}_1}{\partial \varphi}}{\left|\dfrac{\partial \mathfrak{r}}{\partial \varphi}\right|} = -\dfrac{\mathfrak{i}_1 \cos\varphi + \mathfrak{i}_2 \sin\varphi}{r'(z)} \,, \\[2em] \mathfrak{n}_2 \varkappa_2 = \dfrac{\dfrac{\partial \mathfrak{t}_2}{\partial z}}{\left|\dfrac{\partial \mathfrak{r}}{\partial z}\right|} = +\dfrac{(\mathfrak{i}_1 \cos\varphi + \mathfrak{i}_2 \sin\varphi)\dfrac{d^2 r'}{dz^2} - \mathfrak{i}_3 \dfrac{dr'}{dz}\dfrac{d^2 r'}{dz^2}}{\left[1 + \left(\dfrac{dr'}{dz}\right)^2\right]^2} \,, \\[2em] \mathfrak{n}_{1,2} \varkappa_{1,2} = \dfrac{\dfrac{\partial^2 \mathfrak{r}}{\partial \varphi \partial z}}{\left|\dfrac{\partial \mathfrak{r}}{\partial \varphi}\right|\left|\dfrac{\partial \mathfrak{r}}{\partial z}\right|} = \dfrac{-\mathfrak{i}_1 \dfrac{dr'}{dz} \sin\varphi + \mathfrak{i}_2 \dfrac{dr'}{dz} \cos\varphi}{r'(z) \sqrt{1 + \left(\dfrac{dr'}{dz}\right)^2}} \,. \end{array} \right\} \quad (587)$$

10*

$$\mathfrak{n}_\mathfrak{F}\,\mathfrak{n}_1\varkappa_1 = -\frac{1}{r'(z)\sqrt{1+\left(\dfrac{dr'}{dz}\right)^2}}\,, \quad \mathfrak{n}_\mathfrak{F}\,\mathfrak{n}_2\varkappa_2 = +\frac{\dfrac{d^2 r'}{dz^2}}{\left[1+\left(\dfrac{dr'}{dz}\right)^2\right]^{3/2}}\,, \quad \mathfrak{n}_\mathfrak{F}\,\mathfrak{n}_{1,2}\varkappa_{1,2} = 0\,. \quad (588)$$

Nach der dritten der Gln (585) stehen die Tangenten der Parameterlinien überall aufeinander senkrecht und nach der dritten der Gln (588) wird die Normalverwindung überall gleich null. Es handelt sich bei den Parameterlinien somit in der Tat um das Netz der Hauptkrümmungslinien. Damit sind die maximale und minimale Normalkrümmung bereits durch (588) gegeben.

$$\varkappa_\mathrm{I} = |\mathfrak{n}_\mathfrak{F}\,\mathfrak{n}_1\varkappa_1| = \frac{1}{r'(z)\sqrt{1+\left(\dfrac{dr'}{dz}\right)^2}}\,, \quad \varkappa_\mathrm{II} = |\mathfrak{n}_\mathfrak{F}\,\mathfrak{n}_2\varkappa_2| = \frac{\left|\dfrac{d^2 r'}{dz^2}\right|}{\left[1+\left(\dfrac{dr'}{dz}\right)^2\right]^{3/2}}\,. \quad (589)$$

Die Frage, welche von diesen beiden Hauptnormalkrümmungen einen Maximalwert darstellt, läßt sich naturgemäß erst in Verbindung mit einer speziellen Rotationsfläche beantworten.

Für die Gleichung der Tangentialebene der Rotationsflächen erhält man aus (579), (584) und (586) und mit $\mathfrak{r}^* = \mathfrak{i}_1 x^* + \mathfrak{i}_2 y^* + \mathfrak{i}_3 z^*$

$$[\mathfrak{i}_1(x^* - r'(z)\cos\varphi) + \mathfrak{i}_2(y^* - r'(z)\sin\varphi) + \mathfrak{i}_3(z^* - z)]\frac{\mathfrak{i}_1\cos\varphi + \mathfrak{i}_2\sin\varphi - \mathfrak{i}_3\dfrac{dr'}{dz}}{\sqrt{1+\left(\dfrac{dr'}{dz}\right)^2}} = 0$$

oder ausmultipliziert

$$x^*\cos\varphi + y^*\sin\varphi - (z^* - z)\frac{dr'}{dz} = r'(z) \qquad \text{(Tangentialebene)}. \quad (590)$$

45. Die Flächen zweiter Ordnung.

Die Umgebung eines jeden Regelpunktes P einer Fläche kann durch eine Fläche zweiter Ordnung approximiert werden. Hierin liegt die große technische Bedeutung dieser Flächen. Die Flächen zweiter Ordnung umfassen das Ellipsoid, das ein- und zweischalige Hyperboloid, das elliptische und hyperbolische Paraboloid, den elliptischen und hyperbolischen Kegel und den elliptischen, hyperbolischen und parabolischen Zylinder.

Wird der Ortsvektor $\mathfrak{r}$ der Fläche in der Form

$$\mathfrak{r} = \mathfrak{i}_1 r_1 + \mathfrak{i}_2 r_2 + \mathfrak{i}_3 r_3$$

zugrunde gelegt, so zeigen die Untersuchungen der Analysis, daß alle Flächen zweiter Ordnung der skalaren Gleichung

$$\left.\begin{array}{l} a_{00} + 2a_{01}r_1 + 2a_{02}r_2 + 2a_{03}r_3 + a_{11}r_1^2 + a_{22}r_2^2 + a_{33}r_3^2 + \\ + 2a_{12}r_1 r_2 + 2a_{23}r_2 r_3 + 2a_{13}r_3 r_1 = 0 \end{array}\right\} \quad (591)$$

genügen müssen. Wird die Koeffizientendeterminante mit D, diejenige der

45. Die Flächen zweiter Ordnung.

Koeffizienten der Glieder zweiter Ordnung mit D' und diejenige der Koeffizienten $a_{22}, a_{2,3}, a_{33}$ mit D'' bezeichnet,

$$D = \begin{vmatrix} a_{00} & a_{01} & a_{02} & a_{03} \\ a_{01} & a_{11} & a_{12} & a_{13} \\ a_{02} & a_{12} & a_{22} & a_{23} \\ a_{03} & a_{13} & a_{23} & a_{33} \end{vmatrix}, \quad D' = \begin{vmatrix} a_{11} & a_{12} & a_{13} \\ a_{12} & a_{22} & a_{23} \\ a_{13} & a_{23} & a_{33} \end{vmatrix}, \quad D'' = \begin{vmatrix} a_{22} & a_{23} \\ a_{23} & a_{33} \end{vmatrix} \quad (592)$$

und wird dafür gesorgt, daß in (591) a_{11} positiv ist, so ergibt sich die folgende Klassifizierung

$$\left. \begin{array}{l} D < 0, \quad D' > 0, \quad D'' > 0 \quad \text{Ellipsoid,} \\ \left. \begin{array}{l} D > 0, \quad D' < 0, \quad D'' \gtreqless 0 \\ D > 0, \quad D' > 0, \quad D'' < 0 \end{array} \right\} \text{Einschaliges Hyperboloid,} \\ D = 0, \qquad\qquad\qquad\qquad\quad \text{Elliptischer oder Hyperbolischer Kegel,} \\ \left. \begin{array}{l} D < 0, \quad D' < 0, \quad D'' \gtreqless 0 \\ D < 0, \quad D' > 0, \quad D'' < 0 \end{array} \right\} \text{Zweischaliges Hyperboloid,} \\ D \gtreqless 0, \quad D' = 0, \quad D'' < 0 \quad \text{Hyperbolisches Paraboloid,} \\ D \gtreqless 0, \quad D' = 0, \quad D'' > 0 \quad \text{Elliptisches Paraboloid.} \end{array} \right\} \quad (593)$$

Wird gemäß Ziffer 42 eine Bezugspunkt- und Bezugssystem-Transformation durchgeführt und werden die fünf Freiheiten, die sich aus den drei Bezugspunktkomponenten und den beiden Bezugssystemdrehwinkeln ergeben, so gewählt, daß

$$a_{02} = a_{03} = a_{12} = a_{23} = a_{13} = 0$$

wird, so lautet (591)

$$a_{c0} + 2 a_{03} r_3 + a_{11} r_1^2 + a_{22} r_2^2 + a_{33} r_3^2 = 0 \ . \tag{594}$$

Die damit auf ihre Hauptachsen bezogenen Flächen zweiter Ordnung sollen nun im folgenden näher betrachtet werden.

Das Ellipsoid weist in allen Schnittebenen durch den Hauptachsenschnittpunkt Ellipsen als Schnittkurven auf. Einer solchen Bedingung entspricht nach (277) die Parameterdarstellung

$$\mathfrak{r} = \mathfrak{i}_1 a \cos \varphi \cos \psi + \mathfrak{i}_2 \lambda a \sin \varphi \cos \psi + \mathfrak{i}_3 \mu a \sin \psi \ , \qquad \text{(Ellipsoid)} \quad (595)$$

aus der man unmittelbar die Komponentengleichung

$$\frac{r_1^2}{a^2} + \frac{r_2^2}{(\lambda a)^2} + \frac{r_3^2}{(\mu a)^2} = 1 \qquad \text{(Ellipsoid)} \tag{596}$$

abliest. Den Parameterlinien $\psi = c_2$ entsprechen Ellipsen in der $\mathfrak{i}_1$-$\mathfrak{i}_2$-Ebene, den Parameterlinien $\varphi = c_1$ Ellipsen in der durch $\mathfrak{i}_3$ und den Vektor $(\mathfrak{i}_1 a \cos c_1 + \mathfrak{i}_2 \lambda a \sin c_1)$ bestimmten Ebene. a, λa und μa sind die Halbmesser der drei Hauptachsen.

Mit $\lambda_1 = \varphi$, $\lambda_2 = \psi$ liefern die Formeln von Ziffer 43

$$\left.\begin{aligned}
\mathfrak{t}_1 &= \frac{\dfrac{\partial \mathfrak{r}}{\partial \varphi}}{\left|\dfrac{\partial \mathfrak{r}}{\partial \varphi}\right|} = \frac{-\mathfrak{i}_1 a \sin \varphi \cos \psi + \mathfrak{i}_2 \lambda a \cos \varphi \cos \psi}{a \sqrt{\sin^2 \varphi + \lambda^2 \cos^2 \varphi} \cos \psi} = \frac{-\mathfrak{i}_1 \sin \varphi + \mathfrak{i}_2 \lambda \cos \varphi}{\sqrt{\sin^2 \varphi + \lambda^2 \cos^2 \varphi}}, \\
\mathfrak{t}_2 &= \frac{\dfrac{\partial \mathfrak{r}}{\partial \psi}}{\left|\dfrac{\partial \mathfrak{r}}{\partial \psi}\right|} = \frac{-\mathfrak{i}_1 a \cos \varphi \sin \psi - \mathfrak{i}_2 \lambda a \sin \varphi \sin \psi + \mathfrak{i}_3 \mu a \cos \psi}{a \sqrt{\cos^2 \varphi \sin^2 \psi + \lambda^2 \sin^2 \varphi \sin^2 \psi + \mu^2 \cos^2 \psi}} \\
&= \frac{-\mathfrak{i}_1 \cos \varphi \sin \psi - \mathfrak{i}_2 \lambda \sin \varphi \sin \psi + \mathfrak{i}_3 \mu \cos \psi}{\sqrt{(\cos^2 \varphi + \lambda^2 \sin^2 \varphi) \sin^2 \psi + \mu^2 \cos^2 \psi}}, \\
\mathfrak{t}_1 \mathfrak{t}_2 &= \frac{(1-\lambda^2) \sin \varphi \cos \varphi \sin \psi}{\sqrt{(\cos^2 \varphi + \lambda^2 \sin^2 \varphi) \sin^2 \psi + \mu^2 \cos^2 \psi}} \frac{1}{\sqrt{\sin^2 \varphi + \lambda^2 \cos^2 \varphi}} = \cos \varepsilon, \\
\mathfrak{t}_1 \times \mathfrak{t}_2 &= \frac{\mathfrak{i}_1 \lambda \mu \cos \varphi \cos \psi + \mathfrak{i}_2 \mu \sin \varphi \cos \psi + \mathfrak{i}_3 \lambda \sin \psi}{\sqrt{(\cos^2 \varphi + \lambda^2 \sin^2 \varphi) \sin^2 \psi + \mu^2 \cos^2 \psi}} \frac{1}{\sqrt{\sin^2 \varphi + \lambda^2 \cos^2 \varphi}}, \\
|\mathfrak{t}_1 \times \mathfrak{t}_2| &= \frac{\sqrt{\mu^2 (\lambda^2 \cos^2 \varphi + \sin^2 \varphi) \cos^2 \psi + \lambda^2 \sin^2 \psi}}{\sqrt{(\cos^2 \varphi + \lambda^2 \sin^2 \varphi) \sin^2 \psi + \mu^2 \cos^2 \psi}} \frac{1}{\sqrt{\sin^2 \varphi + \lambda^2 \cos^2 \varphi}} = \sin \varepsilon.
\end{aligned}\right\} \quad (597)$$

(Ellipsoid)

$$\mathfrak{n}_\mathfrak{F} = \frac{\mathfrak{t}_1 \times \mathfrak{t}_2}{|\mathfrak{t}_1 \times \mathfrak{t}_2|} = \frac{\mathfrak{i}_1 \lambda \mu \cos \varphi \cos \psi + \mathfrak{i}_2 \mu \sin \varphi \cos \psi + \mathfrak{i}_3 \lambda \sin \psi}{\sqrt{\mu^2 (\lambda^2 \cos^2 \varphi + \sin^2 \varphi) \cos^2 \psi + \lambda^2 \sin^2 \psi}} \quad \text{(Ellipsoid).} \quad (598)$$

$$\left.\begin{aligned}
\mathfrak{n}_1 \varkappa_1 &= \frac{\dfrac{\partial \mathfrak{t}_1}{\partial \varphi}}{\left|\dfrac{\partial \mathfrak{r}}{\partial \varphi}\right|} = -\frac{\lambda (\mathfrak{i}_1 \lambda \cos \varphi + \mathfrak{i}_2 \sin \varphi)}{a (\sin^2 \varphi + \lambda^2 \cos^2 \varphi)^2 \cos \psi}, \\
\mathfrak{n}_2 \varkappa_2 &= \frac{\dfrac{\partial \mathfrak{t}_2}{\partial \psi}}{\left|\dfrac{\partial \mathfrak{r}}{\partial \psi}\right|} = -\frac{\mu [\mathfrak{i}_1 \mu \cos \varphi \cos \psi + \mathfrak{i}_2 \lambda \mu \sin \varphi \cos \psi + \mathfrak{i}_3 (\cos^2 \varphi + \lambda^2 \sin^2 \varphi) \sin \psi]}{a [(\cos^2 \varphi + \lambda^2 \sin^2 \varphi) \sin^2 \psi + \mu^2 \cos^2 \psi]^2}, \\
\mathfrak{n}_{1,2} \varkappa_{1,2} &= \frac{\dfrac{\partial^2 \mathfrak{r}}{\partial \varphi \partial \psi}}{\left|\dfrac{\partial \mathfrak{r}}{\partial \varphi}\right| \left|\dfrac{\partial \mathfrak{r}}{\partial \psi}\right|} = \frac{\mathfrak{i}_1 \sin \varphi \operatorname{tang} \psi - \mathfrak{i}_2 \lambda \cos \varphi \operatorname{tang} \psi}{a \sqrt{\sin^2 \varphi + \lambda^2 \cos^2 \varphi} \sqrt{(\cos^2 \varphi + \lambda^2 \sin^2 \varphi) \sin^2 \psi + \mu^2 \cos^2 \psi}}.
\end{aligned}\right\} \text{(Ellipsoid)} \quad (599)$$

$$\left.\begin{aligned}
\mathfrak{n}_\mathfrak{F} \mathfrak{n}_1 \varkappa_1 &= -\frac{\lambda \mu}{a (\sin^2 \varphi + \lambda^2 \cos^2 \varphi) \sqrt{\mu^2 (\lambda^2 \cos^2 \varphi + \sin^2 \varphi) \cos^2 \psi + \lambda^2 \sin^2 \psi}}, \\
\mathfrak{n}_\mathfrak{F} \mathfrak{n}_2 \varkappa_2 &= -\frac{\lambda \mu}{a [(\cos^2 \varphi + \lambda^2 \sin^2 \varphi) \sin^2 \psi + \mu^2 \cos^2 \psi] \sqrt{\mu^2 (\lambda^2 \cos^2 \varphi + \sin^2 \varphi) \cos^2 \psi + \lambda^2 \sin^2 \psi}}, \\
\mathfrak{n}_\mathfrak{F} \mathfrak{n}_{1,2} \varkappa_{1,2} &= 0 \qquad \text{(Ellipsoid)}
\end{aligned}\right\} \quad (600)$$

Nach der dritten der Gln (600) ist das zugrundegelegte Parameterliniennetz gerade ein solches, bei dem die Normalverwindung überall verschwindet. Es ist aber trotzdem kein Hauptkrümmungsnetz, da nach der dritten der Gln (597) $\cos \varepsilon$ nicht gleichzeitig verschwindet. Wegen des Verschwindens von $\mathfrak{n}_\mathfrak{F} \mathfrak{n}_{1,2} \varkappa_{1,2}$ können die Hauptnormalkrümmungen aus (566) unmittelbar abgelesen werden. Die Frage, welche dieser beiden Krümmungen ein Maximum und welche ein

45. Die Flächen zweiter Ordnung.

Minimum darstellt, bleibt analytisch zunächst offen. Man erhält aus (566) in Verbindung mit (600) und der letzten der Gln (597)

$$\left.\begin{aligned}\varkappa_\mathrm{I} &= \frac{\lambda\mu\,[(\cos^2\varphi + \lambda^2\sin^2\varphi)\sin^2\psi + \mu^2\cos^2\psi]}{a\,[\mu^2(\lambda^2\cos^2\varphi + \sin^2\varphi)\cos^2\psi + \lambda^2\sin^2\psi]^{3/2}}\,,\\ \varkappa_\mathrm{II} &= \frac{\lambda\mu\,(\lambda^2\cos^2\varphi + \sin^2\varphi)}{a\,[\mu^2(\lambda^2\cos^2\varphi + \sin^2\varphi)\cos^2\psi + \lambda^2\sin^2\psi]^{3/2}}\,.\end{aligned}\right\} \text{(Ellipsoid)} \quad (601)$$

In Anwendung von (601) auf die Punkte auf den Hauptachsen folgt

$$\left.\begin{aligned}\varphi &= 0,\ \psi = 0,\ \mathfrak{r} = \mathfrak{i}_1 a: & \varkappa_\mathrm{I} &= \frac{1}{\lambda^2 a},\ \varkappa_\mathrm{II} = \frac{1}{\mu^2 a}\,,\\ \varphi &= \frac{\pi}{2},\ \psi = 0,\ \mathfrak{r} = \mathfrak{i}_2 \lambda a: & \varkappa_\mathrm{I} &= \frac{\lambda}{a},\ \varkappa_\mathrm{II} = \frac{\lambda}{\mu a}\,,\\ \varphi &= \varphi,\ \psi = \frac{\pi}{2},\ \mathfrak{r} = \mathfrak{i}_3\mu a: & \varkappa_\mathrm{I} &= \frac{\mu}{\lambda^2 a},\ \varkappa_\mathrm{II} = \frac{\mu}{a}\,,\end{aligned}\right\} \text{(Ellipsoid)} \quad (602)$$

in Übereinstimmung mit den an den Schnittellipsen ablesbaren Werten.

Beim einschaligen Hyperboloid ergeben sich in Schnitten parallel zur $\mathfrak{i}_1$-$\mathfrak{i}_2$-Ebene Ellipsen und in Schnitten parallel zu den Ebenen von $\mathfrak{i}_2$ und $\mathfrak{i}_3$ sowie $\mathfrak{i}_3$ und $\mathfrak{i}_1$ Hyperbeln. In sinngemäßer Anwendung von (332) sind daher bei dem Parameter ψ die Kreisfunktionen mit Hyperbelfunktionen zu vertauschen. Eine entsprechende Umschreibung von (595) ergibt

$$\left.\mathfrak{r} = \mathfrak{i}_1 a\cos\varphi\,\mathfrak{Cof}\,\psi + \mathfrak{i}_2 \lambda a\sin\varphi\,\mathfrak{Cof}\,\psi + \mathfrak{i}_3\mu a\,\mathfrak{Sin}\,\psi\,.\right\} \quad (603)$$
$$\text{(Einschaliges Hyperboloid)}$$

Aus (603) folgt die Komponentengleichung

$$\frac{r_1^2}{a^2} + \frac{r_2^2}{(\lambda a)^2} - \frac{r_3^2}{(\mu a)^2} = 1 \qquad \text{(Einschaliges Hyperboloid)}. \quad (604)$$

Der Übergang von (595) in (603) kann auch in der Weise erfolgen, daß die Vertauschung

$$\psi \to i\psi,\quad \mu = -i\mu \qquad \text{(Ellipsoid} \to \text{Einschaliges Hyperboloid)} \quad (605)$$

vorgenommen wird, wobei i die imaginäre Einheit darstellt. Mit Hilfe von (605) lassen sich die Gln (597) bis (601) leicht umschreiben und man erhält

$$\left.\begin{aligned}\mathfrak{t}_1 &= \frac{-\mathfrak{i}_1\sin\varphi + \mathfrak{i}_2\lambda\cos\varphi}{\sqrt{\sin^2\varphi + \lambda^2\cos^2\varphi}},\quad \mathfrak{t}_2 = \frac{\mathfrak{i}_1\cos\varphi\,\mathfrak{Sin}\,\psi + \mathfrak{i}_2\lambda\sin\varphi\,\mathfrak{Sin}\,\psi + \mathfrak{i}_3\mu\,\mathfrak{Cof}\,\psi}{\sqrt{(\cos^2\varphi + \lambda^2\sin^2\varphi)\,\mathfrak{Sin}^2\psi + \mu^2\,\mathfrak{Cof}^2\psi}}\,,\\ \mathfrak{t}_1\mathfrak{t}_2 &= \frac{-(1-\lambda^2)\sin\varphi\cos\varphi\,\mathfrak{Sin}\,\psi}{\sqrt{(\cos^2\varphi + \lambda^2\sin^2\varphi)\,\mathfrak{Sin}^2\psi + \mu^2\,\mathfrak{Cof}^2\psi}}\cdot\frac{1}{\sqrt{\sin^2\varphi + \lambda^2\cos^2\varphi}} = \cos\varepsilon\,,\\ |\mathfrak{t}_1\times\mathfrak{t}_2| &= \frac{\sqrt{\mu^2(\lambda^2\cos^2\varphi + \sin^2\varphi)\,\mathfrak{Cof}^2\psi + \lambda^2\,\mathfrak{Sin}^2\psi}}{\sqrt{(\cos^2\varphi + \lambda^2\sin^2\varphi)\,\mathfrak{Sin}^2\psi + \mu^2\,\mathfrak{Cof}^2\psi}}\cdot\frac{1}{\sqrt{\sin^2\varphi + \lambda^2\cos^2\varphi}} = \sin\varepsilon\,,\end{aligned}\right\} \begin{matrix}\text{(Einschaliges}\\ \text{Hyperboloid)}\end{matrix} (606)$$

$$\mathfrak{n}_\mathfrak{F} = \frac{\mathfrak{i}_1\lambda\mu\cos\varphi\,\mathfrak{Cof}\,\psi + \mathfrak{i}_2\mu\sin\varphi\,\mathfrak{Cof}\,\psi - \mathfrak{i}_3\lambda\,\mathfrak{Sin}\,\psi}{\sqrt{\mu^2(\lambda^2\cos^2\varphi + \sin^2\varphi)\,\mathfrak{Cof}^2\psi + \lambda^2\,\mathfrak{Sin}^2\psi}} \quad \begin{matrix}\text{(Einschaliges}\\ \text{Hyperboloid)}.\end{matrix} \quad (607)$$

$$\left.\begin{aligned}\mathfrak{n}_1\varkappa_1 &= -\frac{\lambda\,(\mathfrak{i}_1\lambda\cos\varphi + \mathfrak{i}_2\sin\varphi)}{a\,(\sin^2\varphi + \lambda^2\cos^2\varphi)^2\,\mathfrak{Cof}\,\psi}\,,\\ \mathfrak{n}_2\varkappa_2 &= -\frac{\mu\,[\mathfrak{i}_1\mu\cos\varphi\,\mathfrak{Cof}\,\psi + \mathfrak{i}_2\lambda\mu\sin\varphi\,\mathfrak{Cof}\,\psi - \mathfrak{i}_3(\cos^2\varphi + \lambda^2\sin^2\varphi)\,\mathfrak{Sin}\,\psi]}{a\,[(\cos^2\varphi + \lambda^2\sin^2\varphi)\,\mathfrak{Sin}^2\psi + \mu^2\,\mathfrak{Cof}^2\psi]^2}\,,\\ \mathfrak{n}_{1,2}\varkappa_{1,2} &= \frac{-\mathfrak{i}_1\sin\varphi\,\mathfrak{Tang}\,\psi + \mathfrak{i}_2\lambda\cos\varphi\,\mathfrak{Tang}\,\psi}{a\sqrt{\sin^2\varphi + \lambda^2\cos^2\varphi}\,\sqrt{(\cos^2\varphi + \lambda^2\sin^2\varphi)\,\mathfrak{Sin}^2\psi + \mu^2\,\mathfrak{Cof}^2\psi}}\,\cdot\\ &\qquad\qquad\qquad\text{(Einschaliges Hyperboloid)}\end{aligned}\right\} (608)$$

152   Der beliebig bewegte, punktförmig idealisierte Körper.

$$\left.\begin{aligned}\mathfrak{n}_\mathfrak{F}\,\mathfrak{n}_1\,\varkappa_1 &= -\frac{\lambda\,\mu}{a\,(\sin^2\varphi + \lambda^2\cos^2\varphi)\sqrt{\mu^2(\lambda^2\cos^2\varphi + \sin^2\varphi)\mathfrak{Cof}^2\psi + \lambda^2\mathfrak{Sin}^2\psi}}\,,\\ \mathfrak{n}_\mathfrak{F}\,\mathfrak{n}_2\,\varkappa_2 &= -\frac{\lambda\,\mu}{a\,[(\cos^2\varphi + \lambda^2\sin^2\varphi)\mathfrak{Sin}^2\psi + \mu^2\mathfrak{Cof}^2\psi]\sqrt{\mu^2(\lambda^2\cos^2\varphi + \sin^2\varphi)\mathfrak{Cof}^2\psi + \lambda^2\mathfrak{Sin}^2\psi}}\,,\\ \mathfrak{n}_\mathfrak{F}\,\mathfrak{n}_{1,2}\,\varkappa_{1,2} &= 0 \qquad \text{(Einschaliges Hyperboloid)}.\end{aligned}\right\}\quad(609)$$

$$\left.\begin{aligned}\varkappa_\mathrm{I} &= \frac{\lambda\,\mu\,[(\cos^2\varphi + \lambda^2\sin\varphi)\mathfrak{Sin}^2\psi + \mu^2\mathfrak{Cof}^2\psi]}{a\,[\mu^2(\lambda^2\cos^2\varphi + \sin^2\varphi)\mathfrak{Cof}^2\psi + \lambda^2\mathfrak{Sin}^2\psi]^{3/2}}\,,\\ \varkappa_\mathrm{II} &= \frac{\lambda\,\mu\,(\lambda^2\cos^2\varphi + \sin^2\varphi)}{a\,[\mu^2(\lambda^2\cos^2\varphi + \sin^2\varphi)\mathfrak{Cof}^2\psi + \lambda^2\mathfrak{Sin}^2\psi]^{3/2}}\,.\end{aligned}\right\}\begin{matrix}\text{(Einschaliges}\\ \text{Hyperboloid)}\end{matrix}\quad(610)$$

Werden in (603) auch noch bei dem Parameter φ die Kreisfunktionen gegen Hyperbelfunktionen ausgetauscht, so ergibt sich die Vektordarstellung des zweischaligen Hyperboloides

$$\left.\begin{aligned}\mathfrak{r} = \mathfrak{i}_1\,a\,\mathfrak{Cof}\,\varphi\,\mathfrak{Cof}\,\psi + \mathfrak{i}_2\,\lambda\,a\,\mathfrak{Sin}\,\varphi\,\mathfrak{Cof}\,\psi + \mathfrak{i}_3\,\mu\,a\,\mathfrak{Sin}\,\psi\,.\\ \text{(Zweischaliges Hyperboloid)}\end{aligned}\right\}\quad(611)$$

Aus (611) folgt die Komponentengleichung

$$\frac{r_1^2}{a^2} - \frac{r_2^2}{(\lambda a)^2} - \frac{r_3^2}{(\mu a)^2} = 1\,,\qquad\text{(Zweischaliges Hyperboloid)}\quad(612)$$

die erkennen läßt, daß beim zweischaligen Hyperboloid die Schnitte parallel zur $\mathfrak{i}_1$-$\mathfrak{i}_2$-Ebene Hyperbeln, parallel zur $\mathfrak{i}_2$-$\mathfrak{i}_3$-Ebene Ellipsen und parallel zur $\mathfrak{i}_3$-$\mathfrak{i}_1$-Ebene Hyperbeln darstellen. In (611) entsprechen den Parametern $\psi = c_2$ Hyperbeln in der $\mathfrak{i}_1$-$\mathfrak{i}_2$-Ebene, den Parametern $\varphi = c_1$ Hyperbeln in einer durch $\mathfrak{i}_3$ und den Vektor $(\mathfrak{i}_1\,\mathfrak{Cof}\,c_1 + \mathfrak{i}_2\,\lambda\,\mathfrak{Sin}\,c_1)$ bestimmten Ebene.

Der Übergang von (603) in (611) kann auch in der Weise erfolgen, daß die Vertauschung

$$\varphi \to i\,\varphi\,,\quad \lambda \to -i\,\lambda \quad \text{(Einschaliges Hyperboloid} \to \text{Zweischaliges Hyperboloid)}\quad(613)$$

vorgenommen wird. Man kann (611) auch unmittelbar aus (595) herleiten, wenn die Vertauschung in der Form

$$\begin{aligned}\varphi &\to i\,\varphi\,, & \lambda &\to -i\,\lambda\\ \psi &\to i\,\psi\,, & \mu &\to -i\,\mu\end{aligned}\qquad\text{(Ellipsoid} \to \text{Zweischaliges Hyperboloid)}\quad(614)$$

angesetzt wird. Das Ergebnis der Umschreibung lautet

$$\left.\begin{aligned}\mathfrak{t}_1 &= \frac{\mathfrak{i}_1\,\mathfrak{Sin}\,\varphi + \mathfrak{i}_2\,\lambda\,\mathfrak{Cof}\,\varphi}{\sqrt{\mathfrak{Sin}^2\varphi + \lambda^2\mathfrak{Cof}^2\varphi}}\,,\quad \mathfrak{t}_2 = \frac{\mathfrak{i}_1\,\mathfrak{Cof}\,\varphi\,\mathfrak{Sin}\,\psi + \mathfrak{i}_2\,\lambda\,\mathfrak{Sin}\,\varphi\,\mathfrak{Sin}\,\psi + \mathfrak{i}_3\,\mu\,\mathfrak{Cof}\,\psi}{\sqrt{(\mathfrak{Cof}^2\varphi + \lambda^2\mathfrak{Sin}^2\varphi)\mathfrak{Sin}^2\psi + \mu^2\mathfrak{Cof}^2\psi}}\,,\\ \mathfrak{t}_1\,\mathfrak{t}_2 &= \frac{(1+\lambda^2)\,\mathfrak{Sin}\,\varphi\,\mathfrak{Cof}\,\varphi\,\mathfrak{Sin}\,\psi}{\sqrt{(\mathfrak{Cof}^2\varphi + \lambda^2\mathfrak{Sin}^2\varphi)\mathfrak{Sin}^2\psi + \mu^2\mathfrak{Cof}^2\psi}\,\sqrt{\mathfrak{Sin}^2\varphi + \lambda^2\mathfrak{Cof}^2\varphi}} = \cos\varepsilon\,,\\ |\mathfrak{t}_1 \times \mathfrak{t}_2| &= \frac{\sqrt{\mu^2(\lambda^2\mathfrak{Cof}^2\varphi + \mathfrak{Sin}^2\varphi)\mathfrak{Cof}^2\psi + \lambda^2\mathfrak{Sin}^2\psi}}{\sqrt{(\mathfrak{Cof}^2\varphi + \lambda^2\mathfrak{Sin}^2\varphi)\mathfrak{Sin}^2\psi + \mu^2\mathfrak{Cof}^2\psi}\,\sqrt{\mathfrak{Sin}^2\varphi + \lambda^2\mathfrak{Cof}^2\varphi}} = \sin\varepsilon\,.\\ &\qquad\text{(Zweischaliges Hyperboloid)}\end{aligned}\right\}\quad(615)$$

$$\mathfrak{n}_\mathfrak{F} = \frac{\mathfrak{i}_1\,\lambda\,\mu\,\mathfrak{Cof}\,\varphi\,\mathfrak{Cof}\,\psi - \mathfrak{i}_2\,\mu\,\mathfrak{Sin}\,\varphi\,\mathfrak{Cof}\,\psi - \mathfrak{i}_3\,\lambda\,\mathfrak{Sin}\,\psi}{\sqrt{\mu^2(\lambda^2\mathfrak{Cof}^2\varphi + \mathfrak{Sin}^2\varphi)\mathfrak{Cof}^2\psi + \lambda^2\mathfrak{Sin}^2\psi}}\qquad\begin{matrix}\text{(Zweischaliges}\\ \text{Hyperboloid).}\end{matrix}\quad(616)$$

45. Die Flächen zweiter Ordnung.

$$\left.\begin{aligned}
\mathfrak{n}_1 \varkappa_1 &= -\frac{\lambda(-\mathfrak{i}_1 \lambda \operatorname{\mathfrak{Cos}} \varphi + \mathfrak{i}_2 \operatorname{\mathfrak{Sin}} \varphi)}{a\,(\operatorname{\mathfrak{Sin}}^2 \varphi + \lambda^2 \operatorname{\mathfrak{Cos}}^2 \varphi)^2 \operatorname{\mathfrak{Cos}} \psi}, \\
\mathfrak{n}_2 \varkappa_2 &= -\frac{\mu[\mathfrak{i}_1 \mu \operatorname{\mathfrak{Cos}}\varphi \operatorname{\mathfrak{Cos}}\psi + \mathfrak{i}_2 \lambda \mu \operatorname{\mathfrak{Sin}}\varphi \operatorname{\mathfrak{Cos}}\psi - \mathfrak{i}_3 (\operatorname{\mathfrak{Cos}}^2 \varphi + \lambda^2 \operatorname{\mathfrak{Sin}}^2 \varphi)\operatorname{\mathfrak{Sin}}\psi]}{a\,[(\operatorname{\mathfrak{Cos}}^2 \varphi + \lambda^2 \operatorname{\mathfrak{Sin}}^2 \varphi)\operatorname{\mathfrak{Sin}}^2 \psi + \mu^2 \operatorname{\mathfrak{Cos}}^2 \psi]^2}, \\
\mathfrak{n}_{1,2} \varkappa_{1,2} &= \frac{\mathfrak{i}_1 \operatorname{\mathfrak{Sin}}\varphi \operatorname{\mathfrak{Tang}}\psi + \mathfrak{i}_2 \lambda \operatorname{\mathfrak{Cos}}\varphi \operatorname{\mathfrak{Tang}}\psi}{a\sqrt{\operatorname{\mathfrak{Sin}}^2 \varphi + \lambda^2 \operatorname{\mathfrak{Cos}}^2 \varphi}\sqrt{(\operatorname{\mathfrak{Cos}}^2 \varphi + \lambda^2 \operatorname{\mathfrak{Sin}}^2 \varphi)\operatorname{\mathfrak{Sin}}^2 \psi + \mu^2 \operatorname{\mathfrak{Cos}}^2 \psi}} \\
& \qquad\text{(Zweischaliges Hyperboloid)}
\end{aligned}\right\} (617)$$

$$\left.\begin{aligned}
\mathfrak{n}_\mathfrak{F} \mathfrak{n}_1 \varkappa_1 &= +\frac{\lambda\mu}{a\,(\operatorname{\mathfrak{Sin}}^2 \varphi + \lambda^2 \operatorname{\mathfrak{Cos}}^2 \varphi)\sqrt{\mu^2(\lambda^2 \operatorname{\mathfrak{Cos}}^2 \varphi + \operatorname{\mathfrak{Sin}}^2 \varphi)\operatorname{\mathfrak{Cos}}^2 \psi + \lambda^2 \operatorname{\mathfrak{Sin}}^2 \psi}}, \\
\mathfrak{n}_\mathfrak{F} \mathfrak{n}_2 \varkappa_2 &= -\frac{\lambda\mu}{a\,[(\operatorname{\mathfrak{Cos}}^2 \varphi + \lambda^2 \operatorname{\mathfrak{Sin}}^2 \varphi)\operatorname{\mathfrak{Sin}}^2 \psi + \mu^2 \operatorname{\mathfrak{Cos}}^2 \psi]\sqrt{\mu^2(\lambda^2 \operatorname{\mathfrak{Cos}}^2 \varphi + \operatorname{\mathfrak{Sin}}^2 \varphi)\operatorname{\mathfrak{Cos}}^2 \psi + \lambda^2 \operatorname{\mathfrak{Sin}}^2 \psi}}, \\
\mathfrak{n}_\mathfrak{F}\,\mathfrak{n}_{1,2}\,\varkappa_{1,2} &= 0 \qquad \text{(Zweischaliges Hyperboloid)}
\end{aligned}\right\} (618)$$

$$\left.\begin{aligned}
\varkappa_\mathrm{I} &= \frac{\lambda\mu\,[(\operatorname{\mathfrak{Cos}}^2 \varphi + \lambda^2 \operatorname{\mathfrak{Sin}}^2 \varphi)\operatorname{\mathfrak{Sin}}^2 \psi + \mu^2 \operatorname{\mathfrak{Cos}}^2 \psi]}{a\,[\mu^2(\lambda^2 \operatorname{\mathfrak{Cos}}^2 \varphi + \operatorname{\mathfrak{Sin}}^2 \varphi)\operatorname{\mathfrak{Cos}}^2 \psi + \lambda^2 \operatorname{\mathfrak{Sin}}^2 \psi]^{3/2}}, \\
\varkappa_\mathrm{II} &= \frac{\lambda\mu\,(\lambda^2 \operatorname{\mathfrak{Cos}}^2 \varphi + \operatorname{\mathfrak{Sin}}^2 \varphi)}{a\,[\mu^2(\lambda^2 \operatorname{\mathfrak{Cos}}^2 \varphi + \operatorname{\mathfrak{Sin}}^2 \varphi)\operatorname{\mathfrak{Cos}}^2 \psi + \lambda^2 \operatorname{\mathfrak{Sin}}^2 \psi]^{3/2}}.
\end{aligned}\right\} \text{(Zweischaliges Hyperboloid)} \quad (619)$$

Beim einschaligen und zweischaligen Hyperboloid wird mit wachsendem ψ sehr bald $\operatorname{\mathfrak{Sin}}\psi = \operatorname{\mathfrak{Cos}}\psi$ und die Hyperboloide unterscheiden sich dann kaum noch von ihren Asymptotenkegeln, und zwar ergeben sich im Falle des einschaligen Hyperboloides elliptische Kegel und in dem des zweischaligen Hyperboloides hyperbolische Kegel. Diese Zusammenhänge lassen sich benutzen, um aus den Gln (603) bis (619) die entsprechenden Formeln für die Kegel durch Grenzübergang herzuleiten.

Wird in (603) die Vertauschung

$$\operatorname{\mathfrak{Sin}}\psi \to \psi, \quad \operatorname{\mathfrak{Cos}}\psi \to \psi \qquad \text{(Einschaliges Hyperboloid} \to \text{Elliptischer Kegel)} \quad (620)$$

vorgenommen, so folgt

$$\mathfrak{r} = \mathfrak{i}_1 a\psi\cos\varphi + \mathfrak{i}_2 \lambda a\psi\sin\varphi + \mathfrak{i}_3 \mu a\psi \qquad \text{(Elliptischer Kegel).} \quad (621)$$

Hieraus ergibt sich unmittelbar die Komponentengleichung

$$\frac{r_1^2}{a^2} + \frac{r_2^2}{(\lambda a)^2} - \frac{r_3^2}{(\mu a)^2} = 0 \qquad \text{(Elliptischer Kegel).} \quad (622)$$

Nach (622) liefern beim elliptischen Kegel Schnitte parallel zur $\mathfrak{i}_1$-$\mathfrak{i}_2$-Ebene Ellipsen und Schnitte parallel zu den $\mathfrak{i}_2$-$\mathfrak{i}_3$- und $\mathfrak{i}_3$-$\mathfrak{i}_1$-Ebenen Hyperbeln, wie es ja auch bei der Entwicklung aus dem einschaligen Hyperboloid selbstverständlich ist. Den Parameterwerten $\psi = c_2$ entsprechen nach (621) Ellipsen, den Parameterwerten $\varphi = c_1$ gerade Linien durch den Koordinatenursprung. Die Umschreibung von (606) bis (610) unter Zugrundelegung von (620) ist hier naturgemäß nur für diejenigen Formeln möglich, die ohne Differentiationen nach ψ entstanden sind. Teilweise durch Umschreibung, teilweise aus (621) ergibt sich

$$\left.\begin{aligned}
\mathfrak{t}_1 &= \frac{-\mathfrak{i}_1 \sin\varphi + \mathfrak{i}_2 \lambda\cos\varphi}{\sqrt{\sin^2\varphi + \lambda^2 \cos^2\varphi}}, \quad & \mathfrak{t}_2 &= \frac{\mathfrak{i}_1 \cos\varphi + \mathfrak{i}_2 \lambda\sin\varphi + \mathfrak{i}_3 \mu}{\sqrt{\cos^2\varphi + \lambda^2 \sin^2\varphi + \mu^2}}, \\
\mathfrak{t}_1 \mathfrak{t}_2 &= \frac{-(1-\lambda^2)\sin\varphi\cos\varphi}{\sqrt{\cos^2\varphi + \lambda^2 \sin^2\varphi + \mu^2}\sqrt{\sin^2\varphi + \lambda^2 \cos^2\varphi}} = \cos\varepsilon, \\
|\mathfrak{t}_1 \times \mathfrak{t}_2| &= \frac{\sqrt{\mu^2(\lambda^2 \cos^2\varphi + \sin^2\varphi) + \lambda^2}}{\sqrt{\cos^2\varphi + \lambda^2 \sin^2\varphi + \mu^2}\sqrt{\sin^2\varphi + \lambda^2 \cos^2\varphi}} = \sin\varepsilon
\end{aligned}\right\} \begin{array}{c}\text{(Elliptischer}\\ \text{Kegel)}\end{array} (623)$$

$$n_{\mathfrak{F}} = \frac{i_1 \lambda \mu \cos \varphi + i_2 \mu \sin \varphi - i_3 \lambda}{\sqrt{\mu^2(\lambda^2 \cos^2 \varphi + \sin^2 \varphi) + \lambda^2}} \quad \text{(Elliptischer Kegel).} \tag{624}$$

$$\left.\begin{array}{l} n_1 \varkappa_1 = -\dfrac{\lambda(i_1 \lambda \cos \varphi + i_2 \sin \varphi)}{a\, \psi\, (\sin^2 \varphi + \lambda^2 \cos^2 \varphi)^2} \\[4pt] n_2 \varkappa_2 = 0 \\[4pt] n_{1,2}\varkappa_{1,2} = \dfrac{-i_1 \sin \varphi + i_2 \lambda \cos \varphi}{a\,\psi\sqrt{\sin^2\varphi + \lambda^2 \cos^2\varphi}\sqrt{\cos^2\varphi + \lambda^2 \sin^2\varphi + \mu^2}} \end{array}\right\} \text{(Elliptischer Kegel)} \tag{625}$$

$$\left.\begin{array}{l}\varkappa_{\mathrm{I}} = \dfrac{\lambda \mu (\cos^2 \varphi + \lambda^2 \sin^2 \varphi + \mu^2)}{a\,\psi\,[\mu^2(\lambda^2 \cos^2 \varphi + \sin^2 \varphi) + \lambda^2]^{3/2}} = \varkappa_{\max} \\[4pt] \varkappa_{\mathrm{II}} = 0 = \varkappa_{\min}\end{array}\right\} \text{(Elliptischer Kegel)} \tag{626}$$

Im Falle des hyperbolischen Kegels folgt durch die Vertauschung

$$\mathfrak{Sin}\,\psi \to \psi,\quad \mathfrak{Cos}\,\psi \to \psi \quad \text{(Zweischaliges Hyperboloid} \to \text{Hyperbolischer Kegel)} \tag{627}$$

aus (611)

$$\mathfrak{r} = i_1\, a\, \psi\, \mathfrak{Cos}\,\varphi + i_2\, \lambda\, a\, \psi\, \mathfrak{Sin}\,\varphi + i_3\, \mu\, a\, \psi \quad \text{(Hyperbolischer Kegel).} \tag{628}$$

Aus (628) ergibt sich die Komponentengleichung

$$\frac{r_1^2}{a^2} - \frac{r_2^2}{(\lambda a)^2} - \frac{r_3^2}{(\mu a)^2} = 0 \quad \text{(Hyperbolischer Kegel).} \tag{629}$$

Nach (629) liefern beim hyperbolischen Kegel Schnitte parallel zur i_1-i_2-Ebene Hyperbeln, Schnitte parallel zur i_2-i_3-Ebene Ellipsen und Schnitte parallel zur i_3-i_1-Ebene Hyperbeln, ganz im Einklang mit dem zweischaligen Hyperboloid. Den Parameterwerten $\psi = c_2$ entsprechen nach (628) Hyperbeln, den Parameterwerten $\varphi = c_1$ gerade Linien durch den Koordinatenursprung. Teils durch Umschreibung von (615) bis (619) unter Zugrundelegung von (627), teils unmittelbar aus (628) erhält man

$$\left.\begin{array}{l} \mathfrak{t}_1 = \dfrac{i_1 \mathfrak{Sin}\,\varphi + i_2 \lambda \mathfrak{Cos}\,\varphi}{\sqrt{\mathfrak{Sin}^2\varphi + \lambda^2 \mathfrak{Cos}^2 \varphi}},\quad \mathfrak{t}_2 = \dfrac{i_1 \mathfrak{Cos}\,\varphi + i_2 \lambda \mathfrak{Sin}\,\varphi + i_3 \mu}{\sqrt{\mathfrak{Cos}^2\varphi + \lambda^2 \mathfrak{Sin}^2\varphi + \mu^2}}, \\[6pt] \mathfrak{t}_1 \mathfrak{t}_2 = \dfrac{(1+\lambda^2)\mathfrak{Sin}\,\varphi\,\mathfrak{Cos}\,\varphi}{\sqrt{\mathfrak{Cos}^2\varphi + \lambda^2\mathfrak{Sin}^2\varphi + \mu^2}\sqrt{\mathfrak{Sin}^2\varphi + \lambda^2\mathfrak{Cos}^2\varphi}} = \cos\varepsilon, \\[6pt] |\mathfrak{t}_1 \times \mathfrak{t}_2| = \dfrac{\sqrt{\mu^2(\lambda^2\mathfrak{Cos}^2\varphi + \mathfrak{Sin}^2\varphi) + \lambda^2}}{\sqrt{\mathfrak{Cos}^2\varphi + \lambda^2\mathfrak{Sin}^2\varphi + \mu^2}\sqrt{\mathfrak{Sin}^2\varphi + \lambda^2\mathfrak{Cos}^2\varphi}} = \sin\varepsilon \end{array}\right\} \text{(Hyperbolischer Kegel)} \tag{630}$$

$$n_{\mathfrak{F}} = \frac{i_1 \lambda \mu \mathfrak{Cos}\,\varphi - i_2 \mu \mathfrak{Sin}\,\varphi - i_3 \lambda}{\sqrt{\mu^2(\lambda^2 \mathfrak{Cos}^2 \varphi + \mathfrak{Sin}^2 \varphi) + \lambda^2}} \quad \text{(Hyperbolischer Kegel).} \tag{631}$$

$$\left.\begin{array}{l} n_1 \varkappa_1 = +\dfrac{\lambda(i_1 \lambda \mathfrak{Cos}\,\varphi - i_2 \mathfrak{Sin}\,\varphi)}{a\,\psi\,(\mathfrak{Sin}^2 \varphi + \lambda^2 \mathfrak{Cos}^2\varphi)^2} \\[4pt] n_2 \varkappa_2 = 0 \\[4pt] n_{1,2}\varkappa_{1,2} = \dfrac{i_1 \mathfrak{Sin}\,\varphi + i_2 \lambda \mathfrak{Cos}\,\varphi}{a\,\psi\sqrt{\mathfrak{Sin}^2\varphi + \lambda^2 \mathfrak{Cos}^2\varphi}\sqrt{\mathfrak{Cos}^2\varphi + \lambda^2\mathfrak{Sin}^2\varphi + \mu^2}} \end{array}\right\} \text{(Hyperbolischer Kegel)} \tag{632}$$

$$\left.\begin{array}{l}\varkappa_{\mathrm{I}} = \dfrac{\lambda \mu(\mathfrak{Cos}^2\varphi + \lambda^2 \mathfrak{Sin}^2\varphi + \mu^2)}{a\,\psi\,[\mu^2(\lambda^2 \mathfrak{Cos}^2 \varphi + \mathfrak{Sin}^2\varphi) + \lambda^2]^{3/2}} = \varkappa_{\max} \\[4pt] \varkappa_{\mathrm{II}} = 0 = \varkappa_{\min}\end{array}\right\} \text{(Hyperbolischer Kegel)} \tag{633}$$

45. Die Flächen zweiter Ordnung.

Die bisher betrachteten Flächen zweiter Ordnung bilden zusammen die Gruppe der quadratischen Flächen, die dadurch gekennzeichnet ist, daß in (594) das lineare Glied oder a_{03} verschwindet. Ist dieses nicht der Fall, so sind die Schnittkurven in der i_1-i_3- und der i_2-i_3-Ebene Parabeln und die Flächen Paraboloide. Sind die Schnittkurven in der i_1-i_2-Ebene Ellipsen, so liegt ein elliptisches, sind sie Hyperbeln, ein hyperbolisches Paraboloid vor.

Für das elliptische Paraboloid lautet der Ortsvektor in Parameterdarstellung

$$\mathfrak{r} = \mathfrak{i}_1 a \sqrt{\psi} \cos \varphi + \mathfrak{i}_2 \lambda a \sqrt{\psi} \sin \varphi + \mathfrak{i}_3 \mu a \psi \qquad \text{(Elliptisches Paraboloid).} \qquad (634)$$

Hieraus ergibt sich die Komponentengleichung

$$\frac{r_1^2}{a^2} + \frac{r_2^2}{(\lambda a)^2} - \frac{r_3}{\mu a} = 0 \qquad \text{(Elliptisches Paraboloid).} \qquad (635)$$

Nach (634) entsprechen den Parameterwerten $\psi = c_2$ Ellipsen in der i_1-i_2-Ebene, den Parameterwerten $\varphi = c_1$ Parabeln in einer durch i_3 und den Vektor $(\mathfrak{i}_1 \cos c_1 + \mathfrak{i}_2 \lambda \sin c_1)$ bestimmten Ebene mit dem Parabelscheitel im Koordinatenursprung. Aus (634) folgt nach den Formeln von Ziffer 43

$$\left.\begin{aligned}
\mathfrak{t}_1 &= \frac{-\mathfrak{i}_1 \sin \varphi + \mathfrak{i}_2 \lambda \cos \varphi}{\sqrt{\sin^2 \varphi + \lambda^2 \cos^2 \varphi}}, \quad \mathfrak{t}_2 = \frac{\mathfrak{i}_1 \cos \varphi + \mathfrak{i}_2 \lambda \sin \varphi + 2 \mathfrak{i}_3 \mu \sqrt{\psi}}{\sqrt{\cos^2 \varphi + \lambda^2 \sin^2 \varphi + 4\mu^2 \psi}}, \\
\mathfrak{t}_1 \mathfrak{t}_2 &= \frac{-(1-\lambda^2) \sin \varphi \cos \varphi}{\sqrt{\sin^2 \varphi + \lambda^2 \cos^2 \varphi}\sqrt{\cos^2 \varphi + \lambda^2 \sin^2 \varphi + 4\mu^2 \psi}} = \cos \varepsilon, \\
\mathfrak{t}_1 \times \mathfrak{t}_2 &= \frac{2\mathfrak{i}_1 \lambda \mu \sqrt{\psi} \cos \varphi + 2\mathfrak{i}_2 \mu \sqrt{\psi} \sin \varphi - \mathfrak{i}_3 \lambda}{\sqrt{\sin^2 \varphi + \lambda^2 \cos^2 \varphi}\sqrt{\cos^2 \varphi + \lambda^2 \sin^2 \varphi + 4\mu^2 \psi}} \quad \text{(Elliptisches Paraboloid)}, \\
|\mathfrak{t}_1 \times \mathfrak{t}_2| &= \frac{\sqrt{4\mu^2 \psi (\sin^2 \varphi + \lambda^2 \cos^2 \varphi) + \lambda^2}}{\sqrt{\sin^2 \varphi + \lambda^2 \cos^2 \varphi}\sqrt{\cos^2 \varphi + \lambda^2 \sin^2 \varphi + 4\mu^2 \psi}} = \sin \varepsilon.
\end{aligned}\right\} \quad (636)$$

$$\mathfrak{n}_{\mathfrak{F}} = \frac{2\mathfrak{i}_1 \lambda \mu \sqrt{\psi} \cos \varphi + 2\mathfrak{i}_2 \mu \sqrt{\psi} \sin \varphi - \mathfrak{i}_3 \lambda}{\sqrt{4\mu^2 \psi (\sin^2 \varphi + \lambda^2 \cos^2 \varphi) + \lambda^2}} \qquad \text{(Elliptisches Paraboloid).} \qquad (637)$$

$$\left.\begin{aligned}
\mathfrak{n}_1 \varkappa_1 &= -\frac{\lambda(\mathfrak{i}_1 \lambda \cos \varphi + \mathfrak{i}_2 \sin \varphi)}{a\sqrt{\psi}(\sin^2 \varphi + \lambda^2 \cos^2 \varphi)^2}, \\
\mathfrak{n}_2 \varkappa_2 &= -\frac{4\mathfrak{i}_1 \mu^2 \sqrt{\psi} \cos \varphi + 4\mathfrak{i}_2 \mu^2 \lambda \sqrt{\psi} \sin \varphi - 2\mathfrak{i}_3 \mu (\cos^2 \varphi + \lambda^2 \sin^2 \varphi)}{a(\cos^2 \varphi + \lambda^2 \sin^2 \varphi + 4\mu^2 \psi)^2}, \\
\mathfrak{n}_{1,2} \varkappa_{1,2} &= -\frac{\mathfrak{i}_1 \sin \varphi - \mathfrak{i}_2 \lambda \cos \varphi}{a\sqrt{\psi}\sqrt{\sin^2 \varphi + \lambda^2 \cos^2 \varphi}\sqrt{\cos^2 \varphi + \lambda^2 \sin^2 \varphi + 4\mu^2 \psi}}.
\end{aligned}\right\} \begin{array}{c}\text{(Elliptisches} \\ \text{Paraboloid)}\end{array} \quad (638)$$

$$\left.\begin{aligned}
\mathfrak{n}_{\mathfrak{F}} \mathfrak{n}_1 \varkappa_1 &= -\frac{2\lambda\mu}{a(\sin^2 \varphi + \lambda^2 \cos^2 \varphi)\sqrt{4\mu^2 \psi (\sin^2 \varphi + \lambda^2 \cos^2 \varphi) + \lambda^2}}, \\
\mathfrak{n}_{\mathfrak{F}} \mathfrak{n}_2 \varkappa_2 &= -\frac{2\lambda\mu}{a(\cos^2 \varphi + \lambda^2 \sin^2 \varphi + 4\mu^2 \psi)\sqrt{4\mu^2 \psi (\sin^2 \varphi + \lambda^2 \cos^2 \varphi) + \lambda^2}}, \\
\mathfrak{n}_{\mathfrak{F}} \mathfrak{n}_{1,2} \varkappa_{1,2} &= 0.
\end{aligned}\right\} \begin{array}{c}\text{(Elliptisches} \\ \text{Paraboloid)}\end{array} \quad (639)$$

$$\left.\begin{aligned}
\varkappa_I &= \frac{2\lambda\mu(\cos^2 \varphi + \lambda^2 \sin^2 \varphi + 4\mu^2 \psi)}{a[4\mu^2 \psi(\sin^2 \varphi + \lambda^2 \cos^2 \varphi) + \lambda^2]^{3/2}}, \\
\varkappa_{II} &= \frac{2\lambda\mu(\sin^2 \varphi + \lambda^2 \cos^2 \varphi)}{a[4\mu^2 \psi(\sin^2 \varphi + \lambda^2 \cos^2 \varphi) + \lambda^2]^{3/2}}.
\end{aligned}\right\} \begin{array}{c}\text{(Elliptisches} \\ \text{Paraboloid)}\end{array} \quad (640)$$

Für das hyperbolische Paraboloid lautet der Ortsvektor in Parameterdarstellung

$$\mathfrak{r} = \mathfrak{i}_1 a \sqrt{\psi} \operatorname{Cof} \varphi + \mathfrak{i}_2 \lambda a \sqrt{\psi} \operatorname{Sin} \varphi + \mathfrak{i}_3 \mu a \psi \quad \text{(Hyperbolisches Paraboloid)}. \quad (641)$$

Hieraus ergibt sich die Komponentengleichung

$$\frac{r_1^2}{a^2} - \frac{r_2^2}{(\lambda a)^2} - \frac{r_3}{\mu a} = 0 \quad \text{(Hyperbolisches Paraboloid)}. \quad (642)$$

Nach (641) entsprechen den Parameterwerten $\psi = c_2$ Hyperbeln in der $\mathfrak{i}_1$-$\mathfrak{i}_2$-Ebene, den Parameterwerten $\varphi = c_1$ Parabeln in der durch $\mathfrak{i}_3$ und den Vektor $(\mathfrak{i}_1 \operatorname{Cof} c_1 + \mathfrak{i}_2 \lambda \operatorname{Sin} c_1)$ bestimmten Ebene. Durch die Vertauschung

$$\varphi \to i\varphi, \quad \lambda \to -i\lambda \quad \text{(Elliptisches Paraboloid} \to \text{Hyperbolisches Paraboloid)} \quad (643)$$

läßt sich (634) wieder in (641) überführen, so daß die Formeln für das hyperbolische Paraboloid durch Umschreibung aus denen für das elliptische Paraboloid gewonnen werden können. Man erhält

$$\left.\begin{aligned}
\mathfrak{t}_1 &= \frac{\mathfrak{i}_1 \operatorname{Sin} \varphi + \mathfrak{i}_2 \lambda \operatorname{Cof} \varphi}{\sqrt{\operatorname{Sin}^2 \varphi + \lambda^2 \operatorname{Cof}^2 \varphi}}, \quad \mathfrak{t}_2 = \frac{\mathfrak{i}_1 \operatorname{Cof} \varphi + \mathfrak{i}_2 \lambda \operatorname{Sin} \varphi + 2\mathfrak{i}_3 \mu \sqrt{\psi}}{\sqrt{\operatorname{Cof}^2 \varphi + \lambda^2 \operatorname{Sin}^2 \varphi + 4\mu^2 \psi}}, \\
\mathfrak{t}_1 \mathfrak{t}_2 &= \frac{(1+\lambda^2) \operatorname{Sin} \varphi \operatorname{Cof} \varphi}{\sqrt{\operatorname{Sin}^2 \varphi + \lambda^2 \operatorname{Cof}^2 \varphi} \sqrt{\operatorname{Cof}^2 \varphi + \lambda^2 \operatorname{Sin}^2 \varphi + 4\mu^2 \psi}} = \cos \varepsilon, \\
|\mathfrak{t}_1 \times \mathfrak{t}_2| &= \frac{\sqrt{4\mu^2 \psi (\operatorname{Sin}^2 \varphi + \lambda^2 \operatorname{Cof}^2 \varphi) + \lambda^2}}{\sqrt{\operatorname{Sin}^2 \varphi + \lambda^2 \operatorname{Cof}^2 \varphi} \sqrt{\operatorname{Cof}^2 \varphi + \lambda^2 \operatorname{Sin}^2 \varphi + 4\mu^2 \psi}} = \sin \varepsilon \\
&\text{(Hyperbolisches Paraboloid)}
\end{aligned}\right\} \quad (644)$$

$$\mathfrak{n}_{\mathfrak{F}} = \frac{2\mathfrak{i}_1 \lambda \mu \sqrt{\psi} \operatorname{Cof} \varphi - 2\mathfrak{i}_2 \mu \sqrt{\psi} \operatorname{Sin} \varphi - \mathfrak{i}_3 \lambda}{\sqrt{4\mu^2 \psi (\operatorname{Sin}^2 \varphi + \lambda^2 \operatorname{Cof}^2 \varphi) + \lambda^2}} \quad \begin{array}{l}\text{(Hyperbolisches} \\ \text{Paraboloid).}\end{array} \quad (645)$$

$$\left.\begin{aligned}
\mathfrak{n}_1 \varkappa_1 &= + \frac{\lambda (\mathfrak{i}_1 \lambda \operatorname{Cof} \varphi - \mathfrak{i}_2 \operatorname{Sin} \varphi)}{a\sqrt{\psi} (\operatorname{Sin}^2 \varphi + \lambda^2 \operatorname{Cof}^2 \varphi)^2}, \\
\mathfrak{n}_2 \varkappa_2 &= -\frac{4\mathfrak{i}_1 \mu^2 \sqrt{\psi} \operatorname{Cof} \varphi + 4\mathfrak{i}_2 \lambda \mu^2 \sqrt{\psi} \operatorname{Sin} \varphi - 2\mathfrak{i}_3 \mu (\operatorname{Cof}^2 \varphi + \lambda^2 \operatorname{Sin}^2 \varphi)}{a (\operatorname{Cof}^2 \varphi + \lambda^2 \operatorname{Sin}^2 \varphi + 4\mu^2 \psi)^2}, \\
\mathfrak{n}_{1,2} \varkappa_{1,2} &= \frac{\mathfrak{i}_1 \operatorname{Sin} \varphi + \mathfrak{i}_2 \lambda \operatorname{Cof} \varphi}{a\sqrt{\psi} \sqrt{\operatorname{Sin}^2 \varphi + \lambda^2 \operatorname{Cof}^2 \varphi} \sqrt{\operatorname{Cof}^2 \varphi + \lambda^2 \operatorname{Sin}^2 \varphi + 4\mu^2 \psi}}
\end{aligned}\right\} \begin{array}{l}\text{(Hyperbolisches}\\\text{Paraboloid)}\end{array} \quad (646)$$

$$\left.\begin{aligned}
\mathfrak{n}_{\mathfrak{F}} \mathfrak{n}_1 \varkappa_1 &= + \frac{2\lambda\mu}{a(\operatorname{Sin}^2 \varphi + \lambda^2 \operatorname{Cof}^2 \varphi) \sqrt{4\mu^2 \psi (\operatorname{Sin}^2 \varphi + \lambda^2 \operatorname{Cof}^2 \varphi) + \lambda^2}}, \\
\mathfrak{n}_{\mathfrak{F}} \mathfrak{n}_2 \varkappa_2 &= -\frac{2\lambda\mu}{a(\operatorname{Cof}^2 \varphi + \lambda^2 \operatorname{Sin}^2 \varphi + 4\mu^2 \psi)\sqrt{4\mu^2 \psi (\operatorname{Sin}^2 \varphi + \lambda^2 \operatorname{Cof}^2 \varphi) + \lambda^2}}, \\
\mathfrak{n}_{\mathfrak{F}} \mathfrak{n}_{1,2} \varkappa_{1,2} &= 0
\end{aligned}\right\} \begin{array}{l}\text{(Hyperbolisches}\\\text{Paraboloid)}\end{array} \quad (647)$$

$$\left.\begin{aligned}
\varkappa_{\mathrm{I}} &= \frac{2\lambda\mu (\operatorname{Cof}^2 \varphi + \lambda^2 \operatorname{Sin}^2 \varphi + 4\mu^2 \psi)}{a [4\mu^2 \psi (\operatorname{Sin}^2 \varphi + \lambda^2 \operatorname{Cof}^2 \varphi) + \lambda^2]^{3/2}}, \\
\varkappa_{\mathrm{II}} &= \frac{2\lambda\mu (\operatorname{Sin}^2 \varphi + \lambda^2 \operatorname{Cof}^2 \varphi)}{a [4\mu^2 \psi (\operatorname{Sin}^2 \varphi + \lambda^2 \operatorname{Cof}^2 \varphi) + \lambda^2]^{3/2}}
\end{aligned}\right\} \begin{array}{l}\text{(Hyperbolisches}\\\text{Paraboloid)}\end{array} \quad (648)$$

45. Die Flächen zweiter Ordnung.

Eine letzte Gruppe von Flächen zweiter Ordnung bilden schließlich die Zylinder, und zwar der elliptische, hyperbolische und parabolische Zylinder. Ihre Gleichungen lauten in Parameterdarstellung

$$\begin{aligned} \mathfrak{r} &= \mathfrak{i}_1 a \cos \varphi + \mathfrak{i}_2 \lambda a \sin \varphi + \mathfrak{i}_3 a \psi & \text{(Elliptischer Zylinder)}, \\ \mathfrak{r} &= \mathfrak{i}_1 a \operatorname{\mathfrak{Cos}} \varphi + \mathfrak{i}_2 \lambda a \operatorname{\mathfrak{Sin}} \varphi + \mathfrak{i}_3 a \psi & \text{(Hyperbolischer Zylinder)}, \\ \mathfrak{r} &= \mathfrak{i}_1 a \sqrt{\varphi} + \mathfrak{i}_2 \lambda a \varphi + \mathfrak{i}_3 a \psi & \text{(Parabolischer Zylinder)}. \end{aligned} \quad (649)$$

Aus (649) folgen die Komponentengleichungen

$$\begin{aligned} \frac{r_1^2}{a^2} + \frac{r_2^2}{(\lambda a)^2} &= 1 & \text{(Elliptischer Zylinder)}, \\ \frac{r_1^2}{a^2} - \frac{r_2^2}{(\lambda a)^2} &= 1 & \text{(Hyperbolischer Zylinder)}, \\ \frac{r_1^2}{a^2} - \frac{r_2}{\lambda a} &= 0 & \text{(Parabolischer Zylinder)}. \end{aligned} \quad (650)$$

Den Parameterwerten $\psi = c_2$ entsprechen die Normalschnittkurven senkrecht zur Zylinderachse, den Parameterwerten $\varphi = c_1$ Parallele zur Zylinderachse. Hiernach muß, wie es sich auch bei Heranziehung von (649) bestätigt,

$$\mathfrak{t}_1 \mathfrak{t}_2 = 0 \qquad \text{(Zylinder gemäß Gl. (649))} \qquad (651)$$

sein. Ferner folgt aus (649) sofort, daß die gemischte Ableitung von $\mathfrak{r}$ nach φ und ψ verschwinden muß. Demgemäß ergibt sich auch für die Normalverwindung

$$\mathfrak{n}_{\mathfrak{F}} \mathfrak{n}_{1,2} \varkappa_{1,2} = 0 \qquad \text{(Zylinder gemäß Gl. (649))}. \qquad (652)$$

Nach (651) und (652) stellen die Parameterlinien von (649) die Hauptkrümmungslinien dar. Da nun in der einen Hauptkrümmungsrichtung, nämlich für $\varphi = c_1$, die Krümmung verschwindet, stellt die Normalkrümmung in der anderen Richtung unmittelbar $\varkappa_{\max}$ dar. Somit folgt hier

$$\left.\begin{aligned} \varkappa_{\max} &= \frac{\sqrt{\left(\frac{\partial^2 \mathfrak{r}}{\partial \varphi^2}\right)^2 - \left(\frac{\partial}{\partial \varphi} \left| \frac{\partial \mathfrak{r}}{\partial \varphi} \right| \right)^2}}{\left| \frac{\partial \mathfrak{r}}{\partial \varphi} \right|^2}, \\ \varkappa_{\min} &= 0 \end{aligned}\right\} \text{(Zylinder gemäß (649))} \quad (653)$$

Werden die Differentialquotienten in (653) mit Hilfe von (649) gebildet, so erhält man

$$\left.\begin{aligned} \varkappa_{\max} &= \frac{\lambda}{a (\sin^2 \varphi + \lambda^2 \cos^2 \varphi)^{3/2}}, & \varkappa_{\min} &= 0 & \text{(Elliptischer Zylinder)}, \\ \varkappa_{\max} &= \frac{\lambda}{a (\operatorname{\mathfrak{Sin}}^2 \varphi + \lambda^2 \operatorname{\mathfrak{Cos}}^2 \varphi)^{3/2}}, & \varkappa_{\min} &= 0 & \text{(Hyperbolischer Zylinder)}, \\ \varkappa_{\max} &= \frac{2 \lambda}{a (1 + 4 \lambda^2 \varphi)^{3/2}}, & \varkappa_{\min} &= 0 & \text{(Parabolischer Zylinder}. \end{aligned}\right\} (654)$$

46. Vektorfunktionen von drei Veränderlichen; vektorielle Feldertheorie.

Ist der Ortsvektor $\mathfrak{r}$ in der Form

$$\mathfrak{r} = \mathfrak{r}(\lambda_1, \lambda_2, \lambda_3) \tag{655}$$

gegeben, in welcher $\lambda_1, \lambda_2, \lambda_3$ drei stetig veränderliche Parameter darstellen, so heißt $\mathfrak{r}$ eine Vektorfunktion von drei Veränderlichen. Wird einer der drei Parameter, etwa λ_3, festgehalten, so wird der Ortsvektor $\mathfrak{r}$ eine Funktion von λ_1 und λ_2 allein und stellt demgemäß eine Fläche dar, die in sinngemäßer Erweiterung der Bezeichnungen von Ziffer 43 als Parameterfläche bezeichnet wird und im speziellen Falle eine λ_3-Fläche darstellen würde. Läßt man nun λ_3 wieder eine stetige Folge von Werten, etwa in der Art

$$\lambda_3 = c_3, \quad \lambda_3 = c_3 + \varDelta c_3, \quad \lambda_3 = c_3 + 2\varDelta c_3, \quad \lambda_3 = c_3 + 3\varDelta c_3, \quad \ldots$$

annehmen, so ergibt sich eine entsprechende Folge von Parameterflächen. Läßt man hierin $\varDelta c_3$ immer kleiner werden, so wird die Folge der Parameterflächen immer dichter und in der Grenze für $\varDelta c_3 = 0$ entsteht schließlich ein unendlich dichtes Band von Parameterflächen, das den gesamten Raum erfüllt. Geht man in entsprechender Weise von einem festen Parameterwert λ_2 aus und läßt diesen eine Wertefolge

$$\lambda_2 = c_2, \quad \lambda_2 = c_2 + \varDelta c_2, \quad \lambda_2 = c_2 + 2\varDelta c_2, \quad \lambda_2 = c_2 + 3\varDelta c_2, \quad \ldots$$

durchlaufen, so ergibt sich auch hier wieder mit $\varDelta c_2 \to 0$ ein unendlich dichtes Band von Parameterflächen, das den gesamten Raum erfüllt. Hält man schließlich λ_1 fest und läßt es eine Wertefolge

$$\lambda_1 = c_1, \quad \lambda_1 = c_1 + \varDelta c_1, \quad \lambda_1 = c_1 + 2\varDelta c_1, \quad \lambda_1 = c_1 + 3\varDelta c_1, \quad \ldots$$

durchlaufen, so wird der gesamte Raum ein drittes Mal von einem unendlich dichten Band von Parameterflächen erfüllt, wenn $\varDelta c_1 \to 0$ geht. In dieser Darstellung wird somit ein jeder Punkt des Raumes von drei Parameterflächen gekreuzt, die als seine krummlinigen Koordinaten bezeichnet werden.

In der kartesischen Darstellung des Raumes gemäß

$$\mathfrak{r} = \mathfrak{i}_1 x + \mathfrak{i}_2 y + \mathfrak{i}_3 z \quad \text{(Kartesische Raumdarstellung)} \tag{656}$$

ist beispielsweise

$$\lambda_1 = x, \quad \lambda_2 = y, \quad \lambda_3 = z$$

und die λ_1-, λ_2-, λ_3-Flächen sind die Schnittebenen im Abstande x bzw. y bzw. z von 0 parallel zu $\mathfrak{i}_2, \mathfrak{i}_3$ bzw. $\mathfrak{i}_3, \mathfrak{i}_1$ bzw. $\mathfrak{i}_1, \mathfrak{i}_2$.

Eine wesentlich allgemeinere Begriffsbestimmung einer Vektorfunktion von drei Veränderlichen ergibt sich nun, wenn jedem durch den Ortsvektor $\mathfrak{r}$ gekennzeichneten Punkt des Raumes ein stetig veränderlicher Vektor $\mathfrak{V}$ gemäß

$$\mathfrak{V} = \mathfrak{V}(\mathfrak{r}) \quad \text{(Feldvektor)} \tag{657}$$

zugeordnet wird, den man als Feldvektor bezeichnet. Ist $\mathfrak{r}$ in der Form der Gl. (655) gegeben, so erscheint der Feldvektor gemäß

$$\mathfrak{V} = \mathfrak{V}(\lambda_1, \lambda_2, \lambda_3) \tag{658}$$

in völlig analoger Form und kann dann auch seinerseits als Ortsvektor eines Raumes gedeutet werden, in welchem jeder Punkt von drei Parameterflächen als den krummlinigen Koordinaten dieses Raumes gekreuzt wird. Jedem Werte $\lambda_1 = c_1$ oder $\lambda_2 = c_2$ oder $\lambda_3 = c_3$ entspricht in beiden Räumen eine λ_1- bzw. λ_2- bzw. λ_3-Fläche. Diese Zuordnung ist keineswegs auf die Parameterflächen beschränkt. Wird beispielsweise

$$\lambda_1 = \lambda_1(\varphi, \psi), \qquad \lambda_2 = \lambda_2(\varphi, \psi), \qquad \lambda_3 = \lambda_3(\varphi, \psi)$$

gesetzt, so entsprechen sich in beiden Räumen zwei irgendwie verlaufende Flächen und, wenn

$$\lambda_1 = \lambda_1(s), \qquad \lambda_2 = \lambda_2(s), \qquad \lambda_3 = \lambda_3(s)$$

gesetzt wird, zwei irgendwie verlaufenden Kurven. Durch (657) in Verbindung mit (655) und (658) wird somit ein erster Raum auf einen zweiten abgebildet.

In der Mechanik erscheint der Feldvektor meistens in der Form der Gl. (657), d. h. als ein an einen Ortsvektor $\mathfrak{r}$ gebundener Vektor. Wenn zu Beginn dieses Kapitels bei der Erläuterung des Vektorbegriffes ausdrücklich darauf hingewiesen wurde, daß Vektoren lediglich richtungsgebundene und nicht ortsgebundene Größen darstellen, so kann diese Aussage nunmehr dahingehend ergänzt werden, daß, wenn ein Vektor nicht nur richtungsgebunden sondern auch ortsgebunden sein soll, er in der Form eines Feldvektors angesetzt werden muß.

Ein Beispiel für einen solchen Feldvektor ist der in Ziffer 38 behandelte Gradientenvektor. Schon dieses verhältnismäßig einfache Beispiel läßt erkennen, daß die vektorielle Feldertheorie eine allgemeine Behandlung, wie sie im ein- und zweidimensionalen Falle möglich war, nur in beschränktem Maße zuläßt. Es empfiehlt sich daher, die Vektorfelder der Mechanik in engem Zusammenhange mit den anfallenden Problemen zu behandeln.

47. Die vektoriellen Differentialoperatoren.

Bei der Behandlung von Vektorfeldern ergeben sich immer wieder ganz bestimmte Differentialkombinationen, die es angebracht erscheinen lassen, besondere vektorielle Differentialoperatoren einzuführen. Die Grundlage dieser Operatoren bildet der sogenannte Nabla-Operator

$$\nabla = \mathfrak{i}_1 \frac{\partial}{\partial r_1} + \mathfrak{i}_2 \frac{\partial}{\partial r_2} + \mathfrak{i}_3 \frac{\partial}{\partial r_3} \qquad \text{(Nabla-Operator).} \qquad (659)$$

Er stellt einen Scheinvektor dar, mit dem aber genau so gerechnet werden kann, wie wenn er ein richtiger Vektor wäre, was sich insbesondere auf skalare und vektorielle Produkte bezieht.

Die skalare Multiplikation des Nabla-Operators mit einem Feldvektor $\mathfrak{V}$ ergibt

$$\nabla \mathfrak{V} = \left(\mathfrak{i}_1 \frac{\partial}{\partial r_1} + \mathfrak{i}_2 \frac{\partial}{\partial r_2} + \mathfrak{i}_3 \frac{\partial}{\partial r_3} \right) (\mathfrak{i}_1 V_1 + \mathfrak{i}_2 V_2 + \mathfrak{i}_3 V_3) = \frac{\partial V_1}{\partial r_1} + \frac{\partial V_2}{\partial r_2} + \frac{\partial V_3}{\partial r_3}. \qquad (660)$$

Die durch (660) dargestellte skalare Ortsfunktion wird als Divergenz des Feldvektors $\mathfrak{B}$ bezeichnet und auch in der Form

$$\nabla \mathfrak{B} = \frac{\partial V_1}{\partial r_1} + \frac{\partial V_2}{\partial r_2} + \frac{\partial V_3}{\partial r_3} = \text{div } \mathfrak{B} \qquad \text{(Divergenz eines Feldvektors)} \qquad (661)$$

geschrieben.

Die vektorielle Multiplikation des Nabla-Operators mit einem Feldvektor $\mathfrak{B}$ liefert

$$\nabla \times \mathfrak{B} = \left(\mathfrak{i}_1 \frac{\partial}{\partial r_1} + \mathfrak{i}_2 \frac{\partial}{\partial r_2} + \mathfrak{i}_3 \frac{\partial}{\partial r_3}\right) \times (\mathfrak{i}_1 V_1 + \mathfrak{i}_2 V_2 + \mathfrak{i}_3 V_3) = \begin{vmatrix} \mathfrak{i}_1 & \frac{\partial}{\partial r_1} & V_1 \\ \mathfrak{i}_2 & \frac{\partial}{\partial r_2} & V_2 \\ \mathfrak{i}_3 & \frac{\partial}{\partial r_3} & V_3 \end{vmatrix}$$

$$= \mathfrak{i}_1 \left(\frac{\partial V_3}{\partial r_2} - \frac{\partial V_2}{\partial r_3}\right) + \mathfrak{i}_2 \left(\frac{\partial V_1}{\partial r_3} - \frac{\partial V_3}{\partial r_1}\right) + \mathfrak{i}_3 \left(\frac{\partial V_2}{\partial r_1} - \frac{\partial V_1}{\partial r_2}\right) \qquad (662)$$

Der durch (662) dargestellte Vektor heißt die Rotation oder der Rotor des Feldvektors $\mathfrak{B}$ und wird auch in der Form

$$\nabla \times \mathfrak{B} = \mathfrak{i}_1 \left(\frac{\partial V_3}{\partial r_2} - \frac{\partial V_2}{\partial r_3}\right) + \mathfrak{i}_2 \left(\frac{\partial V_1}{\partial r_3} - \frac{\partial V_3}{\partial r_1}\right) + \mathfrak{i}_3 \left(\frac{\partial V_2}{\partial r_1} - \frac{\partial V_1}{\partial r_2}\right) = \text{rot } \mathfrak{B} \qquad (663)$$

(Rotation eines Feldvektors)

geschrieben.

Der durch (500) dargestellte Gradientenvektor einer skalaren Ortsfunktion V wird häufig mit in dieses Operatorensystem eingebaut und dann in der Form

$$\nabla \cdot V = \mathfrak{i}_1 \frac{\partial V}{\partial r_1} + \mathfrak{i}_2 \frac{\partial V}{\partial r_2} + \mathfrak{i}_3 \frac{\partial V}{\partial r_3} = \text{grad } V \qquad \text{(Gradientenvektor einer skalaren Ortsfunktion)} \qquad (664)$$

geschrieben. Der Punkt kennzeichnet beiläufig bemerkt den Gradientenvektor als einen Affinor. Hier ist auch ohne diesen Punkt keine Verwechslung mit der Divergenz möglich, denn beim Gradientenvektor ist das Nablasymbol mit einer skalaren Größe, bei der Divergenz mit einem Vektor verbunden.

Für die Divergenz der Rotation eines Feldvektors folgt in Verbindung von (661) und (662)

$$\nabla (\nabla \times \mathfrak{B}) = \begin{vmatrix} \frac{\partial}{\partial r_1} & \frac{\partial}{\partial r_1} & V_1 \\ \frac{\partial}{\partial r_2} & \frac{\partial}{\partial r_2} & V_2 \\ \frac{\partial}{\partial r_3} & \frac{\partial}{\partial r_3} & V_3 \end{vmatrix} = \left(\frac{\partial^2 V_3}{\partial r_1 \partial r_2} - \frac{\partial^2 V_2}{\partial r_1 \partial r_3}\right) + \left(\frac{\partial^2 V_1}{\partial r_2 \partial r_3} - \frac{\partial^2 V_3}{\partial r_2 \partial r_1}\right) + \left(\frac{\partial^2 V_2}{\partial r_3 \partial r_1} - \frac{\partial^2 V_1}{\partial r_3 \partial r_2}\right)$$

oder

$$\nabla (\nabla \times \mathfrak{B}) = 0 \qquad \text{(Divergenz der Rotation eines Feldvektors).} \qquad (665)$$

Der bekannte Satz der Determinantentheorie, daß eine Determinante den Wert Null annimmt, wenn zwei ihrer Kolonnen den gleichen Wert annehmen, behält somit auch in Anwendung auf Nabla-Operatoren seine Gültigkeit.

47. Die vektoriellen Differentialoperatoren.

Für die Rotation des Gradienten einer skalaren Ortsfunktion folgt in Verbindung mit (662) und (664)

$$\nabla \times \nabla \cdot V = \begin{vmatrix} \mathfrak{i}_1 & \frac{\partial}{\partial r_1} & \frac{\partial V}{\partial r_1} \\ \mathfrak{i}_2 & \frac{\partial}{\partial r_2} & \frac{\partial V}{\partial r_2} \\ \mathfrak{i}_3 & \frac{\partial}{\partial r_3} & \frac{\partial V}{\partial r_3} \end{vmatrix} = 0 \quad \text{(Rotation des Gradienten einer skalaren Ortsfunktion).} \tag{666}$$

Für die Divergenz des Gradienten einer skalaren Ortsfunktion ergibt sich nach (661) und (664)

$$\nabla \nabla \cdot V = \frac{\partial^2 V}{\partial r_1^2} + \frac{\partial^2 V}{\partial r_2^2} + \frac{\partial^2 V}{\partial r_3^2} \quad \text{(Divergenz des Gradienten einer skalaren Ortsfunktion).} \tag{667}$$

Der in (667) in Erscheinung getretene Differentialoperator zweiter Ordnung wird gemäß

$$\triangle = \frac{\partial^2}{\partial r_1^2} + \frac{\partial^2}{\partial r_2^2} + \frac{\partial^2}{\partial r_3^2} \quad \text{(Laplacescher Operator)} \tag{668}$$

als Laplacescher Operator bezeichnet. Mit (668) lautet (667)

$$\nabla \nabla \cdot V = \triangle V \quad \text{(Divergenz des Gradienten einer skalaren Ortsfunktion).} \tag{669}$$

Aus der Linearität der Gln (661) und (663) folgt unmittelbar für Divergenz und Rotation der Summe zweier Feldvektoren $\mathfrak{V}$ und $\mathfrak{W}$

$$\left.\begin{aligned} \nabla (\mathfrak{V} + \mathfrak{W}) &= \nabla \mathfrak{V} + \nabla \mathfrak{W} \\ \nabla \times (\mathfrak{V} + \mathfrak{W}) &= \nabla \times \mathfrak{V} + \nabla \times \mathfrak{W} \end{aligned}\right\} \tag{670}$$

Für die Divergenz des Produktes eines Feldvektors $\mathfrak{V}$ mit einer skalaren Ortsfunktion W erhält man

$$\nabla (\mathfrak{V} W) = \frac{\partial (V_1 W)}{\partial r_1} + \frac{\partial (V_2 W)}{\partial r_2} + \frac{\partial (V_3 W)}{\partial r_3} = W\left(\frac{\partial V_1}{\partial r_1} + \frac{\partial V_2}{\partial r_2} + \frac{\partial V_3}{\partial r_3}\right) + V_1 \frac{\partial W}{\partial r_1} + V_2 \frac{\partial W}{\partial r_2} + V_3 \frac{\partial W}{\partial r_3}$$

oder
$$\nabla (\mathfrak{V} W) = W \nabla \mathfrak{V} + \mathfrak{V} \nabla W . \tag{671}$$

Entsprechend ergibt sich für die Rotation

$$\nabla \times (\mathfrak{V} W) = W \nabla \times \mathfrak{V} + \mathfrak{i}_1\left(V_3 \frac{\partial W}{\partial r_2} - V_2 \frac{\partial W}{\partial r_3}\right) + \mathfrak{i}_2\left(V_1 \frac{\partial W}{\partial r_3} - V_3 \frac{\partial W}{\partial r_1}\right) + \mathfrak{i}_3\left(V_2 \frac{\partial W}{\partial r_1} - V_1 \frac{\partial W}{\partial r_2}\right)$$

oder
$$\nabla \times (\mathfrak{V} W) = W \nabla \times \mathfrak{V} - \mathfrak{V} \times \nabla \cdot W . \tag{672}$$

Für den Gradienten des Produktes zweier skalarer Ortsfunktionen folgt unmittelbar aus der Linearität von (664)

$$\nabla \cdot (V W) = V \nabla \cdot W + W \nabla \cdot V . \tag{673}$$

Für die Divergenz des Produktvektors zweier Feldvektoren erhält man unter Heranziehung des formalen Spatproduktes

$$\nabla (\mathfrak{V} \times \mathfrak{W}) = \begin{vmatrix} \frac{\partial}{\partial r_1} & V_1 & W_1 \\ \frac{\partial}{\partial r_2} & V_2 & W_2 \\ \frac{\partial}{\partial r_3} & V_3 & W_3 \end{vmatrix} = \begin{vmatrix} W_1 & \frac{\partial}{\partial r_1} & V_1 \\ W_2 & \frac{\partial}{\partial r_2} & V_2 \\ W_3 & \frac{\partial}{\partial r_3} & V_3 \end{vmatrix} - \begin{vmatrix} V_1 & \frac{\partial}{\partial r_1} & W_1 \\ V_2 & \frac{\partial}{\partial r_2} & W_2 \\ V_3 & \frac{\partial}{\partial r_3} & W_3 \end{vmatrix}$$

oder in Verbindung mit (662)

$$\nabla (\mathfrak{B} \times \mathfrak{W}) = \mathfrak{W} (\nabla \times \mathfrak{B}) - \mathfrak{B} (\nabla \times \mathfrak{W}) \ . \tag{674}$$

Für die Rotation dieses Produktvektors liefert unmittelbar der formale Entwicklungssatz

$$\nabla \times (\mathfrak{B} \times \mathfrak{W}) = \mathfrak{B} (\nabla \mathfrak{W}) - \mathfrak{W} (\nabla \mathfrak{B}) \ . \tag{675}$$

Der Gradient einer skalaren Ortsfunktion und die Divergenz und die Rotation eines Feldvektors sind Invariante, d. h. vom Bezugssystem unabhängige Größen. Dies ist letzten Endes der Grund für die hervorragende Bedeutung dieser Größen in der Mechanik und vielen anderen Gebieten der theoretischen Physik.

Für den Gradienten einer skalaren Ortsfunktion erübrigt sich ein besonderer Nachweis der Invarianteneigenschaft, da er bereits in der Formel (502) für den Richtungsdifferentialquotienten enthalten ist.

Um für die Divergenz eines Feldvektors den Nachweis erbringen zu können, muß zuvor die Definitionsgleichung (660) etwas anders geschrieben werden. Aus

$$\mathfrak{B} = \mathfrak{i}_1 V_1 + \mathfrak{i}_2 V_2 + \mathfrak{i}_3 V_3 \qquad \text{und} \qquad \mathfrak{r} = \mathfrak{i}_1 r_1 + \mathfrak{i}_2 r_2 + \mathfrak{i}_3 r_3$$

folgt

$$\frac{\partial V_1}{\partial r_1} = \mathfrak{i}_1 \frac{\partial \mathfrak{B}}{\partial r_1}, \qquad \frac{\partial V_2}{\partial r_2} = \mathfrak{i}_2 \frac{\partial \mathfrak{B}}{\partial r_2}, \qquad \frac{\partial V_3}{\partial r_3} = \mathfrak{i}_3 \frac{\partial \mathfrak{B}}{\partial r_3}$$

und damit

$$\nabla \mathfrak{B} = \mathfrak{i}_1 \frac{\partial \mathfrak{B}}{\partial r_1} + \mathfrak{i}_2 \frac{\partial \mathfrak{B}}{\partial r_2} + \mathfrak{i}_3 \frac{\partial \mathfrak{B}}{\partial r_3} = \operatorname{div} \mathfrak{B} \ . \tag{676}$$

Nun werde unter Bezugnahme auf Ziffer 42 das Koordinatensystem transformiert, womit die Divergenz nach (676) die Form

$$\nabla \mathfrak{B} = \bar{\mathfrak{i}}_1 \frac{\partial \mathfrak{B}}{\partial \bar{r}_1} + \bar{\mathfrak{i}}_2 \frac{\partial \mathfrak{B}}{\partial \bar{r}_2} + \bar{\mathfrak{i}}_3 \frac{\partial \mathfrak{B}}{\partial \bar{r}_3} = \operatorname{div} \mathfrak{B} \tag{677}$$

annimmt. Von diesem Ausdruck ist nun zu beweisen, daß er denselben skalaren Wert wie derjenige von (676) besitzt. Man erhält zunächst allgemein

$$\frac{\partial \mathfrak{B}}{\partial r_{1\atop\frac{2}{3}}} = \frac{\partial \mathfrak{B}}{\partial \bar{r}_1} \frac{\partial \bar{r}_1}{\partial r_{1\atop\frac{2}{3}}} + \frac{\partial \mathfrak{B}}{\partial \bar{r}_2} \frac{\partial \bar{r}_2}{\partial r_{1\atop\frac{2}{3}}} + \frac{\partial \mathfrak{B}}{\partial \bar{r}_3} \frac{\partial \bar{r}_3}{\partial r_{1\atop\frac{2}{3}}}$$

und in Verbindung mit (517)

$$\frac{\partial \mathfrak{B}}{\partial r_{1\atop\frac{2}{3}}} = \frac{\partial \mathfrak{B}}{\partial \bar{r}_1}(\mathfrak{i}_{1\atop\frac{2}{3}} \bar{\mathfrak{i}}_1) + \frac{\partial \mathfrak{B}}{\partial \bar{r}_2}(\mathfrak{i}_{1\atop\frac{2}{3}} \bar{\mathfrak{i}}_2) + \frac{\partial \mathfrak{B}}{\partial \bar{r}_3}(\mathfrak{i}_{1\atop\frac{2}{3}} \bar{\mathfrak{i}}_3)$$

und damit

$$\mathfrak{i}_1 \frac{\partial \mathfrak{B}}{\partial r_1} + \mathfrak{i}_2 \frac{\partial \mathfrak{B}}{\partial r_2} + \mathfrak{i}_3 \frac{\partial \mathfrak{B}}{\partial r_3} = [\mathfrak{i}_1(\mathfrak{i}_1 \bar{\mathfrak{i}}_1) + \mathfrak{i}_2(\mathfrak{i}_2 \bar{\mathfrak{i}}_1) + \mathfrak{i}_3(\mathfrak{i}_3 \bar{\mathfrak{i}}_1)] \frac{\partial \mathfrak{B}}{\partial \bar{r}_1} +$$
$$+ [\mathfrak{i}_1(\mathfrak{i}_1 \bar{\mathfrak{i}}_2) + \mathfrak{i}_2(\mathfrak{i}_2 \bar{\mathfrak{i}}_2) + \mathfrak{i}_3(\mathfrak{i}_3 \bar{\mathfrak{i}}_2)] \frac{\partial \mathfrak{B}}{\partial \bar{r}_2} + [\mathfrak{i}_1(\mathfrak{i}_1 \bar{\mathfrak{i}}_3) + \mathfrak{i}_2(\mathfrak{i}_2 \bar{\mathfrak{i}}_3) + \mathfrak{i}_3(\mathfrak{i}_3 \bar{\mathfrak{i}}_3)] \frac{\partial \mathfrak{B}}{\partial \bar{r}_1} \ .$$

47. Die vektoriellen Differentialoperatoren.

Hierin können nun die eckigen Klammern gemäß (531) ausgedrückt werden und es folgt

$$\mathfrak{i}_1 \frac{\partial \mathfrak{B}}{\partial r_1} + \mathfrak{i}_2 \frac{\partial \mathfrak{B}}{\partial r_2} + \mathfrak{i}_3 \frac{\partial \mathfrak{B}}{\partial r_3} = \bar{\mathfrak{i}}_1 \frac{\partial \mathfrak{B}}{\partial \bar{r}_1} + \bar{\mathfrak{i}}_2 \frac{\partial \mathfrak{B}}{\partial \bar{r}_2} + \bar{\mathfrak{i}}_3 \frac{\partial \mathfrak{B}}{\partial \bar{r}_3} = \text{div } \mathfrak{B}, \qquad (678)$$

wie zu beweisen war.

Für die Rotation eines Feldvektors ergibt sich zunächst

$$\frac{\partial V_3}{\partial r_2} = \mathfrak{i}_3 \frac{\partial \mathfrak{B}}{\partial r_2}, \qquad \frac{\partial V_2}{\partial r_3} = \mathfrak{i}_2 \frac{\partial \mathfrak{B}}{\partial r_3}, \qquad \frac{\partial \mathfrak{B}_1}{\partial r_3} = \mathfrak{i}_1 \frac{\partial \mathfrak{B}}{\partial r_3},$$

$$\frac{\partial V_3}{\partial r_1} = \mathfrak{i}_3 \frac{\partial \mathfrak{B}}{\partial r_1}, \qquad \frac{\partial V_2}{\partial r_1} = \mathfrak{i}_2 \frac{\partial \mathfrak{B}}{\partial r_1}, \qquad \frac{\partial V_1}{\partial r_2} = \mathfrak{i}_1 \frac{\partial \mathfrak{B}}{\partial r_2}$$

und bei Einführung dieser Darstellungen in (663)

$$\nabla \times \mathfrak{B} = \mathfrak{i}_1 \left(\mathfrak{i}_3 \frac{\partial \mathfrak{B}}{\partial r_2} - \mathfrak{i}_2 \frac{\partial \mathfrak{B}}{\partial r_3} \right) + \mathfrak{i}_2 \left(\mathfrak{i}_1 \frac{\partial \mathfrak{B}}{\partial r_3} - \mathfrak{i}_3 \frac{\partial \mathfrak{B}}{\partial r_1} \right) + \mathfrak{i}_3 \left(\mathfrak{i}_2 \frac{\partial \mathfrak{B}}{\partial r_1} - \mathfrak{i}_1 \frac{\partial \mathfrak{B}}{\partial r_2} \right) = \text{rot } \mathfrak{B}. \quad (679)$$

In entsprechender Weise folgt für das überstrichene System

$$\nabla \times \mathfrak{B} = \bar{\mathfrak{i}}_1 \left(\bar{\mathfrak{i}}_3 \frac{\partial \mathfrak{B}}{\partial \bar{r}_2} - \bar{\mathfrak{i}}_2 \frac{\partial \mathfrak{B}}{\partial \bar{r}_3} \right) + \bar{\mathfrak{i}}_2 \left(\bar{\mathfrak{i}}_1 \frac{\partial \mathfrak{B}}{\partial \bar{r}_3} - \bar{\mathfrak{i}}_3 \frac{\partial \mathfrak{B}}{\partial \bar{r}_1} \right) + \bar{\mathfrak{i}}_3 \left(\bar{\mathfrak{i}}_2 \frac{\partial \mathfrak{B}}{\partial \bar{r}_1} - \bar{\mathfrak{i}}_1 \frac{\partial \mathfrak{B}}{\partial \bar{r}_2} \right) = \text{rot } \mathfrak{B}. \quad (680)$$

Nun ist wieder

$$\frac{\partial \mathfrak{B}}{\partial r_{1\atop{2\atop 3}}} = \frac{\partial \mathfrak{B}}{\partial \bar{r}_1}(\mathfrak{i}_{1\atop{2\atop 3}} \bar{\mathfrak{i}}_1) + \frac{\partial \mathfrak{B}}{\partial \bar{r}_2}(\mathfrak{i}_{1\atop{2\atop 3}} \bar{\mathfrak{i}}_2) + \frac{\partial \mathfrak{B}}{\partial \bar{r}_3}(\mathfrak{i}_{1\atop{2\atop 3}} \bar{\mathfrak{i}}_3)$$

und damit

$$\mathfrak{i}_1 \left(\mathfrak{i}_3 \frac{\partial \mathfrak{B}}{\partial r_2} - \mathfrak{i}_2 \frac{\partial \mathfrak{B}}{\partial r_3} \right) + \mathfrak{i}_2 \left(\mathfrak{i}_1 \frac{\partial \mathfrak{B}}{\partial r_3} - \mathfrak{i}_3 \frac{\partial \mathfrak{B}}{\partial r_1} \right) + \mathfrak{i}_3 \left(\mathfrak{i}_2 \frac{\partial \mathfrak{B}}{\partial r_1} - \mathfrak{i}_1 \frac{\partial \mathfrak{B}}{\partial r_2} \right)$$

$$= \mathfrak{i}_1 \left[(\mathfrak{i}_3(\mathfrak{i}_2 \bar{\mathfrak{i}}_1) - \mathfrak{i}_2(\mathfrak{i}_3 \bar{\mathfrak{i}}_1)) \frac{\partial \mathfrak{B}}{\partial \bar{r}_1} + (\mathfrak{i}_3(\mathfrak{i}_2 \bar{\mathfrak{i}}_2) - \mathfrak{i}_2(\mathfrak{i}_3 \bar{\mathfrak{i}}_2)) \frac{\partial \mathfrak{B}}{\partial \bar{r}_2} + (\mathfrak{i}_3(\mathfrak{i}_2 \bar{\mathfrak{i}}_3) - \mathfrak{i}_2(\mathfrak{i}_3 \bar{\mathfrak{i}}_3)) \frac{\partial \mathfrak{B}}{\partial \bar{r}_3} \right] +$$

$$+ \mathfrak{i}_2 \left[(\mathfrak{i}_1(\mathfrak{i}_3 \bar{\mathfrak{i}}_2) - \mathfrak{i}_3(\mathfrak{i}_1 \bar{\mathfrak{i}}_2)) \frac{\partial \mathfrak{B}}{\partial \bar{r}_2} + (\mathfrak{i}_1(\mathfrak{i}_3 \bar{\mathfrak{i}}_3) - \mathfrak{i}_3(\mathfrak{i}_1 \bar{\mathfrak{i}}_3)) \frac{\partial \mathfrak{B}}{\partial \bar{r}_3} + (\mathfrak{i}_1(\mathfrak{i}_3 \bar{\mathfrak{i}}_1) - \mathfrak{i}_3(\mathfrak{i}_1 \bar{\mathfrak{i}}_1)) \frac{\partial \mathfrak{B}}{\partial \bar{r}_1} \right] +$$

$$+ \mathfrak{i}_3 \left[(\mathfrak{i}_2(\mathfrak{i}_1 \bar{\mathfrak{i}}_3) - \mathfrak{i}_1(\mathfrak{i}_2 \bar{\mathfrak{i}}_3)) \frac{\partial \mathfrak{B}}{\partial \bar{r}_3} + (\mathfrak{i}_2(\mathfrak{i}_1 \bar{\mathfrak{i}}_1) - \mathfrak{i}_1(\mathfrak{i}_2 \bar{\mathfrak{i}}_1)) \frac{\partial \mathfrak{B}}{\partial \bar{r}_1} + (\mathfrak{i}_2(\mathfrak{i}_1 \bar{\mathfrak{i}}_2) - \mathfrak{i}_1(\mathfrak{i}_2 \bar{\mathfrak{i}}_2)) \frac{\partial \mathfrak{B}}{\partial \bar{r}_2} \right].$$

Werden die vor den eckigen Klammern stehenden Vektoren und die Vektoren der runden Klammern gemäß (531) ausgedrückt und die Gleichungen (537) bis (539) zusammen mit den Gleichungen

$$\bar{\mathfrak{i}}_{1\atop{2\atop 3}} \frac{\partial \mathfrak{B}}{\partial \bar{r}_1} = \frac{\partial}{\partial \bar{r}_1} V_{1\atop{2\atop 3}}, \qquad \bar{\mathfrak{i}}_{1\atop{2\atop 3}} \frac{\partial \mathfrak{B}}{\partial \bar{r}_2} = \frac{\partial}{\partial \bar{r}_2} V_{1\atop{2\atop 3}}, \qquad \bar{\mathfrak{i}}_{1\atop{2\atop 3}} \frac{\partial \mathfrak{B}}{\partial \bar{r}_3} = \frac{\partial}{\partial \bar{r}_3} V_{1\atop{2\atop 3}}$$

berücksichtigt, so erhält man

$$\mathfrak{i}_1 \left(\mathfrak{i}_3 \frac{\partial \mathfrak{B}}{\partial r_2} - \mathfrak{i}_2 \frac{\partial \mathfrak{B}}{\partial r_3} \right) + \mathfrak{i}_2 \left(\mathfrak{i}_1 \frac{\partial \mathfrak{B}}{\partial r_3} - \mathfrak{i}_3 \frac{\partial \mathfrak{B}}{\partial r_1} \right) + \mathfrak{i}_3 \left(\mathfrak{i}_2 \frac{\partial \mathfrak{B}}{\partial r_1} - \mathfrak{i}_1 \frac{\partial \mathfrak{B}}{\partial r_2} \right)$$

$$= (\bar{\mathfrak{i}}_1(\mathfrak{i}_1\bar{\mathfrak{i}}_1) + \bar{\mathfrak{i}}_2(\mathfrak{i}_1\bar{\mathfrak{i}}_2) + \bar{\mathfrak{i}}_3(\mathfrak{i}_1\bar{\mathfrak{i}}_3)) \left[\mathfrak{i}_1\mathfrak{i}_3 \frac{\partial V_2}{\partial \bar{r}_1} - \mathfrak{i}_1\mathfrak{i}_2 \frac{\partial V_3}{\partial \bar{r}_1} + \mathfrak{i}_1\mathfrak{i}_1 \frac{\partial V_3}{\partial \bar{r}_2} - \mathfrak{i}_1\mathfrak{i}_3 \frac{\partial V_1}{\partial \bar{r}_2} + \mathfrak{i}_1\mathfrak{i}_2 \frac{\partial V_1}{\partial \bar{r}_3} - \mathfrak{i}_1\mathfrak{i}_1 \frac{\partial V_2}{\partial \bar{r}_3} \right] +$$

$$+ (\bar{\mathfrak{i}}_2(\mathfrak{i}_2\bar{\mathfrak{i}}_2) + \bar{\mathfrak{i}}_3(\mathfrak{i}_2\bar{\mathfrak{i}}_3) + \bar{\mathfrak{i}}_1(\mathfrak{i}_2\bar{\mathfrak{i}}_1)) \left[\mathfrak{i}_2\mathfrak{i}_1 \frac{\partial V_3}{\partial \bar{r}_2} - \mathfrak{i}_2\mathfrak{i}_3 \frac{\partial V_1}{\partial \bar{r}_2} + \mathfrak{i}_2\mathfrak{i}_2 \frac{\partial V_1}{\partial \bar{r}_3} - \mathfrak{i}_2\mathfrak{i}_1 \frac{\partial V_2}{\partial \bar{r}_3} + \mathfrak{i}_2\mathfrak{i}_3 \frac{\partial V_2}{\partial \bar{r}_1} - \mathfrak{i}_2\mathfrak{i}_2 \frac{\partial V_3}{\partial \bar{r}_1} \right] +$$

$$+ (\bar{\mathfrak{i}}_3(\mathfrak{i}_3\bar{\mathfrak{i}}_3) + \bar{\mathfrak{i}}_1(\mathfrak{i}_3\bar{\mathfrak{i}}_1) + \bar{\mathfrak{i}}_2(\mathfrak{i}_3\bar{\mathfrak{i}}_2)) \left[\mathfrak{i}_3\mathfrak{i}_2 \frac{\partial V_1}{\partial \bar{r}_3} - \mathfrak{i}_3\mathfrak{i}_1 \frac{\partial V_2}{\partial \bar{r}_3} + \mathfrak{i}_3\mathfrak{i}_3 \frac{\partial V_2}{\partial \bar{r}_1} - \mathfrak{i}_3\mathfrak{i}_2 \frac{\partial V_3}{\partial \bar{r}_1} + \mathfrak{i}_3\mathfrak{i}_1 \frac{\partial V_3}{\partial \bar{r}_2} - \mathfrak{i}_3\mathfrak{i}_3 \frac{\partial V_1}{\partial \bar{r}_2} \right].$$

Der beliebig bewegte, punktförmig idealisierte Körper.

Die Glieder mit $\frac{\partial V_1}{\partial \bar{r}_1}$, $\frac{\partial V_2}{\partial \bar{r}_2}$, $\frac{\partial V_3}{\partial \bar{r}_3}$ sind bei der Ausmultiplikation innerhalb der eckigen Klammern herausgefallen. Werden nun die runden Klammern mit den eckigen Klammern multipliziert und wird dabei nach $\bar{i}_1, \bar{i}_2, \bar{i}_3$ geordnet, so ergibt sich

$$i_1\left(i_3\frac{\partial \mathfrak{B}}{\partial r_2}-i_2\frac{\partial \mathfrak{B}}{\partial r_3}\right)+i_2\left(i_1\frac{\partial \mathfrak{B}}{\partial r_3}-i_3\frac{\partial \mathfrak{B}}{\partial r_1}\right)+i_3\left(i_2\frac{\partial \mathfrak{B}}{\partial r_1}-i_1\frac{\partial \mathfrak{B}}{\partial r_2}\right)$$

$$=\bar{i}_1\Big[((i_1\bar{i}_1)(i_1\bar{i}_3)+(i_2\bar{i}_1)(i_2\bar{i}_3)+(i_3\bar{i}_1)(i_3\bar{i}_3))\frac{\partial V_2}{\partial \bar{r}_1}-((i_1\bar{i}_1)(i_1\bar{i}_2)+(i_2\bar{i}_1)(i_2\bar{i}_2)+(i_3\bar{i}_1)(i_3\bar{i}_2))\frac{\partial V_3}{\partial \bar{r}_1}+$$

$$+((i_1\bar{i}_1)(i_1\bar{i}_1)+(i_2\bar{i}_1)(i_2\bar{i}_1)+(i_3\bar{i}_1)(i_3\bar{i}_1))\frac{\partial V_3}{\partial \bar{r}_2}-((i_1\bar{i}_1)(i_1\bar{i}_3)+(i_2\bar{i}_1)(i_2\bar{i}_3)+(i_3\bar{i}_1)(i_3\bar{i}_3))\frac{\partial V_1}{\partial \bar{r}_2}+$$

$$+((i_1\bar{i}_1)(i_1\bar{i}_2)+(i_2\bar{i}_1)(i_2\bar{i}_2)+(i_3\bar{i}_1)(i_3\bar{i}_2))\frac{\partial V_1}{\partial \bar{r}_3}-((i_1\bar{i}_1)(i_1\bar{i}_1)+(i_2\bar{i}_1)(i_2\bar{i}_1)+(i_3\bar{i}_1)(i_3\bar{i}_1))\frac{\partial V_2}{\partial \bar{r}_3}\Big]+$$

$$+\bar{i}_2\Big[((i_1\bar{i}_2)(i_1\bar{i}_3)+(i_2\bar{i}_2)(i_2\bar{i}_3)+(i_3\bar{i}_2)(i_3\bar{i}_3))\frac{\partial V_2}{\partial \bar{r}_1}-((i_1\bar{i}_2)(i_1\bar{i}_2)+(i_2\bar{i}_2)(i_2\bar{i}_2)+(i_3\bar{i}_2)(i_3\bar{i}_2))\frac{\partial V_3}{\partial \bar{r}_1}+$$

$$+((i_1\bar{i}_2)(i_1\bar{i}_1)+(i_2\bar{i}_2)(i_2\bar{i}_1)+(i_3\bar{i}_2)(i_3\bar{i}_1))\frac{\partial V_2}{\partial \bar{r}_2}-((i_1\bar{i}_2)(i_1\bar{i}_3)+(i_2\bar{i}_2)(i_2\bar{i}_3)+(i_3\bar{i}_2)(i_3\bar{i}_3))\frac{\partial V_1}{\partial \bar{r}_2}+$$

$$+((i_1\bar{i}_2)(i_1\bar{i}_2)+(i_2\bar{i}_2)(i_2\bar{i}_2)+(i_3\bar{i}_2)(i_3\bar{i}_2))\frac{\partial V_1}{\partial \bar{r}_3}-((i_1\bar{i}_2)(i_1\bar{i}_1)+(i_2\bar{i}_2)(i_2\bar{i}_1)+(i_3\bar{i}_2)(i_3\bar{i}_1))\frac{\partial V_2}{\partial \bar{r}_3}\Big]+$$

$$+\bar{i}_3\Big[((i_1\bar{i}_3)(i_1\bar{i}_3)+(i_2\bar{i}_3)(i_2\bar{i}_3)+(i_3\bar{i}_3)(i_3\bar{i}_3))\frac{\partial V_2}{\partial \bar{r}_1}-((i_1\bar{i}_3)(i_1\bar{i}_2)+(i_2\bar{i}_3)(i_2\bar{i}_2)+(i_3\bar{i}_3)(i_3\bar{i}_2))\frac{\partial V_3}{\partial \bar{r}_1}+$$

$$+((i_1\bar{i}_3)(i_1\bar{i}_1)+(i_2\bar{i}_3)(i_2\bar{i}_1)+(i_3\bar{i}_3)(i_3\bar{i}_1))\frac{\partial V_3}{\partial \bar{r}_2}-((i_1\bar{i}_3)(i_1\bar{i}_3)+(i_2\bar{i}_3)(i_2\bar{i}_3)+(i_3\bar{i}_3)(i_3\bar{i}_3))\frac{\partial V_1}{\partial \bar{r}_2}+$$

$$+((i_1\bar{i}_3)(i_1\bar{i}_2)+(i_2\bar{i}_3)(i_2\bar{i}_2)+(i_3\bar{i}_3)(i_3\bar{i}_2))\frac{\partial V_1}{\partial \bar{r}_3}-((i_1\bar{i}_3)(i_1\bar{i}_1)+(i_2\bar{i}_3)(i_2\bar{i}_1)+(i_3\bar{i}_3)(i_3\bar{i}_1))\frac{\partial V_2}{\partial \bar{r}_3}\Big].$$

Werden hierin die Gln (532) und (535), (536) berücksichtigt, so verschwinden in jeder eckigen Klammer vier der runden Klammern, während zwei gerade eins werden und es folgt

$$i_1\left(i_3\frac{\partial \mathfrak{B}}{\partial r_2}-i_2\frac{\partial \mathfrak{B}}{\partial r_3}\right)+i_2\left(i_1\frac{\partial \mathfrak{B}}{\partial r_3}-i_3\frac{\partial \mathfrak{B}}{\partial r_1}\right)+i_3\left(i_2\frac{\partial \mathfrak{B}}{\partial r_1}-i_1\frac{\partial \mathfrak{B}}{\partial r_2}\right)$$
$$=\bar{i}_1\left(\frac{\partial V_3}{\partial \bar{r}_2}-\frac{\partial V_2}{\partial \bar{r}_3}\right)+\bar{i}_2\left(\frac{\partial V_1}{\partial \bar{r}_3}-\frac{\partial V_3}{\partial \bar{r}_1}\right)+\bar{i}_3\left(\frac{\partial V_2}{\partial \bar{r}_1}-\frac{\partial V_1}{\partial \bar{r}_2}\right).$$

Nun ist wieder

$$\frac{\partial V_3}{\partial \bar{r}_2}-\frac{\partial V_2}{\partial \bar{r}_3}=\bar{i}_3\frac{\partial \mathfrak{B}}{\partial \bar{r}_2}-\bar{i}_2\frac{\partial \mathfrak{B}}{\partial \bar{r}_3}, \qquad \frac{\partial V_1}{\partial \bar{r}_3}-\frac{\partial V_3}{\partial \bar{r}_1}=\bar{i}_1\frac{\partial \mathfrak{B}}{\partial \bar{r}_3}-\bar{i}_3\frac{\partial \mathfrak{B}}{\partial \bar{r}_1},$$
$$\frac{\partial V_2}{\partial \bar{r}_1}-\frac{\partial V_1}{\partial \bar{r}_2}=\bar{i}_2\frac{\partial \mathfrak{B}}{\partial \bar{r}_1}-\bar{i}_1\frac{\partial \mathfrak{B}}{\partial \bar{r}_2}.$$

Damit erhält man schließlich

$$i_1\left(i_3\frac{\partial \mathfrak{B}}{\partial r_2}-i_2\frac{\partial \mathfrak{B}}{\partial r_3}\right)+i_2\left(i_1\frac{\partial \mathfrak{B}}{\partial r_3}-i_3\frac{\partial \mathfrak{B}}{\partial r_1}\right)+i_3\left(i_2\frac{\partial \mathfrak{B}}{\partial r_1}-i_1\frac{\partial \mathfrak{B}}{\partial r_2}\right)$$
$$=\bar{i}_1\left(\bar{i}_3\frac{\partial \mathfrak{B}}{\partial \bar{r}_2}-\bar{i}_2\frac{\partial \mathfrak{B}}{\partial \bar{r}_3}\right)+\bar{i}_2\left(\bar{i}_1\frac{\partial \mathfrak{B}}{\partial \bar{r}_3}-\bar{i}_3\frac{\partial \mathfrak{B}}{\partial \bar{r}_1}\right)+\bar{i}_3\left(\bar{i}_2\frac{\partial \mathfrak{B}}{\partial \bar{r}_1}-\bar{i}_1\frac{\partial \mathfrak{B}}{\partial \bar{r}_2}\right)=\operatorname{rot}\mathfrak{B} \quad (681)$$

wie bewiesen werden sollte.

48. Der Divergenzsatz. (Gaußscher Satz.)

Mit Hilfe des Divergenzsatzes lassen sich Raumintegrale in Flächenintegrale verwandeln, denn nach ihm ist das Integral der Divergenz eines Feldvektors über einen gewissen Raum gleich dem Integral des Feldvektors über der vektoriellen Fläche, die diesen Raum geschlossen umschließt.

$$\overset{(V)}{\int} \nabla \mathfrak{B} \, dV = \overset{(\mathfrak{F})}{\int} \mathfrak{B} \, d\mathfrak{F} \qquad \text{(Divergenzsatz)}. \qquad (682)$$

Da nach (678) die Divergenz eines Feldvektors eine Invariante ist, gilt (682) für jedes Bezugssystem. Unter Zugrundelegung eines kartesischen Systemes ist

$$\mathfrak{B} = \mathfrak{i}_1 V_1 + \mathfrak{i}_2 V_2 + \mathfrak{i}_3 V_3 = \mathfrak{B}_1 + \mathfrak{B}_2 + \mathfrak{B}_3 \,, \qquad \nabla \mathfrak{B} = \frac{\partial V_1}{\partial x} + \frac{\partial V_2}{\partial y} + \frac{\partial V_3}{\partial z} \,.$$

Ferner ist unter Bezugnahme auf ein Flächenelement gemäß Abb. 170 und bei Beachtung des Tetraedersatzes (511) und unter Bezugnahme auf ein prismatisches Volumenelement, beispielsweise in der $\mathfrak{i}_1$-Richtung gemäß Abb. 171,

$$\begin{aligned} d\mathfrak{F} &= \tfrac{1}{2} \mathfrak{i}_1 \, dy \, dz + \tfrac{1}{2} \mathfrak{i}_2 \, dz \, dx + \tfrac{1}{2} \mathfrak{i}_3 \, dx \, dy \,, & dV &= \tfrac{1}{2} dx \, dy \, dz \,, \\ \tfrac{1}{2} dy \, dz &= \mathfrak{i}_1 \, d\mathfrak{F} \,, & \tfrac{1}{2} dz \, dx &= \mathfrak{i}_2 \, d\mathfrak{F} \,, & \tfrac{1}{2} dx \, dy &= \mathfrak{i}_3 \, d\mathfrak{F} \,. \end{aligned}$$

Die Einführung von $\nabla \mathfrak{B}$ und dV in die linke Seite von (682) liefert

$$\overset{(V)}{\int} \nabla \mathfrak{B} \, dV = \overset{(V)}{\int} \frac{\partial V_1}{\partial x} dx \frac{dy \, dz}{2} + \overset{(V)}{\int} \frac{\partial V_2}{\partial y} dy \frac{dz \, dx}{2} + \overset{(V)}{\int} \frac{\partial V_3}{\partial z} dz \frac{dx \, dy}{2} \,.$$

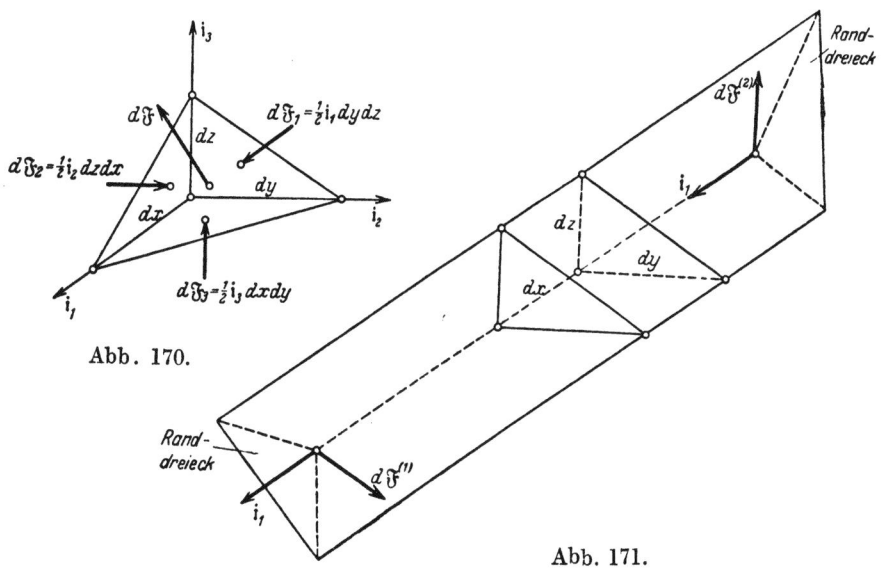

Abb. 170.

Abb. 171.

Jedes dieser drei Volumenintegrale kann man nun gesondert auswerten, und zwar soll bei dem ersten der Raum in lauter vom einen Rande zum anderen durchlaufende Prismen parallel zu $\mathfrak{i}_1$ (Abb. 171), bei dem zweiten der Raum in solche parallel zu $\mathfrak{i}_2$ und bei dem dritten der Raum in solche parallel zu $\mathfrak{i}_3$ zerlegt werden. Für ein solches elementares Prisma in der $\mathfrak{i}_1$-Richtung ist aber nach Abb. 171, wenn die Randpunkte durch (1) und (2) gekennzeichnet werden,

$$\Delta \int\limits^{(V)} \frac{\partial V_1}{\partial x} dx \frac{dy\,dz}{2} = \int\limits^{(V)} \partial V_1 \mathfrak{i}_1 d\mathfrak{F}^{(1)} = \mathfrak{i}_1 d\mathfrak{F}^{(1)} \int\limits_{V_1^{(2)}}^{V_1^{(1)}} \partial V_1 = \mathfrak{i}_1 d\mathfrak{F}^{(1)} [V_1^{(1)} - V_1^{(2)}]$$
$$= \mathfrak{i}_1 d\mathfrak{F}^{(1)} V_1^{(1)} - \mathfrak{i}_1 d\mathfrak{F}^{(1)} V_1^{(2)} \,.$$

Für den der positiven x-Richtung entsprechenden Randpunkt (1) ist der Winkel zwischen $\mathfrak{i}_1$ und $d\mathfrak{F}^{(1)}$ stets zwischen 0 und $\pm \pi/2$ gelegen, während derjenige für den der negativen x-Richtung entsprechenden Randpunkt stets zwischen π und $\pi \pm \pi/2$ liegt. Hieraus folgt

$$\mathfrak{i}_1 d\mathfrak{F}^{(1)} = - \mathfrak{i}_1 d\mathfrak{F}^{(2)} \,.$$

Damit erhält man

$$\Delta \int\limits^{(V)} \frac{\partial V_1}{\partial x} dx \frac{dy\,dz}{2} = V_1^{(1)} \mathfrak{i}_1 d\mathfrak{F}^{(1)} + V_1^{(2)} \mathfrak{i}_1 d\mathfrak{F}^{(2)} \,.$$

Wird nun zur Darstellung des ersten Teilintegrals über alle Prismen in der $\mathfrak{i}_1$-Richtung summiert bzw. integriert, so wird dabei durch das Integral über $d\mathfrak{F}_1$ die eine Hälfte und durch das über $d\mathfrak{F}_2$ die andere Hälfte der Gesamtoberfläche erfaßt. Da ferner $V_1 \mathfrak{i}_1$ der Komponentenvektor $\mathfrak{B}_1$ von $\mathfrak{B}$ in der $\mathfrak{i}_1$-Richtung ist, so folgt

$$\int\limits^{(V)} \frac{\partial V_1}{\partial x} dx \frac{dy\,dz}{2} = \int\limits^{(\mathfrak{F})} V_1 \mathfrak{i}_1 d\mathfrak{F} = \int\limits^{(\mathfrak{F})} \mathfrak{B}_1 d\mathfrak{F} \,.$$

In völlig analoger Weise erhält man

$$\int\limits^{(V)} \frac{\partial V_2}{\partial y} dy \frac{dz\,dx}{2} = \int\limits^{(\mathfrak{F})} \mathfrak{B}_2 d\mathfrak{F} \,, \qquad \int\limits^{(V)} \frac{\partial V_3}{\partial z} dz \frac{dx\,dy}{2} = \int\limits^{(\mathfrak{F})} \mathfrak{B}_3 d\mathfrak{F} \,.$$

Daher ergibt sich für das gesamte Volumenintegral

$$\int\limits^{(V)} \nabla \mathfrak{B} \, dV = \int\limits^{(\mathfrak{F})} \mathfrak{B}_1 d\mathfrak{F} + \int\limits^{(\mathfrak{F})} \mathfrak{B}_2 d\mathfrak{F} + \int\limits^{(\mathfrak{F})} \mathfrak{B}_3 d\mathfrak{F} = \int\limits^{(\mathfrak{F})} (\mathfrak{B}_1 + \mathfrak{B}_2 + \mathfrak{B}_3) d\mathfrak{F} = \int\limits^{(\mathfrak{F})} \mathfrak{B} d\mathfrak{F} \,,$$

d. h. der Divergenzsatz (682), der damit bewiesen ist.

49. Der Rotationssatz. (Stokescher Satz).

Mit Hilfe des Rotationssatzes lassen sich Flächenintegrale in Kurvenintegrale verwandeln, denn nach ihm ist das Integral der Rotation eines Feldvektors über der vektoriellen Fläche gleich dem skalaren Kurvenintegral des Feldvektors längs der geschlossenen Kurve, welche die Fläche umschließt.

$$\int\limits^{(\mathfrak{F})} \nabla \times \mathfrak{B} \, d\mathfrak{F} = \oint \mathfrak{B} \, d\mathfrak{r} \qquad \text{(Rotationssatz)}. \qquad (683)$$

Da nach (681) die Rotation eines Feldvektors eine Invariante ist, gilt (683) für jedes Bezugssystem und damit auch für das Bezugssystem der Hauptkrümmungslinien, bei welchem nach Ziffer 43 die Tangentenvektoren überall aufeinander senkrecht stehen und die Normalverwindung überall ver-

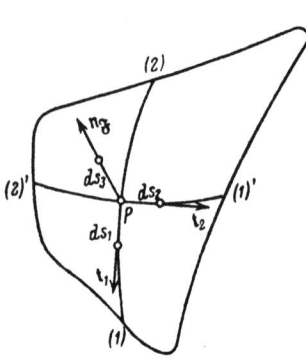

Abb. 172.

49. Der Rotationssatz. (Stokescher Satz.)

schwindet. Im Bezugssystem der Hauptkrümmungslinien bilden gemäß Abb. 172 t_1, t_2 und $n_{\mathfrak{F}}$ ein die Fläche begleitendes Achsenkreuz, so daß in der Umgebung eines Flächenpunktes P, wenn die Bogenlängen auf den Hauptkrümmungslinien mit s_1 und s_2 und auf der Normaltrajektorie mit s_3 bezeichnet werden, $\mathfrak{B}$, $\nabla \times \mathfrak{B}$ und $d\mathfrak{F}$ in der Form

$$\mathfrak{B} = t_1 V_1 + t_2 V_2 + n_{\mathfrak{F}} V_3$$

$$\nabla \times \mathfrak{B} = t_1\left(\frac{\partial V_3}{\partial s_2} - \frac{\partial V_2}{\partial s_3}\right) + t_2\left(\frac{\partial V_1}{\partial s_3} - \frac{\partial V_3}{\partial s_1}\right) + n_{\mathfrak{F}}\left(\frac{\partial V_2}{\partial s_1} - \frac{\partial V_1}{\partial s_2}\right)$$

$$d\mathfrak{F} = n_{\mathfrak{F}}\, ds_1\, ds_2$$

dargestellt werden können. Hieraus folgt

$$\nabla \times \mathfrak{B}\, d\mathfrak{F} = \left(\frac{\partial V_2}{\partial s_1} - \frac{\partial V_1}{\partial s_2}\right) ds_1\, ds_2$$

und damit

$$\int^{(\mathfrak{F})} \nabla \times \mathfrak{B}\, d\mathfrak{F} = \int^{(\mathfrak{F})}\left(\frac{\partial V_2}{\partial s_1} - \frac{\partial V_1}{\partial s_2}\right) ds_1\, ds_2 = \int^{(\mathfrak{F})}\frac{\partial V_2}{\partial s_1}\, ds_1\, ds_2 - \int^{(\mathfrak{F})}\frac{\partial V_1}{\partial s_2}\, ds_2\, ds_1\ .$$

Wird in dem ersten dieser Doppelintegrale zunächst längs einer s_2-Linie $s_2 = c_2$ und in dem zweiten längs einer s_1-Linie $s_1 = c_1$ vom einen Randpunkt zum anderen integriert, so folgt

$$\int^{(\mathfrak{F})} \nabla \times \mathfrak{B}\, d\mathfrak{F} = \int(V_2^{(1)} - V_2^{(2)})\, ds_2 - \int(V_1^{(1)'} - V_1^{(2)'})\, ds_1$$

$$= \int V_2^{(1)}\, ds_2 - \int V_2^{(2)}\, ds_2 - \int V_1^{(1)'}\, ds_1 + \int V_1^{(2)'}\, ds_1\ .$$

Die zugehörigen Randpunkte (1), (2), (1)', (2)' sind aus Abb. 172 ersichtlich. Wird nun der Rand in einem bestimmten Sinne, hier im Linkssinne, bei der Auswertung der verbliebenen Integrale umfahren und wird bei den Integralen der Punkte (2) und (1)' das Vorzeichen von ds_2 bzw. ds_1 vertauscht, so lassen sich die über die Teilränder erstreckten Integrale zu solchen über die geschlossene Randkurve verbinden und man erhält

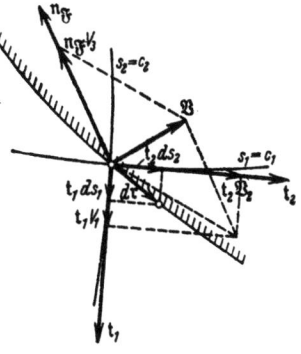

Abb. 173.

$$\int^{(\mathfrak{F})} \nabla \times \mathfrak{B}\, d\mathfrak{F} = \oint V_2\, ds_2 + \oint V_1\, ds_1 = \oint (V_1\, ds_1 + V_2\, ds_2)\ .$$

Nun ist gemäß Abb. 173 für einen Randpunkt

$$\left.\begin{array}{l} d\mathfrak{r} = t_1\, ds_1 + t_2\, ds_2 \\ \mathfrak{B} = t_1 V_1 + t_2 V_2 + n_{\mathfrak{F}} V_3 \end{array}\right\}$$

Hieraus folgt durch skalare Multiplikation

$$\mathfrak{B}\, d\mathfrak{r} = V_1\, ds_1 + V_2\, ds_2\ .$$

Wird dieses Ergebnis in dem Integranden berücksichtigt, so erhält man

$$\int^{\mathfrak{F}} \nabla \times \mathfrak{B}\, d\mathfrak{F} = \oint \mathfrak{B}\, d\mathfrak{r}$$

d.h. den Rotationssatz (683), der damit bewiesen ist.

Drittes Kapitel.
Mechanische Grundlagen.
50. Das vektorielle Superpositionsgesetz.

In Kapitel 1 hatten wir das Newtonsche Kraftgesetz als die fundamentale Grundlage der Mechanik kennengelernt und gezeigt, wie mit ihm die Bewegung des geradlinig sich bewegenden Körpers völlig beherrscht wird. Um diese Betrachtungen auf beliebig bewegte Körper ausdehnen zu können, muß ein zweites, ebenfalls der Erfahrung entspringendes Fundamentalgesetz vorangestellt werden, das hier als vektorielles Superpositionsgesetz bezeichnet werden soll. Dieses Gesetz, das vielfach auch als Gesetz vom Parallelepiped der Geschwindigkeiten, Beschleunigungen und Kräfte bezeichnet wird, lautet:

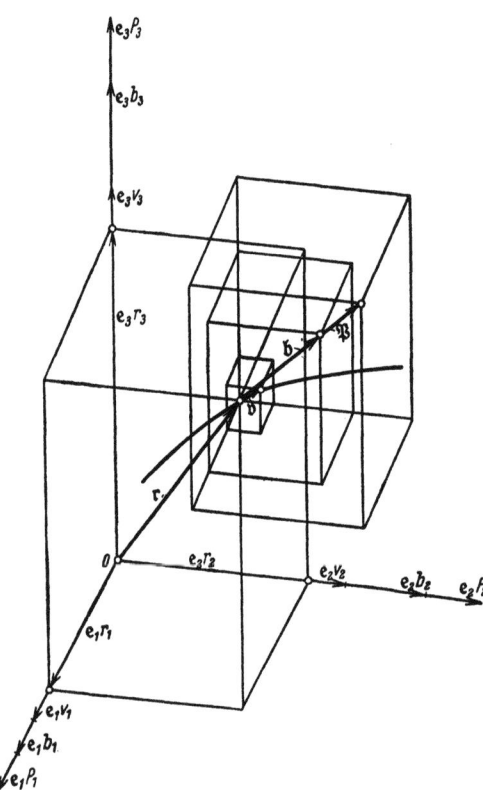

Abb. 174.

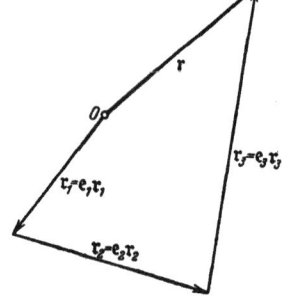

Abb. 175.

Die beliebige Bewegung eines punktförmig angenommenen Körpers läßt sich im Falle der räumlichen Bewegung aus drei, im Falle der ebenen Bewegung aus zwei geradlinigen Bewegungen geometrisch bzw. vektoriell zusammensetzen bzw. superponieren; hierbei wird der Weg durch den resultierenden Ortsvektor, die Geschwindigkeit durch den resultierenden Geschwindigkeitsvektor, die Beschleunigung durch den resultierenden Beschleunigungsvektor und die Kraft durch den resultierenden Kraftvektor dargestellt. (684)

In Abb. 174 ist das durch (684) zum Ausdruck gebrachte Fundamentalgesetz veranschaulicht. Die drei geradlinigen Bewegungen mögen in Richtung der drei

50. Das vektorielle Superpositionsgesetz.

Einheitsvektoren e_1, e_2, e_3 erfolgen und ihre Wegabszissen seien r_1, r_2, r_3 und auf den fest gedachten Bezugspunkt 0 bezogen. Die Bewegungsgesetze seien gemäß

$$\left.\begin{aligned} r_1 &= r_1(t), & v_1 &= \frac{dr_1}{dt}, & b_1 &= \frac{dv_1}{dt} = \frac{d^2r_1}{dt^2}, \\ r_2 &= r_2(t), & v_2 &= \frac{dr_2}{dt}, & b_2 &= \frac{dv_2}{dt} = \frac{d^2r_2}{dt^2}, \\ r_3 &= r_3(t), & v_3 &= \frac{dr_3}{dt}, & b_3 &= \frac{dv_3}{dt} = \frac{d^2r_3}{dt^2}, \end{aligned}\right\} \quad (685)$$

vorgegeben. Dann lehrt das Fundamentalgesetz, daß sich der Ortsvektor der resultierenden Bewegung, d. h. die geradlinige Verbindung des augenblicklichen Bahnpunktes mit dem festen Bezugspunkt 0 mit Richtungspfeil von diesem zum Bahnpunkt, durch geometrische oder vektorielle Aneinanderreihung der gerichteten Bewegungsabszissen

$$\mathfrak{r}_1 = e_1 r_1, \qquad \mathfrak{r}_2 = e_2 r_2, \qquad \mathfrak{r}_3 = e_3 r_3 \qquad (686)$$

gemäß

$$\mathfrak{r} = \mathfrak{r}_1 + \mathfrak{r}_2 + \mathfrak{r}_3 = e_1 r_1 + e_2 r_2 + e_3 r_3 \qquad (687)$$

ergibt (Abb. 175). Zu dem gleichen Ergebnis gelangt man, wenn mit 0 als Eckpunkt das zu $\mathfrak{r}_1, \mathfrak{r}_2, \mathfrak{r}_3$ gehörige Parallelepiped gezeichnet und darin die von 0 ausgehende Diagonale gezogen wird (Abb. 174).

Wird in gleicher Weise, doch nunmehr mit dem Bahnpunkt als Ausgangspunkt mit den Geschwindigkeiten, Beschleunigungen und Kräften der geradlinigen Teilbewegungen verfahren, so erhält man die Geschwindigkeits-, Beschleunigungs- und Kraftvektoren der resultierenden Bewegung in der Form

$$\left.\begin{aligned} \mathfrak{v} &= \mathfrak{v}_1 + \mathfrak{v}_2 + \mathfrak{v}_3 = e_1 v_1 + e_2 v_2 + e_3 v_3, \\ \mathfrak{b} &= \mathfrak{b}_1 + \mathfrak{b}_2 + \mathfrak{b}_3 = e_1 b_1 + e_2 b_2 + e_3 b_3, \\ \mathfrak{P} &= \mathfrak{P}_1 + \mathfrak{P}_2 + \mathfrak{P}_3 = e_1 P_1 + e_2 P_2 + e_3 P_3. \end{aligned}\right\} \quad (688)$$

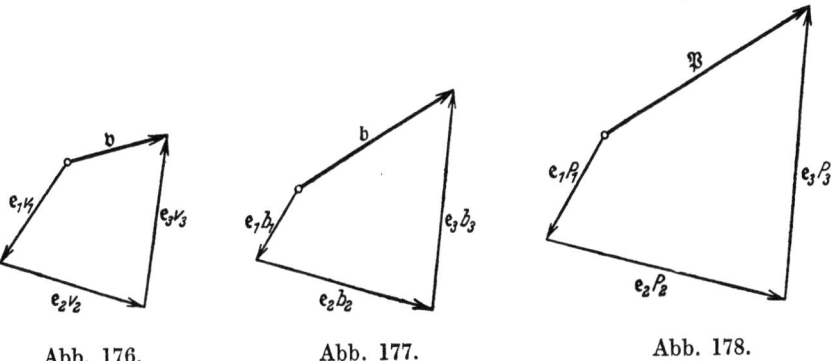

Abb. 176.　　　Abb. 177.　　　Abb. 178.

Die geometrische Darstellung dieser Zusammenhänge liefert das Geschwindigkeitseck, das Beschleunigungseck und das Krafteck gemäß Abb. 176 bis 178.

51. Geschwindigkeit und Beschleunigung als Differentialquotienten des Ortsvektors.

Der Ortsvektor $\mathfrak{r}$ nach (687) wird mit r_1, r_2, r_3 nach (685) eine Funktion der Zeit t. Da $\mathfrak{e}_1, \mathfrak{e}_2, \mathfrak{e}_3$ feste und von t unabhängige Richtungsvektoren darstellen, erhält man für den Differentialquotienten von $\mathfrak{r}$ nach t

$$\frac{d\mathfrak{r}}{dt} = \mathfrak{e}_1 \frac{dr_1}{dt} + \mathfrak{e}_2 \frac{dr_2}{dt} + \mathfrak{e}_3 \frac{dr_3}{dt}$$

oder in Verbindung mit (685) $\quad \dfrac{d\mathfrak{r}}{dt} = \mathfrak{e}_1 v_1 + \mathfrak{e}_2 v_2 + \mathfrak{e}_3 v_3$

oder bei Beachtung von (688) $\quad \dfrac{d\mathfrak{r}}{dt} = \mathfrak{v}$. $\hfill (689)$

Die Geschwindigkeit ergibt sich somit als erster Differentialquotient des Ortsvektors nach der Zeit.

Durch Differentiation von $\mathfrak{v}$ nach (688) folgt

$$\frac{d\mathfrak{v}}{dt} = \mathfrak{e}_1 \frac{dv_1}{dt} + \mathfrak{e}_2 \frac{dv_2}{dt} + \mathfrak{e}_3 \frac{dv_3}{dt}$$

oder in Verbindung mit (685) $\quad \dfrac{d\mathfrak{v}}{dt} = \mathfrak{e}_1 b_1 + \mathfrak{e}_2 b_2 + \mathfrak{e}_3 b_3$

oder bei Beachtung von (688) $\quad \dfrac{d\mathfrak{v}}{dt} = \mathfrak{b}$. $\hfill (690)$

Wird hierin $\mathfrak{v}$ nach (689) eingesetzt, so erhält man

$$\frac{d^2\mathfrak{r}}{dt^2} = \mathfrak{b} . \hfill (691)$$

Die Beschleunigung ergibt sich somit als erster Differentialquotient der Geschwindigkeit und als zweiter Differentialquotient des Ortsvektors nach der Zeit.

52. Bahngeschwindigkeit, Bahnbeschleunigung, Normalbeschleunigung, konvektive Beschleunigung.

Nach Ziffer 22 beschreibt der Ortsvektor während der Bewegung des Körpers eine Kurve, die Bahnkurve, wobei der Bogenlänge s eines Kurvenpunktes P stets eine bestimmte Zeit zugeordnet ist. In dieser Betrachtung wird also

$$\mathfrak{r} = \mathfrak{r}(s) ,$$
$$s = s(t)$$

und damit

$$\mathfrak{r} = \mathfrak{r}(s(t)) .$$

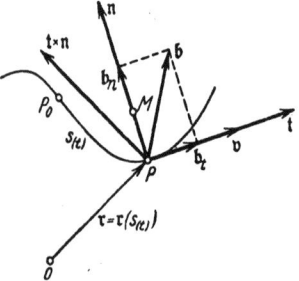

Abb. 179.

Der Ortsvektor $\mathfrak{r}$ ist nun keine unmittelbare Funktion der Zeit mehr, so hängt erst über die Bogenlänge s von der Zeit ab. Nach der Kettenregel der Differentialrechnung folgt dann für die Geschwindigkeit

$$\mathfrak{v} = \frac{d\mathfrak{r}}{dt} = \frac{d\mathfrak{r}}{ds}\frac{ds}{dt} = \mathfrak{t}\frac{ds}{dt} . \hfill (692)$$

53. Das Newtonsche Kraftgesetz in verallgemeinerter Fassung.

Die Geschwindigkeitsrichtung fällt also stets mit der Richtung des Tangentenvektors der Bahnkurve zusammen. Da $\mathfrak{t}$ nach Ziffer 22 ein Einheitsvektor ist, stellt $\frac{ds}{dt}$ den absoluten Betrag der Geschwindigkeit dar, der gemäß

$$v = \frac{ds}{dt} = \left|\frac{d\mathfrak{r}}{dt}\right| \quad \text{(Bahngeschwindigkeit)} \tag{693}$$

als Bahngeschwindigkeit bezeichnet wird. Mit (693) lautet (692)

$$\mathfrak{v} = \mathfrak{t}\,v \,. \tag{694}$$

Für die Beschleunigung erhält man

$$\mathfrak{b} = \frac{d^2\mathfrak{r}}{dt^2} = \frac{d\mathfrak{v}}{dt} = \frac{d(\mathfrak{t}v)}{dt} = \mathfrak{t}\frac{dv}{dt} + \frac{d\mathfrak{t}}{dt}v \,. \tag{695}$$

Nun ist wieder nach der Kettenregel $\quad \dfrac{d\mathfrak{t}}{dt} = \dfrac{d\mathfrak{t}}{ds}\dfrac{ds}{dt}$

oder in Verbindung mit (218) und (693) $\quad \dfrac{d\mathfrak{t}}{dt} = \mathfrak{n}\,\varkappa\,v \,. \tag{696}$

Wird (696) in (695) eingeführt, so folgt

$$\mathfrak{b} = \frac{d^2\mathfrak{r}}{dt^2} = \frac{d\mathfrak{v}}{dt} = \mathfrak{t}\frac{dv}{dt} + \mathfrak{n}\,\varkappa\,v^2 \,. \tag{697}$$

Nach (697) fällt der Beschleunigungsvektor stets in die Ebene von $\mathfrak{t}$ und $\mathfrak{n}$, d. h. in die Schmiegungsebene des betreffenden Bahnpunktes. Da $\mathfrak{t}$ und $\mathfrak{n}$ Einheitsvektoren sind, stellen $\dfrac{dv}{dt}$ und $\varkappa\,v^2$ die absoluten Beträge der tangentialen und normalen Beschleunigungskomponenten dar. Sie werden gemäß

$$b_t = \frac{dv}{dt} \quad \text{(Tangentialbeschleunigung)} \tag{698}$$

$$b_n = \varkappa\,v^2 \quad \text{(Normal- oder Zentripetalbeschleunigung)} \tag{699}$$

bezeichnet. Da die Hauptnormale $\mathfrak{n}$ nach Abb. 179 stets zum Krümmungsmittelpunkt M hinzeigt, gilt nach (697) das gleiche auch für den Normalbeschleunigungsvektor $\mathfrak{b}_n$.

Die Tangentialbeschleunigung b_t läßt sich unter Einschaltung der Bogenlänge auch noch in anderer Weise darstellen. Nach der Kettenregel folgt

$$b_t = \frac{dv}{dt} = \frac{dv}{ds}\frac{ds}{dt} = \frac{dv}{ds}v = \frac{d\left(\frac{1}{2}v^2\right)}{ds} \quad \text{(Konvektive Beschleunigung)}. \tag{700}$$

Diese Sonderform der Tangentialbeschleunigung wird als die konvektive Beschleunigung des Körpers bezeichnet. Die Einführung von (700) in (697) liefert

$$\mathfrak{b} = \mathfrak{t}\frac{d\left(\frac{1}{2}v^2\right)}{ds} + \mathfrak{n}\,\varkappa\,v^2 \,. \tag{701}$$

53. Das Newtonsche Kraftgesetz in verallgemeinerter Fassung.

Für die drei geradlinigen Teilbewegungen liefert (64)

$$\begin{aligned}
P_1 &= m\,b_1, & \mathfrak{e}_1 P_1 &= \mathfrak{e}_1\,m\,b_1, \\
P_2 &= m\,b_2, & \mathfrak{e}_2 P_2 &= \mathfrak{e}_2\,m\,b_2, \\
P_3 &= m\,b_3; & \mathfrak{e}_3 P_3 &= \mathfrak{e}_3\,m\,b_3.
\end{aligned}$$

Hieraus folgt durch Addition

$$e_1 P_1 + e_2 P_2 + e_3 P_3 = e_1 m b_1 + e_2 m b_2 + e_3 m b_3 = m (e_1 b_1 + e_2 b_2 + e_3 b_3) ,$$

und in Verbindung mit (688) $\quad \mathfrak{P} = m \mathfrak{b} = m \dfrac{d^2 \mathfrak{r}}{d t^2} .$ \hfill (702)

Diese Gleichung stellt keine Erweiterung von (64) dar, sondern ist lediglich eine vektorielle verallgemeinerte Fassung des Newtonschen Kraftgesetzes.

In sinngemäßer Erweiterung des Begriffes der Bewegungsgröße von (86) folgt

$$\mathfrak{B} = m \mathfrak{v} = m \dfrac{d \mathfrak{r}}{d t} \qquad \text{(Bewegungsgrößenvektor).} \tag{703}$$

Wird nun in (702) die Beschleunigung gemäß (690) ausgedrückt, so erhält man

$$\mathfrak{P} = m \dfrac{d \mathfrak{v}}{d t} = \dfrac{d (m \mathfrak{v})}{d t} \tag{704}$$

oder in Verbindung mit (703) $\quad \mathfrak{P} = \dfrac{d \mathfrak{B}}{d t} .$ \hfill (705)

Durch Integration zwischen t_0 und t ergibt sich hieraus der verallgemeinerte Impulssatz

$$\int_{t_0}^{t} \mathfrak{P} \, dt = \mathfrak{B}(t) - \mathfrak{B}(t_0) \qquad \text{(Impulssatz).} \tag{706}$$

Naturgemäß stellt das Impulsintegral jetzt einen Vektor dar, den Impulsvektor

$$\mathfrak{J} = \int_{t_0}^{t} \mathfrak{P} \, dt \qquad \text{(Impulsvektor).} \tag{707}$$

54. Tangentialkraft und Normalkraft.

Da nach (702) der Kraftvektor dem Beschleunigungsvektor proportional ist, können die Formeln von Ziffer 52, soweit sie die Beschleunigung betreffen, unmittelbar auf die Kraft übertragen werden, wie es in Abb. 180 näher veranschaulicht ist. Zunächst folgt aus (697)

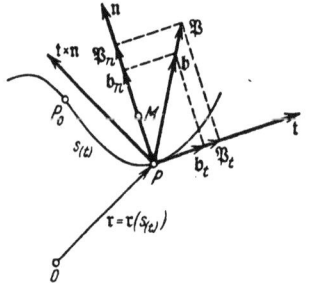

Abb. 180.

$$\mathfrak{P} = \mathfrak{t} \, m \dfrac{dv}{dt} + \mathfrak{n} \, m \varkappa v^2 . \tag{708}$$

Auch die Kraft wirkt somit stets in der Schmiegungsebene des betreffenden Bahnpunktes; ihre Tangentialkomponente heißt Tangentialkraft, ihre Normalkomponente Normalkraft oder Zentripetalkraft, da sie stets nach dem Krümmungszentrum M hin gerichtet ist. In der Darstellung (708) erscheint die Zentripetalkraft als die Ursache der krummlinigen Bewegung eines Körpers. Da $\mathfrak{t}$ und $\mathfrak{n}$ Einheitsvektoren sind, folgt

$$P_t = m \dfrac{dv}{dt} \qquad \text{(Tangentialkraft),} \tag{709}$$

$$P_n = m \varkappa v^2 \qquad \text{(Normal- oder Zentripetalkraft).} \tag{710}$$

Unter Heranziehung des Bewegungsgrößenvektors von (703), dessen absoluter Betrag, die Bewegungsgröße, sich in der Form
$$B = m v \tag{711}$$
darstellt, lauten die Gln (709) und (710)
$$P_t = \frac{dB}{dt} \quad \text{(Tangentialkraft)}, \tag{712}$$
$$P_n = \frac{\varkappa}{m} B^2 \quad \text{(Normal- oder Zentripetalkraft)}. \tag{713}$$

Aus der konvektiven Darstellung der Tangentialbeschleunigung nach (700) folgt
$$P_t = m \frac{d(\tfrac{1}{2} v^2)}{ds} = \frac{1}{2m} \frac{dB^2}{ds} \quad \text{(Konvektive Tangentialkraft).} \tag{714}$$

Die Berücksichtigung von (712) bis (714) in (708) liefert
$$\mathfrak{P} = \mathfrak{t} \frac{dB}{dt} + \mathfrak{n} \frac{\varkappa}{m} B^2 \tag{715}$$
und
$$\mathfrak{P} = \frac{1}{m} \left[\frac{1}{2} \mathfrak{t} \frac{dB^2}{ds} + \mathfrak{n} \varkappa B^2 \right]. \tag{716}$$

55. Verallgemeinerter Arbeitsbegriff und Energiesatz.

Der in Ziffer 7 für die geradlinige Bewegung entwickelte Begriff der mechanischen Arbeit ist für beliebig verlaufende Bewegungen nicht brauchbar, da die Kraft im allgemeinen nicht in die Richtung des Bogenelementes fallen kann. Für beliebig verlaufende Bewegungen wird die mechanische Arbeit wie folgt definiert

$$\int_{\mathfrak{r}_0}^{\mathfrak{r}} \mathfrak{P} \, d\mathfrak{r} = A = \text{Mechanische Arbeit.} \tag{717}$$

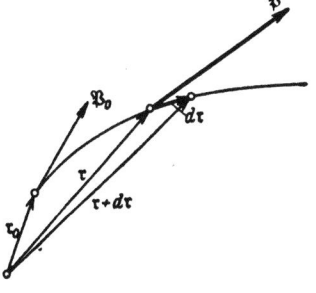

Abb. 181.

Die mechanische Arbeit erscheint somit als ein skalares Kurvenintegral im Sinne der Ausführungen von Ziffer 39 gemäß Abb. 181. Für den Sonderfall der geradlinigen Bewegung fallen die Richtungen von $\mathfrak{P}$ und $d\mathfrak{r}$ zusammen und das skalare Produkt $\mathfrak{P} d\mathfrak{r}$ wird zum algebraischen Produkt $P\,ds$. Die Definitionsgleichung (717) schließt also die Definitionsgleichung (70) mit ein.

Für die praktische Auswertung von (717) werden $\mathfrak{P}$ und $\mathfrak{r}$ zweckmäßig in einem dreiachsigen Bezugsystem gemäß (687) und (688) dargestellt. In diesem Falle erhält man

$$\int_{\mathfrak{r}_0}^{\mathfrak{r}} \mathfrak{P} \, d\mathfrak{r} = \int_{\mathfrak{r}_0}^{\mathfrak{r}} (\mathfrak{e}_1 P_1 + \mathfrak{e}_2 P_2 + \mathfrak{e}_3 P_3)(\mathfrak{e}_1 dr_1 + \mathfrak{e}_2 dr_2 + \mathfrak{e}_3 dr_3)$$

oder ausmultipliziert unter Beachtung von (139)

$$\left. \begin{array}{l} \displaystyle\int_{\mathfrak{r}_0}^{\mathfrak{r}} \mathfrak{P}\, d\mathfrak{r} = \int_{r_{1,0}}^{r_1} (P_1 + P_2 \cos \varepsilon_{1,2} + P_3 \cos \varepsilon_{1,3})\, dr_1 + \\[6pt] \displaystyle + \int_{r_{2,0}}^{r_2} (P_2 + \cos P_3{}_{2,3} + P_1 \cos \varepsilon_{2,1})\, dr_2 + \int_{r_{3,0}}^{r_3} (P_3 + P_1 \cos \varepsilon_{3,1} + P_2 \cos \varepsilon_{3,2})\, dr_3 \, . \end{array} \right\} \tag{718}$$

Ist das Bezugssystem ein Achsenkreuz, so verschwinden die Richtungskosinusse und es verbleibt

$$\int_{\mathfrak{r}_0}^{\mathfrak{r}} \mathfrak{P}\, d\mathfrak{r} = \int_{r_{1,0}}^{r_1} P_1\, dr_1 + \int_{r_{2,0}}^{r_2} P_2\, dr_2 + \int_{r_{3,0}}^{r_3} P_3\, dr_3$$
(für $\mathfrak{P} = \mathfrak{i}_1 P_1 + \mathfrak{i}_2 P_2 + \mathfrak{i}_3 P_3$, $\mathfrak{r} = \mathfrak{i}_1 r_1 + \mathfrak{i}_2 r_2 + \mathfrak{i}_3 r_3$), (719)

d. h. die mechanische Arbeit ist einfach die Summe der Arbeiten der drei axialen Komponentenbewegungen, was in Abb. 182 noch näher veranschaulicht ist.

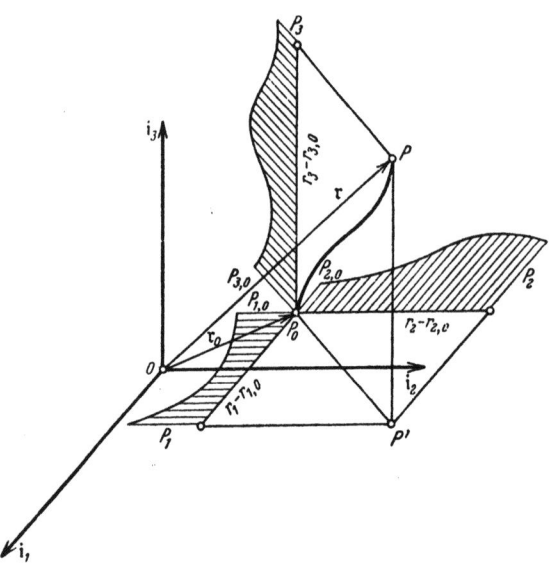

Abb. 182.

Wird gemäß (689) und (704)

$$d\mathfrak{r} = \frac{d\mathfrak{r}}{dt} dt = \mathfrak{v}\, dt$$

$$\mathfrak{P} = m \frac{d\mathfrak{v}}{dt}$$

gesetzt, so folgt

$$\int_{\mathfrak{r}_0}^{\mathfrak{r}} \mathfrak{P}\, d\mathfrak{r} = \int_{t_0}^{t} m \frac{d\mathfrak{v}}{dt} \mathfrak{v}\, dt = \int_{\mathfrak{v}_0}^{\mathfrak{v}} m \mathfrak{v}\, d\mathfrak{v}$$

oder $\int_{\mathfrak{r}_0}^{\mathfrak{r}} \mathfrak{P}\, d\mathfrak{r} = \frac{m}{2}(\mathfrak{v}^2 - \mathfrak{v}_0^2)$.

Nun ist aber das Quadrat eines Vektors gleich dem Quadrat seines absoluten Betrages. Man erhält daher

$$\int_{\mathfrak{r}_0}^{\mathfrak{r}} \mathfrak{P}\, d\mathfrak{r} = \frac{m}{2} v^2 - \frac{m}{2} v_0^2. \quad (720)$$
(Energiesatz)

Die mechanische Arbeit ist daher ein vom Integrationswege unabhängiges skalares Kurvenintegral und durch die Geschwindigkeit im Anfangs- und Endpunkt des Integrationsweges völlig festgelegt. Bis auf die erweiterte Formulierung des Arbeitsbegriffes selbst stimmt (720) mit dem Energiesatz (73) der geradlinigen Bewegung völlig überein.

In einem vom Wege unabhängigen skalaren Kurvenintegral ist der Integrandenvektor nach (506) ein Gradient. In Verbindung mit (720) folgt

$$\mathfrak{P} = \operatorname{grad}\left(\frac{m}{2} v^2\right). \quad (721)$$

Diese Vektorgleichung stellt eine weitere Formulierung des Newtonschen Kraftgesetzes dar. Ist die Bahngeschwindigkeit v gemäß

$$v = v(r_1, r_2, r_3)$$

an jeder Stelle des Raumes vorgeschrieben, so liefert (721) in Verbindung mit (500)

$$\mathfrak{P} = \mathfrak{i}_1 \frac{\partial\left(\frac{m}{2} v^2\right)}{\partial r_1} + \mathfrak{i}_2 \frac{\partial\left(\frac{m}{2} v^2\right)}{\partial r_2} + \mathfrak{i}_3 \frac{\partial\left(\frac{m}{2} v^2\right)}{\partial r_3}. \quad (722)$$

Wird in analoger Weise wie in Ziffer 7 der Begriff der potentiellen Energie gemäß

$$H(\mathfrak{r}) = \int_{\mathfrak{r}}^{\mathfrak{r}^*} \mathfrak{P}\, d\mathfrak{r} \quad \text{(Potentielle Energie)} \tag{723}$$

eingeführt, wobei mit $\mathfrak{r}^*$ ein noch offen bleibender Energiebezugspunkt bezeichnet ist, und wird der Begriff der kinetischen Energie in der Form

$$E(\mathfrak{r}) = \frac{m}{2} v^2 \quad \text{(Kinetische Energie)} \tag{724}$$

unmittelbar übernommen, so geht der Energiesatz in die Energiegleichung

$$H(\mathfrak{r}) + E(\mathfrak{r}) = H(\mathfrak{r}_0) + E(\mathfrak{r}_0) = \text{const} \quad \text{(Energiegleichung)} \tag{725}$$

über.

Mit (724) lautet (721)

$$\mathfrak{P} = \operatorname{grad} E(\mathfrak{r}) = \mathfrak{i}_1 \frac{\partial E}{\partial r_1} + \mathfrak{i}_2 \frac{\partial E}{\partial r_2} + \mathfrak{i}_3 \frac{\partial E}{\partial r_3} \tag{726}$$

d. h. die Kraft ist der Gradient der kinetischen Energie. Wird nun an (725) die Gradientenoperation, etwa in der Form (500), vollzogen, so folgt

$$\operatorname{grad} H(\mathfrak{r}) + \operatorname{grad} E(\mathfrak{r}) = 0$$

oder

$$\operatorname{grad} H(\mathfrak{r}) = -\operatorname{grad} E(\mathfrak{r}). \tag{727}$$

Wird (727) in (726) eingeführt, so ergibt sich

$$\mathfrak{P} = -\operatorname{grad} H(\mathfrak{r}) = -\mathfrak{i}_1 \frac{\partial H}{\partial r_1} - \mathfrak{i}_2 \frac{\partial H}{\partial r_2} - \mathfrak{i}_3 \frac{\partial H}{\partial r_3} \tag{728}$$

d. h. die Kraft ist auch gleich dem negativen Gradienten der potentiellen Energie.

Es sei noch ausdrücklich bemerkt, daß die Formeln dieser Ziffer an keinerlei Einschränkungen gebunden sind. Sie gelten in gleicher Weise für Verlustbewegungen und verlustfreie Bewegungen, wenn unter $\mathfrak{P}$ stets die Resultierende aller äußeren Kräfte unter Einbeziehung etwa vorhandener Reibungskräfte verstanden wird. Allerdings darf die Masse keine Veränderung mit der Zeit erleiden.

56. Momentenvektor, Drallvektor, Momentsatz, Drallsatz.

Der Produktvektor $\mathfrak{r} \times \mathfrak{P}$ aus dem Ortsvektor $\mathfrak{r}$ und dem Kraftvektor $\mathfrak{P}$ heißt Momentvektor und wird gemäß

$$\mathfrak{M} = \mathfrak{r} \times \mathfrak{P} \quad \text{(Momentvektor)} \tag{729}$$

bezeichnet. Entsprechend der Definition des äußeren Produktes steht der Momentvektor auf $\mathfrak{r}$ und $\mathfrak{P}$ senkrecht, besitzt den absoluten Betrag

$$M = r P \sin \varepsilon \tag{730}$$

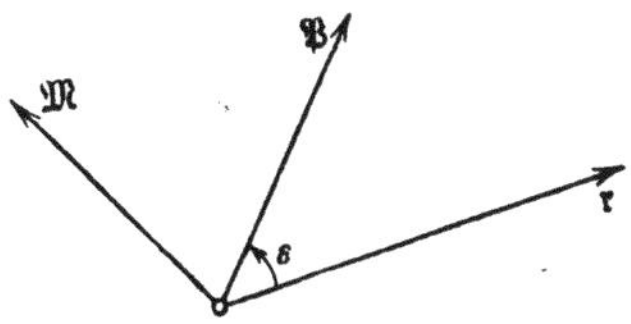

Abb. 183.

und ist so gerichtet, daß der Pfeil nach oben zeigt, wenn man die Ebene von $\mathfrak{r}$ und $\mathfrak{P}$ so betrachtet, daß die kürzeste Drehung von $\mathfrak{r}$ in $\mathfrak{P}$ im Linkssinne erfolgt (Abb. 183). Zu einer wesentlich anschaulicheren Darstellung des Momentvektors gelangt man, wenn man $\mathfrak{r}$ und $\mathfrak{P}$

gemäß Abb. 184 aneinanderträgt und sich im Ursprung von $\mathfrak{r}$ eine die $\mathfrak{r} = \mathfrak{P}$-Ebene senkrecht schneidende Achse denkt, um welche sich der als Stab gedachte Radiusvektor $\mathfrak{r}$ mit der Masse m im Endpunkt drehen kann. Die Drehwirkung, die dann die Kraft auf das System Stange-Masse ausübt, ist gleich dem Produkt aus Kraft mal Hebelarm, senkrecht zur Kraft gemessen. Für dieses Produkt $M = Ph$ liest man aus der Abbildung unmittelbar den Wert

$$M = r P \sin \varepsilon$$

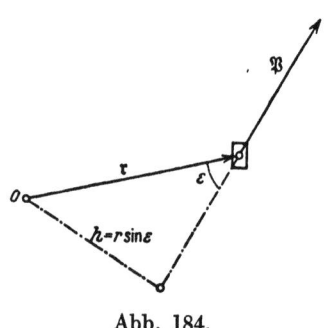

Abb. 184.

ab, der mit demjenigen von (730) völlig übereinstimmt. Der Momentenvektor selbst fällt dann mit der Drehachse zusammen und seine Pfeilrichtung ergibt sich unmittelbar aus dem Drehsinn der Kraft.

Wird in (729) der Kraftvektor mit dem Bewegungsgrößenvektor vertauscht, so entsteht ein Produktvektor, der als Drallvektor

$$\mathfrak{D} = \mathfrak{r} \times \mathfrak{B} = \mathfrak{r} \times m\mathfrak{v} \qquad \text{(Drallvektor)} \qquad (731)$$

bezeichnet wird. Die Differentiation dieses Vektors nach der Zeit liefert

$$\frac{d\mathfrak{D}}{dt} = \frac{d\mathfrak{r}}{dt} \times \mathfrak{B} + \mathfrak{r} \times \frac{d\mathfrak{B}}{dt} .$$

Nun ist

$$\frac{d\mathfrak{r}}{dt} \times \mathfrak{B} = \mathfrak{v} \times m\mathfrak{v} = 0$$

und damit

$$\frac{d\mathfrak{D}}{dt} = \mathfrak{r} \times \frac{d\mathfrak{B}}{dt} \qquad (732)$$

oder bei Beachtung von (705) und (729)

$$\frac{d\mathfrak{D}}{dt} = \mathfrak{r} \times \mathfrak{P} = \mathfrak{M}$$

oder umgestellt

$$\mathfrak{M} = \frac{d\mathfrak{D}}{dt} \qquad \text{(Momentsatz)}. \qquad (733)$$

Die Gl. (733) ist das Gegenstück zum Newtonschen Kraftgesetz in der Form (705) und bildet mit diesem zusammen die beiden Fundamentalsäulen, auf denen das Gebäude der Mechanik ruht.

Die Integration von (733) zwischen t_0 und t liefert das Gegenstück zum Impulssatz (706), das als Drallsatz bezeichnet wird. Man erhält

$$\int_{t_0}^{t} \mathfrak{M} \, dt = \mathfrak{D}(t) - \mathfrak{D}(t_0) \qquad \text{(Drallsatz)}. \qquad (734)$$

57. Beispiele zu Ziffer 50 bis 56.

Beispiel 16. Die Gesetze der Wurfbewegung. In der angewandten Mechanik unterscheidet man zwei große Gruppen von Bewegungen, nämlich die freien Bewegungen und die Führungsbewegungen. Bei den freien Bewegungen ist der Körper kinematisch völlig frei und der Bewegungszustand einzig und allein durch

57. Beispiele zu Ziffer 50 bis 56.

die von außen auf ihn wirkenden Kräfte bestimmt. Bei den Führungsbewegungen ist die Bewegung nur auf einer Fläche oder sogar nur längs einer Kurve möglich und es treten zu den von außen wirkenden Kräften noch die Zwängungskräfte, durch welche die Bewegungsbeschränkung erzwungen wird.

Ein typischer Vertreter der freien Bewegung ist der Wurf, bei welchem der Körper gemäß Abb. 185 zur Zeit $t = 0$ eine Geschwindigkeit $\mathfrak{v}_0$ erfährt und dann der unveränderlichen Einwirkung der Schwerkraft $m\mathfrak{g}$ überlassen wird.

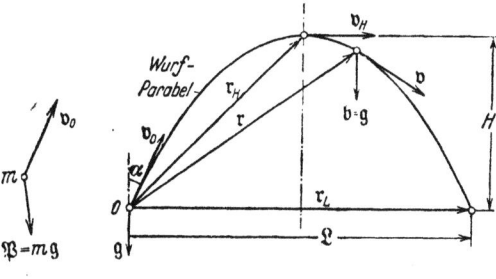

Abb. 185.   Abb. 186.

Der konstanten Schwerkraft entspricht die konstante Schwerbeschleunigung $\mathfrak{g}$. Somit lautet (690)

$$\frac{d\mathfrak{v}}{dt} = \mathfrak{g} \; .$$

Hieraus folgt durch Integration zwischen 0 und t

$$\mathfrak{v} = \mathfrak{v}_0 + \int_0^t \mathfrak{g}\, dt = \mathfrak{v}_0 + \mathfrak{g}\, t \; . \tag{735}$$

Die Einführung dieses Geschwindigkeitsvektors in (689) ergibt

$$\frac{d\mathfrak{r}}{dt} = \mathfrak{v}_0 + \mathfrak{g}\, t \; .$$

Wird gemäß Abb. 186 der Bezugspunkt für den Ortsvektor $\mathfrak{r}$ in den Ausgangspunkt der Bewegung gelegt, so liefert die Integration zwischen 0 und t

$$\mathfrak{r} = \int_0^t (\mathfrak{v}_0 + \mathfrak{g}\, t)\, dt = \mathfrak{v}_0 t + \frac{1}{2} \mathfrak{g}\, t^2 \; . \tag{736}$$

Von besonderem praktischen Interesse sind nun die Wurfweite $\mathfrak{L}$ und die zugehörige Wurfzeit $t_\mathfrak{L}$ sowie die Gipfelhöhe H und die zugehörige Gipfelzeit t_H. Für die Wurfweite $\mathfrak{L}$ stehen nach Abb. 186 $\mathfrak{r}$ und $\mathfrak{g}$ aufeinander senkrecht und es folgt

$$\mathfrak{r}_\mathfrak{L}\, \mathfrak{g} = 0 = \mathfrak{v}_0\, \mathfrak{g}\, t_\mathfrak{L} + \frac{\mathfrak{g}^2}{2} t_\mathfrak{L}^2 = \frac{\mathfrak{g}^2}{2} t_\mathfrak{L} \left(t_\mathfrak{L} + \frac{2\mathfrak{v}_0 \mathfrak{g}}{\mathfrak{g}^2} \right) \; .$$

Wird der Winkel zwischen $\mathfrak{v}_0$ und $-\mathfrak{g}$ mit α bezeichnet, so ist

$$\mathfrak{v}_0\, \mathfrak{g} = -v_0\, g \cos \alpha$$

und man erhält

$$0 = t_\mathfrak{L} - \frac{2v_0}{g} \cos \alpha \quad \text{oder} \quad t_\mathfrak{L} = \frac{2v_0}{g} \cos \alpha \quad \text{(Wurfzeit)}. \tag{737}$$

Die Einführung dieses Zeitwertes in (736) ergibt

$$\mathfrak{r}_L = \mathfrak{v}_0 \frac{2v_0}{g} \cos \alpha + \frac{1}{2} \mathfrak{g} \left(\frac{2v_0}{g} \cos \alpha \right)^2 \; .$$

178   Der beliebig bewegte, punktförmig idealisierte Körper.

Hieraus folgt die Wurfweite $\mathfrak{L}$ durch Bildung des absoluten Betrages zu

$$\mathfrak{L} = |\mathfrak{r}_L| = \sqrt{\frac{4v_0^4}{g^2}\cos^2\alpha + v_0 g \frac{8v_0^3}{g^3}\cos^3\alpha + \frac{4v_0^4}{g^2}\cos^4\alpha} = \sqrt{\frac{4v_0^4}{g^2}\cos^2\alpha - \frac{4v_0^4}{g^2}\cos^4\alpha}$$

oder

$$\mathfrak{L} = \frac{2v_0^2}{g}\cos\alpha\sin\alpha = \frac{v_0^2}{g}\sin 2\alpha \qquad \text{(Wurfweite)}. \tag{738}$$

Nach (738) erhält man die größte Wurfweite für $\alpha = 45^\circ$.

Im Gipfelpunkte stehen Geschwindigkeits- und Beschleunigungsvektor aufeinander senkrecht und es folgt mit (735)

$$v_H \mathfrak{g} = 0 = v_0 \mathfrak{g} + \mathfrak{g}^2 t_H = -v_0 g \cos\alpha + g^2 t_H$$

oder

$$t_H = \frac{v_0}{g}\cos\alpha \qquad \text{(Gipfelzeit)}. \tag{739}$$

Der Vergleich von (737) und (739) zeigt, daß die Gipfelzeit gerade halb so groß wie die Wurfzeit ist. Die Einführung von (739) in (736) liefert

$$\mathfrak{r}_H = \mathfrak{v}_0 \frac{v_0}{g}\cos\alpha + \frac{1}{2}\mathfrak{g}\left(\frac{v_0}{g}\cos\alpha\right)^2.$$

Wird dieser Vektor skalar mit dem Einheitsvektor

$$-\frac{\mathfrak{g}}{g}$$

multipliziert, so erhält man für die Gipfelhöhe

$$H = -\mathfrak{r}_H \frac{\mathfrak{g}}{g} = -v_0 g \frac{v_0}{g^2}\cos\alpha - \frac{1}{2}\frac{v_0^2\cos^2\alpha}{g} = \frac{v_0^2\cos^2\alpha}{g} - \frac{1}{2}\frac{v_0^2\cos^2\alpha}{g}$$

oder

$$H = \frac{1}{2}\frac{v_0^2}{g}\cos^2\alpha \qquad \text{(Gipfelhöhe)}. \tag{740}$$

Damit sind die Gesetze der Wurfbewegung entwickelt, ohne daß es nötig wurde, ein Bezugssystem heranzuziehen, und ohne die Kenntnis der Bahnkurve in expliziter Form. In solchen Möglichkeiten bestehen die großen Vorzüge der vektoriellen Mechanik.

Beispiel 17. Die Mechanik der Kreisbewegung. Nach Ziffer 27 liefert die Differentialgeometrie des Kreises, wenn der Bezugspunkt 0 des Ortsvektors in den Kreismittelpunkt gelegt wird,

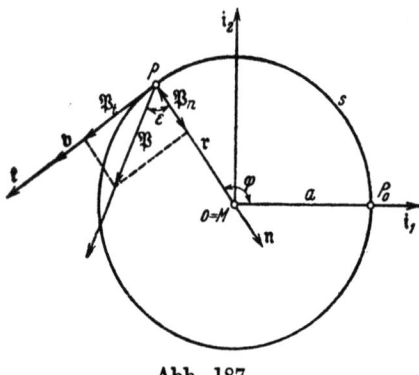

Abb. 187.

$$\left.\begin{array}{l} \mathfrak{r} = \mathfrak{i}_1 a \cos\varphi + \mathfrak{i}_2 a \sin\varphi, \\[4pt] \mathfrak{t} = -\mathfrak{i}_1 \sin\varphi + \mathfrak{i}_2 \cos\varphi, \\[4pt] \mathfrak{n} = -\mathfrak{i}_1 \cos\varphi - \mathfrak{i}_2 \sin\varphi = -\dfrac{\mathfrak{r}}{a}, \\[8pt] s = a\varphi, \quad \dfrac{ds}{d\varphi} = a, \quad \varkappa = \dfrac{1}{a}, \\[8pt] \dfrac{d^2\mathfrak{r}}{d\varphi^2} + \mathfrak{r} = 0 \end{array}\right\} \tag{741}$$

57. Beispiele zu Ziffer 50 bis 56.

Wird nun der Drehwinkel φ eine Funktion der Zeit, so heißt der erste Differentialquotient von φ nach t die Winkelgeschwindigkeit, der zweite die Winkelbeschleunigung, wobei die Abkürzungen

$$\left.\begin{array}{ll}\omega = \dfrac{d\varphi}{dt} & \text{(Winkelgeschwindigkeit)}, \\[2mm] \dot\omega = \dfrac{d^2\varphi}{dt^2} & \text{(Winkelbeschleunigung)},\end{array}\right\} \quad (742)$$

gebräuchlich sind. Mit (741) und (742) folgt für die Bahngeschwindigkeit v nach (693)

$$v = \frac{ds}{dt} = \frac{ds}{d\varphi}\frac{d\varphi}{dt} = a\,\omega \qquad \text{(Kreisbewegung)}. \qquad (743)$$

Entsprechend ergibt sich für Bahn- und Normalbeschleunigung nach (698) und (699)

$$b_t = \frac{dv}{dt} = a\,\dot\omega, \qquad b_n = \varkappa\,v^2 = a\,\omega^2 \qquad \text{(Kreisbewegung)}. \qquad (744)$$

Hieraus folgt für Tangential- und Normalkraft

$$P_t = m\,b_t = m\,a\,\dot\omega, \qquad P_n = m\,b_n = m\,a\,\omega^2 \qquad \text{(Kreisbewegung)}, \qquad (745)$$

und damit für die resultierende Kraft

$$\mathfrak{P} = \mathfrak{t}\,P_t + \mathfrak{n}\,P_n = \mathfrak{t}\,m\,a\,\dot\omega + \mathfrak{n}\,m\,a\,\omega^2 \qquad \text{(Kreisbewegung)}. \qquad (746)$$

Wird gemäß Abb. 187 der Winkel zwischen $\mathfrak{P}$ und $\mathfrak{n}$ mit ε bezeichnet, so erhält man

$$\operatorname{tang}\varepsilon = \frac{P_t}{P_n} = \frac{\dot\omega}{\omega^2}, \qquad P = \sqrt{P_t^2 + P_n^2} = m\,a\,\omega^2\sqrt{1 + \left(\frac{\dot\omega}{\omega^2}\right)^2} = \frac{m\,a\,\omega^2}{\cos\varepsilon}. \qquad (747)$$
$$\text{(Kreisbewegung)}$$

Ist die Kreisbewegung gleichförmig beschleunigt, so ist das Verhältnis $\dot\omega/\omega^2$ durch

$$\frac{\dot\omega}{\omega^2} = \frac{1}{\dot\omega\,t^2}$$

gegeben. Ist die Bewegung gleichförmig, so verschwindet mit $\dot\omega$ auch ε und es bleibt nur eine Normalkraft übrig, die als Zentripetalkraft die Kreisbewegung erzwingt. Diese Zentripetalkraft kann sowohl als Führungskraft wie im Falle der zwangläufigen Bewegung auf kreisförmiger Bahn als auch als freie Kraft wie z. B. im Gravitationsfelde ausgeübt werden. Mit

$$\frac{d\mathfrak{r}}{d\varphi} = \frac{\dfrac{d\mathfrak{r}}{dt}}{\dfrac{d\varphi}{dt}} = \frac{\mathfrak{v}}{\omega} = \mathfrak{t}\,\frac{v}{\omega}, \qquad \frac{d^2\mathfrak{r}}{d\varphi^2} = \frac{\dfrac{d^2\mathfrak{r}}{dt^2}}{\left(\dfrac{d\varphi}{dt}\right)^2} - \frac{\dfrac{d\mathfrak{r}}{dt}\dfrac{d^2\varphi}{dt^2}}{\left(\dfrac{d\varphi}{dt}\right)^3} = \frac{\mathfrak{b}}{\omega^2} - \frac{\mathfrak{v}\,\dot\omega}{\omega^3}$$

lautet die Differentialgleichung der Kreisbewegung von (741)[5]

$$\mathfrak{b} - \mathfrak{v}\,\frac{\dot\omega}{\omega} + \mathfrak{r}\,\omega^2 = 0 \qquad \text{(Kreisbewegung)}. \qquad (748)$$

Wird diese Vektorgleichung mit der Masse multipliziert, so folgt

$$\mathfrak{P} - \mathfrak{B}\,\frac{\dot\omega}{\omega} + m\,\mathfrak{r}\,\omega^2 = 0 \qquad \text{(Kreisbewegung)}. \qquad (749)$$

Wird schließlich das äußere Produkt des Ortsvektors mit (749) gebildet, so erhält man

$$\mathfrak{r} \times \mathfrak{P} - \mathfrak{r} \times \mathfrak{B} \frac{\dot{\omega}}{\omega} + m\,\mathfrak{r} \times \mathfrak{r}\,\omega^2 = 0$$

oder

$$\mathfrak{M} - \mathfrak{D} \frac{\dot{\omega}}{\omega} = 0 \qquad \text{(Kreisbewegung)}. \tag{750}$$

Beispiel 18. Das ebene mathematische Pendel. Es sei nun eine spezielle Kreisbewegung betrachtet, nämlich die des ebenen mathematischen Pendels, bei welchem eine Masse m am Ende eines Fadens oder einer Stange um einen festen Punkt 0 schwingt. Wird dieser gemäß Abb. 188 zum Bezugspunkt für den Ortsvektor gewählt, so können die Beziehungen von Beispiel 17 unmittelbar Anwendung finden. Da es sich um eine Drehbewegung um 0 handelt, liegt es nahe, an die Momentengleichung (750) anzuknüpfen. Auf die Masse m wirkt das Gewicht mg und die Faden- oder Stangenkraft $\mathfrak{Z}$, also insgesamt

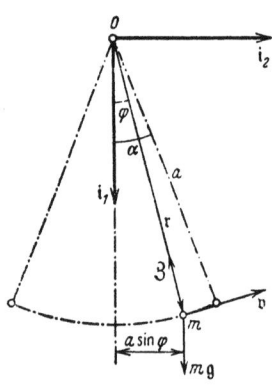

Abb. 188.

$$\mathfrak{P} = m\mathfrak{g} + \mathfrak{Z} .$$

Das Drehmoment dieser Kraft in bezug auf 0 lautet

$$\mathfrak{M} = \mathfrak{r} \times \mathfrak{P} = \mathfrak{r} \times m\mathfrak{g} + \mathfrak{r} \times \mathfrak{Z} .$$

Da $\mathfrak{Z}$ keinen Hebelarm in bezug auf 0 besitzt, verschwindet $\mathfrak{r} \times \mathfrak{Z}$ und es verbleibt

$$\mathfrak{M} = \mathfrak{r} \times m\mathfrak{g} = -\mathfrak{i}_3\,a\,m\,g\sin\varphi .$$

Für den Drall in bezug auf 0 folgt

$$\mathfrak{D} = \mathfrak{r} \times m\mathfrak{v} = +\mathfrak{i}_3\,a\,m\,v = +\mathfrak{i}_3\,a^2\,m\,\omega .$$

Die Einführung dieser Vektoren in (750) ergibt

$$\mathfrak{i}_3 (-a\,m\,g\sin\varphi - a^2\,m\,\dot{\omega}) = 0$$

oder gekürzt und mit $\dot{\omega}$ gemäß (742)

$$\frac{d^2\varphi}{dt^2} + \frac{g}{a}\sin\varphi = 0 \qquad \text{(Diff. Gleichung des mathematischen Pendels)}. \tag{751}$$

Die Integration dieser Differentialgleichung erfolgt zweckmäßig in zwei Stufen. Man erhält zunächst

$$\frac{d^2\varphi}{dt^2} = \frac{d}{dt}\left(\frac{d\varphi}{dt}\right) = \frac{d\omega}{dt} = \frac{d\omega}{d\varphi}\frac{d\varphi}{dt} = \frac{d\omega}{d\varphi}\omega = \frac{1}{2}\frac{d\omega^2}{d\varphi}$$

und damit

$$\frac{d\omega^2}{d\varphi} + \frac{2g}{a}\sin\varphi = 0 .$$

Die Integration ergibt

$$\omega^2 = \omega_c^2 - \frac{2g}{a}\int_{\varphi_c}^{\varphi}\sin\varphi\,d\varphi = \omega_c^2 + \frac{2g}{a}(\cos\varphi - \cos\varphi_c) .$$

Bezeichnet gemäß Abb. 188 α den größten Ausschlagwinkel, so folgt für

$$\varphi_c = \alpha : \quad \omega_c = \omega(\alpha) = 0$$

57. Beispiele zu Ziffer 50 bis 56.

und man erhält
$$\omega^2 = \frac{2g}{a}(\cos\varphi - \cos\alpha), \qquad \omega = \sqrt{\frac{2g}{a}(\cos\varphi - \cos\alpha)}.$$

Nun ist
$$2(\cos\varphi - \cos\alpha) = 2(1-\cos\alpha) - 2(1-\cos\varphi) = 4\left(\sin^2\frac{\alpha}{2} - \sin^2\frac{\varphi}{2}\right).$$

Damit ergibt sich
$$\omega = \frac{d\varphi}{dt} = 2\sqrt{\frac{g}{a}}\sin\frac{\alpha}{2}\sqrt{1 - \left(\frac{\sin\frac{\varphi}{2}}{\sin\frac{\alpha}{2}}\right)^2} \qquad \text{(Mathematisches Pendel)}. \quad (752)$$

Für die zweite Integrationsstufe wird zweckmäßig eine neue Veränderliche gemäß
$$\sin\lambda = \frac{\sin\frac{\varphi}{2}}{\sin\frac{\alpha}{2}}, \qquad \lambda = \arcsin\frac{\sin\frac{\varphi}{2}}{\sin\frac{\alpha}{2}},$$

$$\varphi = 2\arcsin\left(\sin\frac{\alpha}{2}\sin\lambda\right), \qquad \frac{d\varphi}{d\lambda} = \frac{2\sin\frac{\alpha}{2}\cos\lambda}{\sqrt{1 - \sin^2\frac{\alpha}{2}\sin^2\lambda}}$$

substituiert. Hiermit lautet (752) mit $\dfrac{d\varphi}{dt} = \dfrac{d\varphi}{d\lambda}\dfrac{d\lambda}{dt}$

$$\frac{d\lambda}{dt} = \sqrt{\frac{g}{a}}\sqrt{1 - \sin^2\frac{\alpha}{2}\sin^2\lambda}, \qquad \frac{dt}{d\lambda} = \sqrt{\frac{a}{g}}\frac{1}{\sqrt{1 - \sin^2\frac{\alpha}{2}\sin^2\lambda}}.$$

Die Integration zwischen 0 und t liefert, wenn dem Zeitpunkt $t=0$ der Wert $\varphi = 0$ und damit auch $\lambda = 0$ zugeordnet wird,

$$t = \sqrt{\frac{a}{g}}\int_0^\lambda \frac{d\lambda}{\sqrt{1 - \sin^2\frac{\alpha}{2}\sin^2\lambda}}.$$

Das Integral auf der rechten Seite dieser Gleichung ist ein elliptisches Normalintegral erster Gattung. Mit den üblichen Bezeichnungen folgt

$$t = \sqrt{\frac{a}{g}}\,F\!\left(\frac{\alpha}{2},\lambda\right)$$

oder, wenn λ durch φ ausgedrückt wird,

$$t = \sqrt{\frac{a}{g}}\,F\!\left(\frac{\alpha}{2},\arcsin\frac{\sin\frac{\varphi}{2}}{\sin\frac{\alpha}{2}}\right) \qquad \text{(Mathematisches Pendel)}. \quad (753)$$

Von besonderem praktischen Interesse ist die Schwingungsdauer, d. h. derjenige Wert t, der zu einem vollen Hin- und Hergang des Pendels gehört. Er ist auch gleich dem vierfachen Werte eines Viertelganges, bei welchem φ von 0 bis α läuft. Wird die Schwingungsdauer mit T bezeichnet, so erhält man

$$T = 4\sqrt{\frac{a}{g}}\,F\!\left(\frac{\alpha}{2},\frac{\pi}{2}\right). \qquad (754)$$

Das elliptische Normalintegral in dieser Gleichung ist das sogenannte vollständige elliptische Normalintegral, das gewöhnlich in der Form

$$F\left(\frac{\alpha}{2}, \frac{\pi}{2}\right) = K\left(\frac{\alpha}{2}\right) \tag{755}$$

bezeichnet wird. Damit folgt

$$T = 4\sqrt{\frac{a}{g}}\, K\left(\frac{\alpha}{2}\right) \qquad \text{(Mathematisches Pendel)}. \tag{756}$$

Aus Abb. 189 ist der Verlauf der Funktion $K\left(\frac{\alpha}{2}\right)$ in Abhängigkeit von α ersichtlich. Sie beginnt mit einer waagerechten Tangente und nimmt für kleine Werte von α den Wert

$$K\left(\frac{\alpha}{2}\right) = \frac{\pi}{2} \qquad (\alpha \text{ klein}) \tag{757}$$

an. Dann steigt sie monoton an und wird schließlich für $\alpha = \pi$ unendlich groß

$$K\left(\frac{\pi}{2}\right) = \infty. \tag{758}$$

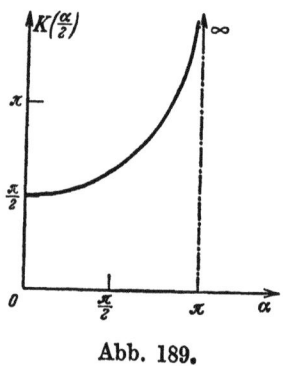

Abb. 189.

Dem Wert $\alpha = \pi$ entspricht nach Abb. 188 der volle Kreis. Dieser Schwingungszustand ist somit beim Pendel nur nach unendlich langer Zeit zu erreichen und stellt daher einen nicht realisierbaren Ausartungsfall dar.

Wird (757) in (756) eingeführt, so folgt für die Schwingungsdauer des Pendels bei kleinen Ausschlägen

$$T = 2\pi\sqrt{\frac{a}{g}} \qquad \text{(Schwingungsdauer bei kleinen Ausschlägen)}. \tag{759}$$

In diesem Falle hängt die Schwingungsdauer vom Ausschlagwinkel überhaupt nicht mehr ab und die Pendelschwingung wird zu einer harmonischen Schwingung wie im Falle der Spiralfeder von Beispiel 7 oder dem des Lamellenpuffers von Beispiel 9. Für kleine Ausschlagwinkel kann in (751) $\sin \varphi$ durch φ ersetzt werden und man erhält

$$\frac{d^2\varphi}{dt^2} + \frac{g}{a}\varphi = 0 \qquad \text{(Diff. Gleichung bei kleinen Ausschlägen)}. \tag{760}$$

Diese Differentialgleichung stimmt in der Tat mit der Differentialgleichung (93) formal völlig überein.

Beispiel 19. Die allgemeine harmonische Schwingung. Es soll nunmehr die harmonische Schwingung in ihrer allgemeinsten Form behandelt werden, die auch als elliptische Schwingung bezeichnet wird. Eine Masse m mit der Auslenkung bzw. dem Ortsvektor $\mathfrak{r}$ in bezug auf eine feste Ausgangslage 0 führt eine harmonische Schwingung aus, wenn die auf die Masse wirkende Kraft den Wert

$$\mathfrak{P} = -c\,\mathfrak{r} \qquad \text{(Harmonische Schwingung)} \tag{761}$$

annimmt. Da nach dieser Definition die Kraft gemäß Abb. 190 stets nach der Ausgangslage hingerichtet ist, den Körper also in diese zurückzuführen sucht, wird sie auch als Rückstellkraft bezeichnet. c ist das Kraftmaß für eine Auslenkung $|\varDelta \mathfrak{r}| = 1$ aus der Ruhelage und heißt die Federkonstante. Die Einführung von (761) in das Newtonsche Kraftgesetz in der Form (702) liefert

$$-c\mathfrak{r} = m\frac{d^2\mathfrak{r}}{dt^2}$$

oder

$$\frac{d^2\mathfrak{r}}{dt^2} + \frac{c}{m}\mathfrak{r} = 0 \quad \text{(Harmonische Schwingung).} \tag{762}$$

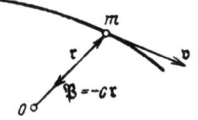

Abb. 190.

Nach (762) ist c/m die charakteristische Kenngröße der harmonischen Schwingung. Sie besitzt die Dimension $1/s^2$ und stellt damit das Quadrat einer Schwingungszahl pro Zeiteinheit dar, oder das Quadrat einer Frequenz. Diesem Tatbestand wird gewöhnlich durch die Bezeichnung

$$\frac{c}{m} = \omega_e^2 \tag{763}$$

Rechnung getragen, wobei ω_e die Kreisfrequenz der harmonischen Schwingung heißt. Der Index e soll darauf hindeuten, daß es sich bei der harmonischen Schwingung um eine sogenannte Eigenschwingung handelt, im Gegensatz zu der später noch in Erscheinung tretenden aufgezwungenen Frequenz ω_a einer Erregerschwingung. Die Einführung von (763) in (762) liefert

$$\frac{d^2\mathfrak{r}}{dt^2} + \omega_e^2 \mathfrak{r} = 0 \quad \text{(Harmonische Schwingung).} \tag{764}$$

Mit der Substitution

$$\varphi = \omega_e t, \qquad t = \frac{\varphi}{\omega_e} \tag{765}$$

geht (764) in die Differentialgleichung

$$\frac{d^2\mathfrak{r}}{d\varphi^2} + \mathfrak{r} = 0 \quad \text{(Harmonische Schwingung)} \tag{766}$$

über. Nach (279) ist dies die Differentialgleichung einer Ellipse für $\mathfrak{r}_{M'} = 0$, d. h. mit dem Bezugspunkt 0 im Ellipsenmittelpunkt. Da die Ellipse in ihren beiden Durchmessern zwei voneinander unabhängige Parameter besitzt, eine lineare Differentialgleichung zweiter Ordnung aber gerade auf zwei voneinander unabhängige Integrationskonstante führt, stellt die Gesamtheit aller Ellipsen die allgemeine und vollständige Lösung von (766) und damit auch von (764) dar. Die Bahnkurven der harmonischen Schwingungen sind somit in ihrer allgemeinsten Form Ellipsen.

In Ziffer 30 wurde bereits die Diff. Gl. (764) an den Anfang einer differentialgeometrischen Behandlung der Ellipse gestellt, so daß die mathematischen Grundlagen der allgemeinen harmonischen Schwingung in den Formeln dieser Ziffer bereits vorliegen. Nach (308) lautet die allgemeine Lösung von (764)

$$\mathfrak{r} = \mathfrak{C}_1 \cos \omega_e t + \mathfrak{C}_2 \sin \omega_e t \quad \text{(Harmonische Schwingung).} \tag{767}$$

In (767) stellen die vektoriellen Integrationskonstanten $\mathfrak{C}_1$ und $\mathfrak{C}_2$ die sogenannten Amplitudenvektoren der harmonischen Schwingung dar, die nach Abb. 191 ein

184   Der beliebig bewegte, punktförmig idealisierte Körper.

System konjugierter Halbmesser der Schwingungsellipse bilden. Läßt man einen der beiden Amplitudenvektoren, z. B. $\mathfrak{C}_2$, null werden, so geht die elliptische Schwingung in die lineare über, wie im Falle der Spiralfeder von Beispiel 7 oder des Lamellenpuffers von Beispiel 9 oder des mathematischen Pendels von Beispiel 18. Setzt man einmal $\mathfrak{C}_2 = 0$ und einmal $\mathfrak{C}_1 = 0$, so ergeben sich die beiden linearen Teilschwingungen

$$\left.\begin{array}{l}\mathfrak{r}_1 = \mathfrak{C}_1 \cos \omega_e t\,,\\ \mathfrak{r}_2 = \mathfrak{C}_2 \sin \omega_e t\,.\end{array}\right\} \quad (768)$$

Ihre Überlagerung ergibt

$$\mathfrak{r}_1 + \mathfrak{r}_2 = \mathfrak{r}\,, \qquad (769)$$

d. h. die allgemeine harmonische Schwingung setzt sich aus zwei linearen Teilschwingungen vektoriell zusammen, wie es in Abb. 191 veranschaulicht ist.

Den Hauptdurchmessern der Ellipse entsprechen die sogenannten Schwingungshauptachsen. Nach den Gln (320) folgt für die Extremalamplituden

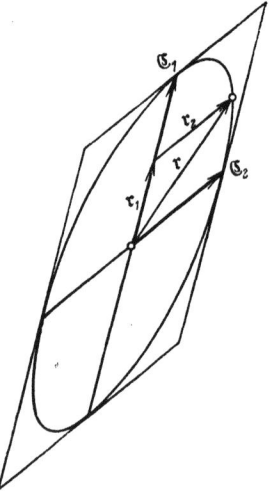

Abb. 191.

$$\left.\begin{array}{l}|\mathfrak{r}|^{\max}_{\min} = \sqrt{\dfrac{1}{2}(C_1^2+C_2^2) + \dfrac{1}{2}(C_1^2 - C_2^2)\dfrac{1-\tan g^2 \omega_e t^*}{1+\tan g^2 \omega_e t^*} + 2 C_1 C_2 \cos\varepsilon \dfrac{\tan g\,\omega_e t^*}{1+\tan g^2 \omega_e t^*}}\,,\\[6pt] \tan g\,\omega_e t^* = \dfrac{C_2^2 - C_1^2 \pm \sqrt{C_1^4 + C_2^4 + 2 C_1^2 C_2^2 \cos 2\varepsilon}}{2 C_1 C_2 \cos\varepsilon} \quad \text{(Schwingungshauptachsen)}\end{array}\right\} \quad (770)$$

Für den Winkel φ^* der großen Hauptachse gegen $\mathfrak{C}_2$ liefert der Sinussatz der Trigonometrie mit den Bezeichnungen der Abb. 192

$$\frac{\sin(\varepsilon - \varphi^*)}{\sin \varphi^*} = \frac{|\mathfrak{r}_2|}{|\mathfrak{r}_1|}\,.$$

Wird hierin (768) berücksichtigt, so folgt

$$\frac{\sin(\varepsilon - \varphi^*)}{\sin \varphi^*} = \frac{C_2}{C_1}\tan g\,\omega_e t^*\,,$$

oder, wenn unter Heranziehung des Additionstheorems der trigonometrischen Funktionen nach $\sin \varphi^*$ aufgelöst wird,

$$\sin \varphi^* = \frac{(\pm)\sin\varepsilon}{\sqrt{1 + 2\dfrac{C_2}{C_1}\cos\varepsilon \tan g\,\omega_e t^* + \dfrac{C_2^2}{C_1^2}\tan g^2\,\omega_e t^*}} \qquad (771)$$

(Schwingungshauptachsen).

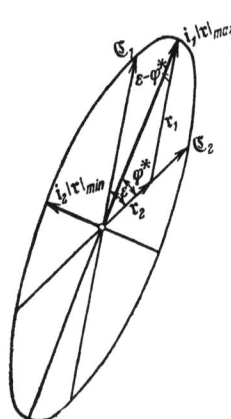

Abb. 192.

In (771) ist derjenige Wert von $\tan g\,\omega_e t^*$ einzusetzen, der zu $|\mathfrak{r}|^{\max}$ gehört; von den beiden Vorzeichen von $\sin \varphi^*$ ist dasjenige auszuwählen, das sich aus der Lage der konjugierten Amplitudenvektoren $\mathfrak{C}_1$ und $\mathfrak{C}_2$ ergibt. Im System der Schwingungshauptachsen lautet die Gleichung der allgemeinen harmonischen Schwingung

$$\mathfrak{r} = \mathfrak{i}_1 r_{\max}\cos \omega_e t + \mathfrak{i}_2 r_{\min}\sin \omega_e t \qquad \begin{array}{l}\text{(Harmonische Schwingung bezogen}\\ \text{auf die Schwingungshauptachsen).}\end{array} \quad (772)$$

57. Beispiele zu Ziffer 50 bis 56.

In (772) entspricht dem Zeitpunkt $t = 0$ gerade das Wertepaar
$$|\mathfrak{r}_1| = r_{max}, \qquad |\mathfrak{r}_2| = 0.$$

Eine so eng begrenzte zeitliche Zuordnung reicht für die Darstellung harmonischer Schwingungsvorgänge im allgemeinen nicht aus. Die erforderliche Ergänzung von (772) liefert die Einfügung zweier zeitlicher Phasen t_1 und t_2 gemäß

$$\mathfrak{r} = \mathfrak{i}_1 r_{max} \cos \omega_e (t - t_1) + \mathfrak{i}_2 r_{min} \sin \omega_e (t - t_2) \tag{773}$$
(Harmonische Schwingung für beliebige Interferenz).

Durch (773) ist die Schwingungsform von der Zeitlage unabhängig geworden, was als Interferenzprinzip der harmonischen Schwingungen bezeichnet wird.

Wird in (772) $r_{max} = r_{min} = a$, so ergibt sich als Sonderfall der harmonischen Schwingung die Kreisschwingung

$$\mathfrak{r} = \mathfrak{i}_1 a \cos \omega_e t + \mathfrak{i}_2 a \sin \omega_e t \qquad \text{(Kreisschwingung)}, \tag{774}$$

wie sie z. B. bei dem Kreispendel von Abb. 193 vorliegt. Bei diesem kommt die harmonische Kreisbewegung dadurch zustande, daß die beiden auf die Masse m wirkenden Teilkräfte, die Zugkraft $\mathfrak{Z}$ der Aufhängung und die Gewichtskraft mg, eine resultierende Kraft $\mathfrak{P}$ ergeben, die in jeder Lage nach dem Krümmungsmittelpunkt M des Kreises zeigt. Ist l die Länge des Aufhängefadens und a der Kreishalbmesser, so folgt aus Abb. 193

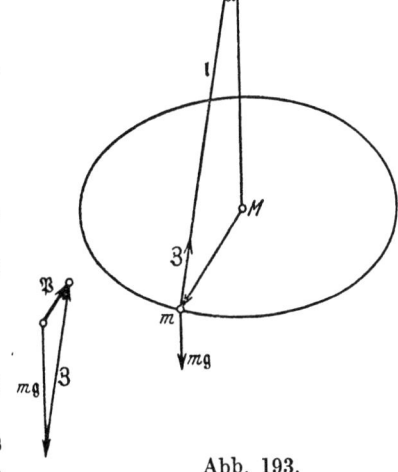

$$\mathfrak{P} = -\frac{|\mathfrak{Z}|}{l} \mathfrak{r} = -\frac{mg}{l \cos \alpha} \mathfrak{r}.$$

Die Federkonstante des Kreispendels ist somit

$$c = \frac{mg}{l \cos \alpha} \qquad \text{(Kreispendel)}. \tag{775}$$

Damit errechnet sich

$$\omega_e = \sqrt{\frac{c}{m}} = \sqrt{\frac{g}{l \cos \alpha}} \qquad \text{(Kreispendel)}. \tag{776}$$

Abb. 193.

Das Kreispendel ist ein bemerkenswertes Beispiel dafür, auf wie mannigfaltige Weise eine Führungskraft, im vorliegenden Falle die Zentripetalkraft bzw. Rückstellkraft $\mathfrak{P}$, bereitgestellt werden kann. Eine Gewichtskraft und eine Fadenspannkraft wirken hier in geeigneter Weise zusammen, um eine gleichförmige Kreisbewegung zu erzwingen.

Das gemeinsame Merkmal aller harmonischen Schwingungen ist die vom Schwingungsausschlag unabhängige Schwingungsdauer T. Diese stellt denjenigen Zeitwert dar, der verstreicht, bis ein Punkt der Schwingungsellipse erstmalig seine alte Lage wieder einnimmt. Er ergibt sich, indem φ nach (765) gleich 2π gesetzt wird. Somit folgt

$$T = \frac{2\pi}{\omega_e} \qquad \text{(Schwingungsdauer der harmonischen Schwingung)}. \tag{777}$$

Der reziproke Wert von T heißt die Schwingungsfrequenz. Er mißt die Anzahl der Schwingungen in der Zeiteinheit und wird gewöhnlich mit n bezeichnet.

$$n = \frac{\omega_e}{2\pi} \quad \text{(Schwingungsfrequenz der harmonischen Schwingung)}.$$

Die Einheit der Schwingungsfrequenz ist das Hertz.

$$1\,\text{Hz} = 1\ \text{Schwingung je Sekunde}. \tag{778}$$

Beispiel 20. Mechanik der Schraubenbewegung. Nach Ziffer 28 liefert die Differentialgeometrie der Schraubenlinie, wenn der Bezugspunkt 0 des Ortsvektors in den Mittelpunkt des Grundkreises gelegt wird,

$$\left.\begin{aligned}
\mathfrak{r} &= \mathfrak{i}_1 a \cos\varphi + \mathfrak{i}_2 a \sin\varphi + \mathfrak{i}_3 \frac{h}{2\pi}\varphi \\
\mathfrak{t} &= -\mathfrak{i}_1 \sqrt{\varkappa a}\sin\varphi + \mathfrak{i}_2 \sqrt{\varkappa a}\cos\varphi + \mathfrak{i}_3 \frac{h}{2\pi}\sqrt{\frac{\varkappa}{a}} \\
\mathfrak{n} &= -\mathfrak{i}_1 \cos\varphi - \mathfrak{i}_2 \sin\varphi \\
\mathfrak{t}\times\mathfrak{n} &= \mathfrak{i}_1 \frac{h}{2\pi}\sqrt{\frac{\varkappa}{a}}\sin\varphi - \mathfrak{i}_2 \frac{h}{2\pi}\sqrt{\frac{\varkappa}{a}}\cos\varphi + \mathfrak{i}_3\sqrt{\varkappa a} \\
s &= \sqrt{\frac{a}{\varkappa}}\varphi, \quad \frac{ds}{d\varphi} = \sqrt{\frac{a}{\varkappa}}, \quad \varkappa = \frac{1}{a\left(1+\frac{h^2}{4\pi^2 a^2}\right)}, \quad \tau = \frac{-\frac{h}{2\pi a}}{a\left(1+\frac{h^2}{4\pi^2 a^2}\right)} \\
\frac{d^2\mathfrak{r}}{d\varphi^2} &+ \mathfrak{r} = \mathfrak{i}_3 \frac{h}{2\pi}\varphi \quad \text{(Schraubenlinie)}
\end{aligned}\right\} \tag{779}$$

Mit (779) und (742) folgt für die Bahngeschwindigkeit v nach (693)

$$v = \frac{ds}{dt} = \frac{ds}{d\varphi}\frac{d\varphi}{dt} = \sqrt{\frac{a}{\varkappa}}\,\omega \quad \text{(Schraubenbewegung)} \tag{780}$$

und für Bahn- und Normalbeschleunigung nach (698) und (699)

$$b_t = \frac{dv}{dt} = \sqrt{\frac{a}{\varkappa}}\,\dot\omega, \qquad b_n = \varkappa v^2 = a\omega^2 \quad \text{(Schraubenbewegung)}. \tag{781}$$

Hieraus ergibt sich für Tangential- und Normalkraft

$$P_t = m b_t = m\sqrt{\frac{a}{\varkappa}}\,\dot\omega, \qquad P_n = m b_n = m a\omega^2 \quad \text{(Schraubenbewegung)}, \tag{782}$$

und damit für die resultierende Kraft

$$\mathfrak{P} = \mathfrak{t} P_t + \mathfrak{n} P_n = \mathfrak{t}\, m\sqrt{\frac{a}{\varkappa}}\,\dot\omega + \mathfrak{n}\, m a\omega^2 \quad \text{(Schraubenbewegung)}. \tag{783}$$

Wird ähnlich wie bei der Kreisbewegung der Winkel zwischen $\mathfrak{P}$ und $\mathfrak{n}$ mit ε bezeichnet, so erhält man gemäß Abb. 194

$$\left.\begin{aligned}
\operatorname{tang}\varepsilon &= \frac{P_t}{P_n} = \frac{1}{\sqrt{\varkappa a}}\frac{\dot\omega}{\omega^2} \quad \text{(Schraubenbewegung)}, \\
P &= \sqrt{P_t^2 + P_n^2} = m a\omega^2\sqrt{1+\frac{1}{\varkappa a}\left(\frac{\dot\omega}{\omega^2}\right)^2} = \frac{m a \omega^2}{\cos\varepsilon}.
\end{aligned}\right\} \tag{784}$$

57. Beispiele zu Ziffer 50 bis 56.

Ist die Schraubenbewegung gleichförmig beschleunigt, so ist das Verhältnis $\dot\omega/\omega^2$, wenn zur Zeit $t=0$ die Winkelgeschwindigkeit null ist, durch

$$\frac{\dot\omega}{\omega^2} = \frac{1}{\dot\omega\, t^2}$$

gegeben. Verläuft die Bewegung gleichförmig, so bleibt wegen $\dot\omega = 0$ nur eine Zentripetalkraft übrig, die den gleichen Wert besitzt wie im Falle der Kreisbewegung.

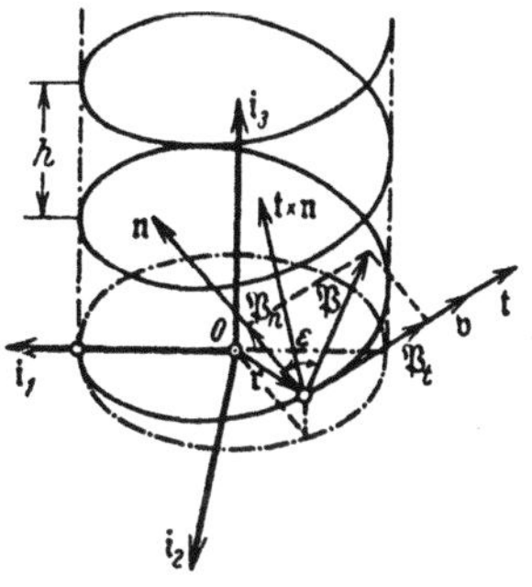

Auf ähnlichem Wege wie bei der Kreisbewegung folgt durch Umschreibung der Differentialgleichung (779)[6] der Schraubenlinie

$$\mathfrak{b} - \mathfrak{v}\frac{\dot\omega}{\omega} + \mathfrak{r}\,\omega^2 = \mathfrak{i}_3 \frac{h\,\omega^2}{2\pi}\varphi \qquad (785)$$

(Schraubenbewegung).

Abb. 194.

Durch Multiplikation mit der Masse erhält man

$$\mathfrak{P} - \mathfrak{B}\frac{\dot\omega}{\omega} + m\,\mathfrak{r}\,\omega^2 = \mathfrak{i}_3 \frac{h\,m\,\omega^2}{2\pi}\varphi \qquad \text{(Schraubenbewegung).} \qquad (786)$$

Schließlich ergibt sich durch vektorielle Multiplikation mit $\mathfrak{r}$

$$\mathfrak{M} - \mathfrak{D}\frac{\dot\omega}{\omega} = \mathfrak{r} \times \mathfrak{i}_3 \frac{h\,m\,\omega^2}{2\pi}\omega\;.$$

Wird das Produkt $\mathfrak{r} \times \mathfrak{i}_3$ unter Heranziehung von (779)[1] gebildet, so folgt

$$\mathfrak{r} \times \mathfrak{i}_3 = \mathfrak{i}_1 \times \mathfrak{i}_3\, a\cos\varphi + \mathfrak{i}_2 \times \mathfrak{i}_3\, a\sin\varphi = -\mathfrak{i}_2\, a\cos\varphi + \mathfrak{i}_1\, a\sin\varphi$$

und man erhält

$$\mathfrak{M} - \mathfrak{D}\frac{\dot\omega}{\omega} = \frac{h\,a\,m\,\omega^2}{2\pi}(\mathfrak{i}_1\,\varphi\sin\varphi - \mathfrak{i}_2\,\varphi\cos\varphi) \qquad \text{(Schraubenbewegung).} \qquad (787)$$

Beispiel 21. Schraubenbewegung unter Wirkung der Schwerkraft. Wird die $\mathfrak{i}_3$-Achse gemäß Abb. 195 in die Richtung der Schwerkraft gelegt und ist die Anfangsgeschwindigkeit v_0 für $\varphi = 0$ gleich null, so ergibt sich die Fallhöhe z als die $\mathfrak{i}_3$-Komponente von $\mathfrak{r}$ gemäß (779)[1] zu

$$z = r_3 = \frac{h}{2\pi}\varphi \qquad \text{(Fallhöhe).} \qquad (788)$$

Ferner folgt für die Schwerkraft

$$\mathfrak{P} = \mathfrak{i}_3\, G \qquad \text{(Schwerkraft),} \qquad (789)$$

wenn G das Gewicht des abgleitenden Körpers bezeichnet. Damit erhält man für die aufgewendete mechanische Arbeit nach (719)

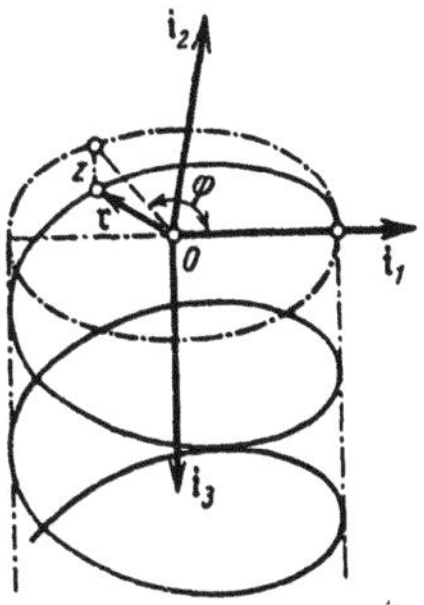

$$\int_{\mathfrak{r}_0}^{\mathfrak{r}} \mathfrak{P}\,d\mathfrak{r} = \int_0^{r_3} G\,dr_3 = G\,r_3 \qquad \begin{array}{l}\text{(Aufgewendete Arbeit}\\ \text{ der Schwerkraft).}\end{array} \qquad (790)$$

Abb. 195.

Damit und mit $m = G/g$ und $v_0 = 0$ lautet der Energiesatz (720)

$$G\,r_3 = \frac{G}{g}v^2\;,$$

woraus sich in Verbindung mit (788)

$$v = \sqrt{2gr_3} = \sqrt{\frac{gh}{\pi}\varphi} \quad \text{(Bahngeschwindigkeit)} \tag{791}$$

ergibt. Nun ist andererseits nach (780)

$$v = \sqrt{\frac{a}{\varkappa}}\,\omega\ .$$

Bei Einführung dieses v-Wertes in (791) folgt für die Winkelgeschwindigkeit

$$\omega = \sqrt{\frac{gh\varkappa}{a\pi}\varphi} \quad \text{(Winkelgeschwindigkeit)}. \tag{792}$$

Weiter ergibt sich durch Differentiation von (791) in Verbindung mit (792)

$$\frac{dv}{dt} = \frac{dv}{d\varphi}\omega = \frac{\frac{gh}{2\pi}\omega}{\sqrt{\frac{gh}{\pi}\varphi}} = \frac{\frac{gh}{2\pi}\omega}{\sqrt{\frac{a}{\varkappa}}\omega} = \frac{gh}{2\pi}\sqrt{\frac{\varkappa}{a}} \quad \text{(Bahnbeschleunigung).} \tag{793}$$

Andererseits liefert hierfür (781)

$$\frac{dv}{dt} = \sqrt{\frac{a}{\varkappa}}\,\dot\omega\ .$$

Bei Einführung dieses Wertes in (793) folgt für die Winkelbeschleunigung

$$\dot\omega = \frac{gh\varkappa}{2a\pi} \quad \text{(Winkelbeschleunigung).} \tag{794}$$

Mit ω und $\dot\omega$ ist die bewegende Kraft $\mathfrak{P}$ nach (783) bekannt. Sie lautet mit $mg = G$

$$\mathfrak{P} = \mathfrak{t}\frac{Gh}{2\pi}\sqrt{\frac{\varkappa}{a}} + \mathfrak{n}\frac{Gh}{\pi}\varkappa\varphi \quad \text{(Bewegende Kraft).} \tag{795}$$

Die Kraft spaltet sich nun in die Antriebskraft

$$\mathfrak{P}_a = \mathfrak{i}_3 G \quad \text{(Antriebskraft)} \tag{796}$$

und die Führungskraft

$$\mathfrak{P}_f = \mathfrak{P} - \mathfrak{P}_a = \mathfrak{t}\frac{Gh}{2\pi}\sqrt{\frac{\varkappa}{a}} - \mathfrak{i}_3 G + \mathfrak{n}\frac{Gh}{\pi}\varkappa\varphi \quad \text{(Führungskraft).} \tag{797}$$

Da der Normalenvektor $\mathfrak{n}$ nach (779)[3] waagerecht liegt und die Schraubenachse schneidet, stellt der letzte Vektor in (797) die Zentripetalkraft dar. Für die Summe der beiden übrigen Vektoren folgt in Verbindung mit (779)

$$\mathfrak{t}\frac{Gh}{2\pi}\sqrt{\frac{\varkappa}{a}} - \mathfrak{i}_3 G = -\mathfrak{i}_1\frac{Gh\varkappa}{2\pi}\sin\varphi + \mathfrak{i}_2\frac{Gh\varkappa}{2\pi}\cos\varphi + \mathfrak{i}_3 G\left(\frac{h^2\varkappa}{4a\pi^2}-1\right)$$

oder, wenn gemäß (779)[5]

$$\frac{h^2\varkappa}{4a\pi^2} - 1 = \frac{h^2}{4a^2\pi^2}\varkappa a - 1 = \left(\frac{1}{\varkappa a}-1\right)\varkappa a - 1 = -\varkappa a$$

gesetzt wird,

$$\mathfrak{t}\frac{Gh}{2\pi}\sqrt{\frac{\varkappa}{a}} - \mathfrak{i}_3 G = -G\sqrt{\varkappa a}\left[\mathfrak{i}_1\frac{h}{2\pi}\sqrt{\frac{\varkappa}{a}}\sin\varphi - \mathfrak{i}_2\frac{h}{2\pi}\sqrt{\frac{\varkappa}{a}}\cos\varphi + \mathfrak{i}_3\sqrt{\varkappa a}\right]$$

oder in Verbindung mit (779)[4]

$$t \frac{Gh}{2\pi} \sqrt{\frac{\varkappa}{a}} - \mathfrak{i}_3 G = - \mathfrak{t} \times \mathfrak{n} G \sqrt{\varkappa a}\,.$$

Diese Teilkraft der Führungskraft fällt somit in die Richtung der Binormale und man erhält

$$\mathfrak{P}_f = \mathfrak{n} \frac{Gh}{\pi} \varkappa \varphi - \mathfrak{t} \times \mathfrak{n} G \sqrt{\varkappa a} \quad \text{(Führungskraft)}. \tag{798}$$

In Abb. 196 ist die Aufspaltung der bewegenden Kraft in Antriebskraft und Führungskraft veranschaulicht. Die Normalkomponente der Führungskraft stellt die die Kreisbewegung erzwingende Zentripetalkraft dar, während ihre Binormalkomponente dem Gegendruck der Unterlage gegenüber der antreibenden Schwerkraft entspricht. Da die Schwerkraft konstant ist, ist auch dieser Gegendruck konstant.

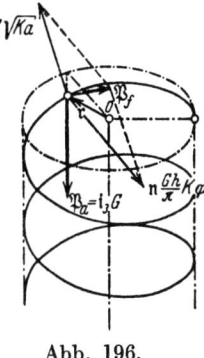

Abb. 196.

Viertes Kapitel.

Bewegungen in zentralen Potentialfeldern.

58. Allgemeine Behandlung.

Nach Gl. (728) läßt sich die Kraft stets als Gradient der potentiellen Energie in der Form

$$\mathfrak{P} = -\operatorname{grad} H(\mathfrak{r}) = -\mathfrak{i}_1 \frac{\partial H}{\partial r_1} - \mathfrak{i}_2 \frac{\partial H}{\partial r_2} - \mathfrak{i}_3 \frac{\partial H}{\partial r_3}$$

darstellen. Man spricht dann von einer Kraftdarstellung im Potentialfeld und nennt $H(\mathfrak{r})$ die zugehörige Potentialfunktion. Eine besonders wichtige Gruppe bilden die zentralen Potentialfelder, bei denen die Potentialfunktion in der Form

$$H = H(r) \quad \text{(Zentrale Potentialfunktion)} \tag{799}$$

gegeben ist. Die Flächen gleichen Potentials stellen in diesem Falle Kugeln um den Ausgangspunkt 0 dar und der Gradient fällt demgemäß in die Normale dieser Kugelflächen und damit auch in die Richtung des Ortsvektors $\mathfrak{r}$. Die Kraftvektoren sind also in jedem Punkte des Raumes nach 0 hingerichtet bzw. von 0 weggerichtet, was in der Bezeichnung zentrales Potentialfeld zum Ausdruck gebracht wird. Ist wie in Abb. 197 die Potentialfunktion so gestaltet, daß $H(r)$ mit r zunimmt, so zeigt der Gradient nach außen und damit die Kraft als negativer Gradient nach innen, nimmt $H(r)$ mit r ab, so ist es gerade umgekehrt. Hieraus folgt

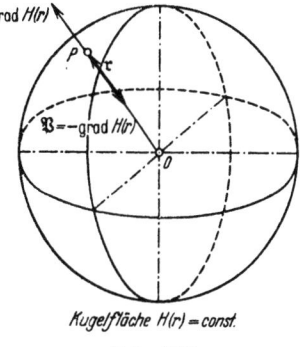

Kugelfläche $H(r)$ = const.

Abb. 197.

$$\mathfrak{P} = -\frac{\mathfrak{r}}{r} \frac{dH}{dr} \quad \text{(Zentrales Potentialfeld)}, \tag{800}$$

wenn der Flächennormalenvektor der Kugelfläche in der Form

$$\mathfrak{n}_{\mathfrak{F}} = \frac{\mathfrak{r}}{r} \qquad \text{(Kugelfläche)} \tag{801}$$

eingeführt wird.

Die Gl. (800) ist hier ganz aus der Anschauung des Gradienten heraus entwickelt worden. Sie läßt sich selbstverständlich auch formal aus der an den Anfang dieser Ziffer gestellten Gleichung (728) herleiten. Da, wie bewiesen, der Gradient eine Invariante ist, kann (728) für jedes orthogonale Bezugssystem angesetzt werden. Wird hierfür das System der Hauptkrümmungslinien der Kugelfläche in Verbindung mit den alle Kugelflächen senkrecht schneidenden Polargeraden gewählt, so folgt mit $\mathfrak{n}_{\mathfrak{F}}$ gemäß (801)

$$\mathfrak{P} = - \operatorname{grad} H(r) = - \mathfrak{t}_1 \frac{\partial H}{\partial s_1} - \mathfrak{t}_2 \frac{\partial H}{\partial s_2} - \frac{\mathfrak{r}}{r} \frac{\partial H}{\partial r}.$$

Da nun die Potentialfunktion H im vorliegenden Falle auf zentralen Kugelflächen konstante Werte annimmt, ist

$$\frac{\partial H}{\partial s_1} = 0, \qquad \frac{\partial H}{\partial s_2} = 0, \qquad \frac{\partial H}{\partial r} = \frac{dH}{dr}$$

und man erhält

$$\mathfrak{P} = - \frac{\mathfrak{r}}{r} \frac{dH}{dr},$$

d. h. die Gl. (800).

Mit (800) lautet das Newtonsche Kraftgesetz

$$-\frac{\mathfrak{r}}{r} \frac{dH}{dr} = m \frac{d^2 \mathfrak{r}}{dt^2}$$

oder

$$\frac{d^2 \mathfrak{r}}{dt^2} + \mathfrak{r} \frac{\frac{dH}{dr}}{mr} = 0 \qquad \text{(Diff. Gleichung der zentralen Potentialfelder).} \tag{802}$$

Wird diese Differentialgleichung vektoriell mit dem Ortsvektor $\mathfrak{r}$ multipliziert, so folgt wegen $\mathfrak{r} \times \mathfrak{r} = 0$

$$\mathfrak{r} \times \frac{d^2 \mathfrak{r}}{dt^2} = \mathfrak{r} \times \mathfrak{b} = 0 \qquad \text{(Zentrale Potentialfelder).} \tag{803}$$

Andererseits erhält man allgemein

$$\frac{d}{dt}\left(\mathfrak{r} \times \frac{d\mathfrak{r}}{dt}\right) = \frac{d(\mathfrak{r} \times \mathfrak{v})}{dt} = \mathfrak{r} \times \frac{d^2 \mathfrak{r}}{dt^2} + \frac{d\mathfrak{r}}{dt} \times \frac{d\mathfrak{r}}{dt} = \mathfrak{r} \times \frac{d^2 \mathfrak{r}}{dt^2} = \mathfrak{r} \times \mathfrak{b}. \tag{804}$$

Die Verbindung von (803) und (804) liefert

$$\frac{d}{dt}\left(\mathfrak{r} \times \frac{d\mathfrak{r}}{dt}\right) = \frac{d(\mathfrak{r} \times \mathfrak{v})}{dt} = 0 \qquad \text{(Zentrale Potentialfelder).} \tag{805}$$

Hieraus folgt

$$\mathfrak{r} \times \mathfrak{v} = \text{const} = \mathfrak{e}\, c \qquad \text{(Zentrale Potentialfelder).} \tag{806}$$

Nach (806) liegen bei zentralen Potentialfeldern Orts- und Geschwindigkeitsvektor stets in einer zu einem Einheitsvektor $\mathfrak{e}$ senkrechten Ebene und die Bahnkurven sind dementsprechend ebene Kurven.

58. Allgemeine Behandlung.

Der Produktvektor $\mathfrak{r} \times \mathfrak{v}$ stellt nach Abb. 198 die in der Zeiteinheit überstrichene doppelte vektorielle Polarfläche der Bahnkurve dar. Er ist somit ein Maß für die Geschwindigkeit, mit welcher die Polarfläche der Bahnkurve überstrichen wird, d. h. für die sogenannte Flächengeschwindigkeit

$$\frac{\mathfrak{r} \times \mathfrak{v}}{2} = \frac{d\mathfrak{F}}{dt} = \text{Flächengeschwindigkeitsvektor.} \qquad (807)$$

In sinngemäßer Übertragung ist

$$\frac{\mathfrak{r} \times \mathfrak{b}}{2} = \frac{d^2\mathfrak{F}}{dt^2} = \text{Flächenbeschleunigungsvektor.} \qquad (808)$$

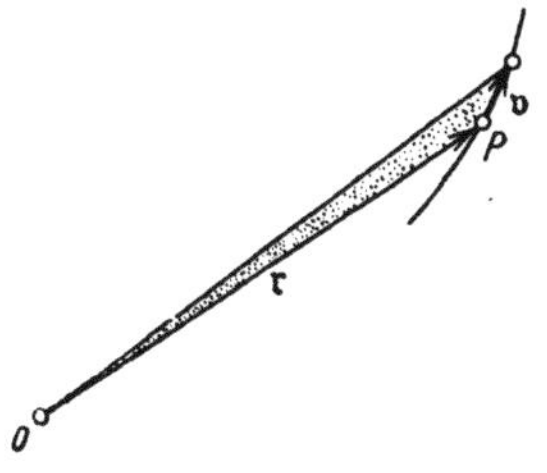

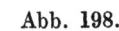

Abb. 198.

Die Gln (806) und (803) besagen also, daß in zentralen Potentialfeldern die Flächengeschwindigkeit konstant und die Flächenbeschleunigung null ist.

Nach Gl. (726) läßt sich die Kraft auch als Gradient der kinetischen Energie in der Form

$$\mathfrak{P} = \operatorname{grad} E(\mathfrak{r}) = \operatorname{grad} \frac{m v^2}{2}$$

darstellen, wofür im vorliegenden Falle ähnlich wie bei der potentiellen Energie

$$\mathfrak{P} = \frac{\mathfrak{r}}{r} \frac{d}{dr}\left(\frac{m v^2}{2}\right) \qquad \text{(Zentrale Potentialfelder)} \qquad (809)$$

geschrieben werden kann.

Die Gleichsetzung der Kraft nach (800) und (809) ergibt

$$-\frac{dH}{dr} = \frac{d}{dr}\left(\frac{m v^2}{2}\right) \qquad \text{(Zentrale Potentialfelder).} \qquad (810)$$

Die Integration zwischen r_0 und r liefert

$$H(r) - H(r_0) = -\frac{m}{2}(v^2 - v_0^2) \qquad \text{(Zentrale Potentialfelder)} \qquad (811)$$

oder aufgelöst nach der Bahngeschwindigkeit

$$v = \sqrt{v_0^2 - \frac{2}{m}(H(r) - H(r_0))} \qquad \text{(Zentrale Potentialfelder).} \qquad (812)$$

Mit (806) und (812) liegen die Bahnkurven in zentralen Potentialfeldern vollständig fest. In Verbindung mit (806) folgt zunächst (Abb. 199)

$$|\mathfrak{r} \times \mathfrak{v}| = r v \sin \varepsilon = c . \qquad (813)$$

Wird hierin v nach (812) eingeführt, so ergibt sich   Abb. 199.

$$\left.\begin{array}{l}\sin \varepsilon = \dfrac{c}{r\sqrt{v_0^2 - \dfrac{2}{m}(H(r)-H(r_0))}} , \\[2ex] \operatorname{tang} \varepsilon = \dfrac{c}{\sqrt{r^2\left[v_0^2 - \dfrac{2}{m}(H(r)-H(r_0))\right] - c^2}} .\end{array}\right\} \qquad (814)$$

Nun folgt aus Abb. 200

$$\operatorname{tang} \varepsilon = \lim_{\Delta \varphi \to 0} r \frac{\Delta \varphi}{\Delta r} = r \frac{d\varphi}{dr}$$

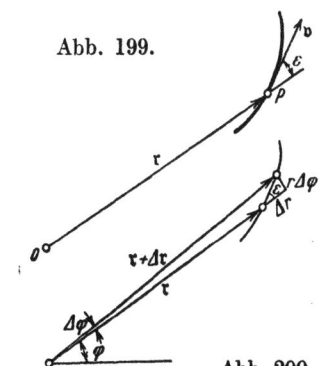

Abb. 200.

und in Verbindung mit (814)

$$\frac{d\varphi}{dr} = \frac{c}{r\sqrt{r^2\left[v_0^2 - \frac{2}{m}(H(r) - H(r_0))\right] - c^2}}.$$

Hieraus erhält man durch Integration zwischen r_0 und r

$$\varphi = \varphi_0 + \int_{r_0}^{r} \frac{c\, dr}{r\sqrt{r^2\left[v_0^2 - \frac{2}{m}(H(r) - H(r_0))\right] - c^2}}.$$

Nun ist c nach (813) auch

$$c = r_0 v_0 \sin \varepsilon_0$$

und es folgt schließlich

$$\varphi = \varphi_0 + \int_{r_0}^{r} \frac{r_0 v_0 \sin \varepsilon_0\, dr}{r\sqrt{r^2\left[v_0^2 - \frac{2}{m}(H(r) - H(r_0))\right] - r_0^2 v_0^2 \sin^2 \varepsilon_0}} \qquad \text{(Zentrale Polarfelder).} \qquad (815)$$

Als Abschluß der allgemeinen Behandlung soll noch eine skalare Gleichung hergeleitet werden, die für die Untersuchung des Gravitationsfeldes besonders nützlich ist. Zunächst folgt aus

$$\mathfrak{P} = \mathfrak{P}_t + \mathfrak{P}_n = \mathfrak{t}\, m \frac{dv}{dt} + \mathfrak{n}\, m \varkappa\, v^2$$

für die Normalkraft

$$P_n = \mathfrak{P}\, \mathfrak{n} = m \varkappa\, v^2$$

oder, wenn $\mathfrak{P}$ gemäß (800) eingesetzt und gleichzeitig (812) berücksichtigt wird,

$$-\frac{\mathfrak{r}\, \mathfrak{n}}{r} \frac{dH}{dr} = m \varkappa\, v^2 = m \varkappa \left[v_0^2 - \frac{2}{m}(H(r) - H(r_0))\right].$$

Hieraus ergibt sich

$$\frac{\mathfrak{r}\, \mathfrak{n}}{\varkappa} = \frac{-m r\left[v_0^2 - \frac{2}{m}(H(r) - H(r_0))\right]}{\frac{dH}{dr}} \qquad \text{(Zentrale Polarfelder).} \qquad (816)$$

59. Bewegungen im Gravitationsfeld.

Unter den zentralen Potentialfeldern ragt das Gravitationsfeld, das die Grundlage für die Bewegung der Gestirne, der Planeten, der Monde und Kometen liefert, besonders hervor. Sein Fundament bildet das ebenfalls auf Newton zurückgehende Gravitationsgesetz, das in vektorieller Form

$$\mathfrak{P} = -k\, \frac{\mathfrak{r}}{r} \frac{m\, M}{r^2} \qquad \text{(Gravitationsgesetz)} \qquad (817)$$

lautet. In (817) bezeichnet M die im Zentralpunkt 0 stehende und als ruhend vorausgesetzte Primärmasse und m die um M kreisende Sekundärmasse. k ist die Gravitationskonstante, die etwa den Wert

$$k = 0{,}07\, \frac{\text{cm}^4}{\text{g s}^4} = 0{,}0000007\, \frac{\text{m}^4}{\text{kg s}^4} \qquad \text{(Gravitationskonstante)} \qquad (818)$$

59. Bewegungen im Gravitationsfeld.

besitzt. $\mathfrak{P}$ ist die Massenanziehungs- oder Gravitationskraft, welche die Bewegung von m steuert. Das zu $\mathfrak{P}$ gehörige zentrale Potential lautet

$$H(r) = -k\frac{mM}{r} \quad \text{(Gravitationspotential)}. \tag{819}$$

Wie schon am Schluß von Ziffer 58 angedeutet wurde, empfiehlt es sich, die Bahnkurven von Massen im Gravitationsfelde nicht direkt über (815) sondern mit Hilfe von (816) darzustellen. Durch Einführung von (819) in (816) folgt

$$\frac{\mathfrak{r}\,\mathfrak{n}}{\varkappa} = -r^2\left[2 - \left(2 - \frac{v_0^2 r_0}{kM}\right)\frac{r}{r_0}\right] \quad \text{(Gravitationsfeld)}. \tag{820}$$

Diese in expliziter Form sehr verwickelte Differentialgleichung stimmt nun in der Form vollständig mit der entsprechenden Differentialgleichung (375) der Ellipsen, Parabeln und Hyperbeln im Brennpunktssystem überein. Wird in (375) noch mit $1/p$ hineinmultipliziert, so folgt

$$\frac{\mathfrak{r}\,\mathfrak{n}}{\varkappa} = -r^2\left(2 \mp \frac{\lambda^2}{p}r\right) \quad \begin{matrix}\text{(oberes Vorzeichen für Ellipse,}\\ \lambda = 0 \text{ für Parabel,}\\ \text{unteres Vorzeichen für Hyperbel).}\end{matrix} \tag{821}$$

Der Vergleich beider Differentialgleichungen liefert die Parameterbedingung

$$\mp \frac{\lambda^2}{p} = -\frac{1}{r_0}\left(2 - \frac{v_0^2 r_0}{kM}\right). \tag{822}$$

Da diese Gleichung sich stets befriedigen läßt, folgt in Verbindung mit (821), daß die Bahnkurven im Gravitationsfelde entweder Ellipsen oder Parabeln oder Hyperbeln darstellen, und zwar erhält man für

$$2 > \frac{v_0^2 r_0}{kM} \text{ Ellipsen}, \quad 2 = \frac{v_0^2 r_0}{kM} \text{ Parabeln}, \quad 2 < \frac{v_0^2 r_0}{kM} \text{ Hyperbeln}. \tag{823}$$
$$\text{(Gravitationsfeld)}$$

Da für die Gl. (821) der Bezugspunkt im Brennpunkt des Kegelschnittes liegt, folgt, daß die Masse M im Brennpunkte der Ellipse bzw. Parabel bzw. Hyperbel steht. Diese Aussage bildet mit (820) bis (823) das bekannte erste Keplersche Gesetz.

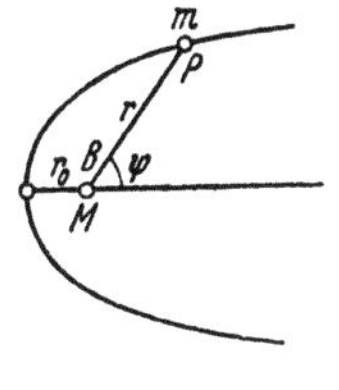

Für die weiteren Betrachtungen kann der Ausgangspunkt r_0 in das sogenannte Perihel gelegt werden, d. h. in den der Masse M am nächsten liegenden Scheitelpunkt des Kegelschnittes (Abb. 201). Da hier die Anziehungskraft am größten ist, weist der Perihelpunkt auch die größte Geschwindigkeit auf. Außerdem stehen Ortsvektor und Tangentenvektor aufeinander senkrecht. Somit folgt

Abb. 201.

$$r_0 = r_{\min}, \quad v_0 = v_{\max}, \quad \varepsilon_0 = \frac{\pi}{2}, \quad c = r_{\min}\,v_{\max}. \tag{824}$$
$$\text{(Perihelpunkt als Ausgangspunkt).}$$

In diesem Ausgangssystem lautet die Parametergleichung (822)

$$\mp \frac{\lambda^2}{p} = -\frac{1}{r_{\min}}\left(2 - \frac{v_{\max}^2\,r_{\min}}{kM}\right) \quad \text{(Perihelpunkt als Ausgangspunkt)}. \tag{825}$$

Tölke, Mechanik, Bd. I.

Ferner liefert die zweite der Gln (373), da dem Perihelpunkt nach Abb. 201 der Wert $\psi = \pi$ entspricht,

$$r_{\min} = \frac{p}{1 + \sqrt{1 \mp \lambda^2}} \qquad \text{(Perihelpunkt)}. \qquad (826)$$

(825) und (826) stellen zwei Gleichungen für λ^2 und p dar. Die Auflösung ergibt

$$\lambda^2 = \frac{v_{\max}^2 \, r_{\min}}{k\,M} \left| 2 - \frac{v_{\max}^2 \, r_{\min}}{k\,M} \right|, \qquad p = \frac{v_{\max}^2 \, r_{\min}^2}{k\,M} \qquad \text{(Gravitationsfeld)}. \qquad (827)$$

Nachdem λ^2 und p bekannt sind, können die Gln (373) unmittelbar übernommen werden. Man erhält

$$\left.\begin{aligned}
\mathfrak{r} &= \mathfrak{i}_1 \frac{p \cos \psi}{1 - \sqrt{1 \mp \lambda^2} \cos \psi} + \mathfrak{i}_2 \frac{p \sin \psi}{1 - \sqrt{1 \mp \lambda^2} \cos \psi}, \quad r = \frac{p}{1 - \sqrt{1 \mp \lambda^2} \cos \psi}, \\
\mathfrak{t} &= \mathfrak{i}_1 \frac{\sin \psi}{\sqrt{2 \mp \lambda^2 - 2\sqrt{1 \mp \lambda^2} \cos \psi}} + \mathfrak{i}_2 \frac{\sqrt{1 \mp \lambda^2} - \cos \psi}{\sqrt{2 \mp \lambda^2 - 2\sqrt{1 \mp \lambda^2} \cos \psi}}, \\
\mathfrak{n} &= \mathfrak{i}_1 \frac{\sqrt{1 \mp \lambda^2} - \cos \psi}{\sqrt{2 \mp \lambda^2 - 2\sqrt{1 \mp \lambda^2} \cos \psi}} - \mathfrak{i}_2 \frac{\sin \psi}{\sqrt{2 \mp \lambda^2 - 2\sqrt{1 \mp \lambda^2} \cos \psi}}, \\
\varkappa &= \frac{1}{p} \left[\frac{1 - \sqrt{1 \mp \lambda^2} \cos \psi}{\sqrt{2 \mp \lambda^2 - 2\sqrt{1 \mp \lambda^2} \cos \psi}} \right]^3
\end{aligned}\right\} \qquad (828)$$

Für den großen Halbmesser des Kegelschnittes liefert (371)

$$a = \frac{p}{\lambda^2} \qquad \text{(Großer Halbmesser)}. \qquad (829)$$

Damit folgt für den kleinen Halbmesser

$$b = \lambda\, a = \frac{p}{\lambda} \qquad \text{(Kleiner Halbmesser)}. \qquad (830)$$

Werden die Gln (827) in (829) und (830) eingeführt, so ergibt sich

$$a = \frac{r_{\min}}{\left| 2 - \dfrac{v_{\max}^2 \, r_{\min}}{k\,M} \right|}, \qquad b = \frac{v_{\max} (r_{\min})^{3/2}}{\sqrt{k\,M} \sqrt{\left| 2 - \dfrac{v_{\max}^2 \, r_{\min}}{k\,M} \right|}} \qquad \text{(Gravitationsfeld)}. \qquad (831)$$

Hieraus folgt im Falle der Ellipse für den Flächeninhalt

$$\mathfrak{F} = a\,b\,\pi = \frac{v_{\max}(r_{\min})^{3/2}\,\pi}{\sqrt{k\,M}\,\left| 2 - \dfrac{v_{\max}^2 \, r_{\min}}{k} \right|^{3/2}} = \frac{v_{\max}\, r_{\min}\, a^{3/2}\, \pi}{\sqrt{k\,M}} \qquad \text{(Ellipse im Gravitationsfeld)}. \qquad (832)$$

Wie für jedes zentrale Potentialfeld, so ist nach (806) auch im Gravitationsfeld die Flächengeschwindigkeit konstant. Diesem Tatbestand entspricht das zweite Keplersche Gesetz, nach welchem in gleichen Zeiträumen gleiche Polarflächen überstrichen werden.

Wird der Absolutbetrag $\tfrac{1}{2} c$ der Flächengeschwindigkeit im Falle der Ellipse, bei der eine Umlaufzeit T vorhanden ist, mit dieser multipliziert, so muß sich der Flächeninhalt der Ellipse ergeben, wie man sich mit Hilfe von Abb. 198 leicht klarmacht; es folgt also

$$a\,b\,\pi = \frac{1}{2} c\, T \qquad \text{oder} \qquad T = \frac{2\,a\,b\,\pi}{c}$$

59. Bewegungen im Gravitationsfeld.

oder in Verbindung mit (824) und (832)

$$T = 2\pi \frac{a^{3/2}}{\sqrt{kM}} \qquad \text{(Umlaufszeit für Ellipsen im Gravitationsfeld).} \qquad (833)$$

Diese Gleichung enthält das dritte Keplersche Gesetz, nach welchem sich bei zwei die gleiche Sonne umkreisenden Planeten die Quadrate der Umlaufszeiten wie die dritten Potenzen der großen Durchmesser der Ellipsen verhalten.

Für den Geschwindigkeitsvektor ergibt sich in Verbindung mit (828)

$$\mathfrak{v} = \frac{d\mathfrak{r}}{d\psi}\frac{d\psi}{dt} = \left[-\mathfrak{i}_1 \frac{p \sin \psi}{(1-\sqrt{1\mp\lambda^2}\cos\psi)^2} + \mathfrak{i}_2 \frac{p(\cos\psi - \sqrt{1\mp\lambda^2})}{(1-\sqrt{1\mp\lambda^2}\cos\psi)^2}\right] \frac{d\psi}{dt} \qquad (834)$$

und damit für die doppelte Flächengeschwindigkeit

$$\mathfrak{r} \times \mathfrak{v} = \mathfrak{i}_3 \frac{p^2 \frac{d\psi}{dt}}{(1-\sqrt{1\mp\lambda^2}\cos\psi)^2} = 2\frac{d\mathfrak{F}}{dt} \qquad \text{(Gravitationsfeld).} \qquad (835)$$

Andererseits folgt nach (806) und (824)

$$\mathfrak{r} \times \mathfrak{v} = \mathfrak{i}_3 c = \mathfrak{i}_3 v_{\max} r_{\min}.$$

Der Vergleich beider Darstellungen für $\mathfrak{r} \times \mathfrak{v}$ liefert die Winkelgeschwindigkeit

$$\omega = \frac{d\psi}{dt} = \frac{v_{\max} r_{\min}}{p^2} (1-\sqrt{1\mp\lambda^2}\cos\psi)^2 \qquad \text{(Gravitationsfeld).} \qquad (836)$$

Hieraus folgt in Verbindung mit (834)

$$\mathfrak{v} = \frac{v_{\max} r_{\min}}{p} [-\mathfrak{i}_1 \sin\psi + \mathfrak{i}_2 (\cos\psi - \sqrt{1\mp\lambda_2})]$$

und, wenn gleichzeitig (827) berücksichtigt wird,

$$\mathfrak{v} = \frac{kM}{v_{\max} r_{\min}} [-\mathfrak{i}_1 \sin\psi + \mathfrak{i}_2 (\cos\psi - \sqrt{1\mp\lambda^2})] \qquad \text{(Gravitationsfeld).} \qquad (837)$$

Die Beschleunigung erhält man unmittelbar aus (817) zu

$$\mathfrak{b} = -\frac{kM}{r^3} \mathfrak{r} \qquad \text{(Gravitationsfeld).} \qquad (838)$$

Bei einer elliptischen Bahnkurve ist an dem mit Aphel bezeichneten Gegenscheitel, für den $v = v_{\min}$ und $r = r_{\max}$ wird, ε ebenfalls gleich $\pi/2$ und es folgt durch Verbindung von (813) mit (824)*

$$v_{\min} r_{\max} = v_{\max} r_{\min}$$

oder

$$\frac{v_{\min}}{v_{\max}} = \frac{r_{\max}}{r_{\min}} \qquad \text{(Geschwindigkeiten am Aphel und Perihel bei elliptischer Bahnkurve).} \qquad (839)$$

Allgemein erhält man aus (837) und (828) für die Bahngeschwindigkeit

$$v = \frac{\mathfrak{v}}{\mathfrak{t}} = \frac{kM}{v_{\max} r_{\min}} \sqrt{2\mp\lambda^2 - 2\sqrt{1\mp\lambda^2}\cos\psi} \qquad \text{(Gravitationsfeld).} \qquad (840)$$

Eine Sonderstellung nimmt der Fall

$$v_0 = 0$$

13*

196 Der beliebig bewegte, punktförmig idealisierte Körper.

ein, denn dann verschwindet nach (813) die Konstante c und damit auch die Flächengeschwindigkeit. Die einzige Kurve, die sich mit einem solchen Verhalten verträgt, ist die gerade Linie vom Zentralpunkt 0 zum Massenpunkt P. Der Körper vollführt jetzt einen freien Fall auf die Masse M mit der Fallbeschleunigung

$$b = \frac{kM}{r^2} \quad \text{(Freier Fall im Gravitationsfelde, } v_0 = 0\text{)}. \quad (841)$$

Für die Fallgeschwindigkeit ergibt sich der Rechnungsgang

oder
$$b = \frac{kM}{r^2} = \frac{dv}{dt} = \frac{dv}{dr}\frac{dr}{dt} = -\frac{dv}{dr}v = -\frac{d\left(\frac{1}{2}v^2\right)}{dr}$$

oder
$$\frac{d\left(\frac{1}{2}v^2\right)}{dr} = -\frac{kM}{r^2}$$

oder
$$\frac{1}{2}v^2 - \frac{1}{2}v_0^2 = -\int_{r_0}^{r}\frac{kM}{r^2} = +kM\left(\frac{1}{r} - \frac{1}{r_0}\right)$$

oder wegen $v_0 = 0$

$$v = \sqrt{2kM\left(\frac{1}{r} - \frac{1}{r_0}\right)} \quad \text{(Freier Fall im Gravitationsfelde, } v_0 = 0\text{)}. \quad (842)$$

Nach (842) entsteht für $r = 0$, d. h. beim Auftreffen des Körpers auf die Masse M, im Gravitationsfelde stets eine unendlich große Auftreffgeschwindigkeit.

60. Bewegungen im elektrostatischen Zentralfeld.

Es ist ein wesentliches Merkmal des Newtonschen Gravitationsgesetzes (817), daß die Kraft entgegengesetzt zum Ortsvektor gerichtet, d. h. eine Anziehungskraft ist. Diese Einschränkung fällt in dem elektrostatischen Kraftfeld, das sonst eine vollständige Parallelerscheinung zum Gravitationsfelde darstellt, fort. Steht im Zentralpunkte 0 ein elektrisch geladener Körper mit der Ladung $\mathfrak{L}$ und bewegt sich im Raume um 0 ein zweiter elektrisch geladener Körper mit der Ladung l und der Masse m, so erfährt dieser, wenn sein Ortsvektor in bezug auf 0 mit $\mathfrak{r}$ bezeichnet wird, eine Kraft, die nach dem Coulombschen Gesetze gemäß

$$\mathfrak{P} = -k\frac{\mathfrak{r}}{r}\frac{l\mathfrak{L}}{r^2} \quad \text{(Coulombsches Gesetz)} \quad (843)$$

gegeben ist. Die Konstante k, die noch von den dielektrischen Eigenschaften des Mediums abhängt, in welchem die Bewegung erfolgt, ist positiv, wenn die elektrischen Ladungen entgegengesetztes Vorzeichen, negativ, wenn sie gleiches Vorzeichen aufweisen. Zu (843) gehört das Potential

$$H(r) = -k\frac{l\mathfrak{L}}{r} \quad \text{(Elektrostatisches Potential)}, \quad (844)$$

und die Differentialgleichung (820) lautet jetzt

$$\frac{\mathfrak{r}\,\mathfrak{n}}{\varkappa} = -r^2\left[2 - \left(2 - \frac{v_0^2\,r_0\,m}{k\,l\,\mathfrak{L}}\right)\frac{r}{r_0}\right] \quad \text{(Elektrostatisches Zentralfeld).} \quad (845)$$

60. Bewegungen im elektrostatischen Zentralfeld.

Der Vergleich mit (821) liefert

$$\mp \frac{\lambda^2}{p} = -\frac{1}{r_0}\left(2 - \frac{v_0^2 r_0 m}{k l \mathfrak{L}}\right). \tag{846}$$

Für positive k-Werte ergeben sich zu (823) völlig analoge Bereichsabgrenzungen; für negative k-Werte folgen in Verbindung mit (821) ebenfalls Hyperbeln, aber bei diesen liegt 0 im Gegensatz zu den Hyperbeln für positives k im Gegenbrennpunkte. Man erhält also im elektrostatischen Zentralfeld die nachfolgenden Bereichsabgrenzungen und Kurvenbilder:

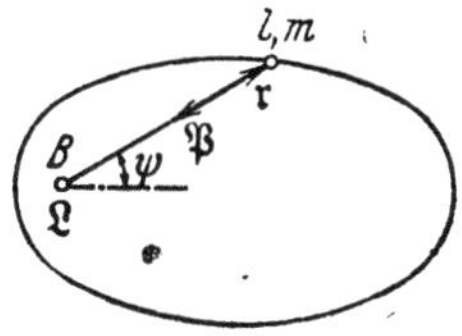

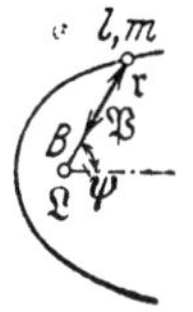

$$2 > \frac{v_0^2 r_0 m}{k l \mathfrak{L}}, \quad k > 0, \qquad 2 = \frac{v_0^2 r_0 m}{k l \mathfrak{L}}, \quad k > 0;$$

Abb. 202.   Abb. 203.

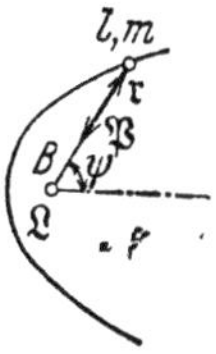

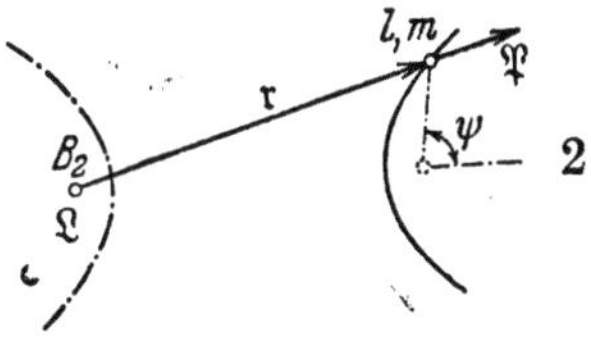

$$2 < \frac{v_0^2 r_0 m}{k l \mathfrak{L}}, \quad k > 0, \qquad 2 < \frac{v_0^2 r_0 m}{k l \mathfrak{L}}, \quad k < 0.$$

Abb. 204.   Abb. 205.
(Elektrostatisches Zentralfeld)
$$(847)$$

Für $k > 0$ können die Gln (827) und (828) unter Austausch von

$$k M \text{ mit } \frac{k l \mathfrak{L}}{m}$$

unmittelbar übernommen werden. Für $k < 0$ muß gemäß Abb. 205 der Ortsvektor um den Vektor des Brennpunktsabstandes

$$2\,\mathfrak{i}_1\, a \sqrt{1+\lambda^2} = 2\,\mathfrak{i}_1 \frac{p}{\lambda^2}\sqrt{1+\lambda^2}$$

vermehrt werden. Da diese Bezugspunktverschiebung auf Tangentenvektor, Normalenvektor und Krümmung ohne Einfluß ist, ergeben sich in diesen Fällen wieder einheitliche Formeln. Somit folgt

$$\left.\begin{array}{l} \lambda^2 = \dfrac{v_{\max}^2\, r_{\min}\, m}{|k l \mathfrak{L}|}\left|2 - \dfrac{v_{\max}^2\, r_{\min}\, m}{k l \mathfrak{L}}\right|, \\[2mm] p = \dfrac{v_{\max}^2\, r_{\min}^2\, m}{|k l \mathfrak{L}|}. \end{array}\right\} \quad \text{(Elektrostatisches Zentralfeld)} \tag{848}$$

$$\left.\begin{array}{l} \mathfrak{r} = \mathfrak{i}_1 \dfrac{p \cos \psi}{1 - \sqrt{1 \mp \lambda^2}\cos\psi} + \mathfrak{i}_2 \dfrac{p \sin \psi}{1 - \sqrt{1 \mp \lambda^2}\cos\psi}, \quad k > 0, \\[3mm] \mathfrak{r} = \mathfrak{i}_1\left[\dfrac{2p}{\lambda^2}\sqrt{1+\lambda^2} + \dfrac{p \cos \psi}{1 - \sqrt{1+\lambda^2}\cos\psi}\right] + \mathfrak{i}_2 \dfrac{p \sin \psi}{1 - \sqrt{1+\lambda^2}\cos\psi}, \quad k < 0. \end{array}\right\} \tag{849}$$

(Elektrostatisches Zentralfeld)

Der beliebig bewegte, punktförmig idealisierte Körper.

$$\left.\begin{aligned}\mathfrak{t} &= \mathfrak{i}_1 \frac{\sin\psi}{\sqrt{2\mp\lambda^2-2\sqrt{1\mp\lambda^2}\cos\psi}} + \mathfrak{i}_2 \frac{\sqrt{1\mp\lambda^2}-\cos\psi}{\sqrt{2\mp\lambda^2-2\sqrt{1\mp\lambda^2}\cos\psi}}, \\ \mathfrak{n} &= \mathfrak{i}_1 \frac{\sqrt{1\mp\lambda^2}-\cos\psi}{\sqrt{2\mp\lambda^2-2\sqrt{1\mp\lambda^2}\cos\psi}} - \mathfrak{i}_2 \frac{\sin\psi}{\sqrt{2\mp\lambda^2-2\sqrt{1\mp\lambda^2}\cos\psi}}, \\ \varkappa &= \frac{1}{p}\left[\frac{1-\sqrt{1\mp\lambda^2}\cos\psi}{\sqrt{2\mp\lambda^2-2\sqrt{1\mp\lambda^2}\cos\psi}}\right]^3 \quad \text{(Elektrostatisches Zentralfeld)}\end{aligned}\right\} \quad (850)$$

Die Umschreibung der Gln (831) und (832) ergibt

$$a = \frac{r_{\min}}{\left|2 - \frac{v_{\max}^2\, r_{\min}\, m}{k\, l\, \mathfrak{L}}\right|}, \quad b = \frac{v_{\max}\,(r_{\min})^{3/2}}{\sqrt{\left|\frac{k\, l\, \mathfrak{L}}{m}\right|}\sqrt{\left|2 - \frac{v_{\max}^2\, r_{\min}\, m}{k\, l\, \mathfrak{L}}\right|}}. \quad (851)$$
(Elektrostatisches Zentralfeld)

$$F = a\, b\, \pi = \frac{v_{\max}\, r_{\min}\, a^{3/2}\, \pi}{\sqrt{\frac{k\, l\, \mathfrak{L}}{m}}} \quad \text{(Ellipse im elektrostatischen Zentralfeld).} \quad (852)$$

Ferner tritt an Stelle von (833)

$$T = 2\pi \frac{a^{3/2}}{\sqrt{\frac{k\, l\, \mathfrak{L}}{m}}} \quad \text{(Umlaufszeit für Ellipsen im elektrostatischen Zentralfeld).} \quad (853)$$

Für die Winkelgeschwindigkeit liefert (836)

$$\omega = \frac{d\psi}{dt} = \frac{v_{\max}\, r_{\min}}{r^2}\left(1 - \sqrt{1\mp\lambda^2}\cos\psi\right)^2 \quad \text{(Elektrostatisches Zentralfeld).} \quad (854)$$

Geschwindigkeits- und Beschleunigungsvektor folgen durch Umschreibung von (837) und (838) zu

$$\left.\begin{aligned}\mathfrak{v} &= \frac{k\, l\, \mathfrak{L}}{v_{\max}\, r_{\min}\, m}\left[-\mathfrak{i}_1\sin\psi + \mathfrak{i}_2\left(\cos\psi - \sqrt{1\mp\lambda^2}\right)\right], \\ \mathfrak{b} &= -\frac{k\, l\, \mathfrak{L}}{m\, r^3}\mathfrak{r}\end{aligned}\right\} \text{(Elektrostatisches Zentralfeld)} \quad (855)$$

Für die Bahngeschwindigkeiten ergibt sich nach (839) und (840)

$$\frac{v_{\min}}{v_{\max}} = \frac{r_{\max}}{r_{\min}} \quad \text{(Geschwindigkeiten am Aphel und Perihel bei elliptischer Bahnkurve).} \quad (856)$$

$$v = \frac{|k\, l\, \mathfrak{L}|}{v_{\max}\, r_{\min}\, m}\sqrt{2\mp\lambda^2 - 2\sqrt{1\mp\lambda^2}\cos\psi} \quad \text{(Elektrostatisches Zentralfeld).} \quad (857)$$

Für den Sonderfall des freien Falles im elektrostatischen Zentralfelde folgt durch Umschreibung von (841) und (842)

$$\left.\begin{aligned}b &= \frac{k\, l\, \mathfrak{L}}{m\, r^2}, \\ v &= \sqrt{\left|\frac{2\, k\, l\, \mathfrak{L}}{m}\right|\left(\frac{1}{r}-\frac{1}{r_0}\right)}.\end{aligned}\right\} \text{(Freier Fall im elektrostatischen Zentralfelde, } v_0 = 0\text{)} \quad (858)$$

Die Bezeichnung „Freier Fall" besteht hier eigentlich nur für positive k-Werte zu Recht. Im Falle negativer k-Werte ergibt sich eine in entgegengesetzter Richtung verlaufende geradlinige Bewegung ins Unendliche. Auch hier ergibt sich für $r = 0$ eine unendlich große Geschwindigkeit, was den sehr heftigen Verlauf der elektrischen Massenanziehung verständlich erscheinen läßt.

61. Das Zentralfeld der periodischen und aperiodischen harmonischen Schwingungen.

Bei den im Beispiel 19 eingehend behandelten harmonischen Schwingungen war die Kraft in der Form

$$\mathfrak{P} = -c\mathfrak{r} \quad \text{(Gesetz der harmonischen Schwingungen)} \quad (859)$$

mit dem Ortsvektor $\mathfrak{r}$ verbunden. Zu (859) gehört das Potential

$$H(r) = +\frac{c}{2}r^2 \quad \text{(Potential der harmonischen Schwingungen).} \quad (860)$$

Die Einführung von (859) in das Newtonsche Kraftgesetz liefert

$$-c\mathfrak{r} = m\frac{d^2\mathfrak{r}}{dt^2}$$

oder, wenn wieder die Kreisfrequenz

$$\omega_e = \sqrt{\frac{c}{m}} \quad (861)$$

eingeführt wird,

$$\frac{d^2\mathfrak{r}}{dt^2} + \omega_e^2 \mathfrak{r} = 0 \quad \text{(Zentralfeld der harmonischen Schwingungen).} \quad (862)$$

Diese Differentialgleichung läßt sich, wie in Beispiel 19 gezeigt wurde, unmittelbar integrieren und man erhält, bezogen auf die Schwingungshauptachsen,

$$\mathfrak{r} = \mathfrak{i}_1 a \cos \omega_e (t-t_0) + \mathfrak{i}_2 \lambda a \sin \omega_e (t-t_0) \quad \text{(Harmonische Schwingungen).} \quad (863)$$

Durch Differentiation nach t folgt hieraus für den Geschwindigkeitsvektor

$$\mathfrak{v} = -\mathfrak{i}_1 a \omega_e \sin \omega_e (t-t_0) + \mathfrak{i}_2 \lambda a \omega_e \cos \omega_e (t-t_0) \quad \text{(Harmonische Schwingungen).} \quad (864)$$

Die Bahngeschwindigkeit ergibt sich als absoluter Betrag von $\mathfrak{v}$ zu

$$v = a\omega_e \sqrt{\sin^2 \omega_e (t-t_0) + \lambda^2 \cos^2 \omega_e (t-t_0)} \quad \text{(Harmonische Schwingungen).} \quad (865)$$

Für den Beschleunigungsvektor folgt in Verbindung von (859) und (863)

$$\mathfrak{b} = -\frac{c}{m}\mathfrak{r} = -\omega_e^2 \mathfrak{r} = -\mathfrak{i}_1 a \omega_e^2 \cos \omega_e (t-t_0) - \mathfrak{i}_2 \lambda a \omega_e^2 \sin \omega_e (t-t_0). \quad (866)$$

(Harmonische Schwingungen)

Die Bahnkurve ist nach den Untersuchungen in Beispiel 19 eine Ellipse, für welche der Mittelpunkt mit dem Zentralpunkt 0 zusammenfällt (Abb. 206). Die Schwingungsdauer, d. h. die Zeit, die sich für einen vollen Umlauf auf der Ellipse ergibt, ist

$$T = \frac{2\pi}{\omega_e} \quad \text{(Schwingungsdauer),} \quad (867)$$

und vom größten Schwingungsausschlag a unabhängig.

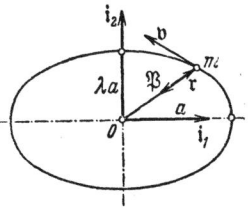

Abb. 206.

Die bisherigen Betrachtungen beschränkten sich auf positive Werte der Federkonstanten c. Nimmt c negative Werte an, so wird die Kreisfrequenz nach (861) imaginär und in (863) bis (866) gehen die Kreisfunktionen in Hyperbelfunktionen über. Damit die Lösungen reelle Form annehmen, muß gleichzeitig ein imaginärer Parameter λ eingeführt werden. Werden die Transformationsbeziehungen in der Form

$$c = -\overline{c}, \qquad \omega_e = i\sqrt{\frac{c}{m}} = i\overline{\omega}_e, \qquad \lambda = -i\overline{\lambda} \qquad (868)$$

zugrunde gelegt, so folgt für die in diesem Falle als aperiodisch bezeichneten harmonischen Schwingungen

$$\left.\begin{aligned}\mathfrak{r} &= \mathfrak{i}_1 a \operatorname{\mathfrak{Cos}}\overline{\omega}_e(t-t_0) + \mathfrak{i}_2 \overline{\lambda} a \operatorname{\mathfrak{Sin}}\overline{\omega}_e(t-t_0) \quad,\\ \mathfrak{v} &= \mathfrak{i}_1 a \overline{\omega}_e \operatorname{\mathfrak{Sin}}\overline{\omega}_e(t-t_0) + \mathfrak{i}_2 \overline{\lambda} a \overline{\omega}_e \operatorname{\mathfrak{Cos}}\overline{\omega}_e(t-t_0)\quad,\\ \mathfrak{b} &= \frac{\overline{c}}{m}\mathfrak{r} = \mathfrak{i}_1 a \overline{\omega}_e^2 \operatorname{\mathfrak{Cos}}\overline{\omega}_e(t-t_0) + \mathfrak{i}_2 \overline{\lambda} a \overline{\omega}_e^2 \operatorname{\mathfrak{Sin}}\overline{\omega}_e(t-t_0)\quad.\end{aligned}\right\} \quad (869)$$

(Aperiodische harmonische Schwingungen)

Ferner erhält man für die Bahngeschwindigkeit

$$v = a\overline{\omega}_e\sqrt{\operatorname{\mathfrak{Sin}}^2\overline{\omega}_e(t-t_0) + \overline{\lambda}^2\operatorname{\mathfrak{Cos}}^2\overline{\omega}_e(t-t_0)}\quad. \qquad (870)$$

(Aperiodische harmonische Schwingungen)

Die (862) entsprechende Differentialgleichung lautet

$$\frac{d^2\mathfrak{r}}{dt^2} - \overline{\omega}_e^2\mathfrak{r} = 0 \quad \text{(Zentralfeld der aperiodischen harmonischen Schwingungen)}. \quad (871)$$

Als Bahnkurven ergeben sich jetzt, zufolge der imaginären Transformation der Ellipsen, Hyperbeln, die in (869) auf ihre Hauptachsen bezogen sind (Abb. 207).

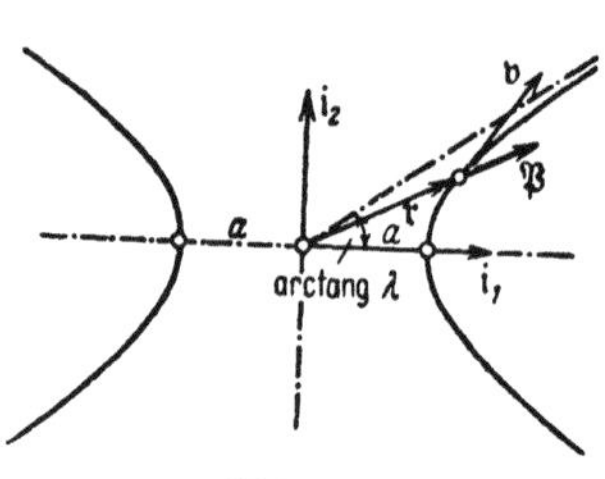

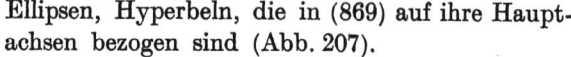

Abb. 207.

Während im Kraftfeld der harmonischen Schwingungen die Bahngeschwindigkeit nach (865) zwischen den beiden Grenzwerten

$$v_{\max} = a\omega_e \qquad \text{für} \qquad r_1 = 0\;,$$
$$v_{\min} = \lambda a \omega_e \qquad \text{für} \qquad r_2 = 0$$

periodisch schwankt, nimmt sie im Kraftfeld der aperiodischen Schwingungen nach (870) von ihrem Minimalwert

$$v_{\min} = \overline{\lambda} a \overline{\omega}_e \quad \text{für} \quad r_2 = 0$$

aus mit wachsender Zeit beständig zu.

Fünftes Kapitel.
Mechanik der Raum- und Relativbewegungen.
62. Die Translation des Raumes.

Bezeichnet gemäß Abb. 208 0 einen außerhalb eines Raumes gelegenen festen Bezugspunkt und ist $\mathfrak{r}$ der Ortsvektor eines beliebigen Punktes des genannten Raumes in bezug auf 0, so soll durch die Gleichung

$$\mathfrak{r}^* = \mathfrak{r} + \mathfrak{r}_T$$

eine Relativbewegung des Raumes in bezug auf 0 gekennzeichnet werden. P und P^* sind die Raumpunkte vor und nach der Bewegung und $\mathfrak{r}_T$ ist der Ortsvektor der Relativbewegung von P nach P^*.

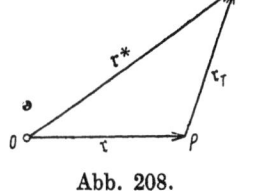

Abb. 208.

Man spricht von einer Translation des Raumes, wenn der Ortsvektor $\mathfrak{r}_T$ für alle Punkte des Raumes der gleiche ist. Entsprechend verhält sich dann auch der Geschwindigkeitsvektor $\mathfrak{v}_T$ und der Beschleunigungsvektor $\mathfrak{b}_T$. Somit folgt

$$\mathfrak{r}^* = \mathfrak{r} + \mathfrak{r}_T, \qquad \mathfrak{v}^* = \mathfrak{v}_T, \qquad \mathfrak{b}^* = \mathfrak{b}_T \qquad \text{(Translation des Raumes)}. \qquad (872)$$

63. Die Rotation des Raumes um eine feste Achse.

Besteht die Relativbewegung des Raumes in einer Rotation um eine feste durch 0 gehende Achse, so kann diese gemäß Abb. 209 durch einen Einheitsvektor $\mathfrak{d}$, den Drehachsenvektor, festgelegt werden, dessen Richtung mit der Achse zusammenfällt und dessen Pfeil so angeordnet ist, daß, wenn man von oben auf den Pfeil draufsieht, die Drehung im Linkssinne erfolgt. Bei einer solchen Rotation bewegen sich alle Raumpunkte P auf symmetrisch zur Drehachse gelegenen Kreisen und der Ortsvektor $\mathfrak{r}_R$ der Relativbewegung ist ein Sehnenvektor dieser Kreise. Bezeichnet unter Bezugnahme auf die im Beispiel 17 behandelte Kreisbewegung

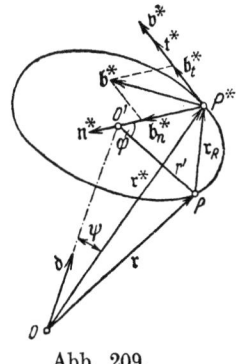

$$\omega = \frac{d\varphi}{dt} \quad \text{und} \quad \dot{\omega} = \frac{d\omega}{dt} = \frac{d^2\varphi}{dt^2}$$

Abb. 209.

die Winkelgeschwindigkeit und Winkelbeschleunigung der Kreis- bzw. Rotationsbewegung, so folgt, wenn der Kreishalbmesser gemäß Abb. 209 mit r bezeichnet wird, in Verbindung mit (743) und (744)

$$\mathfrak{r}^* = \mathfrak{r} + \mathfrak{r}_R, \qquad \mathfrak{v}^* = \mathfrak{t}^* r' \omega, \qquad \mathfrak{b}^* = \mathfrak{t}^* r' \dot{\omega} + \mathfrak{n}^* r' \omega^2. \qquad (873)$$
$$\text{(Rotation des Raumes)}$$

In diesen Gleichungen lassen sich $\mathfrak{t}^*$ und $\mathfrak{n}^*$ auch durch den Ortsvektor $\mathfrak{r}^*$ und den Drehachsenvektor $\mathfrak{d}$ ausdrücken. Da $\mathfrak{t}^*$ einerseits auf $\mathfrak{d}$ und $\mathfrak{r}^*$ senkrecht steht und andererseits ein Einheitsvektor ist, folgt

$$\mathfrak{t}^* = \frac{\mathfrak{d} \times \mathfrak{r}^*}{|\mathfrak{d} \times \mathfrak{r}^*|} = \frac{\mathfrak{d} \times \mathfrak{r}^*}{r'}, \qquad (874)$$

denn da das Dreieck $0\,0'\,P^*$ ein rechtwinkliges Dreieck ist, ergibt sich

$$|\mathfrak{d} \times \mathfrak{r}^*| = 1 \cdot r^* \sin \psi = 1 \cdot r^* \cdot \frac{r'}{r^*} = r' \:. \tag{875}$$

Der Vektor $\mathfrak{n}^*$ steht senkrecht auf $\mathfrak{d}$ und $\mathfrak{t}^*$. Daher erhält man

$$\mathfrak{n}^* = \frac{\mathfrak{d} \times \mathfrak{t}^*}{|\mathfrak{d} \times \mathfrak{t}^*|} = \mathfrak{d} \times \mathfrak{t}^* = \frac{\mathfrak{d} \times (\mathfrak{d} \times \mathfrak{r}^*)}{r'} \:. \tag{876}$$

Mit (874) und (876) lauten die Gln (873)

$$\mathfrak{r}^* = \mathfrak{r} + \mathfrak{r}_R\:, \qquad \mathfrak{v}^* = \mathfrak{d} \times \mathfrak{r}^* \, \omega\:, \qquad \mathfrak{b}^* = \mathfrak{d} \times \mathfrak{r}^* \, \dot{\omega} + \mathfrak{d} \times (\mathfrak{d} \times \mathfrak{r}^*) \, \omega^2 \:. \tag{877}$$
(Rotation des Raumes)

Der Aufbau der Gln (877) legt es nahe, den Winkelgeschwindigkeitsvektor

$$\mathfrak{w} = \mathfrak{d} \, \omega \qquad \text{(Winkelgeschwindigkeitsvektor)} \tag{878}$$

einzuführen. Mit ihm erhält man

$$\mathfrak{r}^* = \mathfrak{r} + \mathfrak{r}_R\:, \qquad \mathfrak{v}^* = \mathfrak{w} \times \mathfrak{r}^*\:, \qquad \mathfrak{b}^* = \dot{\mathfrak{w}} \times \mathfrak{r}^* + \mathfrak{w} \times (\mathfrak{w} \times \mathfrak{r}^*) \:. \tag{879}$$
(Rotation des Raumes)

Es sei nun gemäß Abb. 210 ein im Drehfeld ortsgebundener Vektor $\mathfrak{V}$ betrachtet, der bei der Rotation eine Funktion der Zeit wird. Zerlegt man diesen

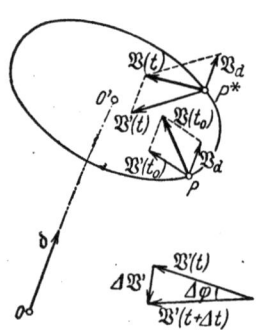

Abb. 210.   Abb. 211.

Vektor in zwei Komponentenvektoren, und zwar in einen Vektor $\mathfrak{V}_d$ parallel zur Drehachse und einen Vektor $\mathfrak{V}'$ in der Drehkreisebene des Ansatzpunktes P von $\mathfrak{V}$, so wird der Vektor $\mathfrak{V}_d$ bei der Rotation nicht geändert. Der Vektor $\mathfrak{V}'$ bleibt zwar in seiner Länge erhalten, erfährt aber eine Drehung um den Drehwinkel φ der Rotation. Fragt man daher nach dem Differentialquotienten von $\mathfrak{V}$ nach t, so folgt zunächst

$$\frac{d\mathfrak{V}}{dt} = \frac{d\mathfrak{V}'}{dt} = \frac{d\mathfrak{V}'}{d\varphi}\frac{d\varphi}{dt} = \frac{d\mathfrak{V}'}{d\varphi}\,\omega \:.$$

Nun ist nach Abb. 211 $d\mathfrak{V}'/d\varphi$ ein Vektor, der den absoluten Betrag von $\mathfrak{V}'$ besitzt und auf $\mathfrak{V}'$ senkrecht steht. Da er außerdem in der Drehkreisebene liegt, steht er auch auf $\mathfrak{d}$ senkrecht. Man erhält daher

$$\frac{d\mathfrak{V}'}{d\varphi} = c\,\mathfrak{d} \times \mathfrak{V}'$$

wobei c so zu bestimmen ist, daß der absolute Betrag den Wert $|\mathfrak{V}'|$ annimmt. Nun stehen aber nach Abb. 210 $\mathfrak{d}$ und $\mathfrak{V}'$ ebenfalls aufeinander senkrecht, womit

$$c = 1$$

wird. Somit folgt

$$\frac{d\mathfrak{V}'}{d\varphi} = \mathfrak{d} \times \mathfrak{V}' \:.$$

Addiert man hierzu die aus der Parallelität von $\mathfrak{d}$ und $\mathfrak{V}_d$ und aus der Unveränderlichkeit von $\mathfrak{V}_d$ folgende Vektorgleichung

$$\frac{d\mathfrak{V}_d}{d\varphi} = 0 = \mathfrak{d} \times \mathfrak{V}_d\:,$$

64. Gleichzeitige Translation und Rotation des Raumes. Miozzischer Satz.

so folgt schließlich

$$\frac{d\mathfrak{B}}{d\varphi} = \frac{d\mathfrak{B}'}{d\varphi} + \frac{d\mathfrak{B}_d}{d\varphi} = \mathfrak{d} \times \mathfrak{B}' + \mathfrak{d} \times \mathfrak{B}_d = \mathfrak{d} \times (\mathfrak{B}' + \mathfrak{B}_d) = \mathfrak{d} \times \mathfrak{B}$$

und damit

$$\frac{d\mathfrak{B}}{dt} = \mathfrak{d} \times \mathfrak{B}\,\omega \,. \tag{880}$$

Wird hierin der Winkelgeschwindigkeitsvektor $\mathfrak{w}$ eingeführt, so läßt sich dieser Differentialquotient auch in der Form

$$\frac{d\mathfrak{B}}{dt} = \mathfrak{w} \times \mathfrak{B} \tag{881}$$

schreiben.

64. Gleichzeitige Translation und Rotation des Raumes. Miozzischer Satz.

Erfolgt eine gleichzeitige Translation und Rotation des Raumes, so sind die entsprechenden Orts-, Geschwindigkeits- und Beschleunigungsvektoren zu überlagern. Wird hierbei die Translation durch den Index T gekennzeichnet, so erhält man für den festen, außerhalb des bewegten Raumes befindlichen Bezugspunkt 0 mit (872) und (877)

$$\left.\begin{array}{l}\mathfrak{r}^*_{T+R} = \mathfrak{r} + \mathfrak{r}_T + \mathfrak{r}_R\,, \qquad \mathfrak{r}^* = \mathfrak{r} + \mathfrak{r}_R\,, \\ \mathfrak{v}^*_{T+R} = \mathfrak{v}_T + \mathfrak{d} \times \mathfrak{r}^*\,\omega \\ \mathfrak{b}^*_{T+R} = \mathfrak{b}_T + \mathfrak{d} \times \mathfrak{r}^*\,\dot{\omega} + \mathfrak{d} \times (\mathfrak{d} \times \mathfrak{r}^*)\,\omega^2\,. \end{array}\right\} \tag{882}$$

Nun ist in Ziffer 20 gezeigt worden, wie ein Vektor $\mathfrak{B}$ parallel und senkrecht zu einem Einheitsvektor $\mathfrak{e}$ in Komponentenvektoren aufgespalten werden kann. Wird die entsprechende Gl. (192) auf den Geschwindigkeits- und Beschleunigungsvektor $\mathfrak{v}_T$ bzw. $\mathfrak{b}_T$ der Translationsbewegung angewendet, so liefert die Aufspaltung parallel und senkrecht zum Drehachsenvektor $\mathfrak{d}$

$$\left.\begin{array}{l}\mathfrak{v}_T = \mathfrak{d}\,(\mathfrak{d}\mathfrak{v}_T) - \mathfrak{d} \times (\mathfrak{d} \times \mathfrak{v}_T)\,, \\ \mathfrak{b}_T = \mathfrak{d}\,(\mathfrak{d}\mathfrak{b}_T) - \mathfrak{d} \times (\mathfrak{d} \times \mathfrak{b}_T)\,. \end{array}\right\} \tag{883}$$

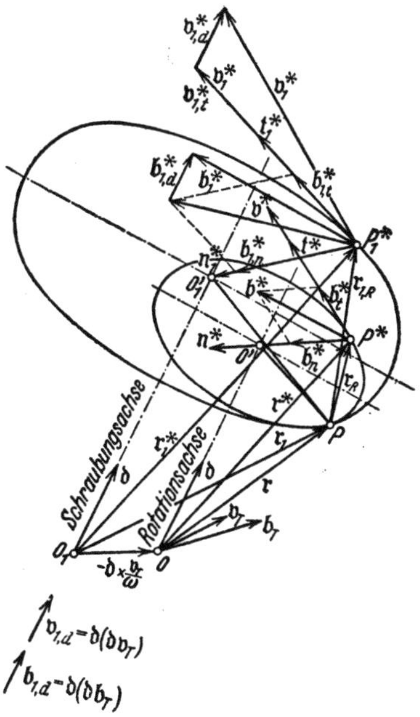

Die Einführung dieser Beziehungen in (882) ergibt

Abb. 212.

$$\mathfrak{v}^*_{T+R} = \mathfrak{d}\,(\mathfrak{d}\mathfrak{v}_T) - \mathfrak{d} \times (\mathfrak{d} \times \mathfrak{v}_T) + \mathfrak{d} \times \mathfrak{r}^*\,\omega\,,$$
$$\mathfrak{b}^*_{T+R} = \mathfrak{d}\,(\mathfrak{d}\mathfrak{b}_T) - \mathfrak{d} \times (\mathfrak{d} \times \mathfrak{b}_T) + \mathfrak{d} \times \mathfrak{r}^*\,\dot{\omega} + \mathfrak{d} \times (\mathfrak{d} \times \mathfrak{r}^*)\,\omega^2\,.$$

Für die Geschwindigkeit folgt durch Zusammenfassung

$$\mathfrak{v}^*_{T+R} = \mathfrak{d}\,(\mathfrak{d}\mathfrak{v}_T) + \mathfrak{d} \times \left(\mathfrak{r}^* - \left(\mathfrak{d} \times \frac{\mathfrak{v}_T}{\omega}\right)\right)\omega \,. \tag{884}$$

Dem ersten Glied dieser Gleichung entspricht eine Translation des Raumes in der Drehachsenrichtung, dem zweiten eine Rotation des Raumes um eine um den Vektor $-\mathfrak{d} \times \frac{v_T}{\omega}$ gegenüber der Ausgangsachse verschobene Achse. In Abb. 212 ist diese Achsenverschiebung veranschaulicht, wobei die zum neuen Bezugssystem gehörigen Punkte und Vektoren durch den Index 1 unterschieden sind. Eine Drehbewegung, verbunden mit einer Verschiebung in axialer Richtung, stellt eine Schraubung dar. Gleichzeitige Translation und Rotation des Raumes sind somit einer Schraubung des Raumes gleichwertig. Dieses Ergebnis, das zuerst von Miozzi gefunden wurde, wird auch als Miozzischer Satz bezeichnet. Denkt man sich in (877) den Ortsvektor $\mathfrak{r}^*$ durch den Ortsvektor $\mathfrak{r}^* - \left(\mathfrak{d} \times \frac{v_T}{\omega}\right)$ ersetzt und noch die axiale Translation überlagert, so erübrigt sich eine Weiterbehandlung der oben gefundenen Gleichung für $\mathfrak{b}^*_{T+R}$ und man erhält für die Beschleunigung unmittelbar

$$\mathfrak{b}^*_{T+R} = \mathfrak{d}\,(\mathfrak{d}\,\mathfrak{b}_T) + \mathfrak{d} \times \left(\mathfrak{r}^* - \left(\mathfrak{d} \times \frac{v_T}{\omega}\right)\right)\dot{\omega} + \mathfrak{d} \times \left(\mathfrak{d} \times \left(\mathfrak{r}^* - \left(\mathfrak{d} \times \frac{v_T}{\omega}\right)\right)\right)\omega^2 \ . \tag{885}$$

Nach (885) handelt es sich bei der Schraubung des Raumes um eine solche mit linear zunehmender bzw. abnehmender Ganghöhe, so daß die einzelnen Punkte des Raumes keine gewöhnlichen, sondern entsprechend axial deformierte Schraubenspiralen beschreiben. In Zusammenfassung der gefundenen Ergebnisse folgt

$$\left.\begin{array}{l}\mathfrak{r}^*_{T+R} = \mathfrak{r}_T + \mathfrak{r}^* = \mathfrak{r}_T + \mathfrak{r} + \mathfrak{r}_R \\[4pt] \mathfrak{v}^*_{T+R} = \mathfrak{d}\,(\mathfrak{d}\,\mathfrak{v}_T) + \mathfrak{d} \times \left(\mathfrak{r}^* - \left(\mathfrak{d} \times \frac{v_T}{\omega}\right)\right)\omega \quad \text{(Gleichzeitige Translation}\\[4pt] \mathfrak{b}^*_{T+R} = \mathfrak{d}\,(\mathfrak{d}\,\mathfrak{b}_T) + \mathfrak{d} \times \left(\mathfrak{r}^* - \left(\mathfrak{d} \times \frac{v_T}{\omega}\right)\right)\dot{\omega} + \mathfrak{d} \times \left(\mathfrak{d} \times \left(\mathfrak{r}^* - \left(\mathfrak{d} \times \frac{v_T}{\omega}\right)\right)\right)\omega^2 \ . \end{array}\right\} \tag{886}$$

(Gleichzeitige Translation und Rotation des Raumes)

Bei Einführung des Winkelgeschwindigkeitsvektors $\mathfrak{w}$ lautet (886)

$$\left.\begin{array}{l}\mathfrak{r}^*_{T+R} = \mathfrak{r}_T + \mathfrak{r}^* = \mathfrak{r}_T + \mathfrak{r} + \mathfrak{r}_R \\[4pt] \mathfrak{v}^*_{T+R} = \mathfrak{w}\left(\mathfrak{w}\,\frac{v_T}{\omega^2}\right) + \mathfrak{w} \times \left(\mathfrak{r}^* - \left(\mathfrak{w} \times \frac{v_T}{\omega^2}\right)\right) \quad \text{(Gleichzeitige Translation}\\[4pt] \mathfrak{b}^*_{T+R} = \mathfrak{w}\left(\mathfrak{w}\,\frac{\mathfrak{b}_T}{\omega^2}\right) + \dot{\mathfrak{w}} \times \left(\mathfrak{r}^* - \left(\mathfrak{w} \times \frac{v_T}{\omega^2}\right)\right) + \mathfrak{w} \times \left(\mathfrak{w} \times \left(\mathfrak{r}^* - \left(\mathfrak{w} \times \frac{v_T}{\omega^2}\right)\right)\right) \ . \end{array}\right\} \tag{887}$$

(Gleichzeitige Translation und Rotation des Raumes)

65. Gleichzeitige Rotationen um sich schneidende Achsen.

Nach (877) ergab sich für die Geschwindigkeit bei der Rotation des Raumes um eine feste, durch den Drehachsenvektor $\mathfrak{d}$ gekennzeichnete Achse

$$\mathfrak{v}^* = \mathfrak{d} \times \mathfrak{r}^* \,\omega \ .$$

Wird der Drehachsenvektor $\mathfrak{d}$ gemäß Abb. 213 in Komponentenvektoren in der Form

$$\mathfrak{d} = \mathfrak{d}_1 + \mathfrak{d}_2 + \mathfrak{d}_3 = \mathfrak{e}_1 d_1 + \mathfrak{e}_2 d_2 + \mathfrak{e}_3 d_3 \tag{888}[a]$$

aufgespalten, so lautet die Ausgangsgleichung

$$\mathfrak{v}^* = \mathfrak{d}_1 \times \mathfrak{r}^* \omega + \mathfrak{d}_2 \times \mathfrak{r}^* \omega + \mathfrak{d}_3 \times \mathfrak{r}^* \omega \,. \qquad (888)^b$$

Geht man von $\mathfrak{v}^*$ in der Form der zweiten der Gln (879)

$$\mathfrak{v}^* = \mathfrak{w} \times \mathfrak{r}^*$$

aus, so ergibt sich gemäß Abb. 214 und mit

$$\mathfrak{w} = \mathfrak{w}_1 + \mathfrak{w}_2 + \mathfrak{w}_3 = \mathfrak{e}_1 w_1 + \mathfrak{e}_2 w_2 + \mathfrak{e}_3 w_3 \qquad (889)^a$$

entsprechend

$$\mathfrak{v}^* = \mathfrak{w}_1 \times \mathfrak{r}^* + \mathfrak{w}_2 \times \mathfrak{r}^* + \mathfrak{w}_3 \times \mathfrak{r}^* \,. \qquad (889)^b$$

Die Gln (888) und (889) enthalten den Satz, daß die Rotation um eine feste Achse drei Komponentenrotationen um drei beliebige, sich auf der festen Achse schneidende Achsen gleichwertig ist. Der Schnittpunkt 0 auf der festen Achse ist hierbei willkürlich. Umgekehrt gilt auch der Satz, daß sich drei gleichzeitige Rotationen um drei in einem Punkte schneidende Achsen zu einer resultierenden Rotation um eine einzige durch den Punkt gehende Achse zusammensetzen lassen.

Abb. 213.   Abb. 214.

66. Die Kreiselbewegung des Raumes.

Die Untersuchungen von Ziffer 65 gingen von einer resultierenden Rotation mit der Geschwindigkeit

$$\mathfrak{v}^* = \mathfrak{d} \times \mathfrak{r}^* \omega$$

aus, d. h. sie waren an die Bedingung gebunden, daß der Drehachsenvektor $\mathfrak{d}$ und damit die resultierende Drehachse eine während des ganzen Bewegungsvorganges feste Größe darstellte. Diese Voraussetzung soll nunmehr fallen gelassen werden, womit die Raumbewegung den Zustand einer Kreiselbewegung annimmt.

Bei der Kreiselbewegung setzt sich die Geschwindigkeit $\mathfrak{v}^*$ eines Punktes mit dem Ortsvektor $\mathfrak{r}^*$ gemäß Abb. 215 aus zwei Teilgeschwindigkeiten zusammen, nämlich aus der Rotationsgeschwindigkeit $\mathfrak{v}_R$ um die augenblickliche Drehachse und der Rotationsgeschwindigkeit $\mathfrak{v}_D$ um die Achse, um welche der Drehachsenvektor $\mathfrak{d}$ sich im Augenblick dreht. Da es sich in beiden Fällen um Rotationen um augenblicklich fest gedachte Achsen handelt, ergibt sich die Geschwindigkeit nach Ziffer 63 als das äußere Produkt von Winkelgeschwindigkeitsvektor und Ortsvektor. Im Falle von $\mathfrak{v}_R$ folgt wie für die Rotation

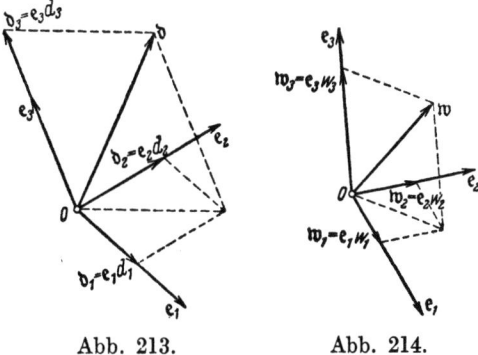

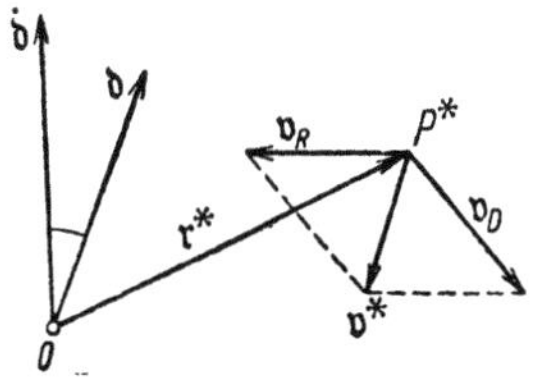

Abb. 215.

$$\mathfrak{v}_R = \mathfrak{d} \times \mathfrak{r}^* \omega = \mathfrak{w} \times \mathfrak{r}^* \,.$$

Für v_D ergibt sich gemäß Abb. 216, da $\mathfrak{b}$ ein Einheitsvektor ist und daher $\varDelta \mathfrak{b}$ auf $\mathfrak{b}$ senkrecht steht, für die Winkelgeschwindigkeit der Wert

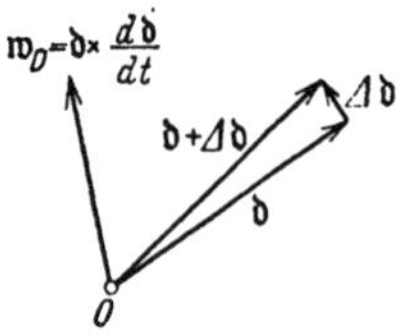

$$\omega_D = \lim_{\varDelta t \to 0} \left|\frac{\varDelta \mathfrak{b}}{\varDelta t}\right| = \left|\frac{d\mathfrak{b}}{dt}\right|$$

und für den zugehörigen Drehachsenvektor der Wert

$$\mathfrak{w}_D = \mathfrak{b} \times \frac{d\mathfrak{b}}{dt}\ .$$

Abb. 216. Damit folgt für v_D

$$v_D = \mathfrak{w}_D \times \mathfrak{r}^* = \left(\mathfrak{b} \times \frac{d\mathfrak{b}}{dt}\right) \times \mathfrak{r}^*\ .$$

Die Überlagerung von v_R und v_D liefert

$$v^* = \mathfrak{w} \times \mathfrak{r}^* + \left(\mathfrak{b} \times \frac{d\mathfrak{b}}{dt}\right) \times \mathfrak{r}^*\ . \tag{890}$$

Nun ist

$$\mathfrak{w} \times \frac{d\mathfrak{w}}{dt} = \mathfrak{w} \times \dot{\mathfrak{w}} = \omega \mathfrak{b} \times \frac{d(\omega \mathfrak{b})}{dt} = \omega^2 \mathfrak{b} \times \frac{d\mathfrak{b}}{dt} + \omega \dot{\omega} \mathfrak{b} \times \mathfrak{b} = \omega^2 \mathfrak{b} \times \frac{d\mathfrak{b}}{dt}$$

oder

$$\mathfrak{b} \times \frac{d\mathfrak{b}}{dt} = \frac{\mathfrak{w} \times \dot{\mathfrak{w}}}{\omega^2}\ . \tag{891}$$

Die Berücksichtigung dieser Umformung in (890) ergibt

$$v^* = \left(\mathfrak{w} + \frac{\mathfrak{w} \times \dot{\mathfrak{w}}}{\omega^2}\right) \times \mathfrak{r}^* \quad \text{(Kreiselbewegung des Raumes).} \tag{892}$$

Für die Beschleunigung der Kreiselbewegung folgt durch Differention von (892) nach t

$$\mathfrak{b}^* = \left(\dot{\mathfrak{w}} + \frac{\dot{\mathfrak{w}} \times \dot{\mathfrak{w}}}{\omega^2} + \frac{\mathfrak{w} \times \ddot{\mathfrak{w}}}{\omega^2} - \frac{2\dot{\omega}}{\omega^3} \mathfrak{w} \times \dot{\mathfrak{w}}\right) \times \mathfrak{r}^* + \left(\mathfrak{w} + \frac{\mathfrak{w} \times \dot{\mathfrak{w}}}{\omega^2}\right) \times \frac{d\mathfrak{r}^*}{dt}\ .$$

Nun ist

$$\dot{\mathfrak{w}} \times \dot{\mathfrak{w}} = 0\ , \quad \frac{d\mathfrak{r}^*}{dt} = v^* = \left(\mathfrak{w} + \frac{\mathfrak{w} \times \dot{\mathfrak{w}}}{\omega^2}\right) \times \mathfrak{r}^*$$

und man erhält

$$\mathfrak{b}^* = \left(\dot{\mathfrak{w}} + \frac{\mathfrak{w} \times \ddot{\mathfrak{w}}}{\omega^2} - \frac{2\dot{\omega}}{\omega^3} \mathfrak{w} \times \dot{\mathfrak{w}}\right) \times \mathfrak{r}^* + \left(\mathfrak{w} + \frac{\mathfrak{w} \times \dot{\mathfrak{w}}}{\omega^2}\right) \times \left(\left(\mathfrak{w} + \frac{\mathfrak{w} \times \dot{\mathfrak{w}}}{\omega^2}\right) \times \mathfrak{r}^*\right). \tag{893}$$

(Kreiselbewegung des Raumes)

67. Gleichzeitige Translation und Kreiselbewegung des Raumes. Allgemeinste Bewegung des Raumes.

Durch Überlagerung der Translationsbewegung von Ziffer 62 mit der Kreiselbewegung von Ziffer 66 ergibt sich die allgemeinste Bewegung des Raumes. Hierfür erhält man

$$\left.\begin{aligned}
\mathfrak{r}^*_{T+\varkappa} &= \mathfrak{r}_T + \mathfrak{r}^* = \mathfrak{r} + \mathfrak{r}_T + \mathfrak{r}_\varkappa \\
v^*_{T+\varkappa} &= v_T + \left(\mathfrak{w} + \frac{\mathfrak{w} \times \dot{\mathfrak{w}}}{\omega^2}\right) \times \mathfrak{r}^* \quad \text{(Gleichzeitige Translation und Kreiselbewegung des Raumes)} \\
\mathfrak{b}^*_{T+\varkappa} &= \mathfrak{b}_T + \left(\dot{\mathfrak{w}} + \frac{\mathfrak{w} \times \ddot{\mathfrak{w}}}{\omega^2} - \frac{2\dot{\omega}}{\omega^3} \mathfrak{w} \times \dot{\mathfrak{w}}\right) \times \mathfrak{r}^* + \left(\mathfrak{w} + \frac{\mathfrak{w} \times \dot{\mathfrak{w}}}{\omega^2}\right) \times \left(\left(\mathfrak{w} + \frac{\mathfrak{w} \times \dot{\mathfrak{w}}}{\omega^2}\right) \times \mathfrak{r}^*\right).
\end{aligned}\right\} \tag{894}$$

68. Relativbewegung, Führungsbewegung, Absolutbewegung.

Wenn sich eine Masse m in einem gewissen Raume bewegt, so soll eine solche Bewegung nunmehr als Relativbewegung der Masse gegen diesen Raum aufgefaßt werden, wie es in Abb. 217 durch Querstriche zum Ausdruck gebracht wurde. Führt der Raum nun seinerseits auch eine Bewegung aus, z. B. eine Rotation oder eine Kreiselbewegung, so sei eine solche Bewegung als Führungsbewegung bezeichnet. Da der Punkt P von Abb. 217 diesem Raume angehört,

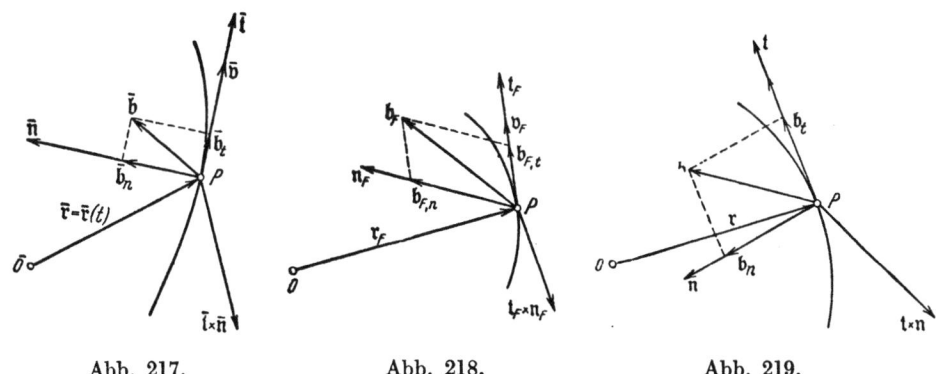

Abb. 217. Abb. 218. Abb. 219.

so muß er außer seiner relativen Bewegung auch noch die Führungsbewegung mitmachen, die für einen außerhalb des Raumes befindlichen festen Bezugspunkt 0 durch die Vektoren $\mathfrak{r}_F, \mathfrak{v}_F, \mathfrak{b}_F$ gemäß Abb. 218 gekennzeichnet sei. Das Ergebnis des Zusammenwirkens von Relativbewegung und Führungsbewegung ist die wahre oder absolute Bewegung von P (Abb. 219). Der Ortsvektor $\mathfrak{r}$ der Absolutbewegung deckt sich in jedem Augenblick mit dem Ortsvektor $\mathfrak{r}_F$ der Führungsbewegung, wobei aber der Führungspunkt P ständig wechselt.

$$\mathfrak{r} = \mathfrak{r}_F . \tag{895}$$

Der Geschwindigkeitsvektor $\mathfrak{v}$ ergibt sich nach dem Satz vom Parallelepiped der Geschwindigkeiten als die geometrische Summe von Führungsgeschwindigkeit und Relativgeschwindigkeit

$$\mathfrak{v} = \mathfrak{v}_F + \bar{\mathfrak{v}} . \tag{896}$$

Hieraus folgt für die Beschleunigung

$$\mathfrak{b} = \frac{d\mathfrak{v}_F}{dt} + \frac{d\bar{\mathfrak{v}}}{dt} = \frac{d(\mathfrak{t}_F \, v_F)}{dt} + \frac{d(\bar{\mathfrak{t}} \, \bar{v})}{dt} . \tag{897}$$

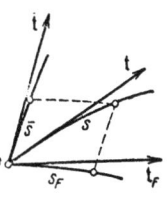

Abb. 220.

Für die Bildung dieser Differentialquotienten muß beachtet werden, daß es sich um die Änderung von $\mathfrak{v}_F$ und $\bar{\mathfrak{v}}$ längs der wahren oder absoluten Bahnkurve handelt. Der erste Differentialquotient stellt daher keineswegs die Führungsbeschleunigung $\mathfrak{b}_F$ von Abb. 218, da diese nicht aus der absoluten Bewegung sondern aus der Führungsbewegung abgeleitet wurde. Ebensowenig ist der zweite Differentialquotient die Relativbeschleunigung von Abb. 217, da diese nur aus der Relativbewegung abgeleitet wurde. Bezeichnen nun gemäß Abb. 220 für die

Umgebung eines Punktes P der absoluten Bahn s_F, $\bar{s}$ und s die Bogenlängen auf Führungsbahn, Relativbahn und Absolutbahn, so werden diese durch die Zeit einander zugeordnet. Man kann daher in (897) $\mathfrak{t}_F$ und $\bar{\mathfrak{t}}$ als Funktionen von s_F und $\bar{s}$ auffassen, die dann ihrerseits wieder von der Zeit abhängen. In dieser Darstellung folgt

$$\frac{d\mathfrak{t}_F}{dt} = \frac{\partial \mathfrak{t}_F}{\partial s_F}\frac{ds_F}{dt} + \frac{\partial \mathfrak{t}_F}{\partial \bar{s}}\frac{d\bar{s}}{dt} = \frac{\partial \mathfrak{t}_F}{\partial s_F} v_F + \frac{\partial \mathfrak{t}_F}{\partial \bar{s}} \bar{v},$$

$$\frac{d\bar{\mathfrak{t}}}{dt} = \frac{\partial \bar{\mathfrak{t}}}{\partial s_F}\frac{ds_F}{dt} + \frac{\partial \bar{\mathfrak{t}}}{\partial \bar{s}}\frac{d\bar{s}}{dt} = \frac{\partial \bar{\mathfrak{t}}}{\partial s_F} v_F + \frac{\partial \bar{\mathfrak{t}}}{\partial \bar{s}} v$$

und damit

$$\mathfrak{b} = \mathfrak{t}_F \frac{dv_F}{dt} + \frac{\partial \mathfrak{t}_F}{\partial s_F} v_F^2 + \frac{\partial \mathfrak{t}_F}{\partial \bar{s}} \bar{v} v_F + \bar{\mathfrak{t}} \frac{d\bar{v}}{dt} + \frac{\partial \bar{\mathfrak{t}}}{\partial s_F} v_F \bar{v} + \frac{\partial \bar{\mathfrak{t}}}{\partial \bar{s}} \bar{v}^2.$$

Nun ist aber

$$\frac{\partial \mathfrak{t}_F}{\partial s_F} = \mathfrak{n}_F \varkappa_F, \qquad \frac{\partial \bar{\mathfrak{t}}}{\partial \bar{s}} = \bar{\mathfrak{n}} \varkappa$$

und man erhält unter gleichzeitiger Teilzusammenfassung

$$\mathfrak{b} = \left(\mathfrak{t}_F \frac{dv_F}{dt} + \mathfrak{n}_F \varkappa_F v_F^2\right) + \left(\bar{\mathfrak{t}} \frac{d\bar{v}}{dt} + \bar{\mathfrak{n}} \varkappa \bar{v}^2\right) + \left(\frac{\partial \mathfrak{t}_F}{\partial \bar{s}} + \frac{\partial \bar{\mathfrak{t}}}{\partial s_F}\right) v_F \bar{v}. \quad (898)$$

In (898) stellt die erste Klammer die Führungsbeschleunigung, die zweite die Relativbeschleunigung dar. Die im dritten Gliede enthaltene Teilbeschleunigung wird gemäß

$$\mathfrak{b}_C = \left(\frac{\partial \mathfrak{t}_F}{\partial \bar{s}} + \frac{\partial \bar{\mathfrak{t}}}{\partial s_F}\right) v_F \bar{v} \qquad \text{(Coriolisbeschleunigung)} \qquad (899)$$

als Coriolisbeschleunigung bezeichnet; sie ist dem Produkt von Führungsgeschwindigkeit und Relativgeschwindigkeit proportional. Somit folgt

$$\mathfrak{b} = \mathfrak{b}_F + \bar{\mathfrak{b}}_R + \mathfrak{b}_C. \qquad (900)$$

69. Relativbewegung bei Translation des Raumes.

Im Sonderfalle einer Translation des Raumes ist $\mathfrak{t}_F$ für alle Raumpunkte konstant und $\bar{\mathfrak{t}}$ allein mit $\bar{s}$ veränderlich. Damit verschwindet die Klammer in (899) und man erhält

$$\mathfrak{b}_C = 0 \qquad \text{(Translation des Raumes).} \qquad (901)$$

Damit lauten (895), (896) und (900)

$$\mathfrak{r} = \mathfrak{r}_F, \qquad \mathfrak{v} = \mathfrak{v}_F + \bar{\mathfrak{v}}, \qquad \mathfrak{b} = \mathfrak{b}_F + \bar{\mathfrak{b}} \qquad \text{(Translation des Raumes).} \quad (902)$$

70. Relativbewegung bei Rotation des Raumes.

Bei einer Rotation des Raumes um eine feste Achse $\mathfrak{d}$ ist nach Ziffer 63 und insbesondere Gl. (874) der Tangentenvektor

$$\mathfrak{t}^* = \frac{\mathfrak{d} \times \mathfrak{r}^*}{|\mathfrak{d} \times \mathfrak{r}^*|}.$$

In der Umgebung von P ist nach Abb. 221

$$\mathfrak{r}^* = \mathfrak{r} + \mathfrak{t}_F s_F + \bar{\mathfrak{t}}\bar{s},$$

während $\mathfrak{t}^*$ den Tangentenvektor $\mathfrak{t}_F$ der Führungsbewegung darstellt. Somit folgt

$$\mathfrak{t}_F = \frac{\mathfrak{d} \times (\mathfrak{r} + \mathfrak{t}_F s_F + \bar{\mathfrak{t}}\bar{s})}{|\mathfrak{d} \times (\mathfrak{r} + \mathfrak{t}_F s_F + \bar{\mathfrak{t}}\bar{s})|} \quad \text{(Umgebung von } P\text{)}.$$

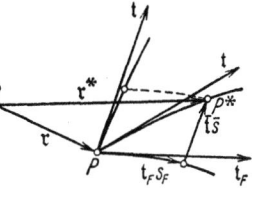

Abb. 221.

Der partielle Differentialquotient dieses Tangentenvektors nach $\bar{s}$ an der Stelle $s_F = 0$, $\bar{s} = 0$ stellt das erste Glied in der Klammer von (899) dar. Man erhält

$$\frac{\partial \mathfrak{t}_F}{\partial \bar{s}} = \lim_{\substack{s_F \to 0 \\ \bar{s} \to 0}} \left[\frac{\mathfrak{d} \times \bar{\mathfrak{t}}}{|\mathfrak{d} \times (\mathfrak{r} + \mathfrak{t}_F s_F + \bar{\mathfrak{t}}\bar{s})|} - \frac{[\mathfrak{d} \times (\mathfrak{r} + \mathfrak{t}_F s_F + \bar{\mathfrak{t}}\bar{s})](\mathfrak{d} \times \bar{\mathfrak{t}})^2 \bar{s}}{[(\mathfrak{d} \times \mathfrak{r})^2 + (\mathfrak{d} \times \mathfrak{t}_F)^2 s_F^2 + (\mathfrak{d} \times \bar{\mathfrak{t}})^2 \bar{s}^2]^{3/2}} \right] = \frac{\mathfrak{d} \times \bar{\mathfrak{t}}}{|\mathfrak{d} \times \mathfrak{r}|}. \quad (903)$$

Der zweite Differentialquotient in der Klammer von (899) ist der Differentialquotient eines Vektors im Drehfelde, der, wenn auf die Zeit rücktransformiert wird, unmittelbar mit Hilfe von (880) dargestellt werden kann. Es ergibt sich

$$\frac{\partial \bar{\mathfrak{t}}}{\partial s_F} = \frac{1}{v_F}\left(\frac{\partial \bar{\mathfrak{t}}}{\partial s_F}\frac{ds_F}{dt}\right) = \frac{1}{v_F}\frac{\partial \bar{\mathfrak{t}}}{\partial t} = \frac{\mathfrak{d}}{v_F} \times \bar{\mathfrak{t}}\,\omega = \frac{\omega}{v_F}\mathfrak{d} \times \bar{\mathfrak{t}}. \quad (904)$$

Mit (903) und (904) folgt für die Coriolisbeschleunigung

$$\mathfrak{b}_c = \left(\frac{\mathfrak{d} \times \bar{\mathfrak{t}}}{|\mathfrak{d} \times \mathfrak{r}|} + \frac{\omega}{v_F}\mathfrak{d} \times \bar{\mathfrak{t}}\right) v_F \bar{v}.$$

Nun erhält man aber bei sinngemäßer Anwendung von (875) und (743)

$$|\mathfrak{d} \times \mathfrak{r}| = r', \qquad v_F = r'\omega, \qquad |\mathfrak{d} \times \mathfrak{r}| = \frac{v_F}{\omega}$$

und damit

$$\mathfrak{b}_c = 2\mathfrak{d} \times \bar{\mathfrak{t}}\bar{v}\,\omega = 2(\mathfrak{d}\omega) \times (\bar{\mathfrak{t}}\bar{v}).$$

Hierin stellt die erste Klammer den Winkelgeschwindigkeitsvektor, die zweite den Relativgeschwindigkeitsvektor dar und es folgt schließlich

$$\mathfrak{b}_c = 2\mathfrak{w} \times \bar{\mathfrak{v}} \quad \text{(Rotation des Raumes)}. \quad (905)$$

Mit (905) liegt die Absolutbewegung wieder fest und man erhält

$$\mathfrak{r} = \mathfrak{r}_F, \quad \mathfrak{v} = \mathfrak{v}_F + \bar{\mathfrak{v}}, \quad \mathfrak{b} = \mathfrak{b}_F + \bar{\mathfrak{b}} + \mathfrak{b}_c \quad \text{(Rotation des Raumes)}. \quad (906)$$

71. Relativbewegung bei Schraubung des Raumes.

Bei gleichzeitiger Translation und Rotation, d. h. bei einer Schraubung des Raumes, ergibt sich keine Veränderung gegenüber den Gln (905) und (906), da nach (901) die Translation des Raumes keine Coriolisbeschleunigung im Gefolge hat. Somit erhält man

$$\mathfrak{b}_c = 2\mathfrak{w} \times \bar{\mathfrak{v}} \quad \text{(Schraubung des Raumes)}. \quad (907)$$

$$\mathfrak{r} = \mathfrak{r}_F, \quad \mathfrak{v} = \mathfrak{v}_F + \bar{\mathfrak{v}}, \quad \mathfrak{b} = \mathfrak{b}_F + \bar{\mathfrak{b}} + \bar{\mathfrak{b}}_c \quad \text{(Schraubung des Raumes)}. \quad (908)$$

210 Der beliebig bewegte, punktförmig idealisierte Körper.

72. Beispiele zur Relativbewegung.

Beispiel 22. Bewegungszustand eines Punktes am Umfang eines Laufrades, das auf kreisringförmiger Bahn abrollt. (Laufrad eines gewöhnlichen Drehkranes oder eines Eisenbahnzuges in der Kurve.) Das hier zur Untersuchung gestellte Problem ist dadurch ausgezeichnet, daß durch die früheren Untersuchungen die geometrischen Bestimmungsstücke der Führungsbewegung, der Relativbewegung und der Absolutbewegung vollständig vorliegen, so daß die Untersuchung gleichzeitig im absoluten und im relativen System durchgeführt werden kann. Gemäß Abb. 222 bezeichne a den Halbmesser der Rollbahn, a_R denjenigen des Rollkreises, ω und $\dot\omega$ bzw. ω_R und $\dot\omega_R$ seien die zugehörigen Winkelgeschwindigkeiten und s' sei die von einem Spitzenpunkte der Absolutbahn aus gemessene Bogenlänge auf der Rollbahn, die bei gleitungsfreiem Ab-

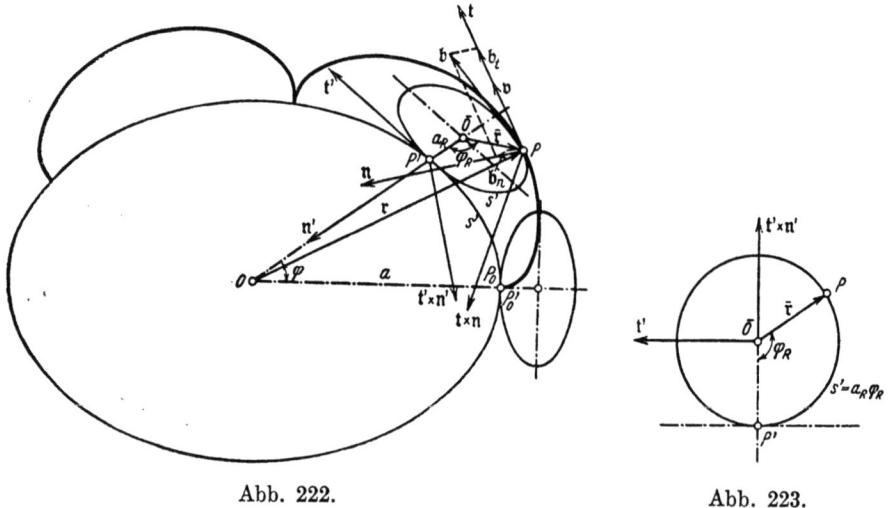

Abb. 222. Abb. 223.

rollen mit der entsprechenden Bogenlänge auf den Rollkreisen übereinstimmen muß. Hieraus folgt, wenn die Drehwinkel beziehungsweise mit φ und φ_R bezeichnet werden,

$$a\varphi = a_R\varphi_R = s', \qquad a\omega = a_R\omega_R = \frac{ds'}{dt}, \qquad a\dot\omega = a_R\dot\omega_R = \frac{d^2s'}{dt^2}. \qquad (909)$$

Die Absolutbahnen aller Punkte am Umfang des Laufrades sind die in Ziffer 36 untersuchten Ringzykloiden, für die in den Gln (486) bis (489) alle differentialgeometrischen Unterlagen enthalten sind; eine dieser Ringzykloiden ist in Abb. 222 eingezeichnet worden. Nach den in diesem Kapitel eingeführten Bezeichnungen müssen die Sterne in (486) bis (489) fortfallen. Zur Unterscheidung sollen dann in (486) bis (489) die Bestimmungsstücke ohne Stern, soweit sie sich auf die Rollbahn beziehen, mit einem Strich versehen werden. Sie dürfen auf keinen Fall mit dem Index F belegt werden, da Rollbahn und Führungsbahn nichts miteinander zu tun haben. Diejenigen der Gln (486) bis (489), die nachfolgend benötigt werden, sind anschließend auf die neuen Bezeichnungen umgeschrieben worden.

72. Beispiele zur Relativbewegung.

$$\mathfrak{r} = \mathfrak{r}' - \mathfrak{t}' a_R \sin\frac{s'}{a_R} + \mathfrak{t}' \times \mathfrak{n}' a_R\left(1 - \cos\frac{s'}{a_R}\right) = -\mathfrak{t}' a_R \sin\frac{s'}{a_R} -$$
$$- \mathfrak{n}' a + \mathfrak{t}' \times \mathfrak{n}' a_R\left(1 - \cos\frac{s'}{a_R}\right) ,$$

$$\frac{d\mathfrak{r}}{ds'} = \mathfrak{t}'\left(1 - \cos\frac{s'}{a_R}\right) - \mathfrak{n}' a_R \varkappa' \sin\frac{s'}{a_R} + \mathfrak{t}' \times \mathfrak{n}' \sin\frac{s'}{a_R} ,$$

$$\varkappa = \frac{\sqrt{\left[2 + 18 a_R^2 \varkappa'^2 - (1 + 11 a_R^2 \varkappa'^2 - 6 a_R^4 \varkappa'^4) \sin^2\frac{s'}{a_R} - a_R^4 \varkappa'^4 (1 - a_R^2 \varkappa'^2) \sin^4\frac{s'}{a_R}\right]}}{a_R\left[2\left(1 - \cos\frac{s'}{a_R}\right) + a_R^2 \varkappa'^2 \sin^2\frac{s'}{a_R}\right]^{3/2}} -$$

$$\frac{-2\left[1 + 9 a_R^2 \varkappa'^2 - a_R^2 \varkappa'^2 (1 - 3 a_R^2 \varkappa'^2) \sin^2\frac{s'}{a_R}\right] \cos\frac{s'}{a_R}}{a_R\left[2\left(1 - \cos\frac{s'}{a_R}\right) + a_R^2 \varkappa'^2 \sin^2\frac{s'}{a_R}\right]^{3/2}} ,$$

$$\mathfrak{t} = \frac{\mathfrak{t}'\left(1 - \cos\frac{s'}{a_R}\right) - \mathfrak{n}' a_R \varkappa' \sin\frac{s'}{a_R} + \mathfrak{t}' \times \mathfrak{n}' \sin\frac{s'}{a_R}}{\sqrt{2\left(1 - \cos\frac{s'}{a_R}\right) + a_R^2 \varkappa'^2 \sin^2\frac{s'}{a_R}}} ,\quad (910)$$

$$\mathfrak{n} = \frac{\mathfrak{t}'\left[(1 + 3 a_R^2 \varkappa'^2)\left(1 - \cos\frac{s'}{a_R}\right) + a_R^4 \varkappa'^4 \sin^2\frac{s'}{a_R}\right]\sin\frac{s'}{a_R}}{a_R \varkappa\left[2\left(1 - \cos\frac{s'}{a_R}\right) + a_R^2 \varkappa'^2 \sin^2\frac{s'}{a_R}\right]^2} +$$

$$+ \frac{\mathfrak{n}' a_R \varkappa'\left(1 - \cos\frac{s'}{a_R}\right)\left[3\left(1 - \cos\frac{s'}{a_R}\right) + a_R^2 \varkappa'^2 \sin^2\frac{s'}{a_R}\right] - \mathfrak{t}' \times \mathfrak{n}'\left(1 - \cos\frac{s'}{a_R}\right)^2}{a_R \varkappa\left[2\left(1 - \cos\frac{s'}{a_R}\right) + a_R^2 \varkappa'^2 \sin^2\frac{s'}{a_R}\right]^2} ,$$

$$\lim_{s' \to 0} \varkappa = \frac{1 + 2 a_R^2 \varkappa'^2}{2(1 + a_R^2 \varkappa'^2)} \frac{1}{\lim_{s' \to 0} s'}$$

(Ringzykloide als Absolutbahn und Führungsbahn)

$$\lim_{s' \to 0} \mathfrak{t} = \frac{-\mathfrak{n}_0' a_R \varkappa' + \mathfrak{t}_0' \times \mathfrak{n}_0'}{\sqrt{1 + a_R^2 \varkappa'^2}} ,$$

$$\lim_{s' \to 0} \mathfrak{n} = \mathfrak{t}_0' .$$

In den Gln (910) ist im Hinblick auf die kreisförmige Rollbahn

$$\varkappa' = \frac{1}{a} . \qquad (911)$$

In Verbindung mit (909) bis (911) folgt nun

$$\mathfrak{v} = \frac{d\mathfrak{r}}{ds'}\frac{ds'}{dt} = \left[\mathfrak{t}'\left(1 - \cos\frac{s'}{a_R}\right) - \mathfrak{n}' a_R \varkappa' \sin\frac{s'}{a_R} + \mathfrak{t}' \times \mathfrak{n}' \sin\frac{s'}{a_R}\right] a\omega \qquad (912)$$

oder unter Abspaltung von $\mathfrak{t}$ nach (910)[4]

$$\mathfrak{v} = \mathfrak{t} a \omega \sqrt{2\left(1 - \cos\frac{s'}{a_R}\right) + a_R^2 \varkappa'^2 \sin^2\frac{s'}{a_R}} . \qquad (913)$$

14*

Aus (913) ergibt sich die Bahngeschwindigkeit zu

$$v = a\,\omega \sqrt{2\left(1 - \cos\frac{s'}{a_R}\right) + a_R^2\,\varkappa'^2 \sin^2\frac{s'}{a_R}}\ . \tag{914}$$

Ferner erhält man für die Normalbeschleunigung

$$b_n = \varkappa\,v^2 = a^2\,\omega^2\,\varkappa\left[2\left(1 - \cos\frac{s'}{a_R}\right) + a_R^2\,\varkappa'^2 \sin^2\frac{s'}{a_R}\right]\ . \tag{915}$$

Die Differentiation von (914) nach t liefert die Bahnbeschleunigung

$$b_t = a\,\dot\omega \sqrt{2\left(1 - \cos\frac{s'}{a_R}\right) + a_R^2\,\varkappa'^2 \sin^2\frac{s'}{a_R}} + \frac{a^2\,\omega^2}{a_R}\,\frac{\left(1 + a_R^2\,\varkappa'^2 \cos\frac{s'}{a_R}\right)\sin\frac{s'}{a_R}}{\sqrt{2\left(1 - \cos\frac{s'}{a_R}\right) + a_R^2\,\varkappa'^2 \sin^2\frac{s'}{a_R}}}\ . \tag{916}$$

Für die Gesamtbeschleunigung folgt

$$\mathfrak{b} = \mathfrak{t}\,b_t + \mathfrak{n}\,b_n\ . \tag{917}$$

Damit sind sämtliche mechanischen Bestimmungsstücke der Absolutbewegung mit Hilfe der Differentialgeometrie der Ringzykloide als absoluter Bahnkurve auf unmittelbarem Wege gewonnen worden. In den Spitzenpunkten folgt durch Grenzwertbildung in Verbindung mit (910), daß sämtliche mechanischen Bestimmungsstücke verschwinden. Die Spitzenpunkte der Zykloiden stellen somit in mechanischer Hinsicht keine Singularitäten dar.

Das gleiche Problem soll nun mit den Formeln der Relativbewegung behandelt werden, was im vorliegenden Falle nach den Formeln von Ziffer 70 zu geschehen hat. Nach den ersten der Gln (906) ist der Ortsvektor $\mathfrak{r}$ der Absolutbewegung gleich dem Ortsvektor $\mathfrak{r}_F$ der Führungsbewegung und es folgt daher nach der ersten der Gln (910)

$$\mathfrak{r} = \mathfrak{r}_F = -\mathfrak{t}'\,a_R \sin\frac{s'}{a_R} - \mathfrak{n}'\,a + \mathfrak{t}' \times \mathfrak{n}'\,a_R\left(1 - \cos\frac{s'}{a_R}\right)\ . \tag{918}$$

Der Drehachsenvektor $\mathfrak{d}$ fällt gemäß Abb. 222 in die Lotrechte zur Rollbahnebene und kann demgemäß in der Form

$$\mathfrak{d} = \mathfrak{t}' \times \mathfrak{n}' \tag{919}$$

dargestellt werden. Hieraus folgt unmittelbar der Winkelgeschwindigkeitsvektor

$$\mathfrak{w} = \mathfrak{d}\,\omega = \mathfrak{t}' \times \mathfrak{n}'\,\omega\ . \tag{920}$$

Für die Führungsgeschwindigkeit ergibt sich nach der zweiten der Gln (879)

$$\mathfrak{v}_F = \mathfrak{w} \times \mathfrak{r}_F = (\mathfrak{t}' \times \mathfrak{n}'\,\omega) \times \left(-\mathfrak{t}'\,a_R \sin\frac{s'}{a_R} - \mathfrak{n}'\,a + \mathfrak{t}' \times \mathfrak{n}'\,a_R\left(1 - \cos\frac{s'}{a_R}\right)\right)\ .$$

Nun stellen $\mathfrak{t}'$, $\mathfrak{n}'$, $\mathfrak{t}' \times \mathfrak{n}'$ ein linksorientiertes Achsenkreuz dar. Demgemäß gelten die Beziehungen

$$\left.\begin{array}{c} \mathfrak{t}'\,\mathfrak{n}' = \mathfrak{n}'\,(\mathfrak{t}' \times \mathfrak{n}') = (\mathfrak{t}' \times \mathfrak{n}')\,\mathfrak{t}' = 0\ ; \\ (\mathfrak{t}' \times \mathfrak{n}') \times \mathfrak{t}' = \mathfrak{n}'\ ,\quad (\mathfrak{t}' \times \mathfrak{n}') \times \mathfrak{n}' = -\mathfrak{n}' \times (\mathfrak{t}' \times \mathfrak{n}') = -\mathfrak{t}'\ , \\ (\mathfrak{t}' \times \mathfrak{n}') \times (\mathfrak{t}' \times \mathfrak{n}') = 0 \end{array}\right\} \tag{921}$$

72. Beispiele zur Relativbewegung.

und man erhält nach Ausmultiplizieren

$$\mathfrak{v}_F = \left(\mathfrak{t}' a - \mathfrak{n}' a_R \sin \frac{s'}{a_R}\right) \omega . \qquad (922)$$

Für die Führungsbeschleunigung folgt nach der dritten der Gln (879)

$$\mathfrak{b}_F = \dot{\mathfrak{w}} \times \mathfrak{r}_F + \mathfrak{w} \times (\mathfrak{w} \times \mathfrak{r}_F) = (\mathfrak{t}' \times \mathfrak{n}' \dot{\omega}) \times$$

$$\times \left(-\mathfrak{t}' a_R \sin \frac{s'}{a_R} - \mathfrak{n}' a + \mathfrak{t}' \times \mathfrak{n}' a_R \left(1 - \cos \frac{s'}{a_R}\right)\right) +$$

$$+ (\mathfrak{t}' \times \mathfrak{n}' \omega) \times \left((\mathfrak{t}' \times \mathfrak{n}' \omega) \times \left(-\mathfrak{t}' a_R \sin \frac{s'}{a_R} - \mathfrak{n}' a + \mathfrak{t}' \times \mathfrak{n}' a_R \left(1 - \cos \frac{s'}{a_R}\right)\right)\right)$$

oder unter Verwendung von (922)

$$\mathfrak{b}_F = \left(\mathfrak{t}' a - \mathfrak{n}' a_R \sin \frac{s'}{a_R}\right) \dot{\omega} + (\mathfrak{t}' \times \mathfrak{n}' \omega) \times \left(\mathfrak{t}' a - \mathfrak{n}' a_R \sin \frac{s'}{a_R}\right) \omega$$

oder nach Ausmultiplizieren

$$\mathfrak{b}_F = \left(\mathfrak{t}' a - \mathfrak{n}' a_R \sin \frac{s'}{a_R}\right) \dot{\omega} + \left(\mathfrak{t}' a_R \sin \frac{s'}{a_R} + \mathfrak{n}' a\right) \omega^2 . \qquad (923)$$

Die Relativbewegung besteht gemäß Abb. 223 in einer Drehung um den Laufradmittelpunkt $\bar{0}$. Demgemäß ergibt sich für $\bar{\mathfrak{r}}$

$$\bar{\mathfrak{r}} = \mathfrak{n}' a_R \cos \varphi_R - \mathfrak{t}' a_R \sin \varphi_R = - \mathfrak{t}' a_R \sin \frac{s'}{a_R} - \mathfrak{t}' \times \mathfrak{n}' a_R \cos \frac{s'}{a_R} . \qquad (924)$$

Hieraus folgt für Relativgeschwindigkeit und Relativbeschleunigung

$$\bar{\mathfrak{v}} = \frac{d\bar{\mathfrak{r}}}{dt} = \frac{d\bar{\mathfrak{r}}}{ds'} \frac{ds'}{dt} = \frac{d\bar{\mathfrak{r}}}{ds'} a \frac{d\varphi}{dt} = a \omega \frac{d\bar{\mathfrak{r}}}{ds'} = - a \omega \left(\mathfrak{t}' \cos \frac{s'}{a_R} - \mathfrak{t}' \times \mathfrak{n}' \sin \frac{s'}{a_R}\right). \qquad (925)$$

$$\bar{\mathfrak{b}} = \frac{d\bar{\mathfrak{v}}}{dt} = - a \dot{\omega} \left(\mathfrak{t}' \cos \frac{s'}{a_R} - \mathfrak{t}' \times \mathfrak{n}' \sin \frac{s'}{a_R}\right) + \frac{a^2 \omega^2}{a_R} \left(\mathfrak{t}' \sin \frac{s'}{a_R} + \mathfrak{t}' \times \mathfrak{n}' \cos \frac{s'}{a_R}\right). \qquad (926)$$

Schließlich folgt für die Coriolisbeschleunigung nach (905)

$$\mathfrak{b}_c = 2 \mathfrak{w} \times \bar{\mathfrak{v}} = - 2 (\mathfrak{t}' \times \mathfrak{n}' \omega) \times a \omega \left(\mathfrak{t}' \cos \frac{s'}{a_R} - \mathfrak{t}' \times \mathfrak{n}' \sin \frac{s'}{a_R}\right)$$

oder ausgewertet

$$\mathfrak{b}_c = - 2 a \omega^2 \mathfrak{n}' \cos \frac{s'}{a_R} . \qquad (927)$$

Die Überlagerung der Teilgeschwindigkeiten und Teilbeschleunigungen gemäß (906) ergibt

$$\left.\begin{aligned}
\mathfrak{v} &= \mathfrak{v}_F + \bar{\mathfrak{v}} = a \omega \left(\mathfrak{t}' \left(1 - \cos \frac{s'}{a_R}\right) - \mathfrak{n}' \frac{a_R}{a} \sin \frac{s'}{a_R} + \mathfrak{t}' \times \mathfrak{n}' \sin \frac{s'}{a_R}\right) , \\
\mathfrak{b} &= \mathfrak{b}_F + \bar{\mathfrak{b}} + \mathfrak{b}_c = a \dot{\omega} \left(\mathfrak{t}' \left(1 - \cos \frac{s'}{a_R}\right) - \mathfrak{n}' \frac{a_R}{a} \sin \frac{s'}{a_R} + \mathfrak{t}' \times \mathfrak{n}' \sin \frac{s'}{a_R}\right) + \\
&\quad + a \omega^2 \left(2 \mathfrak{t}' \frac{a}{a_R} \sin \frac{s'}{a_R} + \mathfrak{n}' \left(1 - 2 \cos \frac{s'}{a_R}\right) + \mathfrak{t}' \times \mathfrak{n}' \frac{a}{a_R} \cos \frac{s'}{a_R}\right) .
\end{aligned}\right\} \quad (928)$$

214 Der beliebig bewegte, punktförmig idealisierte Körper.

In (928) erscheinen der Geschwindigkeits- und Beschleunigungsvektor in der Komponentendarstellung des begleitenden Vektorkreuzes der Rollbahn, während sie in der Herleitung auf unmittelbarem Wege gemäß (913), (915) bis (917) nach der Tangenten- und Normalenrichtung der Absolutbahn aufgespalten sind. Die Übereinstimmung der auf beiden Wegen ermittelten Geschwindigkeiten erkennt man unmittelbar durch Vergleich von (912) und (928). Um die Beschleunigungen vergleichen zu können, müßte eine entsprechende Zusammenfassung von (917) mit (915) und (916) vorgenommen werden.

Die hier auf beiden Wegen durchgeführte Behandlung läßt klar erkennen, daß die Einschaltung der Relativbewegung im allgemeinen den Vorzug verdient, da die Darstellung der Vektoren im Bezugssystem der Rollbahn meist kürzer und übersichtlicher ist.

Beispiel 23. Ein fahrbarer Portaldrehkran gemäß Abb. 224 bewegt eine Last vom Gewichte G mit der Geschwindigkeit $\mathfrak{v}_0$ lotrecht nach oben. Wie groß ist die Coriolisbeschleunigung, wenn

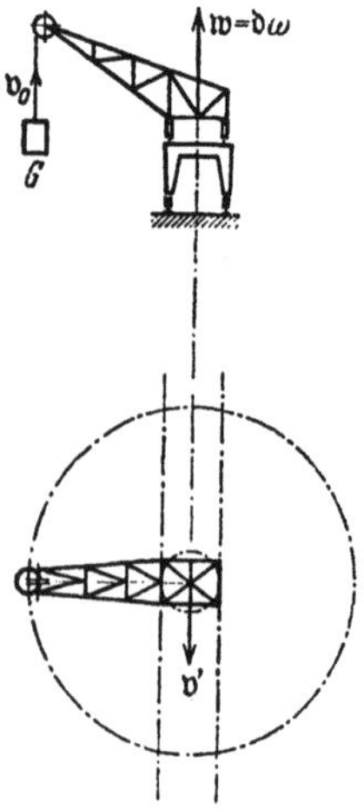

a) das Portalfahrwerk stillsteht und das Drehwerk n Umdrehungen in der Minute macht,

b) das Portalfahrwerk sich auf geradliniger Bahn mit der Geschwindigkeit v' bewegt und das Drehwerk stillsteht,

c) Portalfahrwerk und Drehwerk gleichzeitig arbeiten?

Im Falle a) ist

$$\mathfrak{w} = \mathfrak{d}\frac{2n\pi}{60}, \qquad \bar{\mathfrak{v}} = \mathfrak{v}_0 = v_0\,\mathfrak{d}$$

und damit die Coriolisbeschleunigung

$$\mathfrak{b}_c = \mathfrak{d} \times \mathfrak{d}\frac{2n\pi v_0}{60} = 0\;.$$

Wenn Relativgeschwindigkeitsvektor und Winkelgeschwindigkeitsvektor einander parallel sind, so kann keine Coriolisbeschleunigung entstehen.

Abb. 224.

Im Falle b) ist

$$\omega = 0\;, \qquad \bar{\mathfrak{v}} = \mathfrak{v}_0 = v_0\,\mathfrak{d}$$

und damit die Coriolisbeschleunigung

$$\mathfrak{b}_c = 0\;.$$

Eine Coriolisbeschleunigung tritt erst auf, wenn die Führungsbewegung krummlinig ist, d. h. in dem Krümmungsmittelpunkt ein momentanes Drehzentrum aufweist.

Im Falle c) liegt im Grunde genommen eine zweifache Relativbewegung vor. Werden Drehbewegung und Einziehbewegung überlagert, so ergibt sich als Relativbewegung der Last eine Schraubungsbewegung mit der Drehachse als Schraubungsachse. Die Führungsbewegung besitzt wie im Falle b) keine Winkelgeschwindigkeit. Infolgedessen muß auch im Falle c)

$$\mathfrak{b}_c = 0$$

sein.

72. Beispiele zur Relativbewegung.

Beispiel 24. Auf einer Karussellverladebrücke, die sich gemäß Abb. 225 um einen festen Punkt 0 dreht, fährt ein Drehkran mit der Geschwindigkeit v_1, während das Drehwerk n_0 Umdrehungen in der Minute macht. An der Auslegerrolle des Drehkrans hängt eine Last vom Gewichte G, die mit der Geschwindigkeit v_0 gehoben wird. Das Drehwerk der Karussellverladebrücke ist für n Umdrehungen in der Minute ausgerüstet. Welche Beschleunigung erfährt die Last,

a) wenn das Drehwerk der Karussellbrücke, das Fahrwerk des Drehkrans und das Hubwerk des Drehkrans in Betrieb sind,

b) wenn das Drehwerk der Karussellbrücke, das Drehwerk des Drehkrans und das Hubwerk des Drehkrans in Betrieb sind,

c) wenn sämtliche Triebwerke der Verladeanlage gleichzeitig arbeiten?

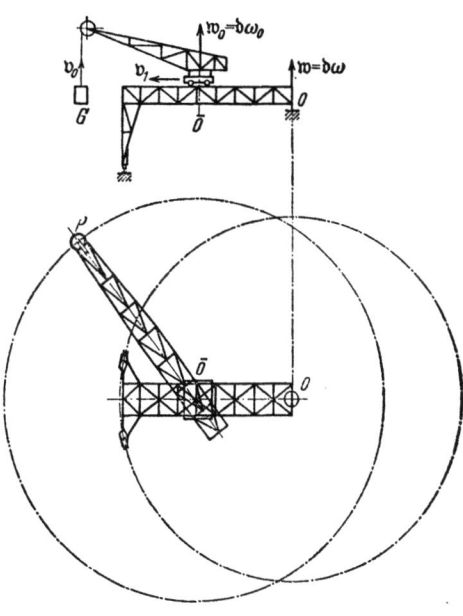

Abb. 225.

Im Falle a) ist die Führungsbewegung eine Drehbewegung um 0 mit dem Winkelgeschwindigkeitsvektor

$$\mathfrak{w} = \mathfrak{d}\omega = \mathfrak{d}\frac{2n\pi}{60}$$

und die Relativbewegung eine Translation mit dem Geschwindigkeitsvektor

$$\bar{\mathfrak{v}} = \mathfrak{v}_0 + \mathfrak{v}_1 .$$

Da die Bewegungsvorgänge mit konstanter Geschwindigkeit bzw. Drehgeschwindigkeit erfolgen, besteht die Führungsbeschleunigung gemäß Abb. 226 in einer Normalbeschleunigung

$$\mathfrak{b}_F = -\mathfrak{r}'\omega^2 = -\mathfrak{r}'\left(\frac{2n\pi}{60}\right)^2 ,$$

wenn $\mathfrak{r}'$ den Komponentenvektor von $\mathfrak{r}$ in der Drehebene bezeichnet. Die Relativbeschleunigung einer stationären Translation ist

$$\bar{\mathfrak{b}} = 0 .$$

Für die Coriolisbeschleunigung folgt

$$\mathfrak{b}_c = 2\mathfrak{w} \times (\mathfrak{v}_0 + \mathfrak{v}_1) = 2\mathfrak{d}\frac{2n\pi}{60} \times (\mathfrak{d}v_0 + \mathfrak{r}_0^- v_1)$$

oder

$$\mathfrak{b}_c = \mathfrak{d} \times \mathfrak{r}_0^- \frac{4n\pi v_1}{60} .$$

Dieser Vektor steht senkrecht auf $\mathfrak{d}$ und $\mathfrak{r}_0^-$ und liegt damit in der Ebene von Abb. 226. Die resultierende Beschleunigung liegt daher ebenfalls in dieser Ebene und ergibt sich zu

$$\mathfrak{b} = \mathfrak{b}_F + \bar{\mathfrak{b}} + \mathfrak{b}_c = -\mathfrak{r}'\left(\frac{2n\pi}{60}\right)^2 + \mathfrak{d} \times \bar{\mathfrak{r}}_0 \frac{2n\pi v_1}{60} .$$

Im Falle b) ist die Führungsbewegung wieder eine Drehbewegung um 0 mit Winkelgeschwindigkeitsvektor

$$\mathfrak{w} = \mathfrak{d}\omega = \mathfrak{d}\frac{2n\pi}{60},$$

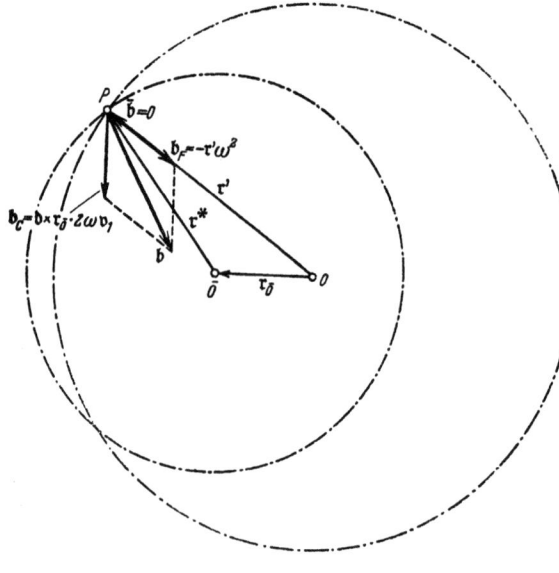

Abb. 226.

während die Relativbewegung jetzt eine Schraubung mit der Drehachse durch $\overline{0}$ als Schraubungsachse darstellt. Für die Führungsbeschleunigung folgt daher wie im Falle a)

$$\mathfrak{b}_F = -\mathfrak{r}'\left(\frac{2n\pi}{60}\right)^2.$$

Für Relativgeschwindigkeit und Relativbeschleunigung liefern die Gln (887) mit

$$\mathfrak{w} = \mathfrak{w}_0 = \mathfrak{d}\omega_0,$$
$$\mathfrak{v}_T = \mathfrak{v}_0 = \mathfrak{d}v_0,$$
$$\mathfrak{b}_T = 0,$$
$$\dot{\mathfrak{w}} = 0$$

und $\mathfrak{r}^*$ gemäß Abb. 227

$$\overline{\mathfrak{v}} = \mathfrak{w}_0\left(\mathfrak{w}_0\frac{v_0}{\omega_0^2}\right) + \mathfrak{w}_0\times\left(\mathfrak{r}^* - \left(\mathfrak{w}_0\times\frac{v_0}{\omega_0^2}\right)\right),$$

$$\overline{\mathfrak{b}} = \mathfrak{w}_0\times\left(\mathfrak{w}_0\times\left(\mathfrak{r}^* - \left(\mathfrak{w}_0\times\frac{v_0}{\omega_0^2}\right)\right)\right),$$

oder

$$\overline{\mathfrak{v}} = \mathfrak{d}\omega_0\left(\mathfrak{d}\mathfrak{d}\frac{v_0}{\omega_0}\right) + \mathfrak{d}\omega_0\times\left(\mathfrak{r}^* - \left(\mathfrak{d}\times\mathfrak{d}\frac{v_0}{\omega_0}\right)\right),$$

$$\overline{\mathfrak{b}} = \mathfrak{d}\omega_0\times\left(\mathfrak{d}\omega_0\times\left(\mathfrak{r}^* - \left(\mathfrak{d}\times\mathfrak{d}\frac{v_0}{\omega_0}\right)\right)\right),$$

oder

$$\overline{\mathfrak{v}} = \mathfrak{d}v_0 + \mathfrak{d}\times\mathfrak{r}^*\omega_0,$$
$$\overline{\mathfrak{b}} = \mathfrak{d}\times(\mathfrak{d}\times\mathfrak{r}^*)\omega_0^2.$$

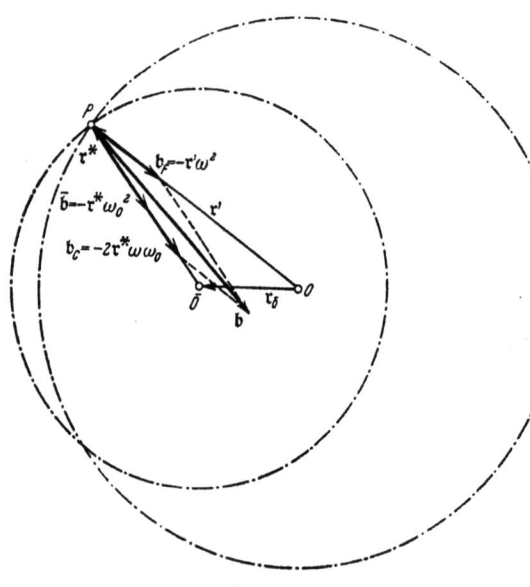

Abb. 227.

Der Vektor $\mathfrak{d}\times\mathfrak{r}^*$ liegt in der Ebene von $\mathfrak{b}_F$ und $\mathfrak{r}^*$ und fällt in die Tangentenrichtung des Kreises um $\overline{0}$ mit $|\mathfrak{r}^*|$, der Vektor $\mathfrak{d}\times(\mathfrak{d}\times\mathfrak{r}^*)\,\omega_0^2$ liegt in der gleichen Ebene normal zu $\mathfrak{d}\times\mathfrak{r}^*$ und kann auch in der Form

$$\overline{\mathfrak{b}} = -\mathfrak{r}^*\omega_0^2 = -\mathfrak{r}^*\left(\frac{2n_0\pi}{60}\right)^2$$

geschrieben werden (Abb. 227). Mit dem gefundenen $\bar{\mathfrak{v}}$-Wert folgt für die Coriolisbeschleunigung

$$\mathfrak{b}_c = 2\bar{\mathfrak{w}} \times \bar{\mathfrak{v}} = 2\mathfrak{d}\omega \times (\mathfrak{d} v_0 + \mathfrak{d} \times \mathfrak{r}^* \omega_0) = 2\mathfrak{d} \times (\mathfrak{d} \times \mathfrak{r}^*) \omega \omega_0 \ .$$

Dieser Vektor liegt somit in der gleichen Richtung wie $\bar{\mathfrak{b}}$ und man erhält

$$\mathfrak{b}_c = -2\mathfrak{r}^* \left(\frac{2n\pi}{60}\right)\left(\frac{2n_0\pi}{60}\right) .$$

Die Überlagerung der Komponentenbeschleunigungen liefert

$$\mathfrak{b} = \mathfrak{b}_F + \bar{\mathfrak{b}} + \mathfrak{b}_c = -\mathfrak{r}'\left(\frac{2n\pi}{60}\right)^2 - \mathfrak{r}^*\left(\frac{2n_0\pi}{60}\right)\left(\frac{2(n_0+2n)\pi}{60}\right) .$$

Im Falle c) tritt bei der Relativbewegung noch eine weitere Translation mit der Geschwindigkeit v_1 hinzu, wodurch die Schraubungsachse gegenüber dem Fall b) eine andere Lage erhält. Da die Beschleunigung durch eine Translation keine Änderung erfährt, bleibt außer der Führungsbeschleunigung auch die Relativbeschleunigung die gleiche. Da im vorliegenden Falle die Relativgeschwindigkeit die Summe der Relativgeschwindigkeiten der Fälle a) und b) darstellt und die Führungsbewegung für sämtliche Fälle die gleiche ist, folgt die Coriolisbeschleunigung durch Überlagerung der Coriolisbeschleunigungen der Fälle a) und b). Somit erhält man

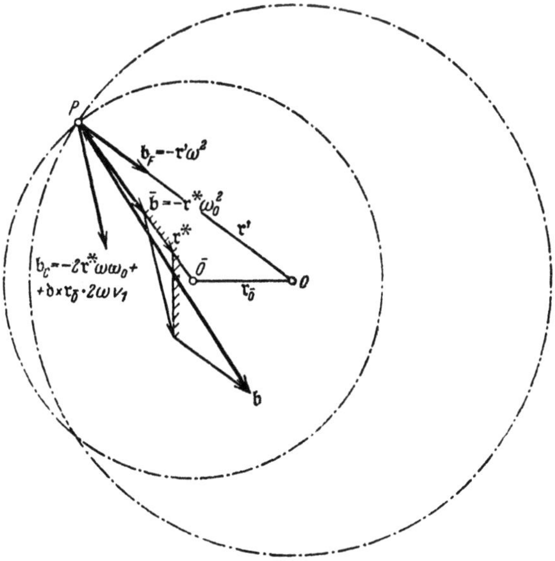

Abb. 228.

$$\mathfrak{b}_F = -\mathfrak{r}'\left(\frac{2n\pi}{60}\right)^2, \quad \bar{\mathfrak{b}} = -\mathfrak{r}^*\left(\frac{2n_0\pi}{60}\right)^2, \quad \mathfrak{b}_c = -2\mathfrak{r}^*\left(\frac{2n\pi}{60}\right)\left(\frac{2n_0\pi}{60}\right) + 2\mathfrak{d} \times \mathfrak{r}_{\bar{0}} \frac{2n\pi v_1}{60} ,$$

und damit

$$\mathfrak{b} = \mathfrak{b}_F + \bar{\mathfrak{b}} + \mathfrak{b}_c = -\mathfrak{r}'\left(\frac{2n\pi}{60}\right)^2 - \mathfrak{r}^*\left(\frac{2n_0\pi}{60}\right)\left(\frac{2(n_0+2n)\pi}{60}\right) + 2\mathfrak{d} \times \mathfrak{r}_{\bar{0}} \frac{2n\pi v_1}{60} .$$

Es sei noch bemerkt, daß durch unmittelbare Überlegungen wie im Falle c) die Herleitung teilweise noch kürzer hätte gestaltet werden können. Es wurde aber absichtlich der Weg über die allgemeinen Formeln der Schraubungsbewegung gewählt, um ihre Anwendung am Beispiel zu zeigen.

73. Die Kräfte bei Raum- und Relativbewegungen.

In den Ziffern dieses Kapitels war bisher immer nur von Geschwindigkeiten und Beschleunigungen als den maßgebenden Größen des Bewegungszustandes die Rede. Da nun nach dem Newtonschen Kraftgesetz die Kraft aus der Beschleunigung durch Multiplikation mit der Masse folgt, lassen sich aus den Formeln der Ziffern 62 bis 71 die entsprechenden Kraftbeziehungen unmittelbar entwickeln. Hierbei tritt an die Stelle der Translationsbeschleunigung die Translationskraft, der Rotationsbeschleunigung die Rotationskraft, der Corioliskraft beschleunigung die Corioliskraft usw. Im einzelnen ergibt sich:

$$\mathfrak{P}^* = \mathfrak{P}_T \qquad \text{(Translation des Raumes)}. \tag{929}$$

$$\left.\begin{aligned}\mathfrak{P}^* &= \mathfrak{P}_t^* + \mathfrak{P}_n^* \\ \mathfrak{P}_t^* &= \mathfrak{t}^* r' m \dot{\omega} = \mathfrak{d} \times \mathfrak{r}^* m \dot{\omega} = m \dot{\mathfrak{w}} \times \mathfrak{r}^* \\ \mathfrak{P}_n^* &= \mathfrak{n}^* r' m \omega^2 = \mathfrak{d} \times (\mathfrak{d} \times \mathfrak{r}^*) m \omega^2 = m \mathfrak{w} \times (\mathfrak{w} \times \mathfrak{r}^*)\end{aligned}\right\} \begin{array}{l}\text{(Rotation} \\ \text{des Raumes).}\end{array} \tag{930}$$

$$\mathfrak{P}^* = \mathfrak{P}_T + \mathfrak{P}_t^* + \mathfrak{P}_n^* \qquad \text{(Translation und Rotation des Raumes)}. \tag{931}$$

$$\left.\begin{aligned}\mathfrak{P}^* &= \mathfrak{d}(\mathfrak{d}\,\mathfrak{P}_T) + \mathfrak{d} \times \left(\mathfrak{r}^* - \left(\mathfrak{d} \times \frac{v_T}{\omega}\right)\right) m \dot{\omega} + \mathfrak{d} \times \left(\mathfrak{d} \times \left(\mathfrak{r}^* - \left(\mathfrak{d} \times \frac{v_T}{\omega}\right)\right)\right) m \omega^2 \\ &= \mathfrak{w}\left(\mathfrak{w}\frac{\mathfrak{P}_T}{\omega^2}\right) + m \dot{\mathfrak{w}} \times \left(\mathfrak{r}^* - \left(\mathfrak{w} \times \frac{v_T}{\omega^2}\right)\right) + m \mathfrak{w} \times \left(\mathfrak{w} \times \left(\mathfrak{r}^* - \left(\mathfrak{w} \times \frac{v_T}{\omega^2}\right)\right)\right).\end{aligned}\right\} \tag{932}$$
(Schraubung des Raumes)

$$\mathfrak{P}^* = m\left(\dot{\mathfrak{w}} + \frac{\mathfrak{w} \times \dot{\mathfrak{w}}}{\omega^2} - \frac{2\dot\omega}{\omega^3} \mathfrak{w} \times \dot{\mathfrak{w}}\right) \times \mathfrak{r}^* + m\left(\mathfrak{w} + \frac{\mathfrak{w} \times \dot{\mathfrak{w}}}{\omega^2}\right) \times \left(\left(\mathfrak{w} + \frac{\mathfrak{w} \times \dot{\mathfrak{w}}}{\omega^2}\right) \times \mathfrak{r}^*\right). \tag{933}$$
(Kreiselbewegung des Raumes)

$$\left.\begin{aligned}\mathfrak{P}^* = \mathfrak{P}_T &+ m\left(\dot{\mathfrak{w}} + \frac{\mathfrak{w} \times \dot{\mathfrak{w}}}{\omega^2} - \frac{2\dot\omega}{\omega^3} \mathfrak{w} \times \dot{\mathfrak{w}}\right) \times \mathfrak{r}^* + m\left(\mathfrak{w} + \frac{\mathfrak{w} \times \dot{\mathfrak{w}}}{\omega^2}\right) \times \\ &\times \left(\left(\mathfrak{w} + \frac{\mathfrak{w} \times \dot{\mathfrak{w}}}{\omega^2}\right) \times \mathfrak{r}^*\right) \end{aligned}\right\} \begin{array}{l}\text{(Translation und Kreisel-} \\ \text{bewegung des Raumes).}\end{array} \tag{934}$$

$$\left.\begin{aligned}\mathfrak{P} &= \mathfrak{P}_F + \overline{\mathfrak{P}} + \mathfrak{P}_c, \qquad \mathfrak{P}_F = \mathfrak{P}^* \\ \overline{\mathfrak{P}} &= m \frac{d^2 \overline{\mathfrak{r}}}{dt^2}, \qquad \mathfrak{P}_c = \left(\frac{\partial t_F}{\partial s} + \frac{\partial \overline{t}}{\partial s_F}\right) m v_F \overline{v}.\end{aligned}\right\} \begin{array}{l}\text{(Resultierende Kraft aus} \\ \text{Führungsbewegung und} \\ \text{Relativbewegung)}\end{array} \tag{935}$$

$$\mathfrak{P}_c = 0 \qquad \text{(Corioliskraft bei Translation des Raumes)}. \tag{936}$$

$$\mathfrak{P}_c = 2 m \mathfrak{w} \times \overline{v} \qquad \text{(Corioliskraft bei Rotation des Raumes)}. \tag{937}$$

$$\mathfrak{P}_c = 2 m \mathfrak{w} \times \overline{v} \qquad \text{(Corioliskraft bei Schraubung des Raumes)}. \tag{938}$$

III. Abschnitt.
Der punktförmig idealisierte Körperhaufen.

Sechstes Kapitel.
Massenmittelpunkt des Haufensystems.

74. Begriff des punktförmig idealisierten Körperhaufens.

Faßt man eine bestimmte Anzahl punktförmig angenommener Körper, die sich im allgemeinen unabhängig voneinander bewegen können, zu einem geschlossenen System zusammen, so entsteht ein entsprechender Körperhaufen. Eines der anschaulichsten Beispiele für solche Körperhaufen liefern die Sonnensysteme mit ihren Planeten und Monden (Abb. 229), in denen sich jeder Körper entsprechend den durch die Gravitationskräfte bedingten Gesetzmäßigkeiten bewegt. Ein anderes Beispiel stellt ein fahrender Eisenbahnzug dar, bei welchem die einzelnen Wagen als punktförmig gedachte Körper aufgefaßt werden können. Die Zusammenfassung zu einem geschlossenen System erfolgt hier durch die Federn, mit denen die einzelnen Wagen aneinander gekoppelt sind, und der Bewegungszustand der einzelnen Wagen wird maßgebend durch die gegenseitig wirkenden Feder- oder Koppelkräfte bestimmt.

Abb. 229.

75. Definition des Massenmittelpunktes eines Körperhaufens.

Sind $m_1, m_2, \ldots m_n$ die den Einzelkörpern eines Körperhaufens entsprechenden Massen und bezeichnen $r_1, r_2, \ldots r_n$ gemäß Abb. 230 die Ortsvektoren der punktförmig angenommenen Körper in bezug auf einen beliebigen Bezugspunkt 0, so wird durch die Gleichung

$$m_1 r_1 + m_2 r_2 + \cdots + m_n r_n = (m_1 + m_2 + \cdots + m_n) r_M \qquad (939)$$

ein Ortsvektor r_M eingeführt, der den sogenannten Massenmittelpunkt definiert. Der Massenmittelpunkt ist eine Invariante, d. h. eine vom Bezugspunkt 0 un-

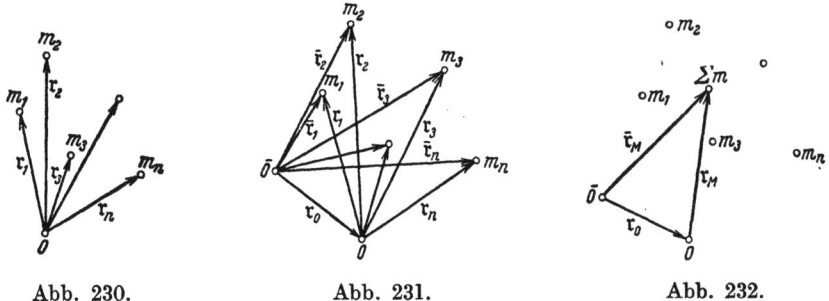

Abb. 230.   Abb. 231.   Abb. 232.

abhängige Größe. In der Tat, bezeichnet $\bar{0}$ gemäß Abb. 231 einen zweiten Bezugspunkt und sind $\bar{r}_1, \bar{r}_2, \ldots \bar{r}_n$ und $\bar{r}_M$ die entsprechenden Ortsvektoren, so folgt

$$m_1 \bar{r}_1 + m_2 \bar{r}_2 + \cdots + m_n \bar{r}_n = (m_1 + m_2 + \cdots + m_n) \bar{r}_M, \qquad (940)$$

und, wenn die Gln (939) und (940) voneinander abgezogen werden,

$$m_1 (\bar{r}_1 - r_1) + m_2 (\bar{r}_2 - r_2) + \cdots + m_n (\bar{r}_n - r_n) = (m_1 + m_2 + \cdots + m_n)(\bar{r}_M - r_M)$$

Nun ist aber nach Abb. 231

$$\bar{r}_1 - r_1 = \bar{r}_2 - r_2 = \bar{r}_3 - r_3 = \cdots = \bar{r}_n - r_n = r_0$$

und damit folgt

$$(m_1 + m_2 + \cdots + m_n) r_0 = (m_1 + m_2 + \cdots + m_n)(\bar{r}_M - r_M)$$

oder $\qquad r_0 = \bar{r}_M - r_M \qquad$ oder $\qquad \bar{r}_M = r_0 + r_M$.

d. h. die Invarianz des Massenmittelpunktes (Abb. 232).

220 Der punktförmig idealisierte Körperhaufen.

Unter Einführung des Summenzeichens lautet (939)

$$\sum m \mathfrak{r} = (\sum m) \mathfrak{r}_M \qquad \text{(Massenmittelpunktgleichung)}. \qquad (941)$$

Hieraus ist ersichtlich, daß man sich im Massenmittelpunkt die gesamte Masse des Körperhaufens konzentriert zu denken hat (Abb. 232). Die Auflösung nach $\mathfrak{r}_M$ liefert

$$\mathfrak{r}_M = \frac{\sum m \mathfrak{r}}{\sum m} \qquad \text{(Massenmittelpunkt)}. \qquad (942)$$

76. Massenmittelpunktgleichung als Momentengleichung.

Wird die Massenmittelpunktgleichung (941) mit einem konstanten Beschleunigungsvektor $\mathfrak{b}$ vektoriell multipliziert, so folgt

$$\sum m \mathfrak{r} \times \mathfrak{b} = (\sum m) \mathfrak{r}_M \times \mathfrak{b}$$

oder

$$\sum \mathfrak{r} \times (m \mathfrak{b}) = \mathfrak{r}_M \times (\sum m \mathfrak{b}) . \qquad (943)$$

Nun stellen, entsprechend dem konstanten Beschleunigungsvektor $\mathfrak{b}$, die $m \mathfrak{b}$ und $\sum m \mathfrak{b}$ ein System paralleler, den Körpermassen bzw. der Systemmasse proportionaler Kräfte dar, wie in Abb. 233 angedeutet. Werden diese gemäß

$$\mathfrak{P}_1 = m_1 \mathfrak{b}, \qquad \mathfrak{P}_2 = m_2 \mathfrak{b}, \ldots \qquad \mathfrak{P}_n = m_n \mathfrak{b}$$

$$\sum \mathfrak{P} = \sum m \mathfrak{b}$$

bezeichnet, so lautet (943)

$$\sum \mathfrak{r} \times \mathfrak{P} = \mathfrak{r}_M \times \sum \mathfrak{P} . \qquad (944)$$

In (944) erscheint die Massenmittelpunktgleichung in der Form einer Momentengleichung. Sie besagt, daß die Summe der Momentvektoren einer den Körpermassen proportionaler Parallelkraftgruppe gleich dem Moment der Resultierenden der Parallelkraftgruppe ist. Nach Ziffer 75 ist der Momentenbezugspunkt hierbei völlig gleichgültig. In Abb. 234 ist die Gl. (944) geometrisch veranschaulicht.

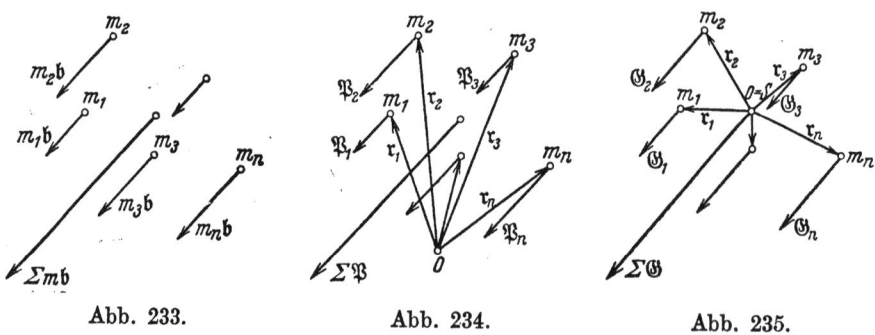

Abb. 233.   Abb. 234.   Abb. 235.

77. Massenmittelpunkt als Schwerpunkt.

Läßt man die willkürliche Beschleunigung $\mathfrak{b}$ mit der Schwerbeschleunigung $\mathfrak{g}$ zusammenfallen, so werden die Kräfte $\mathfrak{P}$ zu Gewichts- oder Schwerkräften $\mathfrak{G}$. Legt man ferner gemäß Abb. 235 den Bezugspunkt 0 in den Massenmittelpunkt

79. Beispiele zur rechnerischen Festlegung des Massenmittelpunktes. 221

selbst, so verschwindet das Moment der resultierenden Kraft $\Sigma \mathfrak{G}$ und man erhält an Stelle von (944)

$$\Sigma \mathfrak{r} \times \mathfrak{G} = 0 \qquad \text{(Momentenbezugspunkt = Massenmittelpunkt)}. \qquad (945)$$

Dies ist aber gerade die Definitionsgleichung des Schwerpunktes. Sonach sind Massenmittelpunkt und Schwerpunkt identisch.

78. Komponentendarstellung des Massenmittelpunktes.

Wird gemäß Abb. 236 ein festes dreiachsiges Bezugssystem $\mathfrak{e}_1, \mathfrak{e}_2, \mathfrak{e}_3$ eingeführt, so lauten die Ortsvektoren

$$\left. \begin{aligned} \mathfrak{r}_1 &= \mathfrak{e}_1 r_{1,1} + \mathfrak{e}_2 r_{1,2} + \mathfrak{e}_3 r_{1,3}, \\ \mathfrak{r}_2 &= \mathfrak{e}_1 r_{2,1} + \mathfrak{e}_2 r_{2,2} + \mathfrak{e}_3 r_{2,3}, \ldots \\ \mathfrak{r}_n &= \mathfrak{e}_1 r_{n,1} + \mathfrak{e}_2 r_{n,2} + \mathfrak{e}_3 r_{n,3}; \\ \mathfrak{r}_M &= \mathfrak{e}_1 r_{M,1} + \mathfrak{e}_2 r_{M,2} + \mathfrak{e}_3 r_{M,3}. \end{aligned} \right\} \qquad (946)$$

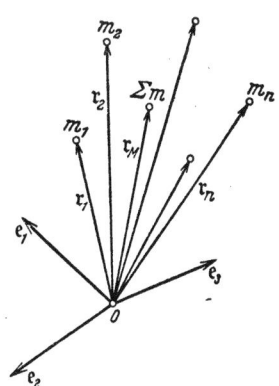

Die Einführung dieser Vektoren in (942) ergibt

$$\mathfrak{e}_1 r_{M,1} + \mathfrak{e}_2 r_{M,2} + \mathfrak{e}_3 r_{M,3} = \mathfrak{e}_1 \frac{\Sigma m r_{n,1}}{\Sigma m} + \mathfrak{e}_2 \frac{\Sigma m r_{n,2}}{\Sigma m} + \mathfrak{e}_3 \frac{\Sigma m r_{n,3}}{\Sigma m}.$$

Hieraus folgen die Komponentendarstellungen

Abb. 236.

$$r_{M,1} = \frac{\Sigma m r_{n,1}}{\Sigma m}, \qquad r_{M,2} = \frac{\Sigma m r_{n,2}}{\Sigma m}, \qquad r_{M,3} = \frac{\Sigma m r_{n,3}}{\Sigma m}. \qquad (947)$$

79. Beispiele zur rechnerischen Festlegung des Massenmittelpunktes.

Beispiel 25. Drei Massen von der Größe

$$m_1 = 100 \text{ kg s}^2/\text{m}, \qquad m_2 = 300 \text{ kg s}^2/\text{m}, \qquad m_3 = 500 \text{ kg s}^2/\text{m}$$

sind in einem festen rechtwinkligen Bezugssystem durch die Komponenten

$$\begin{aligned} r_{1,1} &= 6{,}31 \text{ m}, & r_{2,1} &= 12{,}45 \text{ m}, & r_{3,1} &= 4{,}95 \text{ m} \\ r_{1,2} &= 7{,}25 \text{ m}, & r_{2,2} &= -1{,}16 \text{ m}, & r_{3,2} &= 9{,}47 \text{ m} \\ r_{1,3} &= 3{,}81 \text{ m}, & r_{2,3} &= -7{,}84 \text{ m}, & r_{3,3} &= 5{,}58 \text{ m} \end{aligned}$$

festgelegt. Wo liegt der Massenmittelpunkt?

Nach (947) folgt

$$r_{M,1} = \frac{100 \cdot 6{,}31 + 300 \cdot 12{,}45 + 500 \cdot 4{,}95}{100 + 300 + 500} = \frac{631 + 3735 + 2475}{100 + 300 + 500} = \frac{6841}{900} = 7{,}60 \text{ m},$$

$$r_{M,2} = \frac{100 \cdot 7{,}25 - 300 \cdot 1{,}16 + 500 \cdot 9{,}47}{100 + 300 + 500} = \frac{725 - 348 + 4735}{100 + 300 + 500} = \frac{5112}{900} = 5{,}68 \text{ m},$$

$$r_{M,3} = \frac{100 \cdot 3{,}81 - 300 \cdot 7{,}84 + 500 \cdot 5{,}58}{100 + 300 + 500} = \frac{381 - 2352 + 2790}{100 + 300 + 500} = \frac{819}{900} = 0{,}91 \text{ m}.$$

Beispiel 26. Ein Blechträger von 10 m Länge besitzt den aus Abb. 237 ersichtlichen Querschnitt. Wo liegt sein Schwerpunkt, wenn die Querschnittsfläche des]-Eisens N 20 die Größe von 32,2 cm² und diejenige des ⌐-Eisens N 8 die Größe von 12,3 cm² besitzt und wenn die Lage der Teilschwerpunkte von]- und ⌐-Eisen gemäß Abb. 237 gegeben sind?

Der vorgelegte Blechträger kann als ein Körperhaufen aufgefaßt werden, dessen drei Massen als Punktmassen in den drei Teilschwerpunkten zugrunde gelegt werden können. Da alle drei Teilschwerpunkte in der Mittelebene des Trägers liegen, muß auch der gemeinsame Schwerpunkt in dieser Ebene liegen. Es braucht daher lediglich noch die Lage des Schwerpunktes in der Querschnittsebene von Abb. 237 festgestellt zu werden. Da die Dichte für alle

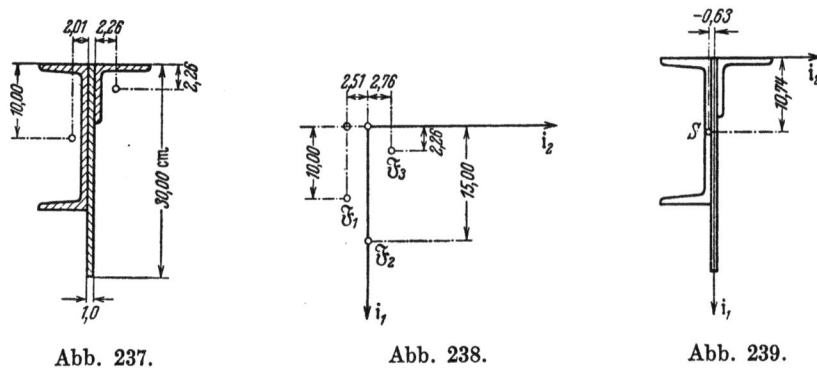

Abb. 237. Abb. 238. Abb. 239.

Trägerteile die gleiche ist, dividiert sie sich in (947) heraus, so daß, wenn auch noch die gemeinsame Trägerlänge herausdividiert wird, die Massen unmittelbar durch die entsprechenden Querschnitts-Teilflächen ersetzt werden können. Demgemäß ergibt sich hier für die beiden verbleibenden Komponenten der Schwerpunktslage

$$r_{M,1} = \frac{\Sigma \mathfrak{F} r_{n,1}}{\Sigma \mathfrak{F}}, \qquad r_{M,2} = \frac{\Sigma \mathfrak{F} r_{n,2}}{\Sigma \mathfrak{F}}.$$

Werden die Bezugsachsen gemäß Abb. 238 parallel zu den Kanten des Stehbleches angeordnet und wird der Bezugspunkt 0 in die Blechträgeroberkante und in die Mitte des Stehbleches gelegt, so ergibt sich für die drei Teilschwerpunkte die aus der Abbildung ersichtliche Komponentendarstellung. Mit

$$\mathfrak{F}_1 = 32,2 \text{ cm}^2, \qquad r_{1,1} = 10,00 \text{ cm}, \qquad r_{2,1} = -2,51 \text{ cm}$$
$$\mathfrak{F}_2 = 30,0 \text{ cm}^2, \qquad r_{1,2} = 15,00 \text{ cm}, \qquad r_{2,2} = 0$$
$$\mathfrak{F}_3 = 12,3 \text{ cm}^2, \qquad r_{1,3} = 2,26 \text{ cm}, \qquad r_{2,3} = 2,76 \text{ cm}$$

erhält man

$$r_{M,1} = \frac{32,2 \cdot 10,00 + 30,0 \cdot 15,00 + 12,3 \cdot 2,26}{32,2 + 30,0 + 12,3} = \frac{322,0 + 450,0 + 27,8}{32,2 + 30,0 + 12,3} = \frac{799,8}{74,5} = 10,74 \text{ cm},$$

$$r_{M,2} = \frac{-32,2 \cdot 2,51 + 30,0 \cdot 0 + 12,3 \cdot 2,76}{32,2 + 30,0 + 12,3} = \frac{-80,8 + 33,9}{32,2 + 30,0 + 12,3} = -\frac{46,9}{74,5} = -0,63 \text{ cm}.$$

Die so sich ergebende Schwerpunktlage ist aus Abb. 239 ersichtlich.

Siebentes Kapitel.
Mechanik des Haufensystems.
80. Die Summensätze des Haufensystems.

Durch Addition der in Kapitel 3 für den Einzelkörper entwickelten Fundamentalbeziehungen ergeben sich jeweils den gesamten Körperhaufen umspannende Fundamentalbeziehungen. Zunächst folgt durch Summierung der Gln (705), (706), (733) und (734)

$$\sum \mathfrak{P} = \sum \frac{d\mathfrak{B}}{dt} = \frac{d\sum \mathfrak{B}}{dt} \quad \text{(Kraftgleichung)}, \quad (948)$$

$$\sum \int_{t_0}^{t} \mathfrak{P}\, dt = \int_{t_0}^{t} \sum \mathfrak{P}\, dt = \sum \mathfrak{B}(t) - \sum \mathfrak{B}(t_0) \quad \text{(Impulsgleichung)}, \quad (949)$$

$$\sum \mathfrak{M} = \sum \frac{d\mathfrak{D}}{dt} = \frac{d\sum \mathfrak{D}}{dt} \quad \text{(Momentgleichung)}, \quad (950)$$

$$\sum \int_{t_0}^{t} \mathfrak{M}\, dt = \int_{t_0}^{t} \sum \mathfrak{M}\, dt = \sum \mathfrak{D}(t) - \sum \mathfrak{D}(t_0) \quad \text{(Drallgleichung)}. \quad (951)$$

Durch Summierung der Gln (721), (726) und (728) wird die Kräftesumme als Gradient dargestellt und man erhält die Gleichungskette

$$\sum \mathfrak{P} = \operatorname{grad} \sum \frac{m}{2} v^2 = \operatorname{grad} \sum E(\mathfrak{r}) = -\operatorname{grad} \sum H(\mathfrak{r}) \quad (952)$$
(Gradientengleichung).

In (952) könnte an Stelle von $\sum E(\mathfrak{r})$ und $\sum H(\mathfrak{r})$ auch einfach E bzw. H geschrieben werden, indem unter E die gesamte kinetische Energie und unter H die gesamte potentielle Energie des Haufensystems verstanden wird. In dieser Betrachtungsweise kann dann die Energiegleichung (725) unmittelbar übernommen werden.

$$H + E = \text{const.} \quad \text{(Energiegleichung)}. \quad (953)$$

Die Summierung über den Energiesatz liefert

$$\sum \int_{\mathfrak{r}_0}^{\mathfrak{r}} \mathfrak{P}\, d\mathfrak{r} = \sum \frac{m}{2} v^2 - \sum \frac{m}{2} v_0^2 \quad \text{(Energiesatz)}. \quad (954)$$

81. Die Abspaltung der inneren Kräfte.

Bei der Untersuchung von Körperhaufen liegt in der Technik häufig der Fall vor, daß zwischen einzelnen Körpern gegenseitige oder innere Kräfte auftreten, die dadurch ausgezeichnet sind, daß sie gleich groß, aber entgegengesetzt gerichtet sind. Ein anschauliches Beispiel liefert der Fachwerkträger von Abb. 240, der für Schwingungsuntersuchungen so idealisiert werden kann, daß man sich die gesamten Massen in den Knotenpunkten konzentriert denkt und das so entstehende Haufensystem dann

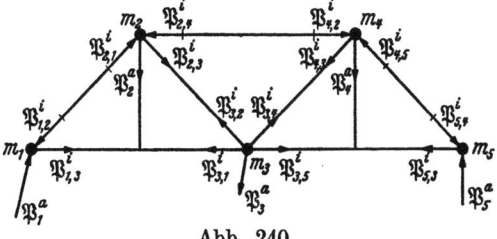

Abb. 240.

schwingungstechnisch untersucht. Betrachtet man nun die auf eine Knotenmasse wirkenden Kräfte, so erhält man einmal eine äußere Kraft $\mathfrak{P}_n^a$, welche die Resultierende von Eigengewicht, Verkehrslasten, Bremskräften, Windkräften usw. darstellt, und zum anderen innere Kräfte in Form von Stabspannkräften, die von den die einzelnen Knotenmassen verbindenden Fachwerkstäben herrühren. Solche inneren Kräfte sind beispielsweise $\mathfrak{P}_{2,3}^i$ und $\mathfrak{P}_{3,2}^i$, von denen die erste auf die Knotenmasse m_2, die zweite auf die Knotenmasse m_3 wirkt. Wie aus der Anschauung unmittelbar ersichtlich ist, ist die auf die beiden Massen wirkende Stabspannkraft gleich groß, aber entgegengesetzt gerichtet.

Wenn nun, wie in Ziffer 80, die Summe aller auf das Haufensystem wirkenden Kräfte gebildet wird, so fallen die inneren Kräfte als paarweise gleich groß und entgegengesetzt gerichtet naturgemäß heraus und es verbleiben nur die auf die einzelnen Massen wirkenden Resultierenden der äußeren Kräfte. Somit erhält man

$$\sum \mathfrak{P} = \sum \mathfrak{P}_a + \sum \mathfrak{P}_i, \qquad \sum \mathfrak{P}_i = 0, \qquad \sum \mathfrak{P} = \sum \mathfrak{P}_a. \qquad (955)$$

Die Einführung von (955) in (948) bis (952) liefert

$$\sum \mathfrak{P}_a = \frac{d \sum \mathfrak{B}}{dt} \qquad \text{(Kraftgleichung)}, \qquad (956)$$

$$\int_{t_0}^{t} \sum \mathfrak{P}_a \, dt = \sum \mathfrak{B}(t) - \sum \mathfrak{B}(t_0) \qquad \text{(Impulsgleichung)}, \qquad (957)$$

$$\sum \mathfrak{M}_a = \frac{d \sum \mathfrak{D}}{dt} \qquad \text{(Momentgleichung)}, \qquad (958)$$

$$\int_{t_0}^{t} \sum \mathfrak{M}_a \, dt = \sum \mathfrak{D}(t) - \sum \mathfrak{D}(t_0) \qquad \text{(Drallgleichung)}, \qquad (959)$$

$$\sum \mathfrak{P}_a = \operatorname{grad} \sum \frac{m}{2} v^2 = \operatorname{grad} \sum E(\mathfrak{r}) = -\operatorname{grad} \sum H(\mathfrak{r}) \qquad (960)$$
(Gradientengleichung).

Eine Sonderstellung nimmt hier der Energiesatz ein. Da bei ihm längs der Bahnen der einzelnen Massen integriert wird, müssen die inneren Kräfte naturgemäß in der Gleichung verbleiben und es tritt an Stelle von (954)

$$\sum \int_{\mathfrak{r}_0}^{\mathfrak{r}} (\mathfrak{P}_a + \mathfrak{P}_i) \, d\mathfrak{r} = \sum \frac{m}{2} v^2 - \sum \frac{m}{2} v_0^2 \qquad \text{(Energiesatz)}. \qquad (961)$$

82. Die Massenmittelpunktsbewegung.

Nach (942) ergibt sich der Ortsvektor des Massenmittelpunktes in der Form

$$\mathfrak{r}_M = \frac{\sum m \mathfrak{r}}{\sum m}. \qquad (962)$$

Hieraus folgt durch Differentiation nach der Zeit die Geschwindigkeit des Massenmittelpunktes

$$\mathfrak{v}_M = \frac{\sum m \mathfrak{v}}{\sum m} = \frac{\sum \mathfrak{B}}{\sum m}, \qquad (963)$$

83. Die Relativbewegung um den Massenmittelpunkt.

und durch nochmalige Differentiation die Beschleunigung

$$\mathfrak{b}_M = \frac{\frac{d\sum \mathfrak{B}}{dt}}{\sum m} . \tag{964}$$

Nun ist aber nach (948) und (956)

$$\frac{d\sum \mathfrak{B}}{dt} = \sum \mathfrak{P} = \sum \mathfrak{P}_a . \tag{965}$$

Somit erhält man

$$\mathfrak{b}_M = \frac{\sum \mathfrak{P}}{\sum m} = \frac{\sum \mathfrak{P}_a}{\sum m} . \tag{966}$$

Hiernach bewegt sich der Massenmittelpunkt eines Körperhaufens so, wie wenn alle Kräfte und alle Massen in ihm vereinigt wären.

Heben sich die an einem Körperhaufen wirkenden Kräfte im ganzen auf, d. h. ist

$$\sum \mathfrak{P} = \sum \mathfrak{P}_a = 0 ,$$

so wird nach (966) die Beschleunigung des Massenmittelpunktes ebenfalls null. Die Geschwindigkeit des Massenmittelpunktes ist dann konstant, wie auch die Bewegungen der einzelnen Massen beschaffen sein mögen. Verharrt in diesem Sonderfalle der Massenmittelpunkt in einem bestimmten Augenblick in Ruhe, so verbleibt er dauernd in Ruhe. Wird z. B. in dem Fachwerkträger von Abb. 240 in einem gewissen Zeitpunkt t_0 eine Schwingung ohne äußere Kräfte ausgelöst, so bleibt der Massenmittelpunkt dauernd in Ruhe, da $\sum \mathfrak{P}_a = 0$ und $v_M = 0$ für $t = t_0$ ist. Der Massenmittelpunkt des schwingenden Systems bleibt also immer der gleiche, in welcher Schwingungslage sich der Träger auch befindet.

Wird in (950) und (951) bzw. in (958) und (959) der Momentenbezugspunkt in den Massenmittelpunkt gelegt, so folgt

$$\sum \mathfrak{M}_M = \frac{d\sum \mathfrak{D}_M}{dt} , \tag{967}$$

$$\int_{t_0}^{t} \sum \mathfrak{M}_M \, dt = \sum \mathfrak{D}_M(t) - \sum \mathfrak{D}_M(t_0) . \tag{968}$$

Denkt man sich die Gesamtmasse und die resultierende Gesamtkraft im Massenmittelpunkt wirkend, so lautet hierfür der Energiesatz

$$\int_{\mathfrak{r}_{M,0}}^{\mathfrak{r}_M} \sum \mathfrak{P}_a \, d\mathfrak{r}_M = \tfrac{1}{2} \sum m v_M^2 - \tfrac{1}{2} \sum m v_{M,0}^2 . \tag{969}$$

83. Die Relativbewegung um den Massenmittelpunkt.

Bezeichnet $\bar{\mathfrak{r}}$ den Ortsvektor einer Masse m des Körperhaufens relativ zum Massenmittelpunkt, so ist gemäß Abb. 241

$$\mathfrak{r} = \mathfrak{r}_M + \bar{\mathfrak{r}} , \qquad \mathfrak{v} = \mathfrak{v}_M + \bar{\mathfrak{v}} , \qquad \mathfrak{b} = \mathfrak{b}_M + \bar{\mathfrak{b}} . \tag{970}$$

Damit folgt

$$\sum m \mathfrak{v} = \sum \mathfrak{B} = \sum m \mathfrak{v}_M + \sum m \bar{\mathfrak{v}} .$$

Andererseits liefert (963)

$$\sum \mathfrak{B} = \sum m \mathfrak{v}_M .$$

Beide Gleichungen können nur bestehen für

$$\Sigma m \bar{\mathfrak{v}} = \Sigma \bar{\mathfrak{B}} = 0 \ . \tag{971}$$

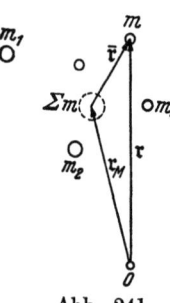

Abb. 241.

Nach (971) verschwindet für jeden Körperhaufen die Summe der Bewegungsgrößen der Relativbewegungen in bezug auf den Massenmittelpunkt. Diese Gleichung könnte ebenso wie (942) als Definitionsgleichung für den Massenmittepunkt angesehen werden.

Durch Differentiation von (971) folgt

$$\Sigma \bar{\mathfrak{P}} = \frac{d \Sigma \bar{\mathfrak{B}}}{dt} = 0 \ , \tag{972}$$

d. h. die Summe aller aus der Relativbewegung um den Massenmittelpunkt sich ergebenden Kräfte verschwindet ebenfalls.

In Verbindung mit der ersten der Gln (970) erhält man für den resultierenden Momentenvektor des Körperhaufens

$$\Sigma \mathfrak{M} = \Sigma \mathfrak{r} \times \mathfrak{P} = \Sigma (\mathfrak{r}_M + \bar{\mathfrak{r}}) \times \mathfrak{P} = \mathfrak{r}_M \times \Sigma \mathfrak{P} + \Sigma \bar{\mathfrak{r}} \times \mathfrak{P} \ .$$

Wird der Bezugspunkt in den Massenmittelpunkt gelegt, so folgt mit $\mathfrak{r}_M = 0$

$$\Sigma \mathfrak{M}_M = \Sigma \bar{\mathfrak{r}} \times \mathfrak{P} \ . \tag{973}$$

Somit erhält man

$$\Sigma \mathfrak{M} = \mathfrak{r}_M \times \Sigma \mathfrak{P} + \Sigma \mathfrak{M}_M \ . \tag{974}$$

Nun ergibt sich in Verbindung mit (948) und (967)

$$\mathfrak{r}_M \times \Sigma \mathfrak{P} = \mathfrak{r}_M \times \frac{d \Sigma \mathfrak{B}}{dt} = \frac{d}{dt} \Sigma \mathfrak{r}_M \times \mathfrak{B} = \frac{d}{dt} \mathfrak{r}_M \times \Sigma \mathfrak{B}$$

$$\Sigma \mathfrak{M}_M = \frac{d \mathfrak{D}_M}{dt}$$

und man erhält

$$\Sigma \mathfrak{M} = \frac{d \mathfrak{r}_M \times \Sigma \mathfrak{B}}{dt} + \frac{d \mathfrak{D}_M}{dt} \ . \tag{975}$$

In (975) stellt das erste Glied die Dralländerung für die im Massenmittelpunkt als wirkend angenommene Gesamtbewegungsgröße dar, während das zweite Glied der Dralländerung für den Massenmittelpunkt als Bezugspunkt entspricht.

Für die Aufspaltung des Energiesatzes (961) ergibt sich zunächst für die linke Seite

$$\Sigma \int_{\mathfrak{r}_0}^{\mathfrak{r}} (\mathfrak{P}_a + \mathfrak{P}_i) d\mathfrak{r} = \Sigma \int_{\mathfrak{r}_{M,0}+\bar{\mathfrak{r}}_0}^{\mathfrak{r}_M+\bar{\mathfrak{r}}} (\mathfrak{P}_a + \mathfrak{P}_i) d(\mathfrak{r}_M + \bar{\mathfrak{r}}) = \Sigma \int_{\mathfrak{r}_{M,0}}^{\mathfrak{r}_M} (\mathfrak{P}_a + \mathfrak{P}_i) d\mathfrak{r}_M + \Sigma \int_{\bar{\mathfrak{r}}_0}^{\bar{\mathfrak{r}}} (\mathfrak{P}_a + \mathfrak{P}_i) d\bar{\mathfrak{r}}$$

$$= \int_{\mathfrak{r}_{M,0}}^{\mathfrak{r}_M} \Sigma (\mathfrak{P}_a + \mathfrak{P}_i) d\mathfrak{r}_M + \Sigma \int_{\bar{\mathfrak{r}}_0}^{\bar{\mathfrak{r}}} (\mathfrak{P}_a + \mathfrak{P}_i) d\bar{\mathfrak{r}} = \int_{\mathfrak{r}_{M,0}}^{\mathfrak{r}_M} \Sigma \mathfrak{P}_a d\mathfrak{r}_M + \Sigma \int_{\bar{\mathfrak{r}}_0}^{\bar{\mathfrak{r}}} (\mathfrak{P}_a + \mathfrak{P}_i) d\bar{\mathfrak{r}} \ ,$$

während die Umformung der rechten Seite lautet:

$$\Sigma \frac{m}{2} v^2 - \Sigma \frac{m}{2} v_0^2 = \Sigma \frac{m}{2} (v_M + \bar{v})^2 - \Sigma \frac{m}{2} (v_{M,0} + \bar{v}_0)^2$$

$$= \left(\Sigma \frac{m}{2} v_M^2 - \Sigma \frac{m}{2} v_{M,0}^2 \right) + \left(\Sigma m v_M \bar{v} - \Sigma m v_{M,0} \bar{v}_0 \right) + \left(\Sigma \frac{m}{2} \bar{v}^2 - \Sigma \frac{m}{2} \bar{v}_0^2 \right) \ .$$

Nun ist in Verbindung mit (971)

$$\sum m v_M \bar{v} - \sum m v_{M,0} \bar{v}_0 = v_M \sum m \bar{v} - v_{M,0} \sum m \bar{v}_0 = v_M \sum \bar{\mathfrak{B}} - v_{M,0} \sum \bar{\mathfrak{B}}_0 = 0 \,.$$

Damit erhält man

$$\int_{\mathfrak{r}_M}^{\mathfrak{r}_{M,0}} \sum \mathfrak{P}_a d\mathfrak{r}_M + \sum \int_{\bar{\mathfrak{r}}_0}^{\bar{\mathfrak{r}}} (\mathfrak{P}_a + \mathfrak{P}_i) d\bar{\mathfrak{r}} = \left(\sum \frac{m}{2} v_M^2 - \sum \frac{m}{2} v_{M,0}^2 \right) + \left(\sum \frac{m}{2} \bar{v}^2 - \sum \frac{m}{2} \bar{v}_0^2 \right). \quad (976)$$

Wie (969) erkennen läßt, ist das erste Glied der linken Seite gleich dem ersten Glied der rechten. Damit folgt das gleiche auch für die zweiten Glieder und es ergibt sich die Aufspaltung

$$\int_{\mathfrak{r}_M}^{\mathfrak{r}_{M,0}} \sum \mathfrak{P}_a d\mathfrak{r}_M = \sum \frac{m}{2} v_M^2 - \sum \frac{m}{2} v_{M,0}^2 \,, \qquad \sum \int_{\bar{\mathfrak{r}}_0}^{\bar{\mathfrak{r}}} (\mathfrak{P}_a + \mathfrak{P}_i) d\bar{\mathfrak{r}} = \sum \frac{m}{2} \bar{v}^2 - \sum \frac{m}{2} \bar{v}_0^2 \,. \quad (977)$$

84. Beispiele zu Ziffer 80 bis 83.

Beispiel 27. Zwei Fahrzeuge mit den Gewichten G_1 und G_2 bewegen sich mit den Geschwindigkeiten v_1 und v_2 hintereinander auf geradliniger Bahn und stoßen sanft zusammen, so daß keine Stoßverluste entstehen. Welchen Geschwindigkeitszustand besitzen die beiden Fahrzeuge nach dem Zusammenstoß?

Gemäß Abb. 242 seien die Geschwindigkeiten nach dem Zusammenstoß v'_1 und v'_2. Da vor und nach dem Zusammenstoß keine Kräfte auf die beiden Massen wirken und der Zusammenstoß selbst als eine Momenterscheinung mit vernachlässigbarem Zeitintervall angesehen werden kann, verschwinden in (949) und (954) die Integrale auf der linken Seite und es folgt

$$\sum \mathfrak{B}(t) = \sum \mathfrak{B}(t_0) \,, \qquad \sum \frac{m}{2} v^2 = \sum \frac{m}{2} v_0^2 \,.$$

Diese Gleichungen besagen nichts anderes als die Erhaltung des Impulses und der Energie des Haufensystems. In Anwendung auf das vorliegende Zweimassensystem mit den Massen

$$m_1 = \frac{G_1}{g} \,, \qquad m_2 = \frac{G_2}{g}$$

ergibt sich

$$\sum \mathfrak{B}(t) = \frac{G_1}{g} v'_1 + \frac{G_2}{g} v'_2 \,, \qquad \sum \mathfrak{B}(t_0) = \frac{G_1}{g} v_1 + \frac{G_2}{g} v_2$$

$$\sum \frac{m}{2} v^2 = \frac{G_1}{2g} v'^2_1 + \frac{G_2}{2g} v'^2_2 \,, \qquad \sum \frac{m}{2} v_0^2 = \frac{G_1}{2g} v_1^2 + \frac{G_2}{2g} v_2^2$$

und damit

$$\frac{G_1}{g} v'_1 + \frac{G_2}{g} v'_2 = \frac{G_1}{g} v_1 + \frac{G_2}{g} v_2 \,, \qquad \frac{G_1}{2g} v'^2_1 + \frac{G_2}{2g} v'^2_2 = \frac{G_1}{2g} v_1^2 + \frac{G_2}{2g} v_2^2 \,,$$

228   Der punktförmig idealisierte Körperhaufen.

Die Auflösung nach v'_1 und v'_2 liefert

$$v'_1 = \frac{G_1 - G_2}{G_1 + G_2} v_1 + \frac{2 G_2}{G_1 + G_2} v_2, \qquad v'_2 = \frac{G_2 - G_1}{G_1 + G_2} v_2 + \frac{2 G_1}{G_1 + G_2} v_1. \qquad (978)$$

Ist beispielsweise

$$G_2 = \tfrac{1}{2} G_1, \qquad v_2 = \tfrac{1}{2} v_1,$$

so ergibt die Zahlenrechnung

$$v'_1 = \frac{\tfrac{1}{2} G_1}{\tfrac{3}{2} G_1} v_1 + \frac{G_1}{\tfrac{3}{2} G_1} \frac{1}{2} v_1 = \frac{2}{3} v_1, \qquad v'_2 = \frac{-\tfrac{1}{2} G_1}{\tfrac{3}{2} G_1} \frac{1}{2} v_1 + \frac{2 G_1}{\tfrac{3}{2} G_1} v_1 = \frac{7}{6} v_1.$$

Bezogen auf die Ausgangsgeschwindigkeiten ist

$$v'_1 = \tfrac{2}{3} v_1, \qquad v'_2 = \tfrac{7}{3} v_2.$$

Beispiel 28. Bei einem Doppelpendelschwinger gemäß Abb. 243, bei welchem die Kopplung durch eine die Pendelstangen verbindende elastische Feder erfolgt, seien Pendellänge und Gewichte gleich groß, und zwar l bzw. G. Die Feder sei senkrecht zu den Pendelstangen angeordnet und ihr Abstand von der Aufhängung sei a; ihre Charakteristik folge dem Gesetze

$$P = c s$$

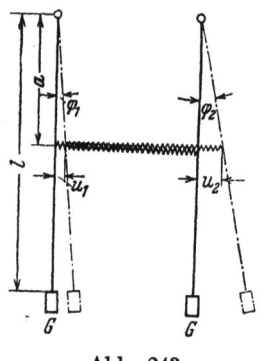

Abb. 243.

wie in Beispiel 7, wobei P die Federspannkraft und s die Federverlängerung gegenüber der ungespannten Federlage bezeichnen. Gegenüber einer lotrechten Lage beider Pendel seien φ_1 und φ_2 die Ausschlagwinkel und u_1 und u_2 die Wege der Federenden. Die Ausschläge der Pendelstangen seien kleine, so daß mit hinreichender Genauigkeit

$$\sin \varphi_1 = \varphi_1, \qquad u_1 = a \varphi_1$$
$$\sin \varphi_2 = \varphi_2, \qquad u_2 = a \varphi_2$$

gesetzt werden kann. Welchem Gesetze folgen die Ausschläge der Pendelstangen, wenn die Ausschlagwinkel zur Zeit $t = 0$ die Werte

$$\varphi_1 = \alpha, \qquad \varphi_2 = \beta$$

besitzen? Wie ändert sich die in Beispiel 17 erläuterte Winkelgeschwindigkeit der Pendelstangen mit der Zeit?

Während das vorige Beispiel erkennen ließ, wie man durch Heranziehung der Summengesetze des Haufensystems erstaunlich schnell zum Ziele gelangen kann, soll das vorliegende Beispiel erläutern, daß es je nach Lage des Anwendungsfalles auch zweckmäßig sein kann, Mehrmassensysteme unmittelbar nach den Gesetzen der Punktmechanik zu behandeln.

Für die Untersuchung des vorliegenden Zweimassensystems sind die Betrachtungen unter Ziffer 56 und insbesondere der Momentsatz nach (733) von Vorteil. Um diesen Satz auf die beiden Pendelstangen anwenden zu können, muß zunächst die Kopplung durch die Feder vorübergehend gelöst und die Federwirkung durch zwei auf die Pendelstangen wirkende Kräfte $\mathfrak{P}$ gemäß Abb. 244 und 245 ersetzt werden. Als Bezugsachsen für die Momente und Dralle ergeben

84. Beispiele zu Ziffer 80 bis 83.

sich ganz von selbst die Drehpunkte O_1 und O_2 der Pendelstangen. Die Momente setzen sich jeweils aus den Momenten der Federkraft $\mathfrak{P}$ und der Gewichtskraft $\mathfrak{G}$ zusammen. Wird ein linksdrehendes Moment als positiv gezählt, so folgt

$$\mathfrak{M}_1 = \mathfrak{i}_3 (P a - G l \varphi_1) ,$$
$$\mathfrak{M}_2 = \mathfrak{i}_3 (- P a - G l \varphi_2) .$$

($\mathfrak{i}_3$ = Vektor senkrecht zur Zeichenebene)

Da sich an jeder Pendelstange nur eine Masse befindet, stellen die Dralle unmittelbar die Momente der zugehörigen Bewegungsgrößen

$$\mathfrak{B}_1 = m_1 \mathfrak{v}_1$$
bzw.
$$\mathfrak{B}_2 = m_2 \mathfrak{v}_2$$

in bezug auf O_1 und O_2 dar. Somit ergibt sich

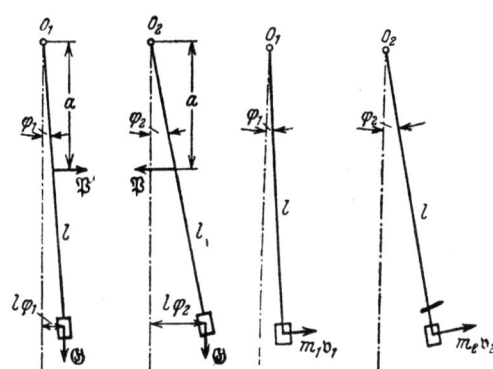

Abb. 244.   Abb. 245.   Abb. 246.   Abb. 247.

$$\mathfrak{D}_1 = m_1 \mathfrak{v}_1 l = \mathfrak{i}_3 \frac{G}{g} v_1 l , \qquad \mathfrak{D}_2 = m_2 \mathfrak{v}_2 l = \mathfrak{i}_3 \frac{G}{g} v_2 l \qquad (\mathfrak{i}_3 = \text{Vektor wie oben}).$$

Bei der Einführung der ermittelten Momente und Dralle in (733) hebt sich der $\mathfrak{i}_3$-Vektor heraus und man erhält

$$+ P a - G l \varphi_1 = \frac{G}{g} l \frac{d v_1}{d t} , \qquad - P a - G l \varphi_2 = \frac{G}{g} l \frac{d v_2}{d t} . \tag{979}$$

Nun ist nach (743), wenn a sinngemäß durch l ersetzt wird,

$$v_1 = l \omega_1 , \qquad v_2 = l \omega_2 ,$$

wobei die Winkelgeschwindigkeiten gemäß (742) in der Form

$$\omega_1 = \frac{d \varphi_1}{d t} , \qquad \omega_2 = \frac{d \varphi_2}{d t}$$

von den Ausschlagwinkeln abhängen. Somit folgt

$$v_1 = l \frac{d \varphi_1}{d t} , \qquad v_2 = l \frac{d \varphi_2}{d t} .$$

Die Einführung dieser Geschwindigkeitswerte in (979) liefert

$$+ P a - G l \varphi_1 = \frac{G}{g} l^2 \frac{d^2 \varphi_1}{d t^2} , \qquad - P a - G l \varphi_2 = \frac{G}{g} l^2 \frac{d^2 \varphi_2}{d t^2} . \tag{980}$$

Die Gln (980) enthalten noch drei Unbekannte, die beiden Ausschlagwinkel φ_1 und φ_2 und die Federkraft P. Nun kann aber die letztere über die vorgegebene Federcharakteristik auch noch durch φ_1 und φ_2 ausgedrückt werden. Im Hinblick auf die als klein vorausgesetzten Ausschlagwinkel bewegt sich nach Abb. 243 das linke bzw. rechte Federende um

$$u_1 = a \varphi_1 \qquad \text{bzw.} \qquad u_2 = a \varphi_2 .$$

Der punktförmig idealisierte Körperhaufen.

Hieraus folgt eine Verlängerung der Feder um

$$s = u_2 - u_1 = a\varphi_2 - a\varphi_1 .$$

Nun liefert die Federcharakteristik

$$P = cs ,$$

womit sich die gesuchte Abhängigkeit in der Form

$$P = ca\varphi_2 - ca\varphi_1 \tag{981}$$

ergibt. Bei Einführung von (981) in (980) erhält man

$$ca^2(\varphi_2 - \varphi_1) - Gl\varphi_1 = \frac{G}{g}l^2\frac{d^2\varphi_1}{dt^2} , \qquad ca^2(\varphi_1 - \varphi_2) - Gl\varphi_2 = \frac{G}{g}l^2\frac{d^2\varphi_2}{dt^2}$$

oder bei entsprechender Umschreibung

$$\left.\begin{array}{l}\dfrac{d^2\varphi_1}{dt^2} + \dfrac{g}{l}\varphi_1\left(1 + \dfrac{ca^2}{Gl}\right) - \dfrac{gca^2}{Gl^2}\varphi_2 = 0 , \\[2mm] \dfrac{d^2\varphi_2}{dt^2} + \dfrac{g}{l}\varphi_2\left(1 + \dfrac{ca^2}{Gl}\right) - \dfrac{gca^2}{Gl^2}\varphi_1 = 0 .\end{array}\right\} \tag{982}$$

Die Gln (982) stellen zwei simultane lineare Differentialgleichungen zweiter Ordnung mit konstanten Koeffizienten vom allgemeinen Typus

$$\frac{d^2u}{dz^2} + au + bv = 0 , \qquad \frac{d^2v}{dz^2} + av + bu = 0$$

dar, deren Lösungen weitgehend untersucht sind. Man vergleiche z. B. Tölke, Praktische Funktionslehre, Band I, Seite 57 bis 61, wo gerade das vorliegende Beispiel als Sonderfall der allgemeinen Untersuchung betrachtet wurde. Da hier, wie aus (982) unmittelbar ersichtlich, b stets kleiner als a ist, können nur trigonometrische Lösungen auftreten und man erhält, wenn im Sinne der Erörterungen beim Beispiel 19 die Integrationskonstanten teilweise in der Form von Phasenverschiebungen eingeführt werden, die gesuchten Ausschlagwinkel in der Form

$$\left.\begin{array}{l}\varphi_1 = C_1\cos(t-t_1)\sqrt{\dfrac{g}{l}} + C_2\cos(t-t_2)\sqrt{\dfrac{g}{l}\left(1 + \dfrac{2ca^2}{Gl}\right)} , \\[3mm] \varphi_2 = C_1\cos(t-t_1)\sqrt{\dfrac{g}{l}} - C_2\cos(t-t_2)\sqrt{\dfrac{g}{l}\left(1 + \dfrac{2ca^2}{Gl}\right)} .\end{array}\right\} \tag{983}$$

Von der Richtigkeit des Lösungsansatzes überzeugt man sich leicht durch seine Einführung in die Diff. Gln (982). Die vier Integrationskonstanten C_1, C_2, t_1, t_2 müssen noch den Anfangsbedingungen entsprechend bestimmt werden. Hierfür werden gleichzeitig die Winkelgeschwindigkeiten

$$\left.\begin{array}{l}\omega_1 = \dfrac{d\varphi_1}{dt} = -C_1\sqrt{\dfrac{g}{l}}\sin(t-t_1)\sqrt{\dfrac{g}{l}} - C_2\sqrt{\dfrac{g}{l}\left(1+\dfrac{2ca^2}{Gl}\right)}\sin(t-t_2)\sqrt{\dfrac{g}{l}\left(1+\dfrac{2ca^2}{Gl}\right)} , \\[3mm] \omega_2 = \dfrac{d\varphi_2}{dt} = -C_1\sqrt{\dfrac{g}{l}}\sin(t-t_1)\sqrt{\dfrac{g}{l}} + C_2\sqrt{\dfrac{g}{l}\left(1+\dfrac{2ca^2}{Gl}\right)}\sin(t-t_2)\sqrt{\dfrac{g}{l}\left(1+\dfrac{2ca^2}{Gl}\right)}\end{array}\right\} \tag{984}$$

benötigt. Die Anfangsbedingungen lauten entsprechend der Aufgabestellung:

Für $\quad t=0 \quad$ ist $\quad \varphi_1 = \alpha , \qquad \omega_1 = 0 , \qquad \varphi_2 = \beta , \qquad \omega_2 = 0 .$

84. Beispiele zu Ziffer 80 bis 83.

Ihre Einführung in (983) und (984) ergibt

$$\left.\begin{aligned}
\alpha &= C_1 \cos t_1 \sqrt{\tfrac{g}{l}} + C_2 \cos t_2 \sqrt{\tfrac{g}{l}\left(1+\tfrac{2ca^2}{Gl}\right)} \ , \\
0 &= C_1 \sqrt{\tfrac{g}{l}} \sin t_1 \sqrt{\tfrac{g}{l}} + C_2 \sqrt{\tfrac{g}{l}\left(1+\tfrac{2ca^2}{Gl}\right)} \sin t_2 \sqrt{\tfrac{g}{l}\left(1+\tfrac{2ca^2}{Gl}\right)} \ , \\
\beta &= C_1 \cos t_1 \sqrt{\tfrac{g}{l}} - C_2 \cos t_2 \sqrt{\tfrac{g}{l}\left(1+\tfrac{2ca^2}{Gl}\right)} \ , \\
0 &= C_1 \sqrt{\tfrac{g}{l}} \sin t_1 \sqrt{\tfrac{g}{l}} - C_2 \sqrt{\tfrac{g}{l}\left(1+\tfrac{2ca^2}{Gl}\right)} \sin t_2 \sqrt{\tfrac{g}{l}\left(1+\tfrac{2ca^2}{Gl}\right)} \ .
\end{aligned}\right\}$$

Aus der zweiten und vierten dieser Gleichungen folgt für die Phasen

$$t_1 = 0\ , \qquad t_2 = 0\ . \tag{985}$$

Die Einführung dieser Werte in die erste und dritte Gleichung liefert

$$\alpha = C_1 + C_2\ , \qquad \beta = C_1 - C_2$$

oder aufgelöst

$$C_1 = \frac{\alpha + \beta}{2}\ , \qquad C_2 = \frac{\alpha - \beta}{2}\ . \tag{986}$$

Die Berücksichtigung von (985) und (986) in (983) ergibt schließlich

$$\left.\begin{aligned}
\varphi_1 &= \frac{\alpha+\beta}{2} \cos t \sqrt{\tfrac{g}{l}} + \frac{\alpha-\beta}{2} \cos t \sqrt{\tfrac{g}{l}\left(1+\tfrac{2ca^2}{Gl}\right)}\ , \\
\varphi_2 &= \frac{\alpha+\beta}{2} \cos t \sqrt{\tfrac{g}{l}} - \frac{\alpha-\beta}{2} \cos t \sqrt{\tfrac{g}{l}\left(1+\tfrac{2ca^2}{Gl}\right)}\ .
\end{aligned}\right\} \tag{987}$$

Für die Zahlenwerte $G = 10$ kg, $g = 981$ cm s^{-2}, $l = 80$ cm, $a = 50$ cm, $c = 0{,}5$ kg cm^{-1}, $\alpha = 0{,}10$, $\beta = -0{,}05$ ist der Schwingungsverlauf der beiden Pendelstangen aus Abb. 248 ersichtlich.

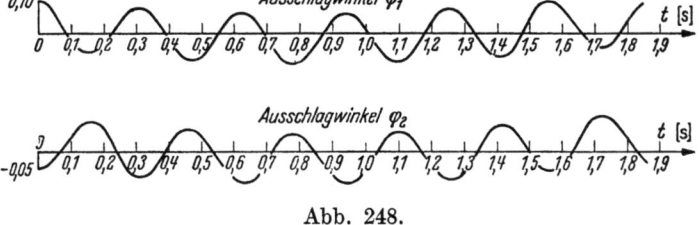

Abb. 248.

Beispiel 29. Eine Stahltrommel von 2000 mm Länge, 800 mm Durchmesser und 10 mm Wandstärke bei einem spezifischen Gewicht von 7,85 kg/l dreht sich mit 700 Umdrehungen pro Minute. Nach welcher Zeit kommt die Trommel zum Stehen, wenn auf sie ein gleichbleibendes Reibungsmoment $M_R = 3$ cmkg ausgeübt wird?

Nicht selten lassen sich Probleme der Kontinuumsmechanik nach den Methoden der Punkthaufenmechanik behandeln. Dies ist wie im vorliegenden Beispiele insbesondere dann der Fall, wenn es sich um Massenverteilungen handelt, die auf konzentrischen Kreisen angeordnet sind und bei denen die Bewegung in einer konzentrischen Drehung besteht. Wie Abb. 249 erkennen läßt, ist dann für alle Massenteilchen der Drall und die kinetische Energie konstant, und zwar ergibt sich, wenn die Drallachse mit $\mathfrak{i}_3$ bezeichnet wird,

$$\varDelta \mathfrak{D} = \mathfrak{r} \times \varDelta m\,\mathfrak{v} = \mathfrak{i}_3\, \varDelta m\, r\, v\,, \qquad \varDelta E = \frac{\varDelta m}{2} v^2\,.$$

Hieraus folgt durch Summierung über alle Massenelemente

$$\mathfrak{D} = \mathfrak{i}_3 M r v\,, \qquad E = \frac{M}{2} v^2 \qquad \text{(Massen auf konzentrischen Kreisen).} \qquad (988)$$

Wird nun wieder, wie in Beispiel 17, die Winkelgeschwindigkeit eingeführt, also

$$v = r\,\omega$$

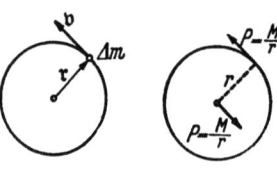

Abb. 249.   Abb. 250.

gesetzt, und die Winkelgeschwindigkeit gemäß

$$\omega = \frac{2n\pi}{60}$$

durch die Drehzahl n pro Minute ausgedrückt, so erhält man

$$v = \frac{2n\pi r}{60} \qquad \text{und damit}$$

$$\mathfrak{D} = \mathfrak{i}_3 M \frac{2n\pi r^2}{60}\,, \qquad E = \frac{M}{2} \frac{4n^2\pi^2 r^2}{3600} \qquad \text{(Massen auf konzentrischen Kreisen).} \qquad (989)$$

Das Reibungsmoment M_R wirkt ebenfalls in der Drallachse, aber seinem Verzögerungscharakter entsprechend mit negativem Vorzeichen. Somit folgt

$$\mathfrak{M} = -\mathfrak{i}_3 M_R\,. \qquad (990)$$

Die mechanische Arbeit des Reibungsmomentes ergibt sich hier einfach als das Produkt von M_R mit dem zurückgelegten Drehwinkel φ. Die Richtigkeit dieser Behauptung erkennt man sehr leicht, wenn gemäß Abb. 250 das Moment M dergestalt in ein Kräftepaar aufgespalten wird, daß die eine Kraft durch die Trommelachse, die andere durch den Trommelumfang geht und tangential zu diesem gerichtet ist. Da die Trommelachse fest ist, leistet die hier angreifende Kraft des Kräftepaares keine Arbeit. Die Arbeit der Umfangskraft ergibt sich, da Kraft- und Bewegungsrichtung ständig zusammenfallen, unmittelbar als Produkt von Kraft mal Weg, also

$$A = P s = \frac{M}{r} r \varphi = M \varphi\,, \qquad (991)$$

wie zu beweisen war. Da im vorliegenden Beispiel das Reibungsmoment der Bewegung entgegenwirkt, erhält man hier

$$A = -M_R \varphi\,. \qquad (992)$$

Nach diesen Vorbetrachtungen kann die Aufgabenstellung entweder mit Hilfe der Drallgleichung (951) oder des Energiesatzes (954) gelöst werden, wobei zu beachten ist, daß die Summenbildungen mit der Einführung von M bereits vorgenommen wurden. Unter Bezugnahme auf die Drallgleichung ergibt sich mit (990) und (989), wenn man den Verzögerungsvorgang durch das Reibungsmoment zur Zeit $t = 0$ beginnen läßt,

$$\int_0^t (-\mathfrak{i}_3 M_R)\,dt = \mathfrak{D}(t) - \mathfrak{D}(t_0) = \mathfrak{i}_3 M \frac{2n\pi r^2}{60} - \mathfrak{i}_3 M \frac{2n_0\pi r^2}{60}\,.$$

84. Beispiele zu Ziffer 80 bis 83.

Aus dieser Vektorgleichung hebt sich i_3 heraus und man erhält

$$M_R \int_0^t dt = M \frac{2(n_0 - n)\pi r^2}{60}$$

oder integriert

$$M_R t = M \frac{2(n_0 - n)\pi r^2}{60} .$$

Wird die Trommelmasse M gemäß

$$M = \frac{G}{g}$$

noch durch das Gewicht ausgedrückt, so folgt schließlich

$$t = \frac{G \pi r^2}{30 g M_R} (n_0 - n) \tag{993}$$

oder in Umkehrdarstellung

$$n = n_0 - \frac{30 g M_R}{G \pi r^2} t . \tag{994}$$

Nach (994) nimmt die Drehzahl unter der Wirkung eines konstanten Reibungsmomentes geradlinig ab. Mit den gegebenen Zahlenwerten ergibt sich

$$\frac{30 g M_R}{G \pi r^2} = \frac{30 \cdot 981 \cdot 3}{(0{,}00785 \cdot 1 \cdot 80\pi \cdot 200)\pi \cdot 40^2} \frac{\mathrm{cm\,s^{-2} \cdot cm\,kg}}{\mathrm{kg \cdot cm^2}} = 0{,}0445\,\mathrm{s}^{-2}$$

und damit

$$n = 700 - 0{,}0445\,t .$$

Es ist nun nach der Zeit gefragt, nach welcher die Trommel zum Stehen kommt. Für $n = 0$ folgt

$$t = \frac{700}{0{,}0445} = 15720\,\mathrm{s} = \frac{15720}{3600} = 4{,}37\,\mathrm{h} .$$

Beispiel 30. Eine Bremsrolle von den gleichen Abmessungen wie die Rolle von Beispiel 29 bewegt sich mit einer Rollenmittelpunktsgeschwindigkeit von $v_M = 1{,}2\,\mathrm{m\,s}^{-1}$ in eine Steigung von $15^0/_0$. Wann und in welcher Entfernung kommt die Rolle zum Stehen? Da es sich auch hier wieder um eine Massenverteilung auf konzentrischen Kreisen handelt, kann die Aufgabe ähnlich wie im vorigen Beispiel nach den Methoden der Punkthaufenmechanik behandelt werden. Allerdings besteht dabei insofern ein be-

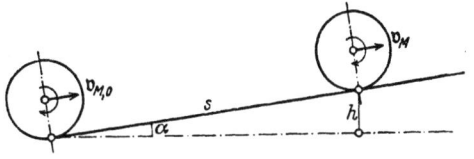

Abb. 251.

merkenswerter Unterschied zwischen den beiden Beispielen, als im vorigen Falle der Massenmittelpunkt ruhte, während er sich jetzt bewegt. Es handelt sich hier um einen typischen Anwendungsfall der Ziffer 83, der sich unter Bezugnahme auf die aufgespaltene Energiegleichung (976) in sehr bequemer Weise lösen läßt. Die auf der linken Seite dieser Gleichung stehende aufgewandte Arbeit besteht im vorliegenden Falle in reiner Hubarbeit. Ist gemäß Abb. 251 s der auf der Steigungsstrecke zurückgelegte Weg und α der Steigungswinkel, so ist die Hubhöhe

$$h = s \sin \alpha = \frac{s\,\mathrm{tg}\,\alpha}{\sqrt{1 + \mathrm{tg}^2 \alpha}}$$

und die Hubarbeit

$$A = \int_{r_M}^{r_{M_0}} \Sigma \, \mathfrak{P}_a \, dr_M + \Sigma \int_{\bar{r}_0}^{\bar{r}} (\mathfrak{P}_a + \mathfrak{P}_i) \, d\bar{r} = -Gh = \frac{-Gs \, \mathrm{tg} \, \alpha}{\sqrt{1 + \mathrm{tg}^2 \alpha}} \; .$$

Von den auf der rechten Seite von (976) stehenden kinetischen Energien ist die Energie der Schwerpunktsbewegung

$$\Sigma \frac{m}{2} v_M^2 - \Sigma \frac{m}{2} v_{M,0}^2 = \frac{M}{2}(v_M^2 - v_{M,0}^2) = \frac{G}{2g}(v_M^2 - v_{M,0}^2)$$

und diejenige der Relativbewegung nach (988)

$$\Sigma \frac{m}{2} \bar{v}^2 - \Sigma \frac{m}{2} \bar{v}_0^2 = \frac{M}{2}(\bar{v}^2 - \bar{v}_0^2) = \frac{G}{2g}(\bar{v}^2 - \bar{v}_0^2) \; .$$

Damit lautet die Energiegleichung

$$\frac{-Gs \, \mathrm{tg} \, \alpha}{\sqrt{1 + \mathrm{tg}^2 \alpha}} = \frac{G}{2g}(v_M^2 - v_{M,0}^2 + \bar{v}^2 - \bar{v}_0^2) \; .$$

Hierin kann nun zunächst die Relativgeschwindigkeit $\bar{v}$ auf dem Rollenumfang durch die Geschwindigkeit v_M des Rollenmittelpunkts ausgedrückt werden, denn da der Berührungspunkt zwischen Rolle und Bahn in jedem Augenblick geschwindigkeitsfrei sein muß, folgt in Verbindung mit Abb. 252

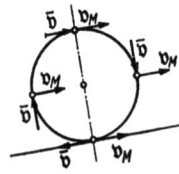

Abb. 252.

$$|\bar{v}| - |v_M| = 0 \qquad \text{oder} \qquad \bar{v} = v_M \; .$$

Damit erhält man

$$\frac{-Gs \, \mathrm{tg} \, \alpha}{\sqrt{1 + \mathrm{tg}^2 \alpha}} = \frac{G}{g}(v_M^2 - v_{M,0}^2) \; .$$

Nun ist aber nach Abb. 251 die Wegstrecke s des Berührungspunktes mit der Wegstrecke s des Rollenmittelpunktes identisch und demgemäß

$$v_M = \frac{ds}{dt} \, , \qquad s = \int_0^t v_M \, dt \; .$$

Die Einführung dieses s-Wertes in die Energiegleichung ergibt bei entsprechender Zusammenfassung

$$g \, \mathrm{tg} \, \alpha \int_0^t v_M \, dt = \sqrt{1 + \mathrm{tg}^2 \alpha} \, (v_M^2 - v_{M,0}^2) = 0 \; . \tag{995}$$

Die Gl. (995) stellt eine Integralgleichung für die Massenmittelpunktsgeschwindigkeit v_M dar. Im Anschluß an die Lösungsgleichung (38) von Beispiel 5 versuchen wir den Lösungsansatz

$$v_M = v_{M,0} + at \; .$$

Seine Einführung in (995) ergibt

$$g \, \mathrm{tg} \, \alpha \left(v_{M,0} t + \frac{a}{2} t^2 \right) + \sqrt{1 + \mathrm{tg}^2 \alpha} \, (2 v_{M,0} \, a t + a^2 t^2) \stackrel{!}{=} 0 \; .$$

Diese Gleichung läßt sich mit

$$a = \frac{-\frac{1}{2} g \, \mathrm{tg} \, \alpha}{\sqrt{1 + \mathrm{tg}^2 \alpha}}$$

identisch befriedigen. Man erhält daher

$$v_M = v_{M,0} - \frac{\frac{1}{2} g \, \text{tg} \, \alpha}{\sqrt{1+\text{tg}^2 \alpha}} t \, , \tag{996}$$

und damit

$$s = \int_0^t v_M \, dt = v_{M,0} \, t - \frac{\frac{1}{4} g \, \text{tg} \, \alpha}{\sqrt{1+\text{tg}^2 \alpha}} t^2 \, . \tag{997}$$

Die erste der beiden gestellten Fragen läßt sich mit (996) sofort beantworten. Für $v_M = 0$ folgt

$$t = \frac{2 v_{M_0} \sqrt{1+\text{tg}^2 \alpha}}{g \, \text{tg} \, \alpha} \qquad \text{(Bremszeit)}. \tag{998}$$

Die Einführung dieses Zeitwertes in (997) liefert den Bremsweg

$$s = \frac{v_{M,0}^2 \sqrt{1+\text{tg}^2 \alpha}}{g \, \text{tg} \, \alpha} \qquad \text{(Bremsweg)}. \tag{999}$$

Nach (998) und (999) ist das Rollengewicht ohne Einfluß auf Bremszeit und Bremsweg. Mit den vorgegebenen Zahlenwerten folgt

$$t = \frac{2 \cdot 1{,}2 \cdot \sqrt{1{,}0225}}{9{,}81 \cdot 0{,}15} = 1{,}65 \, \text{s} \, , \qquad s = \frac{1{,}2^2 \cdot \sqrt{1{,}0225}}{9{,}81 \cdot 0{,}15} = 0{,}98 \, \text{m} \, .$$

Achtes Kapitel.
Die gekoppelten harmonischen Schwingungen in Verbindung mit erzwungenen Schwingungen.

85. Einführendes Beispiel.

Eines der wichtigsten Anwendungsgebiete der Mechanik punktförmig angenommener Körperhaufen sind die gekoppelten Schwingungen von Mehrmassensystemen, insbesondere in der Form von Längs-, Quer- und Biegungsschwingungen. Aus der großen Gruppe dieser Schwingungserscheinungen sollen im vorliegenden Kapitel lediglich die harmonischen Schwingungen in Verbindung mit erzwungenen Schwingungen betrachtet werden. Ein einführendes Beispiel möge zunächst das Wesen einer gekoppelten Schwingung näher beleuchten.

Gemäß Abb. 253 bis 255 wirke ein Kurbeltrieb mit schlanker Kurbel auf eine in einer Führung längsbewegliche Masse m_1. An diese sei durch eine Längsfeder mit der Federkonstanten c_1 eine Masse m_2 und an diese durch eine Längsfeder mit der Federkonstanten c_2 eine Masse m_3 angeschlossen. Die Masse m_3 sei außerdem durch eine dritte Längsfeder mit der Federkonstanten c_3 gegen eine feste Scheibe abgestützt. Abb. 253 zeigt das Dreimassensystem unter Fortnahme der Kurbelstange in entspannter Lage. Abb. 254 zeigt die der Berechnung zugrunde zu legende Ausgangslage, bei welcher das Vorspannmaß der Federn durch den Abstand l_0 der Masse m_1 gegenüber der Ausgangslage gekennzeichnet ist. Für eine beliebige Lage des Dreimassensystems zeigt Abb. 255 die Lage der

Massen und den Zustand der Federn, der ausgedrückt durch die Massenbewegungen durch die Federgesetze

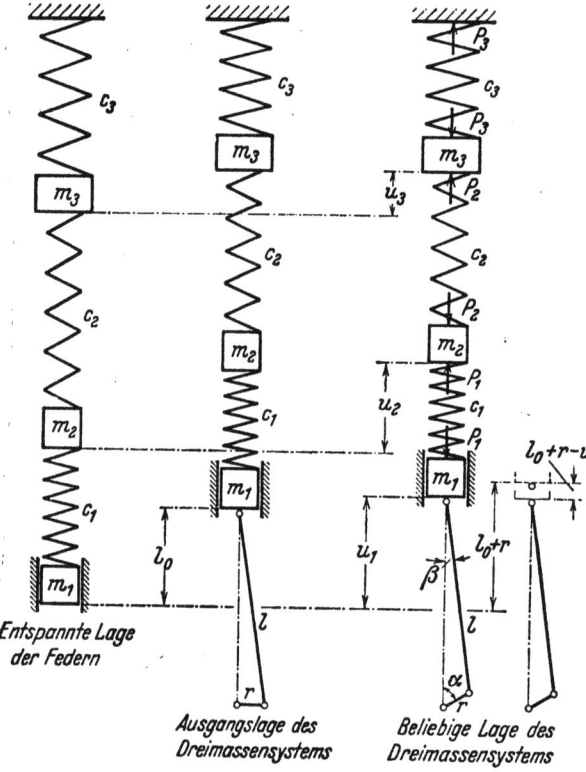

Abb. 253. Abb. 254. Abb. 255. Abb. 256.

$$P_1 = c_1 (u_1 - u_2) \;,$$
$$P_2 = c_2 (u_2 - u_3) \;,$$
$$P_3 = c_3 u_3$$
(1000)

dargestellt ist, wobei die Federkräfte, in Anpassung an die Vorspannungsverhältnisse, als Druckkräfte positiv gezählt wurden.

Da bei dem Kurbeltrieb voraussetzungsgemäß l groß gegenüber r sein soll, ist gemäß Abb. 253 und 254 die obere Totpunktslage durch den Abstand $l_0 + r$ gegenüber der entspannten Lage von m_1 gekennzeichnet. Bezeichnet in Verbindung mit Abb. 7 s den Weg des Anschlußzapfens in bezug auf die obere Totpunktlage, so liefert Abb. 255 und 256

$$s = l_0 + r - u_1 \;.$$
(1001)

Wird dieser s-Wert in die auf Seite 5 für den Kurbeltrieb entwickelten Formeln eingeführt, so folgt

$$l_0 + r - u_1 = l\left[1 + \frac{r}{l}(1 - \cos\alpha) - \sqrt{1 - \left(\frac{r}{l}\right)^2 \sin^2\alpha}\right]$$

oder

$$u_1 = l_0 + r\cos\alpha - l\left(1 - \sqrt{1 - \left(\frac{r}{l}\right)^2 \sin^2\alpha}\right).$$

Im Hinblick darauf, daß l groß gegenüber r sein sollte, kann die runde Klammer als vernachlässigbar klein angesehen werden, womit

$$u_1 = l_0 + r\cos\alpha \qquad (1002)$$

verbleibt.

Nun möge ähnlich wie in Beispiel 1 für den Kurbeltrieb eine gleichbleibende Winkelgeschwindigkeit ω zugrunde gelegt werden, womit unter Einschaltung einer Phase t_0

$$\alpha = \omega(t - t_0) \qquad (1003)$$

wird. Gemäß Abb. 254 entspricht der Ausgangslage $t = 0$ ein Winkel $\alpha = 90^0 = \frac{\pi}{2}$. Hieraus folgt

$$\frac{\pi}{2} = -\omega t_0 \;, \qquad \alpha = \omega t + \frac{\pi}{2} \qquad (1004)$$

85. Einführendes Beispiel.

und damit
$$u_1 = l_0 - r \sin \omega t \, . \tag{1005}$$

Mit (1005) ist die durch den Kurbeltrieb der Masse m_1 aufgezwungene schwingende Bewegung eindeutig festgelegt. Sie stellt eine dem schwingenden System von außen her aufgedrückte Bewegungsform dar und wird in der Schwingungslehre als die erzwungene Schwingung bezeichnet.

Die der Masse m_1 mitgeteilte Schwingung pflanzt sich nun über die Feder c_1 zu der Masse m_2 und über die Feder c_2 zu der Masse m_3 fort. Wegen dieses Verhaltens werden die Massen als miteinander gekoppelt bezeichnet. Die sogenannten Kopplungsgleichungen erhält man durch Anwendung des Newtonschen Kraftgesetzes auf die Massen m_2 und m_3, wobei man sich die Kopplungsfedern gelöst und gemäß Abb. 255 die Kraftwirkungen durch die als Druckkräfte vorausgesetzten Federspannkräfte ersetzt zu denken hat. Nach Abb. 255 und Gl. (1000) wirkt hiernach auf die Massen m_2 und m_3

$$\left. \begin{array}{l} P^{(2)} = P_1 - P_2 = c_1(u_1 - u_2) - c_2(u_2 - u_3) = c_1 u_1 - (c_1 + c_2) u_2 + c_2 u_3 \, , \\ P^{(3)} = P_2 - P_3 = c_2(u_2 - u_3) - c_3 u_3 \quad\quad\quad = c_2 u_2 - (c_2 + c_3) u_3 \end{array} \right\} \tag{1006}$$

Da sämtliche Massenbewegungen auf ein und derselben Geraden liegen, konnte in (1006) auf den Vektorcharakter der Kräfte verzichtet werden. Die als positiv gewählte Kraftwirkung entspricht der als positiv zugrunde gelegten Richtung der Massenausschläge.

Für m_2 und m_3 lauten die Newtonschen Kraftgesetze, wenn die Kräfte nach (1006) eingesetzt werden,

$$c_1 u_1 - (c_1 + c_2) u_2 + c_2 u_3 = m_2 \frac{d^2 u_2}{dt^2} \, , \quad c_2 u_2 - (c_2 + c_3) u_3 = m_3 \frac{d^2 u_3}{dt^2} \, . \tag{1007}$$

Wird u_1 nach (1005) in (1007) eingeführt, so ergeben sich die beiden simultanen linearen Differentialgleichungen für u_2 und u_3

$$\frac{d^2 u_2}{dt^2} + \frac{c_1 + c_2}{m_2} u_2 - \frac{c_2}{m_2} u_3 = \frac{c_1}{m_2}(l_0 - r \sin \omega t) \, , \quad \frac{d^2 u_3}{dt^2} + \frac{c_2 + c_3}{m_3} u_3 - \frac{c_2}{m_3} u_2 = 0 \, . \tag{1008}$$

Das Differentialgleichungssystem (1008) läßt sich auf mannigfache Art und Weise lösen. Hier soll das sogenannte Eliminationsverfahren Anwendung finden, und zwar in der Form, daß u_2 aus der zweiten der Gln (1008) gemäß

$$u_2 = \frac{m_3}{c_2} \frac{d^2 u_3}{dt^2} + \left(1 + \frac{c_3}{c_2}\right) u_3 \tag{1009}$$

ausgedrückt und in die erste der Gln (1008) eingesetzt wird. Dies ergibt

$$\frac{m_3}{c_2} \frac{d^4 u_3}{dt^4} + \left(1 + \frac{c_3}{c_2}\right) \frac{d^2 u_3}{dt^2} + \left(1 + \frac{c_1}{c_2}\right) \frac{m_3}{m_2} \frac{d^2 u_3}{dt^2} + \frac{c_1 + c_2}{m_2}\left(1 + \frac{c_3}{c_2}\right) u_3 - \frac{c_2}{m_2} u_3 = \frac{c_1}{m_2}(l_0 - r \sin \omega t)$$

oder zusammengefaßt

$$\frac{d^4 u_3}{dt^4} + \left(\frac{c_1 + c_2}{m_2} + \frac{c_2 + c_3}{m_3}\right) \frac{d^2 u_3}{dt^2} + \frac{c_1 c_2 + c_2 c_3 + c_3 c_1}{m_2 m_3} u_3 = \frac{c_1 c_2 l_0}{m_2 m_3} - \frac{c_1 c_2 r}{m_2 m_3} \sin \omega t \, . \tag{1010}$$

Die Gl. (1010) stellt eine lineare Differentialgleichung vierter Ordnung mit konstanten Koeffizienten und Störungsfunktion dar. Nach den Methoden der höheren Analysis wird ihre Lösung zweckmäßig durch Überlagerung des allgemeinen Integrals der sogenannten homogenen Differentialgleichung mit einem beliebigen Partikularintegral der inhomogenen Differentialgleichung hergestellt.

Die zu (1010) gehörige homogene Differentialgleichung lautet

$$\frac{d^4 u_3}{dt^4} + \left(\frac{c_1+c_2}{m_2} + \frac{c_2+c_3}{m_3}\right)\frac{d^2 u_3}{dt^2} + \frac{c_1 c_2 + c_2 c_3 + c_3 c_1}{m_2 m_3} u_3 = 0 \ . \qquad (1011)$$

Da sie außer der Funktion selbst nur den zweiten und vierten Differentialquotienten enthält und die trigonometrischen Funktionen bei zweimaliger und viermaliger Differentiation bis auf einen konstanten Faktor wieder in sich selbst übergehen, muß sich das allgemeine Integral von (1011) stets durch trigonometrische Funktionen darstellen lassen, und zwar muß die Lösung dem vierten Grade der Differentialgleichung entsprechend so beschaffen sein, daß sie vier willkürliche Integrationskonstante enthält. Diesen Bedingungen entspricht z. B. der Lösungsansatz

$$u_3 = A_1 \sin(\omega_1 t + \alpha_1) + A_2 \sin(\omega_2 t + \alpha_2) \ , \qquad (1012)$$

in welchem $A_1, A_2, \alpha_1, \alpha_2$ die vier Integrationskonstanten darstellen. Die beiden Kreisfrequenzen ω_1 und ω_2 sind nicht willkürlich, sondern werden zur Befriedigung der Diff. Gl. (1011) benötigt. Die Einführung von (1012) in (1011) ergibt bei entsprechender Zusammenfassung

$$\left.\begin{aligned}&A_1\left[\omega_1^4 - \omega_1^2\left(\frac{c_1+c_2}{m_2} + \frac{c_2+c_3}{m_3}\right) + \frac{c_1 c_2 + c_2 c_3 + c_3 c_1}{m_2 m_3}\right]\sin(\omega_1 t + \alpha_1) + \\ &+ A_2\left[\omega_2^4 - \omega_2^2\left(\frac{c_1+c_2}{m_2} + \frac{c_2+c_3}{m_3}\right) + \frac{c_1 c_2 + c_2 c_3 + c_3 c_1}{m_2 m_3}\right]\sin(\omega_2 t + \alpha_2) \equiv ! \, 0\end{aligned}\right\} \quad (1013)$$

Diese Gleichung ist offenbar identisch befriedigt, wenn die beiden eckigen Klammern verschwinden, d. h. wenn

$$\omega_{\frac{1}{2}}^4 - \omega_{\frac{1}{2}}^2\left(\frac{c_1+c_2}{m_2} + \frac{c_2+c_3}{m_3}\right) + \frac{c_1 c_2 + c_2 c_3 + c_3 c_1}{m_2 m_3} = 0 \qquad (1014)$$

gesetzt wird. In der Theorie der Differentialgleichungen heißt (1014) die charakteristische Gleichung. In der Schwingungslehre wird sie gewöhnlich als Frequenzengleichung bezeichnet, denn ihre Wurzeln sind ja unmittelbar die beiden Kreisfrequenzen ω_1 und ω_2 der harmonischen Schwingung, die durch (1012) dargestellt wird. Die Auflösung von (1014) liefert

$$\omega_{\frac{1}{2}} = \sqrt{\frac{1}{2}\left(\frac{c_1+c_2}{m_2} + \frac{c_3+c_4}{m_3}\right) \mp \sqrt{\frac{1}{4}\left(\frac{c_1+c_2}{m_2} + \frac{c_2+c_3}{m_3}\right)^2 - \frac{c_1 c_2 + c_2 c_3 + c_3 c_1}{m_2 m_3}}} \ . \quad (1015)$$

Da die Frequenzengleichung im vorliegenden Falle eine Gleichung vierten Grades ist, ergeben sich strenggenommen zwei Wurzelwerte ω_1 und zwei Wurzelwerte ω_2, entsprechend den beiden Wurzelvorzeichen der großen Wurzel. Wie man unmittelbar aus dem Ansatz (1012) erkennt, fällt diesen Vorzeichen aber praktisch keinerlei Bedeutung zu, denn eine Vorzeichenvertauschung von ω_1 und ω_2 führt zu einer Lösung, die man auch durch Vorzeichenvertauschung von $A_1, \alpha_1, A_2, \alpha_2$ erzielen kann, und liefert damit angesichts der Willkürlichkeit der vier Integrationskonstanten nichts Neues.

Mit (1012) und (1015) kann das allgemeine Integral der homogenen Differentialgleichung als bekannt angesehen werden. Damit ist auch gleichzeitig ein Partikularintegral der inhomogenen Differentialgleichung bekannt, denn ein solches läßt sich nach dem Verfahren der Variation der Konstanten stets aus der allgemeinen homogenen Lösung darstellen. Im vorliegenden Falle ist die Störungs-

85. Einführendes Beispiel.

funktion so einfach, daß der mühsame Weg über die Variation der Konstanten entbehrt und ein Partikularintegral von (1010) unmittelbar angesetzt werden kann. Macht man nämlich den Ansatz

$$u_3 = a_1 + a_2 \sin \omega t \,, \tag{1016}$$

der lediglich eine affine Verzerrung der Störungsfunktion darstellt, so wird, da die zweiten und vierten Ableitungen einer sinus-Funktion wieder sinus-Funktionen sind, die gesamte linke Seite von (1010) eine affine Verzerrung der Störungsfunktion. Werden dabei nun die beiden noch willkürlichen Konstanten des Ansatzes gerade so bestimmt, daß die linke Seite von (1010) die Störungsfunktion selbst wird, so muß (1016) offensichtlich die inhomogene Differentialgleichung befriedigen und zum Partikularintegral werden. In Ausführung des geschilderten Lösungsweges folgt durch Einführung von (1016) in (1010)

$$\frac{c_1 c_2 + c_2 c_3 + c_3 c_1}{m_2 m_3} a_1 + \left[\omega^4 - \omega^2\left(\frac{c_1+c_2}{m_2} + \frac{c_2+c_3}{m_3}\right) + \frac{c_1 c_2 + c_2 c_3 + c_3 c_1}{m_2 m_3}\right] a_2 \sin \omega t \equiv !$$

$$\equiv \frac{c_1 c_2 l_0}{m_2 m_3} - \frac{c_1 c_2 r}{m_2 m_3} \sin \omega t \,.$$

Der Koeffizientenvergleich liefert

$$\frac{c_1 c_2 + c_2 c_3 + c_3 c_1}{m_2 m_3} a_1 = \frac{c_1 c_2 l_0}{m_2 m_3} \,,$$

$$\left[\omega^4 - \omega^2\left(\frac{c_1+c_2}{m_2} + \frac{c_2+c_3}{m_3}\right) + \frac{c_1 c_2 + c_2 c_3 + c_3 c_1}{m_2 m_3}\right] a_2 = -\frac{c_1 c_2 r}{m_2 m_3} \,.$$

Hieraus folgt

$$a_1 = \frac{c_1 c_2 l_0}{c_1 c_2 + c_2 c_3 + c_3 c_1}, \quad a_2 = -\frac{\dfrac{c_1 c_2 r}{m_2 m_3}}{\omega^4 - \omega^2\left(\dfrac{c_1+c_2}{m_2} + \dfrac{c_2+c_3}{m_3}\right) + \dfrac{c_1 c_2 + c_2 c_3 + c_3 c_1}{m_2 m_3}} \tag{1017}$$

Nun waren ω_1^2 und ω_2^2 gemäß (1015) gerade diejenigen Wurzelwerte, die sich durch Nullsetzen des Nenners von a_2 ergeben. Demgemäß läßt sich dieser Nenner nach einem Satz der Algebra auch in der Form

$$\omega^4 - \omega^2\frac{c_1+c_2}{m_2} + \frac{c_2+c_3}{m_3} + \frac{c_1 c_2 + c_2 c_3 + c_3 c_1}{m_2 m_3} \equiv (\omega^2 - \omega_1^2)(\omega^2 - \omega_2^2) \tag{1018}$$

schreiben. Mit (1016) bis (1018) lautet das gesuchte Partikularintegral

$$u_3 = \frac{c_1 c_2 l_0}{c_1 c_2 + c_2 c_3 + c_3 c_1} - \frac{\dfrac{c_1 c_2 r}{m_2 m_3}}{(\omega^2 - \omega_1^2)(\omega^2 - \omega_2^2)} \sin \omega t \,. \tag{1019}$$

Die Überlagerung des allgemeinen Integrals (1012) der homogenen Differentialgleichung mit dem Partikularintegral (1019) ergibt die allgemeine Lösung der Differentialgleichung (1010) in der Form

$$u_3 = A_1 \sin(\omega_1 t + \alpha_1) + A_2 \sin(\omega_2 t + \alpha_2) +$$

$$+ \frac{c_1 c_2 l_0}{c_1 c_2 + c_2 c_3 + c_3 c_1} - \frac{\dfrac{c_1 c_2 r}{m_2 m_3}}{(\omega^2 - \omega_1^2)(\omega^2 - \omega_2^2)} \sin \omega t \,. \tag{1020}$$

Die Einführung von (1020) in (1009) liefert

$$\left.\begin{aligned}u_2 =\; & A_1 \frac{c_2 + c_3 - m_3 \omega_1^2}{c_2} \sin(\omega_1 t + \alpha_1) + A_2 \frac{c_2 + c_3 - m_3 \omega_2^2}{c_2} \sin(\omega_2 t + \alpha_2) + \\ & + \frac{c_1(c_2 + c_3)\, l_0}{c_1 c_2 + c_2 c_3 + c_3 c_1} - \frac{\dfrac{c_1(c_2 + c_3 - m_3 \omega^2)}{m_2 m_3}}{(\omega^2 - \omega_1^2)(\omega^2 - \omega_2^2)} \sin \omega t \; .\end{aligned}\right\} \quad (1021)$$

Mit (1005), (1020) und (1021) ist der Schwingungsverlauf für die drei gekoppelten Massen eindeutig dargestellt.

Die Schwingungen setzen sich aus zwei grundsätzlich verschiedenen Anteilen zusammen, nämlich aus dem mit den vier willkürlichen Konstanten $A_1, \alpha_1, A_2, \alpha_2$ behafteten Eigenschwingungszustand und aus dem Anteil der erzwungenen Schwingungen. Der Eigenschwingungszustand ist für viele technische Aufgaben von untergeordneter Bedeutung, da er unter Berücksichtigung der hier vernachlässigten, aber in Wirklichkeit stets vorhandenen Dämpfung schnell abklingt, so daß schon nach kürzester Zeit nur noch der von den erzwungenen Schwingungen herrührende Anteil vorhanden ist. Für diesen Anteil folgt aus (1005), (1020) und (1021)

$$\left.\begin{aligned}u_1 &= l_0 - r \sin \omega t \;, \\ u_2 &= \frac{c_1(c_2 + c_3)\, l_0}{c_1 c_2 + c_2 c_3 + c_3 c_1} - \frac{\dfrac{c_1(c_2 + c_3 - m_3 \omega^2)\, r}{m_2 m_3}}{(\omega^2 - \omega_1^2)(\omega^2 - \omega_2^2)} \sin \omega t \;, \\ u_3 &= \frac{c_1 c_2\, l_0}{c_1 c_2 + c_2 c_3 + c_3 c_1} - \frac{\dfrac{c_1 c_2\, r}{m_2 m_3}}{(\omega^2 - \omega_1^2)(\omega^2 - \omega_2^2)} \sin \omega t \;.\end{aligned}\right\} \begin{array}{c}\text{(Erzwungene}\\ \text{Schwingung)}\end{array} \quad (1022)$$

In (1022) hängt das erste Glied allein von dem Vorspannzustand der Federn ab und hat mit dem eigentlichen Schwingungszustand wenig zu tun. Da für die Ausgangslage $t = 0$ alle zweiten Glieder verschwinden, regelt das erste Glied gewissermaßen die Ausschläge der Ausgangslage oder Nullage. Werden diese Glieder daher auch noch unterdrückt, so verbleibt

$$\left.\begin{aligned}u_1 &= - r \sin \omega t \;, \\ u_2 &= - \frac{\dfrac{c_1(c_2 + c_3 - m_3 \omega^2)\, r}{m_2 m_3}}{(\omega^2 - \omega_1^2)(\omega^2 - \omega_2^2)} \sin \omega t \;, \\ u_3 &= - \frac{\dfrac{c_1 c_2\, r}{m_2 m_3}}{(\omega^2 - \omega_1^2)(\omega^2 - \omega_2^2)} \sin \omega t \;.\end{aligned}\right\} \begin{array}{c}\text{(Erzwungene Schwingung um}\\ \text{die jeweiligen Nullagen)}\end{array} \quad (1023)$$

Nach (1023) schwingen alle drei Massen mit der Kreisfrequenz ω des Kurbeltriebes; diese ist also von der Masse m_1 unmittelbar den Massen m_2 und m_3 durch Kopplung zugeleitet worden. Die Amplituden der Schwingungen von m_2 und m_3 sind, wie zu erwarten, dem die Schwingung erzeugenden Kurbelhalbmesser r proportional. Darüber hinaus hängen sie aber auch noch von den Massen und der Kopplung (Federkonstanten) ab und außerdem auch noch von den beiden Kreisfrequenzen ω_1 und ω_2 der Eigenschwingung. Wie aus dem Aufbau von (1023) unmittelbar ersichtlich ist, werden für $\omega = \omega_1$ und $\omega = \omega_2$ die Schwingungsausschläge unendlich groß. Dies sind die gefürchteten Fälle der Resonanz.

85. Einführendes Beispiel.

Die Winkelgeschwindigkeiten ω_1 und ω_2 der Eigenschwingung, die im Falle der Übereinstimmung mit dem ω der erzwungenen Schwingung zur Resonanz führen, werden auch als die kritischen Winkelgeschwindigkeiten und die zugehörigen Dreh- bzw. Hubzahlen als die kritischen Dreh- bzw. Hubzahlen bezeichnet. Zahlreiche Schwingungsuntersuchungen werden in der Hauptsache nur deshalb angestellt, um die kritischen Dreh- bzw. Hubzahlen zu ermitteln.

Einen vorzüglichen Überblick über das Amplitudenverhalten der gekoppelten Schwingungen liefert das sogenannte Resonanzschaubild (Abb. 257). Zu diesem gelangt man, wenn in (1023) die Schwingungsausschläge durch den durch den Kurbeltrieb erzwungenen Ausschlag von m_1 dividiert werden. Dies ergibt

$$\left.\begin{aligned}\frac{u_1^{(m)}}{-r\sin\omega t} &= 1, \\ \frac{u_2^{(m)}}{-r\sin\omega t} &= \frac{c_1(c_2+c_3-m_3\omega^2)}{m_2 m_3 (\omega^2-\omega_1^2)(\omega^2-\omega_2^2)}, \\ \frac{u_3^{(m)}}{-r\sin\omega t} &= \frac{c_1 c_2}{m_2 m_3 (\omega^2-\omega_1^2)(\omega^2-\omega_2^2)}.\end{aligned}\right\} \quad (1024)$$

(Amplitudenverlauf der erzwungenen Schwingung)

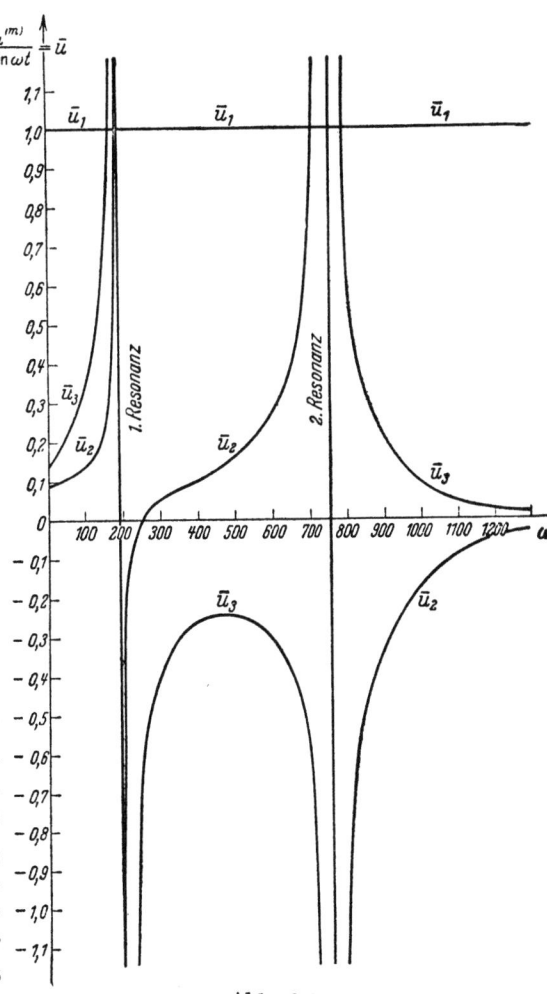

Abb. 257.

Trägt man nun die durch (1024) dargestellten Funktionen in Abhängigkeit von ω^2 auf, wobei zu beachten ist, daß nach (1015) ω_1^2 stets kleiner als ω_2^2 ist, so steigt die Schwingungsamplitude sowohl für m_2 als auch für m_3 zunächst monoton an und wird an der ersten Resonanzstelle unendlich groß. Nach Überschreiten dieser Resonanzstelle wird in beiden Fällen das Vorzeichen gewechselt und die Funktionen steigen, aus dem negativen Unendlichen kommend, zunächst monoton an. Für die zu m_2 gehörige Schwingungsamplitude setzt sich der monotone Anstieg bis zur zweiten Resonanzstelle fort, wo die Amplitude abermals unendlich groß ist. Hierbei wird die Abszissenachse einmal durchschritten, und zwar an derjenigen Stelle, an welcher der Zähler von $u_2/-r\sin\omega t$ den Wert null annimmt. Solche Nullstellen der Schwingungsamplitude werden auch als Schwingungsknoten bezeichnet, da sie während der gesamten Schwingungsdauer in Ruhe bleiben. Die zu m_3 gehörige Schwingungsamplitude erreicht, da der Zähler von $u_3/-r\sin\omega t$ niemals null werden kann, die Abszissenachse nicht, sondern kehrt nach Erreichen eines Maximalwertes wieder um und wird an der zweiten Resonanzstelle negativ unendlich groß. Nach Überschreiten der zweiten Resonanzstelle ändern beide Schwingungsamplituden wieder ihr Vorzeichen und nähern sich dann sehr schnell asymptotisch der Abszissenachse.

Betrachtet man die drei Massen in ihrer Phase oder Läufigkeit, so ergibt sich nach Abb. 257 das folgende Bild. Bis zur ersten Resonanz schwingen alle drei Massen in gleicher Phase. In dem Bereich zwischen erster Resonanz und

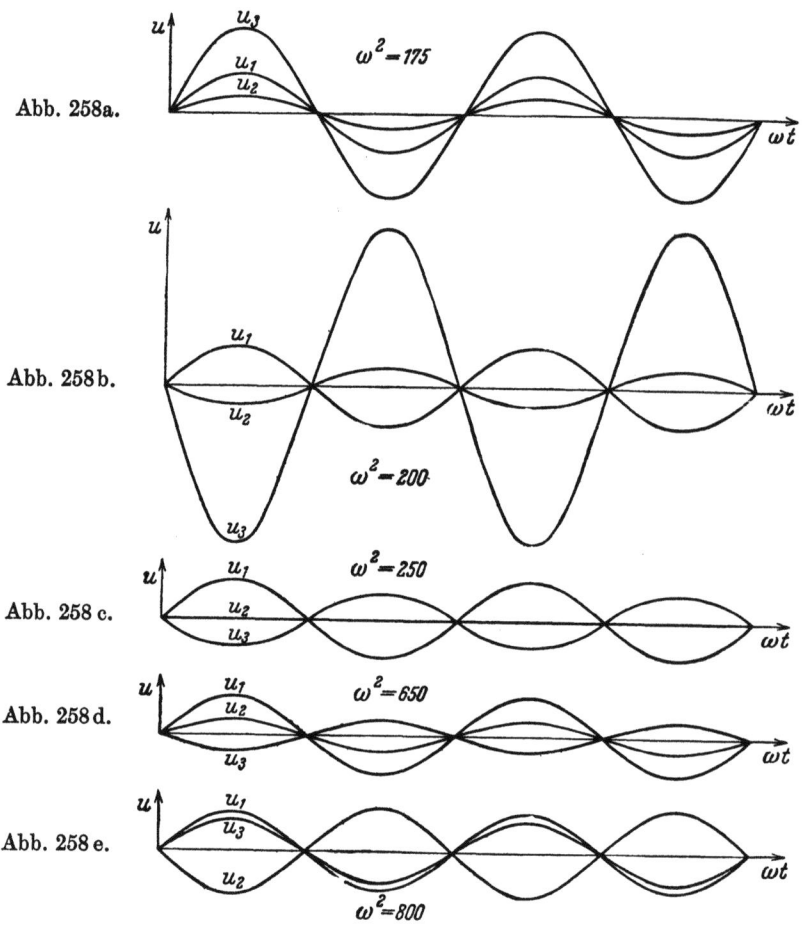

Abb. 258a.

Abb. 258b.

Abb. 258c.

Abb. 258d.

Abb. 258e.

Schwingungsknoten für m_2 schwingen m_2 und m_3 gegenläufig zu m_1, während in dem Bereich zwischen Schwingungsknoten und zweiter Resonanz nur noch m_3 gegenläufig zu m_1 schwingt. Nach Überschreiten beider Resonanzen sind m_1 und m_3 in Phase, während nunmehr m_2 gegenläufig schwingt. Aus Abb. 258^a bis 258^e sind diese Verhältnisse im einzelnen ersichtlich.

Neben den beiden Resonanzstellen ist der in Erscheinung getretene Schwingungsknoten ein interessantes Merkmal des betrachteten Schwingungssystemes. Wie schon erörtert, ruht die Masse m_2, wenn die Hubzahl der erzwungenen Schwingung gerade die Knotenhubzahl erreicht hat, zu allen Zeitpunkten, d. h. die Masse m_2 schwingt dann überhaupt nicht mit. Es fragt sich nun, was aus dem Schwingungsknoten wird, wenn die Hubzahl über jene ausgezeichnete

85. Einführendes Beispiel.

Knotenhubzahl hinausgeht. Wie Abb. 257 erkennen läßt, bewegen sich in dem betrachteten Hubzahlbereich die Massen m_2 und m_3 stets gegenläufig, so daß angesichts der linearen Federcharakteristiken stets ein zwischen m_2 und m_3 gelegener Punkt in Ruhe bleiben muß, der als Schwingungsknoten der Feder c_2 angesprochen werden kann. Wird gemäß Abb. 259 die Länge der Feder c_2 mit d und der Knotenabstand von m_2 mit x bezeichnet, so liefert die Proportion in Verbindung mit (1023)

$$\frac{x}{d-x} = \frac{u_2}{-u_3} = \frac{c_2 + c_3 - m_3 \omega^2}{-c_2}$$

oder $\quad \dfrac{x}{d} = \dfrac{c_2 + c_3 - m_3 \omega^2}{c_3 - m_3 \omega^2} = \dfrac{m_3 \omega^2 - c_2 - c_3}{m_3 \omega^2 - c_3}\quad$ (Knotenpunktslage). (1025)

Für $u_2 = 0$ verschwindet der Zähler von (1025), womit $x = 0$ wird und der Schwingungsknoten mit der Masse m_2 zusammenfällt, während für $\omega \to \infty$ der Verhältniswert $x/d = 1$ wird und der Schwingungsknoten mit der Masse m_3 zusammenfällt. Der Schwingungsknoten wandert somit im Bereiche seines Auftretens von der Masse m_2 zur Masse m_3.

Um noch ein Zahlenbeispiel anzuschließen, sei

$$G_1 = 1 \text{ kg}, \qquad G_2 = 1 \text{ kg}, \qquad G_3 = 2 \text{ kg}$$
$$c_1 = 0{,}1 \text{ kg/cm}, \qquad c_2 = 0{,}4 \text{ kg/cm} \qquad c_3 = 0{,}5 \text{ kg/cm}$$
$$l_0 = 40 \text{ cm}, \qquad a = 5 \text{ cm}$$

gesetzt. Dann ergeben sich die schwingenden Massen zu

$$m_1 = \frac{1}{981} = \sim 0{,}001 \text{ kg s}^2 \text{ cm}^{-1},$$
$$m_2 = \frac{1}{981} = \sim 0{,}001 \text{ kg s}^2 \text{ cm}^{-1},$$
$$m_3 = \frac{2}{981} = \sim 0{,}002 \text{ kg s}^2 \text{ cm}^{-1}.$$

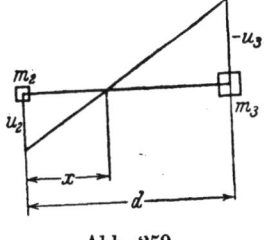

Abb. 259.

Hiermit errechnet man

$$\omega^2_{\frac{1}{2}} = \frac{1}{2}\left(\frac{0{,}1 + 0{,}4}{0{,}001} + \frac{0{,}4 + 0{,}5}{0{,}002}\right) \mp \sqrt{\frac{1}{4}\left(\frac{0{,}1 + 0{,}4}{0{,}001} + \frac{0{,}4 + 0{,}5}{0{,}002}\right)^2 - \frac{0{,}04 + 0{,}20 + 0{,}05}{0{,}001 \cdot 0{,}002}}$$

oder $\qquad \omega_1^2 = 191 \text{ s}^{-2}, \qquad \omega_2^2 = 759 \text{ s}^{-2}.$

Für die Kreisfrequenzen selbst folgt

$$\omega_1 = 13{,}8 \text{ s}^{-1}, \qquad \omega_2 = 27{,}6 \text{ s}^{-1}.$$

Hieraus errechnen sich die Schwingungszahlen

$$n_1 = \frac{\omega_1}{2\pi} = 2{,}2 \text{ Hz}, \qquad n_2 = \frac{\omega_2}{2\pi} = 4{,}4 \text{ Hz}.$$

Der Eigenschwingungszustand ist also so beschaffen, daß bei 2,2 bzw. 4,4 Hin- und Hergängen des Kurbeltriebes Resonanz eintreten wird.

Die Einführung der Zahlenwerte in (1022) ergibt

$$\left. \begin{aligned} u_1 &= l_0 - r \sin \omega t, \\ u_2 &= 0{,}3105\, l_0 - \frac{50\,(250 - \omega^2)}{(\omega^2 - 191)(\omega^2 - 759)} r \sin \omega t, \\ u_3 &= 0{,}1380\, l_0 - \frac{20\,000}{(\omega^2 - 191)(\omega^2 - 759)} r \sin \omega t. \end{aligned} \right\}$$

16*

Entsprechend lautet (1024)

$$\frac{u_1^{(m)}}{-r\sin\omega t} = 1,$$

$$\frac{u_2^{(m)}}{-r\sin\omega t} = \frac{50\,(250-\omega^2)}{(\omega^2-191)(\omega^2-759)},$$

$$\frac{u_3^{(m)}}{-r\sin\omega t} = \frac{20\,000}{(\omega^2-191)(\omega^2-759)}.$$

Die Berechnung dieser Amplitudenwerte wird zweckmäßig in Tabellenform durchgeführt, wie unten geschehen. Ihre Auftragung zum Resonanzschaubild zeigt die schon früher benutzte Abb. 257. Der Schwingungsknoten für die Masse m_2 liegt bei einem ω^2 von 250.

Die schon früher erwähnten Abb. 258^a bis 258^e zeigen den Schwingungszustand der drei Massen für

$\omega^2 = 175$ (vor der ersten Resonanz),
$\omega^2 = 200$ (nach der ersten Resonanz),
$\omega^2 = 250$ (Schwingungsknoten für m_2),
$\omega^2 = 650$ (vor der zweiten Resonanz),
$\omega^2 = 800$ (nach der zweiten Resonanz).

Der ständige Wechsel zwischen Gleichläufigkeit und Gegenläufigkeit kommt in diesen Abbildungen sehr eindrucksvoll zum Ausdruck.

Tabelle zur Berechnung der Schwingungsamplituden.

ω^2	ω^2-191	ω^2-759	$(\omega^2-191)(\omega^2-759)$	$50(250-\omega^2)$	$\dfrac{u_2}{-r\sin\omega t}$	$\dfrac{u_3}{-r\sin\omega t}$	
0	-191	-759	145 000	12 500	0,086	0,138	
50	-141	-709	100 000	10 000	0,100	0,200	
100	-91	-659	60 000	7 500	0,125	0,333	
150	-41	-609	25 000	5 000	0,200	0,800	
175	-16	-584	9 400	3 750	0,400	2,140	
191	∓ 0	-568	0	2 950	$\pm\infty$	$\pm\infty$	1. Resonanz
200	9	-559	$-5\,030$	2 500	$-0,500$	$-3,980$	
225	34	-534	$-18\,200$	1 250	$-0,0685$	$-1,100$	
250	59	-509	$-30\,000$	± 0	∓ 0	$-0,666$	Schwing.-Knoten
300	109	-459	$-50\,000$	$-2\,500$	0,050	$-0,400$	
350	159	-409	$-65\,000$	$-5\,000$	0,075	$-0,307$	
400	209	-359	$-75\,000$	$-7\,500$	0,100	$-0,266$	
450	259	-309	$-80\,000$	$-10\,000$	0,125	$-0,250$	
500	309	-259	$-80\,000$	$-12\,500$	0,156	$-0,250$	
550	359	-209	$-75\,000$	$-15\,000$	0,200	$-0,266$	
600	409	-159	$-65\,000$	$-17\,500$	0,269	$-0,307$	
650	459	-109	$-50\,000$	$-20\,000$	0,400	$-0,400$	
700	509	-59	$-30\,000$	$-22\,500$	0,750	$-0,666$	
750	559	-9	$-5\,030$	$-25\,000$	4,980	$-3,980$	
759	568	∓ 0	∓ 0	$-25\,450$	$\pm\infty$	$\mp\infty$	2. Resonanz
800	609	41	25 000	$-27\,500$	$-1,100$	0,800	
850	659	91	60 000	$-30\,000$	$-0,500$	0,333	
900	709	141	100 000	$-32\,500$	$-0,325$	0,200	
950	759	191	145 000	$-35\,000$	$-0,240$	0,138	
1000	809	241	220 000	$-37\,500$	$-0,171$	0,091	

86. Die harmonische Analyse der erzwungenen Schwingungen.

In dem unter Ziffer 85 behandelten Beispiel war die den Schwingungsvorgang auslösende erzwungene Schwingung nach (1005) eine reine Sinusschwingung. Dieser Idealfall liegt nur in den seltensten Fällen der Anwendung vor. Auch bei dem Kurbeltrieb von Ziffer 85 war er nur dadurch entstanden, daß der Untersuchung ein schlankes Kurbelverhältnis zugrunde gelegt, d. h. r als klein gegenüber l vorausgesetzt wurde. Wenn eine solche Voraussetzung nicht vorliegt, wie es bei dem Kurbeltrieb von Beispiel 1 der Fall war, so weicht auch beim Kurbeltrieb, wie Abb. 9 zeigt, die Schwingungskurve erheblich von einer Sinuslinie ab. Man kann nun aber auch in solchen Fällen die Schwingungskurven durch Sinus- bzw. Cosinuslinien darstellen, wenn man eine geeignete Folge von Sinus- und Cosinusschwingungen überlagert. Man spricht dann von einer harmonischen Analyse der vorgegebenen Schwingungskurve.

Bevor die harmonische Analyse der erzwungenen Schwingungen allgemein behandelt wird, soll das Verfahren der Schwingungsaufspaltung zunächst an dem Beispiele des Kurbeltriebes von Abb. 9 erläutert werden. Nach (23)[a] lautete die Ausgangsgleichung für die Kreuzkopfbewegung

$$s = l\left[1 + \frac{r}{l}(1-\cos\omega t) - \sqrt{1-\left(\frac{r}{l}\right)^2 \sin^2\omega t}\right], \tag{1026}$$

wobei die Schwingungsdauer T durch die Gleichung

$$\omega T = 2\pi \tag{1027}$$

mit der Kreisfrequenz verbunden war. Nun ist r/l stets kleiner als 1, während $\sin\omega t$ höchstens gleich ± 1 wird. Demgemäß ist immer

$$\left(\frac{r}{l}\right)^2 \sin^2\omega t < 1,$$

so daß in der Ausgangsgleichung die Wurzel nach dem binomischen Satze entwickelt werden kann. Man erhält

$$\left.\begin{aligned}\sqrt{1-\left(\frac{r}{l}\right)^2 \sin^2\omega t} = 1 &- \frac{1}{2}\left(\frac{r}{l}\right)^2 \sin^2\omega t - \frac{1}{8}\left(\frac{r}{l}\right)^4 \sin^4\omega t - \\ &- \frac{1}{16}\left(\frac{r}{l}\right)^6 \sin^6\omega t - \frac{5}{128}\left(\frac{r}{l}\right)^8 \sin^8\omega t - \cdots .\end{aligned}\right\} \tag{1028}$$

Nun ergibt sich nach trigonometrischen Formeln

$$\left.\begin{aligned}\sin^2\omega t &= \frac{1}{2} - \frac{1}{2}\cos 2\omega t \\ \sin^4\omega t &= \frac{3}{8} - \frac{1}{2}\cos 2\omega t + \frac{1}{8}\cos 4\omega t \\ \sin^6\omega t &= \frac{5}{16} - \frac{15}{32}\cos 2\omega t + \frac{3}{16}\cos 4\omega t - \frac{1}{32}\cos 6\omega t \\ \sin^8\omega t &= \frac{35}{128} - \frac{7}{16}\cos 2\omega t + \frac{7}{32}\cos 4\omega t - \frac{1}{16}\cos 6\omega t + \frac{1}{128}\cos 8\omega t \end{aligned}\right\} \tag{1029}$$

Die Einführung dieser Ausdrücke in die Wurzelentwicklung liefert

$$\begin{aligned}\sqrt{1-\left(\frac{r}{l}\right)^2\sin^2\omega t} = &\left[1-\frac{1}{4}\left(\frac{r}{l}\right)^2-\frac{3}{64}\left(\frac{r}{l}\right)^4-\frac{5}{256}\left(\frac{r}{l}\right)^6-\frac{175}{16384}\left(\frac{r}{l}\right)^8-\cdots\right]+\\ &+\left[\frac{1}{4}\left(\frac{r}{l}\right)^2+\frac{1}{16}\left(\frac{r}{l}\right)^4+\frac{15}{512}\left(\frac{r}{l}\right)^6+\frac{35}{2048}\left(\frac{r}{l}\right)^8+\cdots\right]\cos 2\omega t-\\ &-\left[\frac{1}{64}\left(\frac{r}{l}\right)^4+\frac{3}{256}\left(\frac{r}{l}\right)^6+\frac{35}{4096}\left(\frac{r}{l}\right)^8+\cdots\right]\cos 4\omega t+\\ &+\left[\frac{1}{512}\left(\frac{r}{l}\right)^6+\frac{5}{2048}\left(\frac{r}{l}\right)^8+\cdots\right]\cos 6\omega t-\\ &-\left[\frac{5}{16384}\left(\frac{r}{l}\right)^8+\cdots\right]\cos 8\omega t+\cdots.\end{aligned} \quad (1030)$$

Bei Einführung dieser Wurzelentwicklung in die Ausgangsdarstellung folgt

$$\begin{aligned}s = l\Bigg[&\left(\frac{r}{l}+\frac{1}{4}\left(\frac{r}{l}\right)^2+\frac{3}{64}\left(\frac{r}{l}\right)^4+\frac{5}{256}\left(\frac{r}{l}\right)^6+\frac{175}{16384}\left(\frac{r}{l}\right)^8+\cdots\right)-\frac{r}{l}\cos\omega t-\\ &-\left(\frac{1}{4}\left(\frac{r}{l}\right)^2+\frac{1}{16}\left(\frac{r}{l}\right)^4+\frac{15}{512}\left(\frac{r}{l}\right)^6+\frac{35}{2048}\left(\frac{r}{l}\right)^8+\cdots\right)\cos 2\omega t+\\ &+\left(\frac{1}{64}\left(\frac{r}{l}\right)^4+\frac{3}{256}\left(\frac{r}{l}\right)^6+\frac{35}{4096}\left(\frac{r}{l}\right)^8+\cdots\right)\cos 4\omega t-\\ &-\left(\frac{1}{512}\left(\frac{r}{l}\right)^6+\frac{5}{2048}\left(\frac{r}{l}\right)^8+\cdots\right)\cos 6\omega t+\\ &+\left(\frac{5}{16384}\left(\frac{r}{l}\right)^8+\cdots\right)\cos 8\omega t-\cdots\Bigg].\end{aligned} \quad (1031)$$

In (1031) ist die Ausgangsdarstellung harmonisch analysiert. Das Glied mit $\cos\omega t$ heißt die Grundschwingung, dasjenige mit $\cos 2\omega t$ die erste Oberschwingung, dasjenige mit $\cos 4\omega t$ die dritte Oberschwingung, dasjenige mit $\cos 6\omega t$ die fünfte Oberschwingung, dasjenige mit $\cos 8\omega t$ die siebente Oberschwingung usw. Die geraden Oberschwingungen fehlen hier. Ebenso fehlen Glieder von der Form $\sin n\omega t$. Die Schwingungsdauer T_n einer Oberschwingung mit $\cos n\omega t$ folgt aus der Bestimmungsgleichung

$$n\omega T_n = 2\pi$$

zu

$$T_n = \frac{1}{n}\frac{2\pi}{\omega} = \frac{T}{n}. \quad (1032)$$

Die Schwingungsdauer der $(n-1)^{\text{ten}}$ Oberschwingung beträgt ein n^{tel} der Schwingungsdauer der Grundschwingung.

Im Falle des Kurbeltriebes war es möglich, die harmonische Analyse der Kreuzkopfschwingung auf unmittelbarem Wege durch Reihenentwicklung zu gewinnen. Im Falle einer beliebig vorgegebenen periodischen Schwingung führt dieser Weg nicht zum Ziele und es müssen die von **Fourier** und **Dirichlet** entwickelten Methoden Anwendung finden. Gemäß Abb. 260 sei

$$u = u(\omega t) \quad (1033)$$

die vorgegebene periodische Schwingung mit der Schwingungsdauer

$$T = \frac{2\pi}{\omega} \quad (1034)$$

86. Die harmonische Analyse der erzwungenen Schwingungen.

wie in (1027). Dann bedient man sich nach **Fourier** und **Dirichlet** des Ansatzes

$$u = \sum_{1}^{\infty}{}_{n} A_n \sin n\omega t + \sum_{1}^{\infty}{}_{n} B_n \cos n\omega t + B_0 \tag{1035}$$

und sucht die Konstanten A_n und B_n so zu bestimmen, daß die Darstellungen (1033) und (1035) identisch übereinstimmen. Vertauscht man in (1035)

$$t \quad \text{mit} \quad t + mT,$$

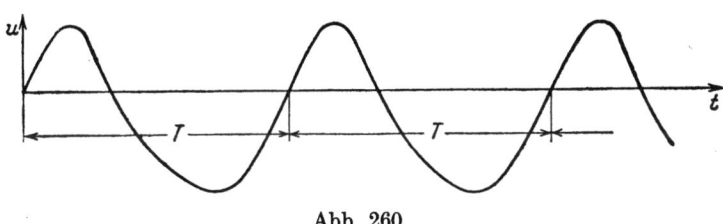

Abb. 260.

wobei m irgendeine ganze Zahl bedeutet, so folgt

$$u(t + mT) = \sum_{1}^{\infty}{}_{n} A_n \sin n\omega(t + mT) + \sum_{1}^{\infty}{}_{n} B_n \cos n\omega(t + mT) + B_0$$

$$= \sum_{1}^{\infty}{}_{n} A_n (\sin n\omega t \cos nm\omega T + \cos n\omega t \sin nm\omega T) +$$

$$+ \sum_{1}^{\infty}{}_{n} B_n (\cos n\omega t \cos nm\omega T - \sin n\omega t \sin nm\omega T) + B_0 .$$

Nun ist mit (1034)

$$\cos nm\omega T = \cos 2nm\pi = 1, \qquad \sin nm\omega T = \sin 2nm\pi = 0$$

und daher

$$u(t + mT) = \sum_{1}^{\infty}{}_{n} A_n \sin n\omega t + \sum_{1}^{\infty}{}_{n} B_n \cos n\omega t + B_0 = u(t) . \tag{1036}$$

Die Gl. (1036) besagt, daß der Reihenansatz (1035) die Periode T besitzt, so wie es in Abb. 264 für die Ausgangsfunktion gemäß (1033) und (1034) vorausgesetzt wurde. Nachdem das Periodenverhalten von (1033) und (1035) das gleiche ist, können die weiteren Untersuchungen auf die Periodenstrecke

$$0 \leq t \leq T$$

beschränkt werden. Um die Übereinstimmung in diesem Bereich herbeizuführen, bedient man sich mit Vorteil der Methode des Minimums der Fehlerquadrate, nach welcher das über den Periodenbereich erstreckte Integral des Quadrates der Differenzfunktion von (1033) und (1035) zu einem Minimum gemacht wird. Erstreckt man, wie in (1035) zugrunde gelegt, die Anzahl der willkürlichen Konstanten über alle Grenzen, so läßt sich nach den Untersuchungen von **Dirichlet** das Fehlerintegral sogar zu Null machen, womit die identische Übereinstimmung zwischen (1033) und (1035) erzielt ist. Das in Frage stehende Fehlerintegral lautet hier

$$\int_0^T \left[u(\omega t) - \sum_{1}^{\infty}{}_{n} A_n \sin n\omega t - \sum_{1}^{\infty}{}_{n} B_n \cos n\omega t - B_0 \right]^2 dt = \text{Minimum}. \tag{1037}$$

Der punktförmig idealisierte Körperhaufen.

Nach den Methoden der höheren Mathematik wird die durch (1037) dargestellte Funktion dann zu einem Minimum, wenn die Ableitungen nach den willkürlichen Veränderlichen, d. h. den A_n, B_n und B_0 verschwinden. Da die Integration hiervon unbeeinflußt bleibt, können die Ableitungen unter den Integralen gebildet werden. Wird dabei der belanglose Faktor 2 unterdrückt, so folgt

$$\left.\begin{aligned}\int_0^T \left[u(\omega t) - \sum_1^\infty {}^n A_n \sin n\omega t - \sum_1^\infty {}^n B_n \cos n\omega t - B_0\right] \sin \bar{n}\,\omega\, t\, dt &= 0 \\ \text{für } \bar{n} = 1, 2, 3, \ldots, \\ \int_0^T \left[u(\omega t) - \sum_1^\infty {}^n A_n \sin n\omega t - \sum_1^\infty {}^n B_n \cos n\omega t - B_0\right] \cos \bar{n}\,\omega\, t\, dt &= 0 \\ \text{für } \bar{n} = 1, 2, 3, \ldots, \\ \int_0^T \left[u(\omega t) - \sum_1^\infty {}^n A_n \sin n\omega t - \sum_1^\infty {}^n B_n \cos n\omega t - B_0\right] dt &= 0 \end{aligned}\right\} \quad (1038)$$

Die Gln (1038) stellen ein System von $2n+1$ Gleichungen für $2n+1$ Unbekannte dar, wobei n allerdings unendlich groß ist. Wird in (1038) ω gemäß (1034) durch T ersetzt und werden gleichzeitig die Integrale aufgespalten, so erhält man

$$\left.\begin{aligned}\int_0^T u(t) \sin \frac{2\bar{n}\pi t}{T} dt &= \sum_1^\infty {}^n A_n \int_0^T \sin \frac{2n\pi t}{T} \sin \frac{2\bar{n}\pi t}{T} dt + \\ &\quad + \sum_1^\infty {}^n B_n \int_0^T \cos \frac{2n\pi t}{T} \sin \frac{2\bar{n}\pi t}{T} dt + B_0 \int_0^T \sin \frac{2\bar{n}\pi t}{T} dt \\ &\quad (\bar{n} = 1, 2, 3, \ldots) \quad, \\ \int_0^T u(t) \cos \frac{2\bar{n}\pi t}{T} dt &= \sum_1^\infty {}^n A_n \int_0^T \sin \frac{2n\pi t}{T} \cos \frac{2\bar{n}\pi t}{T} dt + \\ &\quad + \sum_1^\infty {}^n B_n \int_0^T \cos \frac{2n\pi t}{T} \cos \frac{2\bar{n}\pi t}{T} dt + B_0 \int_0^T \cos \frac{2\bar{n}\pi t}{T} dt \\ &\quad (\bar{n} = 1, 2, 3, \ldots) \quad, \\ \int_0^T u(t)\, dt &= \sum_1^\infty {}^n A_n \int_0^T \sin \frac{2n\pi t}{T} dt + \sum_1^\infty {}^n B_n \int_0^T \cos \frac{2n\pi t}{T} dt + B_0 \int_0^T dt \end{aligned}\right\} \quad (1039)$$

Nun ist

$$\int_0^T \sin \frac{2n\pi t}{T} \sin \frac{2\bar{n}\pi t}{T} dt = -\frac{1}{2} \int_0^T \cos \frac{2(n+\bar{n})\pi t}{T} dt + \frac{1}{2} \int_0^T \cos \frac{2(n-\bar{n})\pi t}{T} dt$$

$$= -\frac{T}{4(n+\bar{n})\pi} \sin \frac{2(n+\bar{n})\pi t}{T}\bigg|_0^T + \frac{T}{4(n-\bar{n})\pi} \sin \frac{2(n-\bar{n})\pi t}{T}\bigg|_0^T$$

$$= -\frac{T}{2} \frac{\sin 2(n+\bar{n})\pi}{2(n+\bar{n})\pi} + \frac{T}{2} \frac{\sin 2(n-\bar{n})\pi}{2(n-\bar{n})\pi},$$

86. Die harmonische Analyse der erzwungenen Schwingungen.

$$\int_0^T \cos\frac{2n\pi t}{T} \sin\frac{2\bar{n}\pi t}{T} dt = +\frac{1}{2}\int_0^T \sin\frac{2(n+\bar{n})\pi t}{T} dt - \frac{1}{2}\int_0^T \sin\frac{2(n-\bar{n})\pi t}{T} dt$$

$$= -\frac{T}{4(n+\bar{n})\pi} \cos\frac{2(n+\bar{n})\pi t}{T}\bigg|_0^T + \frac{T}{4(n-\bar{n})\pi} \cos\frac{2(n-\bar{n})\pi t}{T}\bigg|_0^T$$

$$= -\frac{T}{2}\frac{\cos 2(n+\bar{n})\pi - 1}{2(n+\bar{n})\pi} + \frac{T}{2}\frac{\cos 2(n-\bar{n})\pi - 1}{2(n-\bar{n})\pi},$$

$$\int_0^T \sin\frac{2n\pi t}{T} \cos\frac{2\bar{n}\pi t}{T} dt = -\frac{T}{2}\frac{\cos 2(n+\bar{n})\pi - 1}{2(n+\bar{n})\pi} - \frac{T}{2}\frac{\cos 2(n-\bar{n})\pi - 1}{2(n-\bar{n})\pi},$$

$$\int_0^T \cos\frac{2n\pi t}{T} \cos\frac{2\bar{n}\pi t}{T} dt = +\frac{T}{2}\frac{\sin 2(n+\bar{n})\pi}{2(n+\bar{n})\pi} + \frac{T}{2}\frac{\sin 2(n-\bar{n})\pi}{2(n-\bar{n})\pi}.$$

Hieraus folgt

$$\left.\begin{aligned}
\int_0^T \sin\frac{2n\pi t}{T} \sin\frac{2\bar{n}\pi t}{T} dt &= 0 \quad \text{für} \quad n \neq \bar{n}, \\
&= \frac{T}{2} \lim_{n-\bar{n}\to 0} \frac{\sin 2(n-\bar{n})\pi}{2(n-\bar{n})\pi} = \frac{T}{2} \quad \text{für} \quad n = \bar{n}, \\
\int_0^T \cos\frac{2n\pi t}{T} \cos\frac{2\bar{n}\pi t}{T} dt &= 0 \quad \text{für} \quad n \neq \bar{n} \\
&= \frac{T}{2} \lim_{n-\bar{n}\to 0} \frac{\sin 2(n-\bar{n})\pi}{2(n-\bar{n})\pi} = \frac{T}{2} \quad \text{für} \quad n = \bar{n}, \\
\int_0^T \cos\frac{2n\pi t}{T} \sin\frac{2\bar{n}\pi t}{T} dt &= \int_0^T \sin\frac{2n\pi t}{T} \cos\frac{2\bar{n}\pi t}{T} dt = 0
\end{aligned}\right\} \quad (1040)$$

Ferner ergibt sich

$$\left.\begin{aligned}
\int_0^T \sin\frac{2\bar{n}\pi t}{T} dt = \int_0^T \cos\frac{2\bar{n}\pi t}{T} dt = \int_0^T \sin\frac{2n\pi t}{T} dt = \int_0^T \cos\frac{2n\pi t}{T} dt = 0, \\
\int_0^T dt = T \quad .
\end{aligned}\right\} \quad (1041)$$

Werden die Integralwerte von (1040) und (1041) in (1039) eingeführt, so erhält man, wenn die nunmehr bedeutungslosen Querstriche fortgelassen werden,

$$\left.\begin{aligned}
\int_0^T u(t) \sin\frac{2n\pi t}{T} dt = \frac{A_n T}{2}, \quad \int_0^T u(t) \cos\frac{2n\pi t}{T} dt = \frac{B_n T}{2}, \\
\int_0^T u(t) dt = B_0 T \quad .
\end{aligned}\right\} \quad (1042)$$

Aus (1042) können die Werte der Konstanten unmittelbar abgelesen werden. Sie lauten

$$\left.\begin{aligned} A_n &= \frac{2}{T}\int_0^T u(t)\sin\frac{2n\pi t}{T}\,dt\,, \qquad B_n = \frac{2}{T}\int_0^T u(t)\cos\frac{2n\pi t}{T}\,dt\,,\\ B_0 &= \frac{1}{T}\int_0^T u(t)\,dt\,. \end{aligned}\right\} \quad (1043)$$

Die Einführung von (1043) in (1035) ergibt, wenn ω durch T ersetzt wird,

$$\left.\begin{aligned} u = \frac{1}{T}\int_0^T u(t)\,dt + \frac{2}{T}\sum_1^\infty{}_n\Big[\sin\frac{2n\pi t}{T}\int_0^T u(t)\sin\frac{2n\pi t}{T}\,dt\,+\\ +\cos\frac{2n\pi t}{T}\int_0^T u(t)\cos\frac{2n\pi t}{T}\,dt\Big]\,. \end{aligned}\right\} \quad (1044)$$

Wie Dirichlet gezeigt hat, ist die durch (1044) dargestellte trigonometrische Reihenentwicklung für alle nur denkbaren kontinuierlichen oder diskontinuierlichen periodischen Funktionen $u(t)$ mit der Schwingungsdauer T konvergent.

87. Beispiele zur harmonischen Analyse der erzwungenen Schwingungen.

Beispiel 31. Für die jeweils über den Halbperiodenbereich konstante und gemäß Abb. 261 diskontinuierlich verlaufende Schwingung sei gemäß (1044) die harmonische Analyse durchgeführt.

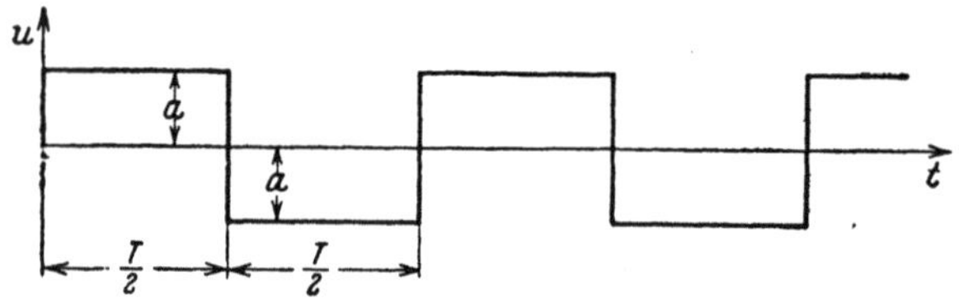

Abb. 261.

Entsprechend der Diskontinuität der Schwingungsfunktion müssen die Integrale in zwei Teilintegrale aufgespalten werden und man erhält

$$\int_0^T u(t)\sin\frac{2n\pi t}{T}\,dt = \int_0^{T/2} a\sin\frac{2n\pi t}{T}\,dt + \int_{T/2}^T (-a)\sin\frac{2n\pi t}{T}\,dt = 2a\int_0^{T/2}\sin\frac{2n\pi t}{T}\,dt$$

$$= -\frac{2a\,T}{2n\pi}\cos\frac{2n\pi t}{T}\Big|_0^{T/2} = -\frac{a\,T}{n\pi}(\cos n\pi - 1) = \frac{a\,T(1-(-1)^n)}{n\pi}\,,$$

$$\int_0^T u(t)\cos\frac{2n\pi t}{T}\,dt = \int_0^{T/2} a\cos\frac{2n\pi t}{T}\,dt + \int_{T/2}^T (-a)\cos\frac{2n\pi t}{T}\,dt = 0\,,$$

$$\int_0^T u(t)\,dt = \int_0^{T/2} a\,dt + \int_{T/2}^T (-a)\,dt = a\frac{T}{2} - a\frac{T}{2} = 0\,.$$

87. Beispiele zur harmonischen Analyse der erzwungenen Schwingungen.

Die Einführung der Integralwerte in (1044) liefert

$$u = \frac{2a}{\pi} \sum_{1}^{\infty} \frac{1-(-1)^n}{n} \sin \frac{2n\pi t}{T}, \tag{1045}$$

oder in Reihenform

$$u = \frac{4a}{\pi} \Big[\sin \frac{2\pi t}{T} + \frac{1}{3} \sin \frac{6\pi t}{T} + \frac{1}{5} \sin \frac{10\pi t}{T} + \frac{1}{7} \sin \frac{14\pi t}{T} + \\ + \frac{1}{9} \sin \frac{18\pi t}{T} + \frac{1}{11} \sin \frac{22\pi t}{T} + \cdots \Big]. \tag{1046}$$

Abb. 262 zeigt für die in (1046) hingeschriebenen sechs Reihenglieder die Güte der Approximation (nach Kiepert, Integralrechnung, Hannover 1918, Seite 389).

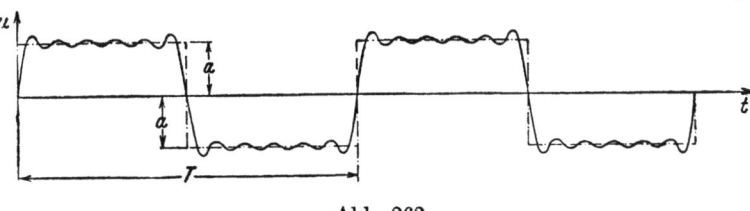

Abb. 262.

Wenn es nicht gerade darauf ankommt, auch die Umgebung der Diskontinuitätsstellen präzise darzustellen, so dürfte eine harmonische Analyse mit sechs Reihengliedern bzw. fünf Oberschwingungen hier völlig ausreichen.

Beispiel 32. Für den in Beispiel 3 behandelten periodischen Bewegungsvorgang des Schlittens einer Werkzeugmaschine soll eine Schwingungsaufspaltung mit Hilfe der harmonischen Analyse vorgenommen werden. Wie gestalten sich die Fourier-Entwicklungen, wenn das periodische Beschleunigungsdiagramm, dessen Verlauf über den Bereich einer vollen Schwingung aus Abb. 14 ersichtlich ist, der Untersuchung zugrunde gelegt wird?

Hier müssen die Integrale entsprechend der Diskontinuität der Ausgangsfunktion in fünf Teilintegrale aufgespalten werden, von denen eines zufolge des Verschwindens des Integranden null wird. Es ergibt sich mit $T = 0{,}038$

$$\int_0^T b(t) \sin \frac{2n\pi t}{T} dt = \int_0^{0,007} 858 \sin \frac{2n\pi t}{0{,}038} dt - \int_{0{,}007}^{0{,}010} 2000 \sin \frac{2n\pi t}{0{,}038} dt +$$

$$+ \int_{0{,}020}^{0{,}025} 700 \sin \frac{2n\pi t}{0{,}038} dt - \int_{0{,}025}^{0{,}038} 269 \sin \frac{2n\pi t}{0{,}038} dt$$

$$= \frac{0{,}038}{2n\pi} [858(1 - \cos 0{,}369 n\pi) - 2000(\cos 0{,}369 n\pi - \cos 0{,}527 n\pi) +$$

$$+ 700(\cos 1{,}054 n\pi - \cos 1{,}316 n\pi) - 269(\cos 1{,}316 n\pi - \cos 2 n\pi)]$$

$$= \frac{0{,}038}{2n\pi} [1127 - 2858 \cos 0{,}369 n\pi + 2000 \cos 0{,}527 n\pi +$$

$$+ 700 \cos 1{,}054 n\pi - 969 \cos 1{,}316 n\pi]$$

252   Der punktförmig idealisierte Körperhaufen.

$$\int_0^T b(t) \cos\frac{2n\pi t}{T} dt = \int_0^{0,007} 858 \cos\frac{2n\pi t}{0,038} dt - \int_{0,007}^{0,010} 2000 \cos\frac{2n\pi t}{0,038} dt +$$

$$+ \int_{0,020}^{0,025} 700 \cos\frac{2n\pi t}{0,038} dt - \int_{0,025}^{0,038} 269 \cos\frac{2n\pi t}{0,038} dt$$

$$= \frac{0,038}{2n\pi}[858 \sin 0,369 n\pi - 2000(\sin 0,527 n\pi - 0,369 n\pi) +$$

$$+ 700(\sin 1,316 n\pi - \sin 1,054 n\pi) - 269(\sin 2 n\pi - \sin 1,316 n\pi)]$$

$$= \frac{0,038}{2n\pi}[2858 \sin 0,369 n\pi - 2000 \sin 0,527 n\pi -$$

$$- 700 \sin 1,054 n\pi + 969 \sin 1,316 n\pi]$$

$$\int_0^T b(t)\,dt = 855 \cdot 0,007 - 2000 \cdot 0,003 + 700 \cdot 0,005 - 269 \cdot 0,013$$

$$= 5,997 - 6,000 + 3,500 - 3,497 = 0,000 \,.$$

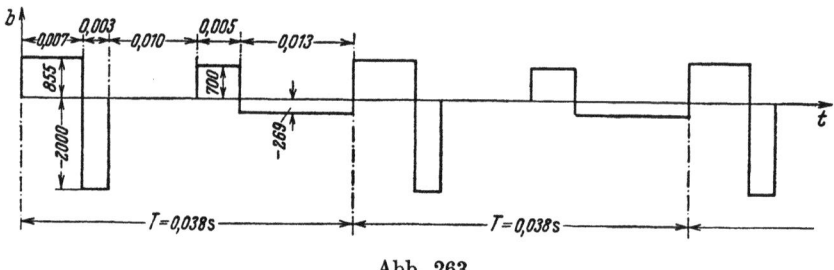

Abb. 263.

Bei Einführung dieser Integralwerte in (1044) lautet die gesuchte periodische Entwicklung der Beschleunigung

$$b(t) = \frac{1}{\pi}\sum_1^\infty \frac{1127 - 2858\cos 0,369 n\pi + 2000\cos 0,527 n\pi + 700\cos 1,054 n\pi - 969\cos 1,316 n\pi}{n}\sin\frac{2n\pi t}{T} +$$

$$+ \frac{1}{\pi}\sum_1^\infty \frac{2858\sin 0,369 n\pi - 2000\sin 0,527 n\pi - 700\sin 1,054 n\pi + 969\sin 1,316 n\pi}{n}\cos\frac{2n\pi t}{T}\,.$$

Durch Integration nach t folgt hieraus die entsprechende periodische Entwicklung der Geschwindigkeit. Man erhält

$$v(t) = \frac{-1}{\pi^2}\frac{T}{2}\sum_1^\infty \frac{1127 - 2858\cos 0,369 n\pi + 2000\cos 0,527 n\pi + 700\cos 1,054 n\pi - 969\cos 1,316 n\pi}{n^2}\cos\frac{2n\pi t}{T} +$$

$$+ \frac{1}{\pi^2}\frac{T}{2}\sum_1^\infty \frac{2858\sin 0,369 n\pi - 2000\sin 0,527 n\pi - 700\sin 1,054 n\pi + 969\sin 1,316 n\pi}{n^2}\sin\frac{2n\pi t}{T}\,.$$

Durch nochmalige Integration würde sich das Weg-Zeit-Gesetz ergeben.

Beispiel 33. Eine Masse erfährt eine periodische Antriebskraft, deren Diagramm gemäß Abb. 264 aus Geradenstücken ohne Diskontinuitäten zusammen-

87. Beispiele zur harmonischen Analyse der erzwungenen Schwingungen.

gesetzt ist. Wie gestaltet sich die harmonische Analyse der Kraftschwingung? Nach Abb. 264 muß sich die harmonische Analyse der vorgegebenen Kraft-

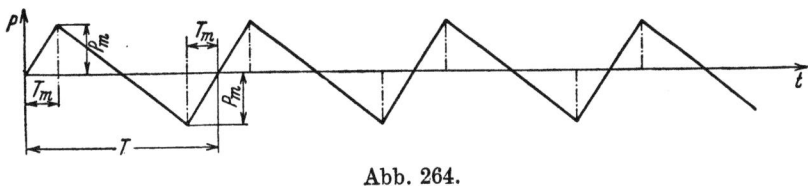

Abb. 264.

schwingung als eine Folge von Sinusschwingungen darstellen, so daß in (1044) das konstante Glied und die Glieder mit Cosinusschwingungen von vornherein unterdrückt werden können. Dementsprechend lautet hier die Ausgangsdarstellung

$$P(t) = \frac{2}{T} \sum_{1}^{\infty} {}^{n}\sin\frac{2n\pi t}{T} \int_0^T P(t) \sin\frac{2n\pi t}{T}\, dt \ .$$

Nun leistet offenbar der zwischen $T/2$ und T gelegene Teil des Periodenstreifens den gleichen Beitrag zum Integral wie der zwischen 0 und $T/2$ gelegene Teil, so daß $P(t)$ auch in der Form

$$P(t) = \frac{4}{T} \sum_{1}^{\infty} {}^{n}\sin\frac{2n\pi t}{T} \int_0^{T/2} P(t) \sin\frac{2n\pi t}{T}\, dt$$

geschrieben werden kann, womit die Integrationsarbeit auf die Hälfte herabgesetzt ist. Entsprechend den beiden Geradenstücken des Kraftdiagramms

$$\left. \begin{aligned} P(t) &= \frac{P_m}{T_m} t \quad \text{für} \quad 0 \leq t \leq T_m \\ P(t) &= P_m \frac{T-2t}{T-2T_m} \quad \text{für} \quad T_m \leq t \leq \frac{T}{2} \end{aligned} \right\} \quad (1047)$$

spaltet sich das Integral wie folgt auf:

$$\int_0^{T/2} P(t)\sin\frac{2n\pi t}{T}\, dt = \int_0^{T_m} \frac{P_m}{T_m} t \sin\frac{2n\pi t}{T}\, dt + \int_{T_m}^{T/2} P_m \frac{T-2t}{T-2T_m} \sin\frac{2n\pi t}{T}\, dt \ .$$

Die Integration ergibt

$$\int_0^{T/2} P(t)\sin\frac{2n\pi t}{T}\, dt = \frac{P_m}{T_m}\left(\frac{T}{2n\pi}\right)^2 \left[-\frac{2n\pi t}{T}\cos\frac{2n\pi t}{T} + \sin\frac{2n\pi t}{T}\right]_0^{T_m} +$$

$$+ \frac{P_m T}{T-2T_m}\frac{T}{2n\pi}\left[-\cos\frac{2n\pi t}{T}\right]_{T_m}^{T/2} - \frac{2P_m}{T-2T_m}\left(\frac{T}{2n\pi}\right)^2$$

$$\left[-\frac{2n\pi t}{T}\cos\frac{2n\pi t}{T} + \sin\frac{2n\pi t}{T}\right]_{T_m}^{T/2} = \frac{P_m T}{T_m(T-2T_m)}\left(\frac{T}{2n\pi}\right)^2 \sin\frac{2n\pi T_m}{T}\ .$$

254   Der punktförmig idealisierte Körperhaufen.

Damit erhält man

$$P(t) = \frac{P_m T^2}{\pi^2 T_m (T - 2T_m)} \sum_1^\infty \frac{1}{n^2} \sin \frac{2n\pi T'_m}{T} \sin \frac{2n\pi t}{T}. \quad (1048)$$

Während in den Beispielen 31 und 32 die Fourier-Entwicklungen mit $1/n$ konvergierten, konvergieren sie hier mit $1/n^2$, also erheblich schneller. Der Grund hierfür liegt darin, daß das Diagramm der Ausgangsschwingung hier keine Diskontinuitäten mehr aufweist, sondern lediglich noch Knicke.

Beispiel 34. Wie gestaltet sich die harmonische Analyse einer Kraftschwingung nach Abb. 265.

Die mathematische Durchführung der harmonischen Analyse läßt sich häufig dadurch erheblich abkürzen, daß das vorgelegte Schwingungsdiagramm zu einem

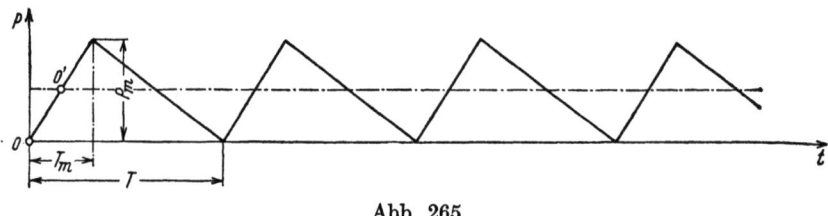

Abb. 265.

gleichartigen, aber andere Bezugsachsen aufweisenden Diagramm in Beziehung gesetzt wird. Eine solche Beziehung läßt sich leicht zwischen den Diagrammen der Abb. 264 und 265 herstellen, wenn der Bezug $0'$ von Abb. 264 nach 0 von Abb. 265 verlegt und außerdem P_m durch $P_m/2$ und T_m durch $T_m/2$ ersetzt wird. Das letztere ergibt zunächst nach (1048)

$$P(t) = \frac{P_m T^2}{\pi^2 T_m (T - T_m)} \sum_1^\infty \frac{1}{n^2} \sin \frac{n\pi T_m}{T} \sin \frac{2n\pi t}{T}.$$

Hierin muß nun noch die Bezugspunktverschiebung berücksichtigt werden. Die Ordinatenverschiebung verlangt offenbar die Überlagerung einer konstanten Kraft in Höhe von $\tfrac{1}{2} P_m$, während der Abszissenverlagerung die Transformation $t \to t - \tfrac{1}{2} T_m$ Rechnung trägt. Somit folgt

$$P(t) = \frac{P_m}{2} + \frac{P_m T^2}{\pi^2 T_m (T - T_m)} \sum_1^\infty \frac{1}{n^2} \sin \frac{n\pi T_m}{T} \sin \frac{2n\pi (t - \tfrac{1}{2} T_m)}{T}. \quad (1049)$$

In (1049) erscheint die harmonische Analyse mit Einschluß einer Phasenverschiebung, wodurch die rechnerische Behandlung von Schwingungserscheinungen oft erheblich erleichtert wird. Soll die Phasenverschiebung verschwinden, so muß die Sinusfunktion nach dem Additionstheorem der trigonometrischen Funktionen aufgespalten werden. So erhält man nach einigen Rechnungen

$$P(t) = \frac{P_m}{2} + \frac{P_m T^2}{\pi^2 T_m (T - T_m)} \sum_1^\infty \left(\frac{1}{2n^2} \sin \frac{2n\pi T_m}{T} \sin \frac{2n\pi t}{T} - \frac{1}{n^2} \sin^2 \frac{n\pi T_m}{T} \cos \frac{2n\pi t}{T} \right). \quad (1049)^a$$

88. Der Einmassenschwinger unter periodischer Belastung.

Es sei nun die Wirkung einer harmonisch analysierten periodischen Belastung

$$P(t) = \sum_{1}^{\infty n} a_n \sin n\omega t + \sum_{1}^{\infty n} b_n \cos n\omega t + b_0 \tag{1050}$$

zunächst für ein Einmassensystem untersucht. Ist gemäß Abb. 266 der auf die Ausgangslage bezogene Schwingungsausschlag u, so wirken auf die Masse m die Federkraft cu und die Erregerbelastung $P(t)$, also insgesamt

$$-cu + \sum_{1}^{\infty \bar{n}} a_{\bar{n}} \sin \bar{n}\omega t + \sum_{1}^{\infty \bar{n}} b_{\bar{n}} \cos \bar{n}\omega t + b_0 \,.$$

Diese resultierende Kraft ist nach dem Newtonschen Kraftgesetze gleich

$$m \frac{d^2u}{dt^2} \,.$$

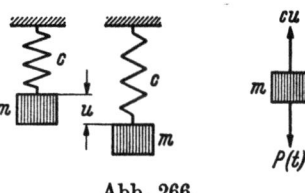

Abb. 266.

Somit folgt

$$-cu + \sum_{1}^{\infty \bar{n}} a_{\bar{n}} \sin \bar{n}\omega t + \sum_{1}^{\infty \bar{n}} b_{\bar{n}} \cos \bar{n}\omega t + b_0 = m \frac{d^2u}{dt^2}$$

oder

$$\frac{d^2u}{dt^2} + \frac{c}{m} u = \sum_{1}^{\infty \bar{n}} \frac{a_{\bar{n}}}{m} \sin \bar{n}\omega t + \sum_{1}^{\infty \bar{n}} \frac{b_{\bar{n}}}{m} \cos n\omega t + \frac{b_0}{m} = \frac{P(t)}{m} \,. \tag{1051}$$

Nach früherem lautet die Lösung der homogenen Differentialgleichung

$$u = A \sin\left(\sqrt{\frac{c}{m}}\, t + \alpha\right).$$

Dieser Lösung muß nun noch ein Partikularintegral der inhomogenen Differentialgleichung überlagert werden. Da die zweimalige Differentiation einer Sinus- bzw. Cosinusfunktion wieder eine solche Funktion liefert und die zweimalige Differentiation einer Konstanten null ergibt, muß der Ansatz

$$u = \sum_{1}^{\infty \bar{n}} A_{\bar{n}} \sin \bar{n}\omega t + \sum_{1}^{\infty \bar{n}} B_{\bar{n}} \cos \bar{n}\omega t + B_0$$

bei geeigneter Verfügung über die Konstanten ein Partikularintegral darstellen. Die Einführung in die Differentialgleichung liefert

$$-\sum_{1}^{\infty \bar{n}} A_{\bar{n}} \bar{n}^2 \omega^2 \sin \bar{n}\omega t - \sum_{1}^{\infty \bar{n}} B_{\bar{n}} \bar{n}^2 \omega^2 \cos \bar{n}\omega t + \sum_{1}^{\infty \bar{n}} A_{\bar{n}} \frac{c}{m} \sin \bar{n}\omega t +$$

$$+ \sum_{1}^{\infty \bar{n}} B_{\bar{n}} \frac{c}{m} \cos \bar{n}\omega t + B_0 \frac{c}{m} \equiv \sum_{1}^{\infty \bar{n}} \frac{a_{\bar{n}}}{m} \sin \bar{n}\omega t + \sum_{1}^{\infty \bar{n}} \frac{b_{\bar{n}}}{m} \cos \bar{n}\omega t + \frac{b_0}{m}$$

oder bei entsprechender Zusammenfassung

$$\sum_{1}^{\infty \bar{n}} \left[A_{\bar{n}} \left(\frac{c}{m} - \bar{n}^2 \omega^2 \right) - a_{\bar{n}} \right] \sin \bar{n}\omega t + \sum_{1}^{\infty \bar{n}} \left[B_{\bar{n}} \left(\frac{c}{m} - \bar{n}^2 \omega^2 \right) - b_{\bar{n}} \right] \cos \bar{n}\omega t +$$

$$+ \left[B_0 \frac{c}{m} - b_0 \right] \equiv 0 \,.$$

Der punktförmig idealisierte Körperhaufen.

Diese Identitätsgleichung ist für alle Zeitpunkte erfüllt, wenn die eckigen Klammern verschwinden. Dies ergibt

$$A_{\bar n} = \frac{a_{\bar n}}{\left(\frac{c}{m} - \bar n^2 \omega^2\right) m}, \qquad B_{\bar n} = \frac{b_{\bar n}}{\left(\frac{c}{m} - \bar n^2 \omega^2\right) m}, \qquad B_0 = \frac{1}{c} b_0.$$

Damit lautet das gesuchte Partikularintegral

$$u = \sum_{1}^{\infty} \frac{a_{\bar n} \sin \bar n \omega t}{m\left(\frac{c}{m} - \bar n^2 \omega^2\right)} + \sum_{1}^{\infty} \frac{b_{\bar n} \cos \bar n \omega t}{m\left(\frac{c}{m} - \bar n^2 \omega^2\right)} + \frac{b_0}{c}.$$

Die Überlagerung von homogener Lösung und Partikularintegral liefert für u und $v = \frac{du}{dt}$

$$\left.\begin{array}{l} u = A \sin(\omega_e t + \alpha) + \sum\limits_{1}^{\infty} \dfrac{a_{\bar n} \sin \bar n \omega t}{m(\omega_e^2 - \bar n^2 \omega^2)} + \sum\limits_{1}^{\infty} \dfrac{b_{\bar n} \cos \bar n \omega t}{m(\omega_e^2 - \bar n^2 \omega^2)} + \dfrac{b_0}{c}, \\[1em] v = A \omega_e \cos(\omega_e t + \alpha) + \sum\limits_{1}^{\infty} \dfrac{a_{\bar n} \bar n \omega \cos \bar n \omega t}{m(\omega_e^2 - \bar n^2 \omega^2)} - \sum\limits_{1}^{\infty} \dfrac{b_{\bar n} \bar n \omega \sin \bar n \omega t}{m(\omega_e^2 - \bar n^2 \omega^2)}. \end{array}\right\} \omega_e = \sqrt{\frac{c}{m}}. \quad (1052)$$

Nach (1052) ergeben sich, wenn die $a_{\bar n}$ und $b_{\bar n}$ sämtlich vorhanden sind, in den Partikularintegralen unendlich viele Nullstellen der Nenner und damit unendlich viele Stellen unendlich großer Schwingungsausschläge und unendlich großer Geschwindigkeit. Es sind dieses die Resonanzlagen des Schwingungssystems. Die zugehörigen Kreisfrequenzen lauten

$$\omega_1 = \omega_e, \quad \omega_2 = \frac{\omega_e}{2}, \quad \omega_3 = \frac{\omega_e}{3}, \ldots \quad \omega_{\bar n} = \frac{\omega_e}{\bar n}, \ldots \quad \text{(Resonanzlagen)}. \quad (1053)$$

Aus den Kreisfrequenzen folgen durch Division durch 2π die Resonanzfrequenzen in Hertz

$$n_1 = \frac{\omega_e}{2\pi}, \quad n_2 = \frac{\omega_e}{4\pi}, \quad n_3 = \frac{\omega_e}{6\pi}, \ldots \quad n_{\bar n} = \frac{\omega_e}{2\bar n \pi}, \ldots \quad \begin{array}{l}\text{(Resonanz-} \\ \text{frequenzen)}.\end{array} \quad (1054)$$

Das erste Glied in (1052) ist die sogenannte Eigenschwingung. Diese klingt, wie in Kapitel 9 noch eingehend erörtert werden wird, zufolge der hier außer Betracht gelassenen Dämpfung innerhalb einer gewissen Zeit auf null ab. Man ist daher in vielen Anwendungsfällen berechtigt, die Eigenschwingung von vornherein zu unterdrücken, indem ihre Amplitude A gleich null gesetzt wird.

Eine Sonderstellung nimmt die große Gruppe der Lastschwingungen ein; das sind diejenigen Schwingungen, welche durch die Schwerkraft ausgelöst werden. Denkt man sich beispielsweise in Abb. 266 das Schwingungssystem in lotrechter Lage und lediglich die Schwerkraft wirkend, so ist

$$P(t) = G = mg$$

und dementsprechend

$$a_1 = a_2 = a_3 = \cdots = a_{\bar n} = \cdots = 0, \quad b_1 = b_2 = b_3 = \cdots = b_{\bar n} = \cdots = 0, \quad b_0 = mg$$

und es folgt aus (1052)

$$\left.\begin{array}{l} u = A \sin(\omega_e t + \alpha) + \dfrac{g}{\omega_e^2}, \\[0.5em] v = A \omega_e \cos(\omega_e t + \alpha). \end{array}\right\} \omega_e = \sqrt{\frac{c}{m}} \quad \text{(Lastschwingungen)}. \quad (1055)$$

88. Der Einmassenschwinger unter periodischer Belastung.

Beispiel 35. Eine Biegungsfeder, in Gestalt eines am einen Ende eingespannten Flacheisens von $l_1 = 2{,}5$ m Länge, $b = 6$ cm Breite und $h = 4$ cm Höhe, trägt am freien Ende eine Masse von $0{,}010$ kg s²/cm, die gemäß Abb. 267 durch einen Kurbeltrieb mit dem Kurbelradius $r = 5$ cm und der Pleuelstangenlänge $l = 15$ cm derart gesteuert wird, daß der Pleuelzapfen mittig zwischen den Totpunkten liegt, wenn die Biegungsfeder sich in der unverbogenen Lage befindet. Nach der Elastizitätstheorie lautet das Federgesetz der Biegungsfeder

$$P = c u \quad \text{mit} \quad c = \frac{b h^3 E}{4 l^3} \quad \text{und Elastizitätsmodul } E = 2\,100\,000 \text{ kg/cm}^2.$$

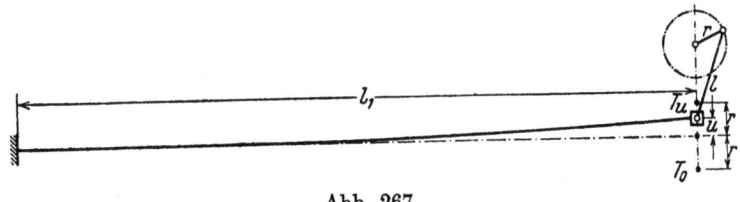

Abb. 267.

Mit welcher Kraft wirkt die Pleuelstange auf die Masse, wenn die Kurbel 343, 686 und 1372 Umdrehungen pro Minute ausführt?
Wird in (1051) c/m in der Form

$$\frac{c}{m} = \frac{b h^3 E}{4 l^3 m} = \omega_e^2$$

eingeführt, so ergibt sich für die Kraft P auf die Masse m am freien Ende der Biegungsfeder

$$P = m\left(\frac{d^2 u}{d t^2} + \omega_e^2 u\right) = c\left(u + \frac{1}{\omega_e^2}\frac{d^2 u}{d t^2}\right) = c\left(u + \frac{\omega^2}{\omega_e^2}\frac{d^2 u}{d(\omega t)^2}\right).$$

Nun ist aber u durch die Bewegung des Kurbeltriebes festgelegt, und zwar besteht nach Abb. 7 von Beispiel 1 und Abb. 267 zwischen der Abszisse s vom oberen Totpunkt zum Pleuelgelenk und der Auslenkung u der Biegungsfeder der Zusammenhang

$$u = s - r.$$

Wird hierin nun s nach (23)ᵃ ausgedrückt, so folgt

$$u = l\left[1 - \sqrt{1 - \left(\frac{r}{l}\right)^2 \sin^2 \omega t} - \frac{r}{l}\cos \omega t\right]$$

und damit

$$P = c l \left[\left[1 - \sqrt{1 - \left(\frac{r}{l}\right)^2 \sin^2 \omega t} - \frac{r}{l}\cos \omega t\right] + \right.$$
$$\left. + \frac{\omega^2}{\omega_e^2}\frac{d^2}{d(\omega t)^2}\left[1 - \sqrt{1 - \left(\frac{r}{l}\right)^2 \sin^2 \omega t} - \frac{r}{l}\cos \omega t\right]\right].$$

Die weitere Auswertung und Zusammenfassung liefert

$$P = c l \left[1 - \sqrt{1 - \left(\frac{r}{l}\right)^2 \sin^2 \omega t} - \frac{r}{l}\cos \omega t + \frac{\omega^2}{\omega_e^2}\frac{r}{l}\left[\cos \omega t + \frac{r}{l}\frac{1 - 2\sin^2 \omega t + \left(\frac{r}{l}\right)^2 \sin^4 \omega t}{\left(1 - \left(\frac{r}{l}\right)^2 \sin^2 \omega t\right)^{3/2}}\right]\right].$$

Der punktförmig idealisierte Körperhaufen.

So sehr geschlossene Formeln das Auge befriedigen, so unbequem sind sie oft für die praktische Rechnung, indem man wie im vorliegenden Falle mit großer Stellenzahl arbeiten muß, um zu genauen Ergebnissen zu gelangen. Eine für die praktische Rechnung viel bequemere Reihendarstellung ergibt sich, wenn s nicht nach (23)^a, sondern in der harmonisch analysierten Form (1031) eingeführt wird. Dann erhält man für den Schwingungsausschlag

$$u = l\left[\left[\frac{1}{4}\left(\frac{r}{l}\right)^2 + \frac{3}{64}\left(\frac{r}{l}\right)^4 + \frac{5}{256}\left(\frac{r}{l}\right)^6 + \frac{175}{16384}\left(\frac{r}{l}\right)^8 + \cdots\right] - \frac{r}{l}\cos\omega t - \right.$$
$$-\left[\frac{1}{4}\left(\frac{r}{l}\right)^2 + \frac{1}{16}\left(\frac{r}{l}\right)^4 + \frac{15}{512}\left(\frac{r}{l}\right)^6 + \frac{35}{2048}\left(\frac{r}{l}\right)^8 + \cdots\right]\cos 2\omega t +$$
$$+\left[\frac{1}{64}\left(\frac{r}{l}\right)^4 + \frac{3}{256}\left(\frac{r}{l}\right)^6 + \frac{35}{4096}\left(\frac{r}{l}\right)^8 + \cdots\right]\cos 4\omega t -$$
$$\left.-\left[\frac{1}{512}\left(\frac{r}{l}\right)^6 + \frac{5}{2048}\left(\frac{r}{l}\right)^8 + \cdots\right]\cos 6\omega t + \left[\frac{5}{16384}\left(\frac{r}{l}\right)^8 + \cdots\right]\cos 8\omega t - \cdots\right]$$

und damit

$$P = cl\left[\left[\frac{1}{4}\left(\frac{r}{l}\right)^2 + \frac{3}{64}\left(\frac{r}{l}\right)^4 + \frac{5}{256}\left(\frac{r}{l}\right)^6 + \frac{175}{16384}\left(\frac{r}{l}\right)^8 + \cdots\right] - \frac{r}{l}\left(1 - \frac{\omega^2}{\omega_e^2}\right)\cos\omega t - \right.$$
$$-\left(1 - \frac{4\omega^2}{\omega_e^2}\right)\left[\frac{1}{4}\left(\frac{r}{l}\right)^2 + \frac{1}{16}\left(\frac{r}{l}\right)^4 + \frac{15}{512}\left(\frac{r}{l}\right)^6 + \frac{35}{2048}\left(\frac{r}{l}\right)^8 + \cdots\right]\cos 2\omega t +$$
$$+\left(1 - \frac{16\omega^2}{\omega_e^2}\right)\left[\frac{1}{64}\left(\frac{r}{l}\right)^4 + \frac{3}{256}\left(\frac{r}{l}\right)^6 + \frac{35}{4096}\left(\frac{r}{l}\right)^8 + \cdots\right]\cos 4\omega t -$$
$$-\left(1 - \frac{36\omega^2}{\omega_e^2}\right)\left[\frac{1}{512}\left(\frac{r}{l}\right)^6 + \frac{5}{2048}\left(\frac{r}{l}\right)^8 + \cdots\right]\cos 6\omega t +$$
$$\left.+\left(1 - \frac{64\omega^2}{\omega_e^2}\right)\left[\frac{5}{16384}\left(\frac{r}{l}\right)^8 + \cdots\right]\cos 8\omega t - \cdots\right].$$

In Anwendung auf die vorgegebenen Zahlenwerte folgt

$$c = \frac{6 \cdot 64 \cdot 2\,100\,000}{4 \cdot 250 \cdot 250 \cdot 250} = 12{,}9\,\text{kg/cm}, \quad \omega_e = \sqrt{\frac{c}{m}} = \sqrt{\frac{12{,}9}{0{,}010}} = 35{,}95\,\text{s}^{-1},$$

$$\frac{r}{l} = \frac{5}{15} = \frac{1}{3}.$$

Den drei Umdrehungen

$$n_1 = 343\,\text{Umdr./Min}, \quad n_2 = 686\,\text{Umdr./Min}, \quad n_3 = 1372\,\text{Umdr./Min}$$

entsprechen die Schwingungszahlen

$$n_1 = 5{,}72\,\text{Hz}, \quad n_2 = 11{,}44\,\text{Hz}, \quad n_3 = 22{,}88\,\text{Hz}$$

und die Kreisfrequenzen

$$\omega_1 = 35{,}95\,\text{s}^{-1}, \quad \omega_2 = 71{,}90\,\text{s}^{-1}, \quad \omega_3 = 143{,}80\,\text{s}^{-1}.$$

Hiernach ist ω_1 gerade gleich der Eigenfrequenz, ω_2 gleich der doppelten und ω_3 gleich der vierfachen Eigenfrequenz. Die Einführung von $r/l = \frac{1}{3}$ in die Formel für P zeigt, daß nur die drei ersten Glieder der Entwicklung berücksichtigt zu

88. Der Einmassenschwinger unter periodischer Belastung.

werden brauchen und daß die eckigen Klammern auf die ersten Glieder beschränkt werden können. Somit ergibt sich

$$P = 193{,}5\left[\frac{1}{12} - \frac{1}{3}\left(1 - \frac{\omega^2}{\omega_e^2}\right)\cos\omega t - \frac{1}{12}\left(1 - \frac{4\omega^2}{\omega_e^2}\right)\cos 2\omega t\right]$$
$$= 16{,}15\left[1 - 4\left(1 - \frac{\omega^2}{\omega_e^2}\right)\cos\omega t - \left(1 - \frac{4\omega^2}{\omega_e^2}\right)\cos 2\omega t\right].$$

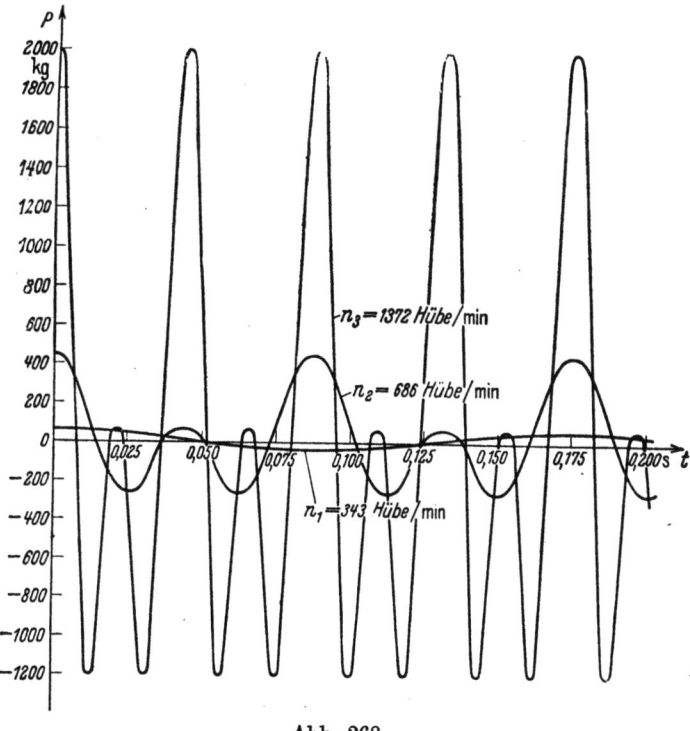

Abb. 268.

In Anwendung auf die drei vorgegebenen Kreisfrequenzen erhält man

$$P_1 = 16{,}15\,(1 + 3\cos 2\omega_1 t)\quad,$$
$$P_2 = 16{,}15\,(1 + 12\cos\omega_2 t + 15\cos 2\omega_2 t)\,,$$
$$P_3 = 16{,}15\,(1 + 60\cos\omega_3 t + 63\cos 2\omega_3 t)\,.$$

Wertet man diese Kraftschwingungen aus, so ergibt sich der aus Abb. 268 ersichtliche Verlauf. Die Amplitudensteigerung der Kraftschwingungen mit wachsender Frequenz tritt in sehr eindrucksvoller Weise in Erscheinung.

Beispiel 36. Eine gemäß Abb. 269 zwischen zwei Federn mit den Federkonstanten $c_1 = 600$ kg/cm und $c_2 = 800$ kg/cm eingespannte Masse von $0{,}15$ kg s² cm⁻¹ erfährt eine periodische Krafteinwirkung von

$$P = 240\sin\omega t - 83\cos 2\omega t + 18\sin 3\omega t + 12\cos 3\omega t \quad\text{kg}\,.$$

Welches sind die Resonanzlagen des Schwingungssystems?

Es muß zunächst die Federkonstante des Schwingungssystems ermittelt werden. Eine Verschiebung der Masse m um $u = 1$ cm nach rechts erzeugt eine nach links gerichtete Rückstellkraft von der Größe c_1 von seiten der linken Feder und eine ebenfalls nach links gerichtete Rückstellkraft von der Größe c_2 von seiten der rechten Feder. Somit gehört zu $u = 1$ cm die Gesamtrückstellkraft

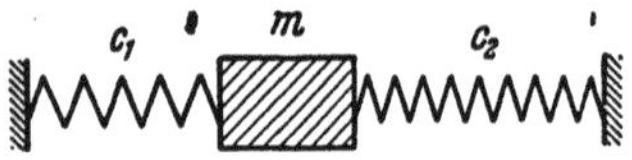

$$c = c_1 + c_2 = 600 + 800 = 1400 \text{ kg/cm} .$$

Abb. 269.

Hieraus folgt die Eigenfrequenz

$$\omega_e = \sqrt{\frac{c}{m}} = \sqrt{\frac{1400}{0{,}15}} = 96{,}7 \text{ s}^{-1} .$$

Nach (1053) und in Verbindung mit der vorgegebenen Kraftschwingung lauten die gesuchten Resonanzlagen

$$\omega_1 = \omega_e = 96{,}7 \text{ s}^{-1} , \qquad \omega_2 = \frac{\omega_e}{2} = 48{,}4 \text{ s}^{-1} , \qquad \omega_3 = \frac{\omega_e}{3} = 32{,}2 \text{ s}^{-1} .$$

Hieraus folgen die kritischen Schwingungszahlen

$$n_1 = \frac{96{,}7}{2\pi} = 15{,}4 \text{ Hz} , \qquad n_2 = \frac{48{,}4}{2\pi} = 7{,}7 \text{ Hz} , \qquad n_3 = \frac{32{,}2}{2\pi} = 5{,}1 \text{ Hz} .$$

Beispiel 37. An ein in Ruhe befindliches lotrechtes Seil (Abb. 270), das die Federkonstante $c = \frac{EF}{l}$ besitzt, wenn E den Elastizitätsmodul, F den Querschnitt und l die Länge bezeichnet, werde zur Zeit $t = 0$ eine Last vom Gewichte G gehängt. Wie verläuft die für die Seilbeanspruchung maßgebende Schwingung der Seilkraft S, die mit der Rückstellkraft identisch ist, wenn $E = 1\,000\,000$ kg/cm², $F = 18$ cm², $l = 50$ m, $G = 15{,}0$ t und $g = 981$ cm/s² ist? Wieviel Schwingungen macht das Seil pro Sekunde und wie groß ist die Schwingungsdauer? Wie ändern sich Schwingungszahl und Schwingungsdauer, wenn das Seil gemäß Abb. 272 mittels einer federnd gelagerten Umlenkrolle aufgehängt wird, welche die Federkonstante $c^* = 200$ kg/cm besitzt?

Im vorliegenden Falle handelt es sich um eine typische Lastschwingung gemäß (1055). Da das Seil und damit auch das Gewicht bzw. die Masse zur Zeit $t = 0$ sich in Ruhe befinden soll, müssen in diesem Augenblick $u = 0$ und $v = 0$ sein. Diese beiden Anfangsbedingungen erlauben eine eindeutige Bestimmung von Schwingungsamplitude und Phasenwinkel. Man erhält

Abb. 270.

$$u = 0 = A \sin \alpha + \frac{g}{\omega_e^2} , \qquad v = 0 = A \omega_e \cos \alpha .$$

Die zweite Gleichung liefert den Phasenwinkel

$$\alpha = \frac{\pi}{2} .$$

Mit diesem folgt aus der ersten Gleichung die Amplitude

$$A = -\frac{g}{\omega_e^2} .$$

88. Der Einmassenschwinger unter periodischer Belastung.

Die Einführung der gefundenen Werte von A und α in (1055) liefert

$$u = \frac{g}{\omega_e^2}(1 - \cos \omega_e t), \qquad v = \frac{g}{\omega_e} \sin \omega_e t . \tag{1056}$$

Nun ist hier speziell nach dem Schwingungsverlauf der mit der Rückstellkraft identischen Seilkraft S gefragt. Aus dem Federkraftgesetz

$$S = c u$$

folgt unmittelbar in Verbindung mit (1056)

$$S = \frac{c g}{\omega_e^2}(1 - \cos \omega_e t) .$$

Nun ist

$$\omega_e = \sqrt{\frac{c}{m}}, \qquad \frac{c g}{\omega_e^2} = m g = G$$

und damit

$$S = G(1 - \cos \omega_e t) . \tag{1057}$$

Der größte Wert, den die Seilkraft annehmen kann, ergibt sich offenbar, wenn $\cos \omega_e t$ den Wert -1 annimmt. Dann erhält man

$$S_{\max} = 2G . \tag{1058}$$

Nach (1058) ist die Beanspruchung des Seiles aus der schwingenden Belastung doppelt so hoch wie aus der statischen Belastung.

In Anwendung auf die gegebenen Zahlenwerte folgt

$$c = \frac{EF}{l} = \frac{1\,000\,000 \cdot 18}{5000} = 3600 \text{ kg/cm}, \qquad m = \frac{G}{g} = \frac{15\,000}{981} = 15{,}3 \text{ kg s}^2 \text{ cm}^{-1},$$

$$\omega_e = \sqrt{\frac{c}{m}} = \sqrt{\frac{3600}{15{,}3}} = 15{,}3 \text{ s}^{-1}$$

und damit

$$S = 15\,000\,(1 - \cos 15{,}3\,t) \quad \text{kg} .$$

Der hiernach sich ergebende Verlauf der Seilkraftschwingung ist aus Abb. 271 ersichtlich.

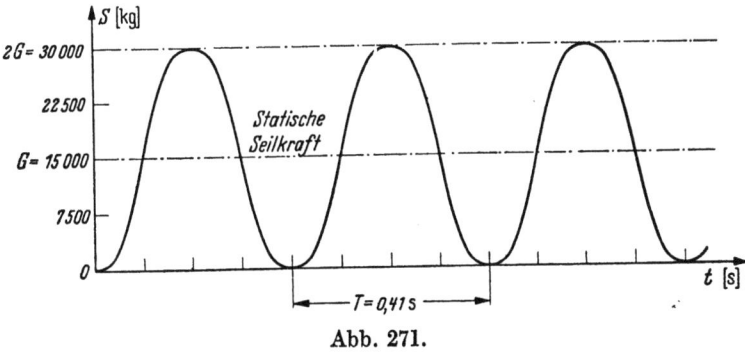

Abb. 271.

Aus dem gefundenen ω_e-Wert leitet sich die Schwingungszahl

$$n = \frac{\omega_e}{2\pi} = 2{,}43 \text{ Hz}$$

und hieraus die Schwingungsdauer $\quad T = \dfrac{1}{n} = 0{,}41\,\text{s} \quad$ ab.

Die weitere Fragestellung bezieht sich auf ein Seil, das gemäß Abb. 272 über eine federnd gelagerte Umlenkrolle aufgehängt ist. Da durch eine Rolle die Seilkraft lediglich umgelenkt wird, ist die Seilkraft unterhalb der Rolle lotrecht, oberhalb derselben waagerecht gerichtet. Die lotrechte Seilkraft wird von der Rolle unmittelbar auf die waagerechte Führung übertragen, während die waagerechte Seilkraft in voller Höhe auf die Rollenfeder drückt. Somit unterliegen die beiden vorhandenen Federn, nämlich das elastische Seil und die Rollenfeder der gleichen äußeren Kraft S. Aus den Federkraftgesetzen folgen die zugehörigen Federwege zu

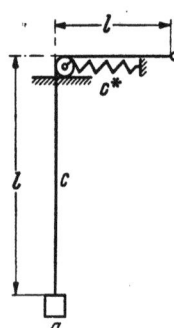

Abb. 272.

$$u = \frac{S}{c} \quad \text{und} \quad u^* = \frac{S}{c^*}.$$

Nun bewegt sich aber das Gewicht G bzw. die Masse m unmittelbar um das Maß u^*, um welches die Feder zusammengeht, nach unten, denn die Federzusammendrückung erzeugt eine entsprechende Verkürzung der Länge l'. Damit wirken Seildehnung und Umlenkrollenzusammendrückung in unmittelbarer Hintereinanderschaltung auf den Massenausschlag u. Es ergibt sich daher insgesamt

$$u_{\text{gesamt}} = \frac{S}{c} + \frac{S}{c^*} = S\left(\frac{1}{c} + \frac{1}{c^*}\right) \quad \text{oder} \quad S = \frac{u_{\text{gesamt}}}{\dfrac{1}{c} + \dfrac{1}{c^*}}.$$

Wird die Federkonstante des Gesamtsystemes sinngemäß mit c_{gesamt} bezeichnet, so folgt andererseits

$$S = c_{\text{gesamt}}\, u_{\text{gesamt}}.$$

Der Vergleich beider Formeln liefert

$$c_{\text{gesamt}} = \frac{1}{\dfrac{1}{c} + \dfrac{1}{c^*}}.$$

Nun ist, wenn die Länge l' als bedeutungslos gegenüber $l = 50\,\text{m}$ vernachlässigt wird, wie bisher

$$c = 3600\,\text{kg/cm}, \quad \text{während } c^* \text{ mit} \quad c^* = 200\,\text{kg/cm}$$

vorgegeben war. Somit erhält man

$$c_{\text{gesamt}} = \frac{1}{\dfrac{1}{3600} + \dfrac{1}{200}} = \frac{3600}{19} = 190\,\text{kg/cm}.$$

Hieraus errechnet sich

$$\omega_e = \sqrt{\frac{c}{m}} = \sqrt{\frac{190}{15{,}3}} = 3{,}53\,\text{s}^{-1}$$

und damit

$$n = \frac{\omega_e}{2\pi} = 0{,}56\,\text{Hz}, \quad T = \frac{1}{n} = 1{,}79\,\text{s}.$$

Durch die Wirkung der Umlenkrolle ist die Schwingungsdauer von 0,41 s auf 1,79 s heraufgegangen.

89. Federkonstante bei parallel geschalteten, hintereinander geschalteten und gemischt geschalteten Federn.

In Beispiel 36 lag der Fall parallel geschalteter Federn vor, in Beispiel 37 derjenige hintereinander geschalteter Federn; außerdem unterscheidet man auch noch den Fall gemischt geschalteter Federn. In all diesen Fällen kann die Federkonstante unmittelbar aus den Federkonstanten der Einzelfedern berechnet werden.

Im Falle parallel geschalteter Federn sind an die Masse m, wie in Abb. 273 angedeutet, eine Reihe von Federn angeschlossen, deren Anschlußpunkte alle die gleiche Verschiebung u erfahren. Infolgedessen sind die Rückstellkräfte der Federn

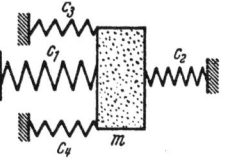

Abb. 273.

$$P_1 = c_1 u, \qquad P_2 = c_2 u, \qquad P_3 = c_3 u, \ldots$$

und damit die Gesamtrückstellkraft

$$P = P_1 + P_2 + P_3 + \cdots = (c_1 + c_2 + c_3 + \cdots) u.$$

Andererseits ist, wenn c die Federkonstante des gesamten Systems bezeichnet,

$$P = c u.$$

Hieraus folgt

$$c = c_1 + c_2 + c_3 + \cdots \qquad \text{(Parallel geschaltete Federn).} \qquad (1059)$$

Im Falle hintereinander geschalteter Federn reiht sich Feder an Feder in geschlossenem Zuge aneinander und nur die letzte Feder ist an die Masse angeschlossen, etwa wie es Abb. 274 zeigt. Infolgedessen ist jetzt nur eine einzige Rückstellkraft P vorhanden, die für sämtliche Federn die gleiche ist. Andererseits sind nunmehr die Federwege für sämtliche Federn verschieden. Man erhält daher

$$P = c_1 u_1, \qquad P = c_2 u_2, \qquad P = c_3 u_3, \qquad \ldots$$

oder

$$u_1 = \frac{P}{c_1}, \qquad u_2 = \frac{P}{c_2}, \qquad u_3 = \frac{P}{c_3}, \qquad \ldots$$

Zufolge der Hintereinanderschaltung addieren sich die Federwege, so daß sich für die Masse m der Federweg

$$u = u_1 + u_2 + u_3 + \cdots = \frac{P}{c_1} + \frac{P}{c_2} + \frac{P}{c_3} + \cdots = P\left(\frac{1}{c_1} + \frac{1}{c_2} + \frac{1}{c_3} + \cdots\right)$$

ergibt. Hieraus folgt

$$P = \frac{u}{\dfrac{1}{c_1} + \dfrac{1}{c_2} + \dfrac{1}{c_3} + \cdots}.$$

Andererseits erhält man wieder für das Gesamtsystem

$$P = c u.$$

Abb. 274.

Der Vergleich beider Formeln liefert

$$c = \frac{1}{\dfrac{1}{c_1} + \dfrac{1}{c_2} + \dfrac{1}{c_3} + \cdots} \qquad \text{(Hintereinander geschaltete Federn).} \qquad (1060)$$

Der Fall gemischt geschalteter Federn, wie ihn Abb. 275 andeutet, läßt sich unmittelbar durch Einbau der Hintereinanderschaltung in das System der Parallelschaltung erledigen. Mit den Bezeichnungen der Abb. 275 erhält man

$$c = \frac{1}{\frac{1}{c_{1,1}}+\frac{1}{c_{1,2}}+\frac{1}{c_{1,3}}+\cdots} + \frac{1}{\frac{1}{c_{2,1}}+\frac{1}{c_{2,2}}+\frac{1}{c_{2,3}}+\cdots} + \frac{1}{\frac{1}{c_{3,1}}+\frac{1}{c_{3,2}}+\frac{1}{c_{3,3}}+\cdots} + \cdots . \quad (1061)$$

(Gemischt geschaltete Federn)

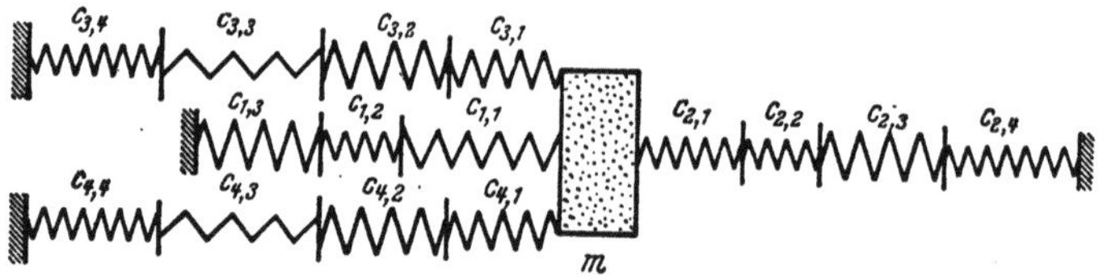

Abb. 275.

90. Die kettenartig gekoppelten harmonischen Längsschwingungen.

Die in Ziffer 88 für einen Einmassenschwinger angestellten Untersuchungen sollen nun auf Mehrmassensysteme ausgedehnt werden. Man spricht dann, wie an dem einführenden Beispiel der Ziffer 85 erläutert wurde, von gekoppelten harmonischen Schwingungen. Die Kopplungsbänder, die in Ziffer 85 als Spiralfedern zugrunde gelegt wurden, können dabei in der verschiedensten Form in Erscheinung treten, z. B. als elastische Stäbe, Seile, Maschinenwellen, Tragbalken usw. Naturgemäß wirken sich diese Kopplungsbänder schwingungstechnisch ganz verschieden aus, so daß eine generelle Behandlung der gekoppelten Schwingungen wenig vorteilhaft erscheint. In der vorliegenden Ziffer sollen die Betrachtungen zunächst auf die kettenartige Kopplung beschränkt werden, die bei den Längs- oder Longitudinalschwingern die Regel bildet.

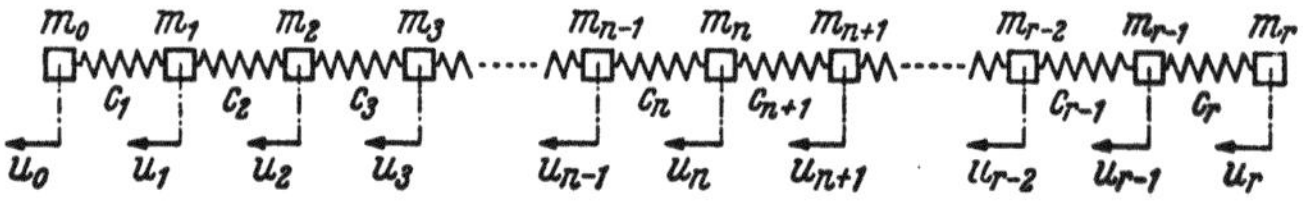

Abb. 276.

Bei der kettenartigen Kopplung wird, ähnlich wie in dem einführenden Beispiel, jede neu hinzutretende Masse mit einer einzigen Feder an die vorhergehende angeschlossen, genau wie bei einer Kette, bei welcher Glied an Glied gereiht wird. Dies ist offenbar der einfachste Kopplungsvorgang, der denkbar ist. Er wirkt sich auch auf die mathematische Behandlung äußerst vorteilhaft aus, indem auf jede Masse niemals mehr als zwei Rückstellkräfte einwirken.

Die kettenartige Kopplung ist, beiläufig bemerkt, keineswegs auf Längsschwinger beschränkt. Sie stellt auch die Kopplungsregelform bei den Torsionsschwingern dar, die eine äußerst wichtige Schwingergruppe bilden, aber erst in einem späteren Kapitel behandelt werden können.

90. Die kettenartig gekoppelten harmonischen Längsschwingungen.

In Anwendung auf einen Längs- oder Longitudinalschwinger ergibt sich das aus Abb. 276 ersichtliche Kopplungsbild. Der z. B. in Abb. 253 in Erscheinung getretene Fall einer unverschieblich befestigten Endfeder ist in dem Kopplungssystem von Abb. 276 mit eingeschlossen, wenn die entsprechende Endmasse m_0 oder m_r als unendlich groß zugrunde gelegt wird.

Gemäß Abb. 276 sei die Zahl der Kopplungsfedern r und die Zahl der gekoppelten Massen $r+1$. Die Verschiebungen der Massen in bezug auf die ungespannte Ausgangslage seien mit $u_0, u_1, \ldots u_r$ bezeichnet. Dann erfährt die n^{te} Feder mit der Federkonstanten c_n eine Verlängerung von der Größe

$$u_{n-1} - u_n$$

und damit eine Spannkraft

$$c_n(u_{n-1} - u_n) .$$

Die Federspannkraft übt gemäß Abb. 277 auf die beiden anschließenden Massen entsprechende Zugkräfte aus. Außerdem können die Massen noch unter der Wirkung von Antriebskräften stehen, die für die n^{te} Masse in Richtung von u_n

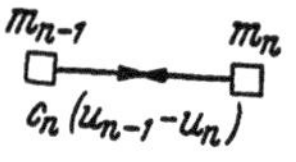

Abb. 277. 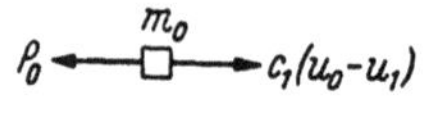 Abb. 278a. 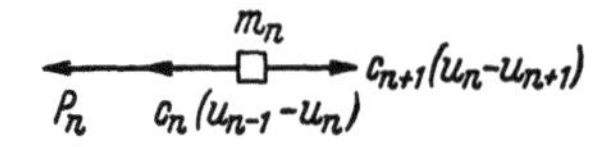 Abb. 278b. 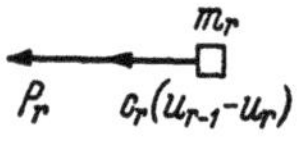 Abb. 278c.

mit P_n bezeichnet seien. Damit ergibt sich für die erste Masse m_0, eine Zwischenmasse m_n und die letzte Masse m_r das aus Abb. 278^a bis 278^c ersichtliche Belastungsbild.

Für jede dieser Massen gilt nun das Newtonsche Kraftgesetz, wobei für die jeweilige Kraft die Resultierende aller äußeren Kräfte eingesetzt werden muß. Diese Kraftgleichungen lauten in Verbindung mit Abb. 278^a bis 278^c

$$\left.\begin{aligned}
P_0 - c_1 u_0 + c_1 u_1 &= m_0 \frac{d^2 u_0}{dt^2} , \\
P_1 + c_1 u_0 - (c_1 + c_2) u_1 + c_2 u_2 &= m_1 \frac{d^2 u_1}{dt^2} , \\
P_2 + c_2 u_1 - (c_2 + c_3) u_2 + c_3 u_3 &= m_2 \frac{d^2 u_2}{dt^2} , \\
&\hspace{-2em}\text{------------------------} \\
P_n + c_n u_{n-1} - (c_n + c_{n+1}) u_n + c_{n+1} u_{n+1} &= m_n \frac{d^2 u_n}{dt^2} , \\
&\hspace{-2em}\text{------------------------} \\
P_{r-1} + c_{r-1} u_{r-2} - (c_{r-1} + c_r) u_{r-1} + c_r u_r &= m_{r-1} \frac{d^2 u_{r-1}}{dt^2} , \\
P_r + c_r u_{r-1} - c_r u_r &= m_r \frac{d^2 u_r}{dt^2} .
\end{aligned}\right\}$$

Diese Gleichungen heißen die Kraftkopplungsgleichungen. Es handelt sich um $r+1$ simultane Differentialgleichungen für ebenso viele Unbekannte. Das

Gleichungssystem ist somit eindeutig. Eine zweckentsprechende Umordnung ergibt

$$\left.\begin{aligned}
& m_0 \frac{d^2 u_0}{dt^2} + c_1 u_0 - c_1 u_1 = P_0(t) \quad, \\
& m_1 \frac{d^2 u_1}{dt^2} + (c_1 + c_2) u_1 - c_1 u_0 - c_2 u_2 = P_1(t) \quad, \\
& m_2 \frac{d^2 u_2}{dt^2} + (c_2 + c_3) u_2 - c_2 u_1 - c_3 u_3 = P_2(t) \quad, \\
& \text{------------------} \quad, \\
& m_n \frac{d^2 u_n}{dt^2} + (c_n + c_{n+1}) u_n - c_n u_{n-1} - c_{n+1} u_{n+1} = P_n(t) \quad, \\
& \text{------------------} \quad, \\
& m_{r-1} \frac{d^2 u_{r-1}}{dt^2} + (c_{r-1} + c_r) u_{r-1} - c_{r-1} u_{r-2} - c_r u_r = P_{r-1}(t) \quad, \\
& m_r \frac{d^2 u_r}{dt^2} + c_r u_r - c_r u_{r-1} = P_r(t) \quad.
\end{aligned}\right\} \quad (1062)$$

Da es sich in (1062) um lineare Differentialgleichungen handelt, kann die Lösung ähnlich wie in Ziffer 85 durch Überlagerung der homogenen Lösung mit einem Partikularintegral des inhomogenen Systems gewonnen werden. Für die Lösung des homogenen Systems, in welchem die rechten Seiten von (1062) sämtlich null sind, bedient man sich zweckmäßig des Ansatzes

$$u_{\underline{n}} = \sum_{0}^{r}{}_{k} A_{k,\underline{n}} \sin(\omega_k t + \alpha_k) \qquad (\underline{n} = 0, 1, 2, \cdots r) \,, \qquad (1063)$$

in welchem ähnlich wie in Ziffer 85 die ω_k die Eigenfrequenzen des Systems darstellen. In Ziffer 85 setzte sich die homogene Lösung gemäß 1012 bei drei Massen aus zwei Eigenschwingungen zusammen; entsprechend ergeben sich hier bei $r + 1$ Massen r Eigenschwingungen. Geht man mit (1063) in das homogen gemachte Gleichungssystem (1062) hinein, so folgt

$$\left.\begin{aligned}
& \sum_{1}^{r}{}_{k} \left[(c_1 - m_0 \omega_k^2) A_{k,0} - c_1 A_{k,1} \right] \sin(\omega_k t + \alpha_k) = 0 \quad, \\
& \sum_{1}^{r}{}_{k} \left[-c_1 A_{k,0} + (c_1 + c_2 - m_1 \omega_k^2) A_{k,1} - c_2 A_{k,2} \right] \sin(\omega_k t + \alpha_k) = 0 \quad, \\
& \sum_{1}^{r}{}_{k} \left[-c_2 A_{k,1} + (c_2 + c_3 - m_2 \omega_k^2) A_{k,2} - c_3 A_{k,3} \right] \sin(\omega_k t + \alpha_k) = 0 \quad, \\
& \text{------------------} \\
& \sum_{1}^{r}{}_{k} \left[-c_n A_{k,n-1} + (c_n + c_{n+1} - m_n \omega_k^2) A_{k,n} - c_{n+1} A_{k,n+1} \right] \sin(\omega_k t + \alpha_k) = 0 \,, \\
& \text{------------------} \\
& \sum_{1}^{r}{}_{k} \left[-c_{r-1} A_{k,r-2} + (c_{r-1} + c_r - m_{r-1} \omega_k^2) A_{k,r-1} - c_r A_{k,r} \right] \sin(\omega_k t + \alpha_k) = 0 \,, \\
& \sum_{1}^{r}{}_{k} \left[-c_r A_{k,r-1} + (c_r - m_r \omega_k^2) A_{k,r} \right] \sin(\omega_k t + \alpha_k) = 0 \quad.
\end{aligned}\right\}$$

90. Die kettenartig gekoppelten harmonischen Längsschwingungen. 267

Dieses System wird offenbar für alle Zeitpunkte identisch befriedigt, wenn die Faktoren aller $\sin(\omega_k t + \alpha_k)$ oder sämtliche eckigen Klammern null gesetzt werden. Dies führt zu r Systemen von je $r+1$ homogenen Gleichungen. Da die Zahl der willkürlichen Koeffizienten gerade $r(r+1)$ beträgt, sind ebensoviel Unbekannte wie Gleichungen vorhanden. Das k^{te} Gleichungssystem lautet:

$$\left.\begin{array}{l}(c_1 - m_0 \omega_k^2) A_{k,0} - c_1 A_{k,1} = 0 \quad , \\ -c_1 A_{k,0} + (c_1 + c_2 - m_1 \omega_k^2) A_{k,1} - c_2 A_{k,2} = 0 \quad , \\ -c_2 A_{k,1} + (c_2 + c_3 - m_2 \omega_k^2) A_{k,2} - c_3 A_{k,3} = 0 \quad , \\ \overline{\phantom{-c_n A_{k,n-1} + (c_n + c_{n+1} - m_n \omega_k^2) A_{k,n} - c_{n+1} A_{k,n+1} = 0}} \quad , \\ -c_n A_{k,n-1} + (c_n + c_{n+1} - m_n \omega_k^2) A_{k,n} - c_{n+1} A_{k,n+1} = 0 \quad , \\ \overline{\phantom{-c_{r-1} A_{k,r-2} + (c_{r-1} + c_r - m_{r-1} \omega_k^2) A_{k,r-1} - c_r A_{k,r} = 0}} \quad , \\ -c_{r-1} A_{k,r-2} + (c_{r-1} + c_r - m_{r-1} \omega_k^2) A_{k,r-1} - c_r A_{k,r} = 0 \quad , \\ -c_r A_{k,r-1} + (c_r - m_r \omega_k^2) A_{k,r} = 0 \quad .\end{array}\right\} k = 1, 2, 3, \ldots r. \quad (1064)$$

Das homogene Gleichungssystem (1064) ist nur lösbar, wenn die Systemdeterminante verschwindet. Diese Bedingungsgleichung entspricht der Frequenzengleichung (1014) von Ziffer 85. Sie lautet im vorliegenden Falle

$$\begin{vmatrix} c_1 - m_0\omega_k^2 & -c_1 & 0 & 0 & 0 & 0 & 0 & 0 \\ -c_1 & c_1+c_2-m_1\omega_k^2 & -c_2 & 0 & 0 & 0 & 0 & 0 \\ 0 & -c_2 & c_2+c_3-m_2\omega_k^2 & -c_3 & 0 & 0 & 0 & 0 \\ \hline 0 & 0 & 0 & -c_n & c_n+c_{n+1}-m_n\omega_k^2 & -c_{n+1} & 0 & 0 \\ \hline 0 & 0 & 0 & 0 & 0 & -c_{r-1} & c_{r-1}+c_r-m_{r-1}\omega_k^2 & -c_r \\ 0 & 0 & 0 & 0 & 0 & 0 & -c_r & c_r-m_r\omega_k^2 \end{vmatrix} = 0 \quad (1065)$$

Wird die Determinante (1065) ausmultipliziert, so ergibt sich eine Gleichung $(r+1)^{\text{ten}}$ Grades für ω_k^2, in welcher das konstante Glied verschwindet. Demgemäß ist einer der $r+1$ Wurzelwerte null. Diesem Wurzelwert $\omega_k^2 = 0$ entspricht aber nach (1063) das triviale Lösungsglied

$$A_{0,n} \sin \alpha_0 = u_c = \text{constans}.$$

In der Tat ist eine für alle Massen konstante Verschiebung u_c mit dem homogenen System verträglich; denn setzt man in (1062) alle $P_n = 0$ und $u_0 = u_1 = \cdots u_r = u_c$, so verschwinden alle Differentialquotienten und es löschen sich die noch verbleibenden Glieder gegenseitig aus. Wird diese konstante Lösung mit den verbliebenen r trigonometrischen Lösungen verbunden, so kann (1063) durch die präzisere Form

$$u_{\underline{n}} = u_c + \sum_1^r A_{k,\underline{n}} \sin(\omega_k t + \alpha_k) \qquad (\underline{n} = 0, 1, 2, \ldots r) \qquad (1063)^{\text{a}}$$

ersetzt werden.

Wie bei jedem homogenen Gleichungssystem, so kann auch in (1064) über eine der Unbekannten willkürlich verfügt werden. Wird hierfür jeweils $A_{k,0}$ ausgewählt, so lassen sich die übrigen $A_{k,n}$ durch Auflösen der Gleichungskette vom Kopf aus leicht bestimmen. Für die ersten $A_{k,n}$ ergibt sich auf diesem Wege

$$\left.\begin{aligned}
A_{k,1} &= \left(1 - \frac{m_0}{c_1}\omega_k^2\right) A_{k,0} \\
A_{k,2} &= \left[-\frac{c_1}{c_2} + \left(1 + \frac{c_1}{c_2} - \frac{m_1}{c_2}\omega_k^2\right)\left(1 - \frac{m_0}{c_1}\omega_k^2\right)\right] A_{k,0} \\
A_{k,3} &= \left[-\frac{c_2}{c_3}\left(1 - \frac{m_0}{c_1}\omega_k^2\right) + \left(1 + \frac{c_2}{c_3} - \frac{m_2}{c_3}\omega_k^2\right)\left[-\frac{c_1}{c_2} + \left(1 + \frac{c_1}{c_2} - \frac{m_1}{c_2}\omega_k^2\right)\left(1 - \frac{m_0}{c_1}\omega_k^2\right)\right]\right] A_{k,0} \\
& \text{-------------------------------}
\end{aligned}\right\} \quad (1066)$$

Mit (1063)ᵃ, (1065) und (1066) kann die homogene Lösung des Differentialgleichungssystems (1062) als erledigt angesehen werden. Das noch zu überlagernde Partikularintegral des inhomogenen Systems kann naturgemäß ohne Angaben über den Charakter der Störungsfunktionen $P_0, P_1, \ldots P_n \ldots P_r$ nicht dargestellt werden. Es sei hier nun die bei Schwingungsproblemen nahe liegende Annahme gemacht, daß die Störungsfunktionen periodisch verlaufen. Dann können sie im Sinne von Ziffer 86 und 87 harmonisch analysiert werden und in der Form

$$\left.\begin{aligned}
P_0 &= \sum_1^\infty{}^{\overline{n}} a_{\overline{n},0} \sin \overline{n}\,\overline{\omega}_0 t + \sum_1^\infty{}^{\overline{n}} b_{\overline{n},0} \cos \overline{n}\,\overline{\omega}_0 t + b_{0,0} \,, \\
P_1 &= \sum_1^\infty{}^{\overline{n}} a_{\overline{n},1} \sin \overline{n}\,\overline{\omega}_1 t + \sum_1^\infty{}^{\overline{n}} b_{\overline{n},1} \cos \overline{n}\,\overline{\omega}_1 t + b_{0,1} \,, \\
&\text{-------------------------------} \\
P_n &= \sum_1^\infty{}^{\overline{n}} a_{\overline{n},n} \sin \overline{n}\,\overline{\omega}_n t + \sum_1^\infty{}^{\overline{n}} b_{\overline{n},n} \cos \overline{n}\,\overline{\omega}_n t + b_{0,n} \,, \\
&\text{-------------------------------} \\
P_r &= \sum_1^\infty{}^{\overline{n}} a_{\overline{n},r} \sin \overline{n}\,\overline{\omega}_r t + \sum_1^\infty{}^{\overline{n}} b_{\overline{n},r} \cos \overline{n}\,\overline{\omega}_r t + b_{0,r} \,,
\end{aligned}\right\} \quad (1067)$$

zugrunde gelegt werden. Die Einführung von (1067) in (1062) liefert

$$\left.\begin{aligned}
m_0 \frac{d^2 u_0}{dt^2} + c_1 u_0 - c_1 u_1 &= \sum_1^\infty{}^{\overline{n}} a_{\overline{n},0} \sin \overline{n}\,\overline{\omega}_0 t + \sum_1^\infty{}^{\overline{n}} b_{\overline{n},0} \cos \overline{n}\,\overline{\omega}_0 t + b_{0,0} \,, \\
m_1 \frac{d^2 u_1}{dt^2} + (c_1 + c_2) u_1 - c_1 u_0 - c_2 u_2 &= \sum_1^\infty{}^{\overline{n}} a_{\overline{n},1} \sin \overline{n}\,\overline{\omega}_1 t + \sum_1^\infty{}^{\overline{n}} b_{\overline{n},1} \cos \overline{n}\,\overline{\omega}_1 t + b_{0,1} \,, \\
&\text{-------------------------------} \\
m_n \frac{d^2 u_n}{dt^2} + (c_n + c_{n+1}) u_n - c_n u_{n-1} - c_{n+1} u_{n+1} &= \sum_1^\infty{}^{\overline{n}} a_{\overline{n},n} \sin \overline{n}\,\overline{\omega}_n t + \sum_1^\infty{}^{\overline{n}} b_{\overline{n},n} \cos \overline{n}\,\overline{\omega}_n t + b_{0,n} \,, \\
&\text{-------------------------------} \\
m_r \frac{d^2 u_r}{dt^2} + c_r u_r - c_r u_{r-1} &= \sum_1^\infty{}^{\overline{n}} a_{\overline{n},r} \sin \overline{n}\,\overline{\omega}_r t + \sum_1^\infty{}^{\overline{n}} b_{\overline{n},r} \cos \overline{n}\,\overline{\omega}_r t + b_{0,r}
\end{aligned}\right\}$$

90. Die kettenartig gekoppelten harmonischen Längsschwingungen.

Da es sich hierbei um ein System linearer Differentialgleichungen handelt, können die Partikularintegrale für die einzelnen Summenglieder der rechten Seite getrennt gebildet und das Gesamtpartikularintegral durch Überlagerung der Einzelpartikularintegrale dargestellt werden. Für das $\bar{n}^{\text{te}}$ Glied der n^{ten} Gleichung lautet dann beispielsweise das Ausgangssystem

$$\left.\begin{aligned}
& m_0 \frac{d^2 u_0}{d t^2} + c_1 u_0 - c_1 u_1 = 0 \quad, \\
& m_1 \frac{d^2 u_1}{d t^2} + (c_1 + c_2) u_1 - c_1 u_0 - c_2 u_2 = 0 \quad, \\
& \text{------------------------------------} \quad, \\
& m_n \frac{d^2 u_n}{d t^2} + (c_n + c_{n+1}) u_n - c_n u_{n-1} - c_{n+1} u_{n+1} = a_{\bar{n},n} \sin \bar{n} \bar{\omega}_n t + b_{\bar{n},n} \cos \bar{n} \bar{\omega}_n t \quad, \\
& \text{------------------------------------} \quad, \\
& m_r \frac{d^2 u_r}{d t^2} + c_r u_r - c_r u_{r-1} = 0 \quad.
\end{aligned}\right\} \quad (1068)$$

Die Lösung dieses Differentialgleichungssystems gelingt in ähnlicher Weise wie in Ziffer 85 mit Hilfe des Ansatzes

$$u_{\underline{n}} = A_{\underline{n},n,\bar{n}} \sin \bar{n} \bar{\omega}_n t + B_{\underline{n},n,\bar{n}} \cos \bar{n} \bar{\omega}_n t \qquad (\underline{n} = 0, 1, 2, \ldots r) \ . \quad (1069)$$

Wird (1069) in (1068) eingeführt, so enthält nach entsprechender Zusammenfassung jede Gleichung des Systems ein Glied mit $\sin \bar{n} \bar{\omega}_n t$ und eines mit $\cos \bar{n} \bar{\omega} t$, während auf den rechten Seiten überall null steht. Derartige Identitätsgleichungen können nur bestehen, wenn die Faktoren von $\sin \bar{n} \bar{\omega}_n t$ bzw. $\cos \bar{n} \bar{\omega}_n t$ identisch verschwinden. Dies führt zu den beiden Gleichungssystemen

$$\left.\begin{aligned}
& (c_1 - m_0 \bar{n}^2 \bar{\omega}_n^2) A_{0,n,\bar{n}} - c_1 A_{1,n,\bar{n}} = 0 \quad, \\
& -c_1 A_{0,n,\bar{n}} + (c_1 + c_2 - m_1 \bar{n}^2 \bar{\omega}_n^2) A_{1,n,\bar{n}} - c_2 A_{2,n,\bar{n}} = 0 \quad, \\
& \text{------------------------------------} \\
& -c_n A_{n-1,n,\bar{n}} + (c_n + c_{n+1} - m_n \bar{n}^2 \bar{\omega}_n^2) A_{n,n,\bar{n}} - c_{n+1} A_{n+1,n,\bar{n}} = a_{\bar{n},n} \quad, \\
& \text{------------------------------------} \\
& -c_r A_{r-1,n,\bar{n}} + (c_r - m_r \bar{n}^2 \bar{\omega}_n^2) A_{r,n,\bar{n}} = 0 \quad; \\
& (c_1 - m_0 \bar{n}^2 \bar{\omega}_n^2) B_{0,n,\bar{n}} - c_1 B_{1,n,\bar{n}} = 0 \quad, \\
& -c_1 B_{0,n,\bar{n}} + (c_1 + c_2 - m_1 \bar{n}^2 \bar{\omega}_n^2) B_{1,n,\bar{n}} - c_2 B_{2,n,\bar{n}} = 0 \quad, \\
& \text{------------------------------------} \\
& -c_n B_{n-1,n,\bar{n}} + (c_n + c_{n+1} - m_n \bar{n}^2 \bar{\omega}_n^2) B_{n,n,\bar{n}} - c_{n+1} B_{n+1,n,\bar{n}} = b_{\bar{n},n} \quad, \\
& \text{------------------------------------} \\
& -c_r B_{r-1,n,\bar{n}} + (c_r - m_r \bar{n}^2 \bar{\omega}_n^2) B_{r,n,\bar{n}} = 0 \quad.
\end{aligned}\right\} \quad (1070)$$

Die Gleichungssysteme (1070) ermöglichen eine eindeutige Bestimmung der Konstanten $A_{\underline{n},n,\bar{n}}$ und $B_{\underline{n},n,\bar{n}}$.

Werden alle trigonometrischen Störungsglieder von (1067) in dieser Weise behandelt, so folgt durch Überlagerung der Teil-Partikularintegrale

$$u_{\underline{n}} = \sum_{0}^{r} {}_n \sum_{1}^{\infty} {}_{\bar{n}} [A_{\underline{n},n,\bar{n}} \sin \bar{n} \bar{\omega}_n t + B_{\underline{n},n,\bar{n}} \cos \bar{n} \bar{\omega}_n t] \qquad (\underline{n} = 0, 1, 2, \ldots r) \ . \quad (1071)$$

Die Partikularintegrale für die konstanten Störungsglieder von (1067) stellen ebenfalls Konstante dar, wenn die $b_{0,n}$ noch der Zusatzbedingung unterworfen werden, daß die durch sie repräsentierten Kräfte entsprechend

$$\sum_0^r {}^n b_{0,n} = 0$$

ein Gleichgewichtssystem darstellen. Wird diese Zusatzbedingung hier vorausgesetzt und bedient man sich für diese Partikularintegrale der Bezeichnungen

$$u_{\underline{n}} = u_{\underline{n},0} ,$$

so ergibt sich nach Unterdrückung der trigonometrischen Reihenglieder das Gleichungssystem

$$\left.\begin{aligned}
c_1 u_{0,0} - c_1 u_{1,0} &= b_{0,0} ,\\
-c_1 u_{0,0} + (c_1 + c_2) u_{1,0} - c_2 u_{2,0} &= b_{0,1} ,\\
\text{---------} & \text{---------} ,\\
-c_n u_{n-1,0} + (c_n + c_{n+1}) u_{n,0} - c_{n+1} u_{n+1,0} &= b_{0,n} ,\\
\text{---------} & \text{---------} ,\\
-c_r u_{r-1,0} + c_r u_{r,0} &= b_{0,r} .
\end{aligned}\right\} \quad (1072)$$

Die Überlagerung der homogenen und Partikularlösungen liefert schließlich die vollständige Lösung des Gleichungssystemes (1062/1067) in der Form

$$\left.\begin{aligned}
u_{\underline{n}} = u_c + \sum_1^r {}^k A_{k,\underline{n}} \sin(\omega_k t + \alpha_k) + \\
+ \sum_0^r {}^n \sum_1^\infty {}^{\overline{n}} [A_{\underline{n},n,\overline{n}} \sin \overline{n}\, \overline{\omega}_n t + B_{\underline{n},n,\overline{n}} \cos \overline{n}\, \overline{\omega}_n t] + u_{\underline{n},0} .
\end{aligned}\right\} \quad (\underline{n}=0,1,2,\ldots r) . \quad (1073)$$

Eine nähere Untersuchung der Koeffizienten $A_{\underline{n},n,\overline{n}}$ und $B_{\underline{n},n,\overline{n}}$ würde ähnlich wie in Ziffer 85 ergeben, daß, sobald eines der $\overline{\omega}_n$ einen der r Eigenfrequenzwerte ω_k annimmt, Resonanz auftritt und sämtliche Ausschläge $u_{\underline{n}}$ unendlich groß werden.

91. Die kettenartig gekoppelten harmonischen Längsschwingungen bei gleichen Massen und gleichen Federkonstanten.

Der in Ziffer 90 beschriebene allgemeine Rechnungsgang soll nun auf den wichtigen Sonderfall gleicher Massen und gleicher Federkonstanten Anwendung

Abb. 279.

finden, für welchen es gelingt, die Gleichungssysteme nach den Methoden der Differenzgleichungen in geschlossener Form aufzulösen.

91. Harmonische Längsschwingungen bei gleichen Massen und gleichen Federkonstanten.

Wird gemäß Abb. 279
$$m_0 = m_1 = \cdots = m_r = m \qquad c_1 = c_2 = \cdots = c_r = c'$$
gesetzt, so lautet (1064), wenn gleichzeitig durch c' dividiert wird,

$$\left. \begin{aligned}
&\left(1-\frac{m}{c'}\omega_k^2\right)A_{k,0} - A_{k,1} = 0 \quad, \\
&-A_{k,0} + \left(2-\frac{m}{c'}\omega_k^2\right)A_{k,1} - A_{k,2} = 0 \quad, \\
&-A_{k,1} + \left(2-\frac{m}{c'}\omega_k^2\right)A_{k,2} - A_{k,3} = 0 \quad, \\
&\text{------------------------} \quad, \\
&-A_{k,n-1} + \left(2-\frac{m}{c'}\omega_k^2\right)A_{k,n} - A_{k,n+1} = 0 \quad, \\
&\text{------------------------} \quad, \\
&-A_{k,r-2} + \left(2-\frac{m}{c'}\omega_k^2\right)A_{k,r-1} - A_{k,r} = 0 \quad, \\
&-A_{k,r-1} + \left(1-\frac{m}{c'}\omega_k^2\right)A_{k,r} = 0 \quad.
\end{aligned} \right\} (k=1,2,3,\ldots r) \quad . \quad (1074)$$

Wird (1074) als Differenzengleichungssystem aufgefaßt, so lassen sich die gesuchten Konstanten in der Form
$$A_{k,n} = c_{1,k}\mu_{1,k}^n + c_{2,k}\mu_{2,k}^n \tag{1075}$$
darstellen, in der $c_{1,k}$, $c_{2,k}$, $\mu_{1,k}$ und $\mu_{2,k}$ noch zu bestimmende Konstante sind. Geht man mit (1075) in (1074) hinein, so ergibt sich bei entsprechender Zusammenfassung

$$\left. \begin{aligned}
&c_{1,k}\left[\left(1-\frac{m}{c'}\omega_k^2\right)-\mu_{1,k}\right] + c_{2,k}\left[\left(1-\frac{m}{c'}\omega_k^2\right)-\mu_{2,k}\right] = 0 \quad, \\
&c_{1,k}\left[-1+\left(2-\frac{m}{c'}\omega_k^2\right)\mu_{1,k}-\mu_{1,k}^2\right] + c_{2,k}\left[-1+\left(2-\frac{m}{c'}\omega_k^2\right)\mu_{2,k}-\mu_{2,k}^2\right] = 0 \quad, \\
&c_{1,k}\mu_{1,k}\left[-1+\left(2-\frac{m}{c'}\omega_k^2\right)\mu_{1,k}-\mu_{1,k}^2\right] + c_{2,k}\mu_{2,k}\left[-1+\left(2-\frac{m}{c'}\omega_k^2\right)\mu_{2,k}-\mu_{2,k}^2\right] = 0 \quad, \\
&\text{---------------------------------} \quad, \\
&c_{1,k}\mu_{1,k}^{n-1}\left[-1+\left(2-\frac{m}{c'}\omega_k^2\right)\mu_{1,k}-\mu_{1,k}^2\right] + c_{2,k}\mu_{2,k}^{n-1}\left[-1+\left(2-\frac{m}{c'}\omega_k^2\right)\mu_{2,k}-\mu_{2,k}^2\right] = 0 \quad, \\
&\text{---------------------------------} \quad, \\
&c_{1,k}\mu_{1,k}^{r-2}\left[-1+\left(2-\frac{m}{c'}\omega_k^2\right)\mu_{1,k}-\mu_{1,k}^2\right] + c_{2,k}\mu_{2,k}^{r-2}\left[-1+\left(2-\frac{m}{c'}\omega_k^2\right)\mu_{2,k}-\mu_{2,k}^2\right] = 0 \quad, \\
&c_{1,k}\mu_{1,k}^{r-1}\left[-1+\left(1-\frac{m}{c'}\omega_k^2\right)\mu_{1,k}\right] + c_{2,k}\mu_{2,k}^{r-1}\left[-1+\left(1-\frac{m}{c'}\omega_k^2\right)\mu_{2,k}\right] = 0 \quad.
\end{aligned} \right\} (1076)$$

Den Gln (1076) sieht man unmittelbar an, daß sie mit Ausnahme der ersten und letzten identisch befriedigt sind, wenn $\mu_{1,k}$ und $\mu_{2,k}$ als Wurzeln der quadratischen Gleichung

$$-1 + \left(2-\frac{m}{c'}\omega_k^2\right)\mu_{\genfrac{}{}{0pt}{}{1,k}{2,k}} - \mu_{\genfrac{}{}{0pt}{}{1,k}{2,k}}^2 = 0 \tag{1077}$$

bestimmt werden. Die Auflösung von (1077) ergibt

$$\mu_{{1,k} \atop {2,k}} = 1 - \frac{m}{2c'}\omega_k^2 \mp \sqrt{\left(1-\frac{m}{2c'}\omega_k^2\right)^2 - 1} = 1 - \frac{m}{2c'}\omega_k^2 \mp \sqrt{\frac{m^2\omega_k^4}{4c'^2} - \frac{m}{c'}\omega_k^2}$$

oder zusammengefaßt

$$\left.\begin{aligned}\mu_{1,k} &= 1 - \frac{m}{2c'}\omega_k^2\left(1+\sqrt{1-\frac{4c'}{m\omega_k^2}}\right), \\ \mu_{2,k} &= 1 - \frac{m}{2c'}\omega_k^2\left(1-\sqrt{1-\frac{4c'}{m\omega_k^2}}\right).\end{aligned}\right\}$$

Wird das Produkt von $\mu_{1,k}$ und $\mu_{2,k}$ gebildet, so folgt

$$\mu_{1,k}\mu_{2,k} = 1 \, . \tag{1078}$$

Man kann daher mit einer einzigen Konstanten μ_k auskommen und erhält

$$\left.\begin{aligned}\mu_{1,k} &= \mu_k = 1 - \frac{m}{2c'}\omega_k^2\left(1+\sqrt{1-\frac{4c'}{m\omega_k^2}}\right), \\ \mu_{2,k} &= \frac{1}{\mu_k} = 1 - \frac{m}{2c'}\omega_k^2\left(1-\sqrt{1-\frac{4c'}{m\omega_k^2}}\right).\end{aligned}\right\} \tag{1079}$$

Um nun auch noch die erste und letzte der Gln (1076) befriedigen zu können, müssen zwei homogene Gleichungen für $c_{1,k}$ und $c_{2,k}$ erfüllt werden. Dies ist nur möglich, wenn die Determinante dieser Gleichungen

$$\begin{vmatrix} \left(1-\frac{m}{c'}\omega_k^2\right)-\mu_{1,k} & \left(1-\frac{m}{c'}\omega_k^2\right)-\mu_{2,k} \\ \left[-1+\left(1-\frac{m}{c'}\omega_k^2\right)\mu_{1,k}\right]\mu_{1,k}^{r-1} & \left[-1+\left(1-\frac{m}{c'}\omega_k^2\right)\mu_{2,k}\right]\mu_{2,k}^{r-1} \end{vmatrix} = 0$$

gesetzt wird. Wird hierin die Systemgleichung (1077) berücksichtigt, so folgt

$$\begin{vmatrix} \frac{1}{\mu_{1,k}}-1 & \frac{1}{\mu_{2,k}}-1 \\ [\mu_{1,k}^2 - \mu_{1,k}]\mu_{1,k}^{r-1} & [\mu_{2,k}^2 - \mu_{2,k}]\mu_{2,k}^{r-1} \end{vmatrix} = 0$$

und, wenn gleichzeitig (1079) berücksichtigt wird,

$$\begin{vmatrix} \frac{1}{\mu_k}-1 & \mu_k-1 \\ (\mu_k-1)\mu_k^r & \left(\frac{1}{\mu_k}-1\right)\mu_k^{-r} \end{vmatrix} = (1-\mu_k)^2\begin{vmatrix} \frac{1}{\mu_k} & -1 \\ -\mu_k^r & \mu_k^{-r-1} \end{vmatrix} = (1-\mu_k)^2[\mu_k^{-r-2}-\mu_k^r] = 0 \, .$$

Da $\mu_k = 1$ nach (1078) zu $\mu_{1,k} = \mu_{2,k} = 1$, d. h. zu gleichen μ-Werten führt, was mit dem Ansatz (1075) nicht verträglich ist, verbleibt

$$\mu_k^{-r-2} = \mu_k^r \quad \text{oder} \quad \mu_k^{2r+2} = 1 \quad \text{bzw.} \quad \mu_k = \sqrt[2r+2]{1} \, . \tag{1080}[a]$$

Nun ist nach den Moivreschen Sätzen

$$\sqrt[2r+2]{1} = \cos\frac{2k\pi}{2r+2} + i\sin\frac{2k\pi}{2r+2} \qquad \text{für} \qquad k = 0, 1, 2, \ldots r \ldots 2r+1 \, .$$

91. Harmonische Längsschwingungen bei gleichen Massen und gleichen Federkonstanten.

Dem Falle $k = 0$ und $k = r+1$ entspricht $\mu_k = 1$ bzw. $\mu_k = -1$ und damit nach (1079) $\mu_{1,k} = \mu_{2,k} = 1$ bzw. $\mu_{1,k} = \mu_{2,k} = -1$. Beide Wertepaare sind mit dem Ansatz (1069) nicht verträglich. Die Fälle $k = r+2$ bis $k = 2r+1$ führen zu den gleichen Frequenzen wie $k = 1$ bis $k = r$ und können daher außer Betracht bleiben. Somit erhält man

$$\mu_k = \cos\frac{k\pi}{r+1} + i\sin\frac{k\pi}{r+1}, \quad \frac{1}{\mu_k} = \cos\frac{k\pi}{r+1} - i\sin\frac{k\pi}{r+1} \quad (k = 1, 2, 3, \ldots r). \quad (1080)^b$$

Durch (1080) sind die Eigenfrequenzen ω_k des Systems eindeutig festgelegt. Zu den entsprechenden Beziehungen gelangt man am schnellsten über (1077). Wird diese Gleichung für μ_k angesetzt und gleichzeitig durch μ_k dividiert, so folgt

$$-\frac{1}{\mu_k} + \left(2 - \frac{m}{c'}\omega_k^2\right) - \mu_k = 0 \quad \text{oder} \quad 2 - \frac{m}{c'}\omega_k^2 = \mu_k + \frac{1}{\mu_k}.$$

Nun ist nach (1080)

$$\mu_k + \frac{1}{\mu_k} = 2\cos\frac{k\pi}{r+1} \quad \text{für} \quad k = 1, 2, 3, \ldots r. \quad (1081)$$

und damit

$$2 - \frac{m}{c'}\omega_k^2 = 2\cos\frac{k\pi}{r+1}$$

oder

$$\omega_k^2 = \frac{2c'}{m}\left(1 - \cos\frac{k\pi}{r+1}\right) = \frac{4c'}{m}\sin^2\frac{k\pi}{2(r+1)} \quad (k = 1, 2, \ldots r).$$

Hieraus ergibt sich für die Eigenfrequenzen selbst

$$\omega_k = \sqrt{\frac{2c'}{m}\left(1 - \cos\frac{k\pi}{r+1}\right)} = 2\sqrt{\frac{c'}{m}}\sin\frac{k\pi}{2(r+1)} \quad (k = 1, 2, \ldots r). \quad (1082)$$

Dem als trivial ausgeschlossenen Werte $k = 0$ würde nach (1082) eine Frequenz $\omega_k = 0$ mit einer konstanten Verschiebung $u_n = u_c$ entsprochen haben.

Nachdem nunmehr die Verträglichkeit der ersten und letzten der Gln (1076) sichergestellt ist, kann die eine Konstante durch die andere nach einer der beiden Gleichungen, am bequemsten nach der ersten, ausgedrückt werden. Man erhält in Verbindung mit (1077) und (1079)

$$c_{2,k} = -c_{1,k}\frac{1 - \frac{m}{c'}\omega_k^2 - \mu_{1,k}}{1 - \frac{m}{c'}\omega_k^2 - \mu_{2,k}} = -c_{1,k}\frac{\frac{1}{\mu_{1,k}} - 1}{\frac{1}{\mu_{2,k}} - 1} = -c_{1,k}\frac{\frac{1}{\mu_k} - 1}{\mu_k - 1} = \frac{c_{1,k}}{\mu_k}. \quad (1083)$$

Die Einführung von (1079) und (1083) in (1075) ergibt

$$A_{k,n} = c_{1,k}\left[\mu_k^n + \mu_k^{-n-1}\right] = c_{1,k}\mu_k^{-\frac{1}{2}}\left[\mu_k^{n+\frac{1}{2}} + \mu_k^{-(n+\frac{1}{2})}\right] \quad (1084)$$

oder wenn gemäß

$$c_k = 2c_{1,k}\mu_k^{-\frac{1}{2}} \quad (1085)$$

neue Konstante eingeführt werden,

$$A_{k,n} = c_k\frac{\mu_k^{n+\frac{1}{2}} + \mu_k^{-(n+\frac{1}{2})}}{2}. \quad (1086)$$

Tölke, Mechanik, Bd. I.

Nun ist nach (1080) und nach den Moivreschen Sätzen

$$\frac{1}{2}\left[\mu_k^{n+\frac{1}{2}} + \mu_k^{-(n+\frac{1}{2})}\right] = \frac{1}{2}\left(\cos\frac{k\pi}{r+1} + i\sin\frac{k\pi}{r+1}\right)^{n+\frac{1}{2}} + \\ + \frac{1}{2}\left(\cos\frac{k\pi}{r+1} + i\sin\frac{k\pi}{r+1}\right)^{-(n+\frac{1}{2})} = \cos\frac{k(n+\frac{1}{2})\pi}{r+1} \quad (1087)$$

und damit

$$A_{k,\underline{n}} = c_k \cos\frac{k(n+\frac{1}{2})\pi}{r+1} \ . \quad (1088)$$

Wird schließlich (1082) und (1088) in (1063) berücksichtigt, so folgt für die gesuchten Schwingungsausschläge

$$u_{\underline{n}} = u_c + \sum_{1}^{r} c_k \cos\frac{k(\underline{n}+\frac{1}{2})\pi}{r+1} \sin\left[2\sqrt{\frac{c'}{m}}\left(\sin\frac{k\pi}{2(r+1)}\right)t + \alpha_k\right] \quad (\underline{n}=0,1,2,\ldots r) \ . \quad (1089)$$

Für alle diejenigen Anwendungsfälle — und das ist die Mehrzahl —, in denen es im wesentlichen darauf ankommt, die Kreisfrequenzen zu ermitteln, bei denen Resonanz auftritt, reicht die homogene Lösung des vorliegenden Problems bereits vollständig aus. Man kann die gesuchten Resonanzen unmittelbar aus (1089) oder schneller noch aus (1082) ablesen.

Für das Partikularintegral des inhomogenen Systems lautet jetzt die obere Gruppe der Gleichungssysteme (1070), etwas ausführlicher geschrieben,

$$\begin{aligned}
\left(1 - \frac{m}{c'}\overline{n}^2\overline{\omega}_n^2\right)A_{0,n,\overline{n}} - A_{1,n,\overline{n}} &= 0 \ , \\
-A_{0,n,\overline{n}} + \left(2 - \frac{m}{c'}\overline{n}^2\overline{\omega}_n^2\right)A_{1,n,\overline{n}} - A_{2,n,\overline{n}} &= 0 \ , \\
------------------&----- \ , \\
-A_{n-2,n,\overline{n}} + \left(2 - \frac{m}{c'}\overline{n}^2\overline{\omega}_n^2\right)A_{n-1,n,\overline{n}} - A_{n,n,\overline{n}} &= 0 \ , \\
-A_{n-1,n,\overline{n}} + \left(2 - \frac{m}{c'}\overline{n}^2\overline{\omega}_n^2\right)A_{n,n,\overline{n}} - A_{n+1,n,\overline{n}} &= \frac{a_{\overline{n},n}}{c'} \ , \\
-A_{n,n,\overline{n}} + \left(2 - \frac{m}{c'}\overline{n}^2\overline{\omega}_n^2\right)A_{n+1,n,\overline{n}} - A_{n+2,n,\overline{n}} &= 0 \ , \\
-A_{n+1,n,\overline{n}} + \left(2 - \frac{m}{c'}\overline{n}^2\overline{\omega}_n^2\right)A_{n+2,n,\overline{n}} - A_{n+3,n,\overline{n}} &= 0 \ , \\
------------------&----- \ , \\
-A_{r-1,n,\overline{n}} + \left(1 - \frac{m}{c'}\overline{n}^2\overline{\omega}_n^2\right)A_{r,n,\overline{n}} &= 0 \ .
\end{aligned} \quad (1090)$$

Das Gleichungssystem (1090) läßt sich, z. B. indem man am Kopfe beginnt, leicht auflösen. In besonderen Fällen kann es am Platze sein, (1090) als Differenzengleichungssystem zu betrachten und die Lösung ähnlich wie im homogenen Falle durch Potenzfunktionen darzustellen. Voraussetzung hierfür ist allerdings, daß $\overline{\omega}_n$ so beschaffen ist, daß die charakteristische Gleichung des Systems auf reelle Wurzeln führt. Im Falle komplexer Wurzeln würde der Vorteil der geschlossenen formelmäßigen Behandlung durch die Umständlichkeit der Rechnung weitgehend aufgehoben, so daß dann der unmittelbare Weg der Gleichungsauflösung kürzer erscheint.

91. Harmonische Längsschwingungen bei gleichen Massen und gleichen Federkonstanten.

Es sei nun $\overline{\omega}_n$ so beschaffen, daß der Weg über die Differenzenrechnung in reeller Form durchführbar ist. Dann kann die allgemeine Lösung des Gleichungssystems (1090) in der Form angesetzt werden:

$$\left. \begin{aligned} A_{\underline{n},n,\overline{n}} &= c_{1,\overline{n}}\mu_{1,\overline{n}}^{\underline{n}} + c_{2,\overline{n}}\mu_{2,\overline{n}}^{\underline{n}} \quad \text{für} \quad \underline{n} = 0, 1, 2, \ldots n \\ A_{\underline{n},n,\overline{n}} &= c_{3,\overline{n}}\mu_{1,\overline{n}}^{\underline{n}} + c_{4,\overline{n}}\mu_{2,\overline{n}}^{\underline{n}} \quad \text{für} \quad \underline{n} = n+1, n+2, \ldots r \end{aligned} \right\} \quad (1091)$$

Im Gegensatz zu (1075) spaltet sich hier die Lösung, da auf das in der n^{ten} Gleichung in Erscheinung tretende Störungsglied $a_{\overline{n},n}$ Rücksicht genommen werden muß. Die Einführung von (1091) in (1090) ergibt

$$\left. \begin{aligned} &c_{1,\overline{n}}\left[\left(1-\frac{m}{c'}\overline{n}^2\overline{\omega}_n^2\right)-\mu_{1,\overline{n}}\right]+c_{2,\overline{n}}\left[\left(1-\frac{m}{c'}\overline{n}^2\overline{\omega}_n^2\right)-\mu_{2,\overline{n}}\right]=0 \\ &c_{1,\overline{n}}\left[-1+\left(2-\frac{m}{c'}\overline{n}^2\overline{\omega}_n^2\right)\mu_{1,\overline{n}}-\mu_{1,\overline{n}}^2\right]+c_{2,\overline{n}}\left[-1+\left(2-\frac{m}{c'}\overline{n}^2\overline{\omega}_n^2\right)\mu_{2,\overline{n}}-\mu_{2,\overline{n}}^2\right]=0 \\ &\text{---------} \\ &c_{1,\overline{n}}\mu_{1,\overline{n}}^{n-2}\left[-1+\left(2-\frac{m}{c'}\overline{n}^2\overline{\omega}_n^2\right)\mu_{1,\overline{n}}-\mu_{1,\overline{n}}^2\right]+ \\ &\qquad +c_{2,\overline{n}}\mu_{2,\overline{n}}^{n-2}\left[-1+\left(2-\frac{m}{c'}\overline{n}^2\overline{\omega}_n^2\right)\mu_{2,\overline{n}}-\mu_{2,\overline{n}}^2\right]=0 \\ &c_{1,\overline{n}}\mu_{1,\overline{n}}^{n-1}\left[-1+\left(2-\frac{m}{c'}\overline{n}^2\overline{\omega}_n^2\right)\mu_{1,\overline{n}}-\frac{c_{3,\overline{n}}}{c_{1,\overline{n}}}\mu_{1,\overline{n}}^2\right]+ \\ &\qquad +c_{2,\overline{n}}\mu_{2,\overline{n}}^{n-1}\left[-1+\left(2-\frac{m}{c'}\overline{n}^2\overline{\omega}_n^2\right)\mu_{2,\overline{n}}-\frac{c_{4,\overline{n}}}{c_{2,\overline{n}}}\mu_{2,\overline{n}}^2\right]=\frac{a_{\overline{n},n}}{c'} \\ &c_{3,\overline{n}}\mu_{1,\overline{n}}^n\left[-\frac{c_{1,\overline{n}}}{c_{3,\overline{n}}}+\left(2-\frac{m}{c'}\overline{n}^2\overline{\omega}_n^2\right)\mu_{1,\overline{n}}-\mu_{1,\overline{n}}^2\right]+ \\ &\qquad +c_{4,\overline{n}}\mu_{2,\overline{n}}^n\left[-\frac{c_{2,\overline{n}}}{c_{4,\overline{n}}}+\left(2-\frac{m}{c'}\overline{n}^2\overline{\omega}_n^2\right)\mu_{2,\overline{n}}-\mu_{2,\overline{n}}^2\right]=0 \\ &c_{3,\overline{n}}\mu_{1,\overline{n}}^{n+1}\left[-1+\left(2-\frac{m}{c'}\overline{n}^2\overline{\omega}_n^2\right)\mu_{1,\overline{n}}-\mu_{1,\overline{n}}^2\right]+ \\ &\qquad +c_{4,\overline{n}}\mu_{2,\overline{n}}^{n+1}\left[-1+\left(2-\frac{m}{c'}\overline{n}^2\overline{\omega}_n^2\right)\mu_{2,\overline{n}}-\mu_{2,\overline{n}}^2\right]=0 \\ &\text{---------} \\ &c_{3,\overline{n}}\mu_{1,\overline{n}}^{r-1}\left[-1+\left(1-\frac{m}{c'}\overline{n}^2\overline{\omega}_n^2\right)\mu_{1,\overline{n}}\right]+c_{4,\overline{n}}\mu_{2,\overline{n}}^{r-1}\left[-1+\left(1-\frac{m}{c'}\overline{n}^2\overline{\omega}_n^2\right)\mu_{2,\overline{n}}\right]=0 \end{aligned} \right\} \quad (1092)$$

Bis auf die erste, n^{te}, $(n+1)^{\text{te}}$ und r^{te} Gleichung läßt sich das System (1092) identisch befriedigen, wenn $\mu_{1,\overline{n}}$ und $\mu_{2,\overline{n}}$ als die Wurzeln der quadratischen Gleichung

$$-1+\left(2-\frac{m}{c'}\overline{n}^2\overline{\omega}_n^2\right)\mu_{\substack{1,\overline{n}\\2,\overline{n}}}-\mu_{\substack{1,\overline{n}\\2,\overline{n}}}^2=0 \quad (1093)$$

bestimmt werden. Ähnlich wie im Falle der homogenen Lösung erhält man

$$\left. \begin{aligned} \mu_{1,\overline{n}} &= \mu_{\overline{n}} = 1 - \frac{m}{2c'}\overline{n}^2\overline{\omega}_n^2\left(1+\sqrt{1-\frac{4c'}{m\,\overline{n}^2\,\overline{\omega}_n^2}}\right), \\ \mu_{2,\overline{n}} &= \frac{1}{\mu_{\overline{n}}} = 1 - \frac{m}{2c'}\overline{n}^2\overline{\omega}_n^2\left(1-\sqrt{1-\frac{4c'}{m\,\overline{n}^2\,\overline{\omega}_n^2}}\right). \end{aligned} \right\} \quad (1094)$$

Um die erste, n^{te}, $(n+1)^{\text{te}}$ und r^{te} Gleichung zu befriedigen, stehen die vier Konstanten $c_{1,\bar{n}}$, $c_{2,\bar{n}}$, $c_{3,\bar{n}}$, $c_{4,\bar{n}}$ zur Verfügung. Bei gleichzeitiger Berücksichtigung von (1093) ergibt sich

$$\left.\begin{aligned}
c_{1,\bar{n}}\left(\frac{1}{\mu_{1,\bar{n}}}-1\right)+c_{2,\bar{n}}\left(\frac{1}{\mu_{2,\bar{n}}}-1\right) &= 0 \\
c_{1,\bar{n}}\mu_{1,\bar{n}}^{n+1}-c_{3,\bar{n}}\mu_{1,\bar{n}}^{n+1}+c_{2,\bar{n}}\mu_{2,\bar{n}}^{n+1}-c_{4,\bar{n}}\mu_{2,\bar{n}}^{n+1} &= \frac{a_{\bar{n},n}}{c'} \\
-c_{1,\bar{n}}\mu_{1,\bar{n}}^{n}+c_{3,\bar{n}}\mu_{1,\bar{n}}^{n}-c_{2,\bar{n}}\mu_{2,\bar{n}}^{n}+c_{4,\bar{n}}\mu_{2,\bar{n}}^{n} &= 0 \\
c_{3,\bar{n}}(\mu_{1,\bar{n}}-1)\mu_{1,\bar{n}}^{r}+c_{4,\bar{n}}(\mu_{2,\bar{n}}-1)\mu_{2,\bar{n}}^{r} &= 0
\end{aligned}\right\}$$

Wird hierin noch gemäß (1094) $\mu_{\bar{n}}$ an Stelle von $\mu_{1,\bar{n}}$ und $1/\mu_{\bar{n}}$ an Stelle von $\mu_{2,\bar{n}}$ geschrieben, so erhält man

$$\left.\begin{aligned}
\left[\frac{c_{1,\bar{n}}}{\mu_{\bar{n}}}-c_{2,\bar{n}}\right](1-\mu_{\bar{n}}) &= 0 \\
c_{1,\bar{n}}\mu_{\bar{n}}^{n+1}+c_{2,\bar{n}}\mu_{\bar{n}}^{-(n+1)}-c_{3,\bar{n}}\mu_{\bar{n}}^{n+1}-c_{4,\bar{n}}\mu_{\bar{n}}^{-(n+1)} &= \frac{a_{\bar{n},n}}{c'} \\
c_{1,\bar{n}}+c_{2,\bar{n}}\mu_{\bar{n}}^{-2n}-c_{3,\bar{n}}-c_{4,\bar{n}}\mu_{\bar{n}}^{-2n} &= 0 \\
\left[c_{3,\bar{n}}\mu_{\bar{n}}^{r}-c_{4,\bar{n}}\mu_{\bar{n}}^{-(r+1)}\right](\mu_{\bar{n}}-1) &= 0
\end{aligned}\right\} \quad (1095)$$

Die Auflösung von (1095) ergibt

$$\left.\begin{aligned}
c_{1,\bar{n}} &= \frac{a_{\bar{n},n}}{c'}\frac{\mu_{\bar{n}}^{n+2}\left(1+\mu_{\bar{n}}^{2r-2n+1}\right)}{\left(1-\mu_{\bar{n}}^{2}\right)\left(1-\mu_{\bar{n}}^{2r+2}\right)}, \quad & c_{2,\bar{n}} &= \frac{a_{\bar{n},n}}{c'}\frac{\mu_{\bar{n}}^{n+1}\left(1+\mu_{\bar{n}}^{2r-2n+1}\right)}{\left(1-\mu_{\bar{n}}^{2}\right)\left(1-\mu_{\bar{n}}^{2r+2}\right)}, \\
c_{3,\bar{n}} &= \frac{a_{\bar{n},n}}{c'}\frac{\mu_{\bar{n}}^{n+2}\left(1+\mu_{\bar{n}}^{-2n-1}\right)}{\left(1-\mu_{\bar{n}}^{2}\right)\left(1-\mu_{\bar{n}}^{2r+2}\right)}, \quad & c_{4,\bar{n}} &= \frac{a_{\bar{n},n}}{c'}\frac{\mu_{\bar{n}}^{2r+n+3}\left(1+\mu_{\bar{n}}^{-2n-1}\right)}{\left(1-\mu_{\bar{n}}^{2}\right)\left(1-\mu_{\bar{n}}^{2r+2}\right)}.
\end{aligned}\right\} \quad (1096)$$

Ein völlig gleichgebauter Lösungssatz ergibt sich für die $b_{\bar{n},n}$, wobei dann in (1091) sinngemäß $B_{\underline{n},n,\bar{n}}$ zu setzen ist. Im übrigen kann Gl. (1071) hier unmittelbar übernommen werden, so daß das Partikularintegral der trigonometrischen Störungsglieder wieder in der Form

$$u_{\bar{n}} = \sum_{0}^{r}{}^{\underline{n}}\sum_{1}^{\infty}{}^{\bar{n}}[A_{\underline{n},n,\bar{n}}\sin\bar{n}\,\overline{\omega}_{n}t + B_{\underline{n},n,n}\cos\bar{n}\,\overline{\omega}_{n}t] \quad (\underline{n}=0,1,2,\ldots r) \quad (1097)$$

erscheint.

Für die konstanten Störungsglieder folgt, wenn die Summe aller konstanten Teilkräfte wieder ein Gleichgewichtssystem bildet,

$$u_{\underline{n}} = u_{\underline{n},0}, \quad (1098)$$

wobei die $u_{\underline{n},0}$ sich jetzt durch Auflösung des Gleichungssystemes

$$\left.\begin{aligned} u_{0,0} - u_{1,0} &= \frac{b_{0,0}}{c'}, \\ -u_{0,0} + 2u_{1,0} - u_{2,0} &= \frac{b_{0,1}}{c'}, \\ -----&----, \\ -u_{n-1,0} + 2u_{n,0} - u_{n+1,0} &= \frac{b_{0,n}}{c'}, \\ -----&----, \\ -u_{r-1,0} + u_{r,0} &= \frac{b_{0,r}}{c'} \end{aligned}\right\} \quad (1099)$$

ergeben.

Die Überlagerung von (1089), (1097) und (1098) liefert die vollständige Lösung in der Form

$$\left.\begin{aligned} u_{\underline{n}} = u_c + \sum_1^r c_k \cos\frac{k(\underline{n}+\tfrac{1}{2})\pi}{r+1} \sin\left[2\sqrt{\frac{c'}{m}}\left(\sin\frac{k\pi}{2(r+1)}\right)t + \alpha_k\right] + \\ + \sum_0^r{}_{\underline{n}} \sum_1^\infty{}_{\overline{n}} [A_{\underline{n},n,\overline{n}} \sin\overline{n}\,\overline{\omega}_n t + B_{\underline{n},n,\overline{n}} \cos\overline{n}\,\overline{\omega}_n t] + u_{\underline{n},0} \\ (\underline{n} = 0,1,2,\ldots r). \end{aligned}\right\} \quad (1100)$$

Die Resonanzbedingungen lauten

$$\overline{n}\,\overline{\omega}_n = 2\sqrt{\frac{c'}{m}}\sin\frac{k\pi}{2(r+1)} \qquad (k=1,2,\ldots r) \qquad \text{(Resonanz)}. \quad (1101)$$

92. Beispiele zu Ziffer 91.

Beispiel 38. Zehn Lasten von je 5,0 kg Gewicht sind durch neun Federn mit einer Federkonstanten von 100 kg/cm miteinander verbunden. Für welche Kreis- bzw. Schwingungsfrequenzen besteht bei diesem Schwinger Resonanzgefahr?

Nach (1082) folgt für $r = 9$

$$\omega_k = 2\sqrt{\frac{c'}{m}}\sin\frac{k\pi}{20} = 2\sqrt{\frac{c'}{m}}\sin 0{,}05\,k\pi \qquad (k=1,2,\ldots 9).$$

Nun ist

$$\sqrt{\frac{c'}{m}} = \sqrt{\frac{100\cdot 981}{5}} = 140\,\text{s}^{-1}$$

und damit

$$\omega_k = 280 \sin 0{,}05\,k\pi\,\text{s}^{-1} \qquad (k=1,2,\ldots 9).$$

Wird hierin der Reihe nach $k = 1, 2, \ldots 9$ gesetzt, so ergibt sich

$\omega_1 = 280 \cdot 0{,}1564 = 44\,\text{s}^{-1}$, $\quad n_1 = \dfrac{\omega_1}{2\pi} = 7{,}0\,\text{Hz} = 420$ Doppelhübe/Min.

$\omega_2 = 280 \cdot 0{,}3090 = 86\,\text{s}^{-1}$, $\quad n_2 = \dfrac{\omega_2}{2\pi} = 14{,}0\,\text{Hz} = 840 \qquad\qquad\text{,,}\qquad\quad\cdot$

$\omega_3 = 280 \cdot 0{,}4540 = 127\,\text{s}^{-1}$, $\quad n_3 = \dfrac{\omega_3}{2\pi} = 20{,}2\,\text{Hz} = 1212 \qquad\qquad\text{,,}\qquad\quad\cdot$

$\omega_4 = 280 \cdot 0{,}5878 = 165\,\mathrm{s}^{-1}$, $\quad n_4 = \frac{\omega_4}{2\pi} = 26{,}2\,\mathrm{Hz} = 1572\,\mathrm{Doppelhübe/Min}.$

$\omega_5 = 280 \cdot 0{,}7071 = 198\,\mathrm{s}^{-1}$, $\quad n_5 = \frac{\omega_5}{2\pi} = 31{,}5\,\mathrm{Hz} = 1890 \quad\quad,,\qquad.$

$\omega_6 = 280 \cdot 0{,}8090 = 227\,\mathrm{s}^{-1}$, $\quad n_6 = \frac{\omega_6}{2\pi} = 36{,}1\,\mathrm{Hz} = 2166 \quad\quad,,\qquad.$

$\omega_7 = 280 \cdot 0{,}8910 = 249\,\mathrm{s}^{-1}$, $\quad n_7 = \frac{\omega_7}{2\pi} = 39{,}6\,\mathrm{Hz} = 2376 \quad\quad,,\qquad.$

$\omega_8 = 280 \cdot 0{,}9511 = 266\,\mathrm{s}^{-1}$, $\quad n_8 = \frac{\omega_8}{2\pi} = 42{,}3\,\mathrm{Hz} = 2538 \quad\quad,,\qquad.$

$\omega_9 = 280 \cdot 0{,}9877 = 277\,\mathrm{s}^{-1}$, $\quad n_9 = \frac{\omega_9}{2\pi} = 44{,}0\,\mathrm{Hz} = 2640 \quad\quad,,\qquad.$

Wie die Zusammenstellung erkennen läßt, wird die Spanne zwischen den kritischen Frequenzen mit zunehmender Hubzahl immer enger. Während sie anfangs rund 400 Doppelhübe pro Minute beträgt, beläuft sie sich zum Schluß nur noch auf rund 100 Doppelhübe.

Beispiel 39. Ein aus vier gleichen Massen von je $0{,}010\,\mathrm{kgcm^{-1}\,s^2}$ bestehender Längsschwinger, dessen drei Federn die gleiche Federkonstante von $300\,\mathrm{kg/cm}$ besitzen, erfährt zur Zeit $t = 0$ einen Auslenkungszustand ohne äußere Kräfte, durch welchen die eine Endmasse eine Auslenkung von 4 mm erfährt, während im übrigen die Massen in Ruhe verharren. Wie gestaltet sich der Schwingungsverlauf der vier Massen?

Da der Auslenkungszustand zur Zeit $t = 0$ ein solcher ohne äußere Kräfte ist und der Schwinger dann in diesem Zustande sich selbst überlassen wird, liegt ein sogenanntes Eigenschwingungsproblem vor, das durch die homogene Lösung (1089) vollständig beschrieben werden kann. Aus $u_{\underline{n}}$ für $r = 3$

$$u_{\underline{n}} = u_c + \sum_1^3 c_k \cos\frac{k(\underline{n}+\frac{1}{2})\pi}{4}\sin\left[2\sqrt{\frac{c'}{m}}\left(\sin\frac{k\pi}{8}\right)t + \alpha_k\right] \quad (\underline{n}=0,1,2,3) \quad (1102)$$

folgt durch Differentiation nach t die Geschwindigkeit

$$v_{\underline{n}} = 2\sqrt{\frac{c}{m}}\sum_1^3 c_k \sin\frac{k\pi}{8}\cos\frac{k(\underline{n}+\frac{1}{2})\pi}{4}\cos\left[2\sqrt{\frac{c'}{m}}\left(\sin\frac{k\pi}{8}\right)t + \alpha_k\right] (\underline{n}=0,1,2,3). \quad (1103)$$

Nun sollen sich zur Zeit $t = 0$ sämtliche vier Massen in Ruhe befinden. Dies liefert die Bedingungsgleichungen

$$0 = 2\sqrt{\frac{c}{m}}\sum_1^3 c_k \sin\frac{k\pi}{8}\cos\frac{k(\underline{n}+\frac{1}{2})\pi}{4}\cos\alpha_k \quad (\underline{n}=0,1,2,3), \quad (1104)$$

durch welche die Phasenverschiebungen eindeutig festgelegt sind. Man erhält

$$\alpha_1 = \alpha_2 = \alpha_3 = \alpha_4 = \frac{\pi}{2} \quad (1105)$$

und damit

$$\cos\alpha_1 = \cos\alpha_2 = \cos\alpha_3 = \cos\alpha_4 = 0. \quad (1106)$$

Die Einführung dieser α_k-Werte in die Ausgangsgleichung ergibt

$$u_{\underline{n}} = u_c + \sum_1^3 c_k \cos\frac{k(\underline{n}+\frac{1}{2})\pi}{4}\cos\left[2\sqrt{\frac{c'}{m}}\left(\sin\frac{k\pi}{8}\right)t\right]. \quad (1107)$$

92. Beispiele zu Ziffer 91.

Weiterhin soll zur Zeit $t = 0$ die eine Endmasse eine Auslenkung von 4 mm besitzen, während die drei übrigen Massen ohne Auslenkung sind. Diese Bedingungen lassen sich in Verbindung mit Abb. 275 wie folgt formulieren:

$$u_0(0) = u_a = 4 \text{ mm}, \qquad u_1(0) = u_2(0) = u_3(0) = 0. \tag{1108}$$

Ihre Einführung in die neue Ausgangsgleichung ergibt

$$\left. \begin{aligned} u_0(0) &= u_a = u_c + \sum_1^3 c_k \cos\frac{k\pi}{8}, & u_2(0) &= 0 = u_c + \sum_1^3 c_k \cos\frac{5k\pi}{8}, \\ u_1(0) &= 0 = u_c + \sum_1^3 c_k \cos\frac{3k\pi}{8}, & u_3(0) &= 0 = u_c + \sum_1^3 c_k \cos\frac{7k\pi}{8}. \end{aligned} \right\} \tag{1109}$$

Die Gln (1109) lauten, ausführlich geschrieben,

$$u_a = u_c + c_1 \cos\frac{\pi}{8} + c_2 \cos\frac{\pi}{4} + c_3 \cos\frac{3\pi}{8} = u_c + c_1 \cos\frac{\pi}{8} + c_2 \cos\frac{\pi}{4} + c_3 \cos\frac{3\pi}{8},$$

$$0 = u_c + c_1 \cos\frac{3\pi}{8} + c_2 \cos\frac{3\pi}{4} + c_3 \cos\frac{9\pi}{8} = u_c + c_1 \cos\frac{3\pi}{8} - c_2 \cos\frac{\pi}{4} - c_3 \cos\frac{\pi}{8},$$

$$0 = u_c + c_1 \cos\frac{5\pi}{8} + c_2 \cos\frac{5\pi}{4} + c_3 \cos\frac{15\pi}{8} = u_c - c_1 \cos\frac{3\pi}{8} - c_2 \cos\frac{\pi}{4} + c_3 \cos\frac{\pi}{8},$$

$$0 = u_c + c_1 \cos\frac{7\pi}{8} + c_2 \cos\frac{7\pi}{4} + c_3 \cos\frac{21\pi}{8} = u_c - c_1 \cos\frac{\pi}{8} + c_2 \cos\frac{\pi}{4} - c_3 \cos\frac{3\pi}{8}.$$

Die Auflösung liefert mit $\cos^2\frac{\pi}{8} + \cos^2\frac{3\pi}{8} = 1$

$$u_c = \frac{u_a}{4}, \qquad c_1 = \frac{u_a}{2}\cos\frac{\pi}{8}, \qquad c_2 = \frac{u_a}{2\sqrt{2}}, \qquad c_3 = \frac{u_a}{2}\cos\frac{3\pi}{8}. \tag{1110}$$

Die Einführung von (1110) in (1107) ergibt, ausführlich geschrieben,

$$\left. \begin{aligned} \frac{u_0}{u_a} &= \frac{1}{4} + \frac{1}{2}\cos^2\frac{\pi}{8}\cos\left[2\sqrt{\frac{c'}{m}}\left(\sin\frac{\pi}{8}\right)t\right] + \frac{1}{4}\cos\left[\sqrt{2}\sqrt{\frac{c'}{m}}t\right] + \\ &\quad + \frac{1}{2}\cos^2\frac{3\pi}{8}\cos\left[2\sqrt{\frac{c'}{m}}\left(\sin\frac{3\pi}{8}\right)t\right], \\ \frac{u_1}{u_a} &= \frac{1}{4} + \frac{1}{2}\cos\frac{\pi}{8}\cos\frac{3\pi}{8}\cos\left[2\sqrt{\frac{c'}{m}}\left(\sin\frac{\pi}{8}\right)t\right] - \\ &\quad - \frac{1}{4}\cos\left[\sqrt{2}\sqrt{\frac{c'}{m}}t\right] - \frac{1}{2}\cos\frac{\pi}{8}\cos\frac{3\pi}{8}\cos\left[2\sqrt{\frac{c'}{m}}\left(\sin\frac{3\pi}{8}\right)t\right], \\ \frac{u_2}{u_a} &= \frac{1}{4} - \frac{1}{2}\cos\frac{\pi}{8}\cos\frac{3\pi}{8}\cos\left[2\sqrt{\frac{c'}{m}}\left(\sin\frac{\pi}{8}\right)t\right] - \\ &\quad - \frac{1}{4}\cos\left[\sqrt{2}\sqrt{\frac{c'}{m}}t\right] + \frac{1}{2}\cos\frac{\pi}{8}\cos\frac{3\pi}{8}\cos\left[2\sqrt{\frac{c'}{m}}\left(\sin\frac{3\pi}{8}\right)t\right], \\ \frac{u_3}{u_a} &= \frac{1}{4} - \frac{1}{2}\cos^2\frac{\pi}{8}\cos\left[2\sqrt{\frac{c'}{m}}\left(\sin\frac{\pi}{8}\right)t\right] + \frac{1}{4}\cos\left[\sqrt{2}\sqrt{\frac{c'}{m}}t\right] - \\ &\quad - \frac{1}{2}\cos^2\frac{3\pi}{8}\cos\left[2\sqrt{\frac{c'}{m}}\left(\sin\frac{3\pi}{8}\right)t\right]. \end{aligned} \right\} \tag{1111}$$

280 Der punktförmig idealisierte Körperhaufen.

Mit den vorgegebenen Zahlenwerten folgt

$$\sqrt{\frac{c'}{m}} = \sqrt{\frac{300}{0{,}01}} = 173{,}2 \text{ s}^{-1}; \quad u_a = 0{,}4 \text{ cm} = 4 \text{ mm};$$

$$2\sqrt{\frac{c'}{m}} \sin\frac{\pi}{8} = 132{,}5 \text{ s}^{-1}, \quad \sqrt{2}\sqrt{\frac{c'}{m}} = 244{,}5 \text{ s}^{-1}, \quad 2\sqrt{\frac{c'}{m}} \sin\frac{3\pi}{8} = 320{,}0 \text{ s}^{-1};$$

$$\frac{1}{2}\cos^2\frac{\pi}{8} = 0{,}427, \quad \frac{1}{2}\cos\frac{\pi}{8}\cos\frac{3\pi}{8} = 0{,}177, \quad \frac{1}{2}\cos^2\frac{3\pi}{8} = 0{,}073.$$

Damit ergeben sich die Schwingungsausschläge in mm

$$\left.\begin{array}{l} u_0 = 1{,}000 + 1{,}708 \cos 132{,}5\,t + 1{,}000 \cos 244{,}5\,t + 0{,}292 \cos 320{,}0\,t, \\ u_1 = 1{,}000 + 0{,}708 \cos 132{,}5\,t - 1{,}000 \cos 244{,}5\,t - 0{,}708 \cos 320{,}0\,t, \\ u_2 = 1{,}000 - 0{,}708 \cos 132{,}5\,t - 1{,}000 \cos 244{,}5\,t + 0{,}708 \cos 320{,}0\,t, \\ u_3 = 1{,}000 - 1{,}708 \cos 132{,}5\,t + 1{,}000 \cos 244{,}5\,t - 0{,}292 \cos 320{,}0\,t. \end{array}\right\} \quad (1112)$$

Die Massenmittelpunktsbewegung nach Ziffer 82 bietet eine wertvolle Kontrollmöglichkeit der Schwingungsausschläge von Massensystemen. Da im vorliegenden Falle eines Eigenschwingungsproblemes keine äußeren Kräfte $\mathfrak{P}_a$ vorhanden sind, wird nach (966) die Massenmittelpunktsbeschleunigung null und damit die Geschwindigkeit konstant. Nun befindet sich aber zur Zeit $t = 0$ das ganze System und damit auch der Massenmittelpunkt in Ruhe. Somit muß er dauernd in Ruhe verbleiben. Nun ist nach (942) für irgendeinen Bezugspunkt 0

$$\sum m\,\mathfrak{r} = (\sum m)\,\mathfrak{r}_M.$$

Wenn der Massenmittelpunkt in Ruhe verbleibt, ist $\mathfrak{r}_M$ konstant und man erhält, wenn der Index 0 den Zeitpunkt $t = 0$ kennzeichnet,

$$\sum m\,\mathfrak{r}_0 = \sum m\,\mathfrak{r} \quad \text{(Massenmittelpunkt in Ruhe).} \quad (1113)$$

Im vorliegenden Falle sind alle Massen konstant, womit sich (1113) auf

$$\sum \mathfrak{r}_0 = \sum \mathfrak{r} \quad \text{(Massenmittelpunkt in Ruhe, alle Massen konstant)} \quad (1114)$$

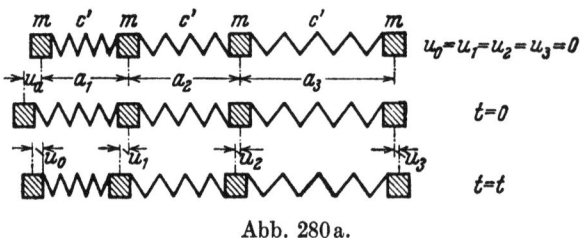

Abb. 280a.

zusammenzieht. Mit den Bezeichnungen von Abb. 280ª und mit dem Bezugspunkt an den ersten Massen in ausschlagfreier Lage lautet (1114)

$$u_a - a_1 - (a_1 + a_2) - (a_1 + a_2 + a_3) = u_0 - (a_1 - u_1) - (a_1 + a_2 - u_2) - (a_1 + a_2 + a_3 - u_3).$$

Hieraus ergibt sich die Kontrollgleichung

$$u_a = u_0 + u_1 + u_2 + u_3. \quad (1115)$$

Die Einführung von (1112) in (1115) zeigt, daß die Kontrollgleichung erfüllt ist.

92. Beispiele zu Ziffer 91.

Die zahlenmäßige Berechnung der Schwingungsausschläge erfolgt zweckmäßig in Tabellenform. In den nachfolgenden Zusammenstellungen ist die Berechnung für einen Argumentbereich von $t = 0$ bis $t = 0{,}060$ s mit $\Delta t = 0{,}002$ s Intervalldifferenz durchgeführt.

t	$132{,}5\,t$	$244{,}5\,t$	$320{,}1\,t$	$\cos 132{,}5\,t$	$\cos 244{,}5\,t$	$\cos 320{,}0\,t$	$\dfrac{0{,}708}{\cos 132{,}5\,t}$	$\dfrac{1{,}708}{\cos 132{,}5\,t}$	$\dfrac{0{,}292}{\cos 320{,}0\,t}$	$\dfrac{0{,}708}{\cos 320{,}0\,t}$
0,000	0,000	0,000	0,000	+1,0000	+1,0000	+1,0000	+0,7080	+1,7080	+0,2920	+0,7080
0,002	0,265	0,489	0,640	+0,9651	+0,3628	+0,8021	+0,6845	+1,6496	+0,2343	+0,5678
0,004	0,530	0,978	1,280	+0,8628	+0,5587	+0,2867	+0,6115	+1,4743	+0,0835	+0,2032
0,006	0,795	1,467	1,920	+0,7139	+0,1036	−0,3421	+0,5055	+1,2194	−0,0996	−0,2425
0,008	1,060	1,956	2,560	+0,4889	−0,3757	−0,8356	+0,3465	+0,8354	−0,2434	−0,5922
0,010	1,325	2,445	3,200	+0,2433	−0,7670	−0,9983	+0,1724	+0,4157	−0,2913	−0,7070
0,012	1,590	2,934	3,840	−0,0192	−0,9785	−0,7659	−0,0136	−0,0328	−0,2231	−0,5428
0,014	1,855	3,423	4,480	−0,2804	−0,9606	−0,2303	−0,1985	−0,4789	−0,0673	−0,1630
0,016	2,120	3,912	5,120	−0,5220	−0,7176	+0,3964	−0,3695	−0,8915	+0,1156	+0,2808
0,018	2,385	4,401	5,760	−0,7272	−0,3063	+0,8662	−0,5150	−1,2422	+0,2527	+0,6135
0,020	2,650	4,890	6,400	−0,8816	+0,1769	+0,9932	−0,6245	−1,5061	+0,2892	+0,7040
0,022	2,915	5,379	7,040	−0,9744	+0,6183	+0,7270	−0,6900	−1,6644	+0,2120	+0,5150
0,024	3,180	5,868	7,680	−0,9993	+0,9149	+0,1731	−0,7075	−1,7068	+0,0505	+0,1226
0,026	3,445	6,357	8,320	−0,9543	+0,9973	−0,4493	−0,6760	−1,6303	−0,1309	−0,3184
0,028	3,710	6,846	8,960	−0,8428	+0,8457	−0,9838	−0,5972	−1,4400	−0,2868	−0,6970
0,030	3,975	7,335	9,600	−0,6723	+0,4960	−0,9847	−0,4760	−1,1483	−0,2873	−0,6974
0,032	4,240	7,824	10,240	−0,4550	+0,0300	−0,6855	−0,3221	−0,7771	−0,2001	−0,4854
0,034	4,505	8,313	10,880	−0,2059	−0,4430	−0,1146	−0,1457	−0,3516	−0,0335	−0,0811
0,036	4,770	8,802	11,520	+0,0576	−0,8123	+0,5005	+0,0408	+0,0984	+0,1460	+0,3545
0,038	5,035	9,291	12,160	+0,3170	−0,9910	+0,9185	+0,2246	+0,5416	+0,2675	+0,6510
0,040	5,300	9,780	12,800	+0,5544	−0,9376	+0,9728	+0,3928	+0,9472	+0,2828	+0,6900
0,042	5,565	10,269	13,440	+0,7529	−0,6675	+0,6419	+0,5332	+1,2861	+0,1874	+0,4545
0,044	5,830	10,758	14,080	+0,8991	−0,2353	+0,0569	+0,6371	+1,5362	+0,0166	+0,0403
0,046	6,095	11,247	14,720	+0,9824	+0,2487	−0,5506	+0,6956	+1,6780	−0,1605	−0,3901
0,048	6,360	11,736	15,360	+0,9971	+0,6744	−0,9402	+0,7065	+1,7036	−0,2737	−0,6665
0,050	6,625	12,225	16,000	+0,9421	+0,9422	−0,9577	+0,6672	+1,6093	−0,2795	−0,6782
0,052	6,890	12,714	16,640	+0,8215	+0,9891	−0,5964	+0,5816	+1,4031	−0,1741	−0,4223
0,054	7,155	13,203	17,280	+0,6434	+0,8040	+0,0016	+0,4560	+1,0994	+0,0005	+0,0011
0,056	7,420	13,692	17,920	+0,4205	+0,4301	+0,5980	+0,2980	+0,7185	+0,1743	+0,4237
0,058	7,685	14,181	18,560	+0,1681	−0,0441	+0,9583	+0,1190	+0,2871	+0,2793	+0,6790
0,060	7,950	14,670	19,200	−0,0959	−0,5081	+0,9390	−0,0679	−0,1638	+0,2738	+0,6652

t	$1+\cos 244{,}5\,t$	$1-\cos 244{,}5\,t$	$1{,}708\cos 132{,}5\,t +0{,}292\cos 320{,}0\,t$	$0{,}708\cos 132{,}5 -0{,}708\cos 320{,}0\,t$	u_0	u_1	u_2	u_3
0,000	2,0000	0,0000	+ 2,0000	+ 0,0000	+ 4,000	+ 0,000	+ 0,000	+ 0,000
0,002	1,8828	0,1172	+ 1,8839	+ 0,1167	+ 3,767	+ 0,234	+ 0,000	+ 0,000
0,004	1,5587	0,4413	+ 1,5578	+ 0,4083	+ 3,117	+ 0,850	+ 0,033	+ 0,000
0,006	1,1036	0,8964	+ 1,1198	+ 0,7480	+ 2,223	+ 1,644	+ 0,148	− 0,016
0,008	0,6243	1,3757	+ 0,5920	+ 0,9387	+ 1,216	+ 2,314	+ 0,437	+ 0,032
0,010	0,2330	1,7670	+ 0,1244	+ 0,8794	+ 0,357	+ 2,646	+ 0,888	+ 0,109
0,012	0,0215	1,9785	− 0,2559	+ 0,5292	− 0,234	+ 2,508	+ 1,449	+ 0,277
0,014	0,0394	1,9606	− 0,5462	− 0,0355	− 0,507	+ 1,925	+ 1,996	+ 0,586
0,016	0,2824	1,7176	− 0,7759	− 0,6503	− 0,494	+ 1,067	+ 2,368	+ 1,058
0,018	0,6937	1,3063	− 0,9895	− 1,1285	− 0,296	+ 0,178	+ 2,435	+ 1,683
0,020	1,1769	0,8231	− 1,2169	− 1,3285	− 0,040	− 0,505	+ 2,152	+ 2,394
0,022	1,6183	0,3817	− 1,4524	− 1,2050	+ 0,166	− 0,823	+ 1,587	+ 3,071
0,024	1,9149	0,0851	− 1,6563	− 0,8301	+ 0,259	− 0,745	+ 0,915	+ 3,571
0,026	1,9973	0,0027	− 1,7612	− 0,3576	+ 0,236	− 0,355	+ 0,360	+ 3,759
0,028	1,8457	0,1543	− 1,7268	+ 0,0998	+ 0,119	+ 0,254	+ 0,055	+ 3,573
0,030	1,4960	0,5040	− 1,4356	+ 0,2214	+ 0,060	+ 0,725	+ 0,283	+ 2,932

t	$1+$ $\cos 244{,}5t$	$1-$ $\cos 244{,}5t$	$1{,}708 \cos 132{,}5t$ $+0{,}292 \cos 320{,}0t$	$0{,}708 \cos 132{,}5t$ $-0{,}708 \cos 320{,}0t$	u_0	u_1	u_2	u_3
0,032	1,0300	0,9700	− 0,9772	+ 0,1633	+ 0,053	+ 1,133	+ 0,807	+ 2,007
0,034	0,5570	1,4430	− 0,3851	− 0,0646	+ 0,172	+ 1,378	+ 1,508	+ 0,942
0,036	0,1877	1,8123	+ 0,2444	− 0,3137	+ 0,432	+ 1,499	+ 2,126	− 0,057
0,038	0,0090	1,9910	+ 0,8091	− 0,4264	+ 0,818	+ 1,565	+ 2,417	− 0,800
0,040	0,0624	1,9376	+ 1,2300	− 0,2972	+ 1,292	+ 1,640	+ 2,235	− 1,168
0,042	0,3325	1,6675	+ 1,4735	+ 0,0787	+ 1,806	+ 1,746	+ 1,589	− 1,141
0,044	0,7647	1,2353	+ 1,5528	+ 0,5968	+ 2,318	+ 1,832	+ 0,639	− 0,788
0,046	1,2487	0,7513	+ 1,5175	+ 1,0857	+ 2,766	+ 1,837	− 0,334	− 0,269
0,048	1,6744	0,3256	+ 1,4299	+ 1,3730	+ 3,104	+ 1,699	− 1,047	+ 0,245
0,050	1,9422	0,0578	+ 1,3298	+ 1,3454	+ 3,272	+ 1,403	− 1,288	+ 0,612
0,052	1,9891	0,0109	+ 1,2290	+ 1,0039	+ 3,218	+ 1,015	− 0,993	+ 0,760
0,054	1,8040	0,1960	+ 1,0999	+ 0,4549	+ 2,904	+ 0,651	− 0,259	+ 0,704
0,056	1,4301	0,5699	+ 0,9028	− 0,1257	+ 2,333	+ 0,444	+ 0,696	+ 0,527
0,058	0,9559	1,0441	+ 0,5664	− 0,5600	+ 1,522	+ 0,484	+ 1,604	+ 0,390
0,060	0,4919	1,5081	+ 0,1100	− 0,7331	+ 0,602	+ 0,775	+ 2,241	+ 0,382

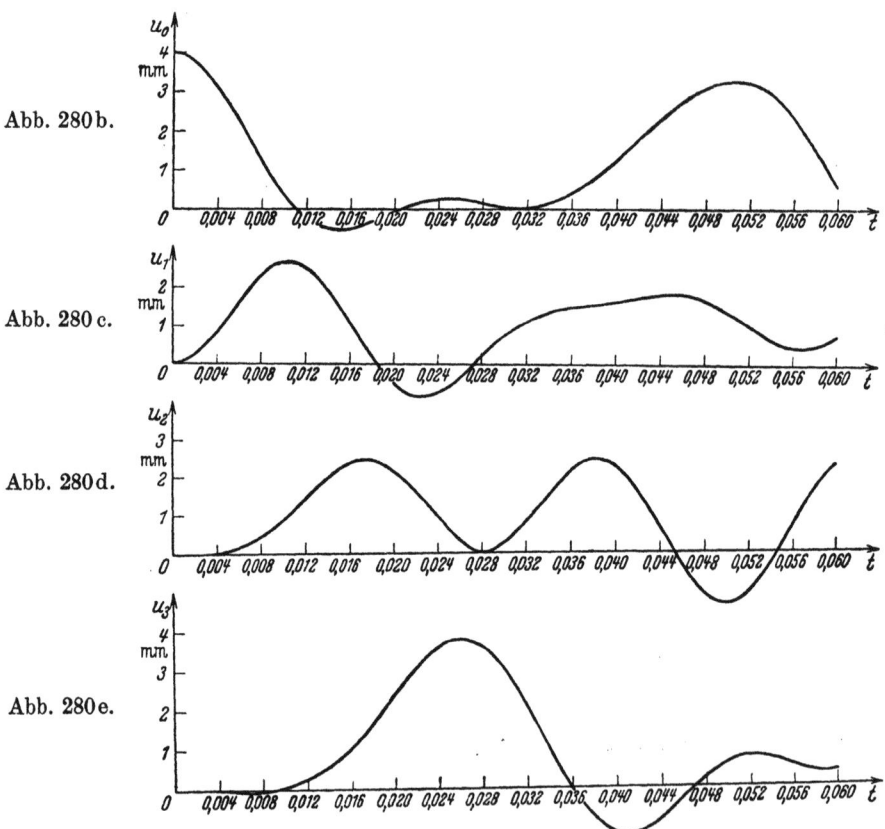

Abb. 280b.

Abb. 280c.

Abb. 280d.

Abb. 280e.

In Abb. 280^b bis 280^e ist der zeitliche Verlauf der Schwingungsausschläge aufgetragen worden. Entsprechend der Überlagerung von vier keineswegs aufeinander abgestimmten Eigenschwingungen läßt der Schwingungsverlauf einheitliche Merkmale fast ganz vermissen. Bemerkenswert ist die Verzögerung des

Schwingungseinsatzes mit zunehmender Entfernung von der Anfangsauslenkung; sie beträgt in Abb. 280^d rund 0,004 s und in Abb. 280^e rund 0,008 s.

Beispiel 40. Ein Längsschwinger, bestehend aus acht gleich großen Massen von je 0,100 kg s^2 cm^{-1} und sieben Federn mit gleich großen Federkonstanten von je 1000 kg/cm, wird in der Weise periodisch erregt, daß die beiden Endmassen einen maschinellen Antrieb mit den aus Abb. 281 ersichtlichen Längskraftdiagrammen erfahren. Wie gestaltet sich der periodische Schwingungsverlauf der acht Schwinger, wenn die Eigenschwingungen als abgeklungen vorausgesetzt werden? Wie gestalten sich die Resonanzwertschemen?

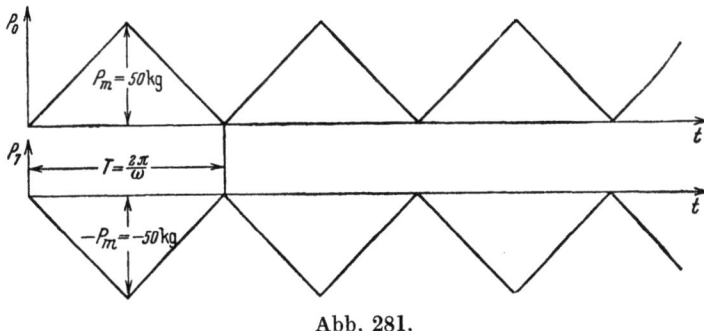

Abb. 281.

Nach Abb. 281 arbeiten die beiden Maschinen nach dem Prinzip des vollkommenen Massenausgleiches, so daß die Summe der äußeren Kräfte in jedem Augenblick verschwindet und damit die Voraussetzungen für die Entwicklungen von Ziffer 91 erfüllt sind. Es muß nun zunächst die harmonische Analyse der Antriebskraftdiagramme durchgeführt werden. Wie der Vergleich mit Abb. 265 erkennen läßt, stellen die vorgegebenen Antriebskraftdiagramme einen Sonderfall des im Beispiel 34 behandelten Diagrammes dar. Für $T_m = T/2$ liefert (1049)^a

$$\left.\begin{aligned} P_0 &= \frac{P_m}{2} - \frac{4 P_m}{\pi^2} \cos \frac{2 \pi t}{T} - \frac{4 P_m}{9 \pi^2} \cos \frac{6 \pi t}{T} - \frac{4 P_m}{25 \pi^2} \cos \frac{10 \pi t}{T} - \cdots , \\ P_7 &= -\frac{P_m}{2} + \frac{4 P_m}{\pi^2} \cos \frac{2 \pi t}{T} + \frac{4 P_m}{9 \pi^2} \cos \frac{6 \pi t}{T} + \frac{4 P_m}{25 \pi^2} \cos \frac{10 \pi t}{T} + \cdots . \end{aligned}\right\} \quad (1116)$$

oder mit $\frac{2\pi}{T} = \omega$

$$\left.\begin{aligned} P_0 &= \frac{P_m}{2} - \frac{4 P_m}{\pi^2} \cos \omega t - \frac{4 P_m}{9 \pi^2} \cos 3 \omega t - \frac{4 P_m}{25 \pi^2} \cos 5 \omega t - \cdots , \\ P_7 &= -\frac{P_m}{2} + \frac{4 P_m}{\pi^2} \cos \omega t + \frac{4 P_m}{9 \pi^2} \cos 3 \omega t + \frac{4 P_m}{25 \pi^2} \cos 5 \omega t + \cdots . \end{aligned}\right\} \quad (1117)$$

In (1117) ist die Kreisfrequenz ω mit den Kreisfrequenzen $\overline{\omega}_n$ von (1067) identisch. Da hier nur eine einzige Erreger-Grundfrequenz vorhanden ist, konnten Querstrich und Index unterdrückt werden. In Verbindung mit (1117) lautet (1067)

$$\left.\begin{aligned} P_0 &= \sum_{\overline{n}\,1,3,5}^{\infty} b_{\overline{n},0} \cos \overline{n}\, \omega t + b_{0,0} , \quad P_1 = P_2 = P_3 = P_4 = P_5 = P_6 = 0 , \\ P_r &= P_7 = -\sum_{\overline{n}\,1,3,5}^{\infty} b_{\overline{n},0} \cos \overline{n}\, \omega t - b_{0,0} . \end{aligned}\right\} \quad (1118)$$

Für die hierin auftretenden Konstanten erhält man nach (1117)

$$b_{0,0} = \frac{P_m}{2}, \quad b_{1,0} = -\frac{4\,P_m}{\pi^2}, \quad b_{3,0} = -\frac{4\,P_m}{9\,\pi^2},$$
$$b_{5,0} = -\frac{4\,P_m}{25\,\pi^2}, \quad \cdots b_{\bar{n},0} = -\frac{4\,P_m}{\bar{n}^2\,\pi^2}. \qquad (1119)$$

Da in (1118) nur eine Erreger-Grundfrequenz, und zwar mit lauter cos-Gliedern, auftritt, kann (1097) unter Fortfall des Zeigers n durch die einfache Form

$$u_{\underline{n}} = \sum_{\bar{n}=1,3,5}^{\infty} B_{\underline{n},\bar{n}} \cos \bar{n}\,\omega\,t \qquad (\underline{n} = 0, 1, 2, \ldots 7) \qquad (1120)$$

ersetzt werden. Dies setzt allerdings voraus, daß in (1062) bzw. (1090) die Lastglieder beider Endmassen gleichzeitig berücksichtigt werden. Dann lautet das System (1090) in Anwendung auf die $b_{\bar{n},n}$

$$\left(1 - \frac{m}{c'}\bar{n}^2\omega^2\right) B_{0,\bar{n}} - B_{1,\bar{n}} = \frac{b_{\bar{n},0}}{c'},$$
$$-B_{0,\bar{n}} + \left(2 - \frac{m}{c'}\bar{n}^2\omega^2\right) B_{1,\bar{n}} - B_{2,\bar{n}} = 0,$$
$$- - - - - - - - - - - - - - - - -,$$
$$-B_{n-1,\bar{n}} + \left(2 - \frac{m}{c'}\bar{n}^2\omega^2\right) B_{n,\bar{n}} - B_{n+1,\bar{n}} = 0,$$
$$- - - - - - - - - - - - - - - - -,$$
$$-B_{r-1,\bar{n}} + \left(1 - \frac{m}{c'}\bar{n}^2\omega^2\right) B_{r,\bar{n}} = -\frac{b_{\bar{n},0}}{c'}. \qquad (r=7) \qquad (1121)$$

Wie im Anschluß an (1090) dargelegt wurde, empfiehlt sich im allgemeinen die unmittelbare Auflösung von (1121) vom Kopfe her, so wie es weiter unten für die konstanten Lastglieder vorgeführt werden wird. Lediglich für denjenigen ω-Bereich, für den die charakteristische Gleichung von (1121) zu reellen Wurzeln führt, empfiehlt sich eine Heranziehung der Differenzenrechnung. Dabei kann dann hier die Aufspaltung der Lösung gemäß (1091) fortfallen, da die Störungsglieder der $b_{\bar{n},0}$ bzw. $-b_{\bar{n},0}$ gerade in der ersten und letzten Systemgleichung auftreten, und es ergibt sich der für alle $\underline{n}$ gültige Ansatz

$$B_{\underline{n},\bar{n}} = c_{1,\bar{n}}\,\mu_{1,\bar{n}}^{\underline{n}} + c_{2,\bar{n}}\,\mu_{2,\bar{n}}^{\underline{n}}. \qquad (1122)$$

Die Gln (1094) können sinngemäß übernommen werden, und zwar ergibt sich

$$\mu_{1,\bar{n}} = \mu_{\bar{n}} = 1 - \frac{m}{2c'}\bar{n}^2\omega^2\left(1 + \sqrt{1 - \frac{4c'}{m\bar{n}^2\omega^2}}\right),$$
$$\mu_{2,\bar{n}} = \frac{1}{\mu_{\bar{n}}} = 1 - \frac{m}{2c'}\bar{n}^2\omega^2\left(1 - \sqrt{1 - \frac{4c'}{m\bar{n}^2\omega^2}}\right). \qquad (1123)$$

Die beiden Bestimmungsgleichungen für $c_{1,\bar{n}}$ und $c_{2,\bar{n}}$ können aus der ersten und vierten der Gln (1095) leicht abgelesen werden, wenn sinngemäß $c_{3,\bar{n}}$ durch

92. Beispiele zu Ziffer 91.

$c_{1,\bar{n}}$ und $c_{4,\bar{n}}$ durch $c_{2,\bar{n}}$ ersetzt wird und auf den rechten Seiten an Stelle von null die Belastungsglieder $b_{\bar{n},0}$ bzw. $-b_{\bar{n},0}$ eingeführt werden. Damit folgt

$$\left.\begin{array}{c}\dfrac{c_{1,\bar{n}}}{\mu_{\bar{n}}} - c_{2,\bar{n}} = \dfrac{b_{\bar{n},0}}{1-\mu_{\bar{n}}}\dfrac{1}{c'} \\[2mm] c_{1,\bar{n}}\mu_{\bar{n}}^r - c_{2,\bar{n}}\mu_{\bar{n}}^{-(r+1)} = \dfrac{b_{\bar{n},0}}{1-\mu_{\bar{n}}}\dfrac{1}{c'}\end{array}\right\} \quad (r=7) \, . \tag{1124}$$

Die Auflösung liefert

$$c_{1,\bar{n}} = \frac{b_{\bar{n},0}}{c'}\frac{-1+\mu_{\bar{n}}^{-(r+1)}}{\mu_{\bar{n}}^{-(r+2)}-\mu_{\bar{n}}^r}\frac{1}{1-\mu_{\bar{n}}}, \quad c_{2,\bar{n}} = \frac{b_{\bar{n},0}}{c'}\frac{-1+\mu_{\bar{n}}^{r+1}}{\mu_{\bar{n}}^{-(r+1)}-\mu_{\bar{n}}^{r+1}}\frac{1}{1-\mu_{\bar{n}}} \quad (r=7). \tag{1125}$$

Mit (1123) und (1125) lautet (1122)

$$B_{\underline{n},\bar{n}} = \frac{b_{\bar{n},0}}{c'}\frac{-\mu_{\bar{n}}^{\underline{n}+1}+\mu_{\bar{n}}^{\underline{n}-r}-\mu_{\bar{n}}^{-\underline{n}}+\mu_{\bar{n}}^{-(\underline{n}-r)+1}}{\left[\mu_{\bar{n}}^{-(r+1)}-\mu_{\bar{n}}^{r+1}\right](1-\mu_{\bar{n}})} \quad (r=7). \tag{1126}$$

Wenn in (1126) der Nenner null wird, so wachsen sämtliche $B_{\bar{n},\underline{n}}$ und damit nach (1120) auch sämtliche Schwingungsausschläge über alle Grenzen und es ergibt sich der Fall der Resonanz. Aus

$$\mu_{\bar{n}}^{-(r+1)} - \mu_{\bar{n}}^{r+1} = 0 \quad (r=7) \quad \text{folgt} \quad \mu_{\bar{n}}^{2r+2} = 1 \quad (r=7)$$

in Übereinstimmung mit (1080)[a]. Dementsprechend liefert (1080)[b]

$$\left.\begin{array}{c}\mu_{\bar{n}} = \cos\dfrac{k\pi}{r+1} + i\sin\dfrac{k\pi}{r+1} \\[2mm] \dfrac{1}{\mu_{\bar{n}}} = \cos\dfrac{k\pi}{r+1} - i\sin\dfrac{k\pi}{r+1}\end{array}\right\}, \quad (k=1,2,3,\ldots r=7) \quad \text{(Resonanz)}. \tag{1127}$$

Nach (1082) gehören zu (1127), wenn ω_k sinngemäß durch $\bar{n}\,\omega$ ersetzt wird, die Kreisfrequenzen

$$\omega = \frac{1}{\bar{n}}\sqrt{\frac{2c'}{m}\left(1-\cos\frac{k\pi}{r+1}\right)} = \frac{2}{\bar{n}}\sqrt{\frac{c'}{m}}\sin\frac{k\pi}{2(r+1)} \quad \begin{pmatrix}k=1,2,3,\ldots r=7,\\ \bar{n}=1,3,5,\ldots\infty\end{pmatrix}, \tag{1128}$$

(Resonanz)

und damit die Schwingungsfrequenzen

$$n = \frac{1}{2\pi\bar{n}}\sqrt{\frac{2c'}{m}\left(1-\cos\frac{k\pi}{r+1}\right)} = \frac{1}{\pi\bar{n}}\sqrt{\frac{c'}{m}}\sin\frac{k\pi}{2(r+1)} \quad \begin{pmatrix}k=1,2,3,\ldots r=7,\\ \bar{n}=1,3,5,\ldots,\infty\end{pmatrix}. \tag{1129}$$

(Resonanz).

In Anwendung auf die vorgegebenen Zahlenwerte ergibt sich

$$\sqrt{\frac{c'}{m}} = \sqrt{\frac{1000}{0{,}100}} = 100 \, .$$

Ferner folgt mit $r=7$ für

k	1	2	3	4	5	6	7
$\sin\dfrac{k\pi}{16}$	0,1951	0,3827	0,5555	0,7071	0,8315	0,9239	0,9807

Damit erhält man das Resonanzwertschema für Kreisfrequenzen und Schwingungsfrequenzen:

Kreisfrequenzen ω in Resonanz in s^{-1}.

k	1	2	3	4	5	6	7
$\bar{n}=1$	39,02	76,54	111,10	141,42	166,30	184,78	196,14
$\bar{n}=3$	13,01	25,51	37,03	47,14	55,43	61,59	65,38
$\bar{n}=5$	7,80	15,31	22,22	28,28	33,26	36,96	39,23
$\bar{n}=7$	5,57	10,93	15,87	20,20	23,76	26,39	28,02
$\bar{n}=9$	4,34	8,50	12,34	15,71	18,48	20,53	21,78
.....	...	...	...	...	...	...	...

Schwingungsfrequenzen n in Resonanz in Hz.

k	1	2	3	4	5	6	7
$\bar{n}=1$	6,21	12,18	17,69	22,50	26,46	29,40	31,21
$\bar{n}=3$	2,07	4,06	5,89	7,50	8,82	9,80	10,40
$\bar{n}=5$	1,24	2,44	3,54	4,50	5,29	5,88	6,24
$\bar{n}=7$	0,89	1,74	2,52	3,22	3,78	4,20	4,46
$\bar{n}=9$	0,69	1,35	1,96	2,50	2,94	3,27	3,47
.....	...	...	...	...	...	...	...

Wie die Zahlentafeln erkennen lassen, erzeugen die Oberschwingungen der Antriebskräfte eine sehr dichte Resonanzbelegung im Bereich niedriger Frequenzen.

Nach Erledigung des periodischen Teiles der Lastschwingungen müssen nun noch die konstanten Anteile behandelt werden. Nach (1118) treten lediglich in der ersten und letzten der Gln (1099) Lastglieder auf, und zwar lauten die Konstanten nach (1118) und (1119)

$$b_{0,0} = \frac{P_m}{2}, \qquad b_{0,r} = -b_{0,0} = -\frac{P_m}{2}.$$

Die Einführung dieser Werte in (1099) ergibt für $r = 7$

$$\left.\begin{aligned}
u_{0,0} - u_{1,0} &= \frac{P_m}{2c'}, & -u_{3,0} + 2u_{4,0} - u_{5,0} &= 0, \\
-u_{0,0} + 2u_{1,0} - u_{2,0} &= 0, & -u_{4,0} + 2u_{5,0} - u_{6,0} &= 0, \\
-u_{1,0} + 2u_{2,0} - u_{3,0} &= 0, & -u_{5,0} + 2u_{6,0} - u_{7,0} &= 0, \\
-u_{2,0} + 2u_{3,0} - u_{4,0} &= 0, & -u_{6,0} + u_{7,0} &= -\frac{P_m}{2c'}.
\end{aligned}\right\} \quad (1130)$$

Das Gleichungssystem (1130) wird zweckmäßig vom Kopfe her aufgelöst. Man erhält

$$\left.\begin{aligned}
u_{1,0} &= u_{0,0} - \frac{P_m}{2c'}, & u_{5,0} &= u_{0,0} - \frac{5 P_m}{2c'}, \\
u_{2,0} &= u_{0,0} - \frac{P_m}{c'}, & u_{6,0} &= u_{0,0} - \frac{3 P_m}{c'}, \\
u_{3,0} &= u_{0,0} - \frac{3 P_m}{2c'}, & u_{7,0} &= u_{0,0} - \frac{7 P_m}{2c'}. \\
u_{4,0} &= u_{0,0} - \frac{2 P_m}{c'},
\end{aligned}\right\}$$

92. Beispiele zu Ziffer 91.

Die Einführung von $u_{6,0}$ und $u_{7,0}$ in die letzte Systemgleichung läßt $u_{0,0}$ herausfallen und ergibt eine Identität. $u_{0,0}$ ist somit frei wählbar. Um die Symmetrieachse der System- und Lastanordnung zu wahren, wird

$$u_{0,0} = \frac{7 P_m}{4 c'}$$

gesetzt. Damit ergibt sich

$$\left.\begin{aligned}
u_{0,0} &= \frac{7 P_m}{4 c'}, & u_{7,0} &= -\frac{7 P_m}{4 c'}, \\
u_{1,0} &= \frac{5 P_m}{4 c'}, & u_{6,0} &= -\frac{5 P_m}{4 c'}, \\
u_{2,0} &= \frac{3 P_m}{4 c'}, & u_{5,0} &= -\frac{3 P_m}{4 c'}, \\
u_{3,0} &= \frac{P_m}{4 c'}, & u_{4,0} &= -\frac{P_m}{4 c'}.
\end{aligned}\right\} \quad (1131)$$

Durch Überlagerung von (1120) und (1131) in Verbindung mit (1126) folgt mit $\underline{n} = 0, 1, 2, \ldots 7$ für die acht schwingenden Massen unter Einsetzung von $b_{\bar{n},0}$ nach (1119)

$$\left.\begin{aligned}
u_0 &= \frac{7 P_m}{4 c'} + \sum_{1,3,5}^{\infty} \frac{4 P_m}{\bar{n}^2 \pi^2 c'} \frac{\mu_{\bar{n}} - \mu_{\bar{n}}^{-7} + 1 - \mu_{\bar{n}}^{8}}{\left(\mu_{\bar{n}}^{-8} - \mu_{\bar{n}}^{8}\right)\left(1 - \mu_{\bar{n}}\right)} \cos \bar{n} \omega t = -u_7, \\
u_1 &= \frac{5 P_m}{4 c'} + \sum_{1,3,5}^{\infty} \frac{4 P_m}{\bar{n}^2 \pi^2 c'} \frac{\mu_{\bar{n}}^{2} - \mu_{\bar{n}}^{-6} + \mu_{\bar{n}}^{-1} - \mu_{\bar{n}}^{7}}{\left(\mu_{\bar{n}}^{-8} - \mu_{\bar{n}}^{8}\right)\left(1 - \mu_{\bar{n}}\right)} \cos \bar{n} \omega t = -u_6, \\
u_2 &= \frac{3 P_m}{4 c'} + \sum_{1,3,5}^{\infty} \frac{4 P_m}{\bar{n}^2 \pi^2 c'} \frac{\mu_{\bar{n}}^{3} - \mu_{\bar{n}}^{-5} + \mu_{\bar{n}}^{-2} - \mu_{\bar{n}}^{6}}{\left(\mu_{\bar{n}}^{-8} - \mu_{\bar{n}}^{8}\right)\left(1 - \mu_{\bar{n}}\right)} \cos \bar{n} \omega t = -u_5, \\
u_3 &= \frac{P_m}{4 c'} + \sum_{1,3,5}^{\infty} \frac{4 P_m}{\bar{n}^2 \pi^2 c'} \frac{\mu_{\bar{n}}^{4} - \mu_{\bar{n}}^{-4} + \mu_{\bar{n}}^{-3} - \mu_{\bar{n}}^{5}}{\left(\mu_{\bar{n}}^{-8} - \mu_{\bar{n}}^{8}\right)\left(1 - \mu_{\bar{n}}\right)} \cos \bar{n} \omega t = -u_4, \\
u_4 &= -\frac{P_m}{4 c'} + \sum_{1,3,5}^{\infty} \frac{4 P_m}{\bar{n}^2 \pi^2 c'} \frac{\mu_{\bar{n}}^{5} - \mu_{\bar{n}}^{-3} + \mu_{\bar{n}}^{-4} - \mu_{\bar{n}}^{4}}{\left(\mu_{\bar{n}}^{-8} - \mu_{\bar{n}}^{8}\right)\left(1 - \mu_{\bar{n}}\right)} \cos \bar{n} \omega t = -u_3, \\
u_5 &= -\frac{3 P_m}{4 c'} + \sum_{1,3,5}^{\infty} \frac{4 P_m}{\bar{n}^2 \pi^2 c'} \frac{\mu_{\bar{n}}^{6} - \mu_{\bar{n}}^{-2} + \mu_{\bar{n}}^{-5} - \mu_{\bar{n}}^{3}}{\left(\mu_{\bar{n}}^{-8} - \mu_{\bar{n}}^{8}\right)\left(1 - \mu_{\bar{n}}\right)} \cos \bar{n} \omega t = -u_2, \\
u_6 &= -\frac{5 P_m}{4 c'} + \sum_{1,3,5}^{\infty} \frac{4 P_m}{\bar{n}^2 \pi^2 c'} \frac{\mu_{\bar{n}}^{7} - \mu_{\bar{n}}^{-1} + \mu_{\bar{n}}^{-6} - \mu_{\bar{n}}^{2}}{\left(\mu_{\bar{n}}^{-8} - \mu_{\bar{n}}^{8}\right)\left(1 - \mu_{\bar{n}}\right)} \cos \bar{n} \omega t = -u_1, \\
u_7 &= -\frac{7 P_m}{4 c'} + \sum_{1,3,5}^{\infty} \frac{4 P_m}{\bar{n}^2 \pi^2 c'} \frac{\mu_{\bar{n}}^{8} - 1 + \mu_{\bar{n}}^{-7} - \mu_{\bar{n}}}{\left(\mu_{\bar{n}}^{-8} - \mu_{\bar{n}}^{8}\right)\left(1 - \mu_{\bar{n}}\right)} \cos \bar{n} \omega t = -u_0.
\end{aligned}\right\} \quad (1132)$$

Wie schon bemerkt wurde, ist die Lösungsgruppe (1132) an reelle μ_n-Werte gebunden. Nach (1123) lautet die entsprechende Schranke

$$\frac{4 c'}{m \bar{n}^2 \omega^2} \leq 1 \quad \text{oder} \quad \omega^2 \geq \frac{4 c'}{m \bar{n}^2} \quad \text{oder} \quad \omega \geq \frac{2}{\bar{n}} \sqrt{\frac{c'}{m}}. \quad (1133)$$

Da hierin $\bar{n}$ die Wertefolge 1, 3, 5, ... durchläuft, ergibt sich der kleinstmögliche ω-Wert für $\bar{n} = 1$ und man erhält

$$\omega_{\min} = 2 \sqrt{\frac{c'}{m}} \qquad \text{(Schranke für Anwendung von (1132))}. \tag{1134}$$

Dieser ω-Grenzwert liegt nach (1128) stets oberhalb des größten Resonanzwertes

$$\omega_{\max}^{(\text{Resonanz})} = 2 \sqrt{\frac{c'}{m}} \sin \frac{r}{r+1} \frac{\pi}{2}, \tag{1135}$$

denn $\sin \dfrac{r}{r+1} \dfrac{\pi}{2}$ ist stets kleiner als eins, aber im allgemeinen nur sehr wenig kleiner als eins, so daß der Gültigkeitsbereich von (1132) sich praktisch auf den gesamten resonanzfreien Bereich von ω erstreckt.

In Anwendung auf die vorgegebenen Zahlenwerte folgt

$$\omega_{\min} = 2 \sqrt{\frac{1000}{0{,}100}} = 200 \text{ s}^{-1}$$

gegenüber einem

$$\omega_{\max}^{(\text{Resonanz})} = 196{,}14 \text{ s}^{-1}$$

Wird der Grenzwert gemäß (1134) in (1123) eingeführt, so erhält man

$$\left.\begin{aligned} \mu_1 &= -1 \;, \\ \mu_2 &= -13{,}93 \;, \\ \mu_3 &= -33{,}9 \;, \\ \mu_4 &= -62{,}1 \;, \\ \mu_5 &= -98{,}0 \;, \\ &---- \;. \end{aligned}\right\} \left(\mu_{\bar{n}}\text{-Werte für } \omega_{\min} = 2\sqrt{\tfrac{c'}{m}}\right). \tag{1136}$$

Nach (1136) nehmen die $\mu_{\bar{n}}$-Grenzwerte mit zunehmendem $\bar{n}$ sehr schnell zu. Diese Zunahme wird im vorliegenden Falle noch dadurch gesteigert, daß die geraden $\bar{n}$-Werte aus der Rechnung herausfallen.

Werden die in (1132) auftretenden von $\bar{n}$ abhängigen Faktoren gemäß

$$\left.\begin{aligned} c_{0,\bar{n}} &= \frac{1}{\bar{n}^2} \frac{\mu_{\bar{n}} - \mu_{\bar{n}}^{-7} + 1 - \mu_{\bar{n}}^{8}}{\left(\mu_{\bar{n}}^{-8} - \mu_{\bar{n}}^{8}\right)(1 - \mu_{\bar{n}})} = -c_{7,\bar{n}} \;, \\ c_{1,\bar{n}} &= \frac{1}{\bar{n}^2} \frac{\mu_{\bar{n}}^{2} - \mu_{\bar{n}}^{-6} + \mu_{\bar{n}}^{-1} - \mu_{\bar{n}}^{7}}{\left(\mu_{\bar{n}}^{-8} - \mu_{\bar{n}}^{8}\right)(1 - \mu_{\bar{n}})} = -c_{6,\bar{n}} \;, \\ c_{2,\bar{n}} &= \frac{1}{\bar{n}^2} \frac{\mu_{\bar{n}}^{3} - \mu_{\bar{n}}^{-5} + \mu_{\bar{n}}^{-2} - \mu_{\bar{n}}^{6}}{\left(\mu_{\bar{n}}^{-8} - \mu_{\bar{n}}^{8}\right)(1 - \mu_{\bar{n}})} = -c_{5,\bar{n}} \;, \\ c_{3,\bar{n}} &= \frac{1}{\bar{n}^2} \frac{\mu_{\bar{n}}^{4} - \mu_{\bar{n}}^{-4} + \mu_{\bar{n}}^{-3} - \mu_{\bar{n}}^{5}}{\left(\mu_{\bar{n}}^{-8} - \mu_{\bar{n}}^{8}\right)(1 - \mu_{\bar{n}})} = -c_{4,\bar{n}} \;. \end{aligned}\right\} \tag{1137}$$

92. Beispiele zu Ziffer 91.

bezeichnet, so folgt für $\omega = \omega_{\min}$

$$c_{0,1} = \frac{0}{0} = \frac{\lim\limits_{\mu_1=-1}\left[1 + 7\mu_1^{-8} - 8\mu_1^{7}\right]}{\lim\limits_{\mu_1=-1}\left[\left(-8\mu_1^{-9} - 8\mu_1^{7}\right)\cdot 2\right]} = \frac{1}{2},$$

$$c_{1,1} = \frac{0}{0} = \frac{\lim\limits_{\mu_1=-1}\left[2\mu_1 + 6\mu_1^{-7} - \mu_1^{-2} - 7\mu_1^{6}\right]}{\lim\limits_{\mu_1=-1}\left[\left(-8\mu_1^{-9} - 8\mu_1^{7}\right)\cdot 2\right]} = -\frac{1}{2},$$

$$c_{2,1} = \frac{0}{0} = \frac{\lim\limits_{\mu_1=-1}\left[3\mu_1^{2} + 5\mu_1^{-6} - 2\mu_1^{-3} - 6\mu_1^{5}\right]}{\lim\limits_{\mu_1=-1}\left[\left(-8\mu_1^{-9} - 8\mu_1^{7}\right)\cdot 2\right]} = \frac{1}{2},$$

$$c_{3,1} = \frac{0}{0} = \frac{\lim\limits_{\mu_1=-1}\left[4\mu_1^{3} + 4\mu_1^{-5} - 3\mu_1^{-4} - 5\mu_1^{4}\right]}{\lim\limits_{\mu_1=-1}\left[\left(-8\mu_1^{-9} - 8\mu_1^{7}\right)\cdot 2\right]} = -\frac{1}{2}.$$

$$c_{0,3} = \frac{1}{9}\frac{-33{,}9 + \dfrac{1}{33{,}9^7} + 1 - 33{,}9^8}{\left(\dfrac{1}{33{,}9^8} - 33{,}9^8\right)(1 + 33{,}9)} = 0{,}0033,$$

$$c_{1,3} = \frac{1}{9}\frac{33{,}9^2 - \dfrac{1}{33{,}9^6} - \dfrac{1}{33{,}9} + 33{,}9^7}{\left(\dfrac{1}{33{,}9^8} - 33{,}9^8\right)(1 + 33{,}9)} = -0{,}00001,$$

$$c_{2,3} = \frac{1}{9}\frac{-33{,}9^3 + \dfrac{1}{33{,}9^5} + \dfrac{1}{33{,}9^2} - 33{,}9^6}{\left(\dfrac{1}{33{,}9^8} - 33{,}9^8\right)(1 + 33{,}9)} = +0{,}0000003,$$

$$c_{3,3} = \frac{1}{9}\frac{33{,}9^4 - \dfrac{1}{33{,}9^4} - \dfrac{1}{33{,}9^3} + 33{,}9^5}{\left(\dfrac{1}{33{,}9^8} - 33{,}9^8\right)(1 + 33{,}9)} = -0{,}00000001.$$

Hiernach fallen die $c_{n\bar{n}}$-Werte mit wachsendem $\bar{n}$ so schnell ab, daß sich nur eine Berücksichtigung des ersten Reihengliedes in (1132) praktisch lohnt. Da für $\omega > \omega_{\min}$ diese Schlußfolgerung in noch stärkerem Maße gilt, erhält man

$$u_0 = -u_7 = \frac{7P_m}{4c'} + \frac{4P_m}{\pi^2 c'}\frac{\mu - \mu^{-7} + 1 - \mu^8}{(\mu^{-8} - \mu^8)(1-\mu)}\cos\omega t,$$

$$u_1 = -u_6 = \frac{5P_m}{4c'} + \frac{4P_m}{\pi^2 c'}\frac{\mu^2 - \mu^{-6} + \mu^{-1} - \mu^7}{(\mu^{-8} - \mu^8)(1-\mu)}\cos\omega t,$$

$$u_2 = -u_5 = \frac{3P_m}{4c'} + \frac{4P_m}{\pi^2 c'}\frac{\mu^3 - \mu^{-5} + \mu^{-2} - \mu^6}{(\mu^{-8} - \mu^8)(1-\mu)}\cos\omega t,$$

$$u_3 = -u_4 = \frac{P_m}{4c'} + \frac{4P_m}{\pi^2 c'}\frac{\mu^4 - \mu^{-4} + \mu^{-3} - \mu^5}{(\mu^{-8} - \mu^8)(1-\mu)}\cos\omega t.$$

$$\left(\mu = 1 - \frac{m\omega^2}{2c'}\left(1 + \sqrt{1 - \frac{4c'}{m\omega^2}}\right),\quad \omega \geq 2\sqrt{\frac{c'}{m}}\right). \tag{1138}$$

290 Der punktförmig idealisierte Körperhaufen.

Nach (1138) sind die Schwingungen oberhalb des Resonanzbereiches reine Cosinusschwingungen, und zwar auch dann, wenn wie im vorliegenden Falle die Lastschwingung eine Fourier-Entwicklung darstellt.

Der Übergang auf Zahlenrechnung läßt erkennen, daß die Schwingungsausschläge nach (1138) sich praktisch genau mit Hilfe der wesentlich einfacheren Formeln

$$\left.\begin{aligned}u_0 = -u_7 &= \frac{7 P_m}{4 c'} + \frac{4 P_m}{\pi^2 c'} \frac{\cos \omega t}{1 - \mu}, \\ u_1 = -u_6 &= \frac{5 P_m}{4 c'} + \frac{4 P_m}{\pi^2 c'} \frac{\cos \omega t}{\mu (1 - \mu)}, \\ u_2 = -u_5 &= \frac{3 P_m}{4 c'} + \frac{4 P_m}{\pi^2 c'} \frac{\cos \omega t}{\mu^2 (1 - \mu)}, \\ u_3 = -u_4 &= \frac{P_m}{4 c'} + \frac{4 P_m}{\pi^2 c'} \frac{\cos \omega t}{\mu^3 (1 - \mu)}\end{aligned}\right\} \left(\mu = 1 - \frac{m \omega^2}{2 c'}\left(1 + \sqrt{1 - \frac{4 c'}{m \omega^2}}\right), \; \omega \geq 2\sqrt{\frac{c'}{m}}\right) \quad (1139)$$

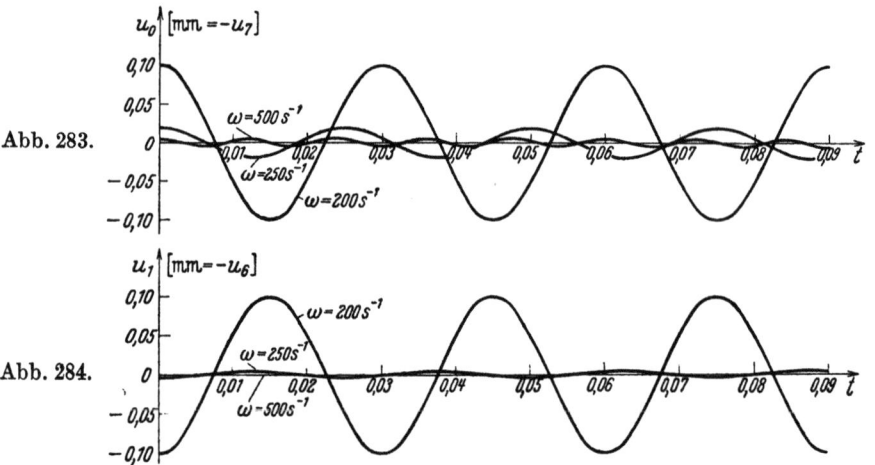

Abb. 282.

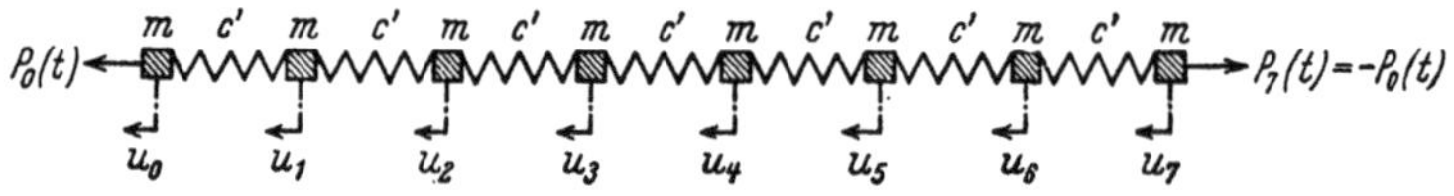

Abb. 283.

Abb. 284.

darstellen lassen. Aus diesen wird wegen $\mu < 1$ unmittelbar ersichtlich, daß die Schwingungsausschläge von einer Masse zur anderen ihr Vorzeichen wechseln, also gegenläufig sind.

Für die Auswertung der Schwingungsbilder in Abhängigkeit von ω bzw. μ ist es bequemer, von runden μ-Werten auszugehen. Wird hierfür nach (1139) ω in Abhängigkeit von μ dargestellt, so folgt

$$\omega = \frac{1 - \mu}{\sqrt{-\mu}} \sqrt{\frac{c'}{m}}. \tag{1140}$$

93. Schwingungszustand für periodische Erregung einer Endmasse.

Die zahlenmäßigen Abhängigkeiten sind unter Bezugnahme auf $\sqrt{\dfrac{c'}{m}} = 100$ aus der nachfolgenden Zusammenstellung ersichtlich.

μ	ω	$\dfrac{1}{1-\mu}$	$\dfrac{1}{\mu(1-\mu)}$	$\dfrac{1}{\mu^2(1-\mu)}$	$\dfrac{1}{\mu^3(1-\mu)}$	$n = \dfrac{\omega}{2\pi}$
− 1	200	+ 0,500	− 0,500	+ 0,500	− 0,500	32
− 2	212	+ 0,333	− 0,171	+ 0,093	− 0,062	34
− 4	250	+ 0,200	− 0,050	+ 0,011	− 0,003	40
− 9	333	+ 0,100	− 0,011	+ 0,002	− 0,000	53
− 16	425	+ 0,059	− 0,004	+ 0,000	− 0,000	68
− 25	520	+ 0,038	− 0,001	+ 0,000	− 0,000	83
− 36	617	+ 0,027	− 0,001	+ 0,000	− 0,000	98
−100	1010	+ 0,010	− 0,000	+ 0,000	− 0,000	161

Hiernach nehmen die Schwingungsausschläge mit wachsender Frequenz sehr schnell ab, und zwar um so schneller, je weiter die Masse von der Krafteinwirkung entfernt ist. Aus Abb. 282 bis 286 ist der Schwingungsverlauf für $\omega = 200$, 250 und $500\ \mathrm{s}^{-1}$ ersichtlich.

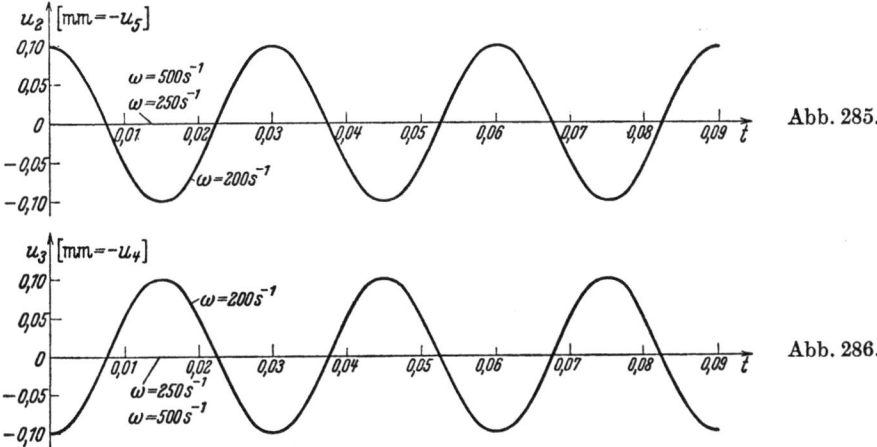

Abb. 285.

Abb. 286.

93. Schwingungszustand für periodische Erregung einer Endmasse in einem System vieler gleich großer Massen mit gleichbleibender Längsfederung oberhalb des Resonanzbereiches.

Das Beispiel 40 hat gezeigt, daß bei achsensymmetrischer Erregung der Endmassen der Schwingungszustand oberhalb des Resonanzbereiches im wesentlichen durch das Grundfrequenzglied der Erregerschwingung bestimmt wird und daß sich auf dem Wege über die Differenzenrechnung sehr einfache Formeln für die Schwingungsausschläge entwickeln lassen. Diese Betrachtungen sollen nun verallgemeinert werden, und zwar zunächst unter Beibehaltung der Vorstellung der achsensymmetrischen Erregung beider Endmassen. Beim Vorhandensein sehr vieler gleich großer Massen klingen die Schwingungen mit wachsender Entfernung von den Erregerzentren derart ab, daß im mittleren

Bereich praktisch keine Ausschläge mehr stattfinden, so daß das System sich wie ein einseitig periodisch erregtes System verhält.

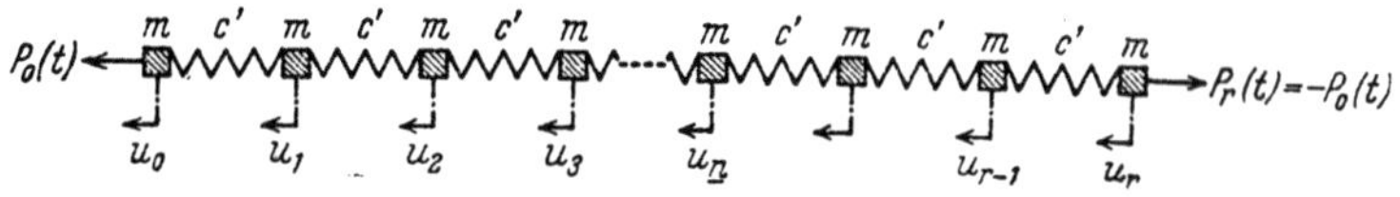

Abb. 287.

An Stelle der in Beispiel 40 zugrunde gelegten reinen Cosinusschwingung mit ungeraden Gliedern tritt hier die Erregerschwingung in der allgemeinen Form (1044). Wird darin sinngemäß u mit P_0 vertauscht, so ergibt sich

$$\left.\begin{aligned}P_0(t) = -P_r(t) &= \frac{1}{T}\int_0^T P_0(t)\,dt + \\&+ \frac{2}{T}\sum_1^\infty \left[\sin\frac{2\bar{n}\pi t}{T}\int_0^T P_0(t)\sin\frac{2\bar{n}\pi t}{T}\,dt + \cos\frac{2\bar{n}\pi t}{T}\int_0^T P_0(t)\cos\frac{2\bar{n}\pi t}{T}\,dt\right].\end{aligned}\right\} \quad (1141)$$

Mit $T = \dfrac{2\pi}{\omega}$ entsteht hieraus die Alternativform

$$\left.\begin{aligned}P_0(t) = -P_r(t) &= \frac{\omega}{2\pi}\int_0^{2\pi/\omega} P_0(t)\,dt + \\&+ \frac{\omega}{\pi}\sum_1^\infty \left[\sin\bar{n}\omega t\int_0^{2\pi/\omega} P_0(t)\sin\bar{n}\omega t\,dt + \cos\bar{n}\omega t\int_0^{2\pi/\omega} P_0(t)\cos\bar{n}\omega t\,dt\right].\end{aligned}\right\} \quad (1142)$$

In der Entwicklung (1141) bzw. (1142) kann das konstante Glied von vornherein außer Betracht bleiben, denn es erzeugt, wie Beispiel 40 anschaulich gezeigt hat, einen von der Zeit unabhängigen Verschiebungszustand der Massen, der als Mittellage der Schwingungen angesehen werden kann. In sinngemäßer Erweiterung von (1120) ergibt sich dann für die Schwingungsausschläge der Ansatz

$$u_{\underline{n}} = \sum_1^\infty (A_{\underline{n}\bar{n}}\sin\bar{n}\omega t + B_{\underline{n}\bar{n}}\cos\bar{n}\omega t). \qquad (1143)$$

In entsprechender Erweiterung von (1126) folgt

$$\left.\begin{aligned}A_{\underline{n}\bar{n}} &= \frac{a_{\bar{n},0}}{c'}\,\frac{-\mu_{\bar{n}}^{n+1} + \mu_{\bar{n}}^{n-r} - \mu_{\bar{n}}^{-n} + \mu_{\bar{n}}^{-(n-r)+1}}{\left[\mu_{\bar{n}}^{-(r+1)} - \mu_{\bar{n}}^{r+1}\right](1-\mu_{\bar{n}})}\,, \\ B_{\underline{n}\bar{n}} &= \frac{b_{\bar{n},0}}{c'}\,\frac{-\mu_{\bar{n}}^{n+1} + \mu_{\bar{n}}^{n-r} - \mu_{\bar{n}}^{-n} + \mu_{\bar{n}}^{-(n-r)+1}}{\left[\mu_{\bar{n}}^{-(r+1)} - \mu_{\bar{n}}^{r+1}\right](1-\mu_{\bar{n}})}\,. \end{aligned}\right\} \quad (1144)$$

In (1144) stellen $a_{\bar{n},0}$ und $b_{\bar{n},0}$ die Fourier-Koeffizienten dar, die nach (1142) die Form

$$a_{\bar{n},0} = \frac{\omega}{\pi}\int_0^{2\pi/\omega} P_0(t)\sin\bar{n}\omega t\,dt\,,\qquad b_{\bar{n},0} = \frac{\omega}{\pi}\int_0^{2\pi/\omega} P_0(t)\cos\bar{n}\omega t\,dt \qquad (1145)$$

besitzen. In sinngemäßer Ergänzung von (1132) und unter Fortfall der konstanten Glieder erhält man dann

$$
\left.\begin{aligned}
u_0 &= -u_r = \frac{\omega}{\pi c'} \sum_1^\infty \frac{\mu_{\overline{n}}^{-r} - \mu_{\overline{n}}^{r} + 1 - \mu_{\overline{n}}^{r+1}}{\left(\mu_{\overline{n}}^{-(r+1)} - \mu_{\overline{n}}^{r+1}\right)(1-\mu_{\overline{n}})} \cdot \\
&\quad \cdot [\sin \overline{n}\,\omega t \int_0^{2\pi/\omega} P_0(t) \sin \overline{n}\,\omega t\,dt + \cos \overline{n}\,\omega t \int_0^{2\pi/\omega} P_0(t) \cos \overline{n}\,\omega t\,dt], \\
u_1 &= -u_{r-1} = \frac{\omega}{\pi c'} \sum_1^\infty \frac{\mu_{\overline{n}}^{2} - \mu_{\overline{n}}^{-(r-1)} + \mu_{\overline{n}}^{-1} - \mu_{\overline{n}}^{r}}{\left(\mu_{\overline{n}}^{-(r+1)} - \mu_{\overline{n}}^{r+1}\right)(1-\mu_{\overline{n}})} \cdot \\
&\quad \cdot [\sin \overline{n}\,\omega t \int_0^{2\pi/\omega} P_0(t) \sin \overline{n}\,\omega t\,dt + \cos \overline{n}\,\omega t \int_0^{2\pi/\omega} P_0(t) \cos \overline{n}\,\omega t\,dt], \\
u_2 &= -u_{r-2} = \frac{\omega}{\pi c'} \sum_1^\infty \frac{\mu_{\overline{n}}^{3} - \mu_{\overline{n}}^{-(r-2)} + \mu_{\overline{n}}^{-2} - \mu_{\overline{n}}^{r-1}}{\left(\mu_{\overline{n}}^{-(r+1)} - \mu_{\overline{n}}^{r+1}\right)(1-\mu_{\overline{n}})} \cdot \\
&\quad \cdot [\sin \overline{n}\,\omega t \int_0^{2\pi/\omega} P_0(t) \sin \overline{n}\,\omega t\,dt + \cos \overline{n}\,\omega t \int_0^{2\pi/\omega} P_0(t) \cos \overline{n}\,\omega t\,dt],
\end{aligned}\right\} \quad (1146)
$$

Wie nun der Übergang auf Zahlenwerte bei Beispiel 40 gezeigt hat, braucht in (1146) nur die Grundfrequenz in Gestalt des ersten Summengliedes berücksichtigt zu werden. Außerdem lassen sich die Brüche entsprechend dem Übergang von (1138) auf (1139) erheblich kürzer schreiben. Damit folgt

$$
\left.\begin{aligned}
u_0 &= -u_r = \frac{\omega}{\pi c'(1-\mu)} \left[\sin \omega t \int_0^{2\pi/\omega} P_0(t) \sin \omega t\,dt + \cos \omega t \int_0^{2\pi/\omega} P_0(t) \cos \omega t\,dt\right], \\
u_1 &= -u_{r-1} = \frac{\omega}{\pi c' \mu(1-\mu)} \left[\sin \omega t \int_0^{2\pi/\omega} P_0(t) \sin \omega t\,dt + \cos \omega t \int_0^{2\pi/\omega} P_0(t) \cos \omega t\,dt\right], \\
u_2 &= -u_{r-2} = \frac{\omega}{\pi c' \mu^2(1-\mu)} \left[\sin \omega t \int_0^{2\pi/\omega} P_0(t) \sin \omega t\,dt + \cos \omega t \int_0^{2\pi/\omega} P_0(t) \cos \omega t\,dt\right], \\
&\quad \vdots \\
u_n &= -u_{r-n} = \frac{\omega(-1)^n}{\pi c' \mu^n(1-\mu)} \left[\sin \omega t \int_0^{2\pi/\omega} P_0(t) \sin \omega t\,dt + \cos \omega t \int_0^{2\pi/\omega} P_0(t) \cos \omega t\,dt\right],
\end{aligned}\right\} \quad (1147)
$$

$$\mu = 1 - \frac{m\omega^2}{2c'}\left(1 + \sqrt{1 - \frac{4c'}{m\omega^2}}\right),\ \omega \geq 2\sqrt{\frac{c'}{m}}.$$

94. Die Querschwingungen straff gespannter Seile.

Die in den bisherigen Ziffern dieses Kapitels untersuchten Längs- oder Longitudinalschwingungen führen dank der Einfachheit der Kopplung der schwingenden Massen zu dreigliedrigen Kopplungsgleichungen, die mathematisch besonders leicht zu handhaben sind. Die nunmehr zu betrachtenden Quer- oder Trans-

294 Der punktförmig idealisierte Körperhaufen.

versalschwingungen entspringen einem Kopplungssystem, in welchem sämtliche Massen miteinander gekoppelt sind, so daß jede Kopplungsgleichung so viele Glieder enthält, als Unbekannte vorhanden sind. Die Auflösung eines derartigen Gleichungssystemes bietet naturgemäß erheblich größere mathematische Schwierigkeiten, wie nun zunächst am Beispiele der Querschwingungen straff gespannter Seile gezeigt werden soll.

Ein Seil heißt straff gespannt, wenn es an den Aufhängepunkten einer so starken Zugbeanspruchung unterworfen ist, daß die Seilzugkraft an allen Stellen des Seiles ihrer Horizontalkomponente gleichgesetzt werden kann. Diese Bedingung läßt sich auch so formulieren, daß die Durchfederungen des Seiles unter den Lasten klein gegenüber der Länge des Seiles sind. Ein solches Seil sei nun gemäß Abb. 288 durch eine Reihe lotrechter Kräfte $P_1, P_2, \ldots P_n \ldots P_r$ belastet; an den Auflagerpunkten seien die lotrechten Reaktionskräfte A und B

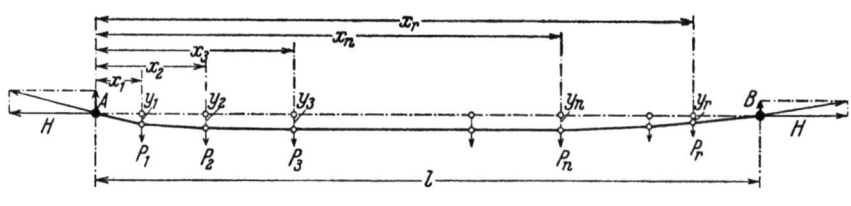

Abb. 288.

und die waagerechte Reaktionskraft H. Während A und B sich aus sogenannten Gleichgewichtsbedingungen ermitteln lassen, stellt H eine vorgegebene, die Spannung des Seiles bewirkende gegenseitige Kraft dar. Die Gleichgewichtsbedingungen für A und B lassen sich am einfachsten in der Weise formulieren, daß das Seil keine Drehungen um die beiden Aufhängepunkte ausführen soll. Dann muß offenbar die Summe der Drehmomente aller Kräfte in bezug auf diese Punkte verschwinden. Die Horizontalkräfte H treten, da sie durch beide Drehpunkte hindurchgehen, in den Drehmomentengleichungen nicht in Erscheinung. Werden links drehende Momente positiv gezählt, so erhält man für den linken bzw. rechten Aufhängepunkt:

$$0 = -P_1 x_1 - P_2 x_2 - P_3 x_3 - \cdots - P_n x_n - \cdots - P_r x_r + B l,$$
$$0 = -A l + P_1(l-x_1) + P_2(l-x_2) + P_3(l-x_3) + \cdots + P_n(l-x_n) + \cdots + P_r(l-x_r).$$

Die Auflösung ergibt

$$\left.\begin{aligned} A &= P_1\left(1-\frac{x_1}{l}\right) + P_2\left(1-\frac{x_2}{l}\right) + P_3\left(1-\frac{x_3}{l}\right) + \cdots + P_n\left(1-\frac{x_n}{l}\right) + \cdots + P_r\left(1-\frac{x_r}{l}\right), \\ B &= P_1\frac{x_1}{l} + P_2\frac{x_2}{l} + P_3\frac{x_3}{l} + \cdots + P_n\frac{x_n}{l} + \cdots + P_r\frac{x_r}{l} \end{aligned}\right\} \quad (1148)$$

Für die Untersuchung der Seilschwingungen werden nun vor allen Dingen die Durchbiegungen $y_1, y_2, y_3 \ldots y_n \ldots y_r$ benötigt, die unter den Lasten $P_1, P_2, P_3 \ldots P_n \ldots P_r$ entstehen. Gemäß Abb. 288 stellen diese Durchbiegungen die lotrechten Seilbewegungen in bezug auf die gespannte Ausgangslage an den Laststellen dar. Sie lassen sich, mit y_1 beginnend, sukzessive leicht darstellen, da

94. Die Querschwingungen straff gespannter Seile.

ja an jeder Stelle die resultierende Seilkraft, oder kurz die Seilzugkraft, mit der Neigung des Seiles zusammenfallen muß. Hieraus ergibt sich nach Abb. 288 für y_1 die Proportion

$$\frac{A}{H} = \frac{y_1}{x_1},$$

deren Auflösung in Verbindung mit (1148)

$$\left. \begin{aligned} y_1 &= \frac{A}{H} x_1 = \frac{P_1}{H} x_1\left(1-\frac{x_1}{l}\right) + \frac{P_2}{H} x_1\left(1-\frac{x_2}{l}\right) + \frac{P_3}{H} x_1\left(1-\frac{x_3}{l}\right) + \cdots + \\ &\quad + \frac{P_n}{H} x_1\left(1-\frac{x_n}{l}\right) + \cdots + \frac{P_r}{H} x_1\left(1-\frac{x_r}{l}\right) \end{aligned} \right\} \quad (1149)$$

liefert. Auf der Strecke zwischen x_1 und x_2 wirkt auf das Seil in waagerechter Richtung wieder H, in lotrechter Richtung $A - P_1$; diesen konstanten Kräften entspricht auch eine konstante Seilneigung der betrachteten Strecke, so daß auch hier wieder eine Proportion zwischen den Kraftkomponenten einerseits und den geometrischen Bestimmungsstücken andererseits gilt. Sie lautet

$$\frac{A - P_1}{H} = \frac{y_2 - y_1}{x_2 - x_1}.$$

Hieraus folgt durch Auflösung nach y_2

$$y_2 = y_1 + \frac{A - P_1}{H}(x_2 - x_1)$$

oder bei Berücksichtigung von (1148) und (1149)

$$\left. \begin{aligned} y_2 &= \frac{P_1}{H} x_1\left(1-\frac{x_2}{l}\right) + \frac{P_2}{H} x_2\left(1-\frac{x_2}{l}\right) + \frac{P_3}{H} x_2\left(1-\frac{x_3}{l}\right) + \cdots + \\ &\quad + \frac{P_n}{H} x_2\left(1-\frac{x_n}{l}\right) + \cdots + \frac{P_r}{H} x_2\left(1-\frac{x_r}{l}\right) \end{aligned} \right\} \quad (1150)$$

In entsprechender Weise ergibt sich für y_3 die Proportion

$$\frac{A - P_1 - P_2}{H} = \frac{y_3 - y_2}{x_3 - x_2}.$$

Die Auflösung in Verbindung mit (1148) bis (1150) liefert

$$\left. \begin{aligned} y_3 &= \frac{P_1}{H} x_1\left(1-\frac{x_3}{l}\right) + \frac{P_2}{H} x_2\left(1-\frac{x_3}{l}\right) + \frac{P_3}{H} x_3\left(1-\frac{x_3}{l}\right) + \cdots + \\ &\quad + \frac{P_n}{H} x_3\left(1-\frac{x_n}{l}\right) + \cdots + \frac{P_r}{H} x_3\left(1-\frac{x_r}{l}\right) \end{aligned} \right\} \quad (1151)$$

Fährt man in dieser Weise fort, so erhält man für y_n

$$\left. \begin{aligned} y_n &= \frac{P_1}{H} x_1\left(1-\frac{x_n}{l}\right) + \frac{P_2}{H} x_2\left(1-\frac{x_n}{l}\right) + \frac{P_3}{H} x_3\left(1-\frac{x_n}{l}\right) + \cdots + \\ &\quad + \frac{P_n}{H} x_n\left(1-\frac{x_n}{l}\right) + \cdots + \frac{P_r}{H} x_n\left(1-\frac{x_r}{l}\right) \end{aligned} \right\} \quad (1152)$$

Schließlich folgt für die Durchbiegung unter der letzten Last

$$\left. \begin{aligned} y_r &= \frac{P_1}{H} x_1\left(1-\frac{x_r}{l}\right) + \frac{P_2}{H} x_2\left(1-\frac{x_r}{l}\right) + \frac{P_3}{H} x_3\left(1-\frac{x_r}{l}\right) + \cdots + \\ &\quad + \frac{P_n}{H} x_n\left(1-\frac{x_r}{l}\right) + \cdots + \frac{P_r}{H} x_r\left(1-\frac{x_r}{l}\right) \end{aligned} \right\} \quad (1153)$$

Der punktförmig idealisierte Körperhaufen.

In Zusammenfassung von (1149) bis (1153) unter teilweiser Ergänzung ergibt sich das Gleichungssystem

$$\left.\begin{aligned}
y_1 &= \frac{P_1}{H} x_1\left(1-\frac{x_1}{l}\right) + \frac{P_2}{H} x_1\left(1-\frac{x_2}{l}\right) + \frac{P_3}{H} x_1\left(1-\frac{x_3}{l}\right) + \cdots + \\
&\quad + \frac{P_n}{H} x_1\left(1-\frac{x_n}{l}\right) + \frac{P_{n+1}}{H} x_1\left(1-\frac{x_{n+1}}{l}\right) + \cdots + \frac{P_r}{H} x_1\left(1-\frac{x_r}{l}\right), \\
y_2 &= \frac{P_1}{H} x_1\left(1-\frac{x_2}{l}\right) + \frac{P_2}{H} x_2\left(1-\frac{x_2}{l}\right) + \frac{P_3}{H} x_2\left(1-\frac{x_3}{l}\right) + \cdots + \\
&\quad + \frac{P_n}{H} x_2\left(1-\frac{x_n}{l}\right) + \frac{P_{n+1}}{H} x_2\left(1-\frac{x_{n+1}}{l}\right) + \cdots + \frac{P_r}{H} x_2\left(1-\frac{x_r}{l}\right), \\
y_3 &= \frac{P_1}{H} x_1\left(1-\frac{x_3}{l}\right) + \frac{P_2}{H} x_2\left(1-\frac{x_3}{l}\right) + \frac{P_3}{H} x_3\left(1-\frac{x_3}{l}\right) + \cdots + \\
&\quad + \frac{P_n}{H} x_3\left(1-\frac{x_n}{l}\right) + \frac{P_{n+1}}{H} x_3\left(1-\frac{x_{n+1}}{l}\right) + \cdots + \frac{P_r}{H} x_3\left(1-\frac{x_r}{l}\right), \\
&\overline{}, \\
y_n &= \frac{P_1}{H} x_1\left(1-\frac{x_n}{l}\right) + \frac{P_2}{H} x_2\left(1-\frac{x_n}{l}\right) + \frac{P_3}{H} x_3\left(1-\frac{x_n}{l}\right) + \cdots + \\
&\quad + \frac{P_n}{H} x_n\left(1-\frac{x_n}{l}\right) + \frac{P_{n+1}}{H} x_n\left(1-\frac{x_{n+1}}{l}\right) + \cdots + \frac{P_r}{H} x_n\left(1-\frac{x_r}{l}\right), \\
&\overline{}, \\
y_r &= \frac{P_1}{H} x_1\left(1-\frac{x_r}{l}\right) + \frac{P_2}{H} x_2\left(1-\frac{x_r}{l}\right) + \frac{P_3}{H} x_3\left(1-\frac{x_r}{l}\right) + \cdots + \\
&\quad + \frac{P_n}{H} x_n\left(1-\frac{x_r}{l}\right) + \frac{P_{n+1}}{H} x_{n+1}\left(1-\frac{x_r}{l}\right) + \cdots + \frac{P_r}{H} x_r\left(1-\frac{x_r}{l}\right).
\end{aligned}\right\} \quad (1154)$$

In (1154) erscheinen die Seildurchbiegungen an den Laststellen als eine lineare Funktion der Lasten. Umgekehrt läßt sich (1154) auch als ein Gleichungssystem von r Gleichungen für r unbekannte Lasten auffassen, die zu r gegebenen Seildurchbiegungen gehören. Gerade diese Auffassung ist für die Behandlung der Seilschwingungen entscheidend. Denkt man sich das Gleichungssystem (1154) bei gegebenen Zahlenwerten aufgelöst, so kann die Lösung in der Form

$$\left.\begin{aligned}
P_1 &= c_{1,1} y_1 + c_{1,2} y_2 + c_{1,3} y_3 + \cdots + c_{1,n} y_n + \cdots + c_{1,r} y_r, \\
P_2 &= c_{2,1} y_1 + c_{2,2} y_2 + c_{2,3} y_3 + \cdots + c_{2,n} y_n + \cdots + c_{2,r} y_r, \\
P_3 &= c_{3,1} y_1 + c_{3,2} y_2 + c_{3,3} y_3 + \cdots + c_{3,n} y_n + \cdots + c_{3,r} y_r, \\
&\overline{}, \\
P_n &= c_{n,1} y_1 + c_{n,2} y_2 + c_{n,3} y_3 + \cdots + c_{n,n} y_n + \cdots + c_{n,r} y_r, \\
&\overline{}, \\
P_r &= c_{r,1} y_1 + c_{r,2} y_2 + c_{r,3} y_3 + \cdots + c_{r,n} y_n + \cdots + c_{r,r} y_3,
\end{aligned}\right\} \quad (1155)$$

angesetzt werden, in welcher die $c_{i,k}$ die verallgemeinerten Federkonstanten und die P_n die Rückstellkräfte heißen. Der Begriff der verallgemeinerten Federkonstanten erscheint unmittelbar verständlich. Unter den Rückstellkräften eines Seiles versteht man diejenigen Kräfte, mit denen das Seil einem vorgegebenen

94. Die Querschwingungen straff gespannter Seile.

Durchbiegungszustand entgegenzuwirken sucht. Die Rückstellkräfte haben somit die gleiche Größe aber den entgegengesetzten Richtungssinn wie die aktiven Kräfte von Abb. 288.

Nachdem nunmehr die erforderlichen Grundlagen aus dem Gebiete der Seilstatik vorliegen, kann die Mechanik der Seilschwingungen mühelos entwickelt werden. Gemäß Abb. 289 seien an den Angriffsstellen der Lasten $P_1, P_2, \cdots P_n \cdots P_r$ jetzt Massen $m_1, m_2, \cdots m_n \cdots m_r$ zugrunde gelegt,

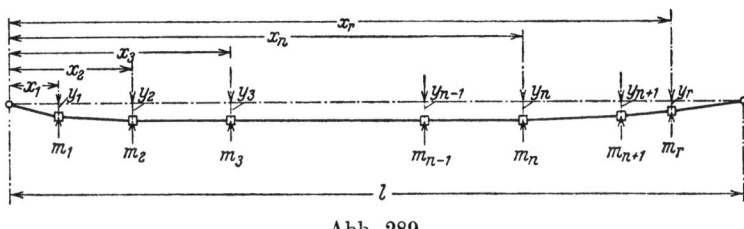

Abb. 289.

deren Schwingungsausschläge wie bisher mit $y_1, y_2, \cdots y_n \cdots y_r$ bezeichnet seien. Auf jede dieser Massen wirkt dann die den Schwingungsausschlägen nach (1155) entsprechende Rückstellkraft, und zwar positiv nach oben, und eine gegebenenfalls vorhandene Erregerkraft, die entsprechend dem positiven Schwingungsausschlag positiv nach unten und mit $P_n(t)$ bezeichnet sei. Für diese Kräfte liefert das Newtonsche Kraftgesetz

$$-P_n + P_n(t) = m_n \frac{d^2 y_n}{dt^2} \qquad (n = 1, 2, 3 \ldots r). \tag{1156}$$

Mit (1155) lautet das Gleichungssystem (1156)

$$\left.\begin{aligned}
m_1 \frac{d^2 y_1}{dt^2} + c_{1,1} y_1 + c_{1,2} y_2 + c_{1,3} y_3 + \cdots + c_{1,n} y_n + \cdots + c_{1,r} y_r &= P_1(t), \\
m_2 \frac{d^2 y_2}{dt^2} + c_{2,1} y_1 + c_{2,2} y_2 + c_{2,3} y_3 + \cdots + c_{2,n} y_n + \cdots + c_{2,r} y_r &= P_2(t), \\
m_3 \frac{d^2 y_3}{dt^2} + c_{3,1} y_1 + c_{3,2} y_2 + c_{3,3} y_3 + \cdots + c_{3,n} y_n + \cdots + c_{3,r} y_r &= P_3(t), \\
------------------------------- &\quad, \\
m_n \frac{d^2 y_n}{dt^2} + c_{n,1} y_1 + c_{n,2} y_2 + c_{n,3} y_3 + \cdots + c_{n,n} y_n + \cdots + c_{n,r} y_r &= P_n(t), \\
------------------------------- &\quad, \\
m_r \frac{d^2 y_r}{dt^2} + c_{r,1} y_1 + c_{r,2} y_2 + c_{r,3} y_3 + \cdots + c_{r,n} y_n + \cdots + c_{r,r} y_r &= P_r(t).
\end{aligned}\right\} \tag{1157}$$

Wie einleitend schon bemerkt, treten in jeder der Gln (1157) sämtliche r Unbekannten auf, entsprechend der Natur der transversalen Seilkopplung.

Der weitere Rechnungsgang entspricht völlig demjenigen der Längsschwingungen, wie er im Anschluß an (1052) entwickelt wurde. Für die homogene Lösung des Gleichungssystems bedient man sich wieder des Ansatzes (1053). Da die nullte Masse hier fehlt, läuft k jetzt von 1 bis ∞ und man erhält

$$y_n = \sum_{1}^{r} A_{k,n} \sin(\omega_k t + \alpha_k). \tag{1158}$$

Die in (1053)[a] auftretende Konstante u_c fällt hier fort, da im Gegensatz zu den Längsschwingungen eine geometrische Festlegung des Gesamtsystems sich erübrigt, da das Seil in seinen beiden Aufhängepunkten ein für alle Mal festgelegt ist. Die Eigenfrequenzen folgen wieder durch Nullsetzen der Systemdeterminante. An Stelle von (1056) erhält man hier

$$\begin{vmatrix} c_{1,1}-m_1\omega_k^2 & c_{1,2} & c_{1,3} & --- & c_{1,n} & --- & c_{1,r} \\ c_{2,1} & c_{2,2}-m_2\omega_k^2 & c_{2,3} & --- & c_{2,n} & --- & c_{2,r} \\ c_{3,1} & c_{3,2} & c_{3,3}-m_3\omega_k^2 & --- & c_{3,n} & --- & c_{3,r} \\ \hline c_{n,1} & c_{n,2} & c_{n,3} & --- & c_{n,n}-m_n\omega_k^2 & --- & c_{n,r} \\ \hline c_{r,1} & c_{r,2} & c_{r,3} & --- & c_{r,n} & --- & c_{r,r}-m_r\omega_k^2 \end{vmatrix} = 0. \quad (1159)$$

Das Gleichungssystem (1055) zur Bestimmung der Konstanten $A_{k,n}$ lautet jetzt

$$\left.\begin{aligned} (c_{1,1}-m_1\omega_k^2)A_{k,1}+c_{1,2}A_{k,2}+c_{1,3}A_{k,3}+\cdots+c_{1,n}A_{k,n}+\cdots c_{1,r}A_{k,r}&=0,\\ c_{2,1}A_{k,1}+(c_{2,2}-m_2\omega_k^2)A_{k,2}+c_{2,3}A_{k,3}+\cdots+c_{2,n}A_{k,n}+\cdots c_{2,r}A_{k,r}&=0,\\ c_{3,1}A_{k,1}+c_{3,2}A_{k,2}+(c_{3,3}-m_3\omega_k^2)A_{k,3}+\cdots+c_{3,n}A_{k,n}+\cdots c_{3,r}A_{k,r}&=0,\\ ---------------------------&,\\ c_{n,1}A_{k,1}+c_{n,2}A_{k,2}+c_{n,3}A_{k,3}+\cdots+(c_{n,n}-m_n\omega_k^2)A_{k,n}+\cdots c_{n,r}A_{k,r}&=0,\\ ---------------------------&,\\ c_{r,1}A_{k,1}+c_{r,2}A_{k,2}+c_{r,3}A_{k,3}+\cdots+c_{r,n}A_{k,n}+\cdots(c_{r,r}-m_r\omega_k^2)A_{k,r}&=0. \end{aligned}\right\} \quad (1160)$$

In den homogenen Gleichungssystemen (1160) bleibt jeweils eine Konstante willkürlich. Hierfür wird zweckmäßig jeweils $A_{k,1}$ gewählt.

Zu der homogenen Lösung tritt dann noch ein Partikularintegral des inhomogenen Gleichungssystems. Hierfür gelten sinngemäß die gleichen Ausführungen wie unter Ziffer 90.

Beispiel 41. Ein 200 m langes Seil, das mit $H = 100$ t gespannt ist, trägt im Abstande $x_1 = 40$ m vom linken Aufhängepunkt eine Last von 5 t, im Abstande $x_2 = 80$ m eine solche von 3 t und im Abstande $x_3 = 140$ m eine solche von 4 t. Welches sind die Eigenfrequenzen des Seiles?

Es müssen zunächst die Rückstellkräfte nach (1154) und (1155) ermittelt werden. Aus den gegebenen Zahlenwerten folgt

$$\frac{x_1}{H} = \frac{40}{100} = 0{,}40, \qquad \frac{x_2}{H} = \frac{80}{100} = 0{,}80, \qquad \frac{x_3}{H} = \frac{140}{100} = 1{,}40.$$

$$1-\frac{x_1}{l} = 1-\frac{40}{200} = 0{,}80, \qquad 1-\frac{x_2}{l} = 1-\frac{80}{200} = 0{,}60, \qquad 1-\frac{x_3}{l} = 1-\frac{140}{200} = 0{,}30.$$

Damit lautet (1154)

$$\left.\begin{aligned} y_1 &= 0{,}320\,P_1 + 0{,}240\,P_2 + 0{,}120\,P_3,\\ y_2 &= 0{,}240\,P_1 + 0{,}480\,P_2 + 0{,}240\,P_3,\\ y_3 &= 0{,}120\,P_1 + 0{,}240\,P_2 + 0{,}420\,P_3. \end{aligned}\right\}$$

94. Die Querschwingungen straff gespannter Seile.

Die Auflösung dieses Gleichungssystemes erfolgt zweckmäßig mit Determinanten. Man erhält

$$D = \begin{vmatrix} 0,320 & 0,240 & 0,120 \\ 0,240 & 0,480 & 0,240 \\ 0,120 & 0,240 & 0,420 \end{vmatrix} = 0,0288 \quad ,$$

$$D_1 = \begin{vmatrix} y_1 & 0,240 & 0,120 \\ y_2 & 0,480 & 0,240 \\ y_3 & 0,240 & 0,420 \end{vmatrix} = 0,144\, y_1 - 0,072\, y_2 \quad ,$$

$$D_2 = \begin{vmatrix} 0,320 & y_1 & 0,120 \\ 0,240 & y_2 & 0,240 \\ 0,120 & y_3 & 0,420 \end{vmatrix} = -0,072\, y_1 + 0,120\, y_2 - 0,048\, y_3 \quad ,$$

$$D_3 = \begin{vmatrix} 0,320 & 0,240 & y_1 \\ 0,240 & 0,480 & y_2 \\ 0,120 & 0,240 & y_3 \end{vmatrix} = -0,048\, y_2 + 0,096\, y_3$$

und damit

$$\left. \begin{aligned} P_1 &= \frac{D_1}{D} = 5,0\, y_1 - 2,5\, y_2 \quad , \\ P_2 &= \frac{D_2}{D} = -2,5\, y_1 + 4,17\, y_2 - 1,67\, y_3 \quad , \\ P_3 &= \frac{D_3}{D} = -1,67\, y_2 + 3,33\, y_3 \quad . \end{aligned} \right\}$$

Hieraus ergeben sich für die verallgemeinerten Federkonstanten die Werte

$$\left. \begin{aligned} c_{1,1} &= +5,0 \,, & c_{1,2} &= -2,5 \,, & c_{1,3} &= 0 \,, \\ c_{2,1} &= -2,5 \,, & c_{2,2} &= +4,17 \,, & c_{2,3} &= -1,67 \,, \\ c_{3,1} &= 0 \,, & c_{3,2} &= -1,67 \,, & c_{3,3} &= +3,33 \,. \end{aligned} \right\} \text{in t/m}$$

Die Einführung dieser Federkonstanten in Verbindung mit den vorgegebenen Massen

$$m_1 = \frac{5}{9,81} = 0,51\, t\, s^2/m \,, \quad m_2 = \frac{3}{9,81} = 0,31\, t\, s^2/m \,, \quad m_3 = \frac{4}{9,81} = 0,41\, t\, s^2/m$$

in die Frequenzengleichung (1159) liefert

$$\begin{vmatrix} 5,0 - 0,51\, \omega_k^2 & -2,5 & 0 \\ -2,5 & 4,17 - 0,31\, \omega_k^2 & -1,67 \\ 0 & -1,67 & 3,33 - 0,41\, \omega_k^2 \end{vmatrix} = 0$$

oder aufgelöst

$$(5,0 - 0,51\, \omega_k^2)\,[(4,17 - 0,31\, \omega_k^2)(3,33 - 0,41\, \omega_k^2) - 1,67^2] - 6,25\,(3,33 - 0,41\, \omega_k^2) = 0 \,.$$

Bei entsprechender Zusammenfassung erhält man für ω_k^2 die kubische Gleichung

$$34,70 - 16,81\, \omega_k^2 + 2,033\, \omega_k^4 - 0,065\, \omega_k^6 = 0 \,.$$

Die drei Wurzeln dieser Gleichung sind reell und positiv; sie lauten

$$\omega_1^2 = 3,2 \,, \qquad \omega_2^2 = 8,7 \,, \qquad \omega_3^2 = 19,4 \,.$$

Hieraus errechnen sich die Eigenfrequenzen
$$\omega_1 = 1{,}79\,\text{s}^{-1}, \qquad \omega_2 = 2{,}95\,\text{s}^{-1}, \qquad \omega_3 = 4{,}41\,\text{s}^{-1}$$
mit den Eigenschwingungszahlen
$$n_1 = \frac{1{,}79}{2\pi} = 0{,}295\,\text{Hz}, \qquad n_2 = \frac{2{,}95}{2\pi} = 0{,}470\,\text{Hz}, \qquad n_3 = \frac{4{,}41}{2\pi} = 0{,}701\,\text{Hz}$$
und den Eigenschwingungszeiten
$$T_1 = \frac{1}{n_1} = 3{,}39\,\text{s}, \qquad T_2 = \frac{1}{n_2} = 2{,}13\,\text{s}, \qquad T_3 = \frac{1}{n_3} = 1{,}426\,\text{s}.$$

95. Die zentripetalen Biegungsschwingungen elastischer Wellen.

Nahe verwandt mit den Querschwingungen gespannter Seile sind die Biegungsschwingungen, die aus den verschiedensten Ursachen in elastischen Stäben, insbesondere in Wellen und Trägern, ausgelöst werden. Es sollen hier zunächst die zentripetalen Biegungsschwingungen elastischer Wellen behandelt werden, die als zweidimensionale Schwingungsvorgänge einen umfassenden Einblick in das Wesen der Biegungsschwingungen vermitteln.

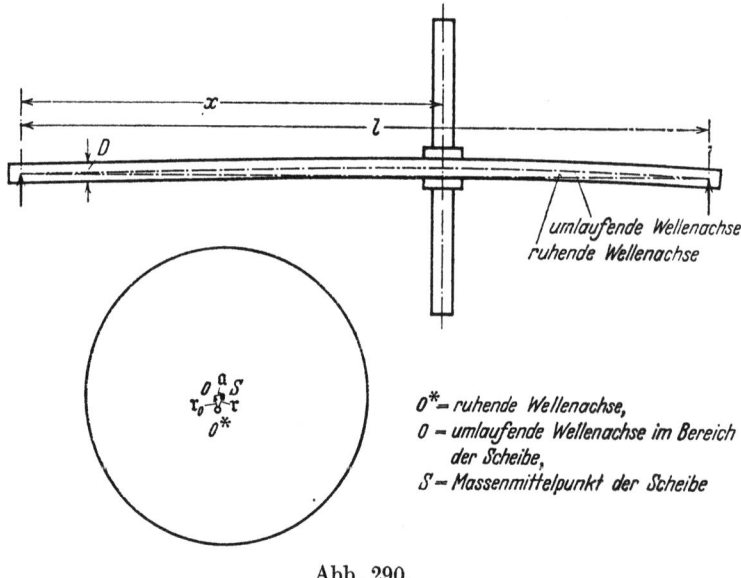

Abb. 290.

Die zentripetalen Biegungsschwingungen werden in umlaufenden Maschinenwellen dadurch ausgelöst, daß die Massenmittelpunkte der mit der Welle fest verbundenen Maschinenteile wie Scheiben, Zahnräder, Trommeln, Schwungräder usw. nicht mathematisch genau mit der Wellenachse zusammenfallen, sondern zufolge kleiner Unwuchten um sehr kleine Beträge, etwa von der Größenordnung $1/100$ bis $1/1000$ mm, aus der Wellenachse herausfallen. Im Hinblick auf die hohen Drehzahlen neuzeitlicher Maschinen sind Unwuchten der genannten Art von größtem Einfluß auf den Gang, und eine hochentwickelte Auswucht-

95. Die zentripetalen Biegungsschwingungen elastischer Wellen.

technik ist bestrebt, die Abweichungen in den Massenmittelpunkten auf immer kleinere Beträge herabzudrücken.

Um das Wesen der zentripetalen Biegungsschwingungen möglichst klar in Erscheinung treten zu lassen, soll hier zunächst gemäß Abb. 290 eine zweiseitig gelagerte Maschinenwelle mit einer einzigen Scheibe betrachtet werden, deren Massenmittelpunkt S sich von dem Massenmittelpunkt 0 der Welle um den Vektor $\mathfrak{a}$ unterscheidet; dieser seiner Länge nach konstante Vektor ändert mit dem Umlaufen der Welle ständig seine Richtung. Zufolge dieser Abweichung der Schwerpunkte werden in der Scheibe beim Umlauf Zentripetalbeschleunigungen und damit auch Zentripetalkräfte ausgelöst, die eine Verbiegung der Welle nach sich ziehen. Dadurch fällt der Massenmittelpunkt 0 der Welle im Bereich der Scheibe nicht mehr mit der ursprünglichen, als gerade Verbindungslinie der Auflagermitten sich ergebenden Wellenachse 0* zusammen, sondern ist um einen Vektor $\mathfrak{r}_0$ ausgelenkt. Diese Auslenkung ruft nun eine Rückstellkraft auf den Plan, die ständig das Bestreben hat, die Welle in ihre ursprüngliche Lage zurückzuführen. Ähnlich wie bei dem in Ziffer 94 betrachteten Seil ist die Rückstellkraft bis auf die umgekehrte Pfeilrichtung gleich derjenigen aktiven Kraft, die in 0 erforderlich ist, um der in zwei Punkten gelagerten Welle die Auslenkung $\mathfrak{r}_0$ zu erteilen. Nach den Lehren der Elastizitätstheorie fällt diese Kraft mit der Richtung von $-\mathfrak{r}_0$ zusammen und ihr absoluter Betrag ist durch den Ausdruck

$$P = \frac{3\pi l D^4 E}{64 x^2 (l-x^2)} |\mathfrak{r}_0|$$

gegeben; hierin bezeichnet außer den aus Abb. 290 ersichtlichen Längen E den sogenannten Elastizitätsmodul mit der Dimension kg/cm². Damit erhält man für die Rückstellkraft

$$\mathfrak{P} = -\frac{3\pi l D^4 E}{64 x^2 (l-x)^2} \mathfrak{r}_0 = -c\, \mathfrak{r}_0 \qquad \text{mit } c = \frac{3\pi l D^4 E}{64 x^2 (l-x)^2}\ . \qquad (1161)$$

Für die in S vereinigt gedachte Scheibenmasse m lautet nach (702) das Newtonsche Kraftgesetz

$$\mathfrak{P} = m \frac{d^2 \mathfrak{r}}{dt^2}\ .$$

Hierin stellt nun $\mathfrak{P}$ nach (1161) die Rückstellkraft dar, während man gemäß Abb. 290 für $\mathfrak{r}$

$$\mathfrak{r} = \mathfrak{r}_0 + \mathfrak{a} \qquad (1162)$$

erhält. Nach Einführen von $\mathfrak{P}$ und $\mathfrak{r}$ in (702) folgt

$$-c\, \mathfrak{r}_0 = m \frac{d^2(\mathfrak{r}_0 + \mathfrak{a})}{dt^2} = m \frac{d^2 \mathfrak{r}_0}{dt^2} + m \frac{d^2 \mathfrak{a}}{dt^2}\ . \qquad (1163)$$

Nun macht der Auslenkungsvektor $\mathfrak{a}$ beim Umlaufen der Welle eine Kreisbewegung mit der Winkelgeschwindigkeit ω der Welle. Nach (741) lautet die Differentialgleichung der Kreisbewegung, wenn $\mathfrak{r}$ sinngemäß mit $\mathfrak{a}$ vertauscht wird,

$$\frac{d^2 \mathfrak{a}}{d\varphi^2} + \mathfrak{a} = 0\ .$$

Andererseits ist nach (742)

$$\omega = \frac{d\varphi}{dt} \qquad \text{oder} \qquad d\varphi = \omega\, dt\ .$$

Da die Umlaufgeschwindigkeit ω stillschweigend als konstant vorausgesetzt wurde, folgt somit

$$\frac{d^2\mathfrak{a}}{d\varphi^2} = \frac{1}{\omega^2}\frac{d^2\mathfrak{a}}{dt^2},$$

so daß die Differentialgleichung der Kreisbewegung hier die Form

$$\frac{d^2\mathfrak{a}}{dt^2} + \omega^2\mathfrak{a} = 0 \quad \text{oder} \quad \frac{d^2\mathfrak{a}}{dt^2} = -\omega^2\mathfrak{a} \tag{1164}$$

annimmt. Wird (1164) in (1163) berücksichtigt, so erhält man

$$-c\,\mathfrak{r}_0 = m\frac{d^2\mathfrak{r}_0}{dt^2} - m\omega^2\mathfrak{a}$$

oder umgeordnet

$$\frac{d^2\mathfrak{r}_0}{dt^2} + \frac{c}{m}\mathfrak{r}_0 = \omega^2\mathfrak{a}. \tag{1165}$$

(1165) stellt eine lineare Vektordifferentialgleichung zweiter Ordnung mit Störungsfunktion dar. Die homogene Differentialgleichung ist nach (762) die Differentialgleichung der harmonischen Schwingungen, deren Lösung nach (767) in Verbindung mit (763)

$$\mathfrak{r}_0 = \mathfrak{C}_1 \cos \omega_e t + \mathfrak{C}_2 \sin \omega_e t \quad \text{mit } \omega_e = \sqrt{\frac{c}{m}} \tag{1166}$$

lautet. Dieser homogene Lösungsanteil stellt nach Abb. 191 eine Ellipse dar, mit $2\mathfrak{C}_1$ und $2\mathfrak{C}_2$ als konjugierten Durchmessern. Das noch zu überlagernde Partikularintegral der inhomogenen Differentialgleichung kann hier wegen (1164) als ein dem Vektor $\mathfrak{a}$ proportionaler Vektor angesetzt werden, etwa in der Form

$$\mathfrak{r}_0 = \lambda \mathfrak{a}.$$

Geht man hiermit unter Berücksichtigung von (1164) in (1165) hinein, so folgt

$$-\lambda\omega^2\mathfrak{a} + \lambda\omega_e^2\mathfrak{a} = \omega^2\mathfrak{a}$$

oder nach Kürzung von $\mathfrak{a}$

$$\lambda = \frac{\omega^2}{\omega_e^2 - \omega^2}.$$

Die Einführung dieses λ-Wertes in das Partikularintegral ergibt

$$\mathfrak{r}_0 = \frac{\omega^2 \mathfrak{a}}{\omega_e^2 - \omega^2}. \tag{1167}$$

Die Überlagerung von homogener und partikularer Lösung nach (1166) und (1167) liefert schließlich die vollständige Lösung

$$\mathfrak{r}_0 = \mathfrak{C}_1 \cos \omega_e t + \mathfrak{C}_2 \sin \omega_e t + \frac{\omega^2 \mathfrak{a}}{\omega_e^2 - \omega^2} \quad \text{mit } \omega_e = \sqrt{\frac{c}{m}}. \tag{1168}$$

Für den stationären Maschinenbetrieb kann man in (1168) die elliptische Eigenschwingung als durch Dämpfung aufgezehrt ansehen, so daß hierfür verbleibt

$$\mathfrak{r}_0 = \frac{\omega^2 \mathfrak{a}}{\omega_e^2 - \omega^2} \quad \text{mit } \omega_e = \sqrt{\frac{c}{m}} \quad \text{(Stationärer Maschinenbetrieb).} \tag{1169}$$

Nach (1169) sind $\mathfrak{r}_0$ und $\mathfrak{a}$ einander parallele Vektoren. Dies bedeutet aber nach Abb. 290, daß das Dreieck $0*0S$ auf die Gerade $0*S$ zusammenschrumpft und daß die Strecke $0*0S$ wie ein starrer Stab um $0*$ rotiert. Bemerkenswert ist

95. Die zentripetalen Biegungsschwingungen elastischer Wellen.

die Zuordnung von 0 und S vor, in und nach der Resonanzdrehzahl. Vor Erreichen der Resonanzdrehzahl ist ω kleiner als ω_e und $\mathfrak{r}$ und $\mathfrak{a}$ haben demgemäß gleichen Pfeilsinn. Solange hierbei $\omega < \omega_e/\sqrt{2}$ bleibt, liegt 0 dem Punkt 0* näher. Für $\omega = \omega_e/\sqrt{2}$ liegt 0 gerade in der Mitte zwischen 0* und S. Für $\omega \geq \omega_e/\sqrt{2}$ liegt 0 dem Punkte S näher. In der Resonanz ist $\omega = \omega_e$ und die Punkte 0 und S wandern ins Unendliche; damit wird die Durchbiegung der Welle unendlich groß, d. h. die Welle muß theoretisch brechen. Nach Überschreiten der Resonanzdrehzahl, d. h. für $\omega > \omega_e$ ist der Pfeilsinn von $\mathfrak{r}$ demjenigen von $\mathfrak{a}$ entgegen-

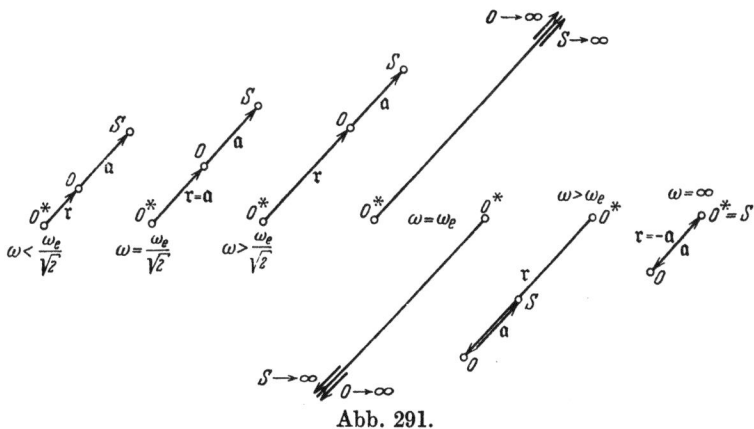

Abb. 291.

gesetzt und die Welle sucht sich mit wachsendem ω mehr und mehr in die unverbogene Lage zurückzubewegen. Für unendlich große Drehzahl führt dieses Bestreben zum vollen Erfolg, indem mit $\mathfrak{r} = -\mathfrak{a}$ der Scheibenschwerpunkt mit *0 zusammenfällt, d. h. die beiden Lagermitten und S in einer Geraden liegen. In Abb. 291 sind die verschiedenen Zustände geometrisch veranschaulicht.

Aus (1169) folgt für die bezogene Wellendurchbiegung

$$\frac{\mathfrak{r}_0}{\mathfrak{a}} = \frac{\omega^2}{\omega_e^2 - \omega^2} = \frac{\left(\frac{\omega}{\omega_e}\right)^2}{1-\left(\frac{\omega}{\omega_e}\right)^2} = \frac{\xi^2}{1-\xi^2} \quad \text{mit} \quad \xi = \frac{\omega}{\omega_e}. \tag{1170}$$

In Verbindung mit (1162) ergibt sich hieraus die bezogene Massenmittelpunktsauslenkung

$$\frac{\mathfrak{r}}{\mathfrak{a}} = \frac{\omega^2}{\omega_e^2 - \omega^2} + 1 = \frac{\omega_e^2}{\omega_e^2 - \omega^2} = \frac{1}{1-\left(\frac{\omega}{\omega_e}\right)^2} = \frac{1}{1-\xi^2} \quad \text{mit} \quad \xi = \frac{\omega}{\omega_e}. \tag{1171}$$

Aus Abb. 292 und 293 ist der Verlauf von $\mathfrak{r}_0/\mathfrak{a}$ und $\mathfrak{r}/\mathfrak{a}$ in Abhängigkeit von ω/ω_e ersichtlich. Die Diagramme zeigen den für Resonanzschaubilder charakteristischen Verlauf.

Die zu der Kreisfrequenz ω_e gehörige Eigenschwingungszahl

$$n_e = \frac{\omega_e}{2\pi}$$

wird im vorliegenden Falle als kritische Drehzahl bezeichnet.

304   Der punktförmig idealisierte Körperhaufen.

Die bisher für eine Masse durchgeführte Untersuchung soll nun auf ein Mehrmassensystem erweitert werden. Ähnlich wie im Falle der Längsschwingungen und der Seilschwingungen ergibt sich dann für jede neu hinzutretende Masse eine Eigenschwingungszahl mehr, so daß r Massen auch r Eigenschwingungs-

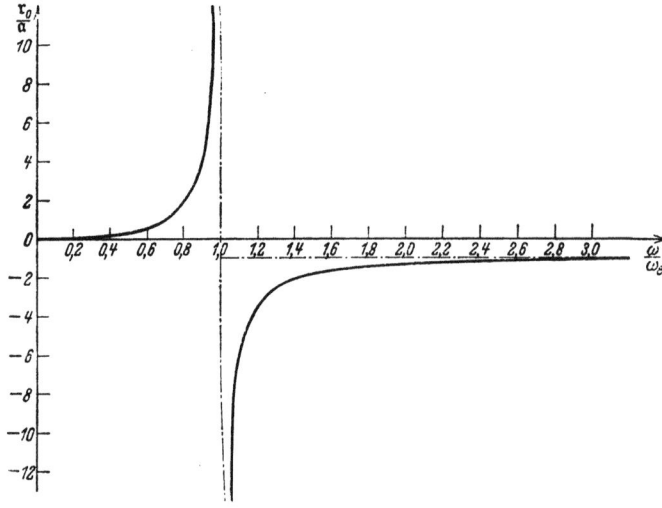

Abb. 292.

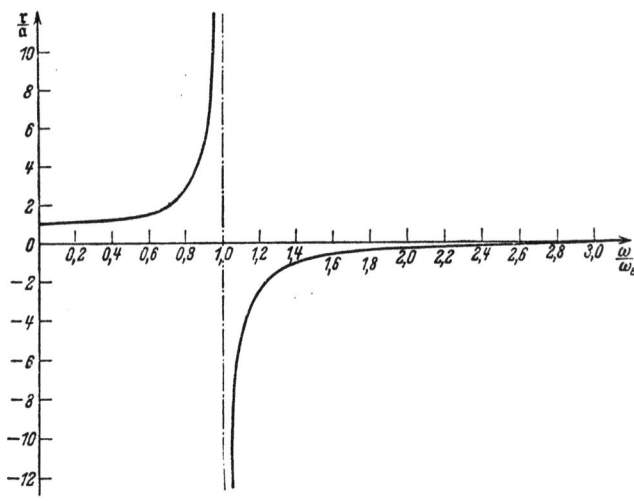

Abb. 293.

zahlen oder kritische Drehzahlen entsprechen. Da sich das Interesse der Praxis fast ausschließlich auf die Ermittlung dieser kritischen Drehzahlen erstreckt, sollen die weiteren Untersuchungen in erster Linie so aufgezogen werden, wie es im Hinblick auf die Bewältigung jener Aufgabe zweckmäßig erscheint.

Abb. 294 zeigt eine elastische Welle mit r Massen, die hier der Einfachheit halber als Scheiben vorausgesetzt wurden. Die Massenmittelpunkte der letzteren

95. Die zentripetalen Biegungsschwingungen elastischer Wellen.

sollen gegenüber der ruhenden Wellenachse die Auslenkungen $\mathfrak{a}_1, \mathfrak{a}_2, \mathfrak{a}_3, \ldots \mathfrak{a}_n \ldots \mathfrak{a}_r$ besitzen. Hierdurch entsteht beim Umlauf der Welle eine Biegungsschwingung mit den Durchbiegungsvektoren $\mathfrak{r}_{0,1}, \mathfrak{r}_{0,2}, \mathfrak{r}_{0,3} \ldots \mathfrak{r}_{0,n} \ldots \mathfrak{r}_{0,r}$ der umlaufenden Welle gegenüber der ruhenden Welle und den Auslenkungsvektoren

$$\mathfrak{r}_1 = \mathfrak{r}_{0,1} + \mathfrak{a}_1, \quad \mathfrak{r}_2 = \mathfrak{r}_{0,2} + \mathfrak{a}_2, \quad \mathfrak{r}_3 = \mathfrak{r}_{0,3} + \mathfrak{a}_3, \quad \ldots \quad \mathfrak{r}_n = \mathfrak{r}_{0,n} + \mathfrak{a}_n \cdots \mathfrak{r}_r = \mathfrak{r}_{0,r} + \mathfrak{a}_r$$

der Massenmittelpunkte der Scheiben gegenüber der ruhenden Welle. Sind dann $\mathfrak{P}_1, \mathfrak{P}_2, \mathfrak{P}_3 \ldots \mathfrak{P}_n \ldots \mathfrak{P}_r$ die Rückstellkräfte, welche die verbogene Welle auf

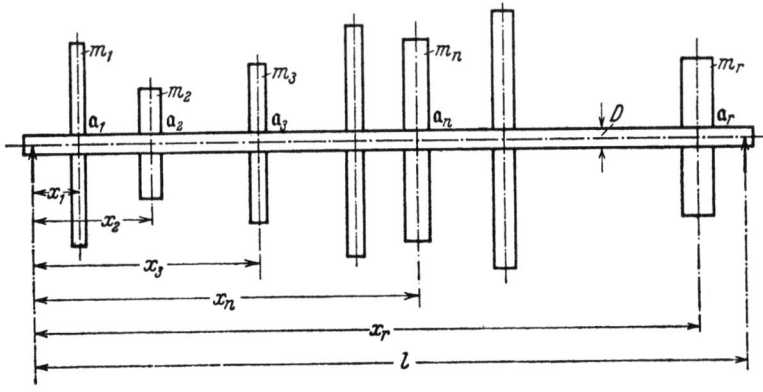

Abb. 294.

die Scheiben ausübt, so ergibt sich bei Anwendung des Newtonschen Kraftgesetzes auf die einzelnen Scheibenmassen

$$\left.\begin{aligned}\mathfrak{P}_1 &= m_1 \frac{d^2 \mathfrak{r}_1}{dt^2} = m_1 \frac{d^2(\mathfrak{r}_{0,1} + \mathfrak{a}_1)}{dt^2} = m_1 \frac{d^2 \mathfrak{r}_{0,1}}{dt^2} + m_1 \frac{d^2 \mathfrak{a}_1}{dt^2}, \\ \mathfrak{P}_2 &= m_2 \frac{d^2 \mathfrak{r}_2}{dt^2} = m_2 \frac{d^2(\mathfrak{r}_{0,2} + \mathfrak{a}_2)}{dt^2} = m_2 \frac{d^2 \mathfrak{r}_{0,2}}{dt^2} + m_2 \frac{d^2 \mathfrak{a}_2}{dt^2}, \\ \mathfrak{P}_3 &= m_3 \frac{d^2 \mathfrak{r}_3}{dt^2} = m_3 \frac{d^2(\mathfrak{r}_{0,3} + \mathfrak{a}_3)}{dt^2} = m_3 \frac{d^2 \mathfrak{r}_{0,3}}{dt^2} + m_3 \frac{d^2 \mathfrak{a}_3}{dt^2}, \\ &\quad ---------- \\ \mathfrak{P}_n &= m_n \frac{d^2 \mathfrak{r}_n}{dt^2} = m_n \frac{d^2(\mathfrak{r}_{0,n} + \mathfrak{a}_n)}{dt^2} = m_n \frac{d^2 \mathfrak{r}_{0,n}}{dt^2} + m_n \frac{d^2 \mathfrak{a}_n}{dt^2}, \\ &\quad ---------- \\ \mathfrak{P}_r &= m_r \frac{d^2 \mathfrak{r}_r}{dt^2} = m_r \frac{d^2(\mathfrak{r}_{0,r} + \mathfrak{a}_r)}{dt^2} = m_r \frac{d^2 \mathfrak{r}_{0,r}}{dt^2} + m_r \frac{d^2 \mathfrak{a}_r}{dt^2}.\end{aligned}\right\} \quad (1172)$$

Nun ist ähnlich wie im Falle der Einzelmasse

$$\frac{d^2 \mathfrak{a}_1}{dt^2} = -\omega^2 \mathfrak{a}_1, \quad \frac{d^2 \mathfrak{a}_2}{dt^2} = -\omega^2 \mathfrak{a}_2, \quad \frac{d^2 \mathfrak{a}_3}{dt^2} = -\omega^2 \mathfrak{a}_3 \cdots \frac{d^2 \mathfrak{a}_n}{dt^2} = -\omega^2 \mathfrak{a}_n \cdots \frac{d^2 \mathfrak{a}_r}{dt^2} = -\omega^2 \mathfrak{a}_r. \quad (1173)$$

Für den Zusammenhang zwischen Rückstellkräften und Wellendurchbiegungen liefert die Elastizitätstheorie

$$\left.\begin{aligned}
\mathfrak{r}_{0,1} &= -\mathfrak{f}_{1,1}\mathfrak{P}_1 - \mathfrak{f}_{1,2}\mathfrak{P}_2 - \mathfrak{f}_{1,3}\mathfrak{P}_3 - \cdots - \mathfrak{f}_{1,n}\mathfrak{P}_n - \cdots - \mathfrak{f}_{1,r}\mathfrak{P}_r \,, \\
\mathfrak{r}_{0,2} &= -\mathfrak{f}_{2,1}\mathfrak{P}_1 - \mathfrak{f}_{2,2}\mathfrak{P}_2 - \mathfrak{f}_{2,3}\mathfrak{P}_3 - \cdots - \mathfrak{f}_{2,n}\mathfrak{P}_n - \cdots - \mathfrak{f}_{2,r}\mathfrak{P}_r \,, \\
\mathfrak{r}_{0,3} &= -\mathfrak{f}_{3,1}\mathfrak{P}_1 - \mathfrak{f}_{3,2}\mathfrak{P}_2 - \mathfrak{f}_{3,3}\mathfrak{P}_3 - \cdots - \mathfrak{f}_{3,n}\mathfrak{P}_n - \cdots - \mathfrak{f}_{3,r}\mathfrak{P}_r \,, \\
&\overline{\phantom{-\mathfrak{f}_{1,1}\mathfrak{P}_1 - \mathfrak{f}_{1,2}\mathfrak{P}_2 - \mathfrak{f}_{1,3}\mathfrak{P}_3 - \cdots - \mathfrak{f}_{1,n}}} \,, \\
\mathfrak{r}_{0,n} &= -\mathfrak{f}_{n,1}\mathfrak{P}_1 - \mathfrak{f}_{n,2}\mathfrak{P}_2 - \mathfrak{f}_{n,3}\mathfrak{P}_3 - \cdots - \mathfrak{f}_{n,n}\mathfrak{P}_n - \cdots - \mathfrak{f}_{n,r}\mathfrak{P}_r \,, \\
&\overline{\phantom{-\mathfrak{f}_{1,1}\mathfrak{P}_1 - \mathfrak{f}_{1,2}\mathfrak{P}_2 - \mathfrak{f}_{1,3}\mathfrak{P}_3 - \cdots - \mathfrak{f}_{1,n}}} \,, \\
\mathfrak{r}_{0,r} &= -\mathfrak{f}_{r,1}\mathfrak{P}_1 - \mathfrak{f}_{r,2}\mathfrak{P}_2 - \mathfrak{f}_{r,3}\mathfrak{P}_3 - \cdots - \mathfrak{f}_{r,n}\mathfrak{P}_n - \cdots - \mathfrak{f}_{r,r}\mathfrak{P}_r \,.
\end{aligned}\right\} \quad (1174)$$

In (1174) stellen die $\mathfrak{f}_{i,k}$ die sogenannten Durchbiegungseinflußzahlen dar, d. h. diejenigen Durchbiegungen, die von einer Kraft $P_k = 1$ im Punkte i hervorgerufen werden. Die allgemeine Formel für $\mathfrak{f}_{i,k}$ lautet

$$\mathfrak{f}_{i,k} = \mathfrak{f}_{k,i} = \frac{32\, x_i (l - x_k)(2\, x_k\, l - x_k^2 - x_i^2)}{3\pi\, l\, L^4\, E} \qquad [i \leq k]\,. \quad (1175)$$

Die in (1175) auftretenden Längenbezeichnungen sind aus Abb. 294 ersichtlich. Es ist zu beachten, daß die Formel nur für $i \leq k$ gilt. Für $i > k$ bedient man sich der in (1175) eingebauten Beziehung

$$\mathfrak{f}_{i,k} = \mathfrak{f}_{k,i}\,, \quad (1176)$$

die den sogenannten Maxwellschen Satz von der Gegenseitigkeit der Verschiebungen darstellt.

Ähnlich wie bei den Seilschwingungen müßte nun das Gleichungssystem (1174) zunächst nach den P_n aufgelöst werden. Dieses im allgemeinen recht mühsame Verfahren läßt sich ersparen, wenn es lediglich darauf ankommt, die kritischen Drehzahlen zu ermitteln. In diesem Falle wird die Rechnung viel kürzer, wenn das Newtonsche Kraftgleichungssystem (1172) durch unmittelbare Einführung von (1174) und unter gleichzeitiger Beachtung von (1173) als Gleichungssystem für die Rückstellkräfte dargestellt wird. Dies ergibt

$$\left.\begin{aligned}
\mathfrak{P}_1 + m_1\mathfrak{f}_{1,1}\frac{d^2\mathfrak{P}_1}{dt^2} &+ m_1\mathfrak{f}_{1,2}\frac{d^2\mathfrak{P}_2}{dt^2} + m_1\mathfrak{f}_{1,3}\frac{d^2\mathfrak{P}_3}{dt^2} + \cdots + \\
&+ m_1\mathfrak{f}_{1,n}\frac{d^2\mathfrak{P}_n}{dt^2} + \cdots + m_1\mathfrak{f}_{1,r}\frac{d^2\mathfrak{P}_r}{dt^2} = m_1\omega^2\mathfrak{a}_1\,, \\
\mathfrak{P}_2 + m_2\mathfrak{f}_{2,1}\frac{d^2\mathfrak{P}_1}{dt^2} &+ m_2\mathfrak{f}_{2,2}\frac{d^2\mathfrak{P}_2}{dt^2} + m_2\mathfrak{f}_{2,3}\frac{d^2\mathfrak{P}_3}{dt^2} + \cdots + \\
&+ m_2\mathfrak{f}_{2,n}\frac{d^2\mathfrak{P}_n}{dt^2} + \cdots + m_2\mathfrak{f}_{2,r}\frac{d^2\mathfrak{P}_r}{dt^2} = m_2\omega^2\mathfrak{a}_2\,, \\
\mathfrak{P}_3 + m_3\mathfrak{f}_{3,1}\frac{d^2\mathfrak{P}_1}{dt^2} &+ m_3\mathfrak{f}_{3,2}\frac{d^2\mathfrak{P}_2}{dt^2} + m_3\mathfrak{f}_{3,3}\frac{d^2\mathfrak{P}_3}{dt^2} + \cdots + \\
&+ m_3\mathfrak{f}_{3,n}\frac{d^2\mathfrak{P}_n}{dt^2} + \cdots + m_3\mathfrak{f}_{3,r}\frac{d^2\mathfrak{P}_r}{dt^2} = m_3\omega^2\mathfrak{a}_3\,, \\
&\overline{} \,, \\
\mathfrak{P}_n + m_n\mathfrak{f}_{n,1}\frac{d^2\mathfrak{P}_1}{dt^2} &+ m_n\mathfrak{f}_{n,2}\frac{d^2\mathfrak{P}_2}{dt^2} + m_n\mathfrak{f}_{n,3}\frac{d^2\mathfrak{P}_3}{dt^2} + \cdots +
\end{aligned}\right\} \quad (1177)$$

95. Die zentripetalen Biegungsschwingungen elastischer Wellen.

$$+ m_n \mathfrak{f}_{n,n} \frac{d^2 \mathfrak{P}_n}{dt^2} + \cdots + m_n \mathfrak{f}_{n,r} \frac{d^2 \mathfrak{P}_r}{dt^2} = m_n \omega^2 \mathfrak{a}_n \, , \qquad (1177)$$

$$\mathfrak{P}_r + m_r \mathfrak{f}_{r,1} \frac{d^2 \mathfrak{P}_1}{dt^2} + m_r \mathfrak{f}_{r,2} \frac{d^2 \mathfrak{P}_2}{dt^2} + m_r \mathfrak{f}_{r,3} \frac{d^2 \mathfrak{P}_3}{dt^2} + \cdots +$$
$$+ m_r \mathfrak{f}_{r,n} \frac{d^2 \mathfrak{P}_n}{dt^2} + \cdots + m_r \mathfrak{f}_{r,r} \frac{d^2 \mathfrak{P}_r}{dt^2} = m_r \omega^2 \mathfrak{a}_r \, .$$

Da die kritischen Drehzahlen aus dem homogenen Gleichungssystem folgen, können die rechten Seiten von (1177) gleich null gesetzt werden. Bedient man sich dann wieder des Ansatzes

$$\mathfrak{P}_n = \sum_1^r {}^k \mathfrak{A}_{k,n} \sin(\omega_k t + \alpha_k) \, , \qquad (1178)$$

so geht jede der homogenen Differentialgleichungen in r Summen über, die jeweils mit einem Faktor $\sin(\omega_k t + \alpha_k)$ multipliziert sind. Diese Gleichungen lassen sich nur durch Nullsetzen der r^2 Summen befriedigen. Die damit entstehenden r^2 linearen Gleichungen für die Vektorkonstanten $\mathfrak{A}_{k,n}$ können dann wieder ähnlich wie früher zu r homogenen Gleichungssystemen zusammengefaßt werden. Das k^{te} dieser Gleichungssysteme lautet:

$$\mathfrak{A}_{k,1}(1 - m_1 \mathfrak{f}_{1,1} \omega_k^2) - \mathfrak{A}_{k,2} m_1 \mathfrak{f}_{1,2} \omega_k^2 - \mathfrak{A}_{k,3} m_1 \mathfrak{f}_{1,3} \omega_k^2 - \cdots -$$
$$- \mathfrak{A}_{k,n} m_1 \mathfrak{f}_{1,n} \omega_k^2 - \cdots - A_{k,r} m_1 \mathfrak{f}_{1,r} \omega_k^2 = 0 \, ,$$
$$- \mathfrak{A}_{k,1} m_2 \mathfrak{f}_{2,1} \omega_k^2 + \mathfrak{A}_{k,2}(1 - m_2 \mathfrak{f}_{2,2} \omega_k^2) - \mathfrak{A}_{k,3} m_2 \mathfrak{f}_{2,3} \omega_k^2 - \cdots -$$
$$- \mathfrak{A}_{k,n} m_2 \mathfrak{f}_{2,n} \omega_k^2 - \cdots - \mathfrak{A}_{k,r} m_2 \mathfrak{f}_{2,r} \omega_k^2 = 0 \, ,$$
$$- \mathfrak{A}_{k,1} m_3 \mathfrak{f}_{3,1} \omega_k^2 - \mathfrak{A}_{k,2} m_3 \mathfrak{f}_{3,2} \omega_k^2 + \mathfrak{A}_{k,3}(1 - m_3 \mathfrak{f}_{3,3} \omega_k^2) - \cdots -$$
$$- \mathfrak{A}_{k,n} m_3 \mathfrak{f}_{3,n} \omega_k^2 - \cdots - \mathfrak{A}_{k,r} m_3 \mathfrak{f}_{3,r} \omega_k^2 = 0 \, , \qquad (1179)$$
$$- \mathfrak{A}_{k,1} m_n \mathfrak{f}_{n,1} \omega_k^2 - \mathfrak{A}_{k,2} m_n \mathfrak{f}_{n,2} \omega_k^2 - \mathfrak{A}_{k,3} m_n \mathfrak{f}_{n,3} \omega_k^2 - \cdots +$$
$$+ \mathfrak{A}_{k,n}(1 - m_n \mathfrak{f}_{n,n} \omega_k^2) - \cdots - \mathfrak{A}_{k,r} m_n \mathfrak{f}_{n,r} \omega_k^2 = 0 \, ,$$
$$- \mathfrak{A}_{k,1} m_r \mathfrak{f}_{r,1} \omega_k^2 - \mathfrak{A}_{k,2} m_r \mathfrak{f}_{r,2} \omega_k^2 - \mathfrak{A}_{k,3} m_r \mathfrak{f}_{r,3} \omega_k^2 - \cdots -$$
$$- \mathfrak{A}_{k,n} m_r \mathfrak{f}_{r,n} \omega_k^2 - \cdots + \mathfrak{A}_{k,r}(1 - m_r \mathfrak{f}_{r,r} \omega_k^2) = 0 \, ,$$

Dieses Gleichungssystem läßt sich noch einfacher schreiben, wenn die Gleichungen der Reihe nach durch $m_n \omega_k^2$ für $n = 1, 2, 3, \ldots r$ dividiert werden. So erhält man

$$\mathfrak{A}_{k,1}\left(\mathfrak{f}_{1,1} - \frac{1}{m_1 \omega_k^2}\right) + \mathfrak{A}_{k,2} \mathfrak{f}_{1,2} + \mathfrak{A}_{k,3} \mathfrak{f}_{1,3} + \cdots + \mathfrak{A}_{k,n} \mathfrak{f}_{1,n} + \cdots + \mathfrak{A}_{k,r} \mathfrak{f}_{1,r} = 0 \, ,$$

$$\mathfrak{A}_{k,1} \mathfrak{f}_{2,1} + \mathfrak{A}_{k,2}\left(\mathfrak{f}_{2,2} - \frac{1}{m_2 \omega_k^2}\right) + \mathfrak{A}_{k,3} \mathfrak{f}_{2,3} + \cdots + \mathfrak{A}_{k,n} \mathfrak{f}_{2,n} + \cdots + \mathfrak{A}_{k,r} \mathfrak{f}_{2,r} = 0 \, ,$$

$$\mathfrak{A}_{k,1} \mathfrak{f}_{3,1} + \mathfrak{A}_{k,2} \mathfrak{f}_{3,2} + \mathfrak{A}_{k,3}\left(\mathfrak{f}_{3,3} - \frac{1}{m_3 \omega_k^2}\right) + \cdots + \mathfrak{A}_{k,n} \mathfrak{f}_{3,n} + \cdots + \mathfrak{A}_{k,r} \mathfrak{f}_{3,r} = 0 \, , \qquad (1180)$$

$$\mathfrak{A}_{k,1} \mathfrak{f}_{n,1} + \mathfrak{A}_{k,2} \mathfrak{f}_{n,2} + \mathfrak{A}_{k,3} \mathfrak{f}_{n,3} + \cdots + \mathfrak{A}_{k,n}\left(\mathfrak{f}_{n,n} - \frac{1}{m_n \omega_k^2}\right) + \cdots + \mathfrak{A}_{k,r} \mathfrak{f}_{n,r} = 0 \, ,$$

$$\mathfrak{A}_{k,1} \mathfrak{f}_{r,1} + \mathfrak{A}_{k,2} \mathfrak{f}_{r,2} + \mathfrak{A}_{k,3} \mathfrak{f}_{r,3} + \cdots + \mathfrak{A}_{k,n} \mathfrak{f}_{r,n} + \cdots + \mathfrak{A}_{k,r}\left(\mathfrak{f}_{r,r} - \frac{1}{m_r \omega_k^2}\right) = 0 \, .$$

Durch Nullsetzen der Systemdeterminante ergibt sich die Frequenzengleichung

$$\begin{vmatrix} \mathfrak{f}_{1,1}-\dfrac{1}{m_1\omega_k^2} & \mathfrak{f}_{1,2} & \mathfrak{f}_{1,3} & ---- & \mathfrak{f}_{1,n} & ---- & \mathfrak{f}_{1,r} \\ \mathfrak{f}_{2,1} & \mathfrak{f}_{2,2}-\dfrac{1}{m_2\omega_k^2} & \mathfrak{f}_{2,3} & ---- & \mathfrak{f}_{2,n} & ---- & \mathfrak{f}_{2,r} \\ \mathfrak{f}_{3,1} & \mathfrak{f}_{3,2} & \mathfrak{f}_{3,3}-\dfrac{1}{m_3\omega_k^2} & ---- & \mathfrak{f}_{3,n} & ---- & \mathfrak{f}_{3,r} \\ \hline \mathfrak{f}_{n,1} & \mathfrak{f}_{n,2} & \mathfrak{f}_{n,3} & ---- \mathfrak{f}_{n,n}-\dfrac{1}{m_n\omega_k^2} & ---- & \mathfrak{f}_{n,r} \\ \hline \mathfrak{f}_{r,1} & \mathfrak{f}_{r,2} & \mathfrak{f}_{r,3} & ---- & \mathfrak{f}_{r,n} & ---- \mathfrak{f}_{r,r}-\dfrac{1}{m_r\omega_k^2} \end{vmatrix} = 0. \quad (1181)$$

Sie führt auf eine Gleichung r^{ten} Grades für $1/\omega^2$, im Gegensatz zu den früheren Frequenzengleichungen, die auf eine Gleichung r^{ten} Grades für ω_k^2 führten. Die r Wurzeln von (1181) liefern die Eigenfrequenzen, aus denen dann durch Division durch 2π die gesuchten kritischen Drehzahlen folgen.

Beispiel 42. Eine 3000 mm lange Maschinenwelle von 200 mm Durchmesser trägt an den Stellen $x_1 = 600$ mm, $x_2 = 1500$ mm, $x_3 = 1800$ mm und $x_4 = 2700$ mm vier achsensymmetrisch angeordnete Massen $m_1 = 0,2400$ kg s² cm⁻¹, $m_2 = 0,0983$ kg s² cm⁻¹, $m_3 = 0,1146$ kg s² cm⁻¹ und $m_4 = 0,7580$ kg s² cm⁻¹. Der Elastizitätsmodul des Wellenstahles beträgt $E = 2100000$ kg/cm². Wo liegen die kritischen Drehzahlen der Welle?

Aus den vorgegebenen Längenabmessungen folgt

$$\frac{x_1}{l} = \frac{600}{3000} = 0{,}20\;, \quad \frac{x_2}{l} = \frac{1500}{3000} = 0{,}50\;, \quad \frac{x_3}{l} = \frac{1800}{3000} = 0{,}60\;;\quad \frac{x_4}{l} = \frac{2700}{3000} = 0{,}90\;.$$

Ferner errechnet sich

$$\frac{32\,l^3}{3\pi\,D^4 E} = \frac{32 \cdot 300^3}{3\pi \cdot 20^4 \cdot 2100000} = \frac{1}{3660}\;.$$

Aus diesen Zahlenwerten müssen nun die $\mathfrak{f}_{i,k} = \mathfrak{f}_{k,i}$ nach (1175) aufgebaut werden. Hierfür wird (1175) zweckmäßig noch umgeformt, und zwar gemäß

$$\mathfrak{f}_{i,k} = \mathfrak{f}_{k,i} = \frac{32\,l^3}{3\pi\,D^4 E}\frac{x_i}{l}\left(1-\frac{x_k}{l}\right)\left(2\frac{x_k}{l}-\left(\frac{x_k}{l}\right)^2-\left(\frac{x_i}{l}\right)^2\right) = \frac{32\,l^3}{3\pi\,D^4 E}\bar{\mathfrak{f}}_{i,k} = \frac{\bar{\mathfrak{f}}_{i,k}}{3660}$$

Die Auswertung ergibt für die $\bar{\mathfrak{f}}_{i,k}$

$\bar{\mathfrak{f}}_{1,1} = 0{,}2 \cdot 0{,}8 \cdot 0{,}32 = 0{,}0512\;,\quad\quad \bar{\mathfrak{f}}_{1,2} = \bar{\mathfrak{f}}_{2,1} = 0{,}2 \cdot 0{,}5 \cdot 0{,}71 = 0{,}0710\;,$

$\bar{\mathfrak{f}}_{2,2} = 0{,}5 \cdot 0{,}5 \cdot 0{,}50 = 0{,}1250\;,\quad\quad \bar{\mathfrak{f}}_{1,3} = \bar{\mathfrak{f}}_{3,1} = 0{,}2 \cdot 0{,}4 \cdot 0{,}80 = 0{,}0640\;,$

$\bar{\mathfrak{f}}_{3,3} = 0{,}6 \cdot 0{,}4 \cdot 0{,}48 = 0{,}1072\;,\quad\quad \bar{\mathfrak{f}}_{1,4} = \bar{\mathfrak{f}}_{4,1} = 0{,}2 \cdot 0{,}1 \cdot 0{,}95 = 0{,}0190\;,$

$\bar{\mathfrak{f}}_{4,4} = 0{,}9 \cdot 0{,}1 \cdot 0{,}18 = 0{,}0162\;.\quad\quad\;\; \bar{\mathfrak{f}}_{2,3} = \bar{\mathfrak{f}}_{3,2} = 0{,}5 \cdot 0{,}4 \cdot 0{,}59 = 0{,}1180\;,$

$\phantom{\bar{\mathfrak{f}}_{4,4} = 0{,}9 \cdot 0{,}1 \cdot 0{,}18 = 0{,}0162\;.\quad\quad\;\;} \bar{\mathfrak{f}}_{2,4} = \bar{\mathfrak{f}}_{4,2} = 0{,}5 \cdot 0{,}1 \cdot 0{,}74 = 0{,}0370\;,$

$\phantom{\bar{\mathfrak{f}}_{4,4} = 0{,}9 \cdot 0{,}1 \cdot 0{,}18 = 0{,}0162\;.\quad\quad\;\;} \bar{\mathfrak{f}}_{3,4} = \bar{\mathfrak{f}}_{4,3} = 0{,}6 \cdot 0{,}1 \cdot 0{,}63 = 0{,}0378\;.$

95. Die zentripetalen Biegungsschwingungen elastischer Wellen.

Diese Einflußwerte müssen nun zusammen mit den vorgegebenen Massen in die Frequenzengleichung (1181) eingeführt werden. Man erhält

$$\begin{vmatrix} \dfrac{0{,}0512}{3660}-\dfrac{1}{0{,}2400\,\omega_k^2} & \dfrac{0{,}0710}{3660} & \dfrac{0{,}0640}{3660} & \dfrac{0{,}0190}{3660} \\ \dfrac{0{,}0710}{3660} & \dfrac{0{,}1250}{3660}-\dfrac{1}{0{,}0983\,\omega_k^2} & \dfrac{0{,}1180}{3660} & \dfrac{0{,}0370}{3660} \\ \dfrac{0{,}0640}{3660} & \dfrac{0{,}1180}{3660} & \dfrac{0{,}1072}{3660}-\dfrac{1}{0{,}1146\,\omega_k^2} & \dfrac{0{,}0378}{3660} \\ \dfrac{0{,}0190}{3660} & \dfrac{0{,}0370}{3660} & \dfrac{0{,}0378}{3660} & \dfrac{0{,}0162}{3660}-\dfrac{1}{0{,}7580\,\omega_k^2} \end{vmatrix}=0.$$

Nun ändert sich der Wert einer Determinante von der Größe null nicht, wenn sämtliche Koeffizienten mit der gleichen Zahl multipliziert werden. Wird hierfür die Zahl 36600 gewählt und gleichzeitig eine neue Veränderliche $\overline{\omega}_k^2$ gemäß

$$\overline{\omega}_k^2 = \frac{\omega_k^2}{100\,000}, \qquad \omega_k^2 = 100\,000\,\overline{\omega}_k^2$$

eingeführt, so lautet die Frequenzengleichung

$$\begin{vmatrix} 0{,}512-\dfrac{1{,}524}{\overline{\omega}_k^2} & 0{,}710 & 0{,}640 & 0{,}190 \\ 0{,}710 & 1{,}250-\dfrac{3{,}720}{\overline{\omega}_k^2} & 1{,}180 & 0{,}370 \\ 0{,}640 & 1{,}180 & 1{,}072-\dfrac{3{,}190}{\overline{\omega}_k^2} & 0{,}378 \\ 0{,}190 & 0{,}370 & 0{,}378 & 0{,}162-\dfrac{0{,}483}{\overline{\omega}_k^2} \end{vmatrix}=0.$$

Nach Ausmultiplikation der Determinante und zweckentsprechender Erweiterung ergibt sich

$$\overline{\omega}_k^8 - 119{,}9\,\overline{\omega}_k^6 + 3518\,\overline{\omega}_k^4 - 26215\,\overline{\omega}_k^2 + 19450 = 0.$$

Diese Frequenzengleichung besitzt die vier reellen Wurzeln

$$\overline{\omega}_1^2 = 0{,}83 \qquad \text{und damit} \qquad \omega_1^2 = 83\,000,$$
$$\overline{\omega}_2^2 = 10{,}1 \qquad\qquad\qquad\qquad \omega_2^2 = 1\,010\,000,$$
$$\overline{\omega}_3^2 = 29 \qquad\qquad\qquad\qquad \omega_3^2 = 2\,900\,000,$$
$$\overline{\omega}_4^2 = 80 \qquad\qquad\qquad\qquad \omega_4^2 = 8\,000\,000.$$

Hieraus folgen die kritischen Kreisfrequenzen

$$\omega_1 = 288\,\text{s}^{-1}, \qquad \omega_2 = 1005\,\text{s}^{-1}, \qquad \omega_3 = 1704\,\text{s}^{-1}, \qquad \omega_4 = 2830\,\text{s}^{-1}.$$

Nach Division durch 2π erhält man die Schwingungszahlen

$$n_1 = 45{,}8\,\text{Hz}, \qquad n_2 = 180{,}0\,\text{Hz}, \qquad n_3 = 271{,}0\,\text{Hz}, \qquad n_4 = 450{,}5\,\text{Hz}.$$

Die kritischen Drehzahlen werden im Maschinenbau gewöhnlich in Umdrehungen pro Minute ausgedrückt, was eine Multiplikation der n-Werte in Hertz mit 60 erfordert. Dies ergibt

$$n_1 = 2750\,\text{Umdr./Min.} \qquad n_3 = 16250\,\text{Umdr./Min.}$$
$$n_2 = 10800\,\text{Umdr./Min.} \qquad n_4 = 27040\,\text{Umdr./Min.}$$

Von diesen kritischen Drehzahlen ist in den meisten Anwendungsfällen entweder die tiefste oder die höchste ausschlaggebend. Die tiefste kritische Drehzahl ist maßgebend, wenn die Maschine „unterkritisch" läuft, die höchste, wenn sie „oberkritisch" läuft. Dabei erfordert es der praktische Betrieb, daß die Betriebsdrehzahl oder, besser gesagt, die höchste bzw. niedrigste Betriebsdrehzahl sich in hinreichendem Abstand von den kritischen Werten hält. Im vorliegenden Falle dürfte man bei unterkritischem Betrieb mit der Betriebsdrehzahl höchstens auf 2500 Umdr./Min. heraufgehen und bei überkritischem Betrieb höchstens auf 28000 Umdr./Min. herabgehen. Im gewählten Beispiele fällt der überkritischen Betrachtung nur theoretische Bedeutung zu, denn eine Welle von 3000 mm Länge und 200 mm Durchmesser wird man mit kaum mehr als 2500 Umdr./Min. laufen lassen.

Neuntes Kapitel.
Die gedämpften Schwingungen.
96. Allgemeiner Überblick.

In Kapitel 8 wurde bereits mehrfach der Begriff der Dämpfung erwähnt, insbesondere in dem Zusammenhange, daß die Eigenschwingungen durch Dämpfung abgeklungen sein sollten. Wie in der Natur kein Bewegungsvorgang ohne Reibung denkbar ist, so sind auch Schwingungserscheinungen stets mit Dämpfung verbunden. Hierdurch kommt jeder Schwingungsvorgang nach einer gewissen Zeit zur Ruhe, es sei denn, daß durch ständige Zufuhr von Energie der Schwingungszustand gehalten wird, wie z. B. beim stationären Betrieb einer Maschine. Viele Erscheinungen, die bei Außerachtlassung der Dämpfung einen sprungartigen Charakter zeigen, wie z. B. die unendlich großen Schwingungsausschläge in den Resonanzlagen oder der plötzliche Phasenwechsel beim Durchschreiten einer Resonanzstufe, nehmen einen durchaus stetigen Verlauf, sobald die Dämpfung mit in den Kreis der Betrachtung gezogen wird. Leider ist es nun so, daß die Dämpfung den verschiedensten Reibungsursachen entspringt und daher nicht nur verwickelt in ihrem Verlaufe ist, sondern oft auch von vornherein gar nicht einwandfrei gesetzmäßig festliegt. Es ist daher höchst erfreulich, daß gerade die wichtigste Aufgabe der Schwingungslehre, nämlich die Ermittlung der Resonanzlagen, kritischen Drehzahlen usw. durch die Dämpfung nur in so untergeordnetem Maße beeinflußt wird, daß hierfür die Idealvoraussetzungen des Kapitels 8 völlig ausreichen.

Wie jede Reibungskraft, so wirkt auch die Dämpfungskraft stets der Bewegung entgegen. Da die Bewegungsrichtung durch die jeweilige Geschwindigkeitsrichtung repräsentiert wird, ist es üblich geworden, die Dämpfungskraft als Funktion der Geschwindigkeit darzustellen, z. B. in der Form des Potenzansatzes

$$\mathfrak{P}_d = d_0 \frac{v}{|v|} + d_1 v + d_2 v |v| + d_3 v v^2 + d_4 v |v|^3 + d_5 v v^4 + \cdots . \quad (1182)$$

Das erste Glied des Potenzansatzes (1182) liefert den Anteil der sogenannten konstanten oder Reibungsdämpfung; dieser Anteil ist, funktionsmäßig betrachtet, immer nur streckenweise konstant, denn mit dem bei Schwingungen vorhandenen ständigen Vorzeichenwechsel der Geschwindigkeit ändert sich auch ständig das Vorzeichen der im übrigen konstanten Dämpfungskraft. Das zweite Glied von (1182) stellt den einer theoretischen Behandlung besonders zugänglichen Anteil der linearen Dämpfung dar. Dank ihrer außerordentlichen Bedeutung in der Elektrotechnik sind die linear gedämpften Schwingungen besonders gründlich mathematisch untersucht worden. Das dritte Glied in (1182) entspricht dem Anteil der quadratischen Dämpfung, das vierte demjenigen der kubischen Dämpfung usw. Die quadratische Dämpfung bereitet theoretisch schon erhebliche Schwierigkeiten, die höheren Dämpfungen sind mathematisch kaum untersucht worden.

Für die mechanische Schwingungslehre ist die Bedeutung einer Einbeziehung der Dämpfung vornehmlich darin zu suchen, daß dadurch grundsätzliche Klarheit über den wirklichen Verlauf, insbesondere der Resonanz, des Phasenwechsels, der Ein- und Ausschwingvorgänge und dergleichen geliefert wird. Eine genaue Erfassung der tatsächlichen Dämpfungsvorgänge ist nur in den seltensten Fällen möglich. Aus diesem Grunde fällt auch der Potenzentwicklung (1182) nur geringe praktische Bedeutung zu. Man ist fast stets genötigt, sich auf die Betrachtung von Einzelgliedern von (1182) zu beschränken und die so betrachteten Dämpfungsanteile mit der Gesamtwirkung der Dämpfung zu identifizieren. In diesem Sinne ergeben sich die folgenden Dämpfungsansätze:

$$\left.\begin{aligned}\mathfrak{P}_d^{(0)} &= d_0 \frac{v}{|v|} & \text{(Konstante Dämpfung)} &, \\ \mathfrak{P}_d^{(1)} &= d_1 v & \text{(Lineare Dämpfung)} &, \\ \mathfrak{P}_d^{(2)} &= d_2 v |v| & \text{(Quadratische Dämpfung)} &, \\ \mathfrak{P}_d^{(3)} &= d_3 v v^2 & \text{(Kubische Dämpfung)} &, \end{aligned}\right\} \quad (1183)$$

97. Konstant gedämpfte Schwingungen.

Das Wesen der gedämpften Schwingungen tritt am klarsten an einem Einmassensystem zutage. Abb. 295 zeigt einen solchen Einmassenschwinger, bei welchem die Dämpfung durch die Reibung längs der seitlichen Führungen hervorgerufen werden möge; der auf die Ausgangslage bezogene Schwingungsausschlag sei u. Dann wirken auf die Masse gemäß Abb. 296 die Rückstellkraft cu, die Dämpfungskraft $d_0 \frac{v}{v}$

Abb. 295.   Abb. 296.

und eine gegebenenfalls vorhandene Erregerkraft $P(t)$, die gemäß

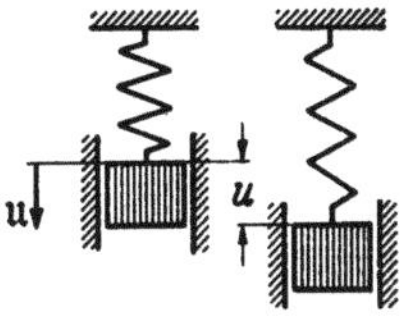

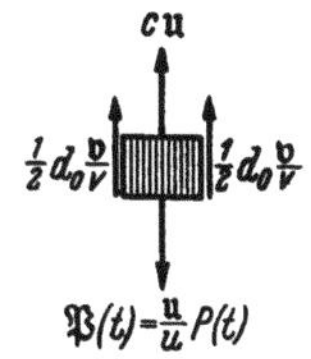

$$P(t) = \sum_{1}^{\infty} a_{\overline{n}} \sin \overline{n} \omega t + \sum_{1}^{\infty} b_{\overline{n}} \cos \overline{n} \omega t + b_0 \quad (1184)$$

in harmonisch analysierter Form gegeben sei. Die Resultierende dieser Kräfte lautet

$$- c \mathfrak{u} - d_0 \frac{v}{|v|} + \mathfrak{P}(t)$$

und ist nach dem Newtonschen Kraftgesetze gleich Masse mal Beschleunigung. Somit folgt

$$-c\mathfrak{u} - d_0 \frac{\mathfrak{v}}{|\mathfrak{v}|} + \mathfrak{P}(t) = m \frac{d^2\mathfrak{u}}{dt^2}.$$

Da es sich um eine geradlinige Bewegung handelt, wird in dieser Differentialgleichung die Vektorform entbehrlich, wenn man

$$\frac{\mathfrak{v}}{|\mathfrak{v}|} = \pm 1 \frac{\mathfrak{u}}{|\mathfrak{u}|}, \qquad \mathfrak{P}(t) = P(t) \frac{\mathfrak{u}}{|\mathfrak{u}|}$$

setzt. Damit ist vereinbart, daß das $+$-Zeichen für diejenigen Zeitintervalle verwendet wird, in denen $\mathfrak{v}$ und $\mathfrak{u}$ gleichgerichtet sind, das $-$-Zeichen dort, wo $\mathfrak{v}$ und $\mathfrak{u}$ entgegengesetzt gerichtet sind. Dann ergibt sich

$$-cu \mp d_0 + P(t) = m \frac{d^2 u}{dt^2}$$

oder

$$\frac{d^2 u}{dt^2} + \frac{c}{m} u = \mp \frac{d_0}{m} + \frac{P(t)}{m} = \mp \frac{d_0}{m} + \sum_{\bar{n}}^{\infty} \frac{a_{\bar{n}}}{m} \sin \bar{n} \omega t + \sum_{\bar{n}}^{\infty} \frac{b_{\bar{n}}}{m} \cos \bar{n} \omega t + \frac{b_0}{m}. \quad (1185)$$

Die homogene Lösung von (1185) lautet

$$u = A \sin\left(\sqrt{\frac{c}{m}} t + \alpha\right).$$

Für das Partikularintegral erhält man ähnlich wie in Ziffer 88

$$u = \mp \frac{d_0}{c} + \frac{b_0}{c} + \sum_{\bar{n}}^{\infty} \frac{a_{\bar{n}} \sin \bar{n} \omega t}{m\left(\frac{c}{m} - \bar{n}^2 \omega^2\right)} + \sum_{\bar{n}}^{\infty} \frac{b_{\bar{n}} \cos \bar{n} \omega t}{m\left(\frac{c}{m} - \bar{n}^2 \omega^2\right)}.$$

Die Überlagerung beider Lösungsanteile ergibt, wenn gleichzeitig die Eigenfrequenz

$$\omega_e = \sqrt{\frac{c}{m}}$$

eingeführt wird, die vollständige Lösung für u und $v = \frac{du}{dt}$

$$\left. \begin{array}{l} u = A \sin(\omega_e t + \alpha) \mp \dfrac{d_0}{c} + \dfrac{b_0}{c} + \displaystyle\sum_{\bar{n}}^{\infty} \dfrac{a_{\bar{n}} \sin \bar{n} \omega t}{m(\omega_e^2 - \bar{n}^2 \omega^2)} \\ \qquad\qquad\qquad\qquad\qquad\qquad + \displaystyle\sum_{\bar{n}}^{\infty} \dfrac{b_{\bar{n}} \cos \bar{n} \omega t}{m(\omega_e^2 - \bar{n}^2 \omega^2)}, \\ v = A\,\omega_e \cos(\omega_e t + \alpha) + \displaystyle\sum_{\bar{n}}^{\infty} \dfrac{a_{\bar{n}} \bar{n} \omega \cos \bar{n} \omega t}{m(\omega_e^2 - \bar{n}^2 \omega^2)} - \displaystyle\sum_{\bar{n}}^{\infty} \dfrac{b_{\bar{n}} \bar{n} \omega \sin \bar{n} \omega t}{m(\omega_e^2 - \bar{n}^2 \omega^2)}. \end{array} \right\} \omega_e = \sqrt{\dfrac{c}{m}}. \quad (1186)$$

Der Vergleich von (1186) mit der entsprechenden Lösung (1052) der ungedämpften Schwingung zeigt, bis auf das konstante Glied $\mp d_0/c$ im Schwingungsausschlag, vollständige Übereinstimmung. Das Frequenzverhalten wird somit durch die konstante Dämpfung in keiner Weise beeinflußt und auch die Resonanzlagen sind die gleichen wie bei der ungedämpften Schwingung. Der einzige Unterschied besteht in dem Amplitudenverhalten der Eigenschwingung.

97. Konstant gedämpfte Schwingungen.

Für den Eigenschwingungsanteil liefert (1186)

$$\left.\begin{array}{l} u = A \sin(\omega_e t + \alpha) \mp \dfrac{d_0}{c}\,, \\ v = A\,\omega_e \cos(\omega_e t + \alpha) \end{array}\right\} \quad \text{(Eigenschwingung mit konstanter Dämpfung)} \qquad (1187)$$

Da die Phasenverschiebung α lediglich eine Verschiebung des Anfangszeitpunktes darstellt, ist sie für die nachfolgenden grundsätzlichen Betrachtungen ohne Bedeutung. Es kann daher $\alpha = \pi/2$ gesetzt werden, womit (1187) die vereinfachte Form

$$\left.\begin{array}{l} u = A \cos \omega_e t \mp \dfrac{d_0}{c} \\ v = -A\,\omega_e \sin \omega_e t \end{array}\right\} \quad \begin{array}{l}(-\text{Zeichen für Bewegung gleichgerichtet mit } \mathfrak{u} \\ +\text{Zeichen für Bewegung entgegengesetzt zu } \mathfrak{u})\end{array} \qquad (1188)$$

annimmt, die sich unter Einführung der Schwingungsdauer

$$T = \frac{2\pi}{\omega_e}$$

auch in der Form

$$\left.\begin{array}{l} u = A \cos\left(2\pi\dfrac{t}{T}\right) \mp \dfrac{d_0}{c} \\ v = -A\dfrac{2\pi}{T} \sin\left(2\pi\dfrac{t}{T}\right) \end{array}\right\} \quad \begin{array}{l}(-\text{Zeichen für Bewegung gleichgerichtet mit } \mathfrak{u} \\ +\text{Zeichen für Bewegung entgegengesetzt zu } \mathfrak{u})\end{array} \qquad (1189)$$

schreiben läßt.

Auf der Zeitstrecke $0 \leq t \leq T/2$ ist v überall negativ und an beiden Intervallgrenzen gleich null. Somit erhält man

$$u = A \cos\left(2\pi\frac{t}{T}\right) + \frac{d_0}{c}\,; \qquad v = -A\frac{2\pi}{T}\sin\left(2\pi\frac{t}{T}\right) \qquad \text{für} \qquad 0 \leq t \leq \frac{T}{2}\,.$$

Ist der anfängliche Schwingungsausschlag $u_{\max}$, so folgt

$$u_{\max} = A + \frac{d_0}{c} \qquad \text{oder} \qquad A = u_{\max} - \frac{d_0}{c}$$

und es ergibt sich

$$\left.\begin{array}{l} u = +\dfrac{d_0}{c} + \left(u_{\max} - \dfrac{d_0}{c}\right)\cos\left(2\pi\dfrac{t}{T}\right), \\ v = -\dfrac{2\pi}{T}\left(u_{\max} - \dfrac{d_0}{c}\right)\sin\left(2\pi\dfrac{t}{T}\right) \end{array}\right\} \quad \left(0 \leq t \leq \frac{t}{T}\right). \qquad (1190)$$

Auf der Zeitstrecke $T/2 \leq t \leq T$ ist v überall positiv und an beiden Intervallgrenzen wieder gleich null. Dementsprechend liefert (1189) jetzt

$$u = A \cos\left(2\pi\frac{t}{T}\right) - \frac{d_0}{c}\,, \qquad v = -A\frac{2\pi}{T}\sin\left(2\pi\frac{t}{T}\right) \qquad \text{für} \qquad \frac{T}{2} \leq t \leq T\,.$$

Im Zeitpunkt $t = T/2$ muß diese Schwingung auch mit (1190) im Einklang stehen. Für die Geschwindigkeit ist dies ohne weiteres der Fall, da v für $t = T/2$ verschwindet. Für u lautet die Kontaktbedingung

$$-u_{\max} + \frac{2d_0}{c} = -A - \frac{d_0}{c}\,. \qquad \text{Hieraus folgt} \qquad A = u_{\max} - \frac{3d_0}{c}\,.$$

Damit ergibt sich für die zweite Zeitstrecke

$$\left.\begin{array}{l} u = -\dfrac{d_0}{c} + \left(u_{\max} - \dfrac{3d_0}{c}\right)\cos\left(2\pi\dfrac{t}{T}\right), \\ v = -\dfrac{2\pi}{T}\left(u_{\max} - \dfrac{3d_0}{c}\right)\sin\left(2\pi\dfrac{t}{T}\right) \end{array}\right\} \quad \left(\frac{T}{2} \leq t \leq T\right). \qquad (1191)$$

Der punktförmig idealisierte Körperhaufen.

In entsprechender Weise folgt für die dritte Zeitstrecke

$$u = +\frac{d_0}{c} + \left(u_{\max} - \frac{5 d_0}{c}\right) \cos\left(2\pi \frac{t}{T}\right),$$
$$v = -\frac{2\pi}{T}\left(u_{\max} - \frac{5 d_0}{c}\right) \sin\left(2\pi \frac{t}{T}\right)\quad . \qquad \left(T \leq t \leq \frac{3T}{2}\right). \qquad (1192)$$

Für die vierte Zeitstrecke erhält man

$$u = -\frac{d_0}{c} + \left(u_{\max} - \frac{7 d_0}{c}\right) \cos\left(2\pi \frac{t}{T}\right),$$
$$v = -\frac{2\pi}{T}\left(u_{\max} - \frac{7 d_0}{c}\right) \sin\left(2\pi \frac{t}{T}\right)\quad , \qquad \left(\frac{3T}{2} \leq t \leq 2T\right) \qquad (1193)$$

usw.

Trägt man die Schwingungen streckenweise auf, so ergibt sich das aus Abb. 297 ersichtliche Bild. Auf jeder Zeitstrecke von der Größe einer halben Schwingungsdauer entsteht ein Amplitudenverlust in Höhe von $2 d_0/c$. Die Ver-

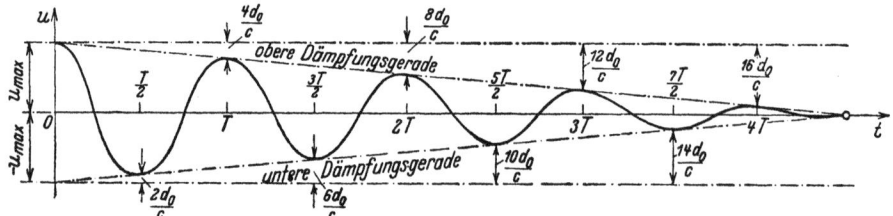

Abb. 297.

bindungslinien der maximalen und minimalen Schwingungsamplituden sind gerade Linien mit der Steigung

$$\operatorname{tang} \alpha = \pm \frac{4 d_0}{c T} \qquad \text{(Dämpfungsgeradensteigung)}. \qquad (1194)$$

Sie werden als obere und untere Dämpfungsgerade bezeichnet. Die äußerste Zeitdauer einer konstant gedämpften Schwingung ist durch den Schnittpunkt der Dämpfungsgeraden mit der Abszissenachse eindeutig festgelegt. Es folgt

$$t_{\max}^{\max} = \frac{u_{\max}}{\operatorname{tang} \alpha} = \frac{c T u_{\max}}{4 d_0}. \qquad (1195)$$

Meist kann dieser Zeitpunkt wie in Abb. 297 nicht erreicht werden, da die Schwingung schon vorher zum Stehen kommt. Das plötzliche Abreißen der Schwingung kennzeichnet in besonderem Maße die konstant gedämpfte Schwingung.

Die für den Einmassenschwinger mit konstanter Dämpfung durchgeführten Untersuchungen lassen sich leicht auf ein gekoppeltes Schwingungssystem mit mehreren Massen ausdehnen. Gegenüber der in Ziffer 90 entwickelten Theorie der ungedämpften Schwingungen treten in jeder Kraftkopplungsgleichung Glieder von der Art $\pm d_0/m$ hinzu, welche die Überlagerung von entsprechenden Konstanten im Lösungssystem im Gefolge haben. Hierdurch bleiben ähnlich wie im Falle des Einmassensystems die Partikularintegrale bzw. die Erregerschwingungen unberührt, während die homogenen Lösungen entsprechende Dämpfungen wie in Abb. 297 aufweisen. Da die Eigenschwingungen für die Anwendung von geringerer Bedeutung sind und das Resonanzverhalten bei konstanter Dämpfung das gleiche ist wie bei den ungedämpften Schwingungen, kann hier auf die Untersuchung gekoppelter Schwingungssysteme verzichtet werden.

Beispiel 43. Wie groß ist die äußerste Zeitdauer der Lastschwingung von Beispiel 37, wenn die Dämpfungskraft konstant ist und $1^0/_{00}$ der Last beträgt?

Nach Abb. 271 ist die Lastschwingung eine Schwingung um die statische Gleichgewichtslage mit dem Lastgewicht als Anfangsamplitude. In Verbindung mit dem Federgesetz folgt daher

$$G = c\,u_{max} \qquad \text{oder} \qquad u_{max} = \frac{G}{c}\;.$$

Wird dieser Amplitudenwert in (1195) eingeführt, so erhält man

$$t_{max}^{max} = \frac{G\,T}{4\,d_0} \qquad \text{(Konstant gedämpfte Lastschwingung)}. \tag{1196}$$

Nun soll im vorliegenden Falle

$$d_0 = \frac{G}{1000}$$

sein. Damit ergibt sich

$$t_{max}^{max} = 250\,T\;.$$

Nach Beispiel 37 betrug die Schwingungsdauer 0,41 s im Falle der unmittelbaren Seilaufhängung und 1,79 s im Falle der gefederten Aufhängung. Die Einsetzung dieser Werte liefert

$$\left.\begin{array}{l} t_{max}^{max} = 102,5\text{ s} \qquad \text{bei unmittelbarer Aufhängung,} \\ t_{max}^{max} = 447,5\text{ s} \qquad \text{bei gefederter Aufhängung} \end{array}\right\}$$

98. Linear gedämpfte Einmassenschwinger.

Die konstant gedämpfte Schwingung konnte im Hinblick auf die nur geringen Abweichungen gegenüber der harmonischen Schwingung in dem einfachen Blickfeld der eindimensionalen Betrachtung untersucht werden. Bei der linear gedämpften Schwingung liegen diese Verhältnisse wesentlich anders, weswegen der Vektorcharakter der Schwingung in vollem Umfange beibehalten werden soll. Nach Ziffer 61 stellte die allgemeine harmonische Schwingung einen Sonderfall der Zentralbewegungen dar; die Bewegungsbahn war eine Ellipse und die die Bewegung steuernde Rückstellkraft war stets nach dem mit dem Ellipsenmittelpunkt zusammenfallenden Zentralpunkt hingerichtet. Nun ist nach (1183) bei der linear gedämpften Schwingung die Dämpfungskraft der Geschwindigkeit stets proportional. Der Geschwindigkeitsvektor liegt aber stets in der Zentralebene, und damit auch die Dämpfungskraft. Solange es sich daher lediglich um linear gedämpfte Eigenschwingungen handelt, ist die Schwingungsbahn eben. Treten noch Erregerkräfte hinzu, geht der ebene Charakter der Schwingung im allgemeinen verloren.

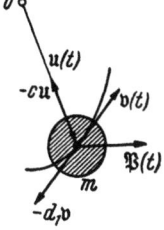

Abb. 298.

Nun sei gemäß Abb. 298 in 0 das Zentrum der Rückstellkräfte und $\mathfrak{u}(t)$ der Schwingungsausschlag in bezug auf 0. Dann wirkt auf die Masse m die Rückstellkraft $-c\,\mathfrak{u}$, die Dämpfungskraft $-d_1\mathfrak{v}$ und eine gegebenenfalls vorhandene Erregerkraft $\mathfrak{P}(t)$, also insgesamt

$$-c\,\mathfrak{u} - d_1\mathfrak{v} + \mathfrak{P}(t)\;.$$

Hierfür lautet das Newtonsche Kraftgesetz

$$-c\,\mathfrak{u} - d_1\mathfrak{v} + \mathfrak{P}(t) = m\frac{d^2\mathfrak{u}}{dt^2}\ .$$

Mit $\mathfrak{v} = d\mathfrak{u}/dt$ folgt hieraus die Differentialgleichung

$$\frac{d^2\mathfrak{u}}{dt^2} + \frac{d_1}{m}\frac{d\mathfrak{u}}{dt} + \frac{c}{m}\mathfrak{u} = \frac{\mathfrak{P}(t)}{m}\ . \tag{1197}$$

Nun sei, unter formaler Bezugnahme auf die ungedämpften Schwingungen,

$$\frac{c}{m} = \omega_e^2\ , \qquad \sqrt{\frac{c}{m}} = \omega_e\ . \tag{1198}$$

Der Faktor d_1/m des Dämpfungsgliedes besitzt, wie die Differentialgleichung zeigt, die Dimension einer Frequenz. Es liegt daher nahe, ihn durch ω_e auszudrücken und z. B.

$$\frac{d_1}{m} = 2\,\alpha\,\omega_e \qquad \text{oder} \qquad d_1 = 2\,\alpha\,\sqrt{c\,m} \tag{1199}$$

zu setzen. Der Faktor 2 wurde dabei aus Gründen einer bequemeren mathematischen Schreibweise gewählt. Mit (1198) und (1199) lautet (1197)

$$\frac{d^2\mathfrak{u}}{dt^2} + 2\,\alpha\,\omega_e\frac{d\mathfrak{u}}{dt} + \omega_e^2\,\mathfrak{u} = \frac{\mathfrak{P}(t)}{m}\ . \tag{1200}$$

Die Erregerkraft $\mathfrak{P}(t)$ sei nun wieder, wie im Falle der konstanten Dämpfung, als periodische Schwingung in harmonisch analysierter Form zugrunde gelegt. Hierbei müssen in (1184) entsprechend dem vektoriellen Charakter die Konstanten durch Vektoren ersetzt werden. So erhält man

$$\mathfrak{P}(t) = \sum_1^\infty{}_{\overline{n}}\,\mathfrak{a}_{\overline{n}}\sin\overline{n}\,\omega\,t + \sum_1^\infty{}_{\overline{n}}\,\mathfrak{b}_{\overline{n}}\cos\overline{n}\,\omega\,t + \mathfrak{b}_0\ . \tag{1201}$$

Die Einführung in (1200) ergibt

$$\frac{d^2\mathfrak{u}}{dt^2} + 2\,\alpha\,\omega_e\frac{d\mathfrak{u}}{dt} + \omega_e^2\,\mathfrak{u} = \sum_1^\infty{}_{\overline{n}}\,\frac{\mathfrak{a}_{\overline{n}}}{m}\sin\overline{n}\,\omega\,t + \sum_1^\infty{}_{\overline{n}}\,\frac{\mathfrak{b}_{\overline{n}}}{m}\cos\overline{n}\,\omega\,t + \frac{\mathfrak{b}_0}{m}\ . \tag{1202}$$

Die Lösung von (1202) kann wieder durch Überlagerung des allgemeinen Integrals der homogenen Differentialgleichung mit einem Partikularintegral der inhomogenen Differentialgleichung hergestellt werden. Für das allgemeine Integral der homogenen Differentialgleichung bedient man sich des Ansatzes

$$\mathfrak{u} = \mathfrak{A}_1\,e^{\lambda_1 t} + \mathfrak{A}_2\,e^{\lambda_2 t}\ . \tag{1203}$$

Seine Einführung in (1202) unter Nullsetzung der rechten Seite liefert

$$\mathfrak{A}_1(\lambda_1^2 + 2\,\alpha\,\omega_e\,\lambda_1 + \omega_e^2)\,e^{\lambda_1 t} + \mathfrak{A}_2(\lambda_2^2 + 2\,\alpha\,\omega_e\,\lambda_2 + \omega_e^2)\,e^{\lambda_2 t} = 0\ .$$

Diese Gleichung ist für alle Zeitwerte erfüllt, wenn die runden Klammern null gesetzt werden. Dies ergibt

$$\lambda_{\genfrac{}{}{0pt}{}{1}{2}}^2 + 2\,\omega_e\,\lambda_{\genfrac{}{}{0pt}{}{1}{2}} + \omega_e^2 = 0\ . \tag{1204}$$

Durch Auflösung dieser quadratischen Gleichung folgt

$$\lambda_{\genfrac{}{}{0pt}{}{1}{2}} = -\alpha\,\omega_e \pm \sqrt{\alpha^2\,\omega_e^2 - \omega_e^2} = \omega_e\left[-\alpha \pm \sqrt{\alpha^2-1}\right]\ . \tag{1205}$$

98. Linear gedämpfte Einmassenschwinger.

Damit lautet die homogene Lösung

$$\mathfrak{u} = \mathfrak{A}_1 e^{-\omega_e(\alpha - \sqrt{\alpha^2-1})t} + \mathfrak{A}_2 e^{-\omega_e(\alpha + \sqrt{\alpha^2-1})t} . \qquad (1206)$$

Das Partikularintegral der inhomogenen Differentialgleichung kann wieder für die einzelnen Störungsglieder gliedweise ermittelt werden. Für b_0 folgt unmittelbar

$$\mathfrak{u} = \frac{b_0}{m\,\omega_e^2} = \frac{b_0}{c} . \qquad (1207)$$

Für die Gliedgruppe $\mathfrak{a}_{\bar{n}} \sin \bar{n}\,\omega\,t + \mathfrak{b}_{\bar{n}} \cos \bar{n}\,\omega\,t$ macht man den Ansatz

$$\mathfrak{u} = \mathfrak{A}_{\bar{n}} \sin \bar{n}\,\omega\,t + \mathfrak{B}_{\bar{n}} \cos \bar{n}\,\omega\,t . \qquad (1208)$$

Seine Einführung in (1202) liefert, wenn auf der rechten Seite sinngemäß nur das n^{te} Glied berücksichtigt wird und wenn nach $\sin \bar{n}\,\omega\,t$ und $\cos \bar{n}\,\omega\,t$ zusammengefaßt wird,

$$\left[\mathfrak{A}_{\bar{n}}(\omega_e^2 - \bar{n}^2\,\omega^2) - \mathfrak{B}_{\bar{n}} \cdot 2\alpha\,\omega_e\,\bar{n}\,\omega - \frac{a_{\bar{n}}}{m}\right] \sin \bar{n}\,\omega\,t +$$

$$+ \left[\mathfrak{B}_{\bar{n}}(\omega_e^2 - \bar{n}^2\,\omega^2) + \mathfrak{A}_{\bar{n}} \cdot 2\alpha\,\omega_e\,\bar{n}\,\omega - \frac{b_{\bar{n}}}{m}\right] \cos \bar{n}\,\omega\,t = 0 .$$

Diese Gleichung wird identisch befriedigt, wenn die eckigen Klammern null gesetzt werden. Dies führt zu den beiden Gleichungen für $\mathfrak{A}_{\bar{n}}$ und $\mathfrak{B}_{\bar{n}}$

$$\mathfrak{A}_{\bar{n}}(\omega_e^2 - \bar{n}^2\,\omega^2) - \mathfrak{B}_{\bar{n}} \cdot 2\alpha\,\omega_e\,\bar{n}\,\omega = \frac{a_{\bar{n}}}{m} ,$$

$$\mathfrak{A}_{\bar{n}} \cdot 2\alpha\,\omega_e\,\bar{n}\,\omega + \mathfrak{B}_{\bar{n}}(\omega_e^2 - \bar{n}^2\,\omega^2) = \frac{b_{\bar{n}}}{m} .$$

Ihre Auflösung ergibt

$$\mathfrak{A}_{\bar{n}} = \frac{a_{\bar{n}}(\omega_e^2 - \bar{n}^2\,\omega^2) + b_{\bar{n}} \cdot 2\alpha\,\bar{n}\,\omega_e\,\omega}{m\left[(\omega_e^2 - \bar{n}^2\,\omega^2)^2 + 4\alpha^2\,\bar{n}^2\,\omega_e^2\,\omega^2\right]} , \quad \mathfrak{B}_{\bar{n}} = \frac{-a_{\bar{n}} \cdot 2\alpha\,\bar{n}\,\omega_e\,\omega + b_{\bar{n}}(\omega_e^2 - \bar{n}^2\,\omega^2)}{m\left[(\omega_e^2 - \bar{n}^2\,\omega^2)^2 + 4\alpha^2\,\bar{n}^2\,\omega_e^2\,\omega^2\right]} . \qquad (1209)$$

Mit (1207), (1208) und (1209) lautet die gesuchte Partikularlösung

$$\left.\begin{array}{l}\mathfrak{u} = \sum\limits_{1}^{\infty\,\bar{n}} \dfrac{a_{\bar{n}}(\omega_e^2 - \bar{n}^2\,\omega^2) + b_{\bar{n}} \cdot 2\alpha\,\bar{n}\,\omega_e\,\omega}{m\left[(\omega_e^2 - \bar{n}^2\,\omega^2)^2 + 4\alpha^2\,\bar{n}^2\,\omega_e^2\,\omega^2\right]} \sin \bar{n}\,\omega\,t + \\[2mm] + \sum\limits_{1}^{\infty\,\bar{n}} \dfrac{-a_{\bar{n}} \cdot 2\alpha\,\bar{n}\,\omega_e\,\omega + b_{\bar{n}}(\omega_e^2 - \bar{n}^2\,\omega^2)}{m\left[(\omega_e^2 - \bar{n}^2\,\omega^2)^2 + 4\alpha^2\,\bar{n}^2\,\omega_e^2\,\omega^2\right]} \cos \bar{n}\,\omega\,t + \dfrac{b_0}{c} .\end{array}\right\} \qquad (1210)$$

Die Überlagerung der homogenen Lösung (1206) mit der Partikularlösung (1210) liefert die vollständige Lösung

$$\left.\begin{array}{l}\mathfrak{u} = \mathfrak{A}_1 e^{-\omega_e(\alpha - \sqrt{\alpha^2-1})t} + \mathfrak{A}_2 e^{-\omega_e(\alpha + \sqrt{\alpha^2-1})t} + \\[2mm] + \sum\limits_{1}^{\infty\,\bar{n}} \dfrac{a_{\bar{n}}(\omega_e^2 - \bar{n}^2\,\omega^2) + b_{\bar{n}} \cdot 2\alpha\,\bar{n}\,\omega_e\,\omega}{m\left[(\omega_e^2 - \bar{n}^2\,\omega^2)^2 + 4\alpha^2\,\bar{n}^2\,\omega_e^2\,\omega^2\right]} \sin \bar{n}\,\omega\,t + \\[2mm] + \sum\limits_{1}^{\infty\,\bar{n}} \dfrac{-a_{\bar{n}} \cdot 2\alpha\,\bar{n}\,\omega_e\,\omega + b_{\bar{n}}(\omega_e^2 - \bar{n}^2\,\omega^2)}{m\left[(\omega_e^2 - \bar{n}^2\,\omega^2)^2 + 4\alpha^2\,\bar{n}^2\,\omega_e^2\,\omega^2\right]} \cos \bar{n}\,\omega\,t + \dfrac{b_0}{c} .\end{array}\right\} \qquad (1211)$$

Betrachtet man nun die Quadrate der algebraischen Ausdrücke

$$\frac{\omega_e^2 - \bar{n}^2\,\omega^2}{\sqrt{(\omega_e^2 - \bar{n}^2\,\omega^2)^2 + 4\alpha^2\,\bar{n}^2\,\omega_e^2\,\omega^2}} \quad \text{und} \quad \frac{2\alpha\,\bar{n}\,\omega_e\,\omega}{\sqrt{(\omega_e^2 - \bar{n}^2\,\omega^2)^2 + 4\alpha^2\,\bar{n}^2\,\omega_e^2\,\omega^2}} ,$$

so ergibt ihre Summe gerade 1. Demgemäß kann der erste Ausdruck als Cosinus eines Winkels $\alpha_{\bar{n}}$, der zweite als Sinus dieses Winkels definiert werden. Man erhält somit

$$\frac{\omega_e^2 - \bar{n}^2 \omega^2}{\sqrt{(\omega_e^2 - \bar{n}^2 \omega^2)^2 + 4\alpha^2 \bar{n}^2 \omega_e^2 \omega^2}} = \cos \alpha_{\bar{n}}, \quad \frac{2\alpha \bar{n} \omega_e \omega}{\sqrt{(\omega_e^2 - \bar{n}^2 \omega^2)^2 + 4\alpha^2 \bar{n}^2 \omega_e^2 \omega^2}} = \sin \alpha_{\bar{n}}. \quad (1212)$$

Werden diese Ausdrücke in (1211) berücksichtigt, so folgt

$$u = \mathfrak{A}_1 e^{-\omega_e(\alpha - \sqrt{\alpha^2-1})t} + \mathfrak{A}_2 e^{-\omega_e(\alpha + \sqrt{\alpha^2-1})t} +$$

$$+ \sum_{\bar{n}=1}^{\infty} \frac{a_{\bar{n}} \cos \alpha_{\bar{n}} + b_{\bar{n}} \sin \alpha_{\bar{n}}}{m \sqrt{(\omega_e^2 - \bar{n}^2 \omega^2)^2 + 4\alpha^2 \bar{n}^2 \omega_e^2 \omega^2}} \sin \bar{n} \omega t +$$

$$+ \sum_{\bar{n}=1}^{\infty} \frac{-a_{\bar{n}} \sin \alpha_{\bar{n}} + b_{\bar{n}} \cos \alpha_{\bar{n}}}{m \sqrt{(\omega^2 - \bar{n}^2 \omega^2)^2 + 4\alpha^2 \bar{n}^2 \omega_e^2 \omega^2}} \cos \bar{n} \omega t + \frac{b_0}{c},$$

oder zusammengefaßt

$$\left. \begin{array}{l} u = \mathfrak{A}_1 e^{-\omega_e(\alpha - \sqrt{\alpha^2-1})t} + \mathfrak{A}_2 e^{-\omega_e(\alpha + \sqrt{\alpha^2-1})t} + \\[1ex] \displaystyle + \sum_{\bar{n}=1}^{\infty} \frac{a_{\bar{n}} \sin(\bar{n}\omega t - \alpha_{\bar{n}})}{m \sqrt{(\omega_e^2 - \bar{n}^2 \omega^2)^2 + 4\alpha^2 \bar{n}^2 \omega_e^2 \omega^2}} + \\[1ex] \displaystyle + \sum_{\bar{n}=1}^{\infty} \frac{b_{\bar{n}} \cos(\bar{n}\omega t - \alpha_{\bar{n}})}{m \sqrt{(\omega_e^2 - \bar{n}^2 \omega^2)^2 + 4\alpha^2 \bar{n}^2 \omega_e^2 \omega^2}} + \frac{b_0}{c}. \end{array} \right\} \quad (1213)$$

In (1213) stellt der mit $\mathfrak{A}_1$ und $\mathfrak{A}_2$ multiplizierte Lösungsanteil die Eigenschwingung, der restliche Anteil die erzwungene Schwingung dar.

Für die erzwungene Schwingung liefert mit $m = c/\omega_e^2$ und nach Kürzung mit ω_e^2 die Gegenüberstellung von Erregerschwingung und erregter Schwingung nach (1201) und (1213), wenn noch

$$\frac{\omega}{\omega_e} = \xi; \quad \cos \alpha_{\bar{n}} = \frac{1 - \bar{n}^2 \xi^2}{\sqrt{(1 - \bar{n}^2 \xi^2)^2 + 4\alpha^2 \bar{n}^2 \xi^2}}, \quad \sin \alpha_{\bar{n}} = \frac{2\alpha \bar{n} \xi}{\sqrt{(1 - \bar{n}^2 \xi^2)^2 + 4\alpha^2 \bar{n}^2 \xi^2}} \quad (1214)$$

gesetzt wird,

$$\left. \begin{array}{l} \displaystyle \mathfrak{P}(t) = \sum_{\bar{n}=1}^{\infty} a_{\bar{n}} \sin \bar{n} \omega t + \sum_{\bar{n}=1}^{\infty} b_{\bar{n}} \cos \bar{n} \omega t + b_0 \\[2ex] \displaystyle u(t) = \sum_{\bar{n}=1}^{\infty} \frac{a_{\bar{n}}}{c} \frac{\sin(\bar{n}\omega t - \alpha_{\bar{n}})}{\sqrt{(1 - \bar{n}^2 \xi^2)^2 + 4\alpha^2 \bar{n}^2 \xi^2}} + \sum_{\bar{n}=1}^{\infty} \frac{b_{\bar{n}}}{c} \frac{\cos(\bar{n}\omega t - \alpha_{\bar{n}})}{\sqrt{(1 - \bar{n}^2 \xi^2)^2 + 4\alpha^2 \bar{n}^2 \xi^2}} + \frac{b_0}{c}. \end{array} \right\} \quad (1215)$$

Entsprechend dem Federkraftgesetz

$$P = c u \quad \text{bzw.} \quad u = \frac{P}{c}$$

stellt der Faktor $1/c$ in (1215) den dimensionsmäßig bedingten Reduktionsfaktor dar. Wird dieser Tatbestand berücksichtigt, so können

$$u_{\bar{n}} = \frac{1}{\sqrt{(1 - \bar{n}^2 \xi^2)^2 + 4\alpha^2 \bar{n}^2 \xi^2}} \quad \text{und} \quad \alpha_{\bar{n}} = \arcsin \frac{2\alpha \bar{n} \xi}{\sqrt{(1 - \bar{n}^2 \xi^2)^2 + 4\alpha^2 \bar{n}^2 \xi^2}} \quad (1216)$$

als die Amplitudenfunktion und Phasenwinkelfunktion der $\bar{n}^{\text{ten}}$ Harmonischen bezeichnet werden. Wird gemäß Abb. 299 und 300 als Abszissenmaßstab nicht ξ sondern $\bar{n}\xi$ aufgetragen, so ergibt sich für alle Harmonischen der gleiche Funktionsverlauf. Der Parameter α bewegt sich zwischen 0 und 1. Dem Werte $\alpha = 0$ entspricht der Grenzwert der ungedämpften oder harmonischen Schwingung,

98. Linear gedämpfte Einmassenschwinger.

dem Werte $\alpha = 1$ der Grenzwert der sogenannten aperiodischen Schwingung, der unten noch näher erläutert werden wird. Außer den beiden Grenzwertkurven enthalten die Abbildungen noch die Kurven für die Parameterwerte $\alpha = \frac{1}{5}, \frac{1}{10}, \frac{1}{20}$ und $\frac{1}{30}$. Abb. 299 zeigt sehr eindrucksvoll, wie mit kleiner werdendem α die Resonanzstelle $\bar{n}\,\xi = 1$ der harmonischen Schwingung immer ausgeprägter in Erscheinung tritt; im Falle $\alpha = 0$ werden die Ausschläge unendlich groß. Der Phasenwinkel $\alpha_{\bar{n}}$ nimmt nach Abb. 300 für sämtliche α-Werte an der Stelle $\bar{n}\,\xi = 0$ den Wert 0, an der Stelle $\bar{n}\,\xi = 1$ den Wert $\pi/2$ und an der Stelle $\bar{n}\,\xi = \infty$ den Wert π an. Für den Grenzfall $\alpha = 0$ der harmonischen Schwingung ergibt sich der schon in Kapitel 8 in Erscheinung getretene Phasen-

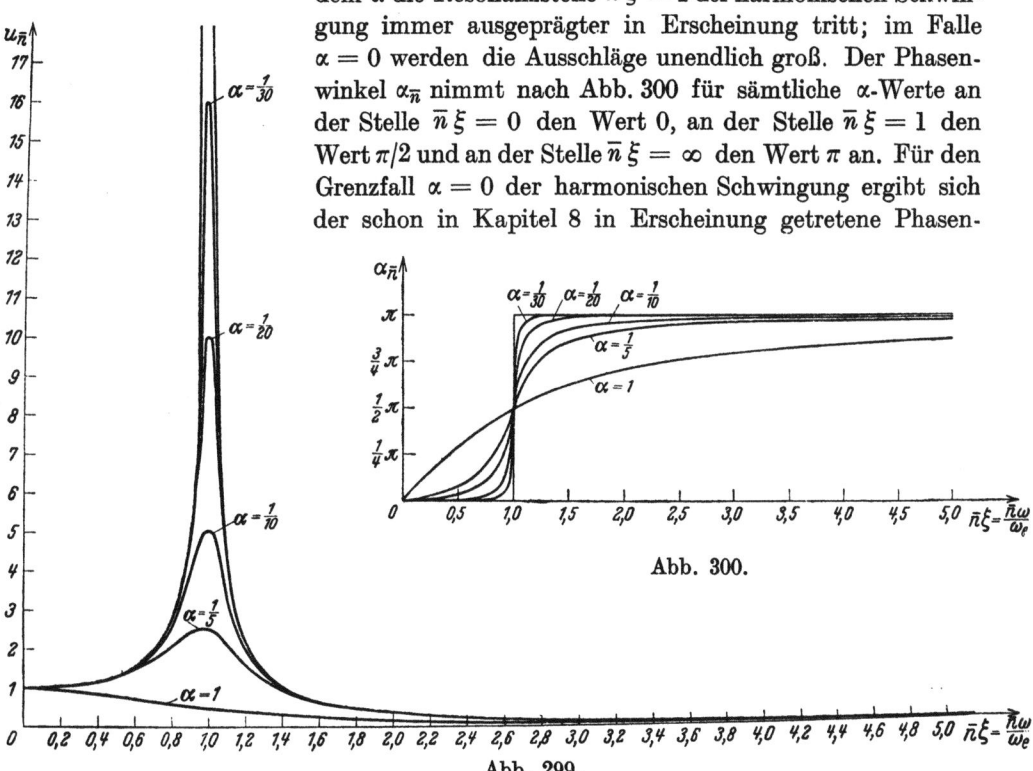

Abb. 300.

Abb. 299.

winkelsprung von 0 auf π. Es zeigt sich sehr schön, wie die Kurven mit abnehmendem α sich dem Sprungcharakter der Grenzwertkurve mehr und mehr annähern.

Nach Abb. 299 liegt die große praktische Bedeutung der linearen Dämpfung darin, daß an den Resonanzstellen

$$\xi = 1, \quad \xi = \frac{1}{2}, \quad \xi = \frac{1}{3}, \ldots \quad \text{bzw.} \quad \omega = \omega_e, \quad \omega = \frac{\omega_e}{2}, \quad \omega = \frac{\omega_e}{3}, \ldots$$

die Ausschläge nicht mehr unendlich groß werden, sondern endlich bleiben, und zwar werden die Resonanzausschläge um so kleiner, je stärker die Schwingung gedämpft wird. Eine weitere sehr wichtige Eigenschaft der linearen Dämpfung stellt die Festlegung des Phasenwinkels in den Resonanzlagen auf $\alpha_{\bar{n}} = \pi/2$ dar, wobei es sehr wesentlich ist, daß dieser Winkelwert sämtlichen Resonanzlagen gemeinsam ist. Hiervon wird u. a. in der Meßtechnik und in der Auswuchttechnik nutzbringend Gebrauch gemacht.

Wir kommen nun zur Betrachtung der Eigenschwingung, die nach (1213) die Form

$$\left.\begin{array}{c} u = \mathfrak{A}_1 e^{-\omega_e (\alpha - \sqrt{\alpha^2 - 1})\,t} + \mathfrak{A}_2 e^{-\omega_e (\alpha + \sqrt{\alpha^2 - 1})\,t} \\ \text{(Linear gedämpfte Eigenschwingung)} \end{array}\right\} \quad (1217)$$

annimmt. Entsprechend dem in (1217) auftretenden Wurzelausdruck
$$\sqrt{\alpha^2 - 1},$$
der für $\alpha > 1$ reell, für $\alpha = 1$ null und für $\alpha < 1$ imaginär wird, werden die linear gedämpften Eigenschwingungen wie folgt klassifiziert:

$\alpha > 1$ Aperiodische Schwingungen oder Kriechbewegungen,
$\alpha = 1$ Schwingungen in der aperiodischen Grenzlage ,   (1218)
$\alpha < 1$ Echte Schwingungen .

Im Reellen, d. h. für $\alpha > 1$, werden die Lösungen nach (1217) als Exponentialfunktionen dargestellt, und zwar als Exponentialfunktionen, deren Exponent wegen
$$\sqrt{\alpha^2 - 1} < \alpha$$
stets negativ ist, so daß
$$\lim_{t \to \infty} e^{-\omega_e (\alpha - \sqrt{\alpha^2 - 1}) t} = \lim_{t \to \infty} e^{-\omega_e (\alpha + \sqrt{\alpha^2 - 1}) t} = 0 \qquad (1219)$$
wird. Bewegungsvorgänge, die den Gln (1219) genügen, werden als Kriechvorgänge bezeichnet. Im vorliegenden Falle, wo nach (1217) zwei abklingende Exponentialfunktionen überlagert werden, können die Komponenten des Schwingungsausschlagvektors nach Abb. 301 monoton abklingend oder unter Ausbildung eines Maximums monoton abklingend oder unter Ausbildung eines Minimums monoton abklingend verlaufen.

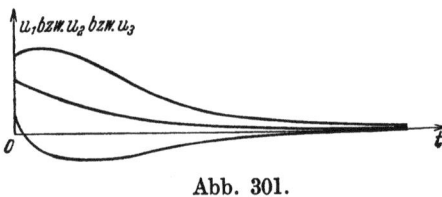

Abb. 301.

Für $\alpha = 1$ wird die Wurzel gerade null und die Lösung artet aus, indem die beiden Exponentialfunktionen in (1217) gleich werden. Nach den für die sogenannten Doppelwurzeln entwickelten Verfahren der linearen Differentialgleichungen erhält man in diesem Grenzfalle, der als die aperiodische Grenzlage bezeichnet wird,
$$\mathfrak{u} = \mathfrak{A}_1 e^{-\omega_e t} + \mathfrak{A}_2 \omega_e t e^{-\omega_e t} \qquad (\alpha = 1 \text{ , aperiodische Grenzlage}). \qquad (1220)$$
Die Möglichkeiten des Schwingungsverlaufes sind die gleichen Kriechbewegungen wie im allgemeinen Falle der aperiodischen Schwingungen.

Im Imaginären, d. h. für $\alpha < 1$, ist
$$\sqrt{\alpha^2 - 1} = i \sqrt{1 - \alpha^2}$$
und
$$\mathfrak{u} = \mathfrak{A}_1 e^{-\omega_e \alpha t} e^{i \omega_e \sqrt{1-\alpha^2} t} + \mathfrak{A}_2 e^{-\omega_e \alpha t} e^{-i \omega_e \sqrt{1-\alpha^2} t}. \qquad (1221)$$
Nun ist
$$e^{\pm i \omega_e \sqrt{1-\alpha^2} t} = \cos \omega_e \sqrt{1-\alpha^2} t \pm i \sin \omega_e \sqrt{1-\alpha^2} t$$
und damit
$$\mathfrak{u} = (\mathfrak{A}_1 + \mathfrak{A}_2) e^{-\omega_e \alpha t} \cos \omega_e \sqrt{1-\alpha^2} t + i (\mathfrak{A}_1 - \mathfrak{A}_2) e^{-\omega_e \alpha t} \sin \omega_e \sqrt{1-\alpha^2} t.$$

98. Linear gedämpfte Einmassenschwinger.

Hierin kann noch

$$\mathfrak{A}_1 + \mathfrak{A}_2 = \mathfrak{C}_1 \qquad \mathfrak{A}_1 = \frac{\mathfrak{C}_1 - \mathfrak{C}_2 i}{2}$$
$$\text{oder}$$
$$i(\mathfrak{A}_1 - \mathfrak{A}_2) = \mathfrak{C}_2 \qquad \mathfrak{A}_2 = \frac{\mathfrak{C}_1 + \mathfrak{C}_2 i}{2}$$

gesetzt werden, womit die Lösung die reelle Form

$$\begin{aligned} \mathfrak{u} &= \mathfrak{C}_1 e^{-\omega_e \alpha t} \cos \omega_e \sqrt{1-\alpha^2}\, t + \mathfrak{C}_2 e^{-\omega_e \alpha t} \sin \omega_e \sqrt{1-\alpha_2}\, t \\ &= \mathfrak{C}_1 u^{(1)}(t) + \mathfrak{C}_2 u^{(2)}(t) \end{aligned} \quad (1222)$$

annimmt. In (1222) heißt $e^{-\omega_e \alpha t}$ die Dämpfungsfunktion. Diese legt den Amplitudenverlauf der in Abb. 302 und 303 aufgetragenen Grundfunktionen

$$u^{(1)}(t) = e^{-\omega_e \alpha t} \cos \omega_e \sqrt{1-\alpha^2}\, t \quad \text{und} \quad u^{(2)}(t) = e^{-\omega_e \alpha t} \sin \omega_e \sqrt{1-\alpha^2}\, t \quad (1223)$$

eindeutig fest, da die beiden trigonometrischen Funktionen immer zwischen $+1$ und -1 hin und her pendeln. Die Kurven

$$f(t) = + e^{-\omega_e \alpha t} \quad \text{bzw.} \quad f(t) = - e^{-\omega_e \alpha t}$$

heißen obere bzw. untere Dämpfungslinie. Entsprechend dem Verhalten der trigonometrischen Funktionen ist die Schwingungsdauer der Grundfunktionen durch den Wert

$$T = \frac{2\pi}{\omega_e \sqrt{1-\alpha^2}} \qquad (1224)$$

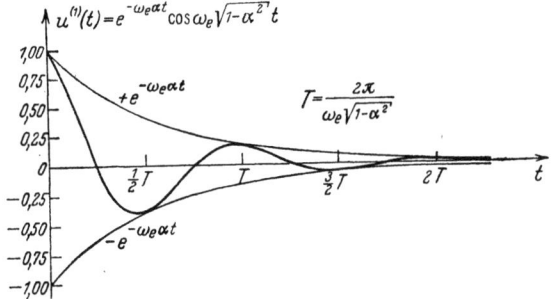

Abb. 302.

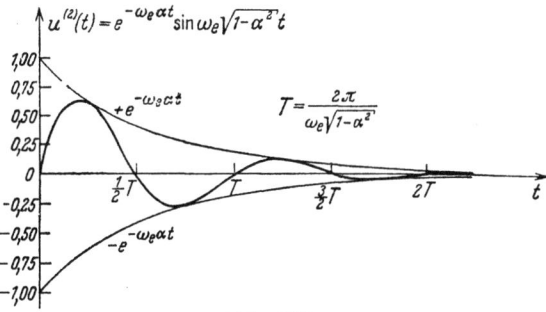

Abb. 303.

gegeben. Da die Wurzel hier stets kleiner als eins ist, ist die Schwingungsdauer der linear gedämpften Schwingung stets größer als diejenige der ungedämpften Schwingung, die für $\alpha = 0$ mit in (1224) eingeschlossen ist. In dem an sich ausgeschlossenen Werte $\alpha = 1$ wächst T über alle Grenzen, wie es dem Charakter einer Kriechbewegung entspricht.

Vergleicht man die linear gedämpfte mit der konstant gedämpften Eigenschwingung, so ergeben sich im wesentlichen zwei kennzeichnende Unterschiede. Einmal treten an die Stelle der Dämpfungsgeraden abklingende Exponentiallinien und zum anderen stimmt die Schwingungsdauer jetzt nicht mehr mit derjenigen der harmonischen Schwingungen überein. Entsprechend den exponentiellen Dämpfungskurven sind die Schwingungen jetzt nicht mehr zeitlich begrenzt. In Wirklichkeit kommen natürlich alle

Tölke, Mechanik, Bd. I.

Schwingungen nach einer gewissen Zeit zur Ruhe, da linear gedämpfte Schwingungen in Reinkultur, d. h. ohne gleichzeitig vorhandene konstante oder Reibungsdämpfung, praktisch nicht erzielbar sind.

Es sollen nun noch die beiden Grundfunktionen von (1222) etwas näher betrachtet werden. Wird hierfür der Argumentwinkel

$$\varphi = \omega_e \sqrt{1-\alpha^2}\, t \tag{1225}$$

als unabhängige Veränderliche eingeführt, so lautet (1223)

$$u^{(1)} = e^{-\frac{\alpha}{\sqrt{1-\alpha^2}}\varphi} \cos\varphi, \qquad u^{(2)} = e^{-\frac{\alpha}{\sqrt{1-\alpha^2}}\varphi} \sin\varphi. \tag{1226}$$

Dies ist die Parameterdarstellung einer logarithmischen Spirale mit dem Bogen des Einheitskreises als Parameter. Wird daher

$$r = e^{-\frac{\alpha}{\sqrt{1-\alpha^2}}\varphi}$$

im Polardiagramm aufgetragen, so lassen sich $u^{(1)}$ und $u^{(2)}$ unmittelbar als Projektionen entnehmen. Dabei muß für $u^{(1)}$ nach Abb. 304 der Nullstrahl der Spirale lotrecht, für $u^{(2)}$ nach Abb. 305 waagerecht liegen.

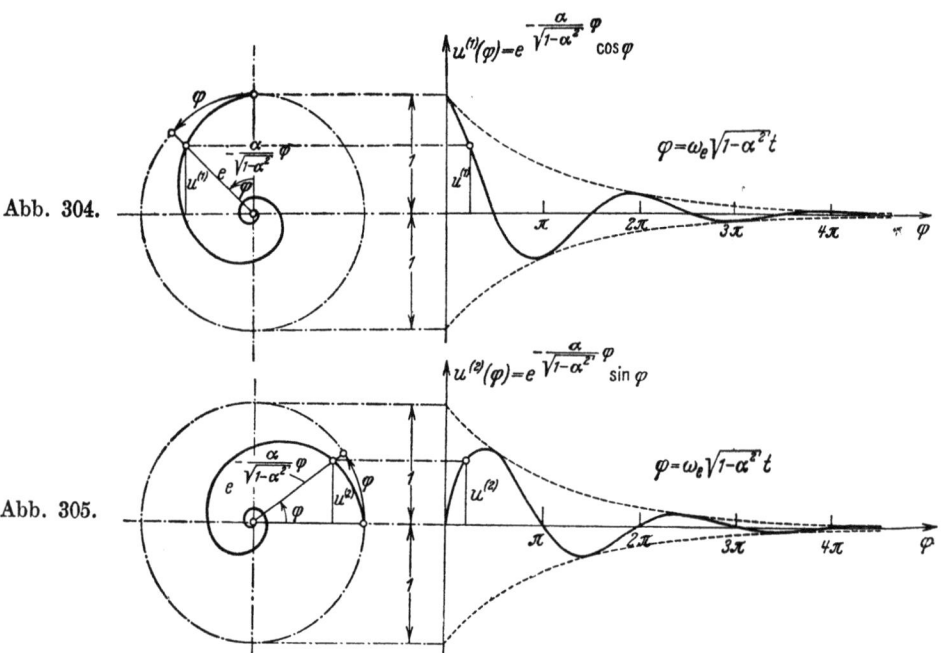

Abb. 304.

Abb. 305.

Beispiel 44. Wie gestalten sich die zentripetalen Biegungsschwingungen der elastischen Welle von Abb. 290 bei linearer Dämpfung?

Wird in der Differentialgleichung (1165) für den Schwingungsausschlag der Wellenachse die lineare Dämpfung gemäß (1200) berücksichtigt, so folgt

$$\frac{d^2 r_0}{dt^2} + 2\alpha\omega_e \frac{dr_0}{dt} + \omega_e^2 r_0 = \omega^2 \mathfrak{a}(t) \qquad \left(\omega_e = \sqrt{\frac{c}{m}}\right). \tag{1227}$$

98. Linear gedämpfte Einmassenschwinger.

Wird die Kreisbewegung, die der Vektor $\mathfrak{a}$ mit der Winkelgeschwindigkeit ω ausführt, gemäß (741)[1] in einem kartesischen Bezugssystem dargestellt und wird dabei nach (742)[1] $\varphi = \omega t$ gesetzt, so erhält man

$$\mathfrak{a} = \mathfrak{i}_1 a \cos \omega t + \mathfrak{i}_2 a \sin \omega t \,. \tag{1228}$$

Die Einführung von (1228) in (1227) liefert

$$\frac{d^2 \mathfrak{r}_0}{dt^2} + 2\alpha \omega_e \frac{d\mathfrak{r}_0}{dt} + \omega_e^2 \mathfrak{r}_0 = \mathfrak{i}_1 a \omega^2 \cos \omega t + \mathfrak{i}_2 a \omega^2 \sin \omega t \quad \left(\omega_e = \sqrt{\frac{c}{m}}\right). \tag{1229}$$

Die Differentialgleichung (1229) stellt einen Sonderfall von (1202) dar, und zwar ergibt der Vergleich beider Differentialgleichungen

$$\frac{\mathfrak{a}_1}{m} = \mathfrak{i}_2 a \omega^2, \quad \frac{\mathfrak{b}_1}{m} = \mathfrak{i}_1 a \omega^2, \quad \mathfrak{a}_2 = \mathfrak{a}_3 = \mathfrak{a}_4 = \cdots = \mathfrak{b}_0 = \mathfrak{b}_2 = \mathfrak{b}_3 = \mathfrak{b}_4 = \cdots = 0 \,; \quad \mathfrak{u} = \mathfrak{r}_0 \,.$$

Damit lautet die Lösung nach (1213)

$$\mathfrak{r}_0 = \mathfrak{A}_1 e^{-\omega_e(\alpha - \sqrt{\alpha^2-1})t} + \mathfrak{A}_2 e^{-\omega_e(\alpha + \sqrt{\alpha^2-1})t} + \frac{\mathfrak{i}_1 a \omega^2 \cos(\omega t - \alpha_1) + \mathfrak{i}_2 a \omega^2 \sin(\omega t - \alpha_1)}{\sqrt{(\omega_e^2 - \omega^2)^2 + 4\alpha^2 \omega_e^2 \omega^2}} \,.$$

Nun ist in Verbindung mit (1228)

$$\mathfrak{i}_1 a \omega^2 \cos(\omega t - \alpha_1) + \mathfrak{i}_2 a \omega^2 \sin(\omega t - \alpha_1)$$
$$= \omega^2 \left[\mathfrak{i}_1 a \cos \omega\left(t - \frac{\alpha_1}{\omega}\right) + \mathfrak{i}_2 a \sin \omega\left(t - \frac{\alpha_1}{\omega}\right)\right] = \omega^2 \mathfrak{a}_{\left(t - \frac{\alpha_1}{\omega}\right)} \,.$$

Somit folgt

$$\mathfrak{r}_0 = \mathfrak{A}_1 e^{-\omega_e(\alpha - \sqrt{\alpha^2-1})t} + \mathfrak{A}_2 e^{-\omega_e(\alpha + \sqrt{\alpha^2-1})t} + \frac{\omega^2 \mathfrak{a}_{\left(t - \frac{\alpha_1}{\omega}\right)}}{\sqrt{(\omega_e^2 - \omega^2)^2 + 4\alpha^2 \omega_e^2 \omega^2}} \,. \tag{1230}$$

Für den stationären Betrieb ist die gedämpfte Eigenschwingung ohne Belang. Wird daher $\mathfrak{A}_1 = \mathfrak{A}_2 = 0$ gesetzt, so verbleibt, wenn gleichzeitig ξ nach (1214) eingeführt wird, der um den Winkel α_1 gegen $\mathfrak{a}$ gedrehte Schwingungsausschlag

$$\mathfrak{r}_0 = \frac{\omega^2 \mathfrak{a}_{\left(t - \frac{\alpha_1}{\omega}\right)}}{\sqrt{(\omega_e^2 - \omega^2)^2 + 4\alpha^2 \omega_e^2 \omega^2}} = \frac{\xi^2}{\sqrt{(1-\xi^2)^2 + 4\alpha^2 \xi^2}} \mathfrak{a}_{\left(t - \frac{\alpha_1}{\omega}\right)} \qquad \left(\xi = \frac{\omega}{\omega_e}\right). \tag{1231}$$

Hierin bezeichnet α_1 nach (1214) für $\bar{n} = 1$ den Phasenwinkel

$$\alpha_1 = \arcsin \frac{2\alpha \xi}{\sqrt{(1-\xi^2)^2 + 4\alpha^2 \xi^2}} \,. \tag{1232}$$

Nach (1231) und (1232) ist der Schwingungsausschlag der Welle nur von der Exzentrizität a des Scheibenschwerpunktes und dem Verhältnis von Umlauffrequenz zur Eigenfrequenz abhängig; die die Schwingung auslösende Scheibenmasse geht nur indirekt in die Formel hinein, indem sie die Größe der Eigenfrequenz ω_e maßgebend beeinflußt. Für $\alpha = 0$ wird auch $\alpha_1 = 0$ und (1231) geht in (1170) über.

Die Amplitudenfunktion

$$\frac{r_0}{a} \frac{\xi^2}{\sqrt{(1-\xi^2)^2 + 4\alpha^2 \xi^2}} \tag{1233}$$

weicht hier von derjenigen der allgemeinen Theorie nach (1216) ab, da nach (1229) die Konstanten der Störungsfunktion auch ihrerseits noch von ω abhängen.

Fragt man nach dem Maximalwert der Amplitudenfunktion in Abhängigkeit von ξ, so ergibt sich:

$$\frac{d\bar{r}_0}{d\xi} = 0 = \frac{2\xi}{\sqrt{(1-\xi^2)^2 + 4\alpha^2\xi^2}} - \frac{2\xi^3(-1+\xi^2+2\alpha^2)}{\sqrt{(1-\xi^2)^2+4\alpha^2\xi^2}^3}$$

$$= \frac{2\xi[1-(1-2\alpha^2)\xi^2]}{\sqrt{(1-\xi^2)^2+4\alpha^2\xi^2}^3} \ ; \quad \text{hieraus} \quad \xi = \frac{1}{\sqrt{1-2\alpha^2}} \ .$$

Die Einführung dieses ξ-Wertes in (1233) liefert

$$\left|\frac{r_0}{a}\right|^{\max} = \frac{1}{2\alpha\sqrt{1-\alpha^2}} \qquad \text{für} \qquad \xi = \frac{1}{\sqrt{1-2\alpha^2}} \ . \tag{1234}$$

Nach (1234) fällt das Amplitudenmaximum nicht mit der Resonanzstelle $\xi = 1$ zusammen, sondern ergibt sich bei einem etwas größeren ξ-Werte. Der Maximalwert selbst ist ebenfalls etwas größer als der Amplitudenwert an der Resonanzstelle.

Die zu (1233) und (1232) gehörigen Diagramme sind aus Abb. 306 und 307 ersichtlich.

Beispiel 45. Ein nach Art von Abb. 290 geformter Läufer einer Abgasturbine weist eine Abweichung zwischen Scheibenschwerpunkt und Wellenschwerpunkt in Höhe von $a = \frac{1}{100}$ mm auf. Ist die dadurch ausgelöste Rück-

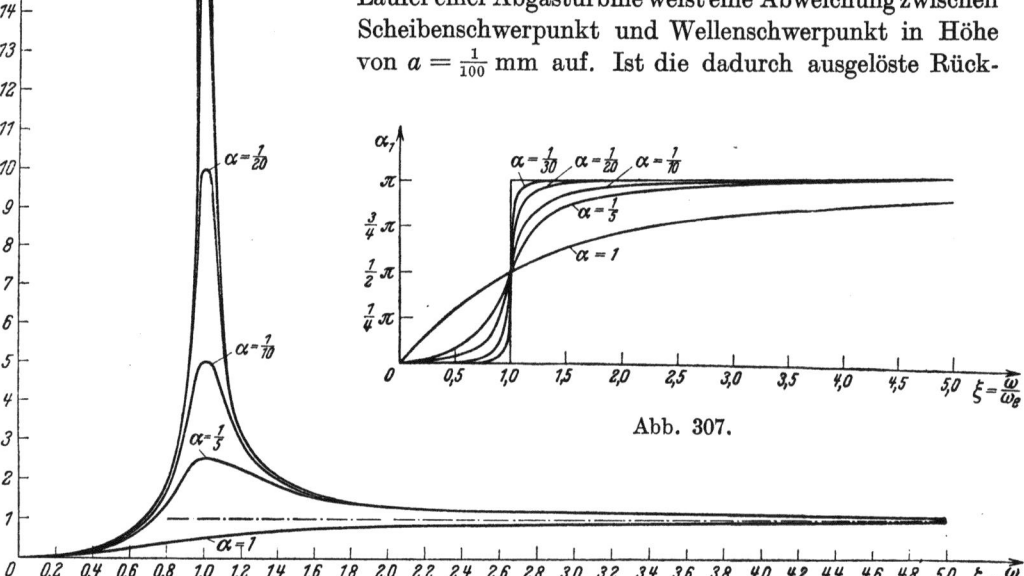

Abb. 307.

Abb. 306.

stellkraft P, so erfährt die Welle nach der Elastizitätstheorie eine größte Randspannung von

$$\sigma = \frac{32\, P\, x\, (l-x)}{\pi\, l\, L^3} \ .$$

Wie groß ist die Beanspruchung der Welle, wenn für P die größtmögliche Rückstellkraft eingesetzt wird? Dabei soll die Treibscheibe in Wellenmitte aufgekeilt, die Wellenlänge $l = 1000$ mm, der Wellendurchmesser $D = 120$ mm, der Elastizitätsmodul $E = 2\,100\,000$ kg/cm² und der Dämpfungsbeiwert $\alpha = \frac{1}{20}$ sein.

98. Linear gedämpfte Einmassenschwinger.

Nach (1161) ist die Rückstellkraft bzw. die größtmögliche Rückstellkraft

$$P = \frac{3\pi l L^4 E}{64 x^2 (l-x)^2} r_0 \quad \text{bzw.} \quad P_{\max} = \frac{3\pi l L^4 E}{64 x^2 (l-x)^2} r_0^{\max}.$$

Wird hierin $r_0^{\max}$ nach (1234) eingesetzt, so folgt

$$P_{\max} = \frac{3\pi l L^4 E a}{64 x^2 (l-x)^2 \, 2\alpha \sqrt{1-\alpha^2}}$$

und damit

$$\sigma_{\max} = \frac{32 P^{\max} x (l-x)}{\pi l L^3} = \frac{3 D E a}{4 x (l-x) \alpha \sqrt{1-\alpha^2}}. \tag{1235}$$

Die Einsetzung der vorgegebenen Zahlenwerte ergibt

$$\sigma_{\max} = \frac{3 \cdot 12 \cdot 2100000 \cdot \frac{1}{100}}{4 \cdot 50 \cdot 50 \cdot \frac{1}{20} \sqrt{1 - \frac{1}{400}}} = 1520 \text{ kg/cm}^2.$$

Beispiel 46. Ein gemäß Abb. 308 angetriebenes Schwingsieb mit einer Betriebsdrehzahl der Welle von $n = 45$ Umdr./Min. und einem Siebgewicht von 500 kg ist mit Vorspannung zwischen zwei Federn mit den Federkonstanten $c_1 = 9$ kg/cm und $c_2 = 6$ kg/cm gespannt und gleitet derart auf waagerechter Unterlage, daß die dabei entstehende Dämpfungskraft der Geschwindigkeit proportional ist und den Wert $d_1 = 0{,}5$ kg/cm/s besitzt; an der Kurbelschwinge ist $a = 417$ mm und $l = 2085$ mm. Wie verläuft der Schwingungsausschlag u des Schwingsiebes und in welchem Verhältnis steht $u_{\max}$ zu dem Resonanzausschlag bei der Grundresonanz des Systems?

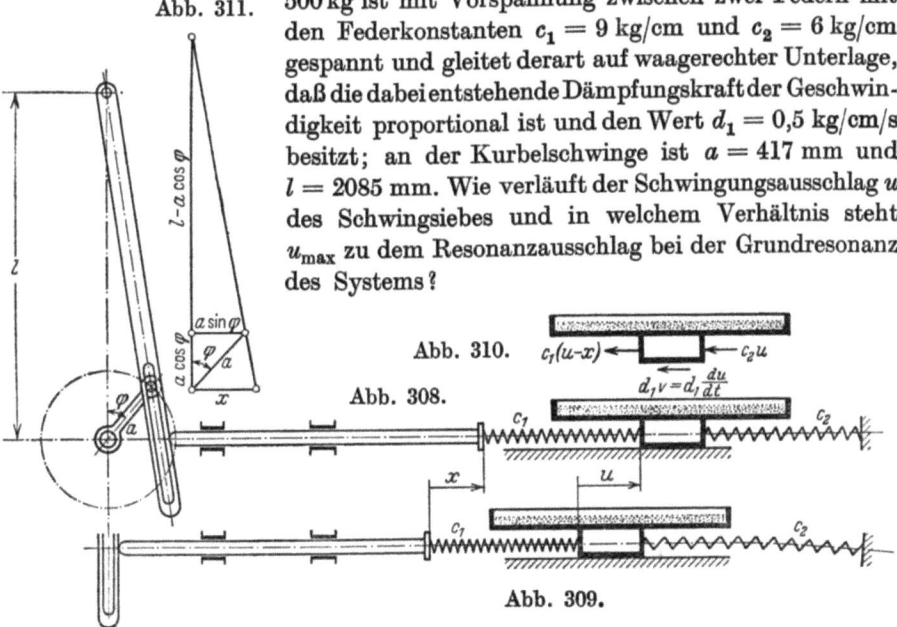

Abb. 311. Abb. 310. Abb. 308. Abb. 309.

Bezeichnet x den Ausschlag der Kurbelschwinge am Ansatzpunkt der Federstange und u den Ausschlag des Schwingsiebes, beides gemäß Abb. 309 auf den lotrechten Kurbeldurchgang als Ausgangslage bezogen, so wird die linke Feder um das Maß $u - x$ auseinandergezogen, die rechte um das Maß u zusammengedrückt. Hieraus ergeben sich die in Abb. 310 aufgetragenen Rückstellkräfte. Diese bilden zusammen mit der Dämpfungskraft die auf die Schwingsiebmasse

326 Der punktförmig idealisierte Körperhaufen.

wirkenden äußeren Kräfte. Demgemäß lautet das Newtonsche Kraftgesetz

$$-c_1(u-x) - c_2 u - d_1 \frac{du}{dt} = m \frac{d^2 u}{dt^2} \; .$$

Hieraus folgt die Differentialgleichung

$$\frac{d^2 u}{dt^2} + \frac{d_1}{m} \frac{du}{dt} + \frac{c_1 + c_2}{m} u = \frac{c_1}{m} x \; .$$

Da die beiden Spannfedern parallel geschaltet sind, ist nach (1059)

$$c_1 + c_2 = c \quad \text{und damit} \quad \frac{c_1 + c_2}{m} = \frac{c}{m} = \omega_e^2 \; . \tag{1236}$$

Ferner ist nach (1199)

$$\frac{d_1}{m} = 2\alpha \omega_e \; . \tag{1237}$$

Schließlich erhält man für x nach Abb. 311

$$x = \frac{l a \sin \varphi}{l - a \cos \varphi} = a \frac{\sin \varphi}{1 - \frac{a}{l} \cos \varphi} \; .$$

Da $\left|\frac{a}{l} \cos \varphi\right|$ stets kleiner als 1 ist, läßt sich der Nenner nach dem binomischen Satze entwickeln und es folgt

$$\frac{1}{1 - \frac{a}{l} \cos \varphi} = 1 + \frac{a}{l} \cos \varphi + \left(\frac{a}{l}\right)^2 \cos^2 \varphi + \left(\frac{a}{l}\right)^3 \cos^3 \varphi + \cdots \; .$$

Im vorliegenden Falle ist

$$\frac{a}{l} = \frac{417}{2085} = 0{,}20 \; ,$$

so daß die Entwicklung mit hinreichender Genauigkeit nach dem quadratischen Gliede abgebrochen werden kann. Dies ergibt

$$x = a \sin \varphi \left[1 + \frac{a}{l} \cos \varphi + \left(\frac{a}{l}\right)^2 \cos^2 \varphi \right]$$

$$= a \left[\sin \varphi + \frac{1}{2} \frac{a}{l} \sin 2\varphi + \frac{1}{2}\left(\frac{a}{l}\right)^2 \sin 2\varphi \cos \varphi\right]$$

oder

$$x = a\left[\left(1 + \frac{1}{4}\left(\frac{a}{l}\right)^2\right)\sin \varphi + \frac{1}{2}\frac{a}{l}\sin 2\varphi + \frac{1}{4}\left(\frac{a}{l}\right)^2 \sin 3\varphi\right] \; . \tag{1238}$$

Bei Berücksichtigung von (1236), (1237) und (1238) lautet die Differentialgleichung

$$\frac{d^2 u}{dt^2} + 2\alpha\omega_e \frac{du}{dt} + \omega_e^2 u = \frac{c_1}{c}\omega_e^2 a\left[\left(1 + \frac{1}{4}\left(\frac{a}{l}\right)^2\right)\sin \varphi + \frac{1}{2}\frac{a}{l}\sin 2\varphi + \frac{1}{4}\left(\frac{a}{l}\right)^2 \sin 3\varphi\right] \; . \tag{1239}$$

Diese Differentialgleichung kann wieder unmittelbar mit (1202) verglichen werden. Denkt man sich dabei (1202) unter Ersatz aller deutschen durch lateinische Buchstaben als skalare Gleichung geschrieben, so folgt

$$\left.\begin{array}{l} \dfrac{a_1}{m} = \dfrac{c_1}{c}\omega_e^2 a\left(1 + \dfrac{1}{4}\left(\dfrac{a}{l}\right)^2\right), \quad \dfrac{a_2}{m} = \dfrac{c_1}{c}\omega_e^2 a \cdot \dfrac{1}{2}\dfrac{a}{l}, \quad \dfrac{a_3}{m} = \dfrac{c_1}{c}\omega_e^2 a \cdot \dfrac{1}{4}\left(\dfrac{a}{l}\right)^2; \\[2mm] \dfrac{a_4}{m} = \dfrac{a_5}{m} = \dfrac{a_6}{m} = \cdots = \dfrac{b_0}{m} = \dfrac{b_1}{m} = \dfrac{b_2}{m} = \dfrac{b_3}{m} = \cdots = 0 \end{array}\right\} \tag{1240}$$

98. Linear gedämpfte Einmassenschwinger.

Die Einführung von (1240) in die skalar geschriebene Gl. (1213) ergibt

$$
\begin{aligned}
u = {} & A_1 e^{-\omega_e (\alpha - \sqrt{\alpha^2-1})t} + A_2 e^{-\omega_e (\alpha + \sqrt{\alpha^2-1})t} + \\
& + \frac{c_1}{c} \omega_e^2 a \left(1 + \frac{1}{4}\left(\frac{a}{l}\right)^2\right) \frac{\sin(\omega t - \alpha_1)}{\sqrt{(\omega_e^2 - \omega^2)^2 + 4\alpha^2 \omega_e^2 \omega^2}} + \\
& + \frac{c_1}{c} \omega_e^2 a \cdot \frac{1}{2} \frac{a}{l} \frac{\sin(2\omega t - \alpha_2)}{\sqrt{(\omega_e^2 - 4\omega^2)^2 + 16\alpha^2 \omega_e^2 \omega^2}} + \\
& + \frac{c_1}{c} \omega_e^2 a \cdot \frac{1}{4}\left(\frac{a}{l}\right)^2 \frac{\sin(3\omega t - \alpha_3)}{\sqrt{(\omega_e^2 - 9\omega^2)^2 + 36\alpha^2 \omega_e^2 \omega^2}}
\end{aligned} \quad (1241)
$$

Nun handelt es sich im vorliegenden Falle um ein Problem des stationären Betriebes. Dementsprechend können A_1 und A_2 gleich null gesetzt werden. Wird in dem verbleibenden Lösungsteil wieder ξ nach (1214) eingeführt, so lautet die gesuchte Lösung

$$u = \frac{c_1}{c} a \left[\frac{\left(1+\frac{1}{4}\left(\frac{a}{l}\right)^2\right)\sin(\omega t - \alpha_1)}{\sqrt{(1-\xi^2)^2 + 4\alpha^2\xi^2}} + \frac{\frac{1}{2}\frac{a}{l}\sin(2\omega t - \alpha_2)}{\sqrt{(1-4\xi^2)^2 + 16\alpha^2\xi^2}} + \frac{\frac{1}{4}\left(\frac{a}{l}\right)^2 \sin(3\omega t - \alpha_3)}{\sqrt{(1-9\xi^2)^2 + 36\alpha^2\xi^2}}\right] \left(\xi = \frac{\omega}{\omega_e}\right). \quad (1242)$$

In Anwendung auf die vorgegebenen Zahlenwerte ergibt sich

$$a = 417 \text{mm}, \quad \frac{a}{l} = \frac{1}{5} = 0{,}20, \quad 1 + \frac{1}{4}\left(\frac{a}{l}\right)^2 = 1{,}010, \quad \frac{1}{2}\frac{a}{l} = 0{,}100, \quad \frac{1}{4}\left(\frac{a}{l}\right)^2 = 0{,}010 \ .$$

$$c_1 = 9{,}0 \text{kg/cm}, \quad c = c_1 + c_2 = 15{,}0 \text{kg/cm}, \quad \frac{c_1}{c} = \frac{9{,}0}{15{,}0} = 0{,}60, \quad \frac{c_1}{c} a = 0{,}60 \cdot 417 = 250 \text{ mm} \ .$$

$$m = \frac{500}{981} = 0{,}510 \text{ kg s}^2 \text{ cm}^{-1}, \quad \frac{c}{m} = \omega_e^2 = \frac{15{,}0}{0{,}510} = 29{,}4 \text{ s}^{-2}, \quad \sqrt{\frac{c}{m}} = \omega_e = 5{,}42 \text{ s}^{-1} \ .$$

$$\omega = \frac{2n\pi}{60} = \frac{2 \cdot 45 \cdot \pi}{60} = 4{,}72 \text{ s}^{-1}, \quad \xi = \frac{\omega}{\omega_e} = 0{,}872 \ .$$

Nach (1242) sind die drei Resonanzstellen

$$\xi_1 = 1{,}0, \quad \xi_2 = 0{,}5, \quad \xi_3 = 0{,}333 \ .$$

Die Betriebsdrehzahl liegt daher zwischen der ersten und zweiten Resonanzdrehzahl. Für den Dämpfungsbeiwert folgt nach (1199)

$$\alpha = \frac{d_1}{2\sqrt{cm}} = \frac{0{,}5}{2\sqrt{15{,}0 \cdot 0{,}5}} = 0{,}0912 \ .$$

Die drei Phasenwinkel errechnen sich nach (1214) zu

$$\alpha_1 = \arcsin \frac{2\alpha\xi}{\sqrt{(1-\xi^2)^2 + 4\alpha^2\xi^2}} = \arcsin \frac{2 \cdot 0{,}0912 \cdot 0{,}872}{\sqrt{0{,}240^2 + 0{,}159^2}} = \arcsin \frac{0{,}159}{0{,}288}$$
$$= \arcsin 0{,}552 = 0{,}584 \ ,$$

$$\alpha_2 = \arcsin \frac{4\alpha\xi}{\sqrt{(1-4\xi^2)^2 + 16\alpha^2\xi^2}} = \arcsin \frac{0{,}318}{\sqrt{2{,}040^2 + 0{,}318^2}} = \arcsin \frac{0{,}318}{2{,}065}$$
$$= \arcsin 0{,}154 = 2{,}987 \ ,$$

$$\alpha_3 = \arcsin \frac{6\alpha\xi}{\sqrt{(1-9\xi^2)^2 + 36\alpha^2\xi^2}} = \arcsin \frac{0{,}477}{\sqrt{5{,}840^2 + 0{,}477^2}} = \arcsin \frac{0{,}477}{5{,}87}$$
$$= \arcsin 0{,}0813 = 3{,}060 \ .$$

Entsprechend der Mehrdeutigkeit der arc sin-Funktion muß beachtet werden, ob der Phasenwinkel im ersten oder zweiten Quadranten liegt. Nach Abb. 307 liegt er unterhalb der Resonanz im ersten, oberhalb der Resonanz im zweiten Quadranten. Da im vorliegenden Falle, wie bereits bemerkt, ξ unterhalb der ersten und oberhalb der zweiten und dritten Resonanz gelegen ist, mußten $α_2$ und $α_3$ die Werte im zweiten Quadranten zugeordnet werden.

Die Einführung der Zahlenwerte in (1242) liefert

$$u = 250\left[\frac{1{,}010}{0{,}288}\sin(4{,}72\,t-0{,}584) + \frac{0{,}100}{2{,}140}\sin(9{,}44\,t-2{,}987) + \frac{0{,}010}{3{,}062}\sin(14{,}16\,t-3{,}060)\right] \text{ in mm}$$

oder weiter ausgewertet

$$u = 877\sin(4{,}72\,t-0{,}584) + 11{,}7\sin(9{,}44\,t-2{,}987) + 0{,}8\sin(14{,}16\,t-3{,}060) \text{ in mm}.$$

Die Schwingungsausschläge des Schwingsiebes werden hiernach in überragendem Maße durch die Grundschwingung beherrscht, so daß zur Ermittlung der Schwingungsamplitude in großer Annäherung

$$4{,}72\,t - 0{,}584 = \frac{\pi}{2} = 1{,}571$$

gesetzt werden kann. Hieraus folgt

$$t = \frac{1{,}571 + 0{,}584}{4{,}72} = \frac{2{,}155}{4{,}72} = 0{,}457 \text{ s}$$

und damit

$$u^{\max} = 877 + 11{,}7 \cdot \sin 1{,}33 + 0{,}8 \sin 3{,}41 = 877 + 11 - 0 = 888 \text{ mm}.$$

Für die zugehörige Schwingungsdauer ergibt sich

$$T = \frac{2\pi}{\omega} = \frac{2\pi}{4{,}72} = 1{,}333 \text{ s}.$$

Es ist nun weiter noch nach dem Verhältnis des Maximalausschlages von 888 mm zum größten Resonanzausschlage gefragt. Für den letzteren ist in (1242) ξ = 1 zu setzen. Zunächst errechnen sich nach (1214) für ξ = 1 die Phasenwinkel

$$α_1 = \frac{\pi}{2}, \quad α_2 = \arcsin\frac{0{,}3648}{3{,}02} = 3{,}020, \quad α_3 = \arcsin\frac{0{,}5472}{8{,}02} = 3{,}074.$$

Damit liefert (1242)

$$u_1 = 250\left[\frac{1{,}010}{0{,}1824}\sin\left(5{,}42\,t-\frac{\pi}{2}\right) + \frac{0{,}100}{3{,}020}\sin(10{,}84\,t-3{,}020) + \frac{0{,}010}{8{,}02}\sin(16{,}26\,t-3{,}074)\right]$$

oder weiter ausgewertet

$$u_1 = 1385\sin\left(5{,}42\,t-\frac{\pi}{2}\right) + 8{,}3\sin(10{,}84\,t-3{,}020) + 0{,}3\sin(16{,}26\,t-3{,}074).$$

Der Zeitwert, der die Maximalamplitude liefert, ergibt sich hieraus

$$\text{aus} \quad 5{,}42\,t - \frac{\pi}{2} = \frac{\pi}{2} \quad \text{zu} \quad t = \frac{\pi}{5{,}42} = 0{,}580 \text{ s}.$$

Damit erhält man

$$u_1^{\max} = 1385 + 8{,}3\sin 3{,}26 + 0{,}3\sin 6{,}36 = 1386 \text{ mm}$$

(Größter Resonanzausschlag).

Nunmehr kann das gesuchte Verhältnis angegeben werden. Es folgt

$$\frac{u_{\max}}{u_{1,\max}} = \frac{888}{1386} = 0{,}641.$$

98. Linear gedämpfte Einmassenschwinger.

Es sei noch bemerkt, daß der größte Resonanzausschlag strenggenommen nicht an der Stelle $\xi = 1$ liegt, sondern bei einem um etwa 1% kleinerem ξ-Werte auftritt; u_1^{max} wird dadurch auch um etwa 1% größer. Es lohnt sich aber im allgemeinen nicht, eine solche Verfeinerung der Rechnung vorzunehmen.

Beispiel 47. Die in Beispiel 37 untersuchte Schwingung einer Last an einem Seil mit gefederter Umlenkrolle soll nunmehr unter der Voraussetzung behandelt werden, daß die Schwingung linear gedämpft ist und die Dämpfungskraft 10,30 kg/cm/s beträgt.

Wird die Schwingung gemäß Abb. 271 als Schwingung um die statische Gleichgewichtslage betrachtet, so liegt ein reines Eigenschwingungsproblem gemäß (1222) vor. Wird der Schwingungsausschlag u in Anpassung an die vorliegenden Verhältnisse als skalare Größe angesehen, so lautet (1222)

$$u = C_1 e^{-\omega_e \alpha t} \cos \omega_e \sqrt{1-\alpha^2}\, t + C_2 e^{-\omega_e \alpha t} \sin \omega_e \sqrt{1-\alpha^2}\, t\ . \tag{1243}$$

Nun ist in Beispiel 37 nicht nach dem Schwingungsausschlag u sondern nach der Seilkraft S gefragt, die nach dem Federkraftgesetz in der Form

$$S = c\, u$$

mit u zusammenhängt. Hieraus und in Verbindung mit (1243) folgt

$$S_m = c_1 e^{-\omega_e \alpha t} \cos \omega_e \sqrt{1-\alpha^2}\, t + c_2 e^{-\omega_e \alpha t} \sin \omega_e \sqrt{1-\alpha^2}\, t\ , \tag{1244}$$

wobei S_m die auf die statische Gleichgewichtslage bezogene Seilkraft und

$$c_1 = c\, C_1\ , \qquad c_2 = c\, C_2 \tag{1245}$$

ist. Die Konstanten c_1 und c_2 ergeben sich aus den Anfangsbedingungen. Diese lauten nach Abb. 271 mit der statischen Gleichgewichtslage als Nullage:

$$\text{Für } t = 0 : S_m = -G \quad \text{und} \quad \frac{dS_m}{dt} = 0\ . \tag{1246}$$

Die Differentiation von (1244) liefert

$$\left.\begin{array}{l}\dfrac{dS_m}{dt} = -c_1 \omega_e e^{-\omega_e \alpha t}\left[\alpha \cos \omega_e \sqrt{1-\alpha^2}\, t + \sqrt{1-\alpha^2} \sin \omega_e \sqrt{1-\alpha^2}\, t\right] - \\ \qquad - c_2 \omega_e e^{-\omega_e \alpha t}\left[\alpha \sin \omega_e \sqrt{1-\alpha^2}\, t - \sqrt{1-\alpha^2} \cos \omega_e \sqrt{1-\alpha^2}\, t\right]\ .\end{array}\right\} \tag{1247}$$

Werden (1244) und (1247) in (1246) eingeführt, so folgt

$$\left.\begin{array}{ll}-G = c_1 & c_1 = -G\ , \\ 0 = -c_1 \alpha + c_2 \sqrt{1-\alpha^2} \quad \text{oder} \quad & c_2 = \dfrac{-\alpha}{\sqrt{1-\alpha^2}} G\ .\end{array}\right\} \tag{1248}$$

In Verbindung mit (1248) lautet (1244)

$$S_m = -G\, e^{-\omega_e \alpha t}\left[\cos \omega_e \sqrt{1-\alpha^2}\, t + \frac{\alpha}{\sqrt{1-\alpha^2}} \sin \omega_e \sqrt{1-\alpha^2}\, t\right]\ . \tag{1249}$$

Die Überlagerung von statischer Seilkraft und schwingender Seilkraft gemäß

$$S = G + S_m \tag{1250}$$

liefert die Gesamtseilkraft

$$S = G\left[1 - e^{-\omega_e \alpha t}\left(\cos \omega_e \sqrt{1-\alpha^2}\, t + \frac{\alpha}{\sqrt{1-\alpha^2}} \sin \omega_e \sqrt{1-\alpha^2}\, t\right)\right]\ . \tag{1251}$$

In Anwendung auf die in Beispiel 37 vorgegebenen Zahlenwerte ergibt sich:

$$\omega_e = 3{,}53 \text{ s}^{-1}, \quad c = 190 \text{ kg/cm}, \quad d_1 = 10{,}30 \text{ kg s cm}^{-1},$$

$$m = \frac{15000}{981} = 15{,}30 \text{ kg s}^2 \text{ cm}^{-1}.$$

$$\alpha = \frac{d_1}{2\sqrt{cm}} = \frac{10{,}30}{2\sqrt{190 \cdot 15{,}30}} = 0{,}0954,$$

$$\sqrt{1-\alpha^2} = 0{,}995,$$

$$\frac{\alpha}{\sqrt{1-\alpha^2}} = 0{,}0957.$$

$$\omega_e \alpha = 0{,}336 \text{ s}^{-1},$$

$$\omega_e \sqrt{1-\alpha^2} = 3{,}51 \text{ s}^{-1}.$$

Damit erhält man

$$S = G\left[1 - e^{-0{,}336t}(\cos 3{,}51\,t + 0{,}0957 \sin 3{,}51\,t)\right].$$

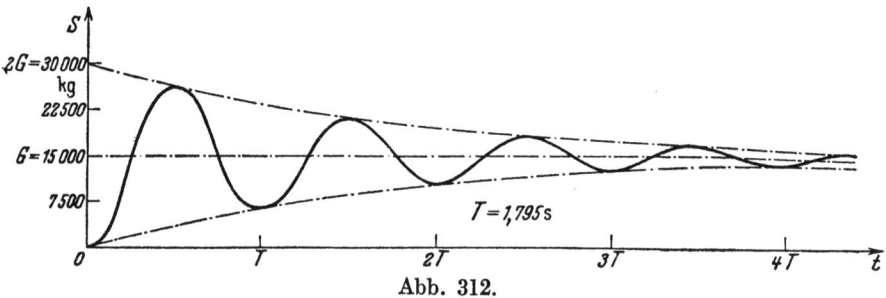

Abb. 312.

Für die zahlenmäßige Berechnung der Schwingungsausschläge wird diese Formel zweckmäßig noch umgeformt, indem die runde Klammer unter Einführung eines Phasenwinkels durch eine einzige trigonometrische Funktion ausgedrückt wird Zunächst erhält man allgemein

$$\cos \lambda t + a \sin \lambda t \equiv A \cos(\lambda t - \beta) \equiv A \cos \lambda t \cos \beta + A \sin \lambda t \sin \beta$$

und hieraus durch Identitätsvergleich

$$1 = A \cos \beta,$$
$$a = A \sin \beta; \quad A = \sqrt{1+a^2}, \quad \sin \beta = \frac{a}{A}, \quad \cos \beta = \frac{1}{A}.$$

Nun ist im vorliegenden Falle

$$a = 0{,}0957 \quad \text{und damit}$$

$$A = 1{,}005, \quad \sin \beta = 0{,}0953, \quad \cos \beta = 0{,}995, \quad \beta = 0{,}0954.$$

Damit folgt

$$S = G\left[1 - 1{,}005\, e^{-0{,}336t} \cos(3{,}51\,t - 0{,}0954)\right].$$

Der hierzu gehörige Schwingungsverlauf ist aus Abb. 312 ersichtlich.

99. Linear gedämpfte Mehrmassensysteme.

Gemäß Abb. 313 liege ein System mit r Massen $m_1, m_2, m_3, \cdots m_n \cdots m_r$ vor. Auf jede Masse m_n wirke eine Rückstellkraft $\mathfrak{R}_n$, eine Dämpfungskraft $\mathfrak{D}_n$ und eine Erregerkraft $\mathfrak{P}_n$. Dann liefert das Newtonsche Kraftgesetz

$$\mathfrak{R}_n + \mathfrak{D}_n + \mathfrak{P}_n = m_n \frac{d^2 \mathfrak{u}_n}{dt^2}, \qquad (1252)$$

wenn $\mathfrak{u}_n$ den zugehörigen Schwingungsausschlagvektor bezeichnet. Sind die r Massen m_n irgendwie linear miteinander gekoppelt, z. B. nach Art einer Längsfederkette oder durch einen Biegungsstab, so können die Rückstellkräfte in der Form

$$\mathfrak{R}_n = -c_{n,1} \mathfrak{u}_1 - c_{n,2} \mathfrak{u}_2 - c_{n,3} \mathfrak{u}_3 - \cdots - c_{n,n} \mathfrak{u}_n - \cdots - c_{n,r} \mathfrak{u}_r \qquad (1253)$$

angesetzt werden, in welcher die $c_{i,k}$ wie in (1155) die verallgemeinerten Federkonstanten darstellen. In ähnlicher Weise lassen sich, bei der hier vorausgesetzten

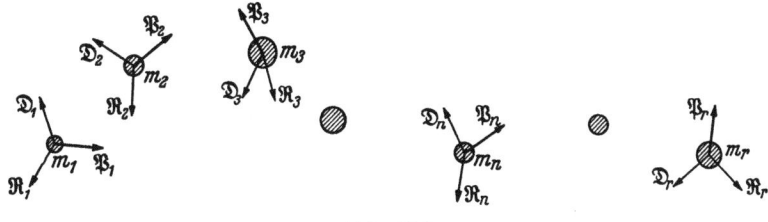

Abb. 313.

linearen Dämpfung, die Dämpfungskräfte linear mit den Geschwindigkeiten koppeln, etwa in der Form

$$\mathfrak{D}_n = -d_{n,1} \frac{d\mathfrak{u}_1}{dt} - d_{n,2} \frac{d\mathfrak{u}_2}{dt} - d_{n,3} \frac{d\mathfrak{u}_3}{dt} - \cdots - d_{n,n} \frac{d\mathfrak{u}_n}{dt} - \cdots - d_{n,r} \frac{d\mathfrak{u}_r}{dt}, \qquad (1254)$$

in welcher die $d_{i,k}$ die verallgemeinerten Dämpfungskonstanten darstellen. Die Einführung von (1253) und (1254) in (1252) liefert das Gleichungssystem

$$\left.\begin{aligned}
m_1 \frac{d^2 \mathfrak{u}_1}{dt^2} + d_{1,1} \frac{d\mathfrak{u}_1}{dt} + \cdots + d_{1,r} \frac{d\mathfrak{u}_r}{dt} + c_{1,1} \mathfrak{u}_1 + \cdots + c_{1,r} \mathfrak{u}_r &= \mathfrak{P}_1(t), \\
m_2 \frac{d^2 \mathfrak{u}_2}{dt^2} + d_{2,1} \frac{d\mathfrak{u}_1}{dt} + \cdots + d_{2,r} \frac{d\mathfrak{u}_r}{dt} + c_{2,1} \mathfrak{u}_1 + \cdots + c_{2,r} \mathfrak{u}_r &= \mathfrak{P}_2(t), \\
\overline{}&, \\
m_n \frac{d^2 \mathfrak{u}_n}{dt^2} + d_{n,1} \frac{d\mathfrak{u}_1}{dt} + \cdots + d_{n,r} \frac{d\mathfrak{u}_r}{dt} + c_{n,1} \mathfrak{u}_1 + \cdots + c_{n,r} \mathfrak{u}_r &= \mathfrak{P}_n(t), \\
\overline{}&, \\
m_r \frac{d^2 \mathfrak{u}_r}{dt^2} + d_{r,1} \frac{d\mathfrak{u}_1}{dt} + \cdots + d_{r,r} \frac{d\mathfrak{u}_r}{dt} + c_{r,1} \mathfrak{u}_1 + \cdots + c_{r,r} \mathfrak{u}_r &= \mathfrak{P}_r(t).
\end{aligned}\right\} \quad (1255)$$

Die Lösung setzt sich wieder aus dem allgemeinen Integral des homogenen Systems und einem Partikularintegral des inhomogenen Systems zusammen.

Der homogene Lösungsteil liefert eine linear gedämpfte Eigenschwingung, die aus r abklingenden Exponentialfunktionen aufgebaut ist, während der partikulare Lösungsteil die stationäre Schwingung unter der Wirkung der Erregerkräfte ergibt.

Da es sich in (1255) um ein lineares Gleichungssystem handelt, kann das Partikularintegral aus r Partikularintegralen zusammengesetzt werden, die zu r Gleichungssystemen gehören, von denen jedes gerade eine der r Störungsfunktionen $\mathfrak{P}_n(t)$ enthält, während alle übrigen null gesetzt sind. Wird die Störungsfunktion $\mathfrak{P}_n(t)$ in harmonisch analysierter Form gemäß

$$\mathfrak{P}_n(t) = \sum_{1}^{\infty \bar n} \mathfrak{a}_{n,\bar n} \sin \bar n \, \omega_n t + \sum_{1}^{\infty \bar n} \mathfrak{b}_{n,\bar n} \cos \bar n \, \omega_n t + \mathfrak{b}_{n,0} \tag{1256}$$

vorgegeben, so lautet beispielsweise das n^{te} Gleichungssystem

$$\left.\begin{aligned}
m_1 \frac{d^2 u_1}{dt^2} + d_{1,1} \frac{du_1}{dt} + \cdots + d_{1,r} \frac{du_r}{dt} + c_{1,1} u_1 + \cdots + c_{1,r} u_r &= 0 \, , \\
m_2 \frac{d^2 u_2}{dt^2} + d_{2,1} \frac{du_1}{dt} + \cdots + d_{2,r} \frac{du_r}{dt} + c_{2,1} u_1 + \cdots + c_{2,r} u_r &= 0 \, , \\
\overline{} \, , \\
m_{n-1} \frac{d^2 u_{n-1}}{dt^2} + d_{n-1,1} \frac{du_1}{dt} + \cdots + d_{n-1,r} \frac{du_r}{dt} + c_{n-1,1} u_1 + \cdots + c_{n-1,r} u_r &= 0 \, , \\
m_n \frac{d^2 u_n}{dt^2} + d_{n,1} \frac{du_1}{dt} + \cdots + d_{n,r} \frac{du_r}{dt} + c_{n,1} u_1 + \cdots + c_{n,r} u_r & \\
= \sum_{1}^{\infty \bar n} \mathfrak{a}_{n,\bar n} \sin \bar n \, \omega_n t + \sum_{1}^{\infty \bar n} \mathfrak{b}_{n,\bar n} \cos \bar n \, \omega_n t + \mathfrak{b}_{n,0}& \, , \\
m_{n+1} \frac{d^2 u_{n+1}}{dt^2} + d_{n+1,1} \frac{du_1}{dt} + \cdots + d_{n+1,r} \frac{du_r}{dt} + c_{n+1,1} u_1 + \cdots + c_{n+1,r} u_r &= 0 \, , \\
\overline{} \, , \\
m_r \frac{d^2 u_r}{dt^2} + d_{r,1} \frac{du_1}{dt} + \cdots + d_{r,r} \frac{du_r}{dt} + c_{r,1} u_1 + \cdots + c_{r,r} u_r &= 0 \, .
\end{aligned}\right\} \tag{1257}$$

Die Lösung dieses inhomogenen Systems erfolgt durch sinngemäße Erweiterung des Ansatzes (1208). Für die Gliedgruppe $\mathfrak{a}_{n,\bar n} \sin \bar n \, \omega_n t + \mathfrak{b}_{n,\bar n} \cos \bar n \, \omega_n t$ folgt

$$\left.\begin{aligned}
u_1 &= \mathfrak{A}_{1,n,\bar n} \sin \bar n \, \omega_n t + \mathfrak{B}_{1,n,\bar n} \cos \bar n \, \omega_n t \, , \\
u_2 &= \mathfrak{A}_{2,n,\bar n} \sin \bar n \, \omega_n t + \mathfrak{B}_{2,n,\bar n} \cos \bar n \, \omega_n t \, , \\
\overline{} \, , \\
u_n &= \mathfrak{A}_{n,n,\bar n} \sin \bar n \, \omega_n t + \mathfrak{B}_{n,n,\bar n} \cos \bar n \, \omega_n t \, , \\
\overline{} \, , \\
u_r &= \mathfrak{A}_{r,n,\bar n} \sin \bar n \, \omega_n t + \mathfrak{B}_{r,n,\bar n} \cos \bar n \, \omega_n t \, .
\end{aligned}\right\} \tag{1258}$$

Die Einführung von (1258) in (1257) führt nach Zusammenfassung der Glieder mit $\sin \bar n \, \omega_n t$ und $\cos \bar n \, \omega_n t$ ähnlich wie im Anschluß an (1208) zu $2r$ linearen Gleichungen für die $2r$ Unbekannten $\mathfrak{A}_{n,\bar n}$ und $\mathfrak{B}_{n,\bar n}$. Die Überlagerung der Lösungen (1258) für alle $\bar n$-Gruppen liefert dann das gesuchte Partikularintegral von (1257) und die Überlagerung aller Partikulare (1257) das Partikularintegral von (1255). Dementsprechend hat das letztere folgendes Aussehen:

$$\left.\begin{aligned}
\mathfrak{u}_1 &= \sum_{1}^{r} {}^n \sum_{1}^{\infty} {}^{\bar{n}} \mathfrak{A}_{1,n,\bar{n}} \sin \bar{n} \omega_n t + \sum_{1}^{r} {}^n \sum_{0}^{\infty} {}^{\bar{n}} \mathfrak{B}_{1,n,\bar{n}} \cos \bar{n} \omega_n t, \\
\mathfrak{u}_2 &= \sum_{1}^{r} {}^n \sum_{1}^{\infty} {}^{\bar{n}} \mathfrak{A}_{2,n,\bar{n}} \sin \bar{n} \omega_n t + \sum_{1}^{r} {}^n \sum_{0}^{\infty} {}^{\bar{n}} \mathfrak{B}_{2,n,\bar{n}} \cos \bar{n} \omega_n t, \\
&\overline{}, \\
\mathfrak{u}_n &= \sum_{1}^{r} {}^n \sum_{1}^{\infty} {}^{\bar{n}} \mathfrak{A}_{n,n,\bar{n}} \sin \bar{n} \omega_n t + \sum_{1}^{r} {}^n \sum_{0}^{\infty} {}^{\bar{n}} \mathfrak{B}_{n,n,\bar{n}} \cos \bar{n} \omega_n t, \\
&\overline{}, \\
\mathfrak{u}_r &= \sum_{1}^{r} {}^n \sum_{1}^{\infty} {}^{\bar{n}} \mathfrak{A}_{r,n,\bar{n}} \sin \bar{n} \omega_n t + \sum_{1}^{r} {}^n \sum_{0}^{\infty} {}^{\bar{n}} \mathfrak{B}_{r,n,\bar{n}} \cos \bar{n} \omega_n t.
\end{aligned}\right\} \text{(Partikularintegral)} \quad (1259)$$

Die zu den $\mathfrak{b}_{n,0}$ gehörigen Partikularintegrale sind in die Summen mit hineingenommen worden, indem in der zweiten Doppelsumme $\bar{n}$ als von 0 bis ∞ laufend angesetzt wurde.

Für die homogene Teillösung ergibt sich der Ansatz durch sinngemäße Erweiterung von (1203). Er lautet

$$\left.\begin{aligned}
\mathfrak{u}_1 &= \mathfrak{A}_{1,1} e^{\lambda_1 t} + \mathfrak{A}_{1,2} e^{\lambda_2 t} + \cdots + \mathfrak{A}_{1,n} e^{\lambda_n t} + \cdots + \mathfrak{A}_{1,2r} e^{\lambda_{2r} t}, \\
\mathfrak{u}_2 &= \mathfrak{A}_{2,1} e^{\lambda_1 t} + \mathfrak{A}_{2,2} e^{\lambda_2 t} + \cdots + \mathfrak{A}_{2,n} e^{\lambda_n t} + \cdots + \mathfrak{A}_{2,2r} e^{\lambda_{2r} t}, \\
&\overline{}, \\
\mathfrak{u}_n &= \mathfrak{A}_{n,1} e^{\lambda_n t} + \mathfrak{A}_{n,2} e^{\lambda_2 t} + \cdots + \mathfrak{A}_{n,n} e^{\lambda_n t} + \cdots + \mathfrak{A}_{n,2r} e^{\lambda_{2r} t}, \\
&\overline{}, \\
\mathfrak{u}_r &= \mathfrak{A}_{r,1} e^{\lambda_n t} + \mathfrak{A}_{r,2} e^{\lambda_2 t} + \cdots + \mathfrak{A}_{r,n} e^{\lambda_n t} + \cdots + \mathfrak{A}_{r,2r} e^{\lambda_{2r} t}.
\end{aligned}\right\} \text{(Homogene Lösung)} \quad (1260)$$

Geht man mit (1260) in das homogen gemachte System (1255) hinein und ordnet man nach den $e^{\lambda t}$, so spaltet sich das System in r Systeme von r Gleichungen für die $\mathfrak{A}_{1,n}, \mathfrak{A}_{2,n}, \cdots \mathfrak{A}_{n,n} \cdots \mathfrak{A}_{r,n}$. Jedes dieser r Gleichungssysteme besitzt die gleiche Determinante, die zu einer Gleichung $2r^{\text{ten}}$ Grades für die λ_n führt, aus der sich die $2r$ Eigenwerte des Systems errechnen. Die Ermittlung der Konstanten vollzieht sich in der gleichen Weise wie bei den ungedämpften Schwingungen.

100. Linear gedämpfte Zweimassensysteme.

Der in Ziffer 99 beschriebene allgemeine Rechnungsgang soll nun auf ein Zweimassensystem Anwendung finden. Nach (1255) und (1256) lauten in diesem Falle die Differentialgleichungen

$$\left.\begin{aligned}
m_1 \frac{d^2 u_1}{dt^2} + d_{1,1} \frac{du_1}{dt} + d_{1,2} \frac{du_2}{dt} + c_{1,1} u_1 + c_{1,2} u_2 &= \sum_{1}^{\infty} {}^{\bar{n}} \mathfrak{a}_{1,\bar{n}} \sin \bar{n} \omega_1 t + \\
&\quad + \sum_{1}^{\infty} {}^{\bar{n}} \mathfrak{b}_{1,\bar{n}} \cos \bar{n} \omega_1 t + \mathfrak{b}_{1,0}, \\
m_2 \frac{d^2 u_2}{dt^2} + d_{2,1} \frac{du_1}{dt} + d_{2,2} \frac{du_2}{dt} + c_{2,1} u_1 + c_{2,2} u_2 &= \sum_{1}^{\infty} {}^{\bar{n}} \mathfrak{a}_{2,\bar{n}} \sin \bar{n} \omega_2 t + \\
&\quad + \sum_{1}^{\infty} {}^{\bar{n}} \mathfrak{b}_{2,\bar{n}} \cos \bar{n} \omega_2 t + \mathfrak{b}_{2,0}.
\end{aligned}\right\} \quad (1261)$$

Nach den allgemeinen Ausführungen läßt sich das den stationären Schwingungszustand beschreibende Partikularintegral des inhomogenen Systems durch Superposition leicht darstellen, wenn die Lösung des Gleichungssystemes

$$\left.\begin{aligned} m_1 \frac{d^2 u_1}{dt^2} + d_{1,1}\frac{du_1}{dt} + d_{1,2}\frac{du_2}{dt} + c_{1,1} u_1 + c_{1,2} u_2 &= \mathfrak{a}\sin(\omega t + \alpha) \\ m_2 \frac{d^2 u_2}{dt^2} + d_{2,1}\frac{du_1}{dt} + d_{2,2}\frac{du_2}{dt} + c_{2,1} u_1 + c_{2,2} u_2 &= 0 \end{aligned}\right\} \quad (1262)$$

bekannt ist. Wird hierfür

$$\left.\begin{aligned} u_1 &= [C_{1,1}\sin(\omega t + \alpha) + C_{1,2}\cos(\omega t + \alpha)]\mathfrak{a}, \\ u_2 &= [C_{2,1}\sin(\omega t + \alpha) + C_{2,2}\cos(\omega t + \alpha)]\mathfrak{a} \end{aligned}\right\} \quad (1263)$$

gesetzt, so folgt bei entsprechender Zusammenfassung aus (1262)

$$\left.\begin{aligned} &[C_{1,1}(-m_1\omega^2 + c_{1,1}) - C_{1,2}d_{1,1}\omega + C_{2,1}c_{1,2} - C_{2,2}d_{1,2}\omega]\sin(\omega t - \alpha) + \\ &+ [C_{1,2}(-m_1\omega^2 + c_{1,1}) + C_{1,1}d_{1,1}\omega + C_{2,2}c_{1,2} + C_{2,1}d_{1,2}\omega]\cos(\omega t - \alpha) = \sin(\omega t - \alpha), \\ &[C_{2,1}(-m_2\omega^2 + c_{2,2}) - C_{2,2}d_{2,2}\omega + C_{1,1}c_{2,1} - C_{1,2}d_{2,1}\omega]\sin(\omega t - \alpha) + \\ &+ [C_{2,2}(-m_2\omega^2 + c_{2,2}) + C_{2,1}d_{2,2}\omega + C_{1,2}c_{2,1} + C_{1,1}d_{2,1}\omega]\cos(\omega t - \alpha) = 0 \end{aligned}\right\}$$

Hieraus ergeben sich die vier linearen Gleichungen

$$\left.\begin{aligned} C_{1,1}(-m_1\omega^2+c_{1,1}) - C_{1,2}d_{1,1}\omega \quad\quad + C_{2,1}c_{1,2} \quad\quad - C_{2,2}d_{1,2}\omega &= 1, \\ C_{1,1}d_{1,1}\omega \quad + C_{1,2}(-m_1\omega^2+c_{1,1}) + C_{2,1}d_{1,2}\omega \quad + C_{2,2}c_{1,2} &= 0, \\ C_{1,1}c_{2,1} \quad - C_{1,2}d_{2,1}\omega \quad + C_{2,1}(-m_2\omega^2+c_{2,2}) - C_{2,2}d_{2,2}\omega &= 0, \\ C_{1,1}d_{2,1}\omega \quad + C_{1,2}c_{2,1} \quad + C_{2,1}d_{2,2}\omega \quad\quad + C_{2,2}(-m_2\omega^2+c_{2,2}) &= 0. \end{aligned}\right\}$$

Die Auflösung erfolgt zweckmäßig in Gruppen zu Zweien. Aus der unteren Gruppe erhält man

$$\left.\begin{aligned} C_{2,1} &= C_{1,1}\frac{c_{2,1}(m_2\omega^2 - c_{2,2}) - d_{2,1}d_{2,2}\omega^2}{(m_2\omega^2 - c_{2,2})^2 + d_{2,2}^2\omega^2} - C_{1,2}\frac{d_{2,1}\omega(m_2\omega^2 - c_{2,2}) + c_{2,1}d_{2,2}\omega}{(m_2\omega^2 - c_{2,2})^2 + d_{2,2}^2\omega^2}, \\ C_{2,2} &= C_{1,1}\frac{d_{2,1}\omega(m_2\omega^2 - c_{2,2}) + c_{2,1}d_{2,2}\omega}{(m_2\omega^2 - c_{2,2})^2 + d_{2,2}^2\omega^2} + C_{1,2}\frac{c_{2,1}(m_2\omega^2 - c_{2,2}) - d_{2,1}d_{2,2}\omega^2}{(m_2\omega^2 - c_{2,2})^2 + d_{2,2}^2\omega^2}. \end{aligned}\right\} \quad (1264)$$

Hiermit folgt

$$C_{2,1}c_{1,2} - C_{2,2}d_{1,2}\omega = C_{1,1}\frac{(c_{1,2}c_{2,1} - d_{1,2}d_{2,1}\omega^2)(m_2\omega^2 - c_{2,2}) - (c_{1,2}d_{2,1} + c_{2,1}d_{1,2})d_{2,2}\omega^2}{(m_2\omega^2 - c_{2,2})^2 + d_{2,2}^2\omega^2} -$$

$$- C_{1,2}\frac{(c_{1,2}d_{2,1} + c_{2,1}d_{1,2})\omega(m_2\omega^2 - c_{2,2}) + (c_{1,2}c_{2,1} - d_{1,2}d_{2,1}\omega^2)d_{2,2}\omega}{(m_2\omega^2 - c_{2,2})^2 + d_{2,2}^2\omega^2},$$

$$C_{2,1}d_{1,2}\omega + C_{2,2}c_{1,2} = C_{1,1}\frac{(c_{1,2}d_{2,1} + c_{2,1}d_{1,2})\omega(m_2\omega^2 - c_{2,2}) + (c_{1,2}c_{2,1} - d_{1,2}d_{2,1}\omega^2)d_{2,2}\omega}{(m_2\omega^2 - c_{2,2})^2 + d_{2,2}^2\omega^2} +$$

$$+ C_{1,2}\frac{(c_{1,2}c_{2,1} - d_{1,2}d_{2,1}\omega^2)(m_2\omega^2 - c_{2,2}) - (c_{1,2}d_{2,1} + c_{2,1}d_{1,2})d_{2,2}\omega^2}{(m_2\omega^2 - c_{2,2})^2 + d_{2,2}^2\omega^2}.$$

100. Linear gedämpfte Zweimassensysteme.

Damit lautet die obere Gruppe der vier Ausgangsgleichungen

$$C_{1,1} \frac{(-m_1\omega^2 + c_{1,1})[(m_2\omega^2 - c_{2,2})^2 + d_{2,2}^2\omega^2] + (c_{1,2}c_{2,1} - d_{1,2}d_{2,1}\omega^2)(m_2\omega^2 - c_{2,2}) -}{(m_2\omega^2 - c_{2,2})^2 + d_{2,2}^2\omega^2}$$

$$\frac{-(c_{1,2}d_{2,1} + c_{2,1}d_{1,2})d_{2,2}\omega^2}{(m_2\omega^2 - c_{2,2})^2 + d_{2,2}^2\omega^2} -$$

$$- C_{1,2} \frac{d_{1,1}\omega[(m_2\omega^2 - c_{2,2})^2 + d_{2,2}^2\omega^2] + (c_{1,2}d_{2,1} + c_{2,1}d_{1,2})\omega(m_2\omega^2 - c_{2,2}) +}{(m_2\omega^2 - c_{2,2})^2 + d_{2,2}^2\omega^2}$$

$$\frac{+(c_{1,2}c_{2,1} - d_{1,2}d_{2,1}\omega^2)d_{2,2}\omega}{(m_2\omega^2 - c_{2,2})^2 + d_{2,2}^2\omega^2} = 1,$$

$$C_{1,1} \frac{d_{1,1}\omega[(m_2\omega^2 - c_{2,2})^2 + d_{2,2}^2\omega^2] + (c_{1,2}d_{2,1} + c_{2,1}d_{1,2})\omega(m_2\omega^2 - c_{2,2}) +}{(m_2\omega^2 - c_{2,2})^2 + d_{2,2}^2\omega^2}$$

$$\frac{+(c_{1,2}c_{2,1} - d_{1,2}d_{2,1}\omega^2)d_{2,2}\omega}{(m_2\omega^2 - c_{2,2})^2 + d_{2,2}^2\omega^2} +$$

$$+ C_{1,2} \frac{(-m_1\omega^2 + c_{1,1})[(m_2\omega^2 - c_{2,2})^2 + d_{2,2}^2\omega^2] + (c_{1,2}c_{2,1} - d_{1,2}d_{2,1}\omega^2)(m_2\omega^2 - c_{2,2}) -}{(m_2\omega^2 - c_{2,2})^2 + d_{2,2}^2\omega^2}$$

$$\frac{-(c_{1,2}d_{2,1} + c_{2,1}d_{1,2})d_{2,2}\omega^2}{(m_2\omega^2 - c_{2,2})^2 + d_{2,2}^2\omega^2} = 0.$$

Die Auflösung dieser Gleichungen ergibt

$$C_{1,1} = \frac{K_1}{K_1^2 + K_2^2}, \qquad C_{1,2} = \frac{-K_2}{K_1^2 + K_2^2}. \tag{1265}$$

Hierin bezeichnen K_1 und K_2 die Ausdrücke

$$K_1 = \frac{(-m_1\omega^2 + c_{1,1})[(m_2\omega^2 - c_{2,2})^2 + d_{2,2}^2\omega^2] + (c_{1,2}c_{2,1} - d_{1,2}d_{2,1}\omega^2)(m_2\omega^2 - c_{2,2}) -}{(m_2\omega^2 - c_{2,2})^2 + d_{2,2}^2\omega^2}$$

$$\frac{-(c_{1,2}d_{2,1} + c_{2,1}d_{1,2})d_{2,2}\omega^2}{(m_2\omega^2 - c_{2,2})^2 + d_{2,2}^2\omega^2},$$

$$K_2 = \frac{d_{1,1}\omega[(m_2\omega^2 - c_{2,2})^2 + d_{2,2}^2\omega^2] + (c_{1,2}d_{2,1} + c_{2,1}d_{1,2})\omega(m_2\omega^2 - c_{2,2}) +}{(m_2\omega^2 - c_{2,2})^2 + d_{2,2}^2\omega^2}$$

$$\frac{+(c_{1,2}c_{2,1} - d_{1,2}d_{2,1}\omega^2)d_{2,2}\omega}{(m_2\omega^2 - c_{2,2})^2 + d_{2,2}^2\omega^2}. \tag{1266}$$

Die Einführung von (1265) in (1264) liefert schließlich

$$C_{2,1} = \frac{K_1[c_{2,1}(m_2\omega^2 - c_{2,2}) - d_{2,1}d_{2,2}\omega^2] + K_2[d_{2,1}\omega(m_2\omega^2 - c_{2,2}) + c_{2,1}d_{2,2}\omega]}{(K_1^2 + K_2^2)[(m_2\omega^2 - c_{2,2})^2 + d_{2,2}^2\omega^2]},$$

$$C_{2,2} = \frac{K_1[d_{2,1}\omega(m_2\omega^2 - c_{2,2}) + c_{2,1}d_{2,2}\omega] - K_2[c_{2,1}(m_2\omega^2 - c_{2,2}) - d_{2,1}d_{2,2}\omega^2]}{(K_1^2 + K_2^2)[(m_2\omega^2 - c_{2,2})^2 + d_{2,2}^2\omega^2]}. \tag{1267}$$

Wird nun in (1262) $\alpha = 0$, $\omega = \bar{n}\omega_1$ und $\mathfrak{a} = \mathfrak{a}_{1,\bar{n}}$ gesetzt, so ergeben sich die Partikularintegrale für die sin-Glieder in der ersten der Gln (1261). Entsprechend folgen für $\alpha = \pi/2$, $\omega = \bar{n}\omega_1$ und $\mathfrak{a} = \mathfrak{b}_{1,\bar{n}}$ die Partikularintegrale für die cos-Glieder. Wird für die letzteren die Summation von 0 bis ∞ erstreckt, so ist das Partikularintegral für das konstante Glied $\mathfrak{b}_{1,0}$ mit eingeschlossen. Für die Störungsglieder der zweiten der Gln (1261) erhält man die Partikularintegrale aus denen für die Störungsglieder der ersten Gleichung, indem die Zeiger 1 mit 2 und 2 mit 1 vertauscht werden. Die Superposition aller dieser Teillösungen ergibt unter Einführung zweckentsprechender neuer Bezeichnungen

$$\left.\begin{aligned}
\mathfrak{u}_1 &= \sum_1^\infty {}^{\bar{n}} (C_{1,1,\bar{n}}\mathfrak{a}_{1,\bar{n}} + C_{1,2,\bar{n}}\mathfrak{b}_{1,\bar{n}})\sin\bar{n}\omega_1 t + \sum_0^\infty {}^{\bar{n}} (C_{1,2,\bar{n}}\mathfrak{a}_{1,\bar{n}} + C_{1,1,\bar{n}}\mathfrak{b}_{1,\bar{n}})\cos\bar{n}\omega_1 t + \\
&+ \sum_1^\infty {}^{\bar{n}} (D_{2,1,\bar{n}}\mathfrak{a}_{2,\bar{n}} + D_{\overline{2,2},\bar{n}}\mathfrak{b}_{2,\bar{n}})\sin\bar{n}\omega_2 t + \sum_0^\infty {}^{\bar{n}} (D_{2,2,\bar{n}}\mathfrak{a}_{2,\bar{n}} + D_{2,1,\bar{n}}\mathfrak{b}_{2,\bar{n}})\cos\bar{n}\omega_2 t, \\
\mathfrak{u}_2 &= \sum_1^\infty {}^{\bar{n}} (C_{2,1,\bar{n}}\mathfrak{a}_{1,\bar{n}} + C_{2,2,\bar{n}}\mathfrak{b}_{1,\bar{n}})\sin\bar{n}\omega_1 t + \sum_0^\infty {}^{\bar{n}} (C_{\overline{2,2},\bar{n}}\mathfrak{a}_{1,\bar{n}} + C_{2,1,\bar{n}}\mathfrak{b}_{1,\bar{n}})\cos\bar{n}\omega_1 t + \\
&+ \sum_1^\infty {}^{\bar{n}} (D_{1,1,\bar{n}}\mathfrak{a}_{2,\bar{n}} + D_{1,2,\bar{n}}\mathfrak{b}_{2,\bar{n}})\sin\bar{n}\omega_2 t + \sum_0^\infty {}^{\bar{n}} (D_{1,2,\bar{n}}\mathfrak{a}_{2,\bar{n}} + D_{1,1,\bar{n}}\mathfrak{b}_{2,\bar{n}})\cos\bar{n}\omega_2 t.
\end{aligned}\right\} \quad (1268)$$

Hierin ist

$$\left.\begin{aligned}
C_{1,1,\bar{n}} &= \frac{K_{1,1}}{K_{1,1}^2 + K_{1,2}^2}, \\
C_{2,1,\bar{n}} &= \frac{K_{1,1}[c_{2,1}(m_2\bar{n}^2\omega_1^2 - c_{2,2}) - d_{2,1}d_{2,2}\bar{n}^2\omega_1^2] + K_{1,2}[d_{2,1}\bar{n}\omega_1(m_2\bar{n}^2\omega_1^2 - c_{2,2}) + c_{2,1}d_{2,2}\bar{n}\omega_1]}{(K_{1,1}^2 + K_{1,2}^2)[(m_2\bar{n}^2\omega_1^2 - c_{2,2})^2 + d_{2,2}^2\bar{n}^2\omega_1^2]}, \\
C_{1,2,\bar{n}} &= \frac{-K_{1,2}}{K_{1,1}^2 + K_{1,2}^2}, \\
C_{\overline{2,2},\bar{n}} &= \frac{K_{1,1}[d_{2,1}\bar{n}\omega_1(m_2\bar{n}^2\omega_1^2 - c_{2,2}) + c_{2,1}d_{2,2}\bar{n}\omega_1] - K_{1,2}[c_{2,1}(m_2\bar{n}^2\omega_1^2 - c_{2,2}) - d_{2,1}d_{2,2}\bar{n}^2\omega_1^2]}{(K_{1,1}^2 + K_{1,2}^2)[(m_2\bar{n}^2\omega_1^2 - c_{2,2})^2 + d_{2,2}^2\bar{n}^2\omega_1^2]}, \\
D_{\overline{1,1},\bar{n}} &= \frac{K_{2,1}}{K_{2,1}^2 + K_{2,2}^2}, \\
D_{2,1,\bar{n}} &= \frac{K_{2,1}[c_{1,2}(m_1\bar{n}^2\omega_2^2 - c_{1,1}) - d_{1,2}d_{1,1}\bar{n}^2\omega_2^2] + K_{2,2}[d_{1,2}\bar{n}\omega_2(m_1\bar{n}^2\omega_2^2 - c_{1,1}) + c_{1,2}d_{1,1}\bar{n}\omega_2]}{(K_{2,1}^2 + K_{2,2}^2)[(m_1\bar{n}^2\omega_2^2 - c_{1,1})^2 + d_{1,1}^2\bar{n}^2\omega_2^2]}, \\
D_{1,2,\bar{n}} &= \frac{-K_{2,2}}{K_{2,1}^2 + K_{2,2}^2}, \\
D_{2,2,\bar{n}} &= \frac{K_{2,1}[d_{1,2}\bar{n}\omega_2(m_1\bar{n}^2\omega_2^2 - c_{1,1}) + c_{1,2}d_{1,1}\bar{n}\omega_2] - K_{2,2}[c_{1,2}(m_1\bar{n}^2\omega_2^2 - c_{1,1}) - d_{1,2}d_{1,1}\bar{n}^2\omega_2^2]}{(K_{2,1}^2 + K_{2,2}^2)[(m_1\bar{n}^2\omega_2^2 - c_{1,1})^2 + d_{1,1}^2\bar{n}^2\omega_2^2]}.
\end{aligned}\right\} \quad (1269)$$

100. Linear gedämpfte Zweimassensysteme.

In (1269) bezeichnen

$$K_{1,1} = \frac{(-m_1 \bar{n}^2 \omega_1^2 + c_{1,1})[(m_2 \bar{n}^2 \omega_1^2 - c_{2,2})^2 + d_{2,2}^2 \bar{n}^2 \omega_1^2] + (c_{1,2} c_{2,1} - d_{1,2} d_{2,1} \bar{n}^2 \omega_1^2) \cdot}{(m_2 \bar{n}^2 \omega_1^2 - c_{2,2})^2 + d_{2,2}^2 \bar{n}^2 \omega_1^2}$$

$$\frac{\cdot (m_2 \bar{n}^2 \omega_1^2 - c_{2,2}) - (c_{1,2} d_{2,1} + c_{2,1} d_{1,2}) d_{2,2} \bar{n}^2 \omega_1^2}{(m_2 \bar{n}^2 \omega_1^2 - c_{2,2})^2 + d_{2,2}^2 \bar{n}^2 \omega_1^2},$$

$$K_{1,2} = \frac{d_{1,1} \bar{n} \omega [(m_2 \bar{n}^2 \omega_1^2 - c_{2,2})^2 + d_{2,2}^2 \bar{n}^2 \omega_1^2] + (c_{1,2} d_{2,1} + c_{2,1} d_{1,2}) \bar{n} \omega_1 (m_2 \bar{n} \omega_1^2 - c_{2,2}) +}{(m_2 \bar{n}^2 \omega_1^2 - c_{2,2})^2 + d_{2,2}^2 \bar{n}^2 \omega_1^2}$$

$$\frac{+ (c_{1,2} c_{2,1} - d_{1,2} d_{2,1} \bar{n}^2 \omega_1^2) d_{2,2} \bar{n} \omega_1}{(m_2 \bar{n}^2 \omega_1^2 - c_{2,2})^2 + d_{2,2}^2 \bar{n}^2 \omega_1^2},$$

$$K_{2,1} = \frac{(-m_2 \bar{n}^2 \omega_2^2 + c_{2,2})[(m_1 \bar{n}^2 \omega_2^2 - c_{1,1})^2 + d_{1,1}^2 \bar{n}^2 \omega_2^2] + (c_{1,2} c_{2,1} - d_{1,2} d_{2,1} \bar{n}^2 \omega_2^2) \cdot}{(m_1 \bar{n}^2 \omega_2^2 - c_{1,1})^2 + d_{1,1}^2 \bar{n}^2 \omega_2^2}$$

$$\frac{\cdot (m_1 \bar{n}^2 \omega_2^2 - c_{1,1}) - (c_{2,1} d_{1,2} + c_{1,2} d_{2,1}) d_{1,1} \bar{n}^2 \omega_2^2}{(m_1 \bar{n}^2 \omega_2^2 - c_{1,1})^2 + d_{1,1}^2 \bar{n}^2 \omega_2^2},$$

$$K_{2,2} = \frac{d_{2,2} \bar{n} \omega [(m_1 \bar{n}^2 \omega_2^2 - c_{1,1})^2 + d_{1,1}^2 \bar{n}^2 \omega_2^2] + (c_{1,2} d_{2,1} + c_{2,1} d_{1,2}) \bar{n} \omega_2 (m_1 \bar{n} \omega_2^2 - c_{1,1}) +}{(m_1 \bar{n}^2 \omega_2^2 - c_{1,1})^2 + d_{1,1}^2 \bar{n}^2 \omega_2^2}$$

$$\frac{+ (c_{1,2} c_{2,1} - d_{1,2} d_{2,1} \bar{n}^2 \omega_2^2) d_{1,1} \bar{n} \omega_2}{(m_1 \bar{n}^2 \omega_2^2 - c_{1,1})^2 + d_{1,1}^2 \bar{n}^2 \omega_2^2},$$

(1270)

Für die homogene Lösung lautet mit $r=2$ der Ansatz (1260)

$$\left.\begin{array}{l} \mathfrak{u}_1 = \mathfrak{A}_{1,1} e^{\lambda_1 t} + \mathfrak{A}_{1,2} e^{\lambda_2 t} + \mathfrak{A}_{1,3} e^{\lambda_3 t} + \mathfrak{A}_{1,4} e^{\lambda_4 t}, \\ \mathfrak{u}_2 = \mathfrak{A}_{2,1} e^{\lambda_1 t} + \mathfrak{A}_{2,2} e^{\lambda_2 t} + \mathfrak{A}_{2,3} e^{\lambda_3 t} + \mathfrak{A}_{2,4} e^{\lambda_4 t}. \end{array}\right\} \quad (1271)$$

Geht man mit (1271) in das homogen gemachte System (1261) hinein, so folgt

$$e^{\lambda_1 t}[\mathfrak{A}_{1,1}(m_1 \lambda_1^2 + d_{1,1} \lambda_1 + c_{1,1}) + \mathfrak{A}_{2,1}(d_{1,2} \lambda_1 + c_{1,2})] +$$
$$+ e^{\lambda_2 t}[\mathfrak{A}_{1,2}(m_1 \lambda_2^2 + d_{1,1} \lambda_2 + c_{1,1}) + \mathfrak{A}_{2,2}(d_{1,2} \lambda_2 + c_{1,2})] +$$
$$+ e^{\lambda_3 t}[\mathfrak{A}_{1,3}(m_1 \lambda_3^2 + d_{1,1} \lambda_3 + c_{1,1}) + \mathfrak{A}_{2,3}(d_{1,2} \lambda_3 + c_{1,2})] +$$
$$+ e^{\lambda_4 t}[\mathfrak{A}_{1,4}(m_1 \lambda_4^2 + d_{1,1} \lambda_4 + c_{1,1}) + \mathfrak{A}_{2,4}(d_{1,2} \lambda_4 + c_{1,2})] = 0,$$

$$e^{\lambda_1 t}[\mathfrak{A}_{1,1}(d_{2,1} \lambda_1 + c_{2,1}) + \mathfrak{A}_{2,1}(m_2 \lambda_1^2 + d_{2,2} \lambda_1 + c_{2,2})] +$$
$$+ e^{\lambda_2 t}[\mathfrak{A}_{1,2}(d_{2,1} \lambda_2 + c_{2,1}) + \mathfrak{A}_{2,2}(m_2 \lambda_2^2 + d_{2,2} \lambda_2 + c_{2,2})] +$$
$$+ e^{\lambda_3 t}[\mathfrak{A}_{1,3}(d_{2,1} \lambda_3 + c_{2,1}) + \mathfrak{A}_{2,3}(m_2 \lambda_3^2 + d_{2,2} \lambda_3 + c_{2,2})] +$$
$$+ e^{\lambda_4 t}[\mathfrak{A}_{1,4}(d_{2,1} \lambda_4 + c_{2,1}) + \mathfrak{A}_{2,4}(m_2 \lambda_4^2 + d_{2,2} \lambda_4 + c_{2,2})] = 0.$$

Diese beiden Gleichungen können nur dann identisch erfüllt sein, wenn die eckigen Klammern identisch verschwinden. Dies führt zu den acht homogenen Gleichungen für die acht Unbekannten

$$\left.\begin{array}{l}\mathfrak{A}_{\substack{1,1\\1,2\\1,3\\1,4}}\left(m_1\lambda_{\substack{1\\2\\3\\4}}^2+d_{1,1}\lambda_{\substack{1\\2\\3\\4}}+c_{1,1}\right)+\mathfrak{A}_{\substack{2,1\\2,2\\2,3\\2,4}}\left(d_{1,2}\lambda_{\substack{1\\2\\3\\4}}+c_{1,2}\right)=0\,,\\[2mm]\mathfrak{A}_{\substack{1,1\\1,2\\1,3\\1,4}}\left(d_{2,1}\lambda_{\substack{1\\2\\3\\4}}+c_{2,1}\right)+\mathfrak{A}_{\substack{2,1\\2,2\\2,3\\2,4}}\left(m_2\lambda_{\substack{1\\2\\3\\4}}^2+d_{2,2}\lambda_{\substack{1\\2\\3\\4}}+c_{2,2}\right)=0\,,\end{array}\right\}\text{(Acht Gleichungen)}\quad(1272)$$

die sich immer zu zwei Gleichungen für zwei Unbekannte aufspalten, die in λ völlig gleich gebaut sind. Diese homogenen Gleichungspaare können nur erfüllt sein, wenn ihre Determinante verschwindet. Somit folgt

$$\begin{vmatrix} m_1\lambda^2+d_{1,1}\lambda+c_{1,1} & +d_{1,2}\lambda+c_{1,2} \\ +d_{2,1}\lambda+c_{2,1} & m_2\lambda^2+d_{2,2}\lambda+c_{2,2} \end{vmatrix}=0 \quad \text{für} \quad \lambda=\lambda_1, \lambda=\lambda_2, \lambda=\lambda_3, \lambda=\lambda_4\,.$$

Die Auflösung der Determinante führt zu der Gleichung vierten Grades

$$\left.\begin{array}{l}m_1m_2\lambda^4+(m_1d_{2,2}+m_2d_{1,1})\lambda^3+(m_1c_{2,2}+m_2c_{1,1}+d_{1,1}d_{2,2}-d_{1,2}d_{2,1})\lambda^2+\\[1mm]+(c_{1,1}d_{2,2}+c_{2,2}d_{1,1}-c_{1,2}d_{2,1}-c_{2,1}d_{1,2})\lambda+(c_{1,1}c_{2,2}-c_{1,2}c_{2,1})=0\,.\end{array}\right\}\quad(1273)$$

Die vier Wurzeln von (1273) liefern die vier λ-Werte von (1271). Werden die Konstanten $\mathfrak{A}_{1,1}, \mathfrak{A}_{1,2}, \mathfrak{A}_{1,3}, \mathfrak{A}_{1,4}$ von $\mathfrak{u}_1$ als Unbestimmte gewählt, so folgt aus (1272) für die Konstanten von $\mathfrak{u}_2$

$$\mathfrak{A}_{\substack{2,1\\2,2\\2,3\\2,4}}=-\frac{m_1\lambda^2+d_{1,1}\lambda+c_{1,1}}{d_{1,2}\lambda+c_{1,2}}\mathfrak{A}_{\substack{1,1\\1,2\\1,3\\1,4}} \quad \text{für} \quad \lambda=\lambda_{\substack{1\\2\\3\\4}}\,. \quad (1274)$$

Im Falle der echten Schwingungen werden die λ-Werte komplex. Wie der Rechnungsgang sich dann im einzelnen vollzieht, wird aus den nachfolgenden Beispielen ersichtlich werden.

Beispiel 48. Eine Zwillings-Schwingungserregermaschine gemäß Abb. 314, in Gestalt zweier gegenläufig rotierender Scheiben mit eingelegten Einzelmassen m_0 im Wirkungsabstande r_0 von der Drehachse, wirkt mit 300 Hüben/Min. auf ein Zweimassensystem mit zweiseitiger symmetrischer Federung. Dabei schwingt die zweite Masse in einer Flüssigkeit und wird dadurch mit einer bezogenen Dämpfungskraft von $d_2 = 20$ kg cm^{-1} s linear gedämpft. Wie gestaltet sich der Schwingungsverlauf der beiden Massen, wenn $m_1 = 0{,}5$ kg cm^{-1} s^2, $m_2 = 1{,}0$ kg cm^{-1} s^2, $c_1' = 50$ kg cm^{-1}, $c_2' = 100$ kg cm^{-1}, $m_0 = 0{,}025$ kg cm^{-1} s^2, $r_0 = 30$ cm ist?

Nach Abb. 315 und 316 und Gl. (745) wirkt auf die beiden rotierenden Massen eine Zentripetalkraft

$$P_n = m_0 r_0 \omega^2\,.$$

Die vektorielle Zusammensetzung beider Massenwirkungen ergibt eine resultierende Wirkung auf die Erregermaschine gemäß Abb. 316. Nach dem Gesetze

$$\text{actio} = \text{reactio}$$

von Newton übt die Maschine eine entgegengesetzt gerichtete aber im übrigen gleich große Wirkung auf den Schwinger aus, wie in Abb. 315 angedeutet. Zu

100. Linear gedämpfte Zweimassensysteme.

dieser Erregerbelastung treten dann noch die Rückstell- und Dämpfungskräfte gemäß Abb. 315 und 317, wobei hinsichtlich der Rückstellkräfte auf die Parallelschaltung der Federn nach Abb. 273 und Gl. (1059) Rücksicht genommen werden muß. Bezeichnen u_1 und u_2 die auf das ruhende System bezogenen Schwingungs-

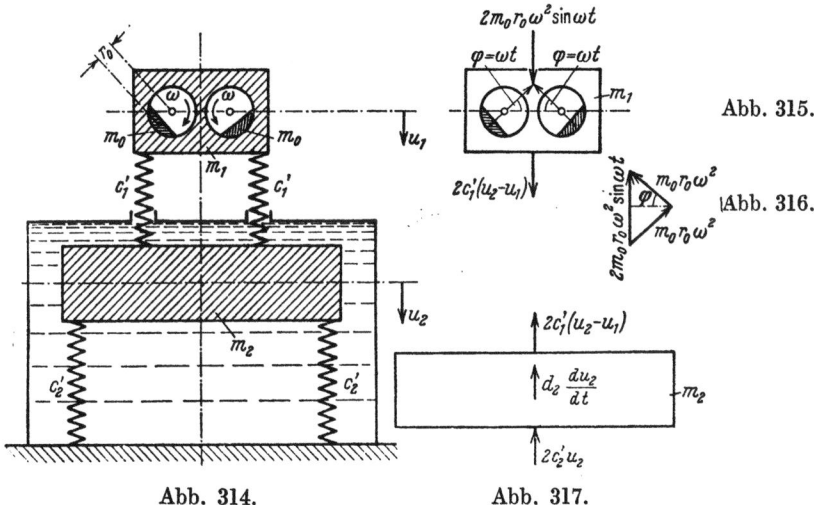

Abb. 314. Abb. 315. Abb. 316. Abb. 317.

ausschläge, so liefert die Anwendung des Newtonschen Kraftgesetzes auf m_1 und m_2

$$2m_0 r_0 \omega^2 \sin \omega t + 2c_1'(u_2 - u_1) = m_1 \frac{d^2 u_1}{dt^2},$$
$$-2c_1'(u_2 - u_1) - 2c_2' u_2 - d_2 \frac{du_2}{dt} = m_2 \frac{d^2 u_2}{dt^2}.$$

Eine zweckentsprechende Umordnung ergibt

$$\left.\begin{aligned}m_1 \frac{d^2 u_1}{dt^2} + 2c_1' u_1 - 2c_1' u_2 &= 2m_0 r_0 \omega^2 \sin \omega t, \\ m_2 \frac{d^2 u_2}{dt^2} + d_2 \frac{du_2}{dt} - 2c_1' u_1 + 2(c_1' + c_2') u_2 &= 0.\end{aligned}\right\} \quad (1275)$$

Dieses simultane Differentialgleichungssystem stellt einen skalaren Sonderfall von (1262) dar. Der Vergleich liefert

$$d_{1,1} = 0, \quad d_{1,2} = 0, \quad d_{2,1} = 0, \quad d_{2,2} = d_2;$$
$$c_{1,1} = 2c_1', \quad c_{1,2} = -2c_1', \quad c_{2,1} = -2c_1', \quad c_{2,2} = 2(c_1' + c_2'); \quad a = 2m_0 r_0 \omega^2, \quad \alpha = 0.$$

Damit lautet die Lösung nach (1263)

$$u_1 = [C_{1,1} \sin \omega t + C_{1,2} \cos \omega t] \cdot 2m_0 r_0 \omega^2, \quad u_2 = [C_{2,1} \sin \omega t + C_{2,2} \cos \omega t] \cdot 2m_0 r_0 \omega^2.$$

Für die Konstanten erhält man nach (1265) und (1267)

$$\left.\begin{aligned}C_{1,1} &= \frac{K_1}{K_1^2 + K_2^2}, & C_{2,1} &= -2c_1' \frac{K_1(m_2 \omega^2 - 2c_1' - 2c_2') + K_2 d_2 \omega}{(K_1^2 + K_2^2)[(m_2 \omega^2 - 2c_1' - 2c_2')^2 + d_2^2 \omega^2]}, \\ C_{1,2} &= \frac{-K_2}{K_1^2 + K_2^2}, & C_{2,2} &= -2c_1' \frac{K_1 d_2 \omega - K_2(m_2 \omega^2 - 2c_1' - 2c_2')}{(K_1^2 + K_2^2)[(m_2 \omega^2 - 2c_1' - 2c_2')^2 + d_2^2 \omega^2]}.\end{aligned}\right\}$$

Hierin bezeichnen K_1 und K_2 nach (1266)

$$K_1 = \frac{(-m_1\omega^2 + 2c'_1)[(m_2\omega^2 - 2c'_1 - 2c'_2)^2 + d_2^2\omega^2] + 4c'_1{}^2(m_2\omega^2 - 2c'_1 - 2c'_2)}{(m_2\omega^2 - 2c'_1 - 2c'_2)^2 + d_2^2\omega^2},$$

$$K_2 = \frac{4c'_1{}^2 d_2 \omega}{(m_2\omega^2 - 2c'_1 - 2c'_2)^2 + d_2^2\omega^2}.$$

Es empfiehlt sich nun, wieder Phasenwinkel einzuführen. Hierfür werden die vier Konstanten zunächst wie folgt umgeschrieben:

$$C_{1,1} = \frac{1}{\sqrt{K_1^2 + K_2^2}} \frac{K_1}{\sqrt{K_1^2 + K_2^2}},$$

$$C_{2,1} = \frac{-2c'_1}{\sqrt{K_1^2 + K_2^2}\sqrt{(m_2\omega^2 - 2c'_1 - 2c'_2)^2 + d_2^2\omega^2}} \frac{K_1(m_2\omega^2 - 2c'_1 - 2c'_2) + K_2 d_2\omega}{\sqrt{K_1^2 + K_2^2}\sqrt{(m_2\omega^2 - 2c'_1 - 2c'_2)^2 + d_2^2\omega^2}},$$

$$C_{1,2} = \frac{1}{\sqrt{K_1^2 + K_2^2}} \frac{-K_2}{\sqrt{K_1^2 + K_2^2}},$$

$$C_{2,2} = \frac{-2c'_1}{\sqrt{K_1^2 + K_2^2}\sqrt{(m_2\omega^2 - 2c'_1 - 2c'_2)^2 + d_2^2\omega^2}} \frac{K_1 d_2\omega - K_2(m_2\omega^2 - 2c'_1 - 2c'_2)}{\sqrt{K_1^2 + K_2^2}\sqrt{(m_2\omega^2 - 2c'_1 - 2c'_2)^2 + d_2^2\omega^2}}.$$

In dieser Umformung ist die Summe der Quadrate der zweiten untereinander stehenden Brüche jeweils eins. Setzt man daher

$$\left.\begin{array}{ll}\dfrac{K_1}{\sqrt{K_1^2 + K_2^2}} = \cos\alpha_1\,, & \dfrac{K_1(m_2\omega^2 - 2c'_1 - 2c'_2) + K_2 d_2\omega}{\sqrt{K_1^2 + K_2^2}\sqrt{(m_2\omega^2 - 2c'_1 - 2c'_2)^2 + d_2^2\omega^2}} = \cos\beta_1\,,\\[2mm] \dfrac{K_2}{\sqrt{K_1^2 + K_2^2}} = \sin\alpha_1\,, & \dfrac{K_2(m_2\omega^2 - 2c'_1 - 2c'_2) - K_1 d_2\omega}{\sqrt{K_1^2 + K_2^2}\sqrt{(m_2\omega^2 - 2c'_1 - 2c'_2)^2 + d_2^2\omega^2}} = \sin\beta_1\,,\end{array}\right\} \quad (1276)$$

so folgt

$$u_1 = \frac{2m_0 r_0 \omega^2}{\sqrt{K_1^2 + K_2^2}}[\sin\omega t \cos\alpha_1 - \cos\omega t \sin_1\alpha_1]$$

$$u_2 = \frac{-4m_0 r_0 \omega^2 c'_1}{\sqrt{K_1^2 + K_2^2}\sqrt{(m_2\omega^2 - 2c'_1 - 2c'_2)^2 + d_2^2\omega^2}}[\sin\omega t \cos\alpha_2 - \cos\omega t \sin\alpha_2]$$

oder zusammengefaßt

$$\left.\begin{array}{l}u_1 = \dfrac{2m_0 r_0 \omega^2}{\sqrt{K_1^2 + K_2^2}}\sin(\omega t - \alpha_1)\,,\\[3mm] u_2 = \dfrac{-4m_0 r_0 \omega^2 c'_1}{\sqrt{K_1^2 + K_2^2}\sqrt{(m_2\omega^2 - 2c'_1 - 2c'_2)^2 + d_2^2\omega^2}}\sin(\omega t - \alpha_2)\,.\end{array}\right\} \quad (1277)$$

Mit den vorgegebenen Zahlenwerten

$$m_1 = 0{,}5\,\text{kg cm}^{-1}\text{s}^2\,, \quad m_2 = 1{,}0\,\text{kg cm}^{-1}\text{s}^2\,, \quad c'_1 = 50\,\text{kg cm}^{-1}\,,$$

$$c'_2 = 100\,\text{kg cm}^{-1}\,, \quad d_2 = 20\,\text{kg cm}^{-1}\text{s}\,, \quad m_0 = 0{,}025\,\text{kg cm}^{-1}\text{s}^2\,,$$

$$r_0 = 30\,\text{cm}\,, \quad \omega = 2n\pi = \frac{2\cdot 300\pi}{60} = 31{,}4\,\text{s}^{-1}$$

erhält man

$$K_1 = \frac{(-0{,}5\cdot 31{,}4^2 + 2\cdot 50)[(1{,}0\cdot 31{,}4^2 - 2\cdot 50 - 2\cdot 100)^2 + 20^2\cdot 31{,}4^2] +}{(1{,}0\cdot 31{,}4^2 - 2\cdot 50 - 2\cdot 100)^2 + 20^2\cdot 31{,}4^2}$$

$$+ \frac{4\cdot 50^2(1{,}0\cdot 31{,}4^2 - 2\cdot 50 - 2\cdot 100)}{(1{,}0\cdot 31{,}4^2 - 2\cdot 50 - 2\cdot 100)^2 + 20^2\cdot 31{,}4^2} = -386\,\text{kg cm}^{-1}\,,$$

$$K_2 = \frac{4\cdot 50^2\cdot 20\cdot 31{,}4}{(1{,}0\cdot 31{,}4^2 - 2\cdot 50 - 2\cdot 100)^2 + 20^2\cdot 31{,}4^2} = 7{,}25\,\text{kg cm}^{-1}\,,$$

$$\sqrt{K_1^2 + K_2^2} = 386\,\text{kg cm}^{-1}$$

100. Linear gedämpfte Zweimassensysteme. 341

$$2m_0\,r_0\,\omega^2 = 2 \cdot 0{,}025 \cdot 30 \cdot 31{,}4^2 = 1480\,\text{kg}\;, \qquad 4m_0\,r_0\,\omega^2\,c'_1 = 148000\,\text{kg}^2\,\text{cm}^{-1}\;.$$

$$\frac{2m_0\,r_0\,\omega^2}{\sqrt{K_1^2+K_2^2}} = \frac{1480}{386} = 3{,}83\,\text{cm}\;,$$

$$\frac{-4m_0\,r_0\,\omega^2\,c'_1}{\sqrt{K_1^2+K_2^2}\sqrt{(m_2\omega^2-2c'_1-2c'_2)^2+d_2^2\omega^2}} = \frac{148\,000}{386\cdot\sqrt{867\,000}} = 0{,}41\,\text{cm}\;.$$

$$\cos\alpha_1 = -\frac{386}{386} = -1{,}0\;, \qquad \sin\alpha_1 = \frac{7{,}25}{386} = 0{,}0188\;, \qquad \alpha_1 = 3{,}123\;.$$

$$\cos\beta_1 = \frac{-386\cdot 687 + 7{,}25\cdot 20\cdot 31{,}4}{386\cdot 931} = -0{,}726\;,$$

$$\sin\beta_1 = \frac{7{,}25\cdot 687 + 386\cdot 20\cdot 31{,}4}{386\cdot 931} = +0{,}689\;, \qquad \beta_1 = 2{,}381\;.$$

Damit lauten die Schwingungsausschläge

$$\left.\begin{array}{l} u_1 = 3{,}83\sin(31{,}4\,t - 3{,}123)\;,\\ u_2 = -0{,}41\sin(31{,}4\,t - 2{,}381)\;. \end{array}\right\}$$

Ihr Verlauf in Verbindung mit denjenigen der Erregerschwingung ist aus Abb. 318 ersichtlich.

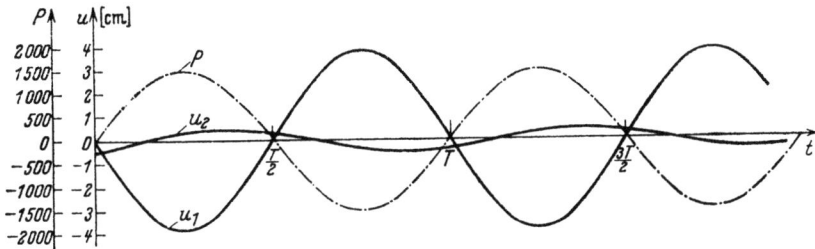

Abb. 318.

Beispiel 49. Wie gestaltet sich für den in Beispiel 48 untersuchten Schwinger der Einschwingvorgang, wenn vorausgesetzt wird, daß die Schwingungserregermaschine sprunghaft von $n=0$ auf die Betriebsdrehzahl von $n=300$ Umdr./Min. gebracht wird?

Unter einem Einschwingvorgang versteht man den Eigenschwingungszustand, der im Zuge des Anlaufens einer Maschine ausgelöst wird und sich den Erregerschwingungen überlagert. Dadurch entstehen zusätzliche Beanspruchungen in den Federungen und Tragkonstruktionen, deren Kenntnis für die Bemessung sehr wichtig ist. Der ungünstigste Beanspruchungsfall, der hierbei denkbar ist, ergibt sich beim sprunghaften Anlaufen einer Maschine von $n=0$ auf die Betriebsdrehzahl. Da ein solches sprunghaftes Anlaufen in Wirklichkeit nicht eintreten kann, bleiben die beim Einschwingvorgang auftretenden tatsächlichen Beanspruchungen hinter denen des hier zu untersuchenden Grenzfalles zurück.

Nach den allgemeinen Untersuchungen wird der Eigenschwingungszustand durch die homogene Lösung beschrieben, die nach (1271) unter Bezugnahme auf die hier vorliegenden skalaren Schwingungsausschläge die Form

$$\left.\begin{array}{l} u_1 = A_{1,1}\,e^{\lambda_1 t} + A_{1,2}\,e^{\lambda_2 t} + A_{1,3}\,e^{\lambda_3 t} + A_{1,4}\,e^{\lambda_4 t}\\ u_2 = A_{2,1}\,e^{\lambda_1 t} + A_{2,2}\,e^{\lambda_2 t} + A_{2,3}\,e^{\lambda_3 t} + A_{2,4}\,e^{\lambda_4 t} \end{array}\right\}$$

annimmt. Die λ-Werte sind die Wurzeln der Frequenzengleichung (1273), die unter Bezugnahme auf die in Beispiel 48 vorgegebenen Zahlenwerte

$$0{,}5 \cdot 1{,}0\,\lambda^4 + 0{,}5 \cdot 20\,\lambda^3 + (0{,}5 \cdot 300 + 1{,}0 \cdot 100)\,\lambda^2 + 100 \cdot 20\,\lambda + (100 \cdot 300 - 100 \cdot 100) = 0$$

oder

$$\lambda^4 + 20\,\lambda^3 + 500\,\lambda^2 + 4000\,\lambda + 40000 = 0$$

lautet. Diese biquadratische Gleichung läßt sich auch in der Form

$$(\lambda^2 + 10\,\lambda + 200)^2 = 0$$

schreiben, aus der ersichtlich ist, daß hier der Sonderfall zweier Doppelwurzeln vorliegt. Die Auflösung der quadratischen Gleichung ergibt

$$\alpha_1 = \alpha_3 = -5 + i\sqrt{175}\,, \qquad \alpha_2 = \alpha_4 = -5 - i\sqrt{175}\,.$$

Nach Gl. (1220) führen Doppelwurzeln auf Lösungen von der Form $t\,e^{\lambda t}$. Demgemäß erhält man

$$\left.\begin{aligned}
u_1 &= A_{1,1}\,e^{(-5+i\sqrt{175})t} + A_{1,2}\,e^{(-5-i\sqrt{175})t} + A_{1,3}\,t\,e^{(-5+i\sqrt{175})t} + A_{1,4}\,t\,e^{(-5-i\sqrt{175})t}\,,\\
u_2 &= A_{2,1}\,e^{(-5+i\sqrt{175})t} + A_{2,2}\,e^{(-5-i\sqrt{175})t} + A_{2,3}\,t\,e^{(-5+i\sqrt{175})t} + A_{2,4}\,t\,e^{(-5-i\sqrt{175})t}\,.
\end{aligned}\right\}$$

In analogem Rechnungsgang wie bei (1221) und (1222) läßt sich die komplexe Lösungsform auf eine reelle umschreiben. Es folgt

$$\left.\begin{aligned}
u_1 &= C_{1,1}\,e^{-5t}\cos\sqrt{175}\,t + C_{1,2}\,e^{-5t}\sin\sqrt{175}\,t + C_{1,3}\,t\,e^{-5t}\cos\sqrt{175}\,t + C_{1,4}\,t\,e^{-5t}\sin\sqrt{175}\,t\,,\\
u_2 &= C_{2,1}\,e^{-5t}\cos\sqrt{175}\,t + C_{2,2}\,e^{-5t}\sin\sqrt{175}\,t + C_{2,3}\,t\,e^{-5t}\cos\sqrt{175}\,t + C_{2,4}\,t\,e^{-5t}\sin\sqrt{175}\,t\,.
\end{aligned}\right\} \quad (1278)$$

Nach (1274) lassen sich die Konstanten von u_2 durch diejenigen von u_1 ausdrücken. Da im vorliegenden Falle (1274) eine Beziehung zwischen komplexen Größen darstellt, ist es bequemer, die erforderlichen Beziehungen auf unmittelbarem Wege herzuleiten. Hierfür wird zweckmäßig die erste der homogen zu machenden Gln (1275) benutzt. Sie lautet bei Einführung der Zahlenwerte

$$0{,}5\,\frac{d^2u_1}{dt^2} + 100\,u_1 - 100\,u_2 = 0 \qquad \text{oder} \qquad \frac{d^2u_1}{dt^2} + 200\,u_1 - 200\,u_2 = 0\,.$$

Nun folgt aus (1278)

$$\begin{aligned}
\frac{d^2u_1}{dt^2} =\ & C_{1,1}\,e^{-5t}[-150\cos\sqrt{175}\,t + 10\sqrt{175}\sin\sqrt{175}\,t] +\\
&+ C_{1,2}\,e^{-5t}[-150\sin\sqrt{175}\,t - 10\sqrt{175}\cos\sqrt{175}\,t] +\\
&+ C_{1,3}\,e^{-5t}[-(150t+10)\cos\sqrt{175}\,t + (10t-2)\sqrt{175}\sin\sqrt{175}\,t] +\\
&+ C_{1,4}\,e^{-5t}[-(150t+10)\sin\sqrt{175}\,t - (10t-2)\sqrt{175}\cos\sqrt{175}\,t]\ .
\end{aligned}$$

Wird dieser Wert zusammen mit u_1 und u_2 nach (1278) in die obige Differentialgleichung eingeführt, so ergibt sich bei entsprechender Zusammenfassung

$$\begin{aligned}
& e^{-5t}\cos\sqrt{175}\,t\,[50\,C_{1,1} - 10\sqrt{175}\,C_{1,2} - 10\,C_{1,3} + 2\sqrt{175}\,C_{1,4} - 200\,C_{2,1}] +\\
&+ e^{-5t}\sin\sqrt{175}\,t\,[50\,C_{1,2} + 10\sqrt{175}\,C_{1,1} - 2\sqrt{175}\,C_{1,3} - 10\,C_{1,4} - 200\,C_{2,2}] +\\
&+ t\,e^{-5t}\cos\sqrt{175}\,t\,[50\,C_{1,3} - 10\sqrt{175}\,C_{1,4} - 200\,C_{2,3}] +\\
&+ t\,e^{-5t}\sin\sqrt{175}\,t\,[10\sqrt{175}\,C_{1,3} + 50\,C_{1,4} - 200\,C_{2,4}] \equiv 0\ .
\end{aligned}$$

100. Linear gedämpfte Zweimassensysteme.

Diese Identitätsgleichung ist befriedigt, wenn die vier eckigen Klammern verschwinden. Hieraus folgt

$$\left.\begin{aligned}
C_{2,1} &= \frac{1}{4}C_{1,1} - \frac{\sqrt{175}}{20}C_{1,2} - \frac{1}{20}C_{1,3} + \frac{\sqrt{175}}{100}C_{1,4}, \\
C_{2,2} &= \frac{\sqrt{175}}{20}C_{1,1} + \frac{1}{4}C_{1,2} - \frac{\sqrt{175}}{100}C_{1,3} - \frac{1}{20}C_{1,4}, \\
C_{2,3} &= +\frac{1}{4}C_{1,3} - \frac{\sqrt{175}}{20}C_{1,4}, \\
C_{2,4} &= \frac{\sqrt{175}}{20}C_{1,3} + \frac{1}{4}C_{1,4}.
\end{aligned}\right\} \quad (1279)$$

Mit (1278) und (1279) liegt die homogene Lösung fest. Zu ihr tritt nun noch die stationäre Schwingung von Beispiel 48 mit den Schwingungsausschlägen

$$u_1 = 3{,}83 \sin(31{,}4t - 3{,}123), \quad u_2 = -0{,}41 \sin(31{,}4t - 2{,}381).$$

Die Überlagerung beider Lösungsteile in Verbindung mit (1279) ergibt

$$\left.\begin{aligned}
u_1 &= 3{,}83 \sin(31{,}4t - 3{,}123) + C_{1,1} e^{-5t} \cos\sqrt{175}\,t + C_{1,2} e^{-5t} \sin\sqrt{175}\,t + \\
&\quad + C_{1,3} t e^{-5t} \cos\sqrt{175}\,t + C_{1,4} t e^{-5t} \sin\sqrt{175}\,t, \\
u_2 &= -0{,}41 \sin(31{,}4t - 2{,}381) + \left[\frac{1}{4}C_{1,1} - \frac{\sqrt{175}}{20}C_{1,2} - \frac{1}{20}C_{1,3} + \frac{\sqrt{175}}{100}C_{1,4}\right] e^{-5t} \cos\sqrt{175}\,t + \\
&\quad + \left[\frac{\sqrt{175}}{20}C_{1,1} + \frac{1}{4}C_{1,2} - \frac{\sqrt{175}}{100}C_{1,3} - \frac{1}{20}C_{1,4}\right] e^{-5t} \sin\sqrt{175}\,t + \\
&\quad + \left[+\frac{1}{4}C_{1,3} - \frac{\sqrt{175}}{20}C_{1,4}\right] t e^{-5t} \cos\sqrt{175}\,t + \left[\frac{\sqrt{175}}{20}C_{1,3} + \frac{1}{4}C_{1,4}\right] t e^{-5t} \sin\sqrt{175}\,t.
\end{aligned}\right\} \quad (1280)$$

Die Erregerschwingung soll dem schwingenden System nun sprunghaft aufgedrückt werden. Demgemäß ist zur Zeit $t = 0$ zu setzen:

$$u_1 = 0, \quad v_1 = \frac{du_1}{dt} = 0, \quad u_2 = 0, \quad v_2 = \frac{du_2}{dt} = 0.$$

Diese vier Anfangsbedingungen liefern die vier Bestimmungsgleichungen zur Ermittlung der noch unbestimmt gebliebenen Konstanten $C_{1,1}$, $C_{1,2}$, $C_{1,3}$ und $C_{1,4}$. Zunächst müssen die Ableitungen von u_1 und u_2 gebildet werden. Aus (1280) folgt

$$\left.\begin{aligned}
\frac{du_1}{dt} &= 120{,}2 \cos(31{,}4t - 3{,}123) + C_{1,1} e^{-5t}\left(-5\cos\sqrt{175}\,t - \sqrt{175}\sin\sqrt{175}\,t\right) + \\
&\quad + C_{1,2} e^{-5t}\left(-5\sin\sqrt{175}\,t + \sqrt{175}\cos\sqrt{175}\,t\right) + \\
&\quad + C_{1,3} e^{-5t}\left[(1-5t)\cos\sqrt{175}\,t - \sqrt{175}\,t\sin\sqrt{175}\,t\right] + \\
&\quad + C_{1,4} e^{-5t}\left[(1-5t)\sin\sqrt{175}\,t + \sqrt{175}\,t\cos\sqrt{175}\,t\right], \\
\frac{du_2}{dt} &= -12{,}9 \cos(31{,}4t - 2{,}381) + \\
&\quad + \left[\frac{1}{4}C_{1,1} - \frac{\sqrt{175}}{20}C_{1,2} - \frac{1}{20}C_{1,3} + \frac{\sqrt{175}}{100}C_{1,4}\right] e^{-5t}\left(-5\cos\sqrt{175}\,t - \sqrt{175}\sin\sqrt{175}\,t\right) + \\
&\quad + \left[\frac{\sqrt{175}}{20}C_{1,1} + \frac{1}{4}C_{1,2} - \frac{\sqrt{175}}{100}C_{1,3} - \frac{1}{20}C_{1,4}\right] e^{-5t}\left(-5\sin\sqrt{175}\,t + \sqrt{175}\cos\sqrt{175}\,t\right) + \\
&\quad + \left[+\frac{1}{4}C_{1,3} - \frac{\sqrt{175}}{20}C_{1,4}\right] e^{-5t}\left[(1-5t)\cos\sqrt{175}\,t - \sqrt{175}\,t\sin\sqrt{175}\,t\right] + \\
&\quad + \left[\frac{\sqrt{175}}{20}C_{1,3} + \frac{1}{4}C_{1,4}\right] e^{-5t}\left[(1-5t)\sin\sqrt{175}\,t + \sqrt{175}\,t\cos\sqrt{175}\,t\right].
\end{aligned}\right\} \quad (1281)$$

Mit (1280) und (1281) lauten die vier Anfangsbedingungen

$$\left.\begin{aligned}-3{,}83\sin 3{,}123 + C_{1,1} &= 0,\\ 120{,}2\cos 3{,}123 - 5\,C_{1,1} + \sqrt{175}\,C_{1,2} + C_{1,3} &= 0,\\ +\,0{,}41\sin 2{,}381 + \tfrac{1}{4}C_{1,1} - \tfrac{\sqrt{175}}{20}C_{1,2} - \tfrac{1}{20}C_{1,3} + \tfrac{\sqrt{175}}{100}C_{1,4} &= 0,\\ -\,12{,}9\cos 2{,}381 + \tfrac{15}{2}C_{1,1} + \tfrac{\sqrt{175}}{2}C_{1,2} - \tfrac{5}{4}C_{1,3} - \tfrac{3\sqrt{175}}{20}C_{1,4} &= 0.\end{aligned}\right\}$$

Die erste Gleichung liefert

$$C_{1,1} = 3{,}83\sin 3{,}123 = 0{,}072.$$

Wird die dritte Gleichung mit 20 multipliziert und zu der zweiten addiert, so folgt

$$C_{1,4} = -\frac{120{,}2\cos 3{,}123 + 8{,}2\sin 2{,}381}{\sqrt{7}} = +43{,}30.$$

Wird die mit 2 multiplizierte vierte Gleichung von der zweiten abgezogen, so ergibt sich

$$120{,}2\cos 3{,}123 + 25{,}8\cos 2{,}381 - 20\,C_{1,1} + \tfrac{7}{2}C_{1,3} + \tfrac{3}{2}\sqrt{7}\,C_{1,4} = 0$$

oder

$$C_{1,3} = -\frac{120{,}2\cos 3{,}123 + 25{,}8\cos 2{,}381 - 20\cdot 0{,}072 + 3{,}968\cdot 43{,}30}{3{,}500} = -9{,}05.$$

Schließlich erhält man aus der zweiten Gleichung

$$C_{1,2} = \frac{-120{,}2\cos 3{,}123 + 5\cdot 0{,}072 + 9{,}05}{13{,}24} = 9{,}84.$$

Bei Einführung der gefundenen Konstantenwerte in (1280) lauten die gesuchten Schwingungsausschläge

$$\left.\begin{aligned}u_1 &= 3{,}83\sin(31{,}4\,t - 3{,}123) + 0{,}07\,e^{-5t}\cos 13{,}24\,t + 9{,}84\,e^{-5t}\sin 13{,}24\,t -\\ &\quad -\,9{,}05\,t\,e^{-5t}\cos 13{,}24\,t + 43{,}30\,t\,e^{-5t}\sin 13{,}24\,t,\\ u_2 &= -0{,}41\sin(31{,}4\,t - 2{,}381) - 0{,}28\,e^{-5t}\cos 13{,}24\,t + 1{,}55\,e^{-5t}\sin 13{,}24\,t -\\ &\quad -\,30{,}98\,t\,e^{-5t}\cos 13{,}24\,t + 4{,}83\,t\,e^{-5t}\sin 13{,}24\,t.\end{aligned}\right\} \quad (1282)$$

Für die numerische Auswertung von (1282) empfiehlt es sich, die vier Grundfunktionen des homogenen Lösungsteiles zunächst getrennt darzustellen. Dabei ist zu beachten, daß die dritte und vierte Grundfunktion, entsprechend den erheblich größeren Werten der Konstanten, um eine Zehnerpotenz genauer sein müssen. Der Rechnungsgang wird zweckmäßig wieder in Tabellenform durchgeführt, wobei die Intervallteilung so gewählt werden muß, daß die Kurven hinreichend genau gezeichnet werden können. Im vorliegenden Falle reicht eine Intervallteilung von 0,05 s aus. Hinsichtlich der Intervallausdehnung muß die Tabelle soweit fortgesetzt werden, bis die Funktionen hinreichend abgeklungen sind; hier ist dies bei einem Zeitwert von 1,50 s der Fall. Die auf diesen Grundlagen fußende Tabellenrechnung ist nachfolgend aufgeführt.

100. Linear gedämpfte Zweimassensysteme.

t	e^{-5t}	te^{-5t}	$\sin 13{,}24 t$	$\cos 13{,}24 t$	$e^{-5t}\sin 13{,}24 t$	$e^{-5t}\cos 13{,}24 t$	$te^{-5t}\sin 13{,}24$	$te^{-5t}\cos 13{,}24\,t$
0,00	1,0000	0,0000	+ 0,0000	+ 1,0000	+ 0,000	+ 1,000	+ 0,0000	+ 0,0000
0,05	0,7788	0,0390	+ 0,6147	+ 0,7887	+ 0,478	+ 0,614	+ 0,0239	+ 0,0307
0,10	0,6065	0,0607	+ 0,9697	+ 0,2443	+ 0,588	+ 0,148	+ 0,0588	+ 0,0148
0,15	0,4724	0,0708	+ 0,9150	− 0,4034	+ 0,432	− 0,191	+ 0,0648	− 0,0286
0,20	0,3679	0,0736	+ 0,4738	− 0,8806	+ 0,174	− 0,324	+ 0,0349	− 0,0648
0,25	0,2865	0,0716	− 0,1676	− 0,9859	− 0,048	− 0,282	− 0,0120	− 0,0706
0,30	0,2231	0,0669	− 0,738	− 0,674	− 0,165	− 0,150	− 0,0493	− 0,0451
0,35	0,1738	0,0608	− 0,997	− 0,078	− 0,173	− 0,013	− 0,0607	− 0,0047
0,40	0,1353	0,0542	− 0,834	+ 0,551	− 0,113	+ 0,075	− 0,0452	+ 0,0298
0,45	0,1054	0,0474	− 0,319	+ 0,948	− 0,034	+ 0,100	− 0,0151	+ 0,0450
0,50	0,0821	0,0411	+ 0,331	+ 0,944	+ 0,027	+ 0,078	+ 0,0136	+ 0,0388
0,55	0,0639	0,0351	+ 0,841	+ 0,541	+ 0,054	+ 0,035	+ 0,0295	+ 0,0190
0,60	0,0498	0,0299	+ 0,996	− 0,090	+ 0,049	− 0,005	+ 0,0298	− 0,0027
0,65	0,0388	0,0252	+ 0,730	− 0,683	+ 0,028	− 0,027	+ 0,0184	− 0,0172
0,70	0,0302	0,0211	+ 0,156	− 0,988	+ 0,005	− 0,030	+ 0,0033	− 0,0208
0,75	0,0235	0,0176	− 0,484	− 0,875	− 0,011	− 0,021	− 0,0085	− 0,0154
0,80	0,0183	0,0146	− 0,917	− 0,397	− 0,017	− 0,007	− 0,0134	− 0,0058
0,85	0,0143	0,0121	− 0,97	+ 0,25	− 0,014	+ 0,004	− 0,0117	+ 0,0030
0,90	0,0111	0,0100	− 0,60	+ 0,80	− 0,007	+ 0,009	− 0,0060	+ 0,0080
0,95	0,0087	0,0083	+ 0,02	+ 1,00	+ 0,000	+ 0,009	+ 0,0002	+ 0,0083
1,00	0,0067	0,0067	+ 0,63	+ 0,78	+ 0,004	+ 0,005	+ 0,0042	+ 0,0052
1,05	0,0052	0,0055	+ 0,97	+ 0,23	+ 0,005	+ 0,001	+ 0,0053	+ 0,0013
1,10	0,0041	0,0045	+ 0,91	− 0,41	+ 0,004	− 0,002	+ 0,0041	− 0,0018
1,15	0,0032	0,0037	+ 0,46	− 0,89	+ 0,001	− 0,003	+ 0,0017	− 0,0033
1,20	0,0025	0,0030	− 0,19	− 0,98	− 0,000	− 0,002	− 0,0006	− 0,0030
1,25	0,0019	0,0024	− 0,75	− 0,66	− 0,001	− 0,001	− 0,0018	− 0,0016
1,30	0,0015	0,0020	− 1,00	− 0,06	− 0,001	− 0,000	− 0,0020	− 0,0001
1,35	0,0012	0,0016	− 0,83	+ 0,56	− 0,001	+ 0,001	− 0,0013	+ 0,0009
1,40	0,0009	0,0013	− 0,31	+ 0,95	− 0,000	+ 0,001	− 0,0004	+ 0,0012
1,45	0,0007	0,0010	+ 0,35	+ 0,94	+ 0,000	+ 0,001	+ 0,0004	+ 0,0009
1,50	0,0005	0,0008	+ 0,84	+ 0,53	+ 0,000	+ 0,000	+ 0,0007	+ 0,0004

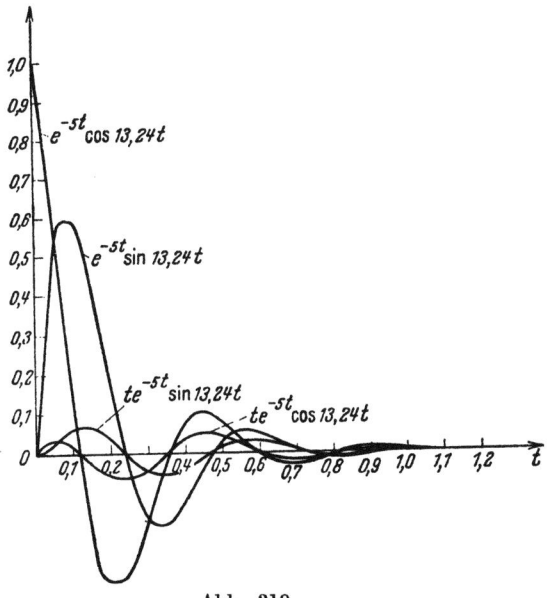

Abb. 319.

Aus Abb. 319 ist der kurvenmäßige Verlauf der vier Grundfunktionen ersichtlich. Mit den vier Grundfunktionen läßt sich der homogene Lösungsteil von (1282) leicht darstellen. Der Verlauf ist aus Abb. 320 ersichtlich. Der partikulare

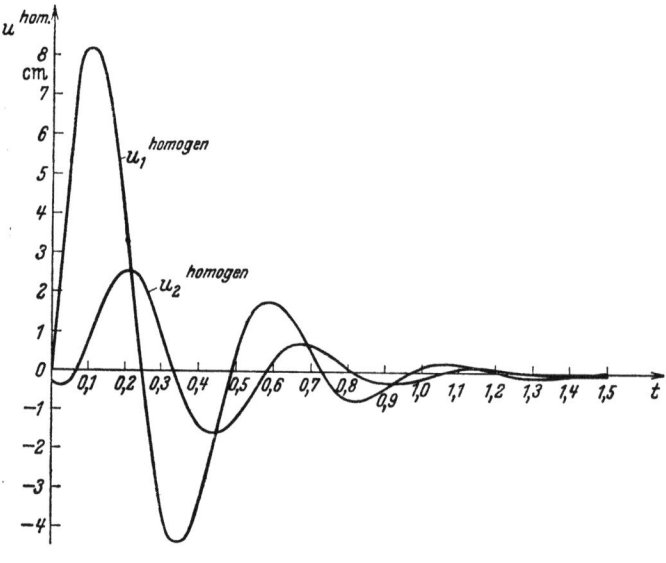

Abb. 320.

Lösungsteil wurde bereits im vorigen Beispiel behandelt und in Abb. 318 aufgetragen. Die Überlagerung beider Lösungsteile liefert die gesuchten Schwingungsausschläge gemäß (1282). Ihr Verlauf ist aus Abb. 321 und 322 ersichtlich. Bei der zugrunde gelegten sprunghaften Schwingungserregung ergeben sich beträchtliche Aufschaukelungen der Schwingungsausschläge.

101. Die kettenartig gekoppelten linear gedämpften Längsschwingungen bei gleichen Massen, gleichen Dämpfungs- und gleichen Federnkonstanten.

In Ziffer 91 war gezeigt worden, daß die kettenartig gekoppelten ungedämpften Längsschwingungen bei gleichen Massen und gleichen Federkonstanten sich bei Heranziehung der Differenzenrechnung in geschlossener Form darstellen lassen. Solche im allgemeinen spärlich auftretenden Sonderfälle geschlossener Lösungen erlauben uns, erheblich tiefer in das physikalische Geschehen einzudringen und sind daher von größtem praktischem Wert, auch dann, wenn die dafür zu machenden Voraussetzungen in der Anwendung nur selten vorliegen.

Im Falle der linear gedämpften Längsschwingungen gelangt man zu geschlossenen Lösungen, wenn außer den Voraussetzungen der Ziffer 91 für sämtliche Massen gleiche Dämpfungskonstanten zugrunde gelegt werden.

101. Die kettenartig gekoppelten linear gedämpften Längsschwingungen. 347

Werden die Schwingungsausschläge ähnlich wie früher gemäß Abb. 323 bezeichnet, so tritt zu den aus Abb. 278 ersichtlichen Kräften auf das ungedämpfte System noch die Dämpfungskraft hinzu, womit sich für die nullte, n^{te} und r^{te} Masse die aus Abb. 324 bis 326 ersichtlichen Kraftwirkungen ergeben. Die zugehörigen Kräftegleichungen lauten

$$\left.\begin{array}{l} P_0 - c' u_0 + c' u_1 - d\dfrac{du_0}{dt} = m\dfrac{d^2 v_0}{dt^2}, \\ \text{------------------------------------}, \\ P_n + c' u_{n-1} - 2c' u_n + c' u_{n+1} - d\dfrac{du_n}{dt} = m\dfrac{d^2 u_n}{dt^2}, \\ \text{------------------------------------}, \\ P_r + c' u_{r-1} - c' u_r - d\dfrac{du_r}{dt} = m\dfrac{d^2 u_r}{dt^2}, \end{array}\right\} \quad (1283)$$

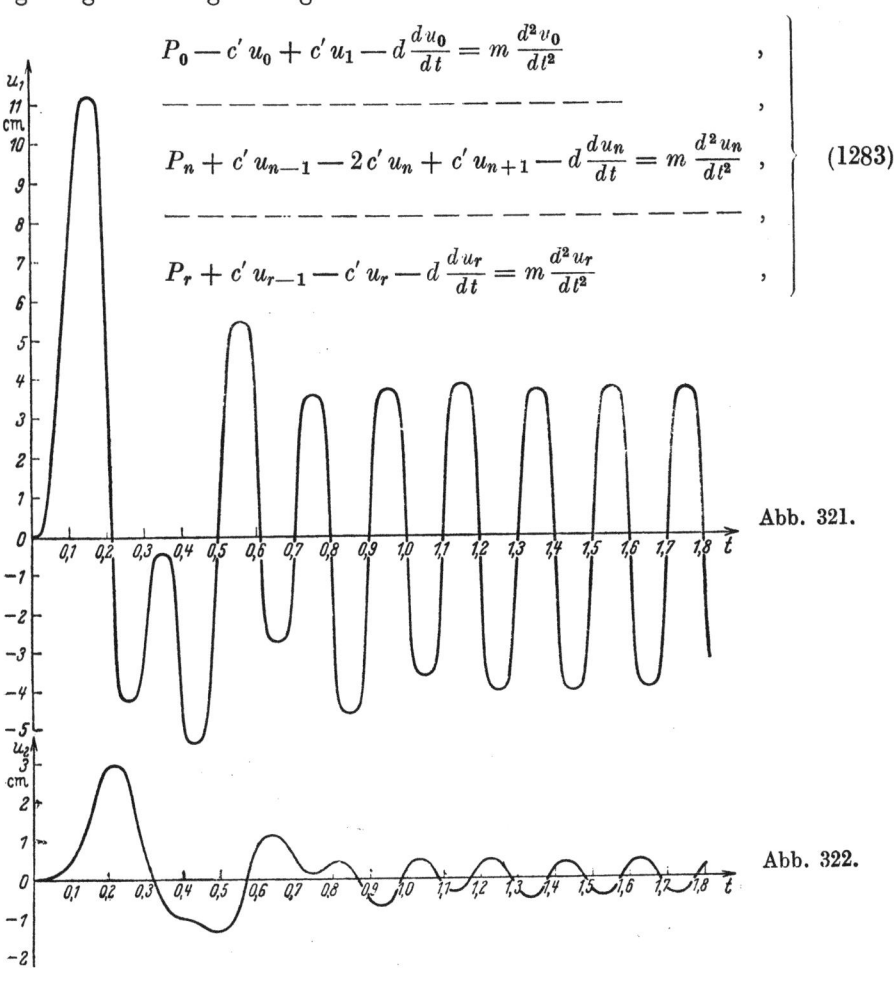

Abb. 321.

Abb. 322.

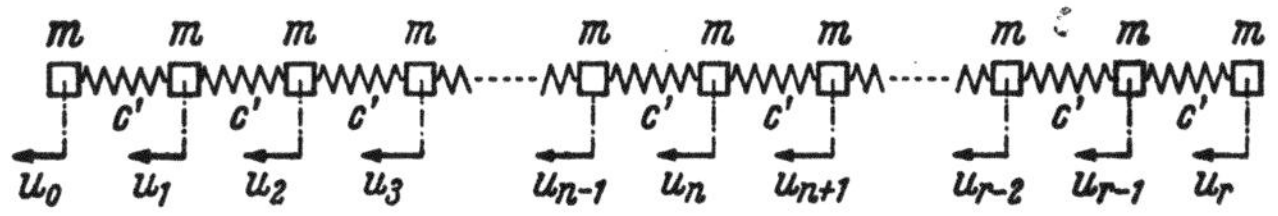

Abb. 323.

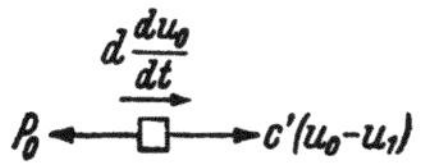

Abb. 324. 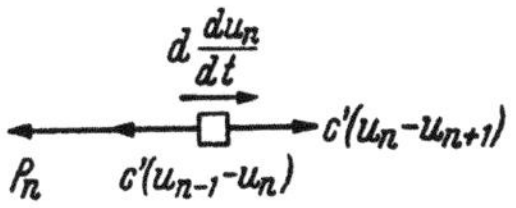   Abb. 325. 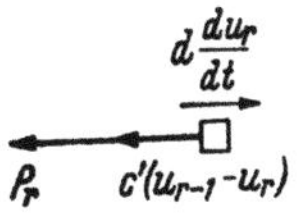   Abb. 326.

oder umgeordnet

$$\left.\begin{aligned}
\frac{d^2 v_0}{dt^2} + \frac{d}{m}\frac{du_0}{dt} + \frac{c'}{m} u_0 - \frac{c'}{m} u_1 &= \frac{P_0(t)}{m} \\
&\text{------} \\
\frac{d^2 u_n}{dt^2} + \frac{d}{m}\frac{du_n}{dt} - \frac{c'}{m} u_{n-1} + \frac{2c'}{m} u_n - \frac{c'}{m} u_{n+1} &= \frac{P_n(t)}{m}, \\
&\text{------} \\
\frac{d^2 u_r}{dt^2} + \frac{d}{m}\frac{du_r}{dt} - \frac{c'}{m} u_{r-1} + \frac{c'}{m} u_r &= \frac{P_r(t)}{m}
\end{aligned}\right\} \quad (1284)$$

Die weiteren Betrachtungen beschränken sich zunächst auf das homogene System, für welches die rechten Seiten von (1284) den Wert null annehmen. Die u_n beschreiben dann einen Eigenschwingungszustand, für den hier der Ansatz

$$u_{\underline{n}} = u_c + \sum_1^r {}^k (A_{k,\underline{n}} e^{\lambda_{k,1} t} + B_{k,\underline{n}} e^{\lambda_{k,2} t}) \qquad (\underline{n} = 0, 1, 2, \ldots r) \qquad (1285)$$

gemacht werden soll. Dieser Ansatz ist praktisch der gleiche wie derjenige von (1063); es ist lediglich die trigonometrische Form durch eine exponentielle ersetzt. Geht man mit (1285) in das homogen gemachte System (1284) hinein, so fallen die u_c heraus und im übrigen verbleibt bei entsprechender Zusammenfassung

$$\left.\begin{aligned}
\sum_1^r {}^k &\left[\left[\left(\lambda_{k,1}^2 + \frac{d}{m}\lambda_{k,1} + \frac{c'}{m}\right) A_{k,0} - \frac{c'}{m} A_{k,1}\right] e^{\lambda_{k,1} t} + \right. \\
&\left. + \left[\left(\lambda_{k,2}^2 + \frac{d}{m}\lambda_{k,2} + \frac{c'}{m}\right) B_{k,0} - \frac{c'}{m} B_{k,1}\right] e^{\lambda_{k,2} t}\right] = 0, \\
&\text{------} \\
\sum_1^r {}^k &\left[\left[-\frac{c'}{m} A_{k,n-1} + \left(\lambda_{k,1}^2 + \frac{d}{m}\lambda_{k,1} + \frac{2c'}{m}\right) A_{k,n} - \frac{c'}{m} A_{k,n+1}\right] e^{\lambda_{k,1} t} + \right. \\
&\left. + \left[-\frac{c'}{m} B_{k,n-1} + \left(\lambda_{k,2}^2 + \frac{d}{m}\lambda_{k,2} + \frac{2c'}{m}\right) B_{k,n} - \frac{c'}{m} B_{k,n+1}\right] e^{\lambda_{k,2} t}\right] = 0, \\
&\text{------} \\
\sum_1^r {}^k &\left[\left[-\frac{c'}{m} A_{k,r-1} + \left(\lambda_{k,1}^2 + \frac{d}{m}\lambda_{k,1} + \frac{c'}{m}\right) A_{k,r}\right] e^{\lambda_{k,1} t} + \right. \\
&\left. + \left[-\frac{c'}{m} B_{k,r-1} + \left(\lambda_{k,2}^2 + \frac{d}{m}\lambda_{k,2} + \frac{c'}{m}\right) B_{k,r}\right] e^{\lambda_{k,2} t}\right] = 0.
\end{aligned}\right\} \quad (1286)$$

Das Gleichungssystem (1286) wird für alle Zeitpunkte identisch befriedigt, wenn sämtliche eckigen Klammern verschwinden. Hieraus folgen gerade $2r$-Gleichungen für die $2r$-Unbekannten $A_{k\underline{n}}$ und $B_{k\underline{n}}$ jedes Summengliedes und $(2r)^2$-Gleichungen für alle Summenglieder und die zugehörigen $(2r)^2$-Unbekannten.

101. Die kettenartig gekoppelten linear gedämpften Längsschwingungen. 349

Der Ansatz (1285) stellt daher die vollständige Lösung für den Eigenschwingungszustand dar. Für die Konstanten des k^{ten} Summengliedes erhält man

$$\left(\lambda_{k,1}^2 + \frac{d}{m}\lambda_{k,1} + \frac{c'}{m}\right)A_{k,0} - \frac{c'}{m}A_{k,1} = 0 \quad ,$$

$$- - - - - - - - - - - - - - - \quad ,$$

$$-\frac{c'}{m}A_{k,n-1} + \left(\lambda_{k,1}^2 + \frac{d}{m}\lambda_{k,1} + \frac{2c'}{m}\right)A_{k,n} - \frac{c'}{m}A_{k,n+1} = 0 \quad ,$$

$$- - - - - - - - - - - - - - - \quad ,$$

$$-\frac{c'}{m}A_{k,r-1} + \left(\lambda_{k,1}^2 + \frac{d}{m}\lambda_{k,1} + \frac{c'}{m}\right)A_{k,r} = 0 \quad .$$

$$\left(\lambda_{k,2}^2 + \frac{d}{m}\lambda_{k,2} + \frac{c'}{m}\right)B_{k,0} - \frac{c'}{m}B_{k,1} = 0 \quad ,$$

$$- - - - - - - - - - - - - - - \quad ,$$

$$-\frac{c'}{m}B_{k,n-1} + \left(\lambda_{k,2}^2 + \frac{d}{m}\lambda_{k,2} + \frac{c'}{m}\right)B_{k,n} - \frac{c'}{m}B_{k,n+1} = 0 \quad ,$$

$$- - - - - - - - - - - - - - - \quad ,$$

$$-\frac{c'}{m}B_{k,r-1} + \left(\lambda_{k,2}^2 + \frac{d}{m}\lambda_{k,2} + \frac{c'}{m}\right)B_{k,r} = 0 \quad .$$

$(k = 1, 2, 3, \ldots r)$ (1287)

Da die Gleichungssysteme (1287) völlig gleich gebaut sind, können die weiteren Betrachtungen zunächst auf das System der $A_{k,n}$ beschränkt werden. Für dieses folgt durch Multiplikation mit m/c'

$$\left(1 + \frac{m}{c'}\lambda_{k,1}^2 + \frac{d}{c'}\lambda_{k,1}\right)A_{k,0} - A_{k,1} = 0 \quad ,$$

$$- - - - - - - - - - - - - - - \quad ,$$

$$-A_{k,n-1} + \left(2 + \frac{m}{c'}\lambda_{k,1}^2 + \frac{d}{c'}\lambda_{k,1}\right)A_{k,n} - A_{k,n+1} = 0 \quad , \quad (k = 1, 2, 3, \ldots r). \quad (1288)$$

$$- - - - - - - - - - - - - - - \quad ,$$

$$-A_{k,r-1} + \left(1 + \frac{m}{c'}\lambda_{k,1}^2 + \frac{d}{c'}\lambda_{k,1}\right)A_{k,r} = 0 \quad .$$

Das Gleichungssystem (1288) zeigt vollständige Übereinstimmung mit dem Gleichungssystem (1074), wenn in diesem

$$-\frac{m}{c'}\omega_k^2 = +\frac{m}{c'}\lambda_{k,1}^2 + \frac{d}{c'}\lambda_{k,1} \quad , \qquad \omega_k = i\sqrt{\lambda_{k,1}^2 + \frac{d}{c'}\lambda_{k,1}} \quad (1289)$$

gesetzt wird. Wird daher wie in (1075) für $A_{k,n}$ der Ansatz

$$A_{k,n} = c_{1,k}\mu_{1,k}^n + c_{2,k}\mu_{2,k}^n \tag{1290}$$

gemacht, so folgt nach (1078) und (1079) in Verbindung mit (1289)

und
$$\mu_{1,k}\mu_{2,k} = 1 \tag{1291}$$

$$\mu_{1,k} = \mu_k = 1 + \left(\frac{m}{2c'}\lambda_{k,1}^2 + \frac{d}{2c'}\lambda_{k,1}\right)\left(1 + \sqrt{1 - \dfrac{2}{\frac{m}{2c'}\lambda_{k,1}^2 + \frac{d}{2c'}\lambda_{k,1}}}\right) \quad ,$$

$$\mu_{2,k} = \frac{1}{\mu_k} = 1 + \left(\frac{m}{2c'}\lambda_{k,1}^2 + \frac{d}{2c'}\lambda_{k,1}\right)\left(1 - \sqrt{1 - \dfrac{2}{\frac{m}{2c'}\lambda_{k,1}^2 + \frac{d}{2c'}\lambda_{k,1}}}\right) \quad .$$

(1292)

Für diese μ-Werte liefert (1080)

$$\mu_k = \cos\frac{k\pi}{r+1} + i\sin\frac{k\pi}{r+1}\,, \qquad \frac{1}{\mu k} = \cos\frac{k\pi}{r+1} - i\sin\frac{k\pi}{r+1}\,. \tag{1293}$$

Für die λ_k folgt nach (1082) in Verbindung mit (1289)

$$i\sqrt{\lambda_k^2 + \frac{d}{m}\lambda_k} = 2\sqrt{\frac{c'}{m}}\sin\frac{k\pi}{2(r+1)} \quad\text{oder}\quad \lambda_k^2 + \frac{d}{m}\lambda_k = -4\frac{c'}{m}\sin^2\frac{k\pi}{2(r+1)}$$

oder

$$\left.\begin{aligned}\lambda_{k,1} &= -\frac{d}{2m} + \sqrt{\frac{d^2}{4m^2} - 4\frac{c'}{m}\sin^2\frac{k\pi}{2(r+1)}}\,,\\ \lambda_{k,2} &= -\frac{d}{2m} - \sqrt{\frac{d^2}{4m^2} - 4\frac{c'}{m}\sin^2\frac{k\pi}{2(r+1)}}\,.\end{aligned}\right\} \quad (k=1,2,3,\ldots r)\,. \tag{1294}$$

Mit (1294) ist gleichzeitig die Ermittlung der Eigenwerte, gleichzeitig auch für das untere der Gleichungssysteme (1287), geklärt. Für die Konstanten liefert (1088)

$$A_{k,\underline{n}} = c_{k,1}\cos\frac{k(n+\tfrac{1}{2})\pi}{r+1}\,,\qquad B_{k,\underline{n}} = c_{k,2}\cos\frac{k(n+\tfrac{1}{2})\pi}{r+1}\,. \tag{1295}$$

Werden schließlich noch die $A_{k,\overline{n}}$ und $B_{k,\overline{n}}$ in (1285) eingeführt, so erhält man

$$u_{\underline{n}} = u_c + \sum_1^r \cos\frac{k(n+\tfrac{1}{2})\pi}{r+1}\left[c_{k,1}e^{\lambda_{k,1}t} + c_{k,2}e^{\lambda_{k,2}t}\right] \quad (\underline{n}=0,1,2,\ldots r)\,. \tag{1296}$$

Die Ausdrücke für die Eigenwerte lassen sich noch zweckentsprechender schreiben, wenn die Dämpfungskonstante gemäß (1199) ausgedrückt wird. Mit

$$c = 2c' \tag{1297}$$

folgt

$$d = 2\alpha\sqrt{cm} = 2\alpha\sqrt{2c'm}\,,\qquad \frac{d}{2m} = \alpha\sqrt{\frac{2c'}{m}} \tag{1298}$$

und damit

$$\left.\begin{aligned}\lambda_{k,1} &= -\sqrt{\frac{2c'}{m}}\left[1 - \sqrt{\alpha^2 - 2\sin^2\frac{k\pi}{2(r+1)}}\right] = -\sqrt{\frac{2c'}{m}}\left[1 - i\sqrt{2\sin^2\frac{k\pi}{2(r+1)} - \alpha^2}\right],\\ \lambda_{k,2} &= -\sqrt{\frac{2c'}{m}}\left[1 + \sqrt{\alpha^2 - 2\sin^2\frac{k\pi}{2(r+1)}}\right] = -\sqrt{\frac{2c'}{m}}\left[1 + i\sqrt{2\sin^2\frac{k\pi}{2(r+1)} - \alpha^2}\right].\end{aligned}\right\} \tag{1299}$$

Wird die komplexe Form von (1299) in (1296) eingeführt, so folgt, in ähnlichem Rechnungsgange wie beim Einmassenschwinger beim Übergang von (1221) zu (1222), unter Einführung neuer Konstanten

$$\left.\begin{aligned}u_{\underline{n}} = u_c + \sum_1^r \cos\frac{k(n+\tfrac{1}{2})\pi}{r+1}&\left[C_{k,1}e^{-\sqrt{\frac{2c'}{m}}\alpha t}\cos\sqrt{\frac{2c'}{m}}\sqrt{2\sin^2\frac{k\pi}{2(r+1)} - \alpha^2}\,t \right.\\ &\left.+ C_{k,2}e^{-\sqrt{\frac{2c'}{m}}\alpha t}\sin\sqrt{\frac{2c'}{m}}\sqrt{2\sin^2\frac{k\pi}{2(r+1)} - \alpha^2}\,t\right]\quad (\underline{n}=0,1,2,\ldots r)\,.\end{aligned}\right\} \tag{1300}$$

101. Die kettenartig gekoppelten linear gedämpften Längsschwingungen.

Die Differentiation von (1300) liefert die Geschwindigkeit der Schwingungsausschläge in der Form

$$v_n = \sqrt{\frac{2c'}{m}} \sum_1^r k \cos \frac{k(n+\frac{1}{2})\pi}{r+1} \left[C_{k,1} e^{-\sqrt{\frac{2c'}{m}}\alpha t} \cdot \right.$$

$$\cdot \left(-\alpha \cos\sqrt{\frac{2c'}{m}}\sqrt{2\sin^2\frac{k\pi}{2(r+1)} - \alpha^2}\, t - \sqrt{2\sin^2\frac{k\pi}{2(r+1)} - \alpha^2}\sin\sqrt{\frac{2c'}{m}}\sqrt{2\sin^2\frac{k\pi}{2(r+1)} - \alpha^2}\, t \right) +$$

$$+ C_{k,2} e^{-\sqrt{\frac{2c'}{m}}\alpha t} \cdot$$

$$\left. \cdot \left(-\alpha \sin\sqrt{\frac{2c'}{m}}\sqrt{2\sin^2\frac{k\pi}{2(r+1)} - \alpha^2}\, t + \sqrt{2\sin^2\frac{k\pi}{2(r+1)} - \alpha^2}\cos\sqrt{\frac{2c'}{m}}\sqrt{2\sin^2\frac{k\pi}{2(r+1)} - \alpha^2}\, t \right) \right] \quad (1301)$$

Mit (1300) und (1301) lassen sich Eigenschwingungszustände, die den gemachten Voraussetzungen entsprechen, formelmäßig vollständig beherrschen. Bemerkenswert ist die sämtlichen Summengliedern gemeinsame, d. h. von k unabhängige Dämpfungsfunktion. Sie stimmt wegen (1297) mit derjenigen des Einmassenschwingers vollständig überein.

Man könnte nun, ähnlich wie in Ziffer 91, durch Heranziehung der Differenzenrechnung auch die Partikularintegrale der inhomogenen Differentialgleichungen in geschlossener Form darzustellen versuchen. Da dies jedoch zu sehr verwickelten Formeln führt, soll hier darauf verzichtet werden.

Beispiel 50. Wie gestaltet sich für den in Beispiel 39 untersuchten Viermassenschwinger, bestehend aus vier gleichen Massen von je 0,010 kg cm^{-1} s^2 und drei verbindenden Federn mit der gleichen Federkonstanten von je 300 kg cm^{-1}, der Schwingungsverlauf, wenn alle Massen in gleicher Weise linear gedämpft sind und der Dämpfungsbeiwert $\alpha = 0{,}10$ beträgt?

In Beispiel 39 war nach dem Eigenschwingungszustand gefragt, der zur Zeit $t = 0$ dadurch ausgelöst wird, daß von den in Ruhe befindlichen vier Massen die eine Endmasse eine Auslenkung von $u_a = 4$ mm erfährt. Demgemäß sind acht Anfangsbedingungen zu erfüllen, nämlich

für $t = 0$: $\quad u_0 = u_a = 4$ mm, $\quad u_1 = 0$, $\quad u_2 = 0$, $\quad u_3 = 0$;

$\qquad\qquad\quad\; v_0 = 0$, $\qquad\qquad\quad\; v_1 = 0$, $\quad v_2 = 0$, $\quad v_3 = 0$.

Diesen Anfangsbedingungen entsprechen acht Gleichungen für die sieben unbekannten Konstanten $C_{1,1}$, $C_{1,2}$, $C_{2,1}$, $C_{2,2}$, $C_{3,1}$, $C_{3,2}$ und u_e. Es scheint somit eine Unbekannte zu wenig da zu sein. Bei genauerer Betrachtung erkennt man jedoch, daß ein Schwingungszustand ohne äußere Kräfte bei linearer Dämpfung nur dann möglich ist, wenn die Summe aller Dämpfungskräfte in jedem Zeitpunkt verschwindet, d. h. wenn

$$dv_0 + dv_1 + dv_2 + \cdots + dv_n + \cdots + dv_r = d \sum_0^r v_n = 0 \quad \text{oder} \quad \sum_0^r v_n = 0 \quad (1302)$$

ist. Die Anfangsbedingungen für die Geschwindigkeit müssen daher so beschaffen sein, daß die Summe aller Geschwindigkeiten verschwindet. Wird das Schwingungssystem, wie im vorliegenden Falle, aus der Ruhe erregt, so ist die Bedingung (1302) von selbst erfüllt.

Der Rechenaufwand hängt bei der Behandlung schwierigerer mechanischer Probleme — und ein linear gedämpfter Viermassenschwinger zählt zu dieser Kategorie — nicht unwesentlich davon ab, in welcher Form die den Ausgangspunkt der Untersuchung bildenden allgemeinen Lösungen dargestellt sind. Im vorliegenden Falle z. B., wo sämtliche Anfangsgeschwindigkeiten null sind und sieben Unbekannte acht Bedingungen unterliegen, sind die Gln (1300) und (1301) als Ausgangsdarstellungen wenig zweckmäßig.

Eine wesentlich vorteilhaftere Form der Ausgangsgleichungen erhält man, wenn man über die Konstanten $C_{k,1}$ und $C_{k,2}$ so verfügt denkt, daß $v_{\underline{n}}$ in der Form

$$v_{\underline{n}} = \sqrt{\frac{2c'}{m}} \sum_1^r \cos\frac{k(\underline{n}+\tfrac{1}{2})\pi}{r+1}\left[C'_{k,1}e^{-\sqrt{\frac{2c'}{m}}\alpha t}\sin\sqrt{\frac{2c'}{m}}\sqrt{2\sin^2\frac{k\pi}{2(r+1)}-\alpha^2}\,t + \right.$$
$$\left. + C'_{k,2}e^{-\sqrt{\frac{2c'}{m}}\alpha t}\cos\sqrt{\frac{2c'}{m}}\sqrt{2\sin^2\frac{k\pi}{2(r+1)}-\alpha^2}\,t \right] \quad (1303)$$

erscheint. Aus dieser muß nun $u_{\underline{n}}$ rückwärts ermittelt werden, gemäß

$$v_{\underline{n}} = \frac{du_{\underline{n}}}{dt}, \qquad u_{\underline{n}} = u_c + \int_\infty^t v_{\underline{n}}\,dt . \quad (1304)$$

Nach Durchführung der Integration ergibt sich

$$u_{\underline{n}} = u_c - \sum_1^r \cos\frac{k(\underline{n}+\tfrac{1}{2})\pi}{r+1}\left[C'_{k,1}e^{-\sqrt{\frac{2c'}{m}}\alpha t}\cdot\right.$$

$$\cdot\frac{\alpha\sin\sqrt{\frac{2c'}{m}}\sqrt{2\sin^2\frac{k\pi}{2(r+1)}-\alpha^2}\,t + \sqrt{2\sin^2\frac{k\pi}{2(r+1)}-\alpha^2}\cos\sqrt{\frac{2c'}{m}}\sqrt{2\sin^2\frac{k\pi}{2(r+1)}-\alpha^2}\,t}{2\sin^2\frac{k\pi}{2(r+1)}} +$$

$$+ C'_{k,2}e^{-\sqrt{\frac{2c'}{m}}\alpha t}\cdot$$

$$\left.\cdot\frac{\alpha\cos\sqrt{\frac{2c'}{m}}\sqrt{2\sin^2\frac{k\pi}{2(r+1)}-\alpha^2}\,t - \sqrt{2\sin^2\frac{k\pi}{2(r+1)}-\alpha^2}\sin\sqrt{\frac{2c'}{m}}\sqrt{2\sin^2\frac{k\pi}{2(r+1)}-\alpha^2}\,t}{2\sin^2\frac{k\pi}{2(r+1)}}\right] \quad (1305)$$

Im vorliegenden Falle ist nun $r=3$, so daß, wie schon bemerkt, die Summen jeweils drei Glieder umfassen. Wird daher für die Anfangsbedingungen $t=0$ gesetzt, so folgt

$$v_{\underline{n}}(0) = C'_{1,2}\sqrt{\frac{2c'}{m}}\cos\frac{(\underline{n}+\tfrac{1}{2})\pi}{4} + C'_{2,2}\sqrt{\frac{2c'}{m}}\cos\frac{(\underline{n}+\tfrac{1}{2})\pi}{2} + C'_{3,2}\sqrt{\frac{2c'}{m}}\cos\frac{3(\underline{n}+\tfrac{1}{2}\pi)}{4}$$

$$(\underline{n}=0,1,2,3) \quad ,$$

101. Die kettenartig gekoppelten linear gedämpften Längsschwingungen.

$$u_{\underline{n}}(0) = u_c - C'_{1,1} \cos\frac{(\underline{n}+\frac{1}{2})\pi}{4} \frac{\sqrt{2\sin^2\frac{\pi}{8} - \alpha^2}}{2\sin^2\frac{\pi}{8}} - C'_{1,2} \cos\frac{(\underline{n}+\frac{1}{2})\pi}{4} \frac{\alpha}{2\sin^2\frac{\pi}{8}} -$$

$$- C'_{2,1} \cos\frac{(\underline{n}+\frac{1}{2})\pi}{2} \frac{\sqrt{2\sin^2\frac{\pi}{4} - \alpha^2}}{2\sin^2\frac{\pi}{4}} - C'_{2,2} \cos\frac{(\underline{n}+\frac{1}{2})\pi}{2} \frac{\alpha}{2\sin^2\frac{\pi}{4}} -$$

$$- C'_{3,1} \cos\frac{3(\underline{n}+\frac{1}{2})\pi}{4} \frac{\sqrt{2\sin^2\frac{3\pi}{8} - \alpha^2}}{2\sin^2\frac{3\pi}{8}} - C'_{3,2} \cos\frac{3(\underline{n}+\frac{1}{2})\pi}{4} \frac{\alpha}{2\sin^2\frac{3\pi}{8}} .$$

Nun soll $v_{\underline{n}}(0)$ für $\underline{n} = 0, 1, 2, 3$ verschwinden, was offensichtlich für

$$C'_{1,2} = 0, \quad C'_{2,2} = 0, \quad C'_{3,2} = 0$$

der Fall ist. Damit genügt in der Tat die Festlegung von drei Konstanten, um vier Bedingungsgleichungen zu befriedigen. Mit den gefundenen $C'_{k,2}$-Werten lautet $u_{\underline{n}}(0)$

$$u_{\underline{n}}(0) = u_c - C'_{1,1} \frac{\cos\frac{(\underline{n}+\frac{1}{2})\pi}{4}}{2\sin^2\frac{\pi}{8}} \sqrt{2\sin^2\frac{\pi}{8} - \alpha^2} - C'_{2,1} \frac{\cos\frac{(\underline{n}+\frac{1}{2})\pi}{2}}{2\sin^2\frac{\pi}{4}} \sqrt{2\sin^2\frac{\pi}{4} - \alpha^2} -$$

$$- C'_{3,1} \frac{\cos\frac{3(\underline{n}+\frac{1}{2})\pi}{4}}{2\sin^2\frac{3\pi}{8}} \sqrt{2\sin^2\frac{3\pi}{8} - \alpha^2} ,$$

oder wenn gemäß

$$c_1 = -C'_{1,1} \frac{\sqrt{2\sin^2\frac{\pi}{8} - \alpha^2}}{2\sin^2\frac{\pi}{8}}, \quad c_2 = -C'_{2,1} \frac{\sqrt{2\sin^2\frac{\pi}{4} - \alpha^2}}{2\sin^2\frac{\pi}{4}}, \quad c_3 = -C'_{3,1} \frac{\sqrt{2\sin^2\frac{3\pi}{8} - \alpha^2}}{2\sin^2\frac{3\pi}{8}}$$

gesetzt wird,

$$u_{\underline{n}}(0) = u_c + c_1 \cos\frac{(\underline{n}+\frac{1}{2})\pi}{4} + c_2 \cos\frac{(\underline{n}+\frac{1}{2})\pi}{2} + c_3 \cos\frac{3(\underline{n}+\frac{1}{2})\pi}{4} \quad (\underline{n} = 0, 1, 2, 3).$$

Damit nehmen die vier Anfangsbedingungen die Form

$$\left.\begin{aligned}
u_a &= u_c + c_1 \cos\frac{\pi}{8} + c_2 \cos\frac{\pi}{4} + c_3 \cos\frac{3\pi}{8} = u_c + c_1 \cos\frac{\pi}{8} + c_2 \cos\frac{\pi}{4} + c_3 \cos\frac{3\pi}{8} , \\
0 &= u_c + c_1 \cos\frac{3\pi}{8} + c_2 \cos\frac{3\pi}{4} + c_3 \cos\frac{9\pi}{8} = u_c + c_1 \cos\frac{3\pi}{8} - c_2 \cos\frac{\pi}{4} - c_3 \cos\frac{\pi}{8} , \\
0 &= u_c + c_1 \cos\frac{5\pi}{8} + c_2 \cos\frac{5\pi}{4} + c_3 \cos\frac{15\pi}{8} = u_c - c_1 \cos\frac{3\pi}{8} - c_2 \cos\frac{\pi}{4} + c_3 \cos\frac{\pi}{8} , \\
0 &= u_c + c_1 \cos\frac{7\pi}{8} + c_2 \cos\frac{7\pi}{4} + c_3 \cos\frac{21\pi}{8} = u_c - c_1 \cos\frac{\pi}{8} + c_2 \cos\frac{\pi}{4} - c_3 \cos\frac{3\pi}{8} ,
\end{aligned}\right\}$$

an, die vollständig mit derjenigen von Beispiel 39 übereinstimmt. Die Gl. (1110) kann hier daher unmittelbar übernommen werden und es folgt

$$u_c = \frac{u_a}{4}, \quad c_1 = \frac{u_a}{2}\cos\frac{\pi}{8}, \quad c_2 = \frac{u_a}{2\sqrt{2}}, \quad c_3 = \frac{u_a}{2}\cos\frac{3\pi}{8}.$$

Damit erhält man für $C'_{1,1}$, $C'_{2,1}$, $C'_{3,1}$, $C'_{1,2}$, $C'_{2,2}$, $C'_{3,2}$

$$\left.\begin{aligned}
C'_{1,1} &= -\frac{\sin^2\frac{\pi}{8}\cos\frac{\pi}{8}}{\sqrt{2\sin^2\frac{\pi}{8}-\alpha^2}} u_a = \frac{-\sin\frac{\pi}{8}}{2\sqrt{2}\sqrt{2\sin^2\frac{\pi}{8}-\alpha^2}} u_a, & C'_{1,2} &= 0, \\
C'_{2,1} &= -\frac{\frac{1}{\sqrt{2}}\sin^2\frac{\pi}{4}}{\sqrt{2\sin^2\frac{\pi}{4}-\alpha^2}} u_a = \frac{-1}{2\sqrt{2}\sqrt{1-\alpha^2}} u_a, & C'_{2,2} &= 0, \\
C'_{3,1} &= -\frac{\sin^2\frac{3\pi}{8}\cos\frac{3\pi}{8}}{\sqrt{2\sin^2\frac{3\pi}{8}-\alpha^2}} u_a = \frac{-\cos\frac{3\pi}{8}}{2\sqrt{2}\sqrt{2\cos^2\frac{\pi}{8}-\alpha^2}} u_a, & C'_{3,2} &= 0.
\end{aligned}\right\}$$

Die Einführung dieser Werte in (1305) ergibt

$$\left.\begin{aligned}
\frac{u_n}{u_a} =& \frac{1}{4} + e^{-\sqrt{\frac{2c'}{m}}\alpha t} \Bigg[\frac{1}{2}\cos\frac{\pi}{8}\cos\frac{(n+\frac{1}{2})\pi}{4} \cdot \\
& \cdot\left(\frac{\alpha}{\sqrt{2\sin^2\frac{\pi}{8}-\alpha^2}}\sin\sqrt{\frac{2c'}{m}}\sqrt{2\sin^2\frac{\pi}{8}-\alpha^2}\,t + \cos\sqrt{\frac{2c'}{m}}\sqrt{2\sin^2\frac{\pi}{8}-\alpha^2}\,t \right) + \\
& + \frac{1}{2}\cos\frac{\pi}{4}\cos\frac{(n+\frac{1}{2})\pi}{2} \cdot \\
& \cdot\left(\frac{\alpha}{\sqrt{2\sin^2\frac{\pi}{4}-\alpha^2}}\sin\sqrt{\frac{2c'}{m}}\sqrt{2\sin^2\frac{\pi}{4}-\alpha^2}\,t + \cos\sqrt{\frac{2c'}{m}}\sqrt{2\sin^2\frac{\pi}{4}-\alpha^2}\,t \right) + \\
& + \frac{1}{2}\cos\frac{3\pi}{8}\cos\frac{3(n+\frac{1}{2})\pi}{4} \cdot \\
& \cdot\left(\frac{\alpha}{\sqrt{2\sin^2\frac{3\pi}{8}-\alpha^2}}\sin\sqrt{\frac{2c'}{m}}\sqrt{2\sin^2\frac{3\pi}{8}-\alpha^2}\,t + \cos\sqrt{\frac{2c'}{m}}\sqrt{2\sin^2\frac{3\pi}{8}-\alpha^2}\,t \right) \Bigg].
\end{aligned}\right\} \quad (1306)$$

Hieraus folgt für $\underline{n} = 0, 1, 2, 3$

$$\left.\begin{aligned}
\frac{u_0}{u_a} =& \frac{1}{4} + e^{-\sqrt{\frac{2c'}{m}}\alpha t} \cdot \\
& \cdot\Bigg[\frac{1}{2}\cos^2\frac{\pi}{8}\left(\frac{\alpha}{\sqrt{2\sin^2\frac{\pi}{8}-\alpha^2}}\sin\sqrt{\frac{2c'}{m}}\sqrt{2\sin^2\frac{\pi}{8}-\alpha^2}\,t + \cos\sqrt{\frac{2c'}{m}}\sqrt{2\sin^2\frac{\pi}{8}-\alpha^2}\,t \right) + \\
& + \frac{1}{4}\left(\frac{\alpha}{\sqrt{1-\alpha^2}}\sin\sqrt{\frac{2c'}{m}}\sqrt{1-\alpha^2}\,t + \cos\sqrt{\frac{2c'}{m}}\sqrt{1-\alpha^2}\,t \right) + \\
& + \frac{1}{2}\sin^2\frac{\pi}{8}\left(\frac{\alpha}{\sqrt{2\cos^2\frac{\pi}{8}-\alpha^2}}\sin\sqrt{\frac{2c'}{m}}\sqrt{2\cos^2\frac{\pi}{8}-\alpha^2}\,t + \cos\sqrt{\frac{2c'}{m}}\sqrt{2\cos^2\frac{\pi}{8}-\alpha^2}\,t \right) \Bigg],
\end{aligned}\right\} \quad (1307)$$

101. Die kettenartig gekoppelten linear gedämpften Längsschwingungen.

$$\frac{u_1}{u_a} = \frac{1}{4} + e^{-\sqrt{\frac{2c'}{m}}\alpha t} \cdot$$

$$\cdot \left[\frac{1}{4\sqrt{2}} \left(\frac{\alpha}{\sqrt{2\sin^2\frac{\pi}{8} - \alpha^2}} \sin\sqrt{\frac{2c'}{m}}\sqrt{2\sin^2\frac{\pi}{8} - \alpha^2}\, t + \cos\sqrt{\frac{2c'}{m}}\sqrt{2\sin^2\frac{\pi}{8} - \alpha^2}\, t \right) - \right.$$

$$- \frac{1}{4}\left(\frac{\alpha}{\sqrt{1-\alpha^2}} \sin\sqrt{\frac{2c'}{m}}\sqrt{1-\alpha^2}\, t + \cos\sqrt{\frac{2c'}{m}}\sqrt{1-\alpha^2}\, t \right) -$$

$$\left. - \frac{1}{4\sqrt{2}} \left(\frac{\alpha}{\sqrt{2\cos^2\frac{\pi}{8} - \alpha^2}} \sin\sqrt{\frac{2c'}{m}}\sqrt{2\cos^2\frac{\pi}{8} - \alpha^2}\, t + \cos\sqrt{\frac{2c'}{m}}\sqrt{2\cos^2\frac{\pi}{8} - \alpha^2}\, t \right) \right],$$

$$\frac{u_2}{u_a} = \frac{1}{4} + e^{-\sqrt{\frac{2c'}{m}}\alpha t} \cdot$$

$$\cdot \left[-\frac{1}{4\sqrt{2}} \left(\frac{\alpha}{\sqrt{2\sin^2\frac{\pi}{8} - \alpha^2}} \sin\sqrt{\frac{2c'}{m}}\sqrt{2\sin^2\frac{\pi}{8} - \alpha^2}\, t + \cos\sqrt{\frac{2c'}{m}}\sqrt{2\sin^2\frac{\pi}{8} - \alpha^2}\, t \right) - \right.$$

$$- \frac{1}{4}\left(\frac{\alpha}{\sqrt{1-\alpha^2}} \sin\sqrt{\frac{2c'}{m}}\sqrt{1-\alpha^2}\, t + \cos\sqrt{\frac{2c'}{m}}\sqrt{1-\alpha^2}\, t \right) +$$

$$\left. + \frac{1}{4\sqrt{2}} \left(\frac{\alpha}{\sqrt{2\cos^2\frac{\pi}{8} - \alpha^2}} \sin\sqrt{\frac{2c'}{m}}\sqrt{2\cos^2\frac{\pi}{8} - \alpha^2}\, t + \cos\sqrt{\frac{2c'}{m}}\sqrt{2\cos^2\frac{\pi}{8} - \alpha^2}\, t \right) \right],$$

$$\frac{u_3}{u_a} = \frac{1}{4} + e^{-\sqrt{\frac{2c'}{m}}\alpha t} \cdot$$

$$\cdot \left[-\frac{1}{2}\cos^2\frac{\pi}{8} \left(\frac{\alpha}{\sqrt{2\sin^2\frac{\pi}{8} - \alpha^2}} \sin\sqrt{\frac{2c'}{m}}\sqrt{2\sin^2\frac{\pi}{8} - \alpha^2}\, t + \cos\sqrt{\frac{2c'}{m}}\sqrt{2\sin^2\frac{\pi}{8} - \alpha^2}\, t \right) + \right.$$

$$+ \frac{1}{4}\left(\frac{\alpha}{\sqrt{1-\alpha^2}} \sin\sqrt{\frac{2c'}{m}}\sqrt{1-\alpha^2}\, t + \cos\sqrt{\frac{2c'}{m}}\sqrt{1-\alpha^2}\, t \right) -$$

$$\left. - \frac{1}{2}\sin^2\frac{\pi}{8} \left(\frac{\alpha}{\sqrt{2\cos^2\frac{\pi}{8} - \alpha^2}} \sin\sqrt{\frac{2c'}{m}}\sqrt{2\cos^2\frac{\pi}{8} - \alpha^2}\, t + \cos\sqrt{\frac{2c'}{m}}\sqrt{2\cos^2\frac{\pi}{8} - \alpha^2}\, t \right) \right].$$

$$\Bigg\} \quad (1307)$$

Aus den vorgegebenen Zahlenwerten

$$u_a = 4\,\text{mm}, \quad m = 0{,}010\,\text{kg cm}^{-1}\,\text{s}^2, \quad c' = 300\,\text{kg cm}^{-1}, \quad \alpha = 0{,}10$$

errechnet sich

$$u_0 = 1{,}000 + e^{-24{,}5\,t}\,[+ 0{,}321 \sin 130{,}0\,t + 1{,}708 \cos 130{,}0\,t + 0{,}100 \sin 243{,}0\,t +$$
$$+ \cos 243{,}0\,t + 0{,}022 \sin 319{,}0\,t + 0{,}292 \cos 319{,}0\,t],$$

$$u_1 = 1{,}000 + e^{-24{,}5\,t}\,[+ 0{,}133 \sin 130{,}0\,t + 0{,}708 \cos 130{,}0\,t - 0{,}100 \sin 243{,}0\,t -$$
$$- \cos 243{,}0\,t - 0{,}054 \sin 319{,}0\,t - 0{,}708 \cos 319{,}0\,t],$$

$$u_2 = 1{,}000 + e^{-24{,}5\,t}\,[- 0{,}133 \sin 130{,}0\,t - 0{,}708 \cos 130{,}0\,t - 0{,}100 \sin 243{,}0\,t -$$
$$- \cos 243{,}0\,t + 0{,}054 \sin 319{,}0\,t + 0{,}708 \cos 319{,}0\,t],$$

$$u_3 = 1{,}000 + e^{-24{,}5\,t}\,[- 0{,}321 \sin 130{,}0\,t - 1{,}708 \cos 130{,}0\,t + 0{,}100 \sin 243{,}0\,t +$$
$$+ \cos 243{,}0\,t - 0{,}022 \sin 319{,}0\,t - 0{,}292 \cos 319{,}0\,t].$$

Es ist für die Zahlenrechnung bequemer, wenn die trigonometrischen Funktionen vom gleichen Argument unter Einführung eines Phasenwinkels zusammengefaßt werden. Man erhält

$$0{,}321 \sin 130\,t + 1{,}708 \cos 130\,t = 1{,}738 \cos (130\,t - 0{,}186)\,,$$

$$0{,}133 \sin 130\,t + 0{,}708 \cos 130\,t = 0{,}722 \cos (130\,t - 0{,}186)\,,$$

$$0{,}100 \sin 243\,t + 1{,}000 \cos 243\,t = 1{,}005 \cos (243\,t - 0{,}100)\,,$$

$$0{,}022 \sin 319\,t + 0{,}292 \cos 319\,t = 0{,}293 \cos (319\,t - 0{,}076)\,,$$

$$0{,}054 \sin 319\,t + 0{,}708 \cos 319\,t = 0{,}711 \cos (319\,t - 0{,}076)\,.$$

Damit lauten die Formeln für die Schwingungsausschläge

$u_0 = 1{,}000 + e^{-24{,}5\,t} \cdot$
$\cdot\,[1{,}738 \cos (130\,t - 0{,}186) + 1{,}005 \cos (243\,t - 0{,}100) + 0{,}293 \cos (319\,t - 0{,}076)]\,,$

$u_1 = 1{,}000 + e^{-24{,}5\,t} \cdot$
$\cdot\,[0{,}722 \cos (130\,t - 0{,}186) - 1{,}005 \cos (243\,t - 0{,}100) - 0{,}711 \cos (319\,t - 0{,}076)]\,,$

$u_2 = 1{,}000 + e^{-24{,}5\,t} \cdot$
$\cdot\,[-0{,}722 \cos (130\,t - 0{,}186) - 1{,}005 \cos (243\,t - 0{,}100) + 0{,}711 \cos (319\,t - 0{,}076)]\,,$

$u_3 = 1{,}000 + e^{-24{,}5\,t} \cdot$
$\cdot\,[-1{,}738 \cos (130\,t - 0{,}186) + 1{,}005 \cos (243\,t - 0{,}100) - 0{,}293 \cos (319\,t - 0{,}076)]\,.$

Nach diesen Formeln streben mit zunehmender Zeit die Schwingungsausschläge aller vier Massen asymptotisch dem Werte von 1 mm zu. Der Anfangsausschlag der Endmasse von 4 mm verteilt sich also im Endzustande gleichmäßig auf alle vier Massen. Bis zu einem t-Wert von 0,060 s ist der zahlenmäßige Rechnungsgang aus den nachfolgenden Zusammenstellungen ersichtlich.

t	①	②	③	④	⑤	⑥	⑦	⑧	⑨	⑩
	$130t-0{,}186$	$243t-0{,}100$	$319t-0{,}076$	cos (1)	cos (2)	cos (3)	$1{,}738\cos(1)$	$1{,}005\cos(2)$	$0{,}293\cos(3)$	⑦+⑨
0,000	−0,186	− 0,100	− 0,076	+0,9828	+0,9950	+0,9971	+1,7080	+1,0000	+0,2921	+2,0001
0,004	+0,334	+ 0,872	+ 1,200	+0,9447	+0,6433	+0,3624	+1,6420	+0,6465	+0,1062	+1,7482
0,008	+0,854	+ 1,844	+ 2,476	+0,6570	−0,2698	−0,7866	+1,1430	−0,2711	−0,2306	+0,9124
0,012	+1,374	+ 2,816	+ 3,752	+0,1955	−0,9475	−0,8194	+0,3405	−0,9522	−0,2400	+0,1005
0,016	+1,894	+ 3,788	+ 5,028	−0,3176	−0,7982	+0,3105	−0,5522	−0,8022	+0,0908	−0,4614
0,020	+2,414	+ 4,760	+ 6,304	−0,7468	+0,0476	+0,9998	−1,2990	+0,0478	+0,2929	−1,0061
0,024	+2,934	+ 5,732	+ 7,580	−0,9785	+0,8519	+0,2706	−1,7020	+0,8562	+0,0792	−1,6228
0,028	+3,454	+ 6,704	+ 8,856	−0,9515	+0,9128	−0,8425	−1,6540	+0,9174	−0,2469	−1,9009
0,032	+3,974	+ 7,676	+10,132	−0,6730	+0,1770	−0,7604	−1,1700	+0,1779	−0,2229	−1,3929
0,036	+4,494	+ 8,648	+11,408	−0,2165	−0,7132	+0,4012	−0,3768	−0,7168	+0,1174	−0,2594
0,040	+5,014	+ 9,620	+12,684	+0,2970	−0,9810	+0,9930	+0,5165	−0,9859	+0,2908	+0,8073
0,044	+5,534	+10,592	+13,960	+0,7322	−0,3923	+0,1756	+1,2720	−0,3943	+0,0514	+1,3234
0,048	+6,054	+11,564	+15,236	+0,9738	+0,5374	−0,8910	+1,6930	+0,5401	−0,2611	+1,4319
0,052	+6,574	+12,536	+16,512	+0,9550	+0,9995	−0,6941	+1,6600	+1,0005	−0,2034	+1,4566
0,056	+7,094	+13,508	+17,788	+0,6889	+0,5870	+0,4871	+1,1975	+0,5899	+0,1427	+1,3402
0,060	+7,614	+14,480	+19,064	+0,2377	−0,3358	+0,9772	+0,4130	−0,3375	+0,2861	+0,6991

101. Die kettenartig gekoppelten linear gedämpften Längsschwingungen.

t	⑪ $⑧+⑩$	⑫ $⑧-⑩$	⑬ $0{,}722\cos(1)$	⑭ $0{,}711\cos(3)$	⑮ $⑬-⑭$	⑯ $⑮-⑧$	⑰ $-⑮-⑧$	⑱ $24{,}5\,t$	⑲ $e^{-24{,}5t}$
0,000	+3,0001	−1,0001	+0,7080	+0,7080	+0,0000	−1,0000	−1,0000	0,000	1,0000
0,004	+2,3947	−1,1017	+0,6815	+0,2576	+0,4239	−0,2226	−1,0704	0,098	0,9066
0,008	+0,6413	−1,1835	+0,4738	−0,5586	+1,0324	+1,3035	−0,7613	0,196	0,8220
0,012	−0,8517	−1,0527	+0,1411	−0,5828	+0,7239	+1,6761	+0,2283	0,294	0,7453
0,016	−1,2636	−0,3408	−0,2292	+0,2207	−0,4499	+0,3523	+1,2521	0,392	0,6757
0,020	−0,9583	+1,0539	−0,5388	+0,7108	−1,2496	−1,2974	+1,2018	0,490	0,6126
0,024	−0,7666	+2,4790	−0,7070	+0,1924	−0,8994	−1,7556	+0,0432	0,588	0,5554
0,028	−0,9835	+2,8183	−0,6872	−0,5985	−0,0887	−1,0061	−0,8287	0,686	0,5036
0,032	−1,2150	+1,5708	−0,4862	−0,5410	+0,0548	−0,1231	−0,2327	0,784	0,4566
0,036	−0,9762	−0,4574	−0,1562	+0,2851	−0,4413	+0,2755	+1,1581	0,882	0,4140
0,040	−0,1786	−1,7932	+0,2143	+0,7065	−0,4922	+0,4937	+1,4781	0,980	0,3753
0,044	+0,9291	−1,7177	+0,5278	+0,1247	+0,4031	+0,7974	−0,0088	1,078	0,3403
0,048	+1,9720	−0,8918	+0,7028	−0,6332	+1,3360	+0,7959	−1,8761	1,176	0,3085
0,052	+2,4571	−0,4561	+0,6892	−0,4930	+1,1822	+0,1817	−2,1827	1,274	0,2797
0,056	+1,9301	−0,7503	+0,4975	+0,3461	+0,1514	−0,4385	−0,7413	1,372	0,2536
0,060	+0,3616	−1,0366	+0,1714	+0,6950	−0,5236	−0,1861	+0,8611	1,470	0,2299

t	⑳ $(11)\cdot(19)$	㉑ $(16)\cdot(19)$	㉒ $(17)\cdot(19)$	㉓ $(12)\cdot(19)$	㉔ u_0	㉕ u_1	㉖ u_2	㉗ u_3
0,000	+3,000	−1,000	−1,000	−1,000	+4,000	+0,000	+0,000	+0,000
0,004	+2,171	−0,202	−0,970	−0,998	+3,171	+0,798	+0,030	+0,002
0,008	+0,527	+1,070	−0,625	−0,972	+1,527	+2,070	+0,375	+0,028
0,012	−0,635	+1,250	+0,170	−0,785	+0,365	+2,250	+1,170	+0,215
0,016	−0,853	+0,238	+0,845	−0,230	+0,147	+1,238	+1,845	+0,770
0,020	−0,587	−0,795	+0,737	+0,646	+0,413	+0,205	+1,737	+1,646
0,024	−0,426	−0,975	+0,024	+1,376	+0,574	+0,025	+1,024	+2,376
0,028	−0,496	−0,507	−0,418	+1,420	+0,504	+0,493	+0,582	+2,420
0,032	−0,555	−0,056	−0,106	+0,718	+0,445	+0,944	+0,894	+1,718
0,036	−0,404	+0,114	+0,479	−0,190	+0,596	+1,114	+1,479	+0,810
0,040	−0,067	+0,185	+0,555	−0,673	+0,933	+1,185	+1,555	+0,327
0,044	+0,316	+0,271	−0,003	−0,584	+1,316	+1,271	+0,997	+0,416
0,048	+0,608	+0,246	−0,578	−0,275	+1,608	+1,246	+0,422	+0,725
0,052	+0,687	+0,051	−0,611	−0,128	+1,687	+1,051	+0,389	+0,872
0,056	+0,490	−0,111	−0,188	−0,190	+1,490	+0,889	+0,812	+0,810
0,060	+0,083	−0,043	+0,198	−0,239	+1,083	+0,957	+1,198	+0,761

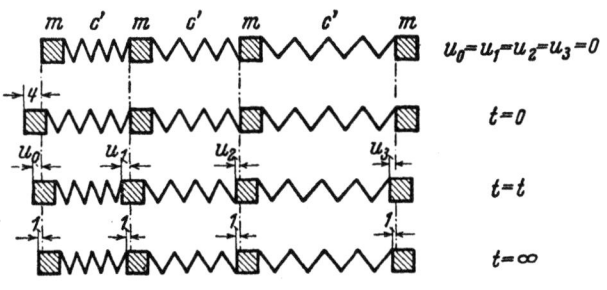

Abb. 327a.

In Abb. 327 ist das Ergebnis der zahlenmäßigen Durchrechnung aufgetragen worden. Die gestrichelten Kurven entsprechen der ungedämpften Schwingung und sind von Abb. 280 übernommen worden. Wenn man von der exponentiellen Abminderung der Ausschläge absieht, erscheint der Kurvencharakter durch die Dämpfung wenig verändert. Die Einpendelung der gedämpften Ausschläge in den Asymptotenwert von 1 mm kommt trotz der Kürze des durchgerechneten Zeitintervalles bereits deutlich zum Ausdruck.

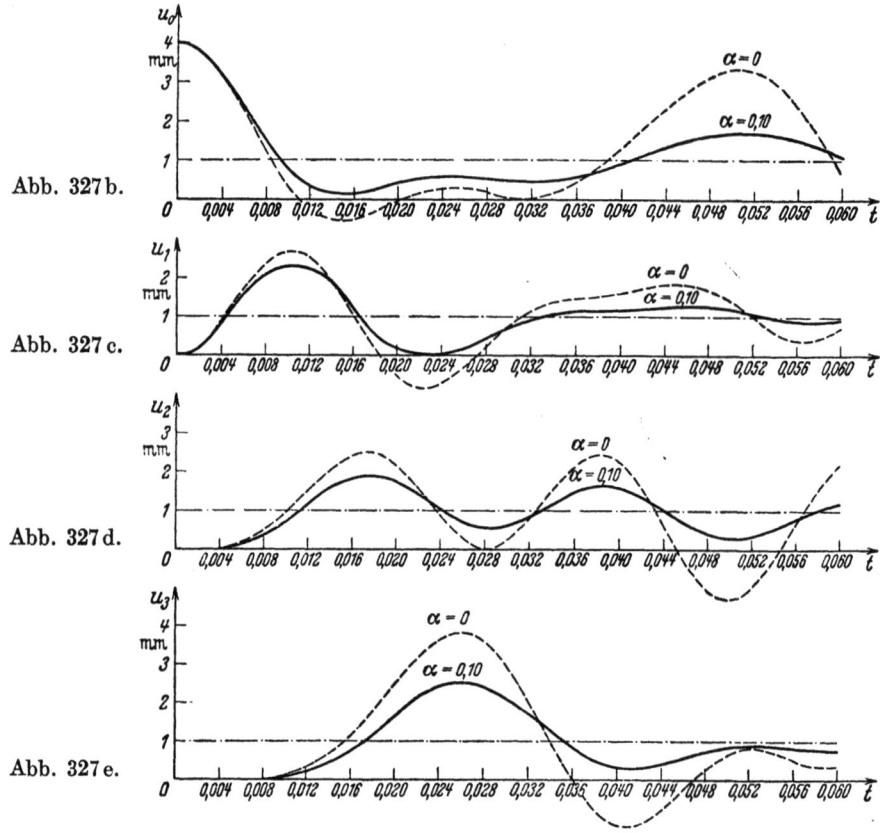

Abb. 327 b.

Abb. 327 c.

Abb. 327 d.

Abb. 327 e.

102. Die linear gedämpften Schwingungen bei linear ansteigender Amplitude einer periodischen Erregerkraft.

In Beispiel 49 war der linear gedämpfte Einschwingvorgang beim sprunghaften Anlauf einer Maschine untersucht worden. Nach Abb. 321 und 322 entstanden dabei beträchtliche Schwingungsausschläge während der Einschwingperiode. Es soll hier nun untersucht werden, wie sich die Schwingungsverhältnisse beim sprunghaften Anlauf gestalten, wenn die Amplitude der Erregerkraft dabei linear von null bis auf ihren Höchstwert ansteigt.

Werden die Betrachtungen auf ein Einmassensystem beschränkt, so ist in der Ausgangsgleichung (1200) bei linearer Amplitudenzunahme

$$\mathfrak{P}(t) = t \left[\sum_1^\infty \mathfrak{a}_{\bar{n}} \sin \bar{n} \omega t + \sum_1^\infty \mathfrak{b}_{\bar{n}} \cos \bar{n} \omega t + \mathfrak{b}_0 \right] \qquad (1308)$$

102. Die linear gedämpften Schwingungen bei linear ansteigender Amplitude.

zu setzen. Damit tritt an Stelle von (1202) die Differentialgleichung

$$\frac{d^2\mathfrak{u}}{dt^2} + 2\alpha\omega_e \frac{d\mathfrak{u}}{dt} + \omega_e^2 \mathfrak{u} = t\left[\sum_1^\infty \frac{a_{\overline{n}}}{m}\sin\overline{n}\omega t + \sum_1^\infty \frac{b_{\overline{n}}}{m}\cos\overline{n}\omega t + \frac{b_0}{m}\right]. \tag{1309}$$

Die homogene Lösung von (1309) ist durch (1206) bzw. (1220) bzw. (1222) gegeben. Es braucht daher nur noch ein Partikularintegral der inhomogenen Differentialgleichung entwickelt zu werden. Hierfür genügt es, unter Heranziehung des Prinzips der Superposition, ein Partikularintegral der Differentialgleichung

$$\frac{d^2\mathfrak{u}}{dt^2} + 2\alpha\omega_e \frac{d\mathfrak{u}}{dt} + \omega_e^2 \mathfrak{u} = \mathfrak{c}\, t \sin(\omega_n t + \beta_n) \tag{1310}$$

zu entwickeln. Macht man den Ansatz

$$\mathfrak{u} = \mathfrak{A}_1 t \sin(\omega_n t + \beta_n) + \mathfrak{A}_2 t \cos(\omega_n t + \beta_n) + \mathfrak{A}_3 \sin(\omega_n t + \beta_n) + \mathfrak{A}_4 \cos(\omega_n t + \beta_n)$$

und geht man damit in die Differentialgleichung hinein, so ergibt sich nach entsprechender Ordnung

$$[\mathfrak{A}_1(\omega_e^2 - \omega_n^2) - \mathfrak{A}_2 \cdot 2\alpha\omega_e\omega_n]\, t\sin(\omega_n t + \beta_n) +$$
$$+ [\mathfrak{A}_1 \cdot 2\alpha\omega_e\omega_n + \mathfrak{A}_2(\omega_e^2 - \omega_n^2)]\, t\cos(\omega_n t + \beta_n) +$$
$$+ [\mathfrak{A}_1 \cdot 2\alpha\omega_e - \mathfrak{A}_2 \cdot 2\omega_n + \mathfrak{A}_3(\omega_e^2 - \omega_n^2) - \mathfrak{A}_4 \cdot 2\alpha\omega_e\omega_n]\sin(\omega_n t + \beta_n) +$$
$$+ [\mathfrak{A}_1 \cdot 2\omega_n + \mathfrak{A}_2 \cdot 2\alpha\omega_e + \mathfrak{A}_3 \cdot 2\alpha\omega_e\omega_n + \mathfrak{A}_4(\omega_e^2 - \omega_n^2)]\cos(\omega_n t + \beta_n) \equiv$$
$$\equiv \mathfrak{c}\, t \sin(\omega_n t + \beta_n)\,.$$

Der Identitätsvergleich liefert die Bedingungsgleichungen

$$\left.\begin{aligned}
\mathfrak{A}_1(\omega_e^2 - \omega_n^2) - \mathfrak{A}_2 \cdot 2\alpha\omega_e\omega_n &= \mathfrak{c}\,, \\
\mathfrak{A}_1 \cdot 2\alpha\omega_e\omega_n + \mathfrak{A}_2(\omega_e^2 - \omega_n^2) &= 0\,, \\
\mathfrak{A}_1 \cdot 2\alpha\omega_e - \mathfrak{A}_2 \cdot 2\omega_n + \mathfrak{A}_3(\omega_e^2 - \omega_n^2) - \mathfrak{A}_4 \cdot 2\alpha\omega_e\omega_n &= 0\,, \\
\mathfrak{A}_1 \cdot 2\omega_n + \mathfrak{A}_2 \cdot 2\alpha\omega_e + \mathfrak{A}_3 \cdot 2\alpha\omega_e\omega_n + \mathfrak{A}_4(\omega_e^2 - \omega_n^2) &= 0\,.
\end{aligned}\right\}$$

Die Auflösung ergibt

$$\mathfrak{A}_1 = \frac{\omega_e^2 - \omega_n^2}{(\omega_e^2 - \omega_n^2)^2 + 4\alpha^2\omega_e^2\omega_n^2}\,\mathfrak{c}\,, \qquad \mathfrak{A}_2 = \frac{-2\alpha\omega_e\omega_n}{(\omega_e^2 - \omega_n^2)^2 + 4\alpha^2\omega_e^2\omega_n^2}\,\mathfrak{c}\,,$$

$$\mathfrak{A}_3 = -2\alpha\omega_e\frac{(\omega_e^2 - \omega_n^2)^2 + 4\omega_n^2(\omega_e^2 - \omega_n^2) - 4\alpha^2\omega_e^2\omega_n^2}{[(\omega_e^2 - \omega_n^2)^2 + 4\alpha^2\omega_e^2\omega_n^2]^2}\,\mathfrak{c}\,,$$

$$\mathfrak{A}_4 = -2\omega_n\frac{(\omega_e^2 - \omega_n^2)^2 - 4\alpha^2\omega_e^2(\omega_e^2 - \omega_n^2) - 4\alpha^2\omega_e^2\omega_n^2}{[(\omega_e^2 - \omega_n^2)^2 + 4\alpha^2\omega_e^2\omega_n^2]^2}\,\mathfrak{c}\,.$$

Bei Einführung dieser Werte für die Konstanten folgt

$$\mathfrak{u} = \mathfrak{c}\left[\frac{t\left((\omega_e^2 - \omega_n^2)\sin(\omega_n t + \beta_n) - 2\alpha\omega_e\omega_n\cos(\omega_n t + \beta_n)\right)}{(\omega_e^2 - \omega_n^2)^2 + 4\alpha^2\omega_e^2\omega_n^2} - \right.$$
$$\left. - \frac{2\alpha\omega_e[(\omega_e^2 - \omega_n^2)^2 + 4\omega_n^2(\omega_e^2 - \omega_n^2) - 4\alpha^2\omega_e^2\omega_n^2]\sin(\omega_n t + \beta_n)}{[(\omega_e^2 - \omega_n^2)^2 + 4\alpha^2\omega_e^2\omega_n^2]^2} - \right.$$
$$\left. - \frac{2\omega_n[(\omega_e^2 - \omega_n^2)^2 - 4\alpha^2\omega_e^2(\omega_e^2 - \omega_n^2) - 4\alpha^2\omega_e^2\omega_n^2]\cos(\omega_n t + \beta_n)}{[(\omega_e^2 - \omega_n^2)^2 + 4\alpha^2\omega_e^2\omega_n^2]^2}\right]. \tag{1311}$$

Der punktförmig idealisierte Körperhaufen.

Wird in (1310) und (1311)

$$\beta_n = 0, \quad \mathfrak{c} = \frac{\mathfrak{a}_{\bar{n}}}{m}, \quad \omega_n = \bar{n}\,\omega$$

gesetzt, so erhält man die Teillösung für die sin-Glieder von (1309). Für

$$\beta_n = \frac{\pi}{2}, \quad \mathfrak{c} = \frac{\mathfrak{b}_{\bar{n}}}{m}, \quad \omega_n = \bar{n}\,\omega$$

folgt die entsprechende Teillösung für die cos-Glieder. Wird im letzteren Falle $\bar{n} = 0$ gesetzt, ergibt sich die Teillösung für das $\mathfrak{b}_0$-Glied. Durch Überlagerung der Teillösungen nach dem Superpositionsprinzip folgt zusammen mit der homogenen Lösung

$$\begin{aligned}
\mathfrak{u} = \sum_1^\infty {}_{\bar{n}} & \left[\frac{\mathfrak{a}_{\bar{n}}(\omega_e^2 - \bar{n}^2\omega^2) + \mathfrak{b}_{\bar{n}} \cdot 2\alpha\,\bar{n}\,\omega_e\,\omega}{m[(\omega_e^2 - \bar{n}^2\omega^2)^2 + 4\alpha^2\bar{n}^2\omega_e^2\omega^2]} t \sin \bar{n}\,\omega\,t + \right. \\
& + \frac{-\mathfrak{a}_{\bar{n}} \cdot 2\alpha\,\bar{n}\,\omega_e\,\omega + \mathfrak{b}_{\bar{n}}(\omega_e^2 - \bar{n}^2\omega^2)}{m[(\omega_e^2 - \bar{n}^2\omega^2)^2 + 4\alpha^2\bar{n}^2\omega_e^2\omega^2]} t \cos \bar{n}\,\omega\,t - \\
& - \left(\frac{\mathfrak{a}_{\bar{n}} \cdot 2\alpha\,\omega_e[(\omega_e^2 - \bar{n}^2\omega^2)^2 + 4\bar{n}^2\omega^2(\omega_e^2 - \bar{n}^2\omega^2) - 4\alpha^2\bar{n}^2\omega_e^2\omega^2]}{m[(\omega_e^2 - \bar{n}^2\omega^2)^2 + 4\alpha^2\bar{n}^2\omega_e^2\omega^2]^2} \right. \\
& \quad \left. - \frac{\mathfrak{b}_{\bar{n}} \cdot 2\bar{n}\,\omega\,[(\omega_e^2 - \bar{n}^2\omega^2)^2 - 4\alpha^2\omega_e^2(\omega_e^2 - \bar{n}^2\omega^2) - 4\alpha^2\bar{n}^2\omega_e^2\omega^2]}{m[(\omega_e^2 - \bar{n}^2\omega^2)^2 + 4\alpha^2\bar{n}^2\omega_e^2\omega^2]^2} \right) \sin \bar{n}\,\omega\,t - \\
& - \left(\frac{\mathfrak{a}_{\bar{n}} \cdot 2\bar{n}\,\omega\,[(\omega_e^2 - \bar{n}^2\omega^2)^2 - 4\alpha^2\omega_e^2(\omega_e^2 - \bar{n}^2\omega^2) - 4\alpha^2\bar{n}^2\omega_e^2\omega^2]}{m[(\omega_e^2 - \bar{n}^2\omega^2)^2 + 4\alpha^2\bar{n}^2\omega_e^2\omega^2]^2} + \right. \\
& \quad \left. + \frac{\mathfrak{b}_{\bar{n}} \cdot 2\alpha\,\omega_e[(\omega_e^2 - \bar{n}^2\omega^2)^2 + 4\bar{n}^2\omega^2(\omega_e^2 - \bar{n}^2\omega^2) - 4\alpha^2\bar{n}^2\omega_e^2\omega^2]}{m[(\omega_e^2 - \bar{n}^2\omega^2)^2 + 4\alpha^2\bar{n}^2\omega_e^2\omega^2]^2} \right) \cos \bar{n}\,\omega\,t \bigg] + \\
& + \frac{\mathfrak{b}_0}{m\,\omega_e^3}(t\,\omega_e - 2\alpha) + \mathfrak{C}_1 e^{-\omega_e\alpha t} \cos \omega_e \sqrt{1-\alpha^2}\,t + \mathfrak{C}_2 e^{-\omega_e\alpha t} \sin \omega_e \sqrt{1-\alpha^2}\,t.
\end{aligned} \quad (1312)$$

Die beiden letzten Glieder in (1312) stellen die homogene Teillösung dar. Für diese wurde die auf echte Schwingungen führende Form (1222) gewählt. Durch Differentiation von (1312) erhält man für die Geschwindigkeit

$$\begin{aligned}
\mathfrak{v} = \sum_1^\infty {}_{\bar{n}} & \left[\frac{\mathfrak{a}_{\bar{n}}(\omega_e^2 - \bar{n}^2\omega^2) + \mathfrak{b}_{\bar{n}} \cdot 2\alpha\,\bar{n}\,\omega_e\,\omega}{m[(\omega_e^2 - \bar{n}^2\omega^2)^2 + 4\alpha^2\bar{n}^2\omega_e^2\omega^2]} (\bar{n}\,\omega\,t \cos \bar{n}\,\omega\,t + \sin \bar{n}\,\omega\,t) + \right. \\
& + \frac{-\mathfrak{a}_{\bar{n}} \cdot 2\alpha\,\bar{n}\,\omega_e\,\omega + \mathfrak{b}_{\bar{n}}(\omega_e^2 - \bar{n}^2\omega^2)}{m[(\omega_e^2 - \bar{n}^2\omega^2)^2 + 4\alpha^2\bar{n}^2\omega_e^2\omega^2]} (-\bar{n}\,\omega\,t \sin \bar{n}\,\omega\,t + \cos \bar{n}\,\omega\,t) - \\
& - \left(\frac{\mathfrak{a}_{\bar{n}} \cdot 2\alpha\,\omega_e[(\omega_e^2 - \bar{n}^2\omega^2)^2 + 4\bar{n}^2\omega^2(\omega_e^2 - \bar{n}^2\omega^2) - 4\alpha^2\bar{n}^2\omega_e^2\omega^2]}{m[(\omega_e^2 - \bar{n}^2\omega^2)^2 + 4\alpha^2\bar{n}^2\omega_e^2\omega^2]^2} \right. \\
& \quad \left. - \frac{\mathfrak{b}_{\bar{n}} \cdot 2\bar{n}\,\omega\,[(\omega_e^2 - \bar{n}^2\omega^2)^2 - 4\alpha^2\omega_e^2(\omega_e^2 - \bar{n}^2\omega^2) - 4\alpha^2\bar{n}^2\omega_e^2\omega^2]}{m[(\omega_e^2 - \bar{n}^2\omega^2)^2 + 4\alpha^2\bar{n}^2\omega_e^2\omega^2]^2} \right) \bar{n}\,\omega \cos \bar{n}\,\omega\,t + \\
& + \left(\frac{\mathfrak{a}_{\bar{n}} \cdot 2\bar{n}\,\omega\,[(\omega_e^2 - \bar{n}^2\omega^2)^2 - 4\alpha^2\omega_e^2(\omega_e^2 - \bar{n}^2\omega^2) - 4\alpha^2\bar{n}^2\omega_e^2\omega^2]}{m[(\omega_e^2 - \bar{n}^2\omega^2)^2 + 4\alpha^2\bar{n}^2\omega_e^2\omega^2]^2} + \right. \\
& \quad \left. + \frac{\mathfrak{b}_{\bar{n}} \cdot 2\alpha\,\omega_e[(\omega_e^2 - \bar{n}^2\omega^2)^2 + 4\bar{n}^2\omega^2(\omega_e^2 - \bar{n}^2\omega^2) - 4\alpha^2\bar{n}^2\omega_e^2\omega^2]}{m[(\omega_e^2 - \bar{n}^2\omega^2)^2 + 4\alpha^2\bar{n}^2\omega_e^2\omega^2]^2} \right) \bar{n}\,\omega \sin \bar{n}\,\omega\,t \bigg] + \\
& + \frac{\mathfrak{b}_0}{m\,\omega_e^2} - \mathfrak{C}_1 \omega_e e^{-\omega_e\alpha t} \left(\alpha \cos \omega_e \sqrt{1-\alpha^2}\,t + \sqrt{1-\alpha^2} \sin \omega_e \sqrt{1-\alpha^2}\,t \right) - \\
& - \mathfrak{C}_2 \omega_e e^{-\omega_e\alpha t} \left(\alpha \sin \omega_e \sqrt{1-\alpha^2}\,t - \sqrt{1-\alpha^2} \cos \omega_e \sqrt{1-\alpha^2}\,t \right).
\end{aligned} \quad (1313)$$

102. Die linear gedämpften Schwingungen bei linear ansteigender Amplitude.

Nun soll zur Zeit $t = 0$ die Maschine in Anlauf gesetzt werden. Demgemäß ist für $t = 0 : \mathfrak{u} = 0$ und $\mathfrak{v} = 0$.

Für diese Wertepaare liefert (1312) und (1313)

$$\sum_{\bar{n}}^{\infty} \left[-\frac{\mathfrak{a}_{\bar{n}} \cdot 2\bar{n}\omega [(\omega_e^2 - \bar{n}^2\omega^2)^2 - 4\alpha^2\omega_e^2(\omega_e^2 - \bar{n}^2\omega^2) - 4\alpha^2\bar{n}^2\omega_e^2\omega^2]}{m[(\omega_e^2 - \bar{n}^2\omega^2)^2 + 4\alpha^2\bar{n}^2\omega_e^2\omega^2]^2} - \frac{\mathfrak{b}_{\bar{n}} \cdot 2\alpha\omega_e [(\omega_e^2 - \bar{n}^2\omega^2)^2 + 4\bar{n}^2\omega^2(\omega_e^2 - \bar{n}^2\omega^2) - 4\alpha^2\bar{n}^2\omega_e^2\omega^2]}{m[(\omega_e^2 - \bar{n}^2\omega^2)^2 + 4\alpha^2\bar{n}^2\omega_e^2\omega^2]^2} \right] -$$

$$- \frac{2\alpha}{m\omega_e^3}\mathfrak{b}_0 + \mathfrak{C}_1 = 0,$$

$$\sum_{\bar{n}}^{\infty} \left[-\frac{\mathfrak{a}_{\bar{n}} \cdot 2\alpha\omega_e [(\omega_e^2 - \bar{n}^2\omega^2) + 4\bar{n}^2\omega^2(\omega_e^2 - \bar{n}^2\omega^2) - 4\alpha^2\bar{n}^2\omega_e^2\omega^2]}{m[(\omega_e^2 - \bar{n}^2\omega^2)^2 + 4\alpha^2\bar{n}^2\omega_e^2\omega^2]^2}\bar{n}\omega + \right.$$

$$+ \frac{\mathfrak{b}_{\bar{n}} \cdot 2\bar{n}\omega [(\omega_e^2 - \bar{n}^2\omega^2)^2 - 4\alpha^2\omega_e^2(\omega_e^2 - \bar{n}^2\omega^2) - 4\alpha^2\bar{n}^2\omega_e^2\omega^2]}{m[(\omega_e^2 - \bar{n}^2\omega^2)^2 + 4\alpha^2\bar{n}^2\omega_e^2\omega^2]^2}\bar{n}\omega +$$

$$+ \left. \frac{-\mathfrak{a}_{\bar{n}} \cdot 2\alpha\bar{n}\omega_e\omega + \mathfrak{b}_{\bar{n}}(\omega_e^2 - \bar{n}^2\omega^2)}{m[(\omega_e^2 - \bar{n}^2\omega^2)^2 + 4\alpha^2\bar{n}^2\omega_e^2\omega^2]} \right] + \frac{\mathfrak{b}_0}{m\omega_e^2} - \mathfrak{C}_1\omega_e\alpha + \mathfrak{C}_2\omega_e\sqrt{1-\alpha^2} = 0.$$

Die Auflösung nach $\mathfrak{C}_1$ und $\mathfrak{C}_2$ ergibt

$$\mathfrak{C}_1 = \frac{2\alpha}{m\omega_e^3}\mathfrak{b}_0 + \sum_{\bar{n}}^{\infty} \left(\frac{\mathfrak{a}_{\bar{n}} \cdot 2\bar{n}\omega [(\omega_e^2 - \bar{n}^2\omega^2)^2 - 4\alpha^2\omega_e^2(\omega_e^2 - \bar{n}^2\omega^2) - 4\alpha^2\bar{n}^2\omega_e^2\omega^2]}{m[(\omega_e^2 - \bar{n}^2\omega^2)^2 + 4\alpha^2\bar{n}^2\omega_e^2\omega^2]^2} + \right.$$

$$+ \left. \frac{\mathfrak{b}_{\bar{n}} \cdot 2\alpha\omega_e [(\omega_e^2 - \bar{n}^2\omega^2)^2 + 4\bar{n}^2\omega^2(\omega_e^2 - \bar{n}^2\omega^2) - 4\alpha^2\bar{n}^2\omega_e^2\omega^2]}{m[(\omega_e^2 - \bar{n}^2\omega^2)^2 + 4\alpha^2\bar{n}^2\omega_e^2\omega^2]^2} \right),$$

$$\mathfrak{C}_2 = \frac{-(1-2\alpha^2)}{m\omega_e^3\sqrt{1-\alpha^2}}\mathfrak{b}_0 + \sum_{\bar{n}}^{\infty}\left[-\frac{-\mathfrak{a}_{\bar{n}} \cdot 2\bar{n}\omega_e\omega + \mathfrak{b}_{\bar{n}}(\omega_e^2 - \bar{n}^2\omega^2)}{m[(\omega_e^2 - \bar{n}^2\omega^2)^2 + 4\alpha^2\bar{n}^2\omega_e^2\omega^2]\omega_e\sqrt{1-\alpha^2}} + \right.$$

$$+ \frac{\mathfrak{a}_{\bar{n}} \cdot 2\bar{n}\omega [(\omega_e^2 - \bar{n}^2\omega^2)^2 - 4\alpha^2\omega_e^2(\omega_e^2 - \bar{n}^2\omega^2) - 4\alpha^2\bar{n}^2\omega_e^2\omega^2]}{m[(\omega_e^2 - \bar{n}^2\omega^2)^2 + 4\alpha^2\bar{n}^2\omega_e^2\omega^2]^2\sqrt{1-\alpha^2}}\alpha +$$

$$+ \frac{\mathfrak{b}_{\bar{n}} \cdot 2\alpha\omega_e [(\omega_e^2 - \bar{n}^2\omega^2)^2 + 4\bar{n}^2\omega^2(\omega_e^2 - \bar{n}^2\omega^2) - 4\alpha^2\bar{n}^2\omega_e^2\omega^2]}{m[(\omega_e^2 - \bar{n}^2\omega^2)^2 + 4\alpha^2\bar{n}^2\omega_e^2\omega^2]^2\sqrt{1-\alpha^2}}\alpha +$$

$$+ \frac{\mathfrak{a}_{\bar{n}} \cdot 2\alpha\omega_e [(\omega_e^2 - \bar{n}^2\omega^2)^2 + 4\bar{n}^2\omega^2(\omega_e^2 - \bar{n}^2\omega^2) - 4\alpha^2\bar{n}^2\omega_e^2\omega^2]}{m[(\omega_e^2 - \bar{n}^2\omega^2)^2 + 4\alpha^2\bar{n}^2\omega_e^2\omega^2]^2\omega_e\sqrt{1-\alpha^2}}\bar{n}\omega -$$

$$- \left. \frac{\mathfrak{b}_{\bar{n}} \cdot 2\bar{n}\omega [(\omega_e^2 - \bar{n}^2\omega^2)^2 - 4\alpha^2\omega_e^2(\omega_e^2 - \bar{n}^2\omega^2) - 4\alpha^2\bar{n}^2\omega_e^2\omega^2]}{m[(\omega_e^2 - \bar{n}^2\omega^2)^2 + 4\alpha^2\bar{n}^2\omega_e^2\omega^2]^2\omega_e\sqrt{1-\alpha^2}}\bar{n}\omega \right].$$

Bei Einführung dieser Konstantenwerte in (1312) folgt

$$\mathfrak{u} = \sum_{\bar{n}}^{\infty} \left[\frac{\mathfrak{a}_{\bar{n}}(\omega_e^2 - \bar{n}^2\omega^2) + \mathfrak{b}_{\bar{n}} \cdot 2\alpha\bar{n}\omega_e\omega}{m[(\omega_e^2 - \bar{n}^2\omega^2)^2 + 4\alpha^2\bar{n}^2\omega_e^2\omega^2]} t\sin\bar{n}\omega t + \right.$$

$$+ \frac{-\mathfrak{a}_{\bar{n}} \cdot 2\alpha\bar{n}\omega_e\omega + \mathfrak{b}_{\bar{n}}(\omega_e^2 - \bar{n}^2\omega^2)}{m[(\omega_e^2 - \bar{n}^2\omega^2)^2 + 4\alpha^2\bar{n}^2\omega_e^2\omega^2]} \left(t\cos\bar{n}\omega t - \frac{e^{-\omega_e\alpha t}\sin\omega_e\sqrt{1-\alpha^2}\,t}{\omega_e\sqrt{1-\alpha^2}} \right) -$$

$$- \left(\frac{\mathfrak{a}_{\bar{n}} \cdot 2\alpha\omega_e [(\omega_e^2 - \bar{n}^2\omega^2)^2 + 4\bar{n}^2\omega^2(\omega_e^2 - \bar{n}^2\omega^2) - 4\alpha^2\bar{n}^2\omega_e^2\omega^2]}{m[(\omega_e^2 - \bar{n}^2\omega^2)^2 + 4\alpha^2\bar{n}^2\omega_e^2\omega^2]^2} - \right.$$

$$- \left.\left. \frac{\mathfrak{b}_{\bar{n}} \cdot 2\bar{n}\omega [(\omega_e^2 - \bar{n}^2\omega^2)^2 - 4\alpha^2\omega_e^2(\omega_e^2 - \bar{n}^2\omega^2) - 4\alpha^2\bar{n}^2\omega_e^2\omega^2]}{m[(\omega_e^2 - \bar{n}^2\omega^2)^2 + 4\alpha^2\bar{n}^2\omega_e^2\omega^2]^2} \right) \right]. \quad (1314)$$

$$\left.\begin{aligned}
&\cdot\left(\sin \bar{n}\,\omega\,t - \frac{e^{-\omega_e \alpha t}\sin \omega_e\sqrt{1-\alpha^2}\,t}{\omega_e\sqrt{1-\alpha^2}}\,\bar{n}\,\omega\right)- \\
&-\left(\frac{a_{\bar{n}}\cdot 2\,n\,\omega\,[(\omega_e^2-\bar{n}^2\,\omega^2)^2-4\,\alpha^2\,\omega_e^2(\omega_e^2-\bar{n}^2\,\omega^2)-4\,\alpha^2\,\bar{n}^2\,\omega_e^2\,\omega^2]}{m\,[(\omega_e^2-\bar{n}^2\,\omega^2)^2+4\,\alpha^2\,\bar{n}^2\,\omega_e^2\,\omega^2]^2}+\right.\\
&\left.+\frac{b_{\bar{n}}\cdot 2\,\alpha\,\omega_e\,[(\omega_e^2-\bar{n}^2\,\omega^2)^2+4\,\bar{n}^2\,\omega^2\,(\omega_e^2-\bar{n}^2\,\omega^2)-4\,\alpha^2\,\bar{n}^2\,\omega_e^2\,\omega^2]}{m\,[(\omega_e^2-\bar{n}^2\,\omega^2)^2+4\,\alpha^2\,\bar{n}^2\,\omega_e^2\,\omega^2]^2}\right)\left(\cos \bar{n}\,\omega\,t - \right.\\
&\left.- e^{-\omega_e\alpha t}\cos \omega_e\sqrt{1-\alpha^2}\,t - \frac{\alpha}{\sqrt{1-\alpha^2}}\,e^{-\omega_e\alpha t}\sin \omega_e\sqrt{1-\alpha^2}\,t\right)\right]+\\
&+\frac{b_0}{m\,\omega_e^3}\left(t\,\omega_e - 2\,\alpha + 2\,\alpha\,e^{-\omega_e\alpha t}\cos \omega_e\sqrt{1-\alpha^2}\,t - \frac{1-2\,\alpha^2}{\sqrt{1-\alpha^2}}\,e^{-\omega_e\alpha t}\sin \omega_e\sqrt{1-\alpha^2}\,t\right).
\end{aligned}\right\} \quad (1314)$$

Beispiel 51. Eine Zwillings-Schwingungserregermaschine gemäß Abb. 328, bei welcher die in den gegenläufig rotierenden Scheiben liegenden Einzelmassen m_0 gemäß

$$r_0 = r_{\max}\frac{t}{t_a}$$

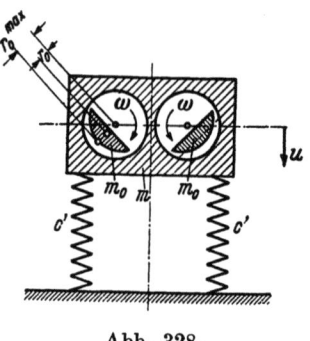

Abb. 328.

radial bewegt werden, wirkt auf eine federnd abgestützte Masse m. Wie gestalten sich die Schwingungsausschläge im Resonanzzustande bei linearer Dämpfung der Masse m, wenn

$$m_0 = 0{,}025\,\mathrm{kg\,cm^{-1}\,s^2}\,,\qquad r_0^{\max} = 30\,\mathrm{cm}\,,$$
$$t_a = 4{,}0\,\mathrm{s}\,,\qquad m = 0{,}5\,\mathrm{kg\,cm^{-1}\,s^2}\,,$$
$$c = 2\,c' = 25\,\mathrm{kg\,cm^{-1}}$$

und der Dämpfungsbeiwert $\alpha = 0{,}10$ ist?

Nach den Ausführungen in Beispiel 48 und nach Abb. 315 lautet im vorliegenden Falle die Erregerkraft

$$P(t) = 2\,m_0\,r_0\,\omega^2 \sin \omega\,t\,.$$

Nun ist r_0 hier nicht konstant, sondern gemäß

$$r_0 = r_{\max}\frac{t}{t_a}$$

vorgegeben, womit sich die Erregerkraft in der Form

$$P(t) = 2\,m_0\,\frac{r_{\max}}{t_a}\,\omega^2\,t\,\sin \omega\,t \qquad (t \leq t_a) \tag{1315}$$

ergibt. Vergleicht man (1315) mit der hier skalar zu denkenden Gl. (1308), so folgt

$$a_1 = 2\,m_0\,\frac{r_{\max}}{t_a}\,\omega^2\,,\qquad a_2 = a_3 = \cdots = b_0 = b_1 = b_2 = \cdots = 0\,.$$

Ferner ist, da nach den Schwingungsausschlägen im Resonanzzustande gefragt ist,

$$\omega = \omega_e\,.$$

102. Die linear gedämpften Schwingungen bei linear ansteigender Amplitude.

Werden diese Werte in die skalar zu denkende Gl. (1314) eingeführt, so erhält man

$$u = -\frac{a_1}{2\alpha\omega_e^2 m}\left(t\cos\omega_e t - \frac{e^{-\omega_e\alpha t}\sin\omega_e\sqrt{1-\alpha^2}\,t}{\omega_e\sqrt{1-\alpha^2}}\right) + \frac{a_1}{2\alpha\omega_e^3 m}\left(\sin\omega_e t - \frac{e^{-\omega_e\alpha t}\sin\omega_e\sqrt{1-\alpha^2}\,t}{\sqrt{1-\alpha^2}}\right) +$$

$$+\frac{a_1}{2\alpha^2\omega_e^3 m}\left(\cos\omega_e t - e^{-\omega_e\alpha t}\cos\omega_e\sqrt{1-\alpha^2}\,t - \frac{\alpha}{\sqrt{1-\alpha^2}}e^{-\omega_e\alpha t}\sin\omega_e\sqrt{1-\alpha^2}\,t\right)$$

oder bei entsprechender Zusammenfassung und nach Einsetzung von a_1

$$u = \frac{m_0}{m}\frac{r_{\max}}{\alpha^2\omega_e t_a}\left[(1-\alpha\omega_e t)\cos\omega_e t + \alpha\sin\omega_e t - \frac{e^{-\omega_e\alpha t}}{\sqrt{1-\alpha^2}}\cos\left(\omega_e\sqrt{1-\alpha^2}\,t - \arcsin\alpha\right)\right] \quad (t\leq t_a). \quad (1316)$$

Durch Differentiation nach t folgt hieraus die Geschwindigkeit

$$v = \frac{m_0}{m}\frac{r_{\max}}{\alpha^2 t_a}\left[-(1-\alpha\omega_e t)\sin\omega_e t + \frac{e^{-\omega_e\alpha t}}{\sqrt{1-\alpha^2}}\sin\omega_e\sqrt{1-\alpha^2}\,t\right]. \quad (1317)$$

Die Gln (1316) und (1317) gelten solange, bis die Einzelmassen in den rotierenden Scheiben anliegen, d. h. für $0\leq t\leq t_a$. Für den Grenzwert $t=t_a$ ergibt sich

$$\left.\begin{aligned}u_a &= \frac{m_0}{m}\frac{r_{\max}}{\alpha^2\omega_e t_a}\left[(1-\alpha\omega_e t_a)\cos\omega_e t_a + \alpha\sin\omega_e t_a - \frac{e^{-\omega_e\alpha t_a}}{\sqrt{1-\alpha^2}}\cos\left(\omega_e\sqrt{1-\alpha^2}\,t_a - \arcsin\alpha\right)\right], \\ v_a &= \frac{m_0}{m}\frac{r_{\max}}{\alpha^2 t_a}\left[-(1-\alpha\omega_e t_a)\sin\omega_e t_a + \frac{e^{-\omega_e\alpha t_a}}{\sqrt{1-\alpha^2}}\sin\omega_e\sqrt{1-\alpha^2}\,t_a\right] \quad (t=t_a)\end{aligned}\right\} \quad (1318)$$

Für $t > t_a$ ist die Erregerkraft

$$P(t) = 2 m_0 r_{\max}\omega^2 \sin\omega t \quad (t > t_a) \quad (1319)$$

und fällt damit in den Anwendungsbereich von Ziffer 98. Der Vergleich von (1319) mit der skalar zu denkenden Gl. (1201) liefert

$$a_1 = 2 m_0 r_{\max}\omega^2, \quad a_2 = a_3 = \cdots = b_0 = b_1 = b_2 = \cdots = 0.$$

Damit bleibt in (1213), wenn die homogene Lösung in der Form (1222) eingeführt und die Vektoren durch skalare Größen ersetzt werden, und wenn ferner der Aufgabestellung gemäß

$$\omega^2 = \omega_e^2$$

gesetzt wird, nur das erste Summenglied und zwar mit $\alpha_1 = \pi/2$ übrig und man erhält

$$u = C_1 e^{-\omega_e\alpha t}\cos\omega_e\sqrt{1-\alpha^2}\,t + C_2 e^{-\omega_e\alpha t}\sin\omega_e\sqrt{1-\alpha^2}\,t - \frac{a_1}{2\alpha\omega_e^2 m}\cos\omega_e t,$$

oder nach Einführung von a_1 für $\omega^2 = \omega_e^2$

$$u = C_1 e^{-\omega_e\alpha t}\cos\omega_e\sqrt{1-\alpha^2}\,t + C_2 e^{-\omega_e\alpha t}\sin\omega_e\sqrt{1-\alpha^2}\,t - \frac{m_0}{m}\frac{r_{\max}}{\alpha}\cos\omega_e t \quad (t\geq t_a). \quad (1320)$$

Hieraus folgt die Geschwindigkeit

$$v = -C_1\omega_e e^{-\omega_e\alpha t}\left(\alpha\cos\omega_e\sqrt{1-\alpha^2}\,t + \sqrt{1-\alpha^2}\sin\omega_e\sqrt{1-\alpha^2}\,t\right) -$$

$$- C_2\omega_e e^{-\omega_e\alpha t}\left(\alpha\sin\omega_e\sqrt{1-\alpha^2}\,t - \sqrt{1-\alpha^2}\cos\omega_e\sqrt{1-\alpha^2}\,t\right) + \frac{m_0}{m}\frac{r_{\max}}{\alpha}\omega_e\sin\omega_e t$$

oder

$$v = -C_1\omega_e e^{-\omega_e\alpha t}\sin\left(\omega_e\sqrt{1-\alpha^2}\,t + \arcsin\alpha\right) +$$

$$+ C_2\omega_e e^{-\omega_e\alpha t}\cos\left(\omega_e\sqrt{1-\alpha^2}\,t + \arcsin\alpha\right) + \frac{m_0}{m}\frac{r_{\max}}{\alpha}\omega_e\sin\omega_e t.$$

364   Der punktförmig idealisierte Körperhaufen.

Insbesondere ergibt sich für den Grenzwert $t = t_a$

$$\left.\begin{aligned}
u_a &= C_1 e^{-\omega_e \alpha t_a} \cos \omega_e \sqrt{1-\alpha^2}\, t_a + C_2 e^{-\omega_e \alpha t_a} \sin \omega_e \sqrt{1-\alpha^2}\, t_a - \frac{m_0}{m}\frac{r_{\max}}{\alpha} \cos \omega_e t_a \quad (t = t_a)\;, \\
v_a &= -C_1 \omega_e e^{-\omega_e \alpha t_a} \sin(\omega_e \sqrt{1-\alpha^2}\, t_a + \arcsin \alpha) + \\
&\qquad + C_2 \omega_e e^{-\omega_e \alpha t_a} \cos(\omega_e \sqrt{1-\alpha^2}\, t_a + \arcsin \alpha) + \frac{m_0}{m}\frac{r_{\max}}{\alpha}\, \omega_e \sin \omega_e t_a\;.
\end{aligned}\right\} \quad (1321)$$

Die Gleichsetzung von u_a und v_a nach (1318) und (1321) liefert zwei Bedingungsgleichungen für C_1 und C_2. Sie lauten

$$\frac{m_0}{m}\frac{r_{\max}}{\alpha^2 \omega_e t_a}\left[\cos \omega_e t_a + \alpha \sin \omega_e t_a - \frac{e^{-\omega_e \alpha t_a}}{\sqrt{1-\alpha^2}}\cos(\omega_e \sqrt{1-\alpha^2}\, t_a - \arcsin \alpha)\right]$$
$$= C_1 e^{-\omega_e \alpha t_a} \cos \omega_e \sqrt{1-\alpha^2}\, t_a + C_2 e^{-\omega_e \alpha t_a} \sin \omega_e \sqrt{1-\alpha^2}\, t_a\;,$$

$$\frac{m_0}{m}\frac{r_{\max}}{\alpha^2 t_a}\left[-\sin \omega_e t_a + \frac{e^{-\omega_e \alpha t_a}}{\sqrt{1-\alpha^2}}\sin \omega_e \sqrt{1-\alpha^2}\, t_a\right]$$
$$= -C_1 \omega_e e^{-\omega_e \alpha t_a} \sin(\omega_e \sqrt{1-\alpha^2}\, t_a + \arcsin \alpha) + C_2 \omega_e e^{-\omega_e \alpha t_a} \cos(\omega_e \sqrt{1-\alpha^2}\, t_a + \arcsin \alpha)\;.$$

Die Auflösung nach C_1 und C_2 ergibt

$$\left.\begin{aligned}
C_1 &= \frac{m_0}{m}\frac{r_{\max}}{\alpha^2 \omega_e t_a}\Big[-1 + e^{\omega_e \alpha t_a}\Big(\cos \omega_e t_a \cos \omega_e \sqrt{1-\alpha^2}\, t_a + \sqrt{1-\alpha^2} \sin \omega_e t_a \sin \omega_e \sqrt{1-\alpha^2}\, t_a + \\
&\qquad + \alpha \sin \omega_e t_a \cos \omega_e \sqrt{1-\alpha^2}\, t_a - \frac{\alpha}{\sqrt{1-\alpha^2}}\cos \omega_e t_a \sin \omega_e \sqrt{1-\alpha^2}\, t_a\Big)\Big]\;, \\
C_2 &= \frac{m_0}{m}\frac{r_{\max}}{\alpha^2 \omega_e t_a}\Big[-\frac{\alpha}{\sqrt{1-\alpha^2}} + e^{\omega_e \alpha t_a}\Big(\frac{\alpha}{\sqrt{1-\alpha^2}} \cos \omega_e t_a \cos \omega_e \sqrt{1-\alpha^2}\, t_a + \alpha \sin \omega_e t_a \sin \omega_e \sqrt{1-\alpha^2}\, t_a - \\
&\qquad - \sqrt{1-\alpha^2} \sin \omega_e t_a \cos \omega_e \sqrt{1-\alpha^2}\, t_a + \cos \omega_e t_a \sin \omega_e \sqrt{1-\alpha^2}\, t_a\Big)\Big]\;.
\end{aligned}\right\} \quad (1322)$$

Mit (1316), (1320) und (1322) ist die Fragestellung formelmäßig gelöst. (1316) beschreibt die Schwingungsausschläge während der Bewegung der Einzelmassen m_0, (1320) diejenigen nach dem Anliegen in den rotierenden Scheiben.

In Anwendung auf die vorgegebenen Zahlenwerte folgt

$$\omega_e = \sqrt{\frac{c}{m}} = \sqrt{\frac{25}{0{,}5}} = 7{,}07\,\mathrm{s}^{-1}\;,\quad \omega_e \alpha = 7{,}07 \cdot 0{,}10 = 0{,}707\,\mathrm{s}^{-1}\;,\quad \omega_e \sqrt{1-\alpha^2} = 7{,}03\,\mathrm{s}^{-1}\;,$$

$$\omega_e t_a = 28{,}28\;,\quad \omega_e \alpha t_a = 0{,}707 \cdot 4 = 2{,}828\;,\quad \omega_e \sqrt{1-\alpha^2}\, t_a = 7{,}03 \cdot 4 = 28{,}12\;,\quad \frac{\alpha}{\sqrt{1-\alpha^2}} = 0{,}1005\;.$$

$$\frac{m_0}{m}\frac{r_{\max}}{\alpha^2 \omega_e t_a} = \frac{0{,}025}{0{,}5} \cdot \frac{30}{0{,}01 \cdot 7{,}07 \cdot 4} = 5{,}31\,\mathrm{cm}\;,\quad \frac{m_0}{m}\frac{r_{\max}}{\alpha} = \frac{0{,}025}{0{,}5} \cdot \frac{30}{0{,}10} = 15{,}00\,\mathrm{cm}\;,$$

$$\cos \omega_e t_a = \cos 28{,}28 = -1{,}000\;,\quad \cos \omega_e \sqrt{1-\alpha^2}\, t_a = \cos 28{,}12 = -0{,}988\;,$$

$$e^{\omega_e \alpha t_a} = e^{2{,}828} = 16{,}91\;,$$

$$\sin \omega_e t_a = \sin 28{,}28 = -0{,}003\;,\quad \sin \omega_e \sqrt{1-\alpha^2}\, t_a = \sin 28{,}12 = +0{,}152\;.$$

Damit errechnet sich

$$C_1 = 5{,}31\,[-1 + 16{,}91\,(1{,}000 \cdot 0{,}988 - 0{,}995 \cdot 0{,}003 \cdot 0{,}152 +$$
$$+ 0{,}10 \cdot 0{,}003 \cdot 0{,}988 + 0{,}1005 \cdot 1{,}000 \cdot 0{,}152)] = 84{,}7\,\mathrm{cm}\;,$$

$$C_2 = 5{,}31\,[-0{,}1005 + 16{,}91\,(0{,}1005 \cdot 1{,}000 \cdot 0{,}988 -$$
$$- 0{,}10 \cdot 0{,}003 \cdot 0{,}152 - 0{,}995 \cdot 0{,}003 \cdot 0{,}988 - 1{,}000 \cdot 0{,}152)] = -5{,}6\,\mathrm{cm}\;.$$

102. Die linear gedämpften Schwingungen bei linear ansteigender Amplitude.

$u = 5{,}31\left[(1-0{,}707t)\cos 7{,}07t + 0{,}1\sin 7{,}07t - 1{,}005e^{-0{,}707t}\cos(7{,}03t-0{,}100)\right] \quad (t \leq 4),$

$u = 84{,}7\, e^{-0{,}707t}\cos 7{,}03t - 5{,}6\, e^{-0{,}707t}\sin 7{,}03t - 15{,}00\cos 7{,}07t \qquad (t \geq 4)\,.$

Bei Einführung eines Phasenwinkels läßt sich u für $t \geq 4$ auch in der rechnerisch bequemeren Form

$$u = 85{,}0\, e^{-0{,}707t}\cos(7{,}03t + 0{,}066) - 15{,}00\cos 7{,}07t \qquad (t \geq 4)$$

schreiben.

Die praktische Durchführung der Zahlenrechnung bereitet insofern einige Mühen, als einmal im Hinblick auf eine einwandfreie Auftragung die Intervallteilung mindestens auf 0,1 s herabgesetzt werden muß, während zum anderen das Abklingen der Eigenschwingung die Fortsetzung der Rechnung bis zu $t = 10$ s verlangt. Dadurch müssen 100 Funktionswerte berechnet werden. Nachdem der Rechnungsgang für derartige Schwingungsbewegungen, der auch hier wieder zweckmäßig in Tabellenform durchgeführt wird, bereits mehrfach vorgeführt wurde, kann auf eine Wiedergabe verzichtet werden. In Abb. 329 ist das Ergebnis

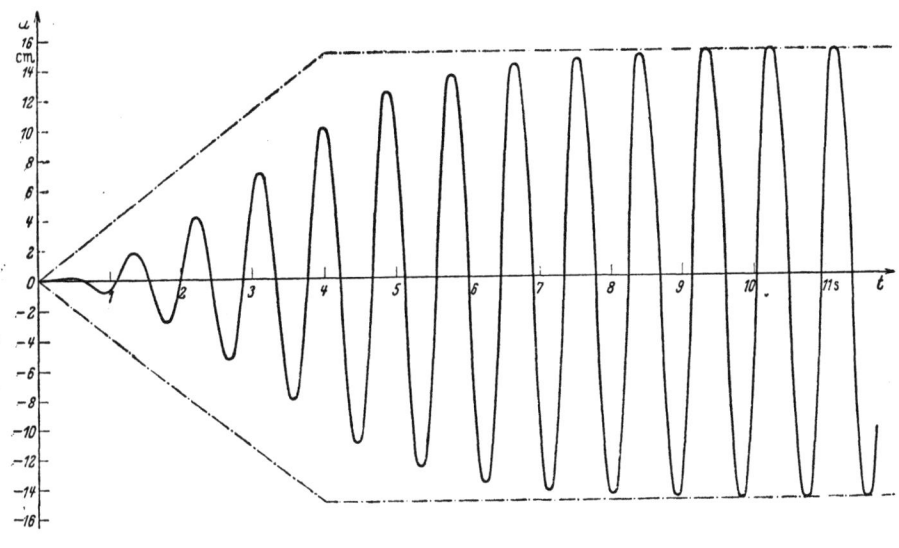

Abb. 329.

der Zahlenrechnung aufgetragen. Gleichzeitig ist der Verlauf derjenigen Maximalamplituden, die sich aus einer Proportionalität mit der Erregerschwingung ergeben würde, strichpunktiert mit eingezeichnet worden. Es ist bemerkenswert, wie die doch verhältnismäßig schwache Dämpfung mit einem Beiwert von $\alpha = 0{,}10$ den Brechpunkt im Erregerdiagramm vollständig verwischt hat. Ferner ist als Folge der Dämpfung bemerkenswert, daß die Maximalausschläge während des Anstiegs der Erregeramplitude erheblich im Rückstand bleiben und auch späterhin nirgends die Amplituden der stationären Schwingung überschreiten, sondern in weichem Übergangsbogen in diese einlaufen.

103. Die quadratisch gedämpften Schwingungen.

Im Gegensatz zu den konstant und linear gedämpften Schwingungen bereiten die quadratischen und höher gedämpften Schwingungen erhebliche mathematische Schwierigkeiten. Aus diesem Grunde ist auch eine allgemeine Behandlung in dem bisherigen Umfange nicht mehr möglich. Wird die Untersuchung demgemäß, ähnlich wie im Falle der konstanten Dämpfung von Ziffer 97, auf eine eindimensionale Behandlung beschränkt und lediglich eine einzige schwingende Masse betrachtet, so liegen die aus Abb. 330 und 331 ersichtlichen Verhältnisse vor. Die Resultierende von Rückstellkraft, Dämpfungskraft und Erregerkraft lautet

$$-c\mathfrak{u} - d_2\mathfrak{v}\,v + \mathfrak{P}(t) \,.$$

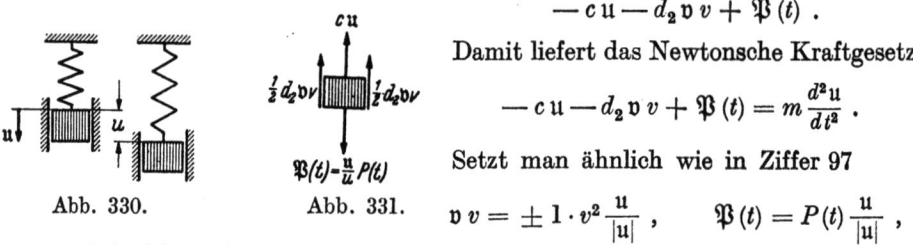

Abb. 330. Abb. 331.

Damit liefert das Newtonsche Kraftgesetz

$$-c\mathfrak{u} - d_2\mathfrak{v}\,v + \mathfrak{P}(t) = m\frac{d^2u}{dt^2}\,.$$

Setzt man ähnlich wie in Ziffer 97

$$\mathfrak{v}\,v = \pm 1 \cdot v^2 \frac{\mathfrak{u}}{|\mathfrak{u}|}\,,\qquad \mathfrak{P}(t) = P(t)\frac{\mathfrak{u}}{|\mathfrak{u}|}\,,$$

so wird die Vektorform entbehrlich und man erhält

$$-c u \mp d_2 v^2 + P(t) = m\frac{d^2u}{dt^2}\,,$$

oder umgeordnet und mit $v = du/dt$

$$\frac{d^2u}{dt^2} \pm \frac{d_2}{m}\left(\frac{du}{dt}\right)^2 + \frac{c}{m} u = \frac{P(t)}{m}\,. \tag{1323}$$

Die Differentialgleichung (1323) ist nicht mehr linear und beim Vorhandensein von Erregerkräften praktisch nur auf graphischem oder numerischem Wege lösbar. Sind die Anfangsbedingungen auf ein und denselben Zeitpunkt, z. B. $t = 0$, beschränkt und in der Form gegeben, daß u und $v = \dfrac{du}{dt}$ vorgeschrieben sind, so wird (1323) zweckmäßig nach dem Verfahren der Konstruktion aus Krümmungskreisen gelöst. Zu diesem Zwecke wird (1323) zunächst mit $\left(1 + \left(\dfrac{du}{dt}\right)^2\right)^{-3/2}$ multipliziert. Dies ergibt

$$\frac{\dfrac{d^2u}{dt^2}}{\left[1+\left(\dfrac{du}{dt}\right)^2\right]^{3/2}} \pm \frac{d_2}{m}\frac{\left(\dfrac{du}{dt}\right)^2}{\left[1+\left(\dfrac{du}{dt}\right)^2\right]^{3/2}} + \frac{c}{m}\frac{u}{\left[1+\left(\dfrac{du}{dt}\right)^2\right]^{3/2}} = \frac{\dfrac{P(t)}{m}}{\left[1+\left(\dfrac{du}{dt}\right)^2\right]^{3/2}}\,.$$

Nun ist der erste Bruch dieser Gleichung gerade die Krümmung $\varkappa(t)$ der gesuchten Schwingungskurve $u = u(t)$, die gleich dem reziproken Werte des Krümmungsradiusses $R(t)$ ist. Somit folgt

$$\frac{1}{R(t)} = \frac{\dfrac{P(t)}{m} - \dfrac{c}{m}u \mp \dfrac{d_2}{m}\left(\dfrac{du}{dt}\right)^2}{\left[1+\left(\dfrac{du}{dt}\right)^2\right]^{3/2}}\,,\qquad R(t) = \frac{\left[1+\left(\dfrac{du}{dt}\right)^2\right]^{3/2}}{\dfrac{P(t)}{m}-\dfrac{c}{m}u\mp\dfrac{d_2}{m}\left(\dfrac{du}{dt}\right)^2} = \frac{(1+v^2)^{3/2}}{\dfrac{P(t)}{m}-\dfrac{c}{m}u\mp\dfrac{d_2}{m}v^2}\,. \tag{1324}$$

Nach (1324) kann der Krümmungsradius $R(t)$ in jedem Zeitpunkt berechnet werden, wenn u und $v = \dfrac{du}{dt}$ bekannt sind. Dies führt zu dem folgenden graphischen Verfahren zur Ermittlung der Schwingungskurve. Ausgehend von den zur

103. Die quadratisch gedämpften Schwingungen.

Zeit $t_0 = 0$ vorgeschriebenen Werten von u_0 und v_0 berechnet man nach (1324) den zugehörigen Krümmungsradius R_0. Damit liegt mit $t_0 = 0$ und u_0 der Kurvenpunkt, mit tg $\varphi_0 = v_0$ die Kurvenneigung und mit R_0 der Krümmungsmittelpunkt im Anfangspunkte $t_0 = 0$ fest, vorausgesetzt, daß man, was fast immer der Fall ist, über das Vorzeichen der Krümmung bzw. über die links- oder rechtsseitige Lage von M_0 Bescheid weiß. Man kann daher ein erstes kleines Kurvenstück 0—1 mit Hilfe des um M_0 mit R_0 geschlagenen Krümmungsradiusses zeichnen. Im Endpunkte 1 des kleinen Kurvenstückes kennt man nun wieder, durch Zeichnung oder genauer durch Rechnung, t_1, u_1 und tg $\varphi_1 = v_1$ und kann daraus nach (1324) R_1 berechnen, womit auch M_1 festliegt. Mit diesen Bestimmungsstücken erhält man dann ein zweites kleines Kurvenstück 1—2 und so fort. Je kleiner die Kurvenstücke jeweils gewählt werden, um so genauer wird die Kurve. Aus Beispiel 55 in Ziffer 106 ist der praktische Gang der graphischen Ermittlung einer Schwingungskurve im einzelnen ersichtlich. Bezüglich des Doppelvorzeichens in (1324) ist ähnlich wie in Ziffer 97 zu bemerken, daß, solange die Kurve ansteigt, das obere, sobald sie fällt, das untere Vorzeichen einzusetzen ist. An jeder Extremalstelle muß also eine Umkehr des Vorzeichens erfolgen.

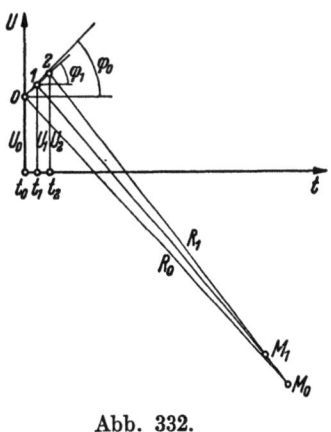

Abb. 332.

Für reine Eigenschwingungsprobleme, bei denen die Erregerfunktion $P(t)$ gleich null ist, soll nun die Diff.-Gl. (1323) auch noch analytisch behandelt werden. Wird in der Ausgangsdifferentialgleichung

$$\frac{d^2 u}{dt^2} \pm \frac{d_2}{m}\left(\frac{du}{dt}\right)^2 + \frac{c}{m} u = 0 \tag{1325}$$

eine neue Schwingungsamplitude gemäß

$$\xi = 1 \mp 2\frac{d_2}{m} u, \qquad u = \pm \frac{m}{2 d_2}(1 - \xi) \tag{1326}$$

und eine dimensionslose Zeit gemäß

$$\tau = \sqrt{\frac{c}{m}}\, t, \qquad t = \sqrt{\frac{m}{c}}\, \tau \tag{1327}$$

substituiert, so geht (1325) in die dimensionslose Differentialgleichung

$$\frac{d^2\xi}{d\tau^2} - \frac{1}{2}\left(\frac{d\xi}{d\tau}\right)^2 - 1 + \xi = 0 \tag{1328}$$

über, in welcher der von Halbwelle zu Halbwelle auftretende Vorzeichenwechsel ausgeschaltet ist. Wird

$$\frac{d\xi}{d\tau} = \eta$$

gesetzt, so ergibt sich

$$\frac{d^2\xi}{d\tau^2} = \frac{d}{d\tau}\left(\frac{d\xi}{d\tau}\right) = \frac{d}{d\xi}\left(\frac{d\xi}{d\tau}\right)\frac{d\xi}{d\tau} = \frac{d\eta}{d\xi}\eta = \frac{1}{2}\frac{d\eta^2}{d\xi}$$

und damit

$$\frac{d\eta^2}{d\xi} - \eta^2 - 2 + 2\xi = 0 \ . \tag{1329}$$

Das Integral von (1329) lautet

$$\eta^2 = \left(\frac{d\xi}{d\tau}\right)^2 = \frac{4 d_3^2}{m c}\left(\frac{du}{dt}\right)^2 = 2\xi + C e^\xi \ . \tag{1330}$$

Die hierin auftretende Integrationskonstante C ändert von Halbwelle zu Halbwelle ihren Wert. Mit Hilfe von (1330) lassen sich die extremalen Amplituden leicht bestimmen, denn für $\frac{du}{dt} = 0$ folgt

$$2\xi + C e^\xi = 0 \qquad \text{(Extremalamplituden)} \ . \tag{1331}'$$

Ist ξ_a eine Ausgangsextremalamplitude, so erhält man für die Integrationskonstante

$$C = -2\xi_a e^{-\xi_a} \ . \tag{1331}$$

Damit lautet (1331)

$$2\xi - 2\xi_a e^{\xi - \xi_a} = 0 \qquad \text{oder} \qquad \frac{\xi}{\xi_a} = e^{\xi - \xi_a} \ . \tag{1332}$$

Diese transzendente Gleichung besitzt außer dem Anfangswert ξ_a nur einen einzigen Wurzelwert, durch welchen die nächste Extremalamplitude u nach (1326) festgelegt wird. Diesem u_{extr}-Wert entspricht nun für die nächste Halbwelle, für die in (1326) das Vorzeichen vertauscht werden muß, ein neuer Anfangswert ξ_a, der dann nach (1332) eine dritte Extremalamplitude liefert und so fort, wie Beispiel 52 näher erkennen läßt.

Nachdem durch (1332) sämtliche Extremalamplituden bekannt sind, kann man den Schwingungsverlauf in der Umgebung der Extremalstellen durch Reihenentwicklung darstellen. Zunächst liefert (1328) durch sukzessive Differentiation

$$\left.\begin{aligned}
\frac{d^2\xi}{d\tau^2} &= \frac{1}{2}\left(\frac{d\xi}{d\tau}\right)^2 + (1-\xi) \\
\frac{d^3\xi}{d\tau^3} &= \frac{d\xi}{d\tau}\frac{d^2\xi}{d\tau^2} - \frac{d\xi}{d\tau} \\
\frac{d^4\xi}{d\tau^4} &= \left(\frac{d^2\xi}{d\tau^2}\right)^2 + \frac{d\xi}{d\tau}\frac{d^3\xi}{d\tau^3} - \frac{d^2\xi}{d\tau^2} \\
\frac{d^5\xi}{d\tau^5} &= 3\frac{d^2\xi}{d\tau^2}\frac{d^3\xi}{d\tau^3} + \frac{d\xi}{d\tau}\frac{d^4\xi}{d\tau^4} - \frac{d^3\xi}{d\tau^3} \\
\frac{d^6\xi}{d\tau^6} &= 3\left(\frac{d^3\xi}{d\tau^3}\right)^2 + 4\frac{d^2\xi}{d\tau^2}\frac{d^4\xi}{d\tau^4} + \frac{d\xi}{d\tau}\frac{d^5\xi}{d\tau^5} - \frac{d^4\xi}{d\tau^4} \\
\frac{d^7\xi}{d\tau^7} &= 10\frac{d^3\xi}{d\tau^3}\frac{d^4\xi}{d\tau^4} + 5\frac{d^2\xi}{d\tau^2}\frac{d^5\xi}{d\tau^5} + \frac{d\xi}{d\tau}\frac{d^6\xi}{d\tau^6} - \frac{d^5\xi}{d\tau^5} \\
\frac{d^8\xi}{d\tau^8} &= 10\left(\frac{d^4\xi}{d\tau^4}\right)^2 + 15\frac{d^3\xi}{d\tau^3}\frac{d^5\xi}{d\tau^5} + 6\frac{d^2\xi}{d\tau^2}\frac{d^6\xi}{d\tau^6} + \frac{d\xi}{d\tau}\frac{d^7\xi}{d\tau^7} - \frac{d^6\xi}{d\tau^6} \\
\frac{d^9\xi}{d\tau^9} &= 35\frac{d^4\xi}{d\tau^4}\frac{d^5\xi}{d\tau^5} + 21\frac{d^3\xi}{d\tau^3}\frac{d^6\xi}{d\tau^6} + 7\frac{d^2\xi}{d\tau^2}\frac{d^7\xi}{d\tau^7} + \frac{d\xi}{d\tau}\frac{d^8\xi}{d\tau^8} - \frac{d^7\xi}{d\tau^7} \\
\frac{d^{10}\xi}{d\tau^{10}} &= 35\left(\frac{d^5\xi}{d\tau^5}\right)^2 + 56\frac{d^4\xi}{d\tau^4}\frac{d^6\xi}{d\tau^6} + 28\frac{d^3\xi}{d\tau^3}\frac{d^7\xi}{d\tau^7} + 8\frac{d^2\xi}{d\tau^2}\frac{d^8\xi}{d\tau^8} + \frac{d\xi}{d\tau}\frac{d^9\xi}{d\tau^9} - \frac{d^8\xi}{d\tau^8}
\end{aligned}\right\} \tag{1333}$$

103. Die quadratisch gedämpften Schwingungen.

Nun verschwindet an den Extremalstellen $\frac{d\xi}{d\tau}$ und damit auch $\frac{d^3\xi}{d\tau^3}, \frac{d^5\xi}{d\tau^5}, \frac{d^7\xi}{d\tau^7}$ usw. Im übrigen folgt durch Auflösung vom Kopfe her

$$\left.\begin{aligned}
\left(\frac{d^2\xi}{d\tau^2}\right)_e &= 1-\xi_e, \\
\left(\frac{d^4\xi}{d\tau^4}\right)_e &= -\xi_e(1-\xi_e), \\
\left(\frac{d^6\xi}{d\tau^6}\right)_e &= -\xi_e(1-\xi_e)(3-4\xi_e), \\
\left(\frac{d^8\xi}{d\tau^8}\right)_e &= 10\xi_e^2(1-\xi_e)^2-\xi_e(1-\xi_e)(3-4\xi_e)(5-6\xi_e), \\
\left(\frac{d^{10}\xi}{d\tau^{10}}\right)_e &= 8\xi_e^2(1-\xi_e)^2(31-38\xi_e)-\xi_e(1-\xi_e)(3-4\xi_e)(5-6\xi_e)(7-8\xi_e),
\end{aligned}\right\} \quad (1334)$$

Mit (1334) lautet die Entwicklung an den Extremalstellen

$$\left.\begin{aligned}
\xi = &\xi_e + (1-\xi_e)\frac{(\tau-\tau_e)^2}{2} - \xi_e(1-\xi_e)\frac{(\tau-\tau_e)^4}{24} - \\
&-\xi_e(1-\xi_e)(3-4\xi_e)\frac{(\tau-\tau_e)^6}{720} + [10\xi_e^2(1-\xi_e)^2 - \xi_e(1-\xi_e)(3-4\xi_e)(5-6\xi_e)]\frac{(\tau-\tau_e)^8}{40320} + \\
&+ [8\xi_e^2(1-\xi_e)^2(31-38\xi_e) - \xi_e(1-\xi_e)(3-4\xi_e)(5-6\xi_e)(7-8\xi_e)]\frac{(\tau-\tau_e)^{10}}{3\,628\,800} + \cdots
\end{aligned}\right\} \quad (1335)$$

Wird die Entwicklung (1335) an den einzelnen Extremalstellen angesetzt, so wird man, da von einer Maximalstelle nach unten und von einer Minimalstelle nach oben gerechnet wird, die Rechnung soweit fortführen, bis in beiden Fällen der gleiche ξ-Wert erreicht ist. Durch Aneinanderreihung der so gewonnenen Kurvenstücke erhält man den Gesamtverlauf von $\xi(\tau)$ und aus diesem mit Hilfe von (1326) und (1327) auch denjenigen von $u(t)$. Damit sind dann auch die Schwingungszeiten der einzelnen Schwingungen bekannt.

Es muß nun noch erläutert werden, wie man zu der Ausgangsextremalstelle ξ_a gelangt. Im allgemeinen wird die Aufgabestellung so sein, daß zur Zeit $t=0$ der Schwingungsausschlag u_0 und die Geschwindigkeit v_0 vorgegeben und der Schwingungsverlauf gesucht ist. Dann liefert zunächst (1326) und (1327)

$$\xi_0 = 1 \mp 2\frac{d_2}{m}u_0, \qquad \left(\frac{d\xi}{d\tau}\right)_0 = \mp 2\frac{d_2}{\sqrt{cm}}\left(\frac{du}{dt}\right)_0 = \mp 2\frac{d_2}{\sqrt{cm}}v_0. \qquad (1336)$$

Geht man mit diesem Wertepaar in (1330) hinein, so folgt

$$\frac{4d_2^2}{cm}v_0^2 = 2\left(1\mp 2\frac{d_2}{m}u_0\right) + C e^{1\mp 2\frac{d_2}{m}u_0}$$

und hieraus

$$C = \left[\frac{4d_2^2}{cm}v_0^2 - 2\left(1\mp 2\frac{d_2}{m}u_0\right)\right]e^{-\left(1\mp 2\frac{d_2}{m}u_0\right)}. \qquad (1337)$$

In diesem Ausdruck ist das obere Vorzeichen einzusetzen, wenn die Bewegung einem Maximum, das untere, wenn die Bewegung einem Minimum zustrebt. Wird der C-Wert von (1337) in (1331) eingeführt, so lautet die Bestimmungsgleichung für die anfängliche Extremalamplitude

$$2\xi_a + \left[\frac{4d_2^2}{cm}v_0^2 - 2\left(1\mp 2\frac{d_2}{m}u_0\right)\right]e^{\xi_a - 1 \pm 2\frac{d_2}{m}u_0} = 0. \qquad (1338)$$

Tölke, Mechanik. Bd. I.

Nach Vorstehendem bilden die Extremalamplituden bzw. die Wurzelwerte der transzendenten Gleichung (1332) die wichtigste Grundlage zur Berechnung der quadratisch gedämpften Schwingungen. Wir haben daher die nachfolgende Tafel entwickelt, aus der die Wurzelwerte in Abhängigkeit von ξ_a unmittelbar entnommen werden können. Da die Gleichung richtig bleibt, wenn ξ und ξ_a miteinander vertauscht werden, kann die Ablesung vorwärts und rückwärts erfolgen. Demgemäß erstreckt sich der ξ_a-Bereich der Tafel auf die Werte von $\xi_a = 0{,}100$ bis $\xi_a = 3{,}71$.

Wurzelwerte ξ bzw. ξ_a der Gleichung $\dfrac{\xi}{\xi_a} = e^{\xi - \xi_a}$.

ξ_a bzw. ξ	0	1	2	3	4	5	6	7	8	9
0,10	3,71	3,70	3,69	3,68	3,66	3,65	3,64	3,63	3,62	3,61
0,11	3,60	3,59	3,58	3,57	3,56	3,54	3,53	3,52	3,51	3,50
0,12	3,49	3,48	3,47	3,46	3,45	3,44	3,43	3,42	3,41	3,40
0,13	3,39	3,38	3,37	3,36	3,35	3,34	3,34	3,33	3,32	3,31
0,14	3,30	3,29	3,28	3,27	3,26	3,26	3,25	3,24	3,23	3,22
0,15	3,21	3,21	3,20	3,20	3,19	3,19	3,18	3,17	3,16	3,15
0,16	3,14	3,13	3,12	3,11	3,11	3,10	3,09	3,08	3,07	3,07
0,17	3,06	3,05	3,04	3,04	3,03	3,02	3,02	3,01	3,00	3,00
0,18	2,99	2,98	2,97	2,96	2,96	2,95	2,95	2,94	2,93	2,93
0,19	2,92	2,92	2,91	2,90	2,90	2,89	2,89	2,88	2,88	2,87
0,20	2,86	2,86	2,85	2,84	2,84	2,83	2,83	2,82	2,82	2,81
0,21	2,80	2,80	2,79	2,78	2,78	2,77	2,77	2,76	2,76	2,75
0,22	2,74	2,74	2,73	2,72	2,72	2,71	2,71	2,70	2,70	2,69
0,23	2,69	2,68	2,67	2,67	2,66	2,66	2,65	2,65	2,64	2,64
0,24	2,63	2,63	2,62	2,62	2,61	2,61	2,60	2,60	2,59	2,59
0,25	2,58	2,58	2,57	2,57	2,56	2,56	2,55	2,55	2,54	2,54
0,26	2,54	2,53	2,53	2,52	2,52	2,51	2,51	2,50	2,50	2,50
0,27	2,49	2,49	2,48	2,48	2,47	2,47	2,47	2,46	2,46	2,45
0,28	2,45	2,45	2,44	2,44	2,43	2,43	2,42	2,42	2,41	2,41
0,29	2,40	2,40	2,40	2,39	2,39	2,38	2,38	2,38	2,37	2,37
0,30	2,36	2,36	2,35	2,35	2,35	2,34	2,34	2,34	2,33	2,33
0,31	2,32	2,32	2,32	2,31	2,31	2,31	2,30	2,30	2,29	2,29
0,32	2,28	2,28	2,28	2,27	2,27	2,27	2,26	2,26	2,26	2,25
0,33	2,25	2,25	2,24	2,24	2,23	2,23	2,23	2,22	2,22	2,22
0,34	2,21	2,21	2,21	2,20	2,20	2,20	2,19	2,19	2,19	2,18
0,35	2,18	2,18	2,17	2,17	2,17	2,16	2,16	2,16	2,15	2,15
0,36	2,15	2,14	2,14	2,14	2,13	2,13	2,13	2,13	2,12	2,12
0,37	2,12	2,11	2,11	2,10	2,10	2,10	2,09	2,09	2,09	2,08
0,38	2,08	2,08	2,07	2,07	2,07	2,06	2,06	2,06	2,05	2,05
0,39	2,05	2,05	2,04	2,04	2,04	2,03	2,03	2,03	2,02	2,02
0,40	2,02	2,01	2,01	2,01	2,00	2,00	1,999	1,995	1,992	1,989
0,41	1,986	1,984	1,981	1,979	1,976	1,973	1,970	1,967	1,965	1,962
0,42	1,960	1,957	1,955	1,952	1,949	1,947	1,944	1,941	1,938	1,936
0,43	1,933	1,931	1,928	1,926	1,924	1,921	1,918	1,915	1,912	1,909
0,44	1,907	1,904	1,902	1,899	1,897	1,895	1,892	1,889	1,886	1,884
0,45	1,882	1,879	1,876	1,873	1,870	1,867	1,864	1,861	1,858	1,856
0,46	1,853	1,851	1,848	1,846	1,843	1,841	1,839	1,837	1,834	1,832
0,47	1,830	1,827	1,825	1,823	1,820	1,817	1,815	1,812	1,809	1,807
0,48	1,804	1,801	1,799	1,796	1,794	1,792	1,789	1,787	1,784	1,782
0,49	1,780	1,777	1,775	1,773	1,770	1,768	1,766	1,763	1,761	1,759
0,50	1,756	1,754	1,752	1,749	1,747	1,745	1,742	1,740	1,738	1,735

103. Die quadratisch gedämpften Schwingungen.

Wurzelwerte ξ bzw. ξ_a der Gleichung $\dfrac{\xi}{\xi_a} = e^{\xi - \xi_a}$ (Fortsetzung).

ξ_a bzw. ξ	0	1	2	3	4	5	6	7	8	9
0,50	1,756	1,754	1,752	1,749	1,747	1,745	1,742	1,740	1,738	1,735
0,51	1,733	1,731	1,728	1,726	1,724	1,721	1,719	1,717	1,714	1,712
0,52	1,710	1,707	1,705	1,703	1,701	1,699	1,697	1,695	1,693	1,691
0,53	1,689	1,687	1,685	1,683	1,680	1,678	1,676	1,673	1,671	1,669
0,54	1,667	1,665	1,663	1,661	1,659	1,657	1,655	1,653	1,651	1,649
0,55	1,647	1,645	1,643	1,641	1,639	1,637	1,635	1,633	1,631	1,629
0,56	1,627	1,625	1,623	1,621	1,619	1,617	1,615	1,613	1,611	1,609
0,57	1,607	1,605	1,603	1,601	1,599	1,597	1,595	1,593	1,591	1,589
0,58	1,587	1,585	1,583	1,581	1,579	1,577	1,575	1,573	1,571	1,569
0,59	1,567	1,565	1,563	1,561	1,559	1,557	1,555	1,553	1,551	1,549
0,60	1,547	1,546	1,544	1,542	1,540	1,538	1,536	1,534	1,532	1,530
0,61	1,529	1,527	1,525	1,523	1,521	1,519	1,517	1,516	1,514	1,512
0,62	1,511	1,509	1,507	1,505	1,504	1,502	1,500	1,499	1,497	1,495
0,63	1,494	1,492	1,490	1,488	1,486	1,485	1,483	1,481	1,480	1,478
0,64	1,477	1,475	1,473	1,471	1,469	1,468	1,466	1,464	1,462	1,461
0,65	1,459	1,457	1,456	1,454	1,452	1,451	1,449	1,447	1,445	1,444
0,66	1,442	1,440	1,439	1,438	1,436	1,434	1,432	1,430	1,428	1,427
0,67	1,425	1,423	1,421	1,420	1,418	1,416	1,414	1,412	1,410	1,409
0,68	1,408	1,406	1,404	1,403	1,401	1,399	1,398	1,396	1,395	1,393
0,69	1,392	1,391	1,389	1,387	1,386	1,384	1,382	1,381	1,379	1,378
0,70	1,377	1,375	1,374	1,373	1,372	1,370	1,368	1,367	1,365	1,364
0,71	1,362	1,360	1,358	1,356	1,354	1,353	1,352	1,350	1,348	1,347
0,72	1,346	1,344	1,342	1,341	1,339	1,337	1,336	1,334	1,333	1,332
0,73	1,330	1,328	1,327	1,326	1,324	1,323	1,322	1,320	1,318	1,317
0,74	1,316	1,314	1,312	1,311	1,310	1,308	1,307	1,305	1,303	1,302
0,75	1,300	1,299	1,298	1,297	1,296	1,295	1,293	1,292	1,291	1,289
0,76	1,288	1,286	1,285	1,283	1,281	1,280	1,278	1,277	1,275	1,274
0,77	1,272	1,271	1,269	1,268	1,266	1,265	1,264	1,263	1,262	1,261
0,78	1,260	1,258	1,257	1,256	1,254	1,253	1,251	1,250	1,248	1,247
0,79	1,246	1,245	1,244	1,243	1,241	1,240	1,238	1,237	1,235	1,234
0,80	1,232	1,231	1,229	1,228	1,226	1,225	1,224	1,223	1,222	1,221
0,81	1,220	1,218	1,217	1,215	1,214	1,212	1,211	1,209	1,208	1,207
0,82	1,206	1,205	1,204	1,203	1,201	1,200	1,198	1,197	1,196	1,195
0,83	1,194	1,193	1,192	1,190	1,189	1,187	1,186	1,185	1,183	1,182
0,84	1,180	1,179	1,178	1,177	1,176	1,175	1,174	1,172	1,171	1,169
0,85	1,168	1,167	1,166	1,165	1,164	1,162	1,161	1,160	1,158	1,157
0,86	1,156	1,155	1,154	1,153	1,151	1,150	1,148	1,147	1,146	1,145
0,87	1,144	1,143	1,142	1,140	1,139	1,138	1,136	1,135	1,134	1,133
0,88	1,132	1,131	1,130	1,129	1,128	1,127	1,126	1,125	1,123	1,122
0,89	1,120	1,119	1,118	1,117	1,116	1,115	1,113	1,112	1,111	1,109
0,90	1,108	1,107	1,106	1,105	1,104	1,103	1,102	1,101	1,100	1,099
0,91	1,098	1,097	1,096	1,095	1,094	1,092	1,091	1,090	1,088	1,087
0,92	1,086	1,085	1,084	1,083	1,082	1,081	1,080	1,079	1,078	1,077
0,93	1,076	1,075	1,074	1,073	1,072	1,071	1,070	1,069	1,068	1,066
0,94	1,065	1,064	1,062	1,061	1,060	1,059	1,058	1,057	1,056	1,055
0,95	1,054	1,053	1,052	1,051	1,050	1,049	1,048	1,047	1,046	1,045
0,96	1,044	1,043	1,042	1,040	1,039	1,038	1,036	1,035	1,034	1,033
0,97	1,032	1,031	1,030	1,029	1,028	1,027	1,026	1,025	1,024	1,023
0,98	1,022	1,021	1,020	1,019	1,018	1,017	1,016	1,014	1,013	1,012
0,99	1,010	1,009	1,008	1,007	1,006	1,005	1,004	1,003	1,002	1,001
1,00	1,000									

Beispiel 52. Eine mit der spezifischen Dämpfungskraft von $d_2 = 0{,}0765$ kg cm^{-2} s^2 quadratisch gedämpfte Masse von 100 kg cm^{-1} s^2 schwingt in einer Feder mit einer Federkonstanten von $0{,}0338$ kgcm^{-1}. Wie verlaufen die zehn ersten Extremalausschläge, wenn die Masse zur Zeit $t = 0$ einen Ausschlag von -370 cm und eine Geschwindigkeit von $12{,}85$ cm s^{-1} besitzt?

Aus den vorgegebenen Zahlenwerten

$$m = 100 \text{ kg cm}^{-1} \text{s}^2, \quad c = 0{,}0338 \text{ kg cm}^{-1}, \quad d_2 = 0{,}0765 \text{ kg cm}^{-2} \text{s}^2,$$

$$\frac{c}{m} = 0{,}000338 \text{ s}^{-2}, \frac{2d_2}{m} = 0{,}00153 \text{ cm}^{-1}, \quad u_0 = -370 \text{ cm}, \quad v_0 = 12{,}85 \text{ cm s}^{-1}$$

errechnet sich nach (1337), und zwar für das obere Vorzeichen,

$$C = \left[\frac{4 \cdot 0{,}0765^2}{0{,}338 \cdot 100} \cdot 12{,}85^2 - 2(1 + 0{,}00153 \cdot 370)\right] e^{-(1+0{,}00153 \cdot 370)} = -0{,}415 .$$

Damit lautet die Bestimmungsgleichung (1338) für die anfängliche Extremalamplitude

$$2\xi_a - 0{,}415 \, e^{\xi_a} = 0 .$$

Die Auflösung ergibt

$$\xi_a = 0{,}272 .$$

Die Einführung dieses Wertes in (1326) liefert für das obere Vorzeichen die Maximalamplitude

$$u_1^{\max} = \frac{1 - 0{,}272}{0{,}00153} = 477 \text{ cm} .$$

Für die sich anschließende absteigende Halbwelle gilt das untere Vorzeichen. Mit dem gefundenen $u_1^{\max}$-Wert ergibt sich daher nach (1326) die zugehörige Anfangsextremalamplitude

$$\xi_a = 1 + 0{,}00153 \cdot 477 = 1{,}728 .$$

Hierfür liefert die Tabelle durch Rückwärtsablesung den Wurzelwert

$$\xi = 0{,}512 .$$

Durch Einführung dieses Wurzelwertes in (1326) folgt

$$u_2^{\min} = -\frac{1 - 0{,}512}{0{,}00153} = -319 \text{ cm} .$$

Die nächste Halbwelle steigt an und es gilt wieder das obere Vorzeichen. Man erhält

$$\xi_a = 1 + 0{,}00153 \cdot 319 = 1{,}488, \quad \xi = 0{,}633, \quad u_3^{\max} = \frac{1 - 0{,}633}{0{,}00153} = 240 \text{ cm} .$$

Die nächste Halbwelle fällt wieder und es gilt das untere Vorzeichen. Somit folgt

$$\xi_a = 1 + 0{,}00153 \cdot 240 = 1{,}367, \quad \xi = 0{,}707, \quad u_4^{\min} = -\frac{1 - 0{,}707}{0{,}00153} = -191 \text{ cm} .$$

Für die nächsten Halbwellen erhält man

$$\xi_a = 1 + 0{,}00153 \cdot 191 = 1{,}293, \qquad \xi_a = 1 + 0{,}00153 \cdot 159 = 1{,}244,$$
$$\xi = 0{,}756 \qquad , \qquad \xi = 0{,}792 \qquad ,$$
$$u_5^{\max} = \frac{1 - 0{,}756}{0{,}00153} = 159 \text{ cm} . \qquad u_6^{\min} = -\frac{1 - 0{,}792}{0{,}00153} = -136 \text{ cm} .$$

103. Die quadratisch gedämpften Schwingungen.

$\xi_a = 1 + 0{,}00153 \cdot 136 = 1{,}208$, $\qquad \xi_a = 1 + 0{,}00153 \cdot 119 = 1{,}182$,
$\xi = 0{,}818$, $\qquad\qquad\qquad\qquad \xi = 0{,}839$,
$u_7^{\max} = \dfrac{1 - 0{,}818}{0{,}00153} = 119 \text{ cm}$. $\qquad u_8^{\min} = -\dfrac{1 - 0{,}839}{0{,}00153} = -105 \text{ cm}$.

$\xi_a = 1 + 0{,}00153 \cdot 105 = 1{,}161$, $\qquad \xi_a = 1 + 0{,}00153 \cdot 94 = 1{,}144$,
$\xi = 0{,}856$, $\qquad\qquad\qquad\qquad \xi = 0{,}870$,
$u_9^{\max} = \dfrac{1 - 0{,}856}{0{,}00153} = 94 \text{ cm}$. $\qquad u_{10}^{\min} = -\dfrac{1 - 0{,}870}{0{,}00153} = -85 \text{ cm}$.

Damit verlaufen die ersten zehn Extremalausschläge wie folgt:

$u_1 = 477$ cm , $\qquad u_6 = -136$ cm ,
$u_2 = -319$ cm , $\qquad u_7 = 119$ cm ,
$u_3 = 240$ cm , $\qquad u_8 = -105$ cm ,
$u_4 = -191$ cm , $\qquad u_9 = 94$ cm
$u_5 = 159$ cm , $\qquad u_{10} = -85$ cm .

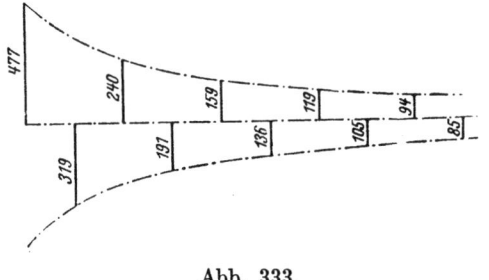

Abb. 333.

Beispiel 53. Wie verläuft für den quadratisch gedämpften Schwinger von Beispiel 52 die Schwingung auf der Anstiegstrecke und der sich anschließenden ersten Halbwelle?

Auf der Anstiegstrecke ist nach Beispiel 52

$$\xi_e = 0{,}272 .$$

Wird dieser Wert in (1335) eingeführt, so erhält man den ξ-Verlauf auf der Anstiegstrecke bis zum ersten Maximum. Es folgt

$\xi_e = 0{,}272$, $\quad 1 - \xi_e = 0{,}728$, $\quad \xi_e(1 - \xi_e) = 0{,}1980$, $\quad \xi_e^2(1 - \xi_e)^2 = 0{,}0392$,
$\qquad 3 - 4\xi_e = 1{,}912$, $\quad 5 - 6\xi_e = 3{,}368$, $\quad 7 - 8\xi_e = 4{,}824$,
$\xi_e(1 - \xi_e)(3 - 4\xi_e) = 0{,}3788$, $\quad \xi_e(1 - \xi_e)(3 - 4\xi_e)(5 - 6\xi_e) = 1{,}275$,
$\xi_e(1 - \xi_e)(3 - 4\xi_e)(5 - 6\xi_e)(7 - 8\xi_e) = 6{,}155$,
$8\xi_e^2(1 - \xi_e)^2(31 - 38\xi_e) = 6{,}480$

und damit

$$\xi = 0{,}272 + 0{,}364(\tau - \tau_e)^2 - 0{,}00825(\tau - \tau_e)^4 - 0{,}000527(\tau - \tau_e)^6 - 0{,}0000219(\tau - \tau_e)^8 + 0{,}000000090(\tau - \tau_e)^{10} + \cdots .$$

Der größte ξ-Wert, der auftreten kann, ergibt sich beim Schwingungsbeginn. Unter Berücksichtigung des oberen Vorzeichens liefert (1326)

$$\xi_c = 1 - 0{,}00153\, u_0 = 1 + 0{,}00153 \cdot 370 = 1{,}567 .$$

Der zugehörige $(\tau_0 - \tau_e)$-Wert muß durch Probieren ermittelt werden. Für

$$|\tau_0 - \tau_e| = 2{,}01$$

erhält man

$$\xi = 0{,}272 + 1{,}472 - 0{,}135 - 0{,}035 - 0{,}006 = 1{,}568 = \xi_0 .$$

In Verbindung mit (1327) folgt für die Zeitdauer zwischen Schwingungsbeginn und erstem Schwingungsmaximum

$$|t_0 - t_{e_1}| = \sqrt{\frac{m}{c}}\,|\tau_0 - \tau_e| = \frac{2{,}01}{0{,}0184} = 109\,\text{s}\,.$$

Für die Darstellung des Schwingungsverlaufes auf der Anstiegsstrecke genügt eine Intervallteilung von $\Delta|\tau - \tau_e| = 0{,}50$. Für diese errechnet sich

$|\tau - \tau_e| = 0{,}00$,	$\xi = 0{,}272$;	$|t - t_e| = 0{,}0\,\text{s}$,	$u = 477\,\text{cm}$;
$|\tau - \tau_e| = 0{,}50$,	$\xi = 0{,}363$;	$|t - t_e| = 27{,}2\,\text{s}$,	$u = 417\,\text{cm}$;
$|\tau - \tau_e| = 1{,}00$,	$\xi = 0{,}627$;	$|t - t_e| = 54{,}4\,\text{s}$,	$u = 244\,\text{cm}$;
$|\tau - \tau_e| = 1{,}50$,	$\xi = 1{,}044$;	$|t - t_e| = 81{,}6\,\text{s}$,	$u = -29\,\text{cm}$;
$|\tau - \tau_e| = 2{,}00$,	$\xi = 1{,}556$;	$|t - t_e| = 108{,}8\,\text{s}$,	$u = -363\,\text{cm}$;
$|\tau - \tau_e| = 2{,}01$,	$\xi = 1{,}567$;	$|t - t_e| = 109{,}3\,\text{s}$,	$u = -370\,\text{cm}$.

Für die sich anschließende Halbwelle lauten nach Beispiel 52 die extremalen ξ-Werte

$$\xi_{e_1} = 1{,}728 \text{ für das Maximum.}$$
$$\xi_{e_2} = 0{,}512 \text{ für das Minimum.}$$

Die Einführung dieser ξ_e-Werte in (1335) ergibt die Entwicklungen

$$\begin{aligned}
\xi &= 1{,}728 - 0{,}364\,(\tau - \tau_{e_1})^2 + 0{,}0529\,(\tau - \tau_{e_1})^4 - 0{,}00683\,(\tau - \tau_{e_1})^6 \\
&\quad + 0{,}00105\,(\tau - \tau_{e_1})^8 - 0{,}000171\,(\tau - \tau_{e_1})^{10} + \cdots, \\
\xi &= 0{,}512 + 0{,}244\,(\tau - \tau_{e_2})^2 - 0{,}0104\,(\tau - \tau_{e_2})^4 - 0{,}000331\,(\tau - \tau_{e_2})^6 \\
&\quad + 0{,}0000041\,(\tau - \tau_{e_2})^8 + 0{,}0000012\,(\tau - \tau_{e_2})^{10} - \cdots.
\end{aligned}$$

Die untere Entwicklung konvergiert erheblich besser wie die obere. Die Zahlenrechnung wird daher zweckmäßig mit dieser begonnen. Mit der gleichen Intervallteilung wie vorhin erhält man

$|\tau - \tau_{e_2}| = 0{,}00$,	$\xi = 0{,}512$;	$|t - t_{e_2}| = 0{,}0\,\text{s}$,	$u = -319\,\text{cm}$;
$|\tau - \tau_{e_2}| = 0{,}50$,	$\xi = 0{,}572$;	$|t - t_{e_2}| = 27{,}2\,\text{s}$,	$u = -280\,\text{cm}$;
$|\tau - \tau_{e_2}| = 1{,}00$,	$\xi = 0{,}745$;	$|t - t_{e_2}| = 54{,}4\,\text{s}$,	$u = -167\,\text{cm}$;
$|\tau - \tau_{e_2}| = 1{,}50$,	$\xi = 1{,}004$;	$|t - t_{e_2}| = 81{,}6\,\text{s}$,	$u = 3\,\text{cm}$;
$|\tau - \tau_{e_2}| = 2{,}00$,	$\xi = 1{,}302$;	$|t - t_{e_2}| = 108{,}8\,\text{s}$,	$u = 197\,\text{cm}$.

Eine Fortsetzung der Rechnung über das Argument $|\tau - \tau_e| = 2{,}00$ hinaus wird mit der unteren Entwicklung unbequem. Wir rechnen daher nunmehr mit der oberen Entwicklung entgegen. Hierfür muß zunächst der Anschluß gesucht werden, d. h. derjenige $|\tau - \tau_e|$-Wert festgestellt werden, für welchen die obere Entwicklung den Wert $\xi = 1{,}302$ ergibt. Durch Probieren folgt für

$$|\tau - \tau_{e_1}| = 1{,}190\,, \qquad \xi = 1{,}303\,; \qquad |t - t_{e_1}| = 64{,}7\,\text{s}\,, \qquad u = 197\,\text{cm}\,.$$

Die Überlagerung der in beiden Entwicklungen für $\xi = 1{,}302$ überstrichenen Zeiten liefert die Gesamtheit für die Halbschwingung

$$|\tau_{e_1} - \tau_{e_2}| = 2{,}000 + 1{,}190 = 3{,}190\,, \qquad |t_{e_1} - t_{e_2}| = 108{,}8 + 64{,}7 = 173{,}5\,\text{s}\,.$$

103. Die quadratisch gedämpften Schwingungen.

Unter Zugrundelegung der gleichen Intervallteilung wie bisher liefert die obere Entwicklung

$|\tau - \tau_{e_1}| = 0{,}00$,	$\xi = 1{,}728$;	$|t - t_{e_1}| = 0{,}0$ s ,	$u = 477$ cm ;
$|\tau - \tau_{e_1}| = 0{,}50$,	$\xi = 1{,}640$;	$|t - t_{e_2}| = 27{,}2$ s ,	$u = 418$ cm ;
$|\tau - \tau_{e_1}| = 1{,}00$,	$\xi = 1{,}411$;	$|t - t_{e_3}| = 54{,}4$ s ,	$u = 268$ cm ;
$|\tau - \tau_{e_1}| = 1{,}190$,	$\xi = 1{,}303$;	$|t - t_{e_4}| = 64{,}7$ s ,	$u = 197$ cm .

Zum Schluß werden zweckmäßig noch beide Teilintervalle einheitlich zusammengefaßt, indem die Zeit für den Gesamtbereich vom Maximum aus gezählt wird. Dies ergibt

$|\tau - \tau_{e_1}| = 0{,}00$,	$\xi = 1{,}728$;	$|t - t_{e_1}| = 0{,}0$ s ,	$u = 477$ cm ;
$= 0{,}50$,	$= 1{,}640$;	$= 27{,}2$ s ,	$= 418$ cm ;
$= 1{,}00$,	$= 1{,}411$;	$= 54{,}4$ s ,	$= 268$ cm ;
$= 1{,}190$,	$= 1{,}302$;	$= 64{,}7$ s ,	$= 197$ cm ;
$= 1{,}690$,	$= 1{,}004$;	$= 91{,}9$ s ,	$= 3$ cm ;
$= 2{,}190$,	$= 0{,}745$;	$= 119{,}1$ s ,	$= -167$ cm ;
$= 2{,}690$,	$= 0{,}572$;	$= 146{,}3$ s ,	$= -280$ cm ;
$= 3{,}190$,	$= 0{,}512$;	$= 173{,}5$ s ,	$= -319$ cm .

Anstiegsstrecke und anschließende Halbwelle sind damit beide auf den Zeitpunkt des Maximums als Nullpunkt bezogen. Betrachtet man daher die Zeitwerte auf der Anstiegsstrecke als negativ und überlagert man überall die Anstiegszeit von 109,3 s, so wird alles auf den Schwingungsbeginn als zeitlichen Ursprung bezogen und man erhält

t (s)	0	0,5	27,7	54,9	82,1	109,3	136,5	163,7	174,0	201,2	228,4	255,6	282,8
u (cm)	−370	−363	−29	244	417	477	418	268	197	3	−167	−280	−319

Würde man in dieser Weise fortfahren, so ließe sich von Halbwelle zu Halbwelle der Schwingungsverlauf mühelos darstellen. Für den hier untersuchten Bereich ist der Verlauf aus Abb. 334 ersichtlich.

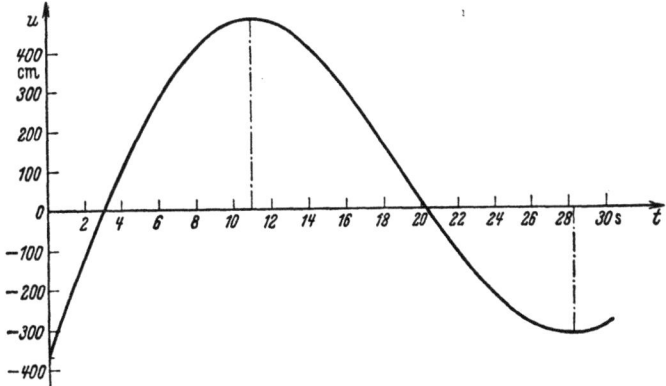

Abb. 334.

104. Ermittlung der Schwingungsdauer der quadratisch gedämpften Schwingungen.

Es ist mißlich, daß man bei der quadratisch gedämpften Schwingung die Schwingungsdauer nicht unmittelbar angeben kann, sondern rückwärts aus der Darstellung des Schwingungsverlaufes nach (1335) in Verbindung mit (1326) und (1327) ermitteln muß, wie in Beispiel 53 näher gezeigt worden ist. Um dem zu begegnen, sind Verfahren entwickelt worden, um die Schwingungsdauer wenigstens angenähert zu ermitteln, so dasjenige von Pöschl, bei welchem der Verlauf des Geschwindigkeitsquadrates zwischen zwei Extremalstellen als quadratische algebraische Funktion angesetzt wird, oder dasjenige von Müller, bei welchem mit einer Annäherung bis zum dritten Grade gearbeitet und die Lösung durch elliptische Funktionen dargestellt wird. Derartige Annäherungsverfahren, die in erster Linie die Ermittlung der Schwingungsdauer zum Ziele haben, lassen sich einmal in ihrer Güte erheblich verbessern und zum anderen numerisch bequemer durchführen, wenn die Approximation nicht zwischen den Extremalstellen, sondern zwischen einer Extremalstelle und der darauf folgenden Wendestelle erfolgt, d. h. wenn anstatt mit Halbwellen mit Viertelwellen gearbeitet wird. Ein solches Verfahren setzt natürlich voraus, daß Amplitude und Geschwindigkeit bzw. ξ und $\frac{d\xi}{d\tau}$ an den Wendestellen von vornherein berechnet werden können, was in der Tat möglich ist.

An den Wendestellen verschwindet bekanntlich der zweite Differentialquotient. Demgemäß lautet (1328) an diesen Stellen

$$-\frac{1}{2}\left(\frac{d\xi}{d\tau}\right)^2 - 1 + \xi = 0 \quad \text{oder} \quad \left(\frac{d\xi}{d\tau}\right)^2 = -2 + 2\xi \quad \text{(Wendestellen)}. \tag{1339}$$

Setzt man hierin $\left(\frac{d\xi}{d\tau}\right)^2$ nach (1330) ein, so folgt

$$2\xi + C e^\xi = -2 + 2\xi \quad \text{oder} \quad C e^\xi = -2 \quad \text{oder} \quad \xi = \ln\left|\frac{-2}{C}\right|,$$

oder mit C nach (1331)'

$$\xi_w = \ln\left|\frac{1}{\xi_a} e^{\xi_a}\right| = \xi_a - \ln\xi_a \quad \text{(Wendestellen)}. \tag{1340}$$

Die Einführung dieses ξ-Wertes in (1339) liefert

$$\left(\frac{d\xi}{d\tau}\right)_w = \pm\sqrt{-2 + 2\xi_a - 2\ln\xi_a}, \quad \text{(Wendestellen)} \tag{1341}$$

wobei das $+$-Zeichen für eine mit τ ansteigende, das $-$-Zeichen für eine mit τ fallende Halbwelle einzusetzen ist.

Außer den Wendestellenwerten werden für die nachfolgende Approximation auch noch die zweiten Differentialquotienten an den Extremalstellen benötigt. Hierfür liefert (1328) unter Berücksichtigung von $\frac{d\xi}{d\tau} = 0$

$$\frac{d^2\xi}{d\tau^2} = 1 - \xi \quad \text{(Extremalstellen)}. \tag{1342}$$

104. Ermittlung der Schwingungsdauer der quadratisch gedämpften Schwingungen.

Da man den ξ-Wert an der Extremalstelle stets als ξ_a-Wert betrachten kann, folgt auch

$$\left(\frac{d^2\xi}{d\tau^2}\right)_e = 1 - \xi_a \quad \text{(Extremalstellen)}. \tag{1343}$$

Wir wollen nun $\frac{d\xi}{d\tau}$ nach (1330) zwischen einer Extremalstelle und der darauf folgenden bzw. vorhergehenden Wendestelle durch den Ansatz

$$\frac{d\xi}{d\tau} = \pm A \sqrt{(\xi-\alpha)(\beta-\xi)} \tag{1344}$$

approximieren, der noch die drei willkürlichen Konstanten A, α und β offenläßt. Diese sollen nun so bestimmt werden, daß an der Extremalstelle $\frac{d\xi}{d\tau}$ und $\frac{d^2\xi}{d\tau^2}$ und an der Wendestelle $\frac{d\xi}{d\tau}$ die wirklichen Werte annehmen. Hierdurch wird erreicht, daß in dem für die Schwingungszeitbestimmung ausschlaggebenden Bereich in der Umgebung der Extremalstelle die Güte der Approximation eine besonders hohe ist. Die Differentiation von (1344) ergibt

$$\frac{d^2\xi}{d\tau^2} = \frac{d}{d\xi}\left(\frac{d\xi}{d\tau}\right)\frac{d\xi}{d\tau} = \frac{1}{2}A^2(-2\xi + \alpha + \beta). \tag{1345}$$

Nun verschwindet an der Extremalstelle $\frac{d\xi}{d\tau}$. Da A nicht null werden kann, muß nach (1344) entweder α oder β den Wert ξ_a annehmen. Wird α ausgewählt, so folgt

$$\alpha = \xi_a. \tag{1346}$$

Die zweite Ableitung an der Extremalstelle ist durch (1343) gegeben. Bei gleichzeitiger Berücksichtigung von (1345) und (1346) erhält man

$$1 - \xi_a = \tfrac{1}{2}A^2(-\xi_a + \beta)$$

und daraus

$$A = \sqrt{\frac{2(1-\xi_a)}{\beta-\xi_a}}. \tag{1347}$$

Schließlich folgt durch Gleichsetzen von (1341) und (1344) an der Wendestelle, wenn (1340), (1346) und (1347) mitbeachtet werden,

$$\pm \sqrt{-2 + 2\xi_a - 2\ln\xi_a} = \pm \sqrt{\frac{2(1-\xi_a)}{\beta-\xi_a}} \sqrt{(\ln\xi_a)(\xi_a - \ln\xi_a - \beta)}.$$

Die Auflösung ergibt

$$\beta = \xi_a + \frac{(1-\xi_a)\ln^2\xi_a}{1-\xi_a + \xi_a\ln\xi_a}. \tag{1348}$$

Die Einführung von (1346) bis (1348) in (1344) liefert

$$\left.\begin{aligned}\frac{d\xi}{d\tau} &= \sqrt{\frac{2(1-\xi_a+\xi_a\ln\xi_a)}{\ln^2\xi_a}} \\ &\cdot \sqrt{-\xi^2 + 2\xi\left(\xi_a + \frac{\tfrac{1}{2}(1-\xi_a)\ln^2\xi_a}{1-\xi_a+\xi_a\ln\xi_a}\right) - \xi_a\left(\xi_a + \frac{(1-\xi_a)\ln^2\xi_a}{1-\xi_a+\xi_a\ln\xi_a}\right)}.\end{aligned}\right\} \tag{1349}$$

Nach Trennung der Variabeln erhält man durch Integration zwischen ξ_a und ξ_w bzw. τ_a und τ_w

$$\int_{\xi_a}^{\xi_w} \frac{d\xi}{\sqrt{-\xi^2 + 2\xi\left(\xi_a + \frac{\frac{1}{2}(1-\xi_a)\ln^2\xi_a}{1-\xi_a+\xi_a\ln\xi_a}\right) - \xi_a\left(\xi_a + \frac{(1-\xi_a)\ln^2\xi_a}{1-\xi_a+\xi_a\ln\xi_a}\right)}}$$

$$= \sqrt{\frac{2(1-\xi_a+\xi_a\ln\xi_a)}{\ln^2\xi_a}} \int_{\tau_a}^{\tau_w} d\tau \; .$$

Die Integration ergibt mit ξ_w nach (1340)

$$-\arccos\left[\frac{1-\xi_a+\xi_a\ln\xi_a}{\frac{1}{2}(1-\xi_a)\ln^2\xi_a}\left(\xi-\xi_a-\frac{\frac{1}{2}(1-\xi_a)\ln^2\xi_a}{1-\xi_a+\xi_a\ln\xi_a}\right)\right]_{\xi_a}^{\xi-\ln\xi_a} = (\tau_w-\tau_a)\sqrt{\frac{2(1-\xi_a+\xi_a\ln\xi_a)}{\ln^2\xi_a}} \; .$$

Nach Einsetzen der Grenzen folgt schließlich

$$|\tau_w - \tau_a| = \frac{|\ln\xi_a|}{\sqrt{2(1-\xi_a+\xi_a\ln\xi_a)}}\left[\pi - \arccos\left(1 - \frac{1-\xi_a+\ln\xi_a}{\frac{1}{2}(1-\xi_a)\ln\xi_a}\right)\right] \; . \quad (1350)$$

Nicht selten, wie z. B. in Beispiel 53, liegt der Fall vor, daß die Zeitdauer zwischen einer Extremalstelle und einer beliebigen anderen Stelle ξ ermittelt werden soll. In diesem Falle liefert die Integration

$$|\tau - \tau_a| = \frac{|\ln\xi_a|}{\sqrt{2(1-\xi_a+\xi_a\ln\xi_a)}}\left[\pi - \arccos\left(\frac{1-\xi_a+\xi_a\ln\xi_a}{\frac{1}{2}(1-\xi_a)\ln^2\xi_a}(\xi-\xi_a) - 1\right)\right] . (1351)$$

Die durch (1350) dargestellten dimensionslosen Viertelwellenzeiten können aus der nachfolgenden Zahlentafel in Abhängigkeit von ξ_a unmittelbar entnommen werden. Bezüglich ξ_a entspricht die Reichweite der Tafel derjenigen von Seite 370.

$$\frac{1}{\pi}|\tau_w - \tau_a| \; .$$

ξ_a	0	1	2	3	4	5	6	7	8	9
0,1	0,766	0,755	0,745	0,736	0,727	0,719	0,711	0,704	0,697	0,691
0,2	0,685	0,680	0,675	0,670	0,666	0,661	0,656	0,652	0,647	0,643
0,3	0,639	0,636	0,633	0,629	0,626	0,623	0,620	0,616	0,613	0,610
0,4	0,607	0,604	0,601	0,599	0,596	0,593	0,591	0,589	0,586	0,584
0,5	0,582	0,579	0,577	0,575	0,572	0,570	0,568	0,566	0,564	0,562
0,6	0,560	0,558	0,556	0,554	0,552	0,550	0,548	0,546	0,544	0,542
0,7	0,540	0,538	0,536	0,535	0,533	0,531	0,530	0,528	0,526	0,525
0,8	0,524	0,522	0,521	0,519	0,518	0,516	0,515	0,514	0,513	0,512
0,9	0,511	0,509	0,508	0,507	0,506	0,505	0,504	0,503	0,502	0,501
1,0	0,500	0,499	0,498	0,497	0,496	0,495	0,494	0,493	0,492	0,491
1,1	0,490	0,489	0,488	0,487	0,486	0,485	0,484	0,483	0,482	0,481
1,2	0,480	0,479	0,478	0,477	0,476	0,475	0,474	0,473	0,472	0,471
1,3	0,471	0,470	0,469	0,468	0,467	0,467	0,466	0,465	0,464	0,463
1,4	0,463	0,462	0,461	0,460	0,459	0,459	0,458	0,457	0,456	0,455
1,5	0,455	0,454	0,453	0,452	0,452	0,451	0,450	0,450	0,449	0,448

104. Ermittlung der Schwingungsdauer der quadratisch gedämpften Schwingungen.

$$\frac{1}{\pi}\left|\tau_w-\tau_a\right| \quad \text{(Fortsetzung)}.$$

ξ_a	0	1	2	3	4	5	6	7	8	9
1,5	0,455	0,454	0,453	0,452	0,452	0,451	0,450	0,450	0,449	0,448
1,6	0,448	0,447	0,446	0,445	0,445	0,444	0,443	0,443	0,442	0,441
1,7	0,441	0,440	0,439	0,438	0,438	0,437	0,436	0,436	0,435	0,434
1,8	0,434	0,433	0,432	0,432	0,431	0,430	0,430	0,429	0,429	0,428
1,9	0,428	0,427	0,427	0,426	0,426	0,425	0,425	0,424	0,424	0,423
2,0	0,423	0,422	0,422	0,421	0,421	0,420	0,420	0,419	0,419	0,418
2,1	0,418	0,417	0,417	0,416	0,416	0,415	0,415	0,414	0,414	0,414
2,2	0,413	0,413	0,412	0,412	0,412	0,411	0,411	0,411	0,410	0,410
2,3	0,409	0,409	0,408	0,408	0,408	0,407	0,407	0,406	0,406	0,405
2,4	0,405	0,404	0,404	0,403	0,403	0,402	0,402	0,401	0,400	0,400
2,5	0,399	0,399	0,399	0,398	0,398	0,397	0,397	0,396	0,396	0,396
2,6	0,395	0,395	0,394	0,394	0,393	0,393	0,393	0,392	0,392	0,391
2,7	0,391	0,391	0,390	0,390	0,389	0,389	0,388	0,388	0,388	0,387
2,8	0,387	0,386	0,386	0,385	0,385	0,385	0,384	0,384	0,383	0,383
2,9	0,382	0,382	0,382	0,381	0,381	0,380	0,380	0,380	0,379	0,379
3,0	0,378	0,378	0,378	0,377	0,377	0,377	0,376	0,376	0,376	0,375
3,1	0,375	0,375	0,374	0,374	0,374	0,373	0,373	0,373	0,372	0,372
3,2	0,372	0,372	0,371	0,371	0,371	0,370	0,370	0,370	0,370	0,369
3,3	0,369	0,369	0,369	0,369	0,368	0,368	0,368	0,368	0,367	0,367
3,4	0,367	0,367	0,366	0,366	0,366	0,366	0,366	0,365	0,365	0,365
3,5	0,365	0,364	0,364	0,364	0,364	0,363	0,363	0,363	0,363	0,362
3,6	0,362	0,362	0,362	0,361	0,361	0,361	0,361	0,360	0,360	0,360
3,7	0,360	0,359	0,359	0,359	0,359	0,358	0,358	0,358	0,358	0,357

Durch Gl. (1332) sind die zu einer Halbwelle gehörigen Maximal- und Minimalamplituden eindeutig festgelegt. Bezeichnet ξ_a die Maximalamplitude, so kann die Minimalamplitude ξ unmittelbar aus der Tabelle von Seite 370 entnommen werden. Man kann somit mit Hilfe der letztgenannten Tabelle unter Heranziehung der Tabelle für die Viertelwellenzeiten bzw. für $|\tau_w - \tau_a|/\pi$ die dimensionslosen Schwingungszeiten zweier benachbarter Viertelwellen und damit der von ihnen gebildeten Halbwelle berechnen. Diese Schwingungszeit gehört dann gleichzeitig zu dem maximalen und dem minimalen ξ-Wert. Ordnet man sie stets dem zahlenmäßig kleineren dieser beiden extremalen ξ-Werte zu, so lassen sie sich in einer Tabelle zusammenstellen, in der $\xi_a = \xi_e^{\min}$ die Wertefolge von 0 bis 1 überstreichen kann. Für den Bereich von 0,1 bis 1 sind die dimensionslosen Halbwellenzeiten in der nachfolgenden Tabelle zusammengestellt.

$$\frac{1}{\pi}\left|\tau_{e_1}-\tau_{e_2}\right|.$$

$\xi_a=\xi_e^{\min}$	0	1	2	3	4	5	6	7	8	9
0,1	1,125	1,117	1,110	1,103	1,096	1,090	1,085	1,080	1,076	1,073
0,2	1,070	1,067	1,064	1,061	1,059	1,057	1,054	1,052	1,050	1,048
0,3	1,046	1,044	1,043	1,041	1,039	1,037	1,035	1,034	1,032	1,030
0,4	1,029	1,028	1,027	1,026	1,024	1,023	1,022	1,021	1,020	1,019
0,5	1,018	1,018	1,017	1,015	1,014	1,014	1,013	1,012	1,012	1,012
0,6	1,011	1,010	1,010	1,009	1,009	1,008	1,007	1,006	1,006	1,005
0,7	1,005	1,004	1,004	1,003	1,003	1,002	1,002	1,001	1,001	1,001
0,8	1,001	1,001	1,000	1,000	1,000	1,000	1,000	1,000	1,000	1,000
0,9	1,000	1,000	1,000	1,000	1,000	1,000	1,000	1,000	1,000	1,000
1,0	1,000	1,000	1,000	1,000	1,000	1,000	1,000	1,000	1,000	1,000

Der punktförmig idealisierte Körperhaufen.

$$\xi_w = \xi_a - \ln \xi_a = \xi_e^{\min} - \ln \xi_e^{\min}.$$

$\xi_e^{\min}$	0	1	2	3	4	5	6	7	8	9
0,10	2,403	2,393	2,385	2,376	2,367	2,359	2,350	2,342	2,334	2,325
0,11	2,317	2,309	2,302	2,293	2,286	2,278	2,270	2,263	2,255	2,248
0,12	2,240	2,233	2,226	2,219	2,211	2,204	2,197	2,191	2,184	2,177
0,13	2,170	2,164	2,158	2,150	2,144	2,137	2,131	2,125	2,119	2,112
0,14	2,106	2,100	2,094	2,088	2,082	2,076	2,070	2,064	2,059	2,053
0,15	2,047	2,041	2,036	2,030	2,025	2,019	2,014	2,009	2,003	1,998
0,16	1,993	1,987	1,982	1,977	1,972	1,967	1,962	1,957	1,952	1,947
0,17	1,942	1,937	1,933	1,928	1,923	1,919	1,914	1,909	1,905	1,900
0,18	1,895	1,891	1,886	1,882	1,877	1,873	1,868	1,864	1,859	1,855
0,19	1,851	1,846	1,842	1,838	1,833	1,829	1,825	1,821	1,817	1,813
0,20	1,809	1,805	1,802	1,798	1,794	1,790	1,787	1,783	1,779	1,775
0,21	1,771	1,768	1,764	1,760	1,757	1,753	1,749	1,745	1,742	1,738
0,22	1,734	1,731	1,727	1,724	1,721	1,717	1,714	1,711	1,707	1,704
0,23	1,700	1,697	1,694	1,690	1,687	1,684	1,681	1,677	1,673	1,670
0,24	1,667	1,664	1,660	1,657	1,654	1,651	1,648	1,645	1,642	1,639
0,25	1,636	1,633	1,630	1,627	1,624	1,621	1,618	1,616	1,613	1,610
0,26	1,607	1,604	1,601	1,599	1,596	1,593	1,590	1,588	1,585	1,582
0,27	1,579	1,577	1,574	1,571	1,569	1,566	1,563	1,561	1,558	1,555
0,28	1,553	1,550	1,548	1,545	1,543	1,540	1,538	1,535	1,533	1,531
0,29	1,528	1,526	1,523	1,521	1,518	1,516	1,513	1,511	1,508	1,506
0,30	1,504	1,501	1,499	1,497	1,494	1,492	1,490	1,487	1,485	1,483
0,31	1,481	1,478	1,476	1,474	1,472	1,470	1,467	1,465	1,463	1,461
0,32	1,459	1,457	1,455	1,453	1,451	1,449	1,447	1,445	1,443	1,441
0,33	1,439	1,437	1,435	1,433	1,431	1,429	1,427	1,425	1,423	1,421
0,34	1,419	1,417	1,415	1,413	1,412	1,410	1,408	1,406	1,404	1,402
0,35	1,400	1,399	1,397	1,395	1,393	1,391	1,390	1,388	1,386	1,384
0,36	1,382	1,381	1,379	1,377	1,375	1,373	1,372	1,370	1,368	1,366
0,37	1,364	1,363	1,361	1,360	1,358	1,356	1,355	1,353	1,352	1,350
0,38	1,348	1,347	1,345	1,344	1,342	1,340	1,339	1,337	1,336	1,334
0,39	1,332	1,331	1,329	1,328	1,326	1,324	1,323	1,321	1,319	1,318
0,40	1,316	1,314	1,313	1,312	1,310	1,309	1,307	1,306	1,305	1,303
0,41	1,302	1,301	1,299	1,298	1,297	1,295	1,294	1,292	1,291	1,289
0,42	1,288	1,287	1,285	1,284	1,283	1,281	1,280	1,278	1,277	1,275
0,43	1,274	1,273	1,271	1,270	1,269	1,267	1,266	1,265	1,263	1,262
0,44	1,261	1,260	1,258	1,257	1,256	1,255	1,254	1,252	1,251	1,250
0,45	1,249	1,248	1,246	1,245	1,244	1,243	1,242	1,240	1,239	1,238
0,46	1,237	1,236	1,234	1,233	1,232	1,231	1,230	1,228	1,227	1,226
0,47	1,225	1,224	1,222	1,221	1,220	1,219	1,218	1,217	1,216	1,215
0,48	1,214	1,213	1,211	1,210	1,209	1,208	1,207	1,206	1,205	1,204
0,49	1,203	1,202	1,201	1,200	1,199	1,198	1,197	1,196	1,195	1,194
0,50	1,193	1,192	1,191	1,190	1,189	1,188	1,187	1,186	1,185	1,184
0,51	1,183	1,182	1,181	1,180	1,179	1,179	1,178	1,177	1,176	1,175
0,52	1,174	1,173	1,172	1,171	1,170	1,170	1,169	1,168	1,167	1,166
0,53	1,165	1,164	1,163	1,162	1,161	1,161	1,160	1,159	1,158	1,157
0,54	1,156	1,155	1,154	1,153	1,153	1,152	1,151	1,150	1,149	1,149
0,55	1,148	1,147	1,146	1,145	1,145	1,144	1,143	1,142	1,141	1,141
0,56	1,140	1,139	1,138	1,138	1,137	1,136	1,135	1,135	1,134	1,133
0,57	1,132	1,131	1,131	1,130	1,129	1,128	1,128	1,127	1,126	1,125
0,58	1,125	1,124	1,123	1,123	1,122	1,121	1,121	1,120	1,119	1,119
0,59	1,118	1,117	1,116	1,116	1,115	1,114	1,113	1,113	1,112	1,111
0,60	1,111	1,110	1,109	1,109	1,108	1,107	1,106	1,106	1,105	1,104

104. Ermittlung der Schwingungsdauer der quadratisch gedämpften Schwingungen.

$$\xi_w = \xi_a - \ln \xi_a = \xi_e^{\min} - \ln \xi_e^{\min} \text{ (Fortsetzung)}.$$

$\xi_e^{\min}$	0	1	2	3	4	5	6	7	8	9
0,60	1,111	1,110	1,109	1,109	1,108	1,107	1,106	1,106	1,105	1,104
0,61	1,104	1,103	1,102	1,102	1,101	1,101	1,100	1,100	1,099	1,099
0,62	1,098	1,098	1,097	1,096	1,096	1,095	1,095	1,094	1,093	1,093
0,63	1,092	1,091	1,091	1,090	1,090	1,089	1,089	1,088	1,088	1,087
0,64	1,086	1,086	1,085	1,085	1,084	1,084	1,083	1,083	1,082	1,082
0,65	1,081	1,081	1,080	1,080	1,079	1,079	1,078	1,078	1,077	1,077
0,66	1,076	1,076	1,075	1,075	1,074	1,074	1,073	1,073	1,072	1,072
0,67	1,071	1,071	1,070	1,070	1,069	1,069	1,068	1,068	1,067	1,067
0,68	1,066	1,066	1,065	1,065	1,064	1,064	1,063	1,063	1,062	1,062
0,69	1,061	1,061	1,061	1,060	1,060	1,059	1,059	1,058	1,058	1,057
0,70	1,057	1,057	1,056	1,056	1,055	1,055	1,054	1,054	1,053	1,053
0,71	1,052	1,052	1,052	1,051	1,051	1,050	1,050	1,050	1,049	1,049
0,72	1,048	1,048	1,048	1,047	1,047	1,046	1,046	1,046	1,045	1,045
0,73	1,045	1,044	1,044	1,043	1,043	1,043	1,042	1,042	1,042	1,041
0,74	1,041	1,041	1,041	1,040	1,040	1,040	1,039	1,039	1,039	1,038
0,75	1,038	1,038	1,037	1,037	1,037	1,036	1,036	1,035	1,035	1,035
0,76	1,034	1,034	1,034	1,033	1,033	1,033	1,032	1,032	1,032	1,031
0,77	1,031	1,031	1,031	1,030	1,030	1,030	1,029	1,029	1,029	1,028
0,78	1,028	1,028	1,028	1,027	1,027	1,027	1,027	1,026	1,026	1,026
0,79	1,026	1,025	1,025	1,025	1,025	1,024	1,024	1,024	1,024	1,023
0,80	1,023	1,023	1,023	1,023	1,022	1,022	1,022	1,022	1,021	1,021
0,81	1,021	1,021	1,020	1,020	1,020	1,020	1,019	1,019	1,019	1,019
0,82	1,018	1,018	1,018	1,018	1,017	1,017	1,017	1,017	1,017	1,016
0,83	1,016	1,016	1,016	1,016	1,015	1,015	1,015	1,015	1,015	1,014
0,84	1,014	1,014	1,014	1,014	1,014	1,013	1,013	1,013	1,013	1,013
0,85	1,013	1,012	1,012	1,012	1,012	1,012	1,011	1,011	1,011	1,011
0,86	1,011	1,010	1,010	1,010	1,010	1,010	1,010	1,009	1,009	1,009
0,87	1,009	1,009	1,009	1,009	1,008	1,008	1,008	1,008	1,008	1,008
0,88	1,008	1,008	1,007	1,007	1,007	1,007	1,007	1,007	1,007	1,007
0,89	1,007	1,006	1,006	1,006	1,006	1,006	1,006	1,006	1,006	1,005
0,90	1,005	1,005	1,005	1,005	1,005	1,005	1,005	1,004	1,004	1,004
0,91	1,004	1,004	1,004	1,004	1,004	1,004	1,004	1,004	1,003	1,003
0,92	1,003	1,003	1,003	1,003	1,003	1,003	1,003	1,003	1,003	1,003
0,93	1,003	1,002	1,002	1,002	1,002	1,002	1,002	1,002	1,002	1,002
0,94	1,002	1,002	1,002	1,002	1,002	1,002	1,001	1,001	1,001	1,001
0,95	1,001	1,001	1,001	1,001	1,001	1,001	1,001	1,001	1,001	1,001
0,96	1,001	1,001	1,001	1,001	1,001	1,001	1,000	1,000	1,000	1,000
0,97	1,000	1,000	1,000	1,000	1,000	1,000	1,000	1,000	1,000	1,000
0,98	1,000	1,000	1,000	1,000	1,000	1,000	1,000	1,000	1,000	1,000
0,99	1,000	1,000	1,000	1,000	1,000	1,000	1,000	1,000	1,000	1,000
1,00	1,000	1,000	1,000	1,000	1,000	1,000	1,000	1,000	1,000	1,000

Die Zusammenstellung läßt erkennen, daß die dimensionslosen Halbwellenzeiten der quadratisch gedämpften Schwingung nur wenig über denen der harmonischen Schwingung liegen und von $\xi = 0,8$ ab praktisch mit denen der harmonischen Schwingung zusammenfallen.

Mit der Kenntnis der Extremalamplituden, der Wendepunktamplituden und der Viertelwellenzeiten ist der Schwingungsverlauf der quadratisch gedämpften Schwingungen so festgelegt, daß eine Auftragung unmittelbar möglich ist. Hierfür sind die durch (1340) gegebenen Wendepunktamplituden vorstehend ebenfalls noch in einer Tabelle zusammengestellt worden. Da die Wendepunktamplitude sowohl durch die Maximalamplitude als auch durch die Minimalamplitude festgelegt wird, konnte ähnlich wie im Falle der Halbwellenzeiten der Tafelbereich auf die ξ_e^{min}-Werte, d. h. auf $\xi_a = 0{,}10$ bis $\xi_a = 1$ beschränkt werden.

Soll der Schwingungsverlauf noch genauer festgelegt werden, so stellen hierfür der mit (1342) bekannte Krümmungskreis an den Extremalstellen und die mit (1341) bekannte Tangente an den Wendestellen wertvolle zusätzliche Bestimmungsstücke dar.

Beispiel 54. Wie gestaltet sich der Schwingungsverlauf für den Schwinger von Beispiel 52 längs der Anstiegstrecke und der darauf folgenden neun Halbwellen, einmal in der dimensionslosen Form $\xi(\tau)$ und zum anderen in der wirklichen Form $(u\,t)$?

In Beispiel 52 sind die extremalen ξ-Werte bereits berechnet worden; in Beispiel 53 wurde auch der ξ_0'-Wert beim Beginn der Schwingung errechnet. Die Zusammenstellung dieser Werte, getrennt für die Anstiegstrecke und die einzelnen Halbwellen, ergibt:

Anstieg-strecke	Erste Halbwelle	Zweite Halbwelle	Dritte Halbwelle	Vierte Halbwelle
$\xi_0 = 1{,}567$	$\xi_1 = 1{,}728$	$\xi_2 = 1{,}488$	$\xi_3 = 1{,}367$	$\xi_4 = 1{,}293$
$\xi_1 = 0{,}272$	$\xi_2 = 0{,}512$	$\xi_3 = 0{,}633$	$\xi_4 = 0{,}707$	$\xi_5 = 0{,}756$

Fünfte Halbwelle	Sechste Halbwelle	Siebente Halbwelle	Achte Halbwelle	Neunte Halbwelle
$\xi_5 = 1{,}244$	$\xi_6 = 1{,}208$	$\xi_7 = 1{,}182$	$\xi_8 = 1{,}161$	$\xi_9 = 1{,}144$,
$\xi_6 = 0{,}792$	$\xi_7 = 0{,}818$	$\xi_8 = 0{,}839$	$\xi_9 = 0{,}856$	$\xi_{10} = 0{,}870$.

Für die unteren ξ-Werte liefert die ξ_w-Tabelle die Wendepunktordinaten

$\xi_{w_1} = 1{,}574$ $\xi_{w_2} = 1{,}181$ $\xi_{w_3} = 1{,}090$ $\xi_{w_4} = 1{,}054$ $\xi_{w_5} = 1{,}036$
$\xi_{w_6} = 1{,}025$ $\xi_{w_7} = 1{,}019$ $\xi_{w_8} = 1{,}014$ $\xi_{w_9} = 1{,}011$ $\xi_{w_{10}} = 1{,}009$.

Ferner folgen aus der $|\tau_w - \tau_a|/\pi$-Tabelle die Viertelwellenzeiten

$\dfrac{\Delta\tau_1}{\pi} = 0{,}438$, $\dfrac{\Delta\tau_2}{\pi} = 0{,}455$, $\dfrac{\Delta\tau_3}{\pi} = 0{,}465$, $\dfrac{\Delta\tau_4}{\pi} = 0{,}471$, $\dfrac{\Delta\tau_5}{\pi} = 0{,}476$,

$\dfrac{\Delta\tau_6}{\pi} = 0{,}479$, $\dfrac{\Delta\tau_7}{\pi} = 0{,}482$, $\dfrac{\Delta\tau_8}{\pi} = 0{,}484$, $\dfrac{\Delta\tau_9}{\tau} = 0{,}486$,

$\dfrac{\Delta\tau_1}{\pi} = 0{,}642$, $\dfrac{\Delta\tau_2}{\pi} = 0{,}579$, $\dfrac{\Delta\tau_3}{\pi} = 0{,}554$, $\dfrac{\Delta\tau_4}{\pi} = 0{,}539$, $\dfrac{\Delta\tau_5}{\pi} = 0{,}530$,

$\dfrac{\Delta\tau_6}{\pi} = 0{,}525$, $\dfrac{\Delta\tau_7}{\pi} = 0{,}521$, $\dfrac{\Delta\tau_8}{\pi} = 0{,}518$, $\dfrac{\Delta\tau_9}{\pi} = 0{,}516$, $\dfrac{\Delta\tau_{10}}{\pi} = 0{,}514$.

Da der Anfangswert der Anstiegstrecke $\xi_0 = 1{,}567$ etwas kleiner ist als die Wendepunktordinate $\xi_{w_1} = 1{,}574$, ist die Anstiegzeit etwas kleiner als die Viertelwellenzeit. Sie ist in Beispiel 53 bereits berechnet worden, und zwar ergab sich $\Delta\tau_1 = 2{,}01$. Hieraus errechnet sich $\Delta\tau_1/\pi = 0{,}642$, wie oben verzeichnet. Durch Addition der Viertelwellenzeiten ergeben sich die Halbwellenzeiten

$\dfrac{\Delta\tau_1^2}{\pi} = 1{,}017$, $\dfrac{\Delta\tau_2^3}{\pi} = 1{,}009$, $\dfrac{\Delta\tau_3^4}{\pi} = 1{,}005$, $\dfrac{\Delta\tau_4^5}{\pi} = 1{,}002$, $\dfrac{\Delta\tau_5^6}{\pi} = 1{,}001$,

$\dfrac{\Delta\tau_6^7}{\pi} = 1{,}000$, $\dfrac{\Delta\tau_7^8}{\pi} = 1{,}000$, $\dfrac{\Delta\tau_8^9}{\pi} = 1{,}000$, $\dfrac{\Delta\tau_9^{10}}{\pi} = 1{,}000$.

104. Ermittlung der Schwingungsdauer der quadratisch gedämpften Schwingungen.

Während die Halbwellenzeiten $\frac{\Delta \tau}{\pi}$ sich nur wenig von dem Wert 1,000 der harmonischen Schwingungen unterscheiden, sind die Abweichungen der Viertelwellenzeiten von dem Werte 0,500 größer.

Die Auftragung der ξ-Ordinaten unter Aneinanderreihung der Viertelwellenzeiten liefert den aus Abb. 335 ersichtlichen Verlauf. Entsprechend dem Vorzeichensprung von Halbwelle zu Halbwelle in der Ausgangsdifferentialgleichung ergeben sich von Halbwelle zu Halbwelle Sprünge in den ξ-Ordinaten. Wie zu erwarten, nähert sich die Verbindungslinie der Wendepunkte asymptotisch der Geraden $\xi = 1$, die als asymptotische Schwingungsmittellinie bezeichnet werden kann.

Für die Darstellung der wirklichen Schwingungen müssen zunächst die Zeitabszissen an den Extremal- und Wendestellen festgelegt werden. Dies geschieht

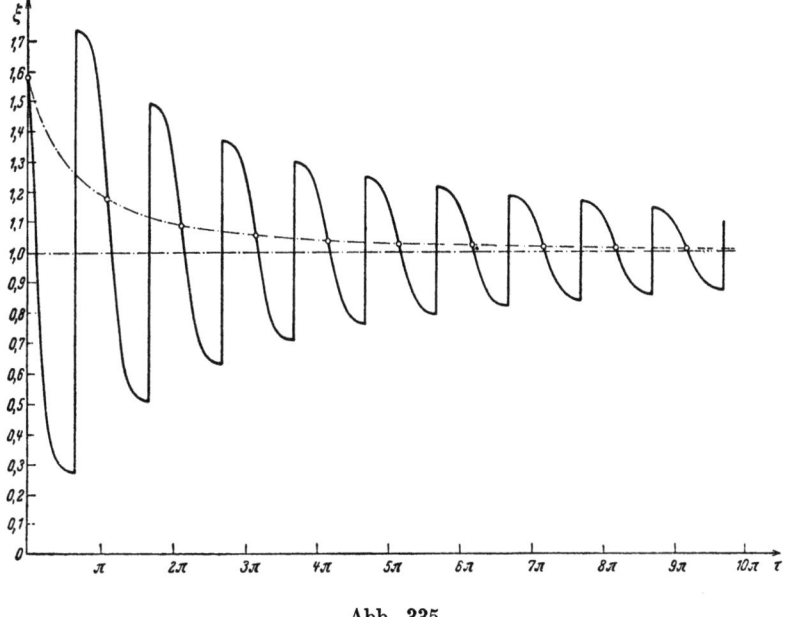

Abb. 335.

durch Aneinanderreihung der oben errechneten Viertelwellenzeiten unter Umrechnung auf wirkliche Zeitabszissen gemäß (1327). Der Umrechnungsfaktor lautet

$$\sqrt{\frac{m}{c}} = 54{,}4 \text{ s} \quad \text{bzw.} \quad \pi \sqrt{\frac{m}{c}} = 171 \text{ s} .$$

Die Rechnung ergibt

Punkt	0	1	1/2	2	2/3	3	3/4	4	4/5	5
τ	0,000	0,642	1,080	1,659	2,114	2,668	3,133	3,672	4,143	4,673
t	0	110	185	284	362	457	536	628	708	799

Punkt	5/6	6	6/7	7	7/8	8	8/9	9	9/10	10
τ	5,149	5,674	6,153	6,674	7,156	7,674	8,158	8,674	9,160	9,674
t	880	970	1053	1141	1224	1312	1395	1483	1564	1654

An den Extremalstellen sind die wirklichen Amplituden bereits in Beispiel 52 berechnet worden. Es ergab sich unter Hinzufügung der Ausgangsamplitude

Punkt	0	1	2	3	4	5	6	7	8	9	10
u	−370	+477	−319	+240	−191	+159	−136	+119	−105	+94	−85 cm.

Für die Wendestellenamplituden liefert die Umrechnung der ξ_w-Werte nach (1326)

Punkt	1/2	2/3	3/4	4/5	5/6	6/7	7/8	8/9	9/10
u	+118	−59	+35	−24	+16	−12	+9	−7	+6 cm.

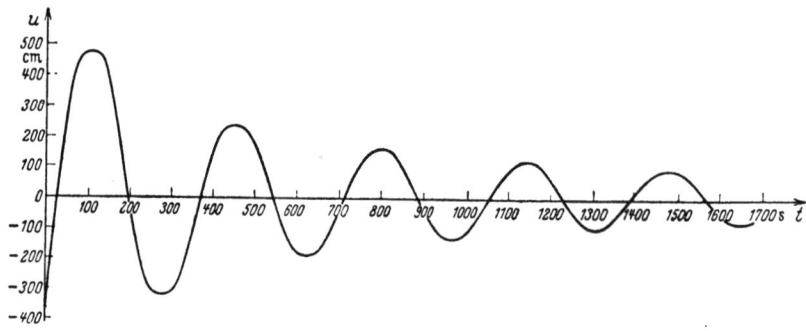

Abb. 336.

In Abb. 336 ist der Schwingungsverlauf, wie er sich mit Hilfe der vorstehenden Werte ergibt, aufgetragen worden. Für die Halbwellenzeiten ergibt sich dabei das folgende Bild:

Halbwelle	1	2	3	4	5	6	7	8	9
Δt	174	172,5	172	171	171	171	171	171	171 s.

105. Die beliebig gedämpften Schwingungen.

Im Falle einer beliebig gedämpften Schwingung mit einer gemäß (1182) gegebenen Dämpfungskraft führen praktisch nur graphische oder numerische Rechnungsverfahren zum Ziele. Ist die Schwingung linear, so wird die Vektorform wieder entbehrlich und die Dämpfungskraft erscheint in der Form

$$P_d = \pm a_0 + a_1 v \pm a_2 v^2 + a_3 v^3 \pm a_4 v^4 + a_5 v^5 \pm \cdots, \quad v = \frac{du}{dt}. \quad (1352)$$

Wird diese Dämpfungskraft in die Differentialgleichung eingeführt, so tritt in (1323) an Stelle von $\pm \frac{d_2}{m}\left(\frac{du}{dt}\right)^2$

$$\pm \frac{a_0}{m} + \frac{a_1}{m}\frac{du}{dt} \pm \frac{a_2}{m}\left(\frac{du}{dt}\right)^2 + \frac{a_3}{m}\left(\frac{du}{dt}\right)^3 \pm \frac{a_4}{m}\left(\frac{du}{dt}\right)^4 + \frac{a_5}{m}\left(\frac{du}{dt}\right)^5 \pm \cdots$$

und man erhält

$$\frac{d^2u}{dt^2} + \left[\pm \frac{a_0}{m} + \frac{a_1}{m}\frac{du}{dt} \pm \frac{a_2}{m}\left(\frac{du}{dt}\right)^2 + \frac{a_3}{m}\left(\frac{du}{dt}\right)^3 \pm \frac{a_4}{m}\left(\frac{du}{dt}\right)^4 + \frac{a_5}{m}\left(\frac{du}{dt}\right)^5 \pm \cdots\right] + \frac{c}{m}u = \frac{P(t)}{m}. \quad (1353)$$

Wird diese Differentialgleichung ähnlich wie in Ziffer (103) durch

$$\left[1 + \left(\frac{du}{dt}\right)^2\right]^{3/2}$$

dividiert, so wird das erste Glied wieder gleich der Krümmung der Schwingungskurve, beziehungsweise gleich dem reziproken Werte des Krümmungshalbmessers R und es folgt

$$R(t) = \frac{\left[1+\left(\frac{du}{dt}\right)^2\right]^{3/2}}{\frac{P(t)}{m} - \frac{c}{m}u - \left[\pm\frac{a_0}{m} + \frac{a_1}{m}\frac{du}{dt} \pm \frac{a_2}{m}\left(\frac{du}{dt}\right)^2 \pm \frac{a_3}{m}\left(\frac{du}{dt}\right)^3 \pm \frac{a_4}{m}\left(\frac{du}{dt}\right)^4 + \frac{a_5}{m}\left(\frac{du}{dt}\right)^5 \pm \cdots\right]} \quad (1354)$$

Sind u_0 und v_0 zur Zeit $t = 0$ vorgegeben, so kann mit Hilfe von (1354) nach dem in Ziffer 103 erläuterten Verfahren die gesuchte Schwingungskurve vermittelst ihrer Krümmungskreise stückweise dargestellt werden.

106. Dämpfung durch zeitlich abnehmende Masse.

In den bisherigen Untersuchungen dieses Kapitels wurde die Schwingungsdämpfung, d. h. die zeitlich fortschreitende Abminderung der Amplituden dadurch herbeigeführt, daß eine der Bewegung entgegenwirkende, energieverzehrende Kraft, die Dämpfungskraft, auftrat. Ähnliche Wirkungen lassen sich auch dadurch erzielen, daß die Masse eine zeitlich fortschreitende Abminderung erfährt. Wirkt auf eine solche zeitlich veränderliche Masse gemäß Abb. 337 eine Rückstellkraft, eine Dämpfungskraft und eine Erregerkraft, so liefert das Newtonsche Kraftgesetz

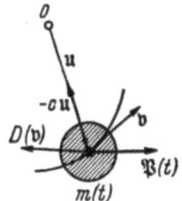

$$-cu - D(v) + \mathfrak{P}(t) = m(t)\frac{d^2u}{dt^2}$$

Abb. 337.

oder

$$\frac{d^2u}{dt^2} + \frac{c}{m(t)}u + \frac{D(v)}{m(t)} = \frac{\mathfrak{P}(t)}{m(t)}. \quad (1355)$$

Ist die Schwingung linear, so kann auf die Vektordarstellung verzichtet werden. Kann außerdem die Dämpfungskraft außer Betracht bleiben, so erhält man

$$\frac{d^2u}{dt^2} + \frac{c}{m(t)}u = \frac{P(t)}{m(t)}. \quad (1356)$$

Diese Differentialgleichung wird am schnellsten graphisch gelöst, indem wieder wie in den vorigen Ziffern der Krümmungshalbmesser eingeführt wird. Auf diesem Wege ergibt sich

$$R(t) = \frac{m(t)\left[1+\left(\frac{du}{dt}\right)^2\right]^{3/2}}{P(t) - cu}. \quad (1357)$$

Beispiel 55. Das Seil mit gefederter Umlenkrolle von Beispiel 37 werde gemäß Abb. 338 durch einen sich stetig öffnenden Erzgreifer belastet. Das Greifergewicht ist $G_e = 15$ t und das Füllgutgewicht $G_f = 15$ t. Das Füllgutgewicht während der Entleerung folgt dem Gesetze

$$L(t) = G_f e^{-\alpha t}, \quad (t \geq 0)$$

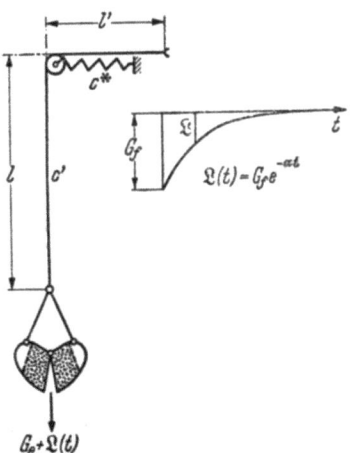

Abb. 338.

wobei $\alpha = 2\ \mathrm{s}^{-1}$ ist. Wie verläuft die Seilschwingung, wenn die Federkonstante c' des Seiles den Wert 7,7 t/cm und diejenige der Feder c^* den Wert 0,5 t/cm besitzt?

Die veränderliche Masse folgt im vorliegenden Falle dem Gesetze

$$m(t) = \frac{G_e}{g} + \frac{G_f}{g} e^{-\alpha t}, \qquad (1358)$$

während $P(t)$ die Schwerkraft

$$P(t) = G_e + G_f e^{-\alpha t} \qquad (1359)$$

darstellt. Werden diese Funktionen in die Differentialgleichung (1356) eingeführt, so erhält man

$$\frac{d^2 u}{dt^2} + \frac{cg}{G_e + G_f e^{-\alpha t}} u = g. \qquad (1360)$$

Die graphische Behandlung einer solchen Differentialgleichung wird sehr erleichtert, wenn, soweit möglich, mit dimensionslosen Veränderlichen gearbeitet wird. Im vorliegenden Falle ist es zweckmäßig, die nach (theoretisch) unendlich langer Zeit sich einstellende Gleichgewichtslage als Bezugsmaß einzuführen. Wird in der Differentialgleichung $t = \infty$ gesetzt und angenommen, daß die Beschleunigungskräfte durch Dämpfung aufgezehrt sind, so verbleibt

$$\frac{cg}{G_e} u_\infty = g \qquad \text{oder} \qquad u_\infty = \frac{G_e}{c}.$$

Dieser Ausschlag ist der statische Ausschlag nach entleertem Greifer. Wird die dimensionslose Veränderliche mit ξ bezeichnet, so folgt

$$\xi = \frac{u}{u_\infty} = \frac{uc}{G_e}, \qquad u = \frac{G_e}{c} \xi. \qquad (1361)$$

Damit lautet die Differentialgleichung

$$\frac{G_e}{c} \frac{d^2 \xi}{dt^2} + \frac{g \xi}{1 + \frac{G_f}{G_e} e^{-\alpha t}} = g \qquad \text{oder} \qquad \frac{d^2 \xi}{dt^2} = \frac{cg}{G_e} \left(1 - \frac{\xi}{1 + \frac{G_f}{G_e} e^{-\alpha t}} \right). \qquad (1362)$$

Die Division durch $\left[1 + \left(\frac{d\xi}{dt} \right)^2 \right]^{3/2}$ liefert

$$\frac{1}{R} = \frac{\pm cg}{G_e} \frac{1 - \dfrac{\xi}{1 + \dfrac{G_f}{G_e} e^{-\alpha t}}}{\left[1 + \left(\dfrac{d\xi}{dt} \right)^2 \right]^{3/2}}$$

oder

$$R = \frac{\pm G_e}{cg} \frac{\left[1 + \left(\dfrac{d\xi}{dt} \right)^2 \right]^{3/2}}{1 - \dfrac{\xi}{1 + \dfrac{G_f}{G_e} e^{-\alpha t}}}. \qquad (1363)$$

Zu Beginn der Schwingung, d. h. im Augenblicke des Öffnens des Greifers, ist

$$u_0 = \frac{G_e + G_f}{c} \qquad \text{und} \qquad \left(\frac{du}{dt} \right)_0 = 0 \qquad \text{für} \qquad t = 0$$

106. Dämpfung durch zeitlich abnehmende Masse.

und damit

$$\xi_0 = 1 + \frac{G_f}{G_e} \quad \text{und} \quad \left(\frac{d\xi}{dt}\right)_0 = 0 \quad \text{für} \quad t = 0.$$

Mit zunehmender Zeit nähert sich die Schwingung mehr und mehr einer harmonischen Schwingung, die der Differentialgleichung

$$\frac{d^2\xi}{dt^2} + \frac{cg}{G_e}\xi = \frac{cg}{G_e}$$

genügt und um die statische Gleichgewichtslage $\xi_\infty = 1$ mit den Maximalausschlägen

$$\xi - \xi_\infty = \pm 1$$

herum pendelt. Im vorliegenden Falle ist nach drei vollen Schwingungen der Zustand der harmonischen Schwingung praktisch erreicht. Wird das graphische Verfahren nach den in Ziffer 103 gegebenen Erläuterungen durchgeführt, so ergibt sich der aus Abb. 339 ersichtliche Schwingungsverlauf.

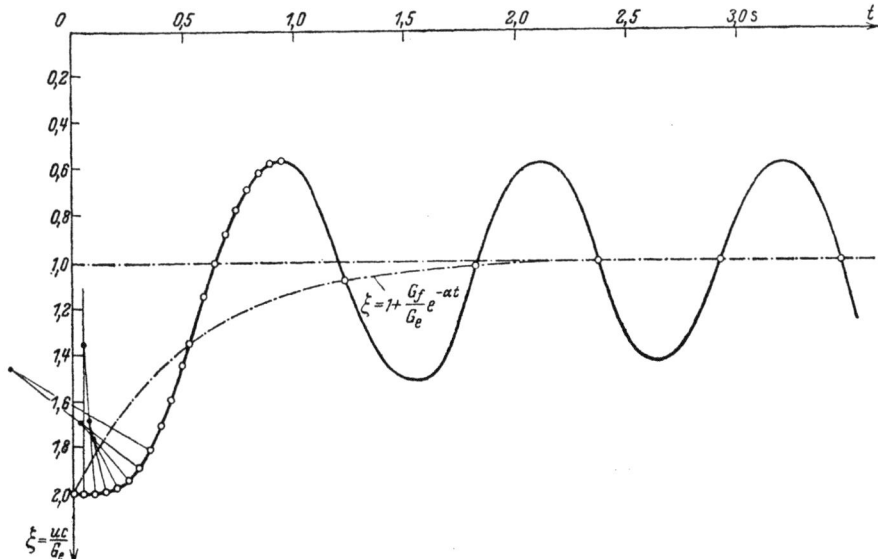

Abb. 339.

In Anwendung auf die vorgegebenen Zahlenwerte erhält man

$$G_e = 15\,\text{t}, \quad G_f = 15\,\text{t}, \quad \frac{G_f}{G_e} = 1; \quad \alpha = 2{,}0.$$

$$c = \frac{1}{\frac{1}{c'} + \frac{1}{c^*}} = \frac{1}{0{,}13 + 2{,}00} = 0{,}468\,\text{t cm}^{-1}, \quad \frac{G_e}{c \cdot g} = \frac{15}{0{,}468 \cdot 981} = 0{,}0326\,\text{s}^2.$$

Damit lautet die Formel für den Krümmungshalbmesser

$$R = \pm\, 0{,}0326 \frac{\left[1 + \left(\frac{d\xi}{dt}\right)^2\right]^{3/2}}{1 - \dfrac{\xi}{1 + e^{-2t}}}$$

388   Der punktförmig idealisierte Körperhaufen.

Für den Ausgangspunkt ergibt sich

$$t = 0, \quad \xi_0 = 2, \quad \left(\frac{d\xi}{dt}\right)_0 = 0 \quad \text{und damit} \quad R_0 = \infty.$$

Der erste Krümmungsmittelpunkt liegt also im Unendlichen und das erste Kurvenstück ist demgemäß geradlinig und liegt parallel zur t-Achse. Um das nächste Kurvenstück zeichnen zu können, muß zunächst die Intervallteilung festgelegt werden. Je enger diese gewählt wird, um so genauer wird naturgemäß die Schwingungskurve. Im vorliegenden Falle wurde $\varDelta t = 0{,}05$ s als Intervallteilung gewählt; die dieser Intervallteilung entsprechenden Kreisbogenstücke sind durch kleine Trennkreise kenntlich gemacht. Für das zweite Kurvenstück ist

$$t_1 = 0{,}05 \quad \xi_1 = 2, \quad \left(\frac{d\xi}{dt}\right)_1 = 0; \quad \text{damit errechnet sich} \quad R_1 = 0{,}644.$$

Für das dritte Kurvenstück ist

$$t_2 = 0{,}10, \quad \xi_2 = 2, \quad \left(\frac{d\xi}{dt}\right)_2 = 0{,}0776; \quad \text{damit errechnet sich} \quad R_2 = 0{,}327.$$

Für das vierte Kurvenstück ist

$$t_3 = 0{,}15, \quad \xi_3 = 1{,}99, \quad \left(\frac{d\xi}{dt}\right)_3 = 0{,}227; \quad \text{damit errechnet sich} \quad R_3 = 0{,}244.$$

Fährt man in dieser Weise fort, so läßt sich die Schwingungskurve Stück für Stück zeichnen, wie es in Abb. 339 geschehen ist. Für die ersten sieben Kurvenstücke sind die Krümmungsmittelpunkte in Abb. 339 eingezeichnet.

Eine gewisse Schwierigkeit ergibt sich in der Nähe der Wendepunkte der Kurve, weil dort die Krümmungshalbmesser sehr groß werden und die Schnittpunkte aus der Zeichenebene herausfallen. Diese Schwierigkeit läßt sich aber dadurch beheben, daß die Wendepunkte ordinatenmäßig festgelegt werden. Der Krümmungshalbmesser wird unendlich groß, wenn in (1363) der Nenner verschwindet. Dies ergibt

$$1 - \frac{\xi}{1 + \frac{G_f}{G_e} e^{-\alpha t}} = 0 \quad \text{oder} \quad \xi = 1 + \frac{G_f}{G_e} e^{-\alpha t}.$$

In Anwendung auf die vorgegebenen Werte folgt

$$\xi = 1 + e^{-2t}.$$

In Abb. 339 ist die Wendepunktkurve eingezeichnet worden, sie nähert sich sehr schnell asymptotisch der Geraden $\xi = 1$. Die Schnittpunkte der Wendepunktkurve mit der Schwingungskurve liefern die Wendepunkte.

MIX
Papier aus verantwortungsvollen Quellen
Paper from responsible sources
FSC® C105338

If you have any concerns about our products,
you can contact us on
ProductSafety@springernature.com

In case Publisher is established outside the EU,
the EU authorized representative is:
**Springer Nature Customer Service Center GmbH
Europaplatz 3, 69115 Heidelberg, Germany**

Printed by Libri Plureos GmbH
in Hamburg, Germany